EUROPA-FACHBUCHREIHE
für elektrotechnische, elektronische, mechatronische und informationstechnische Berufe

Tabellenbuch Elektrotechnik

Tabellen | Formeln | Normenanwendung

23. neu bearbeitete und erweiterte Auflage

Bearbeitet von Lehrern und Ingenieuren an beruflichen Schulen
und Produktionsstätten (siehe Rückseite)

VERLAG EUROPA-LEHRMITTEL · Nourney, Vollmer GmbH & Co. KG
Düsselberger Straße 23 · 42781 Haan-Gruiten

Europa-Nr.: 30103

Autoren des Tabellenbuchs Elektrotechnik:

Häberle, Gregor	Dr.-Ing., Abteilungsleiter	Tettnang
Häberle, Heinz	Dipl.-Gewerbelehrer, VDE	Kressbronn
Heinzelmann, Rudolf	Dipl.-Ing., Studienrat	Biberach a.d. Riss
Jöckel, Hans-Walter	Dipl.-Ing. (FH), Oberstudienrat	Friedrichshafen
Krall, Rudolf	Ing. (grad.), Berufsschuloberlehrer	St. Leonhard
Schiemann, Bernd	Dipl.-Ing., Studiendirektor	Ulm, Stuttgart
Schmitt, Siegfried	staatl. gepr. Techniker, Techn. Oberlehrer	Friedrichshafen
Tkotz, Klaus	Dipl.-Ing. (FH)	Kronach

Leitung des Arbeitskreises:
Dr.-Ing. Häberle, Tettnang

Bildbearbeitung:
Zeichenbüro des Verlags Europa-Lehrmittel, Ostfildern

Das vorliegende Buch wurde auf der **Grundlage der aktuellen Rechtschreibregeln** und **lernfeldorientiert** erstellt. Wenn die Rechtschreibregeln mehrere Formen zulassen, wurde die von der Duden-Redaktion empfohlene Form angewendet.

23. Auflage 2009
Druck 5 4 3 2 1
Alle Drucke derselben Auflage sind parallel einsetzbar, da sie bis auf die Behebung von Druckfehlern untereinander unverändert sind.

ISBN 978-3-8085-3219-5

Umschlaggestaltung: braunwerbeagentur, 42477 Radevormwald
unter Verwendung eines Fotos der Bilddatenbank
www.fotolia.de : © erdquadrat-fotolia.com

http://www.europa-lehrmittel.de
Satz: Tutte Druckerei GmbH, 94121 Salzweg b. Passau
Druck: B.o.s.s Druck und Medien, 47574 Goch

Vorwort zur 23. Auflage

Die Weiterentwicklungen der Technik und der Didaktik führte schon in der vorigen Auflage zu einer Überarbeitung und Erweiterung des Buches. Diese Weiterentwicklung des Buches zu einem Kompendium wurde auch in der 23. Auflage fortgesetzt. Völlig neue Inhalte sind nachstehend *kursiv* (schräg) gedruckt.

- **Teil M: Mathematik, Physik, Schaltungstheorie, Bauelemente** — Formelzeichen, Größen und Einheiten, mathematische Zeichen, Potenzen, Vorsätze. Kraft, Kraftmoment, Bewegungslehre, Arbeit, Leistung, Wärme, Ladung, Spannung, Stromstärke, Widerstand, elektrisches und magnetisches Feld, Wechselgrößen. Schaltung von Widerständen, Ersatzspannungsquelle, Schaltungen von *R*, *L*, *C*, Drehstrom, Oberschwingungen. Widerstände und Kondensatoren, Halbleiterwiderstände, Dioden, FET, IGBT, bipolare Transistoren, Thyristoren, magnetfeldabhängige und fotoelektronische Bauelemente.

- **Teil TM Technische Dokumentation, Messen** — Allgemeines technisches Zeichnen, Darstellung von Körpern, Maßeintragung. Schaltpläne, *Funktionspläne der Ablaufsteuerung*, Schaltzeichen, Erstellen einer Dokumentation, Aufbau einer Betriebsanleitung. Messgeräte und Messwerke, Messen in elektrischen Anlagen, Elektrizitätszähler, Oszilloskop, Messen mit Sensoren.

- **Teil EI Elektrische Installation** — Arbeiten in elektrischen Anlagen, Leitungsverlegung, *Leitungsführung in Wohngebäuden*, Installationsschaltungen, Sprechanlagen, Dimmertypen, Automatikschalter, Elektroinstallation mit Niedervolt-Halogenlampen, feldarme Elektroinstallation, Gebäudeleittechnik und Gebäudesystemtechnik, *Hausanschluss mit Schutzpotenzialausgleich*, Hausinstallationen, Leitungsberechnung, Verlegearten, Strombelastbarkeit, Lichttechnik, Beleuchtungstechnik.

- **Teil SE Sicherheit, Energieversorgung** — Erste Hilfe am Arbeitsplatz, Persönliche Schutzausrüstung PSA, Zeichen und Farben zur Unfallverhütung, Berührungsarten, Stromgefährdung, Verteilungssysteme, *Basisschutz, Fehlerschutz, zusätzlicher Schutz*, Prüfung der Schutzmaßnahmen. Kraftwerksarten, drehende Generatoren, Transformatoren, *Freileitungsnetze*, Erdkabel, Eigenerzeugungsanlagen, PV-Anlage, Brennstoffzellen, Elektrochemie, Akkumulatoren, SSV-Anlagen, elektromagnetische Verträglichkeit EMV, Blitzschutz, Qualität der Stromversorgung, Sicherheitstechnik in Gebäuden, Raumheizung, Energie-Effizienz-Klassen, Hausgerätetechnik, Stromtarife.

- **Teil IK Informations- und kommunikationstechnische Systeme** — Zahlensysteme, Codes, Schaltalgebra, Flipflops, DA-Umsetzer, AD-Umsetzer, Personal-Computer PC, Netze der Informationstechnik, Komponenten für Datennetze, Ethernet, Funk-LAN, ASI-Bussystem, Interbus, PROFIBUS, Identifizierungssysteme, Anschluss an das Telefonnetz, Internet, Antennenanlagen, SAT-Anlagen, BK-Anlagen, *Multimediaverkabelung*.

- **Teil AS Automatisierungs- und Antriebssysteme, Steuern und Regeln** — *Hilfsstromkreise, sicherheitsbezogene Teile von Steuerungen*, Stromrichter, Schaltnetzteile, Kippschaltungen, Steuerrelais, Speicherprogrammierbare Steuerungen SPS, Programmiersprachen für SPS, Steuerungstechnik, *Ablaufsteuerung GRAFCET*, elektromagnetische Schütze, Motorschutz, Regelungstechnik, Drehstrommotoren, Einphasen-Wechselstrommotoren, Gleichstrommotoren, Antriebstechnik, *elektrische Ausrüstung von Maschinen*.

- **Teil W Werkstoffe, Verbindungstechnik** — Periodensystem, Stoffwerte, Stahlnormung, Magnetwerkstoffe, Isolierstoffe, Leitungen, Erdkabel, Steckvorrichtungen, Gewinde, Schrauben und Muttern.

- **Teil BU Betrieb, Umfeld, Umwelttechnik, Anhang** — Organisationsformen der Unternehmen, Arbeiten im Team, Arbeitsplanung, Kosten und Kennzahlen. Qualifikationen der Elektrofachkraft, Durchführung von Projekten. Umwelttechnische Begriffe, gefährliche Stoffe, Umgang mit Elektroschrott. Normen, Internet-Adressen, Abkürzungen, fachliches Englisch, Sachwortverzeichnis.

Normänderungen wurden übernommen, z.B. bei den Schutzmaßnahmen nach DIN VDE 0100-410. Allgemein ist zu beachten, dass vielfach die Normen verschiedene Formen zulassen, z.B. in DIN EN 61082 (Dokumente der Elektrotechnik, Regeln) Stromverzweigung mit oder ohne „Punkt". Davon wurde, wie in der beruflichen Praxis, im Buch Gebrauch gemacht.

Verlag und Autoren danken für die zahlreichen Benutzerhinweise, die zu einer weiteren Verbesserung des Buches führten, und nehmen auch künftig konstruktive Verbesserungsvorschläge dankbar entgegen. Diese können auch per E-Mail gerichtet sein an lektorat@europa-lehrmittel.de.

Herbst 2009 — Der Autoren-Arbeitskreis

Inhaltsverzeichnis

Inhaltsverzeichnis

Inhaltsverzeichnis

Lernfelderauswahl und Buchabschnitte

Selection of Fields of Learning and relevant Sections in this Book

Lern-feld	Lernfeldinhalt	Hauptabschnitte im Tabellenbuch Elektrotechnik, zusätzliche Inhalte weiterer Hauptabschnitte
Lernfeldübersicht für industrielle und handwerkliche Elektroberufe (Beispiel)		
1	Elektrotechnische Systeme analysieren und Funktionen prüfen	Teil M: Schaltungstheorie, Bauelemente Teil TM: Technische Dokumentation, Messen
2	Elektrische Installationen planen und ausführen	Teil EI: Elektrische Installation Teil TM: Technische Dokumentation
3	Steuerungen analysieren und ausführen	Teil AS: Steuern und Regeln Teil M: Schaltungstheorie, Bauelemente Teil TM: Technische Dokumentation
4	Informationstechnische Systeme bereitstellen	Teil IK: Informations- und kommunikationstechnische Systeme Teil TM: Technische Dokumentation
5	Elektroenergieversorgung und Sicherheit von Betriebsmitteln gewährleisten	Teil SE: Sicherheit, Energieversorgung Teil TM: Technische Dokumentation, Messen Teil W: Werkstoffe, Verbindungstechnik Teil BU: Betrieb und sein Umfeld
6	Anlagen analysieren und deren Sicherheit prüfen	Teil SE: Sicherheit, Energieversorgung Teil AS: Automatisierungs- und Antriebssysteme
7	Steuerungen für Anlagen programmieren und realisieren	Teil AS: Steuern und Regeln Teil IK: Informations- und kommunikationstechnische Systeme
8	Antriebssysteme auswählen und integrieren	Teil AS: Automatisierungs- und Antriebssysteme, Steuern und Regeln Teil TM: Technische Dokumentation Teil SE: Sicherheit, Energieversorgung
9	Steuerungssysteme und Kommunikationssysteme integrieren	Teil AS: Steuern und Regeln Teil IK: Informations- und kommunikationstechnische Systeme Teil TM: Technische Dokumentation, Messen
10	Automatisierungssysteme in Betrieb nehmen und übergeben	Teil AS: Automatisierungs- und Antriebssysteme Teil BU: Betrieb und sein Umfeld Teil TM: Technische Dokumentation, Messen
11	Automatisierungssysteme in Stand halten und optimieren	Teil AS: Automatisierungs- und Antriebssysteme Teil EI: Elektrische Installation Teil SE: Sicherheit, Energieversorgung Teil BU: Umwelttechnik Teil TM: Technische Dokumentation, Messen
12 13	Automatisierungssysteme planen, Automatisierungssysteme realisieren	Teil AS: Automatisierungssysteme Teil EI: Elektrische Installation Teil SE: Sicherheit, Energieversorgung Teil BU: Umwelttechnik Teil W: Werkstoffe, Verbindungstechnik
Lernfeldübersicht für elektrische Teile der Lernfelder Mechatronik		
1	Analysieren von Funktionszusammenhängen in mechatronischen Systemen	Teil TM: Technische Dokumentation Teil W: Werkstoffe, Verbindungstechnik
3	Installieren elektrischer Betriebsmittel unter Beachtung sicherheitstechnischer Aspekte	Teil SE: Sicherheit, Energieversorgung Teil EI: Elektrische Installation
4	Untersuchen der Energie- und Informationsflüsse in elektrischen Baugruppen	Teil AS: Automatisierungssysteme Teil W: Werkstoffe, Verbindungstechnik
5	Kommunizieren mithilfe von Datenverarbeitungssystemen	Teil IK: Informations- und kommunikationstechnische Systeme
8	Design und Erstellen mechatronischer Teilsysteme	Teil TM: Technische Dokumentation, Messen Teil AS: Automatisierungs- und Antriebssysteme

Literaturverzeichnis List of Literature

Automatisierungstechnik	Verlag Europa-Lehrmittel, Haan-Gruiten	Baumann u.a.
Betrieb von elektrischen Anlagen	VDE-Verlag, Berlin	DIN VDE 0105
Digitale Übertragungstechnik	B. G. Teubner, Stuttgart	Gerdsen
Drehzahlvariable Drehstromantriebe mit Asynchronmotoren	VDE-Verlag GmbH, Berlin	Budig
Elektrische Niederspannungsanlagen von Gebäuden	VDE-Verlag, Berlin	DIN VDE 0100
Elektrische Anlagen in Wohngebäuden	Beuth-Verlag, Berlin	DIN 18015
Elektrische Antriebe und Energieverteilung	Verlag Europa-Lehrmittel, Haan-Gruiten	H. Häberle u.a.
Elektrische Energieversorgung	Friedrich Vieweg & Sohn, Braunschweig/Wiesbaden	Heuck u.a.
Elektrische Messgeräte und Messverfahren	Springer-Verlag, Berlin	Jahn u.a.
EMV nach VDE 0100	VDE-Verlag, Berlin	Rudolph u.a.
Fachkunde Elektrotechnik	Verlag Europa-Lehrmittel	Bastian u.a.
Fachkunde Industrieelektronik und Informationstechnik	Verlag Europa-Lehrmittel, Haan-Gruiten	Grimm u.a.
Handbuch Elektromagnetische Verträglichkeit	VDE-Verlag GmbH, Berlin	Habiger u.a.
Handbuch Elektrotechnik	Friedrich Vieweg & Sohn, Braunschweig, Wiesbaden	Böge u.a.
IT-Handbuch	Westermann-Schulbuchverlag, Braunschweig	Hübscher u.a.
Leistungselektronik	Carl Hanser Verlag, München	Bystron
Moderne Leistungselektronik und Antriebe	VDE-Verlag, Berlin	Hofer
Netzrückwirkungen	VDE-Verlag, Berlin und VWEW-Energieverlag, Frankfurt a.M.	Hörmann u.a.
Optische Übertragungstechnik	Hüthig Buch Verlag, Heidelberg	Wrobel u.a.
Professionelle Stromversorgung	Franzis-Verlag GmbH, München	Freyer
Praxis Elektrotechnik	Verlag Europa-Lehrmittel, Haan	Bastian u.a.
Schutz durch DIN VDE 0100	Verlag Europa-Lehrmittel, Haan	Fritsche u.a.
Sensoren, Messaufnehmer	expertverlag, Renningen	Bonfig u.a.
Tabellenbuch Computertechnik	Verlag Europa-Lehrmittel, Haan-Gruiton	Grimm u.a.
Tabellenbuch Informationstechnik	Verlag Europa-Lehrmittel, Haan-Gruiten	Burgmaier u.a.
Tabellenbuch Mechatronik	Verlag Europa-Lehrmittel, Haan-Gruiten	G. Häberle u.a.
Taschenbuch Elektrotechnik	Carl Hanser Verlag, München	Philipow u.a.
Transformatoren	VDE-Verlag, Berlin und VWEW-Energieverlag, Frankfurt a.M.	Janus u.a..

Teil M: Mathematik, Physik, Schaltungstheorie, Bauelemente

Part M: Mathematics, Physics, Theory of Circuits, Components

Formelzeichen dieses Buches Formula Symbols of this Book

Formelzeichen	Bedeutung
Kleinbuchstaben	
a	Beschleunigung
b	Breite
c	1. spez. Wärmekapazität 2. elektrochemisches Äquivalent 3. Ausbreitungsgeschwindigkeit von Wellen
d	1. Durchmesser 2. Abstand 3. Verlustfaktor
e	Elementarladung
f	Frequenz
g	1. Fallbeschleunigung 2. Tastgrad
h	Höhe
i	zeitabhängige Stromstärke
k	allgemeine Konstante
l	1. Länge 2. Abstand
m	1. Masse 2. Strangzahl
n	1. Drehzahl, Umdrehungsfrequenz 2. ganze Zahl 1, 2, 3 ... 3. Brechzahl
p	1. Polpaarzahl, 2. Druck 3. Flächenpressung
q	Querstromverhältnis
r	1. Radius 2. Rate 3. differenzieller Widerstand
s	1. Strecke, Dicke 2. Siebfaktor 3. bezogener Schlupf 4. Korrektur
t	Zeit
u	zeitabhängige Spannung
ü	1. Übersetzungsverhältnis 2. Übersteuerungsfaktor
v	Geschwindigkeit
w	1. Energiedichte 2. Führungsgröße
x	Regelgröße
y	Stellgröße
z	ganze Zahl, z.B. Lagenzahl

Formelzeichen	Bedeutung
Großbuchstaben	
A	1. Fläche, Querschnitt 2. Ablenkkoeffizient 3. Dämpfungsmaß
B	1. magn. Flussdichte 2. Blindleitwert 3. Gleichstromverhältnis 4. Zahlenbasis 5. Bandbreite
C	1. Kapazität 2. Wärmekapazität
D	1. Elektr. Flussdichte 2. Dämpfungsfaktor
E	1. elektrische Feldstärke 2. Beleuchtungsstärke
F	1. Kraft, 2. Faktor, 3. Fehler
G	1. Leitwert, Wirkleitwert 2. Verstärkungsmaß 3. Gewichtskraft
H	magnetische Feldstärke
I	1. Stromstärke, 2. Lichtstärke
J	1. Stromdichte 2. Trägheitsmoment
K	1. Konstante 2. Kopplungsfaktor
L	1. Induktivität 2. Pegel
M	1. Kraftmoment 2. Speicherkapazität
N	Windungszahl
P	Leistung, Wirkleistung
Q	1. Ladung 2. Wärme 3. Blindleistung 4. Schwingkreisgüte
R	1. Wirkwiderstand 2. Federrate 3. Festigkeit
S	1. Scheinleistung 2. Steilheit 3. Schlupf (absolut) 4. Übertragungsgröße
T	1. Periodendauer 2. Übertragungsfaktor 3. Temperatur in K
U	Spannung
V	1. Volumen 2. Verstärkungsfaktor
W	1. Arbeit 2. Energie
X	Blindwiderstand
Y	Scheinleitwert
Z	1. Impedanz, Scheinwiderstand 2. Wellenwiderstand 3. Schwingungswiderstand

Formelzeichen	Bedeutung
Griechische Kleinbuchstaben	
α (alpha)	1. Winkel 2. Temperaturkoeffizient 3. Zündwinkel
β (beta)	1. Winkel 2. Kurzschluss-Stromverstärkungsfaktor
γ (gamma)	1. Winkel 2. Leitfähigkeit
δ (delta)	Verlustwinkel
ε_0	elektrische Feldkonstante
ε (epsilon)	Permittivität
ζ (zeta)	Arbeitsgrad, Nutzungsgrad
η (eta)	Wirkungsgrad
ϑ (theta)	Temperatur in °C
$\varkappa$ (kappa)	Leitfähigkeit (neben γ üblich)
λ (lambda)	Wellenlänge
μ (müh)	1. Permeabilität 2. Reibungszahl
μ_0	magn. Feldkonstante
π (pi)	Zahl 3,1415926...
ϱ (rho)	1. spezifischer Widerstand 2. Dichte
σ (sigma)	1. Streufaktor 2. mechanische Spannung
τ (tau)	Zeitkonstante
φ (phi)	Winkel, insbesondere Phasenverschiebungswinkel
ω (omega)	1. Winkelgeschwindigkeit 2. Kreisfrequenz
Griechische Großbuchstaben	
Δ (Delta)	Differenz
Θ (Theta)	elektrische Durchflutung
Φ (Phi)	1. magnetischer Fluss 2. Lichtstrom
Ψ (Psi)	elektrischer Fluss
Ω (Omega)	Raumwinkel

Spezielle Formelzeichen werden gebildet, indem man an die Formelzeichen-Buchstaben einen Index oder mehrere Indizes anhängt oder sonstige Zeichen dazu setzt.

Indizes und Zeichen für Formelzeichen dieses Buches
Indexes and Signs for Formula Symbols in this Book

Index, Zeichen	Bedeutung
Ziffern, Zeichen	
0	1. Leerlauf 2. im Vakuum 3. Bezugsgröße
1	1. Eingang, 2. Reihenfolge
2	1. Ausgang, 2. Reihenfolge
3, 4, …	Reihenfolge
^, z. B. $\hat{u}$	Maximalwert, Höchstwert
ˇ, z. B. $\check{u}$	Tiefstwert, Kleinstwert
^ˇ, z. B. $\hat{\check{u}}$	1. Spitze-Tal-Wert 2. Schwingungsbreite
′, z. B. u'	1. bezogen auf, 2. Hinweis, 3. Ableitung
△	in Dreieckschaltung
Y	in Sternschaltung
Kleinbuchstaben	
a	1. Abschalten 2. Ausgang, 3. außen 4. Ableit-, 5. Anker
ab	abgegeben
amb	Luft-
auf	aufgenommen
b	1. Bit, 2. Blindgröße, 3. Brems-
c	1. Grenz- (cut-off) 2. Form (crest)
d	1. Gleichstrom betreffend 2. Dauer-, 3. Digit, 4. Dämpfung
e	1. Eingang, 2. Empfang
eff	Effektivwert
f	1. Frequenz 2. Abfalls- (fall)
ges	Gesamt-
h	hoch, oben
i	1. innen, 2. induziert 3. Strom-, 4. ideell 5. Ist-, 6. Impuls
j	Sperrschicht (von junction)
k	1. Kurzschluss- 2. kinetisch
m	1. magnetisch 2. Mittelwert 3. Messwerk, gemessen 4. moduliert
max	maximal, höchstens
min	minimal, mindestens

Index	Bedeutung
n	1. Nenn-, 2. Normal-, 3. Rausch- (noise)
o	Oszillator-
p	1. parallel, 2. Pause 3. Puls, 4. potenziell 5. Druck, 6. Prüf-
q	Quer-
r	1. in Reihe 2. relativ, bezogen auf 3. Anstiegs- (rise) 4. Resonanz 5. Remanenz
s	1. Sieb- 2. Signal-, 3. Serie 4. in Wegrichtung 5. Soll-, 6. spezifisch
sch	Schritt
t	tief, unten
th	thermisch, Wärme-
tot	total, gesamt
u	Spannungs-
v	1. Vor-, 2. Verlust 3. Vergleich 4. visuell, Licht-
w	1. Wirk-, wirksam 2. Führungsgröße 3. Wellen-, 4. Wind-
x	1. unbekannte Größe 2. in x-Richtung
y	1. Stellgröße 2. in y-Richtung 3. Sternschaltung
z	1. Zwischen- 2. Zentripetal- 3. Zickzackschaltung
zu	zugeführt
zul	zulässig
Großbuchstaben	
A	1. Strommesser 2. Antenne Anode Anzug, Anlauf Anlagenerdung Abtast-
B	1. Basis 2. Betriebserdung (Netz) 3. Bau-, 4. Betriebs-
C	1. Kollektor, 2. kapazitiv 3. Takt, 4. koerzitiv 5. Cluster
D	1. Drain, 2. Daten
E	1. Emitter 2. Entladen, 3. Erde

Index	Bedeutung
F	1. Vorwärts- (forward) 2. Fläche, 3. Fehler-
G	1. Gate 2. Gewicht 3. Glättung
H	1. Hysterese 2. Hall-, 3. Höhe
K	1. Katode 2. Kopplung (Gegen-) 3. Kühlkörper 4. Kippen 5. Kanal, Strecke
L	1. induktiv, 2. Last 3. links, 4. Laden 5. höchstzul. Berührungs-spannung 6. Lorentz-
M	Mitkopplung
N	1. Bemessungs-, 2. Nutz-
Q	Quer-
R	1. Rückwärts- (reward) 2. Wirkwiderstand 3. rechts 4. Regel- 5. Rot
S	1. Source, 2. Schleife 3. Sattel-, 4. Schalt- 5. Schleusen- 6. Sektor
T	1. Transformator- 2. Träger 3. Spur (track)
U	Umgebung
V	1. Spannungsmesser 2. Verstärkungs-
X	am X-Eingang
Y	1. am Y-Eingang 2. Sternschaltung
Z	1. Zener- 2. zulässig
Griechische Kleinbuchstaben	
α (alpha)	in Richtung des Winkels α
σ (sigma)	Streuung
φ (phi)	Phasenverschiebung betreffend
Griechische Großbuchstaben	
Δ (Delta)	eine Differenz betreffend

Die Indizes können kombiniert werden, z. B. bei U_{CE} für Kollektor-Emitter-Spannung. Indizes, die aus mehreren Buchstaben bestehen, können bis auf den Anfangsbuchstaben gekürzt werden.

Größen und Einheiten Quantities and Units 1

Größe	SI-Einheit (sonst. Einh.)	Einheitenzeichen, Einheitengleichung
Länge, Fläche, Volumen, Winkel		
Länge	Meter (Seemeile) (Zoll, Inch)	m 1 sm = 1 852 m 1″ = 25,4 mm
Fläche	Quadratmeter	m^2
Volumen	Kubikmeter (Liter)	m^3 $1\ l = 1\ dm^3 = 1/1000\ m^3$
Winkel (ebener)	Radiant (Grad)	rad $1° = \frac{\pi}{180}$ rad
Raumwinkel	Steradiant	sr
Zeit, Frequenz, Geschwindigkeit, Beschleunigung		
Zeit	Sekunde (Minute) (Stunde) (Tag)	s 1 min = 60 s 1 h = 60 min = 3 600 s 1 d = 24 h
Frequenz	Hertz	1Hz = 1/s
Drehzahl, Umdrehungsfrequenz	je Sekunde (je Minute)	1/s = 60/min
Kreisfrequenz	je Sekunde	1/s
Geschwindigkeit	Meter je Sekunde (Knoten)	m/s 1 kn = 1 sm/h = 0,5144 m/s 1 km/h = $\frac{1}{3,6}$ m/s
Winkelgeschwindigkeit	Radiant je Sekunde	rad/s
Beschleunigung	–	m/s^2
Mechanik		
Masse	Kilogramm (Karat) (Tonne)	kg 1 Kt = 0,2 g 1 t = 1 000 kg
Dichte	–	kg/m^3, kg/dm^3
Trägheitsmoment	–	$kg \cdot m^2$
Kraft	Newton	$1\ N = 1\ kg \cdot m/s^2$
Kraftmoment, Drehmoment	–	Nm
Impuls	Newtonsek.	$1\ Ns = 1\ kg \cdot m/s$
Druck	Pascal (Bar)	$1\ Pa = 1\ N/m^2$ 1 bar = 0,1 MPa = $10\ N/cm^2$
Flächenpressung, Festigkeit, Elastizitätsmodul	–	N/mm^2
Arbeit, Energie	Joule (Elektronvolt)	1 J = 1 Nm = 1 Ws 1 eV = 0,1602 aJ
Leistung	Watt	1 W = 1 J/s = 1 Nm/s

Größe	SI-Einheit (sonst. Einh.)	Einheitenzeichen, Einheitengleichung
Elektrizität		
elektrische Ladung, elektrischer Fluss	Coulomb	$1\ C = 1\ A \cdot 1\ s = 1\ As$
Flächenladungsdichte, elektrische Flussdichte	Coulomb je Quadratmeter	C/m^2
Raumladungsdichte	Coulomb je Kubikmeter	C/m^3
elektr. Spannung, elektr. Potenzial	Volt	1 V = 1 J/C
elektr. Feldstärke	Volt je Meter	1 V/m = 1 N/C
elektr. Kapazität	Farad	1 F = 1 As/V = 1 C/V
elektr. Strombelag	Ampere je Meter	A/m
Permittivität, Dielektrizitätskonstante	Farad je Meter	1 F/m = 1 C/(Vm)
elektr. Stromstärke	Ampere	1 A = 1 C/s
elektr. Stromdichte	Ampere je m^2	A/m^2
elektr. Widerstand, Wirkwiderstand, Blindwiderstand, Scheinwiderstand	Ohm	1 Ω = 1 V/A
elektr. Wirkleitwert, Blindleitwert, Scheinleitwert	Siemens	$1\ S = \frac{1}{1\ \Omega}$
spezifischer elektr. Widerstand	Ohmmeter	1 Ωm = 100 Ωcm $1\ \Omega mm^2/m = 1 \mu\Omega m$
elektrische Leitfähigkeit	Siemens je Meter	$1\ Sm/mm^2 = 1\ MS/m$
Leistung	Watt	$1\ W = 1\ V \cdot 1\ A$
Blindleistung	(Var)	$1\ var = 1\ V \cdot 1\ A$
Scheinleistung	(VA)	$1\ VA = 1\ V \cdot 1\ A$
Induktivität	Henry	1 H = 1 Vs/A
Arbeit, Energie	Joule (Wattstunde) (Elektronvolt)	1 J = 1 Ws 1 Wh = 3,6 kNm 1 eV = 0,1602 aJ
Magnetismus		
elektrische Durchflutung	Ampere	A
magn. Feldstärke	Ampere je Meter	A/m
magnetischer Fluss	Weber	$1\ Wb = 1\ T \cdot 1\ m^2 = 1\ Vs$
magn. Flussdichte magn. Polarisation	Tesla	$1\ T = 1\ Wb/m^2 = 1\ Vs/m^2$
Induktivität	Henry	1 H = 1 Vs/A
Permeabilität	Henry je Meter	1 H/m = 1 Vs/(Am)
magn. Widerstand	–	1/H = A/Vs

Größen und Einheiten Quantities and Units 2

Größe	SI-Einheit (sonst. Einh.)	Einheitenzeichen, Einheitengleichung
Elektromagnetische Strahlung (außer Licht)		
Strahlungsenergie	Joule	1 J = 1 Nm = 1 Ws
Strahlungsleistung	Watt	1 W = 1 J/s
Strahlstärke	Watt/Sterad.	W/sr
Strahldichte	–	W/(sr · m^2)
Bestrahlungsstärke	–	W/m^2
Licht, Optik		
Lichtstärke	Candela	cd
Leuchtdichte	Candela je m^2	cd/m^2
Lichtstrom	Lumen	lm
Lichtausbeute	Lumen je Watt	lm/W
Beleuchtungsstärke	Lux	1 lx = 1 lm/m^2
Brechwert von Linsen	– (Dioptrie)	1/m 1 dpt = 1/m
Wärme		
Celsius-Temperatur	Grad Celsius	°C
thermodynamische Temperatur	Kelvin	K (0 K ≙ –273,15 °C)
Temperaturdifferenz	Kelvin	K
Wärme, innere Energie	Joule	1 J = 1 Ws
Wärmestrom	Watt	1 W = 1 J/s
Wärmewiderstand (von Bauelementen)	Kelvin je Watt	K/W
Wärmeleitfähigkeit	–	W/(K · m)
Wärmeübergangskoeffizient	–	W/(K · m^2)
Wärmekapazität, Entropie	Joule je Kelvin	J/K
spezifische Wärmekapazität	–	J/(kg · K)
Chemie, Molekularphysik		
Stoffmenge	Mol	mol
Stoffmengenkonzentration	–	mol/m^3
stoffmengenbezogenes Volumen (molares Volumen)	–	m^3/mol
Molalität	–	mol/kg
molare Masse	–	kg/mol
molare Wärmekapazität	–	J/(mol · K)
Diffusionskoeffizient	–	m^2/s

Größe	SI-Einheit (sonst. Einh.)	Einheitenzeichen, Einheitengleichung
Kernreaktionen, ionisierende Strahlung		
Aktivität einer radioaktiven Substanz	Becquerel	1 Bq = 1/s
Energiedosis	Gray	1 Gy = 1 J/kg
Energiedosisrate	Gray je Sekunde	Gy/s
Äquivalentdosis	Sievert	1 Sv = 1 J/kg
Äquivalentdosisrate	Sievert je Sekunde	1 Sv/s = 1 J/(kg · s)
Ionendosis	Coulomb je Kilogramm	C/kg
Ionendosisrate	Ampere je Kilogramm	1 A/kg = 1 C/(kg · s)
Akustik		
Schalldruck	Pascal	1 Pa = 1 N/m^2
Schallschnelle	Meter je Sekunde	m/s
Schallgeschwindigkeit (Ausbreitungsgeschwindigkeit)	Meter je Sekunde	m/s
Schallfluss	–	1 m^3/s = 1 m^2 · 1 m/s
Schallintensität	–	W/m^2
spezifische Schallimpedanz	–	Pa · s/m
akustische Impedanz	–	Pa · s/m^3
mechanische Impedanz	–	N · s/m
äquivalente Absorptionsfläche	Quadratmeter	m^2
Sonstige Bereiche		
Entfernung in der Astronomie	(Astronomische Einheit) Parsec	1 AE = 149,6 Gm 1 pc = 30,857 Pm
Masse in der Atomphysik	(Atomare Masseneinheit)	1 u = 1,66 · 10^{-27} kg
längenbezogene Masse von textilen Fasern und Garnen	Tex	1 tex = 1 g/kg
Fläche von Grundstücken	Ar Hektar	1 a = 100 m^2 1 ha = 100 a

Mathematische Zeichen Mathematical Symbols

Allgemeine Zeichen

Zeichen	Bedeutung	Beispiel
$\ldots n$	und so weiter bis *n*	$k = 1, 2, 3, \ldots, n$
$\ldots$	und so unbegrenzt weiter	$n = 1, 2, 3, \ldots$ $\sqrt{2} = 1{,}41421 \ldots$

Schaltalgebra

Zeichen	Bedeutung	Beispiel
$\neg a, \bar{a}$	NICHT *a* (NOT *a*)	$\overline{a \wedge b} = \neg(a \wedge b)$
$\wedge$	UND (AND)	$a \wedge b$ oder $\wedge(a, b)$
$\vee$	ODER (OR)	$a \vee b$ oder $\vee(a, b)$
$\overline{\wedge}$	NICHT UND (NAND)	$a \mathbin{\overline{\wedge}} b = \overline{a \wedge b}$
$\overline{\vee}$	NICHT ODER (NOR)	$a \mathbin{\overline{\vee}} b = \overline{a \vee b}$

Mengenlehre

Zeichen	Bedeutung	Beispiel
$\in$	Element von	$a \in M$: *a* ist Element von *M*
$\subset$	Teilmenge	$M_1 \subset M_2$: M_1 ist Teilmenge von M_2
$\cup$	Vereinigungsmenge	$\{1, 2\} \cup \{3, 4\} = \{1, 2, 3, 4\}$
$\Rightarrow$	daraus folgt	$a \cdot b = c \Rightarrow a = c/b$

Arithmetik

Zeichen	Bedeutung	Beispiel
$=$	gleich	$P = U \cdot I$
$\neq$	nicht gleich, ungleich	$4 \neq 5$
$\sim$	proportional	$u \sim r$
$\approx$	etwa	$\pi \approx 3{,}14$
$\triangleq$	entspricht	$1\ \text{cm} \triangleq 20\ \text{N}$
$<$	kleiner als	$2 < 3$
$>$	größer als	$5 > 2$
$\leq$	kleiner gleich	$a \leq 10$
$\geq$	größer gleich	$n \geq 7$
$\ll$	wesentlich kleiner	$R \ll 100\ \text{k}\Omega$
$\gg$	wesentlich größer	$R_x \gg R_n$
$\cdot, \times$	mal, multipliziert	$a \cdot b = ab$, $12 \times 3 = 36$
$—, /, :$	durch, geteilt, zu, dividiert	$\frac{7}{2} = 7/2 = 7 : 2$
$\%$	Prozent, von Hundert	$1\,\% = 10^{-2}$, $50\,\% = 0{,}5$
‰	Promille, von Tausend	1 ‰ $= 10^{-3}$, 8 ‰ $= 0{,}8\,\%$
( ), [ ], { }	runde, eckige, geschweifte, spitze Klammern	$[a(b - c) + d]^2$
$\lvert z \rvert$	Betrag von *z*	$\lvert 4 \rvert = 4$, $\lvert -7 \rvert = 7$
$n!$	*n* Fakultät	$n! = 1 \cdot 2 \cdot 3 \cdot \ldots \cdot n$, $3! = 6$
Σ	Summe	$\Sigma I = I_1 + I_2 + I_3 + \ldots$
Π	Produkt	$\Pi k = k_1 \cdot k_2 \cdot k_3 \cdot \ldots$
$\sqrt{\ }$	Quadratwurzel aus	$\sqrt{16} = 4$
$\sqrt[n]{\ }$	*n*-te Wurzel aus	$\sqrt[3]{8} = 2$
π	pi	$\pi = 3{,}14159\ldots$

(ohne Überschrift)

Zeichen	Bedeutung	Beispiel
∞	unendlich	$n = 1, 2, 3, \ldots, \infty$
$\rightarrow$	gegen, nähert sich, geht über	$x \rightarrow a$, *x* nähert sich dem Wert *a*
$f(x)$	Funktion von *x*	$f(I) = I^2 \cdot R$
i oder j	imaginäre Einheit	$i^2 = j^2 = -1$
$\underline{Z}$	komplexe Größe *Z*	$\underline{Z} = R + jX$

Geometrie, Vektoren

Zeichen	Bedeutung	Beispiel
$\parallel$	parallel	$g_1 \parallel g_2$, R1 $\parallel$ R2
$\uparrow\uparrow$	gleichsinnig parallel	$g \uparrow\uparrow h$
$\uparrow\downarrow$	gegensinnig parallel	$g_1 \uparrow\downarrow g_2$
$\perp$	rechtwinklig zu, senkrecht auf	$g \perp h$
$\triangle$	Dreieck	$\triangle$ ABC
$\cong$	kongruent, deckungsgleich	$\triangle$ ABC $\cong$ $\triangle$ DEF
$\sim$	ähnlich	$\triangle \mathrm{P_1P_2P_3} \sim \triangle$ ABC
$\sphericalangle$	Winkel	$\sphericalangle \mathrm{ABC} = \sphericalangle(\overline{\mathrm{BA}}, \overline{\mathrm{BC}})$, $\sphericalangle(\vec{a}, \vec{b})$
$\overline{\mathrm{AB}}$	Strecke AB	$\overline{\mathrm{P_1P_2}}$
$\overset{\frown}{\mathrm{AB}}$	Bogen AB	$\overset{\frown}{\mathrm{AB}} = \sphericalangle\ \gamma$
$\vec{A}, \vec{B}$	Vektor *A*, Vektor *B*	$\vec{C} = \vec{A} + \vec{B}$
$\lvert \vec{A} \rvert$	Betrag des Vektors *A*	$\lvert \vec{F} \rvert = 50\ \text{N}$

Differenzieren, Integrieren

Zeichen	Bedeutung	Beispiel
Δ	Differenz	$\Delta U = U_2 - U_1$
y'	*y* Strich	y' ist die erste Ableitung von *y*,
$\frac{dy}{dx}$	d*y* nach d*x*	erster Differentialquotient $y' = dy/dx$
$\int$	Integral	$\int f(x)\,dx$, $\int_a^b f(x)\,dx$

Potenzen, Logarithmen

Zeichen	Bedeutung	Beispiel
a^x	*a* hoch *x*	5^3, 10^x
exp	Exponentialfunktion	$\exp x = e^x$, mit $e = 2{,}718\ldots$
log	allgemeiner Logarithmus	
$\log_a$	Logarithmus zur Basis a	$\log_3 9 = 2$
lg	Zehnerlogarithmus	$\lg 2 = 0{,}30103\ldots$
lb	Zweierlogarithmus	$\mathrm{lb}\, 8 = 3$
ln	natürlicher Logarithmus	$\ln 10 = 2{,}3025\ldots$

Trigonometrie

Zeichen	Bedeutung	Beispiel
sin	Sinus	$\sin \alpha$
cos	Kosinus (auch Cosinus)	$\sin^2 \alpha + \cos^2 \alpha = (\sin \alpha)^2 + (\cos \alpha)^2 = 1$
tan	Tangens	$\tan \alpha = \sin \alpha / \cos \alpha$
cot	Kotangens	$\cot \alpha = 1/\tan \alpha$
arcsin	Arkussinus	$\sin \alpha = x \Rightarrow \arcsin x = \alpha$
arccos	Arkuskosinus	$\cos \alpha = x \Rightarrow \arccos x = \alpha$
arctan	Arkustangens	$\tan \alpha = x \Rightarrow \arctan x = \alpha$
arccot	Arkuskotangens	$\cot \alpha = x \Rightarrow \mathrm{arccot}\, x = \alpha$

Potenzen, Vorsätze, Logarithmen, Dreisatzrechnung
Exponents, Unit Prefixes, Logarithms, Calculation using the Rule of Three

Potenzen

Werte kleiner als 1 können als Vielfaches von Zehnerpotenzen mit negativen Exponenten dargestellt werden.
Werte größer als 1 können als Vielfaches von Zehnerpotenzen mit positiven Exponenten dargestellt werden.

Wert	0,001	0,01	0,1	1	10	100	1 000	10 000	100 000	1 000 000
Zehnerpotenz	10^{-3}	10^{-2}	10^{-1}	10^{0}	10^{1}	10^{2}	10^{3}	10^{4}	10^{5}	10^{6}

In der Digitaltechnik wird mit Zweierpotenzen gearbeitet. Hier ist die Basis 2.

Wert	1/128	1/64	1/32	1/16	1/8	1/4	1/2	1	2	4	8	16	32	64	128
Zweierpotenz	2^{-7}	2^{-6}	2^{-5}	2^{-4}	2^{-3}	2^{-2}	2^{-1}	2^{0}	2^{1}	2^{2}	2^{3}	2^{4}	2^{5}	2^{6}	2^{7}

Vorsätze

Für physikalische Größen (auch bei Übertragungsraten)						Für Speichergrößen mit Bit, Byte		
Vorsatzzeichen	Vorsatz	Bedeutung (Faktor)	Vorsatzzeichen	Vorsatz	Bedeutung (Faktor)	Vorsatzzeichen	Vorsatz	Bedeutung (Faktor)
a	Atto	10^{-18}	da	Deka	10	–	–	–
f	Femto	10^{-15}	h	Hekto	10^{2}	–	–	– Bei großen
p	Pico	10^{-12}	k	Kilo	10^{3}	K	Kilo	2^{10} Massenspei-
n	Nano	10^{-9}	M	Mega	10^{6}	M	Mega	2^{20} chern gelten
µ	Mikro	10^{-6}	G	Giga	10^{9}	G	Giga	2^{30} oft die Bedeu-
m	Milli	10^{-3}	T	Tera	10^{12}	T	Tera	2^{40} tungen der
c	Zenti	10^{-2}	P	Peta	10^{15}	P	Peta	2^{50} physikalischen
d	Dezi	10^{-1}	E	Exa	10^{18}	E	Exa	2^{60} Größen.

Vorsätze dürfen nicht kombiniert werden. Zu einer Einheit gehört maximal ein Vorsatz.

Logarithmen

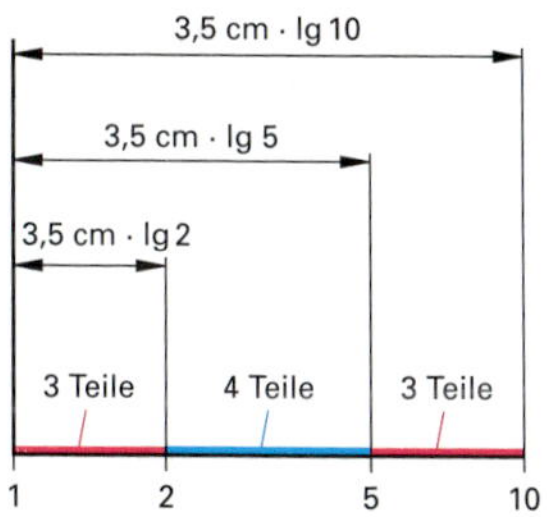

Logarithmische Teilung

Der Logarithmus (log) gibt an, mit welcher Zahl eine Basis zu potenzieren ist, um das Logarithmusargument zu erhalten. Es gilt

$a^b = c, \; \log_a c = b$

Der Zehnerlogarithmus (lg) hat die Basis 10. Der natürliche Logarithmus (ln) hat die Basis der e-Funktion (e = 2,718...). Der Zweierlogarithmus (lb) hat die Basis 2.

Große Zahlenbereiche können mit einem logarithmischen Maßstab gestrafft dargestellt werden.

$$\log_a c = \frac{\ln c}{\ln a} = \frac{\lg c}{\lg a}$$

$$\log_a(cd) = \log_a c + \log_a d \quad (1)$$

$$\log_a \frac{c}{d} = \log_a c - \log_a d \quad (2)$$

$$\log_a(c^m) = m \cdot \log_a c \quad (3)$$

$$\log_a \sqrt[n]{c} = \frac{1}{n}\log_a c \quad (4)$$

$$\lg x = \ln x / \ln 10 \quad (5)$$

$$\ln x = \lg x / \lg e \quad (6)$$

$$\mathrm{lb}\, x = \lg x / \lg 2 \quad (7)$$

Dreisatzrechnung

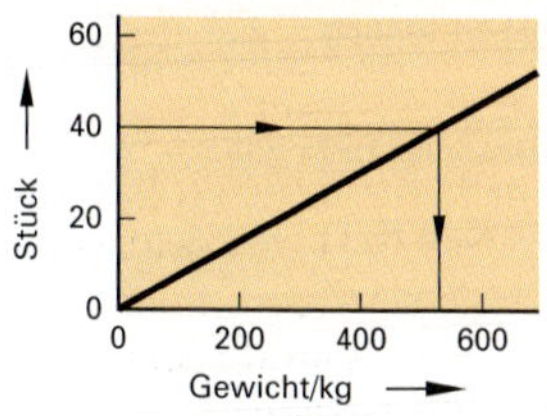

Dreisatzrechnung für ein proportionales Verhältnis

Lösungsschritte	Beispiel
Proportionales Verhältnis (Einheit durch Division)	
1. Aussage 2. Berechnung für 1 Objekt 3. Berechnung für *z* Objekte	*n* Elemente wiegen *a* kg 1 Element wiegt *a*/*n* kg *z* Elemente wiegen *z* · *a*/*n* kg
Invers proportionales Verhältnis (Einheit durch Multiplikation)	
1. Aussage 2. Berechnung für 1 Objekt 3. Berechnung für z Objekte	*n* Arbeiter brauchen *a* Stunden 1 Arbeiter braucht *n* · *a* Stunden *z* Arbeiter brauchen *n* · *a*/*z* Stunden

Winkel, Winkelfunktionen, Prozentrechnen
Angles, Trigonometric Functions, Percentage Calculation

Abbildungen	Erklärungen	Bemerkungen, Formeln

Winkel

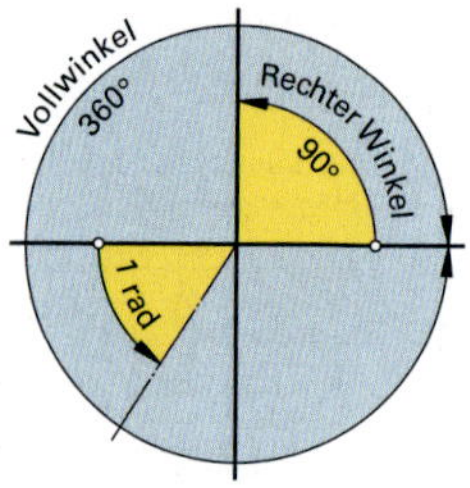

Winkelmaße

Der Winkel hat die Einheiten Grad, Neugrad oder Radiant.

Der *Vollwinkel* beträgt

a) in Grad 360°
b) in Neugrad 400 gon
c) in Radiant 2π rad

Die Einheit Radiant entspricht in einem Kreis dem Verhältnis von Kreisbogenlänge zum Kreisradius.

$$\alpha_r = \alpha° \cdot \frac{\pi}{180°} \quad (1)$$

$$1 \text{ rad} = \frac{360°}{2\pi} = 57{,}296°$$

Wichtige Winkel

Vollwinkel	Gestreckter Winkel	Rechter Winkel
360°	180°	90°
$2 \cdot \pi$ rad	π rad	$\frac{\pi}{2}$ rad
400 gon	200 gon	100 gon

Winkelfunktionen

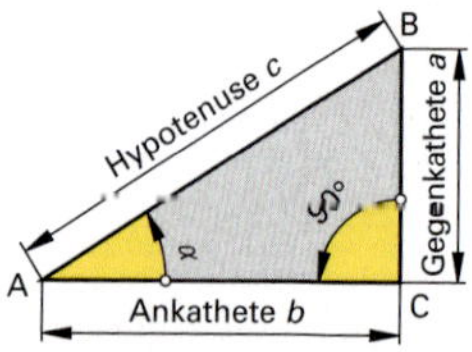

Rechtwinkliges Dreieck

Die längste Seite (c) des rechtwinkligen Dreiecks nennt man *Hypotenuse*. Sie liegt dem rechten Winkel gegenüber. Die beiden anderen Seiten (a und b) des Dreiecks bilden den rechten Winkel. Diese Seiten bezeichnet man als *Katheten*. Dem spitzen Winkel α gegenüber liegt seine Gegenkathete (a). Die dem Winkel α anliegende Kathete ist seine *Ankathete* (b).

Einen Winkel in einem rechtwinkligen Dreieck kann man durch seine Winkelgrade oder durch das *Verhältnis zweier Dreiecksseiten* festlegen. Das Seitenverhältnis hängt von der Größe des Winkels ab. Deshalb nennt man Seitenverhältnisse im rechtwinkligen Dreieck *Winkelfunktionen* (Funktion = Abhängigkeit) oder trigonometrische Funktionen.

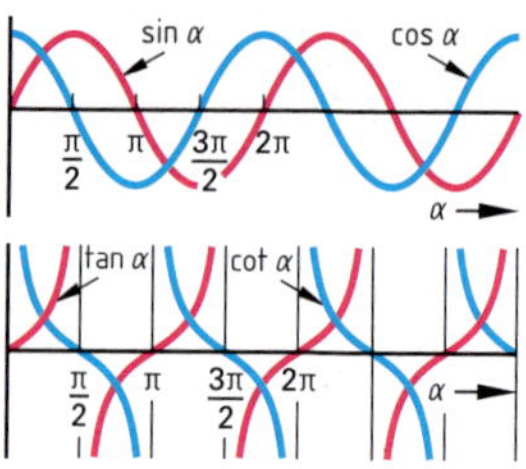

Winkelfunktionen

$$\text{Sinus} = \frac{\text{Gegenkathete}}{\text{Hypotenuse}}$$

$$\text{Kosinus} = \frac{\text{Ankathete}}{\text{Hypotenuse}}$$

$$\text{Tangens} = \frac{\text{Gegenkathete}}{\text{Ankathete}}$$

$$\text{Kotangens} = \frac{\text{Ankathete}}{\text{Gegenkathete}}$$

$$\sin \alpha = \frac{a}{c} \quad (2)$$

$$\cos \alpha = \frac{b}{c} \quad (3)$$

$$\tan \alpha = \frac{a}{b} \quad (4)$$

$$\cot \alpha = \frac{b}{a} \quad (5)$$

Prozentrechnen

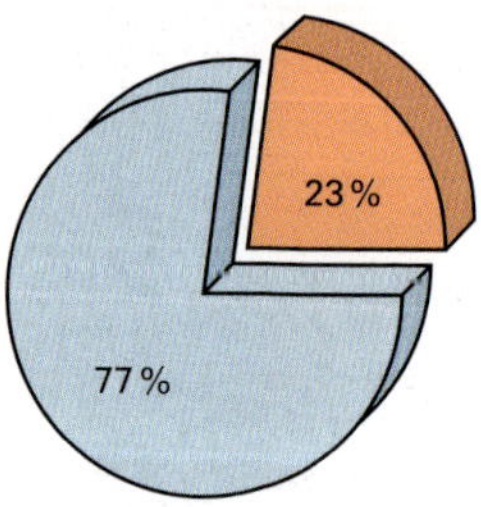

Prozent (lat. pro cent) bedeutet „von Hundert". Die Gesamtmenge (Grundmenge) setzt man immer gleich Hundert, die Teilmenge (Prozentsatz) drückt man in Prozent (= Hundertstel) aus.

23% von 300 € sind **69 €**

Prozentsatz — Grundwert — Prozentwert

$$\text{Prozentsatz} = \frac{100 \cdot \text{Prozentwert}}{\text{Grundwert}} \quad (8)$$

Prozentberechnung

$$p = \frac{P \cdot 100\%}{G} \quad (6)$$

Zinsberechnung

$$Z = \frac{K_0 \cdot p \cdot n}{100\%} \quad (7)$$

Zinseszinsberechnung

$$K_n = K_0 \cdot \left(1 + \frac{p}{100\%}\right)^n \quad (9)$$

a, b, c	Seiten im rechtw. Dreieck	n	Laufzeit in Jahren	α, β, γ	Winkel im Dreieck
G	Grundwert	P	Prozentwert	$\alpha°$	Winkel in Grad
K_0	Anfangskapital	p	Prozentsatz in %, Zinssatz in %	α_r	Winkel in Radiant
K_n	Kapital nach n Jahren	Z	Zinsen je Jahr		

Beziehungen zwischen den Winkelfunktionen
Relations between Trigonometric Functions

Winkelbeziehungen im rechtwinkligen Dreieck

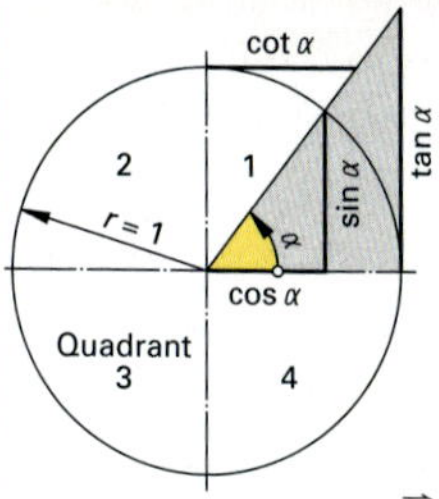

Nach dem Lehrsatz des Pythagoras:

$$\sin^2\alpha + \cos^2\alpha = 1$$ **1**

Weil $\tan\alpha = \dfrac{\text{Gegenkathete}}{\text{Ankathete}}$

und $\cot\alpha = \dfrac{\text{Ankathete}}{\text{Gegenkathete}}$

$\Rightarrow$ $$\tan\alpha \cdot \cot\alpha = 1$$ **2**

$\sin\alpha = \sqrt{1-\cos^2\alpha} = \dfrac{1}{\sqrt{1+\cot^2\alpha}}$

$\cos\alpha = \sqrt{1-\sin^2\alpha} = \dfrac{1}{\sqrt{1+\tan^2\alpha}}$

Die Wurzel ist positiv oder negativ, je nachdem, in welchem Quadranten der Winkel liegt.

Quadrant	1	2	3	4
sin	+	+	–	–
cos	+	–	–	+

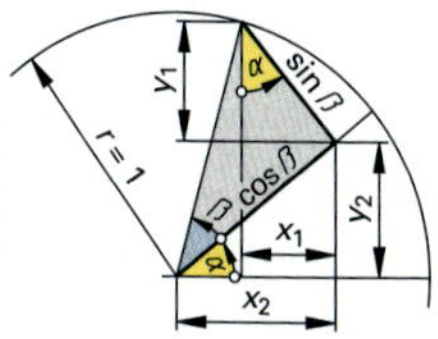

$x_1 = \sin\alpha \cdot \sin\beta$

$x_2 = \cos\alpha \cdot \cos\beta$

$y_1 = \cos\alpha \cdot \sin\beta$

$y_2 = \sin\alpha \cdot \cos\beta$

$\sin(\alpha+\beta) = y_1 + y_2$

$\cos(\alpha+\beta) = x_2 - x_1$

$\sin(\alpha+\beta)\cdot\sin(\alpha-\beta) = \cos^2\beta - \cos^2\alpha$

$\sin(\alpha\pm\beta) = \sin\alpha\,\cos\beta \pm \cos\alpha\,\sin\beta$

$\cos(\alpha\pm\beta) = \cos\alpha\,\cos\beta \mp \sin\alpha\,\sin\beta$

$\tan(\alpha\pm\beta) = \dfrac{\tan\alpha \pm \tan\beta}{1 \mp \tan\alpha\tan\beta}$

$\cot(\alpha\pm\beta) = \dfrac{\cot\alpha\cot\beta \mp 1}{\cot\beta \pm \cot\alpha}$

$\cos(\alpha+\beta)\cdot\cos(\alpha-\beta) = \cos^2\beta - \sin^2\alpha$

$\sin\alpha \pm \sin\beta = 2\sin\dfrac{\alpha\pm\beta}{2}\cos\dfrac{\alpha\mp\beta}{2}$

$\cos\alpha + \cos\beta = 2\cos\dfrac{\alpha+\beta}{2}\cos\dfrac{\alpha-\beta}{2}$

$\cos\alpha - \cos\beta = -2\sin\dfrac{\alpha+\beta}{2}\sin\dfrac{\alpha-\beta}{2}$

$\tan\alpha \pm \tan\beta = \dfrac{\sin(\alpha\pm\beta)}{\cos\alpha\cos\beta}$

$\cot\alpha \pm \cot\beta = \pm\dfrac{\sin(\alpha\pm\beta)}{\sin\alpha\sin\beta}$

$\sin 2\alpha = 2\sin\alpha\cos\alpha$

$\cos 2\alpha = \cos^2\alpha - \sin^2\alpha$

$\tan 2\alpha = \dfrac{2\tan\alpha}{1-\tan^2\alpha} = \dfrac{2}{\cot\alpha - \tan\alpha}$

$\cot 2\alpha = \dfrac{\cot^2\alpha - 1}{2\cot\alpha} = \dfrac{\cot\alpha - \tan\alpha}{2}$

Winkelbeziehungen im allgemeinen Dreieck

Sinussatz

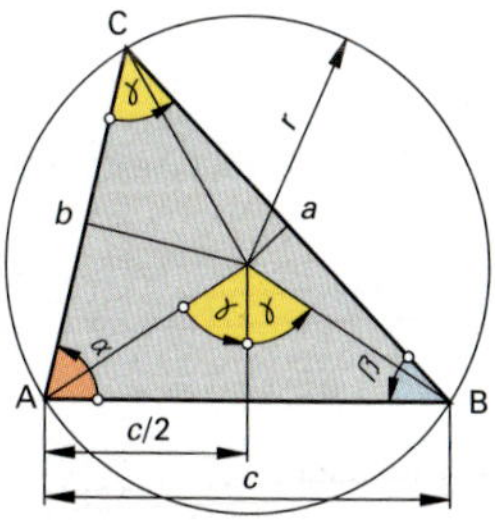

$\dfrac{c}{2} = r\cdot\sin\gamma$

$\dfrac{a}{2} = r\cdot\sin\alpha$

$\dfrac{b}{2} = r\cdot\sin\beta$

$c = 2r\cdot\sin\gamma,\; a = 2r\cdot\sin\alpha,\; b = 2r\cdot\sin\beta$

$$a : b : c = \sin\alpha : \sin\beta : \sin\gamma$$

$$\frac{a}{\sin\alpha} = \frac{b}{\sin\beta} = \frac{c}{\sin\gamma}$$ **3**

Im Dreieck verhalten sich zwei Seiten wie die Sinuswerte der gegenüberliegenden Winkel.

Kosinussatz

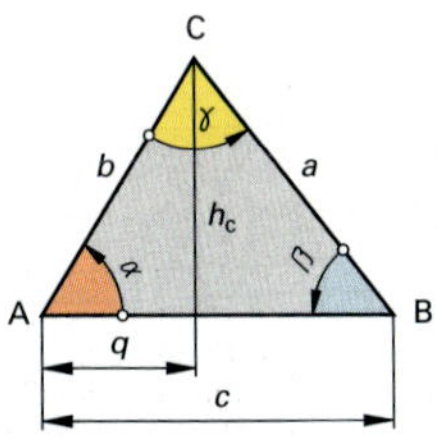

$h_c = b\cdot\sin\alpha$

$q = b\cdot\cos\alpha$

$a^2 = h_c^2 + (c-q)^2$

$a^2 = b^2\sin^2\alpha + b^2\cos^2\alpha + c^2 - 2\,bc\cdot\cos\alpha$

$a^2 = b^2 + c^2 - 2\,bc\cdot\cos\alpha$

$$a^2 = b^2 + c^2 - 2\,bc\cdot\cos\alpha$$

$$b^2 = a^2 + c^2 - 2\,ac\cdot\cos\beta$$

$$c^2 = a^2 + b^2 - 2\,ab\cdot\cos\gamma$$ **4**

Im Dreieck ist das Quadrat einer Seite gleich der Summe der Quadrate der anderen beiden Seiten minus dem doppelten Produkt aus diesen Seiten und dem Kosinus des eingeschlossenen Winkels.

Längen und Flächen Lengths and Surfaces

Drahtlängen

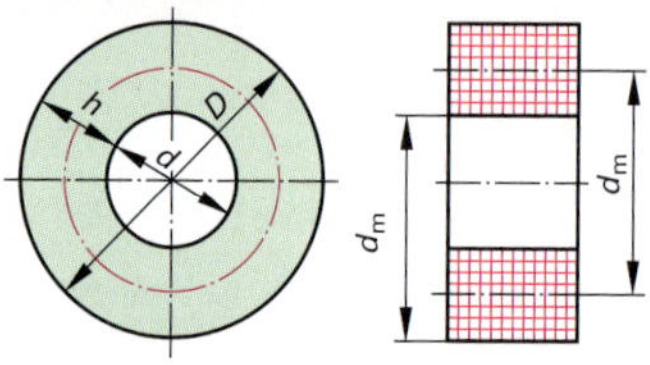

Rundspulen

$$h = \frac{D-d}{2}$$

$$d_m = d + h$$

oder

$$d_m = \frac{D+d}{2}$$

$$d_m = D - h$$

Rundspulen

$$l = l_m \cdot N$$

$$l_m = \pi \cdot d_m$$

Drahtlänge

$$l = \pi \cdot d_m \cdot N \quad \text{(1)}$$

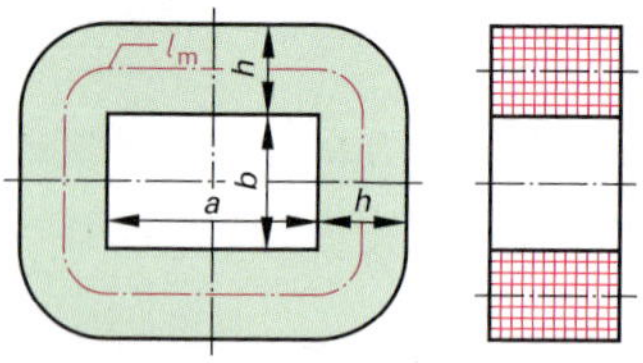

Rechteckspulen

Rechteckspulen

$$l = l_m \cdot N$$

$$l_m = 2a + 2b + \pi \cdot h$$

Drahtlänge

$$l = (2a + 2b + \pi \cdot h) \cdot N \quad \text{(2)}$$

Flächen

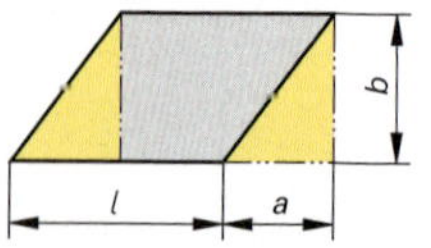

Parallelogramm (Rhomboid)

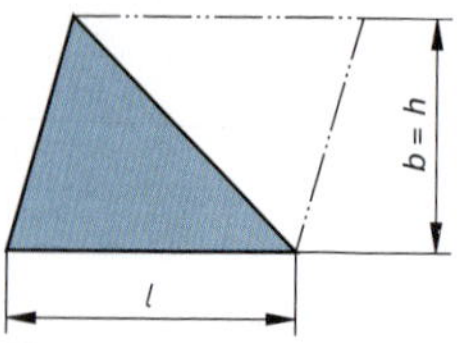

Allgemeines Dreieck

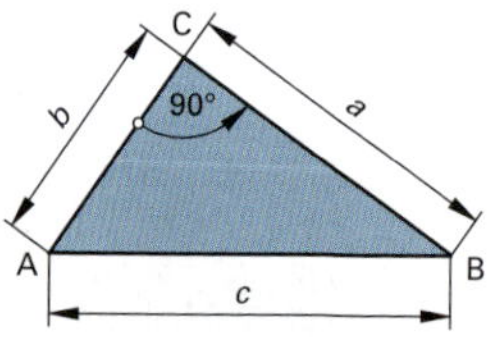

Rechtwinkliges Dreieck

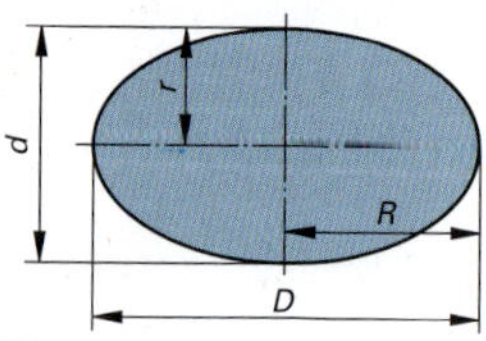

Ellipse

Quadrat

$$A = s^2 \quad \text{(3)}$$

$$u = 4 \cdot s \quad \text{(5)}$$

$$e = \sqrt{2} \cdot s = 1{,}41 \cdot s$$

Rechteck

$$A = l \cdot b \quad \text{(4)}$$

$$u = 2 \cdot (l + b) \quad \text{(6)}$$

$$e = \sqrt{l^2 + b^2}$$

Parallelogramm

$$A = l \cdot b \quad \text{(7)}$$

$$u = 2 \cdot (l + \sqrt{l^2 + b^2})$$

Allgemeines Dreieck

$$A = \frac{l \cdot b}{2} \quad \text{(8)}$$

Rechtwinkliges Dreieck

Lehrsatz des Pythagoras:

$$c^2 = a^2 + b^2 \quad \text{(9)}$$

$$u = a + b + \sqrt{a^2 + b^2}$$

Im rechtwinkligen Dreieck bilden die beiden Katheten den rechten Winkel. Die Hypotenuse liegt ihm gegenüber.

Kreis

$$u = 2 \cdot \pi \cdot r$$

$$u = \pi \cdot d \quad \text{(10)}$$

$$A = \pi \cdot r^2 \quad \text{(12)}$$

$$A \approx 0{,}785 \cdot d^2$$

$$A = \frac{\pi \cdot d^2}{4} \quad \text{(14)}$$

Ellipse

$$u \approx \pi \cdot \frac{D + d}{2} \quad \text{(11)}$$

$$A = \pi \cdot R \cdot r \quad \text{(13)}$$

$$A = \frac{\pi \cdot D \cdot d}{4} \quad \text{(15)}$$

- A Fläche
- a Seite
- b Breite
- c Seite (Hypotenuse)
- D (großer) Durchmesser
- d (kleiner) Durchmesser
- d_m mittlerer Durchmesser
- e Eckenmaß, Diagonale
- h Höhe
- l Länge
- l_m mittlere Länge
- N Windungszahl
- r, R Radius
- s Seitenlänge
- u Umfang, Summe der Seiten

Körper und Masse Solids and Mass

Körper

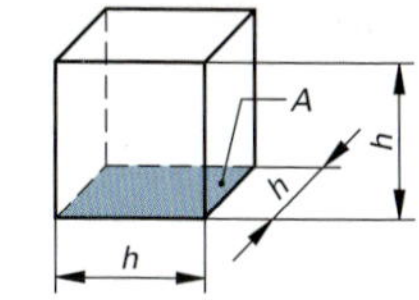

Würfel

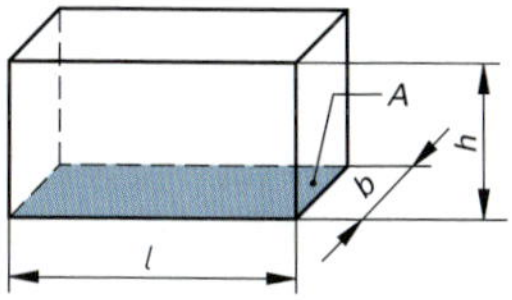

Prisma

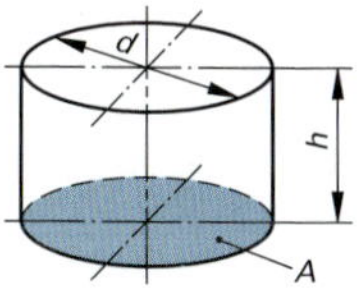

Zylinder

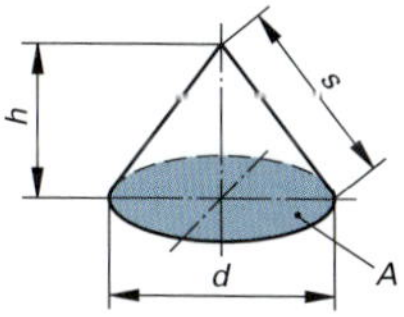

Kegel

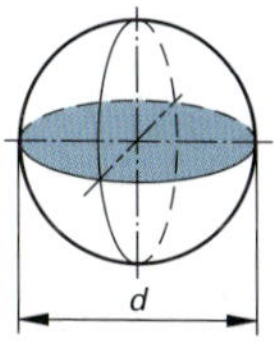

Kugel

Gleich dicke Körper

$$\text{Volumen} = \text{Grundfläche} \cdot \text{Höhe} \quad \textbf{1}$$

$$V = A \cdot h \quad \textbf{2}$$

Würfel

$A = h^2$

$$V = h^3 \quad \textbf{3}$$

$A_O = 6 \cdot h^2$

Prisma

$A = l \cdot b$

$$V = l \cdot b \cdot h \quad \textbf{4}$$

$A_O = 2 \cdot (l \cdot b + l \cdot h + b \cdot h)$

Zylinder

$A = \frac{\pi \cdot d^2}{4}$

$$V = \frac{\pi \cdot d^2 \cdot h}{4} \quad \textbf{5}$$

$A_O = \pi \cdot d \cdot h + \frac{\pi \cdot d^2}{2}$

Spitze Körper

$$\text{Volumen} = \frac{1}{3} \cdot \text{Grundfläche} \cdot \text{Höhe} \quad \textbf{6}$$

$$V = \frac{A \cdot h}{3} \quad \textbf{7}$$

Pyramide

$A = l \cdot b$

$$V = \frac{l \cdot b \cdot h}{3} \quad \textbf{8}$$

Kegel

$A = \frac{\pi \cdot d^2}{4}$

$$V = \frac{\pi \cdot d^2 \cdot h}{12} \quad \textbf{9}$$

Kugel

Volumen

$$V = \frac{\pi \cdot d^3}{6} \quad \textbf{10}$$

Oberfläche

$$A_O = \pi \cdot d^2 \quad \textbf{11}$$

Masse

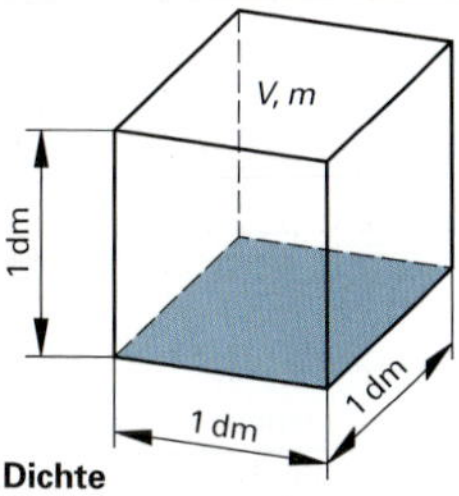

Dichte

$$\text{Dichte} = \frac{\text{Masse}}{\text{Volumen}} \quad \textbf{12}$$

$$\varrho = \frac{m}{V} \quad \textbf{13}$$

Einheiten der Dichte: $\frac{\text{kg}}{\text{dm}^3}$, $\frac{\text{g}}{\text{cm}^3}$, $\frac{\text{t}}{\text{m}^3}$; auch $\frac{\text{g}}{\text{dm}^3}$ (bei Gasen)

Masseberechnung bei Drähten:

$$m = \varrho \cdot A \cdot l \quad \textbf{14}$$

Setzt man hierbei A in mm^2 ein und l in m, erhält man m in g; A in mm^2, l jedoch in km, ergibt m in kg

A	Grundfläche	d	Durchmesser	m	Masse
A_O	Oberfläche	h	Höhe	V	Volumen
b	Breite	l	Länge	ϱ	Dichte (Rho)

Masse, Kraft, Druck, Kraftmoment Mass, Force, Pressure, Torque

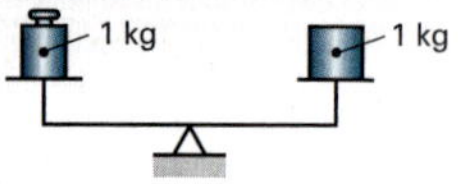

Messen der Masse

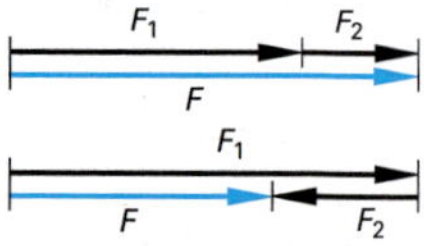

5N ≙ 1 mm

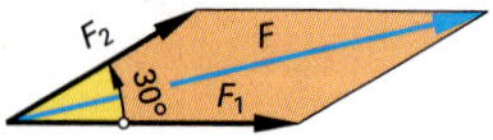

4N ≙ 1 mm

Darstellung von Kräften

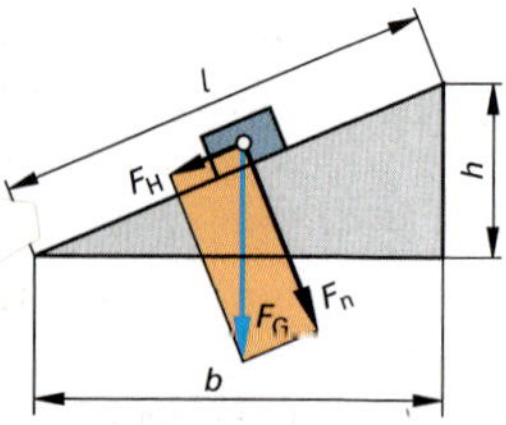

Kräfte an der schiefen Ebene

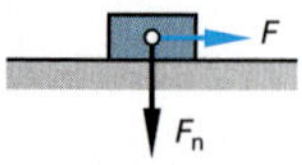

Gleitende Reibung

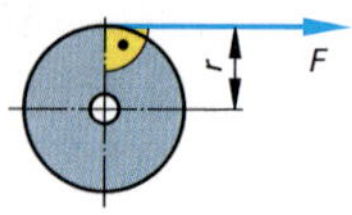

Kraft und Hebelarm

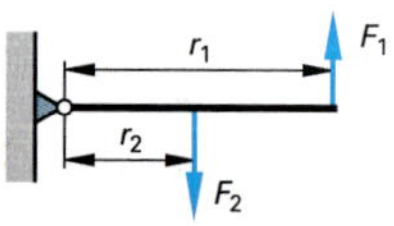

Einseitiger Hebel

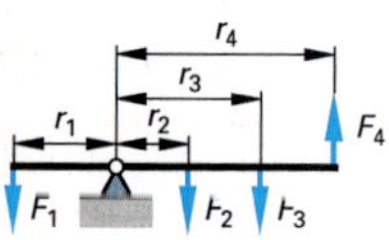

Zweiseitiger Hebel

Die **Masse** eines ruhenden Körpers ist eine Größe, die unabhängig von dem Ort ist, an dem sich der Körper befindet.

Die **Kraft**, welche die Masse 1 kg in 1 s um 1 m/s beschleunigt, hat die Einheit kg · m/s² mit dem besonderen Einheitennamen Newton (N).

Kraft = Masse x Beschleunigung

$[F] = \text{kg} \cdot \text{m/s}^2 = \text{kgm/s}^2 = \text{N}$

Fallbeschleunigung (Erdbeschleunigung):

$g = 9{,}81\ \text{m/s}^2 = 9{,}81\ \text{N/kg} \approx 10\ \text{N/kg}$

Beispiel 1:

Die Kraft $F_1 = 80$ N und die Kraft $F_2 = 60$ N wirken unter dem Winkel $\alpha = 30°$. Die Kräfte sind zeichnerisch zur Gesamtkraft F zusammenzusetzen.

Lösung:

Aus der Zeichnung:

$F \mathrel{\hat=} 33{,}8$ mm; 1 mm ≙ 4 N

$F = 33{,}8\ \text{mm} \cdot 4\ \text{N/mm} = \mathbf{135\ N}$

Beispiel 2:

$F_G = 100$ N; $l = 5$ m; $b = 4$ m;

$F_n = ?$ N

Lösung:

$F_n = F_G \cdot \frac{b}{l} = 100\ \text{N} \cdot \frac{4\ \text{m}}{5\ \text{m}} = \mathbf{80\ N}$

Beispiel 3:

$\mu = 0{,}12$; $F_n = 100$ N; $F = ?$ N

Lösung:

$F = \mu \cdot F_n = 0{,}12 \cdot 100\ \text{N} = \mathbf{12\ N}$

Kraftmoment = Kraft x Hebelarm

$[M] = \text{N} \cdot \text{m} = \text{Nm}$

Ein Hebel ist im Gleichgewicht, wenn die Summe der linksdrehenden Momente gleich der Summe der rechtsdrehenden Momente ist.

$$F = m \cdot a \quad (1)$$

$$F_G = m \cdot g \quad (2)$$

Für gleichgerichtete Kräfte:

$$F = F_1 + F_2 \quad (3)$$

Für gegengerichtete Kräfte:

$$F = F_1 - F_2 \quad (4)$$

Für senkrecht zueinander stehende Kräfte:

$$F = \sqrt{F_1^2 + F_2^2} \quad (5)$$

$$F_H = F_G \cdot \frac{h}{l} \quad (6)$$

$$F_n = F_G \cdot \frac{b}{l} \quad (7)$$

$$F = \mu \cdot F_n \quad (8)$$

$$p = \frac{F}{A} \quad (9)$$

$[p] = \frac{\text{N}}{\text{m}^2} = \text{Pa}$

$$M = F \cdot r \quad (10)$$

$$\Sigma M_{\text{links}} = \Sigma M_{\text{rechts}} \quad (11)$$

$$F_1 \cdot r_1 = F_2 \cdot r_2 \quad (12)$$

A	Fläche (von area)	F_n	Normalkraft (Kraft senkrecht zur Ebene)	m	Masse
a	Beschleunigung	F_H	Hangabtriebskraft	p	Druck
b	Basis der schiefen Ebene	g	Fallbeschleunigung	r	Radius, Hebelarm
F	Kraft (von force)	h	Höhe der schiefen Ebene	r_1 bis r_4	Radien, Hebelarme
F_1 bis F_4	Kräfte	l	Länge der schiefen Ebene	μ	Reibungszahl (Mü)
F_G	Gewichtskraft des Körpers	M	Kraftmoment, Moment	Σ	Zeichen für Summe (Sigma)

Übersetzungen Transmissions

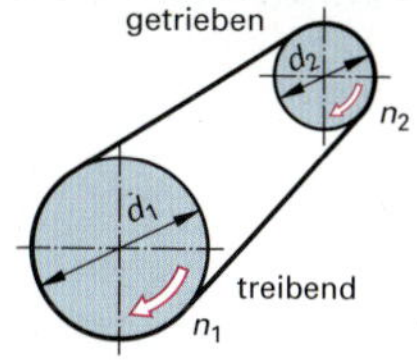

Riementrieb

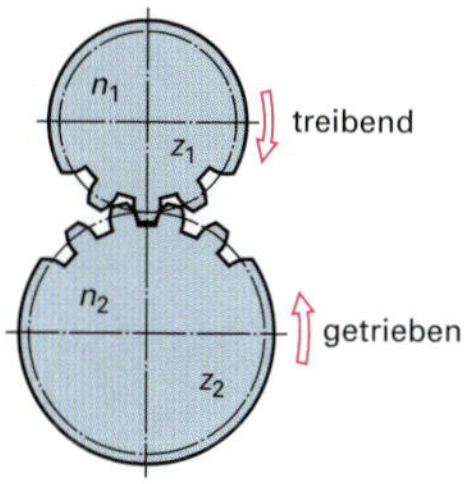

Zahnradtrieb

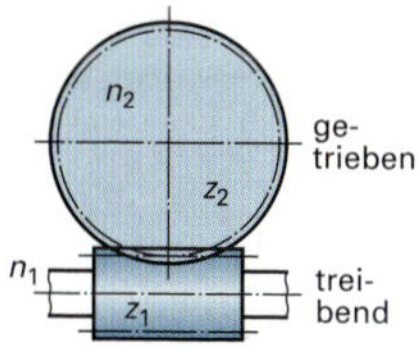

Schneckentrieb

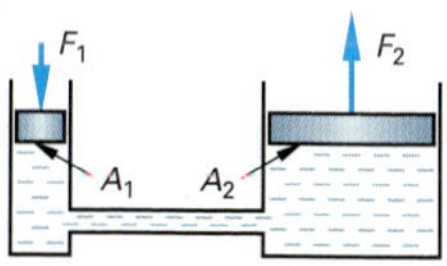

Hydraulische Presse

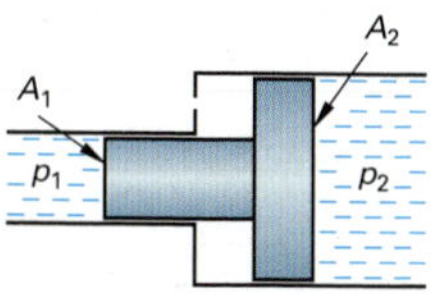

Druckwandler

$$n_1 \cdot d_1 = n_2 \cdot d_2 \quad (1)$$

$$i = \frac{n_1}{n_2} = \frac{d_2}{d_1} \quad (2)$$

$$\frac{M_1}{M_2} = \frac{n_2}{n_1} \quad (4)$$

Beispiel 1:

$n_1 = 800/\text{min}$; $z_1 = 36$; $z_2 = 48$;
$n_2 = ?/\text{min}$

Lösung:

$$n_2 = \frac{z_1 \cdot n_1}{z_2} = \frac{36 \cdot 800/\text{min}}{48} = \mathbf{600/min}$$

Beispiel 2:

$i = 4 : 7$; $n_1 = 400/\text{min}$; $n_2 = ?/\text{min}$

Lösung:

$$n_2 = \frac{n_1}{i} = \frac{400/\text{min} \cdot 7}{4} = \mathbf{700/min}$$

Beispiel 3:

$n_1 = 720/\text{min}$; $z_1 = 2$ (zweigängige
$n_2 = 18/\text{min}$; $z_2 = ?$ Schnecke)

Lösung:

$$z_2 = \frac{n_1 \cdot z_1}{n_2} = \frac{720/\text{min} \cdot 2}{18/\text{min}} = \mathbf{80}$$

Beispiel 4:

$F_1 = 200$ N; $A_1 = 40\ \text{cm}^2$; $A_2 = 1000\ \text{cm}^2$
$F_2 = ?$ N

Lösung:

$$F_2 = F_1 \cdot \frac{A_2}{A_1} = 200\ \text{N} \cdot \frac{1000\ \text{cm}^2}{40\ \text{cm}^2} =$$

$$= \mathbf{5000\ N}$$

Übersetzungsverhältnis

für mehrfache Übersetzung

$$i = i_1 \cdot i_2 \quad (3)$$

$$i = \frac{d_2 \cdot d_4}{d_1 \cdot d_3} \quad (5)$$

$$n_1 \cdot z_1 = n_2 \cdot z_2 \quad (6)$$

$$i = \frac{n_1}{n_2} \quad (7)$$

$$i = \frac{z_2}{z_1} \quad (8)$$

$$n_1 \cdot z_1 = n_2 \cdot z_2 \quad (9)$$

$$i = \frac{n_1}{n_2} \quad (10)$$

$$i = \frac{z_2}{z_1} \quad (11)$$

$$p = \frac{F}{A}$$

Bei hydraulischer Presse:

$$\frac{F_1}{F_2} = \frac{A_1}{A_2} \quad (12)$$

Beim Druckwandler:

$$\frac{p_1}{p_2} = \frac{A_2}{A_1} \quad (13)$$

A	Fläche	F_1, F_2	Kräfte der Kolben	n_1, n_2	Drehzahlen
A_1, A_2	Kolbenflächen	i	Übersetzungsverhältnis	p	Druck
d_1 bis d_4	Durchmesser	i_1, i_2	Einzelübersetzungsverhältnisse	p_1, p_2	Drücke im Zylinder
F	Druckkraft	M_1, M_2	Kraftmomente	z_1, z_2	Zähnezahlen, bei Schnecke Gangzahl

Bei A, d, M, n, p und z Index 1 für treibend, Index 2 für getrieben.

Rollen, Keile, Winden Pulleys, Wedges, Winches

M

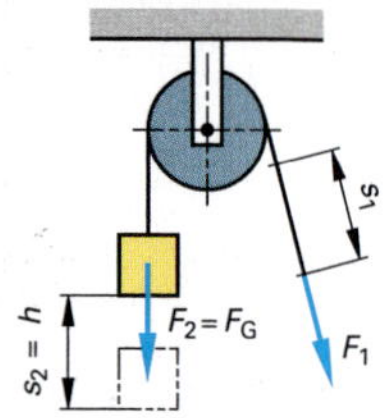

Feste Rolle

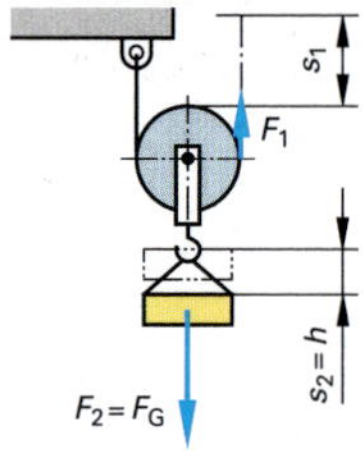

Lose Rolle

$[F_1] = [F_2] = [F_G] = \text{N}$

$[s_1] = [s_2] = [h] = \text{m}$

$[l] = \text{m}$

$[d] = \text{m}$

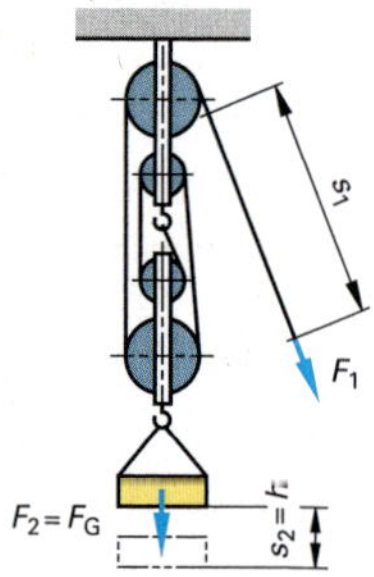

Flaschenzug

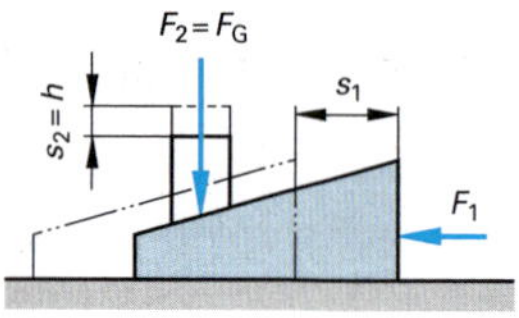

Keil

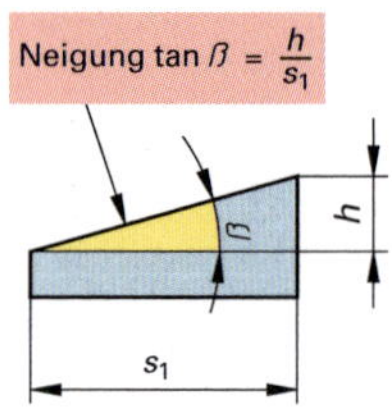

Neigung am Keil

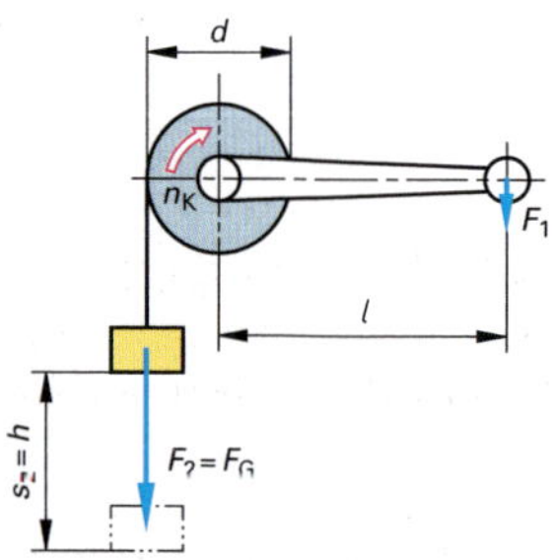

Winde

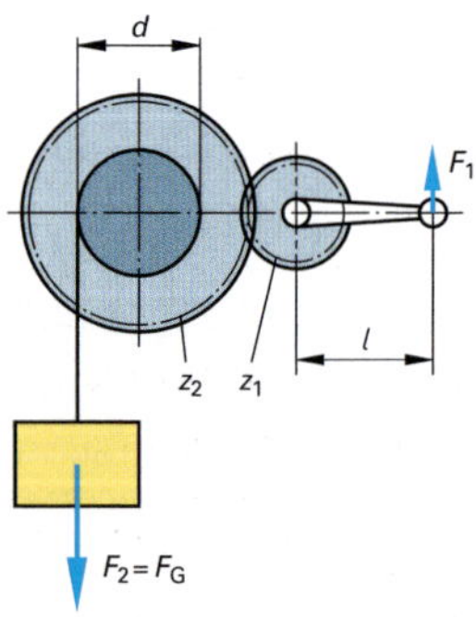

Räderwinde

Bei fester Rolle:

$$F_1 = F_G \quad (1)$$

$$s_1 = h \quad (2)$$

Bei loser Rolle:

$$F_1 = \frac{F_G}{2} \quad (3)$$

$$s_1 = 2 \cdot h \quad (4)$$

Beim Flaschenzug:

$$F_1 = \frac{F_G}{n} \quad (5)$$

$$s_1 = n \cdot h \quad (6)$$

Beim Keil:

$$F_1 \cdot s_1 = F_2 \cdot h \quad (7)$$

$$\tan \beta = \frac{h}{s_1} \quad (8)$$

Bei Winde:

$$F_1 \cdot l = \frac{F_G \cdot d}{2} \quad (9)$$

$$h = \pi \cdot d \cdot n_K \quad (10)$$

Bei Räderwinde:

$$F_1 \cdot l \cdot i = \frac{F_G \cdot d}{2} \quad (11)$$

$$i = \frac{z_2}{z_1} \quad (12)$$

d	Durchmesser	i	Übersetzungsverhältnis	s_1	Weg der Kraft F_1
F_1	aufgewendete Kraft	l	Kurbellänge	s_2	Weg der Kraft F_2
F_2	abgegebene Kraft	n	Anzahl der tragenden Seilstränge	β	Neigungswinkel
F_G	Gewichtskraft	n_K	Anzahl Kurbelumdrehungen	z_1, z_2	Zähnezahlen
h	Hubhöhe				

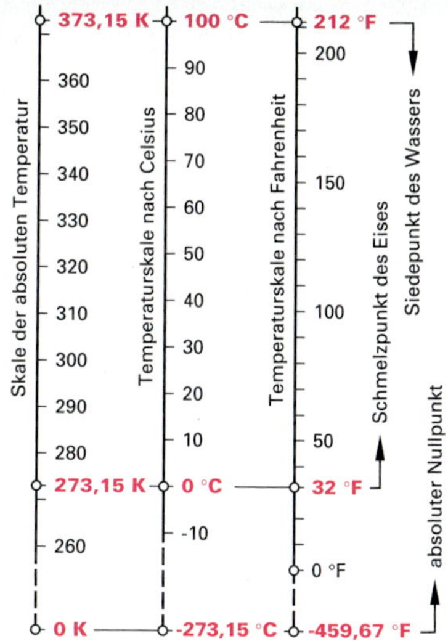

Temperaturskalen

Spezifische Wärmekapazitäten c zwischen 0 °C und 100 °C	
Werkstoff	c in $\frac{\text{kJ}}{\text{kg} \cdot \text{K}}$
Aluminium	0,94
Eisen	0,47
Kupfer, Messing	0,39
Silber	0,23
Polyvinylchlorid	0,88
Maschinenöl	1,67
Wasser	4,19

Spezifische Wärmearten		
Stoff	Art	Wert in J/kg
Wasser	q_s	$3{,}35 \cdot 10^5$
	q_v	$22{,}5 \cdot 10^5$
Aluminium	q_s	$3{,}935 \cdot 10^5$
Blei	q_s	$0{,}25 \cdot 10^5$

$$T = \vartheta + 273{,}15\ \text{K} \quad (1)$$

$$\vartheta_F = \frac{9}{5}\vartheta + 32\ °\text{F} \quad (3)$$

$[T] = \text{K}$; $[\vartheta] = °\text{C}$

$[\vartheta_F] = °\text{F}$; $[\alpha] = \frac{1}{\text{K}}$

$[\gamma] = \frac{1}{\text{K}}$; $[Q] = \text{J}$

$[c] = \frac{\text{kJ}}{\text{kg} \cdot \text{K}}$; $[C] = \frac{\text{J}}{\text{K}}$

Schmelzwärme

$$Q_s = m \cdot q_s \quad (7)$$

Verdampfungswärme

$$Q_v = m \cdot q_v \quad (9)$$

$[Q_s] = [Q_v] = \text{J}$

$[q_s] = [q_v] = \frac{\text{J}}{\text{kg}}$

$$P_v = \frac{Q}{t} \quad (12)$$

$[R] = \Omega$; $[R_{th}] = \frac{\text{K}}{\text{W}}$

$$\Delta\vartheta = \frac{R_2 - R_1}{R_1 \cdot \alpha} \quad (14)$$

$$\Delta l = l_0 \cdot \alpha_l \cdot \Delta\vartheta \quad (2)$$

$$\Delta V = V_0 \cdot \gamma \cdot \Delta\vartheta \quad (4)$$

Bei festen Stoffen: $\gamma \approx 3\,\alpha_l$

Wärme

$$Q = \Delta\vartheta \cdot c \cdot m \quad (5)$$

$$C = c \cdot m \quad (6)$$

$$Q = \Delta\vartheta \cdot C \quad (8)$$

Für $\Delta\vartheta < 300$ K:

$$\Delta R = \alpha \cdot R_1 \cdot \Delta\vartheta \quad (10)$$

$$R_2 = R_1 + \Delta R \quad (11)$$

$$R_2 = R_1\,(1 + \alpha \cdot \Delta\vartheta) \quad (13)$$

$$R_{th} = \frac{\Delta\vartheta}{P_v} \quad (15)$$

Wicklungserwärmung von elektrischen Maschinen, bei Kupfer:

$$\vartheta_2 = \frac{R_2}{R_1}(\vartheta_1 + 235\ \text{K}) - 235\ \text{K} \quad (16)$$

$$\alpha_1 = \frac{1}{235\ \text{K} + \vartheta_1} \quad (17)$$

Bei Aluminium tritt an Stelle der Zahl 235 der Zahlenwert 225.

Bei allen reinen Metallen ist $\alpha \approx \frac{1}{250}$ 1/K = 0,004 1/K.

- C Wärmekapazität
- c spezifische Wärmekapazität
- l Länge
- l_0 Länge in kaltem Zustand
- m Masse
- P_v Wärmeleistung
- Q Wärme, Wärmeenergie
- Q_s Schmelzwärme
- Q_v Verdampfungswärme
- q_s spezifische Schmelzwärme
- q_v spezifische Verdampfungswärme
- R Widerstand
- R_{th} Wärmewiderstand
- R_1 Widerstand bei ϑ_1
- R_2 Widerstand bei ϑ_2
- T Temperatur in Kelvin
- t Zeit
- V Volumen
- V_0 Volumen in kaltem Zustand
- α Temperaturkoeffizient in 1/K
- α_1 Temperaturkoeffizient bei ϑ_1
- α_l Längen-Ausdehnungskoeffizient in 1/K
- γ Volumen-Ausdehnungskoeffizient in 1/K
- Δ Zeichen für Differenz
- ϑ Temperatur in Grad Celsius
- ϑ_F Temperatur in Grad Fahrenheit
- ϑ_1, ϑ_2 Temperaturen in °C
- $\Delta\vartheta$ Temperaturdifferenz in K

Ladung, Spannung, Stromstärke, Widerstand
Charge, Voltage, Electric Current, Resistance

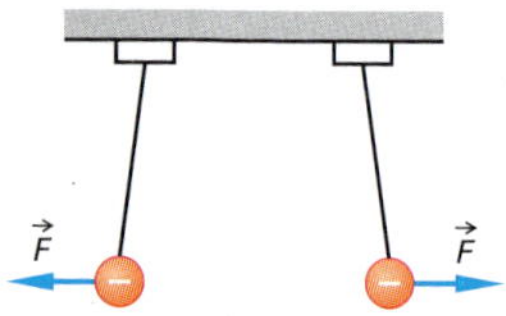

Abstoßung gleichnamiger Ladungen

$[Q] = [I] \cdot [t] = \mathrm{A} \cdot \mathrm{s} = \mathrm{As} = \mathrm{C}$

$[I] = \mathrm{A}$

$[t] = \mathrm{s}$

elektrische Ladung

bei ungeladenem Körper:

$$Q = I \cdot t \qquad (1)$$

bei geladenem Körper:

$$\Delta Q = I \cdot \Delta t \qquad (2)$$

$[F] = \mathrm{N}$

Berechnung der Kraft bei Abstoßung und Anziehung siehe Seite 30.

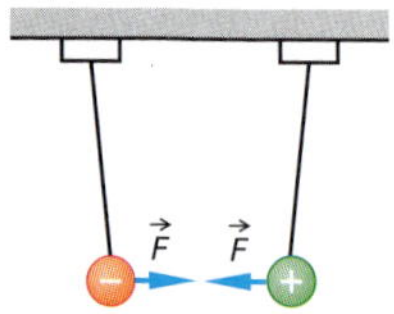

Anziehung ungleichnamiger Ladungen

Stromstärke

$$I = \frac{\Delta Q}{\Delta t} \qquad (3)$$

$[I] = \frac{\mathrm{C}}{\mathrm{s}} = \frac{\mathrm{As}}{\mathrm{s}} = \mathrm{A}$

$$I = \frac{Q}{t} \qquad (4)$$

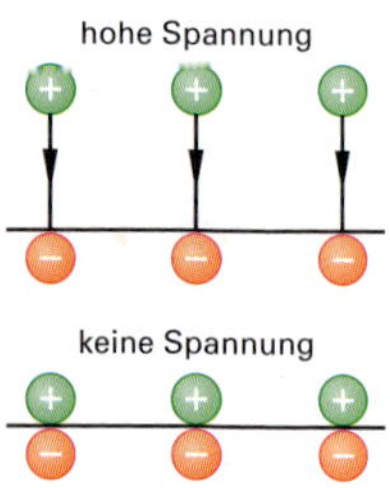

Spannungserzeugung

$[J] = \frac{\mathrm{A}}{\mathrm{m}^2}$

$[J] = \frac{\mathrm{A}}{\mathrm{mm}^2}$ (z.B. in Drähten)

Stromdichte

$$J = \frac{I}{A} \qquad (5)$$

$[U] = [W] / [Q] = \mathrm{J/C}$
$= \mathrm{Ws/As} = \mathrm{W/A}$
$= \mathrm{V}$

Spannung

$$U = \frac{W}{Q} \qquad (6)$$

$$U = \frac{\Delta W}{\Delta Q}$$

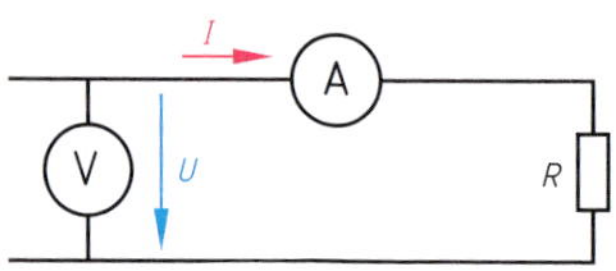

Strom, Spannung, Widerstand

Ohm'sches Gesetz

$[R] = \Omega$

$[G] = 1/\Omega = \mathrm{S}$

Merkformel:

$$U = R \cdot I \qquad (7)$$

$$I = \frac{U}{R} \qquad (8)$$

Bei Metallen:

$[\varrho] = \frac{\Omega \cdot \mathrm{mm}^2}{\mathrm{m}} = \mu\Omega\mathrm{m}$

$[\gamma] = \frac{\mathrm{m}}{\Omega \cdot \mathrm{mm}^2} = \frac{\mathrm{MS}}{\mathrm{m}}$

$$G = \frac{1}{R} \qquad (9)$$

Bei Nichtmetallen:

$[\varrho] = \Omega \cdot \mathrm{m}$

$$R = \frac{l}{\gamma \cdot A} \qquad (10)$$

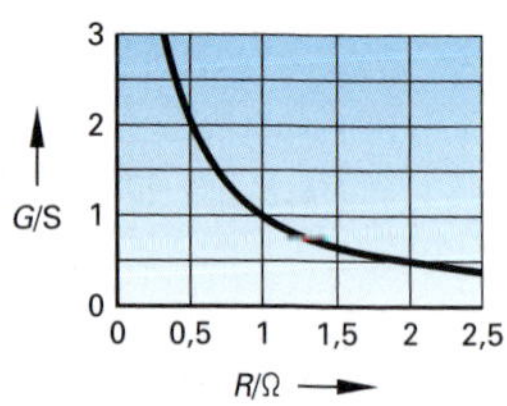

Leitwert und Widerstand

$$\varrho = \frac{1}{\gamma} \qquad (11)$$

$$R = \frac{\varrho \cdot l}{A} \qquad (12)$$

- A Leiterquerschnitt
- d Abstand
- E elektrische Feldstärke
- F Kraft
- G Leitwert
- I Stromstärke
- J Stromdichte
- l Leiterlänge
- Q elektrische Ladung
- R Widerstand
- t Zeit
- U Spannung
- W Arbeit, Energie
- Δ Zeichen für Differenz
- γ Leitfähigkeit (auch $\varkappa$ oder σ)
- ε_0 elektrische Feldkonstante
- ϱ spezifischer Widerstand

Elektrische Leistung, elektrische Arbeit Electric Power, Electric Work

Elektrische Leistung bei DC oder in Wirkwiderständen bei AC

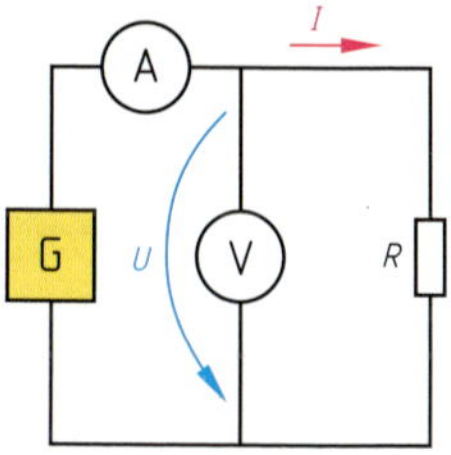

Ermitteln der Leistung mit Strommesser und Spannungsmesser

$[P] = V \cdot A = AV = W = J/s$

bei gleichem R:

$$\frac{P_1}{P_2} = \frac{U_1^2}{U_2^2} \quad (2)$$

$$\frac{P_1}{P_2} = \frac{I_1^2}{I_2^2} \quad (4)$$

Indizes 1 und 2 gelten für verschiedene Betriebsfälle

Leistung

$$P = U \cdot I \quad (1)$$

$$P = I^2 \cdot R \quad (3)$$

$$P = \frac{U^2}{R} \quad (5)$$

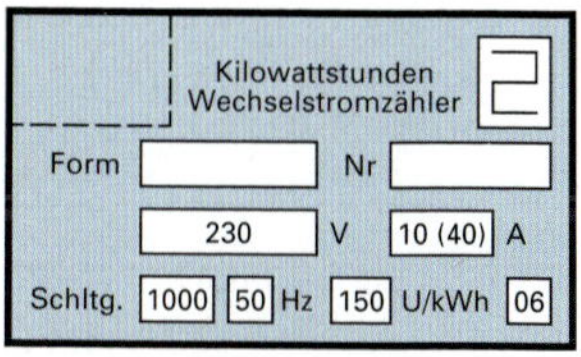

Leistungsschild eines Zählers

Leistungsmessung mit Zähler:

Beispiel:

n = 8 Umdrehungen in 2 min

C_z = 150 / kWh; P = ? kW

Lösung:

$$P = \frac{n}{C_z} = \frac{8 / (2\ \text{min}) \cdot 60\ \text{min/h}}{150 / \text{kWh}} = \mathbf{1{,}6\ kW}$$

$$P = \frac{\text{Zahl der Umdr.}}{t \cdot C_z}$$

$$P = \frac{n}{C_z} \quad (6)$$

Elektrische Arbeit

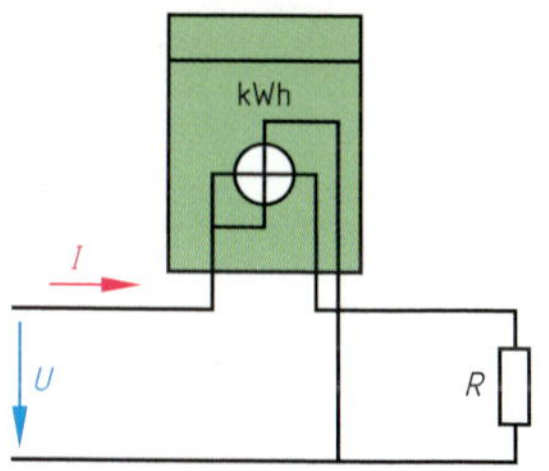

Messen der Arbeit mit dem Zähler

$[W] = Ws = J$

3,6 MJ = 1 kWh

Arbeit

$$W = P \cdot t \quad (7)$$

Arbeitspreis

$$K_A = W \cdot T \quad (8)$$

Stromwärme

$[Q_s] = J$

$$Q_S = W \quad (9)$$

$[c] = \frac{\text{kJ}}{\text{kg} \cdot \text{K}}$

$$Q_S = \frac{\Delta\vartheta \cdot c \cdot m}{\zeta} \quad (10)$$

W in kWh:

$$W_{kWh} = \frac{\Delta\vartheta \cdot c \cdot m}{3600 \cdot \zeta} \quad (11)$$

P in kW:

$$P_{kW} = \frac{\Delta\vartheta \cdot c \cdot m}{3600 \cdot \zeta \cdot t} \quad (12)$$

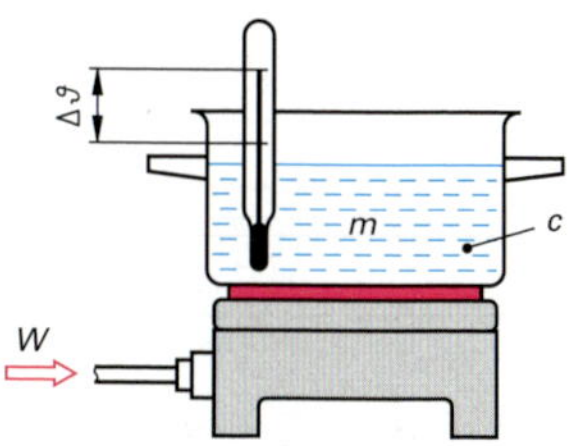

Elektrische Arbeit und Wärme

c-Werte von Seite „Stoffwerte“

Beispiel:

W = 70 kWh; T = 0,12 € / kWh;

K_A = ? €

Lösung:

$$K_A = W \cdot T = 70\ \text{kWh} \cdot 0{,}12\ \frac{€}{\text{kWh}} = \mathbf{8{,}40\ €}$$

c	spezifische Wärmekapazität	n	Zählerdrehzahl je Stunde	T	tariflicher Preis
C_z	Zählerkonstante	P	Leistung	U	Spannung
I	Stromstärke	Q_S	Stromwärme	W	Arbeit, Verbrauch an elektr. Energie
K_A	Arbeitspreis	R	Widerstand	$\Delta\vartheta$	Temperaturunterschied
m	Masse (z.B. Wassermenge)	t	Zeit	ζ	Wärmearbeitsgrad (Zeta)

Elektrisches Feld, Kondensator Electric Field, Capacitor

Elektrisches Feld

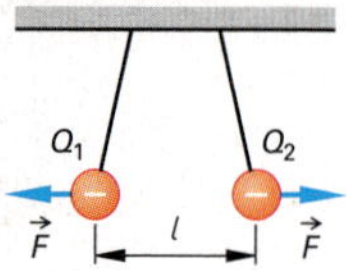

Coulombsches Gesetz (Kraftwirkung)

$$K = \frac{1}{4\,\pi\,\varepsilon}$$

Für Luft: $K \approx 9 \cdot 10^9 \ \frac{\text{Vm}}{\text{As}}$

Kraft

$$F = K \cdot \frac{Q_1 \cdot Q_2}{l^2} \quad (1)$$

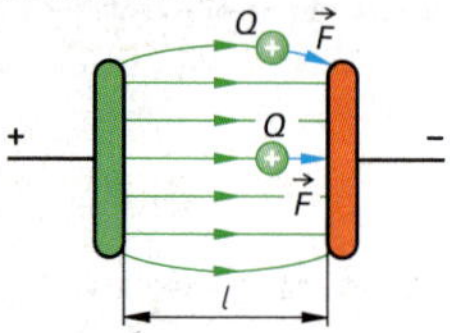

Elektrische Feldstärke

$$[E] = \frac{\text{V}}{\text{m}} = \frac{\text{N}}{\text{As}}$$

Die elektrische Feldstärke E gibt die Kraft an, die auf die Ladung Q = 1 As im elektrischen Feld wirkt.

elektrische Feldstärke

$$E = \frac{F}{Q} \quad (2)$$

beim homogenen Feld:

$$E = \frac{U}{l} \quad (3)$$

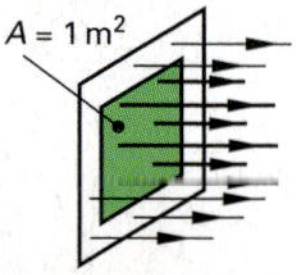

Elektrische Flussdichte

$$[D] = \frac{\text{As}}{\text{m}^2}$$

$$D = \frac{Q}{A} \quad (4)$$

Die elektrische Flussdichte D gibt an, wie groß die Ladung je Quadratmeter ist.

$$D = \varepsilon_0 \cdot \varepsilon_r \cdot E \quad (5)$$

Kondensator

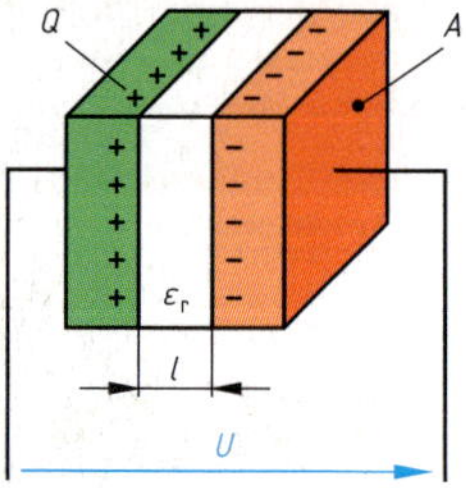

Kapazität

$\varepsilon \quad = \varepsilon_0 \cdot \varepsilon_r \qquad \varepsilon_r$ siehe Seite 399

$\varepsilon_0 \quad = 8{,}85 \ \frac{\text{pAs}}{\text{Vm}} = 8{,}85$ pF/m

$[C] \ = \frac{\text{As}}{\text{V}}$ = F (Farad)

$[Q] \ = \frac{\text{As}}{\text{V}} \cdot \text{V} = \text{As}$ = C (Coulomb)

$$C = \frac{\varepsilon \cdot A}{l} \quad (6)$$

$$Q = I \cdot t \quad (7)$$

$\Delta Q = i \cdot \Delta t$

$$Q = C \cdot U \quad (8)$$

$\Delta Q = C \cdot \Delta u$

$$i = C \cdot \frac{\Delta u}{\Delta t} \quad (9)$$

Energie

$[W] = \frac{\text{As}}{\text{V}} \cdot \text{V}^2 = \text{Ws} = \text{J}$ (Joule)

$$W = \frac{1}{2}\ C \cdot U^2 \quad (10)$$

Energiedichte

Die Energiedichte des elektrischen Feldes ist die gespeicherte Energie je Volumen des elektrischen Feldes.

$[w] = \frac{\text{J}}{\text{m}^3}$

Energiedichte

$$w = \frac{W}{V} \quad (11)$$

$$w = \frac{1}{2} \cdot D \cdot E \quad (12)$$

A	Plattenfläche	K	Koeffizient	U	Spannung
C	Kapazität	l	Abstand der Ladungen, Plattenabstand	ΔU	Spannungsänderung
D	elektrische Flussdichte, Flächenladungsdichte	Q, Q_1, Q_2	Ladungen	V	Volumen
E	elektrische Feldstärke	ΔQ	Ladungsänderung	W	Energie
F	Kraft	t	Zeit	w	Energiedichte
I, i	Stromstärke	Δt	Zeitunterschied	ε	Permittivität
				ε_0	elektrische Feldkonstante
				ε_r	Permittivitätszahl

Wechselgrößen, Wellenlänge Alternating Quantities, Wavelength

Wechselgrößen

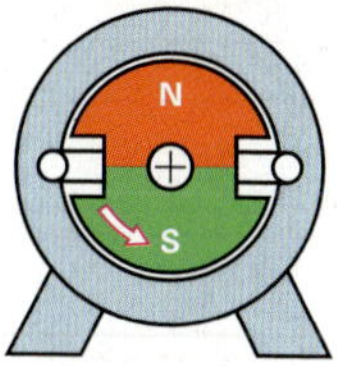

Innenpolmaschine mit einem Polpaar

$[f] = \frac{1}{s} = Hz$

$[\omega] = \frac{1}{s}$; $[n] = \frac{1}{s}$

Frequenz

$$f = \frac{1}{T} \quad (1)$$

$$f = p \cdot n \quad (2)$$

$$\omega = 2\pi \cdot f \quad (3)$$

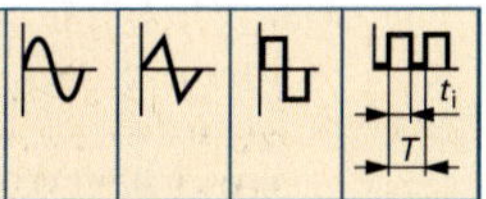

Signalform	(Sinus)	(Dreieck)	(Rechteck)	(Impuls, t_i, T)
Crestfaktor F_C	$\sqrt{2}$ = 1,41	$\sqrt{3}$ = 1,73	1	$\sqrt{\frac{T}{t_i}}$

Effektivwert bei Sinusform

$$U = \frac{\hat{u}}{\sqrt{2}} \quad (4)$$

$$I = \frac{\hat{i}}{\sqrt{2}} \quad (5)$$

Effektivwert allgemein

$$U = \frac{\hat{u}}{F_C} \quad (6)$$

$$I = \frac{\hat{i}}{F_C} \quad (7)$$

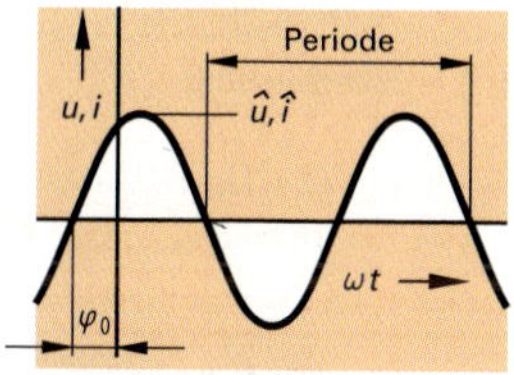

Sinusspannung mit Nullphasenwinkel

Augenblickswert

$$u = \hat{u} \cdot \sin(\omega t + \varphi_0) \quad (8)$$

u_1 eilt u_2 um den Phasenverschiebungswinkel φ voraus.

$$u = \hat{u} \cdot \sin(360° \cdot f \cdot t + \varphi_0°) \quad (9)$$

$\varphi = 2\pi \cdot \frac{\varphi°}{360°}$; $\varphi° = \Delta t \cdot \frac{360°}{T}$

$[\varphi]$ = rad; $[\varphi°]$ = °

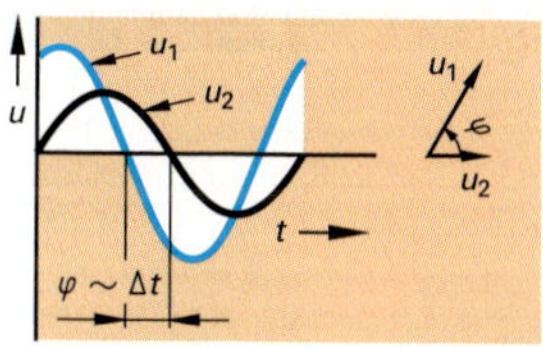

Liniendiagramm Zeigerdiagramm

Phasenverschiebung

Spitze-Tal-Werte

$$\hat{\check{u}} = 2 \cdot \hat{u} \quad (10)$$

$$\hat{\check{i}} = 2 \cdot \hat{i} \quad (11)$$

ab Zeitpunkt Nulldurchgang ($\varphi_0 = 0$):

$$u = \hat{u} \cdot \sin(360° \cdot f \cdot t) \quad (12)$$

Wellenlänge

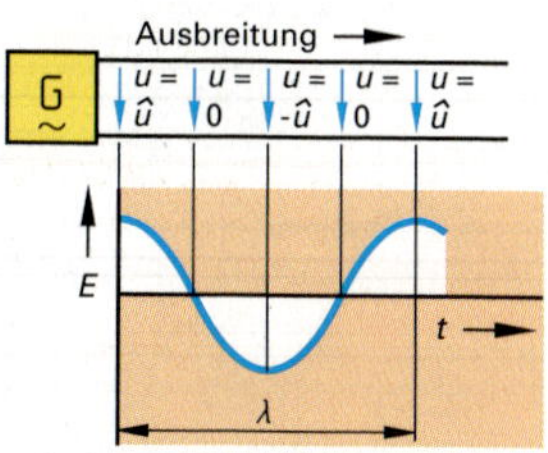

$c_0 = 299\,792{,}458 \ \frac{km}{s}$

$\approx 300\,000 \ \frac{km}{s}$

$= 0{,}3 \cdot 10^9 \ \frac{m}{s}$

Wellenlänge

im Vakuum:

$$\lambda = \frac{c_0}{f} \quad (13)$$

$$\lambda = c_0 \cdot T \quad (15)$$

allgemein:

$$\lambda = \frac{c}{f} \quad (14)$$

$$\lambda = c \cdot T \quad (16)$$

- c Ausbreitungsgeschwindigkeit
- c_0 Lichtgeschwindigkeit im Vakuum oder in Luft
- E elektrische Feldstärke
- f Frequenz
- F_C Scheitelfaktor, Crestfaktor
- i Augenblickswert des Stromes
- $\hat{i}$ Scheitelwert des Stromes
- I Effektivwert der Stromstärke
- $\hat{\check{i}}$ Spitze-Tal-Wert des Stromes
- l Leiterlänge
- n Drehfelddrehzahl
- p Polpaarzahl der Maschine
- t Zeit
- t_i Impulszeit
- T Periodendauer
- u Augenblickswert der Spannung
- $\hat{u}$ Scheitelwert der Spannung
- U Effektivwert der Spannung
- $\hat{\check{u}}$ Spitze-Tal-Wert der Spannung
- α Winkel
- φ Phasenverschiebungswinkel
- φ_0 Nullphasenwinkel
- λ Wellenlänge
- ω Kreisfrequenz, Winkelgeschwindigkeit

Leistung bei Sinuswechselstrom, Impuls
Power of Alternating Sine-wave Current, Impulse

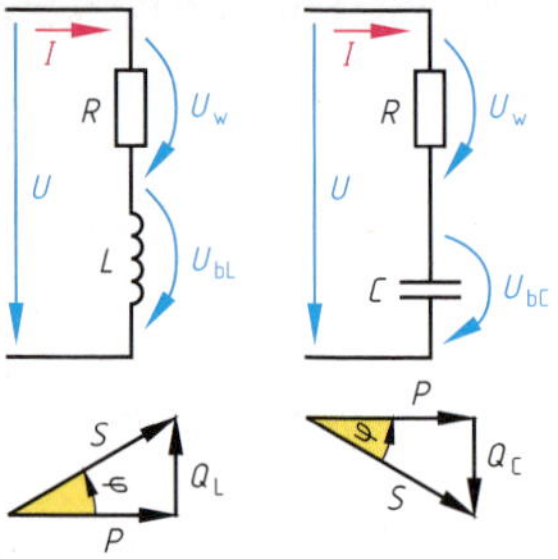

Reihenschaltung von Wirkwiderstand und Blindwiderstand

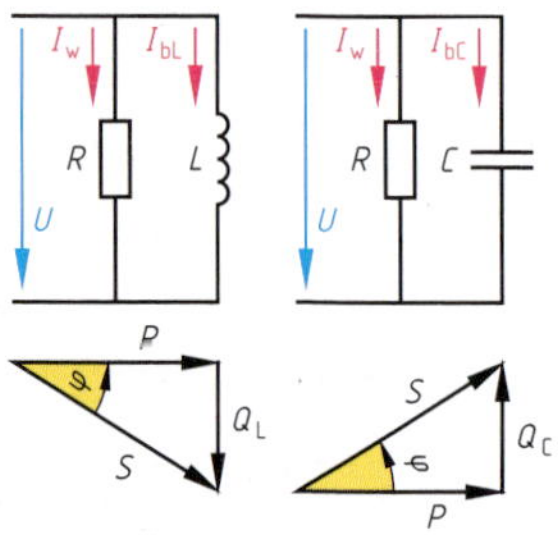

Parallelschaltung von Wirkwiderstand und Blindwiderstand

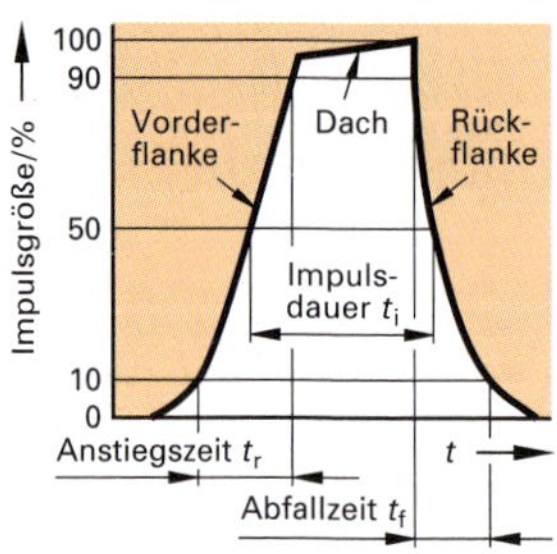

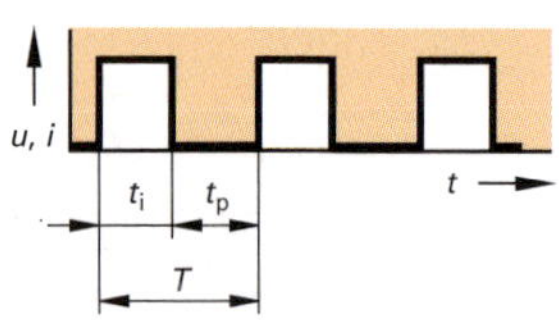

Kenngrößen beim Impuls

Der Spannungserzeuger gibt eine Scheinleistung an eine beliebige Schaltung ab.

$[S] = \text{V} \cdot \text{A} = \text{VA}$

$$S = U \cdot I \quad (1)$$

Im Wirkwiderstand tritt Wirkleistung auf.

$[P] = \text{V} \cdot \text{A} = \text{W}$

$$P = U_w \cdot I_w \quad (2)$$

Im Blindwiderstand tritt Blindleistung auf.

$[Q] = \text{V} \cdot \text{A} = \text{var}$

$$P = U \cdot I \cdot \cos\varphi \quad (3)$$

var = Volt-Ampere-reaktiv
(reaktiv = rückwirkend)

Q ist Q_C oder Q_L, U_b ist U_{bC} oder U_{bL} und I_b ist I_{bC} oder I_{bL}.

Bei Sinusform:

$$\sin\varphi = \frac{Q}{S} \quad (4)$$

$$\cos\varphi = \frac{P}{S} \quad (6)$$

Blindleistung

$$Q = U_b \cdot I_b \quad (5)$$

$$Q = U \cdot I \cdot \sin\varphi \quad (7)$$

Bei Nichtsinusform:

$$\lambda = \frac{P}{S} \quad (8)$$

Scheinleistung

$$S = \sqrt{P^2 + Q^2} \quad (9)$$

Die Anstiegszeit und die Abfallzeit werden zwischen dem 10-%-Wert und dem 90-%-Wert der Impulsgröße gemessen.

Die Impulsdauer und die Pausendauer misst man zwischen den 50-%-Werten der Impulsgröße.

$[S] = \frac{\text{V}}{\text{s}}$ oder $\frac{\text{A}}{\text{s}}$

Für Spannungsimpuls:

$$S = \frac{\Delta u}{\Delta t} \quad (10)$$

Für Stromimpuls:

$$S = \frac{\Delta i}{\Delta t} \quad (11)$$

Frequenz

$$f = \frac{1}{T} \quad (12)$$

Periodendauer

$$T = t_i + t_p \quad (13)$$

Tastverhältnis

$$V = \frac{1}{g} \quad (14)$$

Tastgrad

$$g = \frac{t_i}{T} \quad (15)$$

C	Index für kapazitiv	P	Wirkleistung	U_b	Blindspannung
f	Frequenz	Q	Blindleistung	U_w	Wirkspannung
g	Tastgrad	S	Scheinleistung, Flankensteilheit	V	Tastverhältnis (nicht genormt)
I, i	Stromstärke	T	Periodendauer	Δ	Zeichen für Differenz
I_b	Blindstrom	t	Zeit	φ	Phasenverschiebungswinkel
I_{bC}	kapazitiver Blindstrom	t_f	Abfallzeit	λ	Leistungsfaktor
I_{bL}	induktiver Blindstrom	t_i	Impulsdauer	Bei Sinusform:	
I_w	Wirkstrom	t_p	Pausendauer	$\cos\varphi$	Leistungsfaktor, Wirkfaktor
L	Index für induktiv	t_r	Anstiegszeit	$\sin\varphi$	Blindfaktor

Magnetisches Feld, Spule Magnetic Field, Coil

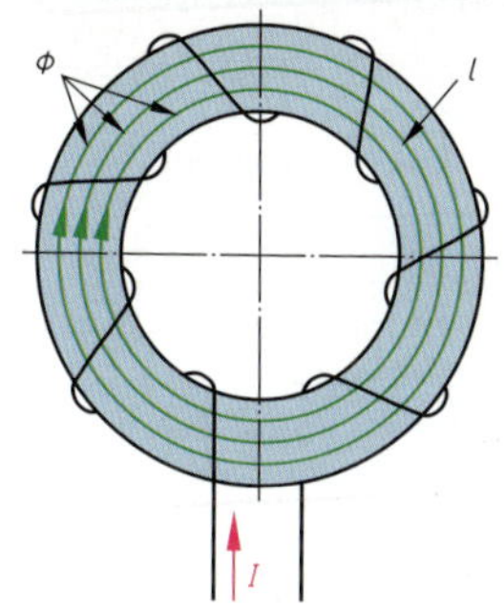

Magnetische Feldstärke

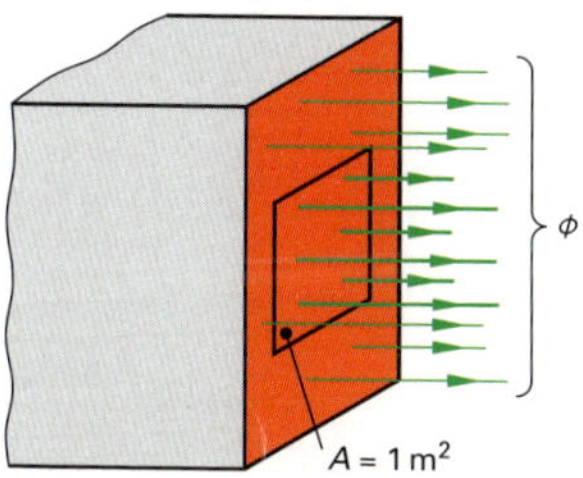

Magnetische Flussdichte, Induktion

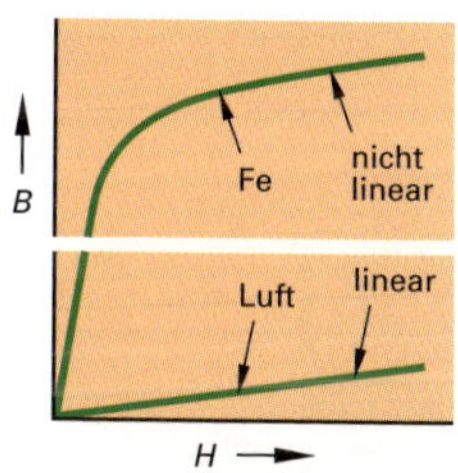

Magnetisierungskennlinien

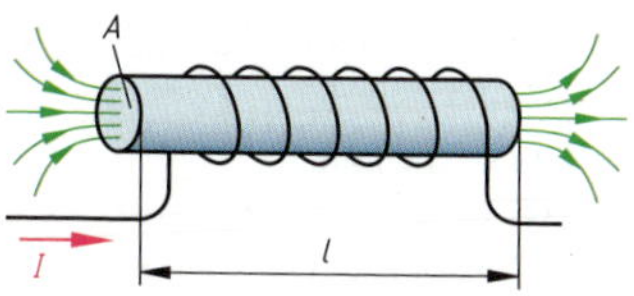

Induktivität

$[\Theta] = \text{A}$

$[H] = \frac{\text{A}}{\text{m}}$

$[R_\text{m}] = \frac{\text{A}}{\text{Vs}} = \frac{1}{\text{H}}$

$$\Lambda = \frac{1}{R_\text{m}} \quad (3)$$

$[\Phi] = \text{Vs} = \text{Wb (Weber)}$

$[B] = \frac{\text{Vs}}{\text{m}^2} = \text{T (Tesla)}$

$[\mu_0] = 1{,}257\ \frac{\mu\text{Vs}}{\text{Am}} = 1{,}257\ \mu\text{H/m}$

$\mu = \mu_0 \cdot \mu_\text{r}$

Die Permeabilitätszahl μ_r gibt den Faktor an, um den die magnetische Leitfähigkeit des Kernes größer ist als die der Luft.

μ_r siehe Seite 395

Für Luft: $\mu_\text{r} = 1$

$[F] = \frac{\text{T}^2 \cdot \text{m}^2 \cdot \text{Am}}{\text{Vs}} = \frac{\text{Ws}}{\text{m}} = \text{N (Newton)}$

$[L] = \frac{\text{Vs}}{\text{A}} = \text{H (Henry)}$

$[W] = \frac{\text{Vs}}{\text{A}} \cdot \text{A}^2 = \text{Ws} = \text{J (Joule)}$

$[w] = \frac{\text{J}}{\text{m}^3}$

Energiedichte

$$w = \frac{1}{2} \cdot B \cdot H \quad (12)$$

$$w = \frac{1}{2} \frac{B^2}{\mu_0 \cdot \mu_\text{r}} \quad (14)$$

Durchflutung

$$\Theta = I \cdot N \quad (1)$$

magn. Feldstärke

$$H = \frac{I \cdot N}{l} \quad (2)$$

magn. Widerstand

$$R_\text{m} = \frac{l}{\mu_0 \cdot \mu_\text{r} \cdot A} \quad (4)$$

magn. Fluss

$$\Phi = \frac{\Theta}{R_\text{m}} \quad (5)$$

magn. Flussdichte

$$B = \frac{\Phi}{A} \quad (6)$$

In Luft:

$$B = \mu_0 \cdot H \quad (7)$$

In Magnetwerkstoffen:

$$B = \mu_0 \cdot \mu_\text{r} \cdot H \quad (8)$$

$$F = \frac{B^2 \cdot A}{2\,\mu_0} \quad (9)$$

Induktivität

$$L = \frac{N^2 \cdot \mu_0 \cdot \mu_\text{r} \cdot A}{l} \quad (10)$$

$$L = N^2 \cdot A_\text{L} \quad (11)$$

$$W = \frac{1}{2} \cdot L \cdot I^2 \quad (13)$$

$$w = \frac{W}{V} \quad (15)$$

- A Polfläche, Spulenquerschnitt
- A_L Spulenkonstante
- B magnetische Flussdichte
- F Kraft (bei Elektromagneten)
- H magnetische Feldstärke
- I Stromstärke
- L Induktivität
- l mittlere Feldlinienlänge, Länge der Spule
- N Windungszahl
- R_m magnetischer Widerstand
- V Volumen
- W Energie
- w Energiedichte
- Φ magnetischer Fluss
- Λ magnetischer Leitwert (Lambda)
- Θ Durchflutung, magnetische Spannung
- μ Permeabilität
- μ_0 magnetische Feldkonstante
- μ_r Permeabilitätszahl

Elektrische und magnetische Feldstärken
Electric and Magnetic Field Strengthes

Elektrische Feldstärke *E* im Haushalt und in elektrischen Anlagen

Feldverteilung

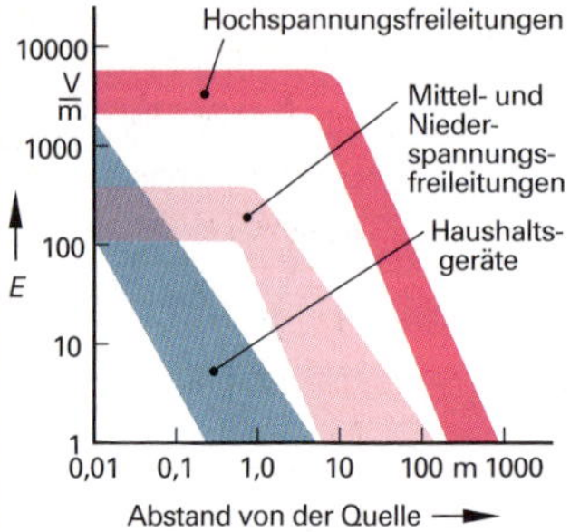

Zahlenwerte – elektrische Anlagen

Freileitungen (Maximalwerte direkt unter der Leitung in Spannfeldmitte)	10kV bis 30 kV	< 1 kV/m
	110 kV	1 kV/m bis 2 kV/m
	220 kV	2 kV/m bis 3 kV/m
	380 kV	5 kV/m bis 6 kV/m
Schaltanlagen (Maximalwerte)	110 kV	5 kV/m bis 6 kV/m
	220 kV	9 kV/m bis 10 kV/m
	380 kV	14 kV/m bis 16 kV/m

Zahlenwerte – Haushalt

Gerät	Abstand vom Gerät 3 cm	Abstand vom Gerät 30 cm
Heizdecke	0,50 kV/m	0,25 kV/m
elektr. Rasierapparat	0,12 kV/m	0,06 kV/m
elektr. Herd, Trockenhaube	0,04 kV/m	0,02 kV/m
Bügeleisen, Kühlschrank	0,11 kV/m	0,06 kV/m
Farbfernseher	0,30 kV/m	0,15 kV/m
Stereoanlage	0,17 kV/m	0,09 kV/m
Wohnraum	0,01 kV/m	0,01 kV/m
Glühlampe	0,05 kV/m	0,02 kV/m

Die Werte hängen von der Ausführung der elektrischen Geräte ab.

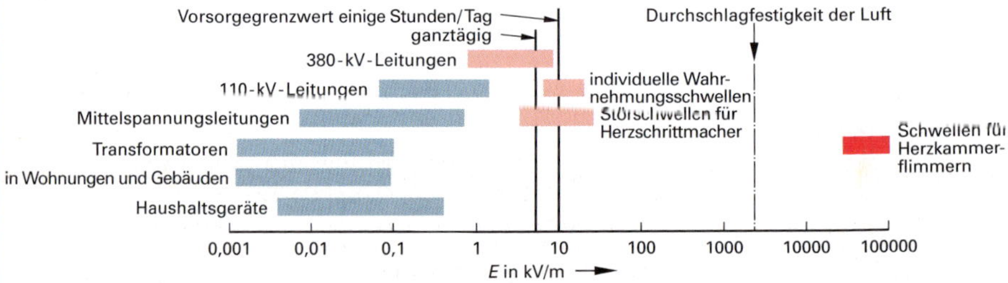

Magnetische Flussdichte *B* im Haushalt und in elektrischen Anlagen

Feldverteilung

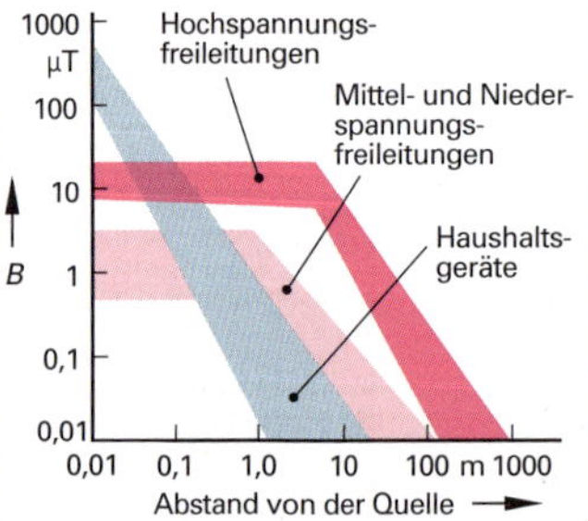

Zahlenwerte – elektrische Anlagen

Freileitungen, abhängig von Stromstärke (Maximalwerte direkt unter der Leitung in Spannfeldmitte)	10 µT bis 30 µT
Kabelanlagen (Werte an der Erdoberfläche)	1 µT bis 20 µT
Schaltanlagen (nur Fachleuten zugänglich)	20 µT bis 50 µT
Trafostationen (Werte an der Außenwand)	2 µT bis 20 µT

Zahlenwerte – Haushalt

Gerät	Abstand vom Gerät 3 cm	Abstand vom Gerät 30 cm
E-Herd, Trockenhaube	2000 µT	5 µT
Fernseher	500 µT	5 µT
Lötpistole	1500 µT	10 µT
Kühlschrank	10 µT	0,1 µT
Bügeleisen	5 µT	1 µT

Die Werte hängen stark von der Art der Geräte ab.

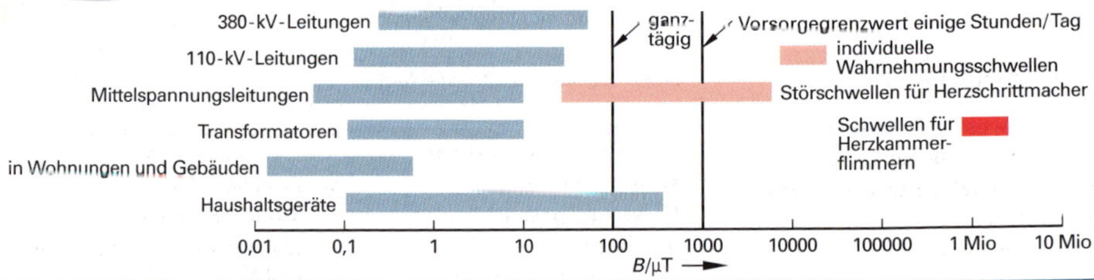

Vorsorgegrenzwert nach WHO = Weltgesundheitsorganisation sowie nach IRPA
IRPA (ICNIRP) = internationale Kommission für den Schutz vor nichtionisierender Strahlung

Strom im Magnetfeld, Induktion Current in Magnetic Field, Induction

Strom im Magnetfeld

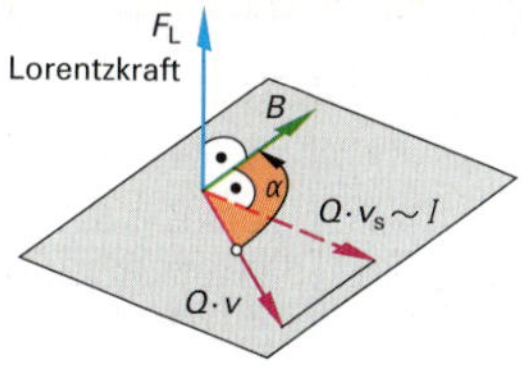

Richtung der Lorentzkraft

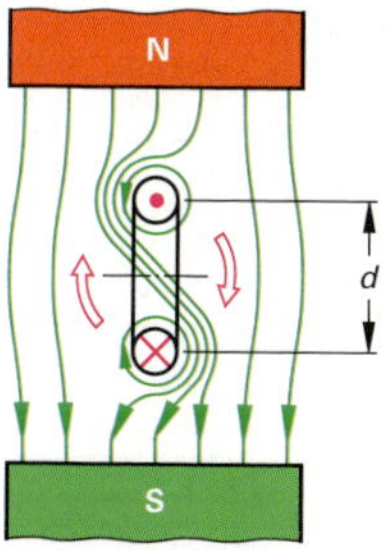

Entstehung des Kraftmoments

Bewegte elektrische Ladungen werden in einem Magnetfeld abgelenkt (Lorentzkraft). Die Richtung der Kraft auf die Ladungen ist senkrecht zur Stromrichtung und senkrecht zur Richtung des Magnetfeldes.

$$[F_L] = \text{As} \cdot \frac{\text{m}}{\text{s}} \cdot \frac{\text{Vs}}{\text{m}^2} = \frac{\text{Ws}}{\text{m}} = \text{N}$$

$$F = Q \cdot v \cdot B = I \cdot t \cdot \frac{l}{t} \cdot B$$

$$[F] = \frac{\text{Vs}}{\text{m}^2} \cdot \text{A} \cdot \text{m} = \frac{\text{Ws}}{\text{m}} = \text{N}$$

$$[M] = \text{N} \cdot \text{m} = \text{Nm}$$

Lorentzkraft

$$F_L = Q \cdot v \cdot B \cdot \sin \alpha \quad (1)$$

$$F_L = Q \cdot v_s \cdot B \quad (2)$$

Ablenkkraft

$$F = B \cdot I \cdot l \cdot z \cdot \sin \alpha \quad (3)$$

für $\alpha = 90°$:

$$F = B \cdot I \cdot l \cdot z \quad (4)$$

Kraftmoment

$$M = F \cdot d \quad (5)$$

Induktion

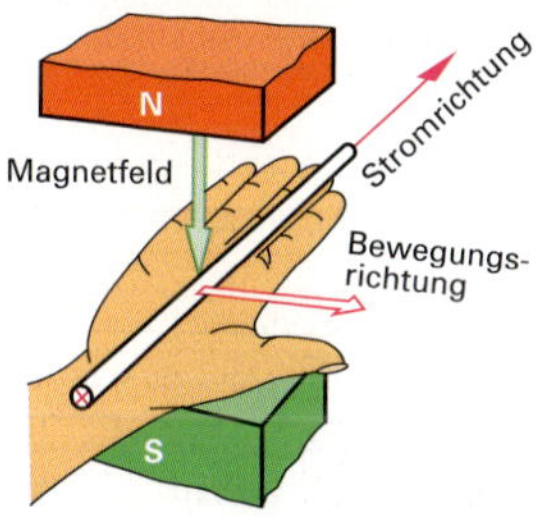

Rechte-Hand-Regel

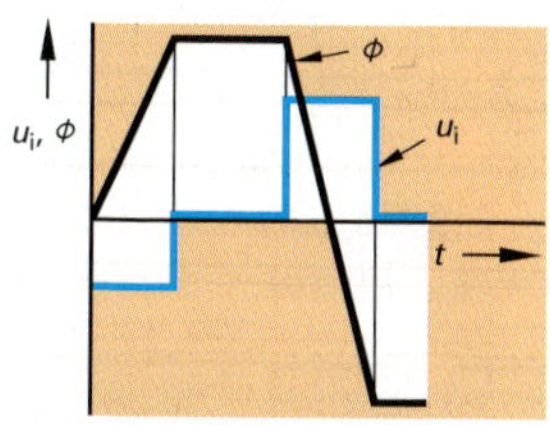

Verlauf von u_i und Φ in Abhängigkeit von t

Lenz'sche Regel: Der durch Induktion hervorgerufene Strom ist so gerichtet, dass er seine Ursache hemmt.

Bei im Magnetfeld rotierender Rechteck-Spule:

$$\hat{u}_i = 2 \cdot N \cdot B \cdot l \cdot v_s \quad (7)$$

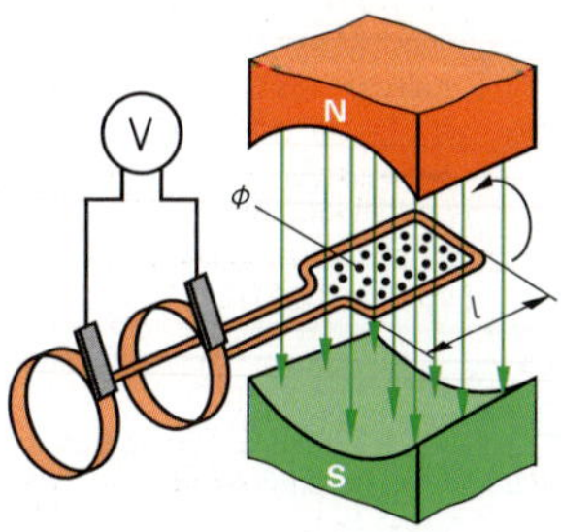

Rechteck-Spule im Magnetfeld

Induktion der Bewegung:

$$u_i = z \cdot B \cdot l \cdot v_s \quad (6)$$

$$[u_i] = \frac{\text{Vs}}{\text{m}^2} \cdot \text{m} \cdot \frac{\text{m}}{\text{s}} = \text{V}$$

Induktion durch Flussänderung:

$$u_i = -N \cdot \frac{\Delta \Phi}{\Delta t} \quad (8)$$

$$[u_i] = \frac{\text{Vs}}{\text{s}} = \text{V}$$

Induktion durch Stromänderung:

$$u_i = -L \cdot \frac{\Delta i}{\Delta t} \quad (9)$$

$$[u_i] = \text{H} \cdot \frac{\text{A}}{\text{s}} = \frac{\text{Vs}}{\text{A}} \cdot \frac{\text{A}}{\text{s}} = \text{V}$$

B	magnetische Flussdichte
d	Durchmesser der Spule
F	Ablenkkraft einer Spulenseite
F_L	Lorentzkraft
I	Stromstärke
Δi	Stromänderung
L	Induktivität
l	wirksame Länge eines Leiters im Magnetfeld
M	Kraftmoment
N	Windungszahl
Q	Ladung
u_i	induzierte Spannung
v	Geschwindigkeit
v_s	Geschwindigkeit senkrecht zum Magnetfeld
Δt	Zeitunterschied
z	Anzahl der Leiter
α	Winkel zwischen v bzw. Leiter und Magnetfeld
$\Delta \Phi$	magnetische Flussänderung

Schaltungen von Widerständen Resistor Circuits

Grundschaltungen

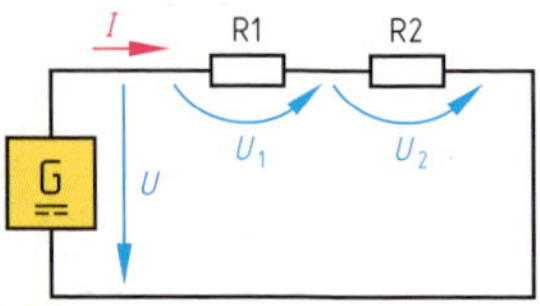

Reihenschaltung von Widerständen

In der Reihenschaltung ist an jeder Stelle des Stromkreises die Stromstärke gleich.

$$I = \text{konstant} \quad (1)$$

$$U = U_1 + U_2 + \dots \quad (2)$$

$$\frac{U_1}{U_2} = \frac{R_1}{R_2} \quad (3)$$

$$R = R_1 + R_2 + \dots \quad (4)$$

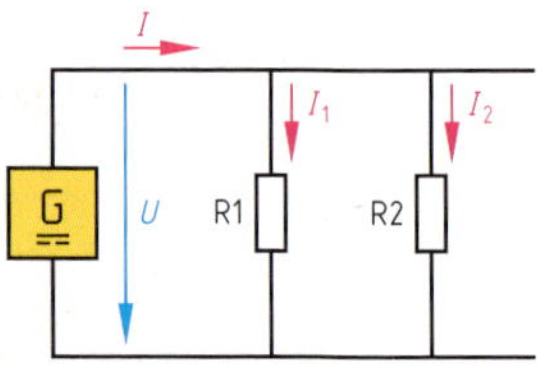

Parallelschaltung von Widerständen

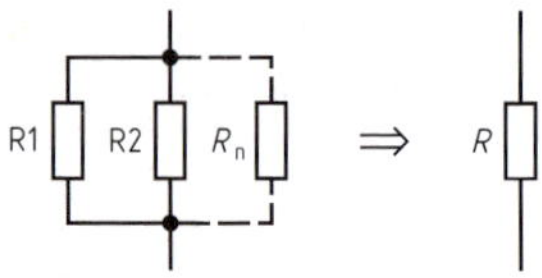

Parallelschaltung mehrerer gleicher Widerstände

An parallel geschalteten Verbrauchern liegt dieselbe Spannung.

$$U = \text{konstant} \quad (5)$$

$$I = I_1 + I_2 + \dots \quad (6)$$

$$G = G_1 + G_2 + \dots \quad (7)$$

Bei zwei Widerständen:

$$R = \frac{R_1 \cdot R_2}{R_1 + R_2} \quad (8)$$

$$\frac{1}{R} = \frac{1}{R_1} + \frac{1}{R_2} + \dots \quad (9)$$

$$R_1 = \frac{R_2 \cdot R}{R_2 - R} \quad (10)$$

$$\frac{I_1}{I_2} = \frac{R_2}{R_1} \quad (11)$$

$$R_2 = \frac{R_1 \cdot R}{R_1 - R} \quad (12)$$

Bei n gleichen Widerständen:

$$R = \frac{R_1}{n} \quad (13)$$

$[I]$ = A; $[U]$ = V

$[G]$ = S; $[R]$ = Ω

Gemischte Schaltungen

1. Beispiel:

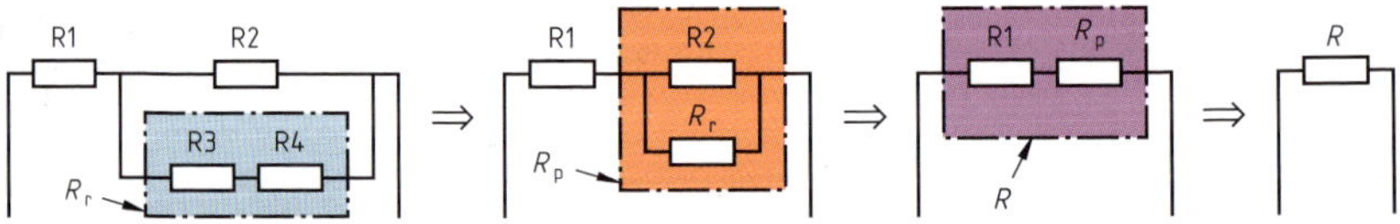

Berechnungsgang $R_r = R_3 + R_4$ ⇒ $R_p = R_2 \parallel R_r = \frac{R_2 \cdot R_r}{R_2 + R_r}$ ⇒ $R = R_p + R_1$

2. Beispiel:

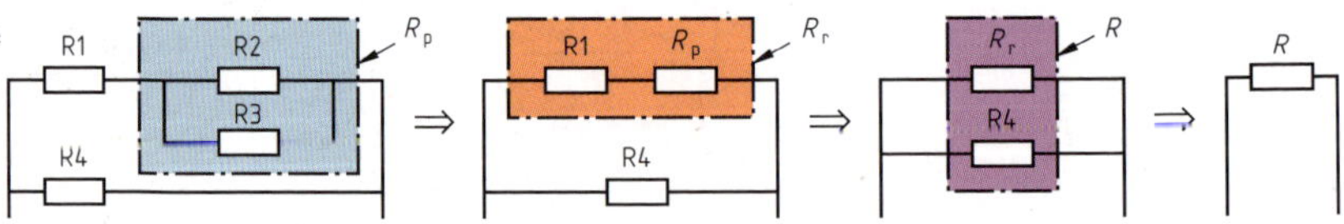

Berechnungsgang $R_p = R_2 \parallel R_3 = \frac{R_2 \cdot R_3}{R_2 + R_3}$ ⇒ $R_r = R_1 + R_p$ ⇒ $R = R_r \parallel R_4 = \frac{R_r \cdot R_4}{R_r + R_4}$

G	Ersatzleitwert
G_1, G_2	Einzelleitwerte
I	Gesamtstrom
I_1, I_2	Teilströme
n	1, 2, 3, ...
R	Ersatzwiderstand
R_1 bis R_4	Einzelwiderstände
R_p	Ersatzwiderstand der Parallelschaltung
R_r	Ersatzwiderstand der Reihenschaltung
U	Gesamtspannung
U_1, U_2	Teilspannungen
$\parallel$	Zeichen für parallel

Bezugspfeile, Kirchhoff'sche Regeln, Spannungsteiler
Reference Arrows, Kirchhoff's Rules, Voltage Divider

Strombezugspfeile

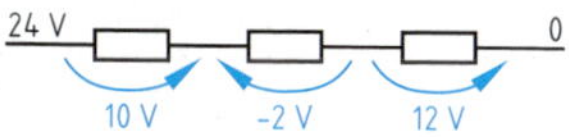

Spannungsbezugspfeile

Haben Stromrichtung und Bezugspfeil dieselbe Richtung, so spricht man von positiver Stromstärke.

Eine positive Spannungsangabe bedeutet, dass die Richtung der Spannung (+ nach –) gleich der Bezugspfeilrichtung ist.

$$I_1 + I_2 + \ldots = 0 \qquad (1)$$

$$\Sigma I_i = 0 \qquad (2)$$

$i = 1, 2, 3, \ldots$

Knotenregel (1. Kirchhoff'sche Regel):
Die Summe der auf einen Knoten zufließenden Ströme ist gleich der Summe der von ihm abfließenden Ströme.

Knotenregel

$$\Sigma I_{zu} = \Sigma I_{ab} \qquad (3)$$

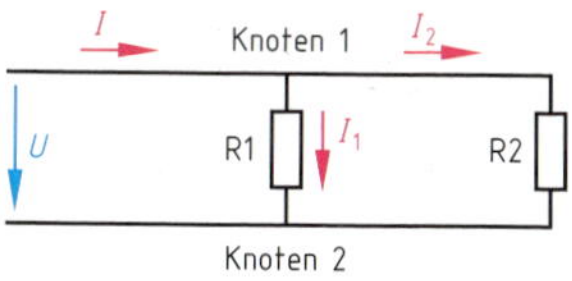

Knoten

Maschenregel (2. Kirchhoff'sche Regel):
Bei einem elektrischen Netzwerk ist die Summe der Spannungen in einer Masche gleich null, wenn man von einem Knoten aus auf beliebigem Weg die Masche durchläuft.

In Schaltung Bild „Maschen":
Masche 1: $U_1 + U_2 - U_0 = 0$
Masche 2: $U_3 + U_4 - U_2 = 0$
Masche 3: $U_5 - U_4 = 0$

Maschenregel

$$U_1 + U_2 + \ldots = 0 \qquad (4)$$

$$\Sigma U_i = 0 \qquad (5)$$

$i = 1, 2, 3, \ldots$

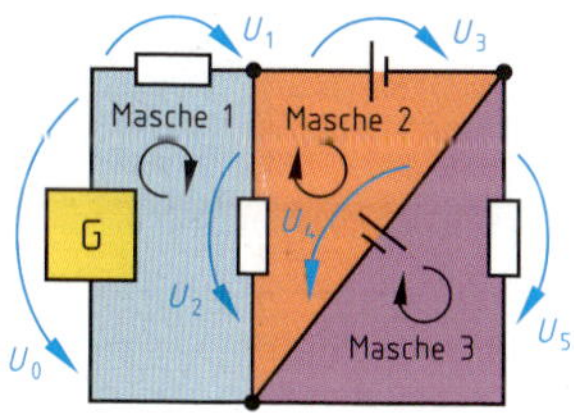

Maschen

Unbelasteter Spannungsteiler

$$U = U_1 + U_{20} \qquad (6)$$

$$U_{20} = \frac{R_2}{R_1 + R_2} \cdot U \qquad (7)$$

$$\frac{U_{20}}{U_1} = \frac{R_2}{R_1} \qquad (8)$$

$$R_1 = R_2 \cdot \left(\frac{U}{U_{20}} - 1\right) \qquad (9)$$

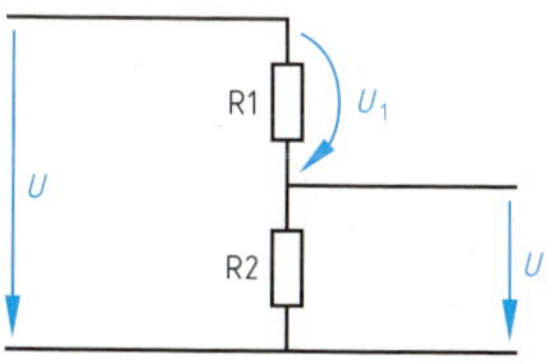

Unbelasteter Spannungsteiler

Belasteter Spannungsteiler

$$q = \frac{I_q}{I_L} = \frac{R_L}{R_2} \qquad (10)$$

$$q = \frac{I_q}{I_L} = \frac{U_L\,(U - U_{20})}{U\,(U_{20} - U_L)}$$

$$U_L = \frac{U}{\dfrac{R_1 \cdot (R_L + R_2)}{R_L \cdot R_2} + 1} \qquad (11)$$

$$R_2 = R_L \cdot \frac{U}{U_L} \cdot \left(\frac{U_{20} - U_L}{U - U_{20}}\right) \qquad (12)$$

U_L ändert sich bei Lastschwankungen wenig, wenn q groß ist, z.B. $q \geq 5$, meist $q \approx 5$.

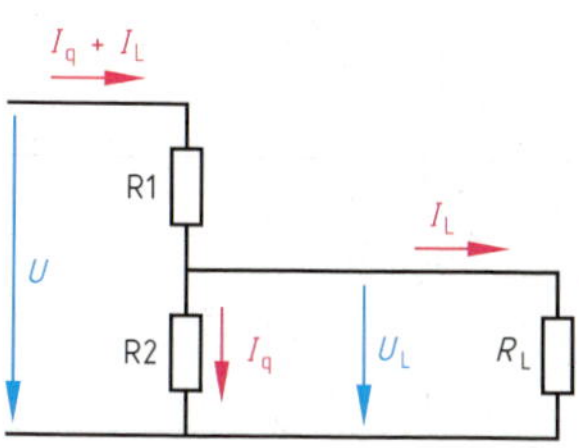

Belasteter Spannungsteiler

I	Stromstärke	I_{zu}	zufließender Strom	U	Gesamtspannung
I_1, I_2	Einzelströme	i	Zählindex	U_1, U_2	Einzelspannungen, Teilspannungen
I_{ab}	abfließender Strom	q	Querstromverhältnis	U_L	Lastspannung
I_L	Laststrom	R_1, R_2	Teilwiderstände	U_{20}	Teilspannung im Leerlauf
I_q	Querstrom	R_L	Lastwiderstand	Σ	Zeichen für Summe

Potenziometer Potentiometer

Bauteil, Schaltung	Erklärung, Funktion	Bemerkungen, Anwendung
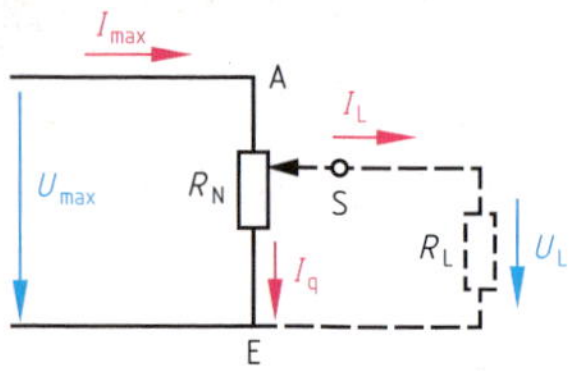 **Prinzipschaltung**	**Höchstwerte** $U_{max} = \sqrt{P_N \cdot R_N}$ **1** $I_{max} = \sqrt{\frac{P_N}{R_N}}$ **2** P_N Bemessungsleistung, R_N Bemessungswiderstand	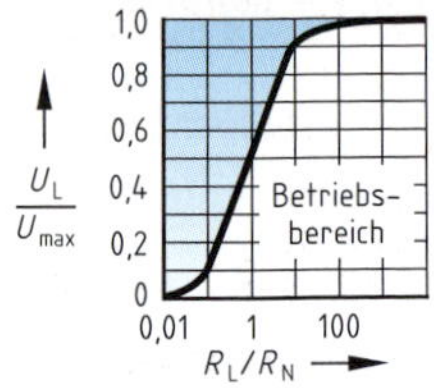 **U_L (R_L)-Kennlinie**
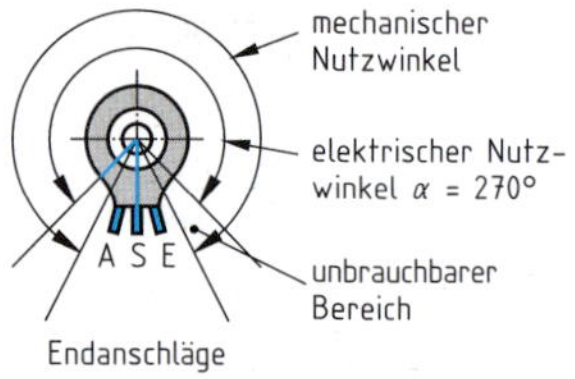 **Nutzwinkel, Endanschläge**	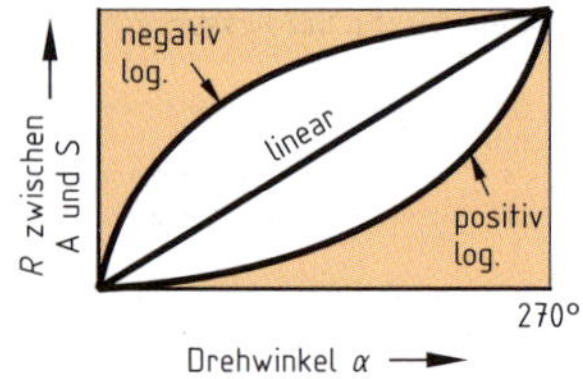 **Widerstandskennlinien (Auswahl)**	Anschlussstellen: A Anfangskontakt S Schleiferkontakt E Endkontakt Ein evtl. vorhandener 4. Anschluss dient als Masseanschluss.
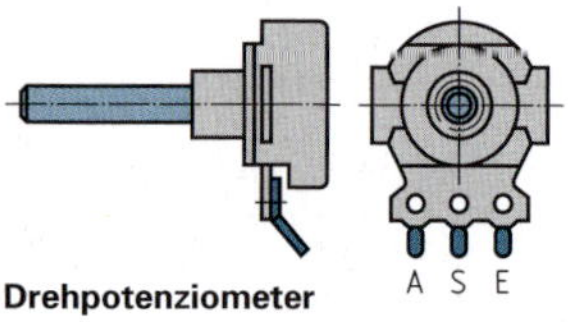 **Drehpotenziometer**	Stufenlose Veränderbarkeit des Widerstandswertes durch kreisförmige Bewegung des Schleifkontaktes. Für hohe Belastung auch als Drahtwiderstände ausgeführt.	Lautstärkeeinstellung, Vorschubregelung an Werkzeugmaschinen. Drehwinkelmessung (Gelenkwinkel) bei Industrierobotern.
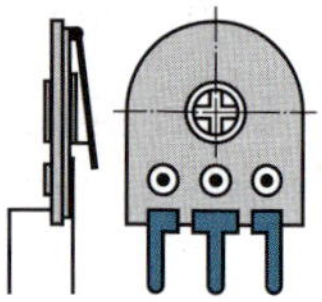 **Trimmer**	Drehwiderstände, die mit dem Schraubendreher eingestellt werden. Nicht zur häufigen Verstellung als Drehpotenziometer geeignet.	Parametereinstellungen in Anwenderschaltungen. Einstellung von Arbeitspunkten bei Transistoren.
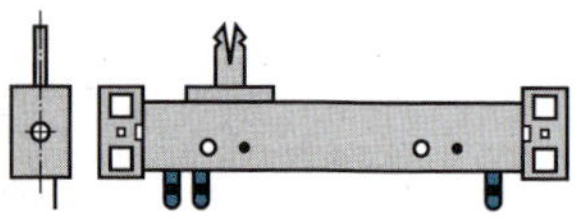 **Schiebepotenziometer**	Stufenlose Veränderbarkeit des Widerstandswertes durch geradlinige Bewegung des Schleifkontaktes auf einer Kohleschicht oder leitender Kunststoffbahn. Sensorsignalerzeugung durch Widerstandsänderung.	Studiomischpulte, High-end-Audiogeräte. Wegemessung an Maschinentischen.
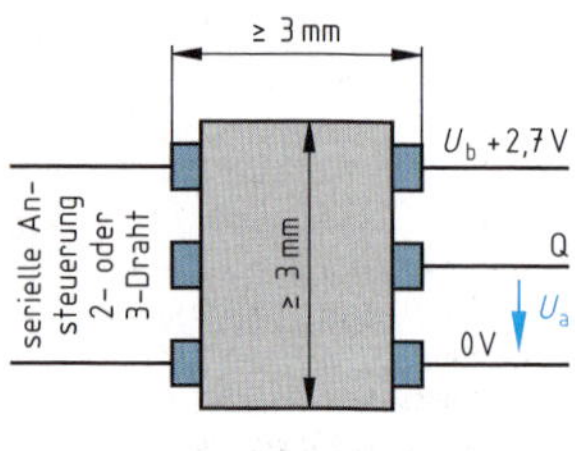 **Digitales Potenziometer**	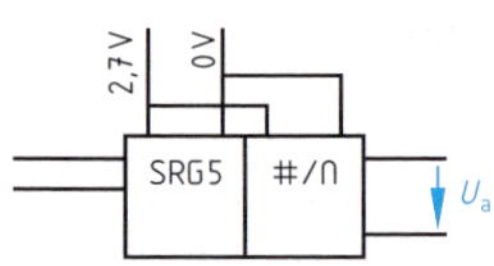 Digitale Potenziometer sind ICs, welche die Funktionen Schieberegister SRG und Digital-Analog-Converter DAC enthalten. Das SRG wird bei der seriellen Programmierung gesetzt und steuert den DAC an. Je nach Programmierung des SRG wird die Betriebsspannung auf den programmierten Analogwert geteilt.	Auflösungen (Zahl der Schleiferpositionen): Bei 5-Bit-Baugruppen 2^5 = 32 bei 7-Bit-Baugruppen 2^7 = 128 bei 9-Bit-Baugruppen 2^9 = 512 Widerstandswerte (Ende-zu-Ende): 1 kΩ, 10 kΩ, 50 kΩ, 100 kΩ. Bemessungsspannungen: je nach Typ U_b = 2,7 V bis 28 V. Leerlaufstrom: je nach Typ 5 µA bis 100 µA. Anwendung: Spannungsteiler für Steuerungen, z.B. Drehzahlsteuerung.

Ersatzspannungsquelle, Ersatzstromquelle, Anpassung

Equivalent Voltage Source, Equivalent Current Source, Matching

Ersatzspannungsquelle

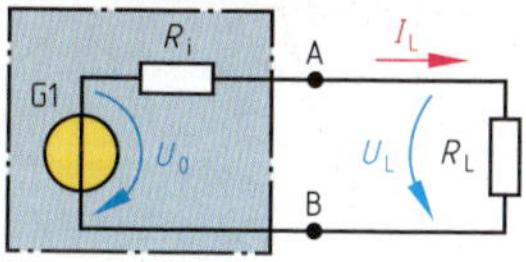

Allgemeine Ersatzschaltung

Laststrom

$$I_L = \frac{U_0}{R_i + R_L}$$ **1**

Lastspannung

$$U_L = U_0 - I_L \cdot R_i$$ **2**

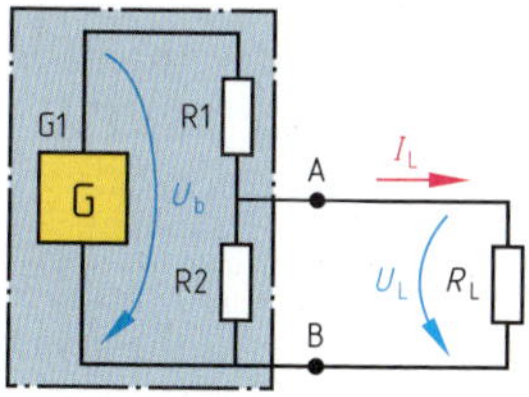

Spannungsteiler

Spannungsteiler

Bestimmung von U_{20}:

R_L von den Anschlüssen A und B abtrennen, U_{20} berechnen.

Bestimmung von R_i:

Spannungsquelle überbrücken ⇒ R1 liegt parallel zu R2, $R_1 \parallel R_2$ berechnen.

Beim Spannungsteiler:

$$U_{20} = \frac{R_2}{R_1 + R_2} \cdot U_b$$ **3**

$$R_i = \frac{R_1 \cdot R_2}{R_1 + R_2}$$ **4**

Bei der Brückenschaltung:

$$U_{01} = \frac{R_3}{R_1 + R_3} \cdot U_b$$

$$U_{02} = \frac{R_4}{R_2 + R_4} \cdot U_b$$

$$U_0 = U_{01} - U_{02}$$ **5**

$R_{i1} = R_1 \parallel R_3$; $R_{i2} = R_2 \parallel R_4$

$$R_i = R_{i1} + R_{i2}$$ **6**

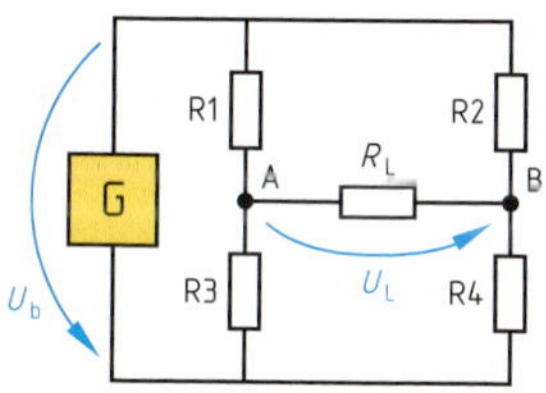

Brückenschaltung

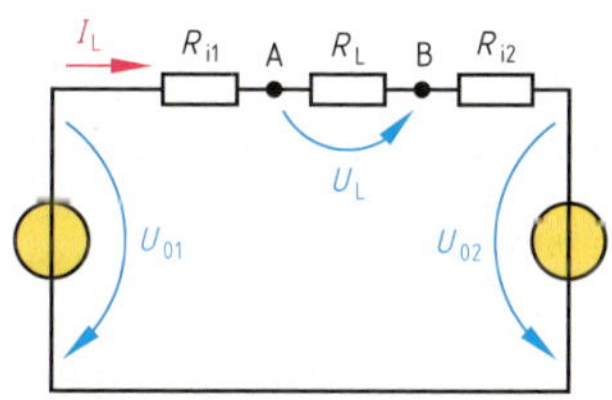

Ersatzschaltung der Brückenschaltung

Ersatzstromquelle

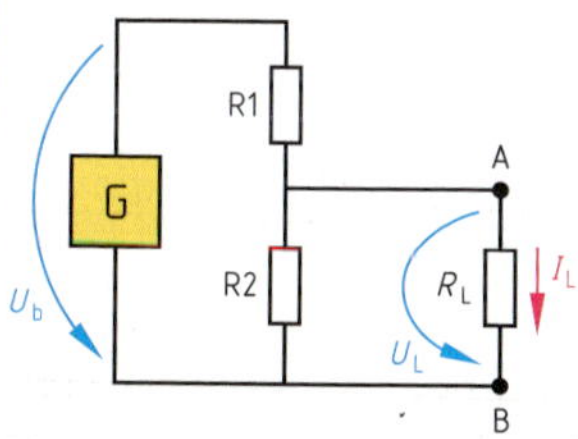

Bestimmung von I:
R_L überbrücken, I in der Überbrückung berechnen.

Bestimmung von R_i:
Wie bei der Ersatzspannungsquelle.

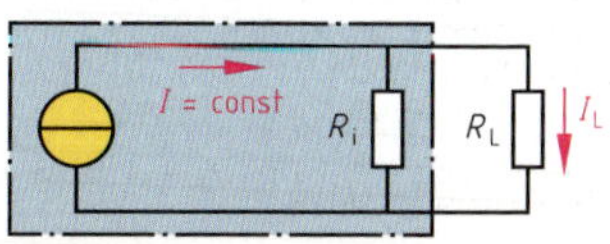

Beim Spannungsteiler: $R_i = R_1 \parallel R_2$; $I = \frac{U_b}{R_1}$

$$I_L = I \cdot \frac{R_i}{R_i + R_L}$$ **7**

$$U_L = I_L \cdot R_L$$ **8**

Anpassung

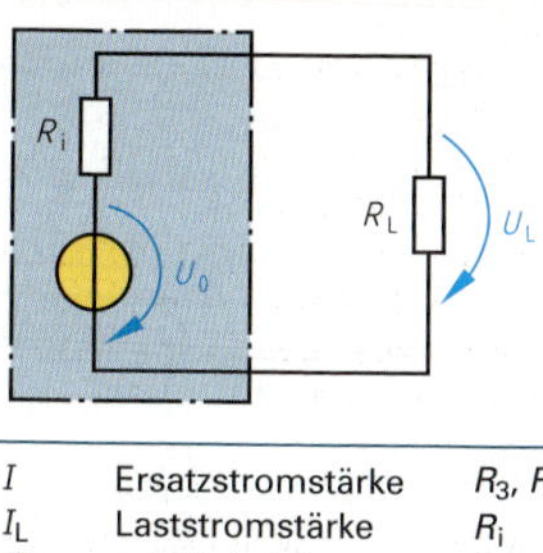

Bei Stromanpassung:

$$R_L \ll R_i$$ **9**

Bei Spannungsanpassung:

$$R_L \gg R_i$$ **11**

Bei Leistungsanpassung:

$$R_L = R_i$$ **10**

größte Leistung:

$$P_{max} = \frac{U_0^2}{4\,R_i}$$ **12**

I	Ersatzstromstärke	R_3, R_4	Spannungsteilerwiderstände	U_0	Leerlaufspannung
I_L	Laststromstärke	R_i	Ersatzinnenwiderstand	U_{20}, U_{01}, U_{02}	Leerlaufspannungen
P_{max}	größte Leistung	R_L	Lastwiderstand	U_L	Lastspannung
R_1, R_2	Spannungsteilerwiderstände	U_b	Betriebsspannung	$\parallel$	Zeichen für parallel

M

Grundschaltungen von Induktivitäten und Kapazitäten
Basic Circuits of Inductances and Capacitances

Reihenschaltung

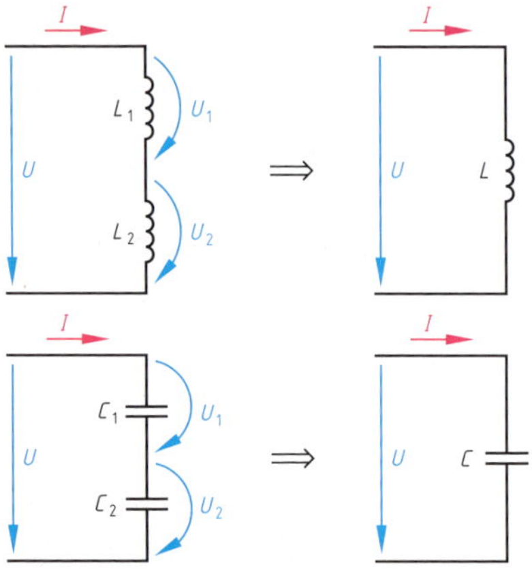

Reihenschaltungen

$I = \text{konstant}$ **1**

$U = U_1 + U_2 + \ldots$ **2**

Bei Wechselspannung:

$$\frac{U_1}{U_2} = \frac{L_1}{L_2}$$ **3**

Bei Spulen ohne magnetische Kopplung:

$L = L_1 + L_2 + \ldots$ **4**

$Q = Q_1 = Q_2$

$$\frac{U_1}{U_2} = \frac{C_2}{C_1}$$ **5**

$$\frac{Q}{C} = \frac{Q}{C_1} + \frac{Q}{C_2}$$

$$\frac{1}{C} = \frac{1}{C_1} + \frac{1}{C_2} + \ldots$$ **6**

Bei n gleichen Kondensatoren:

$$C = \frac{C_1}{n}$$ **7**

Bei zwei Kondensatoren:

$$C = \frac{C_1 \cdot C_2}{C_1 + C_2}$$ **8**

Parallelschaltung

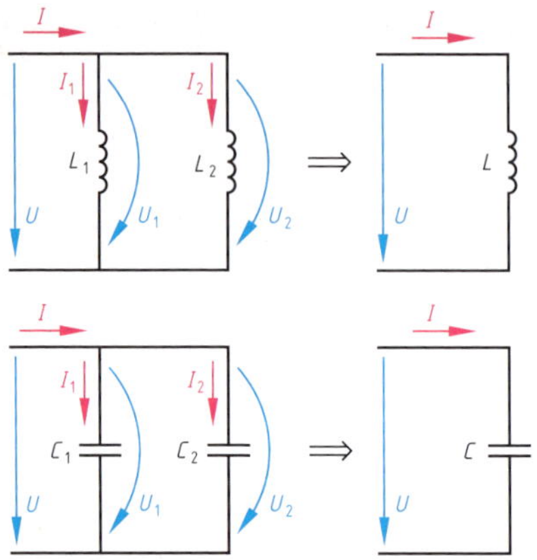

Parallelschaltungen

$U = \text{konstant}$ **9**

$I = I_1 + I_2 + \ldots$ **10**

Bei Wechselstrom:

$$\frac{I_1}{I_2} = \frac{L_2}{L_1}$$ **11**

Bei Spulen ohne magnetische Kopplung:

$$\frac{1}{L} = \frac{1}{L_1} + \frac{1}{L_2} + \ldots$$ **12**

Bei n gleichen Spulen:

$$L = \frac{L_1}{n}$$ **13**

Bei zwei Spulen:

$$L = \frac{L_1 \cdot L_2}{L_1 + L_2}$$ **14**

$Q = Q_1 + Q_2$

$U \cdot C = U \cdot C_1 + U \cdot C_2$

$$\frac{I_1}{I_2} = \frac{C_1}{C_2}$$ **15**

$C = C_1 + C_2 + \ldots$ **16**

Gemischte Schaltungen

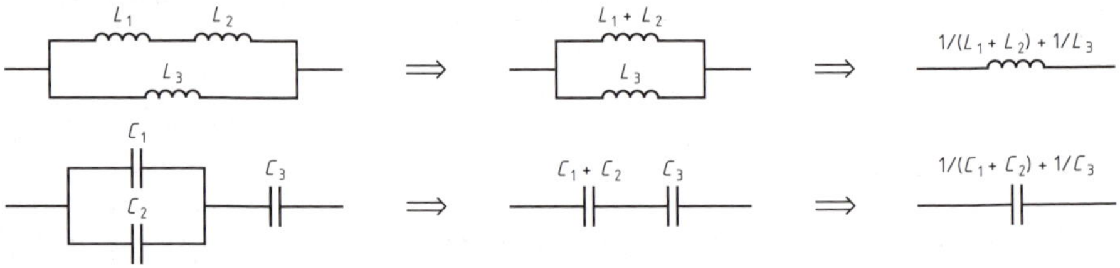

C	Ersatzkapazität	L	Ersatzinduktivität	Q_1, Q_2	Einzelladungen
C_1, C_2	Einzelkapazitäten	L_1, L_2	Einzelinduktivitäten	U	Gesamtspannung
I	Gesamtstromstärke	n	ganzzahliger Faktor	U_1, U_2	Teilspannungen
I_1, I_2	Einzelstromstärken	Q	Gesamtladung		

Schalten von Kondensatoren und Spulen Switching Capacitors and Coils

Schaltung, Zeitkonstante	Spannungsverlauf	Stromverlauf

Ladevorgang und Entladevorgang beim Kondensator an DC

beim Laden

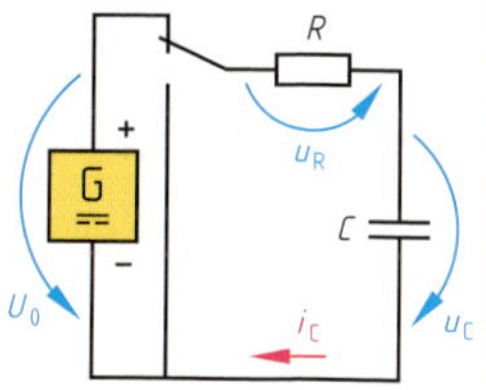

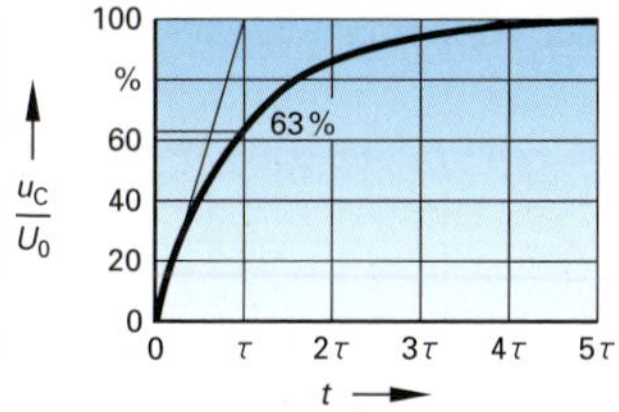

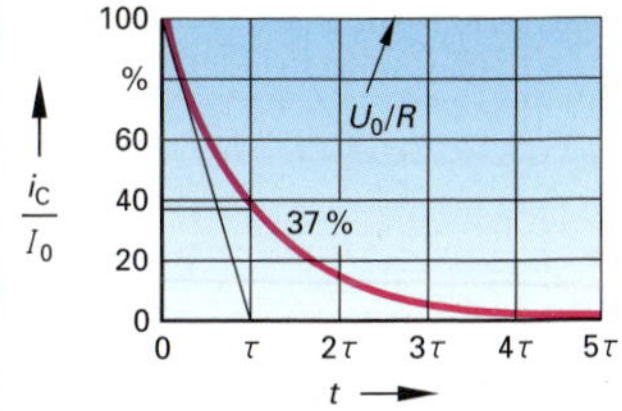

beim Entladen

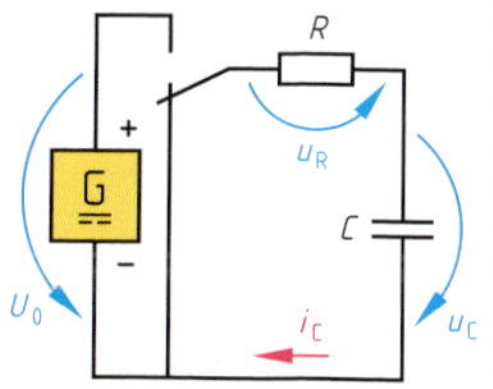

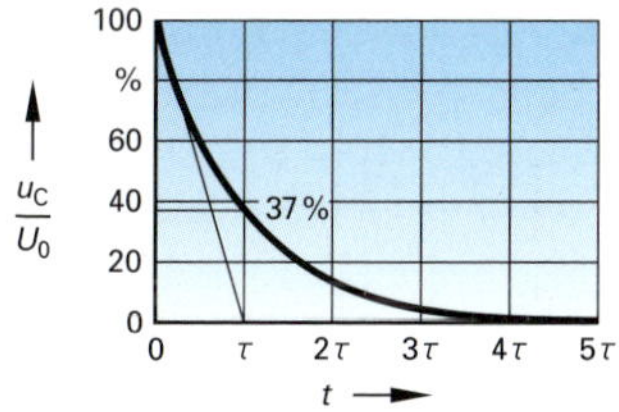

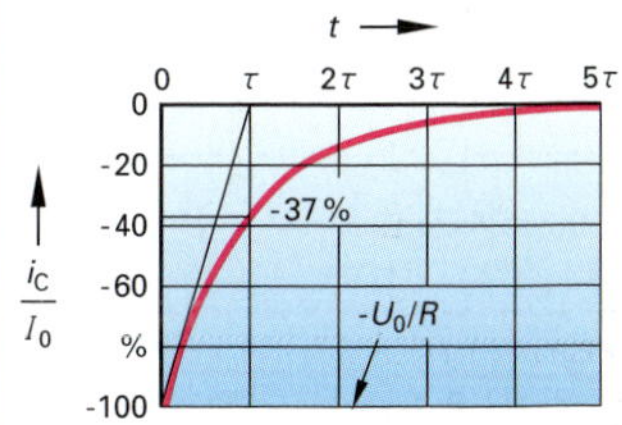

Zeitkonstante

$\tau = R \cdot C$ **1**

$[\tau] = \Omega \cdot F = \Omega \cdot \frac{As}{V} = s$

Laden: $u_C = U_0 [1 - \exp(-t/\tau)]$ **2**

Entladen: $u_C = U_0 \cdot \exp(-t/\tau)$ **4**

Laden: $i_C = \frac{U_0}{R} \cdot \exp(-t/\tau)$ **3**

Entladen: $i_C = -\frac{U_0}{R} \cdot \exp(-t/\tau)$ **5**

$\exp(x) = e^x$ mit e = 2,71828 ...

Einschaltvorgang und Ausschaltvorgang bei der Spule an DC

beim Einschalten

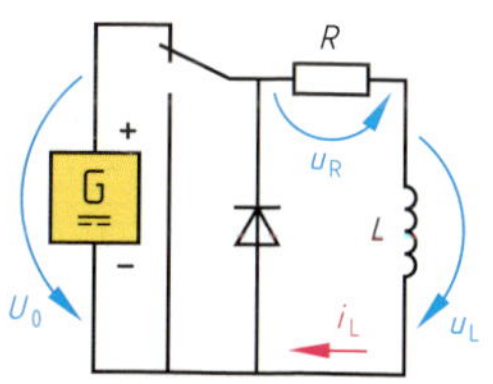

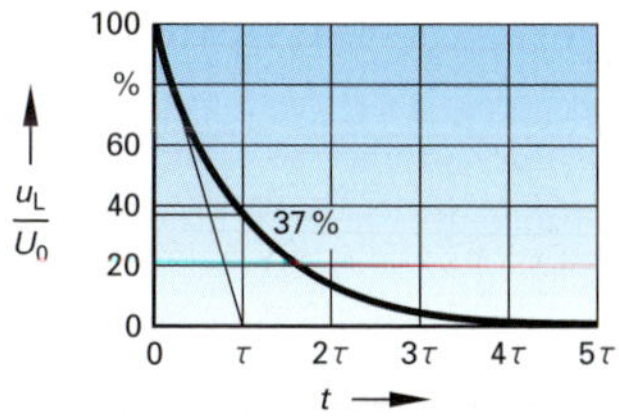

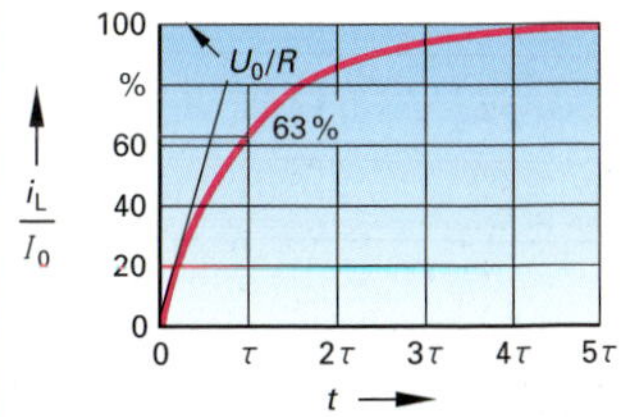

beim Ausschalten

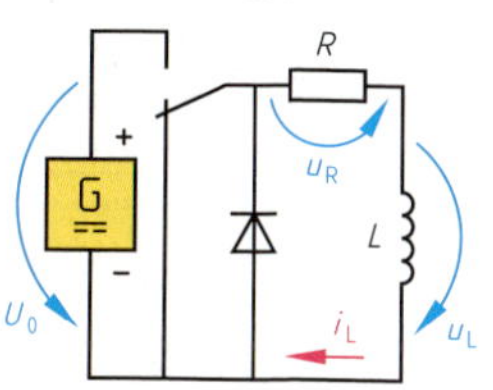

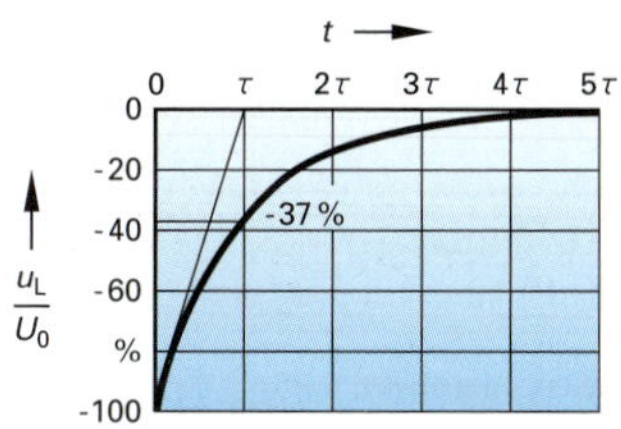

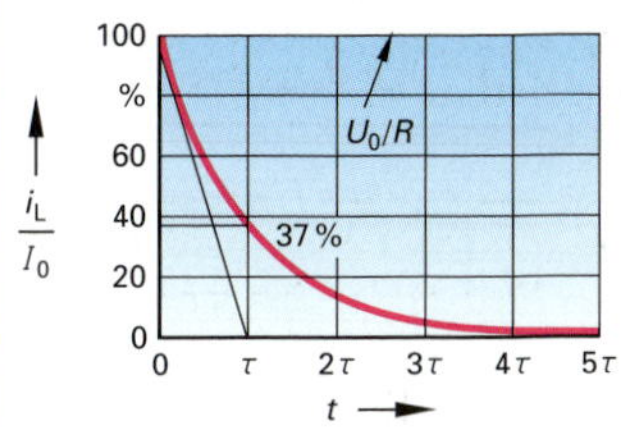

Zeitkonstante

$\tau = \frac{L}{R}$ **6**

$[\tau] = \frac{H}{\Omega} = \frac{Vs}{A\Omega} = s$

Einschalten: $u_L = U_0 \cdot \exp(-t/\tau)$ **7**

Kurzschließen: $u_L = -U_0 \cdot \exp(-t/\tau)$ **9**

Einschalten: $i_L = \frac{U_0}{R} \cdot [1 - \exp(-t/\tau)]$ **8**

Kurzschließen: $i_L = \frac{U_0}{R} \cdot \exp(-t/\tau)$ **10**

$\exp(x) = e^x$ mit e = 2,71828 ...

Reihenschaltung von *R, L, C* Series Connection of *R, L, C*

M

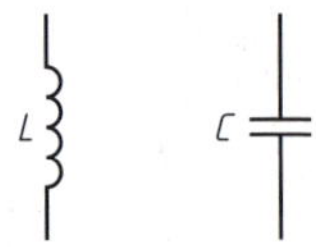

$[X_L] = \Omega = \frac{H}{s}$

$[X_C] = \Omega = \frac{s}{F}$

$X_L = \omega \cdot L$ (1)

$X_C = \frac{1}{\omega \cdot C}$ (2)

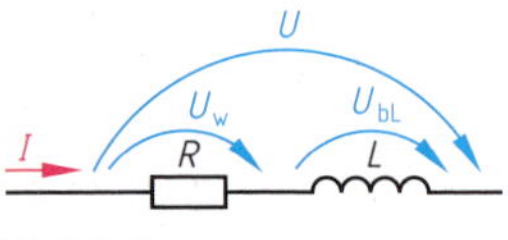

RL-Schaltung

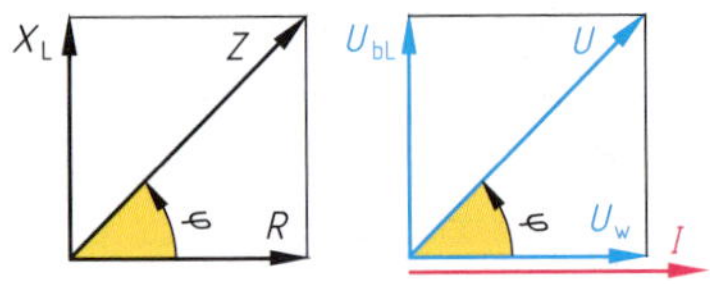

X ist X_L oder X_C,
U_b ist U_{bL} oder U_{bC}

$Z = \sqrt{R^2 + X^2}$ (3)

$U = \sqrt{U_w{}^2 + U_b{}^2}$ (4)

$I = \frac{U}{Z}$ (5)

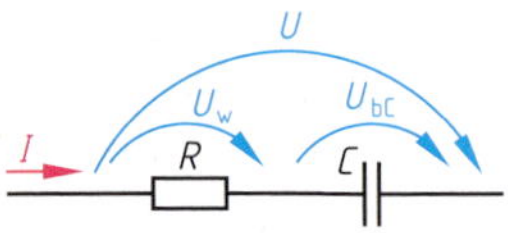

RC-Schaltung

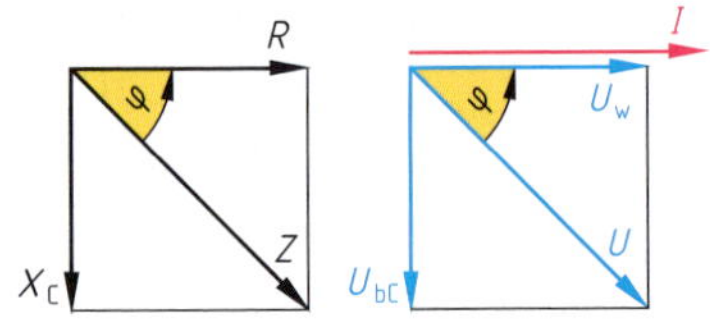

$R = Z \cdot \cos\varphi$ (6)

$U_w = U \cdot \cos\varphi$ (7)

$X = R \cdot \tan\varphi$ (8)

$U_b = U_w \cdot \tan\varphi$ (9)

Für $R = X$:

$X = Z \cdot \sin\varphi$ (10)

$U_b = U \cdot \sin\varphi$ (11)

$Z = R \cdot \sqrt{2}$ (12)

$\varphi = 45°$ (13)

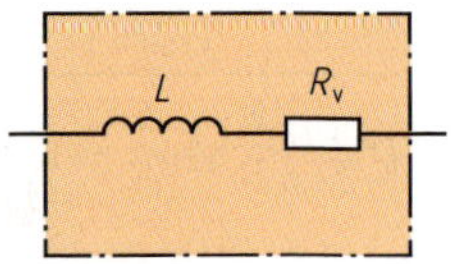

Spule mit Verlusten

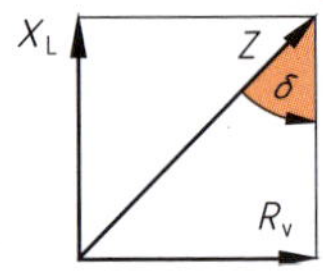

$\tan\delta = \frac{R_v}{X_L} = \frac{1}{Q}$ (14)

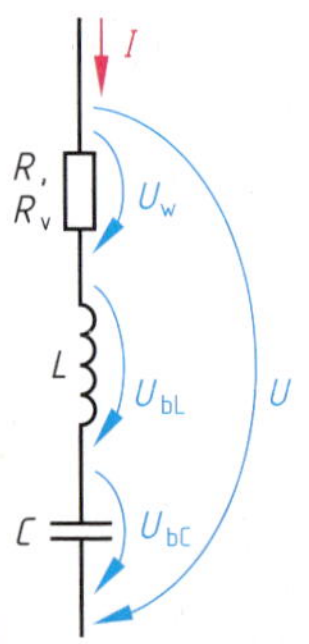

RLC-Schaltung (Reihenschwingkreis)

$Q = \frac{1}{R_v}\sqrt{\frac{L}{C}}$

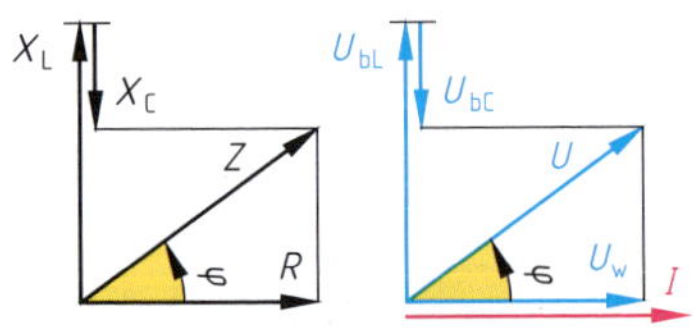

$Z = \sqrt{R^2 + (X_L - X_C)^2}$ (15)

$U = \sqrt{U_w{}^2 + (U_{bL} - U_{bC})^2}$ (16)

$\tan\varphi = \frac{X_L - X_C}{R}$ (17)

Bei Resonanz ist $X_L = X_C$.

$Z = R$ (18)

$\varphi = 0°$ (19)

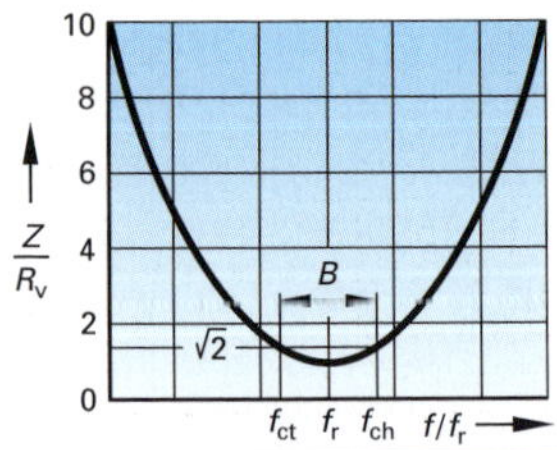

$f_r = \frac{1}{2\pi\sqrt{L \cdot C}}$ (20)

$B = f_{ch} - f_{ct} = \frac{f_r}{Q}$ (21)

B	Bandbreite	R	Wirkwiderstand	X_L	induktiver Blindwiderstand
C	Kapazität	R_v	Verlustwiderstand	Z	Scheinwiderstand, Impedanz
f	Frequenz	U	Gesamtspannung	δ	Verlustwinkel
f_r	Resonanzfrequenz	U_b	Blindspannung	φ	Phasenverschiebungswinkel
f_{ch}	obere Grenzfrequenz	U_{bC}	kapazitive Blindspannung	$\cos\varphi$	Wirkfaktor, Leistungsfaktor
f_{ct}	untere Grenzfrequenz	U_{bL}	induktive Blindspannung	$\sin\varphi$	Blindfaktor
I	Gesamtstrom	U_w	Wirkspannung	$\tan\delta$	Verlustfaktor
L	Induktivität der Spule	X	Blindwiderstand	ω	Kreisfrequenz
Q	Gütefaktor	X_C	kapazitiver Blindwiderstand		

Parallelschaltung von *R, L, C* Parallel Connection of *R, L, C*

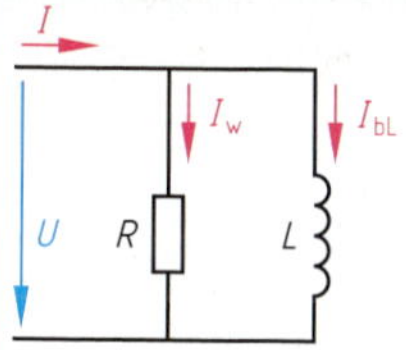

RL-Schaltung

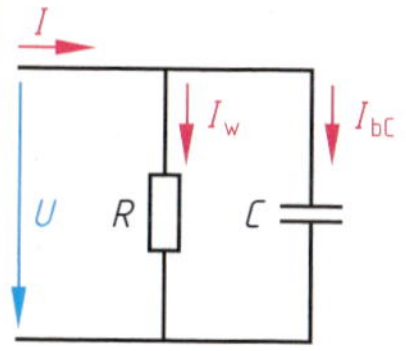

RC-Schaltung

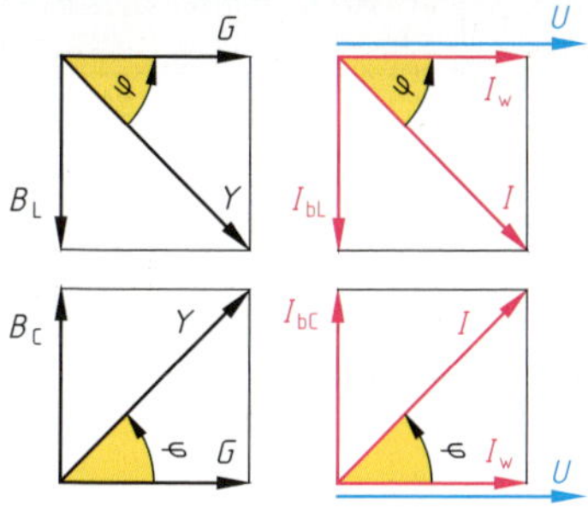

X steht für X_L oder X_C,
I_b steht für I_{bL} oder I_{bC}

$$Y = \sqrt{G^2 + B^2} \quad (1)$$

$$I = \sqrt{I_w^2 + I_b^2} \quad (2)$$

$$I = \frac{U}{Z} \quad (3) \qquad Z = \frac{1}{Y} \quad (4)$$

$$G = Y \cdot \cos\varphi \quad (5) \qquad I_w = I \cdot \cos\varphi \quad (6)$$

$$B = G \cdot \tan\varphi \quad (7) \qquad I_b = I_w \cdot \tan\varphi \quad (8)$$

Für $R = X$:

$$B = Y \cdot \sin\varphi \quad (9) \qquad I_b = I \cdot \sin\varphi \quad (10)$$

$$Z = \frac{R}{\sqrt{2}} \quad (11) \qquad \varphi = 45° \quad (12)$$

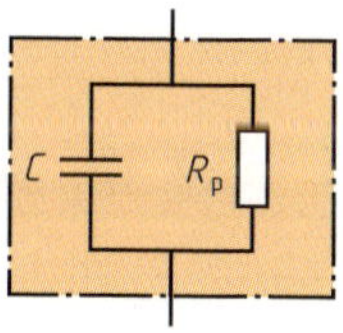

Kondensator mit Verlusten

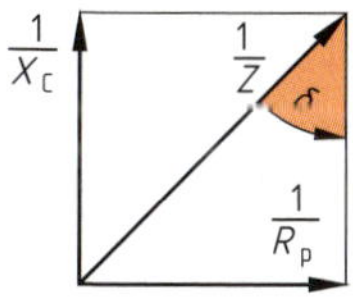

$$\tan\delta = \frac{X_C}{R_p} = \frac{1}{Q} \quad (13)$$

$$Y = \sqrt{G^2 + (B_L - B_C)^2} \quad (14)$$

$$I = \sqrt{I_w^2 + (I_{bL} - I_{bC})^2} \quad (15)$$

$$\tan\varphi = \frac{B_L - B_C}{G} \quad (16)$$

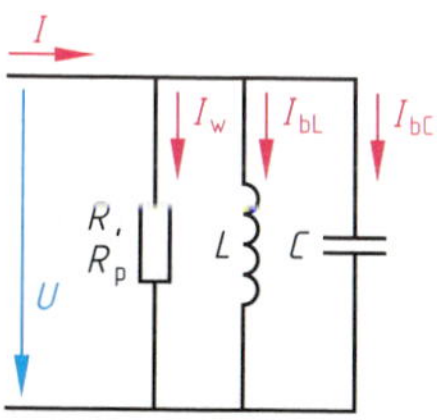

RLC-Schaltung (Parallelschwingkreis)

$$Q = R_p \sqrt{\frac{C}{L}}$$

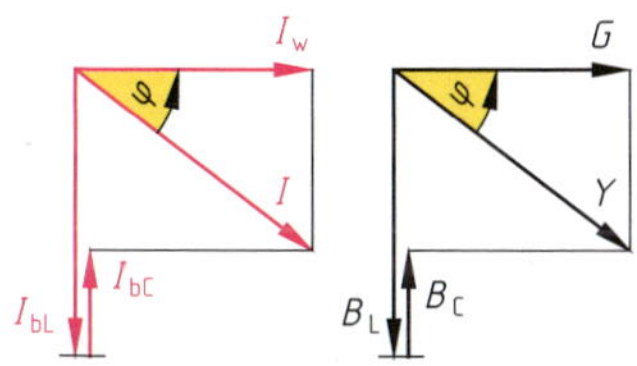

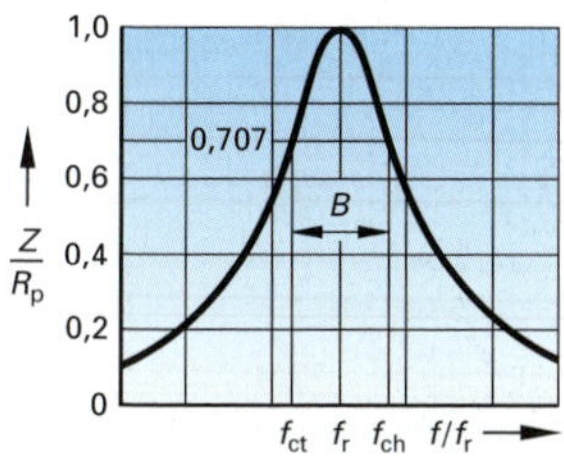

$$I = \frac{U}{Z} \quad (17) \qquad Z = \frac{1}{Y} \quad (18)$$

Bei Resonanz ist $X_L = X_C$.

$$Z = R \quad (19) \qquad \varphi = 0° \quad (20)$$

$$f_r = \frac{1}{2\pi\sqrt{L \cdot C}} \quad (21) \qquad B = f_{ch} - f_{ct} = \frac{f_r}{Q} \quad (22)$$

B	Blindleitwert auch Bandbreite (Schwingkreis)
B_C	kapazitiver Blindleitwert
B_L	induktiver Blindleitwert
C	Kapazität
f	Frequenz
f_r	Resonanzfrequenz
f_{ch}	obere Grenzfrequenz
f_{ct}	untere Grenzfrequenz
G	Wirkleitwert
I	Gesamtstrom
I_b	Blindstrom
I_{bC}	kapazitiver Blindstrom
I_{bL}	induktiver Blindstrom
I_w	Wirkstrom
L	Induktivität der Spule
Q	Gütefaktor
R	Wirkwiderstand
R_p	Parallel-Verlustwiderstand
U	Gesamtspannung
X	Blindwiderstand
X_C	kapazitiver Blindwiderstand
X_L	induktiver Blindwiderstand
Y	Scheinleitwert
Z	Scheinwiderstand, Impedanz
δ	Verlustwinkel
φ	Phasenverschiebungswinkel
$\cos\varphi$	Wirkfaktor, Leistungsfaktor
$\sin\varphi$	Blindfaktor
$\tan\delta$	Verlustfaktor

Ersatz-Reihenschaltung und Ersatz-Parallelschaltung
Equivalent Series Connection and Equivalent Parallel Connection

Prinzip

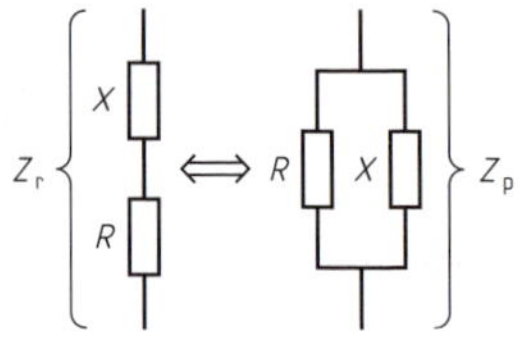

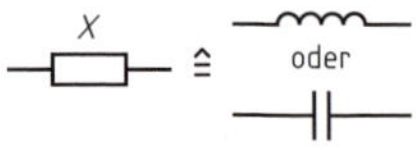

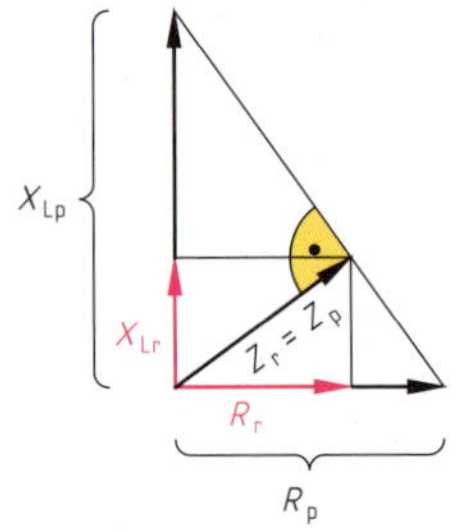

Gleichwertige (äquivalente) Schaltungen

Eine Parallelschaltung ist bei der gleichen Frequenz äquivalent einer Reihenschaltung und umgekehrt, wenn folgende Bedingungen erfüllt sind:

1. $$Z_r = Z_p \quad (1)$$

2. $$\cos\varphi_r = \cos\varphi_p \quad (2)$$

Widerstand und Spule

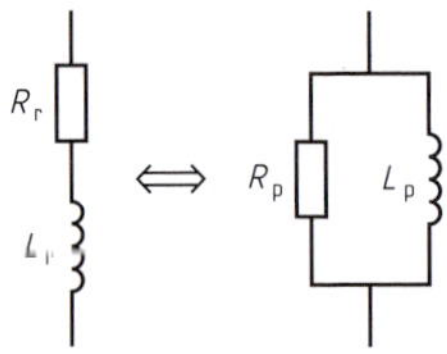

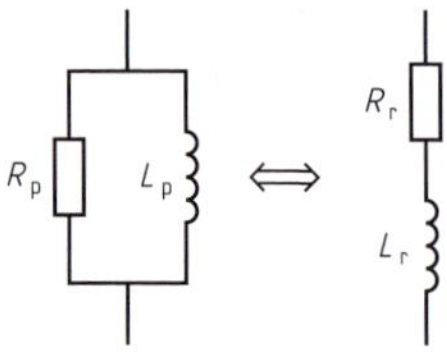

$$Z_p = \frac{R_p \cdot X_{Lp}}{\sqrt{R_p^2 + X_{Lp}^2}} \quad (3)$$

$$Z_r = \sqrt{R_r^2 + X_{Lr}^2} \quad (4)$$

$$R_r = \frac{Z_p^2}{R_p} \quad (5)$$

$$X_{Lr} = \frac{Z_p^2}{X_{Lp}} \quad (6)$$

$$R_p = \frac{Z_r^2}{R_r} \quad (7)$$

$$X_{Lp} = \frac{Z_r^2}{X_{Lr}} \quad (8)$$

$$L_r = \frac{Z_p^2}{4 \cdot \pi^2 \cdot f^2 \cdot L_p} \quad (9)$$

$$L_p = \frac{Z_r^2}{4 \cdot \pi^2 \cdot f^2 \cdot L_r} \quad (10)$$

Beispiel: $R_r = 100\ \Omega;\ L_r = 0{,}5\ \text{H};\ f = 50\ \text{Hz};\ R_p = ?\ \Omega$

Lösung: $X_{Lr} = 2 \cdot \pi \cdot f \cdot L_r = 2 \cdot \pi \cdot 50\ \frac{1}{\text{s}} \cdot 0{,}5\ \Omega\text{s} = 157{,}1\ \Omega$

$Z_r^2 = R_r^2 + X_{Lr}^2 = (100\ \Omega)^2 + (157{,}1\ \Omega)^2 = 34\,680\ \Omega^2$

$R_p = \frac{Z_r^2}{R_r} = \frac{34\,680\ \Omega^2}{100\ \Omega} = \mathbf{346{,}8\ \Omega}$

Widerstand und Kondensator

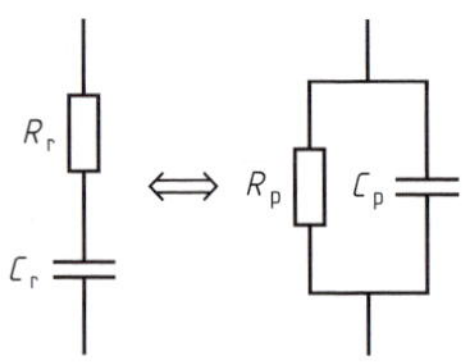

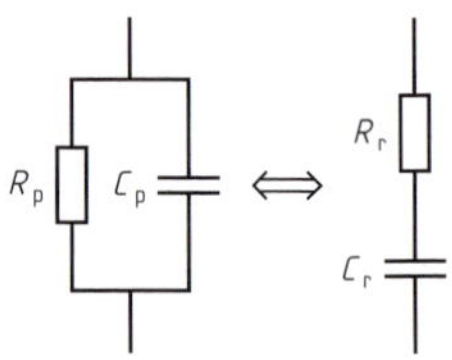

$$Z_p = \frac{R_p \cdot X_{Cp}}{\sqrt{R_p^2 + X_{Cp}^2}} \quad (11)$$

$$Z_r = \sqrt{R_r^2 + X_{Cr}^2} \quad (12)$$

$$R_r = \frac{Z_p^2}{R_p} \quad (13)$$

$$X_{Cr} = \frac{Z_p^2}{X_{Cp}} \quad (14)$$

$$R_p = \frac{Z_r^2}{R_r} \quad (15)$$

$$X_{Cp} = \frac{Z_r^2}{X_{Cr}} \quad (16)$$

$$C_r = \frac{1}{4 \cdot \pi^2 \cdot f^2 \cdot C_p \cdot Z_p^2} \quad (17)$$

$$C_p = \frac{1}{4 \cdot \pi^2 \cdot f^2 \cdot C_r \cdot Z_r^2} \quad (18)$$

Beispiel: $R_p = 200\ \Omega;\ f = 1\ \text{kHz};\ C_p = 0{,}5\ \mu\text{F} \Rightarrow X_{Cp} = 318{,}3\ \Omega;\ C_r = ?\ \mu\text{F}$

Lösung: $Z_p^2 = \frac{R_p^2 \cdot X_{Cp}^2}{R_p^2 + X_{Cp}^2} = \frac{(200\ \Omega)^2 \cdot (318{,}3\ \Omega)^2}{(200\ \Omega)^2 + (318{,}3\ \Omega)^2} = 28\,678\ \Omega^2$

$C_r = \frac{1}{4 \cdot \pi^2 \cdot f^2 \cdot C_p \cdot Z_p^2} = \frac{1}{4 \cdot \pi^2 \cdot 10^6 \cdot 0{,}5 \cdot 10^{-6} \cdot 28\,678}\ \text{F}$

$= \mathbf{1{,}77\ \mu F}$

- C Kapazität
- f Frequenz
- L Induktivität
- p Index für Parallelschaltung
- r Index für Reihenschaltung
- R Wirkwiderstand
- X Blindwiderstand
- X_C kapazitiver Blindwiderstand
- X_L induktiver Blindwiderstand
- Z Scheinwiderstand
- φ Phasenverschiebungswinkel

Einfache Filter Simple Filters

Schaltung, Zeigerbild	Übertragungskurven	Formeln

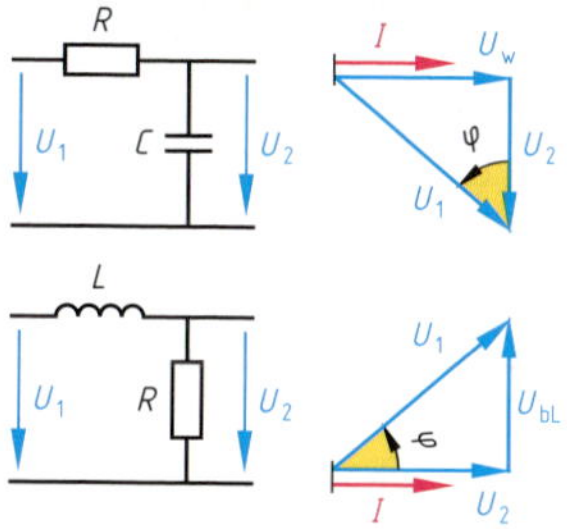

RC-Tiefpass und RL-Tiefpass

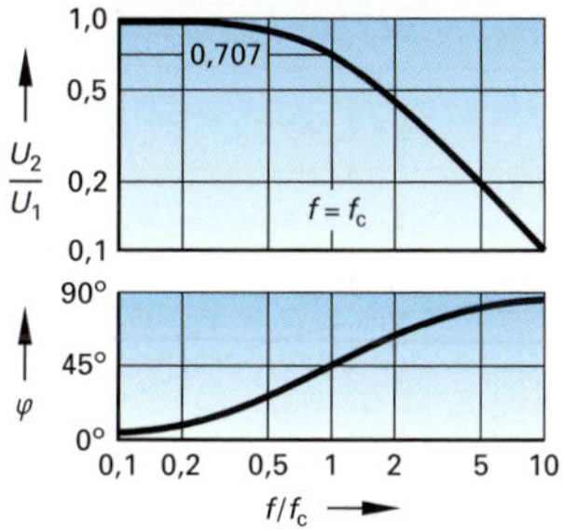

Impedanz

$$Z = \sqrt{R^2 + X^2} \quad (1)$$

(X steht für X_C oder X_L)

Grenzfrequenz

$$f_c = \frac{1}{2\pi \cdot R \cdot C} \quad (2)$$

bzw.

$$f_c = \frac{R}{2\pi \cdot L} \quad (3)$$

Bei f_c ist $X_C = R$ oder $X_L = R$

Tiefpass, Integrierglied:

$$\frac{U_2}{U_1} = \frac{1}{\sqrt{1 + (f/f_c)^2}}$$

Hochpass, Differenzierglied:

$$\frac{U_2}{U_1} = \frac{1}{\sqrt{1 + (f_c/f)^2}}$$

$$\cos\varphi = \frac{U_2}{U_1}$$

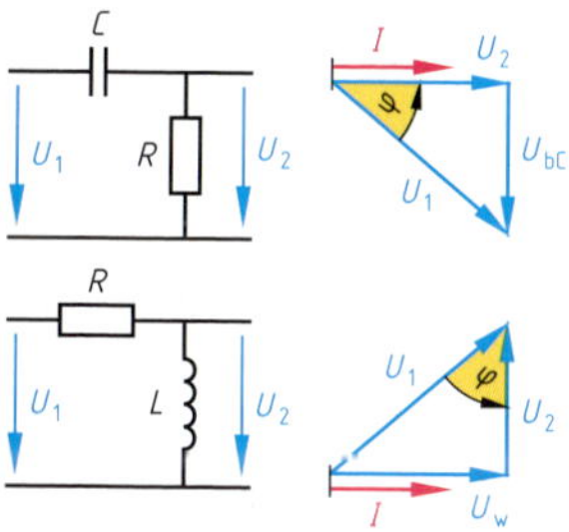

RC-Hochpass und RL-Hochpass

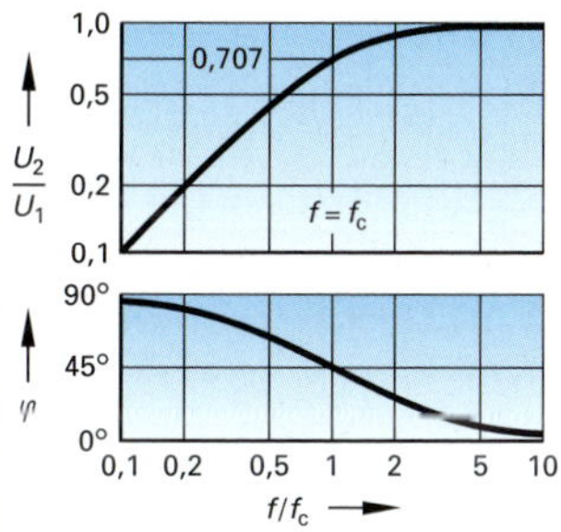

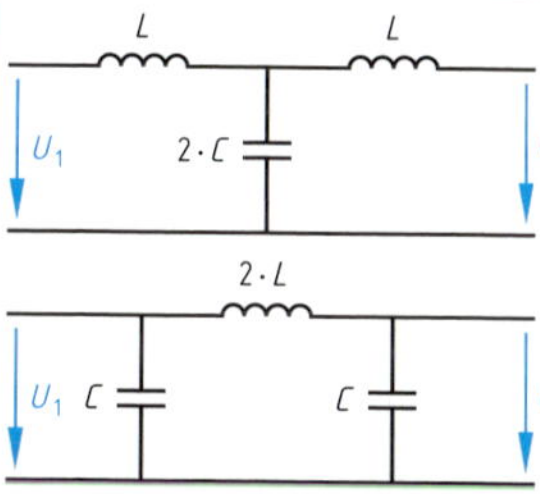

Tiefpass (T-Glied und Π-Glied)
(Π griech. Großbuchstabe Pi)

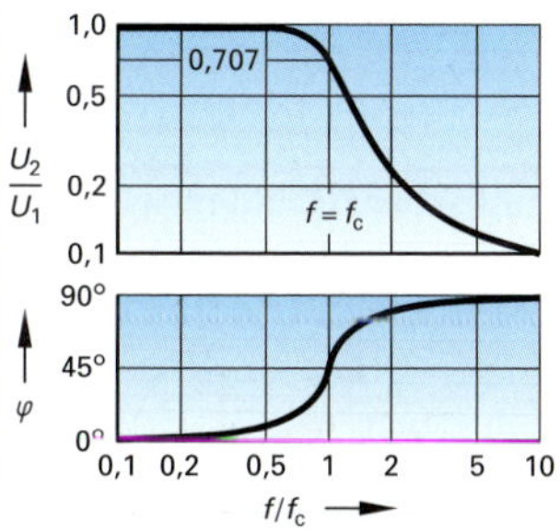

Grenzfrequenz

$$f_c = \frac{1}{2\pi \cdot \sqrt{L \cdot C}} \quad (4)$$

Schwingungswiderstand

$$Z_r = \sqrt{\frac{L}{C}} \quad (5)$$

$$L = \frac{Z_r}{2\pi \cdot f_c}$$

$$C = \frac{1}{2\pi \cdot f_c \cdot Z_r}$$

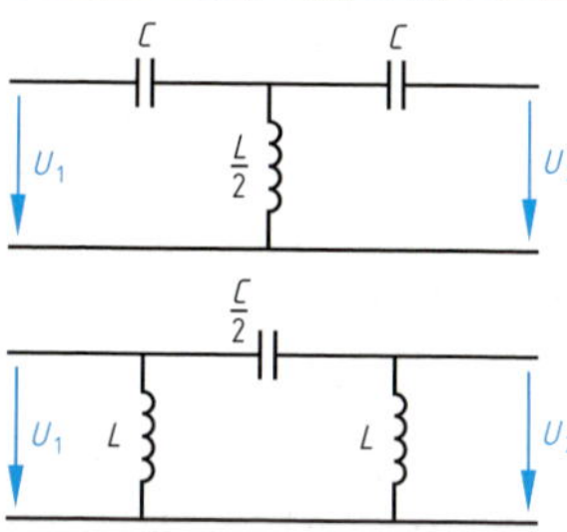

Hochpass (T-Glied und Π-Glied)

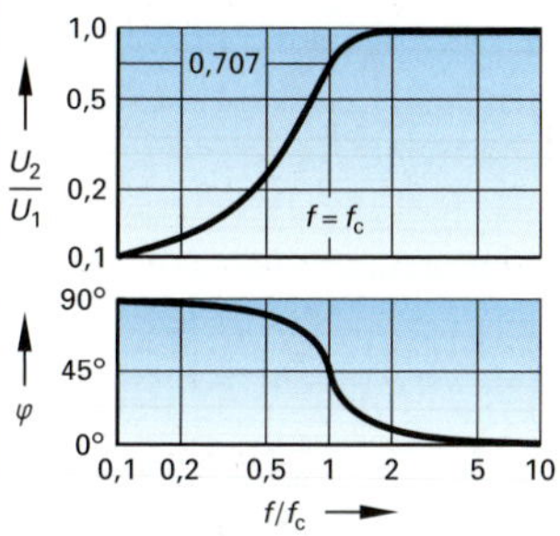

C Kapazität
f Frequenz
f_c Grenzfrequenz, Index c von cut off
L Induktivität
R Wirkwiderstand
U_1 Eingangsspannung
U_2 Ausgangsspannung
X_C kapazitiver Blindwiderstand
X_L induktiver Blindwiderstand
Z_r Impedanz bei Resonanz
φ Phasenverschiebungswinkel zwischen U_1 und U_2

Dreiphasenwechselstrom (Drehstrom) Three-phase Current

Ströme, Spannungen, Leistungen

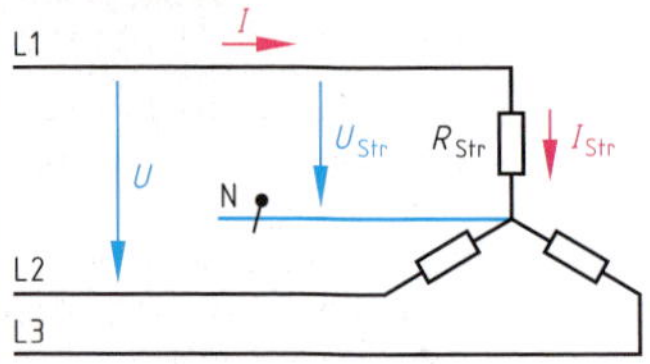

Sternschaltung (Y-Schaltung)

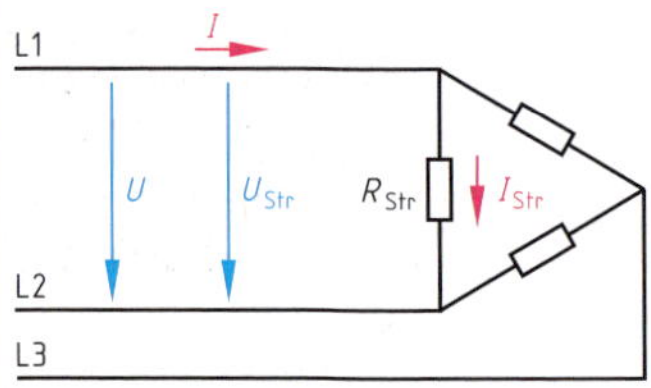

Dreieckschaltung (△-Schaltung)

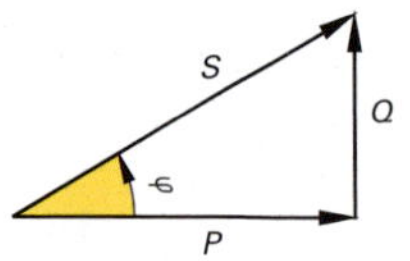

Leistungsdreieck

Bei Sternschaltung:

$$I = I_{Str} \quad (1)$$

$$U = \sqrt{3} \cdot U_{Str} \quad (3)$$

$$U_{Str} = U_Y \quad (5)$$

$$U = \sqrt{3} \cdot U_Y \quad (7)$$

$[S]$ = VA
$[P]$ = W
$[Q]$ = var

Bei Dreieckschaltung:

$$U = U_{Str} \quad (2)$$

$$I = \sqrt{3} \cdot I_{Str} \quad (4)$$

Bei symmetrischer Last:

$$S = \sqrt{3} \cdot U \cdot I \quad (6)$$

$$P = \sqrt{3} \cdot U \cdot I \cdot \cos\varphi \quad (8)$$

$$Q = \sqrt{3} \cdot U \cdot I \cdot \sin\varphi \quad (9)$$

Bei gleicher Netzspannung:

$$P_{\triangle} = 3 \cdot P_Y \quad (10)$$

$$P = 3 \cdot P_{Str} \quad (11)$$

$$S_{\triangle} = 3 \cdot S_Y \quad (12)$$

$$S = 3 \cdot S_{Str} \quad (13)$$

$$Q_{\triangle} = 3 \cdot Q_Y \quad (14)$$

$$Q = 3 \cdot Q_{Str} \quad (15)$$

Leistung bei Störungen in symmetrischen Schaltungen von Wirkwiderständen

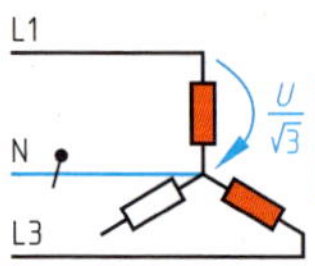

$$P = \frac{2}{3} P_{NY} \quad (16)$$

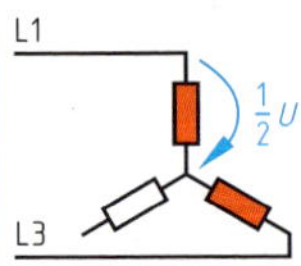

$$P = \frac{1}{2} \cdot P_{NY} \quad (17)$$

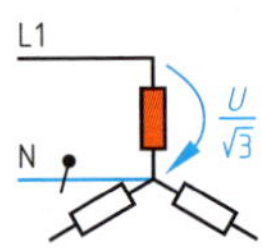

$$P = \frac{1}{3} P_{NY} \quad (18)$$

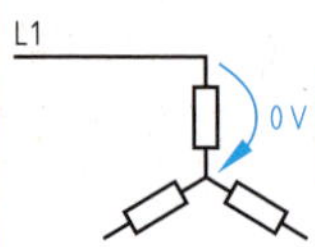

$$P = 0 \quad (19)$$

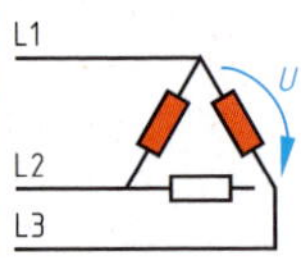

$$P = \frac{2}{3} \cdot P_{N\Delta} \quad (20)$$

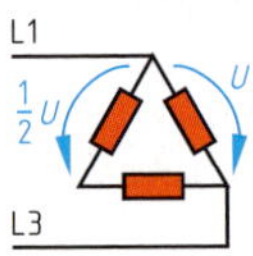

$$P = \frac{1}{2} P_{N\Delta} \quad (21)$$

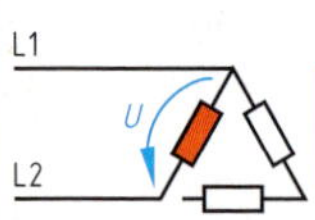

$$P = \frac{1}{3} P_{N\Delta} \quad (22)$$

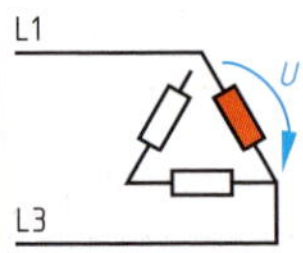

$$P = \frac{1}{3} P_{N\Delta} \quad (23)$$

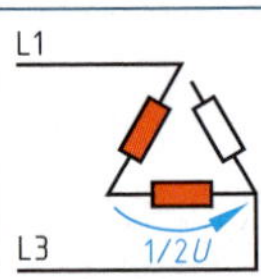

$$P = \frac{1}{6} P_{N\Delta} \quad (24)$$

I	Stromstärke (Leiterstrom)	U	Spannung (Leiterspannung)	Indizes:	
I_{Str}	Strangstrom	φ	Phasenverschiebung	N	Bemessungsleistung
P	Wirkleistung	$\cos\varphi$	Wirkfator, Leisungsfaktor	Str	Strang-Wirkleistung
Q	Blindleistung	$\sin\varphi$	Blindfaktor	△	Dreieckschaltung
S	Scheinleistung			Y	Sternschaltung

Unsymmetrische Last, Netzwerkumwandlung, Brückenschaltung
Asymmetrical Load, Network Conversion, Bridge Circuit

Unsymmetrische Last beim Vierleiternetz

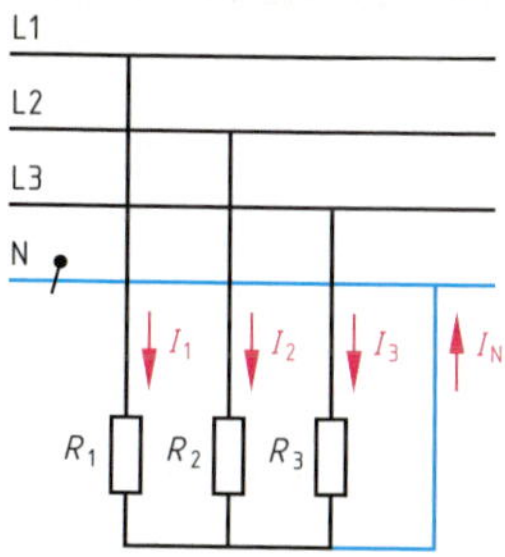

Sternschaltung

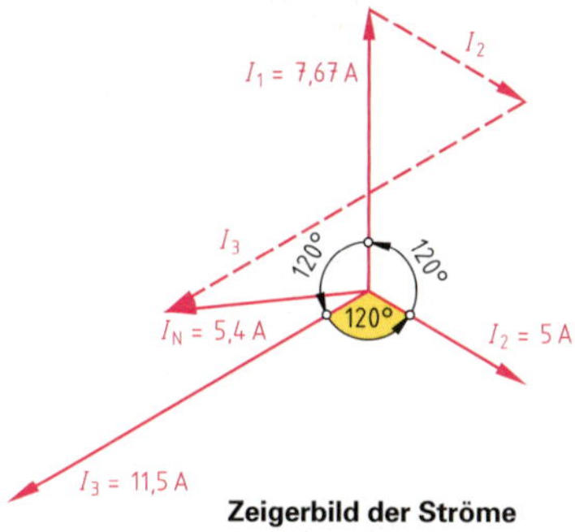

Zeigerbild der Ströme

Berechnung der Stromstärke im Neutralleiter bei oberschwingungsfreien Strömen

1. Berechnen der drei Außenleiterströme.
2. Strommaßstab wählen.
3. Zeigerbild der drei Ströme als Stern zeichnen.
4. Geometrische Summe dieser Ströme ist Neutralleiterstrom.

Stromstärke im Neutralleiter bei Oberschwingungsbelastung siehe Seite „Qualität der Stromversorgung".

Netzwerkumwandlungen

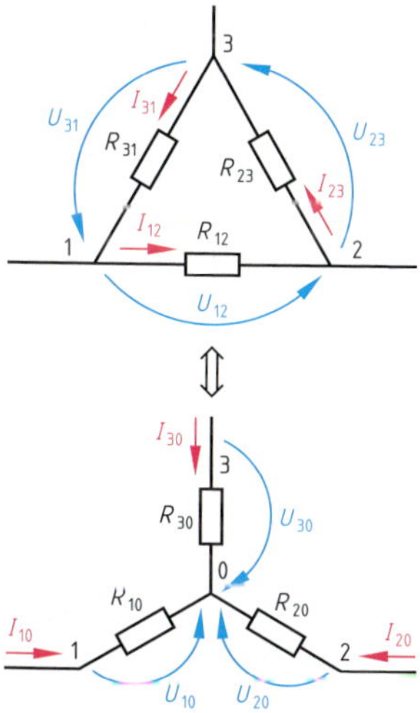

Dreieck-Sternumwandlung bei Wirkwiderständen

Dreieck in Stern:

$$R_{10} = \frac{R_{12} \cdot R_{31}}{R_{12} + R_{23} + R_{31}} \quad (1)$$

$$R_{20} = \frac{R_{23} \cdot R_{12}}{R_{12} + R_{23} + R_{31}} \quad (3)$$

$$R_{30} = \frac{R_{31} \cdot R_{23}}{R_{12} + R_{23} + R_{31}} \quad (5)$$

Stern in Dreieck:

$$R_{12} = \frac{R_{10} \cdot R_{20}}{R_{30}} + R_{10} + R_{20} \quad (2)$$

$$R_{23} = \frac{R_{20} \cdot R_{30}}{R_{10}} + R_{20} + R_{30} \quad (4)$$

$$R_{31} = \frac{R_{30} \cdot R_{10}}{R_{20}} \text{ [illegible]}$$

$$U_{10} = \frac{1}{2}\,(U_{12} - U_{31}) \quad (7) \qquad I_{10} = \frac{U_{10}}{R_{10}} \quad (8) \qquad U_{12} = U_{10} - U_{20} \quad (9) \qquad I_{12} = \frac{U_{12}}{R_{12}} \quad (10)$$

$$U_{20} = \frac{1}{2}\,(U_{23} - U_{12}) \quad (11) \qquad I_{20} = \frac{U_{20}}{R_{20}} \quad (12) \qquad U_{23} = U_{20} - U_{30} \quad (13) \qquad I_{23} = \frac{U_{23}}{R_{23}} \quad (14)$$

$$U_{30} = \frac{1}{2}\,(U_{31} - U_{23}) \quad (15) \qquad I_{30} = \frac{U_{30}}{R_{30}} \quad (16) \qquad U_{31} = U_{30} - U_{10} \quad (17) \qquad I_{31} = \frac{U_{31}}{R_{31}} \quad (18)$$

Brückenschaltung

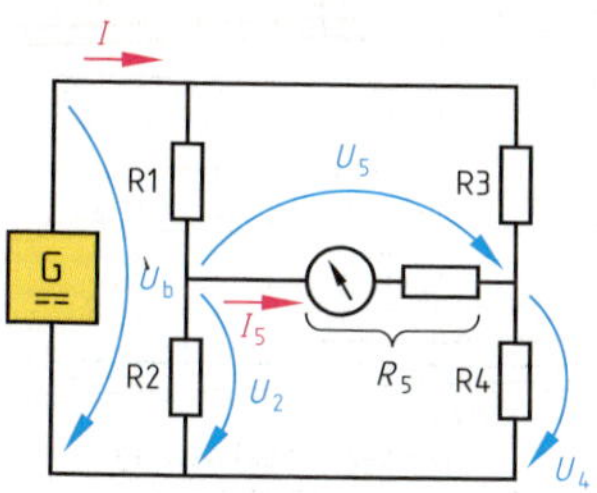

Wheatstone-Brücke

Bei Abgleich:

$$U_5 = U_2 - U_4 = 0 \quad (19)$$

$$\frac{R_1}{R_2} = \frac{R_3}{R_4} \quad (20)$$

Ohne Abgleich:

$$I_5 = \frac{(R_2\,R_3 - R_1\,R_4)\,U_b}{R_5\,(R_3 + R_4)\,(R_1 + R_2) + R_3\,R_4\,(R_1 + R_2) + R_1\,R_2\,(R_3 + R_4)} \quad (21)$$

$$U_5 = \frac{(R_2\,R_3 - R_1\,R_4) \cdot R_5 \cdot U_b}{R_5\,(R_3 + R_4)\,(R_1 + R_2) + R_1 R_3 R_4 + R_2 R_3 R_4 + R_1 R_2 R_3 + R_1 R_2 R_4} \quad (22)$$

Die Bedeutung der Formelzeichen ist aus den Bildern zu erkennen.

Oberschwingungen Harmonics

Kurvenverlauf Schaltung	Amplitudenspektrum[1]	Amplituden der Teilschwingungen 0	1f	2f	3f	4f	5f	nf
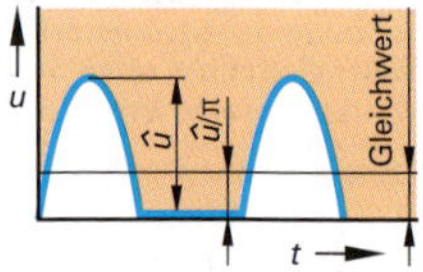 Einwegschaltung E1	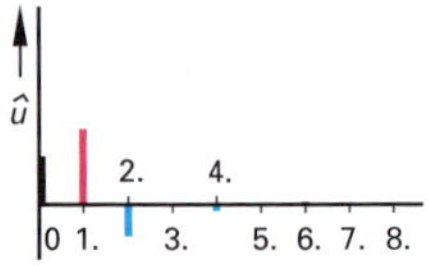 Teilschwingung	$\frac{\hat u}{\pi}$	$\frac{\hat u}{2}$	$-\frac{2\hat u}{3\pi}$	0	$-\frac{2\hat u}{15\pi}$	0	$-(-1)^{\frac{n}{2}}\cdot\frac{2\hat u}{\pi(n^2-1)}$ für $n = 2, 4, 6, \ldots$
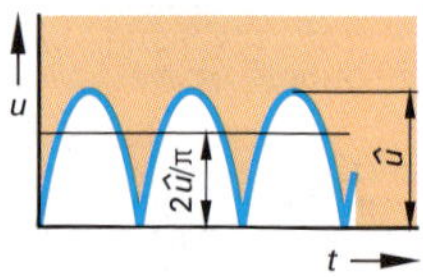 Zweipulsschaltung B2	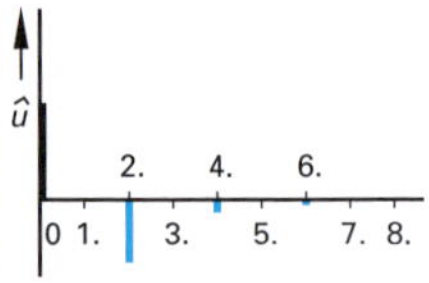 Teilschwingung	$\frac{2\hat u}{\pi}$	0	$-\frac{4\hat u}{3\pi}$	0	$-\frac{4\hat u}{15\pi}$	0	$(-1)^{\frac{n}{2}}\cdot\frac{4\hat u}{\pi(n^2-1)}$ für $n = 2, 4, 6, \ldots$
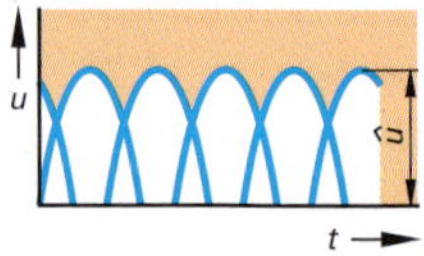 Sternschaltung M3	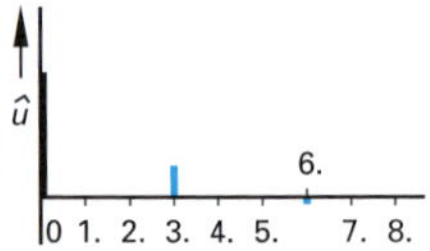 Teilschwingung	$\frac{4{,}5\,\hat u}{\sqrt{3}\pi}$	0	0	$\frac{9\hat u}{8\sqrt{3}\pi}$	0	0	$-(-1)^{n}\cdot\frac{9\hat u}{\sqrt{3}\pi(n^2-1)}$ für $n = 3, 6, 9, \ldots$
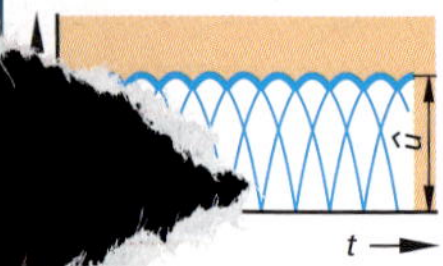 Sechspulsschaltung B6	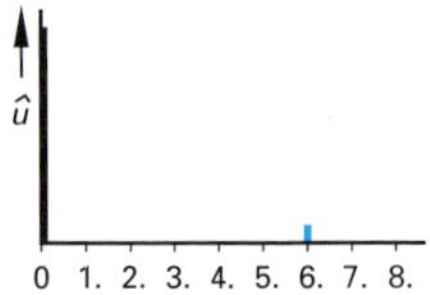 Teilschwingung	$\frac{3\hat u}{\pi}$	0	0	0	0	0	$-(-1)^{\frac{n}{2}}\cdot\frac{6\hat u}{\pi(n^2-1)}$ für $n = 6, 12, 18, \ldots$
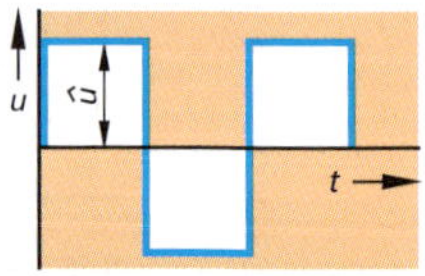 Rechteckförmige Größe	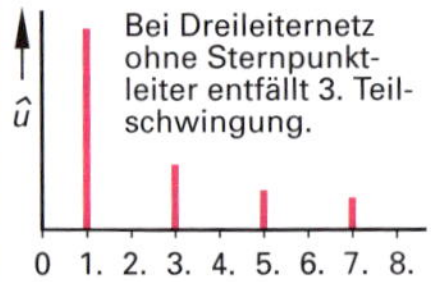 Teilschwingung	0	$\frac{4\hat u}{\pi}$	0	$\frac{4\hat u}{3\pi}$ 0^2	0	$\frac{4\hat u}{5\pi}$	$\frac{4\hat u}{n\pi}$ für $n = 1, 3, 5, \ldots$
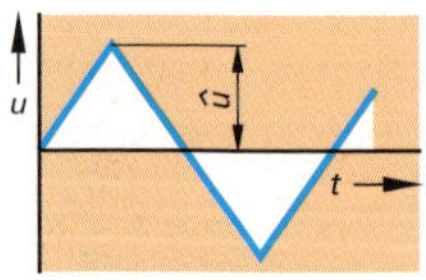 Dreieckförmige Größe	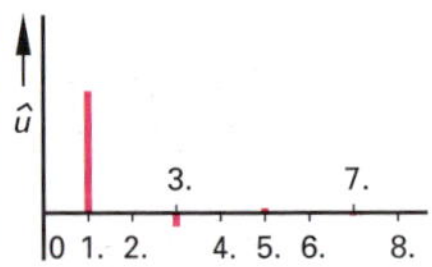 Teilschwingung	0	$\frac{8\hat u}{\pi^2}$	0	$-\frac{8\hat u}{9\pi^2}$	0	$\frac{8\hat u}{25\pi^2}$	$-(-1)^{\frac{n+1}{2}}\cdot\frac{8\hat u}{n^2\pi^2}$ für $n = 1, 3, 5, \ldots$
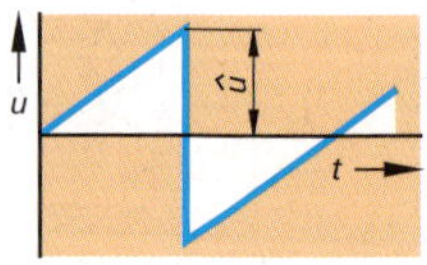 Sägezahnförmige Größe	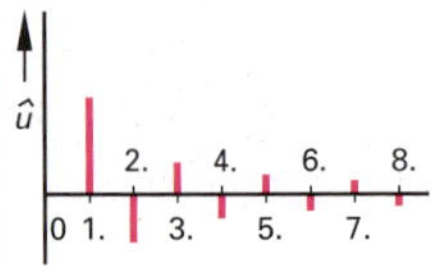 Teilschwingung	0	$\frac{2\hat u}{\pi}$	$-\frac{\hat u}{\pi}$	$\frac{2\hat u}{3\pi}$	$-\frac{\hat u}{2\pi}$	$\frac{2\hat u}{5\pi}$	$-(-1)^{n+1}\cdot\frac{2\hat u}{n\pi}$ für $n = 1, 2, 3, \ldots$

[1] Entsprechendes gilt für andere Wechselgrößen, [2] beim Dreileiternetz. | Gleichanteil, | Sinus, | Kosinus

Normreihen (Bemessungswerte)

E-Reihen	E6	1,0		1,5		2,2		3,3		4,7		6,8	
	E12	1,0	1,2	1,5	1,8	2,2	2,7	3,3	3,9	4,7	5,6	6,8	8,2
	E24	1,0 1,1	1,2 1,3	1,5 1,6	1,8 2,0	2,2 2,4	2,7 3,0	3,3 3,6	3,9 4,3	4,7 5,1	5,6 6,2	6,8 7,5	8,2 9,1
	E48	1,00 1,05 1,10 1,15	1,21 1,27 1,33 1,40	1,47 1,54 1,62 1,69	1,78 1,87 1,96 2,05	2,15 2,26 2,37 2,49	2,61 2,74 2,87 3,01	3,16 3,32 3,48 3,65	3,83 4,02 4,22 4,42	4,64 4,87 5,11 5,36	5,62 5,90 6,19 6,49	6,81 7,15 7,50 7,87	8,25 8,66 9,09 9,53
	E96	1,00 1,02 1,05 1,07 1,10 1,13 1,15 1,18	1,21 1,24 1,27 1,30 1,33 1,37 1,40 1,43	1,47 1,50 1,54 1,58 1,62 1,65 1,69 1,74	1,78 1,82 1,87 1,91 1,96 2,00 2,05 2,10	2,15 2,21 2,26 2,32 2,37 2,43 2,49 2,55	2,61 2,67 2,74 2,80 2,87 2,94 3,01 3,09	3,16 3,24 3,32 3,40 3,48 3,57 3,65 3,74	3,83 3,92 4,02 4,12 4,22 4,32 4,42 4,53	4,64 4,75 4,87 4,99 5,11 5,23 5,36 5,49	5,62 5,76 5,90 6,04 6,19 6,34 6,49 6,65	6,81 6,98 7,15 7,32 7,50 7,68 7,87 8,06	8,25 8,45 8,66 8,87 9,09 9,31 9,53 9,76

Toleranzen innerhalb der Reihen:

E6: ±20%; E12: ±10%; E24: ±5%; E48: ±2%; E96: ±1%. Farbangaben siehe unten bei 4. Ring bzw. 5. Ring.

Die Widerstandswerte erhält man aus $R = \sqrt[m]{10^n}$ nach Rundung, wobei *m* der Reihe entspricht, z. B. 24, und *n* eine ganze Zahl ist mit $0 \le n \le m - 1$.

Bemessungsleistungen: $\frac{1}{8}$ W, $\frac{1}{4}$ W, $\frac{1}{2}$ W, 1 W, 2 W, 5 W, 10 W ...

R-Reihen	R10	1,00	1,25	1,60	2,00	2,50	3,15	4,00	5,00	6,30	8,00
	R20	1,00 1,12	1,25 1,40	1,60 1,80	2,00 2,24	2,50 2,80	3,15 3,55	4,00 4,50	5,00 5,60	6,30 7,10	8,00 [illegible]

Bei den R-Reihen können die Toleranzen der E-Reihen gewählt werden, z. B. ± 5%.

Kennzeichnungen

Alphanumerische Kennzeichnung von Widerständen und Kondensatoren

Widerstände	R27	2R7	27R	K27	2K7	27K	M27	2M7	27M
	0,27 Ω	2,7 Ω	27 Ω	0,27 kΩ	2,7 kΩ	27 kΩ	0,27 MΩ	2,7 MΩ	27 MΩ
Kondensatoren	3p9	39p	n39	3n9	39n	µ39	3µ9	39µ	m39
	3,9 pF	39 pF	0,39 nF	3,9 nF	39 nF	0,39 µF	3,9 µF	39 µF	0,39 mF

Farb-Kennzeichnung von Widerständen, keramischen Kondensatoren und Dünnfilmkondensatoren
(Werte für 1. und 2. Ring in Ω oder pF)

Farbe der Ringe oder Punkte		schwarz (BK)	braun (BR)	rot (RD)	orange (OG)	gelb (YE)	grün (GN)	blau (BU)	violett (VT)	grau (GY)	weiß (WH)	gold (GD)	silber (SR)	ohne Farbe
1. Ring	1. Ziffer	–	1	2	3	4	5	6	7	8	9	–	–	–
2. Ring	2. Ziffer	0	1	2	3	4	5	6	7	8	9	–	–	–
3. Ring[1]	Multiplikator	10^0	10^1	10^2	10^3	10^4	10^5	10^6	10^7	10^8	10^9	0,1	0,01	–
4. Ring[1]	Toleranz in %	–	± 1	± 2	–	–	± 0,5	–	–	–	–	± 5	± 10	± 20
5. Ring[1]	Zul. Betriebsspannung in V	–	100	200	300	400	500	600	700	800	900	1000	2000	500
6. Ring	TK[2] in ppm[3]	250	100	50	15	25	20	10	5	1	–	–	–	–

[1] Bei Widerständen mit kleiner Toleranz (meist Metallfilm-Widerständen) ist der 3. Ring eine weitere Ziffer. Der 4. Ring gibt dann den Multiplikator an, der 5. Ring die Toleranz in %. Bei Kondensatoren bedeutet der 5. Ring oder Punkt die zulässige Betriebsspannung in V.

[2] TK von Temperaturkoeffizient, TK = α wird in 1/K angegeben. [3] ppm = parts per million = 10^{-6}.

Farbkennzeichnung von Widerständen und Kondensatoren
Color Marking of Resistors and Capacitors

Prinzip, Leserichtung, Ziffernreihenfolge	Beispiele	Bemerkungen
Widerstände		
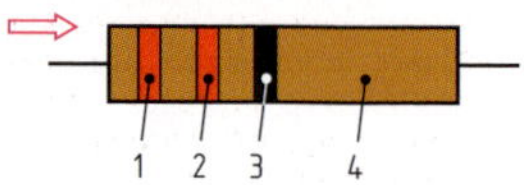 **Kohleschichtwiderstand**	Ziffernreihenfolge in Leserichtung: 1 2 3 4 rt rt sw – 2 2 10^0 20% ⇒ 22 Ω ± 20% = 22 Ω ± 20% (E6)	Der fehlende 4. Ring bedeutet 20% Toleranz. Sonstige Kennzeichnung der Toleranz siehe vorhergehende Seite. ⇒ Leserichtung
 **Metallglasurschichtwiderstand**	Ziffernreihenfolge in Leserichtung: 1 2 3 4 gr rt sw rt 8 2 10^0 2% ⇒ 82 Ω ± 2% = 82 Ω ± 5% (E24)	Der Farbstreifen mit Unterbrechungen entspricht dem 4. Ring und kennzeichnet die Toleranz des Widerstandswertes.
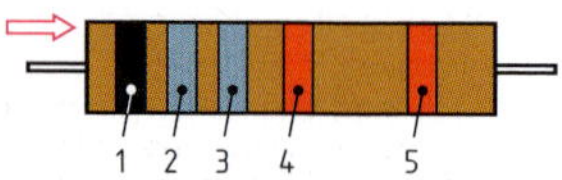 **Metallfilmwiderstand**	Ziffernreihenfolge in Leserichtung: 1 2 3 4 5 gr bl bl rt rt 8 6 6 10^2 2% ⇒ 866 · 10^2 Ω ± 2% = 86 600 Ω ± 2% = 86,600 kΩ ± 2% (E48)	Der Abgleich auf den genauen Widerstandswert erfolgt durch Verkleinern der Widerstandsfläche mit einem Laserstrahl.
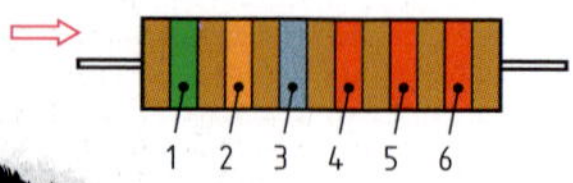 **hichtwiderstand**	Ziffernreihenfolge in Leserichtung: 5 3 6 4 5 6 gn or bl rt rt rt 5 3 6 10^2 2% 50 ppm ⇒ 536 · 10^2 Ω ± 2% = 53 600 Ω ± 2% = 53,600 kΩ ± 2% mit $\alpha = 50 \cdot 10^{-6}$ 1/K	Bei einer Temperaturänderung von 20 K verändert sich der Wert des Metallschichtwiderstandes um $536 \cdot 10^2 \cdot 20 \cdot 50 \cdot 10^{-6}\ \Omega = 53{,}6\ \Omega$.
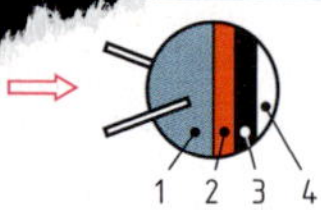 **NTC-Widerstand**	Ziffernreihenfolge in Leserichtung: 1 2 3 4 bl rt sw – 6 2 10^0 20% ⇒ 62 Ω ± 20% = 62 Ω ± 20%	NTC von Negative Temperature Coefficient = negativer Temperatur-Koeffizient. NTC-Widerstände sind Heißleiter. Angaben für 20 °C.
Kondensatoren		
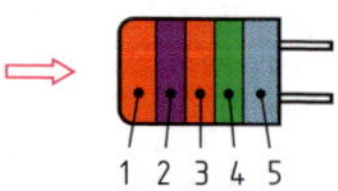 **Dünnfilmkondensator**	Ziffernreihenfolge in Leserichtung: 1 2 3 5 5 rt vi rt gn bl 2 7 10^2 5% 630 V ⇒ 27 · 10^2 pF ± 5% = 2700 pF ± 5% = 2,7 nF ± 5%	Für die Betriebsspannungen gilt abweichend von der Farb-Kennzeichnung auch bl ≙ 630 V und rt ≙ 250 V. Der Wert muss nicht mit dem theoretischen Wert der Reihe übereinstimmen.
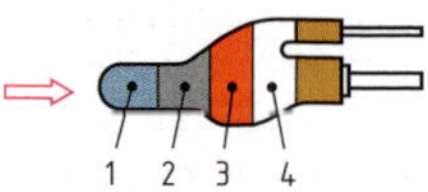 **Keramikkondensator**	Ziffernreihenfolge in Leserichtung: 1 2 3 4 bl gr rt – 6 8 10^2 20% ⇒ 6800 pF ± 20% = 6,8 nF ± 20%	Die Spannungsangabe erfolgt meist mit Kleinbuchstaben. Spannungsangaben: a: 50 V; d: 250 V; f: 500 V; h: 1000 V
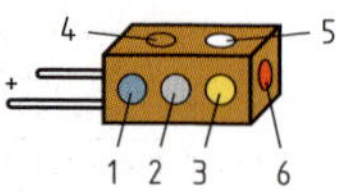 **Tantalkondensator**	Ziffernreihenfolge in Leserichtung: 1 2 3 4 5 6 bl gr gb – ws rt 6 8 10^4 20% 50 V + Pol ⇒ 68 · 10^4 pF ± 20% = 0,68 μF ± 20%	Es werden meist firmeneigene Farbkennzeichnungen verwendet. Bei gepolten Tantalkondensatoren wird der Anschluss für die positive Elektrode durch den 6. Ring und/oder einen längeren Anschlussdraht gekennzeichnet.

sw (BK)	schwarz	rt (RD)	rot	gb (YE)	gelb	bl (BU)	blau	gr (GY)	grau	au (GD)	gold
br (BN)	braun	or (OG)	orange	gn (GN)	grün	vl (VT)	violett	ws (WH)	weiß	ag (SR)	silber

Bauarten von Widerständen und Kondensatoren

Types of Resistors and Capacitors

Bezeichnung	Aufbau	Daten	Bemerkungen
Bauarten von Widerständen			
Kohleschicht-widerstand	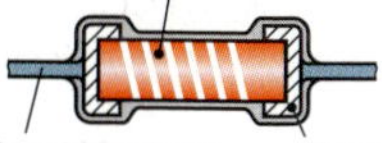	Widerstandswerte bis Reihe E24, Temperaturbereich −55 °C bis 125 °C, Toleranzen ± 5% und ± 10%, zul. Betriebsspannung ≤ 500 V, Isolationswiderstand > 10 GΩ, Isolationsspannung AC 1000 V, Bemessungsbelastbarkeit bis 1 W, fast induktionsfrei.	Ausführungen ohne Metallkappen besitzen eine ungewendelte Widerstandsschicht aus Kohle. Die Anschlussdrähte im hohlen Schichtträgerrohr leiten die Wärme sehr gut ab.
Metallschicht-widerstand	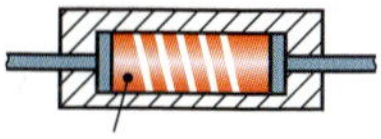	Widerstandswerte bis Reihe E192, Temperaturbereich −55 °C bis 125 °C, Toleranzen ± 0,01% bis ± 5%, Isolationswiderstand > 10^2 GΩ, Isolationsspannung AC 1000 V, Bemessungsbelastbarkeit bis 6 W.	Metalloxid-Schichtwiderstände (Metalloxidschicht auf Keramik, darüber Silikonzement-Überzug) sind mechanisch robust und höher belastbar als Kohleschichtwiderstände. EMS-Widerstände (**E**del-**M**etall-**S**chicht) sind Präzisionswiderstände.
Draht-widerstand	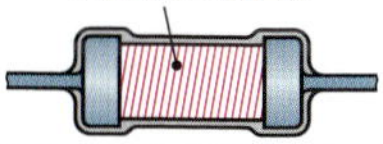	Widerstandswerte bis Reihe E24, Toleranzen ± 0,5% bis ± 10%, Bemessungsbelastbarkeit 0,5 W bis 17 W, Hochlastwiderstände bis 500 W, nicht induktionsfrei.	Drahtwiderstände haben bei gleicher Belastbarkeit kleinere Abmessungen als Schichtwiderstände. Glasierte Drahtwiderstände sind feuchtigkeitsfest.
Trimm-widerstand	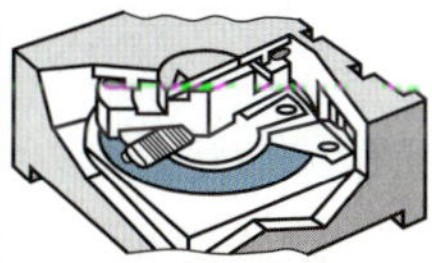	Kohleschichtwiderstände: Bemessungsbelastbarkeit 0,05 W bis 0,5 W, Temperaturbereich −55 °C bis 125 °C, Widerstandsverlauf linear und logarithmisch, Drahtwiderstände: Bemessungsbelastbarkeit bis 1 W.	Schicht-Trimmwiderstände in liegender und stehender Ausführung. Beide Arten auch voll gekapselt. Es gibt Präzisionstrimmwiderstände in Drahtausführung oder mit Cermetschicht (Cermet von Ceramic-Metall = Keramikmetall).
Bauarten von Kondensatoren			
Metallisierter Kunststofffolien-kondensator mit Polypropylen-Dielektrikum (MKP-Kondensator)	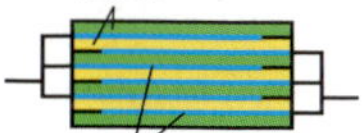	Kapazität 1 nF bis 500 µF, Bemessungsspannung 25 V bis 20 kV, bei 50 Hz Verlustfaktor tan $\delta \approx 0{,}2 \cdot 10^{-3} = 0{,}2$ W/kvar. Große MKP sind runde Zylinder, kleine sind flach oder rund im Rastermaß. Die MKP sind bei Neuanlagen vorherrschend. www.schneider-electric.de	**Aufbau:** Zwei Polypropylenfolien von etwa 0,6 µm Dicke, einseitig metallisiert, ohne Tränkung. Im Fehlerfall verdampft die Metallisierung (Selbstheilung). Bei zu hoher Temperatur verdampft auch der Kunststoff. Dann trennt eine Überdrucksicherung den Kondensator vom Netz.
Metallpapier-kondensator (MP-Kondensator)	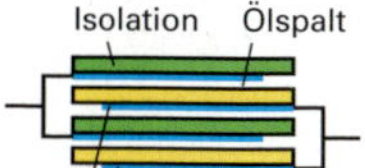	Kapazität 10 nF bis 500 µF, Bemessungsspannung 250 V bis 20 kV, nachlassende Bedeutung der mit PCB (Polychlorierte Biphenyle) getränkten MP, da große Verluste und PCB krebserregend.	MP: **M**etall-**P**apier Der Verlustfaktor tan δ bei 50 Hz beträgt etwa $4 \cdot 10^{-3} = 4$ W/kvar. Er nimmt mit steigender Frequenz stark zu. Selbstheilend bei Durchschlag.
Doppelschicht-kondensatoren, Speicherkondensatoren, UltraCap-Kondensatoren	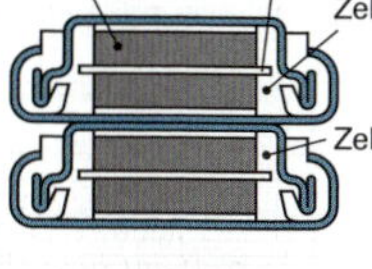	Kapazität 0,1 F bis 50 F, Bemessungsspannung U_N = 2,5 V, U_{Nmax} = 3 V, Temperaturbereich −25 °C bis 70 °C, Toleranzen −20% bis +80%, Verlustwiderstand (ESR) 15 mΩ bis 10 mΩ bei 1 kHz Module für U = 12,5 V bis 55 V und C = 100 F bis 2700 F mit P = 12,5 kW für 5 s.	Bauformen: Massekondensatoren für kleinere Kapazitäten, Wickelkondensatoren für große Kapazitäten, Module für hohe Spannungen und sehr große Kapazitäten durch Serienschaltung und Parallelschaltung. Module können z. B. Bleiakkumulatoren in Kfz ersetzen. ESR (von Equivalent Series Resistance = gleichwertiger Serienwiderstand)
Tantal-Sinter-kondensator (Elektrolyt-kondensator)	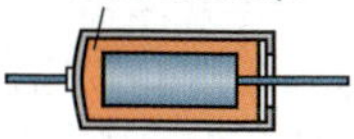	Kapazität 0,1 µF bis 1 F, Bemessungsspannung 3 V bis100 V, Temperaturbereich −55 °C bis 125 °C, Toleranzen −20% bis +50%.	Tantal-Kondensatoren mit Sinteranode und festem Elektrolyt haben eine sehr große Betriebssicherheit. Flüssiger Elektrolyt ermöglicht bei gleicher Baugröße größere Kapazität und höhere Bemessungsspannung.

Anwendungsgruppen und Aufbau von Kondensatoren
Application Groups and Structures of Capacitors

Anwendungsgruppen

Anwendungsgruppe	Klima-Eigenschaften		Kondensatorart, technologischer Aufbau
	relative Feuchte	Temperaturbereich	
Gleichspannungskondensatoren für Energieelektronik $\tan\delta \leq 2 \cdot 10^{-4} = 0{,}2$ W/kvar Kapazitätstoleranz: ± 10% praktische Inkonstanz: 1%...3%	≤ 95%	– 55 °C bis + 70 °C	MKP-Kondensatoren Sie ersetzen die mit PCB (Polychlorierte Biphenyle) imprägnierten Metallpapier-kondensatoren (MP)
Wechselspannungskondensatoren für Energieelektronik $\tan\delta \leq (0{,}1...1) \cdot 10^{-3} = (0{,}1...1)$ W/kvar Kapazitätstoleranz: ± 2%...± 10% praktische Inkonstanz: – 3%...1%	≤ 75%	– 25 °C bis + 70 °C	MKV-Kondensatoren, MKP-Kondensatoren P Polypropylen MK Metallisierter Kunststoff V selbstheilend
	≤ 95%	– 55 °C bis + 85 °C	
Schwingkreiskondensatoren $\tan\delta \leq (0{,}1...10) \cdot 10^{-3}$ Kapazitätstoleranz: ± 1%...± 5% praktische Inkonstanz: 0,1...1%	≤ 65%	– 55 °C bis + 70 °C	KS-Kondensatoren (Polystyrol)
	≤ 75%	– 55 °C bis + 85 °C	MKP-Kondensatoren (Polypropylen)
		– 55 °C bis + 125 °C	Keramischer Kondensator (Vielschicht)
Kopplungskondensatoren und Siebkondensatoren 1 $\tan\delta \leq (0{,}1...10) \cdot 10^{-3}$ Kapazitätstoleranz: ± 5% praktische Inkonstanz: – 6%...2%	≤ 75%	– 55 °C bis + 100 °C	MKC-Kondensatoren (Polycarbonat)
	≤ 65%	– 40 °C bis + 100 °C	MKT-Kondensatoren (Polyester)
	≤ 75%		
	≤ 80%		
Kopplungskondensatoren und Siebkondensatoren 2, auch für Zeitglieder und Speicherschaltungen $\tan\delta \leq 30 \cdot 10^{-3}$ Kapazitätstoleranz: – 10%...+ 10% praktische Inkonstanz: 10%	≤ 75%	– 55 °C bis + 70 °C – 25 °C bis + 125 °C	Aluminium-Elektrolyt-kondensatoren (Aluminiumoxid)
	≤ 75%	– 55 °C bis + 125 °C	Tantal-Elektrolytkonden-satoren (Tantaloxid)
	≤ 95%		

Aufbau und Eigenschaften verschiedener Bauarten von Kondensatoren

Typ	Aufbau	zulässige Betriebs-spannung in V	Kapazitäts-bereich in nF	$\tan\delta$ bei 1 kHz
FKP (KP)	Polypropylen/Aluminiumfolie	630/1000/1500	1 bis 68	$1 \cdot 10^{-4}...3 \cdot 10^{-4}$
MKP	Polypropylen, metallisiert mit Al	160/250/400/630/1000	10 bis 50 000	$1 \cdot 10^{-4}...3 \cdot 10^{-4}$
MKC	Polycarbonat, metallisiert mit Al	63/100/160/400/630/1000	10 bis 22 000	$1 \cdot 10^{-3}...3 \cdot 10^{-3}$
MKS	Polyester, metallisiert mit Al	63/100/250/400/630/1000	10 bis 33 000	$6{,}5 \cdot 10^{-3}$
FKC	Polycarbonat/Metallfolie	100/160/400/630/1000	0,1 bis 47	$1{,}5 \cdot 10^{-3}$
MKT	Polyester/metallisiert	100/250/400	10 bis 5600	$5 \cdot 10^{-3}$
KT	Polyesterfolie/Metall	160/400	1 bis 330	$4 \cdot 10^{-3}$
KS	Polystyrolfolie (Styroflex)/Metall	63/125/250/500	0,05 bis 160	$0{,}2...0{,}3 \cdot 10^{-3}$

Kapazitätstoleranz: Höchstzulässige Abweichung des Istwertes der Kapazität von der Bemessungskapazität.

praktische Inkonstanz: Zeitliche Kapazitätsänderung innerhalb der Beanspruchungsdauer. Sie wird auf eine Temperatur von + 40 °C bezogen. Negative Werte bedeuten Kapazitätsabnahme.

$\tan\delta$ Verlustfaktor, $\tan\delta = 2 \cdot 10^{-4} = 0{,}2 \cdot 10^{-3} = 0{,}2$ W/kvar.

Halbleiterwiderstände Semiconductor Resistors

Schaltzeichen, Bezeichnung	Aufbau	Daten	Bemerkungen
Temperaturabhängige Widerstände (Thermistoren)			
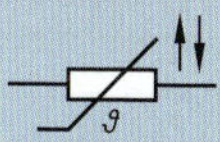 **Heißleiterwiderstand NTC-Resistor (Negative Temperature Coefficient)**	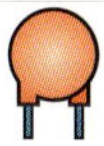 scheibenförmig  Chip  Halbleiterperle **Werkstoffe:** Mischungen aus Metalloxiden (MgO, TiO_2, Al_2O_3, NiO mit Co-Zusatz)	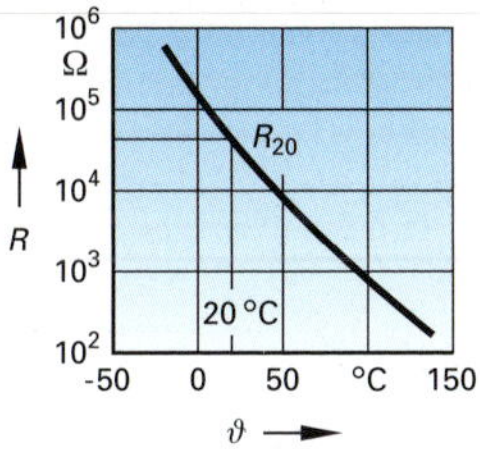 R_{20} Kaltwiderstand bei 20 °C	Der Widerstand von Heißleitern nimmt mit steigender Temperatur ab (negativer Temperaturkoeffizient). Temperaturkoeffizienten: –0,02/K bis –0,06/K Bemessungswiderstände (bei 20 °C): 4 Ω bis 470 Ω **Anwendungen** Fremderwärmte Heißleiter: als Temperaturfühler. Eigenerwärmte Heißleiter: Einschaltstrombegrenzung
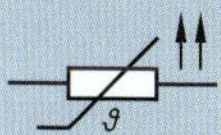 **Kaltleiter, PTC-Resistor (Positive Temperature Coefficient)**	 stabförmig  scheibenförmig  perlenförmig **Werkstoffe:** Bariumtitanat mit Zusatz von Metalloxiden oder -salzen	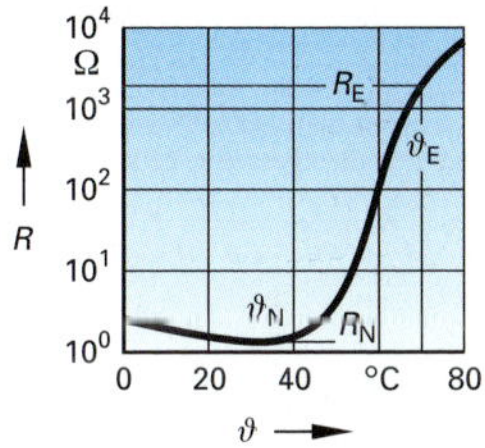 R_N Bemessungswiderstand bei Bemessungstemperatur ϑ_N R_E Endwiderstand bei Endtemperatur ϑ_E	Der Widerstand von Kaltleitern nimmt in einem Temperaturbereich mit steigender Temperatur stark zu (positiver Temperaturkoeffizient). Temperaturkoeffizienten: +0,07/K bis +0,6/K Bemessungswiderstände: 3,5 Ω bis 1,2 kΩ **Anwendungen** Überlastschutz, Stromregelung, Übertemperaturschutz (Motorschutz), selbstregulierende Heizelemente
Spannungsabhängige Widerstände (Varistoren)			
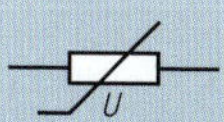 **VDR (Voltage Dependent Resistor)** **Varistor (Variable Resistor),**	 scheibenförmig 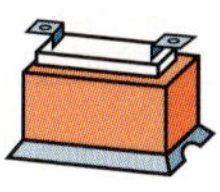 blockförmig **Werkstoffe:** Gesintertes Siliciumcarbid (SiC), Titandioxid (TiO_2), Zinkoxid (ZnO) Der VDR wird zur Isolation und zum Schutz vor äußeren Einflüssen mit einer Epoxidharzschicht überzogen. Die Spannungsabhängigkeit des Widerstands beruht auf Kontaktwiderständen zwischen den gesinterten Keramikkristallen.	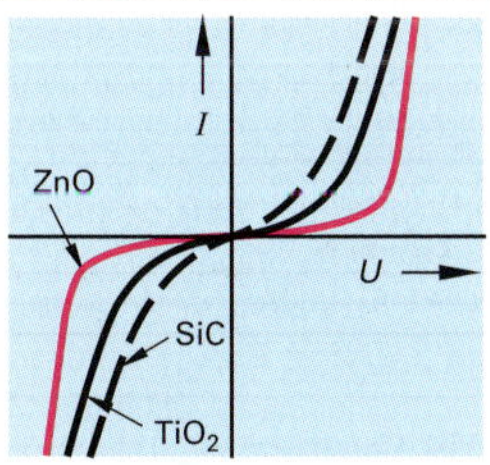 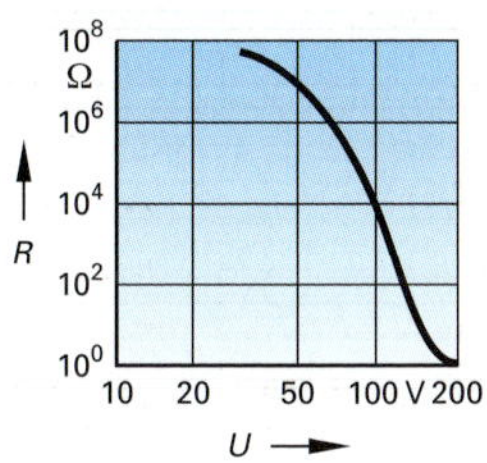 Der Widerstand des VDR nimmt (bei gleichbleibender Temperatur) mit steigender Spannung ab.	$U \approx C \cdot I^{\beta}$ U Spannung am VDR I Strom durch VDR C Bauartkoeffizient (abhängig von räumlichen Abmessungen) β Regelfaktor Bemessungsspannungen: ZnO-VDR: 60 V bis 600 V SiC-VDR: 8 V bis 300 V Maximalströme: ZnO-VDR: 400 A bis 4500 A SiC-VDR: 1 A bis 10 A Regelfaktoren β: SiC-VDR: 0,15 bis 0,35 TiO_2-VDR: 0,1 bis 0,18 ZnO-VDR: 0,03 **Anwendung** Überspannungsschutz

Gleichrichterbegriffe Rectifier Terms

Gleichrichtergeräte, Gleichrichtersätze

Anschlussspannung	Effektivwert der höchsten Wechselspannung zwischen zwei wechselstromseitigen Anschlüssen des Gleichrichters.
Gleichrichtergerät, Gleichrichteranlage	Gesamtheit der für die Gleichrichtung erforderlichen Betriebsmittel (z. B. Gleichrichtersatz, Gleichrichtertransformator, Saugdrossel, Kondensator).
Gleichrichterschaltung	Elektrische Schaltung des Gleichrichtersatzes mit zugehörigem Transformator und zugehörigen Betriebsmitteln, z. B. Drosselspule.
Gleichrichtersatz	Konstruktiver Zusammenbau der Gleichrichterdioden, die für eine Gleichrichterschaltung erforderlich sind.
Gleichspannung, Gleichstrom	Mittelwert der abgegebenen Spannung bzw. der abgegebenen Stromstärke.
Ideelle Leerlaufgleichspannung	Leerlaufgleichspannung eines verlustlosen Gleichrichtersatzes.
Kommutierung	Übergang des Stromes von einem Zweig zum nächsten.
Zweig	Teil eines Gleichrichtersatzes zwischen einem Wechselstromanschluss und einem Gleichstromanschluss.
Belastung bei Gegenspannung	B Belastung eines Gleichrichtersatzes mit Akkumulatorenbatterie M Belastung eines Gleichrichtersatzes mit Gleichstrommaschine C Belastung eines Gleichrichtersatzes mit Kapazität (Kondensator)
Belastung mit Lichtbogen	Li Belastung eines Gleichrichtersatzes mit Lichtbogenschweißeinrichtung, Lichtbogenofen oder Bogenlampe.
Widerstandsbelastung	W Belastung eines Gleichrichtersatzes mit Wirkwiderständen oder mit induktiven Widerständen.
Betriebsarten	Wie Betriebsarten von elektrischen Maschinen S1, S2, S3, S6.

Gleichrichterdioden

Anodenanschluss	Der Anschluss, an dem der Vorwärtsstrom (Durchlassstrom) in die Diode eintritt.
Dauergleichstrom	Höchster zulässiger Gleichstrom in Vorwärtsrichtung.
Durchlassrichtung, Vorwärtsrichtung	Stromrichtung, bei der die Diode den kleineren Widerstand hat (PN-Übergang niederohmig).
Durchlassspannung, Durchlassstrom	Spannung, die an einer Diode auftritt, wenn der Strom in Durchlassrichtung fließt. Dieser Strom heißt Durchlassstrom.
Grenzscheitelsperrspannung	Höchster zulässiger Scheitelwert einer sinusförmigen Spannung in Sperrrichtung.
höchstzulässige Gleichsperrspannung	Höchste Gleichspannung in Rückwärtsrichtung, die dauernd anliegen darf.
Höchstzulässige periodische Spitzensperrspannung	Höchster zulässiger Augenblickswert von periodischen Spannungen in Rückwärtsrichtung. Nichtperiodische Spannungsspitzen, z. B. durch Schalten, sind nicht berücksichtigt.
höchstzulässige Stoßspitzenspannung	Höchster zulässiger Wert der Rückwärtsspannung. Dieser Spitzenwert darf nicht überschritten werden.
Katodenanschluss	Der Anschluss, an dem der Vorwärtsstrom (Durchlassstrom) aus der Diode austritt.
Bem.-Sperrspannung	Dauernd zulässiger Scheitelwert der periodischen Rückwärtsspannung (Sperrspannung).
Bemessungsstrom	Mittelwert des dauernd zulässigen Vorwärtsstromes. Der Bemessungsstrom wird für die Einwegschaltung und für ohmsche Belastung angegeben.
Sperrrichtung, Rückwärtsrichtung	Stromrichtung, bei der die Diode den größeren Widerstand besitzt (PN-Übergang hochohmig).
Sperrspannung, Sperrstrom	In Sperrrichtung anliegende Spannung, die einen in Sperrrichtung fließenden Strom hervorruft. Dieser Strom heißt Sperrstrom.

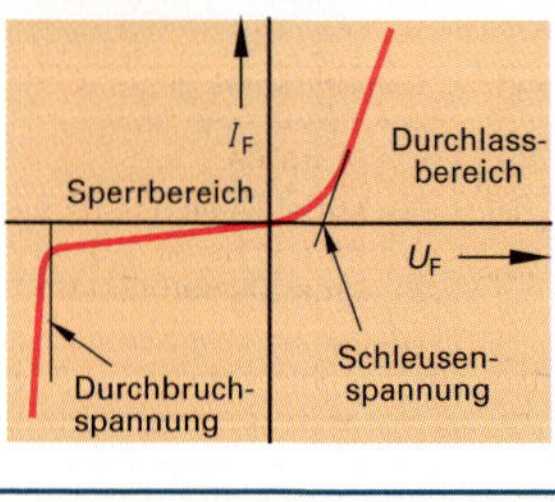

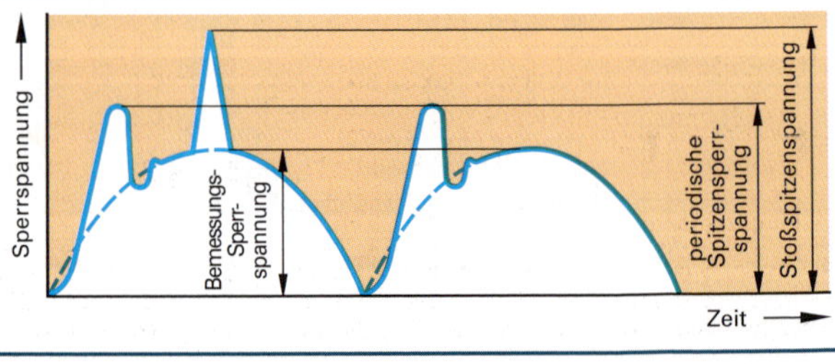

Dioden Diodes

Prinzip, Bezeichnung	Gehäuse (Beispiele)	Schaltzeichen, Bezugspfeile	Typische Kennlinien	Anwendung, Spezialformen
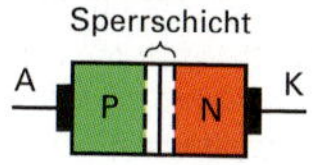 Flächendiode, z. B. Siliciumdiode	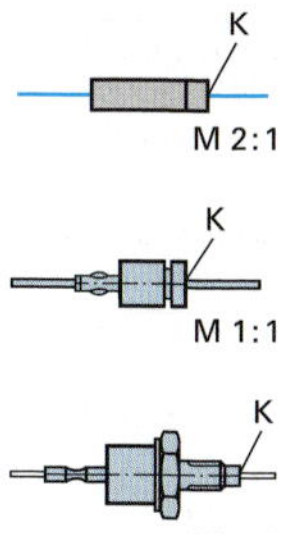	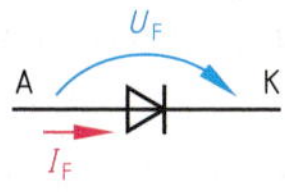 $U_R = -U_F$; $I_R = -I_F$	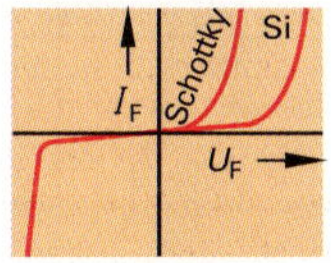	Si-Gleichrichterdiode U_{Rmax} = 100 V bis 3,5 kV I_{Fmax} = 150 mA bis 3 kA Scheibendiode, für Höchstleistung wassergekühlt.
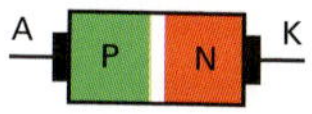 Z-Diode		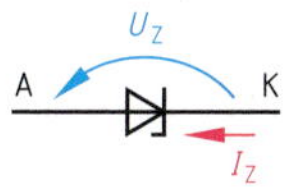	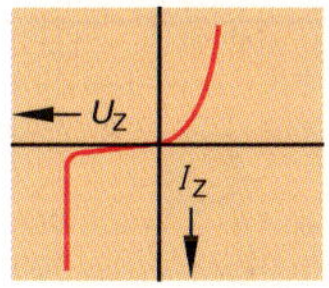	Spannungsbegrenzung, Stabilisierung, Überlastungsschutz. U_Z = 1,8 V bis 200 V Betrieb in Rückwärtsrichtung.
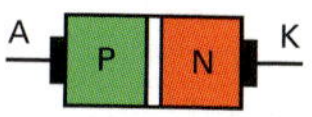 Suppressordiode	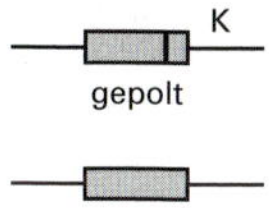	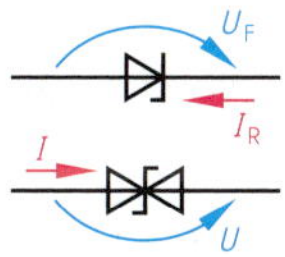	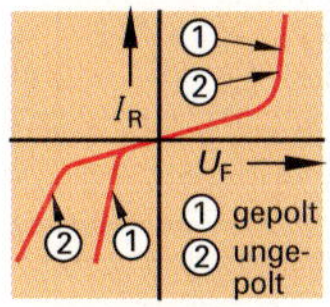	Schutzbeschaltung vor zu hohen Spannungsspitzen. U_R = 20 V bis 600 V I_R = 6 A bis 50 A Betrieb in Rückwärtsrichtung.
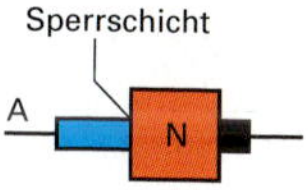 Spitzendiode, Kleinflächendiode	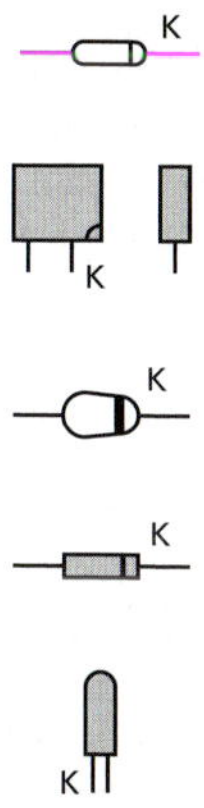	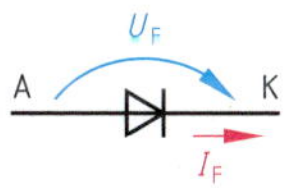	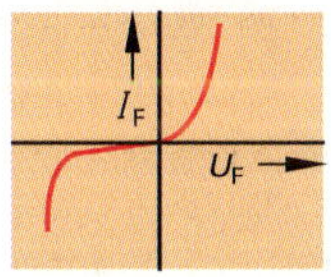	Universaldioden in der HF-Technik, z. B. für HF-Gleichrichtung, Modulation, Demodulation, Schalter.
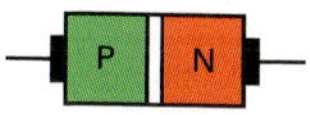 Kapazitätsdiode		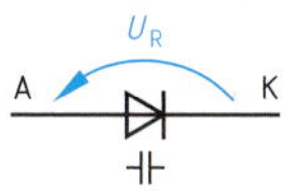	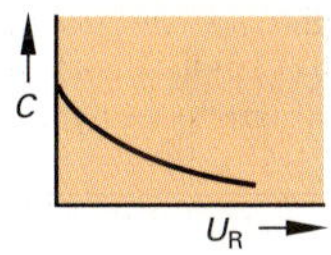	Abstimmung von Schwingkreisen anstelle von Drehkondensatoren U_R = 1 V bis 30 V C ≤ 60 pF bis 5 pF Betrieb in Rückwärtsrichtung.
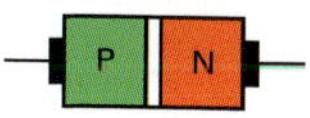 Tunneldiode	M 1:1 bis M 2:1	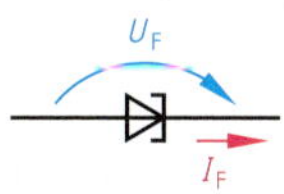	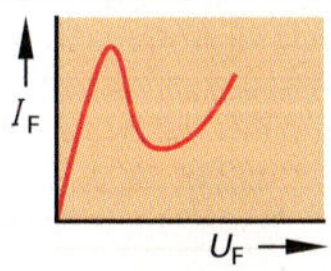	Verstärker bei UHF und VHF, Impulsformer.
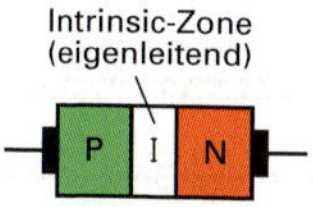 PIN-Diode	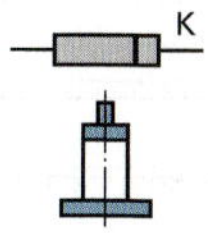 M 1:1 bis M 1:5	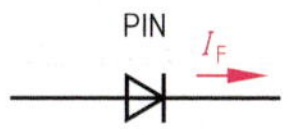 nicht genormt	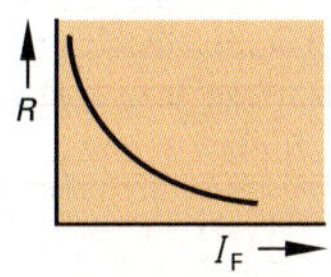	In der Hochfrequenztechnik ab 10 MHz als veränderliche Widerstände in Dämpfungsgliedern und als Schalter.
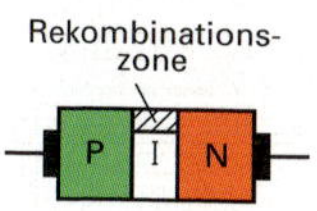 Magnetdiode	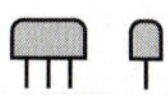 Doppeldiode M 1:1 bis M 2:1	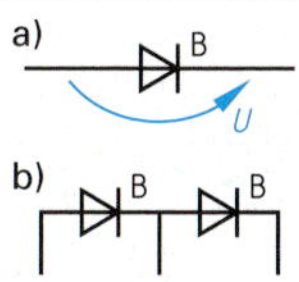	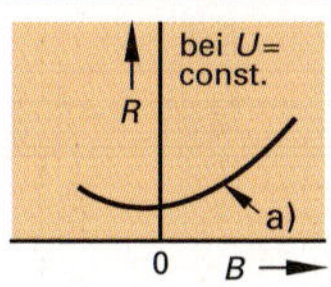	Fühler für Magnetfeld, z. B. in Elektronikmotoren. Meist Doppeldiode aus zwei in Reihe geschalteten Dioden (Seite 61).

A Anode, B magnetische Flussdichte, C Kapazität, Ge Germanium, I_F Vorwärtsstrom (Durchlassstrom), I_R Rückwärtsstrom (Sperrstrom), I_Z Zenerstrom, K Katode, R Widerstand, Si Silicium, U_F Vorwärtsspannung (Durchlassspannung), U_R Rückwärtsspannung (Sperrspannung), U_Z Zenerspannung

Feldeffekttransistoren, IGBT Field Effect Transistors, IGBT

Prinzip, Bezeichnung	Gehäuse (Beispiele)	Schaltzeichen, Bezugspfeile	Typische Kennlinie	Anwendung, Spezialformen
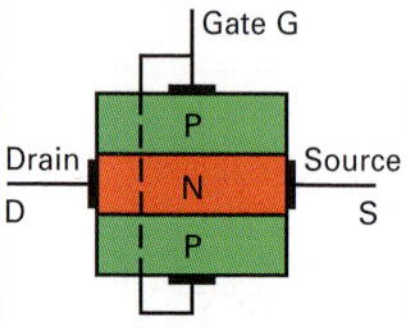 J-FET mit N-Kanal	 auch SDG statt SGD	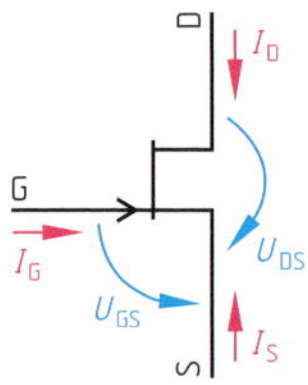	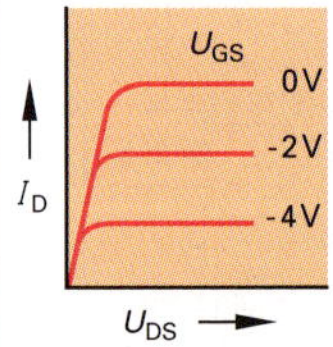	Verstärkerschaltungen, Analogschalter, Vorverstärker Mikrofon, HF-Verstärker, Oszillatoren, Quarzoszillatoren, Mischstufen, Stellglieder bei Reglern.
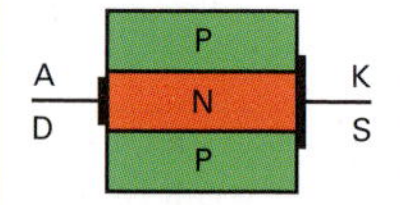 J-FET als Strombegrenzer	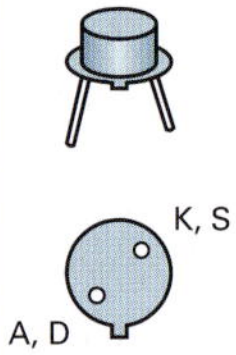	Ersatzschaltung 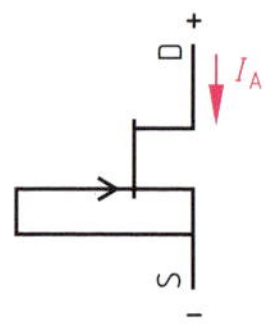	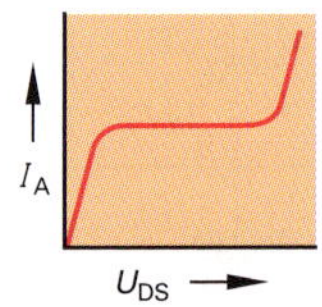	Stabilisierung, Strombegrenzung
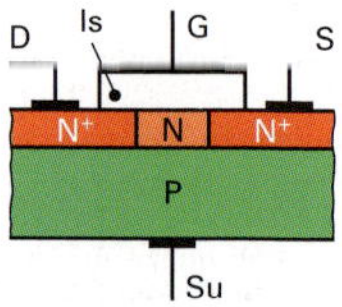 Selbstleitender IG-FET mit N-Kanal	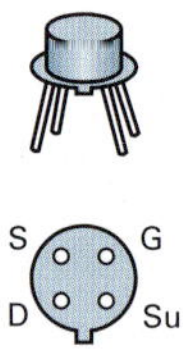	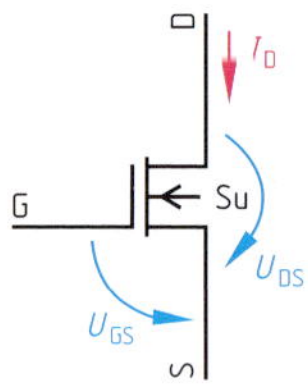	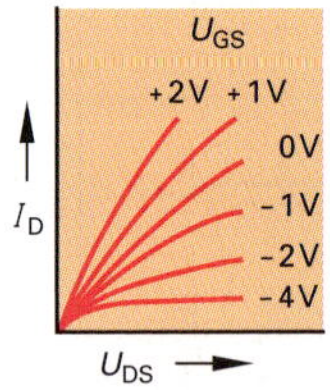	Verstärkerschaltungen, insbesondere für Eingangsstufen, HF-Verstärker, Regelglieder, Leistungsverstärker. Typische Grenzwerte für Leistungsverstärker: U_{DS} = 50 V U_{GS} = ± 20 V I_D = 25 A maximale Verlustleistung P_{tot} = 75 W
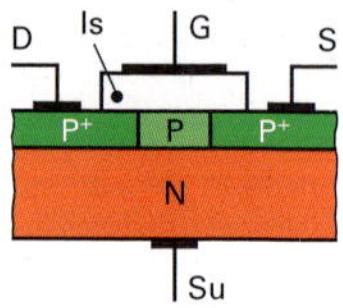 Selbstsperrender IG-FET mit P-Kanal		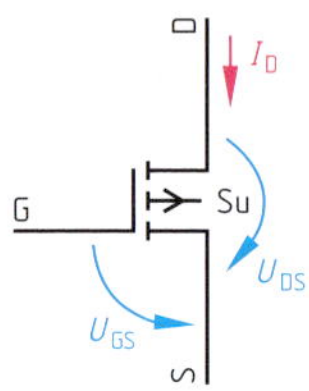	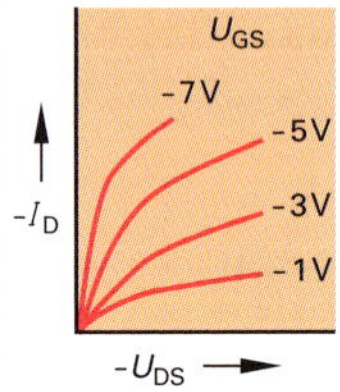	In Operationsverstärkern, in integrierten Schaltungen.
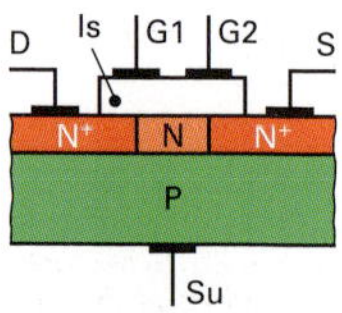 Dual-Gate-IG-FET mit N-Kanal	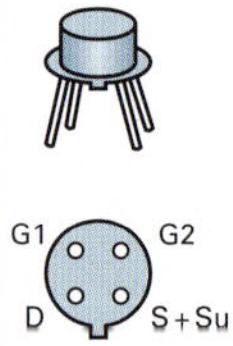	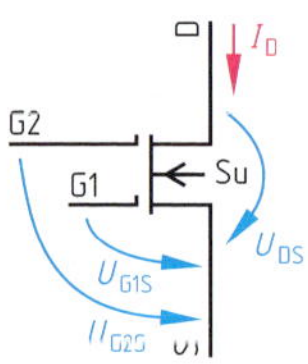	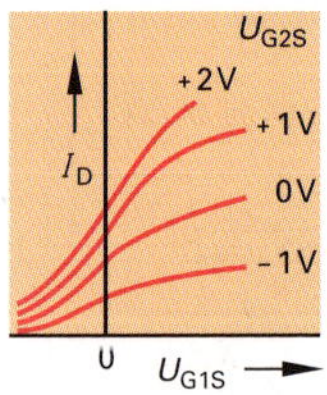	Verstärker und Mischerschaltungen bis 300 MHz In integrierten Schaltungen
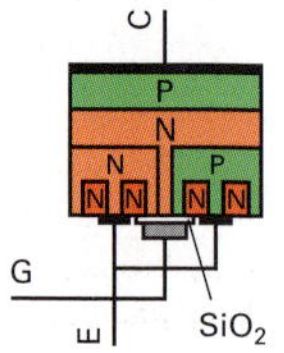 IGBT	z. B. TO 220 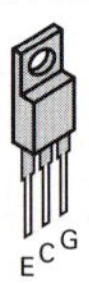 etwa M 1:2	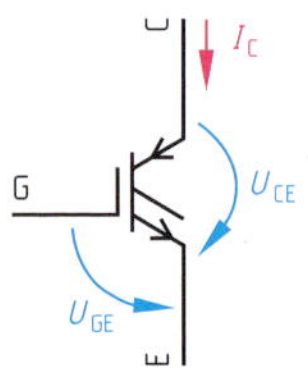	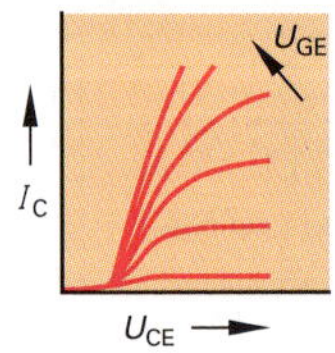	IGBT von Insulated Gate Bipolar Transistor = Bipolarer Transistor mit isoliertem Gate. U_F von 2 V bis 5 V, $U_R \leq$ 1600 V, $I_F \leq$ 1 kA, Frequenzen bis 20 kHz. In IGBT-Modulen sind oft Freilaufdioden (Rückstromdioden) enthalten.

A Anode, D Drain, G Gate, Is Isolierung mit SiO_2, K Katode, N N-dotiert, N^+ stark N-dotiert, P P-dotiert, P^+ stark P-dotiert, S Source, Su Substrat

Bipolare Transistoren **Bipolar Transistors**

Prinzip, Bezeichnung	Gehäuse (Beispiele)	Schaltzeichen, Bezugspfeile	Typische Kennlinie	Anwendungen, Bemerkungen
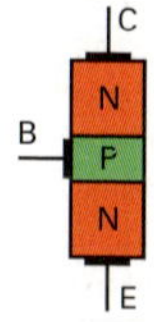 NPN-Transistor	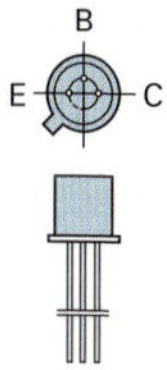	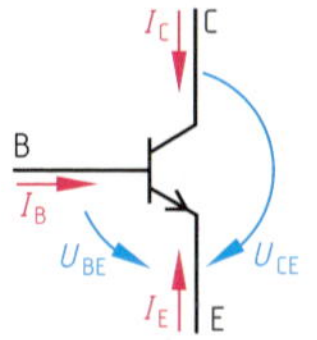	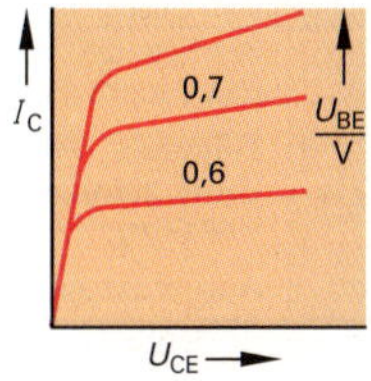	Verstärkerschaltungen, Oszillatoren, Leistungsstufen in Netzteilen. Typische Daten: h_{21e} = 100 bis 500 B = 50 bis 700
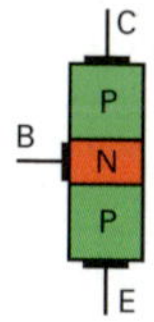 PNP-Transistor		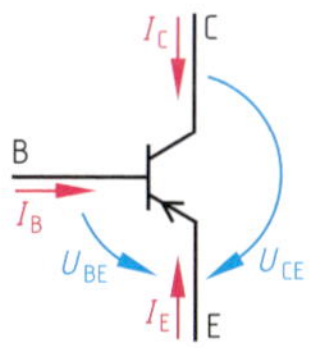	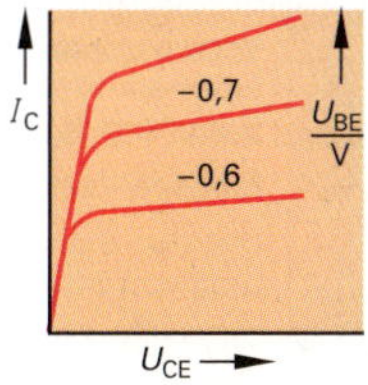	NPN-Transistoren: I_C = 10 mA...30 A U_{BE} = 0,7 V PNP-Transistoren: I_C = −10 mA bis −30 A U_{BE} = −0,7 V
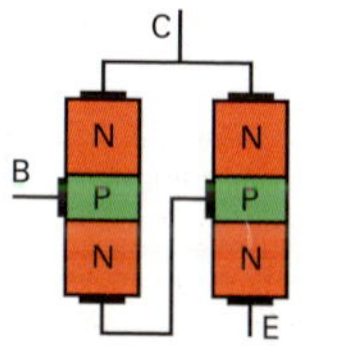 Darlington-Transistor	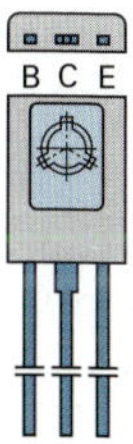	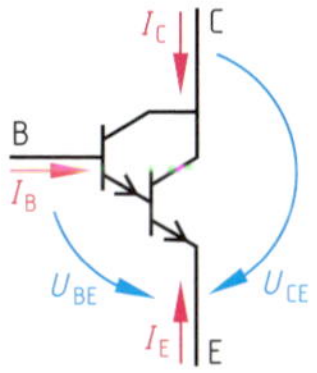	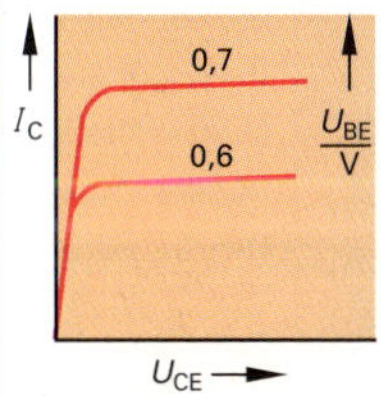	Leistungsverstärker für Relaissteuerungen. Darlingtonstufen bestehen aus zwei Transistoren in einem Gehäuse.
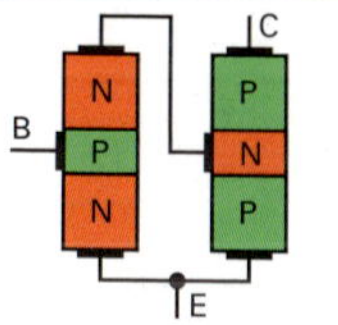 Komplementär-Darlington-Transistor	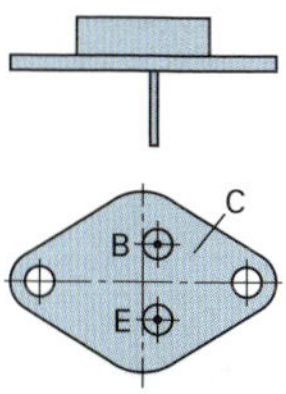	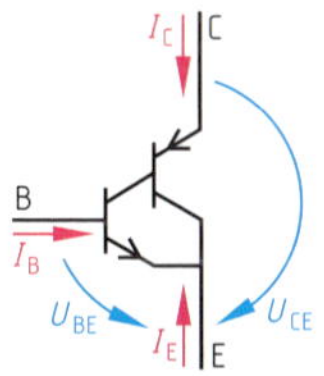	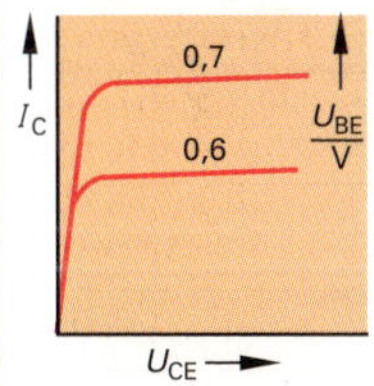	Der Stromverstärkungsfaktor ist sehr groß. Typische Daten: β = 200 bis 1000 B = 100 bis 30 000 I_C = 0,1 A bis 30 A
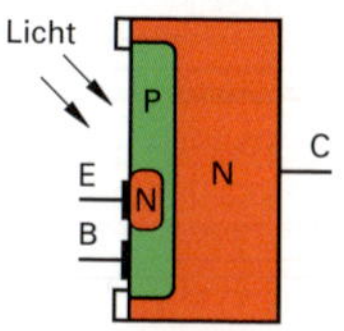 Foto-Transistor	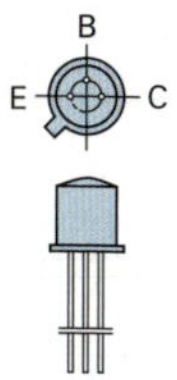	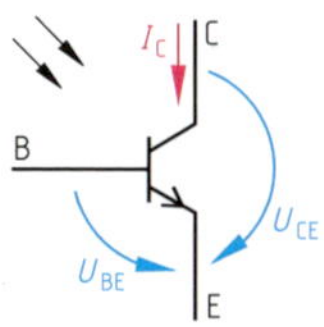	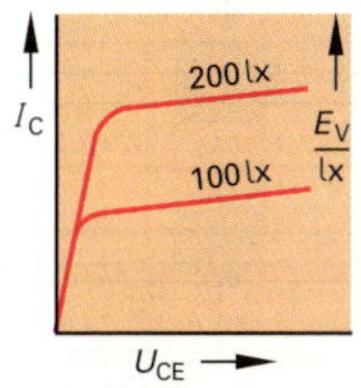	Optische Abtastung von Barcodes, Optokoppler. Fototransistoren gibt es mit und ohne Basisanschluss.
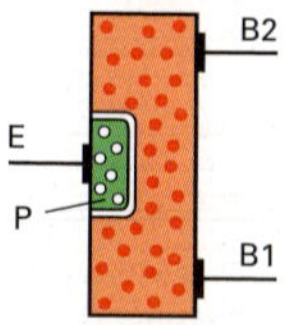 Doppelbasis-Transistor (UJT)	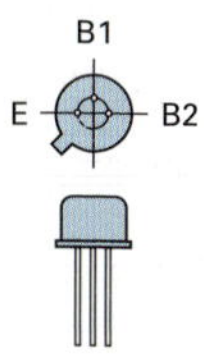	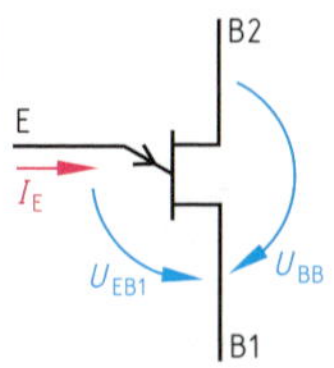	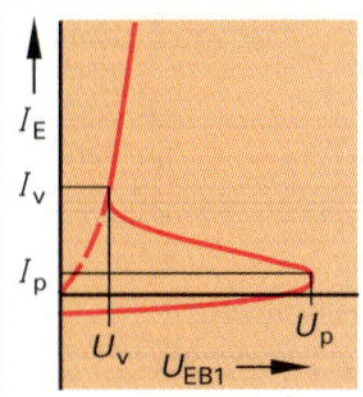	Zum Zünden von Thyristoren I_v Talstrom I_p Höckerstrom U_v Talspannung U_p Höckerspannung

B Basis, B Gleichstromverhältnis, C Kollektor, E Emitter, E_v Beleuchtungsstärke, β Kurzschluss-Stromverstärkungsfaktor, I_C Kollektorstrom, UJT Unijunction Transistor

Thyristor Thyristor

M

Begriffe und Kennlinien

Begriff	Erklärung
Blockierbereich	Bereich der Vorwärtsrichtung, in dem der Thyristor nicht leitet, weil der Steuerstrom fehlt.
Freiwerdezeit	Zeitdauer, nach der die Sperrschicht frei von Ladungsträgern ist, wenn ohne Zündstrom der Haltestrom unterschritten wird.
Gate (engl. Gate = Tor)	Anschluss an einer Halbleiterschicht, die für die Steuerung verwendet wird.
Haltestrom I_H	Kleinster Vorwärtsstrom, bei dem der Thyristor noch leitet.
Kippspannung U_K	Vorwärtsspannung, bei welcher der blockierende (sperrende) Thyristor bei gleich bleibendem Gatestrom leitend wird.
Nullkippspannung U_{K0}	Kippspannung ohne Gatestrom.
Rückwärtsrichtung	Die der Schaltrichtung entgegengesetzte Richtung von Strom und Spannung.
Schneller Thyristor	Thyristor mit kleiner Freiwerdezeit.
Vorwärtsrichtung, Schaltrichtung	Die Richtung der Spannung von Anode zu Katode, bei welcher der Thyristor schaltbar ist.
Vorwärtsspannung U_F	In Vorwärtsrichtung anliegende Spannung.
Vorwärtsstrom I_F	In Vorwärtsrichtung fließender Strom.
Zündpulsdauer t_{GP}	Mindestdauer eines Zündimpulses.
Zündstrom I_G	Der Gatestrom, der das Umschalten vom sperrenden in den leitenden Zustand bewirkt.
Zündzeit t_G	Zeitdauer, nach welcher der Zündstrom den Thyristor leitend gemacht hat.

Kennlinien

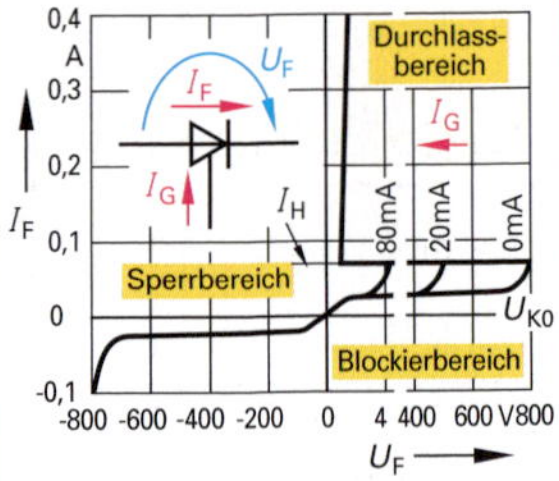

Kennlinie eines Thyristors mit Nullkippspannung 800 V

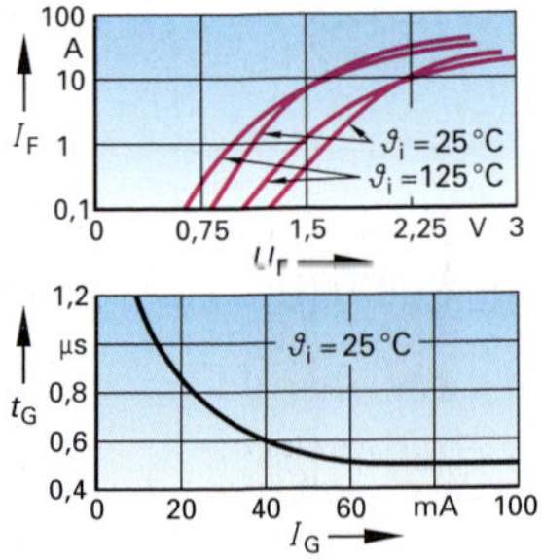

Kennlinien eines 22-A-Thyristors

Wirkungsweise der Thyristoren

Aufbau

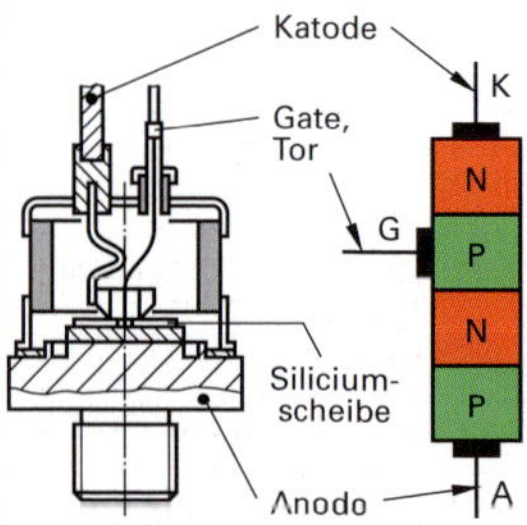

Rückwärts sperrende Thyristortriode
(häufigste Thyristorart)

Erklärung

Der Thyristor (Kunstwort aus Thyratron = schaltbare Röhre und Resistor = Widerstand) ist ein Halbleiterbauelement mit wenigstens vier aufeinander folgenden Halbleiterzonen wechselnden Leitfähigkeitstyps, z.B. PNPN (siehe „Thyristoren und Triggerdioden"). Alle können vom sperrenden Zustand in den leitenden gebracht werden, sind also *einschaltbare* Stromventile. Dieses Einschalten kann z.B. durch einen Steuerstrom erfolgen. Das Abschalten durch einen Steuerstrom ist beim *Abschaltthyristor* (GTO-Thyristor) möglich.

Bei allen Thyristorarten wird der sperrende Zustand von selbst erreicht, wenn der Haltestrom unterschritten wird, z.B. bei Wechselstrom. Das Abschalten eines Gleichstromes erfordert dagegen bei den nicht durch Steuerstrom abschaltbaren Thyristoren besondere *Löscheinrichtungen*. Die allgemeinen Begriffe für Gleichrichterdioden gelten auch für Thyristoren. Der Schutz von Thyristoren ist wie bei Gleichrichterdioden durchzuführen.

Daten (Beispiele)

Rückwärts sperrende Thyristortriode:

I_{Fmax} = 0,4 A bis 4,5 kA
U_{Rmax} = 50 V bis 8 kV
U_F ≈ 2 V bis 3 V
f_S ≤ 100 kHz

GTO-Thyristor:

I_{Fmax} = 0,4 A bis 3 kA
U_{Rmax} = 50 V bis 5 kV
U_F ≈ 2 V bis 3 V
f_S ≤ 10 kHz

f_S	Schaltfrequenz	t_G	Zündzeit	U_{K0}	Kippspannung bei $I_G = 0$
I_G	Gatestrom (Steuerstrom)	t_{GD}	Mindestdauer für Zündimpuls	U_R	Rückwärtsspannung
I_{Fmax}	max. zul. Vorwärtsstrom	U_F	Vorwärtsspannung	U_{Rmax}	max. zulässige Rückwärtsspannung
I_F	Vorwärtsstrom	U_K	Kippspannung	ϑ_j	Sperrschichttemperatur
I_H	Haltestrom				

Thyristorarten und Triggerdiode Thyristor Types and Trigger Diode

Prinzip, Bezeichnung	Gehäuse (Beispiele)	Schaltzeichen, Bezugspfeile	Typische Kennlinie	Anwendungen, Bemerkungen
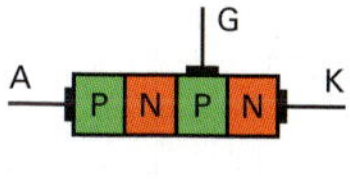 P-Gate-Thyristor	z. B. TO 48 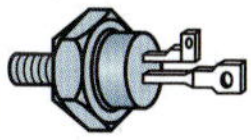 bis etwa M 1:5	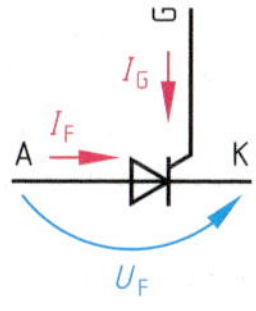 A an Gehäuse	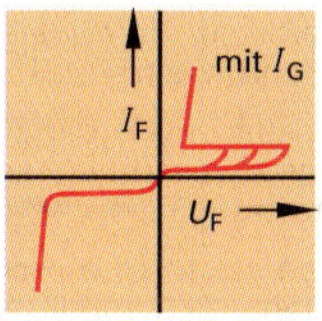	Steuerbarer Gleichrichter, kontaktloser Wechselstromschalter. von 100 V bis 8000 V 0,4 A bis 4500 A Scheibenthyristor für höchste Leistungen, meist mit Wasserkühlung.
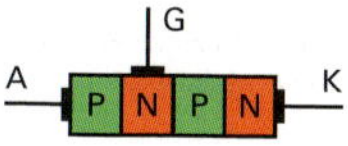 N-Gate-Thyristor	z. B. TO 66  etwa M 1:2	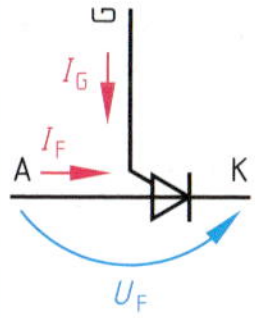	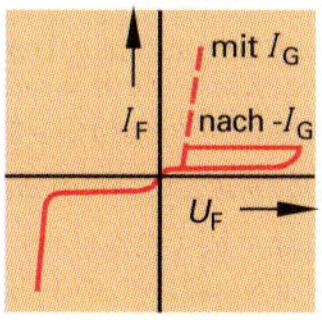	Wie P-Gate-Thyristor, jedoch nur für kleinere Leistungen. Beschaltet mit Spannungsteiler als PUT bezeichnet (Programmierbarer UJT).
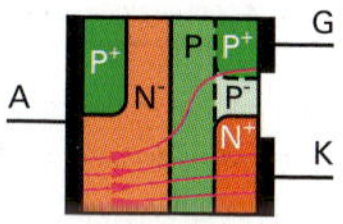 Abschaltthyristor, GTO-Thyristor	z. B. TO 39  etwa M 1:1	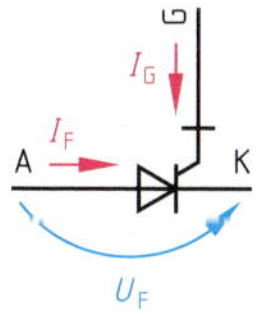	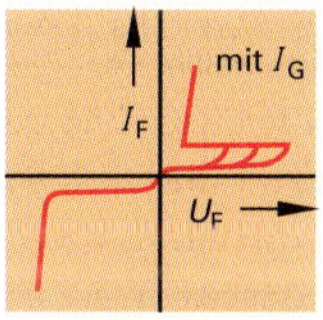	Abschaltbarer kontaktloser Schalter für Gleichstrom, z. B. in Stromrichtern mit Pulsweitenmodulation. von 100 V bis 4500 V 1 A bis 3000 A
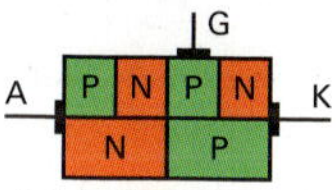 Rückwärts leitender Thyristor	z. B TO 220  etwa M 1:2	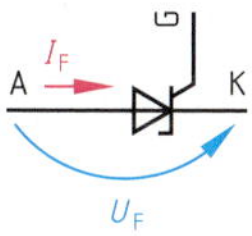	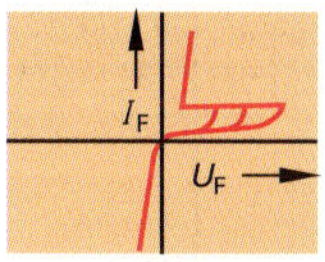	Für Wechselrichterschaltungen an Stelle von P-Gate-Thyristor mit gegenparalleler Diode.
 Triac		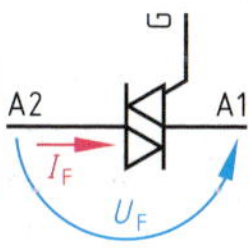	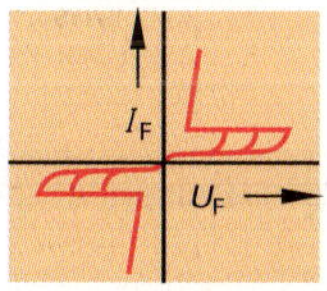	Wechselstromsteller für Dimmer und Drehzahlsteller bei Elektrowerkzeugen. von 100 V bis 1200 V 1 A bis 120 A
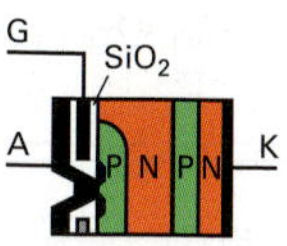 MCT, spannungsgesteuerter Thyristor	z. B. TO 126  etwa M 1:2	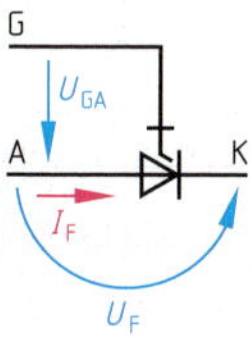	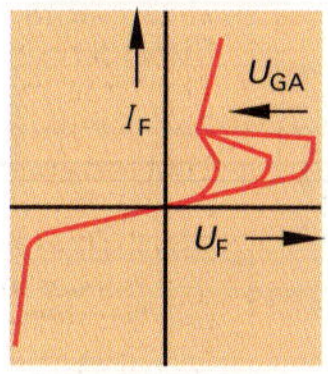	MCT von MOS-Controlled-Thyristor = MOSFET-gesteuerter Thyristor. Enthält einen FET zum Einschalten (U_{GA}<0) und einen FET zum Ausschalten (U_{GA}>0). U_{GA} muss dauernd anstehen. $U_F \leq 1{,}5$ V, $U_R \leq 1{,}6$ kV, $I_F \leq 800$ A
 Diac	 etwa M 2:1	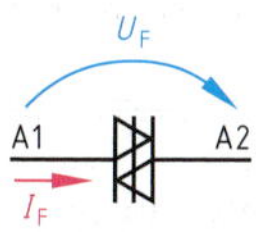	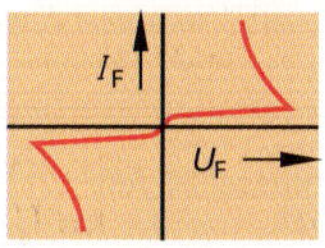	Triggerdiode, z. B. für Triacs. Schaltspannung 35 V 1 mA bis 10 mA

A Anode, A1 Hauptanschluss 1, A2 Hauptanschluss 2, G Gate, GA anodenseitiges Gate, GK katodenseitiges Gate, GTO von Gate Turn Off = über Gate abschaltbar, K Katode, I_F Vorwärtsstrom, I_G Gatestrom, U_F Vorwärtsspannung.

Gehäuseformen von Dioden, Transistoren und IC
Types of Packages of Diodes, Transistors and ICs

Dioden (Beispiele)

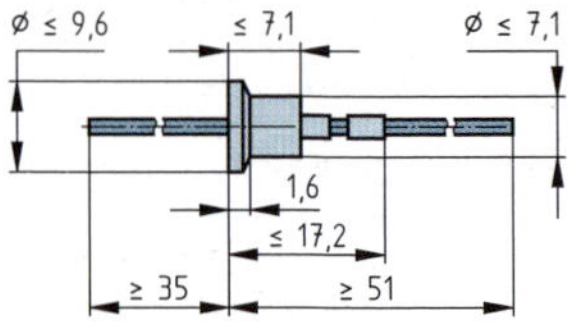

JEDEC DO 1

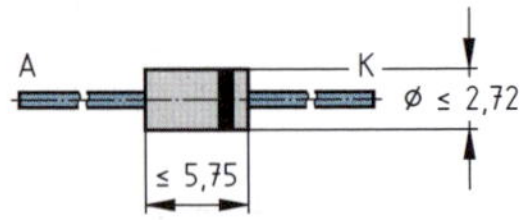

JEDEC DO 15

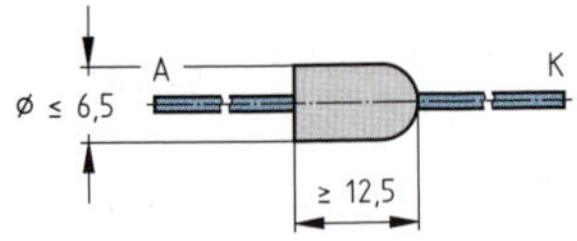

SOD 18

Transistoren (Beispiele)

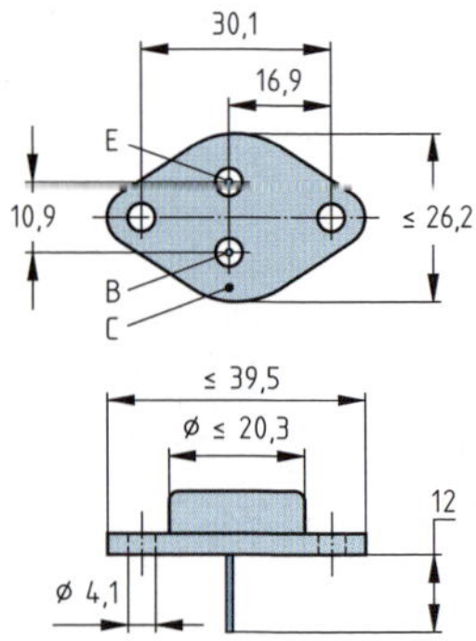

Kollektor am Metallgehäuse
JEDEC TO 3

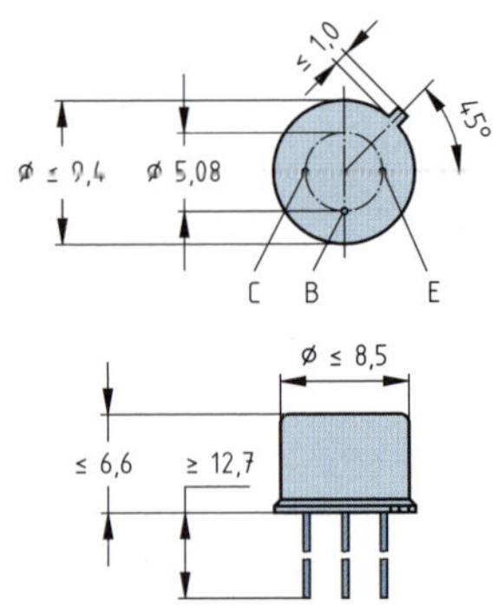

Kollektor am Metallgehäuse
JEDEC TO 39 DIN 5 C 3

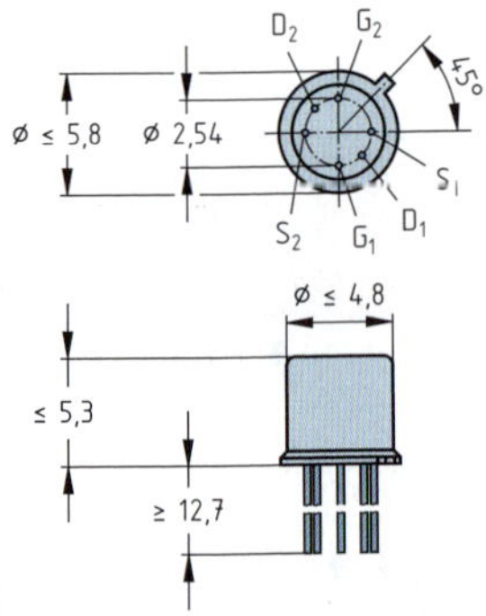

Source am Montageflansch
JEDEC TO 71

Integrierte Schaltkreise (IC) (Beispiele)

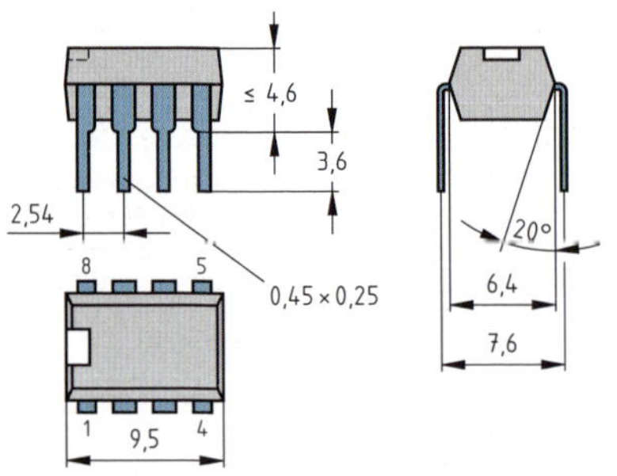

Plastik-Steckgehäuse 8 Anschlüsse (20 A8)
Dual-Inline

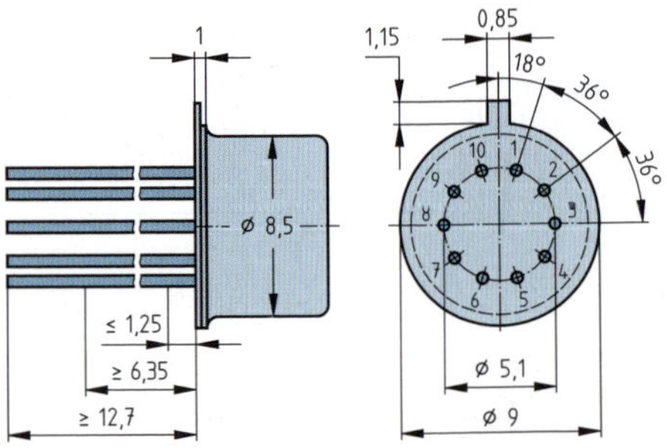

Metallgehäuse 10 Anschlüsse

DO Diode Outline, JEDEC Joint Electron Device Engineering Council (USA-Bezeichnungen), SOD Small Outline Diode, SOT Small Outline Transistor, TO Transistor Outline

Magnetfeldabhängige Bauelemente Magnetic Field-dependent Components

Schaltzeichen, Bezeichnung	Aufbau	Daten	Bemerkungen
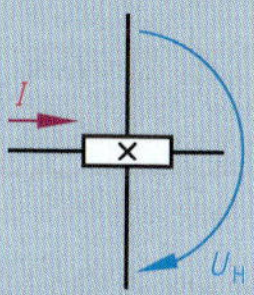 **Hallgenerator, Hallsonde**	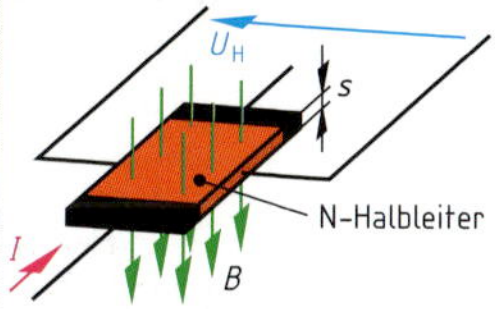 **Bauformen**  Rechteckform (Hohe Hall-Leistung)  Kreuzform (Große Induktionsempfindlichkeit)  Schmetterlingsform (Hohe Magnetflussempfindlichkeit) **Werkstoffe** Indiumarsenid (InAs), Indiumarsenidphosphid (InAsP), Indiumantimonid (InSb)	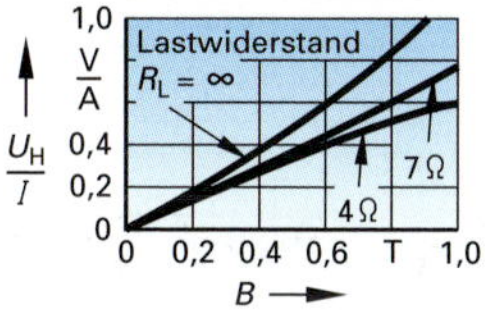 I_N Bemessungssteuerstrom 10 mA bis 400 mA, darf die Halbleiterschicht in ruhender Luft um nicht mehr als 10 K bis 15 K erwärmen K_B Leerlaufempfindlichkeit (Induktionsempfindlichkeit) K_B = 0,5 V/(A · T) bis 100 V/(A · T) U_H Leerlaufhallspannung 0,025 V bis 1 V R_i Innenwiderstand 1,2 Ω bis 500 Ω $K_B = \frac{U_H}{I_N \cdot B}$ in V/(A · T)	Die Hallspannung U_H entsteht zwischen den Seiten eines Halbleiterplättchens, durch das ein Steuerstrom I fließt, wenn das Plättchen senkrecht von einem Magnetfeld durchsetzt wird. U_H Leerlaufhallspannung R_H Hallkoeffizient I Steuerstrom s Dicke des Halbleiterplättchens B Magnetische Flussdichte **Hallspannung** $U_H = \frac{R_H}{s} \cdot I \cdot B$ **Anwendungen** Magnetfeldmessungen, potenzialfreie Strommessung, RCD Typ B.
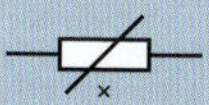 **Feldplatten, magnetfeldabhängige Widerstände**	**Bauformen**  Formgeätzte Halbleiterplättchen auf Trägerplatte (Ferrit, Keramik oder Kunststoff) geklebt. 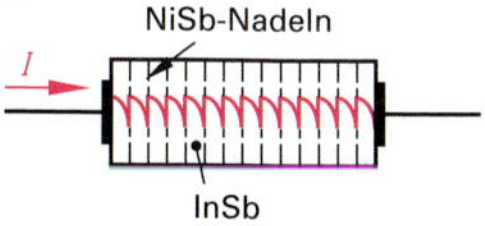 **Werkstoff** Aus Indiumantimonid-Nickelantimonid-Schmelze erstarrt Nickelantimonid (NiSb) in Form von metallisch leitenden Nadeln im sonst halbleitenden Indiumantimonid (InSb).	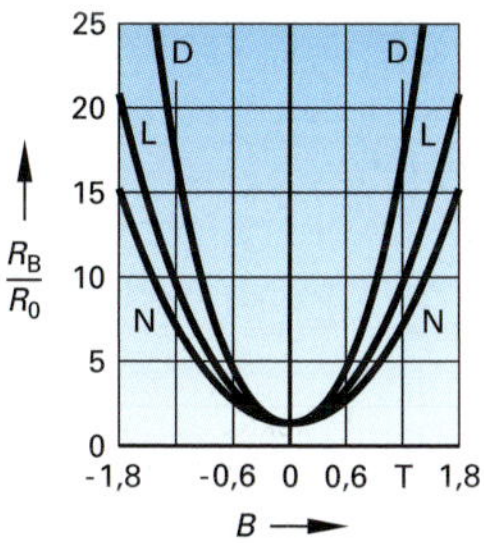 R_0 Grundwiderstand (Widerstand ohne Magnetfeld) R_B Widerstand im Magnetfeld γ Leitfähigkeit des InSb-NiSb-Werkstoffs D: $\gamma \approx 200 / (\Omega \cdot cm)$ L: $\gamma \approx 550 / (\Omega \cdot cm)$ N: $\gamma \approx 800 / (\Omega \cdot cm)$	Der Feldplattenwiderstand nimmt mit wachsender Flussdichte des Magnetfeldes zu. Ursache ist die Umlenkung der Strombahnen durch das Magnetfeld. **Anwendungen** Kontaktlos steuerbare Widerstände (Ansteuerung über Dauermagnet oder Elektromagnet), Feldplatten-Fühler für kontakt- und berührungslose Schalter, Messung von Magnetfeldern (Feldplattenstreifen mit minimalem Abstand von etwa 130 µm herstellbar), Drehzahlerfassung und Erfassung der Drehrichtung, Feldplattenpotenziometer und lineare Weggeber.
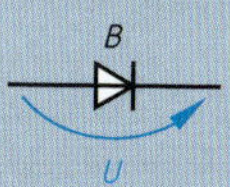 **Magnetdiode**	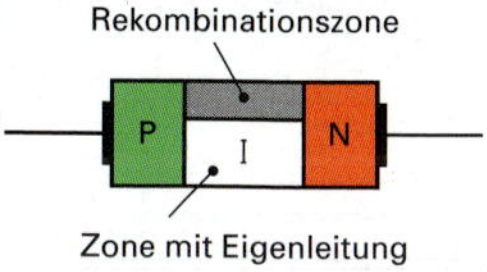 Das Magnetfeld drängt je nach seiner Richtung Ladungsträger in die oder aus der Rekombinationszone. Dadurch vergrößert sich der Widerstand der Strecke Anode-Katode.	Bei Doppeldiode: 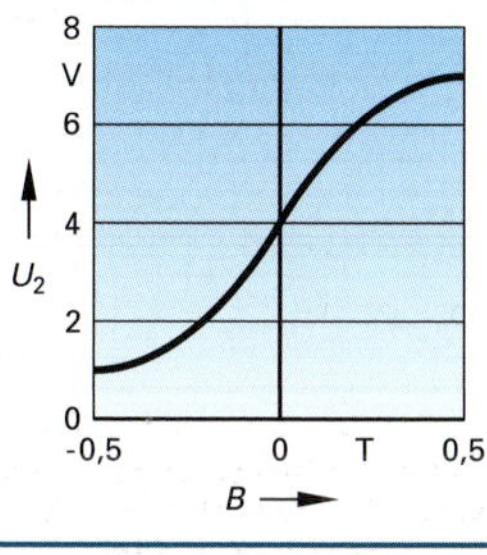	Meist als Doppeldiode verwendet: 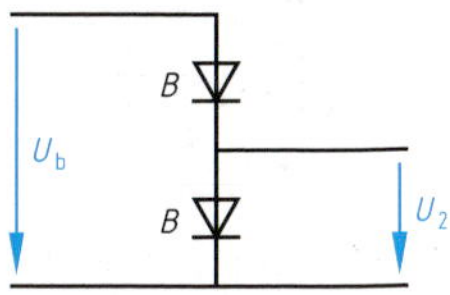 **Anwendungen** Wie Feldplatten, z. B. zur Felderfassung bei Elektronikmotoren

Fotoelektronische Bauelemente Photoelectronic Components

Schaltzeichen, Bezugspfeile	Typische Kennlinie	Daten	Anwendungen
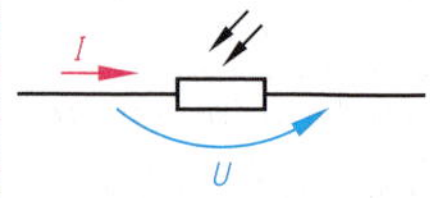 **Fotowiderstand (LDR, von Light Dependent Resistor)**	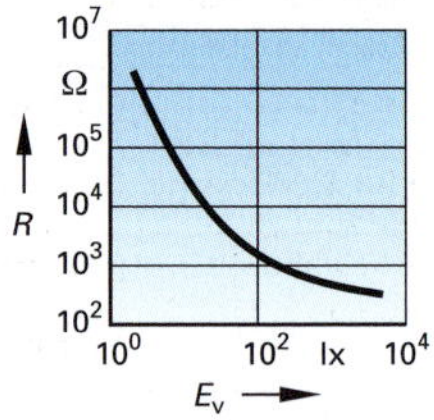	Dunkelwiderstand > 10 MΩ nach 10 s, Hellwiderstand < 1 kΩ, Betriebsspannung bis 300 V, Modulationsfrequenz ≈ 2 Hz, Belastbarkeit bis 500 mW.	Bei Gleichspannung und Wechselspannung. CdS- und CdSe-Zellen für den sichtbaren Strahlungsbereich, PbS- und InSb-Zellen für den Infrarotbereich. Für Beleuchtungsstärkemesser.
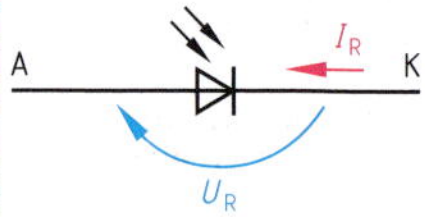 **Fotodiode**	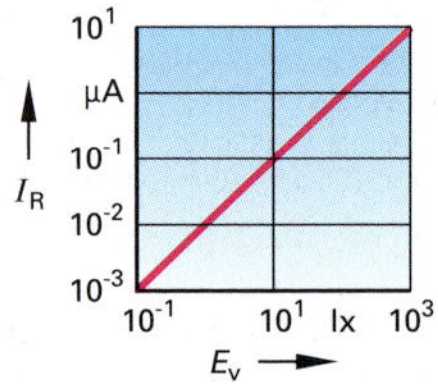	Maximale Empfindlichkeit: Si bei 800 nm bis 850 nm, Ge bei 1,5 µm, Betriebsspannung bis 10 V, Grenzfrequenz 10 MHz, Verlustleistung bis 100 mW, stark temperaturabhängig.	Für Messzwecke, in Optokopplern, bei Datenübertragung über LWL (Lichtwellenleiter).
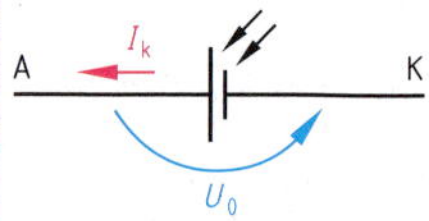 **Fotoelement**	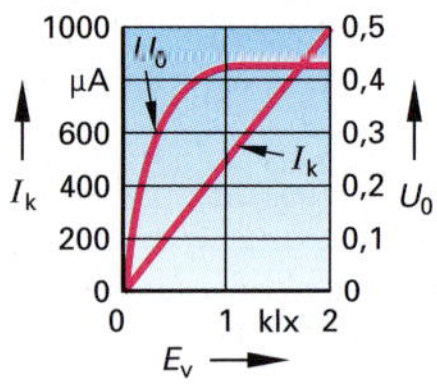	Leerlaufspannung bei 1 klx Si: $U_0 \approx 0{,}4$ V, GaAs: $U_0 \approx 0{,}9$ V, Se: $U_0 \approx 0{,}3$ V. Solarzellen aus polykristallinem Si: $U_0 \approx 0{,}55$ V; $P \approx 10\ \mathrm{mW/cm^2}$; $\eta \approx 10\%$	Parallelschaltung erhöht die Stromstärke, Reihenschaltung die Spannung. Bei Solargeneratoren Leistungen bis in den kW-Bereich.
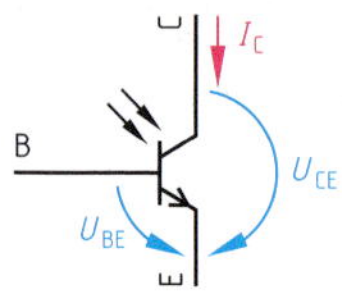 **Fototransistor**	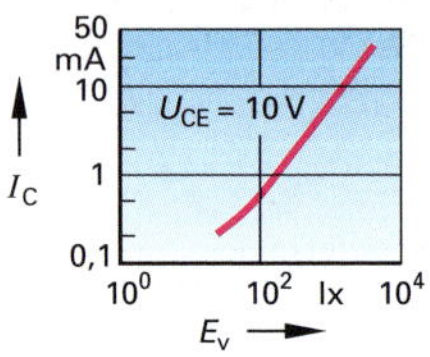	Sperrspannung 30 V, Verlustleistung 300 mW, Grenzfrequenz 0,5 MHz, Fotoempfindlichkeit bis 500 mal höher als bei Fotodioden.	Optische Signalübertragung und Datenübertragung, in Optokopplern, Lichtschranken.
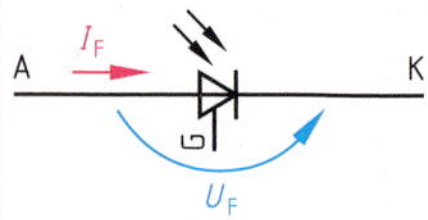 **Fotothyristor**	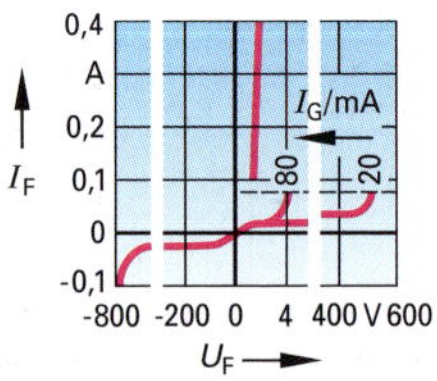	Durchlassstrom bis 10 A, sicheres Zünden bei ≈ 1000 lx. Grenzfrequenz ≈ 1 kHz, Verlustleistung bis 0,5 W.	Strahlungsgesteuerter elektronischer Schalter zum Schalten großer Ströme, z. B. in Hochspannungsanlagen. Auch zur galvanischen Trennung zusammen mit LED bzw. IRED in Optokopplern.
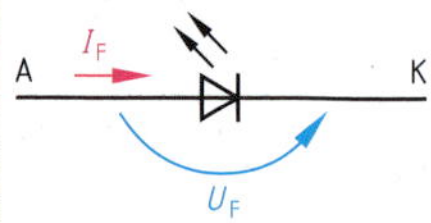 **LED, IRED Lumineszenzdiode**	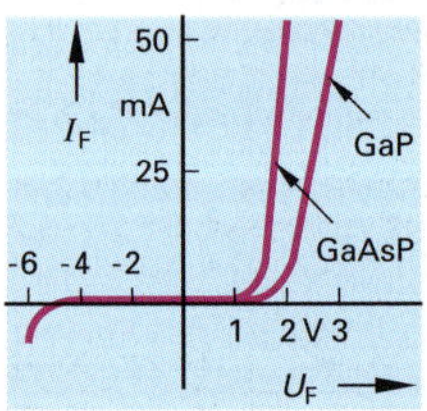	LED: Durchlassstrom bis 100 mA, Durchlassspannung bis 2 V je nach Farbe. Farben: rt, ge, or, gn, bl, ws. Grenzfrequenz ≈ 20 MHz, Lebensdauer bei I_F = 15 mA etwa 10^5 h. IRED: Strahldichte bis 20 mW/sr.	LED = Licht emittierende Diode: Ziffernanzeige, Signal- und Anzeigelampen, Beleuchtung. IRED = Infrarot emittierende Diode: In Optokopplern, Lichtschranken. Werkstoff: InGaAlP, GaAs oder GaAlAs.

A Anode, B Basis, C Kollektor, E Emitter, E_v Beleuchtungsstärke, G Gate, I_C Kollektorstrom, I_F Durchlassstrom, I_k Kurzschlussstrom, I_R Rückwärtsstrom, K Katode, P Leistung, U_{BE} Basis-Emitterspannung, U_{CE} Kollektor-Emitterspannung, U_0 Leerlaufspannung, U_F Vorwärtsspannung, U_R Rückwärtsspannung, η Wirkungsgrad.

Schutzbeschaltung von Dioden und Thyristoren

Protection Circuits for Diodes and Thyristors

Überspannungsschutz

Schaltung	Wirkung	Bemerkungen
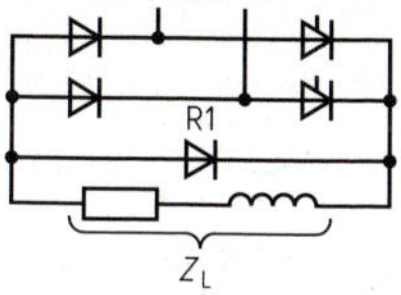	Die Freilaufdiode R1 verhindert Spannungsspitzen bei Abschaltung der Gleichspannung für Z_L. Sonstige Überspannungen, z. B. vom Netz, werden von R1 nicht beeinflusst. Z_L Last-Scheinwiderstand	Die Nennspannung (Bemessungsspannung) von R1 muss so groß wie die Gleichspannung sein. Der Nennstrom (Bemessungsstrom) von R1 muss etwa so groß sein wie der Bemessungsstrom der Gleichrichterschaltung.
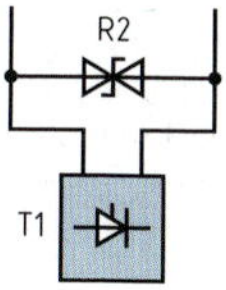	Zwei gegeneinander geschaltete Z-Dioden R2 werden bei Überspannung leitend. Bei großen Anlagen werden anstelle der Z-Dioden Suppressordioden oder auch Avalanchedioden (von avalanche = Lawine, stoßspannungsfeste Diode) verwendet.	An Stelle von Z-Dioden bzw. Suppressordioden können bei Stromrichtern bis 20 A auch VDR-Widerstände (Varistoren) verwendet werden. Anwendung ist bei AC (Wechselspannung) oder DC (Gleichspannung) möglich.
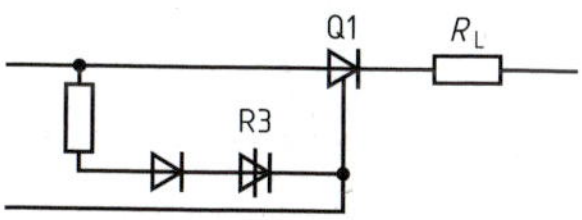	Die Kippdiode R3, z. B. Vierschichtdiode, wird bei Spannungen von 400 V bis 4000 V leitend. Dadurch zündet der Thyristor (Schutzzündung).	Schutz von Thyristoren in Blockierrichtung (Vorwärtsrichtung des nicht gezündeten Thyristors), wenn Schutzzündung über R3 möglich ist.
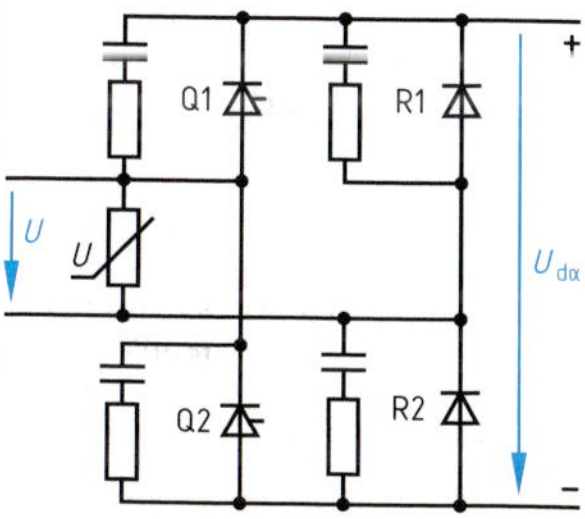	Kombinierter Schutz durch RC-Beschaltung der Zweige und VDR-Widerstand am Eingang. Anstelle des VDR-Widerstands können auch Suppressordioden verwendet werden. Bei induktiver Last ist zusätzlich eine Freilaufdiode parallel zur Last zweckmäßig.	Nur zum Schutz kleiner Stromrichter geeignet. Anstelle der RC-Beschaltung können auch Gasableiter (Ansprechspannung 70 V) verwendet werden. $U_{d\alpha}$ gleichgerichtete Spannung beim Zündwinkel α

Überstromschutz

Schaltung	Bemerkungen
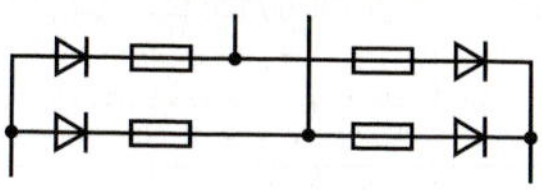 Anordnung der Zweigsicherungen	Bei Gegenspannungsbelastung, z. B. durch Kondensatoren, sind Zweigsicherungen den Strangsicherungen vorzuziehen.
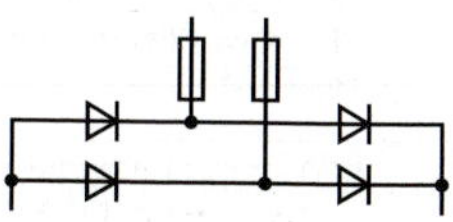 Anordnung der Strangsicherungen	Anwendung bis etwa 20 kW. Ein zuverlässiger Schutz der Halbleiterbauelemente erfordert superflinke Schmelzsicherungen oder entsprechende Schutzschalter.

Sicherungsgröße

Dauergleichstrom in A	Zweigsicherung in A	Strangsicherung in A
Schaltung B2		
20	16	25
40	35	50
Schaltung B6		
30	20	25
60	35	50

Bei zu steilem Stromanstieg (zu großem di/dt) werden die Sperrschichten örtlich überhitzt, da sich der Strom nicht gleichmäßig über den Querschnitt verteilt. Die Schutzdrossel verhindert den zu steilen Stromanstieg.

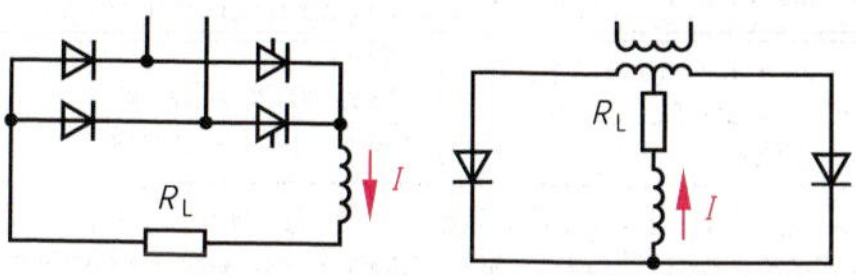

Schutzdrosseln, unipolar stromdurchflossen

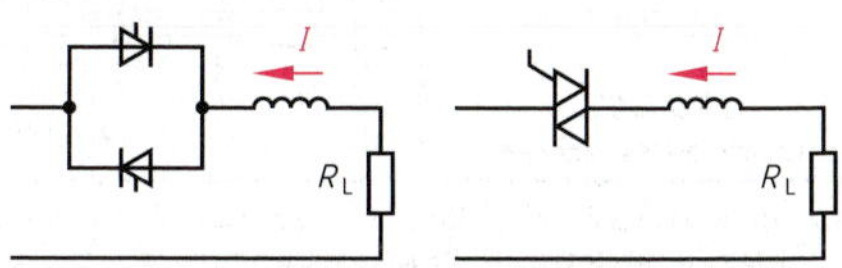

Schutzdrosseln, bipolar stromdurchflossen

Kühlung von Halbleiter-Bauelementen Cooling of Semiconductor Components

Wärmewiderstände

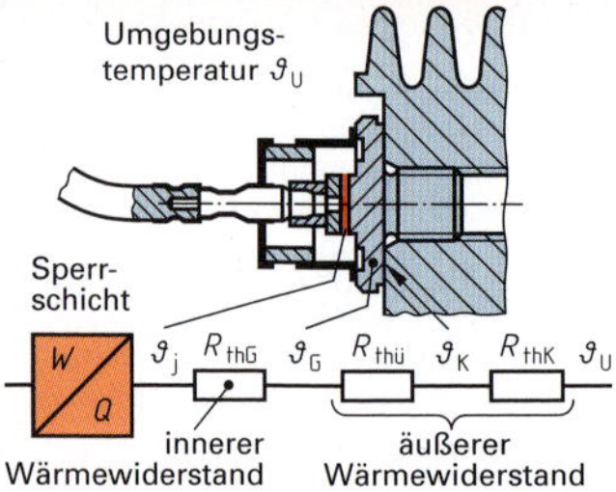

$[R_{th}]$ = Kelvin / Watt = K / W

$$R_{th} = \frac{\Delta\vartheta}{P_v} \quad (1)$$

$$R_{thG} = \frac{\vartheta_j - \vartheta_G}{P_v} \quad (2)$$

$$R_{thU} = R_{thG} + R_{thÜ} + R_{thK} \quad (3)$$

$$R_{thU} = \frac{\vartheta_j - \vartheta_U}{P_v} \quad (4)$$

In Datenblättern wird für Bauelemente ohne Kühlkörper als Wärmewiderstand der gesamte Wärmewiderstand R_{thU} angegeben, für Bauelemente mit Kühlkörper aber nur der innere Wärmewiderstand R_{thG}.

Wärmewiderstände von Kühlblechen und Kühlkörpern

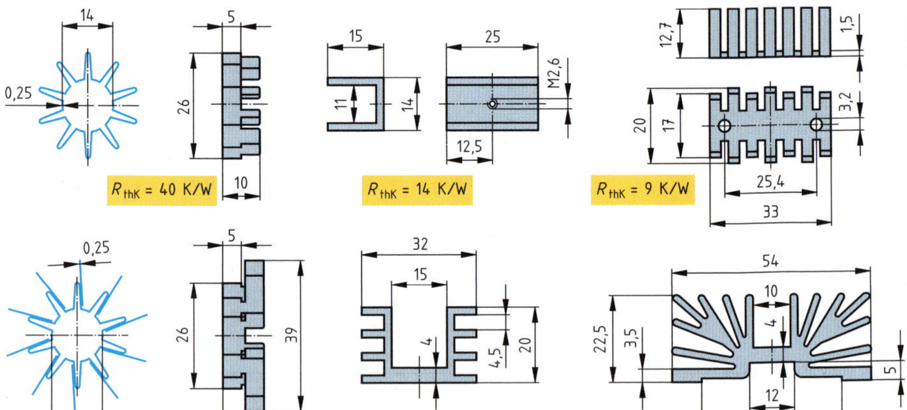

R_{thK} = 40 K/W

R_{thK} = 14 K/W

R_{thK} = 9 K/W

R_{thK} = 25 K/W

R_{thK} = 8 K/W bei Länge 37,5

R_{thK} = 3,8 K/W bei Länge 37,5

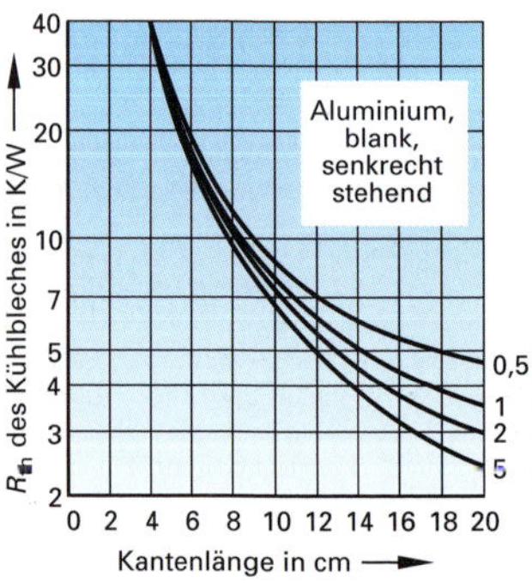

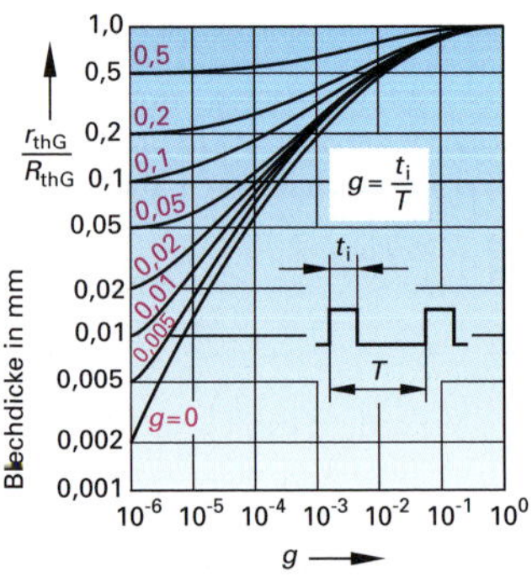

Impulswärmewiderstand eines Transistors

Bei waagrechter Anordnung muss die Kühlfläche das 1,2-Fache einer senkrechten Kühlfläche betragen, bei geschwärzter Kühlfläche mindestens das 0,9-Fache einer blanken Kühlfläche **(Bild links)**.

Bei impulsartiger Belastung kann bei Halbleiterbauelementen je nach Tastgrad g **(Bild rechts)** ein kleinerer Impulswärmewiderstand r_{thG} für die Rechnung verwendet werden.

g Tastgrad
P_v Verlustleistung
R_{th} Wärmewiderstand, allgemein
R_{thG} innerer Wärmewiderstand zwischen Sperrschicht und Gehäuse (auch R_{thjG})
R_{thK} Wärmewiderstand zwischen Kühlkörper und Kühlmittel (auch R_{thKU})
R_{thU} Wärmewiderstand (auch R_{thjU})
$R_{thÜ}$ Wärmewiderstand zwischen Gehäuse und Kühlkörper (auch R_{thGK})
t_i Impulsdauer
T Pulsperiodendauer
$\Delta\vartheta$ Temperaturdifferenz, z. B. ϑ; $-\vartheta_G$
ϑ_G Gehäusetemperatur
ϑ_j Sperrschichttemperatur
ϑ_K Kühlkörpertemperatur
ϑ_U Umgebungstemperatur

Teil TM: Technische Dokumentation, Messen
Part TM: Technical Documentation, Measuring

Technische Dokumentation 65

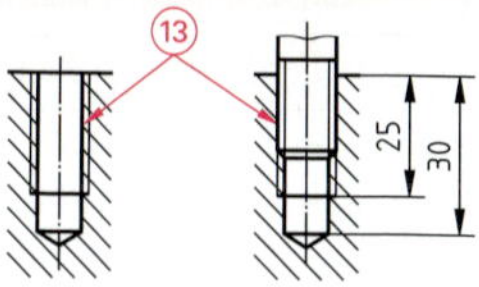

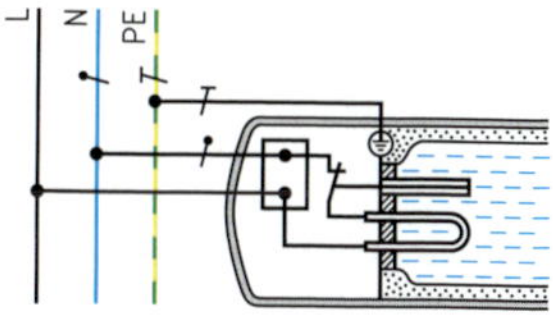

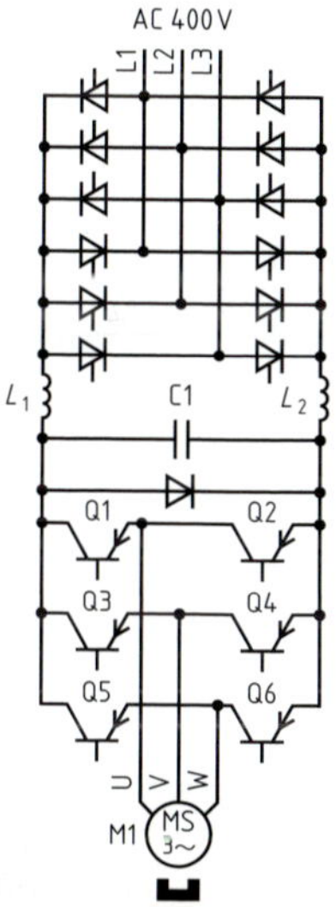

Messen 104

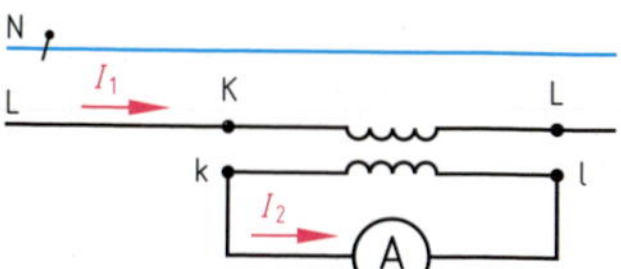

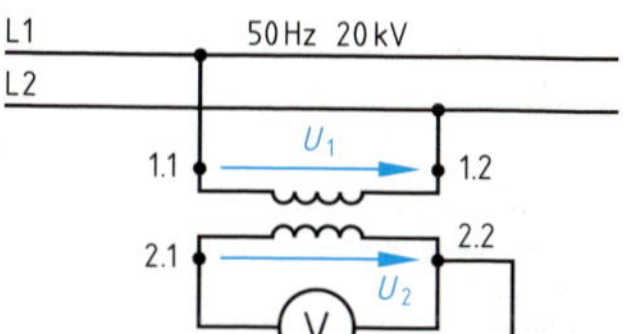

TM

Ansicht	Beschreibung	Ergänzungen, Bemerkungen

xy-Koordinaten (rechtwinklige Koordinaten, kartesische Koordinaten)

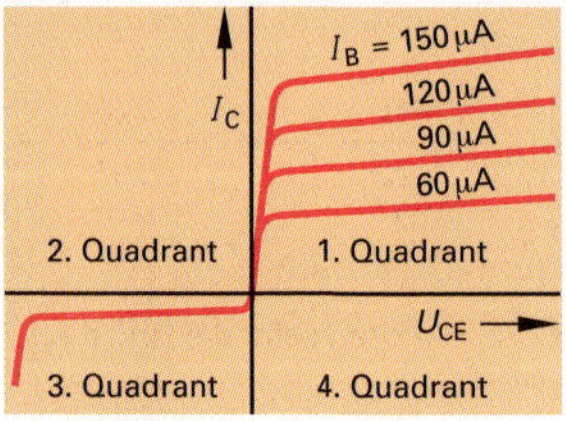

Quadranten

In einem rechtwinkligen Achsenkreuz (Koordinatensystem) zeigt ein Graph (eine Schaulinie) die abhängige Variable in der Senkrechten und die unabhängige Variable (Veränderliche) in der Waagrechten: $y = f(x)$. Werden drei Größen in einem Achsenkreuz dargestellt, hält man die dritte Größe als konstanten *Parameter*. Dabei entsteht eine *Kurvenschar* mit verschiedenen Parametern.

Quadrant	x-Achse	y-Achse
1	+	+
2	–	+
3	–	–
4	+	–

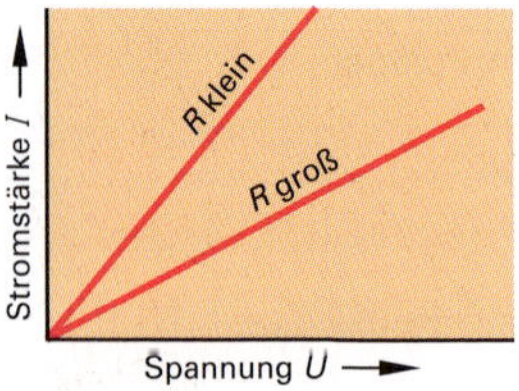

Widerstandskennlinien

Waagrechte Achse (x-Achse, Abszisse) für die unabhängige Variable, z. B. die Ursache oder die Zeit.

Formelzeichen und Einheit unter der Achse, Pfeilspitze zeigt in positive Achsrichtung. Zunehmende Werte werden nach rechts, abnehmende nach links abgetragen.

Senkrechte Achse (y-Achse, Ordinate) für die abhängige Variable: $y = f(x)$.

Formelzeichen und Einheit links neben der Achse. Zunehmende Werte nach oben und abnehmende nach unten abtragen.

Pfeile auch parallel zu den Achsen möglich, Formelzeichen dann am Beginn der Pfeile.

Beschriftung muss von unten lesbar sein, nur ausnahmsweise von rechts (z. B. bei langen Ausdrücken).

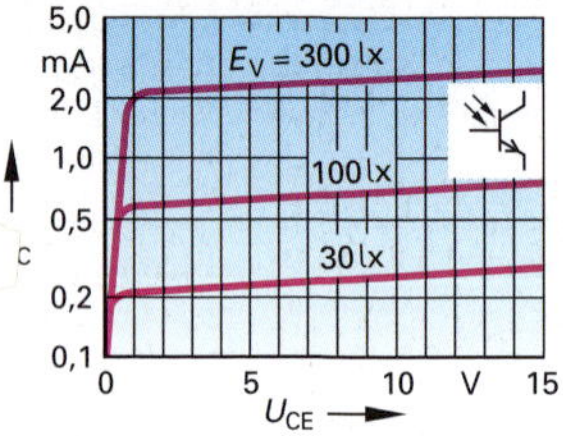

Fototransistorkennlinien

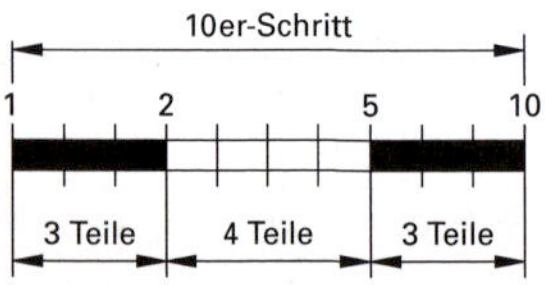

Logarithmische Teilung

Darstellung mit Netzlinien

Bei der quantitativen Darstellung sind die Achsen in gleichmäßigen oder unterschiedlichen Schritten aufgeteilt. Negative Werte sind mit dem Minuszeichen und die Nullpunkte beider Achsen mit einer Null zu kennzeichnen.

Umfassen die Werte einer Achse einen großen Bereich, teilt man sie im *logarithmischen Maßstab*. Der Abstand von 1 bis 10 ist gleich groß wie der Abstand von 10 bis 100 oder der Abstand von 100 bis 1000.

Das Einheitenzeichen schreibt man bei allen Diagrammen a) zwischen die letzten beiden Zahlen, b) hinter das Formelzeichen oder c) als Bruch: Formelzeichen dividiert durch Einheit.

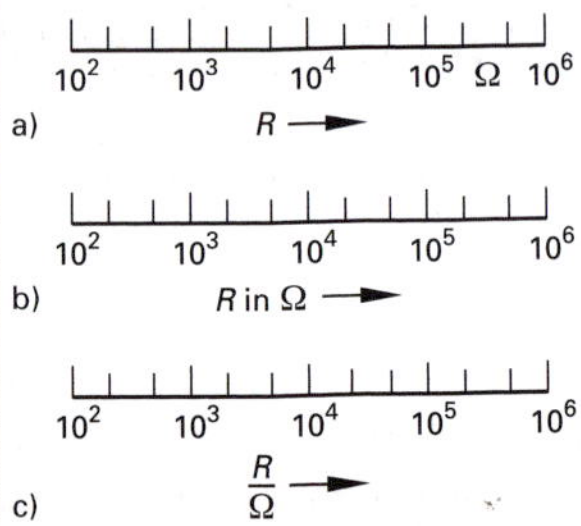

Alternativen der Achsenbeschriftung

Polarkoordinaten

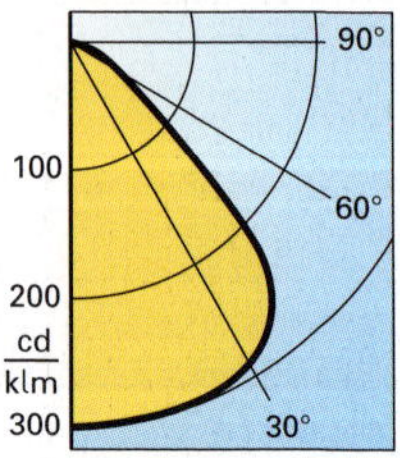

Verteilung der Lichtstärke einer Leuchte

Zur Darstellung von *Richtkennlinien* verwendet man Polarkoordinaten. Sie dienen zur Darstellung der Abhängigkeit einer Größe von einem Winkel.

Umrechnung:

$x = r \cdot \cos \varphi$

$y = r \cdot \sin \varphi$

$r = \sqrt{x^2 + y^2}$

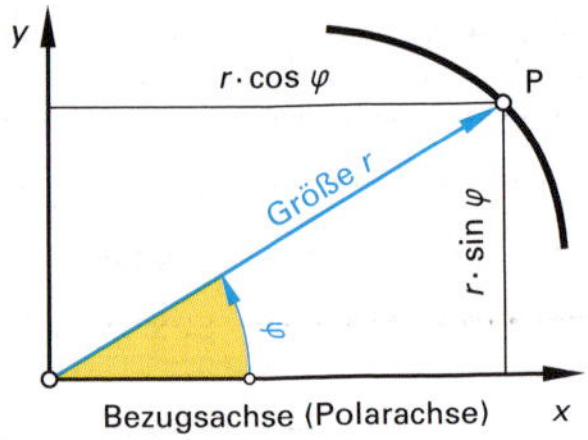

Polarkoordinaten (Aufbau)

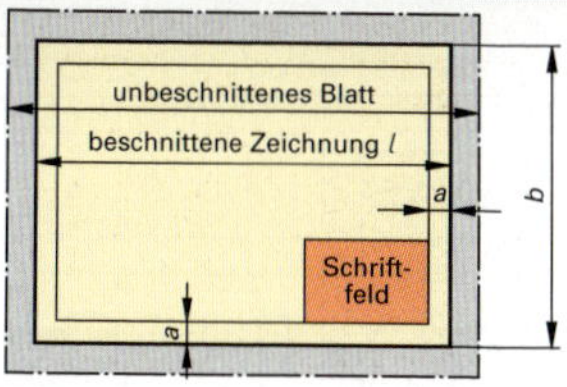

Blattgrößen	Beschnittene Zeichnungen		
	$A = l \cdot b$ in m²	Länge l in mm	Breite b in mm
A0	1	1189	841
A1	0,5	841	594
A2	0,25	594	420
A3	0,125	420	297
A4	0,0625	297	210

Schriftfeldabstand $a = 5$ mm $l/b = \sqrt{2} : 1 = 1{,}414 : 1$

Für Zeichnungen ist Hochformat oder Querformat zulässig. Der Heftrand kann 20 mm breit sein; die Nutzfläche des Blattes verringert sich entsprechend.

TM

Faltung von Zeichnungen auf A4

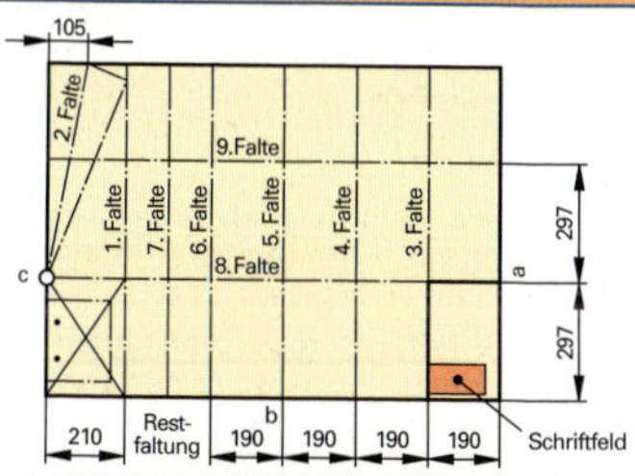

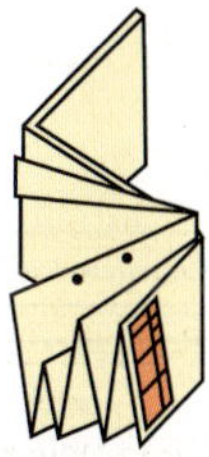

Beschriftung, Schriftzeichen (Schriftform B, v)

äbcdefghijklmnöpqrstüvwxyzßø□

[(&?!":;-=+×·:√ %)]1234567890I

ÄBCDEFGHIJKLMNÖPQRSTÜVWXYZ

darf vertikal (v = senkr.) oder unter 15° nach rechts geneigt (k = kursiv) geschrieben werden.

Nach Norm hat die Schriftform A (≙ Engschrift) eine Linienbreite von 1/14 mal der Schriftgröße h und die **Schriftform B** (≙ Mittelschrift) eine Linienbreite von 1/10 mal der Schriftgröße h. Bei gleichzeitiger Verwendung von Groß- und Kleinbuchstaben muss die Mindestschriftgröße $h = 3{,}5$ mm betragen.

Griechisches Alphabet (Großbuchstaben – Kleinbuchstaben)

A	α	Alpha	Z	ζ	Zeta	Λ	λ	Lambda	Π	π	Pi	Φ	φ	(ph) Phi
B	β	Beta	H	η	Eta	M	μ	Mü	P	ϱ	Rho	X	χ	Chi
Γ	γ	Gamma	Θ	ϑ	Theta	N	ν	Nü	Σ	σ	Sigma	Ψ	ψ	Psi
Δ	δ	Delta	I	ι	Jota	Ξ	ξ	Ksi	T	τ	Tau	Ω	ω	Omega
E	ε	Epsilon	K	$\varkappa$	Kappa	O	o	Omikron	Y	υ	Ypsilon			

Linien in Zeichnungen

Linienarten	Liniengruppe 0,5	0,7	1,4	Anwendung
Volllinien (breit)	0,5	0,7	1,4	sichtbare Kanten
Volllinien (schmal)	0,25	0,35	0,7	Maß- und Maßhilfslinien
Strichlinien	0,35	0,5	1,0	verdeckte Kanten
Strichpunktlinien (breit)	0,5	0,7	1,4	Schnittverlauf
Strichpunktlinien (schmal)	0,25	0,35	0,7	Mittellinien
Freihandlinien	0,25	0,35	0,7	Bruchlinien

Maßstäbe

Natürliche Größe	1 : 1
Vergrößerungen	2 : 1 5 : 1 10 : 1
Verkleinerungen	1 : 2 1 : 5 1 : 10 1 : 20 1 : 50 1 : 100 1 : 200

Zeichnerische Darstellung von Körpern Graphical Representation of Bodies

Anordnung der Ansichten

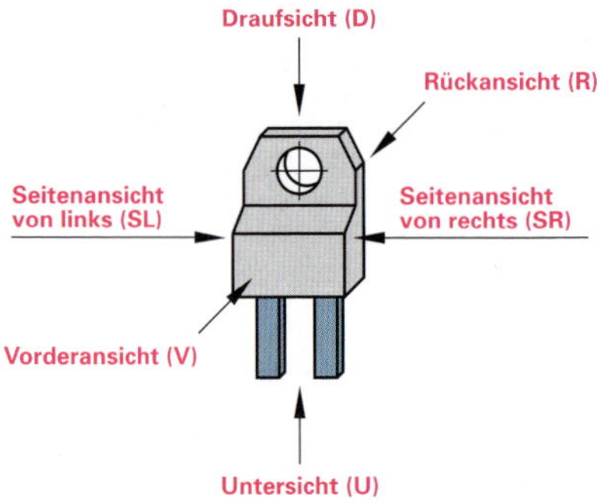

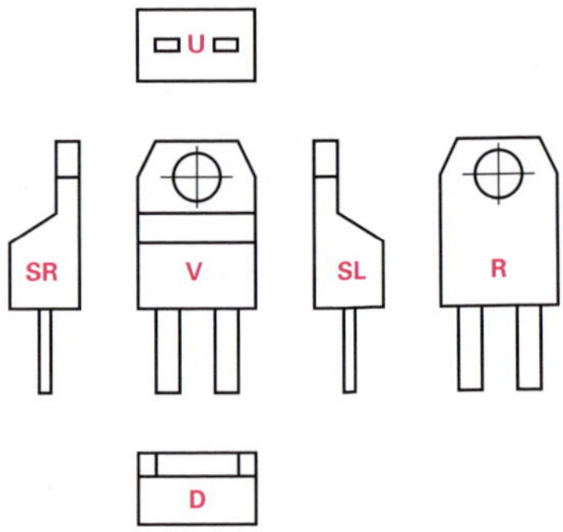

Axonometrische Projektionen

Rechtwinklige Parallelprojektion	Dimetrische Projektion	Isometrische Projektion
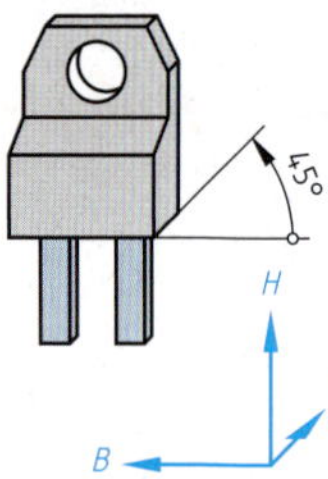	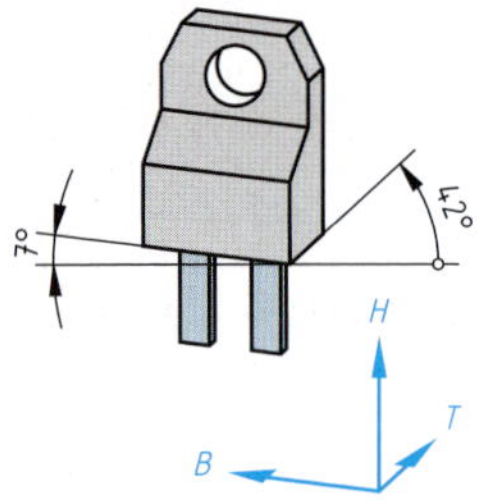	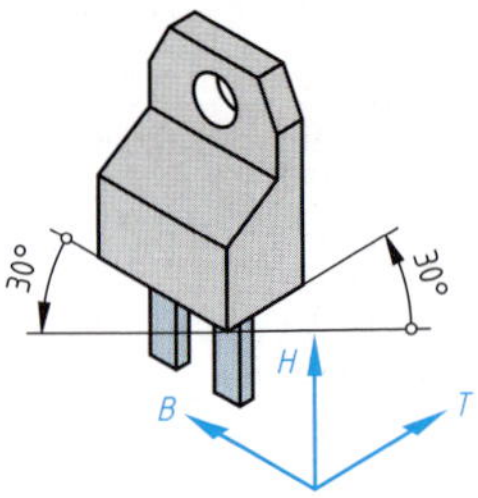
$B : H : T = 1 : 1 : 0{,}5$	$B : H : T = 1 : 1 : 0{,}5$	$B : H : T = 1 : 1 : 1$
Anwendung für Skizzen.	Zeigt in der Vorderansicht Wesentliches.	Zeigt drei Ansichten gleichrangig.

Normalprojektionen

Projektionsmethode 1: Kennzeichen: 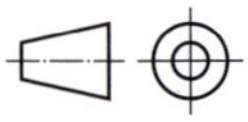

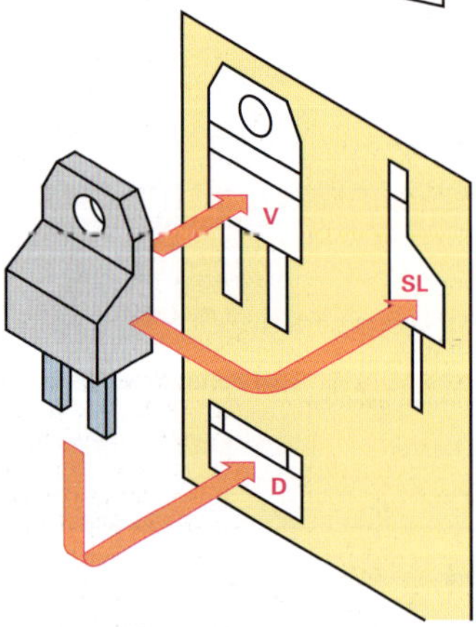

Anwendung in europäischen Ländern.

Projektionsmethode 3: Kennzeichen: 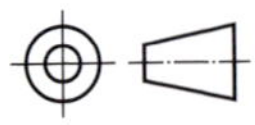

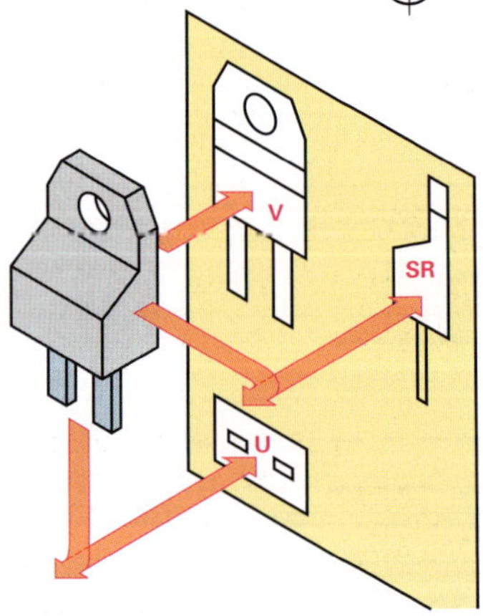

Anwendung in amerikanischen Ländern und in Datenbüchern.

Maßlinienbegrenzung

Maßpfeile: 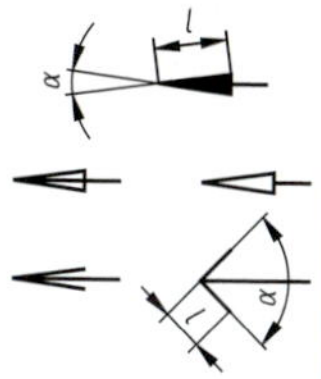	Immer anwenden bei Radien, Kreisbögen, Durchmessern. ausgefüllt $\alpha \approx$ 15° $l \approx$ 5 d nicht ausgefüllt offen $\alpha =$ 15° bis 90° $l \approx$ 3 d bis 5 d d Linienbreite
Schrägstriche: 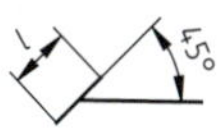	Verlaufen von links unten nach rechts oben, bezogen auf die Maßlinie. $l \approx$ 6 d
Punkte: 	Dürfen nur bei Platzmangel verwendet werden, ausgefüllt: ∅ ≈ 1,5 d nicht ausgefüllt: ∅ ≈ 2,5 d

Für jede Zeichnung ist nur eine Art anzuwenden. Bei Platzmangel sind Kombinationen möglich.

Schreibrichtung

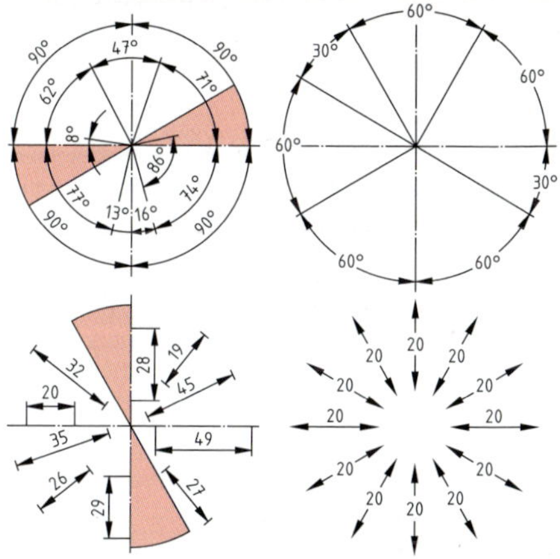

Leserichtung vorzugsweise von unten und rechts. Zulässig auch in Leselage des Schriftfeldes, nichthorizontale Maßlinien werden unterbrochen.

Schnitte

Darstellung	Merkregeln
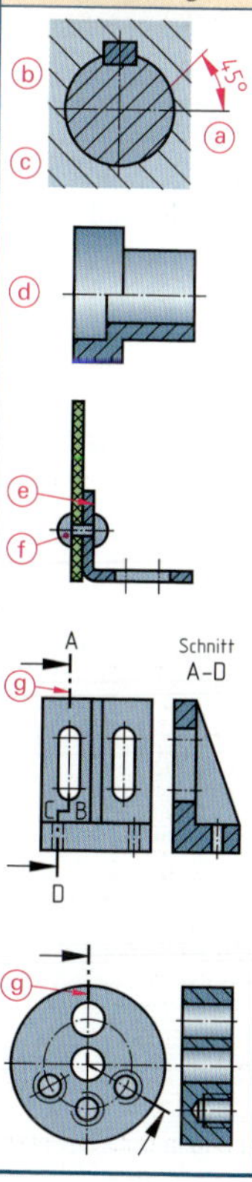	ⓐ Schraffur: Dünne Volllinie unter 45° zur Achse oder zu den Hauptumrissen. Schnittflächen und Ausbrüche des gleichen Teiles in einer oder mehreren Ansichten werden in gleicher Art und Richtung schraffiert. ⓑ Aneinanderstoßende Werkstücke erhalten entgegengesetzt gerichtete oder verschieden weite Schraffur. ⓒ Der Schraffurlinienabstand ist umso größer, je größer die Schnittfläche ist. ⓓ Umlaufkanten, die durch den Schnitt sichtbar geworden sind, werden eingezeichnet. ⓔ Trennfugen sind als Kanten zu zeichnen. ⓕ Vollkörper einfacher Form werden in der Längsrichtung nicht geschnitten. Beispiele: Niete, Bolzen, Wellen, Stifte, Rippen, Schrauben. ⓖ Ist der Schnittverlauf nicht ohne weiteres ersichtlich, so ist er durch dicke Strichpunktlinien zu kennzeichnen. Die Blickrichtung auf den Schnitt deuten Pfeile an. Buchstaben verwendet man nur zur besseren Übersicht.

Bruchlinien und besondere Darstellungen

Darstellung	Merkregeln
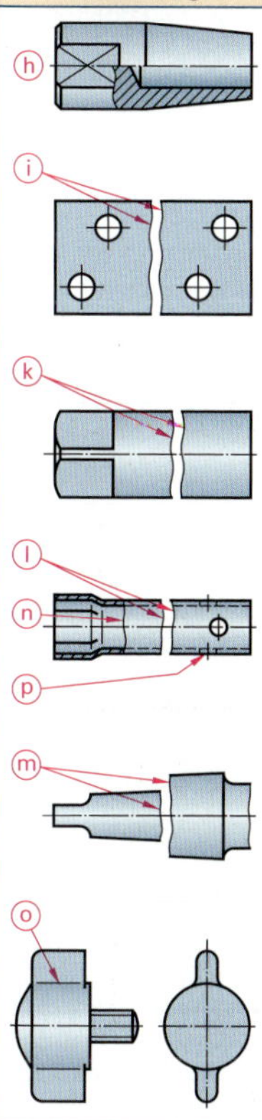	ⓗ Ausbrüche werden durch dünne Freihandlinien begrenzt. Bei der Darstellung „halb Ansicht – halb Schnitt" wird bei waagrechter Mittellinie (Beispiel d) der Halbschnitt unterhalb, bei senkrechter Mittellinie rechts von ihr angeordnet. Durch dünne Freihandlinien werden dargestellt: ⓘ der Bruch flacher Werkstücke, ⓚ der Abbruch von Rundkörpern, ⓛ der Abbruch von hohlen Rundkörpern, z. B. Rohre. ⓜ Spitzkörper sind in abgebrochener Darstellung zusammengeschoben zu zeichnen. ⓝ Der Bruch geschnittener, hohler Rundkörper wird durch eine Freihandlinie begrenzt. ⓞ Gerundete Übergänge und Kanten können durch dünne Volllinien (Lichtkanten), die vor den Körperkanten enden, dargestellt werden, wenn das Bild dadurch anschaulicher wird. ⓟ Flach verlaufende Durchdringungskurven dürfen weggelassen werden.

Maßeintragung **Dimensioning**

Darstellung

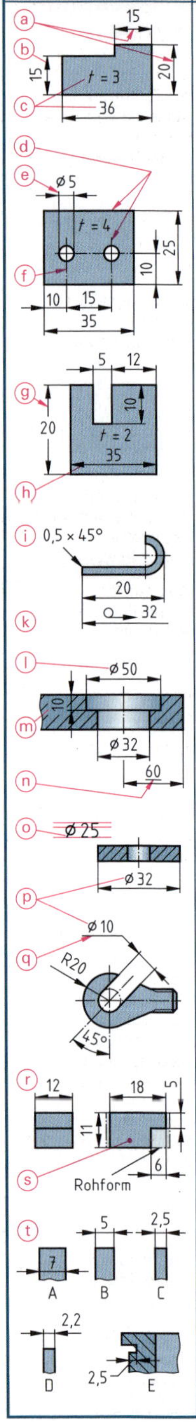

Merkregeln

ⓐ Abstand der Maßlinien von den Körperkanten mindestens 10 mm, Abstand paralleler Maßlinien mindestens 7 mm.

ⓑ Begrenzung der Maßlinien durch Maßpfeile, Schrägstriche oder Punkte (siehe auch vorhergehende Seite).

ⓒ Sind mm gemeint, so schreibt man die Maßzahl ohne Einheit. Kennzeichnung der Werkstückdicke durch *t* (**t**hick = dick).

ⓓ Mittellinien und Kanten dürfen nicht als Maßlinien benützt werden.

ⓔ Maßhilfslinien ragen 1 mm bis 2 mm über die Maßlinie hinaus.

ⓕ Mittellinien können als Maßhilfslinien benützt werden. Außerhalb der Körperkanten können sie durchgezogen sein.

ⓖ Nichthorizontale Maßlinien werden für die Maßzahl unterbrochen.

ⓗ Die Spitzen der Maßpfeile dürfen nicht an Eckpunkte einer Ansicht anstoßen.

ⓘ Maße der Fase dürfen auch durch eine Hinweislinie eingetragen werden.

ⓚ Bemaßung der gestreckten Länge.

ⓛ Die Maßzahlen dürfen nicht durch Linien getrennt oder gekreuzt werden.

ⓜ Bei Maßzahlen in schraffierten Flächen wird die Schraffur unterbrochen.

ⓝ Maßzahlen für unmaßstäbliche Maße sind zu unterstreichen.

ⓞ Das Durchmesserzeichen ist ein mit einem geraden Strich unter 75° durchstrichener kleiner Kreis.

ⓟ Das Durchmesserzeichen ist immer einzutragen, wenn eine Kreisform zugrunde liegt.

ⓠ Die Maße dürfen auch auf einer verlängerten und abgewinkelten Maßlinie eingetragen werden.

ⓡ Jedes Maß ist nur einmal einzutragen.

ⓢ Es sind die Maße einzutragen, die das Werkstück in fertigem Zustand haben soll.

ⓣ Ist der Platz für die Maßzahl zu klein, so kann man nach Darstellung A…E verfahren.

Darstellung

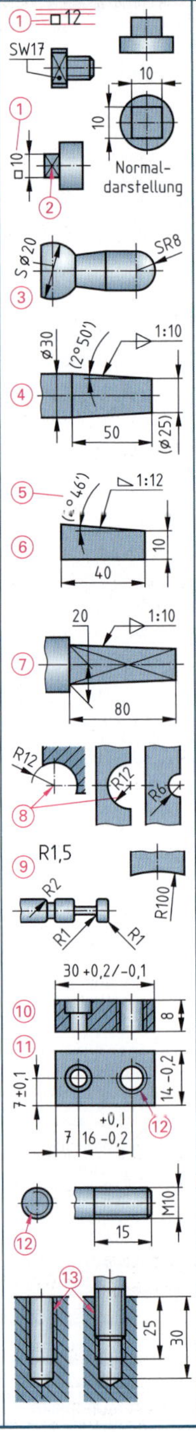

Merkregeln

① Das Quadratzeichen ist vor die Maßzahl zu setzen.

② Mit Diagonalkreuzen können ebene, vierseitige Flächen gekennzeichnet werden.

③ Kugelförmige Elemente erhalten vor das Durchmesserzeichen (oder vor R) den Großbuchstaben S (spherical).

④ Die Kegelform wird mit dem grafischen Symbol und einer Bezugslinie angegeben. Richtung von Symbol und Kegelverjüngung müssen übereinstimmen.

⑤ Es sind nur die zur eindeutigen Bestimmung des Körpers erforderlichen Maße anzugeben. Zusätzliche Maße dürfen als Hilfsmaße in Klammer stehen.

⑥ Die Neigung wird als Verhältnis oder in Prozent angegeben.

⑦ Die Verjüngung wird auch als Verhältnis oder in Prozent angegeben.

⑧ Halbmesser erhalten nur einen Maßpfeil am Kreisbogen. Der Mittelpunkt für Halbmesser muss durch ein Mittellinienkreuz gekennzeichnet werden, wenn seine Lage benötigt wird, z.B. für die Fertigung.

⑨ Vor der Maßzahl wird bei Radien in jedem Falle der Großbuchstabe R gesetzt. Die Maßhilfslinien sind vom Radienmittelpunkt oder aus dessen Richtung zu zeichnen.

⑩ Jedes Maß ist in die Ansicht einzutragen, in der es am klarsten verstanden wird.

⑪ Maße mit Toleranzangabe.
Nennmaß und Abmaß werden gleichgroß geschrieben.
Die Eintragung in derselben Zeile ist zulässig.
Gleiche Abmaße stehen mit ± hinter der Maßzahl.
Das Abmaß 0 muss nicht eingetragen werden.

⑫ Gewindedarstellung nach ISO. Gewindekreis als $^3/_4$-Kreisbogen mit dünner Volllinie.

⑬ Die Schraffur reicht bis zu den Volllinien. Eingeschraubte Bolzen werden nicht geschnitten: Spitzenwinkel 120°.

Maßeintragung, Schraffur Dimensioning, Hatchings

Lage der Maßzahlen

vgl. DIN 406-11(1992-12)

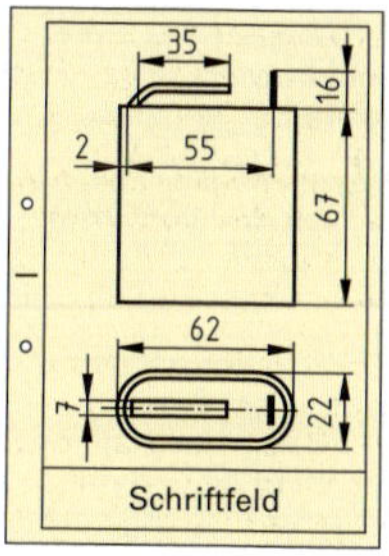

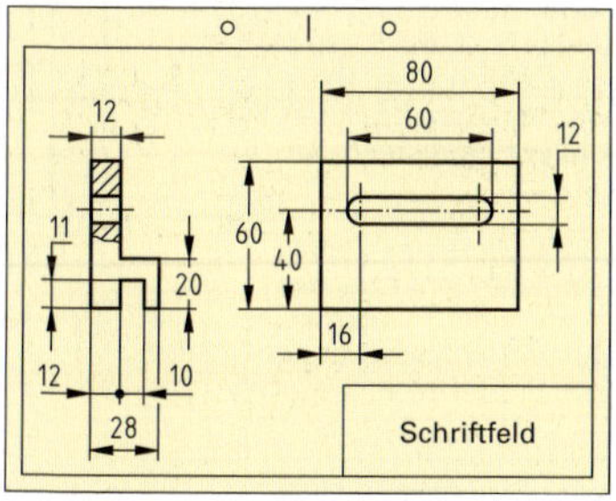

Methode 1: (Bild links); Eintragung in **zwei** Hauptleserichtungen. Die Maßzahlen sind in Leselage der Zeichnung so einzutragen, dass sie von unten bzw. rechts lesbar sind. Diese Methode ist bevorzugt anzuwenden.

Methode 2: (Bild rechts), Eintragung in **einer** Leserichtung. Alle Maße dürfen in Leselage des Schriftfeldes eingetragen werden. Dabei werden nichthorizontale Maßlinien unterbrochen.

Angabe der Oberflächenbeschaffenheit in Zeichnungen

vgl. DIN EN ISO 1302 (2002-06)

Symbol	Bedeutung	Symbol	Bedeutung
	Alle Fertigungsverfahren sind erlaubt.	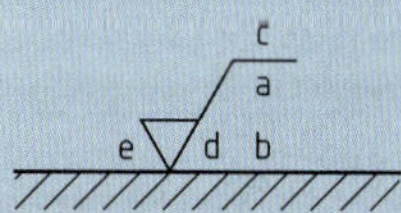	**a** Oberflächenkenngröße bestehend aus dem Profil, der Kenngröße und dem Zahlenwert in µm.
	Ein Materialabtrag ist unzulässig.		**b** Zweite Anforderung an die Oberflächenbeschaffenheit **c** Fertigungsverfahren
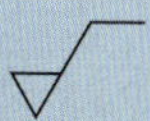	Ein Materialabtrag ist gefordert.		**d** Oberflächenrillen und -ausrichtung
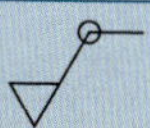	Alle Flächen rundum der Kontur eines Werkstückes.		**e** Bearbeitungszugabe in mm

Anordnung der Sinnbilder in Zeichnungen

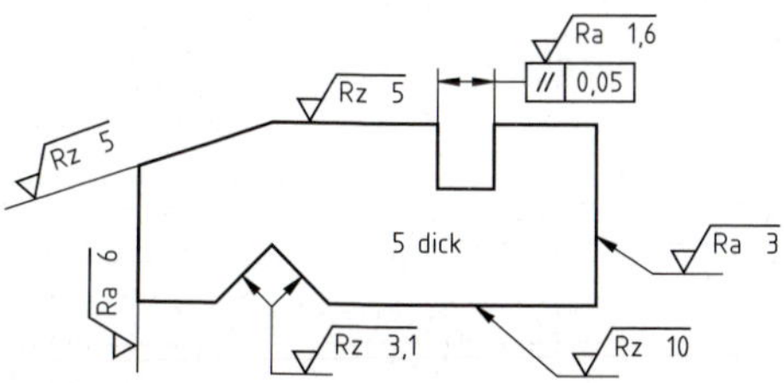

Lesbarkeit: von unten oder von rechts.

Anordnung: direkt auf der Oberfläche oder mit Hinweislinie.

Rauheitsprofil (R-Profil)
Ra arithmetischer Mittelwert der Profilordinaten (y-Achsen)
Rz größte Höhe des Profils

Schraffuren und Werkstoffkennzeichnungen

vgl. DIN 201 (1990-05)

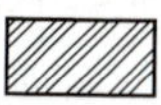	SM	Metalle, allgemein	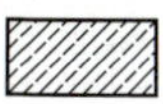	SN50	Beton, wasserundurchlässig	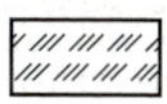	SN51	Glas
	SP	Kunststoffe, allgemein	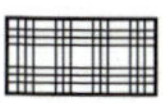	SN53	Keramik	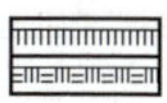	SN1 SN2	gewachsener geschütteter Boden
	SN58	Isolierstoff	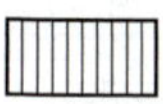	SN23	Holz, allgemein	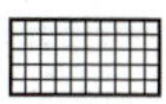		elektrische Wicklungen

M Metall, N Naturstoff, P Plastik, S fest (solid).

Schaltpläne als funktionsbezogene Dokumente vgl. EN 61082-2
Circuit Diagrams as Functional Documents

Dokument	Erklärung	Beispiel
Schaltskizze (nicht genormt)	Meist allpolige Darstellung zur Erklärung der Wirkungsweise oder Anordnung von elektrischen Einrichtungen, z.B. bei Elektroherden, Warmwasserspeichern oder Haushaltgeräten. Dabei werden Schaltzeichen, nicht genormte Sinnbilder und auch Ansichten verwendet.	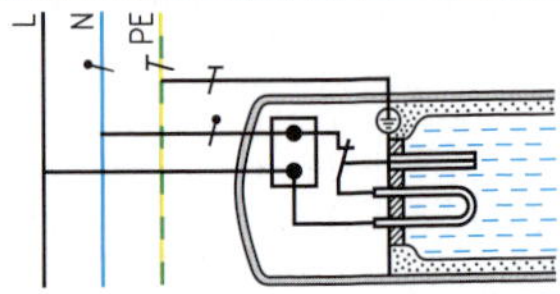
Übersichts-schaltplan	Meist einpolige Darstellung einer Schaltung. Dabei werden einfache Schaltzeichen und Blocksymbole verwendet. Leiterzahl und Betriebsmittelzahl sind je nach Aufgabe des Planes angegeben oder nicht angegeben.	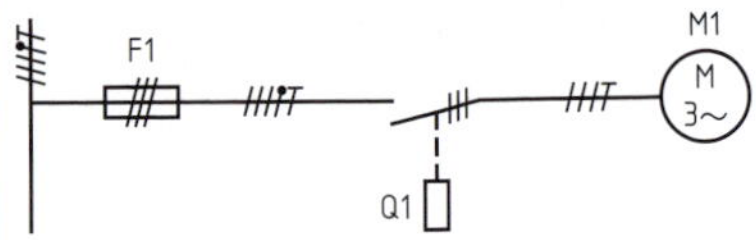
Stromlaufplan in zusammenhängender Darstellung	Allpolige Darstellung der Stromkreise einer Funktionseinheit, Baueinheit oder Anlage mit allen Einzelheiten. Teile desselben Betriebsmittels müssen räumlich zusammenhängend gezeichnet werden. Größe, Form und räumliche Lage der Betriebsmittel bleiben unberücksichtigt. Dabei sind die Teile und Verbindungen mit genormten Symbolen (Schaltzeichen) dargestellt	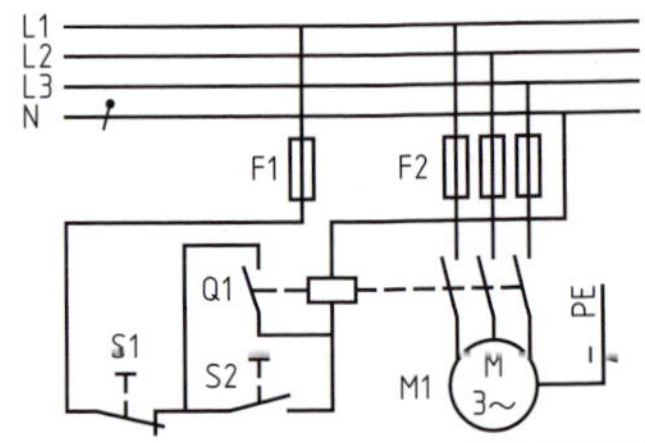
Stromlaufplan in aufgelöster Darstellung	Allpolige Darstellung der Stromkreise nach Stromwegen aufgelöst. Mechanisch zusammengehörige Teile werden durch ihre Betriebsmittelkennzeichnung zueinander in Verbindung gebracht. Stromwege möglichst senkrecht. Leiterverlauf senkrecht und waagrecht. Es werden genormte Symbole verwendet.	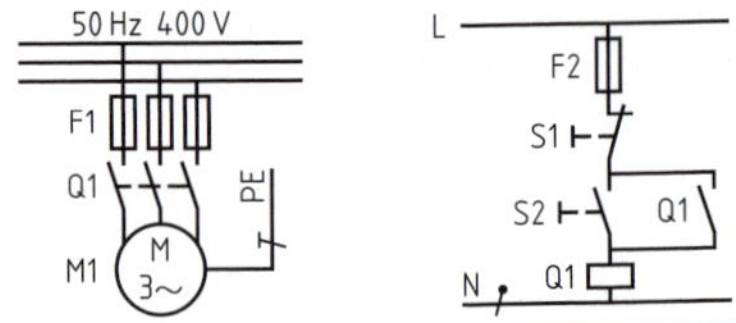
Stromlaufplan in halb zusammenhängender Darstellung	Allpolige Darstellung der Stromkreise, wobei Symbole der Teile mit mechanischer Wirkverbindung auseinandergezogen dargestellt sind. Diese Teile werden durch das Symbol für mechanische Verbindung (gestrichelte Linie) miteinander verbunden. Anwendung: Steuerungen.	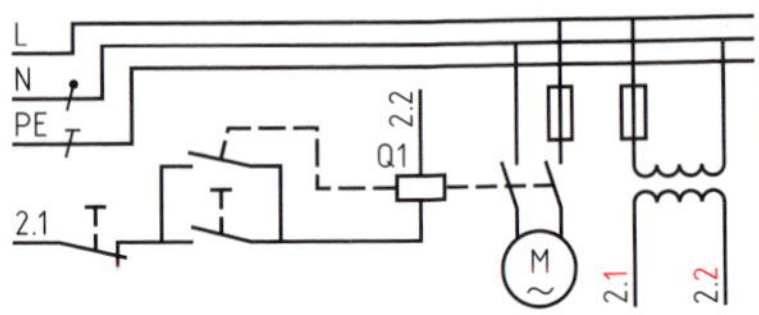
Blockschaltplan	Meist einpoliger Übersichtsschaltplan, bei dem Blocksymbole vorkommen. Gibt es kein in Frage kommendes genormtes Symbol, so können Rechtecke oder Quadrate mit Text verwendet werden. Anwendung: Elektronische Schaltungen, z.B. integrierte Schaltkreise.	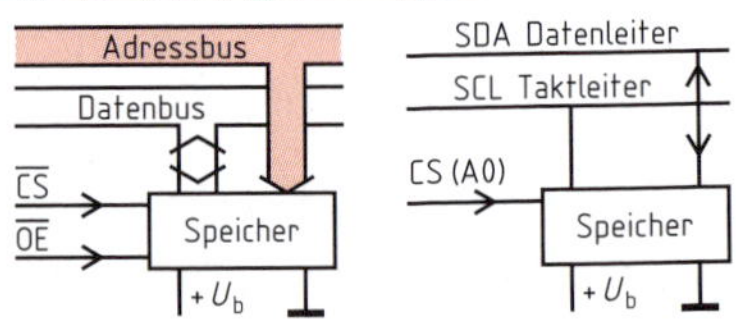
Ersatzschaltplan	Allpolige Darstellung einer vereinfachten Schaltung, die dasselbe Verhalten zeigt wie die ursprüngliche Schaltung. Dabei werden einfache Symbole (Schaltzeichen) verwendet. Anwendung: Zum Verständnis des Verhaltens von Maschinen und Geräten.	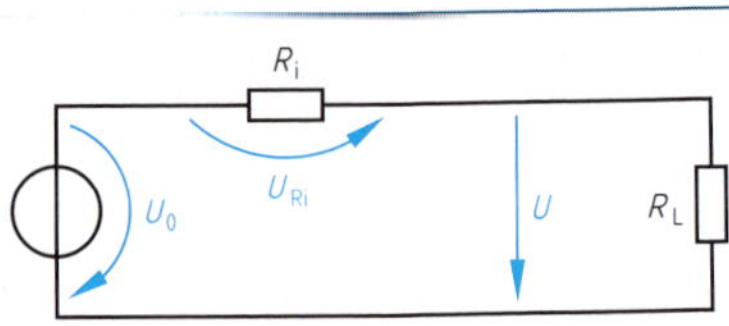

Ausführungsrichtlinien

1. Darstellung im stromlosen Zustand, Schalter in Grundstellung. Ausnahme: Überwachungsschaltungen nach Ruhestromprinzip.
2. Klemmen müssen nur eingetragen werden, wenn es für den Zweck der Zeichnung erforderlich ist.
3. Falls erforderlich, sind Kombinationen der Schaltpläne zulässig.

Weitere funktionsbezogene Dokumente Other Functional Documents

Dokument	Erklärung	Beispiel
Funktionsplan (nicht bei SPS)	Diagramm, das ein Steuerungssystem oder Regelungssystem beschreibt. Dabei werden genormte Symbole mit Text verwendet. Je nach Aufgabe wird die Grobstruktur oder die Feinstruktur dargestellt. Funktionsplan (FUP) der SPS: Siehe Logik-Funktionsschaltplan.	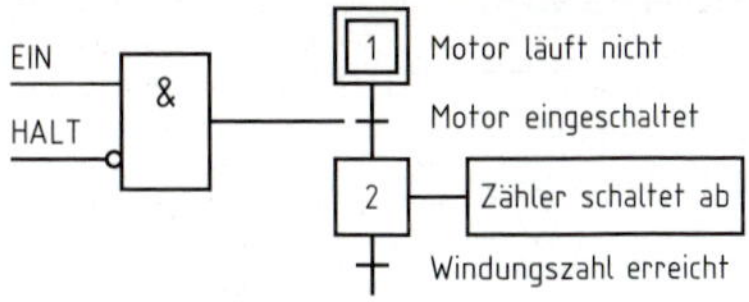
Funktions-schaltplan	Darstellung eines Systems, eines Teils, einer Installation oder einer Software in Form von Schaltkreisen. Die zur Realisierung erforderlichen Mittel müssen dabei nicht berücksichtigt werden. Dabei werden genormte Symbole, genormte Blöcke oder mit freiem Text versehene Blöcke verwendet.	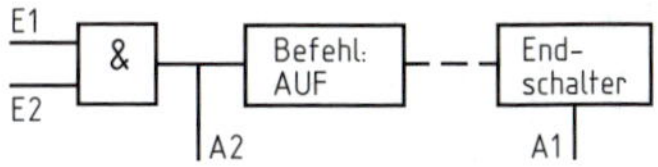
Anschluss-Funktions-schaltplan	Allpolige Darstellung einer Funktionseinheit mit Anschlussstellen. Die Beschreibung der Funktion kann durch andere Schaltpläne oder durch Text erfolgen. Dabei werden genormte Symbole oder mit Text versehene Blöcke verwendet. Anwendung: Module zum Zusammenbau von größeren Einheiten.	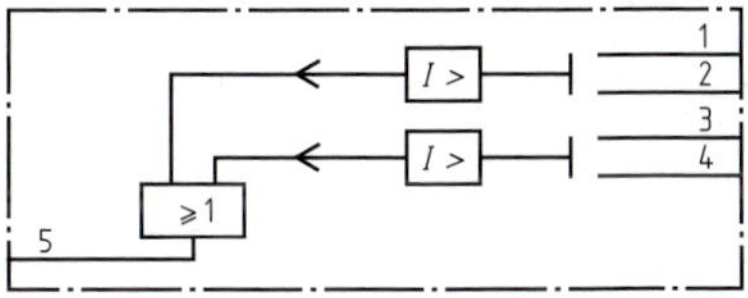
Logik-Funktions-schaltplan (bei SPS: Funktionsplan FUP)	Allpolige Darstellung eines Schaltnetzes, z. B. eines Code-Umsetzers, oder eines Schaltwerkes, z. B. eines Schieberegisters. Dabei werden Schaltzeichen binärer Elemente verwendet. Die Stromversorgung dieser Elemente wird nicht dargestellt. Anwendung: Schaltungen mit binären Elementen.	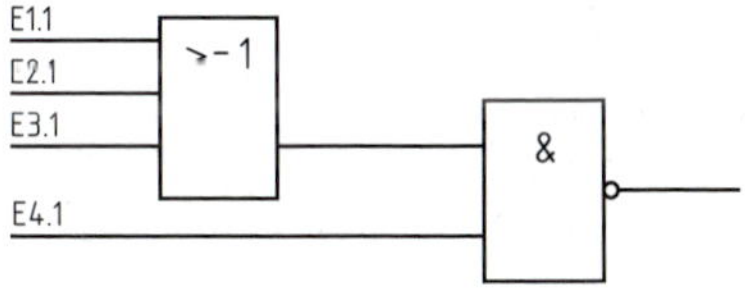
Netzwerkkarte	Einpoliger Übersichtsschaltplan, der ein Netz mit seinen Anlageteilen in einer Landkarte darstellt. Die Anlagenteile, z. B. Maste, Starkstromleitungen, Fernmeldeanlagen, Umspannstationen oder Kraftwerke werden durch genormte Symbole oder vereinfachte Ansichten dargestellt. Anwendung: Dokumentation oder Baupläne von Netzen oder Netzteilen.	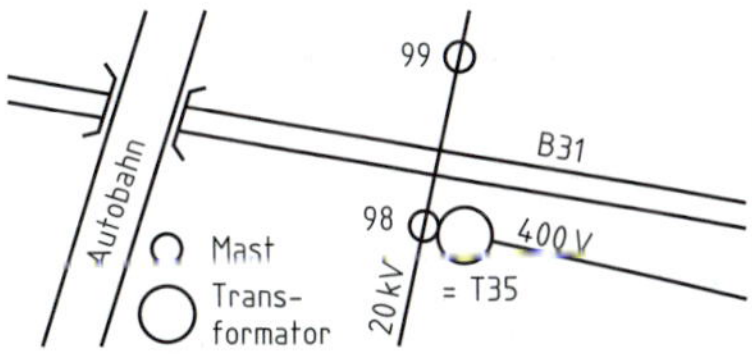
Ablauf-diagramm	Diagramm zur Darstellung der Reihenfolge von Vorgängen oder der Zustände von Teilen eines Systems, z. B. eines Relais. Dabei sind die Vorgänge oder Zustände in einer Richtung, z. B. senkrecht, aufgezeichnet und die Schritte oder die Zeit im rechten Winkel dazu. Anwendung: Ablauf von Schaltvorgängen.	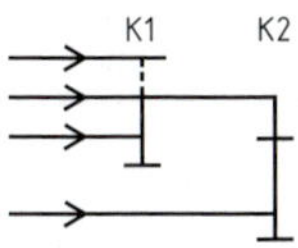
Zeitablauf-diagramm	Darstellung des Ablaufs von Vorgängen im zeitgerechten Maßstab. Die Zeitachse wird meist nicht angegeben. Die Grundlinie des Signalzuges hat den logischen Wert 0 bzw. den Pegel L. Nach oben wird der logische Wert 1 bzw. der Pegel H aufgetragen. Anwendung: Darstellung des Verhaltens von Schaltnetzen oder von Schaltwerken.	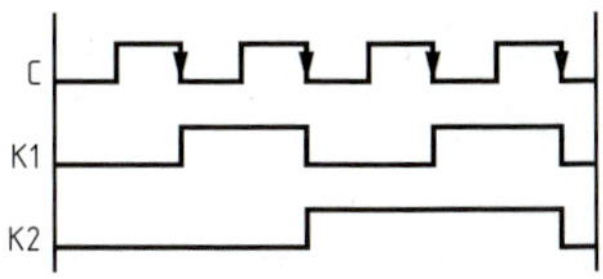
Wirkungsplan (nur für Regelungs-technik und Steuerungs-technik genormt)	Darstellung der Gesamtheit aller Wirkungen in einem System durch rechteckige Blöcke. Die Wirkungsrichtung wird durch Pfeile in den Wirkungslinien dargestellt, insbesondere, wenn von rechts nach links oder von unten nach oben. Die Addition wird durch einen Kreis mit Angabe von + und – dargestellt.	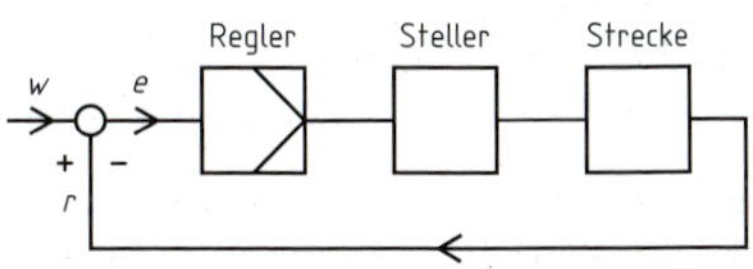

Ortsbezogene und verbindungsbezogene Dokumente
Location- and Connection-related Documents

Dokument	Erklärung	Beispiel
Ortsbezogene Dokumente		vgl. EN 61082-1
Installationsplan	Installationsplan: Maßstäblicher Plan, der die Lage der Teile eines Systems bzw. einer Anlage ohne die Leitungen zeigt **(Bild links)**.	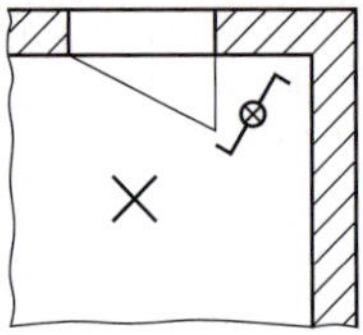 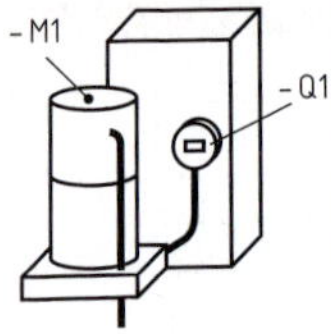
Installationszeichnung	Installationszeichnung: Zeichnung, z.B. Ansicht einer Maschine, welche die Lage der Teile eines Systems ohne die Leitungen zeigt **(Bild rechts)**.	
Installationsschaltplan	Schaltplan, der die Angaben des Installationsplanes und zusätzlich die Leitungen enthält. Die Einzelheiten der Betriebsmittel, z.B. Art der Leitungen, können eingetragen oder in einer Tabelle aufgezählt werden. Anwendung: Planung und Dokumentation der Elektroinstallation.	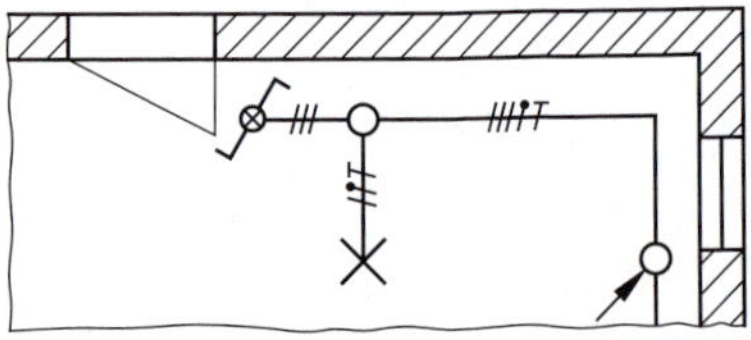
Anordnungsplan	Darstellung der Gestalt und räumlichen Lage von Teilen, die zusammengehören oder zusammengebaut werden. Leitungen werden nicht eingetragen. Die Betriebsmittel werden durch Rechtecke mit Betriebsmittelkennzeichnung oder Text dargestellt. Meist maßstäblich gezeichnet.	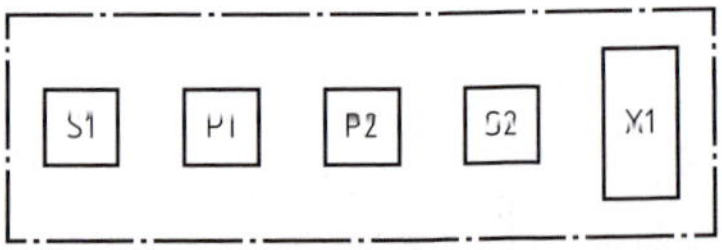
Verbindungsbezogene Dokumente		vgl. EN 61082-1
Geräte-Verdrahtungsplan Verbindungsplan	Lagerichtige und allpolige Darstellung der Verbindungen *innerhalb* einer Baueinheit. Lagerichtige und allpolige Darstellung der Verbindungen *zwischen* verschiedenen Baueinheiten.	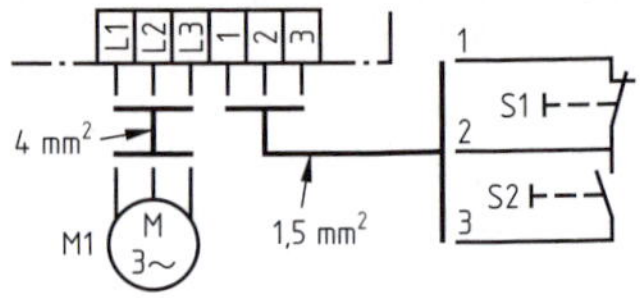
Anschlussplan	Allpolige Darstellung der Anschlüsse einer elektrischen Einrichtung und der daran angeschlossenen äußeren Verbindungen. Die Anschlüsse werden als Rechtecke, Quadrate, Kreise oder Punkte dargestellt. Meist allpolige Darstellung. Notwendig ist die eindeutige Kennzeichnung der Anschlüsse.	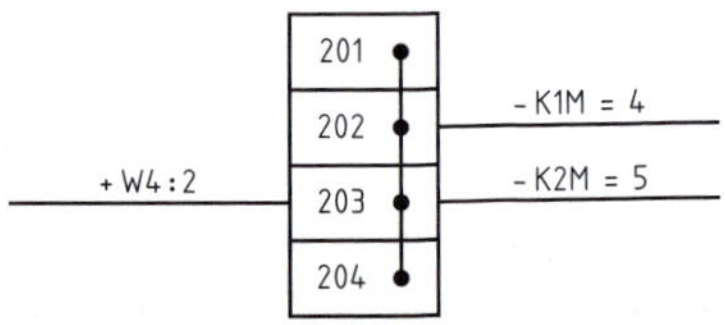
Bestückungsplan (nicht genormt)	Ansicht der Bestückungsseite (Seite der Bauelemente) einer gedruckten Schaltung. Die Bauelemente werden in vereinfachter Ansicht und/oder als Schaltzeichen lagerichtig, mit oder ohne Leiterbahnen, meist maßstäblich dargestellt. Die Bauelemente können in einer Tabelle aufgelistet werden.	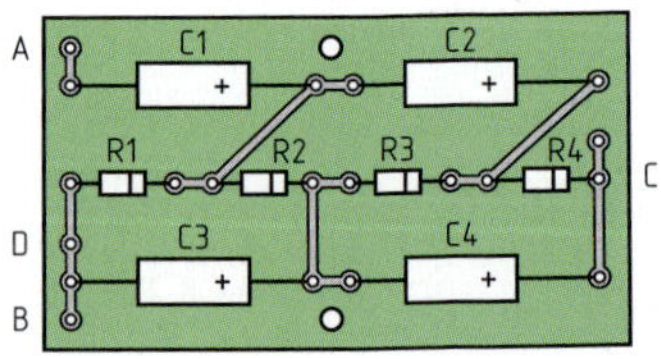
Kabelplan	Schaltplan mit Informationen über Kabel und Leitungen, z.B. Leiterkennzeichnung, Lage der Enden, Kenngrößen, Funktion und Kabelwege. Meist einpolige Darstellung, aber mit Angabe der Leiternummerierung. Kennzeichnung der angeschlossenen Baugruppen ist notwendig.	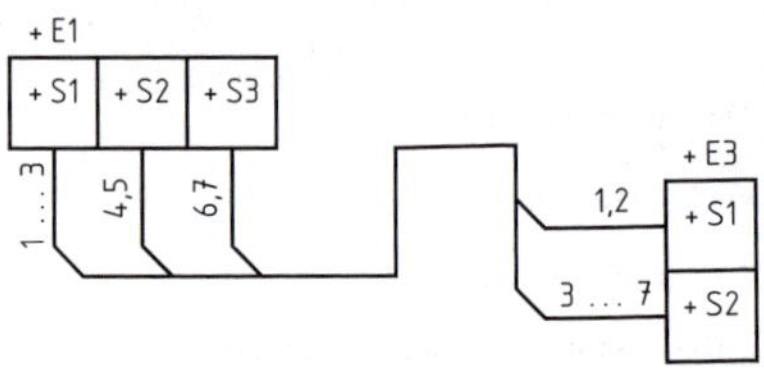

Funktionspläne der Ablaufsteuerung
Logic Sequence Control Diagrams

vgl. DIN EN 60848

Symbole

Symbol	Bedeutung
Schritte	
*	Schritt, allgemein * Schrittnummer, z. B. S 1.10
* (Doppelrahmen)	Anfangsschritt * Schrittnummer, z. B. 1.1
* •	Schritt im aktiven Zustand * Schrittnummer
Wirkungslinien	
a) ——— b) ←——	a) von links nach rechts; b) von rechts nach links
c) │ d) ↑	c) von oben nach unten d) von unten nach oben

Symbol	Bedeutung
Transitionen (Übergänge)	
┼	Transition erfolgt, wenn vorhergehender Schritt aktiv
(*) ┼	bei Bedarf * Name der Transition
┼ < Text >	Transitionsbedingung im Klartext
┼ a ∨ b	Transitionsbedingung als boolescher Ausdruck
┼ [C1 = 3]	Transitionsbedingung, wenn [ ] erfüllt ist.
┼ ↑a	Transition bei steigender Flanke

Symbol	Bedeutung
Aktionen	
── < Text >	Aktion, allgemein
A, B, C (verzweigt)	Aktionen A, B und C erfolgen im selben Schritt
A, B, C (untereinander)	desgleichen, andere Form Die Anordnung ist auch waagrecht möglich (siehe unten)
A, B, C (waagrecht)	Die Rechtecke können auch wie im Beispiel unten aneinander liegen.

Ablaufarten

Beispiel	Bedeutung	Beispiel	Bedeutung
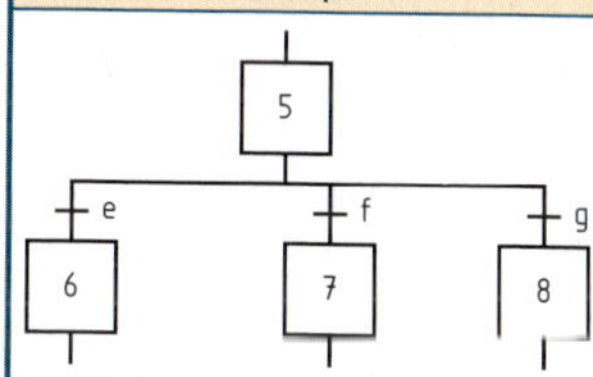	Alternativ-Betrieb (Ablaufauswahl) Nur Bedingung e oder nur f oder nur g muss erfüllt sein.	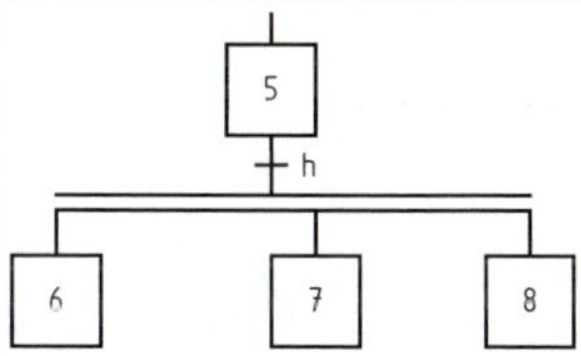	Parallelbetrieb (gleichzeitiger Ablauf) Sobald h erfüllt ist, arbeiten 6, 7 und 8 unabhängig voneinander.

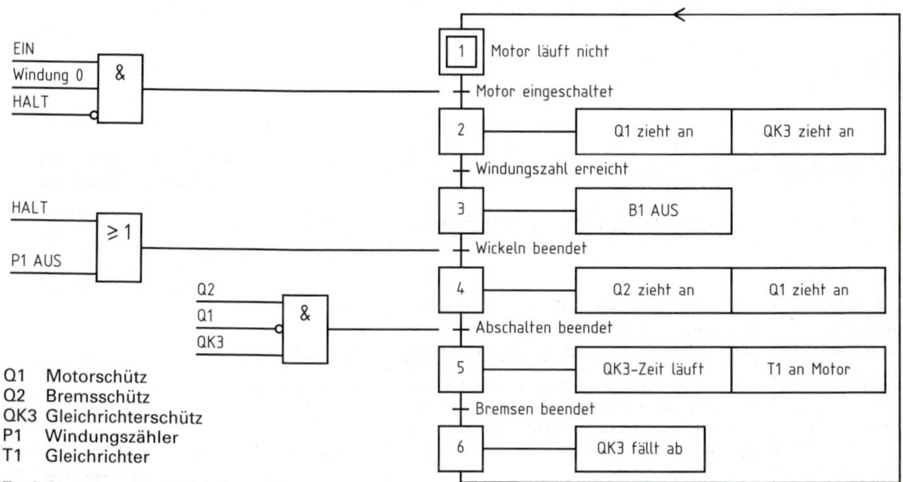

Q1 Motorschütz
Q2 Bremsschütz
QK3 Gleichrichterschütz
P1 Windungszähler
T1 Gleichrichter

Funktionsplan einer Wickelmaschine

Kennzeichnungen in Schaltplänen Marking in Circuit Diagrams

TM

Kennzeichnung von Leitern und Leiteranschlüssen

vgl. EN 60617-2

Leiter		Kennzeichnung		Leiter	Kennzeichnung	
		alpha-numerisch	durch Symbol		alpha-numerisch	durch Symbol
Wechsel-stromnetz	Außenleiter Außenleiter 1, 2, 3 Neutralleiter	L L1, L2, L3 N		Schutz-potenzial-ausgleichs-leiter	PB PBE PBU	
Gleich-stromnetz	Positiv Negativ Mittelleiter	L + L – M	+ –	Erder	E	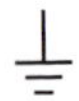
Schutzleiter (Protection Earth)		PE		Masse	GND, GD, MM	
PEN-Leiter (Funktion PE + N)		PEN		E (earthed) geerdet, U (unearthed) ungeerdet		

Zusätzlich können angegeben werden Frequenz, Spannung, Stromart, Querschnitt, Leitung.

Bisherige Kennbuchstaben der Betriebsmittel

nach zurückgezogener DIN 40719-2 : 1978

Hinweis: Die nachfolgenden Kennbuchstaben und Kennzeichen auf dieser Seite stammen aus einer zurückgezogenen, also veralteten Norm. Sie kommen in bisher erstellten Dokumenten vor.

Kennzeichnungen nach geltender Norm, siehe folgende Seiten.

Kenn-buch-stabe	Betriebsmittel	Beispiele	Kenn-buch-stabe	Betriebsmittel	Beispiele
A	Baugruppen	Verstärker als Baugruppe	**N**	Verstärker, Regler	Messverstärker
B	Umsetzer	Sensor, Quarz, Mikrofon	**P**	Messgerät	Spannungsmesser, Oszilloskop
C	Kapazitäten	Kondensator	**Q**	Starkstrom-Schaltgeräte	Schutzschalter, Selbstschalter
D	Binäre Elemente, Speicher, Verzögerungseinrichtungen	UND-Element ODER-Element Magnetbandgerät, Flipflop	**R**	Widerstände	Heißleiter, Potenziometer
E	Verschiedenes	Beleuchtung, Heizung	**S**	Schalter, Wähler	Taster, Drehwähler
F	Schutzeinrichtungen	Sicherung, Auslöser	**T**	Transformatoren	Spannungswandler
G	Generatoren, Stromversorgungen	Maschinengenerator, Oszillator	**U**	Modulatoren	Frequenzwandler
			V	Röhren, Halbleiter	Dioden, Transistoren
H	Meldeeinrichtungen	Meldegerät, z. B. Signallampe	**W**	Übertragungswege	Kabel, Antenne
K	Relais, Schütze	Hilfsschütz, Leistungsschütz	**X**	Klemmen	Steckdose
L	Induktivitäten	Spule	**Y**	Elektrisch betätigte Mechanik	Bremse, Ventil
M	Motoren	Drehstrommotor, Gleichstrommotor	**Z**	Abschluss, Filter	Hochpass

Bisherige Kennbuchstaben der Funktion

A	Hilfsfunktion, AUS	G	Prüfung	M	Hauptfunktion	T	Zeitmessung, Verzögerung
B	Bewegungsrichtung	H	Meldung	N	Messung	V	Beschleunigung, Bremsen
C	Zählung	I	Integration	P	Proportional	W	Addieren
D	Differenzieren	K	Tastbetrieb	Q	Zustand, z. B. Stopp	X	Multiplizieren
E	EIN	L	Leiterkennzeichnung	R	Löschen, Rückstellen	Y	Analog
F	Schutz			S	Speichern, Aufzeichnen	Z	Digital

Bisherige Vorzeichen für die Art der Kennzeichnung von elektrischen Betriebsmitteln

Vor-zeichen	Bedeutung	Vor-zeichen	Bedeutung
–	Art, Zählnummer, Funktion	+	Ort
=	Anlage	:	Anschluss

Die Kennzeichnung erfolgt durch alphanumerische Zeichen, z. B. – M2B. Meist wird die Kennzeichnung nach Art, Zählnummern und Funktion angewendet. Wenn keine Verwechslungsgefahr besteht, können dabei die Vorzeichen und sogar überflüssige Buchstaben der alphanumerischen Zeichen entfallen.

Kennbuchstaben der Objekte (Betriebsmittel) in Schaltplänen DIN EN 61346-2: 2000

Code Letters for Objects (Components) in Circuit Diagrams

Kennbuchstabe	Zweck des Objekts	Beispiele
A	Zwei oder mehr Zwecke. Nur für Objekte verwenden, wenn kein Hauptzweck erkennbar ist.	Sensorbildschirm, Touch-Bildschirm
B	Umwandlung einer Eingangsvariablen in ein zur Weiterverarbeitung bestimmtes Signal	Sensor, Mikrofon, Messwandler, Messwiderstand, Videokamera, Näherungsschalter, thermisches Überlastrelais, Motorschutzrelais, Bewegungsmelder
C	Speichern von Energie, Information, Material	Kondensator, Festplatte, Pufferbatterie, RAM, ROM, Puffer, Magnetband-Aufzeichnungsgerät, Chipkarte, Diskette, Laufwerke, z.B. für DVD, CD-ROM
E	Bereitstellung von Strahlung oder Wärmeenergie	Glühlampe, Leuchtstofflampe, Heizkörper, Glühofen, Warmwasserspeicher, Laser, Leuchte, Kühlschrank
F	Direkter (selbsttätiger) Schutz eines Energieflusses oder Signalflusses vor unerwünschten Zuständen, einschließlich der Ausrüstung für Schutzzwecke.	Schmelzsicherung, Leitungsschutzschalter, RCD, thermischer Überlastauslöser, Überspannungsableiter, faradayscher Käfig, Abschirmung, Schutzvorrichtung
G	Erzeugen eines Energieflusses oder Materialflusses oder von Signalen, die als Informationsträger verwendet werden.	Generator, Batterie, Pumpe, Ventilator, Lüfter, Stromversorgungseinheit, Solarzelle, Brennstoffzelle, Ventilator, Hebezeuge, Fördereinrichtung
K	Verarbeitung (Empfang, Verarbeitung und Bereitstellung) von Signalen oder Informationen (aber nicht Objekte für Schutzzwecke, Kennbuchstabe F).	Hilfsschütz, Transistor, Zeitrelais, Verzögerungsglied, Binärelement, Regler, Filter, Operationsverstärker, Mikroprozessor, Mikrocontroller, Zähler, Multiplexer, Computer
M	Bereitstellung von mechanischer Energie für Antriebszwecke	Elektromotor, Linearmotor, Verbrennungsmotor, Turbine, Hubmagnet, Stellantrieb
P	Darstellung von Informationen	Messinstrumente, Messgeräte, Klingel, Lautsprecher, Signallampe, LED, LCD, Drucker, Manometer, Uhr, elektromechanische Anzeige, Bildschirmgerät
Q	Kontrolliertes Schalten eines Energieflusses, Signalflusses oder Materialflusses	Leistungsschalter, Leistungsschütz, Motoranlasser, Thyristor, Leistungstransistor, IGBT, Motorstarter, Bremse, Stellventil, Kupplung, Trennschalter
R	Begrenzung oder Stabilisierung von Energiefluss, Signalfluss oder Materialfluss	Widerstand, Drosselspule, Diode, Z-Diode, Rückschlagventil, Schaltung zur Spannungsstabilisierung oder zur Stromstabilisierung, Konstanthalter
S	Umwandeln einer manuellen Betätigung in ein Signal zur Weiterverarbeitung	Steuerschalter, Tastatur, Maus, Taster, Wahlschalter, Quittierschalter, Lichtgriffel
T	Umwandlung von Energie oder eines Signals unter Beibehaltung der Energieart oder der Information. Verändern der Form eines Materials.	Leistungstransformator, Gleichrichter, Modulator, Demodulator, AC-Umsetzer, DC-Umsetzer, Frequenzumformer, Verstärker, Antenne, Telefonapparat, ADU (ADC), DAU (DAC)
U	Halten von Objekten in definierter Lage	Isolator, Kabelwanne, Mast, Spannvorrichtung, Fundament, Montagegestell
V	Verarbeitung von Materialien oder Produkten	Rauchgasfilter, Staubsauger, Waschmaschine, Zentrifuge, Drehmaschine
W	Leiten von Energie oder Signalen	Leiter, Leitung, Kabel, Lichtwellenleiter, Busleitung, Systembus, Sammelschiene
X	Verbinden von Objekten	Steckdose, Klemme, Kupplung, Steckverbinder, Klemmleiste
D, J, Z	für spätere Normung vorgesehen	Reserve, falls die oben angeführte Einteilung nicht ausreichend ist.
I, O	nicht für Kennzeichnung anwendbar	Es besteht Verwechslungsgefahr mit I für Input = Eingang und O für Output = Ausgang.

Im Schaltplan werden die Objekte (Betriebsmittel) mit demselben Kennbuchstaben durchnummeriert, z.B. C1, C2 usw. Maßgebend für den Kennbuchstaben ist der *Verwendungszweck*. So wird ein Transistor zur Signalverarbeitung mit z.B. K1 bezeichnet, ein Transistor zum Steuern oder Schalten einer Last mit Q1.

Wenn die Objekte je nach Betrachtung (Aspekt) verschieden zu werten sind, können vor den Kennbuchstaben Vorzeichen gesetzt werden, und zwar mit der Bedeutung

= Funktionsbezogenheit, – Produktbezogenheit, + Ortsbezogenheit.

Bei Bedarf wird an den Kennbuchstaben als 2. Buchstabe ein Buchstabe für die Unterklasse angehängt (folg. Seite).

Unterklassen für Aufgaben von Objekten

vgl. DIN 6779-2 Juli 2004

Subclasses of Objects According to their Purpose

Hinweis: Nach EN DIN 61346-2:2000 sollen Unterklassen nur gebildet werden, wenn es notwendig ist. Der 2. Kennbuchstabe entfällt also, wenn keine Verwechslungsgefahr besteht.

Der Kennbuchstabe für die Unterklasse kann leider aus verschiedenen Normen entnommen werden, z.B. aus DIN 10227-1 oder aus DIN 6779-2. Bei Anwendung von Unterklassen ist deshalb die Bedeutung der Unterklassen zu dokumentieren. Dabei ist es zweckmäßig, auf dem Schaltungsdokument die Kennzeichnung der Betriebsmittel anzugeben, z.B. Last-Trennschalter.

Hauptklasse	Unterklasse	Aufgabe der Unterklasse	Beispiele
B Umwandlung einer Eingangsvariablen in ein Signal zur Weiterverarbeitung	BB	Umwandeln Eingangsvariable für Schutzzweck	Schutzrelais, thermisches Überlastrelais, Buchholz-Relais
	BE	elektrische Größe	Stromwandler, Messwiderstand, Messrelais
	BF	Durchfluss, Durchsatz	Durchflussmesser, Gaszähler, Wasserzähler
	BP	Druck, Vakuum	Drucksensor, Druckmesser
C Speicherung von Energie, Informationen, Material	CA	Speichern, kapazitiv	Kondensator
	CB	Speichern, induktiv	Spule, Supraleiter
	CC	Speichern, chemisch	Batterie, Akkumulator
	CF	Speichern von Informationen	RAM, EPROM, CD-ROM
	CP	Speichern von thermischer Energie	Heißwasserspeicher, Eisspeicher
E Bereitstellung von Strahlung oder Wärme	EA	Bereitstellung elektromagnetischer Strahlung	Glühlampe, Leuchtstofflampe, UV-Strahler
	EB	Bereitstellung von Wärmeenergie	Elektroofen, Boiler
	EC	Bereitstellung von Kälteenergie	Kühlschrank, Kühltruhe
K Verarbeitung von Signalen (nicht für Schutzzwecke nach Klasse F)	KF	Verarbeitung elektrischer und elektronischer Signale	Relais, Transistor, Binärelemente, Empfänger, Sender, Optokoppler
	KG	Verarbeitung optischer und akustischer Signale	Spiegel, Prüfgerät
	KK	Verarbeitung unterschiedlicher Informationsträger	elektrohydraulischer Umformer, entsprechende Regler
Q Schalten von Energie oder Signalen	QA	Schalten und Variieren elektrischer Energiekreise	Leistungsschalter, Thyristor, Motoranlasser, Schütz
	QB	Trennen elektrischer Energiekreise	Trennschalter
	QC	Erden elektrischer Energiekreise	Erder
	QD	Überbrücken von Energiekreisen	Überbrückungsschalter
R Begrenzen oder Stabilisieren von Energie, Information, Material	RA	Begrenzen des Flusses elektrischer Energie	Widerstand, Drossel, Diode, Konstanthalter
	RF	Stabilisieren von Signalen	Tiefpass, Entzerrer, analoge oder digitale Filter
S Umwandeln manueller Betätigung in Signal zur Verarbeitung	SF	Umwandeln manueller Betätigung in ein elektrisches Signal	Steuerschalter, Tastatur, Sollwerteinsteller, Maus
	SG	Umwandeln manueller Betätigung in elektromagnetische, optische oder akustische Signale	Funkmaus, Lasermaus, Funktastatur
T Energiewandlung bei gleicher Energieart, Signalwandlung bei gleichem Informationsinhalt	TA	Umwandeln elektrischer Energie unter Beibehaltung der Energieart und Energieform	Transformator, DC/DC-Umsetzer, Frequenzumrichter (U-Umrichter, I-Umrichter)
	TB	wie bei TA, aber Verändern der Energieform	Gleichrichter, Wechselrichter, AC/DC-Umsetzer
	TF	Umwandeln von Signalen (Beibehaltung des Informationsinhaltes)	Verstärker, Impulsverstärker, Antenne, U/I-Umsetzer, ADC, DAC

Die Zweitbuchstaben der Unterklassen sind bei Bedarf anzuwenden, insbesondere dann, wenn die Kennbuchstaben der Hauptklasse für sehr verschiedenartige Objekte angewendet werden, z.B. bei Hauptklasse R oder K. In Fachnormen können weitere Unterklassen festgelegt sein.

Kontaktkennzeichnung in Stromlaufplänen
Contact Marking in Circuit Diagrams

Stromlaufplan, Art der Schaltung	Erklärung der Ergänzung

Ergänzung durch Schaltzeichen von Schützen und Relais
vgl. EN 61082

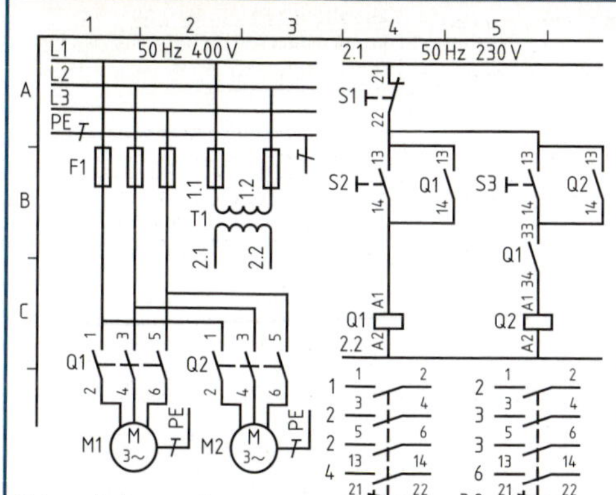

Folgeschaltung mit zwei Schützen

Die Stromlaufpläne können durch die Angabe der Koordinaten 1, 2, 3... und A, B, C... in Felder eingeteilt werden, die den Betriebsmitteln zugeordnet sind. Die senkrechten Spalten (Streifen), z.B. bei 1, bezeichnet man als *Stromwege*.

In umfangreichen Stromlaufplänen müssen Schütze an einer Stelle zusammenhängend angegeben werden. Nach Norm wird im Steuerstromkreis unter die jeweilige Schützspule das *vollständige Schaltzeichen* des betreffenden Schützes gesetzt. In das Schaltzeichen trägt man die Anschlusskennzeichnungen aller Schützkontakte ein und den *Stromweg*, in dem dieser Kontakt liegt. Eine 1 im Schaltzeichen bedeutet, dass der Kontakt in der Spalte 1 liegt. Sind Kontakte in einem *anderen* Stromlaufplan enthalten, so wird dessen Nummer vor die Stromwegangabe gesetzt. 3.2 bedeutet, dass der betreffende Kontakt im Plan 3 in der Spalte 2 liegt.

In der nebenstehenden Folgeschaltung kann M2 nur arbeiten, wenn M1 schon eingeschaltet ist.

Ergänzung durch Kontakttabellen

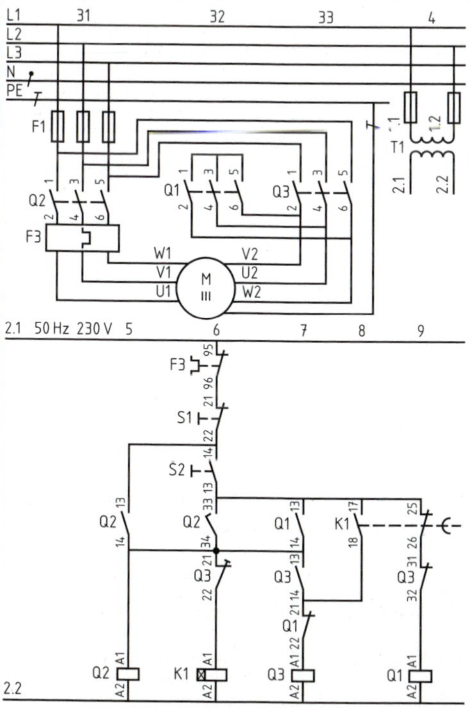

Netzschütz		
H	S	Ö
31	5	
31	6	
31		

Zeitrelais		
H	S	Ö
	8	9

Dreieckschütz		
H	S	Ö
33	7	6
33		9
33		

Sternschütz		
H	S	Ö
32	7	7
32		
32		

Stern-Dreieck-Schützschaltung

In der Praxis werden an Stelle der zusätzlichen Schaltzeichen häufig nicht genormte *Kontakttabellen* unter die Schützspulen gesetzt. Dabei werden die Stromwege (Spalten des Stromlaufplanes) mit 1, 2, 3... nummeriert. Über die Stromwege des Hauptstromkreises gibt man zusätzlich die Anzahl der Hauptkontake an. 31 bedeutet, dass im Stromweg 1 die Anzahl der Hauptkontakte 3 beträgt. D Stromwege der Steuerstromkreise werden ohne Zusatz nummeriert.

Aus den Kontakttabellen kann die Anzahl der Hauptkontakte (H), der Schließer (S) und der Öffner (Ö) *abgezählt* und der Stromweg (Spalte des Stromlaufplanes) entnommen werden, in dem diese Kontakte liegen. Das Schütz Q2 enthält drei Hauptkontakte im Stromweg (Spalte) 1. Deshalb stehen in der Kontakttabelle unter H dreimal 31. Q2 enthält einen Schließer im Stromweg 5 und einen im Stromweg 6. Deshalb stehen unter S eine 5 und eine 6. Öffner von Q2 sind nicht angeschlossen. Deshalb ist die Spalte unter Ö leer.

Bei der Ergänzung durch Kontakttabellen ist meist nur die Anzahl der verwendeten Kontakte ersichtlich, während bei der Ergänzung durch Schaltzeichen durch die fehlenden Ziffern erkennbar ist, viele Kontakte noch verfügbar sind.

Wenn die Anzahl der nicht angeschlossenen Kontakte aus der Kontakttabelle erkennbar sein soll, muss in diese für jeden nicht verwendeten Kontakt das Zeichen – eingetragen werden.

Die Kontakte der Befehlsgeräte werden so verbunden, dass der Verdrahtungsaufwand klein ist, also nicht immer in Reihenfolge der Zahlen. Das ist zulässig, weil bei Doppelunterbrechung die Kontakte gleichwertig sind.

Nach EN 61082 werden Anschlussbezeichnungen und Spannungsangaben von senkrechten Stromwegen von rechts lesbar eingetragen.

Schaltzeichen Circuit Symbols

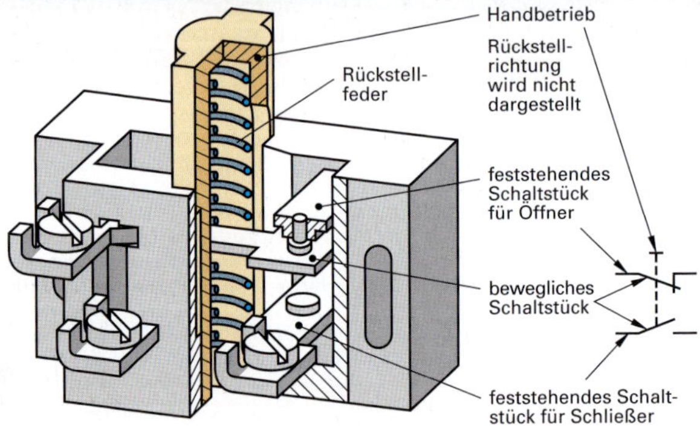

Tastschalter, Aufbau und Schaltzeichen

Elektrische Betriebsmittel, z.B. Geräte, Maschinen, Bauelemente, Leitungen, zeichnet man in den Schaltplänen vereinfacht als **Schaltzeichen**. Schaltzeichen lassen nur die Wirkungsweise der Betriebsmittel erkennen, nicht aber deren konstruktiven Aufbau.

Schaltzeichenelemente sind Schaltzeichen für Teile von Betriebsmitteln, z.B. Leitungen.

Schaltzeichen für vollständige Betriebsmittel, z.B. Schalter, sind meist aus Schaltzeichenelementen zusammengesetzt.

Es gibt für manche Schaltplanarten vereinfachte Schaltzeichen (besondere Schaltzeichen, Schaltkurzzeichen).

Allgemeine Schaltzeichen

vgl. EN 60617-4 (1997-08)

Schaltzeichen	Benennung
	Leiter, allgemein
	1. Verbindung, allgemein 2. Anschluss, z.B. Klemme 3. Kennzeichen für Gasfüllung
	Anschluss, z.B. lösbare Klemme
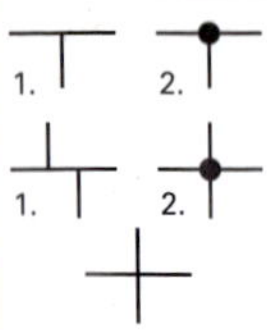	Leiterabzweig, einfach; Leiterabzweig, doppelt; Leiterkreuzung
	Dose, allgemein
	1. Messinstrument 2. Messwerk 3. Ständer einer Maschine 4. Läufer einer Maschine 5. Hülle, Gehäuse
	Bewegliche Schaltstücke
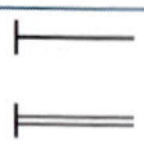	Handantrieb (wahlweise Darstellung)
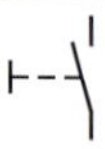	Schließer, handbetätigt
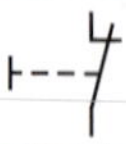	Öffner, handbetätigt

Schaltzeichen	Benennung
	Sicherung, allgemein
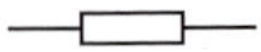	Widerstand, allgemein
	Heizelement
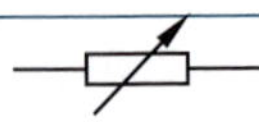	Widerstand, veränderbar
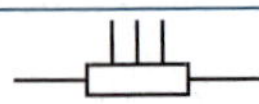	Wirkwiderstand mit Anzapfungen
	Glimmlampe
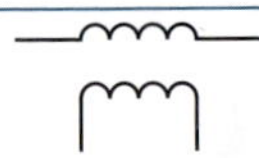 	Induktivität, Spule, Wicklungsstrang; desgleichen, nicht genormt
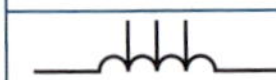	Drosselspule mit Anzapfungen
	Drosselspule mit Eisenkern
	desgleichen, mit Luftspalt
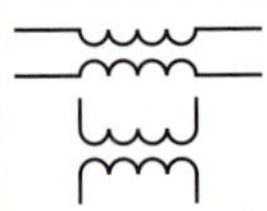	Transformator (Umspanner) für Einphasen-Wechselstrom, Übertrager
	Dauermagnet
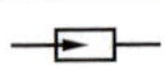	Überspannungsableiter

Schaltzeichen	Benennung
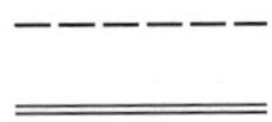	mechanische Verbindung (wahlweise Darstellung)
	Abschirmung
	Begrenzungslinie, Trennlinie
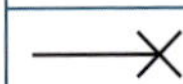	Leuchtenauslass
	Leuchtmelder, Leuchte, allgem.
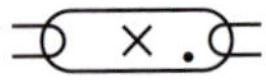	Leuchtstofflampe
	Wecker, allgemein
	kWh-Zähler, allgemein
	Kondensator
	Galvanisches Element (langer Strich: Pluspol, kurzer Strich: Minuspol)
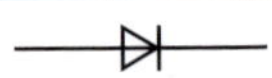	Halbleiterdiode
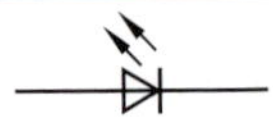	Lumineszenzdiode, LED
	Akkumulatorenbatterie 12 V
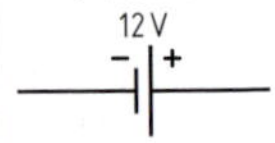	(wahlweise Darstellung)

Allgemeine Schaltzeichen General Circuit Symbols

Allgemeine Schaltzeichen

vgl. EN 60617-2 (1997-08)

Schaltzeichen	Benennung
	Veränderbarkeit, allgemein
	Einstellbarkeit, allgemein
Arten der Veränderbarkeit oder Einstellbarkeit	
	stetig
	stufig
	unter Einfluss einer physikalischen Größe, linear
	desgleichen, nicht linear

Beispiele

Schaltzeichen	Benennung
	Widerstand veränderbar
	einstellbar als Spannungsteiler

Schaltzeichen	Benennung
Form 1 Form 2	Widerstand mit beweglichem Kontakt als Potenziometer
ϑ	PTC-Widerstand
ϑ	NTC-Widerstand
U	Widerstand, spannungsabhängig (gegensinnig)
	Induktivität stetig veränderbar
	Kondensator einstellbar

Schaltzeichen	Benennung
+	Kondensator gepolt, z.B. Elektrolytkondensator
	ungepolter Elektrolytkondensator (nur bei Bedarf)
a) b)	a) Erdung, allgemein b) desgl., fremdspannungsarm
	Körper, Masse (wahlweise Darstellungen)
a) b)	Schutzleiteranschluss (je nach Norm)
	Idealer Spannungserzeuger (Spannungsquelle)
	Idealer Stromerzeuger (Stromquelle)

Schaltzeichen für Schaltgeräte

vgl. EN 60617-7 (1997-08)

Schaltzeichen	Benennung
a) b) c)	verlängerte Kontaktgabe: a) Schließer b) Öffner c) Wechsler
	Steckerstift
	Steckerbuchse

Kennzeichen

Schaltzeichen	Benennung
	selbsttätiger Rückgang (nur bei Bedarf)
	nicht selbsttätiger Rückgang (nur bei Bedarf)
a) b)	Verzögerung a) nach links b) nach rechts
	mechanische Verriegelung
a) b)	Bei Bedarf: a) Schützfunktion b) Auslöserfunktion

Schaltzeichen	Benennung
	Kennzeichen für „betätigt“
	zwangsgeführte Betätigung, z.B. bei NOT-AUS
S	selektiv (verzögert) wirkend

Beispiele

Schaltzeichen	Benennung
	Öffner, Ausschaltglied
	Wechsler, Umschaltglied
	Zweiweg-Schließer
1 2	Doppelschaltglieder: Schließer 1 schließt vor 2

Schaltzeichen	Benennung
	Wechsler ohne Unterbrechung
a) b)	Nicht von selbst zurückgehender a) Schließer b) Öffner
a) b)	a) Zwillingsschließer b) Zwillingsöffner
a) b)	Schließer, a) schließt verzögert b) öffnet verzögert
a) b)	Wischer, Kontaktgabe bei a) Anzug b) Rückfall
a) b)	Endschalter a) Schließer b) Öffner

Zusatzschaltzeichen, Schalter in Energieanlagen
Additional Circuit Symbols, Switches in Power Installations

TM

Schaltzeichen	Benennung
Antriebe	
	Handantrieb, allgemein
	desgl., durch Drücken
	desgl., durch Ziehen
	desgl., durch Drehen
	desgl., durch Kippen
	desgl. abnehmb., z.B. Steckschlüssel
	anderer Antrieb, z.B. Pedal
	Antrieb für NOT-AUS-Schalter
	Näherungsbetätigung
	Berührungsbetätigung
	elektromagnetischer Antrieb mit Anzugsverzögerung
	desgleichen mit Abfallverzögerung
	Antrieb für Stromstoßrelais
	thermische Betätigung, z.B. beim Motorschutzrelais
	desgleichen, bei Drehstromgerät
	elektromagnetische Betätigung, z.B. für Überstromschutz (nicht allgemein verbreitet)
Elektronische Schalter	
a) b)	a) elektronischer Schalter b) elektronisches Schütz
	Halbleiterschütz

Schaltzeichen	Benennung
Trenn-, Last- und Leistungsschalter	
a) b)	a) Trennschalter, Leerschalter b) Lasttrennschalter
	Leistungsschalter
	Lastschalter mit selbsttätiger Auslösung, z.B. durch Messrelais
	Leistungskontakt eines Schützes (nur bei Bedarf zur Unterscheidung)
temperaturabhängige Schalter	
a) b)	a) Thermokontakt, z.B. mit Bimetall b) Öffner Motorschutzrelais
	gasgefüllter Starter für Leuchtstofflampe mit Thermokontakt
Stellungsangabe	
1 2 3 4	allgemein, z.B. mit Nummerierung (Stellung 2 ist Grundstellung)
1 2 3 4	desgl., wahlweise Darstellung
Sperren und Rasten	
	Schaltschloss mit mechanischer Freigabe
	desgl., mit elektromechanischer Freigabe
	Raste
	Sperre, in einer Richtung
	desgl., in beiden Richtungen

Schaltzeichen	Benennung
Sicherungen	
Netz	Sicherung mit Kennzeichnung des Netzanschlusses
	Sicherungstrennschalter
Absperrorgane (Ventile)	
	Absperrorgan, allgemein, z.B. geschlossen
	Absperrorgan, offen
Kupplungen, Bremsen	
	Kupplung, entkuppelt
	desgl., gekuppelt
	Bremse, eingelegt
	Bremse, gelöst (gelüftet)
Beispiele	
1 2 3 4 2,3	Handantrieb mit 4 Stellungen (2 und 3 sind Raststellungen)
	Ventil mit Fühler und Antrieb durch Nocken
n >	Fliehkraftkupplung, bei Drehzahl > *n* kuppelnd
	thermisch betätigter Öffner eines Motorschutzrelais mit Raste
	Öffner eines durch Dauermagnet betätigten Näherungsschalters

Messinstrumente und Messgeräte vgl. EN 60617-8
Measuring Instruments and Devices

Schaltzeichen	Benennung
	Messinstrument oder Messwerk anzeigend
	Messgerät, allgemein, insbesondere aufzeichnend
	integrierendes Messgerät, insbesondere Zähler
	Signalumformer, allgemein
	Messwerk mit Pfad
	Messwerk mit Anzapfung
	Messwerk mit Summen- oder Differenzbildung
	Messwerk zur Produktbildung
	Messwerk zur Quotientenbildung

Kennzeichen

Schaltzeichen	Benennung
	Anzeige, allgemein
	Anzeige mit beidseitigem Ausschlag
	Anzeige durch Vibration
000	Anzeige digital (numerisch)
	Registrierung schreibend
	Trägheit klein
	Trägheit groß
	Impulszähler

Schaltzeichen	Benennung
	Größtwertanzeige
	Kleinstwertanzeige
	Drehfeldrichtung
	Richtung der Messwertübertragung
	Kontaktgabe
	Uhrzeit

Beispiele

Schaltzeichen	Benennung
	Messinstrument ohne Kennzeichnung der Messgröße
	Messinstrument mit beidseitigem Ausschlag
A	Strommesser, allgemein
V	Spannungsmesser, allgemein
V	Spannungsmesser mit Darstellung der Innenschaltung
mV	Spannungsmesser mit Angabe der Einheit Millivolt
	Impulszähler, elektrisch betätigt
V-A-Ω	Mehrfachinstrument mit Angabe der Einheiten
0 ~	Nullindikator für Wechselstrom
	Synchronoskop (Synchronanzeige)
I	Strommesser mit großer Trägheit u. Schleppzeiger für Größtwert

Schaltzeichen	Benennung
W-var	Zweifachlinienschreiber für Wirkleistung und Blindleistung
kWh	Dreileiter-Drehstromzähler
Ω	Widerstandsmessbrücke
	Messgerät zur Kurvenbildanzeige, Oszilloskop

Messkategorien

Nach EN 61010-1 sind Messgeräte der Kategorie CAT I bis CAT IV der Stromversorgung in den Bereichen einsatzbar, die angegeben sind. Die Kategorie ist ein Maß für die Gefährdung beim Messen, z.B. wegen der Folgen eines Kurzschlusses oder wegen der Umwelteinflüsse.

CAT I
Stromkreise, die vom Netz getrennt sind, z.B. Batterien, geschützte Elektronikbaugruppen.

CAT II
Steckdosen, die mehr als 10 m von CAT-III-Quellen entfernt sind, Geräte mit Anschluss an Steckdosen, Geräte mit Motoren im Büro oder Haushalt.

Cat III
Fest installierte Verbraucher, Motorantriebe mit direktem Netzanschluss, Motorantriebe mit Anschluss an netzgespeiste Umrichter, Verteiler, Steckdosen für 3AC.

CAT IV
Leitungen und Kabel im Freien, Hausanschluss, kWh-Zähler.

Beispiel
Angabe auf dem Messgeräte 600 V CAT III bedeutet, dass das Geräte maximal bis zu einer Bemessungsspannung von 600 V in den Bereichen CAT I bis CAT III einsetzbar ist, nicht jedoch für Messungen im Freien.

Halbleiterbauelemente Semiconductor Components

vgl. EN 60617-5

Schaltzeichen	Benennung
Allgemeine Aufbauelemente	
	Umrahmung (nur bei Bedarf)
	Halbleiterzone mit Anschlüssen ohne Gleichrichterwirkung
a) P N b) P N	P-Gebiet beeinflusst N-Zone
a) N P b) N P	N-Gebiet beeinflusst P-Zone
	Halbleiterdiode
Kennzeichen	
a) b)	Durchbruch-Effekt, a) in einer Richtung b) in beiden Richtungen
a) b)	a) Schottky-Effekt b) Tunnel-Effekt
a) b)	Strahlung a) Licht b) ionisierend
Halbleiter ohne Gleichrichterwirkung	
	Feldplatte (flussdichteabhängiger Widerstand)
	Hallgenerator
	Fotowiderstand
	Peltier-Element
Dioden	
ϑ	Diode, temperaturabhängig
B	flussdichteabhängig (Magnetdiode)
	Tunneldiode
	Kapazitätsdiode
	Schottkydiode
	Z-Diode
	Z-Dioden gegeneinander geschaltet
a) b)	a) Lumineszenzdiode (LED) b) Fotodiode
γ	Strahlungsdetektor, z. B. für γ-Strahlen
	Fotoelement
	Optokoppler, hier mit LED und Fototransistor
Transistoren, bipolar	
C E B	NPN-Transistor (E, C, B nur zur Erklärung)
	PNP-Transistor
	Schottkytransistor
	UJT mit N-Basis (Doppelbasis-Transistor)
	PNP-Fototransistor
C E G	IGBT, Anreicherungstyp mit N-Kanal
C E G	IGBT, Verarmungstyp mit N-Kanal (C, E, G nur zur Erklärung)
Transistor, unipolar	
	Selbstsperrender Kanal (beim Anreicherungstyp)
	isoliertes Gate (IG)
Gate Source Drain	Sperrschicht-FET mit N-Kanal (Anschlussbezeichnung nur zur Erklärung)
	Sperrschicht-FET mit P-Kanal
	Verarmungs-IG-FET mit N-Kanal, Substrat intern mit Source verbunden
	Anreicherungs-Isolierschicht-FET mit P-Kanal und Substratanschluss
	Dual-Gate-Verarmungs-Isolierschicht-FET mit N-Kanal und Substratanschluss
Thyristoren	
	Thyristor, allgemein
	P-Gate-Thyristor (häufigster Typ)
	N-Gate-Thyristor
	GTO, Thyristor, abschaltbar
	Thyristortetrode
	rückwärts leitender P-Gate-Thyristor
	spannungsgesteuerter Thyristor
	rückwärtssperrende Thyristordiode (Vierschichtdiode)
	Diac
	Triac (Zweirichtungsthyristortriode)
	Ditriac

Binäre Elemente 1 Binary Elements 1

vgl. EN 60617-12

Konturen (Grundformen)

Schaltzeichen	Benennung
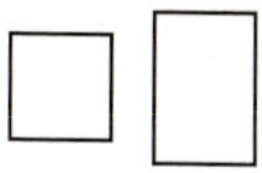	Elementkonturen (beliebiges Seitenverhältnis)
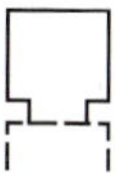	Steuerblock-kontur
	Ausgangsblock-kontur
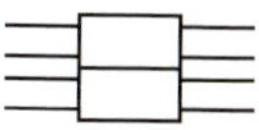	Zwei Baugruppen ohne Logikverbindung (erweiterbar)
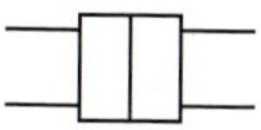	Zwei Baugruppen mit Logik-verbindung (erweiterbar)

Eingänge, Ausgänge, Verbindungen

Schaltzeichen	Benennung
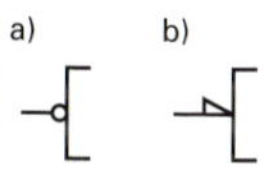	invertierender Eingang
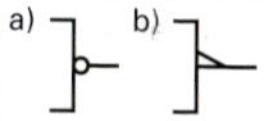	invertierter Ausgang
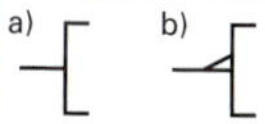	nicht invertierender Eingang
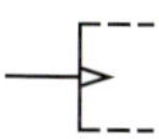	dynamischer Eingang, nicht invertiert
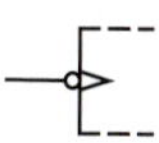	desgleichen, aber invertiert
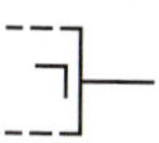	retardierter (verzögerter) Ausgang
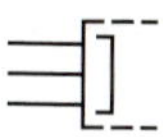	Zusammenfassung (alle Anschlüsse notwendig), nur bei Bedarf
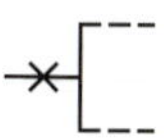	Verbindung ohne binäres Signal

Schaltzeichen	Benennung
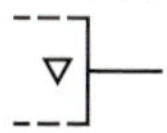	Tristate-Ausgang, 3-State-Ausgang (H oder L oder hochohmig)
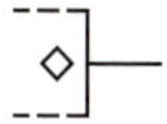	offener Ausgang
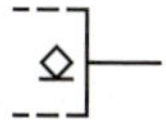	offener Ausgang vom L-Typ (z.B. offener Kollektor von NPN-Transistor)

Kennzeichen

Schaltzeichen	Benennung
&	UND
⩾ 1	ODER
1	ODER, falls unverwechselbar
E	Erweiterung
EN	Freigabe (Enable)
D, J, K, R, S, T	Art der Eingänge
→	Schiebeeingang, vorwärts
←	desgleichen, aber rückwärts
+	Zähleingang, vorwärts
–	desgleichen, aber rückwärts
C	Steuerung, Übertrag
CT	Inhalt, Zählerstand
I	Eingang (Input)
O, Q	Ausgang (Output)
M	Mode (Art)
G, V	UND, ODER
A	Adressen

Kombinatorische Elemente

Schaltzeichen	Benennung
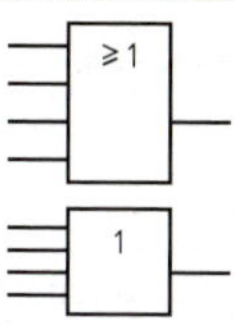	ODER-Elemente mit 4 Eingängen wahlweise, wenn keine Verwechslung möglich ist.
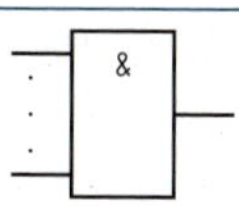	UND-Element
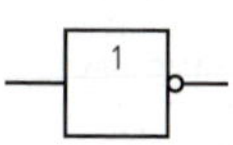	NICHT-Element, Inverter

Schaltzeichen	Benennung
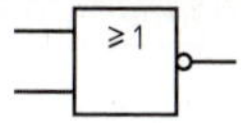	NOR-Element
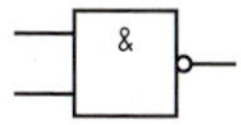	NAND-Element
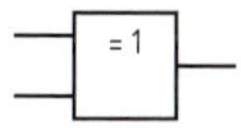	XOR-Element, Exklusiv-ODER-Element (Antivalenz)
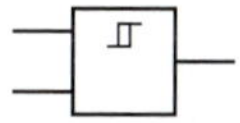	Schmitt-Trigger (Schwellwert-element)
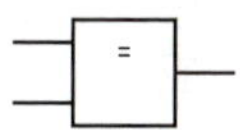	XNOR-Element, Exklusiv-NOR-Element (Äquivalenz)
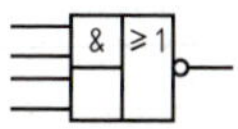	UND-ODER-Inverter

Codeumsetzer

Schaltzeichen	Benennung
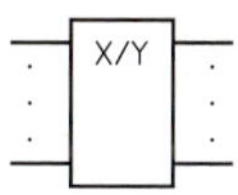	Codeumsetzer, allgemein. X und Y können durch Code-Angabe ersetzt werden.
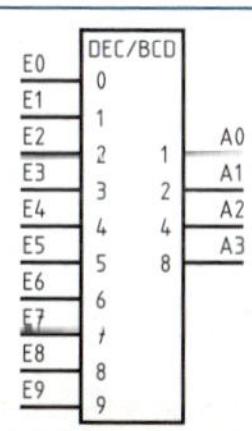	Code-Umsetzer, Dezimal-BCD-Code. A0 und A1 haben 1-Zustände, wenn E3 den 1-Zustand hat.

Multiplexer, Demultiplexer, Konverter

Schaltzeichen	Benennung
	Multiplexer, allgemein
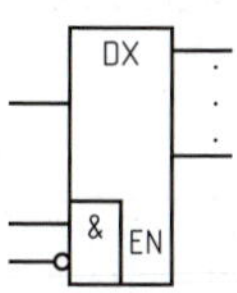	Demultiplexer, mit Freigabe-Logik

DA-Umsetzer und AD-Umsetzer siehe Seite 87.

TM

Binäre Elemente 2 Binary Elements 2

vgl. EN 60617-12

TM

Schaltzeichen	Benennung
Leistungselemente	
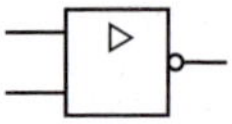	Treiber mit invertiertem Ausgang
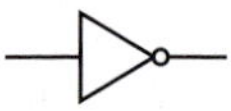	desgl., wahlweise Darstellung
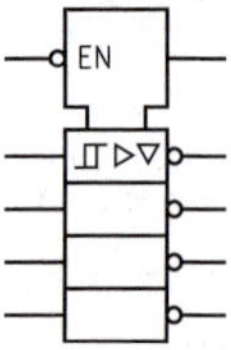	Bustreiber mit 4 Schwellwert-Eingängen und Freigabeschaltung und invertierten Tristate-Ausgängen
Verzögerungselemente	
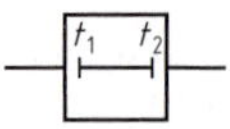	Verzögerung, allgemein, t_1 und t_2 können innerhalb oder außerhalb durch Größenangaben ersetzt werden.
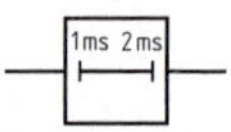	Einschaltverzögerung 1 ms Abschaltverzögerung 2 ms
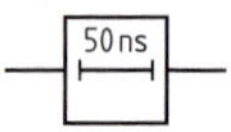	Verzögerung 50 ns
Bistabile Elemente	
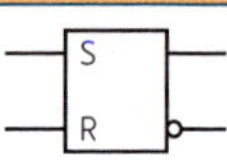	RS-Flipflop
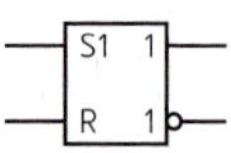	desgleichen, aber dominanter S-Eingang
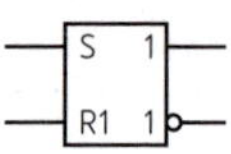	desgleichen, aber dominanter R-Eingang
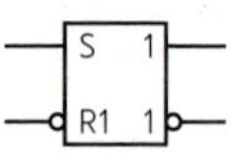	$\overline{R}$S-Flipflop, dominanter $\overline{R}$-Eingang
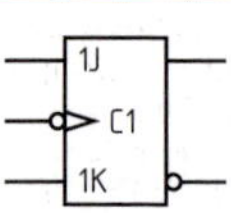	Einflanken-gesteuertes JK-Flipflop (nfl negative Taktflanke)

Schaltzeichen	Benennung
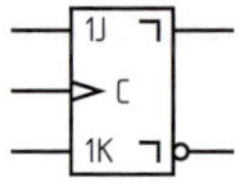	Zweiflanken-gesteuertes JK-Flipflop (Master-Slave-Flipflop)
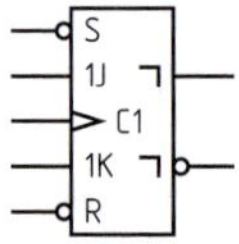	desgleichen aber mit $\overline{S}$-Eingang und $\overline{R}$-Eingang zusätzlich
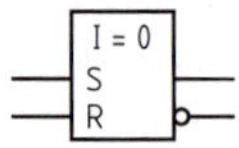	RS-Flipflop, bei Einschaltung Anfangszustand 0 (I von initial)
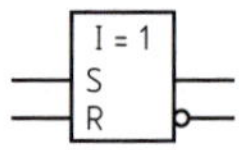	desgleichen, aber Anfangszustand 1
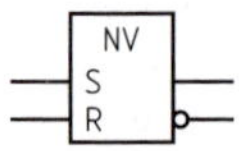	RS-Flipflop, nullspannungssicher
Monostabile Elemente	
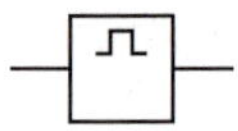	Monoflop, nachtriggerbar, allgemein
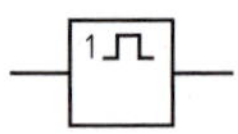	desgleichen, aber nicht nachtriggerbar
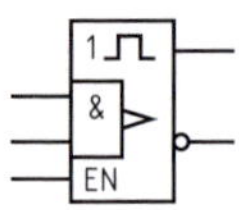	Monoflop, UND-Eingänge und Freigabeeingang, 2 Ausgänge
Astabile Elemente	
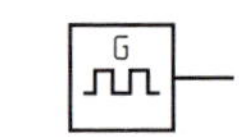	astabiles Element, allgemein
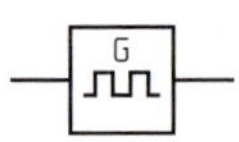	desgleichen, aber gesteuert
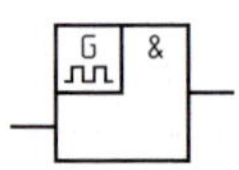	wahlweise Darstellung
a) !G b) G! 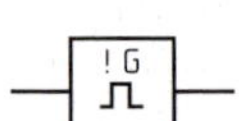	Kennzeichen für Pulsgenerator a) synchroner Start b) Stopp nach dem letzten Impuls

Schaltzeichen	Benennung
Zähler	
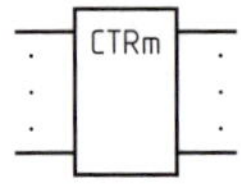 CTRDIVm	Zähler mit Zykluslänge 2^m, z.B. CTR4 für 4-Bit-Zähler Kennzeichen für Zähler mit Zykluslängen *m*, z.B. CTRDIV 10 dekadischer Zähler
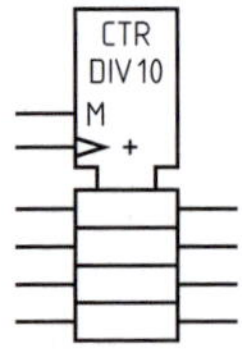	Synchronzähler 0 bis 9 mit parallelem Laden
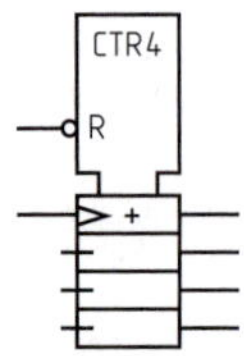	Asynchronzähler für 4 Bits mit Kennzeichnung des asynchronen Vorgangs (nur bei Bedarf)
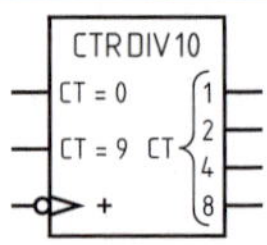	Zähler, dekadisch CT-Zahlen: Zählerstand für interne 1 des Anschlusses
Schieberegister	
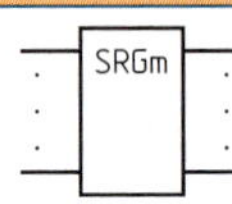	Schieberegister mit *m* Stufen, z.B. SRG8
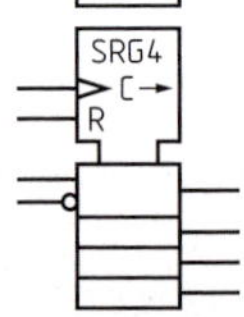	4-Bit-Schieberegister mit serieller Eingabe und paralleler Ausgabe
Speicher	
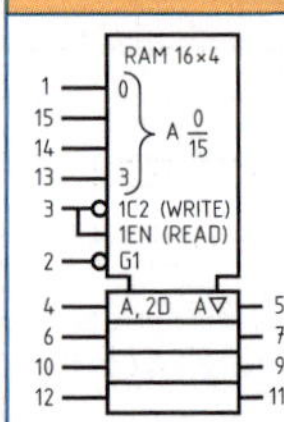	Schreib-Lese-Speicher mit 16 x 4 bit, Tristate-Ausgänge

Analoge Informationsverarbeitung, Zähler und Tarifschaltgeräte
Analog Information Processing, kWh-meter and Tariff Switchgears

Symbol	Benennung
Kennzeichen vgl. EN 60617-13	
−	Invertierung
+	Nichtinvertierung
∩	Analogsignal
#	Digitalsignal
Σ	Summierung
∫	Integrierend
R	Rücksetzen
S	Setzen
H	Halten
$\frac{d}{dt}$	Differenzierend
Beispiele	
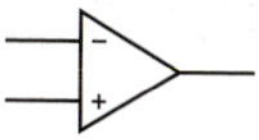	Operationsverstärker, unbeschaltet, praxisübliche Form
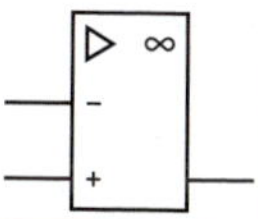	desgleichen, genormtes Symbol
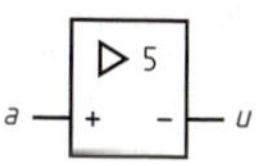	invertierender Verstärker $u = -5 \cdot a$

Symbol	Benennung
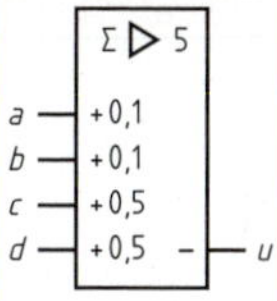	Summierverstärker $u = -5 \cdot (0{,}1\,a + 0{,}1\,b + 0{,}5\,c + 0{,}5\,d)$ $V = 5$
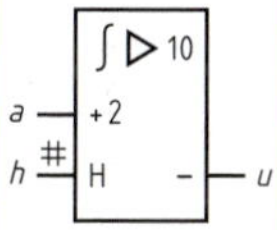	Integrierverstärker wenn $h = 0$ $u = -10 \int_0^t 2\,a\,dt$
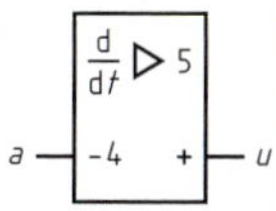	Differenzierverstärker $u = 5 \frac{d}{dt}(-4\,a)$
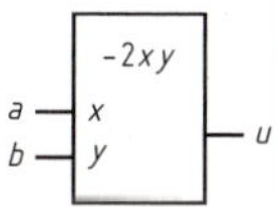	Multiplizierer $u = -2\,ab$

Symbol	Benennung
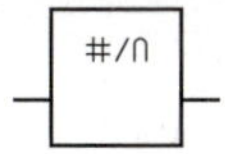	Digital-Analog-Umsetzer (DA-Umsetzer, DA-Konverter, DAU, DAC)
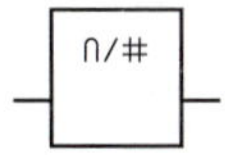	Analog-Digital-Umsetzer (AD-Umsetzer, AD-Konverter, ADU, ADC)
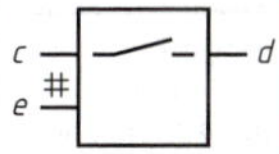	Schließer (geschlossen, solange $e = 1$)
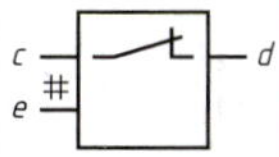	Öffner (offen, solange $e = 1$)
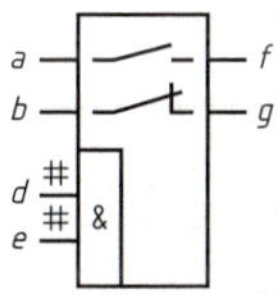	Schließer und Öffner (Schalten bei $d = 1$ und $e = 1$, also $d \wedge e = 1$)

Zähler und Tarifschaltgeräte

Form 1	Form 2	Benennung	Form 1	Form 2	Benennung
	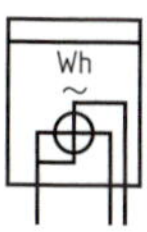	Einphasen-Wechselstromzähler	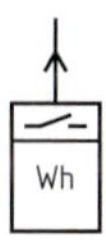	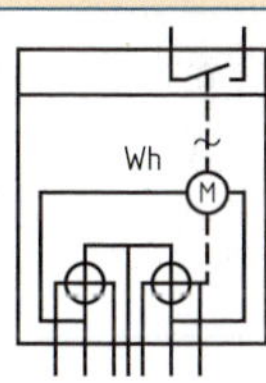	Impulsgeberzähler mit 1 Impuls je 0,1 kWh
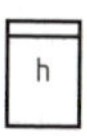	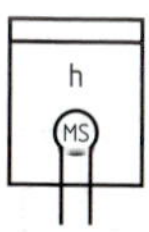	Zeitzähler mit Synchronmotor	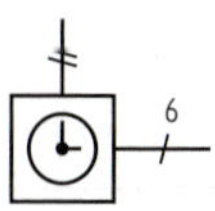	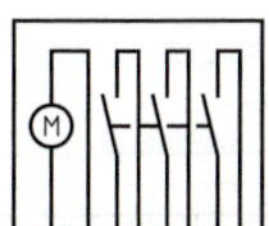	Tarifschaltgerät, z.B. für Rundsteueranlage
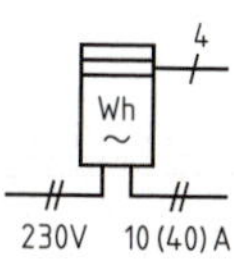	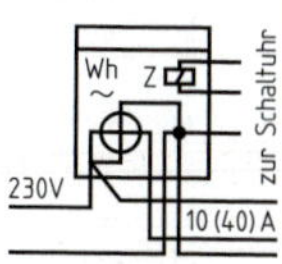	Einphasen-Wechselstrom-Zweitarifzähler	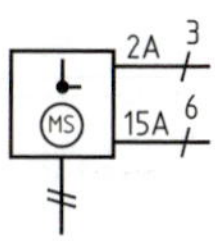	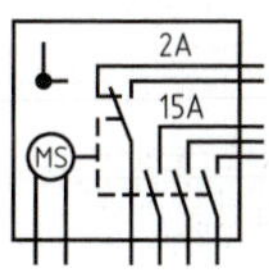	Schaltuhr mit Synchronlauf
	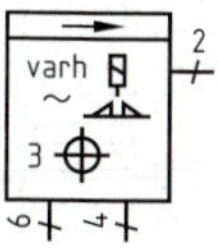	Vierleiter-Drehstrom-Blindverbrauchzähler, nur Bezug zählend	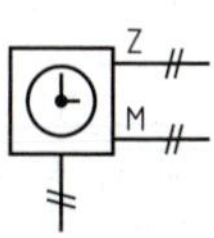	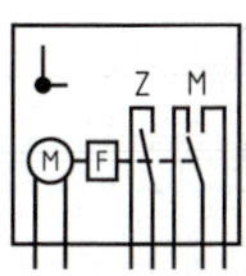	Tarifschaltuhr mit Uhrwerk und Selbstaufzug Z Zweitarifschalter M Maximumschalter

Elektroakustische Umsetzer und Antennenanlagen
Electroacoustic Converters and Antenna Systems

TM

Elektroakustische Umsetzer

Schaltzeichen	Benennung
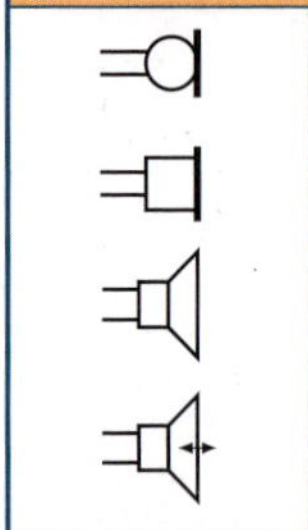	Mikrofon, allgemein Hörer, allgemein Lautsprecher, allgemein System für Wechselsprechverkehr
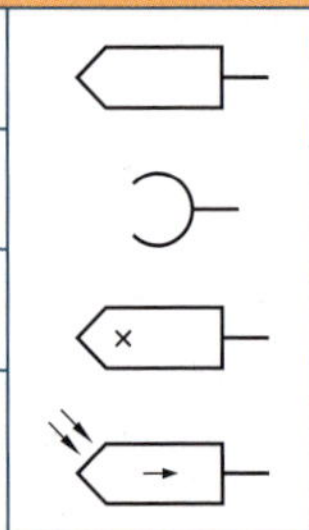	Wandlerkopf, allgemein Wandlerkopf, vereinfacht Löschkopf Wiedergabekopf, lichtempfindlich
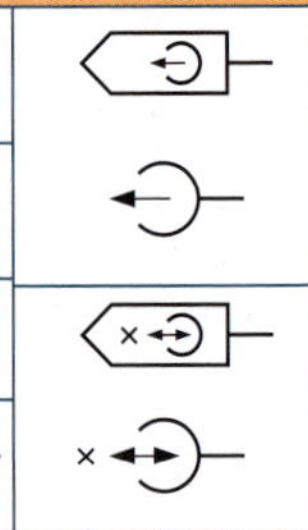	Schreibkopf für 1 Kanal desgl., vereinfacht Schreib-Lese-Löschkopf desgl., vereinfacht

Antennenanlagen

RGA

Schaltzeichen	Benennung
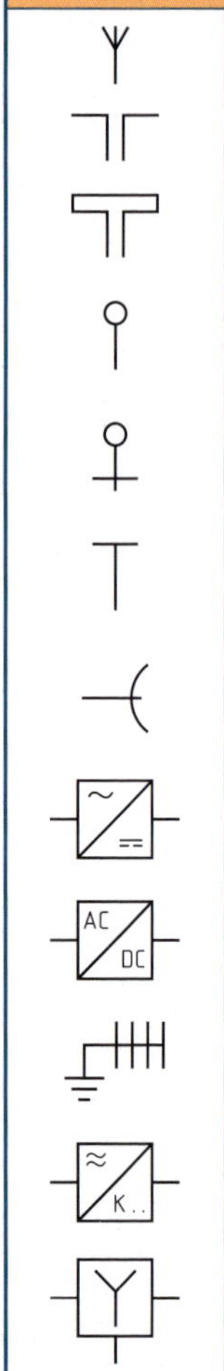	Antenne, allgemein Dipolantenne Faltdipol, allgemein LMK-Antenne einschließlich Übertrager LMKU-Antenne einschließlich Übertrager Dipolantenne einschließlich Übertrager Parabolantenne (Schüssel) Netzanschlussgerät wahlweise Darstellung Erdungsschiene Modulator nach Kanal ... Weiche, allgemein
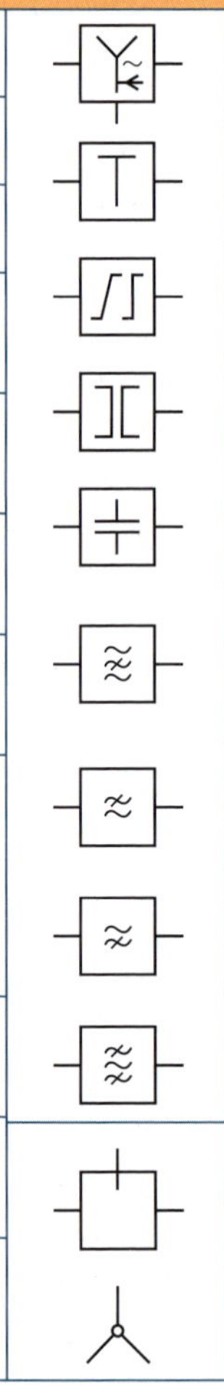	Einspeiseweiche festes Dämpfungsglied Entzerrer Übertrager Trennglied Sperrkreis, Bandsperre, Kanalsperre, Trägerfrequenzfalle Tiefpass Hochpass Bandpass Zweifach-Verteiler wahlweise Darstellung
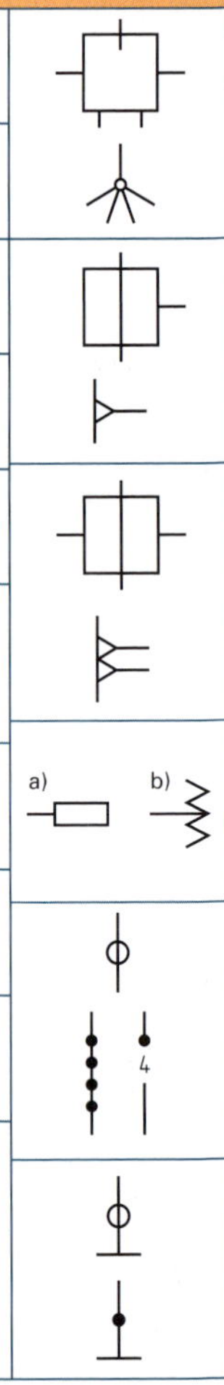	Vierfach-Verteiler wahlweise Darstellung Einfach-Abzweiger wahlweise Darstellung Zweifach-Abzweiger wahlweise Darstellungen Leitungsabschluss, angepasst Antennensteckdose (nicht für Installationsplan) wahlweise Darstellungen, z. B. für 4 Dosen Antennensteckdose mit Abschlusswiderstand wahlweise Darstellung

Die RGA (Richtlinien für Planung, Aufbau, Übergabe, Wartung und Betrieb von Gemeinschaftsantennenanlagen) sind vom Arbeitskreis Rundfunk-Empfangsantennen verfasst. Zusätzlich verwendet man Schaltzeichen für Übersichtsschaltpläne, z. B. für Verstärker.

Schaltzeichen für Installationschaltpläne und Installationspläne 1
Graphical Symbols for Installation Circuit Diagrams and Installation Diagrams 1

Schaltzeichen	Benennung
	Leitung, a) allgemein, b) Starkstromleitung, c) ausgeführte Leitung
	bewegbar desgleichen
	unterirdisch, Erdkabel
	Freileitung
	auf Putz
	im Putz
	unter Putz
	isoliert in Rohr
	Leiter im Gewässer, Seekabel
	Leitung nach oben
	Leitung nach unten
	Leitung nach oben und unten
	Abzweigdose für Ton- und Fernsehrundfunk
	Dose, allgemein
	Anschlussdose
IP 44	Starkstrom-Hausanschlusskasten, Schutzart IP 44
	Verteilung
IP 42	Schalter, z.B. dreipolig, Schutzart IP 42
	Leitungsschutzschalter
	Motorschutzschalter
	RCD, Fehlerstrom-Schutzschalter
	Sterndreieckschalter
	Schutzleiter PE
	Neutralleiter N
	PEN-Leiter
	desgl. bei senkrecht gezeichneten Leitungen
	praxisüblich für PE und PEN
	Fernsprechleitung
	Rundfunkleitung
	nachträglich zu verlegende Leitung
	Lichtwellenleitung LWL
a) b) c)	Ausschalter a) einpolig b) zweipolig c) dreipolig
	Dimmer (Ausschalter)
	Sensorschalter (Ausschalter)
	Gruppenschalter, 1-polig
	Serienschalter
	Wechselschalter, beleuchtet
	Kreuzschalter
	Taster
	Leuchttaster
PIR	Bewegungsmelder (Passiv Infrarot)
a) b)	Einfachsteckdose a) ohne, b) mit Schutzkontakt
	Zweifachsteckdose
3	Mehrfachsteckdose, z.B. 3 Dosen
3, N, PE	Schutzkontaktsteckdose für Drehstrom
	geschirmte Leitung
	koaxiale Leitung, geschirmt
	Leitung mit zwei Leitern
	Zusammenfassung von Leitungen
5	desgleichen, vereinfacht dargestellt
	Steckdose, abschaltbar
	Steckdose, verriegelt
	Steckdose mit Trenntrafo, z.B. für Rasierapparat
35 A	Zähler mit Leitungsschutzschalter 35 A
	Schaltuhr, z.B. für Stromtarifumsch.
	Zeitrelais, z.B. Treppenhausautomat
	Stromstoßschalter
	Leuchtenauslass, allgemein
	Leuchte, allgemein
	Leuchte für Leuchtstofflampe
	desgl. für 2 Lampen
	Scheinwerfer, allgemein
	Punktleuchte
	Sicherheitsleuchte in Bereitschaftsschaltung

Schaltzeichen für Installationsschaltpläne und Installationspläne 2
Graphical Symbols for Installation Circuit Diagrams and Installation Diagrams 2

Schaltzeichen	Benennung
5 × 36 W	Leuchtband, z. B. mit fünf 36-W-Lampen
10 × 5 × 36 W	Leuchtfeld, z. B. mit 10 x 5 36-W-Lampen
Elektro-Hausgeräte	
E	Elektrogerät, allgemein
E	Elektrogerät, schaltbar
	Küchenmaschine
	Elektroherd, allgemein
	Mikrowellenherd
	Backofen
	Wärmeplatte
	Infrarotgrill
	Warmwasserspeicher
	Warmwassergerät
	Waschmaschine
	Wäschetrockner
	Geschirrspülmaschine
*	Kühlgerät
**	Tiefkühlgerät
***	Gefriergerät
*	Klimagerät

Schaltzeichen	Benennung
Heizung, Lüftung, Motor	
	Raumbeheizung, allgemein
	Speicherheizgerät, allgemein
	Infrarotstrahler
M	Motor, allgemein
	Lüfter, Verdichter
Signal- und Fernmeldegeräte	
	Fernmeldesteckdose
	Antennensteckdose
Verteiler	
HVt	Hauptverteiler
Vt	Verteiler auf Putz
Fernsprechgeräte	
	allgemein
4	Handapparat mit vier Anschlüssen
	Koppelstufe, allgemein
	Wahlstufe, allgemein
	automatische Wähleinrichtung
Fernwirkgeräte	
	Fernwirkgeber, allgemein
	Fernwirkzentrale, allgemein

Schaltzeichen	Benennung
Signalgeräte	
	Wecker
	Gong
	Schnarre, Summer
	Sirene
	Hupe
6	Signallampentafel, z. B. für 6 Meldungen
	Ruf- und Abstelltafel
	Türöffner
	elektrische Uhr, insbes. Nebenuhr
	Hauptuhr
	Kartenkontrollgerät
	Strahlungsmelder
	Wächtermelder
Lx <	Dämmerungsschalter
Rundfunk, Fernsehen	
	Lautsprecher
	Rundfunkempfangsgerät
	Fernsehempfangsgerät
	Antenne, allgemein
	Verstärker

Installation eines Wohnhauses

Nur Muster für die zeichnerische Darstellung, nicht für die Ausführung der Installation.

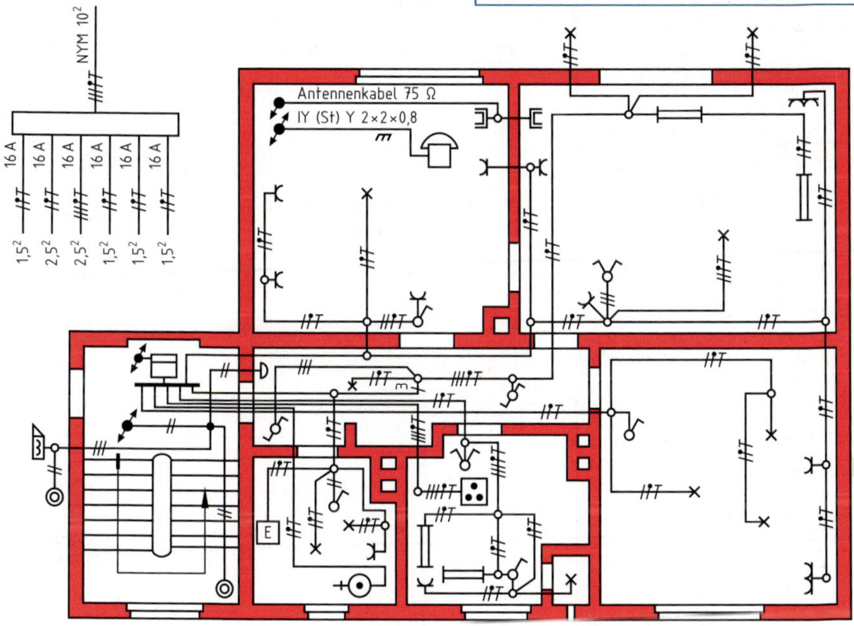

M 1:200, verlegt NYIF 1,5 mm², soweit nicht anders angegeben.

Installation einer Werkstatt

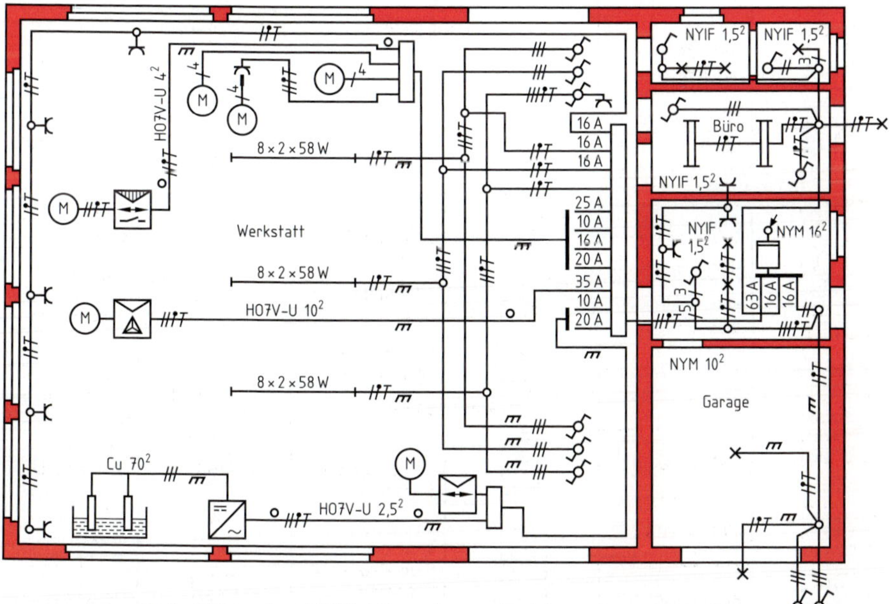

M 1:200, verlegt NYM 1,5 mm², soweit nicht anders angegeben.

Schaltzeichen für Übersichtsschaltpläne Circuit Symbols for Block Diagrams

Schaltzeichen	Benennung
Grundformen	
	Funktionseinheit, allgemein
	wahlweise Darstellung
	Umsetzer, Umrichter, allgemein
	Speicher
	Filter, allgemein
	Regler nach EN 61082
	Einsteller, allgemein
	Modulator, Demodulator, Mischer
	desgleichen, wahlweise Darstellung
	Motoranlasser
	Verzögerungselement, allgemein
Kennzeichen	
	Angabe einer Übertragungsrichtung; nur erforderlich, wenn nach links oder nach oben.
	Übertragung gleichzeitig
	nacheinander
	Wertbegrenzung
	Verstärkung
a) b)	a) Siebung b) Oberflächenwellen

Schaltzeichen	Benennung
	Fernkopieren
	Bildübertragung
	Tonübertragung
	Übertragung durch Funk
	Nummernschalter
	Radar
Generatoren	
G	Generator, Oszillator, allgemein
G 4 kHz	Sinusgenerator für 4 kHz
G	Sinusgenerator mit Frequenzverstellbarkeit
G	Sägezahngenerator
Meldegeräte	
	Anzeigegerät mit beidseitigem Ausschlag und Beleuchtung
	Zeigermelder
PIR	Bewegungsmelder (Passiv Infrarot)
Verstärker, Empfänger, Sender	
	Verstärker, allgemein
	wahlweise Darstellung
	Verstärker, veränderbar
	Empfänger, allgemein
	Sender, Geber, allgemein

Schaltzeichen	Benennung
Akustische Geräte	
	Magnetbandgerät
	Wechselsprechstelle für Freisprechen
Speicher	
	Magnetspeicher, allgemein
	Magnetbandspeicher
Stromversorgung, Umsetzer	
	Gleichrichter
	Umrichter (Wechselrichter)
U const.	Spannungsgleichhalter
f_1 f_2	Frequenzumsetzer, allgemein
f nf	Frequenzvervielfacher, n-fach
Fernsprechtechnik	
	Telefon, allgemein
	mit Tastwahlblock
	Mehrfach-Fernsprecher
	Wählerzentrale
	Fax (Faksimile-Sender und -Empfänger)
MUX #	Multiplexer mit Analog-Digital-Umsetzung

Spulen, Transformatoren, drehende Generatoren
Coils, Transformers, Rotating Generators

Drosselspulen

Schaltzeichen	Benennung
	Einphasen-Drosselspule
	wahlweise Darstellung
	wahlweise, insbesondere für Übersichtsschaltplan
	Dreiphasen-Drosselspule in Sternschaltung für Übersichtsschaltplan

Einphasentransformatoren

Schaltzeichen	Benennung
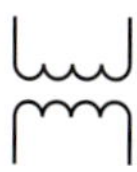	Transformator mit getrennter Wicklung, auch Spannungswandler
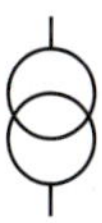	wahlweise Darstellung, insbesondere für Übersichtsschaltplan
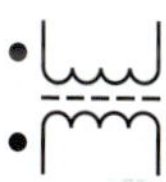	wahlweise, mit Schirm und Kennzeichnung der Phasenlage
	Einphasen-transformator, Spannung in Stufen einstellbar
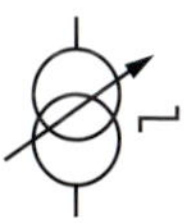	wahlweise Darstellung
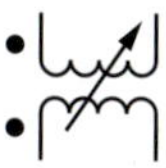	Einphasen-transformator mit veränderbarer Kopplung, Phasenlage gekennzeichnet
	Spartransformator
	wahlweise Darstellung
	desgleichen, Spannung einstellbar

Dreiphasentransformatoren

Schaltzeichen	Benennung
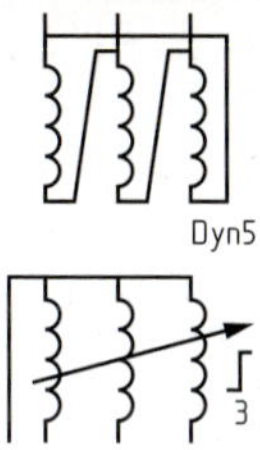	Drehstrom-transformator in Schaltung Dyn5, Unter-spannungs-wicklung in drei Stufen einstellbar
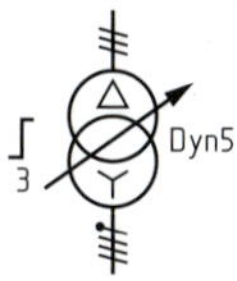	wahlweise Darstellung, insbesondere für Übersichts-schaltplan
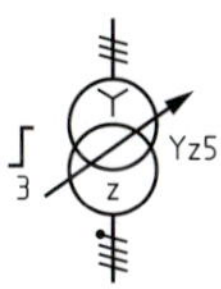	3AC-Trafo, Yz5, 3 Stufen, Stern-Zickzackschaltung, siehe auch Seite 213
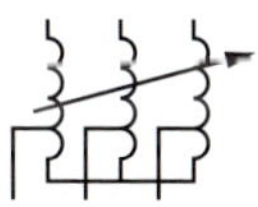	Drehstromspartransformator, stufenlos einstellbare Spannung
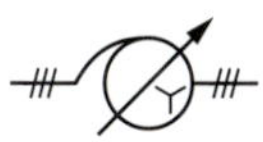	wahlweise Darstellung

Messwandler

Schaltzeichen	Benennung
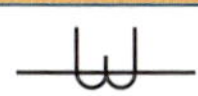	Stromwandler
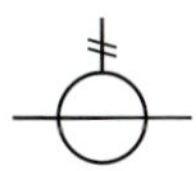	wahlweise Darstellung, insbesondere für Übersichts-schaltplan
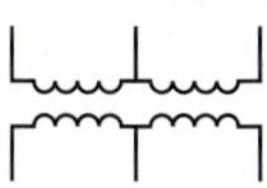	Spannungs-wandler in V-Schaltung
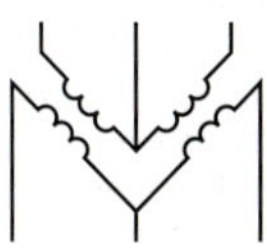	desgleichen, Darstellung mit erkennbarer V-Form
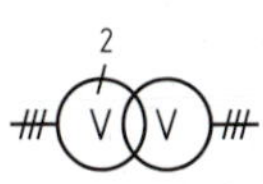	desgleichen, für Übersichts-schaltplan

Drehende Generatoren

Schaltzeichen	Benennung
	**Wicklungen** allgemein, fremderregt, im Nebenschluss
	im Reihenschluss
	Wendepolwicklung, Kompensationswicklung
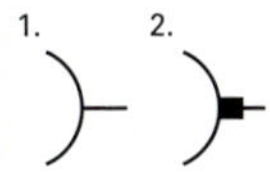	Kohlebürste, z. B. am Stromwender, wahlweise Darstellungen
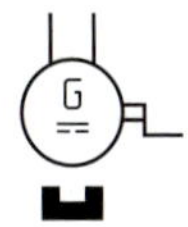	Kurbelinduktor (Gleichspannungsgenerator mit Handantrieb)
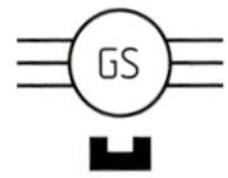	Drehstrom-Synchrongenerator mit Dauermagneterregung, Wicklungsenden herausgeführt
	desgleichen, aber in Schaltung Y mit herausgeführtem Sternpunkt
	desgleichen, aber in Schaltung △ und mit Erregerwicklung
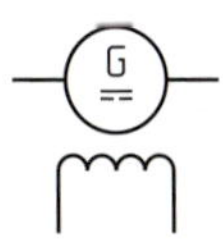	fremderregter Gleichstrom-generator mit Erregerwicklung
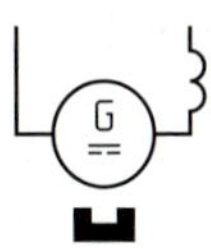	desgleichen, mit Dauermagnet-erregung und Wendepol-wicklung
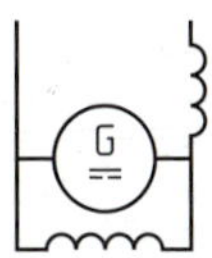	Doppelschluss-generator

Einphasenwechselstrommotoren und Anlasser

vgl. EN 60617-6 (1997-08)

Single-phase Alternating Current Motors and Starters

TM

Schaltplan	Benennung, Erklärung
Kondensatormotoren	
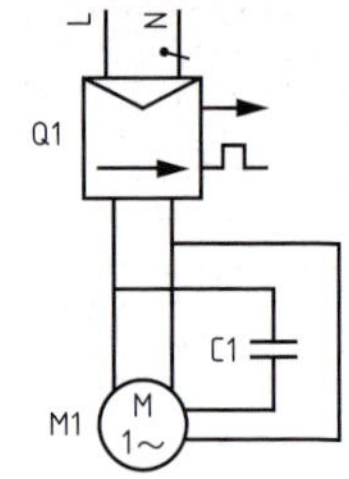	Kondensatormotor mit Betriebskondensator und Anlasser (Motorstarter) für eine Drehrichtung mit elektromagnetischem und thermischem Auslöser. An Stelle des Anlasserschaltzeichens dürfen auch die Schaltzeichen der Bestandteile des Motorstarters gezeichnet werden, z. B. ein Schalter.
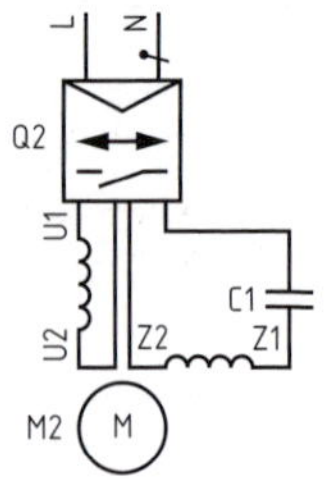	Kondensatormotor mit Betriebskondensator und Motorstarter mit Schütz für beide Drehrichtungen. Darstellung des Motorstarters auch wie beim obigen Kondensatormotor möglich.
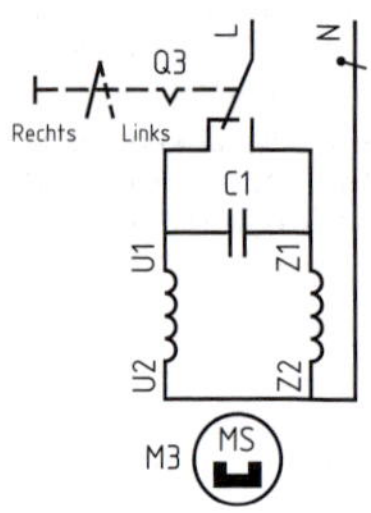	Kondensator-Synchronmotor, dauermagneterregt, mit Motorstarter für Linkslauf und Rechtslauf. Der Motorstarter kann auch durch Anlasserschaltzeichen dargestellt werden. (M Motor, S synchron)
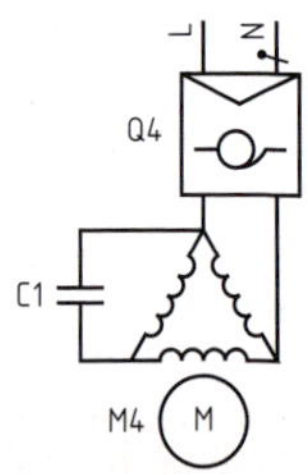	Drehstrommotor, als Kondensatormotor geschaltet (Steinmetzschaltung), mit Motorstarter, der einen Spartransformator zum Herabsetzen der Anlaufspannung enthält.
Motor mit Widerstandshilfsstrang, Anwurfmotor	
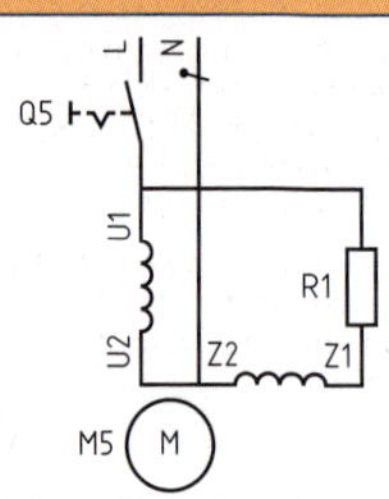	Einphasenwechselstrommotor mit Widerstandshilfswicklung, einpoliger Schalter als Motorstarter. Bei Anwurfmotoren entfallen R1 und Strang Z1Z2.

Schaltplan	Benennung, Erklärung
Spaltpolmotoren	
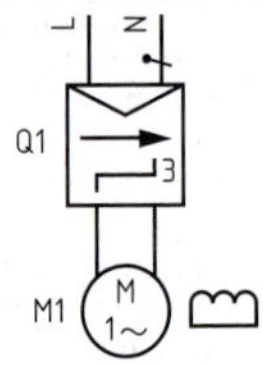	Spaltpolmotor mit Motorstarter für 3 Stufen (0 und 2 Drehzahlen), z. B. mit einem Vorwiderstand.
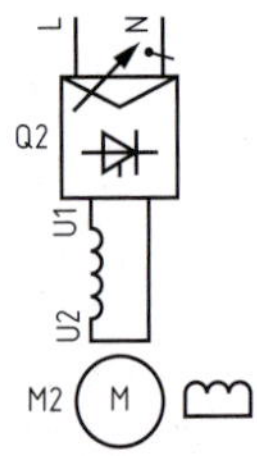	Spaltpolmotor mit Motorstarter, stetig veränderbar, z. B. zur Spannungseinstellung mit Thyristorschaltung zur Drehzahlsteuerung.
Einphasen-Reihenschlussmotoren	
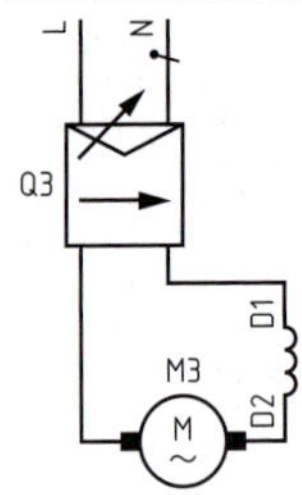	Einphasen-Reihenschlussmotor (Universalmotor) mit Motorstarter für eine Drehrichtung, stetig veränderbar, z. B. zur Spannungseinstellung, mit Spartransformator (Bürstendarstellung wahlweise).
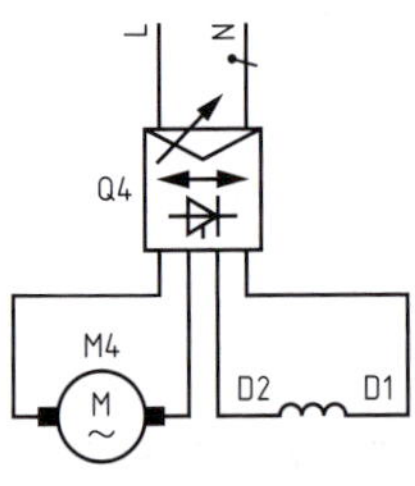	Einphasen-Reihenschlussmotor (Universalmotor) mit Motorstarter für beide Drehrichtungen, stetig veränderbar durch Thyristorschaltung (Bürstendarstellung wahlweise).
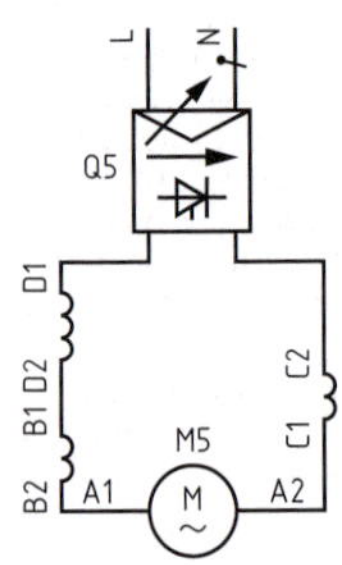	Einphasen-Reihenschlussmotor mit Wendepolwicklung B1B2 und/oder Kompensationswicklung C1C2. Motorstarter für eine Drehrichtung, stetig veränderbar durch Thyristorschaltung.

Drehstrommotoren und Anlasser
Three-phase Motors and Starters

vgl. EN 60617-6

Schaltplan	Benennung, Erklärung
Kurzschlussläufermotoren (Käfigläufermotoren)	
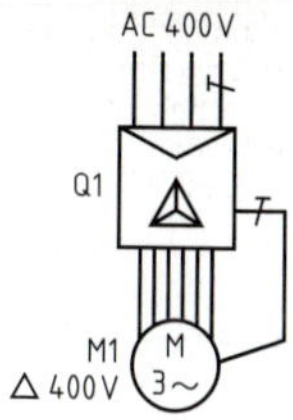	Drehstrom-Kurzschlussläufermotor mit Motorstarter für Stern-Dreieck-Anlauf, nichtautomatische Umschaltung von Stern in Dreieck. Darstellung des Motorstarters ist auch durch dessen Stromlaufplan möglich.
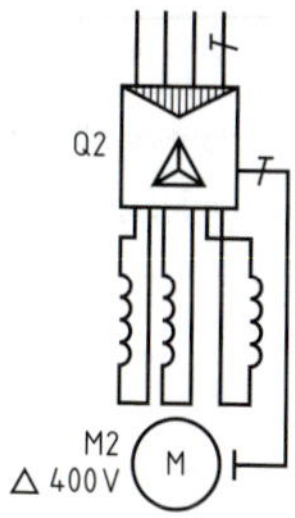	Desgleichen in ausführlicher Darstellung, aber mit automatisch ablaufender Umschaltung von Stern in Dreieck. Die Anordnung der Wicklungsstränge kann auch in Sternform oder in Dreieckform erfolgen. Die Darstellung des Motorstarters ist auch durch seinen Stromlaufplan möglich.
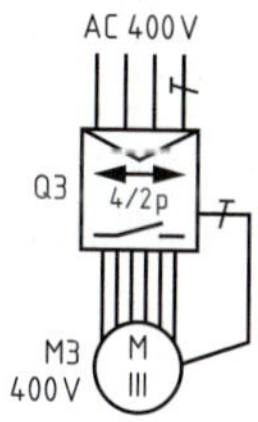	Polumschaltbarer Drehstrom-Kurzschlussläufermotor mit 3 Wicklungssträngen, Motorstarter für Polumschaltung mit Schützen für beide Drehrichtungen. Die Darstellung des Motorstarters ist auch durch seinen Stromlaufplan möglich.
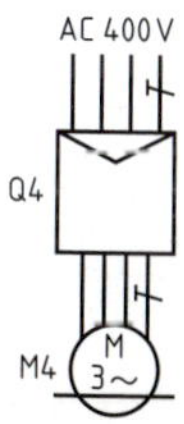	Dreiphasiger Linearmotor mit Anlasser, allgemein. Die Darstellung des Anlassers kann auch durch seinen Stromlaufplan erfolgen.
Schleifringläufermotor	
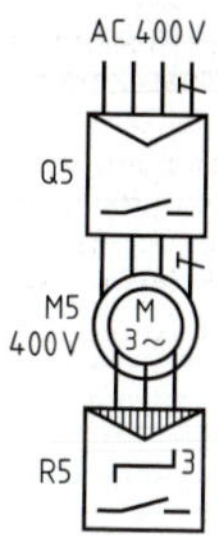	Schleifringläufermotor, Ständer über Schützschaltung gesteuert, automatisch ablaufendes Anlassen durch Läuferanlasser mit 3-stufiger Schützschaltung. Die Darstellung der Anlasser kann auch durch ihre Stromlaufpläne erfolgen.

Schaltplan	Benennung, Erklärung
Drehstromsynchronmotoren	
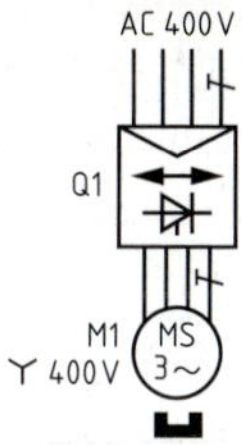	Drehstromsynchronmotor mit Dauermagneterregung, Anlasser für beide Drehrichtungen mit Thyristorschaltung, z. B. zur Frequenzsteuerung. Der Anlasser kann auch durch seinen Stromlaufplan dargestellt werden.
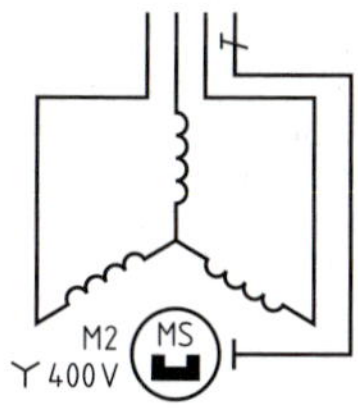	Ausführliche Darstellung des Motors. Ständerwicklung in Stern geschaltet. Die Ständerstränge können auch anders angeordnet sein, z. B. nebeneinander.
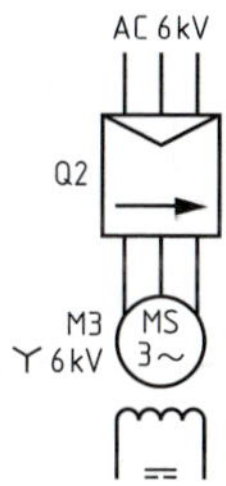	Drehstromsynchronmotor mit Gleichstromerregung und Motorstarter für eine Drehrichtung, z. B. mit Stromrichter. Der Anlasser kann auch durch seinen Stromlaufplan dargestellt werden.
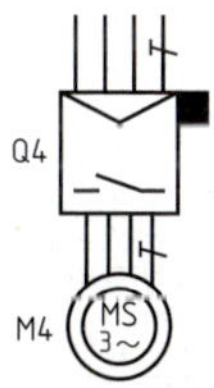	Synchronisierter Drehstrommotor, z. B. Reluktanzmotor (Motor mit ausgeprägten Polen und Anlaufkäfig). Motorstarter als Schützschaltung mit selbsttätiger Auslösung (dargestellt durch schwarzes Quadrat).
Drehstrom-Stromwendermotor	
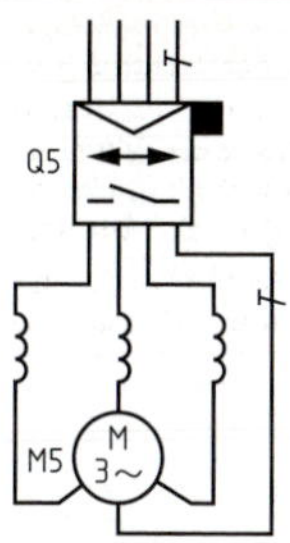	Drehstrom-Reihenschlussmotor mit Motorstarter für beide Drehrichtungen und Schützschaltung mit selbsttätiger Auslösung (dargestellt durch schwarzes Quadrat). Die Darstellung des Motorstarters kann auch durch seinen Stromlaufplan erfolgen.

Motoren mit Stromrichterspeisung Motors with Converter-feeding

Gleichstrommotoren

Schaltplan	Erklärung
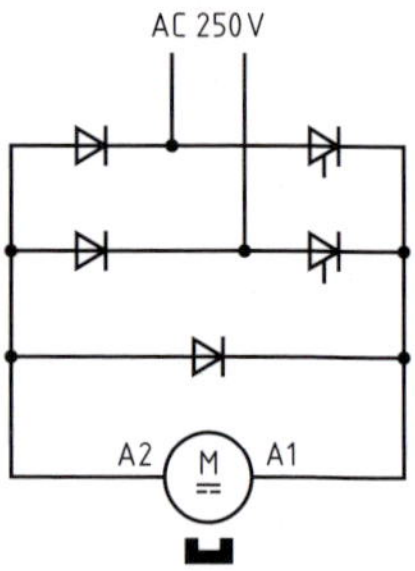	Gleichstrommotor für DC 220 V mit Dauermagneterregung (fremderregter Gleichstrommotor) an Stromrichterschaltung B2HKF (Zweipulsbrückenschaltung, halbgesteuert mit Freilaufdiode). Darstellung für Stromlaufplan.
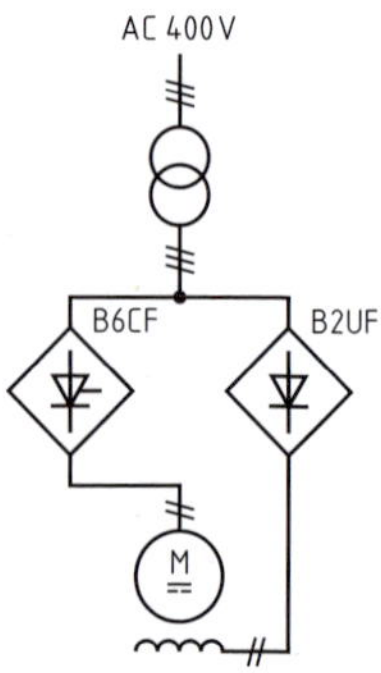	Fremderregter Gleichstrommotor mit Erregerwicklung. Anker an Stromrichterschaltung B6CF (Sechspulsbrückenschaltung mit Freilaufdiode), Erregerwicklung an ungesteuerter Stromrichterschaltung B2UF (Zweipulsbrückenschaltung mit Freilaufdiode). Darstellung für Übersichtsschaltplan.
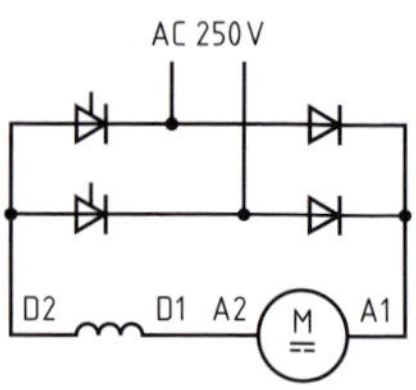	Gleichstrom-Reihenschlussmotor für DC 220 V an Stromrichterschaltung B2HA (Zweipulsbrückenschaltung, halbgesteuert).
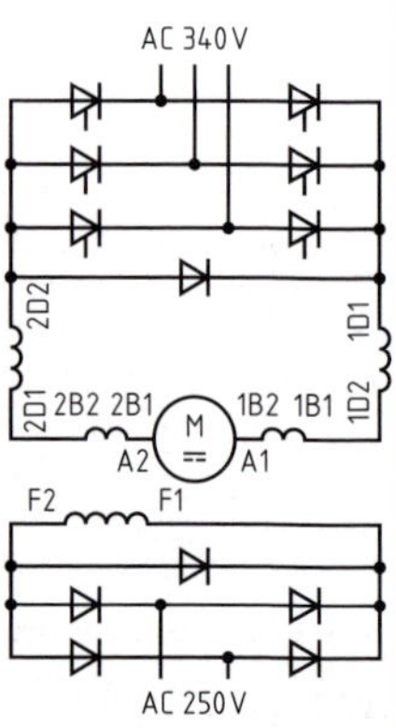	Fremderregter Gleichstrommotor für DC 440 V mit Reihenschluss-Hilfswicklung (Doppelschlussmotor) und Wendepolwicklung. Der Läufer ist an eine Stromrichterschaltung B6CF (sechspulsige vollgesteuerte Brückenschaltung mit Freilaufdiode) angeschlossen, die Erregerwicklung für DC 220 V an eine ungesteuerte Stromrichterschaltung B2UF.

Drehfeldmotoren (synchrone oder asynchrone)

Schaltplan	Erklärung
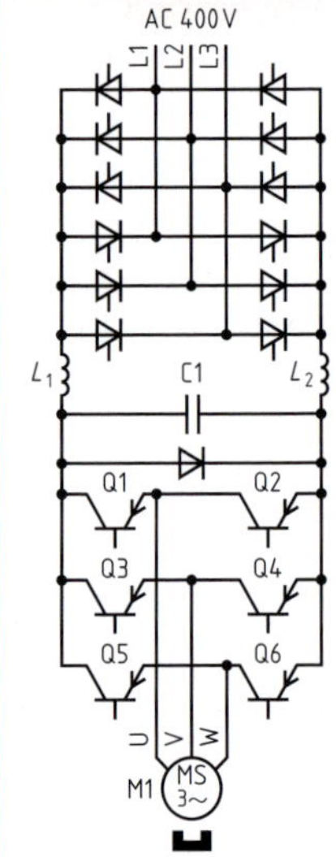	Synchronmotor mit Dauermagneterregung, z.B. Servomotor, an Umrichter zur Pulsweitenmodulation mit Gleichspannungszwischenkreis (U-Umrichter). Der Umrichter besteht aus dem Netzstromrichter B6AB6 (2 Sechspulsbrückenschaltungen antiparallel) für Vierquadrantenbetrieb und Energierücklieferung, dem Gleichspannungszwischenkreis mit Freilaufdiode und dem Maschinenstromrichter B6C aus Transistoren zur Pulsweitenmodulation (PWM).
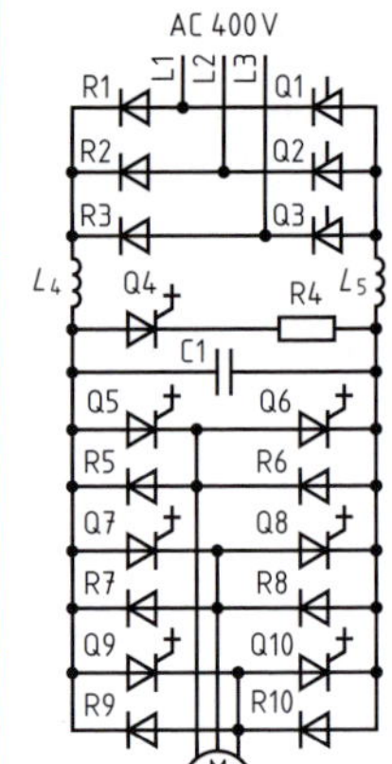	Kurzschlussläufermotor an Umrichter zur Pulsamplitudenmodulation mit Gleichspannungszwischenkreis (U-Umrichter). Der Umrichter besteht aus dem Netzstromrichter B6HA (Sechspulsbrückenschaltung, halbgesteuert), der keine Energierücklieferung ermöglicht, dem Gleichspannungszwischenkreis R4, R5, C1 mit Bremskreis Q4, R6 und dem Maschinenstromrichter B6C aus Abschaltthyristoren (GTO) oder IGBTs und Blindleistungsdioden.
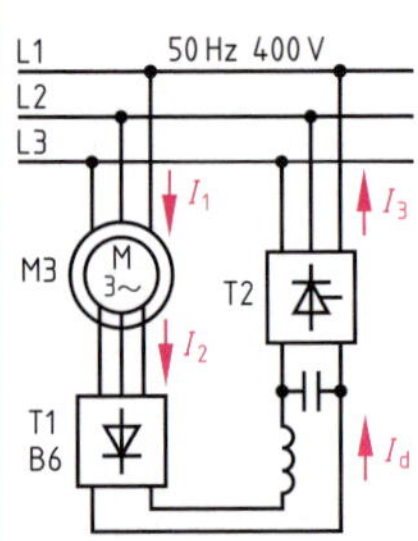	Schleifringläufermotor mit läuferseitigem Gleichspannungszwischenkreis. Die Läuferspannung wird durch einen Gleichrichter B6 gleichgerichtet. Diese Gleichspannung wird durch T2 (Wechselrichter B6C) in Wechselspannung der Netzfrequenz umgerichtet. Die Schlupfenergie wird zurückgespeist.

Weitere Stromrichterschaltungen in Teil AS „Schaltungen für Gleichrichter und Stromrichter", „Halb gesteuerte Stromrichter", „Voll gesteuerte Stromrichter", „Gleichstromsteller, U-Umrichter-Prinzip", „U-Umrichter".

Vergleich von Schaltzeichen 1 Comparison of Circuit Symbols 1

USA, z. B. ANSI, NEMA	Europa, praxisüblich, z. B. DIN EN	Benennung	USA, z. B. ANSI, NEMA	Europa, praxisüblich, z. B. DIN EN	Benennung
allgemeine Betriebsmittel			**Schaltglieder**		
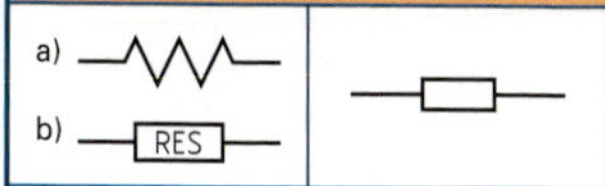 a) b) RES		Widerstand, Wirkwiderstand (RES von Resistanz)	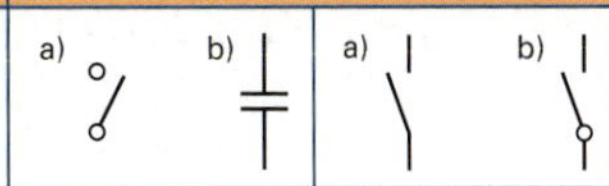 a) b)	a) b)	Schließer
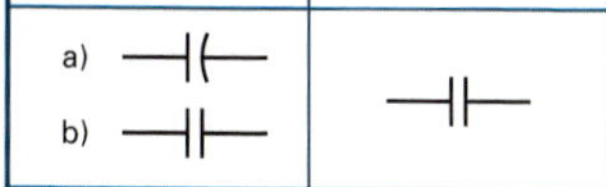 a) b)		Kondensator	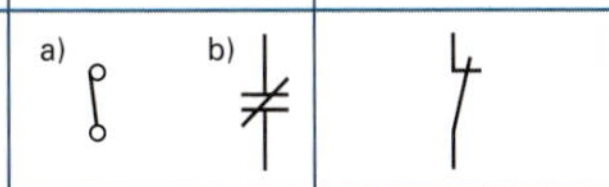 a) b)		Öffner
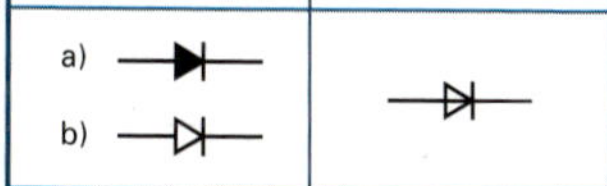 a) b)		Diode	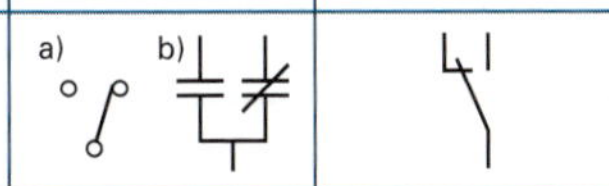 a) b)		Wechsler
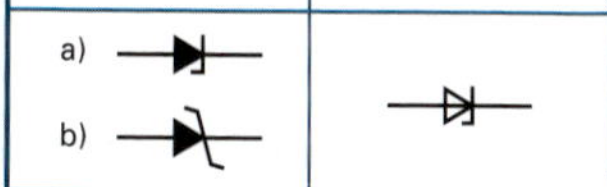 a) b)		Z-Diode	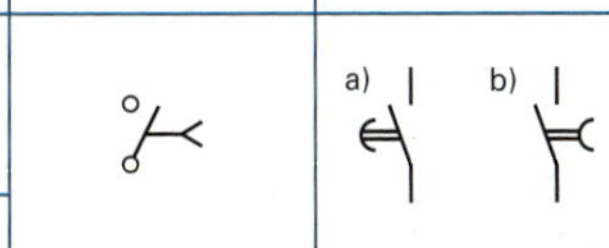	a) b)	Schließer mit Verzögerung beim Schließen
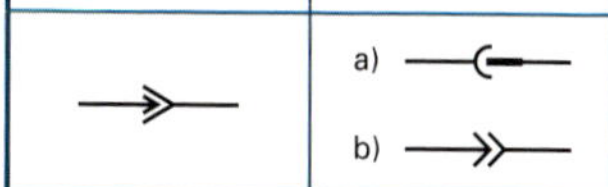	a) b)	Steckerverbindung	**Steuergeräte**		
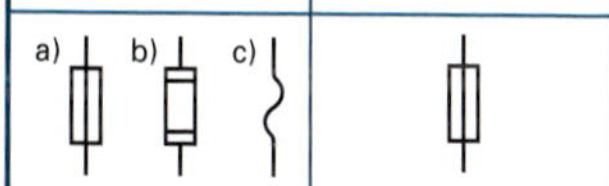 a) b) c)		Schmelzsicherung	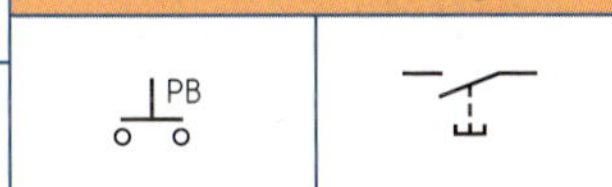 PB		schließender Taster, druckbetätigt
		gepolte Suppressordiode	 PB		öffnender Taster, druckbetätigt
 a) b)		Leuchtmelder	 LS		Endschalter (Schließer)
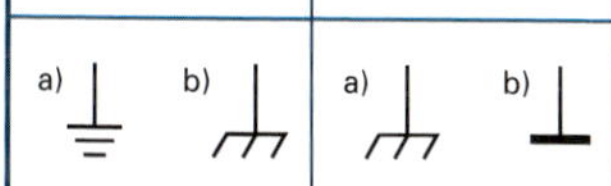 a) b)	a) b)	Masse	 LS		Endschalter (Öffner)
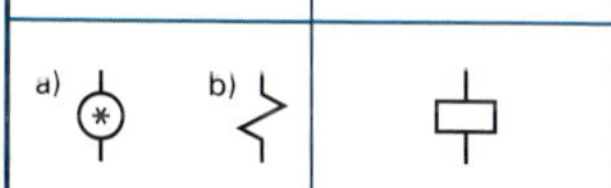 a) * b)		elektromechanischer Antrieb, z. B. für Schütz	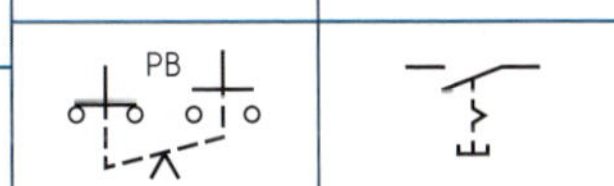 PB		Schalter mit Raste, druckbetätigt
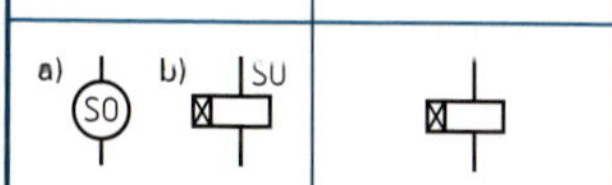 a) SO b) SU		Antrieb mit Anzugsverzögerung	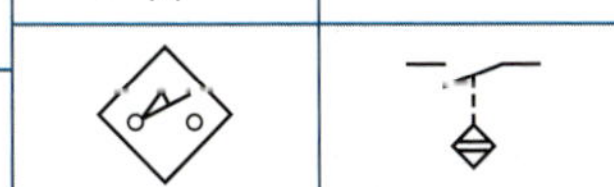		Näherungsschalter (Schließer)
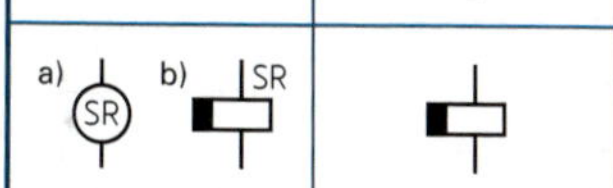 a) SR b) SR		Antrieb mit Abfallverzögerung	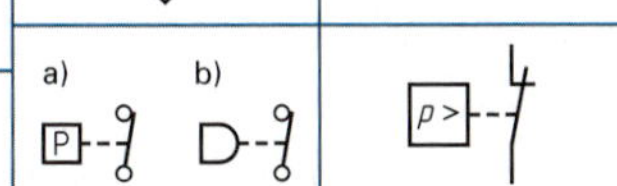 a) P b)	p >	Druckwächter, öffnend (p von pressure)
	G	Rechteckgenerator	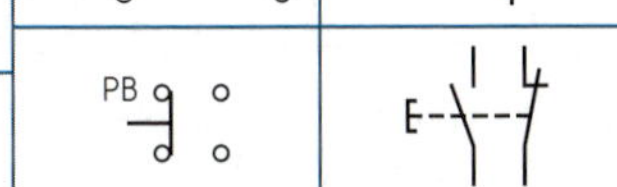 PB	E	Taster mit Schließer und Öffner
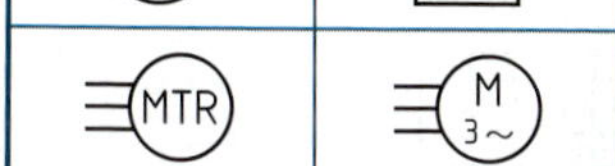 MTR	M 3~	Drehstrommotor (MTR Motor)			Schwimmerschalter, öffnend

ANSI American National Standard Institute, NEMA National Electrical Manufacturer Association,
DIN EN Deutsches Institut für Normung Europa-Norm.
* steht für Kennbuchstabe, z. B. Farbe oder Gerät. PB Pushbutton = Druckknopf, LS Limit switch = Grenzschalter

Vergleich von Schaltzeichen 2 Comparison of Circuit Symbols 2

USA, z.B. ANSI, NEMA	Europa, praxisüblich, z.B. EN	Benennung
Relais, Schütze, Schalter, Beispiel		
SO		anzugsverzögertes Relais 1 Öffner, 1 Schließer
		Schütz mit 3 Schließern
OL		dreipoliges Schütz mit Motorschutzrelais
OL		dreipoliges Schütz mit 2 Hilfskontakten und Motorschutzrelais
	I>	Motorschutzschalter mit Kurzschluss- und Überlast-Auslöser
DISC		dreipoliger Trennschalter
CB		dreipoliger Leistungsschalter

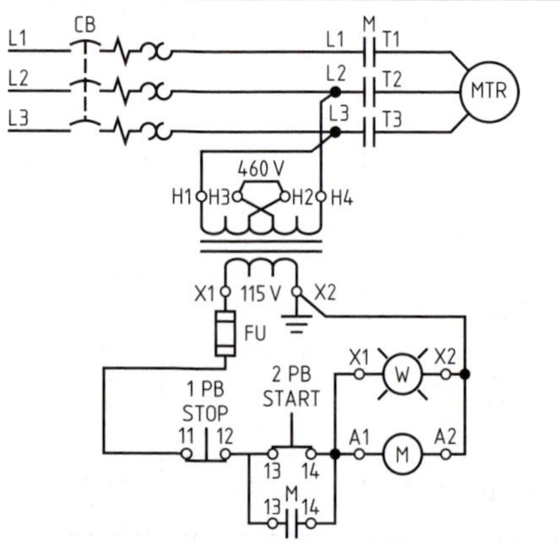

Schaltplanbeispiel: Motorstarter (nach Moeller)

USA, z.B. ANSI, NEMA	Europa, praxisüblich, z.B. EN	Benennung
Analoge und binäre Elemente		
	a) b)	Verstärker, allgemein
+ −	▷∞ − +	Operationsverstärker
a) A b)	&	UND-Element
a) OR b)	a) ≥1 b) 1	ODER-Element
a) OE b)	= 1	XOR-Element, Antivalenz
a) A b)	&	NAND-Element
OR	a) 1 b) 1	NICHT-Element, Inverter
OE	=	XNOR-Element, Äquivalenz
	▽ EN	Inverter mit Tristate-Ausgang (H, L und hochohmig)
	#/∩	Digital-Analog-Umsetzer, DAC
	∩/#	Analog-Digital-Umsetzer, ADC
	DX	Demultiplexer
	MUX	Multiplexer

ANSI American National Standard Institute, NEMA National Electrical Manufacturer Association, EN Europa-Norm, CB Circuit Breaker, DISC Disconnector, MTR von Motor.

Hydraulische und pneumatische Steuerungen Hydraulic and Pneumatic Controls

Symbol	Benennung
Leitungen	
	Arbeitsleitung
	Steuerleitung
	Leckleitung, Entlüftungsleitung
	Leitungsverbindung
	Leitungskreuzung
	Elektrische Leitung
Funktionszeichen	
	hydraulisch, pneumatisch
	Strömungsrichtungen
	Drehrichtungen
	Verstellbarkeit
Pumpen, Verdichter, Motoren	
	Konstantpumpe mit 1 Stromrichtung Verstellpumpe mit 2 Stromrichtungen Verdichter (Kompressor)
	Hydraulikmotor mit 1 Stromrichtung
	Pneumatikmotor mit 1 Stromrichtung
Zylinder	
	einfach wirkend
	mit Rückholfeder
	doppelt wirkend
	beidseitig Endlagendämpfung, einstellbar

Symbol	Benennung
Wegeventile	
	Anzahl der Rechtecke = Anzahl der Schaltungen; 2 Schaltstellungen
	Anschlüsse werden mit Strichen markiert
	1 Durchflussweg
	2 gesperrte Anschlüsse
	2 Durchflusswege
Kurzbezeichnungen	
Die erste Zahl gibt die Anzahl der gesteuerten Anschlüsse und die zweite Zahl die Anzahl der Schaltstellungen an.	
2 a b 1 3	Beispiel: 3/2-Wegeventil └ 2 Schaltstellungen (a und b) └ 3 Anschlüsse (1...3)
a b	2/2-Wegeventil
a b	3/2-Wegeventil
	4/2-Wegeventil
	4/3-Wegeventil
	5/2-Wegeventil
Sperrventile	
	Rückschlagventile
2 1	2/2-Wegeventil mit Sperr-Ruhestellung
Druckventil	
	Druckbegrenzungsventil

Symbol	Benennung
Stromventile	
	Drosselventil, verstellbar
	2-Wege-Stromregelventil
Wegeventilbetätigung	
	mit Feder
	durch Muskelkraft, allgemein
	mit Druckknopf
	mit Hebel
	mit Pedal
	mit Taster
	mit Tastrolle
	durch Elektromagnet mit 1 Wicklung
	2 gegensinnige Wicklungen
M	durch Elektromotor
	Hydraulische Vorsteuerung unter Druck
	Pneumatische Vorsteuerung unter Druck
Energieübertragung	
	Druckquelle, hydraulisch oder pneumatisch
M	Elektromotor
	Behälter
	Speicher
	Filter
	Wasserabscheider
	Öler
	Aufbereitungseinheit

Schaltzeichen des Europäischen Installationsbusses KNX/EIB
Circuit Symbols for the European Installation Bus KNX/EIB

Schaltzeichen	Benennung
Basisgeräte	
	Spannungsversorgung SV
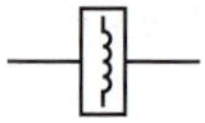	Drossel DR
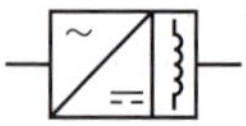	Netzgerät NG, Spannungsversorgung mit Drossel
Form 1 Form 2 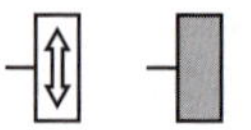	Busankoppler
	Verbinder
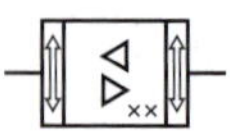	Linienkoppler LK, Bereichskoppler BK, Linienverstärker LV, xx: LK, BK od. LV
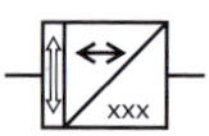	Schnittstelle xxx ersetzen durch COM, USB, RS 232, IP
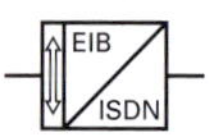	Netzkoppler EIB zu ISDN
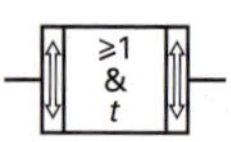	Logikbaustein
Sensoren	
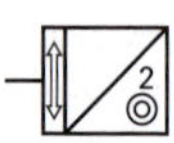	Tastsensor, z. B. Taster mit 2 Schließern
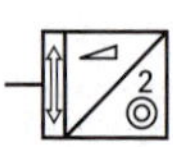	Dimmsensor, z. B. 2 Kanäle

Schaltzeichen	Benennung
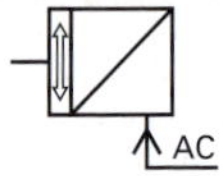	Allgemeiner Sensor mit Hilfsspannung, z. B. AC
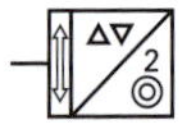	Jalousiesensor, z. B. 2 Kanäle
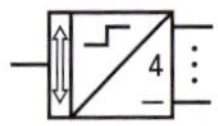	Binärsensor, z. B. 4 Kanäle, z. B. für DC
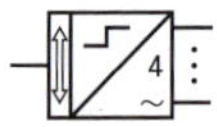	Binärsensor, z. B. 4 Kanäle, z. B. für AC
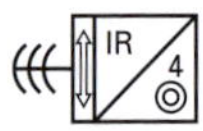	IR-Sender für Batteriebetrieb, z. B. 4 Kanäle
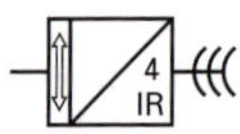	IR-Empfänger/Decoder, z. B. 4 Kanäle
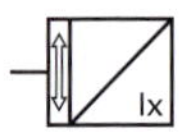	Helligkeitssensor
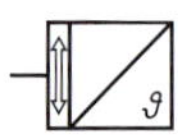	Temperatursensor
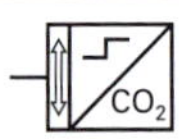	Rauchmelder
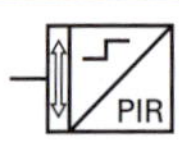	Bewegungsmelder (Passiv Infrarot)
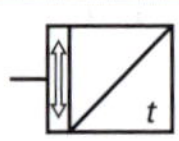	Zeitsensor, Uhr
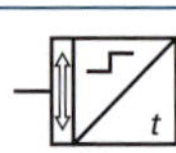	Zeitwertschalter, Zeitschaltuhr

Schaltzeichen	Benennung
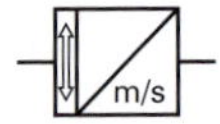	Windgeschwindigkeitssensor
Aktoren	
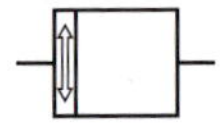	Aktor, allgemein
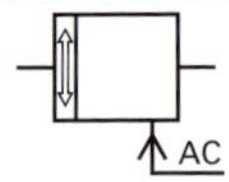	Aktor mit Hilfsspannung
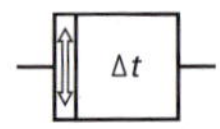	Aktor mit Zeitverzögerung
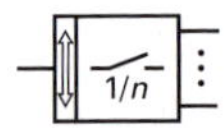	Schaltaktor, Schaltgerät, Binärausgang *n* Kanäle, nicht potenzialfrei
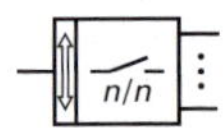	Schaltaktor, *n* Kanäle, potenzialfrei
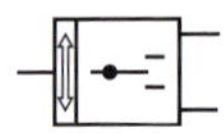	Jalousieaktor, Jalousieschalter, 2 Kanäle
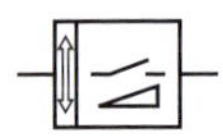	Dimmaktor, Schalt-/Dimmaktor
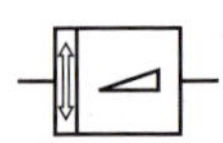	Analogaktor
Sonstige Elemente	
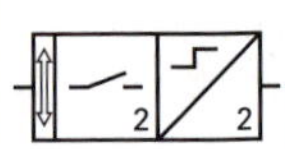	Schaltgerät mit z. B. Binäreingang, Binärausgang, z. B. 2 Kanäle
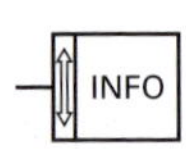	Anzeigeeinheit, Informations-Display

TM

Symbole der Verfahrenstechnik Symbols of Process Engineering

Symbol	Benennung
Leitungen	
1 mm	Leitung für Hauptprodukt
0,5 mm	Leitung für Nebenprodukt
0,25 mm	Steuerleitung
	Leitungs-kreuzung
	Leitungs-abzweig
	Doppelabzweig
Fließpfeile	
	Fließrichtung, allgemein
	Eingang, Ausgang wichtiger Stoffe
Armaturen	
	Absperrarmatur, allgemein
	desgleichen (Eckform)
	desgleichen (Dreiwegeform)
	Absperrschieber
	Absperrklappe
Fördereinrichtungen	
	Pumpe, allgemein
	Verdichter, Vakuumpumpe, allgemein
	Stetigförderer, allgemein
	Schnecken-förderer
Behälter	
	Behälter, allgemein
	Kugelbehälter

Symbol	Benennung
Kolonnen, Reaktoren	
	Kolonne (Reihen-schaltung von gleichen Einbau-ten), allgemein
	Behälter mit Festbett
	Behälter mit Fließbett
Heizen und Kühlen	
	Heizen oder Kühlen, allgemein
	Wärmetauscher mit gekreuzten Fließlinien
	desgleichen, ohne Kreuzung
	desgleichen, mit Rohrschlange
	Doppelrohr-wärmetauscher
	Dampfkessel
	Abzugshaube
	Schornstein
Zerkleinerung	
	Zerkleinerungs-maschine, allgemein
	Mühle, allgemein
	Prallbrecher
	Walzenbrecher

Symbol	Benennung
Sieben, Sichten	
	Siebapparat, Rechen, allgemein
	Sichter, allgemein
Filtern	
	Filterapparat, allgemein
	Gasfilter, Luftfilter, allgemein
Abscheider	
	Abscheider, allgemein
	Fliehkraft-abscheider, Zyklon
	Elektrostatischer Abscheider
Zentrifugen	
	Zentrifuge, allgemein
	desgleichen, mit Siebmantel
Trocknen	
	Trockner, allgemein
	Zerstäubungs-trockner
Sortieren	
	Sortierapparat, allgemein

Erstellen einer Dokumentation über Geräte oder Anlagen
Preparing Documentation on Equipments or Installations

Vorgang	Arbeitsablauf	Bemerkungen, Beispiel
Inhalts-verzeichnis erstellen	• Überschriften der Hauptabschnitte festlegen, • Umfang der Hauptabschnitte festlegen, • Unterteilung der Hauptabschnitte vornehmen und • Seitennummern den Abschnittsnummern zuordnen.	Nummerierung der Hauptabschnitte mit 1, 2, 3 usw., der nachgeordneten Abschnitte mit 1.1, 1.2 ... bzw. 1.1.1, 1.1.2 ... vornehmen. Überschriften in Fettdruck, evtl. nachgeordnete in kleinerer Type. Zuordnung der Seitennummern kann im Laufe der Bearbeitung geändert werden.
Sammlung geeigneter Bilder	• Bilder zu den Hauptabschnitten suchen bzw. skizzieren, • Tabellen (soweit nötig) zu den Hauptabschnitten suchen bzw. entwerfen und • prüfen, ob die wichtigsten Inhalte durch Bilder und Tabellen abgedeckt sind. • Bilder möglichst vereinfachen. Bilder in Druckschriften sind aufwändig. Deshalb sollten Bilder immer möglichst viele Informationen enthalten und nicht nur den Anblick zeigen.	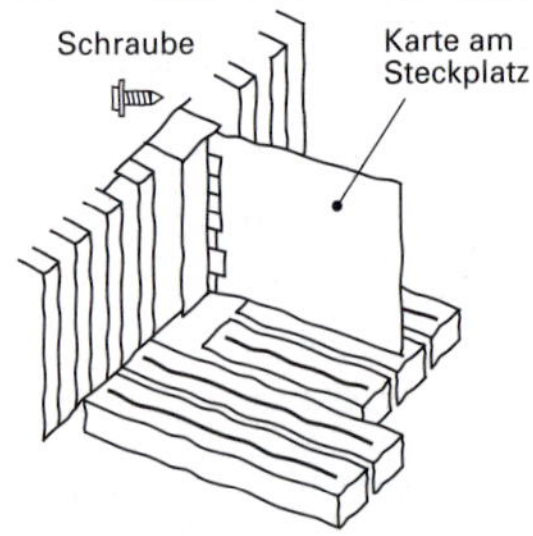 **Skizze**
Bildbe-arbeitung	• Prüfen, ob einfarbig oder mehrfarbig, • Strichzeichnungen normgerecht erstellen, • Fotos evtl. durch Beschriftung ergänzen, • Bilder gleich breit machen und • Bildunterschriften zu jedem Bild festlegen. Mehrfarbige Bilder sind meist anschaulicher. Gegenüber Schwarz-weiß-Bildern verteuern sie aber die Dokumentation.	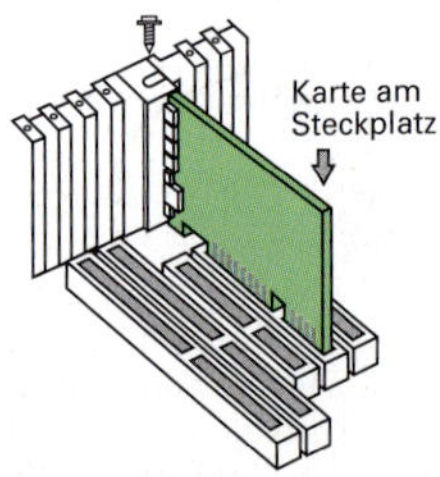 **Reinzeichnung**
Entwurf des Rohtextes	• Anhand der ausgewählten Bilder den Text formulieren, • dabei für Gleiches immer die gleichen Begriffe verwenden, • bei gleichen Sachverhalten auch gleiche Satzstrukturen verwenden.	Ergänzungen zu Stellen ohne Bilder vornehmen. In einer Dokumentation können Begriffe beliebig oft wiederholt werden, kein Literaturdeutsch anstreben. Fachworte, insbesondere Fremdworte, erklären.
Erstellung des endgültigen Textes	• Rohtext selber korrigieren, • Text durch sachkundige Person überprüfen lassen, • deren Korrektur, wenn sinnreich, übernehmen, • Reinschrift vornehmen.	Rechtschreibung und Kommasetzung beachten, Wörterbuch, z.B. Duden, gebrauchen. Bildhinweise im Text mindestens beim erstmaligen Gebrauch des Bildes einheitlich vornehmen. Bilder und Text werden meist auf CD/DVD im pdf-Format an den Kunden ausgeliefert.
Layout	• Festlegen, ob einspaltiger oder mehrspaltiger Satz, • angeben, ob Blocksatz oder Flattersatz, • beim Satz nicht über 60 Anschläge je Zeile und bei mehrspaltigem Satz nicht weniger als 40 Anschläge je Zeile.	Bilder einheitlich anordnen, z.B. in einer rechten Spalte oder vor dem entsprechenden Bildhinweis. Hauptabschnitte mit neuer Seite beginnen lassen. Auf jede Seite höchstens drei Überschriften setzen. Raum für Ergänzungen frei lassen.
Bildver-zeichnis und Tabellen-verzeichnis erstellen	• Nummerierung z.B. nach Seite und dortiger Nummer, z.B. 100/1, 100/2 usw. • Urheberrechte beachten, insbesondere bei Entnahme aus Lehrbüchern.	Bildinhalt (Bildunterschrift) und bei Bedarf Quelle des Bildes angeben. Bei Tabellen ist entsprechend zu verfahren.

Aufbau und Inhalt einer Betriebsanleitung
Structure and Content of an Operating Instruction

Kapitel	Inhalt	Bemerkungen
Beschreibung	Kurze Beschreibung der Bedienungselemente, Anzeigeelemente, Buchsen für Eingangssignale und Ausgangssignale. Grafiken dienen zur Verdeutlichung (**Bild**).	Dieses Kapitel dient der schnellen Orientierung. Es setzt oft mindestens Grundkenntnisse des Gerätes oder der Anlage voraus.
Montage	Hinweise für Aufstellungsbedingungen und den Zusammenbau anhand einer Stückliste, meist mit Explosionszeichnungen ergänzt.	Wichtig sind Abmaße und Umgebungsbedingungen wie Temperatur, Feuchtigkeit. Teilweise wird sogar das zu verwendende Werkzeug beschrieben bzw. abgebildet.
Inbetriebnahme	Reihenfolge der Inbetriebnahmeabläufe, Sicherheitshinweise, Anschlussskizzen, Maßnahmen zum Einschalten, Ausschalten, Prüfen, Überwachen, Korrigieren. Hinweise zum Voreinstellen (Konfigurieren) von Grundfunktionen.	Unter Inbetriebnahme ist das erstmalige Einschalten eines Gerätes oder einer Anlage beim Kunden gemeint.
Funktionen	Beschreibung der Funktionen und deren Zusammenwirken. Sind diese vom Benutzer beeinflussbar, so ist deren Bedienung zu beschreiben.	Sie stellen die Leistungsbeschreibung des Gerätes oder der Anlage dar.
Einstellungen	Standardeinstellwerte (Grundeinstellungen, Default-Werte) von Komponenten, Baugruppen oder Softwaremodulen.	Zu beschreiben sind Starteinstellwerte bei der Inbetriebnahme und mögliche Einstellwerte im ungestörten Betrieb.
Betrieb	Einschalten, Ausschalten durch den Kunden im ungestörten Betrieb. Verhaltensweisen bei gestörtem Betrieb.	Vorsichtsmaßnahmen für einen ungest(ör)ten Betrieb sind zu beschreiben, z. B. be(i) Temperaturwechsel, Feuchtigkeit, Staub, EMV.
Fehlermeldungen, Fehlerbehandlung	Beschreibung der Fehlermeldungen (Störmeldungen, Alarmmeldungen) und Beschreibung der jeweils einzuleitenden Maßnahmen zur Beseitigung.	Die Fehlermeldungen müssen aussagefähig und vollständig sein. Die Darstellung erfolgt am übersichtlichsten tabellarisch.
Instandhaltung, Wartung	Beschreibung von Wartungsintervallen und den zu wartenden Komponenten oder Baugruppen mit den dazugehörenden Maßnahmen.	Es ist zu unterscheiden, welche Wartungsarbeiten vom Kunden selbst und welche vom Kundendienstpersonal des Herstellers vorzunehmen sind.
Kundendienst, Ersatzteilhaltung, Garantie	Angaben über notwendige Daten zur Ersatzteilbeschaffung. Angaben über Kundendienstleistungen, Kundendienstadressen, Adressen zur Ersatzteilbeschaffung, Hotline-Adressen (Telefon, Fax, E-Mail), Garantiebedingungen, Garantiedauer, Garantieleistungen.	Die Adressen für Kundendienst und Ersatzteilbeschaffung sind nach Regionen anzugeben.
Technische Daten	Angaben zur elektrischen Spannungsversorgung, elektrischen Leistungsaufnahme, Betriebstemperatur, Kennwerte für Hydraulikkomponenten, Pneumatikkomponenten. Angaben zu Schnittstellen, Datenübertragungsraten, Drehzahlen, Kraftmomente, Gewichte, Abmessungen, mitgeliefertes Zubehör.	Die technischen Daten sind oft als Anhang beschrieben. Die angegebenen Werte gelten für den störungsfreien Betrieb. Auf zulässige Toleranzen sollte hingewiesen werden.

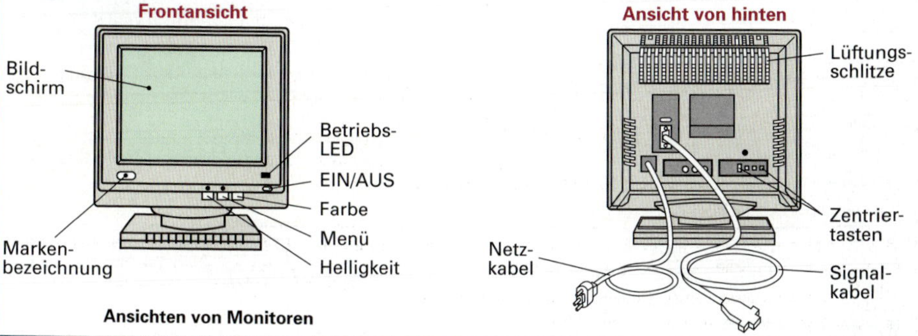

Ansichten von Monitoren

TM

Elektrische Messgeräte und Messwerke
Electrical Measuring Devices and Elements

Aufbau	Erklärung, Prinzip	Bermerkungen, Daten
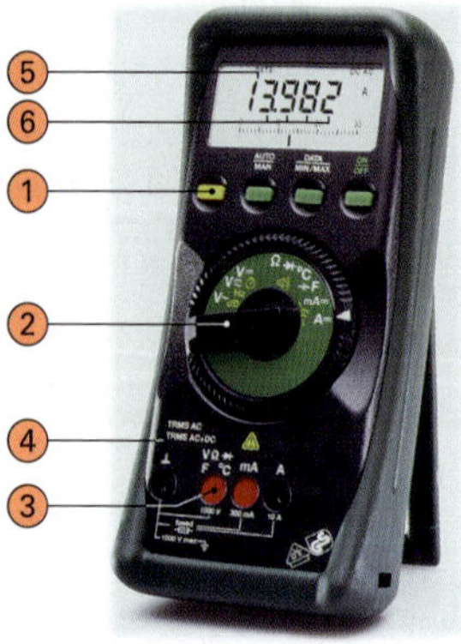 ① Funktionstasten ② Messbereichschalter ③ verriegelbare Anschlussbuchsen **Digitalmultimeter**	**Effektivwertmessung** • ④ TRMS-Messgeräte (TRMS von True Root Mean Square = wahrer quadratischer Wurzelmittelwert) sind umschaltbar für den Gleichanteil und den Wechselanteil eines Messsignals. • RMS-Messgeräte (RMS von Root Mean Square = quadratischer Wurzelmittelwert) messen nur den Wechselspannungsanteil (Wechselspannungskopplung). **Anzeige** Die Stellenzahl gibt an, wie viele Ziffern die auf dem Display darstellbare Zahl haben kann. • ⑤ Halbe Stelle: 0 oder 1 • Dreiviertel Stelle: 0 bis 3 • ⑥ Volle Stelle: 0 bis 9 • Beispiel: $5\frac{1}{2}$ stellig: Anzeige von 000000 bis 199999 Digitalmultimeter mit analoger Balkenanzeige ermöglichen die Anzeige von Änderungstendenzen von Messwerten. Die Messrate des Bargraph ist mit bis 40 Aktualisierungen je Sekunde höher als die der Digitalanzeige.	**Vorteile:** • Geringe Messabweichung und höhere Auflösung als bei einem analogen Multimeter. • Hohe Eingangsimpedanz von mindestens 10 MΩ. • Integrierter Mikroprozessor ermöglicht über Funktionstasten vielfältige Bedienfunktionen wie z.B. Min/Max, relativer Bezugswert. **Genauigkeitsangabe:** Beispiel: Anzeige U = 13,982 V mit ± (0,5% + 2 Digit) • Erste Fehlerangabe gibt den maximalen Fehler, z.B. 0,5%, bezogen auf den angezeigten Wert an. • Zweite Fehlerangabe, z.B. 2 Digit, gibt einen Grundfehler im Messbereich an, der auf die Auflösung, d.h. die Änderung der kleinsten (rechten) Stelle, bezogen ist. Absoluter Fehler: $F = \pm\,(13{,}982\ \text{V} \cdot \frac{0{,}5\%}{100\%} + 0{,}002\ \text{V}) = \pm\,\mathbf{0{,}072\ V}$
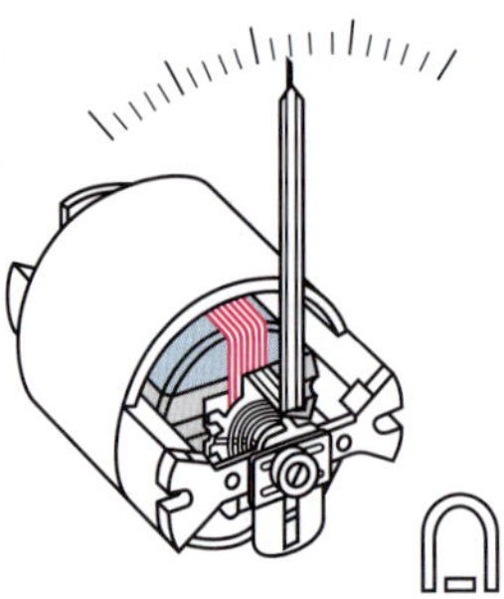 **Drehspulmesswerk**	Drehspule, auf Aluminiumrahmen gewickelt, im homogenen Magnetfeld zwischen zylindrischem Dauermagnet und äußerem Weicheisenrohr. Zeiger fest mit der Drehspule verbunden. Stromzuführung über gegensinnig gewickelte Spiralfedern (Spitzenlagerung) oder Spannband (keine Lagerreibung). Spulenstrom verursacht proportionales Kraftmoment, das die Spule so weit dreht, bis das von den Federn oder von den Spannbändern erzeugte Rückstellmoment gleich groß ist. Messwerk misst arithmetischen Mittelwert. Kleiner Eigenverbrauch 1 μW bis 100 μW.	Eignet sich für Gleichstrom- und Gleichspannungsmessung (lineare Skale). Richtung des Zeigerausschlags abhängig von Stromrichtung (Nullpunkt in Skalenmitte möglich). Für Wechselstrommessung ist Gleichrichtung nötig. **Genauigkeitsangabe bei analogen Messgeräten:** Am Messgerät ist die Klasse angegeben (0,1 – 0,2 – 0,5 – 1 – 2,5 – 5). Die Klasse entspricht dem größtmöglichen Messfehler in Prozent des Messbereichs-Endwertes. Beispiel: Messbereich 25 V, angegebene Klasse 0,5, Ablesung 14 V. Messfehler ± 25 V · 0,5% = ± 25 V · 5/100 = **± 1,25 V**
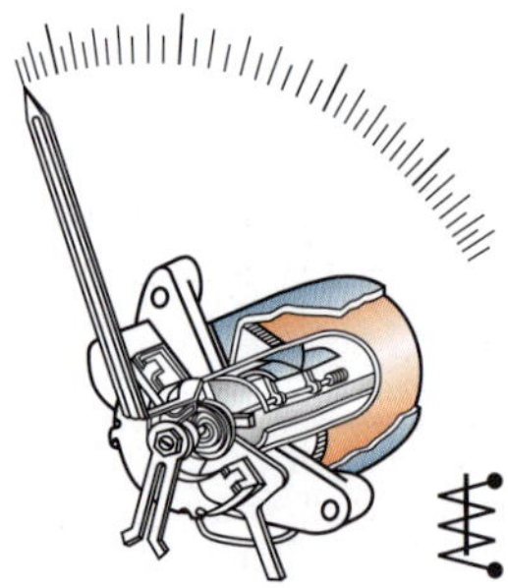 **Dreheisenmesswerk**	In der Spule ist ein fest angeordnetes, trapez- oder dreieckförmiges Weicheisenplättchen und ein drehbar gelagertes zweites Plättchen, das mit der Zeigerachse verbunden ist. Der Spulenstrom magnetisiert die Weicheisenplatten gleichsinnig, die sich dadurch abstoßen. Ändert sich die Stromrichtung, stoßen sich die Platten ebenfalls ab. Gegenmoment durch Spiralfeder und Spannband. Keine beweglichen stromführenden Teile.	Messwerk misst Effektivwert. Für Gleich- und Wechselstrom geeignet. Gleichmäßige Skalenteilung beginnt erst nach dem 1. oder 2. Zehntel der Skale. Mechanisch und elektrisch robust sowie zuverlässig. Bis zum 10-fachen Bemessungsstrom überlastbar. Hoher Eigenverbrauch (0,5 VA bis 1 VA als Strom- und 2 VA bis 5 VA als Spannungsmesser).

Piktogramme für die Messtechnik Pictographs for Measuring

Symbol	Benennung	Symbol	Benennung	Symbol	Benennung
	Auslöseprüfung, bzw. Interne Last zum Auslösen eines Fehlerstrom-Schutzschalters (RCD/FI)	True RMS	Anzeige des Echteffektivwertes bei nichtsinusförmigen Spannungen/Strömen		interner Messwertspeicher
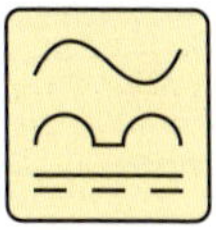	Kurvenform des Prüfstromes (RCD/FI) einstellbar		analoge Anzeige	Data Hold	Momentanwertspeicher DATA HOLD
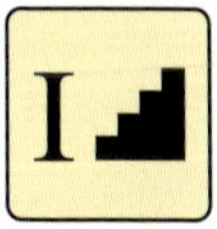	RCD/FI-Prüfung mit ansteigendem Prüfstrom	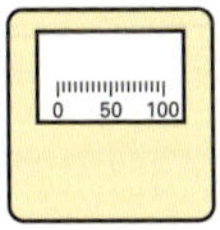	analoge Balkenanzeige	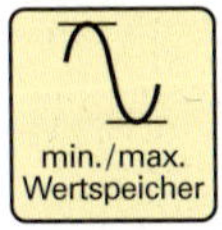	Minimal- oder Maximal-Wertspeicher
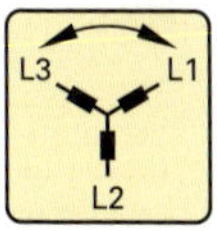	Anzeige der Drehfeldrichtung	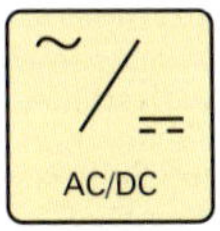	Messung von AC- und DC-Größen	Peak Hold	Spitzenwertspeicher
I_Δ	Differenzstrommessung	Hintergrundbeleuchtung	Anzeige mit Hintergrundbeleuchtung		Messzubehör mit Sicherheitssstecktechnik
	Anschluss für Stromzangenadapter	Auto/ Manuell Range	automatische und manuelle Messbereichswahl	4 mm	Messzubehör mit 4-mm-Sicherheitsstecktechnik
	Erkennung der Motordrehrichtung	akustische Buchsenkontrolle	akustische Buchsenkontrolle	K type	Thermoelement NiCr/Ni (Typ „K“)
	Netz- oder Batteriebetrieb	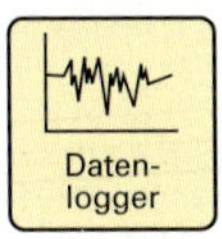	integrierte Messwertaufzeichnung	CAT III 1000 V	Bemessungsspannung gemäß IEC 61010 Messkreiskategorie III 1000 V gegen Erde
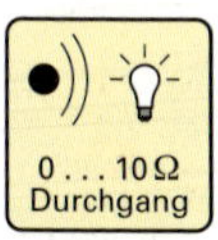	optischer und akustischer Durchgangsprüfer	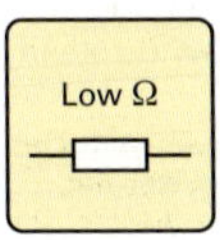	Niederohmmessung gemäß DIN VDE 0413	Prüfspannung 500 V	Isolationsprüfspannung (z. B. 500 V)
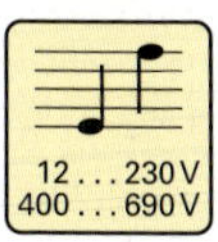	zwei unterschiedliche akustische Signale (12 V bis 230 V/ 400 bis 690 V)	V Berührungslos	berührungslose Spannugserkennung		Batterietest

Mess-Schaltungen zur Widerstandsbestimmung
Measure Circuits for Resistance Calculation

TM

Schaltung	Erklärung	Formeln

Indirekte Widerstandsbestimmung

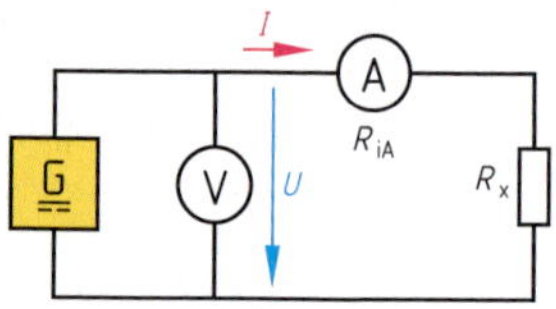

Spannungsfehlerschaltung

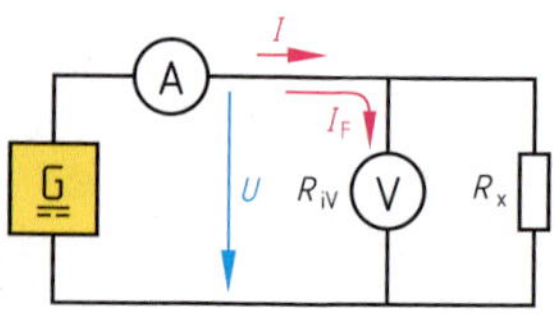

Stromfehlerschaltung

Nicht elektronische Spannungsmesser

Die *Spannungsfehlerschaltung* wird für große Widerstände verwendet (R_x > etwa 20 R_{iA} des Strommessers).

> Spannungsfall am Strommesser bei Messen mit Digitalmultimeter:
> U = 12 mV bei I = 100 µA
> U = 600 mV bei I = 10 A

In diesem Fall ist die Formel für $R_x < 20\,R_{iA}$ zu verwenden und der Spannungsfall des Strommessers in der Rechnung zu berücksichtigen.

Die *Stromfehlerschaltung* wird für kleine Widerstände verwendet (R_x < etwa 1/20 R_{iV} des Spannungsmessers). Bei größeren Widerständen wird das Messergebnis durch den Fehlerstrom I_F verfälscht. In diesem Fall ist die Formel für $R_x > 1/20\,R_{iV}$ zu verwenden oder der Fehlerstrom in der Rechnung zu berücksichtigen.

Bei Verwendung von digitalen Messgeräten ist die Schaltungsart meist beliebig.

gesuchter Widerstand

Bei $R_x > 20\,R_{iA}$:

$$R_x \approx \frac{U}{I} \quad (1)$$

Bei $R_x < 20\,R_{iA}$:

$$R_x = \frac{U - U_F}{I} \quad (2)$$

$$R_x = \frac{U}{I} - R_{iA} \quad (3)$$

Bei $R_x < 1/20\,R_{iV}$:

$$R_x \approx \frac{U}{I} \quad (4)$$

Bei $R_x > 1/20\,R_{iV}$:

$$R_x = \frac{U}{I - I_F} \quad (5)$$

$$R_x = \frac{U}{I - U/R_{iV}} \quad (6)$$

$$R_x = \frac{U}{I} \quad (7)$$

Widerstandsmessung mit Konstantstromquelle

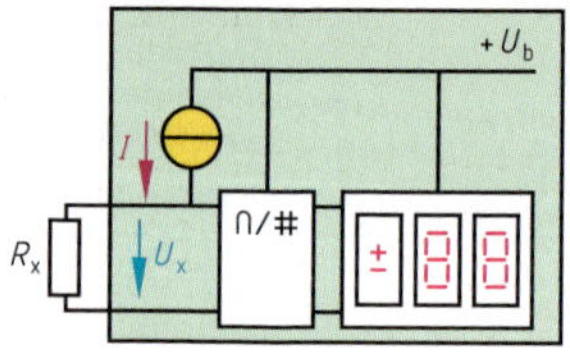

Digital-Multimeter

Die Widerstandsmessung wird auf eine Spannungsmessung zurückgeführt. Durch Verwenden einer Konstantstromquelle wird $U_x \sim R_x$. Durch umschaltbare Konstantströme kann man verschiedene Widerstandsbereiche einstellen,

z. B. I = 1 mA ⇒ Anzeige von kΩ
I = 1 µA ⇒ Anzeige von MΩ

Bei konstantem I:
$U_x = I \cdot R_x$

gesuchter Widerstand

$$R_x \sim U_x \quad (8)$$

Brückenschaltung

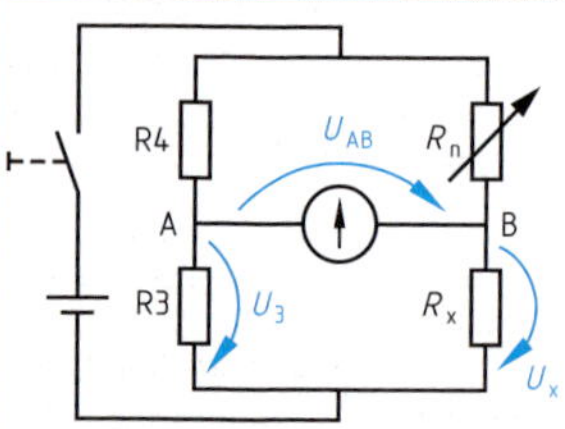

Wheatstone-Messbrücke (Prinzipschaltung)

Bei der abgeglichenen Brücke ist der Brückenpfad stromlos und spannungslos.

Die Spannungsteiler R_3R_4 und R_xR_n sind bei abgeglichener Brücke unbelastet und auf gleiches Teilerverhältnis eingestellt.

Vorteil: Sehr genaue Widerstandsbestimmung möglich.

Wird z. B. in Sensoren mit Dehnungsmessstreifen verwendet.

Bei Abgleich:

$U_{AB} = U_3 - U_x = 0$

$$\frac{R_4}{R_3} = \frac{R_n}{R_x}$$

gesuchter Widerstand

$$R_x = R_n \frac{R_3}{R_4} \quad (9)$$

I	Stromstärke	R_x	gesuchter Widerstand	U_3	Spannung an R_3
I_F	Fehlerstrom	R_n	Abgleichwiderstand	U_x	gemessene Spannung
R_{iV}	Innenwiderstand des Spannungsmessers	R_3, R_4	Wirkwiderstände	U	Spannung am Spannungsmesser
R_{iA}	Innenwiderstand des Strommessers	U_{AB}	Brückenspannung	U_F	Fehlerspannung
		U_b	Betriebsspannung		

Messbereichserweiterung Measuring Range Extension

Messbereichserweiterung von Messinstrumenten

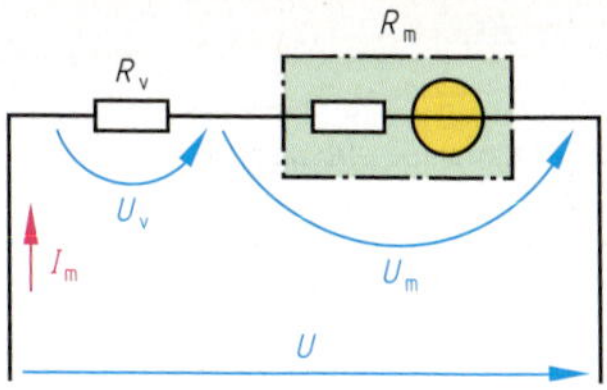

Spannungsmesser

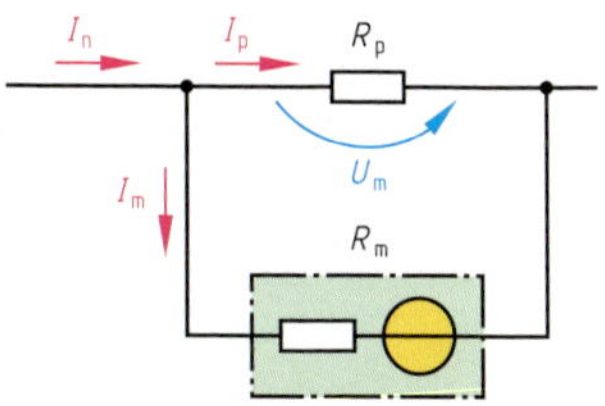

Strommesser

Bei hohen Wechselspannungen werden Spannungswandler verwendet.

$$R_v = \frac{U_n - U_m}{I_m} \quad (1)$$

Für *n*-fache Messbereichserweiterung:

$$n = \frac{U_n}{U_m} \quad (2)$$

$$R_v = (n - 1) \cdot R_m \quad (3)$$

Bei großen Wechselströmen werden Stromwandler verwendet.

$$R_p = \frac{U_m}{I_n - I_m} \quad (4)$$

$$R_p = \frac{R_m \cdot I_m}{I_n - I_m} \quad (5)$$

Für *n*-fache Messbereichserweiterung:

$$n = \frac{I_n}{I_m} \quad (6)$$

$$R_p = \frac{R_m}{n - 1} \quad (7)$$

Messwandler

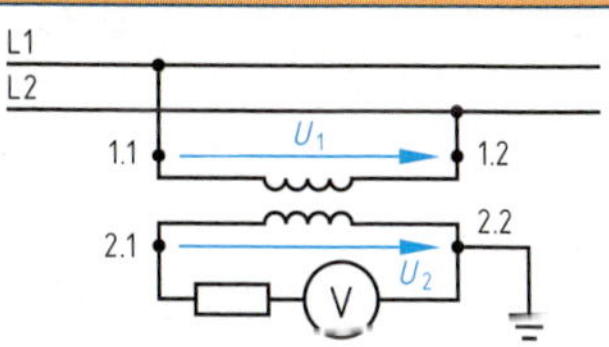

Messbereichserweiterung mit Spannungswandler

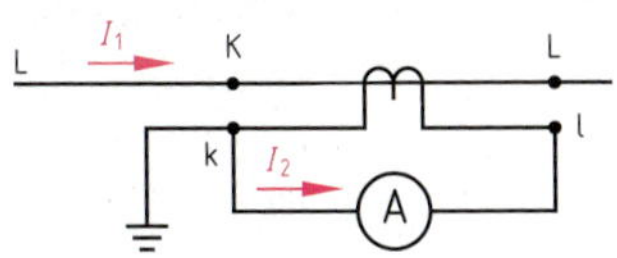

Messbereichserweiterung mit Stromwandler bei Hochspannung

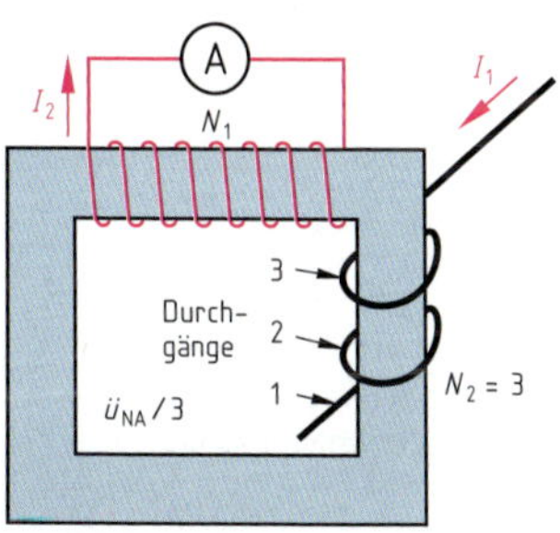

Messbereichsverkleinerung mit Durchsteckstromwandler

Erdung der Stromwandler ist bei Niederspannung nur zulässig, wenn das die Messaufgabe erfordert (VDE 0100-557).

Beim Durchsteckstromwandler wird $ü_{NA}$ für einfaches Durchstecken angegeben. Bei *z* Durchgängen wird $ü_{NA}$ um *z* verkleinert zu $ü_{NA}/z$.

Beim Durchsteckstromwandler:

$$I_2 = \frac{I_1 \cdot z}{ü_{NA}} \quad (12)$$

Beim Spannungswandler:

$$ü_{NV} = \frac{U_{1N}}{U_{2N}} = \frac{N_1}{N_2} \quad (8)$$

$$U_1 = ü_{NV} \cdot U_2 \quad (9)$$

Beim Stromwandler:

$$ü_{NA} = \frac{I_{1N}}{I_{2N}} = \frac{N_2}{N_1} \quad (10)$$

$$I_1 = ü_{NA} \cdot I_2 \quad (11)$$

Bei Wirkverbrauchsmessung:

$$c_a = ü_{NV} \cdot ü_{NA} \quad (13)$$

$$W_1 = c_a \cdot W_2 \quad (14)$$

- c_a Ablesekonstante
- I_m Messwerkstrom bei Vollausschlag
- I_n Messbereich der zu messenden Stromstärke
- n Faktor der Messbereichserweiterung
- N_1 Windungszahl der Eingangswicklung
- N_2 Windungszahl der Ausgangswicklung
- R gesuchter Widerstand
- R_m Messwerkwiderstand
- R_p Parallelwiderstand
- R_v Vorwiderstand
- U_m Spannung für Vollausschlag des Messwerks bzw. Messinstruments
- U_n Messbereich der zu messenden Spannung
- $ü_N$ Bemessungsübersetzung
- W_1 elektrische Arbeit am Wandlereingang
- W_2 elektrische Arbeit am Wandlerausgang
- z Anzahl der Durchgänge beim Durchsteckstromwandler

Indizes:
- A Strom-
- N Bemessungs-
- V Spannungs-

Bedeutung weiterer Formelzeichen aus den Bildern erkennbar.

TM

Messung 1	Messung 2	Bemerkungen

Schleifenimpedanz und Netz-Innenwiderstand, Auslösestrom von RCD

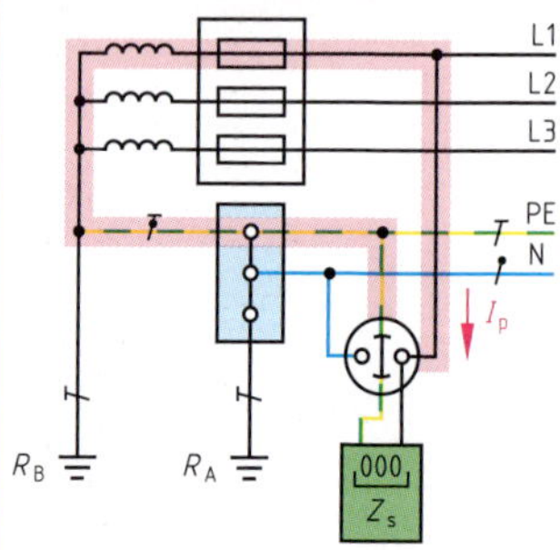

Messung der Schleifenimpedanz

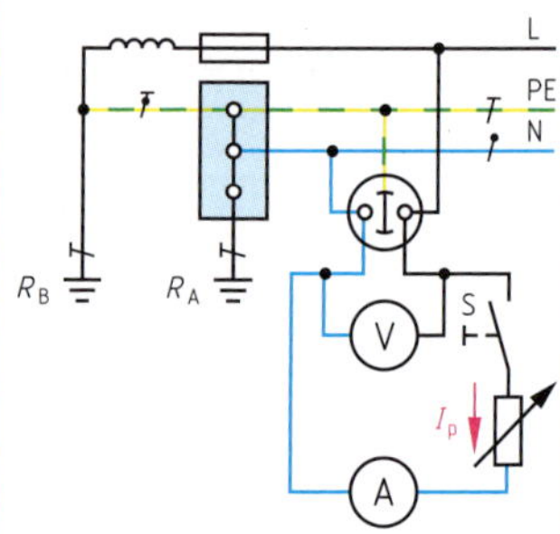

Messung des Netz-Innenwiderstandes

S offen: Spannung U_N

S geschlossen: U_p

$\Delta U = U_N - U_p$

Abschaltströme siehe Überstrom-Schutzeinrichtungen.

$$Z_{Sm} = \frac{\Delta U}{I_p} \quad (1)$$

Bei Stromkreisen mit RCDs misst man den Netz-Innenwiderstand Z_i durch Anschluss am Messgerät von N an Stelle von PE. $Z_i \approx Z_{Sm}$

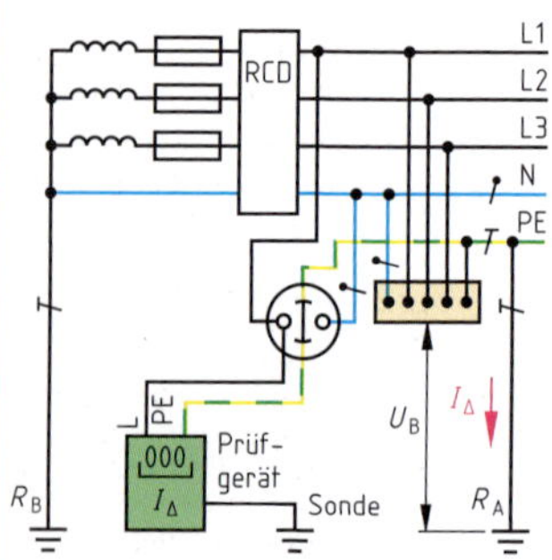

Messung des Auslösestromes mit ansteigendem Prüfstrom

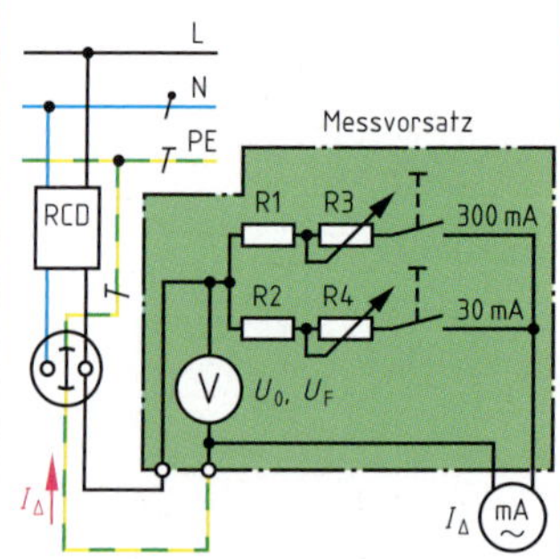

Indirekte Messung ohne Erdungssonde

Soll eine Messung ohne Auslösung erfolgen, so muss ein Prüfgerät verwendet werden, das mit Impulsen arbeitet.

Auslösezeiten für Endstromkreise ≤ AC 32 A an AC 230 V:

TN-System ≤ 0,4 s

TT-System ≤ 0,2 s

Mit R3, R4 wird der Auslösestrom des RCD eingestellt.

$$U_B = U_0 - U_F \quad (2)$$

Erdausbreitungswiderstand und spezifischer Erdwiderstand

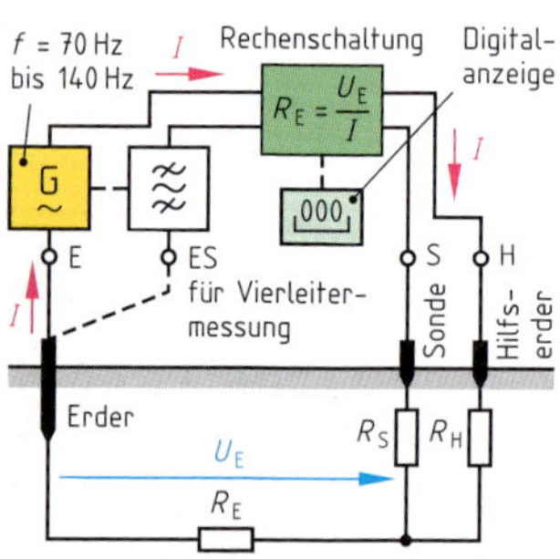

Vierleiterschaltung für Erdungsmessung

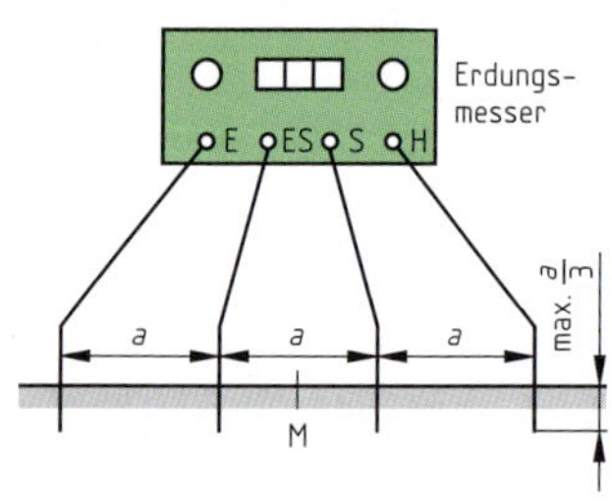

spezifischer Erdwiderstand

$$\varrho_E = 2\,\pi \cdot a \cdot R \quad (3)$$

Anordnung von Erder und Sonden bei der Messung des Erdausbreitungswiderstandes:

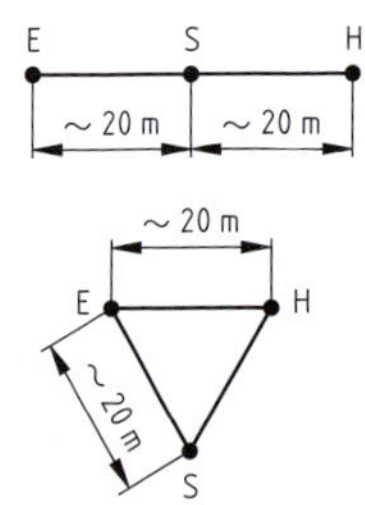

- a gleichmäßiger Sondenabstand
- I Messstrom
- I_N Bemessungsstrom
- I_Δ Auslösefehlerstrom
- I_p Prüfstrom
- R gemessener Widerstand in Ω
- R_A Anlagenerder
- R_B Betriebserder
- R_E Erdausbreitungswiderstand
- ϱ_E spezifischer Erdwiderstand in Ωm
- ΔU Spannungsabsenkung
- U_B Berührungsspannung
- U_E Erderspannung
- U_F Fehlerspannung bei gedrückter Taste
- U_0 Leerlaufspannung gegen PE
- Z_i Netz-Innenwiderstand
- Z_{Sm} gemessene Schleifenimpedanz

Messung 1	Messung 2	Bemerkungen

Isolationswiderstand, Isolationsüberwachung im IT-System

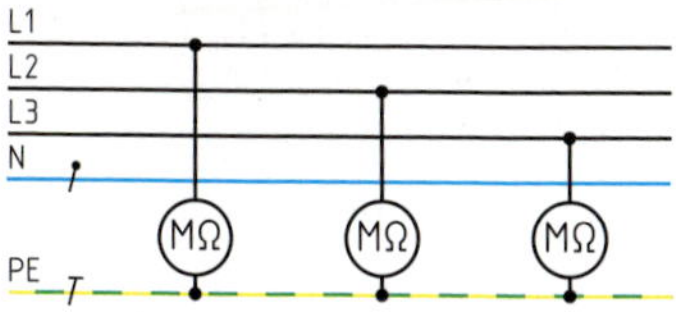

Messung zwischen allen Außenleitern und dem PE-Leiter

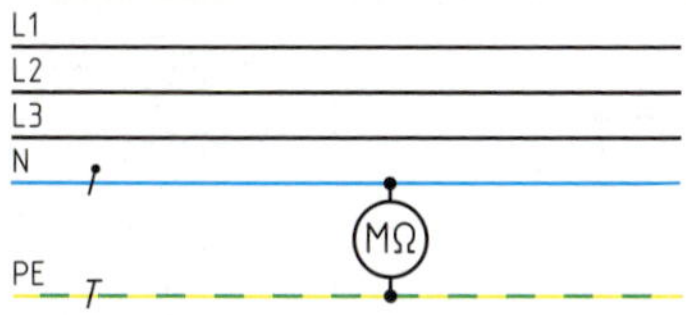

Messung zwischen Neutralleiter und dem Schutzleiter

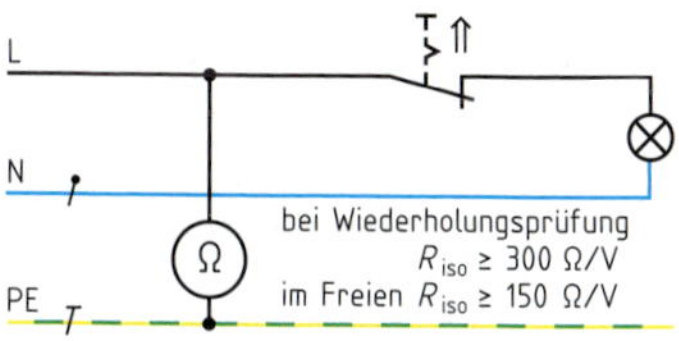

Messung mit angeschlossenem Verbrauchsmittel

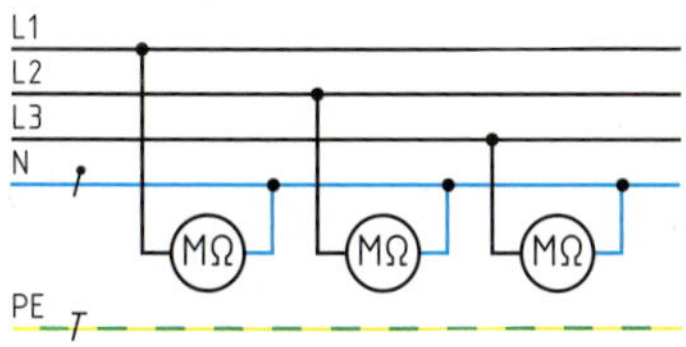

Messung zwischen den Außenleitern und dem Neutralleiter

Messung nur im spannungsfreien Zustand!

Mindestisolationswerte: Bei SELV und PELV $R_{iso} \geq 0{,}5$ MΩ bei Messspannung DC 250 V. Sonst $R_{iso} \geq 1$ MΩ bei Bemessungsspannungen bis AC 500 V und Messspannung DC 500 V oder Bem.-spannungen über AC 500 V bis AC 1000 V oder Messspannung DC 1000 V.

Das Prüfgerät muss bei einem Messstrom von DC 1 mA die angegebenen Messspannungen abgeben können.

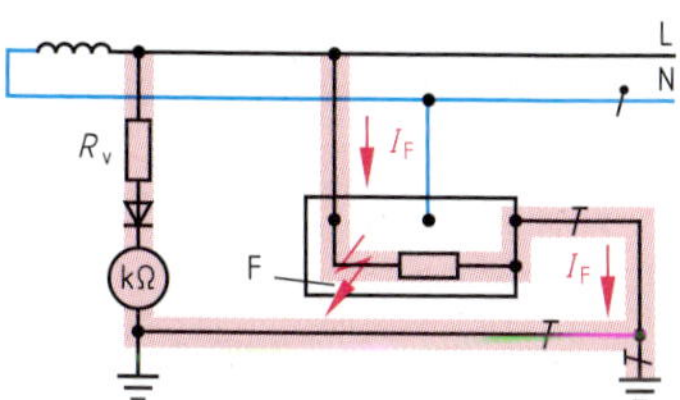

Prinzip der Isolationsüberwachung

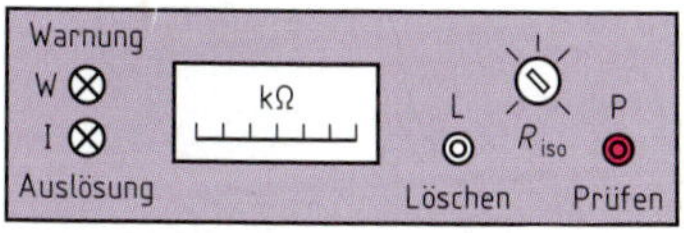

Isolationsüberwachungs-Einrichtung

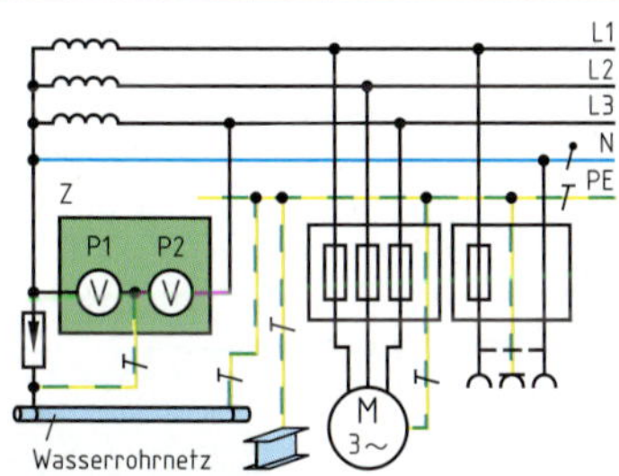

Störung	Anzeige P1	Anzeige P2
keine	115 V	115 V
Erdschluss N	0 V	230 V
Erdschluss L3	230 V	0 V
Erdschluss L1 oder L2	230 V	400 V

Wird eine Messeinrichtung zwischen das ungeerdete IT-System und Erde gelegt, so kann erst ein Strom fließen, wenn an einer anderen Stelle des Systems durch einen Isolationsfehler eine Erdverbindung zustande kommt. Die Höhe des Fehlerstromes ist ein Maß für den Isolationswiderstand.

Der erste Fehler wird nur gemeldet (W).

Der zweite Fehler führt zu einer Anlagenabschaltung (Auslösung I).

Niederohmige Widerstandsmessung der Schutzleiter und Schutzpotenzialausgleichsleiter

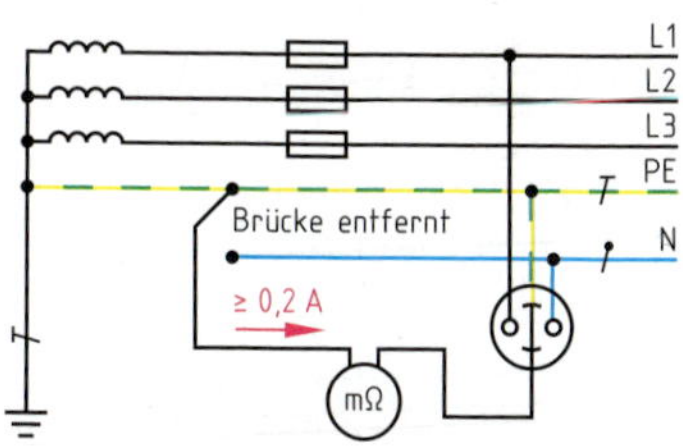

Messung des niederohmigen Widerstandes des Schutzleiters, ausgehend von der PE-Schiene des Verteilers bis zum Schutzkontakt der Steckdose

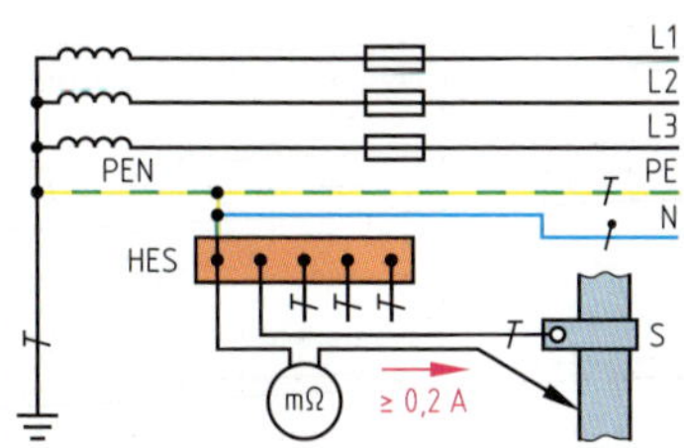

Messung des niederohmigen Widerstandes der Zuleitung von der Haupterdungsschiene HES zu metallischen Rohren

Durchgängigkeitsprüfung

Die Messspannung darf DC oder AC sein. Die Leerlaufspannung muss zwischen 4 V und 24 V liegen. Der Prüfstrom muss mindestens 0,2 A betragen. Bei DC muss das Messgerät einen Polwender aufweisen. Die Messung ist bei DC mit beiden Polaritäten auszuführen.

F Isolationsfehler im Betriebsmittel B
I_F Fehlerstrom
HES Haupterdungsschiene
R_{iso} Isolationswiderstand
R_v Vorwiderstand zur Strombegrenzung
S Rohrschelle
Z Isolationsüberwachungs-Einrichtung

Niederspannungs-Schaltungen für Leistungsmessgeräte
Low-Voltage Circuits for Power Meters

TM

Wirkleistungsmessgeräte

Schaltung AC: 3200 DC: 1210

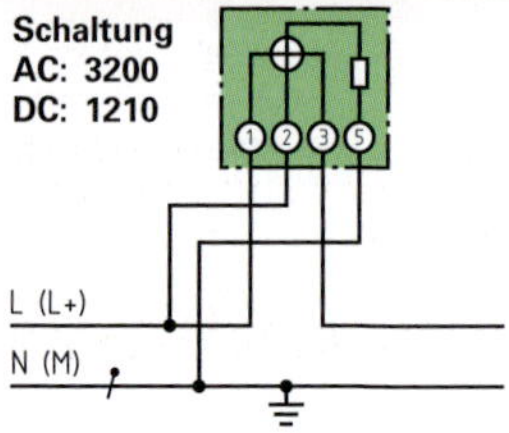

für Einphasenwechselstrom oder Gleichstrom

Schaltung 4251

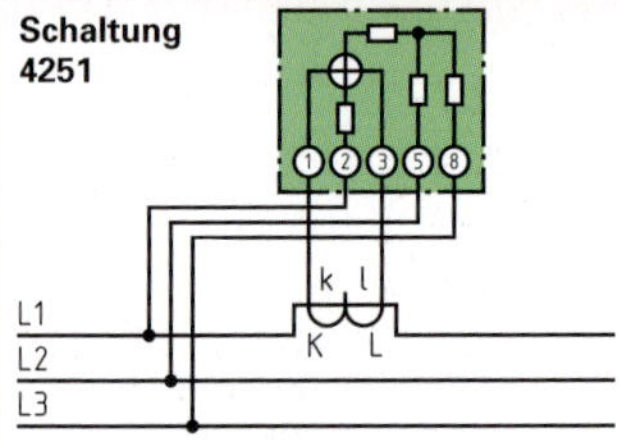

für Dreileiterdrehstrom mit gleicher Leiterbelastung

Schaltung 4260

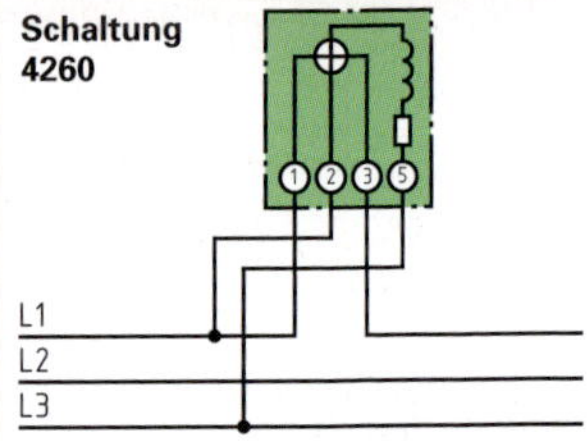

für Dreileiterdrehstrom gleicher Belastung mit eingebauter Kunstschaltung

Schaltung 5201

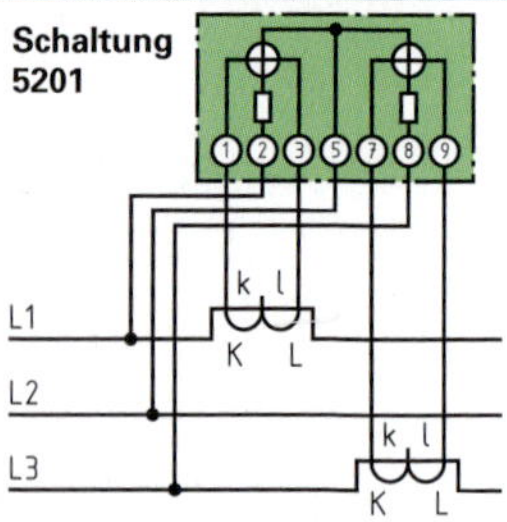

für Dreileiterdrehstrom beliebiger Belastung mit Stromwandlern (Aron-Schaltung)

Schaltung 6200

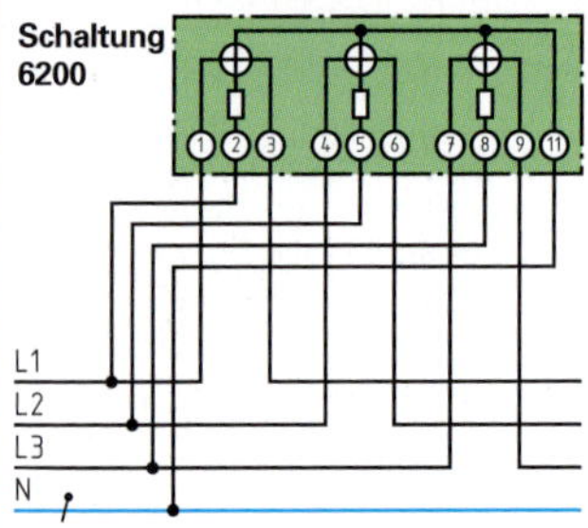

für Vierleiterdrehstrom mit beliebiger Belastung

Schaltung 6201

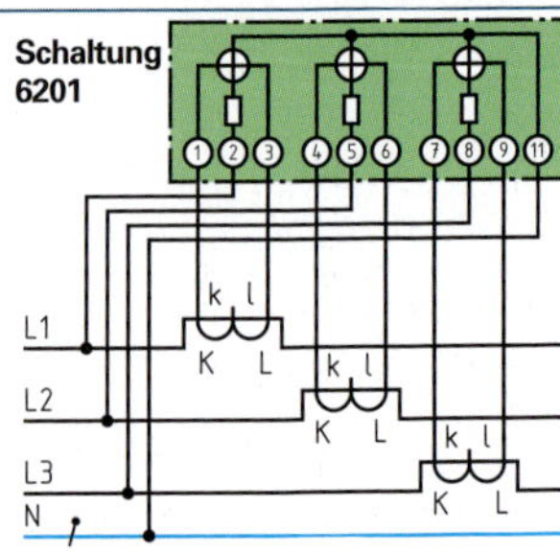

für Vierleiterdrehstrom mit Stromwandlern

Blindleistungsmessgeräte

Schaltung 3301

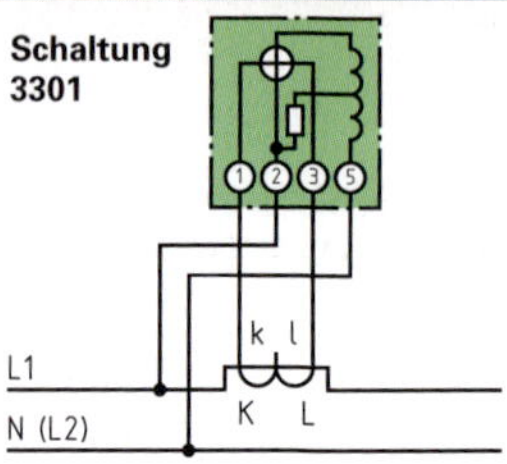

für Einphasenwechselstrom

Schaltung 5301

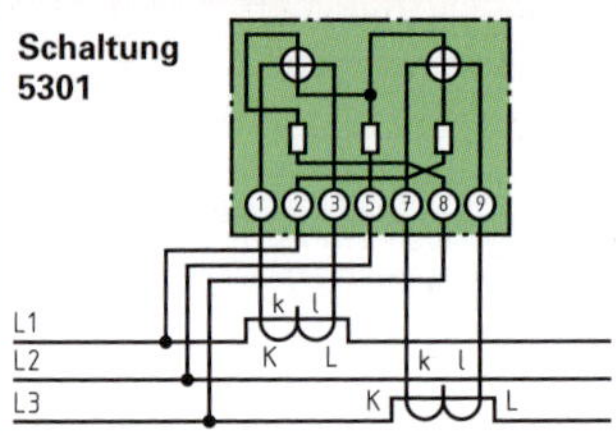

für Dreileiterdrehstrom mit beliebiger Belastung (Aron-Schaltung)

Leistungsfaktormessgerät

Schaltung 3401

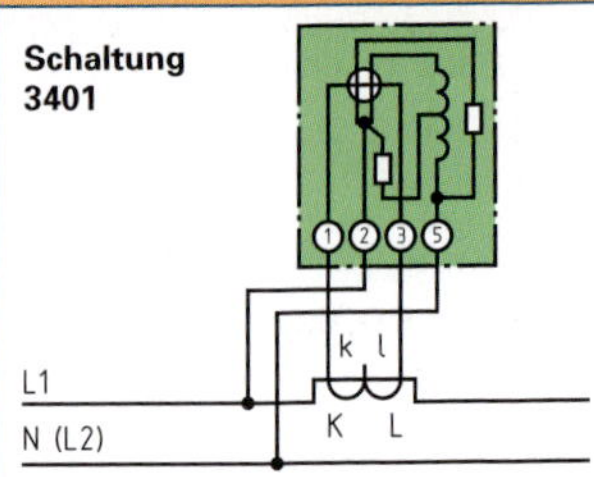

für Einphasenwechselstrom

Schaltungen von Wirkleistungsmessern mit Messzusatz (mit Hall-Generatoren)

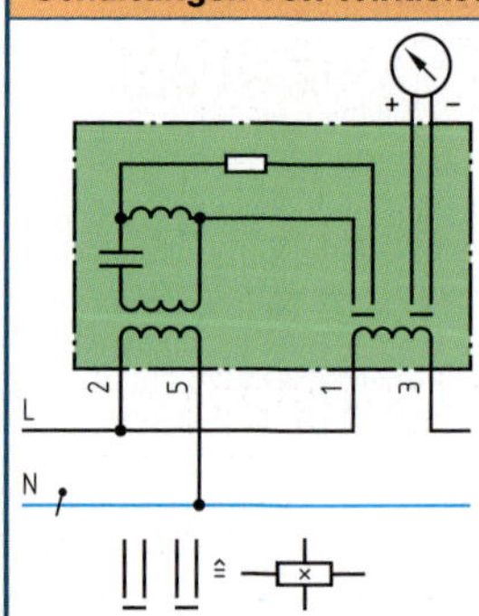

für Einphasenwechselstrom

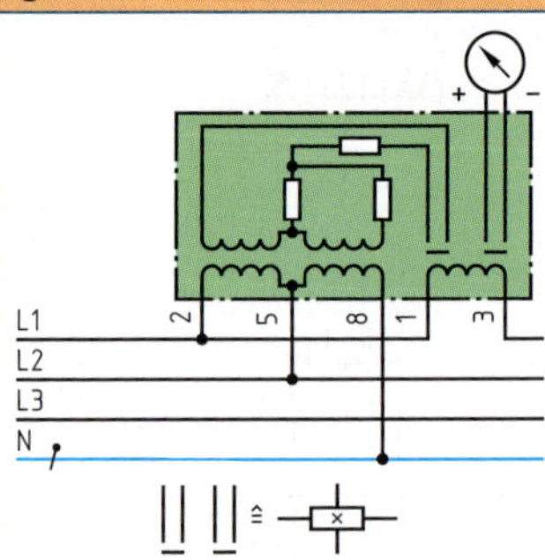

für Vierleiterdrehstrom symmetrischer Belastung

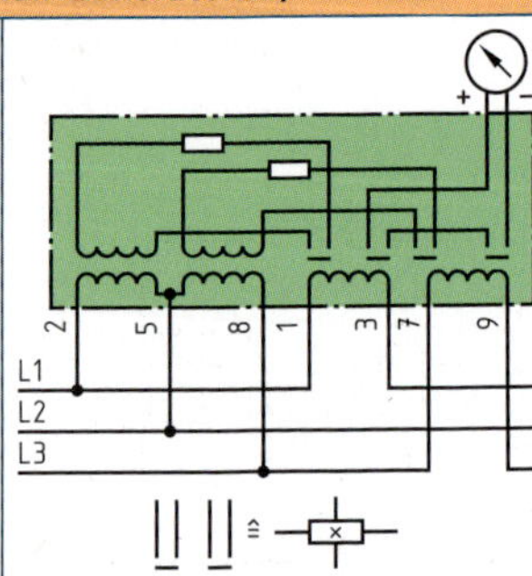

für Dreileiterdrehstrom beliebiger Belastung (Aron-Schaltung)

Elektrizitätszähler Kilowatt-hour Meters

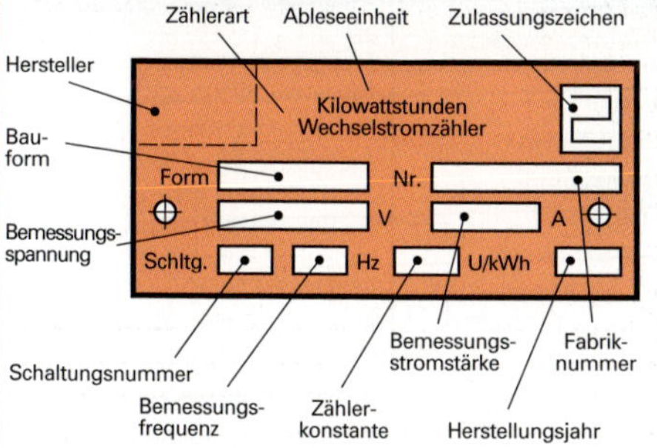

Zählerkonstanten

C_z in Umdrehungen je kWh

120; 150; 187,5; 240; 300; 375; 480; 600; 750; 960

Es werden auch dekadische Vielfache (10-fach, 100-fach usw.) oder dekadische Teile (1/10, 1/100 usw.) von C_z verwendet, z. B. 1200; 60.

Bemessungsströme (Nennströme) I_N in A:

5; 10; 15; 20; 30; 40; 50

Bei größeren Stromstärken werden Stromwandler verwendet.

Fehlergrenzen

Einphasenzähler und Mehrphasenzähler mit symmetrischer Belastung		
Stromstärke	Leistungsfaktor	Fehlergrenze in %
$0{,}05 \cdot I_N$	1	± 2,5
von $0{,}1 \cdot I_N$ bis I_{max}	1	± 2,0
$0{,}1 \cdot I_N$	0,5 induktiv	± 2,5
von $0{,}2 \cdot I_N$ bis I_{max}	0,5 induktiv	± 2,0

Mehrphasenzähler bei unsymmetrischer Last		
Stromstärke	Leistungsfaktor	Fehlergrenze in %
von $0{,}2 \cdot I_N$ bis I_N	1	± 3
I_N	0,5 induktiv	± 3
von I_N bis I_{max}	1	± 4

Zählerschaltungen (Auswahl)

Schaltung 1000

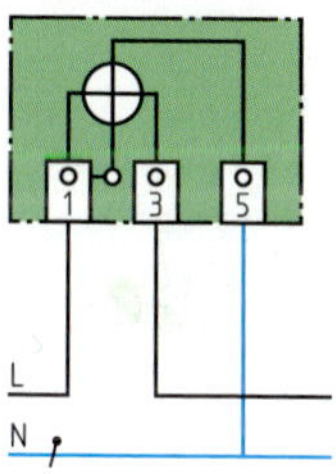

Anschluss einpolig

Schaltung 1101

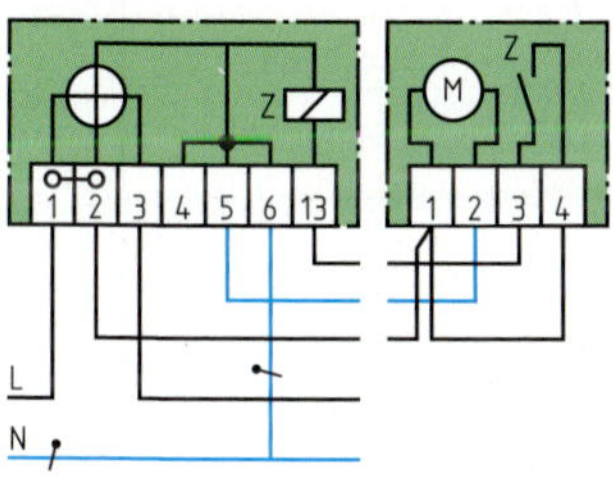

Anschluss einpolig mit Zweitarifeinrichtung

Schaltung 4000

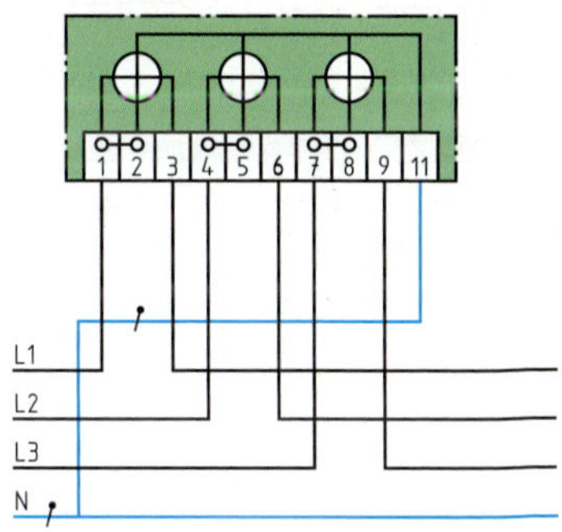

Anschluss dreipolig

Schaltung 3020 an Mittelspannung

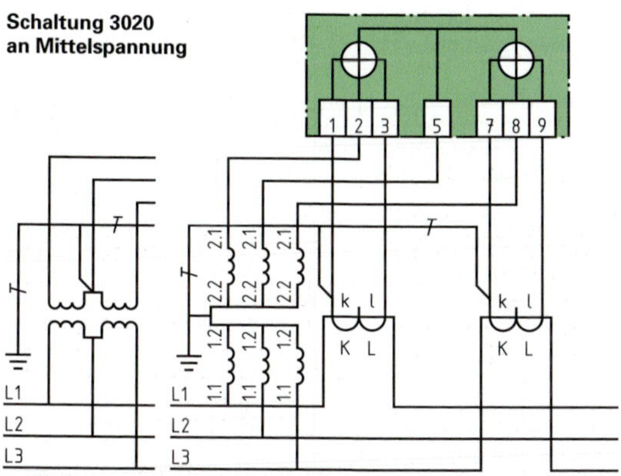

Anschluss an Stromwandler und Spannungswandler

Schaltung 4010 an Niederspannung

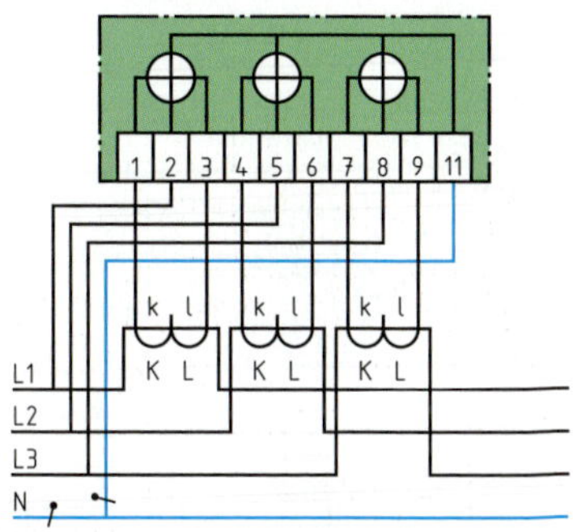

Anschluss an Stromwandler

Elektronische kWh-Zähler Electronic Kilowatt-hour Meters

Aufbau	Erklärung	Daten, Komponenten
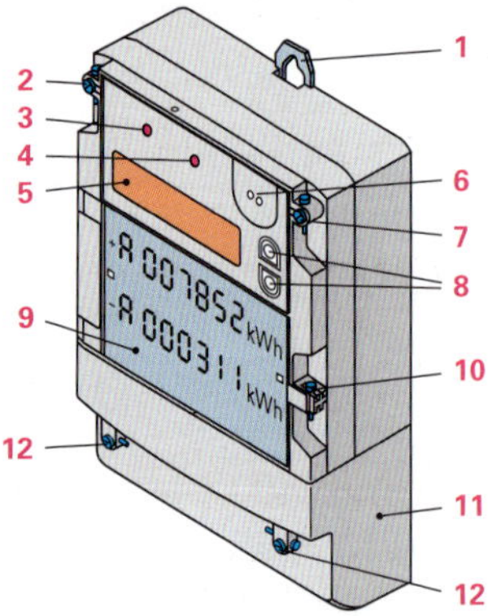 **Elektronischer Zähler für Wechselgrößen**	1 Aufhängung 2 Herstellerplombe 3 Blindverbrauch-LED 4 Wirkverbrauch-LED 5 LCD-Anzeige 6 Optische Schnittstelle 7 Schraube mit Eichplombe 8 Abruftasten (AUF-AB) 9 Tarifdaten 10 Werkplombe für Fronttür 11 Klemmdeckel 12 Klemmdeckelschrauben mit Werkplomben	Messsystem: Digital mit Stromwandlereingang Genauigkeit: Klasse 1 Spannungsbereich: 3 x 57 V/100 V bis 3 x 240 V/415 V Leistungsaufnahme je Phase: 0,65 W, 3,6 VA Frequenz: 50 Hz oder 60 Hz Zählerkonstante: 5000 Impulse/kWh bis 200 000 Impulse/kWh Energie und Leistung sind als Wirkgrößen (kWh, kW), Blindgrößen (kvarh, kvar) und Scheingrößen (kVAh, kVA) messbar. info@vdn-berlin.de
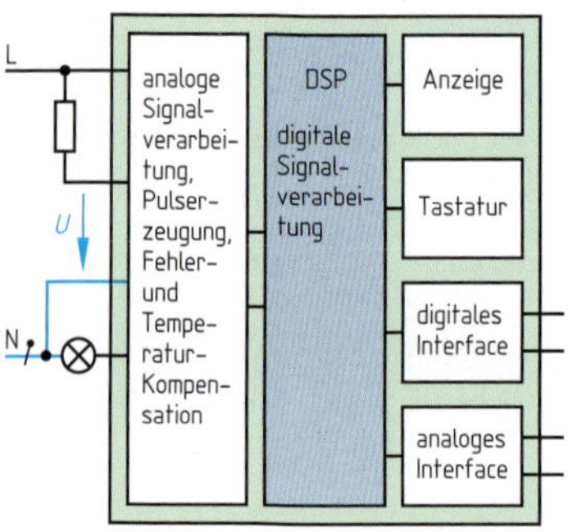 **Übersichtsschaltplan elektronischer Zähler**	Es sind Eingänge für die Spannungen, Stromwandler und zur Steuerung vorhanden. AD-Umsetzer erzeugen binäre Daten, die in einem Mikroprozessor mit den Tarifdaten aus einem EEPROM verarbeitet werden. Diese Daten werden auf dem Display angezeigt oder über die optische Schnittstelle direkt ausgelesen.	Steuereingänge: 3 Ausgangskontakte für Steuersignale und Impulse: 2 Energieregister für verschiedene Tarife in EEPROM Optische Schnittstelle für die Datenablesung Kalender, Uhr Zusatzkarten für • Rundsteuerempfänger, • Schnittstellen, • 6 Steuereingänge und • 6 Ausgangskontakte.
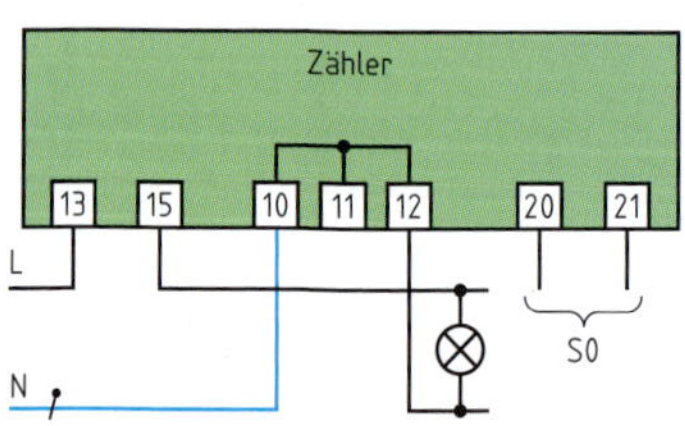 **Anschlussplan für 2-Leiter-Wechselstromnetz**	Über die Schnittstelle S0 werden den Stromzählimpulse, z. B. je kWh, übertragen. Es werden z. B. 3 000 Impulse je kWh geliefert. Dieser Wert muss in Abhängigkeit vom Zähler mit einem festen Faktor, z. B. 30 multipliziert werden, um den Messwert zu erhalten.	Die Zähler sind für Stromwandler mit 1 A und 5 A ausgelegt. Für stärkere Ströme müssen entsprechende Stromwandler vorgeschaltet werden. Anwendung der S0-Schnittstelle: • Wasserzähler • Gaszähler • Elektrizitätszähler und • Wärmezähler.
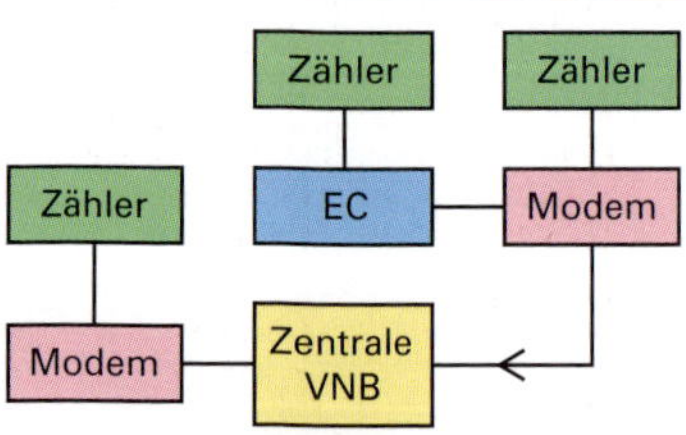 **Fernwirken mit elektronischen Zählern**	Die Zähler können über Modem mit der VNB-Zentrale (EVU-Zentrale) verbunden werden. Damit entfällt das direkte Ablesen der Zähler durch Beauftragte des VNB oder durch Kunden. An die Modems können z. B. bis zu 3 Zähler mit S0-Schnittstelle angeschlossen werden.	Neben der Erfassung und Fernauslesung von Daten für kWh-Zähler kann dies auch für Wärmemengenzähler, Gaszähler und Wasserzähler erfolgen. Sind zwischen Zähler und Modem spezielle Erfassungscomputer (EC) geschaltet, können Daten in Intervallen von Minuten, Stunden und Tagen für den Datenaustausch mit dem VNB gespeichert werden.

Oszilloskop Oscilloscope

Begriffe	Übersetzung	Erklärung
AC (Alternating Current)	Wechselstrom	Eingang wird über Kondensator angeschlossen.
ADD (Adder)	Addierer	Addiert Kanal I zu Kanal II (Subtraktion mit INV).
AT/NORMAL (Auto/Normal)	Automatisch/Normal	Auslösung der Zeitablenkung automatisch oder frei.
CAL (Calibrator)	Eich-Generator	Liefert 0,2 V oder 2 V Rechteckausgangsspannung.
CH (Channel)	Kanal	Verstärkt ein Eingangssignal, meist 2 Kanäle vorhanden.
CHOP (Chopper)	Umschalter	Schaltet die Kanäle I und II mit fester Frequenz auf die Einkanalbildröhre.
COMPONENT TESTER	Bauelement-Tester	Testet zweipolig angeschlossene Bauelemente.
DC (Direct Current)	Gleichstrom	Eingang wird galvanisch angeschlossen.
EXT (Extern)	Außerhalb	Erlaubt Ablenkung der Zeitbasis durch Fremdgerät.
FOCUS	Brennpunkt (Mittelpunkt)	Strahlschärfe-Einstellung.
GD (Ground)	Masse (Grund)	Gerätemasse.
HF (High-Frequency)	Hochfrequenz	Für Messungen mit Frequenzen über 10 MHz.
HOR (Horizontal)	Waagerecht	Signaleingänge I, II oder Kanal II als X-Eingang.
INP (Input)	Eingang	Eingang allgemein, z.B. Trigger, X, Y.
INTENS (Intensity)	Stärke	Helligkeitseinstellung für den Katodenstrahl.
INV (Invers)	Umgekehrt	Führt eine Signalinvertierung durch, positive Werte werden negativ dargestellt und umgekehrt.
LEVEL	Niveau, Ebene	Einstellung des Triggerniveaus bei Normalbetrieb.
LF (Low Frequency)	Niederfrequenz	Für Messungen mit Frequenzen unterhalb 1 kHz.
LINE	Linie, Netz	Triggerung erfolgt mit Netzfrequenz.
MAG (Magnitude)	Größe	Dehnung der x-Achse, kann um den Faktor 10 vergrößert werden.
NORM (Normal)	Normal	Triggerniveau wird mit LEVEL eingestellt.
POS (Position)	Stellung	Es lassen sich waagerechte (X) und senkrechte (Y I, II) Bildverschiebungen vornehmen.
POWER on/off	Leistung (Netz) Ein/Aus	Netzschalter.
p-p (Peak-to-Peak)	Spitze-zu-Spitze	Erlaubte Spitzenspannung an den Eingangsbuchsen.
SELECTOR	Wahlschalter	Wahlschalter für die Triggerankopplung.
SLOPE +/–	Flanke (Neigung)	Signaldarstellung beginnt mit steigender (+) oder fallender (–) Flanke.
TR (Trace Rotation)	Strahldrehung	Zur Kompensation des Erdmagnetfeldes. Der horizontale Strahl wird damit waagerecht gestellt.
TRIG (Trigger)	Drücker, Auslöser	Auslösung der Zeitablenkung.
TIME/DIV (Division)	Zeit/Teilung	Zeitmaßstab in ms/Teilung oder µs/Teilung in Stufen. Feineinstellung bis zum 2,5fachen mit ⑩ möglich.
VAR (Variation)	Veränderbarkeit	Stufenlose Veränderung bis 1 : 2,5 möglich.
VOLTS/DIV (Division)	Spannung/Teilung	Spannungsmaßstab in V/Teilung oder mV/Teilung.
X	Horizontal, waagerecht	Abkürzung für x-Achse.
X-Y	Horizontal-Vertikal	XY-Betrieb, die Zeitablenkung ist abgeschaltet. Kanal II ist der X-Eingang.
Y	Vertikal, senkrecht	Abkürzung für die y-Achse.

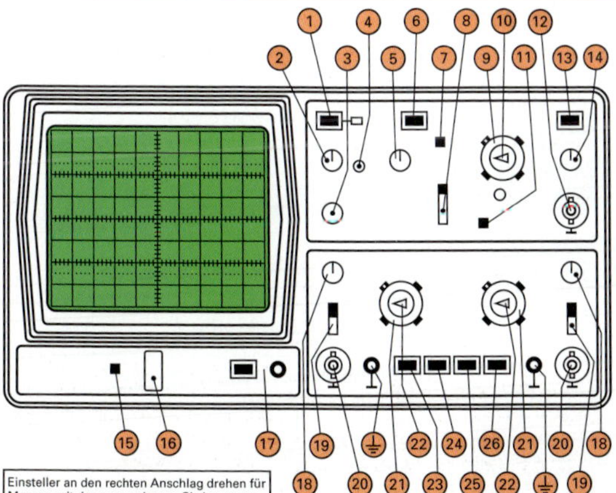

Einsteller an den rechten Anschlag drehen für Messen mit den angegebenen Skalenwerten.

Zweikanaloszilloskop für Frequenzen bis 20 MHz

Zubehör: Tastköpfe 1 : 1, 10 : 1, 100 : 1, 10 : 1 (HF), auch kombiniert 1 : 1/10 : 1
Trennverstärker 1 : 1, 1 : 10, 1 : 100 mit Potenzialtrennung.

1	POWER on/off	Drucktaste
2	INTENS.	Drehknopf
3	FOCUS	Drehknopf
4	TR	Trimmpotentiometer
5	X-Position	Drehknopf
6	X-Y	Drucktaste
7	SLOPE +/–	Drucktaste
8	TRIG.	Schiebeschalter
9	TIME/DIV	Drehschalter (18stufig)
10	Variable Zeitbasis	Drehknopf
11	EXT.	Drucktaste
12	TRIG. INP.	BNC-Buchse
13	AT/NORM.	Drucktaste
14	LEVEL	Drehknopf
15	X-MAG. X10	Drucktaste
16	CALIBRATOR 0,2 V-2 V	Kontaktstift
17	COMPONENT TESTER	Drucktaste und 4-mm-Buchse
18	Y-POS. I, II	Drehknöpfe
19	CH. I, II	Schiebeschalter
20	CH, I, II	BNC-Buchsen mit getrennten Massebuchsen
21	Y-Eingangsteiler	Drehschalter (12stufig)
22	Variable Y-Verstärkung	Drehknopf
23	INV. I	Drucktaste
24	CH I/II-TRIG. I/II	Drucktaste
25	DUAL	Drucktaste
26	ADD-CHOP.	Drucktaste

Messen mit dem Oszilloskop Measurement with the Oscilloscope

Mess-Schaltung	Schirmbild	Anwendung, Erklärung, Auswertung

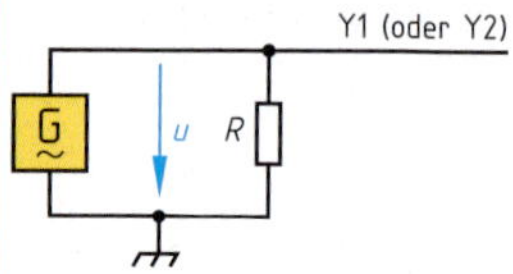

Spannungsmessung

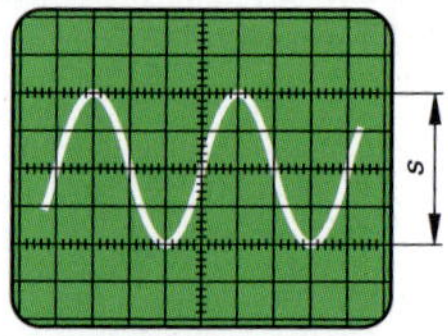

Die Messspannung wird zwischen Eingang Y und Masse angeschlossen.

- $\hat{\check{u}}$ Messspannung (Spitze-Talwert)
- s Auslenkung in DIV
- A_y Ablenkkoeffizient in y-Richtung in V/DIV
- $\hat{u}$ Höchstwert der Spannung

$$\hat{\check{u}} = s \cdot A_y \quad (1)$$

Bei AC:

$$\hat{u} = \frac{1}{2} \cdot s \cdot A_y \quad (2)$$

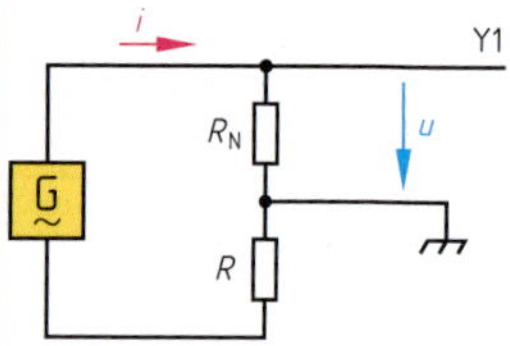

Strommessung

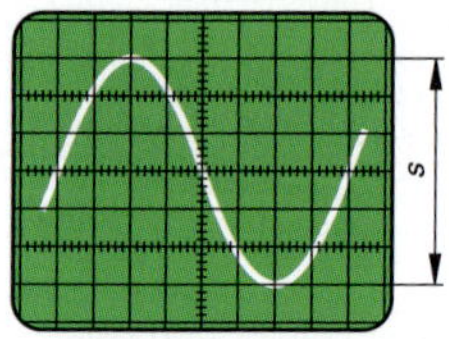

- $\hat{\check{i}}$ Mess-Strom (Spitze-Talwert)
- R_N Normalwiderstand
- $\hat{i}$ Höchstwert der Stromstärke

$$\hat{\check{i}} = \frac{\hat{\check{u}}}{R_N} \quad (3)$$

Bei AC:

$$\hat{i} = \frac{1}{2}\,\hat{\check{i}} \quad (4)$$

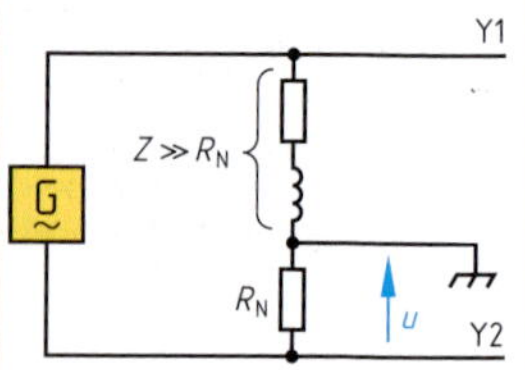

Phasenlagenmessung (G erdfrei)

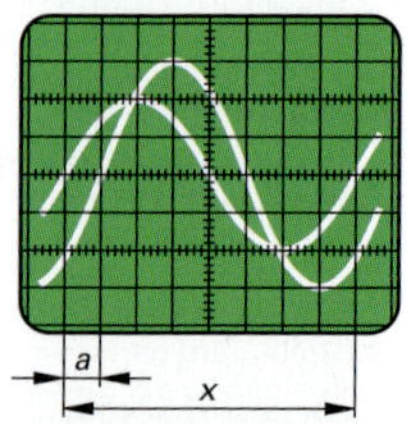

- Δt Zeitdifferenz
- T Periodendauer
- a Abstand in Teilen
- x Periode in Teilen
- φ Phasenverschiebungswinkel

$$\frac{a}{x} = \frac{\Delta t}{T} \quad (5)$$

$$\frac{\Delta t}{T} = \frac{\varphi}{360°} \quad (6)$$

$$\varphi = \frac{a}{x} \cdot 360° \quad (7)$$

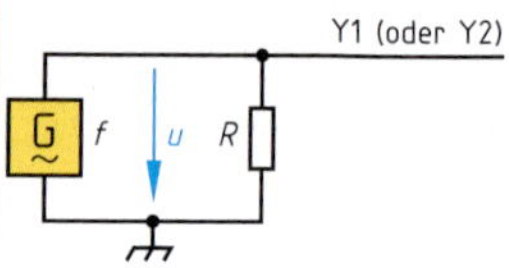

Frequenzmessung

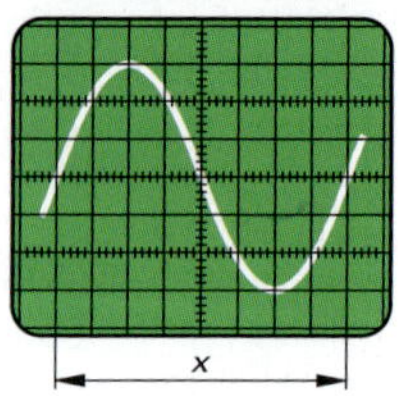

Aus dem Abstand x wird die Periodendauer t_M berechnet.

- t_M zu messende Zeit, z. B. Periodendauer
- x Periode in Teilen
- A_x Zeitkoeffizient in ms/Teil oder µs/Teil

$$t_M = x \cdot A_x \quad (8)$$

$$f = \frac{1}{t_M} \quad (9)$$

Auf geeichte Zeitbasis-Einstellung achten!

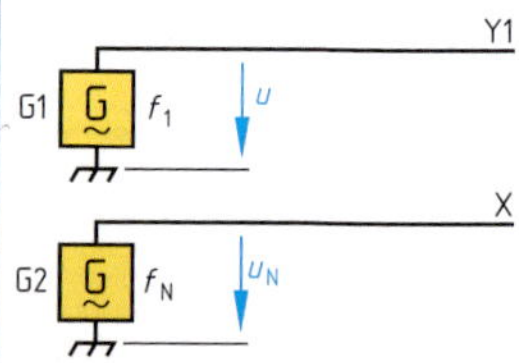

Frequenzvergleich

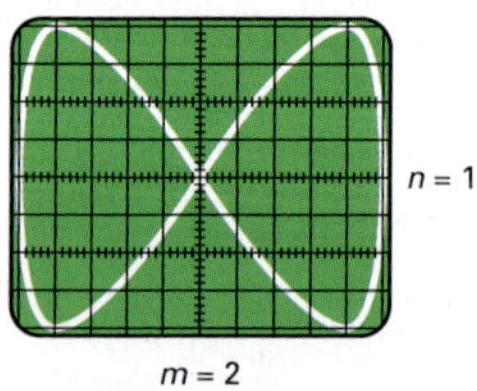

Verhalten sich die Frequenzen ganzzahlig zueinander, steht das Bild. Aus den Anzahlen der Berührpunkte der Seiten wird im Verfahren nach Lissajous[1] die Frequenz bestimmt.

- f_1 Messfrequenz
- f_N Normalfrequenz
- m, n Seitenberührpunkte

$$\frac{f_1}{f_N} = \frac{m}{n} \quad (10)$$

$$f_1 = \frac{m}{n} \cdot f_N \quad (11)$$

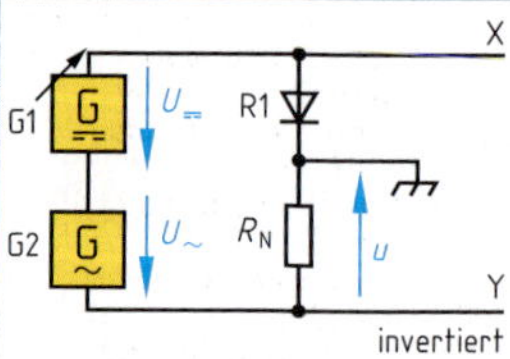

Kennlinienaufnahme

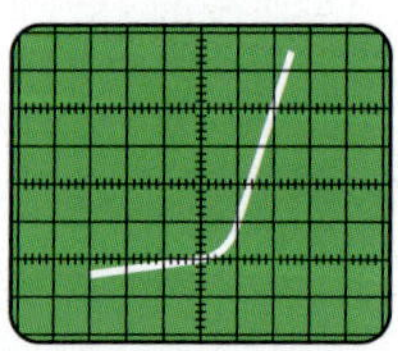

Die Leuchtspur des Elektronenstrahls zeichnet die Kennlinie mit z. B. 50 Hz. Mit der überlagerten Gleichspannung $U_{\_}$ kann der Arbeitspunkt A auf der Kennlinie verschoben werden. G1, G2 müssen für diesen X-Y-Betrieb erdfrei sein.

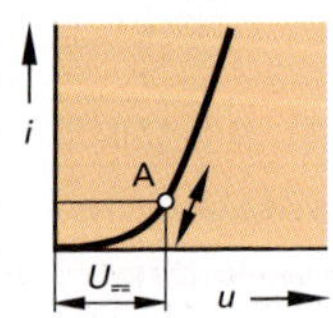

DIV von Division = Teilung, X Eingang, Y1, Y2 Kanaleingänge

[1] Lissajous, franz. Physiker, 1822 bis 1880

Wegmessung und Winkelmessung mit Sensoren
Displacement and Angle Measurement with Sensors

Prinzip, Art	Wirkungsweise	Eigenschaften	Messgröße, Anwendung
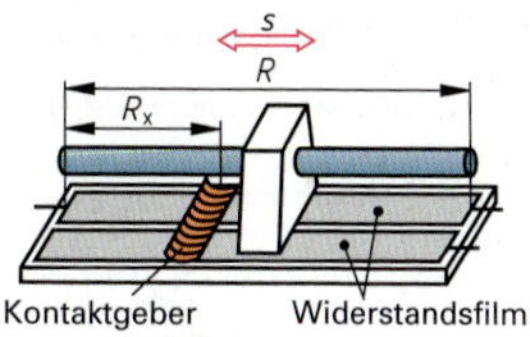 **Leitplastik-Weggeber**	Durch Bewegen des Kontaktgebers wird ein zur Länge x verhältnisgleicher Widerstandswert R_x abgegriffen und in eine Spannung U_x umgesetzt.	Weggeber für Längen von 5 mm bis 4000 mm mit Widerstandswerten von 100 Ω bis 100 kΩ. Einstellgenauigkeit bis zu 0,012 mm bei Schleifergeschwindigkeit bis zu 1,5 m/s. Lebensdauer > 10^7 Zyklen.	Wegmessung, Geschwindigkeitsmessung. Positionierregelkreise, Kompensationsschreiber, Stellungsmelder. Elektronisches Gaspedal bei Kraftfahrzeugen.
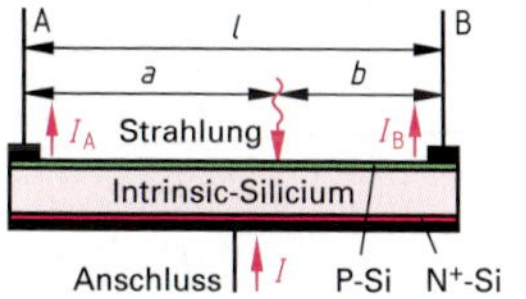 **Optoelektronischer Positionsdetektor**	Der beleuchtete Punkt wirkt als Stromquelle, welche die Halbleiterfläche in entsprechende Widerstände teilt. $\frac{I_A - I_B}{I_A + I_B} = 1 - \frac{2 \cdot a}{l}$ (Intrinsic-Silicium = eigenleitendes Silicium)	Gesamtwiderstand der Halbleiterfläche z. B. 25 kΩ. Positioniergenauigkeit: < 1 µm. Spricht auf Strahlung von 300 nm bis 1,15 µm Wellenlänge an. Linearität: < 1%.	Messung von eindimensionalen Lagekoordinaten mit hoher Genauigkeit. www.hamamatsu.com
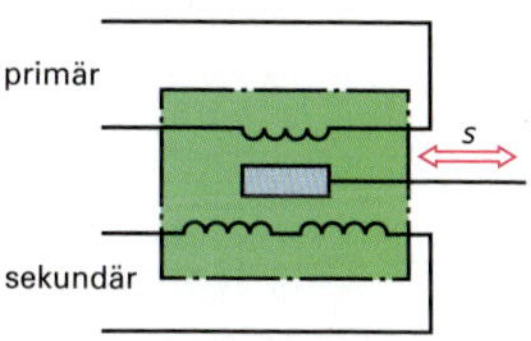 **Differenzialspulensensor**	Ein verschiebbarer Eisenkern beeinflusst die Kopplung zwischen einer Eingangsspule und zwei gegenphasig geschalteten, aber sonst gleichen Ausgangsspulen. Die Richtungsinformation erhält man aus der Phasenlage.	Eingangsspannungsfrequenz: z. B. 5 kHz. Die Messspannung ist verhältnisgleich zur Strecke s. Positioniergenauigkeit: < 1 µm.	Längenmessung, Positioniereinrichtungen, Tankfüllsensor, Sensoren für die Stellung von Ruderklappen und Landeklappen von Flugzeugen.
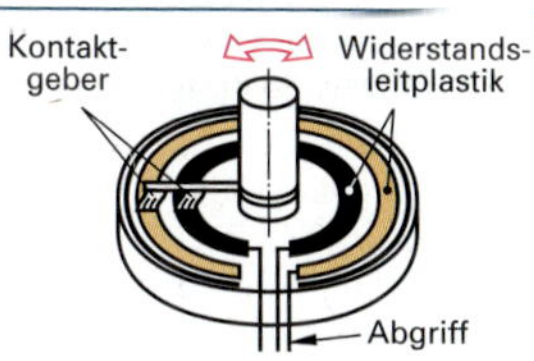 **Leitplastik-Winkelgeber**	Durch Bewegen des gefederten Kontaktgebers wird ein zum Drehwinkel α verhältnisgleicher Widerstandswert abgegriffen, der Teil eines hochohmigen Spannungsteilers ist. Der Linearitätsabgleich erfolgt durch Lasertrimmung.	Für Nutzwinkel bis zu 355°. Widerstandswerte von 50 Ω bis zu 1 MΩ. Linearität: +0,025% bis +2%. Lebensdauer: 10^7 bis 10^8 Schleiferbewegungen.	Drehwinkelmessung an Maschinen. Istwert-Winkelsensoren an Industrierobotern, Sensor für die Außenspiegelverstellung bei Kraftfahrzeugen.
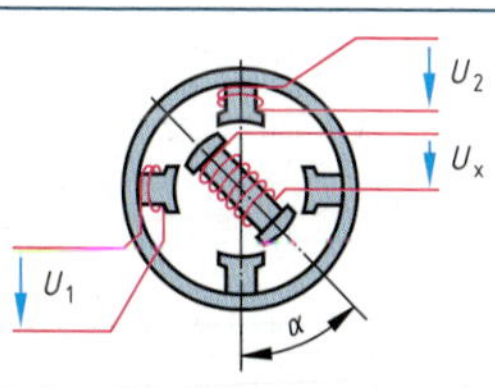 **Drehmelder (Resolver)**	Der Ständer wird mit den Wechselspannungen U_1 und U_2 gespeist, zwischen denen eine Phasenverschiebung von 90° besteht. Dadurch wird im Läufer eine Spannung U_x induziert, deren Phasenverschiebung gegenüber U_1 vom Drehwinkel α abhängt.	Die Messspannung U_x ist sinusförmig und um den Drehwinkel α gegenüber U_1 phasenverschoben. $u_x = \hat{u}_1 \cdot \sin(\omega t + \alpha)$ Die Phasenverschiebung und damit der Drehwinkel werden elektronisch gemessen.	Drehwinkelerfassung, Drehwinkelregelung.
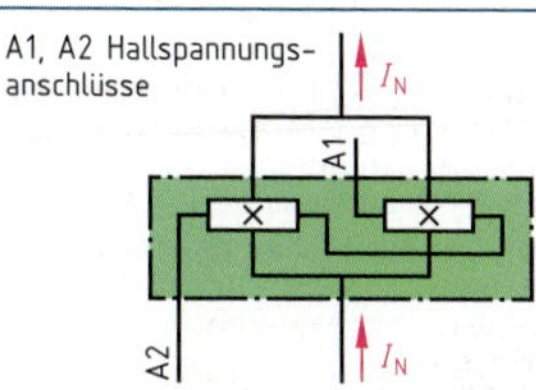 **Differenzial-Hallsensor KSY 20**	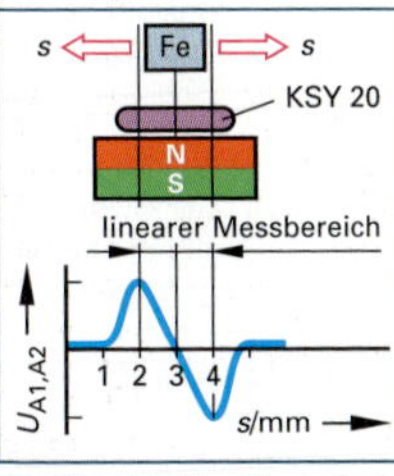	Die aktive Fläche des GaAs-Bauelementes beträgt z. B. 0,2 mm · 0,2 mm. Bei einem Bemessungsstrom I_N von z. B. 5 mA ist die Leerlauf-Hallspannung 95 mV bis 145 mV. Bei B = 0 T ist der Widerstand 900 Ω bis 1200 Ω.	Wegmessung, Strommessung. Messung von Tangentialmagnetfeldern, z. B. zur zerstörungsfreien Werkstoffprüfung. Positionserfassung, auch zur kontaktlosen Strommessung verwendbar. www.siemens.com

B magnetische Flussdichte, f Frequenz, I_a, I_b Teilströme, I_N Bemessungsstrom, s Weg, U_α winkelabhängige Messspannung, U_1, U_2 Wechselspannungen, α Drehwinkel.

Kraftmessung und Druckmessung mit Sensoren
Measurement of Force and Pressure with Sensors

Prinzip, Art	Wirkungsweise	Eigenschaften	Messgröße, Anwendung
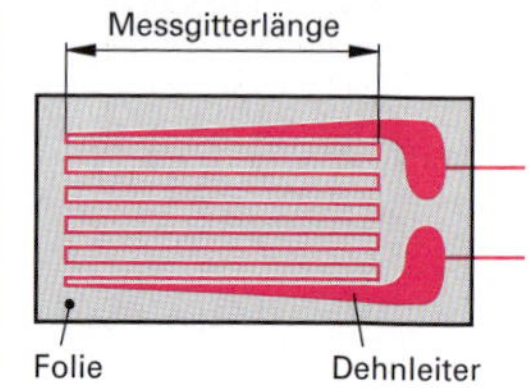 **Dehnungsmessstreifen**	Der Widerstand eines metallischen Leiters erhöht sich, wenn er durch Dehnung verlängert und damit gleichzeitig im Querschnitt verkleinert wird. Mäanderförmige Anordnung des Leiters ergibt eine größere wirksame Leiterlänge.	Längenänderung 0,1 µm bis 10 µm. Bemessungswiderstände $R = 120\ \Omega$, $350\ \Omega$ und $600\ \Omega$.	Kraft, Druck, Biegemoment, Torsion. Dehnungsmessungen an Maschinen und Brückenträgern. Messen von statischer oder wechselnder (dynamischer) Belastung, Kraftmessdosen, Eigenspannungsmessung.
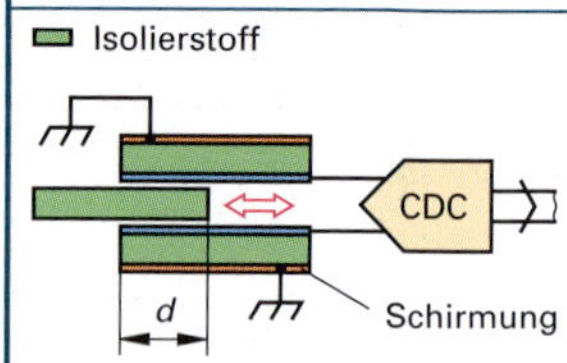 d aktive Länge **Kapazitäts-Digital-Umsetzer CDC**	Mit einer Wechselspannung wird ein elektrisches Feld erzeugt. Veränderungen eines elektrischen Wechselfeldes ergeben eine Änderung der Spannung zwischen den Kondensatorplatten. Die Spannung an den Kondensatorplatten wird mit einem AD-Umsetzer in ein Digitalsignal umgewandelt.	Wechselspannung mit $f = 240$ kHz erzeugt das elektrische Feld, Eingangskapazität: 0 pF bis 17 pF Messgenauigkeit: 4 fF Auflösung: 4 aF	Druck, Lageänderungen im Mikrometerbereich, Strömungsmessung, Feuchtigkeitsmessung, Verunreinigungen oder Fremdkörper erkennen. Wird z. B. bei Kameras als Auslöser verwendet. www.analog.com
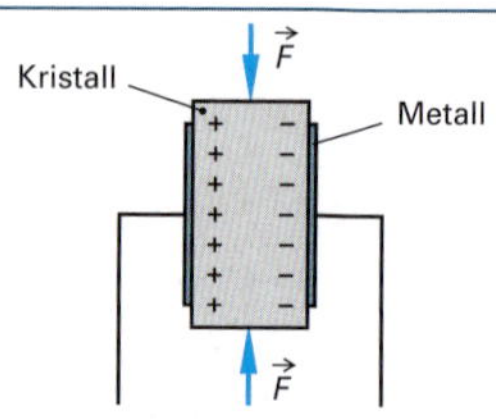 **Piezoelektrischer Sensor**	Bei Belastung durch Zugkräfte, Druckkräfte oder Schubkräfte wird eine elektrische Ladungsverschiebung und dadurch eine elektrische Spannung erzeugt. Meist werden Piezo-Element und Ladungsverstärker zu einer Einheit zusammengefasst.	Druck $p = 0{,}01$ MPa bis 275 MPa, große Linearität, kleine Hysterese, große Temperaturbeständigkeit.	Druck, Kraft. Messen von Schockwellen. Messen von Explosionsdrücken, z. B. in Verbrennungsmotoren. Messen der Drücke bei Wirbelbildung in Gasen oder Flüssigkeiten.
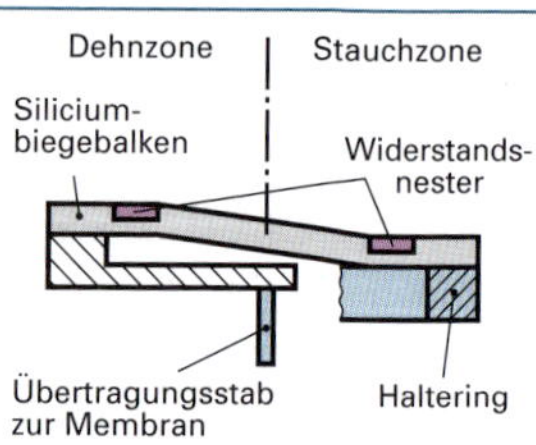 **Piezoresistiver Sensor**	Durch Druck auf die Membran erfährt der Biegebalken eine s-förmige Auslenkung. In der Stauchzone und in der Dehnzone werden die dort integrierten Widerstände verändert.	$p_{rel} = -0{,}1$ MPa bis $+0{,}2$ MPa, $U_b = 7{,}5$ V Empfindlichkeit $s = 95$ mV/MPa ± 15% bei $\vartheta_u = 25$ °C. Hysterese ± 0,2% von s Berstdruck $p_{berst} > 1$ MPa, kleine Abmessungen.	Füllstandsüberwachung, Wasserspiegelmessungen bei Trinkwasserbrunnen, Überwachung von Drücken in Schiffsdieselmotoren, Fernwärmenetzen und Gasverteilungssystemen.
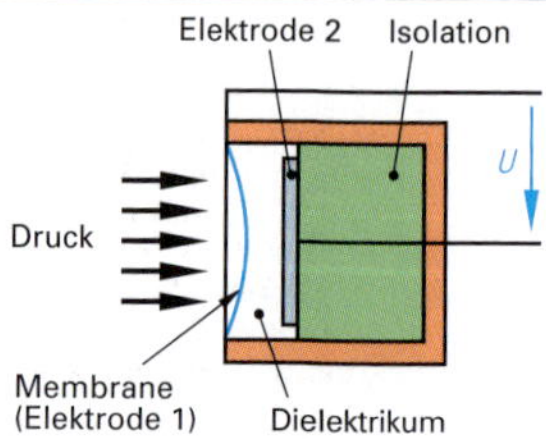 **Kapazitiver Sensor**	Durch Verändern des Abstandes der als Kondensator wirkenden Elektrode 1 und Elektrode 2 wird eine Kapazitätsänderung hervorgerufen. Die Druckänderung und damit die Kapazitätsänderung wird mit einer Wechselspannungsmessbrücke gemessen.	Frequenzbereich (± 2 dB) $f = 0{,}4$ Hz bis 200 kHz. Übertragungskoeffizient 1 mV/Pa bis 100 mV/Pa. Polarisationsspannung 28 V bis 200 V, teilweise werden dauerpolarisierte Mikrofone (Elektretmikrofone) verwendet. Hydrophone (Unterwasserschallaufnehmer) für Wassertiefen bis 1000 m.	Druck. Messung von Pegeln, Messung von Frequenzen (Mikrofone). Schalldruckmessungen, z. B. von Überschallknall oder Wasserschallmessungen. Schallpegelmessungen, Sprach- und Musikaufnahmen.

F Kraft, f Frequenz, k Widerstandsänderungsfaktor, p_{rel} Druckbereich, p_{berst} Berstdruck, s Empfindlichkeit, U_b Betriebsspannung, ϑ_u Umgebungstemperatur.

TM

Bewegungsmessung mit Sensoren Motion Measurement with Sensors

Prinzip, Art	Wirkungsweise	Eigenschaften	Messgröße, Anwendung
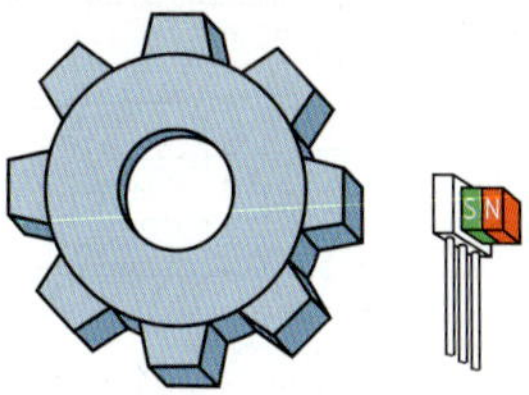 **Drehzahlmessung mit Hallsensor**	Jeder Zahn erzeugt bei Annäherung an den Sensor eine Spannung. Diese wird verstärkt und mit Schwellwertschaltern in ein rechteckförmiges Ausgangssignal umgeformt.	Hohe Empfindlichkeit, Magnetfelder von $B = 2{,}5$ mT bis $B = 20$ mT, Bemessungsstrom $I_N = 5$ mA.	Zur Drehzahlmessung durch Zählen der Impulse, die von Zahnradzähnen hervorgerufen werden. In der Kfz-Technik.
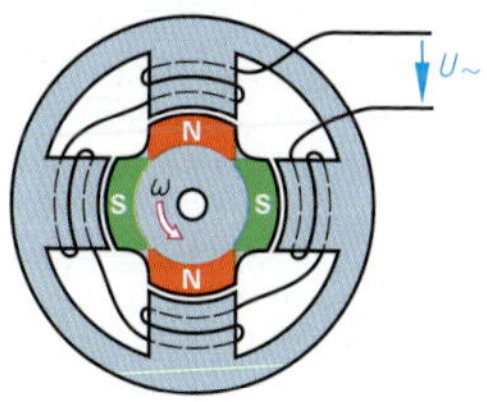 **Wechselspannungstachogenerator**	Durch Drehen des dauermagnetischen Läufers wird in die Ständerwicklung eine Spannung induziert. Zur Auswertung kann die Wechselspannung gleichgerichtet werden.	Drehzahlmessung $n = 0{,}1$/min bis $n = 100\,000$/min. Eine hohe Genauigkeit ist möglich, wenn Tachogenerator und Motor eine Baueinheit bilden (gemeinsame Welle). Der Tachogenerator gibt aber für beide Drehrichtungen dasselbe Signal ab.	Drehzahl. Drehzahlmessung bei geregelten Antrieben für eine Drehrichtung. Für den Einsatz in beiden Drehrichtungen sind Gleichspannungstachogeneratoren mit Stromwender und Bürsten erforderlich.
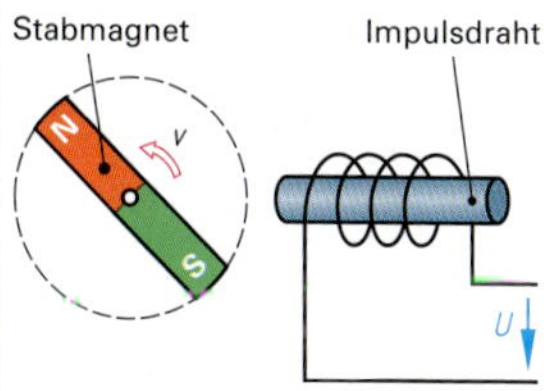 **Impulsdrahtsensor (Wieganddraht)**	Ein Spannungsimpuls in der Spule wird durch ein ummagnetisierendes Feld ausgelöst. Der Impuls entsteht, wenn der senkrechte Teil der Hysteresekurve **(Bild)** durchfahren wird. Dabei ändert sich die Induktion sprunghaft. Die Rückmagnetisierung erfolgt ohne sprunghafte Änderung der Induktion.	Sprunghafter Magnetisierungswechsel im Impulsdraht. 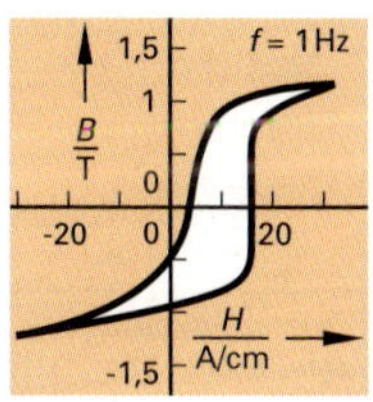	Spannung. Digitale Drehzahlerfassung bei z. B. Fahrzeugantrieben. 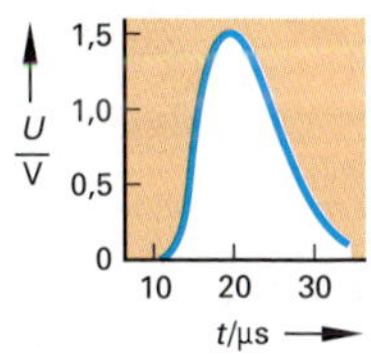
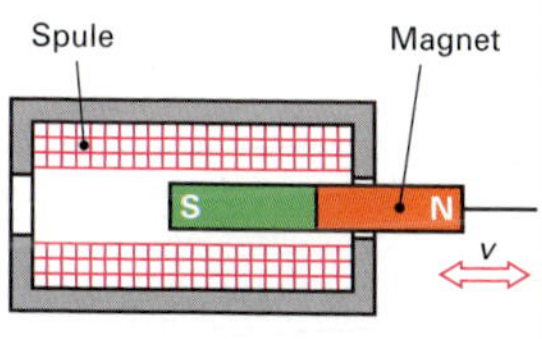 **Tauchmagnetsensor**	Tauchmagnetsensoren bestehen aus einer Spule, in die ein Magnet eintaucht. Die induzierte Spannung ist verhältnisgleich zur Bewegungsgeschwindigkeit des Magneten. Ist v = konstant, entsteht kurzzeitig eine konstante Gleichspannung.	Messlänge $l = 1$ mm bis $l = 500$ mm. Messbereich $v = 1$ mm/s bis $v > 10$ m/s. Genauigkeit 1%. Grenzfrequenz $f = 100$ kHz.	Geschwindigkeit. Geschwindigkeitsmessung bei kleinen Hublängen. Messen von Schwingungsgeschwindigkeiten.
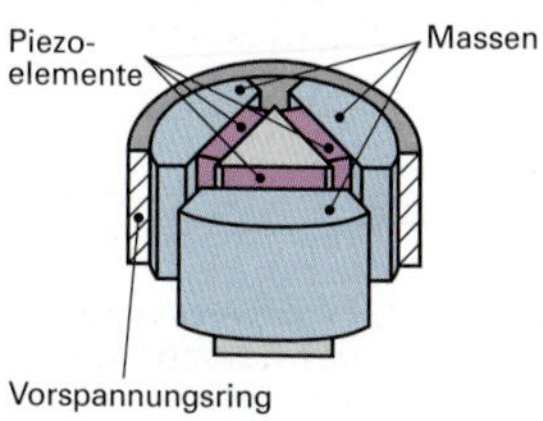 **Piezoelektrischer Beschleunigungssensor**	Eine frei schwingende Masse übt eine zur Beschleunigung verhältnisgleiche Kraft auf einen Quarzkristall aus. Durch Verwendung von drei Quarzen kann die Beschleunigung in einer Ebene gemessen werden.	Frequenzbereich $f = 0{,}5$ Hz bis 26 kHz. Beschleunigungsbereich $-50\,g$ bis $+50\,g$. Überlast $> 3000\,g$. $g \approx 9{,}81\,\frac{\text{m}}{\text{s}^2} \approx 10\,\frac{\text{m}}{\text{s}^2}$	Beschleunigungsmessung. Messen mechanischer Stöße und Schwingungen, Aufprallverzögerung zur Auslösung von Airbags (Luftsäcken) in Sicherheitssystemen von Autos und Flugzeugen.

B magnetische Flussdichte, f Frequenz, g Fallbeschleunigung, H Feldstärke, I Stromstärke, I_N Bemessungsstrom, l Länge, n Drehzahl, s Weg, t Zeit, v Geschwindigkeit.

Temperaturmessung mit Sensoren Temperature Measurement with Sensors

Prinzip, Art	Aufbau, Wirkungsweise	Eigenschaften	Anwendungen, Formel
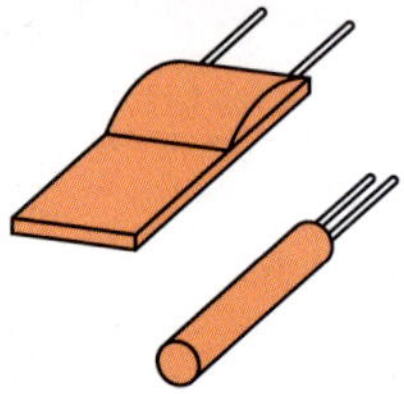 **Widerstandsthermometer**	Platinwiderstand nimmt fast linear mit der Temperatur zu. Platinschicht als Dünnfilm auf Aluminiumoxid-Träger, durch Glasüberzug geschützt oder in Keramikgehäuse eingeschlossen. Positiver Temperaturbeiwert; Temperaturbereich – 50 °C bis + 600 °C	Bemessungswiderstand R_N meist 100 Ω, 500 Ω oder 1000 Ω. Für $\vartheta = 0$ °C, z. B. PT 100 ⇒ $R_N = 100\ \Omega$ Enge Toleranz, schnelle Ansprechzeit, erschütterungsunempfindlich. Messfehler infolge Eigenerwärmung durch Messstrom.	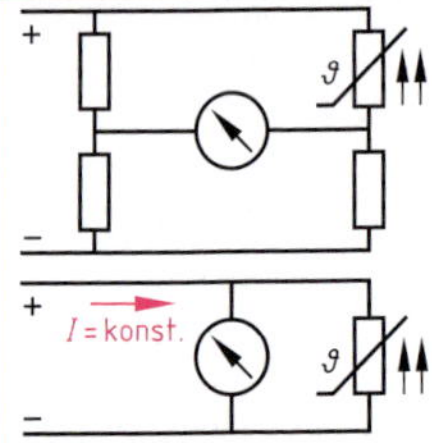
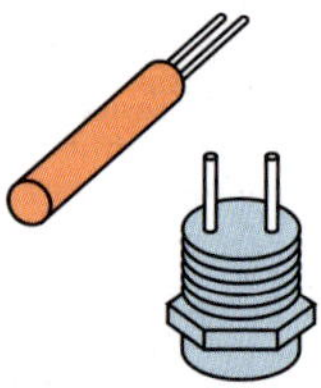 **Silicium-Temperaturfühler**	N-leitendes Silicium, das zwischen zwei Kontaktflächen einen positiven Temperaturbeiwert und eine leicht gekrümmte Temperatur-Widerstands-Kennlinie aufweist. Gehäuse Kunststoff oder Messing. Wegen Eigenerwärmung nur kleiner Messstrom (≈ 0,1 mA).	Temperaturbereich von – 50 °C bis + 150 °C. Linearisierung der Kennlinie durch konstante Spannung / konstante Stromstärke 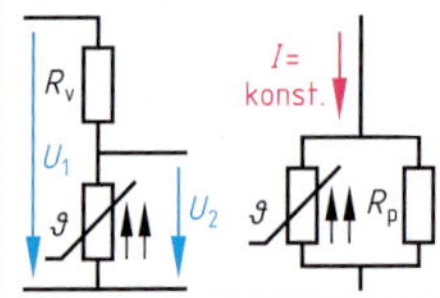	Messen, Steuern und Regeln der Temperatur der Luft oder anderer Gase sowie von Flüssigkeiten. Temperaturmessung in Flüssigkeiten unter Druck. Automotor-Temperatur-Überwachung. Heißwassergeräte und Fieberthermometer.
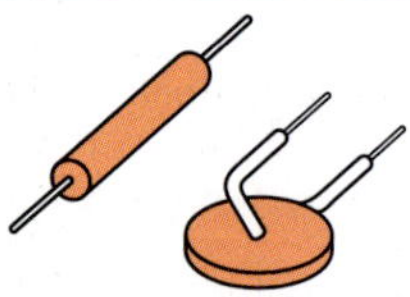 **Heißleiter-Temperaturfühler**	Temperaturabhängiger Heißleiterwiderstand mit negativem Temperaturkoeffizient α zwischen – 3%/K und – 5%/K.	Hohe Empfindlichkeit, nicht lineare Kennlinie, hoher Widerstandswert; mechanisch, thermisch und elektrisch stabil; hohe Lebensdauer; kleine Bauform.	Temperaturregelung in Klimaanlagen, Kühlschränken und Geschirrspülern. Temperaturkompensation in elektronischen Schaltungen. Siehe auch Seite Halbleiterwiderstände.
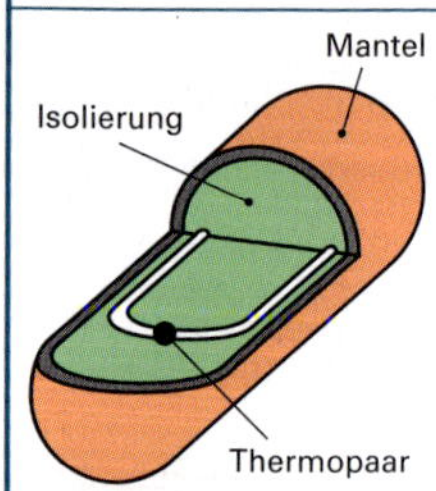 **Thermoelement-Temperaturfühler**	Zwei miteinander verschweißte Leiter stark unterschiedlicher Elektronenkonzentration (Thermopaar) liefern beim Erwärmen eine Spannung, die proportional zur Temperatur ist.	Fe (+) – CuNi (–) für –200 °C bis 700 °C NiCr (+) – Ni (–) für –200 °C bis 1200 °C NiCrSi (+) – NiSi (–) für bis 1300 °C PtRh (+) – Pt (–) für bis 1600 °C	An festen Körpern: Mit abgeflachter Mess-Stelle zum Anpressen oder Anlöten bzw. Einlassen in ein Bohrloch für einen guten thermischen Kontakt zwischen dem Thermoelement und dem Messobjekt. Thermoelemente benötigen Messumformer und Kalibriervorrichtung.
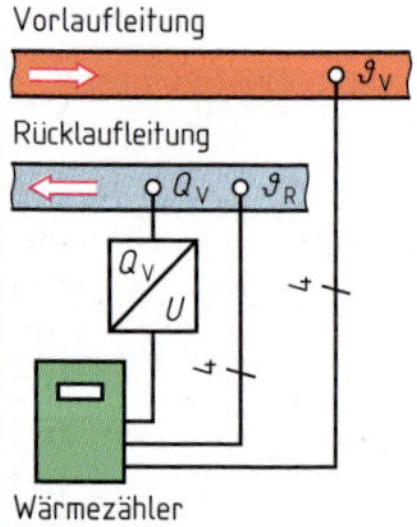 **Wärmemengenmessung**	Die Wärmemengenmessung, z. B. in Heizungsanlagen, besteht aus einem Durchflusssensor, zwei Temperaturfühlern für die Messung der Vorlauf- und Rücklauftemperatur sowie dem mikrocontrollergesteuerten Kleincomputer.	Der Wärmekoeffizient k ist für die jeweilige Wärmeträgerflüssigkeit im EPROM des Messgerätes abgelegt. Über eine Abfrage werden Vorlauf- und Rücklauftemperatur, $\Delta T = \vartheta_V - \vartheta_R$, und k-Wert ermittelt. Durchfluss und Wärmeleistung werden auf einem 4-stelligen Display angezeigt. ΔT Temperaturdifferenz in Kelvin	**Wärmeleistung** $P = Q_V \cdot (\vartheta_V - \vartheta_R) \cdot k$ P Wärmeleistung in kW Q_V Durchfluss in m³/h ϑ_V Vorlauftemperatur in °C ϑ_R Rücklauftemperatur in °C k Wärmekoeffizient in kWh/(m³ · K)

α Temperaturkoeffizient des Widerstands

Teil EI: Elektrische Installation Electrical Installation

Verlegung und Schaltungen 120

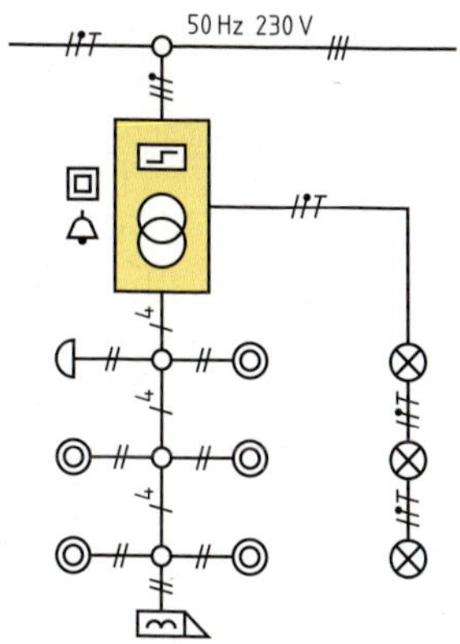

Leitungsberechnung 150

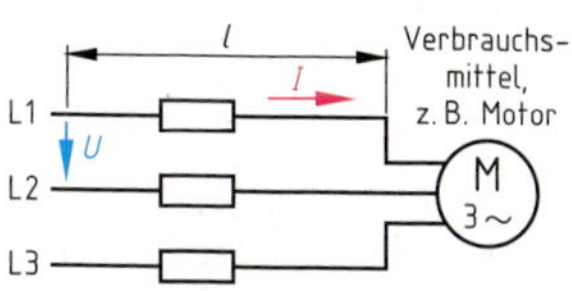

Besondere Räume, Arbeiten unter Spannung 167

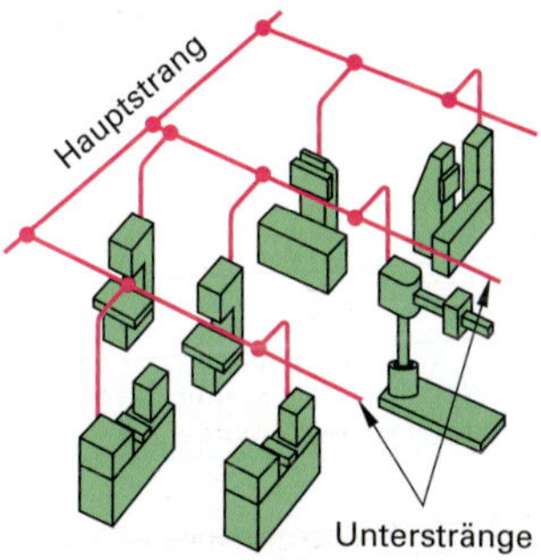

Beleuchtung 177

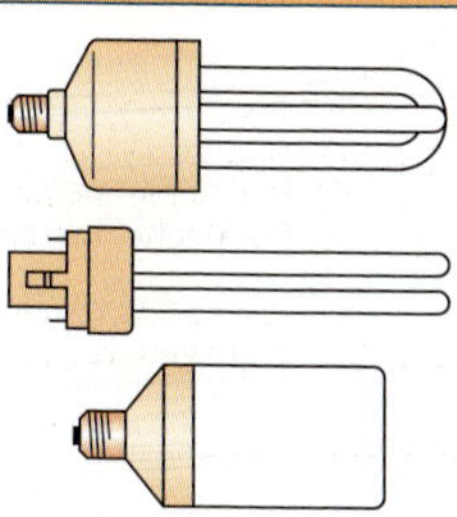

Arbeiten in elektrischen Anlagen

vgl. DIN VDE 0105

Working in Electric Installations

Allgemeine Sicherheitsregeln

Regel	Erkärung	Bemerkungen
1. Freischalten	Allseitiges *Abschalten* und *Abtrennen* aller nicht geerdeter Leiter. Das Abtrennen muss zuverlässig erfolgen.	Nicht geeignet zum Trennen sind Installationsschalter und Halbleiterschalter. Geeignet sind z. B. Leitungsschutzschalter und RCDs.
2. Gegen Wiedereinschalten sichern	Sichern z. B. durch Mitnahme der Schmelzsicherungen, Abschließen oder Zukleben der Verteilung.	Zusätzlich soll ein Warnschild mit Text „Nicht Schalten, es wird gearbeitet" oder mit Symbol „durchgestrichener Schalter" angebracht sein.
3. Spannungsfreiheit feststellen	Die Spannungsfreiheit muss an der *Arbeitsstelle* mit Spannungsmesser oder Spannungsprüfer festgestellt werden. Prüfgeräte müssen unmittelbar vorher überprüft worden sein.	**Prüfgeräte** 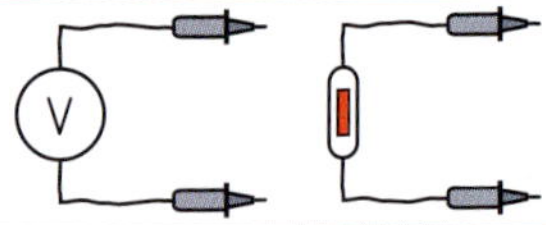
4. Erden und Kurzschließen	Erforderlich in Anlagen bis AC 1000 V bzw. DC 1500 V nur bei *Freileitungen* und in *Kabelnetzen*. Bei höheren Spannungen immer erforderlich. Erst erden, dann kurzschließen.	**Kurzschluss-einrichtung** 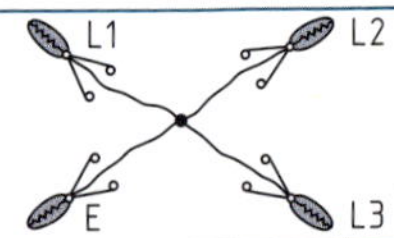
5. Benachbarte unter Spannung stehende Teile abdecken	Anwendung nur, wenn benachbart zur Arbeitsstelle Spannung führende Teile *anderer Sromkreise* oder anderer Spannungsquellen vorliegen.	Bei unmittelbarer Nähe zur Arbeitsstelle erfolgt das Abdecken mit Gummitüchern oder Formstücken. Bei größerem Abstand, z. B. in Prüffeldern, kann abgeschrankt werden.

Arbeiten unter Spannung, insbesondere in Niederspannungsanlagen bis AC 1000 V oder DC 1500 V, Seite 168

Arbeiten unter Spannung (AuS) bei Spannungen über AC 1 kV oder DC 1,5 kV

Art	Erkärung	Beispiele, Bemerkungen
Ablauf von Arbeiten unter Spannung AuS Elektrofachkraft, Ausrüstung, zweite Person	*Unternehmer* legt fest, welches AuS vorzunehmen ist. *Arbeitsanweisung* gibt Schritte der AuS vor. Dabei sind Schutzausrüstung und Hilfsmittel zu benennen. AuS über 1 kV dürfen nur AuS-Elektrofachkräfte vornehmen.	Beim AuS sind insbesondere zu beachten: • Arbeitsschutzgesetz, • Regel BGV A 3 der Berufsgenossenschaft. Bei Bemessungsspannungen über 1 kV muss eine zweite Elektrofachkraft oder unterwiesene Person anwesend sein.
Arbeiten mit Isolierhandschuhen	Setzt geprüfte Isolierhandschuhe und Armschutz voraus.	Bei Mittelspannung, z. B. 20 kV, selten. Auswechseln von Isolatoren.
Arbeiten auf Potenzial	Der Arbeitende muss AuS-Fachkraft sein (siehe unten), befindet sich auf dem Potenzial der unter Spannung stehenden Teile und berührt diese direkt. Er muss gegen Erde isoliert sein.	• Meist von 110 kV bis 400 kV. Zugang zum Potenzial z. B. mit isolierenden Leitern. • Befahren von Leiterseilen zum Montieren von Abstandshaltern, • Wechsel von Isolatoren.
Arbeiten auf Abstand Isolierende Stangen, isolierendes Werkzeug	Der Arbeitende bleibt im festgelegen Abstand von Spannung führenden Teilen und arbeitet mit isolierenden Stangen bzw. mit entsprechenden Werkzeugen. Abstände: 1 kV bis 30 kV 1,5 m; 30 kV bis 110 kV 2,0 m.	• Hauptsächlich bei Mittelspannung. • Reinigen von Schalt- und Umspannanlagen, • Schmieren von Schalterantrieben, • Nachfüllen von Isolieröl, • Wechseln von Isolatoren, • Anbringen von Vogelschutzeinrichtungen,
Ausbildung für Arbeiten unter Spannung AuS Prüfungen, AuS-Pass	Voraussetzung für die AuS-Ausbildung: Elektrofachkraft, evtl. unterwiesene Person, Mindestalter 18 Jahre, in Erster Hilfe ausgebildet, Beherrschung der Arbeitsabläufe ohne Spannung. Die Ausbildung schließt mit einer theoretischen und einer praktischen Prüfung, Nachweis durch AuS-Pass.	Spannungsebene 20 kV Arbeiten auf Abstand: *Wechseln von Isolatoren* 28. 4. 2009 *Anbringen von Funkenstrecken* 2. 5. 2009 *Nassreinigung von Leiterseilen* 5. 5. 2009 **Auszug aus AuS-Pass**

Werkstattausrüstung Workshop Equipment

Mindest-Werkstattausrüstung nach der Richtlinie des Bundesinstallateurausschusses

Ausrüstungsgegenstände	Mess- und Prüfgeräte	Fachliteratur
• Werkbank mit Schraubstock, • Bohrmaschine mit Tischständer, • Schleifmaschine, • Gerät zur Herstellung von Mauerschlitzen, • Presszange bis 16 mm^2, • stationärer Prüfplatz.	• Einpoliger und zweipoliger Spannungsprüfer, • Spannungsmesser 600 V, • Strommesser 15 A, • Zangenstrommesser 200 A, • Isolations-Messgerät, • Schleifenwiderstands-Messgerät, • Widerstands-Messgerät, • Prüfgerät für RCDs (FI-Schutzeinrichtungen), • Ableitstrommessgerät, • Drehfeld-Richtungsanzeiger.	• DIN VDE Auswahlordner, • DIN Taschenbuch Normen für das Elektrohandwerk, • TAB des VNB (Verteilungsnetzbetreiber), • Unfallverhütungsvorschriften der Berufsgenossenschaft, • Formularvordrucke (Prüfprotokolle) zur Prüfung von elektr. Anlagen, zur Prüfung von Elektrogeräten.

Umfang und Art der Werkstattausrüstung richten sich nach der Betriebsgröße und dem Tätigkeitsbereich des Betriebes. Der Bundes-Installateurausschuss im ZVEH (Zentralverband der elektro- und informationstechnischen Handwerke) hat eine Richtlinie und zusätzliche Empfehlungen für die Werkstattausrüstung herausgegeben. Vor dem Eintrag in das Installateurverzeichnis beim zuständigen VNB wird die Vollständigkeit der Werkstattausrüstung vom zuständigen Bezirks-Installateurausschuss (BIA) überprüft.

Leitern und Gerüste

nach BGV D36

Art und Begriffsbestimmung	Benutzungshinweise
Anlegeleitern und Rollleitern werden zu ihrer Benutzung angelegt.	Müssen gegen Abrutschen gesichert sein. Anlegeleitern, die mit Rollen auf ortsfesten Schienen laufen, dürfen sich bei Belastung nicht verschieben lassen.
Stehleitern sind zweischenklige, frei stehende Leitern.	Spreizsicherungen müssen fest mit den Leiterschenkeln verbunden sein. Oberhalb der Gelenke dürfen sich keine Widerlager bilden können.
Mehrzweckleitern sind Steh- oder Anlegeleitern, umrüstbar zur jeweils anderen Leiterbauart.	Stehleitern mit aufgesetzter Schiebeleiter müssen mindestens die Standsicherheit und Festigkeit vergleichbar hoher Stehleitern haben.
Podestleitern sind einseitig besteigbare Stehleitern mit umwehrtem Podest bis 0,5 m^2.	Fahrbare Steh- oder Podestleitern müssen so beschaffen sein, dass sie gegen unbeabsichtigtes Verschieben gesichert werden können.
Mechanische Leitern sind fahrbare, freistehende Schiebeleitern mit oder ohne Arbeitskorb, die handbetrieben, mittels Winden, aufgerichtet und ausgeschoben werden.	Müssen so beschaffen sein, dass sie standsicher, auch bei Geländeunebenheiten, aufgestellt werden können. Arbeitskörbe müssen so befestigt sein, dass sie nicht unbeabsichtigt lösbar sind.
Hängeleitern sind Leitern, die an- oder eingehängt werden, ohne Bodenberührung.	Sind gegen Pendeln und unbeabsichtigtes Aushängen zu sichern.
Stegleitern sind ortsfeste oder in ortsfesten horizontalen Führungen bewegliche Leitern, die senkrecht oder fast senkrecht angebracht sind.	Nur zulässig, wenn der Einbau einer Treppe nicht möglich ist oder wegen der geringen Unfallgefahr nicht notwendig ist. Sie müssen fest angebracht sein und müssen an ihrer Austrittsstelle eine Haltevorrichtung haben.
Tritte sind ortsveränderliche Aufstiege bis 1 m Höhe, deren oberste Fläche zum Betreten vorgesehen ist.	Müssen in jeder Gebrauchsstellung standsicher sein. Sie müssen so beschaffen sein, dass das unbeabsichtigte Verschieben beim Betreten verhindert ist.
Kleingerüste sind ortsfeste oder ortsveränderliche Arbeitsbühnen mit einer Höhe bis zu 2 m.	Ab einer Arbeitshöhe von 1 m ist ein Seitenschutz notwendig.

Der Unternehmer hat Leitern und Tritte in der erforderlichen Art, Anzahl und Größe bereitzustellen. Er hat dafür zu sorgen, dass Leitern und Tritte in ordnungsgemäßem Zustand sind. Für den Benutzer von Leitern muss eine Betriebsanleitung existieren und an der Leiter deutlich erkennbar und dauerhaft angebracht sein.

Beispiele

Anlegeleiter

Stehleiter

Tritt

Arbeitsbühne

Leitungsverlegung, Leitungsbearbeitung
Cable Installation, Working on Electrical Conductors

Begriff	Erklärung	Bemerkungen
Verlegearten	Man unterscheidet: Auf Putz, im Putz, unter Putz, im Beton, in Hohlwänden, in Installationskanälen, Unterflurinstallation, auf Kabeltragegestellen, im Erdreich.	Leitungen und Kabel müssen nach DIN-VDE-Bestimmungen fachgerecht verlegt werden.

Maximale Befestigungsabstände l in mm (Normwerte) Werte können in der Praxis abweichen			**Biegeradius r für nichtharmonisierte Leitungen in mm**	
Außendurchmesser der Leitung	waagrechte Verlegung	senkrechte Verlegung	Leitungsdurchmesser d	zulässiger Biegeradius r
$d \leq 9$	250	400	$d \leq 10$	$\geq 4 \cdot d$
$9 < d \leq 15$	300	400	$10 < d \leq 25$	$\geq 4 \cdot d$
$15 < d \leq 20$	350	450	> 25	$\geq 4 \cdot d$
$20 < d \leq 40$	400	550	über 0,6/1 kV	$\geq 6 \cdot d$

Bei flexiblen Leitungen gelten nach DIN VDE 0298 ähnliche Befestigungsabstände und Biegeradien.

Befestigungsabstand, Biegeradius

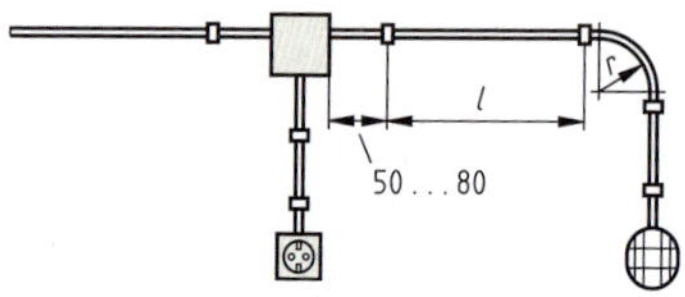

Beispiel:
Bei einer Leitung NYM mit Leitungsdurchmesser $d = 10$ mm beträgt der maximale Befestigungsabstand $l = 300$ mm (waagrechte Verlegung) bzw. 400 mm (senkrechte Verlegung) und der Mindestbiegeradius $r = 4 \cdot d = 4 \cdot 10 \text{ mm} = 40 \text{ mm}$

Abmanteln, Abisolieren

Beim Abmanteln der Leitungshülle ist auf ausreichende Leitungsaderlänge zu achten. Das Abmanteln kann z. B. mit einem Kabelmesser oder einem Mantelschneider erfolgen. Dabei dürfen die Leitungsadern nicht beschädigt werden. Zum Abisolieren verwendet man Abisolierzangen. Automatik-Abisolierzangen passen sich selbsttätig der Dicke der Aderisolation an. Dadurch wird der Leiter nicht beschädigt. Die gewünschte Abisolierlänge kann man einstellen.

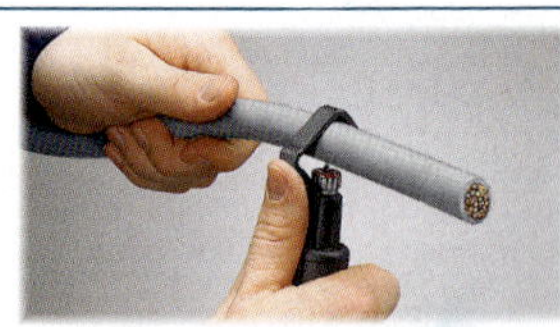
Abmanteln mit Mantelschneider

Pressen, Quetschen, Crimpen

Die Leiterenden werden meist mithilfe manuell einstellbarer Abisolierzangen oder selbsteinstellenden Abisolierzangen abisoliert. Nach dem Abisolieren sind die Leiter anzuklemmen. Dazu sind die Leiterenden, besonders bei flexiblen Leitern, z. B. mit Aderendhülsen, zu behandeln.
Bei der Quetschverbindung werden die abisolierten mehr- oder feindrähtigen Leiter z. B. in eine Aderendhülse oder in einem Kabelschuh eingeführt. Die leitende Verbindung wird mithilfe einer Zange hergestellt.
Beim Crimpen entsteht eine nichtlösbare elektrische Verbindung zwischen einem Leiter und einem Crimpkontakt, z. B. Flachsteckanschluss, Kabelschuh, Steckhülse und Aderendhülse. Es entsteht eine hochwertige elektrische Verbindung. Crimpverbindungen lassen sich mit Handwerkzeugen, aber auch mit automatischen Maschinen herstellen.

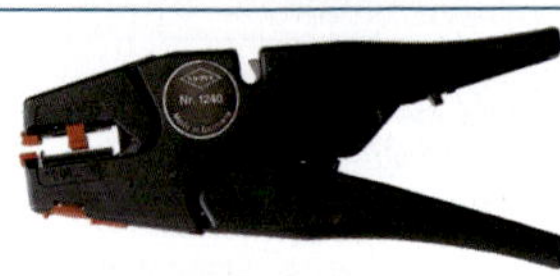
Automatische Abisolierzange

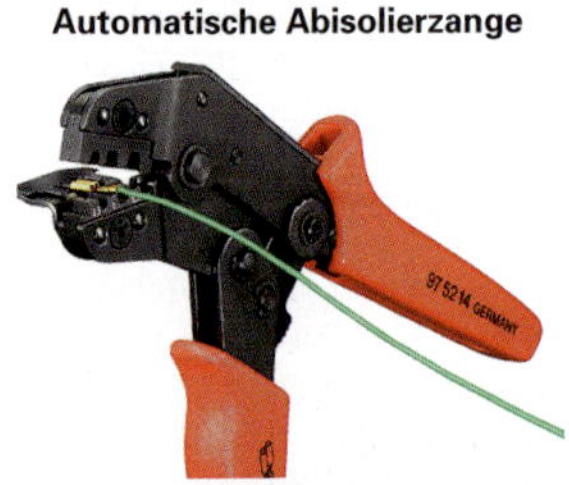
Crimpzange

Farbkennzeichnung von Aderendhülsen bei flexiblen Leitern

Farbkennzeichnung von Aderendhülsen			
Leiterquerschnitt	Farbe	Leiterquerschnitt	Farbe
0,5 mm^2	weiß	2,5 mm^2	blau
0,75 mm^2	grau	4 mm^2	grau
1 mm^2	rot	6 mm^2	gelb
1,5 mm^2	schwarz	10 mm^2	rot

Aderendhülsenzange

Ausschaltungen, Serienschaltung On-off Circuits, Series Connection

Schaltung	Übersichtsschaltplan	Stromlaufplan in zusammenhängender Darstellung
Ausschaltung	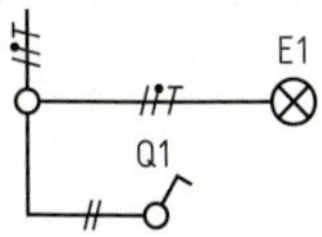	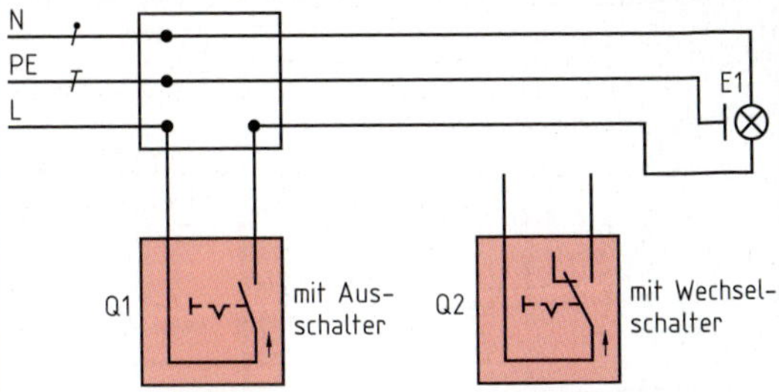
Ausschaltung mit Wechselschalter (Universalschalter)	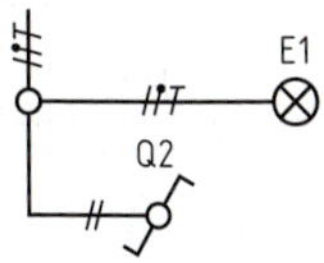	
Ausschaltung mit Kontroll-Ausschalter	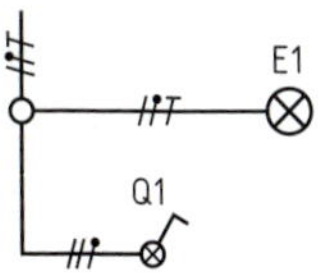	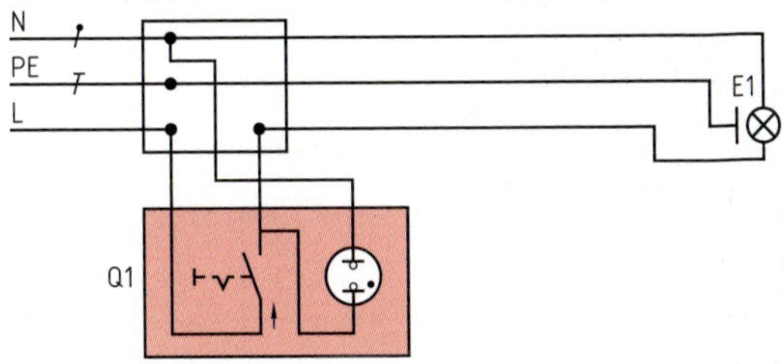
Ausschaltung mit beleuchtetem Ausschalter und Steckdose	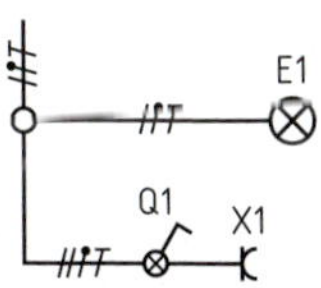	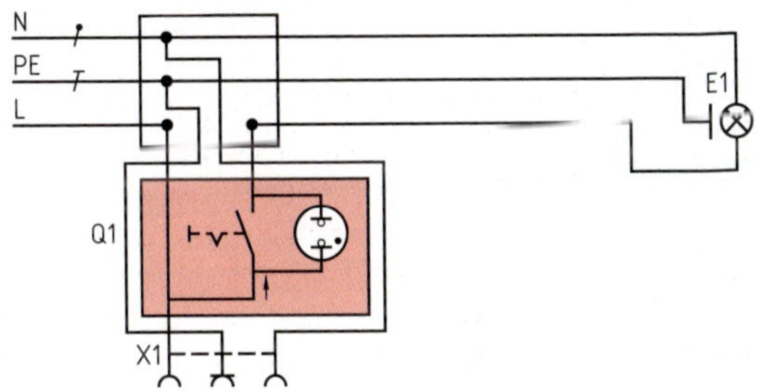
Zweipolige Ausschaltung	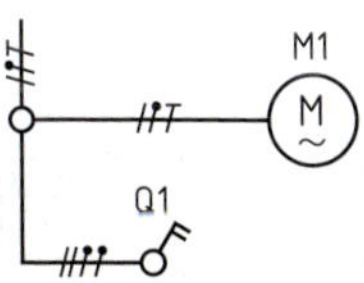	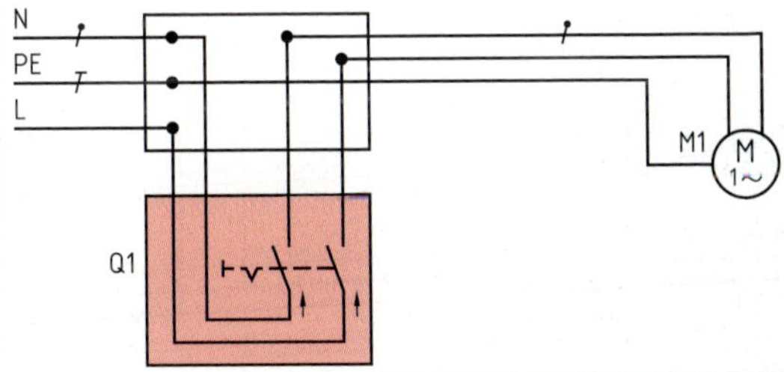
Serienschaltung mit beleuchtetem Serienschalter	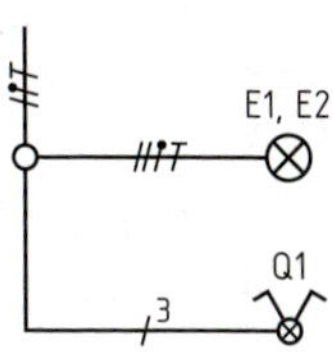	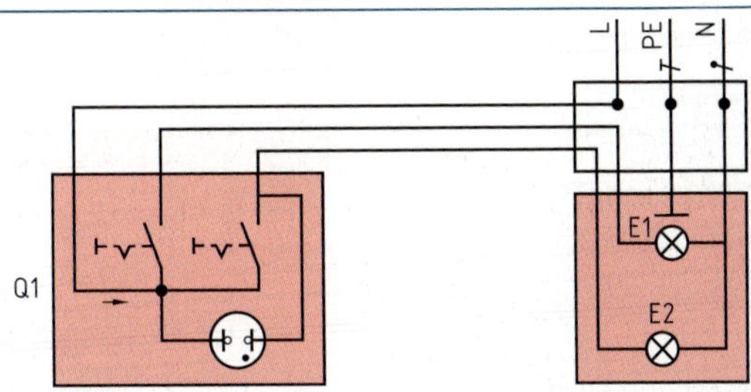

EI

Wechselschaltung, Kreuzschaltung Three- and Four-way Switch Circuits

Schaltung	Übersichtsschaltplan	Stromlaufplan Darstellung ① zusammenhängend, ② halb zusammenhängend
Wechselschaltung mit beleuchteten Wechselschaltern	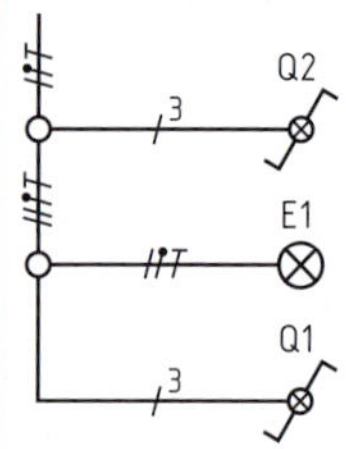	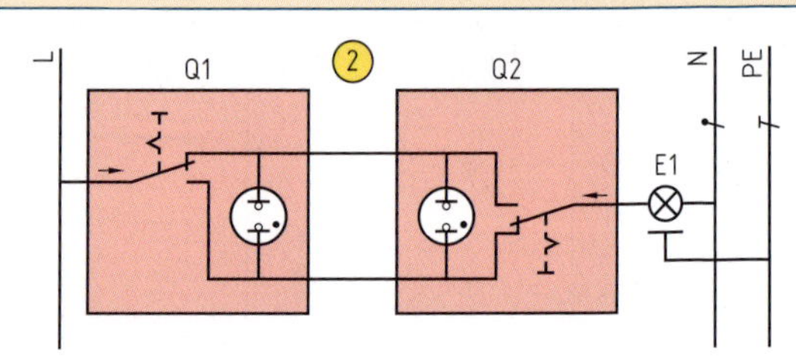
Wechselschaltung mit Steckdose	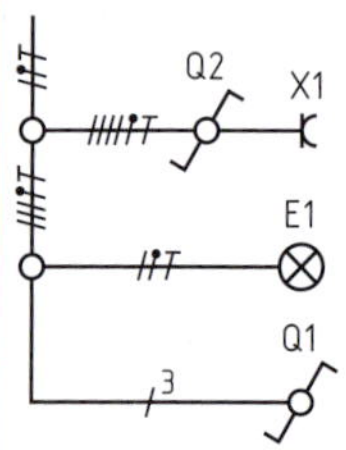	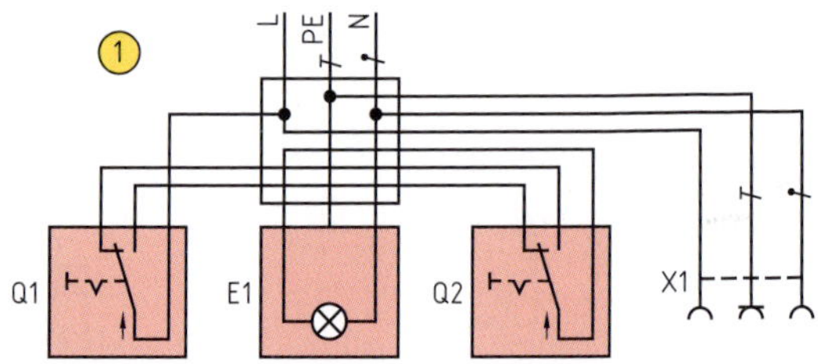
Sparwechselschaltung mit Steckdose	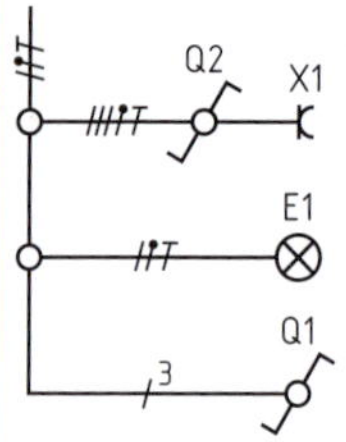	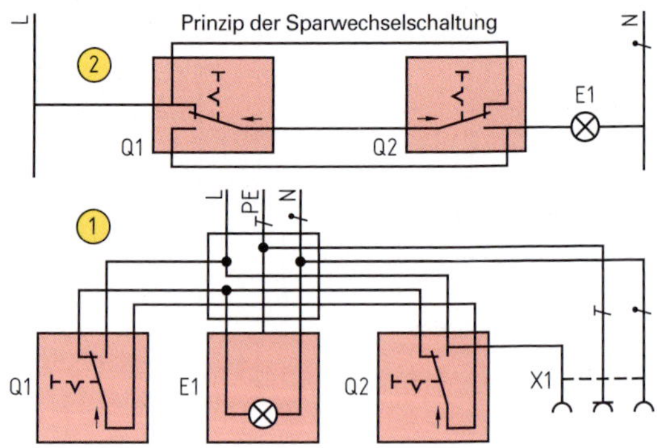
Sparwechselschaltung mit einem Kontroll-Wechselschalter und einem beleuchtetem Wechselschalter	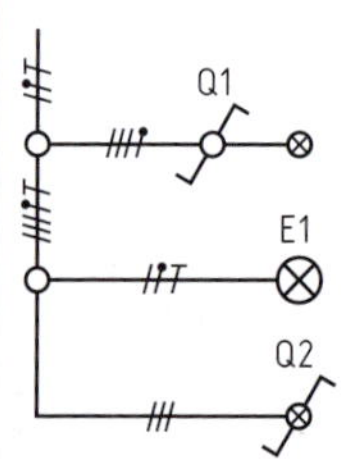	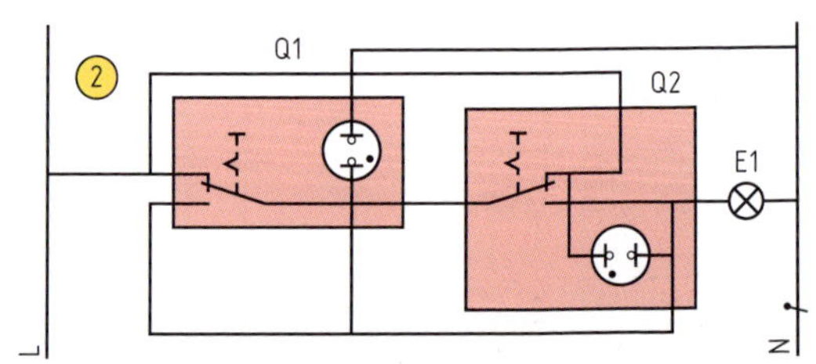
Kreuzschaltung mit äußeren Wechselschaltern	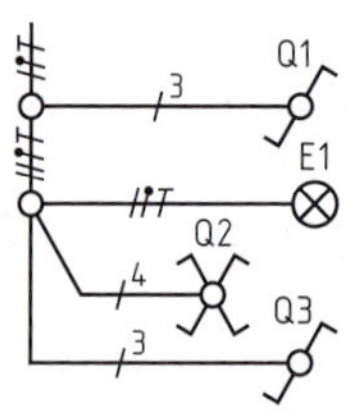	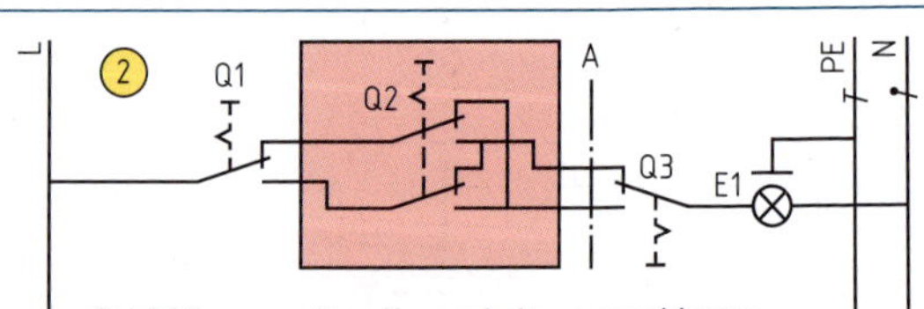 Bei A können weitere Kreuzschalter angeschlossen werden, Anschluss wie Q2.

Treppenlichtzeitschalter, Hausklingelanlage mit Türöffner

Automatic Switch for Staircase, Doorbell System with Door Opener

Übersichtsschaltplan	Stromlaufplan
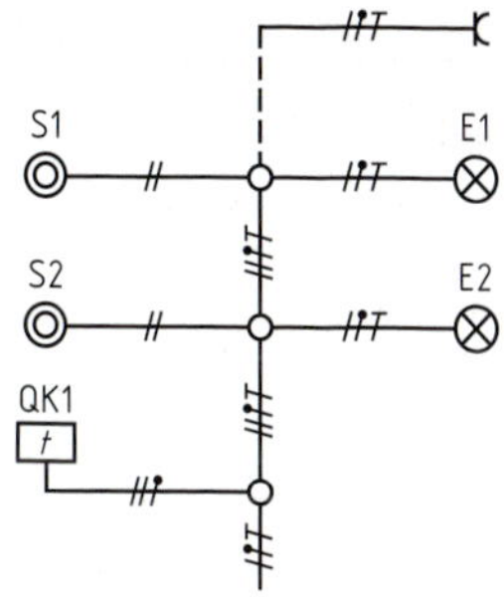 **Treppenlichtzeitschalter, sogenannter Dreileiteranschluss, nicht nachschaltbar vor Abschaltung**	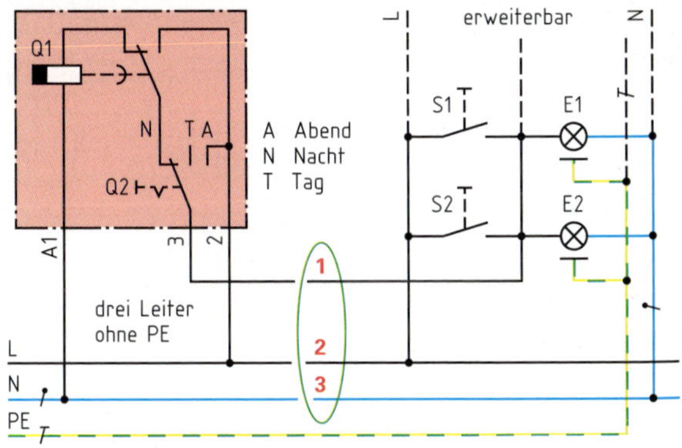
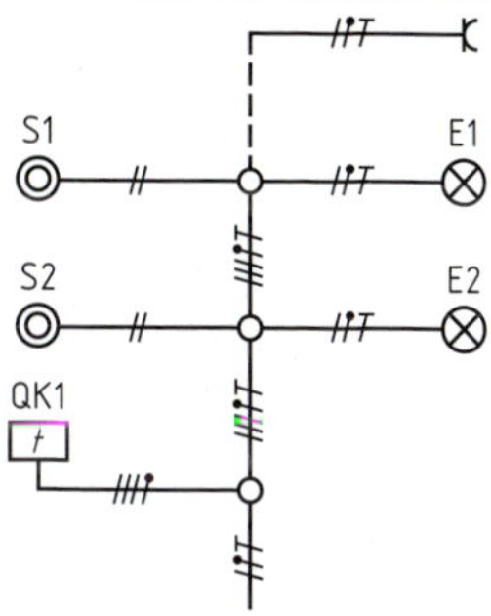 **Treppenlichtzeitschalter, sogenannter Vierleiteranschluss, nachschaltbar vor Abschaltung**	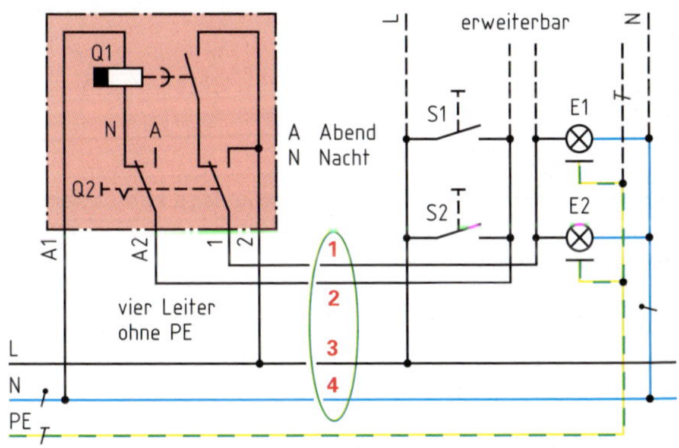
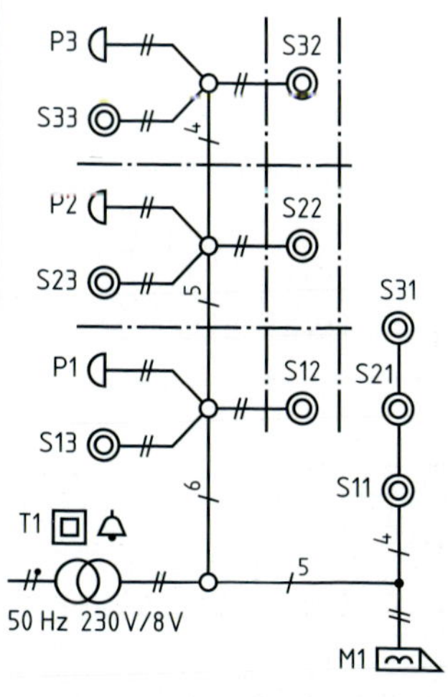 **Hausklingelanlage mit Türöffner**	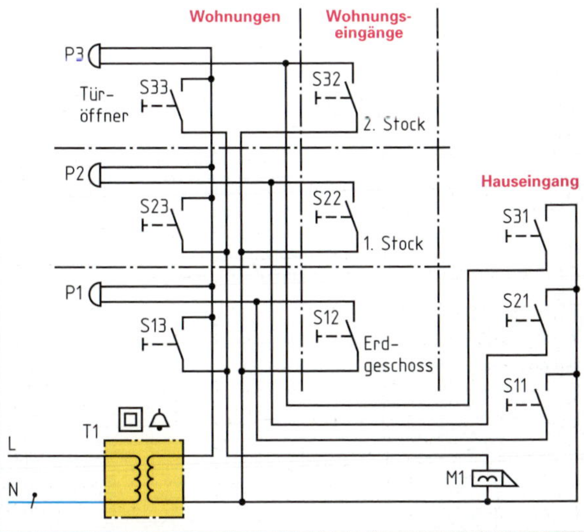

Schaltungen mit Stromstoßschaltern Circuits with Latching Relays

Installationsschaltungen

Stromlaufplan | Übersichtsschaltplan

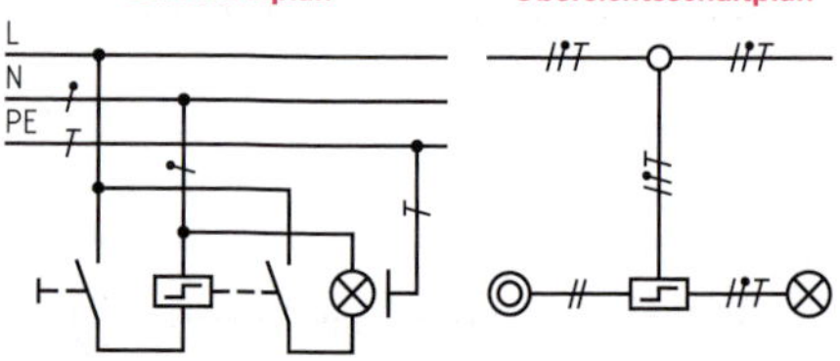

Mit Netzspannung gesteuert

Stromlaufplan | Übersichtsschaltplan

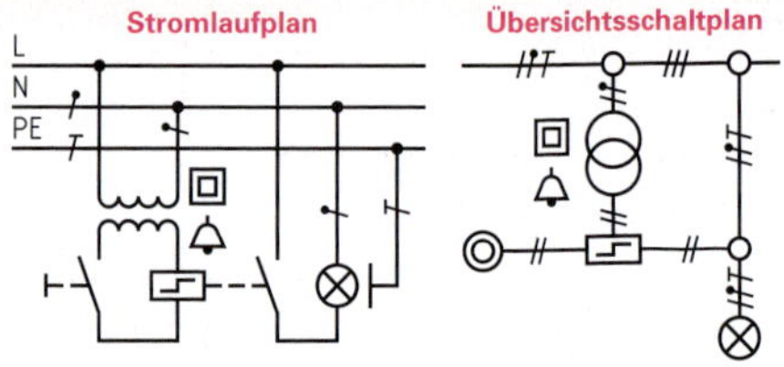

Mit Kleinspannung gesteuert

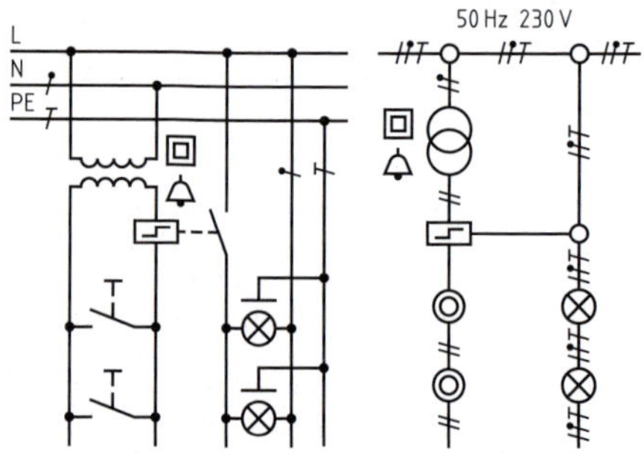

Wechselschaltung, erweiterbar

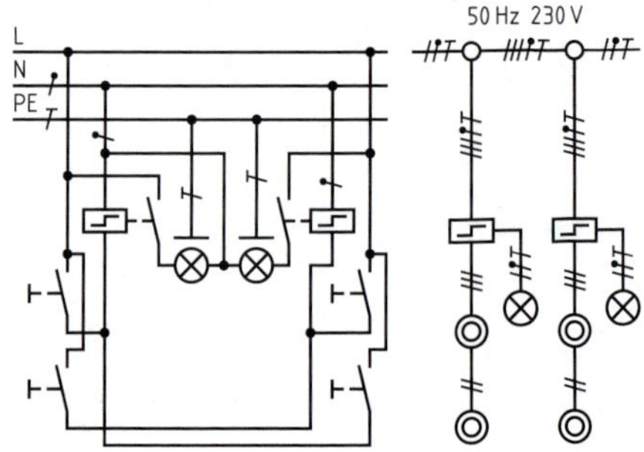

Serienwechselschaltung

Starkstromanlage und Schwachstromanlage kombiniert

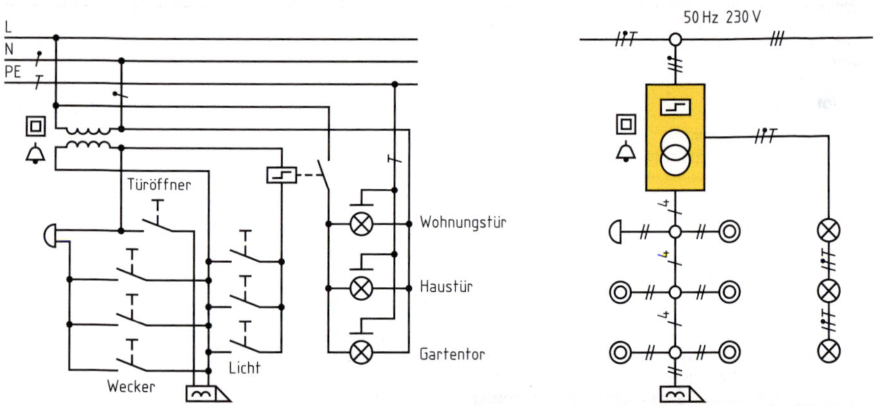

Beispiel: Eine Wechselschaltung ist mit vieradriger Stegleitung ausgeführt. Nachträglich soll unter jedem Schalter eine Steckdose angebracht werden.

Lösung: Mit Stromstoßschalter und Tastern.

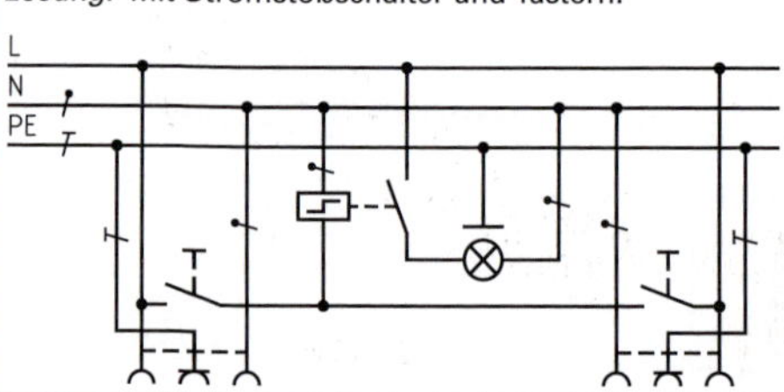

Daten von Stromstoßschaltern

Schaltleistung	Arbeitskontakte 10 A bei AC 250 V, Hilfskontakte 1 A		
Steuerspannung	AC 8 V	AC 24 V	AC 230 V
Steuerstrom	380 mA	140 mA	15 mA
Einschaltdauer	100%		
Betriebsbereich	von AC 6 V bis AC 230 V (3,5 VA) von DC 1,6 V bis DC 60 V (2 W)		

Jalousieschaltungen 1 Louvre-control Circuits 1

Jalousiesteuerungen mit Jalousieschaltern

Schaltungsart	Stromlaufplan, Merkmal	Übersichtsschaltplan, Bemerkungen
Jalousie-steuerung	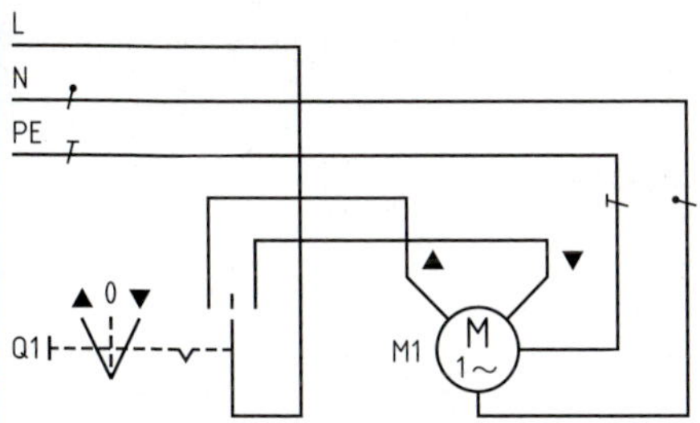 Q1 kann wahlweise ein Jalousie-Schalter oder ein Jalousie-Taster sein.	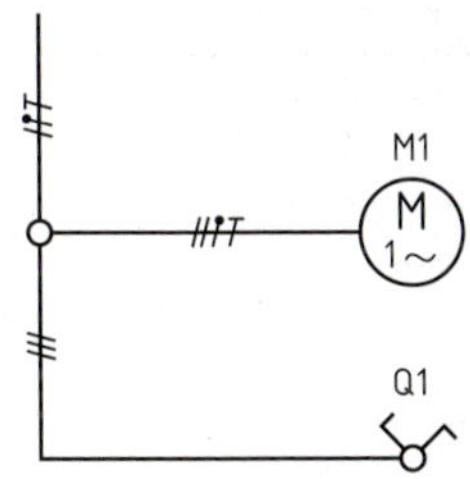
Schaltung eines einfachen Rohrmotors	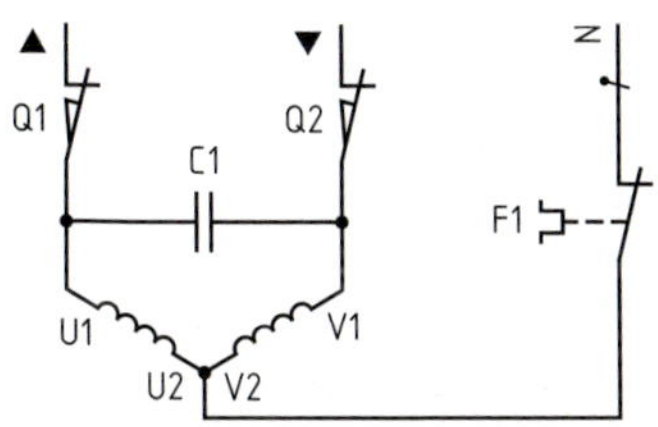	statt AUF auch Symbol ▲ statt AB auch Symbol ▼ Q1 Endschalter für Bewegung Öffnen (zugänglich) Q2 Endschalter für Bewegung Schließen (nicht zugänglich) C1 Betriebskondensator zur Drehfelderzeugung F1 interner Motorschutzschalter (kann entfallen)
Verbotene Schaltung von 2 einfachen Rohrmotoren mit einem einpoligen Jalousie-Schalter. Schaltung ist aber zulässig bei speziellen Rohrmotoren mit zusätzlicher Elektronik.	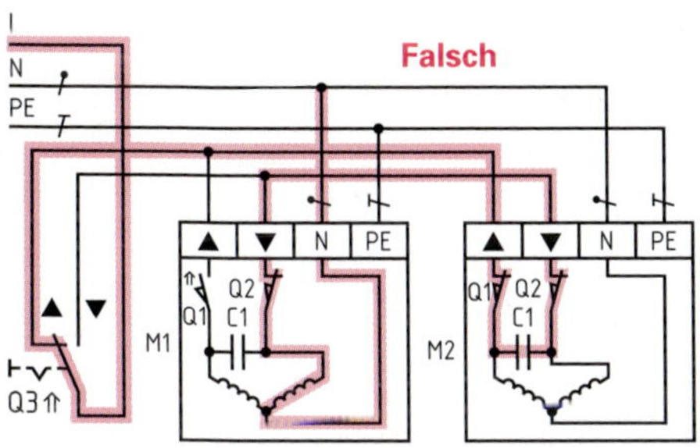 Bei dieser Schaltung kann ein Jalousiemotor die Endstellung vor dem anderen erreichen, z. B. M1 vor M2. Dann bekommt der Jalousiemotor M1 über C1 und Q2 des Jalousiemotors M2 Spannung und fährt abwärts. Dadurch würde ein ständiges Auf- und Abwärtsfahren beider Motoren erfolgen.	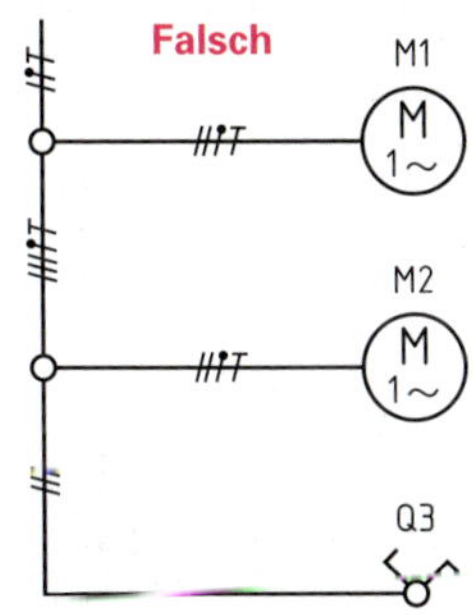

Jalousiemotor (Rohrmotor)

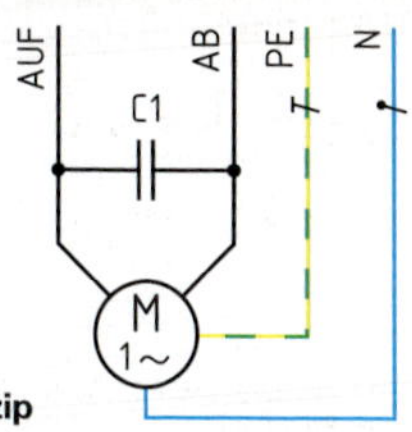

Prinzip

Ansicht

Jalousieschaltungen 2 Louvre-control Circuits 2

Ansteuerung mehrerer Jalousiemotoren mit einem Schalter

Schaltungsart	Stromlaufplan
2 Jalousiemotoren mit 2-poligem Jalousieschalter	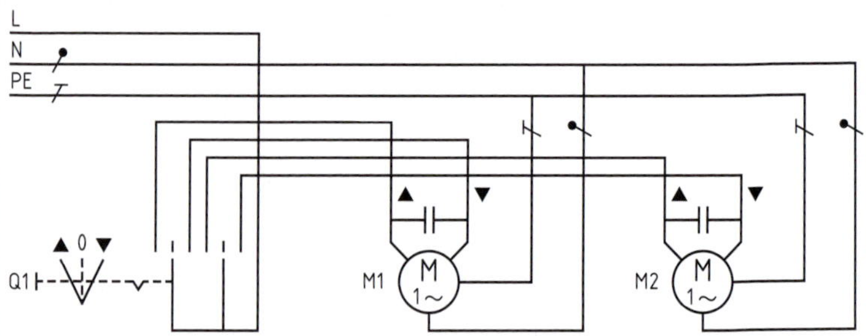
3 Jalousiemotoren mit Trennrelais	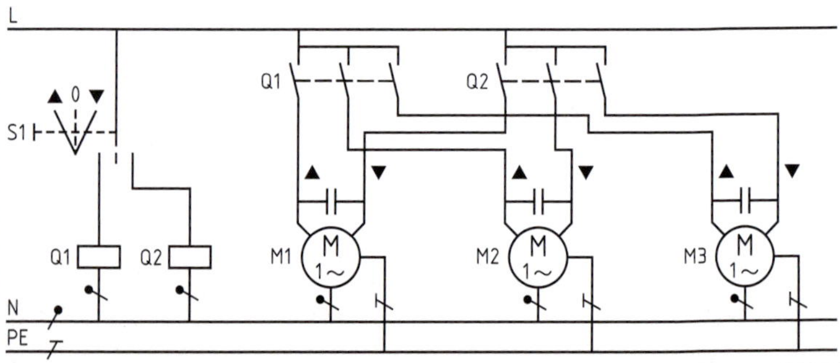

Elektronische Jalousiesteuerungen

Funktionsprogramme	Stromlaufplan	Bemerkungen
Windsensorik Helligkeitssensorik Regensensorik Zufallsprogramm Astroprogramm Zentralbefehl	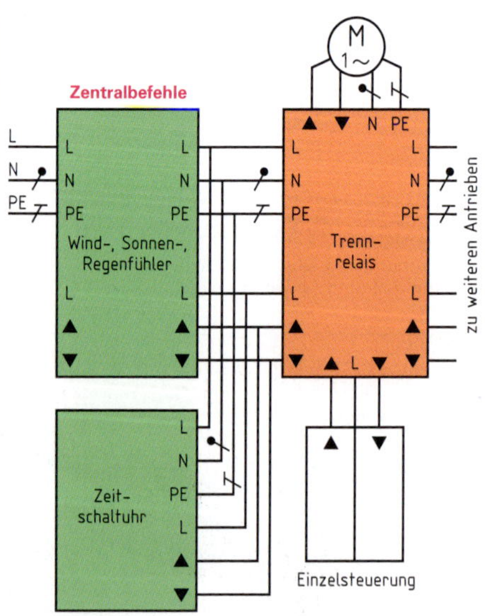	Diese elektronischen Steuerungen werden in herkömmlicher Technik, in Funktechnik oder Bustechnik angeboten und sind programmierbar. Damit schalten sie die Jalousien automatisch bei vorgegebenen Ereignissen. • Bei zu starkem Wind wird die Jalousie aufgefahren und die manuelle Bedienung gesperrt. • Bei Sonnenschein wird die Jalousie abgefahren, auf Wunsch nur bis zu einer Zwischenposition. • Die Jalousie wird zu den individuell eingestellten Schaltzeiten (für jeden Wochentag unterschiedlich) geöffnet oder geschlossen. Die Zeiten können so eingestellt werden, dass die Jalousien ungefähr mit den täglichen Sonnenaufgangs- und Sonnenuntergangszeiten schließen und öffnen. Durch ein Security-Programm (Sicherheits-Programm) kann das Öffnen und Schließen auch zu Zufallszeiten erfolgen.

EI

Sprechanlagen Intercom Systems

Türsprechanlagen

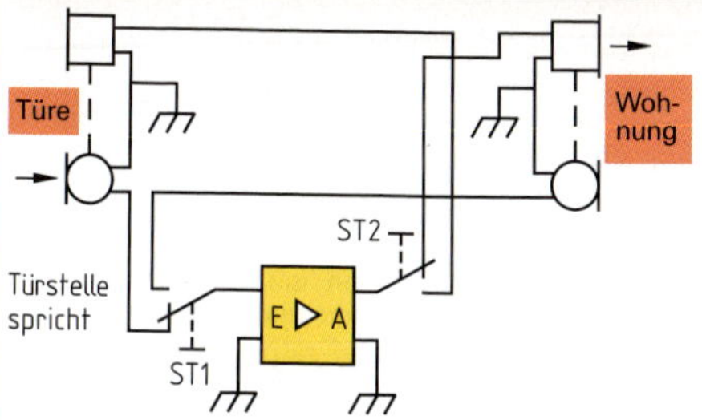

Türsprechanlage für Halbduplexbetrieb

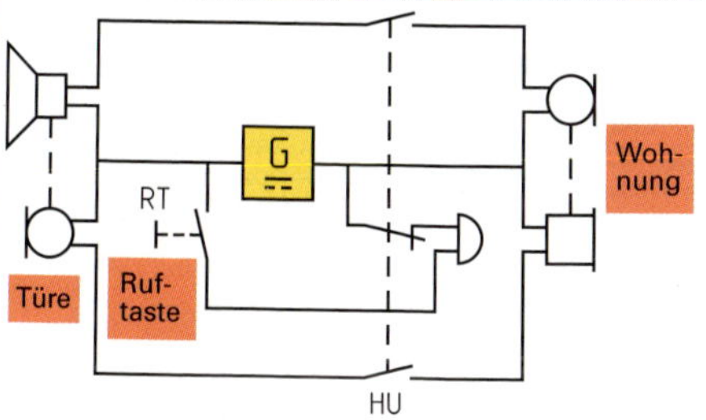

Türsprechanlage für Duplexbetrieb

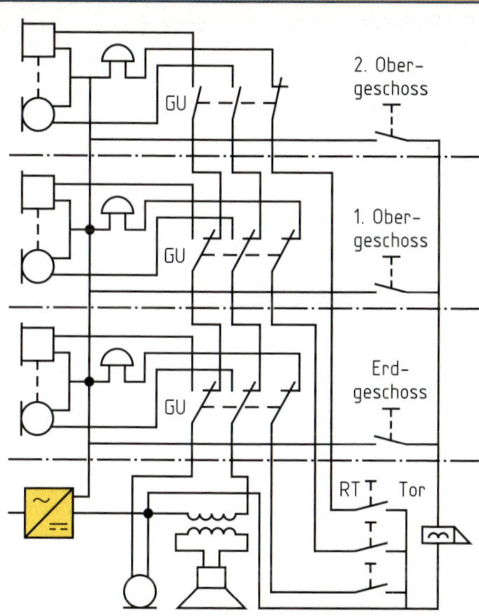

Türsprechanlage mit Türöffner

Haussprechanlagen

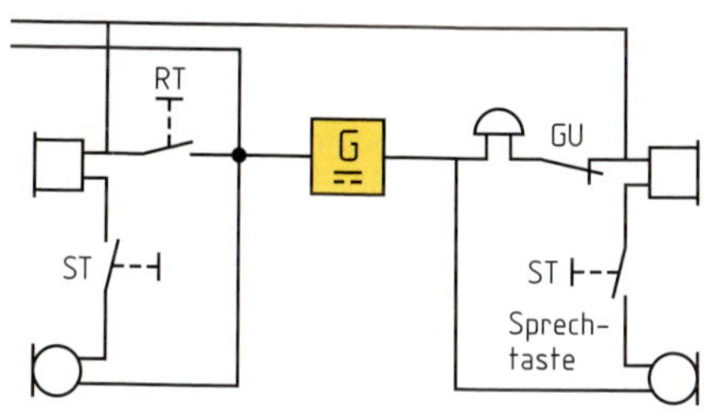

Anlage für einseitigen Anruf

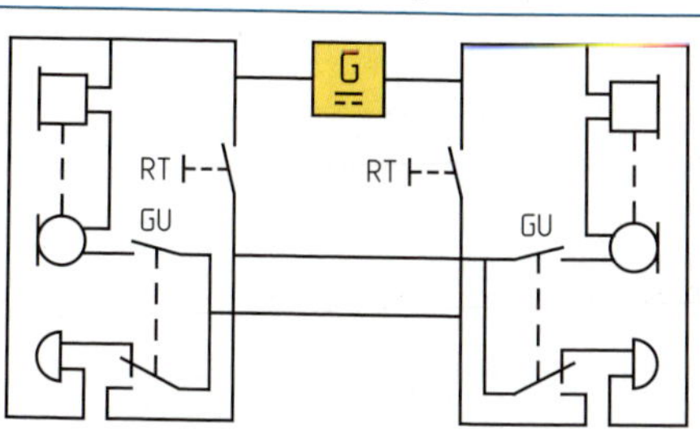

Anlage für gegenseitigen Anruf

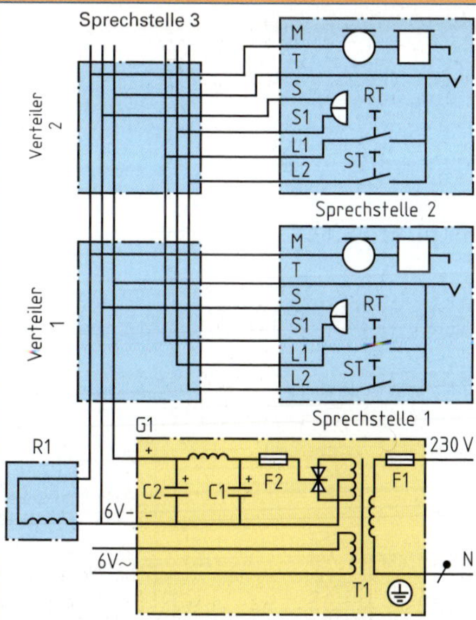

Haussprechanlage mit zwei Sprechstellen

GU Gabelumschalter

R1 Speisedrossel ab drei Sprechstellen

Duplexbetrieb: Gleichzeitige Sprachübertragung möglich

RT Ruftaste

ST Sprechtaste

Halbduplexbetrieb: Sprachübertragung nur in einer Richtung mittels Sprechtaste möglich

EI

Zweidraht-Türsprechanlagen Two-wire Door Intercom System

Schaltung	Erklärung	Bemerkungen

Audio-Türsprechanlage

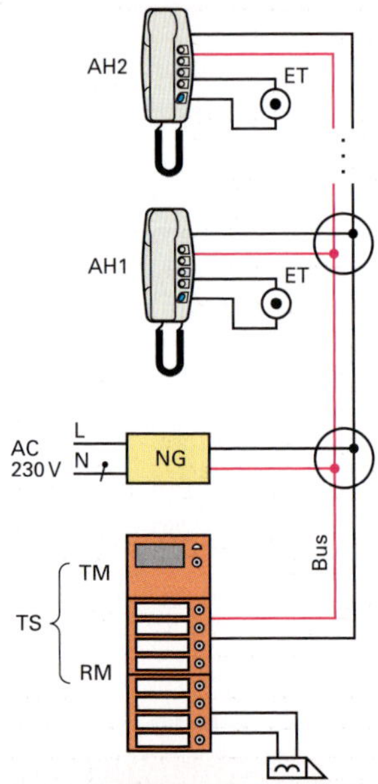

Jeder Teilnehmer nimmt nur die für ihn bestimmten Signale auf. Das Netzgerät *NG* versorgt über einen Bus die Geräte mit DC 27 V/1,2 A und mit AC 8 V. Über den Bus werden auch die Signale von der *Türstation TS* zu den *Audio-Hausstationen AH* übertragen. Als *Busleitung* ist eine verdrillte oder nicht verdrillte Leitung geeignet, z. B. JY(St)Y. Die maximale Entfernung zwischen Netzgerät und Teilnehmern ist vom Leiterdurchmesser und der Anzahl der Ruftasten abhängig.

Die Hausstationen enthalten *Tasten* für Rufen, Sprechen, Licht und Türöffner. Soll Licht eingeschaltet werden, muss in der Anlage ein *Relais*, z. B. genannt Aktivator, enthalten sein (siehe Video-Türsprechanlage). Der Türöffner kann bei kleiner Leistung direkt angeschlossen werden, bei großer Leistung über ein *Türöffnerrelais*.

Die Zuordnung der AH zu den Tasten der TS nennt man *Konfiguration*. Sie erfolgt z. B. mittels steckbarer Konfiguratoren (genauer Widerstände).

Alle Hausstationen werden in aufsteigender Reihenfolge konfiguriert. Die unterste Hausstation sollte auch der untersten Ruftaste zugeordnet sein. Das Netzgerät wird nicht konfiguriert. Bei einer Änderung der Konfiguration muss die Anlage nach Herstellerangaben abgeschaltet werden. Nach Änderung durch Umstecken von Konfiguratoren ist Abschalten und Wiedereinschalten erforderlich.

Der Türruf (nach Betätigung der Ruftaste an der Türstation) an der Hausstation erfolgt z. B. zweitönig mit 1200 Hz/600 Hz. Kurze Betätigung der Türöffnertaste an der Hausstation bewirkt ein Ansteuern des Türöffners von z. B. 4 s.

www.seko-bticino.de, www.gira.de, www.tcs-germany.de, www.zublin.de

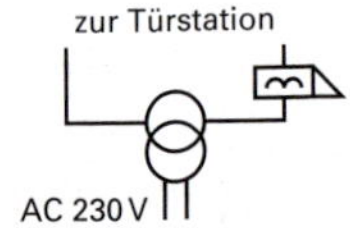

Türöffner großer Leistung

Video-Türsprechanlage

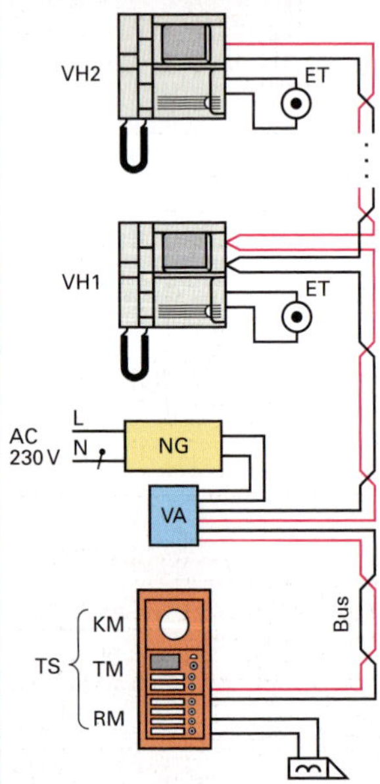

Die Video-Türsprechanlage arbeitet mit einer höheren Frequenz für das Videosignal des *Bildschirmes* als die Audio-Türsprechanlage. Deshalb muss als Busleitung eine *verdrillte* Leitung verwendet werden, z. B. UTP bzw. STP. Außerdem ist zwischen Netzgerät und Türstation ein *Video-Adapter* VA mit einem Bus-Eingang und einem Bus-Ausgang erforderlich. Eine Abzweigung mittels Abzweigdosen ist nicht zulässig.

Es muss für die Hausstationen entweder die Reihenschaltung durch die *In-Out-Anschlusstechnik* (dieselbe Klemme für Eingang und Ausgang, **Bild links)** angewendet werden oder es sind *Signalverteiler* **(Bild rechts)** erforderlich. Mit diesen kann die Busleitung sternförmig oder baumförmig verlegt werden. Signalverteiler für die Etage werden als *Etagenverteiler* bezeichnet.

Wie bei der Audio-Türsprechanlage sind vor jeder Wohnungstür Etagen-Taster angeordnet, welche die Hausstation ansteuern.

Das Kamera-Modul der Türstation kann von der Hausstation aus geschwenkt werden und mit Infrarot-LEDs den Sehbereich beleuchten, sodass auch ohne Licht der Besucher erkennbar ist. Über einen Kamera-Umschalter können mehrere Kameras angeschlossen und damit mehrere Eingänge überwacht werden. Über ein Kamera-Interface kann auch eine externe Video-Kamera angeschlossen werden.

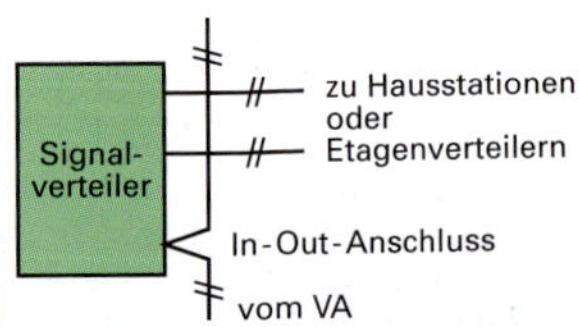

Aufteilung des Video-Busses

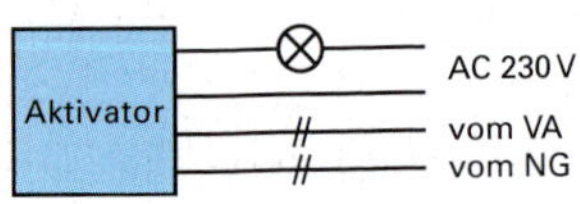

Anschluss des Aktivators

AH	Audio-Hausstation	NG	Netzgerät	TS	Türstation
ET	Etagen-Taster	RM	Ruftasten-Modul	VA	Video-Adapter
KM	Kamera-Modul	TM	Türlautsprecher-Modul	VH	Video-Hausstation

Lampenschaltungen mit Dimmern Lamp Circuits with Dimmers

Art	Bemerkungen, Übersichtsschaltplan	Schaltung
Prinzip der Dimmer-schaltung	R1 Ladewiderstand für C1 R3 Triggerdiode (Diac) Q1 Triac R2 C2 Netzwerk zur Verhinderung der Schalthysterese Je nach Einstellung von R1 findet ein symmetrischer Phasenanschnitt statt.	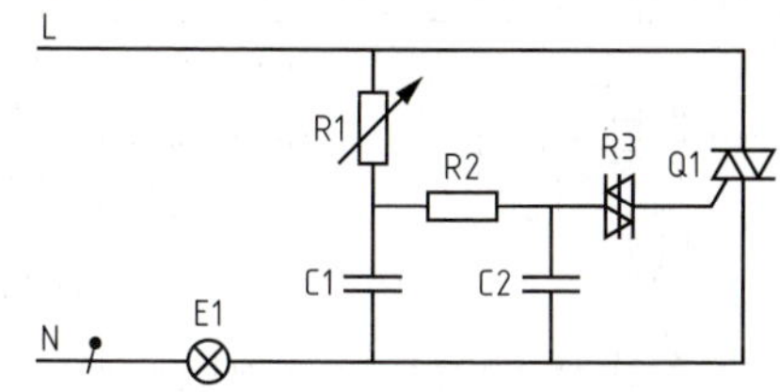
Dimmer mit Leistungs-zusatz (Prinzip der Innen-schaltung dargestellt)	Dimmer haben eine Bemessungsleistung von 300 W bis 1000 W bei Glühlampenlast. Sind 4 Anschlussklemmen vorhanden, kann ein Leistungszusatz angeschlossen werden. Die Wirk-Grundlast muss mindestens 20 W betragen. Die Schaltung der aktuellen Dimmer besteht aus einem IC, der mit Potenziometer, Schmelzsicherung und Schalter bestückt ist.	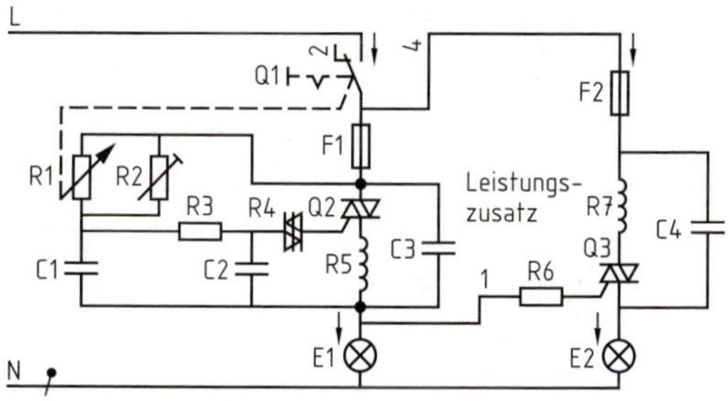
Dimmer mit Leistungs-zusatz (Dimmer beleuchtet)	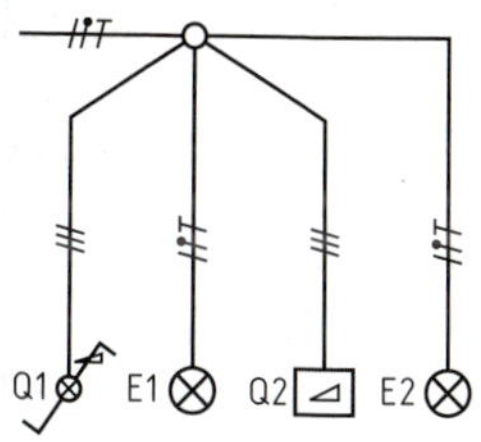	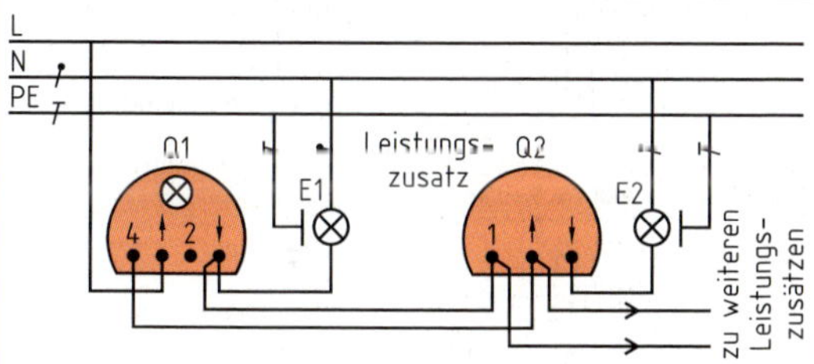
Wechsel-schaltung mit beleuchtetem Wechsel-schalter und beleuchtetem Dimmer	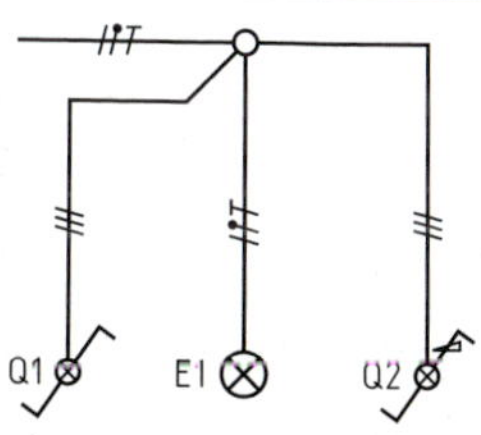	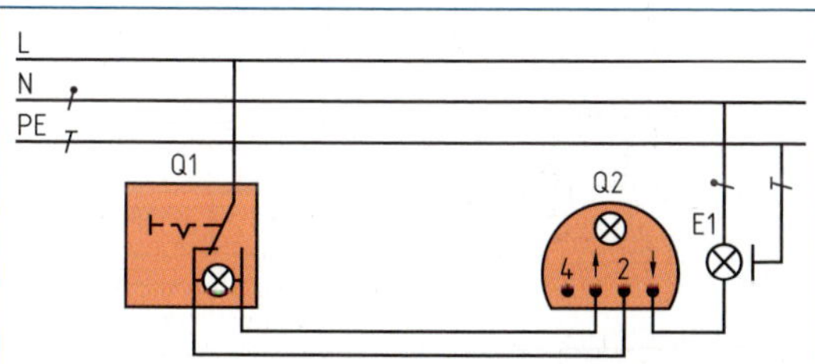
Schaltung von Leucht-stofflampen an dimm-baren EVG (Elektro-nischen Vorschalt-Geräten)	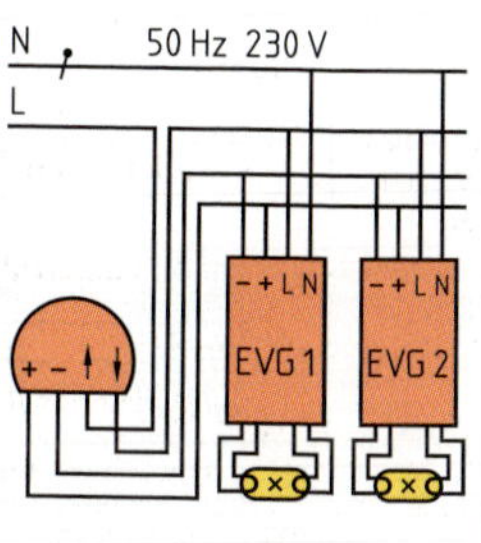 **Schaltung mit „elektronischem Potenziometer“**	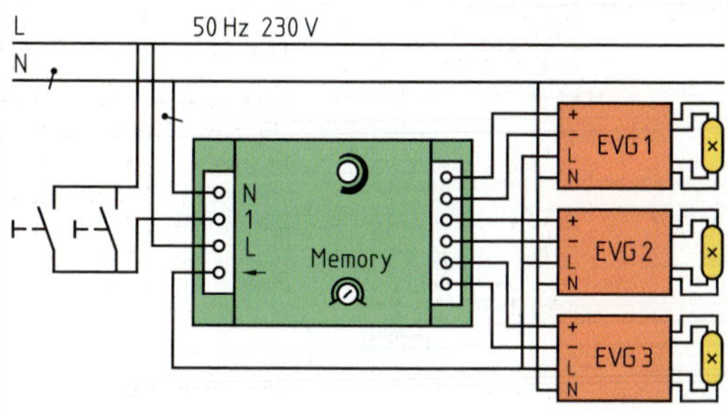 **Anschluss an Steuereinheit**

Tastdimmer, Dimmertypen Push-button Dimmer, Types of Dimmers

Schaltung und Aufgabe

Stromlaufplan	Übersichtsschaltplan	Aufgabe, Bemerkungen
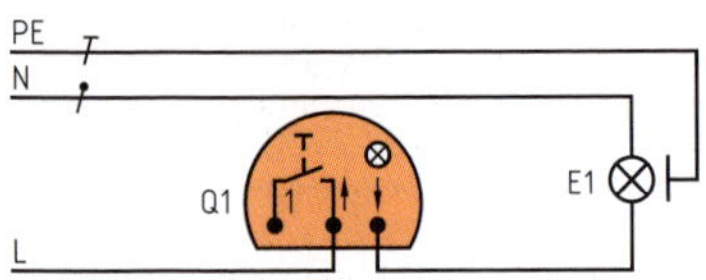 **Ausschaltung mit beleuchtetem Tastdimmer**	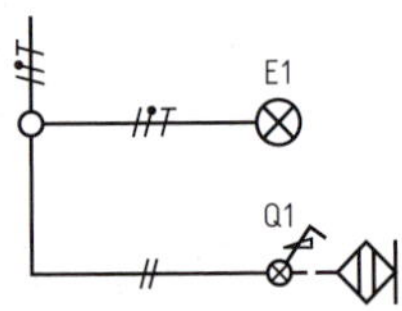	Der Tastdimmer wird durch einen Kurzhubtaster angesteuert. Bei kurzer Betätigung erfolgt das Schalten, und zwar je nach vorhergehendem Betriebszustand nach EIN oder AUS. Bei anhaltender Betätigung erfolgt das Dimmen, und zwar je nach Dauer entweder nach DUNKEL oder nach HELL.
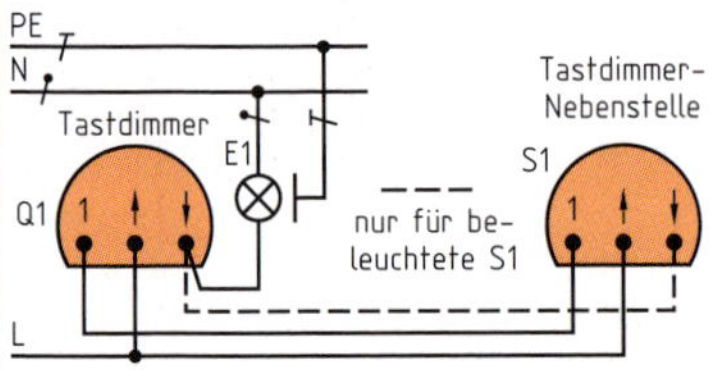 **Wechselschaltung mit Tastdimmer und Tastdimmer-Nebenstelle**	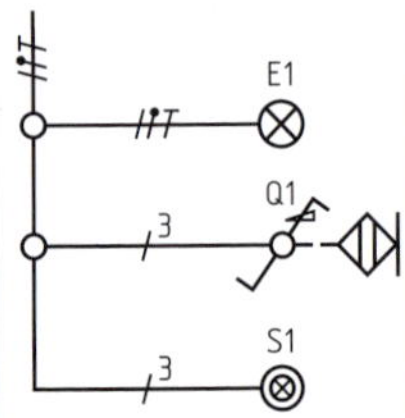	Die Tastdimmer-Nebenstelle ermöglicht in derselben Weise wie der Tastdimmer selber das Schalten und das Dimmen. Es können mehrere Tastdimmer-Nebenstellen in der angegebenen Weise angeschlossen werden. Bei beleuchteten Nebenstellen ist eine dreiadrige Zuleitung erforderlich, sonst genügt eine zweiadrige. www.gira.de
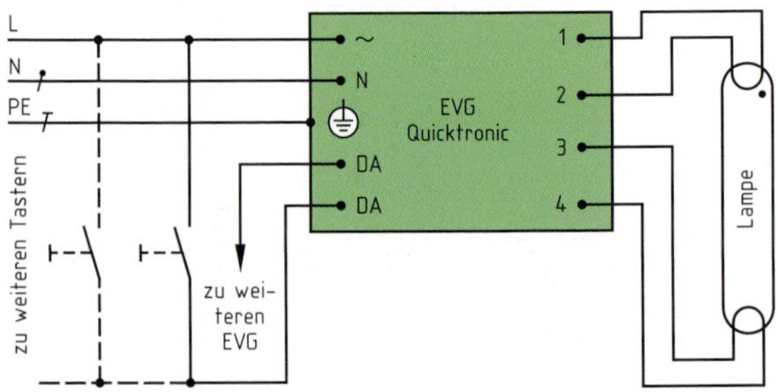 **Touch DIM für DALI**		Beim DALI-System (von Digital Addressable Lighting System) ist die Elektronik des Tastdimmers in das elektronische Vorschaltgerät EVG Quicktronic integriert. Dadurch ist die Ansteuerung für Schalten (kurzes Betätigen) oder für Dimmen (langes Betätigen) durch einfache Taster möglich. Für große Anlagen ist ein Steuergerät vorgesehen, über das maximal 64 Betriebsgeräte ansteuerbar sind. www.osram.com, www.zumtobel.at

EI

Dimmertypen

Art der Last mit Lastsymbol		Dimmertyp mit Dimmersymbol				
		Standard R	NV-Anschnitt R, L	Abschnitt R, C	Universal R, L, C	Drehzahl Ⓜ
Glühlampen 230 V	R	×	×	×	×	○
NV-Halogenlampen dimmbarer Trafo Typ L	L	○	×	○	×	○
NV-Halogenlampen Typ C	C	○	○	×	×	○
NV-Halogenlampen Elektronik-Trafo Typen L, C	L, C	○	×	×	×	○
Universal-motoren	Ⓜ	○	○	○	○	×

○ keine Übereinstimmung (nicht verwendbar),
× Übereinstimmung (verwendbar)

Automatikwächter mit Wärmesensor Automatic Controller with Heat Sensor

Betriebsmittel

Benennung	Ansicht	Erklärung
Wärmesensor Automatikwächter Sendemodul	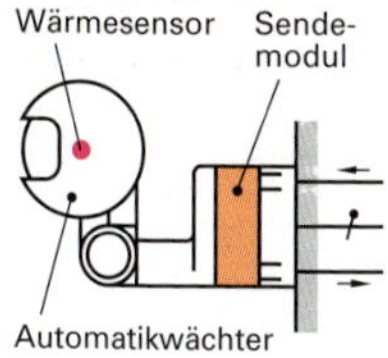	Der Wärmesensor im Inneren des Automatikwächters nimmt die durch eine Linse gebündelte Infrarotstrahlung, z.B. eines Menschen, auf und setzt sie in eine Spannung um, solange sich die Infrarotstrahlung ändert. Die verstärkte Spannung steuert einen Zeitschalter im Automatikwächter an. Der Automatikwächter schaltet eine Last ein, z.B. eine Lampe, wenn eine Änderung der Infrarotstrahlung eintritt. Die Abschaltung erfolgt verzögert nach Ende der Änderung. Das Sendemodul (Modul = Baugruppe) kann an den Automatikwächter angebaut werden. Es liefert die Schaltsignale des Automatikwächters mit etwa 120 kHz an das Lichtnetz.
Fernschaltmodul	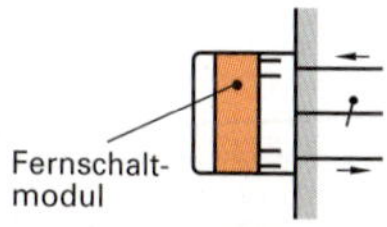	Das Fernschaltmodul wird an einer beliebigen Stelle des Lichtnetzes angeschlossen und empfängt dort die Signale des Sendemoduls. Es setzt diese in Schaltspannungen um, mit denen dort eine Last geschaltet wird.

Schaltungen

Schaltungsart	Übersichtsschaltplan	Stromlaufplan
Lampenschaltung mit Automatikwächter	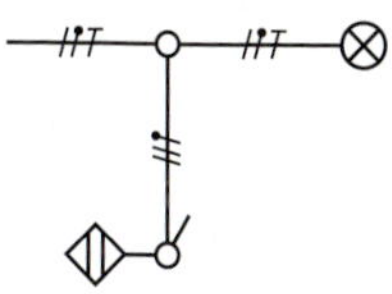	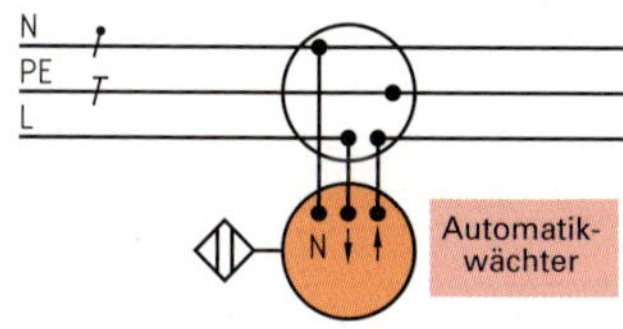 Schaltzeichen der Automatikwächter sind nicht genormt
Lampenschaltung mit Automatikwächter für EIN und Taster für AUS	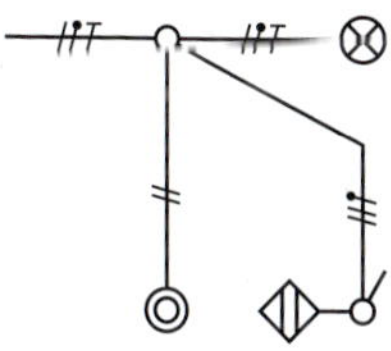	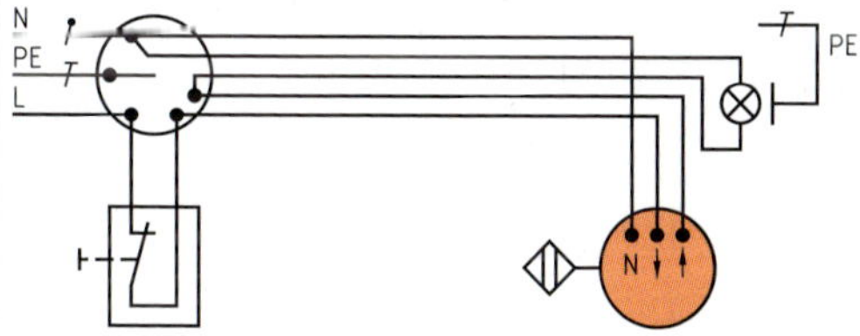
Kombination von Automatikwächter und Treppenlichtzeitschalter	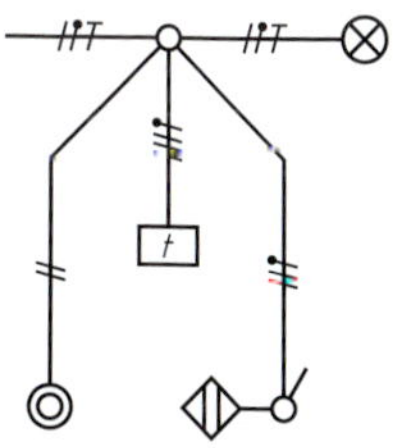	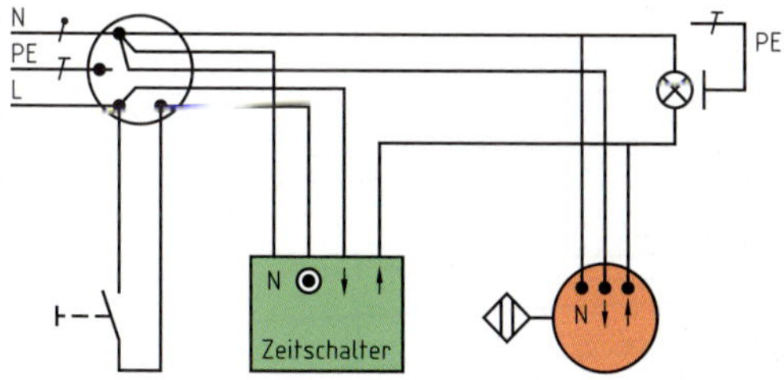
Schaltung mit mehreren Automatikwächtern	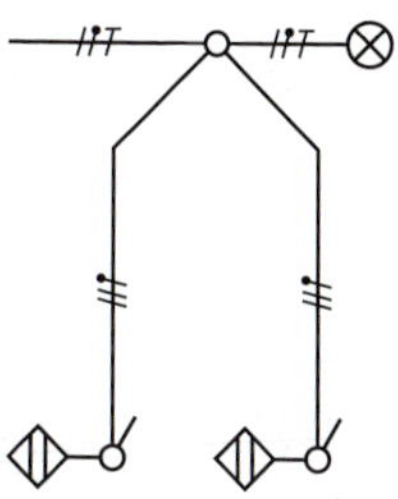	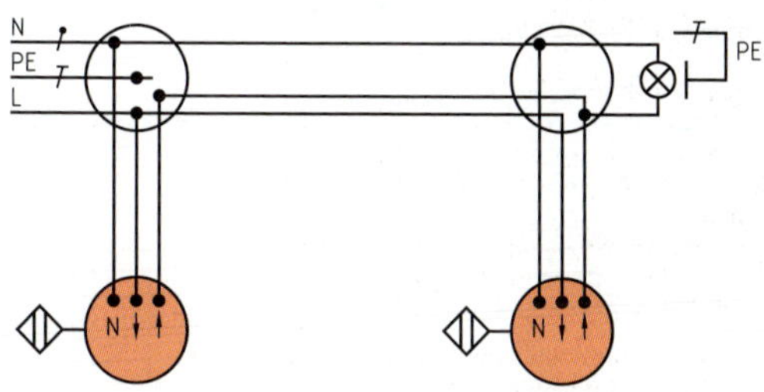

Automatikschalter mit Ultraschall-Bewegungssensor
Automatic Switch with Ultrasonic Motion Sensor

Betriebsmittel

Benennung	Erklärung	Schaltung
Bewegungssensor (Ultraschallsensor) mit Stromversorgung T1	Ein Generator speist mit etwa 33 kHz einen Lautsprecher für das Ultraschallsignal. Bei Reflexion an einem bewegten Körper tritt eine Frequenzänderung ein, die vom Mikrofon aufgenommen wird.	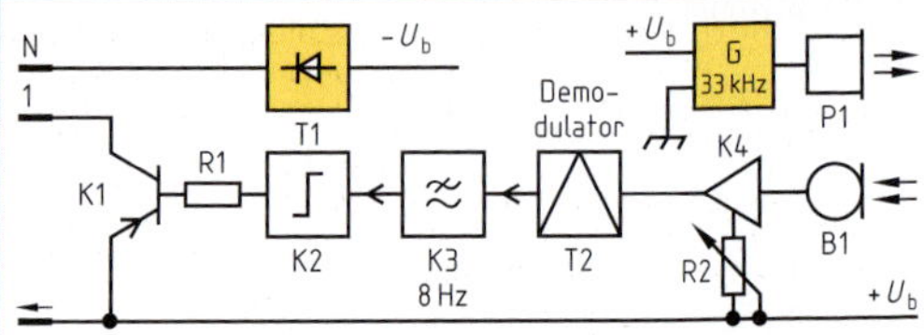
Zeitschalter für Automatikschalter	Der Bewegungssensor B 1 steuert den Zeitschalter an. Dieser enthält ein Monoflop, welches ein Schütz (beim Zeitschalter für Glühlampen und Leuchtstofflampen) oder einen Triac (beim Zeitschalter für Glühlampen) ansteuert.	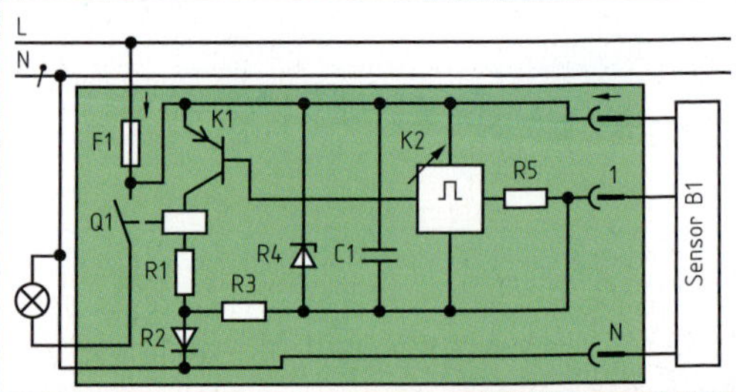

Schaltungen

Schaltungsart	Übersichtsschaltplan	Zusammenhängender Stromlaufplan
Ausschaltung mit Automatikschalter für Glühlampen	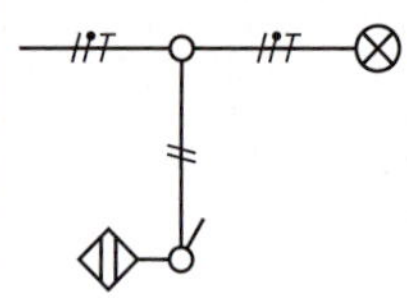	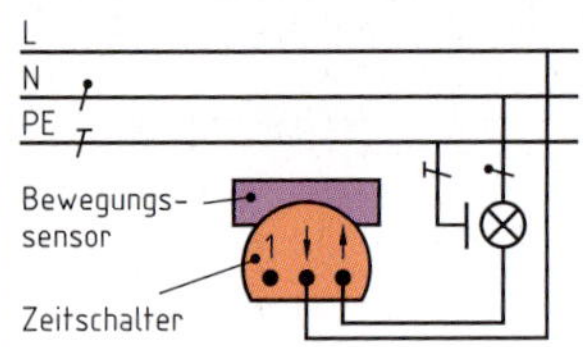 Der indirekte N-Leiter-anschluss des Sensors über die Last ist nur bei Glühlampen möglich.
Wechselschaltung mit Automatikschalter für Glühlampen	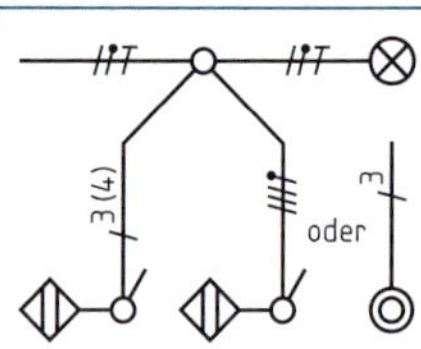	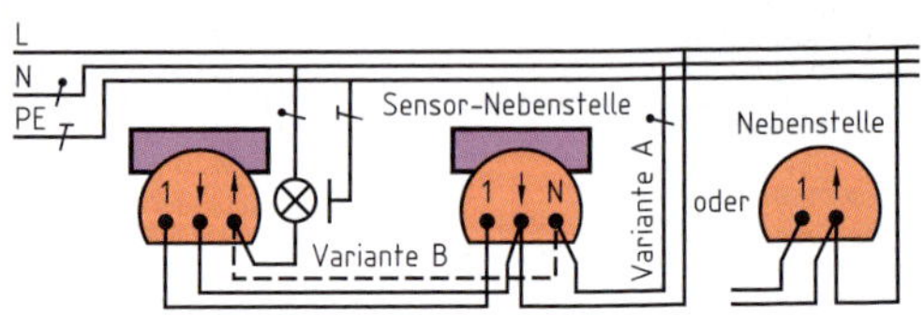
Ausschaltung mit Automatikschalter für Glühlampen und Leuchtstofflampen	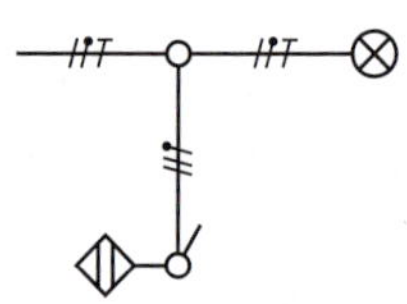	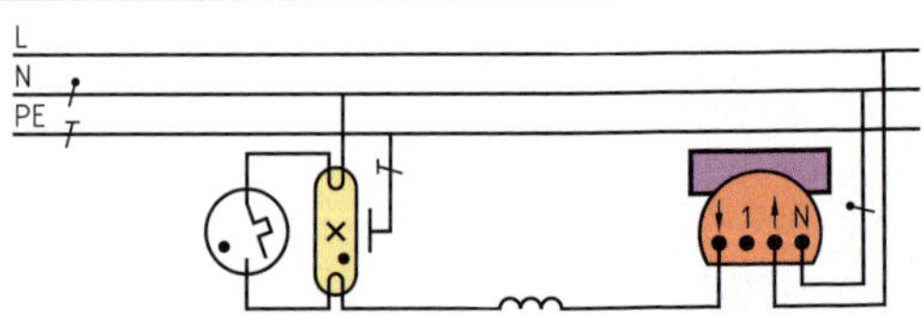
Kreuzschaltung mit Automatikschalter für Glühlampen und Leuchtstofflampen und zwei verschiedenen Nebenstellen	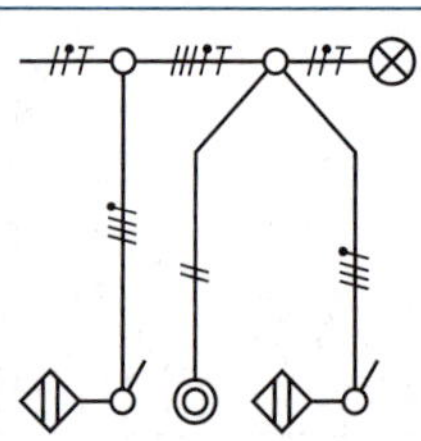	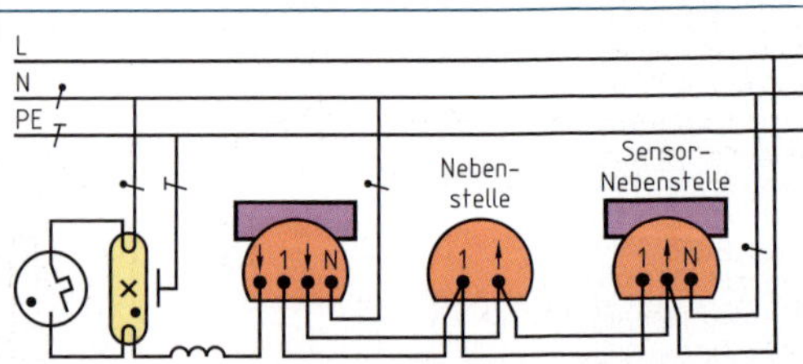

Elektroinstallation mit Niedervolt-Halogenglühlampen
Electrical Installation with Low-voltage Halogen Lamps

Betriebsmittel

Benennung	Erklärung	Prinzip, Wirkungsweise, Bemerkungen
50-Hz-Transformator, 230 V	Herabsetzung der Spannung auf die Betriebsspannung von 6 V, 12 V oder 24 V.	Wegen der großen Lampenstromstärken wird die Eingangsseite des Transformators in Reihe zum Schalter geschaltet. Gewöhnliche Dimmer können meist nicht verwendet werden.
Elektronischer Transformator (z. B. TRONIC-Transformator)	Die 230-V-Spannung wird gleichgerichtet und danach mit etwa 40 kHz in wechselnder Richtung an die Eingangswicklung des eigentlichen Tranformators gelegt. Es entsteht eine mit 100 Hz modulierte Ausgangsspannung. Wegen der Induktivitäten von Last und Wandler folgt daraus ein fast konstanter Strom mit 40 kHz. Vorteil: Kleine Baugröße, keine Geräusche.	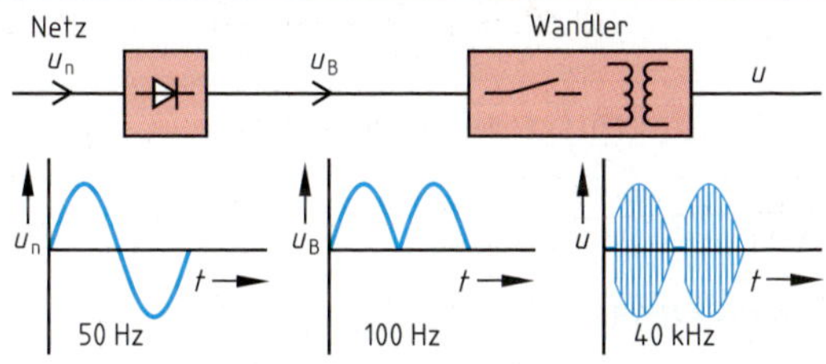 **Prinzip des TRONIC-Transformators**
NV-Halogen-Tastdimmer	Aufbau ähnlich wie beim normalen Tastdimmer, aber mit einer zusätzlichen RC-Beschaltung.	Durch die RC-Beschaltung wird der induktive Einfluss des Transformators für den Dimmvorgang ausgeglichen. Außerdem erhält der NV-Halogen-Tastdimmer wegen des Einschaltstromstoßes des Transformators und der Lampen eine träge Sicherung.
Elektronischer Dimmer (z. B. TRONIC-Dimmer)	Dieser Dimmer (Auschalter oder Wechselschalter) ist für die Ansteuerung der elektronischen Transformatoren geeignet. Dabei werden die 100-Hz-Abschnitte mit Abschnittsteuerung gesteuert.	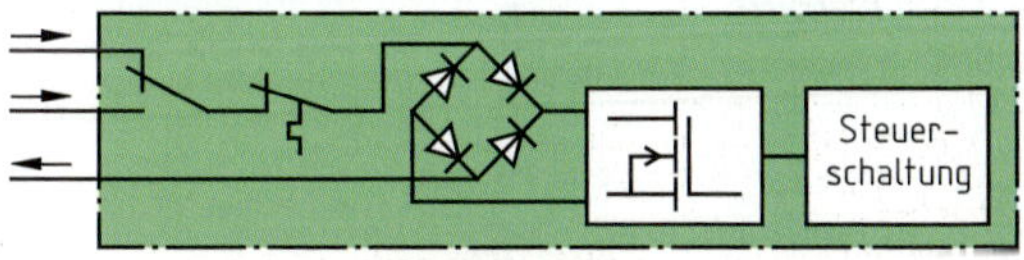 **TRONIC-Dimmer**

Schaltungen für NV-Halogenglühlampen

Schaltung	Übersichtsschaltplan	Zusammenhängender Stromlaufplan
Wechselschaltung mit NV-Halogen-Tastdimmer	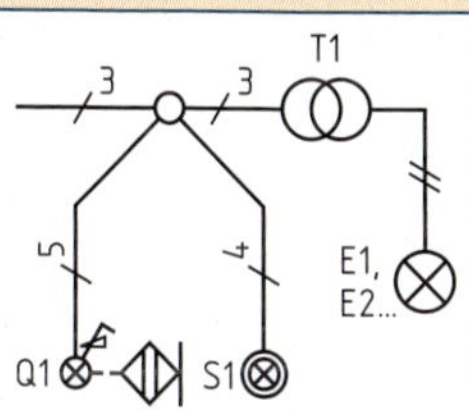	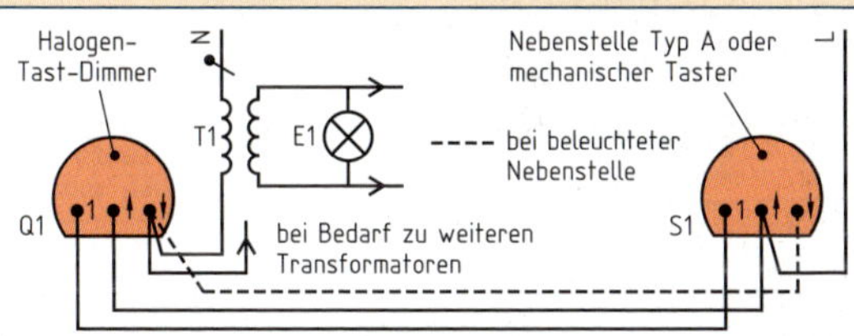
Ausschaltung mit elektronischem Transformator und elektronischem Dimmer (z. B. TRONIC-Transformator und TRONIC-Dimmer)	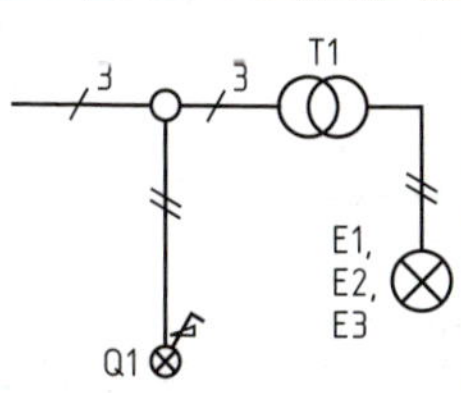	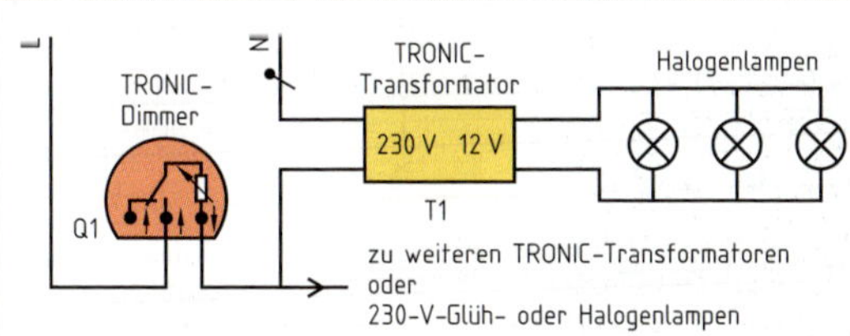
Kreuzschaltung mit elektronischem Dimmer und elektronischem Transformator (z. B. TRONIC-Dimmer und TRONIC-Transformator)	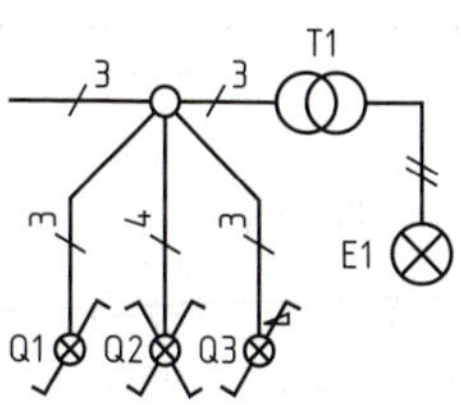	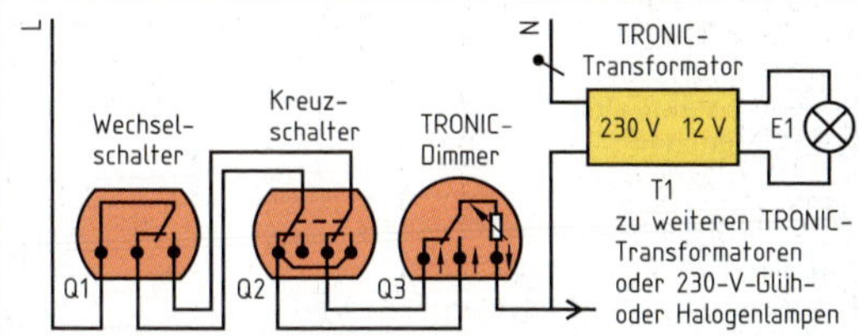

Feldarme Elektroinstallation Field-reducing Electrical Installation

Schaltung	Erklärung	Bemerkungen, Daten
Prinzip und Anlass		
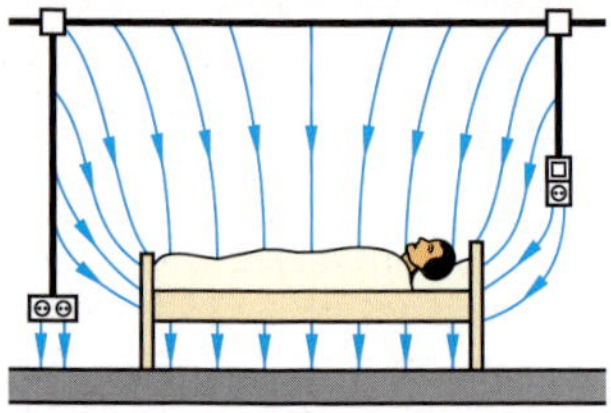 **Verformung des elektrischen Feldes durch ein Bett mit Metallteilen**	*Elektische Felder* treten um alle unter DC-Spannung oder AC-Spannung stehende Leitungen auf (im Bild blau dargestellt). *Magnetische Felder* treten auf, sobald ein Strom fließt. *Elektromagnetische Felder* treten bei AC auf. Sie haben einen E-Anteil und einen H-Anteil. *Metallteile*, besonders Eisen, beeinflussen den Feldverlauf.	Die bei DC auftretenden *Gleichfelder* treten in der Natur auch ohne elektrischen Strom auf, z.B. durch das Magnetfeld der Erde. Deshalb haben sich die Menschen im Laufe der Entwicklung an sie ohne Schaden gewöhnt. *Wechselfelder* durch AC sind stets künstlich hervorgerufen und viele Menschen befürchten eine Schädigung.
Netzabkopplung		
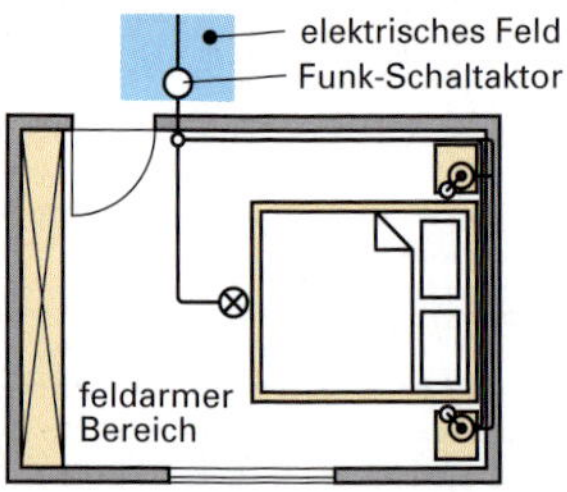 **Feldarme Elektroinstallation mittels Funksteuerung**	E-Felder werden durch geschirmte Leitungen und geschirmte Abzweigdosen vermieden (siehe Maßnahmen gegen EMI, Seite 234). H-Felder können bei 50 Hz kaum vermieden werden. Die Wirkung der Felder auf den Menschen ist am ehesten beim Schlafen zu befürchten. Wirksam ist in Ruheräumen die allpolige Abschaltung der Anlage des Raumes, z.B. durch einen Funk-Schaltaktor außerhalb des Raumes **(Bild)**.	Zur Steuerung des Schaltaktors ist ein Handsender zu verwenden (Seite 146). Das Sendesignal tritt nur ganz kurz auf. Die Stromversorgung erfolgt über eine Batterie mit niedriger DC-Spannung oder batterielos durch DC-Erzeugung des Handsenders bei Betätigung der Steuertasten, z.B. durch Piezo-Tasten. Der Handsender verringert den Komfort der Anlage, da er beim Einschalten im Dunkeln gefunden werden muss. www.berker.de, www.gira.de
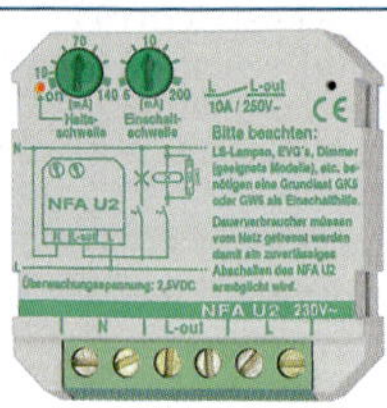 **Netzfeld-Abschaltautomat**	Einen höheren Komfort als die Funksteuerung bietet die Netzabkopplung mittels *Netzfeld-Abschaltautomat*, auch genannt *Netzabkoppler*. Dieser wird in gleicher Weise wie der Funk-Schaltaktor angeordnet. Er arbeitet ohne Sender. Sobald alle Lasten abgeschaltet sind, schaltet er die Anlage ab.	Der Netzabkoppler NAK schaltet die Anlage ein, wenn ein beliebiger Schalter eine Last, z.B. die Nachttisch-Leuchte, einschaltet. NAK gibt es zum Aufschnappen auf die Hutschiene in der Verteilung oder zum Einbau in eine Abzweigdose. Einschaltschwelle und Halteschwelle sind in mA einstellbar. www.schalk.de
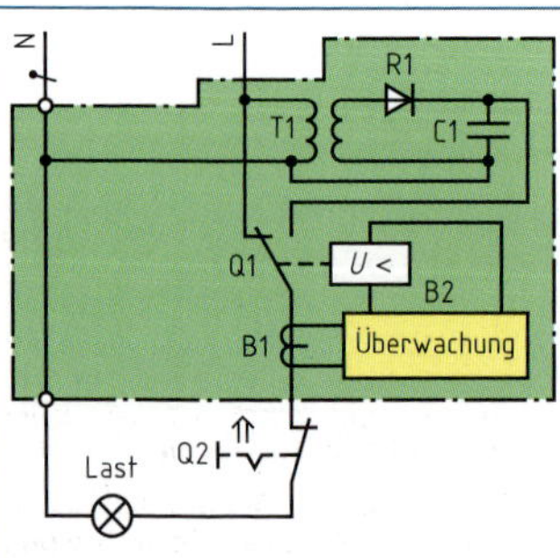 **Prinzipschaltung eines Netzfeld-Abschaltautomaten**	Der NAK enthält eine Schaltung B1B2, ein Unterspannungsrelais Q1 mit einem Wechsler und einen Gleichrichter R1C1 **(Bild)**. B1 erfasst den Laststrom und erzeugt in B2 eine Spannung. Sinkt der Laststrom unter die *Halteschwelle* von z.B. 7 mA, so ist die Spannung von B2 so klein, dass Q1 schaltet. Jetzt liegt von R1C1 her die *Überwachungsspannung* an den Lastschaltern. Werden diese betätigt, übersteigt der DC die *Einschaltschwelle* von z.B 10 mA und K1 schaltet die Last ein.	Netzabkoppler trennen die Anlage, z.B. bei Reparaturen der Installation, nicht vom Netz. **Typische Daten** Einstellbereiche für Halteschwelle und Einschaltschwelle 5 mA bis 220 mA, maximale Verzögerungszeiten für Abschalten 3 s, für Einschalten 0,3 s, Überwachungsspannung DC 2,5 V Betriebsspannung AC 230 V, maximaler Laststrom AC 16 A, Schaltglieder: 1 Schließer. www.schalk.de

AC Wechselstrom, Wechselspannung
DC Gleichstrom, Gleichspannung
E- elektrisch, z.B. E-Feld = elektrisches Feld
EMI elektromagnetische Störung
H- magnetisch, z.B. H-Feld = magnetisches Feld
NAK Netzabkoppler, Netzfeld-Abschaltautomat

EI

Gebäudeleittechnik und Gebäudesystemtechnik
Building Management and System Engineering for Buildings

Prinzipbild, Benennung	Erklärung	Bemerkungen, Daten
Gebäudeleittechnik		
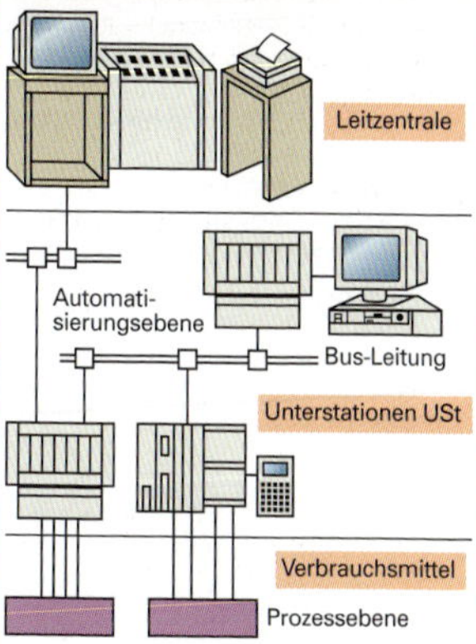 **Anlage mit Gebäudeleittechnik**	Bei der Gebäudeleittechnik befindet sich ein Leitrechner in einer Zentrale, an die über einen Bus Unterstationen mit weiteren Computern angeschlossen sind. Der Leitrechner überwacht und steuert die Automatisierungsebene. Die Computer der Automatisierungsebene überwachen und steuern die Verbrauchsmittel. Der Leitrechner kann mit den anderen Computern über eine Busleitung, z.B. eine Koaxialleitung oder eine Glasfaserleitung, verbunden sein. Bei neuen Anlagen speist jeder Computer einen Switch (von to switch = schalten), an den sternförmig über vieradrige STP bzw. UTP die Unterstationen bzw. Verbrauchsmittel oder aber weitere Switches angeschlossen sind.	Bei neuen Anlagen haben die Switches eine zentrale Bedeutung. Sie werden eingangsseitig an Glasfaserleitungen oder an Koaxialleitungen angeschlossen. Ein Switch kann z.B. acht Ausgänge haben, und zwar für STP bzw. UTP oder für Glasfaserleitungen oder für Koaxialleitungen. Je nach Leistungsfähigkeit reichen die Preise für einen Switch von etwa 40 € bis zu 1000 €. Das Netz der Gebäudeleittechnik ist ein LAN, z.B. ein Ethernet-Netz. Die Computer der Automatisierungsebene und der Prozessebene können Aufgaben dieser Ebenen oft selbstständig lösen.
Gebäudesystemtechnik		
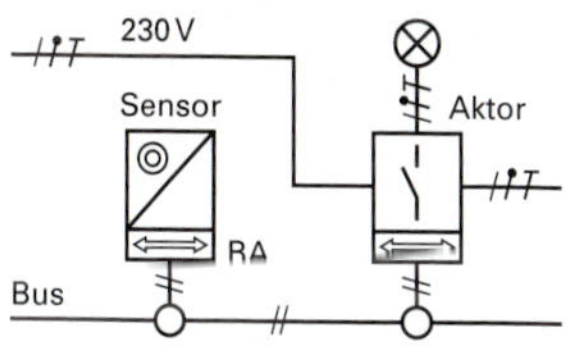 **KNX/EIB (European Installation Bus)**	Bei der Gebäudesystemtechnik sind die Sensoren, z.B. Taster, und die Aktoren, z.B. Schütze, mittels Mikrocontrollern so intelligent, dass kein Leitrechner erforderlich ist. Beim EIB gelangen die Steuersignale vom Sensor über eine Busleitung zum Aktor mit SELV von DC 20 V bis 30 V. KNX von Konnex Association.	Der Busankoppler BA enthält den Mikrocontroller und eine Eingangsschaltung. Der Bus ist an eine Stromversorgungseinheit, meist ein REG (Reiheneinbaugerät) angeschlossen. Die Stromversorgung der BA erfolgt über eine vieradrige Busleitung, von der aber für EIB-Anlage nur zwei Adern verwendet werden (siehe folgende Seiten).
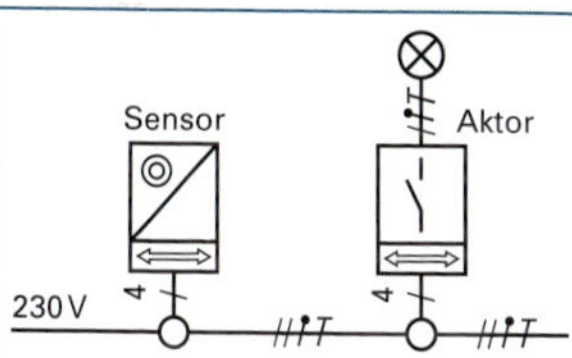 **LCN (Local Control Network)**	Bei LCN wird der N-Leiter der 230-V-Leitung, die aber eine zusätzliche Ader haben muss, gleichzeitig als Busleitung verwendet. Dabei erfolgt der Datentransport über die zusätzliche Datenader und den Neutralleiter. Alle Module (Sensoren und Aktoren) besitzen für den Mikrocontroller eine eigene Stromversorgungseinheit.	An ein Universal-Schaltmodul können ein Verbrauchsmittel, z.B. eine Lampengruppe, und mehrere Befehlsgeräte, z.B. Taster, angeschlossen werden. Bis zu 250 Module können über die drei Anschlüsse Außenleiter, Neutralleiter und Datenleiter zu einem Segment vebunden werden.
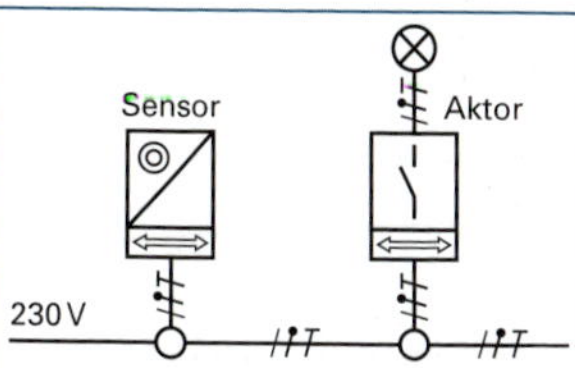 **KNX-PL**	Beim KNX-PL (PL von Power Line) erfolgt die Signalübertragung von den Sensoren zu den Aktoren über das 230-V-Netz, ebenfalls die Stromversorgung der Mikrocontroller über eigene Netzteile. Vom Steuerteil der Sensoren und Aktoren wird die Wechselspannung des 230-V-Netzes durch Bandsperren fern gehalten.	Die Signalübertragung vom Sensor zum Aktor erfolgt durch ein spezielles FSK-Verfahren (Frequenzumtastung). Nicht möglich ist KNX-PL bei Sicherheitsanwendungen, z.B. in Krankenhäusern, und in Netzen mit geringer Frequenzkonstanz oder Spannungskonstanz sowie zur Signalübertragung zwischen verschiedenen Abnehmeranlagen.
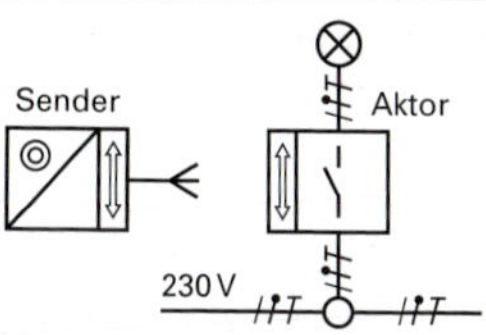 **Funk-Bus**	Beim so genannten Funk-Bus ist jeder Aktor nur an das 230-V-Netz angeschlossen, welches auch die Stromversorgung für den Mikrocontroller sicherstellt. Die Steuersignale erhält der Aktor über Funk z.B. von einem Handsender (Seite 146).	Eine spezielle Codierung der Steuersignale soll eine Beeinflussung durch andere Signale des 230-V-Netzes, z.B. Rundsteueranlagen, verhindern. Trotzdem sollte diese Art der Gebäudesystemtechnik nicht bei Sicherheitsanlagen verwendet werden.

EI

Linien und Bereiche beim Installationsbus KNX/EIB
Lines and Areas in a KNX/EIB System

Netzform, Schaltung	Erklärung
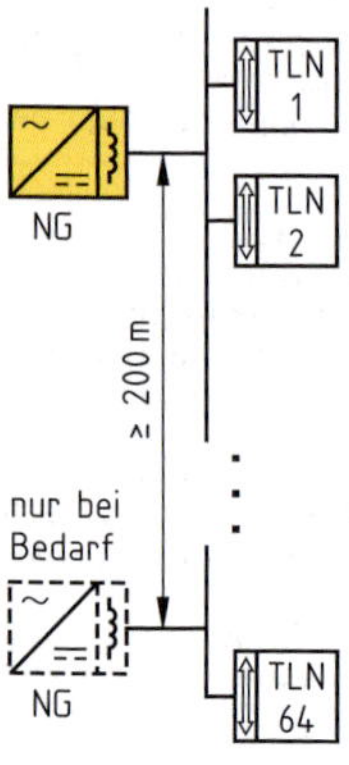 **Linie beim KNX/EIB** 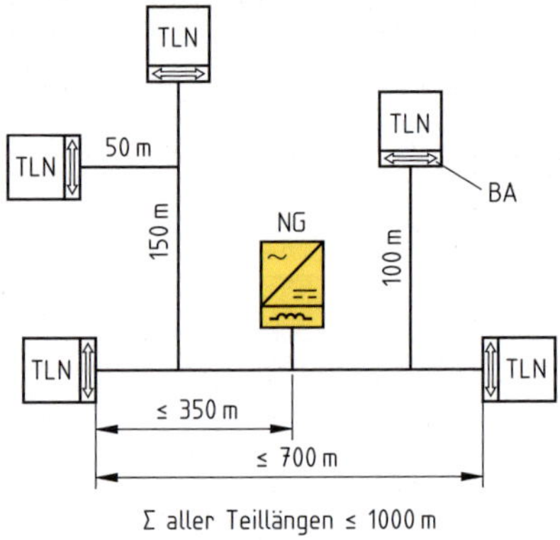 **Leitungslängen bei einer Linie**	Der KNX/EIB wird auch als KNX bezeichnet (KNX von Konnex Association). KNX ist Standard für weitere Systeme, z.B. EHS (European Home System). Die Linie ist Grundeinheit einer KNX/EIB-Anlage **(Bild)**. Spannungsversorgung: Meist ein Netzgerät (Spannungsversorgungseinheit) je Linie, bei Bedarf auch zwei Netzgeräte. Teilnehmer: Sensoren und Aktoren. Teilnehmerzahl je Linie: Maximal 64 (bei Neuanlage nur 50 wegen Erweiterungsmöglichkeit ansetzen). **Hinweis:** Die Daten des KNX bezüglich Leitungslängen und Teilnehmerzahlen sind je nach Version verschieden. Die hier angegebenen Zahlenwerte geben also nur einen Hinweis auf die Größe.
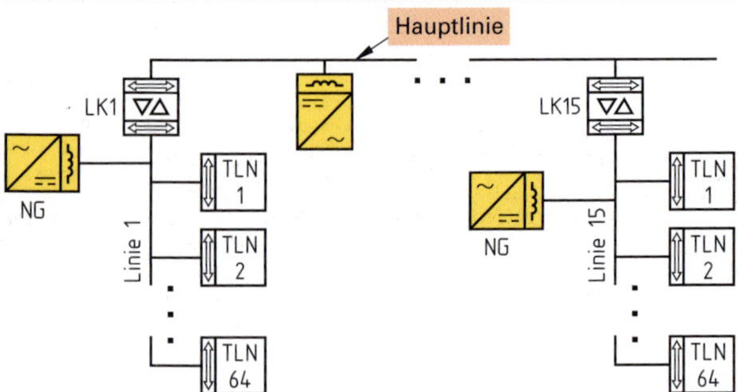 **Verbindung von Linien zu Bereichen**	Über Koppler und Hauptlinie können bis 15 Linien zu einem Bereich verbunden werden **(Bild)**. Spannungsversorgung der Koppler: Eigenes Netzgerät der Hauptlinie. Teilnehmeranzahl eines Bereichs: ≤ 15 · 64 = 960 Sensoren oder Aktoren. Die Grenze von 64 Teilnehmern je Linie ist einzuhalten. Bei Neuanlagen wegen Erweiterungsmöglichkeit nur ≤ 15 · 50 = 750 ansetzen. Kopplerbezeichnung: Linienkoppler. **Hinweis** oben beachten.
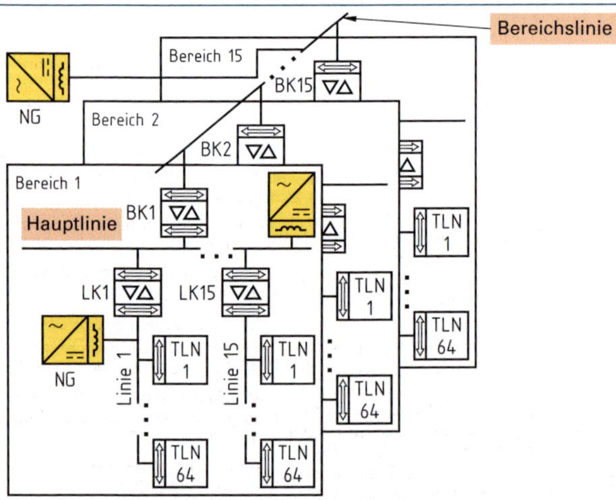 **Verbindung der Bereiche bei einer Großanlage**	Mittels Koppler und Bereichslinie können bis 15 Bereiche zusammengefasst werden **(Bild)**. Spannungsversorgung der Koppler: Eigenes Netzgerät der Bereichslinie. Teilnehmeranzahl: ≤ 64 · 15 · 15 = 14 400 Sensoren oder Aktoren. Bei Neuanlagen sollten nur 50 Teilnehmer je Linie wegen der Erweiterungsmöglichkeit angesetzt werden. Kopplerbezeichnung: Bereichskoppler (es handelt sich um dasselbe Gerät wie beim Linienkoppler). Aufgabe der Koppler: Verbindung der Linien bzw. der Bereiche und je nach Parametrierung der Koppler Filterung der Signale (Weiterleiten oder Sperren). **Hinweis** oben beachten.

BA Busankoppler, BK Bereichskoppler, EIB Europäischer Installationsbus, KNX von Konnex Association, LK Linienkoppler, NG Netzgerät (Spannungsversorgungseinheit), TLN Teilnehmer (Sensor oder Aktor).

Systemkomponenten zum KNX/EIB Components of KNX/EIB Systems

Ansicht	Aufgaben	Daten
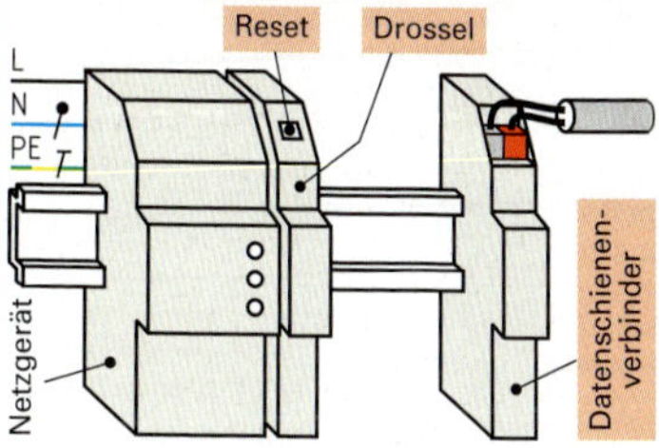 **Basisgeräte zum EIB**	**Netzgerät** Bereitstellung von SELV DC 28 V + 2 V **Drossel** Sperren des Netzgerätes für die Wechselspannung der Bussignale.	**Netzgerät** AC 230 V, 23 VA Bemessungsstrom DC 320 mA oder 640 mA Kurzschluss-Strom ≤ 1,5 A **Drossel** DC 24 V, 500 mA Kurzschluss-Strom ≤ 1,5 A KNX von Konnex Association EIB von European Installation Bus www.knx.de
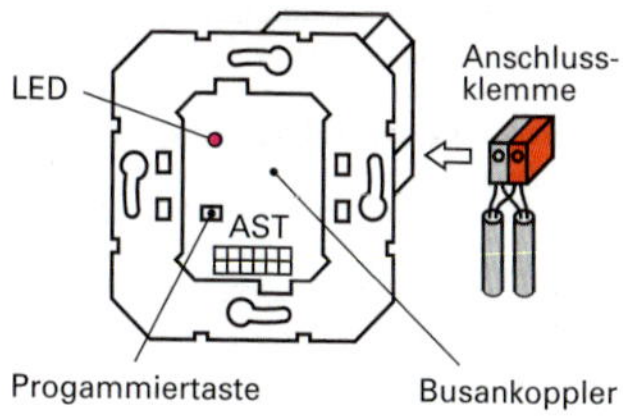 **Beispiel einer Datenschiene**	Stellt Verbindung zwischen KNX/EIB und Anwendungsmodul (Endgerät) her. Anwendungsmodul kann Sensor oder Aktor sein. Mit Hilfe der Programmiertaste wird die physikalische Adresse übernommen.	Von DC 20 bis 30 V (je nach Entfernung vom Netzgerät), max. 150 mW Anschluss über Anschluss- und Abzweigklemme. Eingang von DC 20 V bis DC 30 V. Ausgang DC 5 V + 0,4 V, DC 24 V (+6 V/–4 V) ≤ 50 mW.
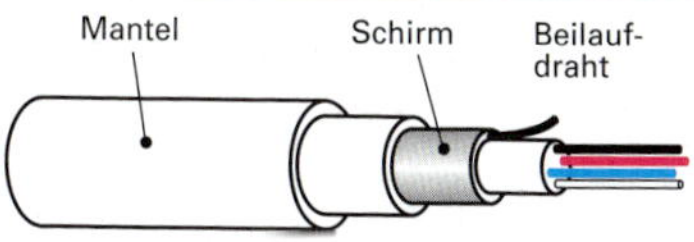 **Busleitung**	Aufgabe 1. Übertragung der Betriebsspannung für die Teilnehmer. 2. Übertragung der Signale zwischen den Teilnehmern.	IY (ST) Y 2 x 2 x 0,8 oder YCYM Y 2 x 2 x 0,8 rote Ader + EIB, schwarze Ader – EIB. Weitere 2 Adern zur sonstigen Verwendung.
 **Anschluss- und Abzweigklemme**	Verbindungsklemme zwischen Busleitungen und zwischen Busleitung und Busankoppler oder Einbaugerät. Roter Teil für rote Ader, schwarzer Teil für schwarze Ader.	Je 4 Steckklemmen bis ∅ 0,8 mm. www.wago.com
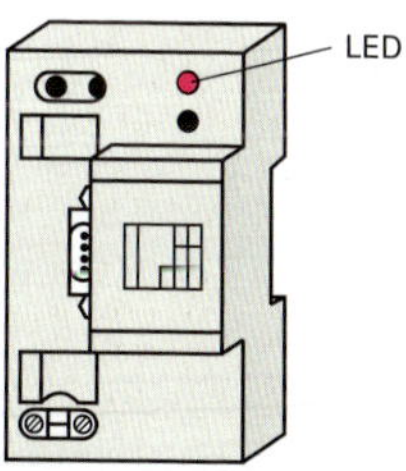 **Datenschnittstelle, z. B. V.24**	Stellt Verbindung zwischen KNX/EIB und PC, z. B. Laptop (tragbarer Kleincomputer), her. Wird gebraucht zur Programmierung, Parametrierung, Adressierung und Diagnose der KNX/EIB-Geräte. Enthält Busankoppler. Moderne Laptops haben häufig keine V.24-Schnittstelle und sind dann auf USB-V.24-Konverter angewiesen.	Anschluss über V.24-Schnittstelle, USB-Schnittstelle oder TCP/IP-Schnittstelle (RJ-45-Stecker). REG (Reiheneinbaugerät) zum Aufschnappen auf Hutschiene. Von DC 20 V bis DC 30 V (je nach Entfernung vom Netzgerät), ≤ 150 mW. Eine andere Ausführung ist ein Unterputzgerät.
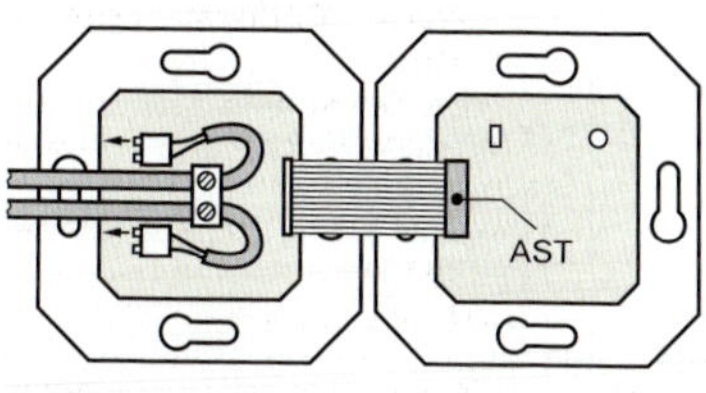 **Schaltaktor UP** **BA UP**	Der Schaltaktor und ein Busankoppler BA UP (UP von unter Putz) werden nebeneinander montiert. Der Schaltaktor empfängt über den BA Telegramme und schaltet mit seinem Relais zwei Lasten unabhängig voneinander. Meist ist der Busankoppler BA im Schaltaktor eingebaut, so dass sie als gemeinsames Gerät in einer Schalterdose Platz haben.	Versorgung über KNX/EIB: DC 20 V bis 30 V, max. 150 mW. Anschluss über Flachbandleitung an Anwendungsschnittstelle AST des BA. Versorgung über Netz: AC 24 V bis 250 V. 2 Ausgänge mit Schließern, 6 A, Federsteckklemmen 1,5 mm², Schaltleistung 1000 W Glühlampen.

Spezielle Aktoren und Systemgeräte für den KNX/EIB
Special Actuators and System Devices for the KNX/EIB

Ansicht, Schaltung	Erklärung	Daten, Bemerkungen
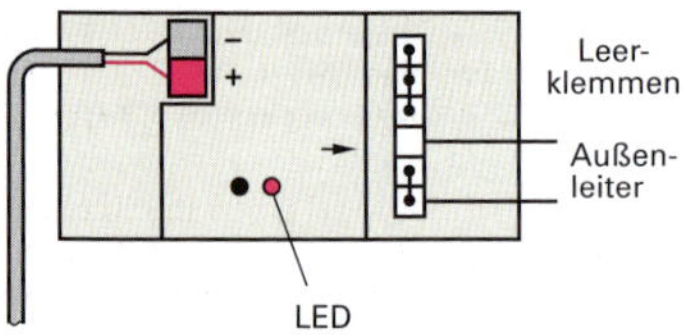 **Dimmaktor EB**	Der Dimmaktor empfängt Telegramme über den KNX/EIB und schaltet oder dimmt den Ausgang. Für NV-Halogenlampen sind elektronische Transformatoren, z. B. TRONIC-Transformatoren, erforderlich, für Leuchtstofflampen elektronische Vorschaltgeräte EVG. Erweiterbar mit TRONIC-EB-Leistungszusatz (EB von Einbaugerät).	Versorgung über KNX/EIB: DC 20 V bis 30 V, max. 150 mW. Anschluss: Busklemme. Versorgung über Netz: AC 230 V, Verlustleistung < 4 W. Anschluss: Klemmleiste 2,5 mm^2. Bemessungsstrom 0,91 A, Schaltleistung 210 W, Glühlampen oder NV-Halogenlampen mit TRONIC-Trafo.
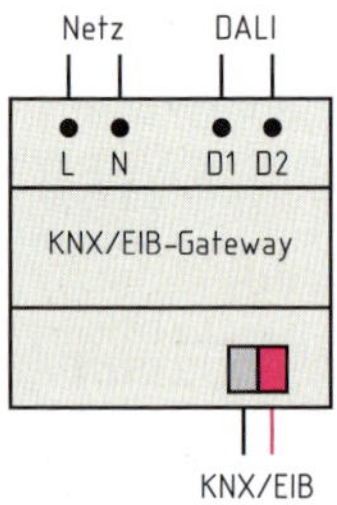 **Gateway**	Das Gateway empfängt Telegramme über den EIB und setzt sie für Lampenschaltungen (Schalter, Dimmer, elektronische Vorschaltgeräte für LEDs und Leuchtstofflampen etc.) mit DALI-Schnittstelle nach IEC 62386 (Digital Addressable Lighting Interface) um.	DALI ist eine Schnittstelle der Beleuchtungstechnik. DALI • hat maximal 64 Teilnehmer, • versorgt mit max. 250 mA die Teilnehmer, • ist eine verpolungssichere 2-Draht-Schnittstelle, • hat max. 300 m Leitungslänge, • lässt beliebige Topologie zu, • arbeitet mit 16 ± 6 V = FELV, • kann über NYM-J 5 x 1, 5 angeschlossen werden.
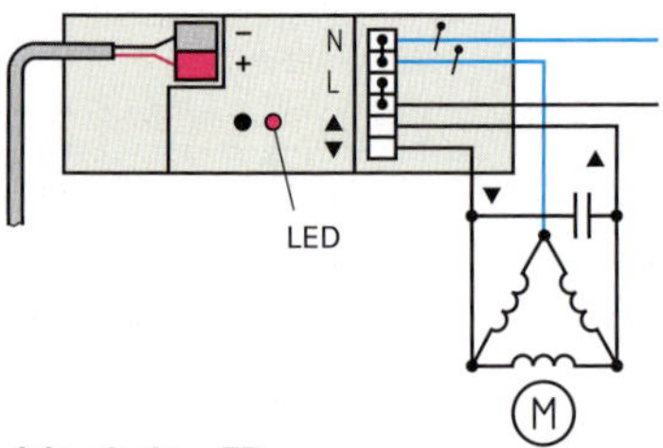 **Jalousieaktor EB**	Der Jalousieaktor empfängt Telegramme über den Bus und schaltet dementsprechend einen Jalousiemotor, z. B. einen Drehstrommotor in Steinmetzschaltung. Ein Jalousieaktor ohne Elektronik darf nur *einen* Jalousiemotor ansteuern. Es gibt elektronische Jalousieaktoren für die Ansteuerung von bis zu vier Jalousiemotoren. Die Ansteuerung des Jalousieaktors erfolgt z. B. mit Sensortaster.	Versorgung über KNX/EIB: DC 20 V bis 30 V, max. 150 mW. Anschluss: Busklemme. Versorgung über Netz: AC 230 V, 10 A, Verlustleistung etwa 2,5 VA und < 1 W. Anschluss: Steckklemme 2,5 mm^2. Schalter: Wechsler, Schaltleistung max. 1000 VA für AC-Jalousiemotor.
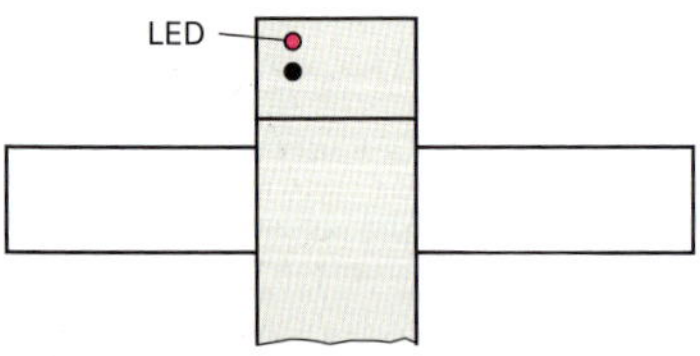 **Verknüpfungsgerät (Kontroller)**	Das Verknüpfungsgerät empfängt digitale Signale in Telegrammform über den KNX/EIB, wertet diese entsprechend der programmierten logischen Verknüpfung (AND, NAND, OR, NOR, XOR, XNOR) aus und sendet das Ergebnis über den KNX/EIB weiter.	Versorgung über KNX/EIB: DC 24 V bis 30 V, typisch 150 mW. Befestigung durch Aufschnappen auf eine Hutschiene. Je nach Applikation sind Verknüpfungen mit 1, 2, 3 oder 4 binären Elementen möglich.
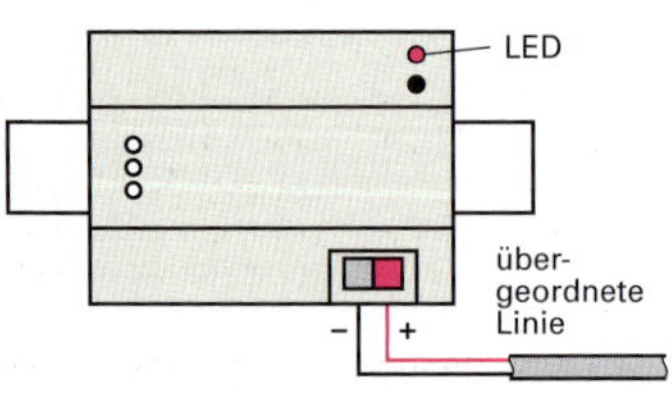 **Linien-/Bereichskoppler**	Der Linien- und Bereichskoppler verbindet als Linienkoppler jede der maximal 16 Linien mit der Hauptlinie oder als Bereichskoppler jeden der maximal 16 Bereiche mit der Bereichslinie. Für jede Linie ist eine eigene Spannungsversorgungseinheit erforderlich.	Versorgung über KNX/EIB: DC 20 V bis 30 V, untergeordnete Linie 200 mW, übergeordnete Linie 15 mW. Anschluss untergeordnete Linie über Datenschiene, übergeordnete mit Steckklemme 0,8 mm^2. Je nach Parametereinstellung werden Telegramme weitergeleitet, gesperrt oder durch eine Filtertabelle ausgewählt.

AC Wechselstrom, DC Gleichstrom, EB Einbaugerät, KNX/EIB Europäischer Installationsbus, LED Licht emittierende Diode.

Sensoren für den KNX/EIB Sensors for the KNX/EIB

<table>
<tr><th>Ansicht</th><th>Erklärung</th><th>Daten, Bemerkungen</th></tr>
<tr><td>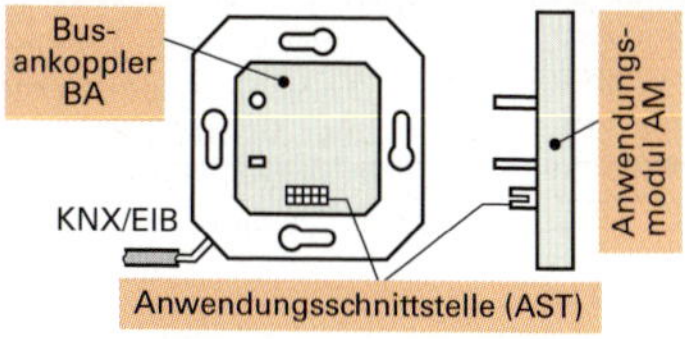

Aufbau der Sensortaster ST
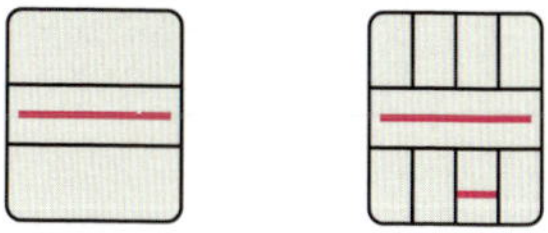
ST einfach ST vierfach</td><td>Der Sensortaster ST entsteht durch Aufstecken des AM auf den BA. Je nach AM gibt es 1-fach-, 2-fach- und 4-fach-Sensortaster. Jedes Element besteht aus zwei Schaltwippen und ermöglicht zwei Schaltvorgänge, z.B. oben EIN, unten AUS. Bei jeder Tastenbetätigung wird ein Telegramm gesendet. Das können Telegramme zum Schalten, Dimmen, Ansteuern von Jalousieaktoren und zum Abrufen oder Abspeichern von Lichtszenen (Beleuchtungseinstellungen) sein.</td><td>Versorgung über KNX/EIB mit DC 20 V bis 30 V, max. 150 mW, Anschluss an BA mit 2 x 5-poliger Stiftleiste.
Befestigung durch Aufschnappen an BA.
LED grün Betriebsanzeige, LED rot Funktionsanzeige, z.B. Statusanzeige (Zustandsanzeige). Adressen und Zuordnungen meist je bis 10.
Der ST steuert einen Aktor, z.B. Schaltaktor, mit einem Telegramm an. Dieser quittiert den richtigen Eingang. Dadurch leuchtet die Funktionsanzeige auf.</td></tr>
<tr><td>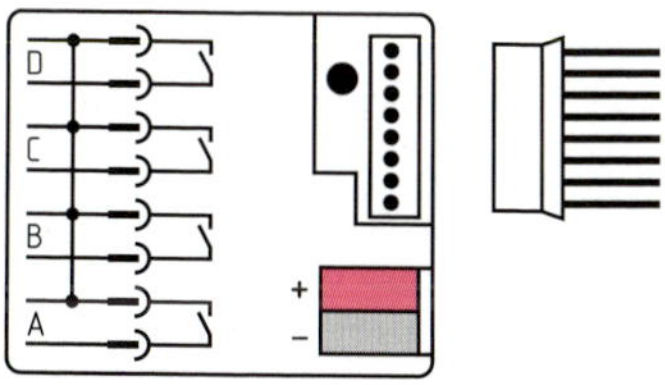

Tasterschnittstelle</td><td>Dieser Binärsensor erkennt an seinen vier unabhängigen Eingängen Signale von potenzialfreien Kontakten, die mit der EIB-Spannung versorgt werden. Die freien Kontakte werden zyklisch (aufeinander folgend) durch Spannungsimpulse abgefragt.</td><td>Versorgung über KNX/EIB mit DC von 20 V bis 30 V, Aufnahme 108 mW, 4,5 mA.
Signalspannung: Impulse mit 20 V, Dauer 1 ms, alle 8 ms.
Signalstrom je Kanal 1 mA.
Eingangsleitung von 280 mm darf nicht verlängert werden.
Je nach Parametrierung werden steigende oder fallende Flanken des Signals verarbeitet.</td></tr>
<tr><td>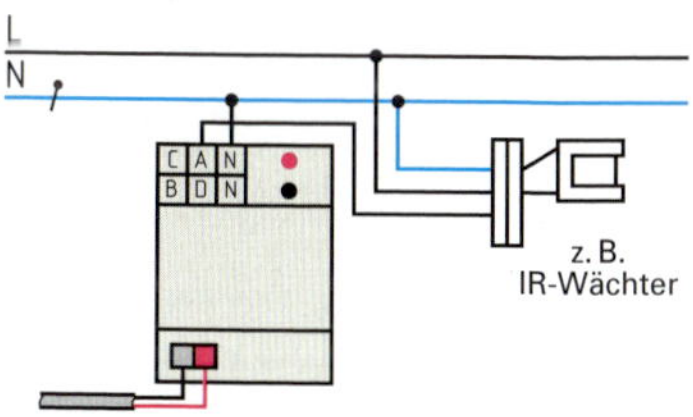

Binäreingang vierfach als REG</td><td>Der Binäreingang (Binärsensor) setzt Flanken von Schaltsignalen mit Spannungen von AC 230 V in Telegramme um. Das Gerät dient zum Anschluss konventioneller Schalter, die eine Spannung von AC 230 V steuern. Es können verschiedene Außenleiter angeschlossen werden. Der BA ist Bestandteil des Gerätes.</td><td>Versorgung über KNX/EIB mit DC von 20 V bis 30 V, typisch 150 mW, Anschluss über Datenschiene.
4 Signaleingänge mit 0-Signal von AC 0 V bis 100 V und 1-Signal von AC 198 V bis 253 V.
Signalstrom etwa 4 mA im Dauerbetrieb.
Anschluss der Schalterleiter mit Steckklemmen.</td></tr>
<tr><td>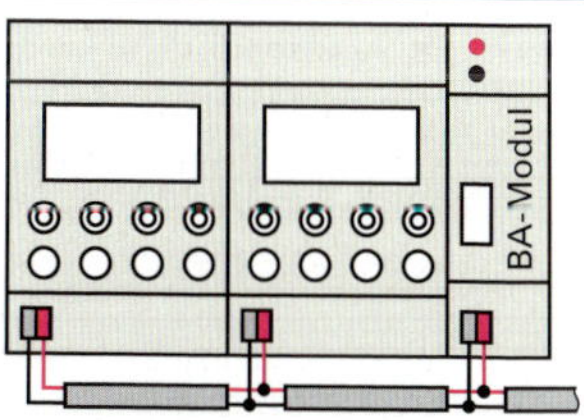

Schaltuhren (Zeitsensoren)</td><td>Beim Erreichen einer der eingegebenen Schaltzeiten oder durch Tastendruck wird ein Telegramm auf den KNX/EIB gesendet. Die Schaltuhren werden über seitliche Steckanschlüsse mit einem BA-Modul verbunden. An das BA-Modul können bis 4 Kanäle angeschlossen werden.</td><td>Versorgung über KNX/EIB mit DC von 20 V bis 30 V, typisch 150 mW, Anschluss über 2 x 5-poligen Steckanschluss des BA-Moduls.
Bei 1-Kanal-Uhr bis je 8 Einschaltzeiten und Ausschaltzeiten, bei 4-Kanal-Uhr bis je 332 Einschaltzeiten und Ausschaltzeiten.
Gangreserve 150 Stunden.</td></tr>
<tr><td>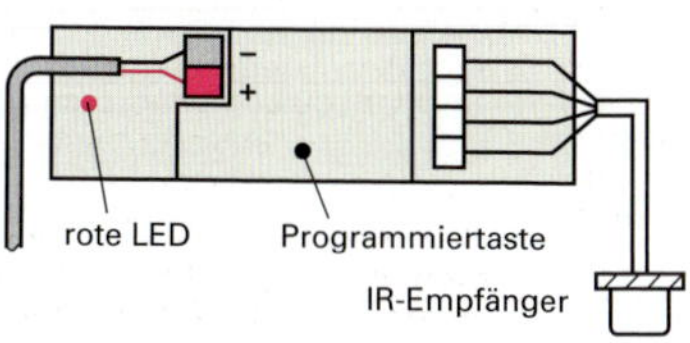

IR-Schaltsensor</td><td>Der IR-Schaltsensor gibt je nach geladener Software beim Empfang eines IR-Signals von einem IR-Handsender oder einem IR-Wandsender ein Telegramm auf den KNX/EIB ab zum Schalten, Dimmen, Jalousieansteuern oder Abrufen einer Lichtszene.</td><td>Versorgung über KNX/EIB mit DC 20 V bis 30 V, max. 150 mW.
IR-Strahlung 950 nm, Übertragungsreichweite mit Handsender 12 m, mit Wandsender 10 m.
Batterien für Handsender z.B. 4 x Micro AAA 1,5 V, für Wandsender Block 9 V.</td></tr>
<tr><td colspan="3">AST Anwendungsschnittstelle, AM Anwendungsmodul (Endgerät), BA Busankoppler, KNX/EIB Europäischer Installationsbus, IR Infrarotstrahlung, REG Reiheneinbaugerät, ST Sensortaster (Tastsensor).</td></tr>
</table>

Aktoren für den KNX/EIB Actuators for the KNX/EIB

Ansicht, Schaltung	Erklärung	Daten, Bemerkungen
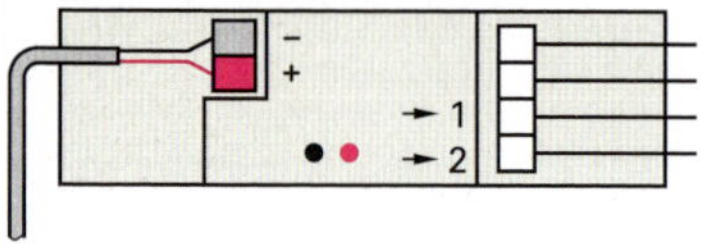 **Schaltaktor EB**	Der Schaltaktor empfängt Telegramme über den KNX/EIB und schaltet mit zwei potenzialfreien Schließern die Last. Die Ausgänge können einschaltverzögert und ausschaltverzögert werden. Anschluss über Busklemme an den KNX/EIB.	Ausgang: AC 230 V, 10 A, Verlustleistung < 1 W, Anschluss Klemmleiste 4 x 2,5 mm², Schaltleistung 2000 W Glühlampen, 1000 VA Leuchtstofflampen unkompensiert, 500 VA NV-Halogenlampen.
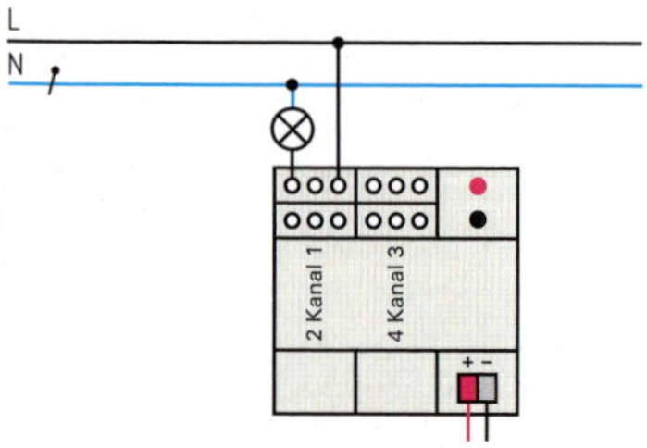 **Schaltaktor REG (Versorgung über Bus)**	Der Schaltaktor empfängt Telegramme über den KNX/EIB und schaltet mit vier voneinander unabhängigen, potenzialfreien Kontakten die Lasten. Jeder Ausgang kann als Öffner oder Schließer arbeiten. Die Ausgänge können auch über einen Kontroller zwangsgeführt werden, z.B. zum Lastabwurf. www.gira.de	Versorgung über KNX/EIB: DC von 20 V bis 30 V, max. 150 mW. Anschluss über schraublose Klemmen Ausgang: AC 230 V (90 V bis 264 V), 6 A (mindestens 10 mA), Anschluss mit Steckklemmen bis 2,5 mm². Schaltleistung 1000 W Glühlampen, 500 W Leuchtstofflampen unkompensiert, 1000 W in Duoschaltung.
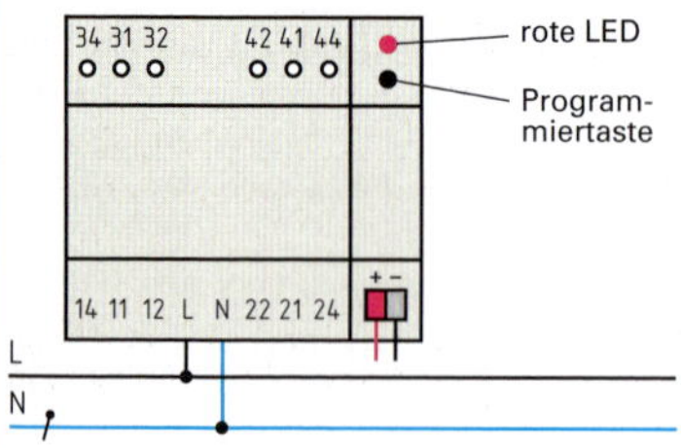 **Schaltaktor REG (Versorgung vom Netz)**	Der Schaltaktor empfängt Telegramme über die Bus-Leitung und schaltet über potenzialfreie Wechsler, z.B. 11–12, die Lasten. LED rot Programmier-LED, LED grün Betriebsanzeige, LED gelb Statusanzeigen. www.merten.de	Versorgung über KNX/EIB: DC 20 V bis 30 V, typ. 150 mW. Versorgung über Netz: AC 230 V (± 10%), 50 Hz, etwa 2 VA. Anschluss Buchsenklemmen 2,5 mm². Ausgang: bis 4 Wechsler, AC 230 V, 10 A. Schaltleistung: 1500 W Glühlampen, 20 x 58 W unkompensierte Leuchtstofflampen.
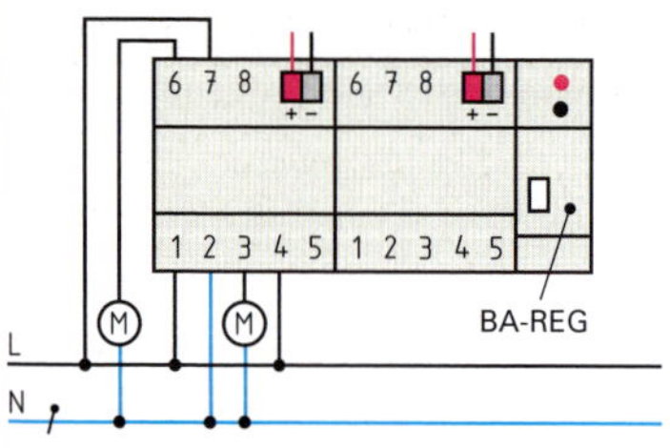 **Schaltaktormodul mit BA-Modul**	Das Schaltaktormodul muss mit einem BA-REG betrieben werden. Es empfängt über die KNX/EIB-Leitung Telegramme und schaltet unabhängig voneinander über potenzialfreie Relais zwei Lasten, z.B. Motoren. Ein weiteres Aktormodul kann angeschlossen werden. www.abb.de	Versorgung über KNX/EIB: DC 20 V bis 30 V, typ. 150 mW. Anschluss über AST. Versorgung über Netz: AC 230 V (± 10 %), 50 Hz, 10 A, etwa 2,5 VA. 2 Ausgänge mit potenzialfreien Schließern. Schaltleistung 2300 W Glühlampen, 900 W Leuchtstofflampen unkompensiert, 1500 W Leuchtstofflampen-Duoschaltung, 500 VA NV-Halogen.
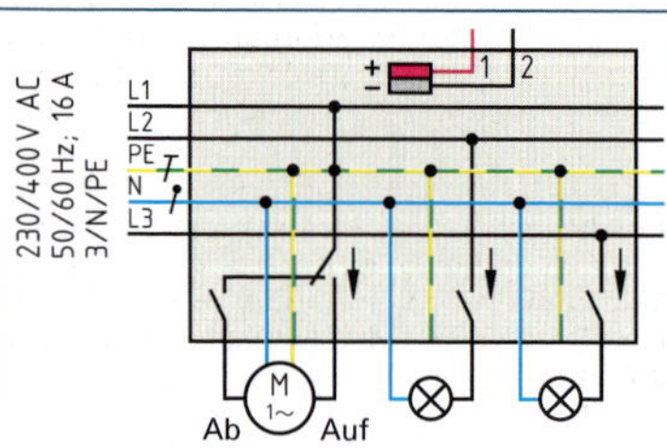 **Mehrfachschaltaktor AP**	Der Schaltaktor empfängt Telegramme vom KNX/EIB über die Busanschlussklemme und seinen BA und schaltet über zwei Schaltausgänge und einen Jalousiemotor-Ausgang die Lasten mit AC 230 V. Die Aufteilung auf drei Außenleiter ist dabei möglich. www.berker.de	Versorgung über KNX/EIB: DC 20 V bis 30 V, max. 150 mW. Anschluss: Besonderer Steckverbinder. Versorgung über Netz: AC 230 V oder 3 AC 400 V, 50 Hz bis 60 Hz. Anschluss: Besonderer Steckverbinder. Ausgang: 2 Schließer, 1 Jalousieausgang, AC 230 V, 6 A. Schaltleistung: 1000 W Glühlampen, 500 W Leuchtstofflampen unkompensiert.

AC Wechselstrom, AP Aufputz, AST Anwendungsschnittstelle, BA Busankoppler, DC Gleichstrom, EB Einbaugerät, KNX/EIB Europäischer Installationsbus, LED Licht emittierende Diode, NV Niedervolt (Niederspannung), REG Reiheneinbaugerät.

Projektierung und Inbetriebnahme beim KNX/EIB
Project Design and Commissioning of KNX/EIB

Vorgang	Erklärung	Bemerkungen, Beispiele
ETS auf den PC installieren (sofern noch nicht geschehen)	ETS (von EIB-Tool-Software) der KNX/EIBA (Konnex/EIB-Association). Lieferung erfolgt je nach Version auf CD-ROM oder DVD. Die Installation erfolgt menügeführt. ETS gilt für alle von EIBA zertifizierten Geräte, ist also unabhängig vom Hersteller, sofern dieser von EIBA zugelassen ist.	Empfohlene Plattform (Systemteile) für ETS3 (Mindestwerte): Pentium-PC, 256 MB RAM, Festplatte mit freien 3 GB, MS Windows, Monitor und Grafikkarte mit Auflösung 1024 x 768, sowie RS 232, USB, IP-Schnittstelle.
Einlesen der Produktdaten in die ETS-Produktdatenbank	Die Produktdaten werden von den Geräteherstellern als CD-ROM geliefert oder sind direkt aus dem Internet ladbar. Von den Produktdaten werden die erforderlichen Teile in die ETS-Produktdatenbank übernommen (importiert). Das Importieren erfolgt aus dem ETS-Menü „Datei" → „Import" menügeführt. Danach können die Geräte parametriert („programmiert") werden.	Es können nur von EIBA zertifizierte Geräte in die Produktdatenbank übernommen werden. Diese Busteilnehmer (Geräte) sind hauptsächlich Aktoren und Sensoren. Aktoren sind z.B. die Leistungsschalter zum Steuern der Verbrauchsmittel, Sensoren sind beim KNX/EIB die Steuerschalter.
Programmieren der Busteilnehmer	Beim KNX/EIB bezieht sich „Programmieren" immer auf die Busteilnehmer. Man versteht darunter insbesondere das Laden von Daten in die Busteilnehmer.	Der Ablauf des Programmierens wird nachfolgend beschrieben. Zuerst erfolgt die Projektierung und danach die Inbetriebnahme.
Linien festlegen (Topologie)	Je nach Anlagenumfang Zahl und Art der Linien festlegen.	Zusätzlich zur Linienstruktur kann auch eine Gebäudestruktur mit den Elementen *Gebäude, Gebäudeteil* und *Raum* festgelegt werden.
Auswahl der Geräte	Für das aktuelle Projekt werden nur die erforderlichen Busteilnehmer aus der ETS-Produktdatenbank ausgewählt.	Die Auswahl erfolgt menügeführt durch ETS.
Auswahl der Applikationen	Für die Busteilnehmer gibt es meist mehrere Applikationen (Anwendungen). Bei einem Sensortaster z.B. Schalten oder Dimmen, bei einem Schaltaktor z.B. Wirkung als Schalter oder Zeitschalter.	Die Auswahl der Applikation (Anwendung) des Busteilnehmers erfolgt menügeführt durch die ETS.
Parametrierung	Die Parameter legen das Anwendungsprogramm fest, z.B. die Abschaltverzögerung bei Schaltaktoren.	Die Parameter legen auch das Verhalten der Aktoren bei Busspannungsausfall und Rückkehr der Betriebsspannung fest.
Zuordnen der physikalischen Adresse	Jeder Busteilnehmer erhält eine physikalische Adresse, die unverändert bleibt.	Nummerierung aller Busteilnehmer, z.B. nach Geschoss, Raum und Stelle möglich, z.B. 1.1.1, 1.1.2…1.2.1...3.2.5.
Zuordnen der Gruppenadresse	Adresse, mit der mehrere Busteilnehmer durch dasselbe Telegramm angesprochen werden. Z.B. erhalten mehrere Sensoren, die denselben Aktor ansteuern, dieselbe Gruppenadresse wie der Aktor.	Die Zuteilung erfolgt menügeführt durch die ETS, z.B. zu 0/1, 0/2 … oder 0/1/0, 0/1/1 ...
Exportieren der Daten	Die projektierten Daten können z.B. auf CD-ROM gespeichert und zu einem anderen Computer verbracht (exportiert) werden.	Das Exportieren ist erforderlich, wenn die Projektierung im Büro erfolgt, die Inbetriebnahme aber bei schon eingebauten Geräten.
Inbetriebnahme	Im Inbetriebnahmeprogramm werden die projektierten Daten in die Busteilnehmer geladen. Bei an den KNX/EIB angeschlossenen Busteilnehmern wird menügeführt das Anwendungsprogramm in den betreffenden Busteilnehmer geladen. Dazu muss die Programmiertaste des Busteilnehmers gedrückt werden.	Der Anschluss des Computers mit den projektierten Daten an den KNX/EIB erfolgt über die Datenschnittstellen RS 232, USB oder TCP/IP. Bei kleinen Projekten kann auch die Projektierung im Inbetriebnahmeprogramm erfolgen.
Dokumentation	Änderungen oder Erweiterungen einer KNX/EIB-Anlage sind nur möglich, wenn die Programmierung der Busteilnehmer einwandfrei dokumentiert ist.	Zur Dokumentation gehören DVDs oder CD-ROMs mit allen Änderungen der jeweiligen Anlage. Außerdem sollten Pläne und sonstige Ausdrucke vorhanden sein.

LON Local Operating Network LON

Schaltung, Netzform	Erklärung

Logische Struktur

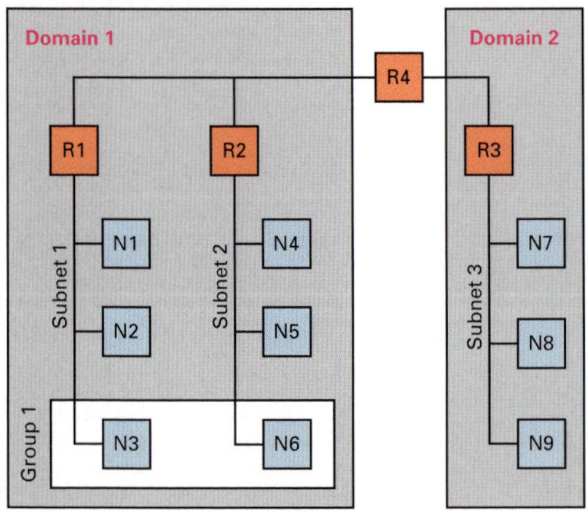

Das LON-Netzwerk ist in maximal 2^{48} Domains (Bereiche) gliederbar, die über Router R1, R2, R3... (Wegfinder) miteinander kommunizieren können. Jede Domain (Bereich) besteht aus maximal 255 Subnets (Teilnetze), die über Router Telegramme austauschen können. Die kleinste Einheit innerhalb eines Subnets bilden die Nodes N1, N2, N3... (Knoten = Busteilnehmer), maximal 127 je Subnet.

Die zusätzliche Bildung von maximal 256 Groups (Gruppen) innerhalb einer Domain ermöglicht eine flexible Adressierung. Jede Group kann maximal 64 Nodes enthalten. Ein Node darf maximal 15 verschiedenen Groups angehören. Daneben gibt es die Neuron-ID, eine eindeutige, nicht veränderbare Identifikationsnummer von 6 Bytes, die 2^{48} physikalische Adressen ermöglicht.

EI

Physikalische Struktur

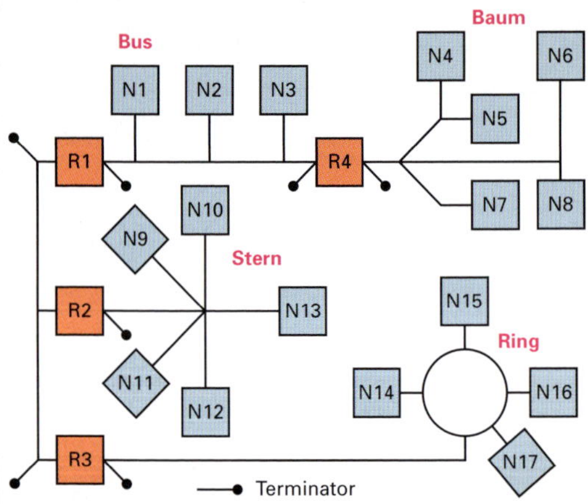

LON-Works ermöglicht die Verlegung der Busleitung als Stern, Ring, Baum und Bus (linienförmige Leitungsführung). Um Reflexionen des Datensignals im Übertragungsmedium (Channel) zu verhindern, ist eine Terminierung (Abschluss) mit einem passiven Schaltkreis, dem Terminator, notwendig.

Für die Bustopologie sind zwei Terminierungen am Ende einzubauen, bei den anderen Strukturen jeweils nur eine Terminierung.

Die herstellerunabhängige Kommunikation (Interoperabilität) der Nodes erfolgt ereignisgesteuert nach dem LON-Talk-Protokoll meist durch Standard-Netzwerk-Variablen (SNV). Die LonMark-Interoperability-Association vergibt für interoperable (zur Zusammenarbeit fähige) Produkte das LonMark-Logo.

Übertragungsmedien (Channel)

Art	Erklärung	Bemerkungen, Daten
• Twisted-Pair-Leitung TP (verdrillte Leitung) • Power-Line PL (230-V-Netzleitung) • Radio Frequency RF (Funkverbindung) • Koaxialleitung • Fiber Optic (Lichtwellenleiter LWL)	Die Übertragungsmedien können gemischt werden. Dabei sind die Anzahl der Nodes, die Bitrate und die Netzwerkausdehnung abhängig vom Medium und dem Transceiver (Sende-Empfänger).	Standardübertragungsraten bei TP 78 kbit/s und 1,25 Mbit/s. Standardübertragungsraten bei PL 5 kbit/s Maximale Leitungslänge bei TP: In Bustopologie bis zu 2700 m und in freier Topologie bis zu 500 m.

N Node, LON (manchmal auch Lon geschrieben) Local Operating Network, R Router, TP Twisted-Pair.

LON-Komponenten LON Components

Baugruppen	Erklärung, Aufgabe	Bemerkungen, Daten
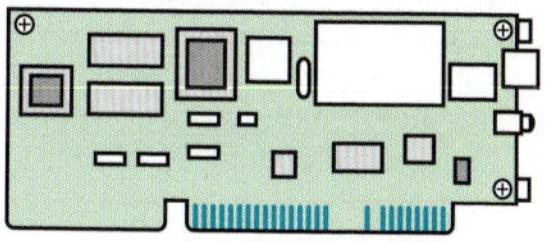 **LON-Talk-Adapter**	Der LON-Talk-Adapter verbindet den PC mit den LON-Works-Netzwerken. www.svea.de, www.hueppe.form.de www.gesytec.de	PCI-Karte (PCI von Peripheral Component Interconnect = Verbindung zwischen Peripheriekomponenten). Integrierter TP/FT-10-Transceiver (TP von Twisted Pair, FT von Free-Topologie, transceiver = Sende-Empfänger). www.lonmark.org www.echelon.com, www.lno.de
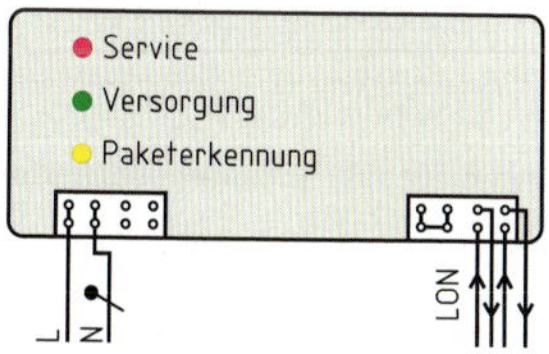 **LON-Router RTR-22**	Der Router dient zur physikalischen Trennung und logischen Verbindung zweier Bussegmente sowie zur Signalverstärkung und Signalregenerierung in LON-Works-TP/FT-Netzwerken. Der Router kann in den Betriebsarten Repeater, konfigurierbarer Repeater und selbstlernender Router betrieben werden.	Transceivertyp Seite A und Seite B: LON-FTT-10 und FTT-10A (FTT von Free-Topologie-Transceiver). Service-LED (rot): ● an: Fehler im Netzzugriff. ● blinkt: Modul unkonfiguriert. LED Versorgung (grün): ● Betriebsspannung vorhanden und Modul konfiguriert. LED Paketerkennung (gelb): ● an: Daten werden übertragen.
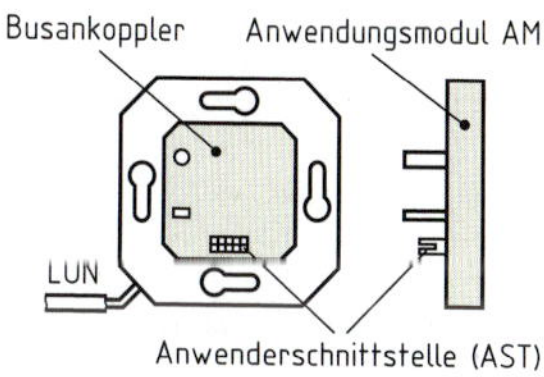 **LON-Busankoppler UP**	Basismodul für LON-Geräte UP (Unterputz) und Schnittstelle zwischen EIB-kompatiblen Anwendungsmodulen von Berker, Gira, Merten, Siemens und Eljo und dem LON-Netzwerk.	LON-LPT-10 (LPT von Link-Power-Transceiver). Servicetaster zum Senden der Neuron-ID. Service-LED (rot): ● an: Fehler im Netzwerkzugriff. ● blinkt: Modul unkonfiguriert. Einbau in Unterputzdosen von 60 mm durch Schraubenbefestigung.
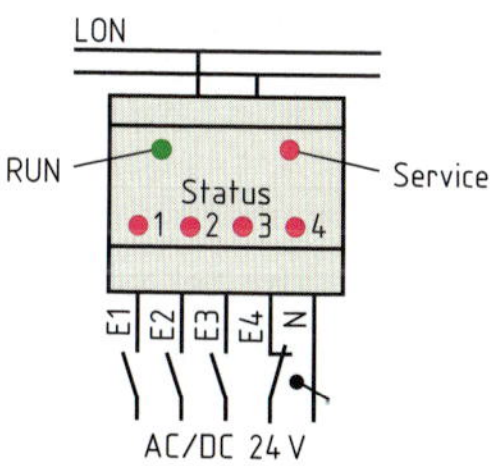 **LON-I/O-Modul REG-M**	Das LON-MODUL (REG Reiheneinbaugerät) hat vier Eingänge zum Anschluss konventioneller Geräte mit einer Ausgangsspannung von 24 V. Als Applikationen (Anwendungen) stehen Lichtsteuerung, Sonnenschutzsteuerung und Präsenzmeldung (Anwesenheitsmeldung) zur Verfügung.	LON-LPT-10 (von Link-Power-Transceiver). Bemessungseingangsspannung: AC/DC 24 V. Leitungslänge maximal 100 m. RUN-LED (grün): ● Betriebsspannung vorhanden. Status-LED (1...4, gelb): ● Eingangsspannung 1-Signal Service LED (rot): ● an: Fehler im Netzwerkzugriff. ● blinkt: Modul unkonfiguriert.
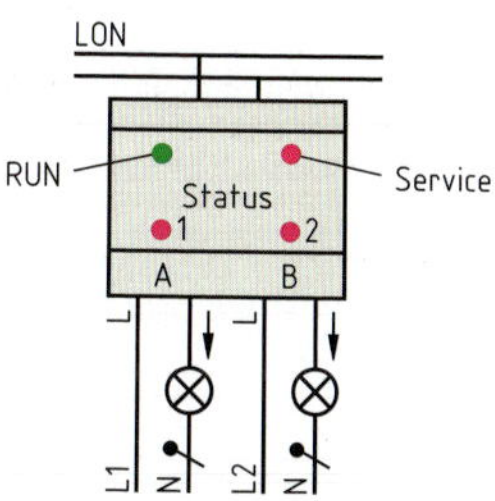 **LON-I/O-Modul REG-M 2S**	Das LON-Modul hat zwei Relaisausgänge zum unabhängigen Schalten von zwei Lastgruppen. Applikationen (Anwendungen) mit Zeitfunktionen, Prioritätssteuerung (Vorrangsteuerung) und einstellbarem Verhalten nach einem Busspannungsausfall.	LON-LPT-10 (von Link-Power-Transceiver). Bemessungsspannung AC 230 V, Bemessungsstrom 10 A, Schaltleistung: Glühlampen 2300 W, 230-V-Halogenlampen 2000 W, NV-Halogenlampen bis 1500 W, Leuchtstofflampen bis 1500 W. Status-LED (1...2, gelb): ● Relaiskontakt betätigt. RUN-LED und Service-LED wie bei LON-I/O-Modul REG-M.

Merkmal, Art	Erklärung, Prinzip	Bemerkungen
Bezeichnung	Je nach Hersteller sind verschiedene Bezeichnungen gebräuchlich.	Funkbus (Berker), Funk-Management (Jung), Funkbussystem (Gira), FUNKSystem (Siemens)
Sender zur Einleitung des Steuervorgangs	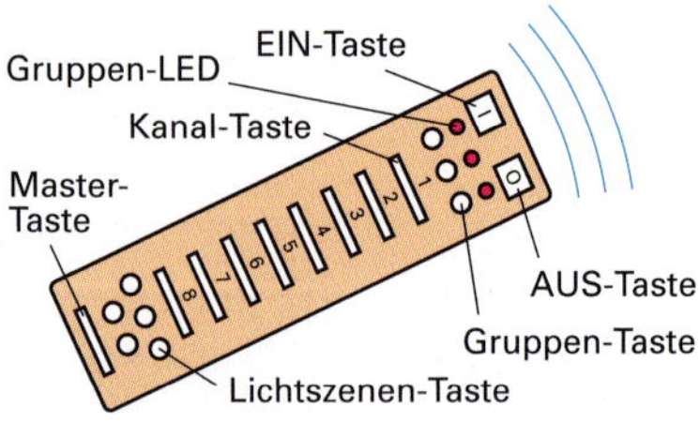 **8-Kanal-Handsender**	**Frequenz:** etwa 434 MHz oder 868 MHz, **Modulation:** Amplitudentastung ASK, Kanalunterscheidung durch verschiedene Bitmuster der ASK-Impulspakete, **Handsender:** 8 Kanäle oder 4 Kanäle, Stromversorgung durch Batterie, **Wandsender:** je nach Typ bis 8 Kanäle, Stromversorgung durch Batterie oder vom Netz, **Piezo-Sender:** 4 Kanäle oder 2 Kanäle, ohne Stromversorgung. Energie für Signale mit 868 MHz durch Fingerdruck auf Piezo-Bauelement. **Parametrierung** nur vom Hersteller durch fest eingegebenen Sendertyp und Seriennummer.
Schaltaktor mit Empfänger zum Steuern des Verbrauchsmittels, z.B. der Beleuchtung	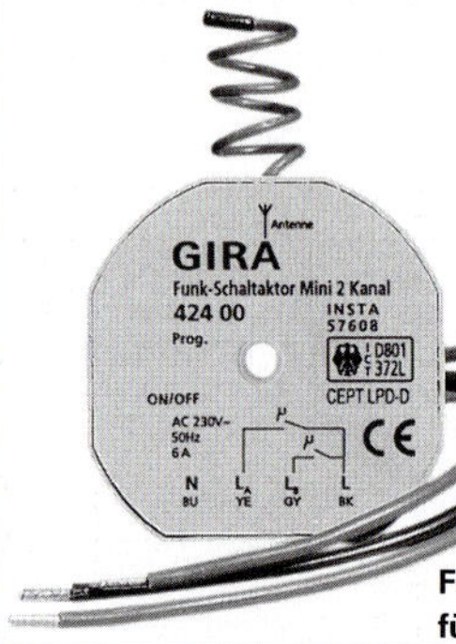 **Funk-Schaltaktor für 2 Kanäle**	**Typen:** Einbaugeräte EG, Schalterdosengeräte UP, Reiheneinbaugerät REG. **Anschluss** an das 230-V-Netz, **Kanalzahl** 1 oder 2, **Aufgabe:** je nach Typ Schalten oder Dimmen, **Schaltleistung:** bei UP-Geräten z.B. Glühlampen 1000 W oder unkompensierte Leuchtstofflampen 500 W, bei EG-Geräten meist das Doppelte. **Nebenstellen:** mechanische Taster, **Parametrierung** durch Anwender. Aktor auf Lernmodus schalten (LED blinkt) und mit Sender den gewünschten Kanal einstellen, danach den Lernmodus abschalten. Informationen auch durch www.gira.de www.siemens.de
Einschränkung der Anwendung	Nicht für Zwecke geeignet, die der Sicherheit von Personen dienen, weil die Signalübertragung nicht so sicher ist wie die leitungsgebundene Übertragung.	Nicht ohne Weiteres geeignet für Notrufanlagen, NOT-AUS-Schaltung, NOT-HALT-Schaltung, Signalanlagen, Warnlampen.
Touch-Manager (Bedienmanager, System GAMMA wave)	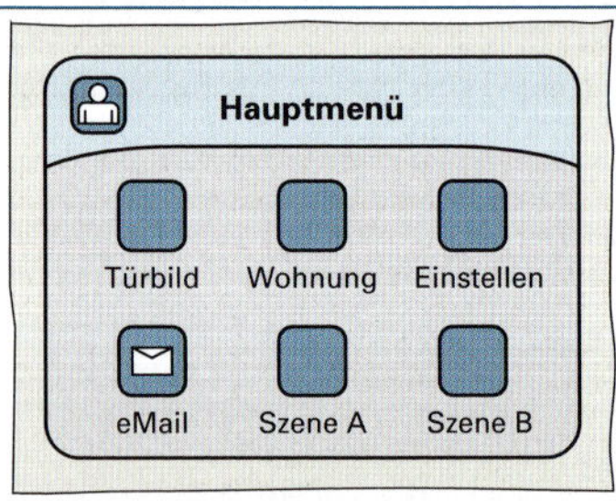 **Touch-Manager (System wave) für 20 Sensorkanäle und 36 Aktorkanäle**	**Zentrale Bedienstation** zur Steuerung von Funktionen, z.B. Beleuchtung, und zur Abfrage von Statusmeldungen, z.B. von Fenstern (offen oder geschlossen). Anschluss an den KNX/EIB ist möglich. Funktionen sind wie beim KNX/EIB parametrierbar. **Touch-Manager:** Touchscreen (Berührungsbildschirm) mit einem Kleincomputer. Das Steuern der Aktoren erfolgt durch Berühren der virtuellen (nur als Bild vorhandenen) Tasten. In Verbindung mit einem PC als Server kann der Touch-Manager wave auch die Kamerabilder vom Türeingang abbilden, Alarmmeldungen als E-Mails absenden, Informationen der Anlage weitermelden.
Repeater (System GAMMA wave)	Hier ein Funk-Sender-Empfänger, z.B. für System GAMMA wave, zum Einbau in eine UP-Dose.	Empfangene Signale werden erneuert und verstärkt weitergesendet, sodass eine größere Reichweite möglich wird, z.B. in großen Gebäuden.
Einsatz Tür- und Fensterkontakt (System GAMMA wave)	Einsatz zum drahtlosen Melden von Öffnen eines Fensters oder einer Tür.	Das Auf- oder Abfahren einer Jalousie kann bei geöffnetem Fenster verhindert werden. Eine Alarmanlage könnte sonst darauf reagieren.
Einsatz Jalousiesteuerung	Unterputzgeräte zum Ansteuern von Rohrmotoren mit Endlagenschaltern.	Bemessungsspannung 230 V, Anschlussleistung 1 Motor mit 1 kVA.

Elektroinstallation mit Funksteuerung 2 Installation with Wireless Control 2

Art der Schaltung	Übersichtsschaltplan	Stromlaufplan in halb zusammenhängender Darstellung
Funksender der Elektroinstallation als Wandsender		
Funk-Schaltsender UP (unter Putz) für zwei Kanäle, z. B. für Schalterbetrieb (Serienschalter)	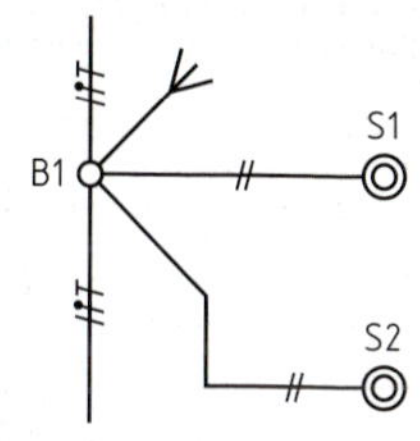	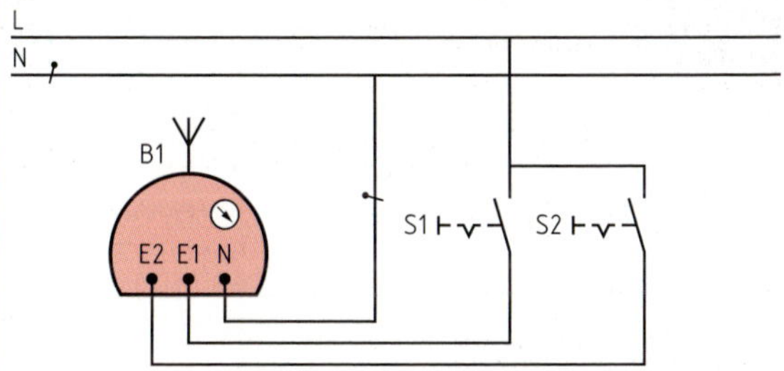
Funkaktoren bei der Elektroinstallation		
Funk-Schaltaktor UP (unter Putz) für 2 Kanäle, z. B. Serienschaltung	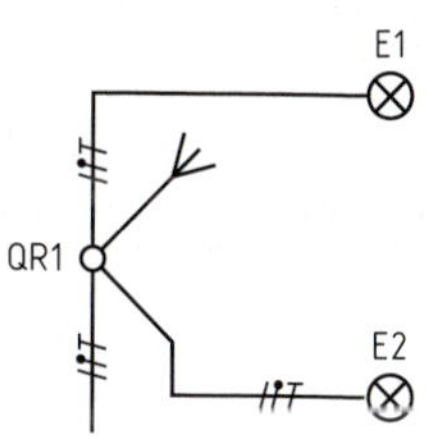	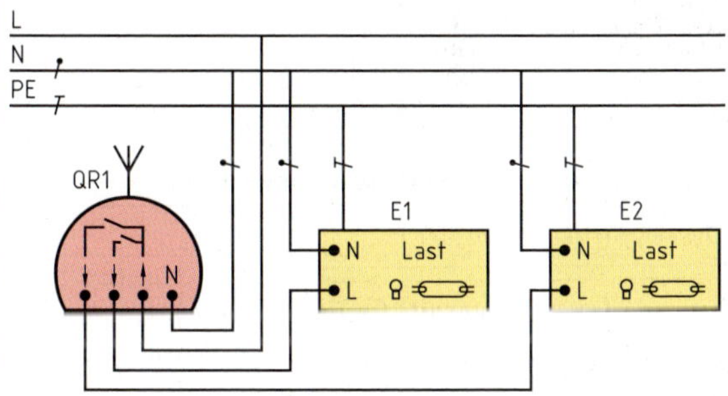
Funk-Schaltaktor EB (Einbaugerät) für 1 Kanal mit Nebenstelle	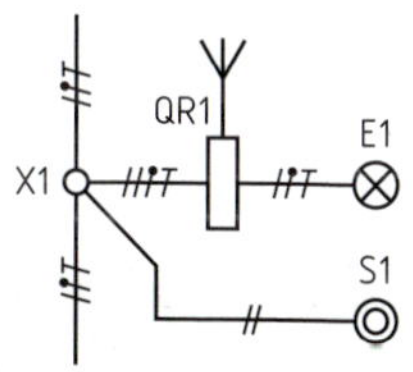	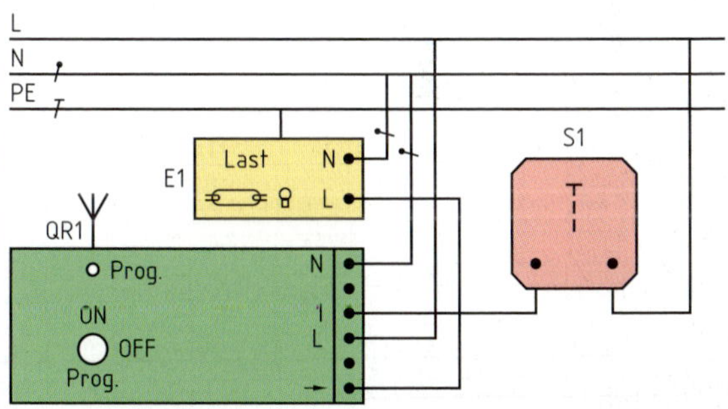
Funk-Universal-Dimmer EB (Einbaugerät) mit Nebenstelle	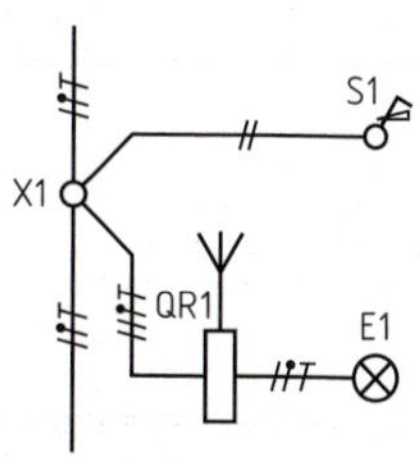	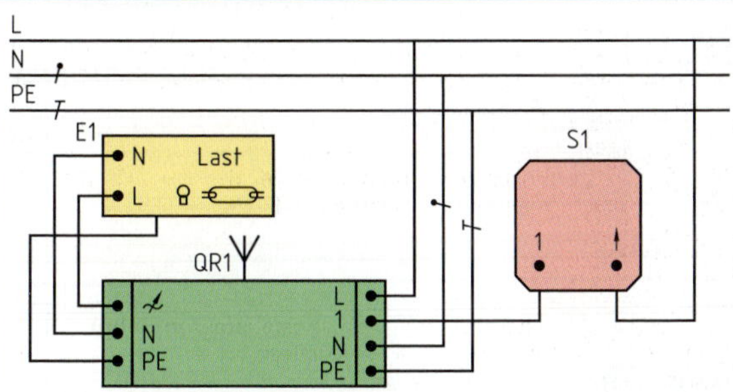

EI

Installationsbus mit FSK-Steuerung KNX-PL KNX – Powerline

Prinzipdarstellung	Erklärung

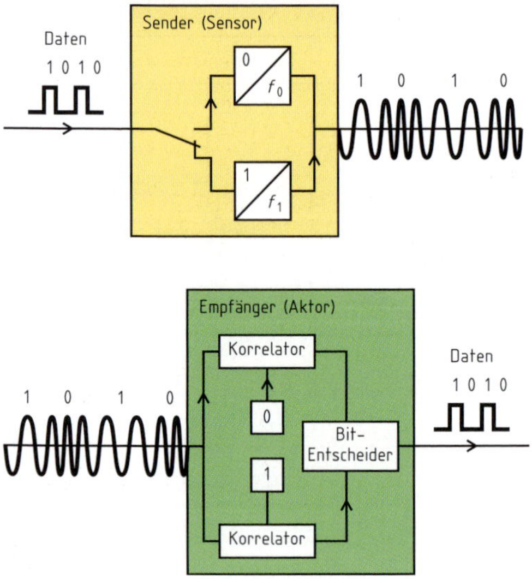

Signalübertragung beim KNX-PL

Beim Installationsbus mit FSK-Steuerung (von Frequency Shift Keying = Frequenzumtastung), KNX-PL sind wie beim KNX/EIB die Teilnehmer (Sensoren und Aktoren) so „intelligent", dass sie miteinander kommunizieren (in Verbindung treten) können. Im Gegensatz zum KNX/EIB mit Busleitung ist aber keine Busleitung vorhanden. Die Teilnehmer sind nur mit dem 230-V-Netz verbunden. Die Stromversorgung aller Teilnehmer erfolgt aus dem 230-V-Netz. Ein besonderes Netzgerät ist also nicht erforderlich. Sonst ist der Netzaufbau mit Linien und Bereichen wie beim EIB mit Busleitung. Beim KNX-PL können unter günstigen Bedingungen z.B. acht Bereiche zu 16 Linien mit je 256 Teilnehmern betrieben werden. Es wird aber empfohlen, jedes KNX-PL auf wenige Tausend Teilnehmer zu beschränken.

Alle Teilnehmer (Sensoren und Aktoren) enthalten einen Bandpass für den Bereich von etwa 104 kHz bis 118 kHz, der die Netzspannung mit 50 Hz von ihnen fernhält. Die Sensoren enthalten einen Generator, der beim Datenbit 0 eine Frequenz von 105,6 kHz und beim Datenbit 1 aber 115,2 kHz abgibt. Die Netzankoppler der Aktoren bilden aus den Impulspaketen die Datensignale. Eine spezielle Schaltung (Korrelator) erkennt und berichtigt durch Störungen beschädigte Bitfolgen.

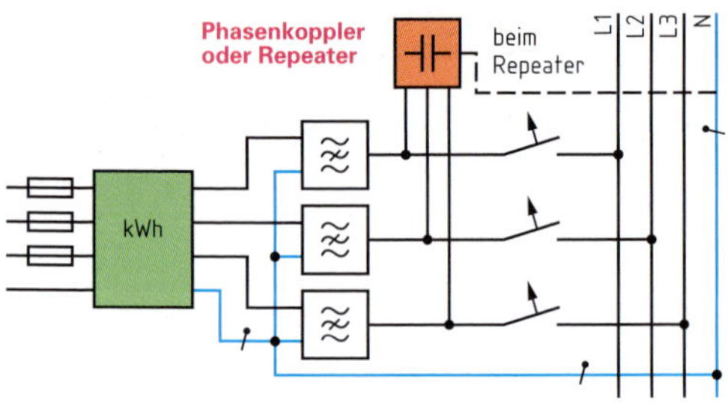

Anschluss der Bandsperren und Phasenkoppler bzw. Repeater

Wegen der kleinen Leistung der Generatoren müssen zum öffentlichen Netz hin Bandsperren für die Signalfrequenzen (105,6 kHz und 115,2 kHz) eingebaut werden. Die Außenleiter der Abnehmeranlage müssen durch Phasenkoppler (Bandpässe) oder durch Repeater (siehe Seite Komponenten der Datennetze) verbunden sein, weil Außenleiter auf verschiedene Stromkreise verteilt sind. Bei Repeatern können mehr Geräte oder längere Leitungen zwischen den am weitesten entfernten Teilnehmern verwendet werden als bei Phasenkopplern. Bandsperren, Phasenkoppler und Repeater sind Reiheneinbaugeräte REG zum Aufschnappen auf die Schienen der Verteilungen.

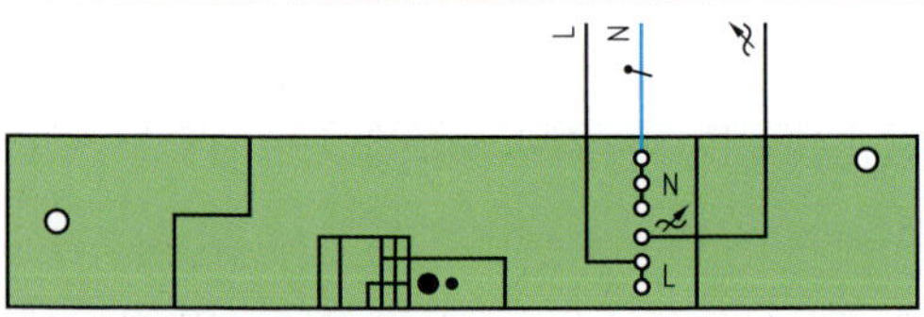

Anschluss eines Dimm-Aktors

Aktoren bei KNX-PL sind Reiheneinbaugeräte REG, Einbaugeräte EG oder AP-Geräte (Aufputzgeräte).

Die Parametrierung der Teilnehmer kann erfolgen

- über einen PC oder
- über ein spezielles Steuergerät (Controller).

Die Ankopplung an das Netz erfolgt dabei über eine Datenschnittstelle. Für die Parametrierung ist eine spezielle Software erforderlich.

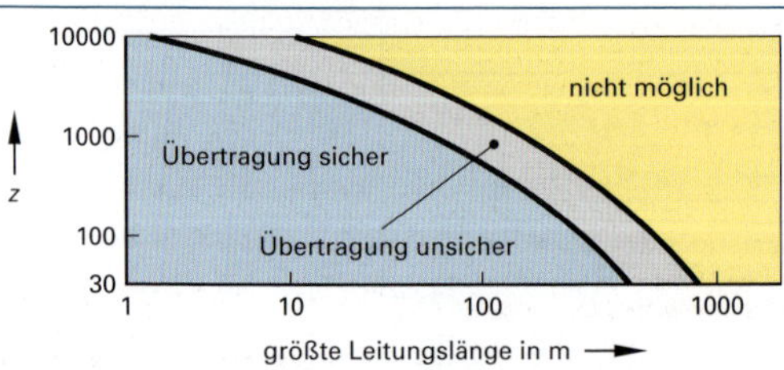

Maximale Belastungszahl z bei Anlage mit Phasenkoppler

Belastungszahlen *z* je Verbrauchsmittel

KNX/EIB-Geräte	1
Glühlampen	1
Elektrokleingeräte	10
HiFi-Geräte	10
Elektronische Trafos, EVG	50
Fernsehgerät	50
PC, Monitor	50

Die Belastungszahl z einer Anlage ist gleich der Summe der Belastungszahlen der Verbrauchsmittel der Anlage.

LCN Local Control Network

Schaltung	Erklärung	Bemerkungen
Netzaufbau		
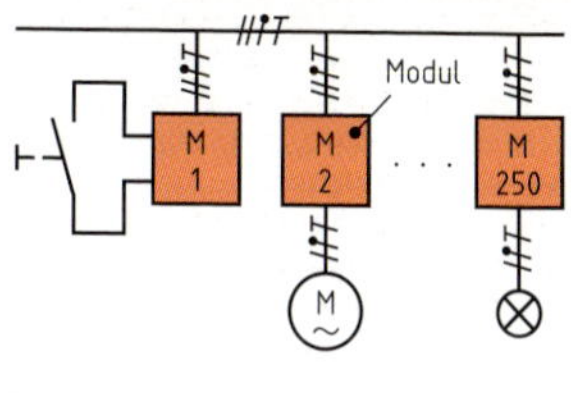 **Kleine bis mittlere LCN-Anlage**	Grundbestandteile des LCN sind Module. Das gleiche Modul wird zum Anschluss der Befehlsgeräte (Sensoren) oder Aktoren verwendet oder wirkt selbst als Aktor. An jedes Modul wird die Installationsleitung, z.B. NYM oder NYIF, angeschlossen. Diese muss eine zusätzliche Ader D als Datenleitung, also bei Einphasenwechselstrom einschließlich PE vier Adern, haben.	An dasselbe Modul können mehrere Sensoren, z.B. Taster, angeschlossen werden. Als Aktor hat ein Modul eine Ausgangsspannung von AC 230 V. Erfordern die anzuschließenden Lasten eine größere Leistung, so steuert das LCN-Modul z.B. ein Schütz bzw. ein Relaismodul an. Die *Datenübertragung* erfolgt über den Datenleiter D und den Neutralleiter.
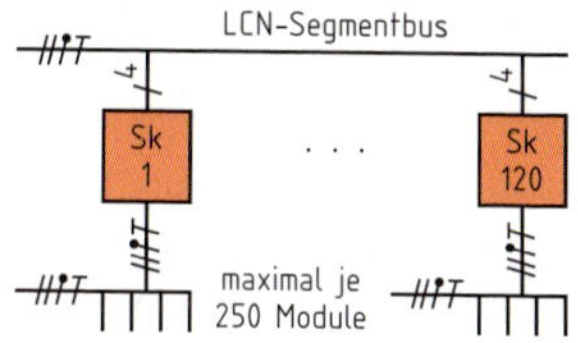 **Große LCN-Anlage**	Bei Anlagen mit mehr als 250 Modulen müssen *Segmentkoppler* mit einem LCN-Segmentbus verwendet werden. In einer Anlage können bis 120 Segmentkoppler eingesetzt sein, und zwar auch in Stromkreisen mit verschiedenen Außenleitern. Zur Verhinderung von Spannungsverschleppung können *LCN-Trennverstärker* verwendet werden.	Die Segmentkoppler werden z. B. mit IY(St)Y 2x2x0,8 oder einer gleichwertigen Leitung untereinander verbunden. Für Reichweiten eines Leitungsstranges über 1 km müssen *LCN-*Trennverstärker und *Lichtleiterkoppler* für Glasfaserkabel eingesetzt werden. Diese sind REG (Reiheneinbaugeräte).
Module und Programmierung		
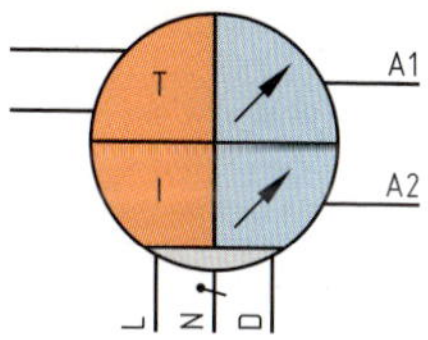 **Modul LCN-UP**	Das Modul LCN-UP ist ein kombiniertes *Sensor-Aktor-Modul* für Unterputz-Einbau. Er hat zwei Ausgänge mit AC 230 V und Schaltleistungen von je bis 300 VA. Am Eingang T können bis 10 Taster angeschlossen werden. Der Eingang I (Impulsmesseingang) dient zum Anschluss eines Infrarot-Empfängermoduls mit Datenleiter D.	Bei Ansteuerung von Motoren oder Induktivitäten und beim Dimmen ist ein zusätzliches *Störfiltermodul* erforderlich. Das eingebaute Betriebsprogramm umfasst Schalten und Dimmen der Ausgänge. Helligkeit und Änderungsgeschwindigkeit sind getrennt einstellbar. Es können Glühlampen gedimmt werden.
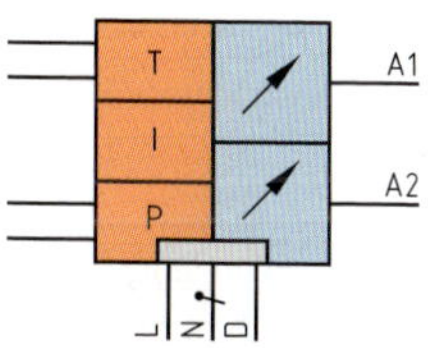 **Modul LCN-HS**	Das Modul LCN-HS ist ein Sensor-Aktor-Modul zum Aufschnappen auf die Hutschiene HS. Seine Daten entsprechen weitgehend denen des Moduls LCN-UP, jedoch ist ein Störfiltermodul eingebaut und zusätzlich können am Anschluss P digitale *Ein-Ausgangs-Signale* eingegeben oder ausgegeben werden.	Bei der Ansteuerung von Relais ist ein *LCN-Grundlastmodul* erforderlich. Maximal 32 Verbraucher können gesteuert werden, wobei zahlreiche Funktionen, z.B. schonendes Hochfahren der Spannung (Rampenverlauf), möglich sind. Beim Schalten wirkt LCN-HS als *Nullspannungsschalter.*
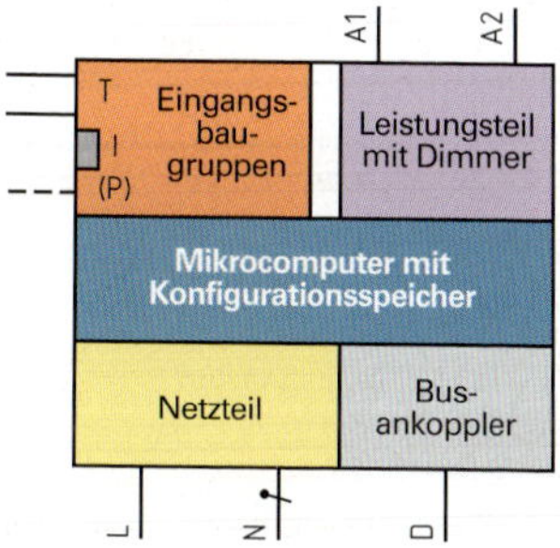 **Bestandteile des Moduls**	Die Sensor-Aktor-Module enthalten ein Netzteil mit Überspannungsschutz und Spannungsregler. Der Busankoppler besteht aus Verpolungsschutz, Überspannungsschutz und Zugriffsteuerung. Er steuert den Mikrocomputer mit dem Konfigurationsspeicher (Speicher für das einzugebende Programm, Konfiguration = Gestaltung) an. Der Mikrocomputer wird auch von den Eingangsbaugruppen angesteuert (P nur beim Modul LCN-HS). Er steuert selbst den Leistungsteil mit Dimmer an. www.issendorff.de, www.lcn.de	Das *Konfigurationsprogramm* wird über einen PC bzw. Laptop eingegeben. Zu diesem Zweck wird ein *Koppelmodul* an die LCN-Anlage angeschlossen. Das Parametrieren der verschiedenen Sensor-Aktor-Module erfordert eine spezielle *Software*, die als CD vom Hersteller der LCN-Module geliefert wird oder aus dem Internet heruntergeladen werden kann. Im PC-Programm für den Elektriker können über ein Menü alle Module im Netz gesucht und parametriert werden.

Hausanschluss mit Schutzpotenzialausgleich
House Connection with Protective Equipotential Bonding

Hausanschluss

Arten	Bedingungen	Hausanschlussraum
Kabelanschluss	Der VNB (Verteilungsnetzbetreiber) sorgt für wasserdichten Anschluss im Schutzrohr der Hauseinführung.	Raum für Hausanschlusskasten oder Hauptverteiler einschließlich Hauseinführung. Der Raum sollte an der Gebäudeaußenwand liegen, durch welche die Anschlussleitungen geführt werden. Möglichst besonderer Raum, der für Beauftragte des VNB zugänglich sein muss. Nicht möglich sind Garagen, nasse Räume, Heizräume und Lagerräume für brennbare Stoffe.
Freileitungsanschluss (Dachständeranschluss, Wandanschluss)	Die Führung der Hausanschlussleitung wird vom VNB festgelegt. Die Anschlusswand bzw. der Dachstuhl muss die für den Leitungszug erforderliche Festigkeit haben.	

Hausanschlusskästen

Art	Auswahl Schmelzsicherungen	Anschlussquerschnitt in mm² Zugang	Abgang
Kabelanschluss	3 x NH 00 3 x NH 1	4 x 50 4 x 150	5 x 50 5 x 120
Freileitungsanschluss	3 x Diazed D III 3 x NH 00	4 x 35 4 x 50	5 x 25 5 x 50

Schmelzeinsätze bei NH 00 bis 100 A, Bei NH 1 bis 250 A und bei D III bis 63 A.

Hausanschlussraum mit Schutzpotenzialausgleich

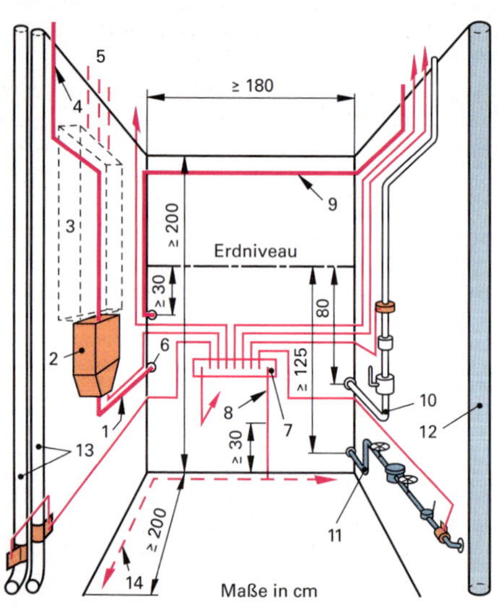

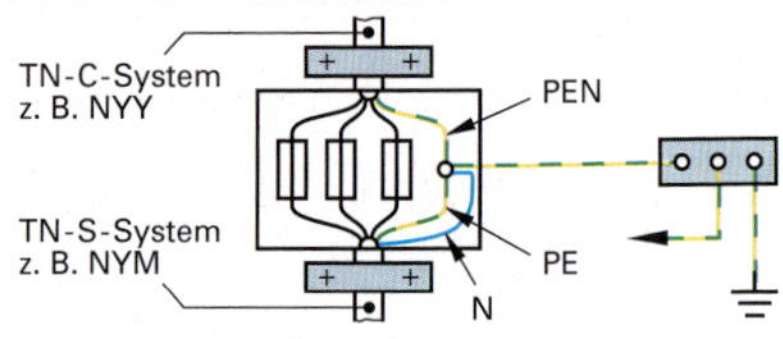

Hausanschlusskasten

1 Hauseinführungsleitung
2 Hausanschlusskasten
3 Platz für Zählerschrank
4 Hauptleitung
5 Ableitungen von Messeinrichtungen zu den Stromkreisverteilern
6 Kabelschutzrohr
7 Haupterdungsschiene mit Verbindungsleitungen
8 Anschlussfahne des Fundamenterders
9 Hausanschlussleitung für Fernmeldeeinrichtung
10 Hausanschlussleitung für Gas
11 Hausanschlussleitung für Wasser
12 Abwasserrohr
13 Heizungsrohr
14 Fundamenterder

Haupterdungsschiene

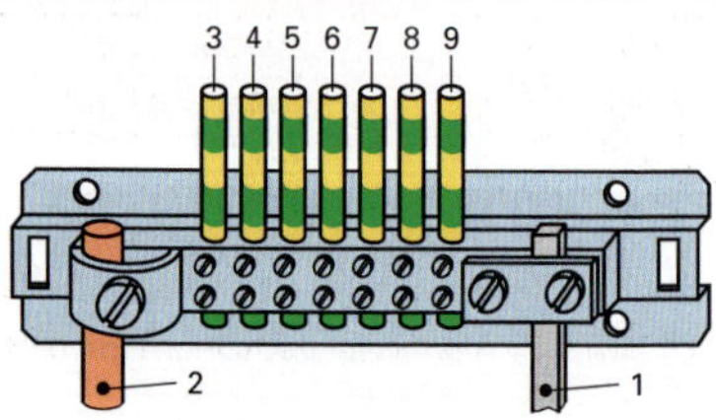

1 Fundamenterder
2 Blitzschutzanlage
3 Heizungsanlage
4 PE-Leiter zum Hausanschlusskasten
5 PE-Leiter zur PE-Schiene
6 Fernmeldeanlage
7 Antennenanlage
8 Gasversorgungsanlage
9 Wasserversorgungsanlage

Hauptleitungen in Wohnanlagen Main Conductors in Residential Buildings

Bemessung von Hauptleitungen

vgl. DIN 18015-1: 2007-09

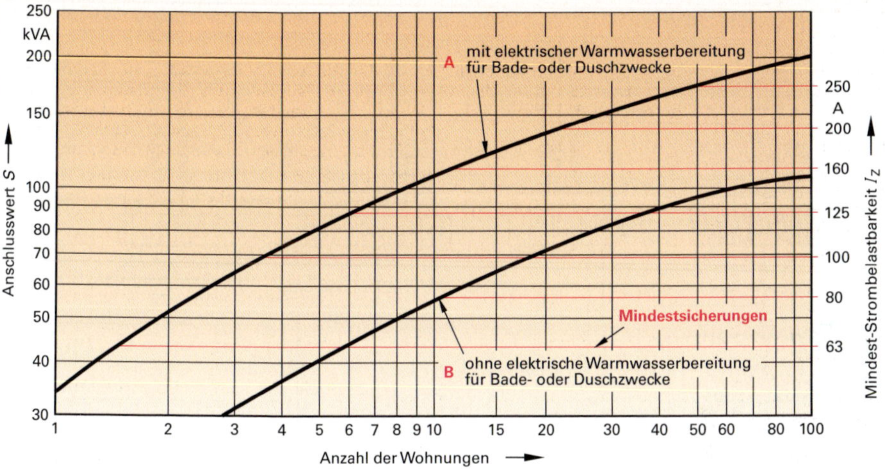

- Hauptleitungen sind als Drehstromleitungen auszuführen. Wegen der EMV wird empfohlen, in Neuanlagen bei Hauptleitungen die Aufteilung des PEN in PE und N schon im Hausanschlusskasten HAK vorzunehmen.
- Hauptleitungen sind in allgemein zugänglichen Räumen, z. B. im Treppenhaus, anzuordnen.
- Hauptleitungen dürfen im Kellergeschoss ab dem HAK auf der Wand, z. B. über Putz, installiert werden.
- Ab Kellerdecke sind Hauptleitungen in Rohren oder Schächten oder unter Putz anzuordnen.

Belastbarkeiten, Querschnitte, Spannungsfälle von Hauptleitungen

Wohnungen	Belastbarkeit in A bei Gruppe		Hauptleiterquerschnitte in mm² bei Gruppe	
	A	B	A	B
1	63	63	10	10
2	80	80	16	16
3	100	80	25	16
4 bis 6	125	80	35	16
7 bis 10	160	80	50	16
11	160	100	50	25
12 bis 19	200	100	70	25
20, 21	200	125	70	35
22 bis 34	250	125	95	35
35 bis 49	250	160	95	50
50 bis 100	315	160	120	50

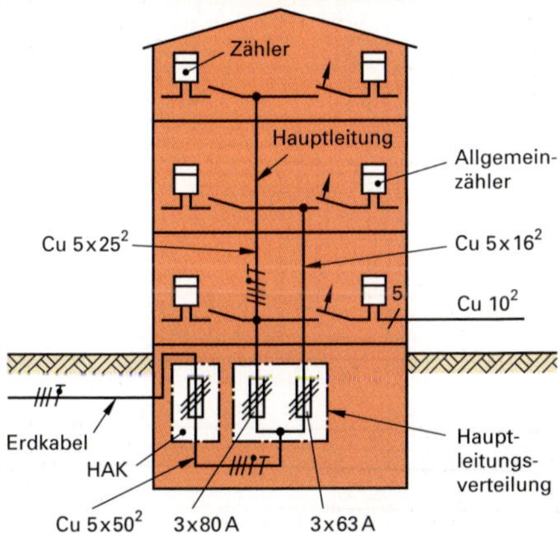

Hauptleitungen eines Mehrfamilienhauses

Spannungsfälle Δu in % in Verbraucheranlagen		
Hausanschluss bis Zählerplatz	bis 100 kVA	0,5
	100 kVA…250 kVA	1
	250 kVA…400 kVA	1,25
Zähler bis Verbrauchsmittel	alle Stromkreise	3

Hauptleiterquerschnitte nach Wohneinheiten (WE)	
1 WE	NYM 5 x 16 mm²
2 WE	NYM 5 x 25 mm²
3 WE	NYM 5 x 35 mm²
ab 4 WE nach Vereinbarung mit dem VNB	

In Gebäuden mit mehr als einer Wohnung ist ein besonderer Zähler für die Gemeinschaftsanlage, z. B. die Treppenhausbeleuchtung, zu installieren.

Zählerplatzinstallation Installation for the kWh-meter Location

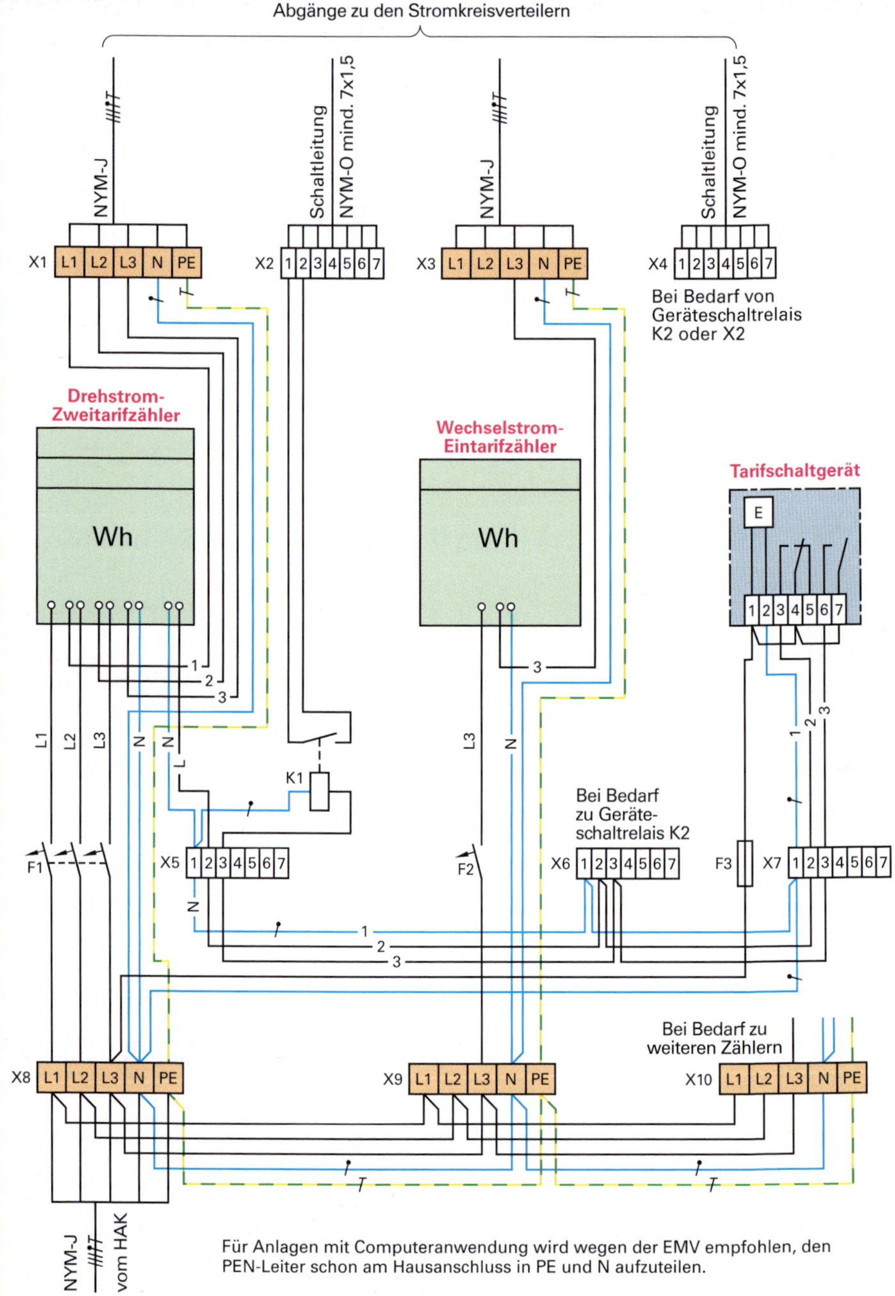

Für Anlagen mit Computeranwendung wird wegen der EMV empfohlen, den PEN-Leiter schon am Hausanschluss in PE und N aufzuteilen.

F1, F2	selektive Hauptleitungsschutzschalter (SH-Schalter)	X1, X2, X3, X4	Abgangsklemmen
F3	Schmelzsicherung	X5, X6, X7	Steuerleitungsklemmen
K1, K2	VNB-Geräteschaltrelais	X8, X9, X10	Hauptleitungsklemmen

EI

Elektrische Mindestausstattung in Wohngebäuden, Zählerplätze

Minimum Equipment in Residential Buildings

vgl. DIN VDE 18015-2: 2004-08

Steckdosen, Auslässe und Anschlüsse für Sondergeräte mit eigenem Stromkreis

Raum und Maße, Geräte	⊙ Steckdose, Y Auslass, AG Anschluss für Sondergerät	Bemerkungen
Wohnraum, Schlafraum bis 12 m² über 12 m² bis 20 m² über 20 m²	 3 ⊙, 1 Y 4 ⊙, 1 Y 5 ⊙, 2 Y	An Bettplätzen und Arbeitsplätzen sind jeweils mindestens Doppelsteckdosen anzubringen, in der Nähe von Antennensteckdosen Dreifachsteckdosen. Diese sind aber für Spalte 2 einfach gezählt, z.B. 4 Steckdosen können eine Einfachsteckdose und drei Doppelsteckdosen sein.
Küche, Kochnische	8 ⊙, 2 Y, 4 AG 5 ⊙, 2 Y, 4 AG	Mehrfachsteckdosen wie in Wohnraum. AG für Herd, Mikrowelle und Spülmaschine. AG für Warmwassergerät nur bei Bedarf.
Bad Lüfter Waschmaschine Wäschetrockner Warmwassergerät	3 ⊙, 2 Y 1 Y 1 AG 1 AG 1 AG	Bei Bädern bis 4 m² genügt ein Auslass über dem Waschtisch. Eine Steckdose kann mit der Waschtischleuchte kombiniert sein. AG nur dann, wenn Geräte nicht anderweitig stehen. Lüfter nur bei Bedarf. Bei fensterlosem Bad oder WC ist die Lüftung in Nachlaufschaltung mit der Beleuchtung zu schalten.
WC-Raum	1 ⊙, 2 Y	Lüftung wie bei Bad.
Hausarbeitsraum Lüfter Waschmaschine Wäschetrockner, Bügelmaschine	2 ⊙, 1 Y 1 Y 1 AG 1 AG 1 AG	Mehrfachsteckdosen wie bei Wohnraum. Lüfter bei Bedarf, z.B. in fensterlosen Räumen. Waschmaschine und Wäschetrockner nur, wenn nicht anderweitig vorgesehen.
Flur Länge bis 3 m Länge über 3 m	 1 ⊙, 1 Y 1, 2 Y	Bei Länge über 3 m muss die Beleuchtung von mindestens zwei Stellen aus schaltbar sein.
Freisitz	1 ⊙, 1 Y	Umfang der Installation am Freisitz und im Hobbyraum ist sehr von den Bedürfnissen des Benutzers abhängig. Die hier angegebenen Werte sind Mindestwerte.
Abstellraum	1 ⊙, 1 Y	
Hobbyraum	3 ⊙, 1 Y	
Keller der Wohnung	1 ⊙, 1 Y	Soweit vorhanden auch für Bodenraum.
Gemeinschaftlicher Keller oder Boden	bis 20 m² 1 ⊙, 1 Y über 20 m² 1 ⊙, 2 Y	Für Gebäudeeingänge, Stufen am Eingang und Klingeltaster sind automatische Schalter, z.B. Bewegungsmelder, vorzusehen. Bei Zugängen zu den Wohnungen und Treppenhäusern muss eine ausreichende Beleuchtung sichergestellt sein. Die Beleuchtung kann von Hand oder automatisch erfolgen. Bei Handschaltung müssen beleuchtete Schalter bzw. Taster verwendet werden.
Kellergang, Bodengang	je 6 m Ganglänge 1 ⊙, 1 Y	
Eingänge, Treppenhaus	je Stockwerk 1 Y	

Anzahl der Stromkreise je Wohnung für Steckdosen und Beleuchtung

Wohnfläche in m²	Stromkreise	Bemerkungen
bis 50 über 50 bis 75 über 75 bis 100 über 100 bis 125 über 125	3 4 5 6 7	• Für Gemeinschaftsbereiche, z.B. Treppenhäuser, sind zusätzliche Stromkreise vorzusehen. • Zu Wohnungen gehörende Keller und Bodenräume außerhalb der Wohnung erfordern zusätzliche Stromkreise. • In Hobbyräumen sollen Leuchten und Steckdosen an getrennten Stromkreisen angeschlossen sein.

Zählerplätze

Die Zählerplätze müssen mit dem CE-Zeichen und dem VDE-Zeichen versehen sein. Die Schränke müssen zur Schutzklasse II gehören und Türen besitzen.

Platzbedarf für die Zählerschränke: Höhe und Breite der Zählerplatzflächen + je 50 mm für die Umhüllung. Zählerschränke dürfen nicht in Wohnungen von Mehrfamilienhäusern, über Treppenstufen, in Wohnräumen, Küchen, Toiletten, Bade-/Duschräumen, Waschräumen sowie auf Speichern vorgesehen werden.

Höhe der Zählerplatzfläche	900	900	1050	1350
Höhe des oberen Anschlussraumes	450	150	300	300
Höhe des unteren Anschlussraumes	150	300	300	300

Maße in mm, Breite der Funktionsflächen je 250 mm

Leitungsführung in Wohngebäuden

Wiring in Residential Buildings

vgl. DIN 18015-2: 2004-08

Ansicht und Art	Erklärung

Installationszonen von unsichtbar verlegten Leitungen

Z1 von 10 cm bis 30 cm neben Rohbaukante,
Z2 von 10 cm bis 30 cm an Wandecken,
Z3 von 15 cm bis 45 cm über dem Fußboden,
Z4 von 15 cm bis 45 cm unter der Deckenbekleidung.

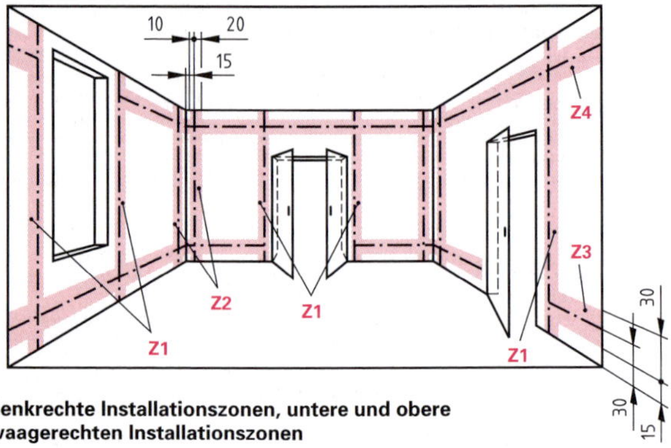

Senkrechte Installationszonen, untere und obere waagerechten Installationszonen

- Leitungen zu Betriebsmitteln außerhalb der Installationszonen sind senkrecht aus einer waagerechten Installationszone zu führen.
- Schalter sind vorzugsweise neben den Türen in senkrechten Installationszonen anzuordnen. Die oberste Schaltermitte soll ≤ 1,05 m über dem Fußboden liegen.
- An einflügeligen Türen ist nur eine Installationszone auf der Schlossseite der Türe vorhanden, bei Fenstern und zweiflügeligen Türen sind es beiderseits je eine.
- Bei Räumen mit schrägen Wänden verlaufen die senkrechten Installationszonen parallel zu den Bezugskanten, z.B. zum Fenster.

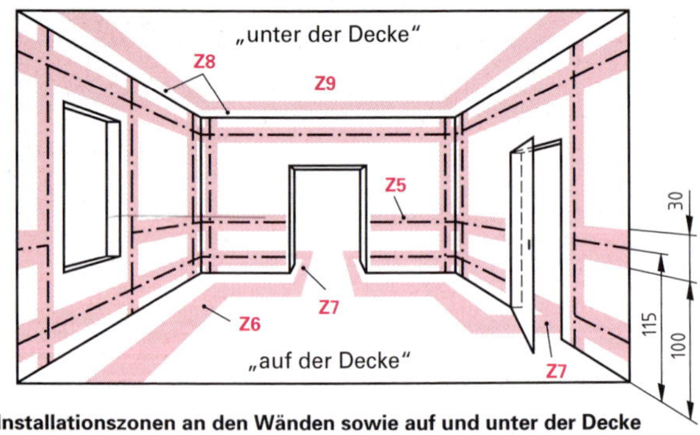

Installationszonen an den Wänden sowie auf und unter der Decke

Z5 von 1,0 m bis 1,30 m über Fußboden,

Z6 im Raum Breite ≤ 30 cm, Wandabstand ≥ 20 cm, Verlegung parallel zu den Wänden,

Z7 im Türdurchgang Breite ≤ 30 cm, Wandabstand ≥ 15 cm,

Z8 Wandabstand ≥ 20 cm,

Z9 Verlegung parallel zu den Wänden.

- Die mittlere waagerechte Installationszone wird nur für Räume mit Arbeitsflächen vor Wänden, z.B. Küchen, festgelegt.
- Bei sichtbar verlegten Leitungen darf von den genannten Maßen abgewichen werden.

Leitungsführung auf, in und unter der Decke

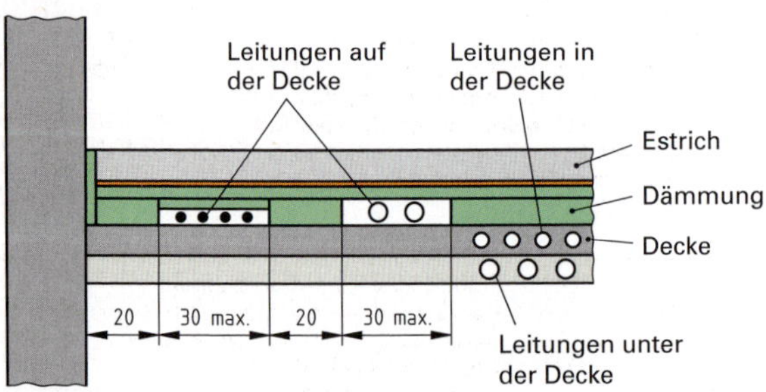

Leitungsführung *auf der Decke* bedeutet Installation direkt auf der Rohdecke des Stockwerkes, z.B. auf betoniertem Fußboden.

Leitungsführung *unter der Decke* erfolgt oben im Raum unter Putz, im Putz, in Hohlräumen und abgehängten Decken.

Leitungsführung *in der Decke* bedeutet Installation direkt oder in Rohren innerhalb der Rohdecke, z.B. bei der Betoninstallation. Hierfür sind keine Installationszonen festgelegt.

Leitungsberechnung ohne Verzweigung 1 Calculation of Lines without Branch 1

Ablauf der Leitungsberechnung

Leitung	Bedingung	Bemessungsgrundlage	Beispiel
kurz	Kurze Leitung, Bemessungsstrom klein.	Mechanische Festigkeit, Mindestquerschnitt nach Seite 164.	Handgerät mit $I_N = 2$ A, Leitung $l = 2$ m
normal	Leitung mit normaler Länge, Bemessungsstrom beliebig.	Strombelastbarkeit, siehe unten und folgende Seite. Im Zweifelsfall siehe Leitungslänge normal bis groß.	Beleuchtungsanlage mit $I_N = 16$ A, Leitung $l = 30$ m
normal bis lang	Fallunterscheidung nicht möglich, Leitungslänge zwischen normal und lang.	Strombelastbarkeit wie bei normal, dann auf Spannungsfall prüfen (siehe unten und folgende Seite).	Motor mit $I_N = 16$ A, Leitung $l = 80$ m
lang	Sehr lange Leitung, Bemessungsstrom beliebig.	Spannungsfall Δu, Berechnung von A siehe folgende Seite.	Motor mit $I_N = 16$ A, Leitung $l = 150$ m

Leitungsberechnung bei normaler Leitungslänge

Struktogramm 1

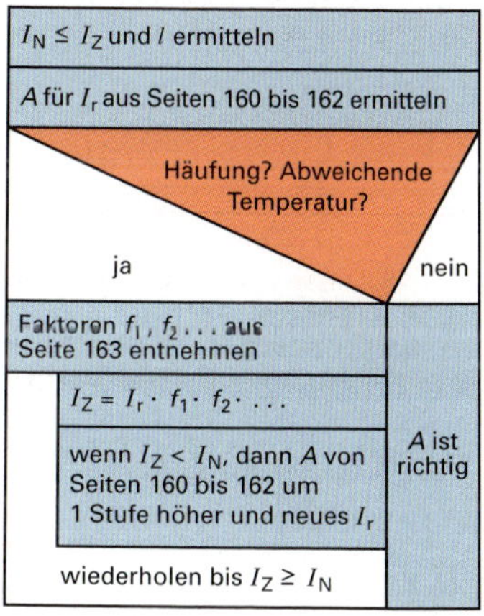

Vorgehen 1. bis 4.

1. In jedem Fall muss zuerst der Bemessungsstrom I_N des Verbrauchsmittels und die Länge l der Leitung ermittelt werden.
2. Liegen Leitungshäufungen nicht vor, so wird der Querschnitt für I_r direkt aus den Tabellen Seite 159, 160 oder 161 ermittelt.
3. Bei Leitungshäufung entnimmt man den Faktor f_1 oder die Faktoren f_1, f_2, ... für Leitungshäufung der Seite 163. Die zulässige Belastbarkeit I_Z der Leitung ist um f_1 oder um $f_1 \cdot f_2$ ... kleiner als I_r von 2. (Seite 160 oder 161). Reicht dieses I_Z nicht aus, wird ein größerer Querschnitt mit größerem I_r genommen und entsprechend geprüft.
4. Liegt eine von 25 °C oder 30 °C abweichende Umgebungstemperatur vor, so entnimmt man den Faktor dafür der Seite 163. Der aus 2. enthaltene Querschnitt wird dann wie bei 3. geprüft, ob er ausreicht.

Bemerkung, Formeln

Dabei muss sein

$I_N \leq I_r$

Strombelastbarkeit

$$I_Z = I_r \cdot f_1 \quad (1)$$

Liegen mehrere Sonderbedingungen vor, so sind die f_1, f_2, ... zu multiplizieren.

Strombelastbarkeit

$$I_Z = I_r \cdot f_1 \cdot f_2 \cdot \ldots \quad (2)$$

Hier muss man von den Werten für 30 °C ausgehen (Seite 161).

$$I_Z = I_r \cdot f_1 \quad (3)$$

Leitungsberechnung bei normaler bis großer Leitungslänge

Struktogramm 2

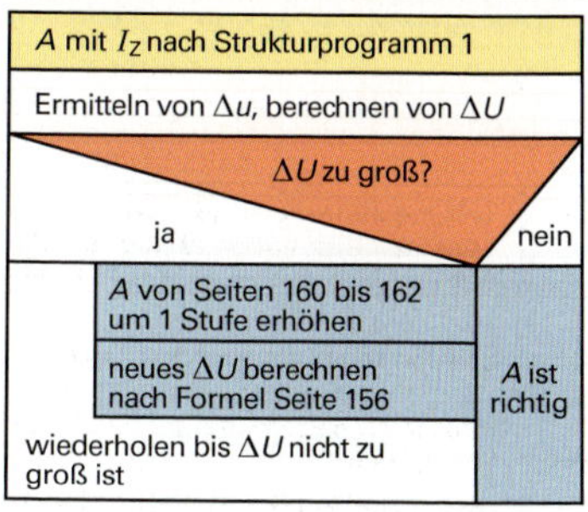

Vorgehen 1. bis 8.

1. bis 4. vorgehen wie bei normaler Leitungslänge. A und I_N festhalten.
5. Feststellen, wie groß Δu sein darf und daraus ΔU berechnen.
6. Prüfen, ob ΔU beim ermittelten A zu groß ist. Wenn nicht zu groß, dann stimmt A.
7. Wenn zu groß, dann nächst größeren Querschnitt von Seite 160, 161 nehmen und nochmals prüfen. Wenn ΔU nicht zu groß, dann stimmt A.
8. Wenn zu groß, 7. wiederholen, bis A stimmt.

Bemerkung, Formeln

Siehe vorhergehende Tabelle „Leitungsberechnung bei normaler Leitungslänge“.

Spannungsfall in V

$$\Delta U = \frac{\Delta u \cdot U_N}{100\%} \quad (4)$$

Δu siehe folgende Seite.

Benötigte Seiten 159 bis 163.

A	Leiterquerschnitt	I_Z	Strombelastbarkeit der Leitung
f_1, f_2 ...	Faktoren für Leitungshäufung oder abweichender Temperatur	I_r	Bemessungswert der Strombelastbarkeit
l	Leitungslänge	U_N	Bemessungsspannung des Netzes
I_N	Bemessungsstrom, z.B. der Verbrauchsmittel	ΔU	Spannungsfall in V
		Δu	Spannungsfall in %

EI

Leitungsberechnung ohne Verzweigung 2 Calculation of Lines without Branch 2

EI

Daten, Prinzip

Zulässiger Spannungsfall	
Bereich, Quelle	Δu
Zähler zu Steckdose, DIN 18015	≤ 3%
Hausanschluss zu Steckdose, VDE 0100	≤ 4%

Leitfähigkeit γ in m/(Ω · mm²)			
Leiter ϑ_b	Formelzeichen	Cu	Al
20 °C	γ_{20}	56	35
50 °C	γ_{50}	50	31
70 °C	γ_{70}	46	29

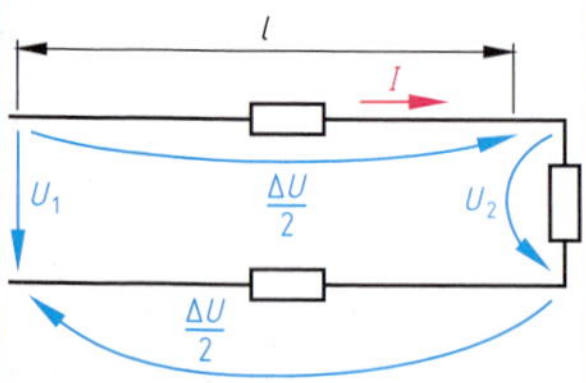

Schaltung bei DC und AC

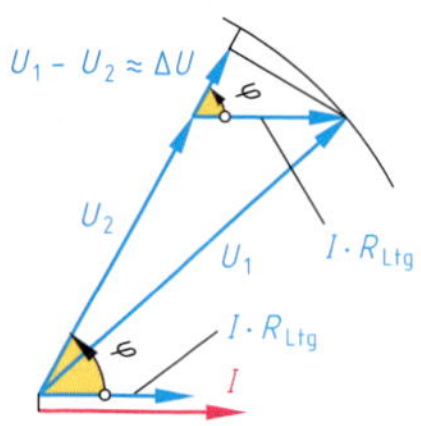

Zeigerbild bei AC

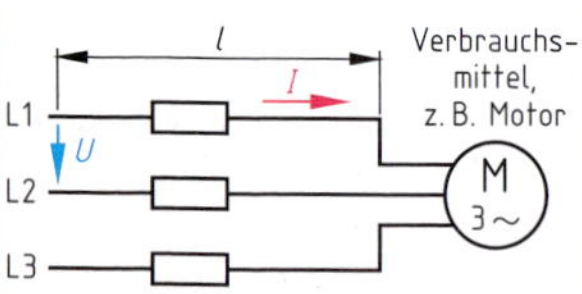

Schaltung bei 3 AC

Erklärung, Formeln

Alle Stromarten

$[U] = [\Delta U] = \text{V}$

$$\Delta U = U_1 - U_2 \quad (1)$$

$$\Delta u = \frac{\Delta U \cdot 100\%}{U} \quad (2)$$

$[P_V] = [P] = \text{W}$

$$P_{v\%} = \frac{P_v \cdot 100\%}{P} \quad (3)$$

Zur *genauen* Berechnung des Spannungsfalls ist die Leitfähigkeit γ bei der anzunehmenden Betriebstemperatur ϑ_b der Leitung zu verwenden **(Tabelle)**. Zur überschlägigen Berechnung wird oft mit γ_{20} gerechnet, bei Cu also mit 56 m/(Ω · mm²), bei Al mit 35 m/(Ω · mm²).

Bei Cu und Al:

$$\gamma = \frac{\gamma_{20}}{1 + 0{,}004/\text{K} \cdot \Delta\vartheta} \quad (4)$$

$$\Delta\vartheta = \vartheta_b - 20\,°\text{C} \quad (5)$$

Gleichstrom DC

$$\Delta U = \frac{2 \cdot P \cdot l}{\gamma \cdot A \cdot U} \quad (6)$$

$$\Delta U = \frac{2 \cdot I \cdot l}{\gamma \cdot A} \quad (7)$$

$$A = \frac{2 \cdot I \cdot l}{\gamma \cdot \Delta U} \quad (8)$$

$$P_v = \frac{2 \cdot I^2 \cdot l}{\gamma \cdot A} \quad (9)$$

$$P_{v\%} = \Delta u \quad (10)$$

Wechselstrom AC (Einphasenwechselstrom)

$$\Delta U = \frac{2 \cdot P \cdot l}{\gamma \cdot A \cdot U} \quad (11)$$

$$\Delta U = \frac{2 \cdot I \cdot l \cdot \cos\varphi}{\gamma \cdot A} \quad (12)$$

$$A = \frac{2 \cdot I \cdot l \cdot \cos\varphi}{\gamma \cdot \Delta U} \quad (13)$$

Bei Nicht-Sinusform $\cos\varphi$ durch λ ersetzen.

$$P_v = \frac{2 \cdot I^2 \cdot l}{\gamma \cdot A} \quad (14)$$

$$P_{v\%} = \frac{\Delta u}{\cos^2\varphi} \quad (15)$$

Dreiphasenwechselstrom 3 AC (Drehstrom)

$$\Delta U = \frac{P \cdot l}{\gamma \cdot A \cdot U} \quad (16)$$

$$P_v = \frac{3 \cdot I^2 \cdot l}{\gamma \cdot A} \quad (17)$$

$$P_{v\%} = \frac{\Delta u}{\cos^2\varphi} \quad (18)$$

Bei Nicht-Sinusform $\cos\varphi$ durch λ ersetzen.

$$\Delta U = \frac{\sqrt{3} \cdot I \cdot l \cdot \cos\varphi}{\gamma \cdot A} \quad (19)$$

$$A = \frac{\sqrt{3} \cdot I \cdot l \cdot \cos\varphi}{\gamma \cdot \Delta U} \quad (20)$$

- A Leiterquerschnitt
- $\cos\varphi$ Leistungsfaktor
- I Leiterstrom (Bemessungsstrom der Last)
- l Länge der Leitung
- P Leistungsaufnahme der Last
- P_v Leistungsverlust in der Leitung
- $P_{v\%}$ prozentualer Leistungsverlust (bezogen auf Leistungsaufnahme der Last)
- U Bemessungsspannung des Netzes und der Last
- U_1 Spannung am Leitungsanfang
- U_2 Spannung am Leitungsende
- γ elektrische Leitfähigkeit
- γ_{20} elektrische Leitfähigkeit bei 20 °C
- $\Delta\vartheta$ Temperaturunterschied (Delta Theta)
- ΔU Spannungsfall (Spannungsunterschied)
- Δu prozentualer Spannungsfall (bezogen auf U)
- ϑ_b Betriebstemperatur
- λ Leistungsfaktor (Lambda)
- φ Phasenverschiebungswinkel (phi)

$\lambda = \cos\varphi$ bei Sinusform

Leitungsberechnung mit Verzweigungen Calculation of Lines with Branch

Strommoment bei DC, AC oder 3 AC

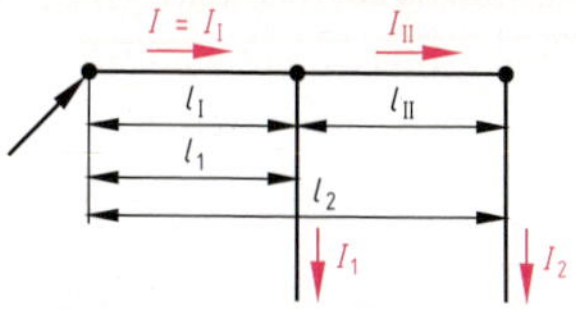

Form 1:

$$\Sigma\,(I \cdot l) = I_I \cdot l_I + I_{II} \cdot l_{II} + \ldots \quad (1)$$

Form 2:

$$\Sigma\,(I \cdot l) = I_1 \cdot l_1 + I_2 \cdot l_2 + \ldots \quad (2)$$

$[\Sigma\,(I \cdot l)]$ = A · m = Am

Beide Formen führen zum selben Ergebnis. Das gilt aber nicht für $\Sigma\,(I^2 \cdot l)$.

Verzweigte Leitung

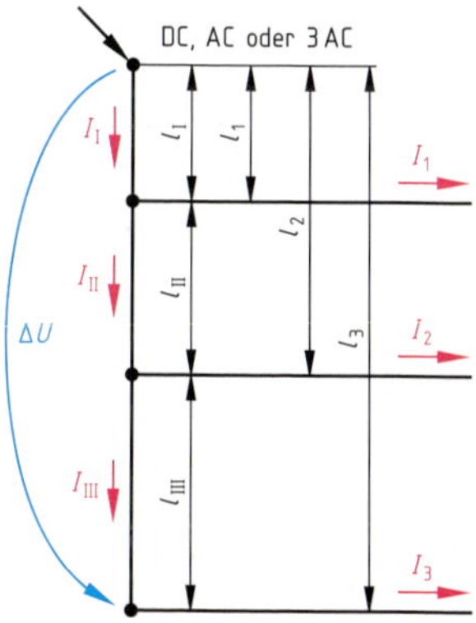

Einphasenwechselstrom AC:

$$\Delta U = \frac{2 \cdot \cos\varphi_m}{\gamma \cdot A} \cdot \Sigma\,(I \cdot l)$$

$$A = \frac{2 \cdot \cos\varphi_m}{\gamma \cdot \Delta U} \cdot \Sigma\,(I \cdot l) \quad (3)$$

$$\Sigma\,(I^2 \cdot l) = I_I{}^2 \cdot l_I + I_{II}{}^2 \cdot l_{II} + \ldots \quad (4)$$

$$P_v = \frac{2}{\gamma \cdot A} \cdot \Sigma\,(I^2 \cdot l) \quad (5)$$

Gleichstrom DC: Es gelten die Formeln für AC ohne $\cos\varphi_m$.

Dreiphasenwechselstrom 3 AC:

$$\Delta U = \frac{\sqrt{3} \cdot \cos\varphi_m}{\gamma \cdot A} \cdot \Sigma\,(I \cdot l)$$

$$A = \frac{\sqrt{3} \cdot \cos\varphi_m}{\gamma \cdot \Delta U} \cdot \Sigma\,(I \cdot l) \quad (6)$$

$\Sigma\,(I^2 \cdot l)$ wie bei AC

$$P_v = \frac{3}{\gamma \cdot A} \cdot \Sigma\,(I^2 \cdot l) \quad (7)$$

γ siehe Hinweis auf vorhergehender Seite oben

Ringleitung, von zwei Seiten gespeiste Leitung

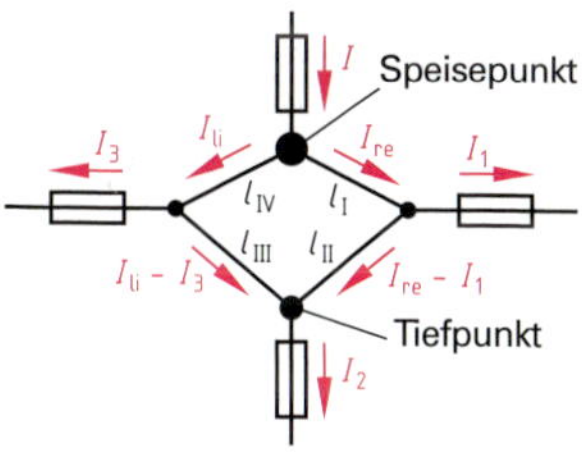

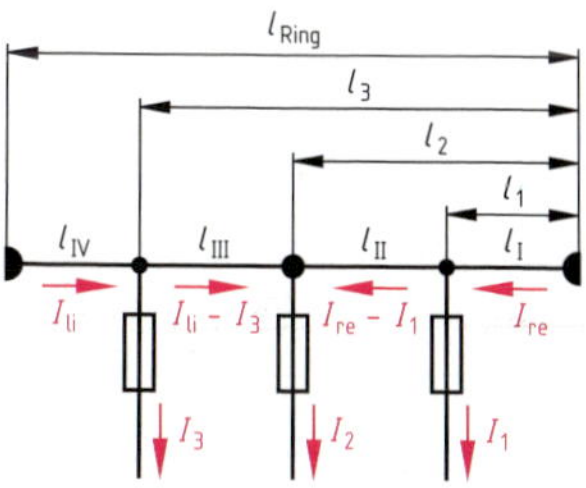

Gang der Rechnung

1. Ringleitung im Speisepunkt aufschneiden und Leitung zur zweiseitig gespeisten Leitung strecken **(Bild)**. Entfällt bei der zweiseitig gespeisten Leitung.
2. Berechnung der von links und von rechts eingespeisten Ströme (entsprechend den Lagerkräften eines Balkens, **Bild**).
3. Ermittlung des Tiefpunktes (des Punktes, dem von beiden Seiten Strom zugeführt wird).
4. Berechnung der beiden Leitungsteile als verzweigte Leitungen.
5. Den größten Querschnitt der Leitungsabschnitte für den ganzen Ring nehmen.

$$I_{re} = \frac{\Sigma\,(I \cdot l)_{links}}{l_{Ring}} \quad (8)$$

$$I_{li} = \frac{\Sigma\,(I \cdot l)_{rechts}}{l_{Ring}} \quad (9)$$

Probe:

$$I_{li} = I - I_{re} \quad (10)$$

Beispiel: I_1 = 12 A, I_2 = 18 A, I_3 = 10 A, l_1 = 4 m, l_2 = 9 m, l_3 = 15 m, l_{Ring} = 17 m. I_{re} = ? I_{li} = ? Welcher Punkt ist der Tiefpunkt?

Lösung: $\Sigma\,(I \cdot l)_{rechts}$ = 12 A · 4 m + 18 A · 9 m + 10 A · 15 m = 360 Am

$I_{li} = \Sigma\,(I \cdot l)_{rechts}/l_{Ring}$ = 360 Am/17 m = **21,2 A**

I_{re} = 12 A + 18 A + 10 A – 21,2 A = **18,8 A**

Punkt 2 ist Tiefpunkt, da 18,8 A – 12 A = 6,8 A < 18 A

A	Leiterquerschnitt
$\cos\varphi_m$	mittlerer Leistungsfaktor (etwa $\Sigma P/\Sigma S$ oder schätzen)
I	Leiterstrom (Bemessungsstrom der Last)
$I_1, I_2 \ldots$	Zweigströme
$I_I, I_{II} \ldots$	Stromstärken in den Leitungsstücken
I_{li}	Stromstärke von links
I_{re}	Stromstärke von rechts
l_{Ring}	Leitungslänge der Ringleitung
$l_1, l_2 \ldots$	Leitungslängen vom Bezugspunkt aus
$l_I, l_{II} \ldots$	Längen der Leitungsabschnitte
P	Wirkleistung der Last
P_v	Leistungsverlust in der Leitung
S	Scheinleistung der Last
ΔU	Spannungsfall (Spannungsunterschied)
γ	elektrische Leitfähigkeit
Σ	Summe
φ	Phasenverschiebung
$\Sigma\,(I \cdot l)$	Summe der Strommomente
$\Sigma\,(I^2 \cdot l)$	Summe der Stromquadratmomente

Überlastschutz und Kurzschlussschutz von Leitungen
Protection against Overload and Short Circuit of Conductors

Art	Erklärung	Bemerkungen, Formel
Überlastschutz		
Bedingungen, Bemessungsstromregel	Bei Überlastung muss die Überstrom-Schutzeinrichtung ansprechen, bevor die Leitung unzulässig heiß wird.	$I_B \leq I_N \leq I_Z$ **1** $I_2 \leq 1{,}45 \cdot I_Z$ $I_Z \geq 0{,}69 \cdot I_2$ **2**
Anwendung	Die Bedingungen sind erfüllt, wenn I_N der Überstrom-Schutzorgane höchstens so groß ist wie I_Z (Seite „Strombelastbarkeit").	Formel 2 gilt für Leitungsschutzschalter der Typen A bis D, nicht aber für L oder K.
Anordnung der Überstrom-Schutzeinrichtung	Grundsätzlich am Anfang des Stromkreises und dort, wo die Strombelastbarkeit verringert wird.	Versetzen der Überstrom-Schutzorgane zum Verbrauchsmittel hin ist zulässig, wenn der Schutz bestehen bleibt.
Wegfall der Überstrom-Schutzeinrichtung	Soll erfolgen, wenn eine Abschaltung gefährlicher ist als Überlastung, z. B. bei Hubmagneten.	Darf erfolgen, wenn eine Überlastung ausscheidet, z. B. bei Hilfsstromkreisen.
Kurzschlussschutz		
Normalfall	Schutz bei Kurzschluss (Ksch.) erfolgt zugleich durch den Überlastschutz am Stromkreisanfang. Die Leitungen dürfen nicht zu lang sein (Tabelle unten).	Einpoliger Ksch.: $I_k = \frac{U_0}{Z_S}$ **3** Dreipoliger Ksch.: $I_k \approx \frac{2 \cdot U_0}{Z_S}$ **4**
Ausschaltzeit (höchstzulässige Erwärmungszeit bei Kurzschluss)	Bei sehr kurzen Ausschaltzeiten ist zu prüfen, ob der I^2t-Wert (Herstellerangabe) genügt. $I^2 t < (k \cdot A)^2$	$t \leq (k \cdot A / I_k)^2$ **5** Bei PVC $k = 115 \cdot \sqrt{s}$ A/mm² bei Gummi $k = 141 \cdot \sqrt{s}$ A/mm²
Anwendung	Ausschaltzeit und I^2t-Wert sind nur zu prüfen, wenn keine Leitungsschutzschalter (LS-Schalter) Klasse 3 eingesetzt werden.	Bei Leiterquerschnitten ≥ 1,5 mm² Cu sind die Bedingungen erfüllt, wenn $I_N \leq 63$ A ist.
Anordnung der Überstrom-Schutzeinrichtung	Am Anfang des Stromkreises und dort, wo Belastbarkeit verringert ist und der Kurzschlussschutz nicht ausreicht.	Versetzung bis 3 m ist zulässig, wenn die Leitung vor der Schutzeinrichtung kurzschlusssicher ist.
Wegfall der Überstrom-Schutzeinrichtung	Wie beim Überlastschutz, z. B. bei Sicherheitsbeleuchtungen, Erregerstromkreisen, Stromwandler-Sekundärkreisen.	Verzicht darf erfolgen, wenn Leitung kurzschlusssicher und nicht in Nähe von brennbaren Stoffen ist.

Größte Leitungslängen l_{max} von Kupferleitungen vgl. DIN VDE 100 Bbl. 5: 1995-11

A in mm²	I_N in A	I_{kmin} in A	l_{max} in m bei Z_S = 300 mΩ			l_{max} in m Z_S = 600 mΩ		
			LS-Sch. B	LS-Sch. C	Sicherung gG	LS-Sch. B	LS-Sch. C	Sicherung gG
1,5	16	65	82	36	59	73	27	49
	20	126	64	27	41	54	17	31
2,5	20	85	104	44	67	89	28	51
	25	110	80	32	51	65	16	35
4	25	110	131	53	83	106	26	57
	32	150	96	35	48	71	8	21
6	32	150	145	53	72	107	12	32
	40	190	109	35	56	70	0	15
10	40	190	182	58	94	116	0	26
	50	260	132	33	41	66	0	0
16	50	260	210	52	66	104	0	0

A Leiterquerschnitt
I_2 Auslösestrom der Überstrom-Schutzeinrichtung
I_B Betriebsstrom
I_k Kurzschlussstrom
I_{kmin} Mindest-I_k vor Sicherung
I_N Bemessungsstrom der Überstrom-Schutzeinrichtung
I_Z Strombelastbarkeit der Leitung
k Material-Koeffizient
t Ausschaltzeit
U_0 Netz-Sternspannung
Z_S Schleifenimpedanz vor der Schutzeinrichtung

Verlegearten für feste Verlegung Methods of Permanent Installation

vgl. DIN VDE 0298-4: 2003-08

Verlegeart	Beschreibung	Verlegeart	Beschreibung
A 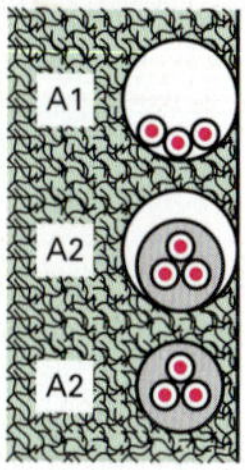	Verlegung in einer Wand mit wärmedämmendem Material mit dem spezifischen Wärmeleitwiderstand R_K für die Wandinnenseite $R_K \le 0{,}1 \frac{K \cdot m}{W}$ • sehr schlechte Wärmeabfuhr	A 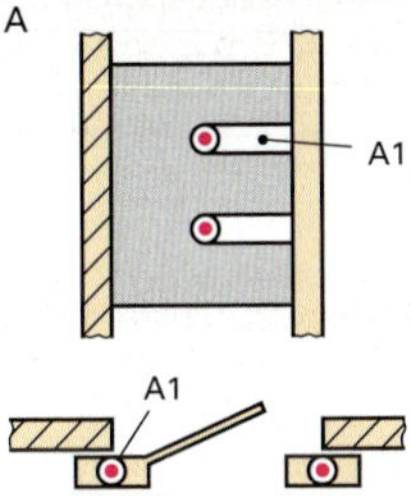	Verlegung von Aderleitungen • in Formleisten oder Formteilen, • im Elektroinstallationsrohr in Türfüllungen, • im Elektroinstallationsrohr in Fensterrahmen, • sehr schlechte Wärmeabfuhr.
B 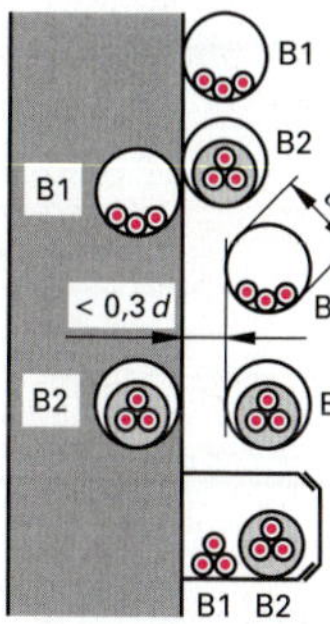	Verlegung im geschlossenen Elektroinstallationskanal • auf Putz, • vertikal oder horizontal. Verlegung im Elektroinstallationsrohr • unter Putz, wenn $R_K \le 2 \frac{K \cdot m}{W}$ • auf Putz, • vertikal und horizontal. Unterflurverlegung	B 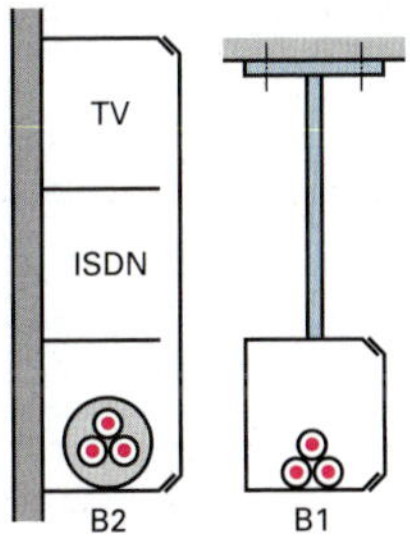	Verlegung von – Aderleitungen, – einadrigen Kabeln, – mehradrigen Kabeln • im Fußbodenleistenkanal, • im abgehängten Elektroinstallationskanal.
C 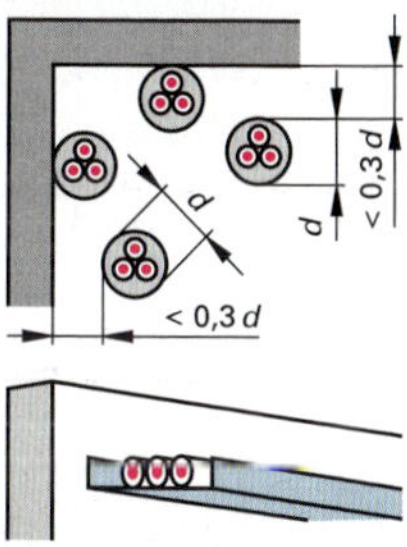	Verlegung von ein- oder mehradrigem Kabel oder von Mantelleitungen • auf einer Wand, • mit Abstand zur Wand, • unter der Decke, • mit Abstand zur Decke, • auf einer Kabelwanne, wenn $A_{Löcher} < 0{,}3 \cdot A$.	C 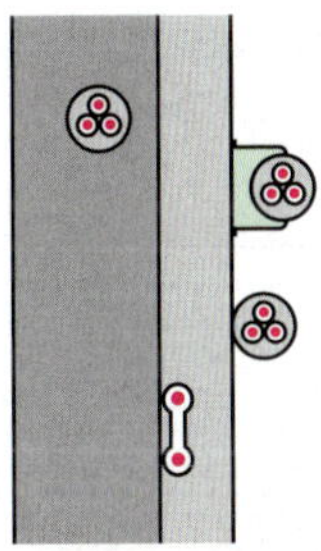	Verlegung von ein- oder mehradrigem Kabel oder von Mantelleitungen • unter Putz, wenn $R_K \le 2 \frac{K \cdot m}{W}$ • mit und ohne zusätzlichen mechanischen Schutz. Verlegung von Stegleitungen im und unter Putz.
D belastbar etwa wie Gruppe A2	Verlegung von mehradrigem Kabel im Elektroinstallationsrohr oder Kabelschacht im Erdboden.	E F G 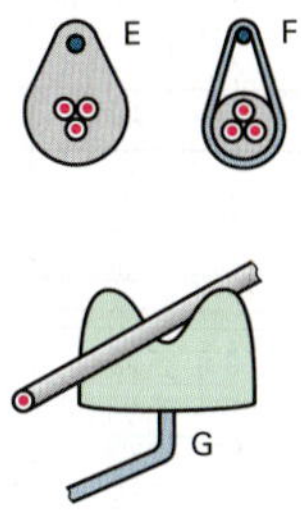	Verlegung von ein- oder mehradrigem Kabel oder von Mantelleitungen • abgehängt an einem Trageseil, • bei eingebautem Trageseil. Blanke Leiter oder Aderleitungen auf Isolatoren.
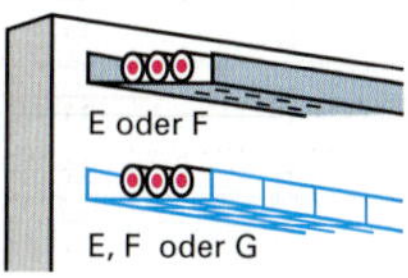	Verlegung von ein- oder mehradrigem Kabel oder von Mantelleitungen • auf gelochter Kabelwanne, wenn $A_{Löcher} \ge 0{,}3 \cdot A$, • auf Kabelkonsolen, • auf Kabelpritschen.		

A Fläche, *d* Durchmesser, R_K spezifischer Wärmeleitwiderstand

Kabel und Leitungen, z.B. NYM, NYMT, NYIF, NYDY, NYBUY, NHMH, NYY, H07V-U, H07V-R, H07V-K

Weitere Verlegearten sind DIN VDE 0298-4 zu entnehmen.

Aderleitung, Mantelleitungen, Stegleitung, Elektroinstallationsrohr, Elektroinstallationskanal

EI

Strombelastbarkeiten für Kabel und Leitungen bei ϑ_U = 25 °C

Ampacity of Cables and Wires at ϑ_a = 25 °C

vgl. DIN VDE 0298-4

Nennquerschnitt in mm^2	Belastbarkeit in A / Bemessungsstrom der Überstrom-Schutzeinrichtung in A (wenn $I_2 \leq 1{,}45 \cdot I_Z$, Seite 158) – Verlegeart, Anzahl der Strom führenden Leiter															
	A1		A2		B1		B2		C		E		F		G	
	2	3	2	3	2	3	2	3	2	3	2	3	2	3[1]	3h[2]	3v[2]
1,5	16,5	14,5	16,5	14	18,5	16,5	17,5	16	21	18,5	23	19,5	–	–	–	–
	16	13	16	13	16	16	16	16	20	16	20	16	–	–	–	–
2,5	21	19	19,5	18,5	25	22	24	21	29	25	32	27	–	–	–	–
	20	16	16	16	25	20	20	20	25	25	32	25	–	–	–	–
4	28	25	27	24	34	30	32	29	38	34	42	36	–	–	–	–
	25	25	25	20	32	25	32	25	35	32	40	35	–	–	–	–
6	36	33	34	31	43	38	40	36	49	43	54	46	–	–	–	–
	35	32	32	25	40	35	40	35	40	40	50	40	–	–	–	–
10	49	45	46	41	60	53	55	49	67	60	74	64	–	–	–	–
	40	40	40	40	50	50	50	40	63	50	63	63	–	–	–	–
16	65	59	60	55	81	72	73	66	90	81	100	85	–	–	–	–
	63	50	50	50	80	63	63	63	80	80	100	80	–	–	–	–
25	85	77	80	72	107	94	95	85	119	102	126	107	139	117	155	138
	80	63	80	63	100	80	80	80	100	100	125	100	125	100	125	125
35	105	94	98	88	133	117	118	105	146	126	157	134	172	145	192	172
	100	80	80	80	125	100	100	100	125	125	125	125	160	125	160	160
50	126	114	117	105	160	142	141	125	178	153	191	162	208	177	232	209
	125	100	100	100	160	125	125	125	160	125	160	160	200	160	224	200
70	160	144	147	133	204	181	178	158	226	195	246	208	266	229	298	269
	150	125	125	125	200	160	160	125	224	160	224	200	250	224	250	250
95	193	174	177	159	246	219	213	190	273	236	299	252	322	280	361	330
	160	160	160	125	224	200	200	160	250	224	250	250	315	250	355	315
120	223	199	204	182	285	253	246	218	317	275	348	293	373	326	420	384
	200	160	200	160	250	250	224	200	300	250	315	250	355	315	400	355

ϑ_u Umgebungstemperatur, ϑ_a ambient temperature

Bemerkungen: Die Tabelle gilt für Kupferleiter bei einer Betriebstemperatur von 70 °C.

Die Strombelastbarkeiten für andere Verlegearten, weitere Nennquerschnitte der Kupferleiter, vieladrige Kabel oder Leitungen und für andere Betriebstemperaturen sowie Betriebsbedingungen sind DIN VDE 0298-4 zu entnehmen.

[1] Dreiadriges Kabel oder Mantelleitung, mit einem Abstand zur Wand, der dem Durchmesser entspricht.

[2] 3h = drei einadrige Kabel oder Mantelleitungen, horizontal verlegt, mit einem Abstand untereinander und zur Wand, der dem Durchmesser entspricht.

3v = wie bei 3h, jedoch vertikal verlegt.

EI

Strombelastbarkeiten für Kabel und Leitungen bei ϑ_U = 30 °C

Ampacity of Cables and Wires at ϑ_a = 30 °C

vgl. DIN VDE 0298-4

Belastbarkeit in A (jeweils obere Zeile)

Bemessungsstrom der Überstrom-Schutzeinrichtung in A (wenn $I_2 \leq 1{,}45 \cdot I_Z$, Seite 158) (jeweils untere Zeile)

Nennquerschnitt in mm²	Verlegeart, Anzahl der Strom führenden Leiter: A1		A2		B1		B2		C		E		F		G	
	2	3	2	3	2	3	2	3	2	3	2	3	2	3[1]	3h[2]	3v[2]
1,5	15,5	13,5	15,5	13	17,5	15,5	16,5	15	19,5	17,5	22	18,5	–	–	–	–
	13	13	13	13	16	13	16	13	16	16	20	16	–	–	–	–
2,5	19,5	18	18,5	17,5	24	21	23	20	27	24	30	25	–	–	–	–
	16	16	16	16	20	20	20	20	25	20	25	25	–	–	–	–
4	26	24	25	23	32	28	30	27	36	32	40	34	–	–	–	–
	25	20	25	20	32	25	25	25	35	32	40	32	–	–	–	–
6	34	31	32	29	41	36	38	34	46	41	51	43	–	–	–	–
	32	25	32	25	40	35	35	32	40	40	50	40	–	–	–	–
10	46	42	43	39	57	50	52	46	63	57	70	60	–	–	–	–
	40	40	40	35	50	50	50	40	63	50	63	50	–	–	–	–
16	61	56	57	52	76	68	69	62	85	76	94	80	–	–	–	–
	50	50	50	50	63	63	63	50	80	63	80	80	–	–	–	–
25	80	73	75	68	101	89	90	80	112	96	119	101	131	110	146	130
	80	63	63	63	100	80	80	80	100	80	100	100	125	100	125	125
35	99	89	92	83	125	110	111	99	138	119	148	126	162	137	181	162
	80	80	80	80	125	100	100	80	125	100	125	125	160	125	160	160
50	119	108	110	99	151	134	133	118	168	144	180	153	196	167	219	197
	100	100	100	80	125	125	125	100	160	125	160	125	160	160	200	160
70	151	136	139	125	192	171	168	149	213	184	232	196	251	216	281	254
	125	125	125	125	160	160	160	125	200	160	224	160	250	200	250	250
95	182	164	167	150	232	207	201	179	258	223	282	238	304	264	341	311
	160	160	160	125	224	200	200	160	250	200	250	224	300	250	315	300
120	210	188	192	172	269	239	232	206	299	259	328	276	352	308	396	362
	200	160	160	160	250	224	224	200	250	250	315	250	315	300	355	355

ϑ_u Umgebungstemperatur, ϑ_a ambient temperature

Bemerkungen: Die Tabelle gilt für Kupferleiter bei einer Betriebstemperatur von 70 °C.

Die Strombelastbarkeiten für andere Verlegearten, weitere Nennquerschnitte der Kupferleiter, vieladrige Kabel oder Leitungen und für andere Betriebstemperaturen sowie Betriebsbedingungen sind DIN VDE 0298-4 zu entnehmen.

[1] Dreiadriges Kabel oder Mantelleitung, mit einem Abstand zur Wand, der dem Durchmesser entspricht.

[2] 3h = drei einadrige Kabel oder Mantelleitungen, horizontal verlegt, mit einem Abstand untereinander und zur Wand, der dem Durchmesser entspricht.

3v = wie bei 3h, jedoch vertikal verlegt.

Strombelastbarkeit von flexiblen oder wärmefesten Leitungen
Ampacity of Flexible or Heat-resistant Cables

vgl. DIN VDE 0298-4

Belastbarkeit flexibler Leitungen mit $U_N \leq$ 1000 V bei Umgebungstemperatur ϑ_U = 30 °C

Anzahl Strom führender Leiter Verlegungsart	ϑ_B in °C Isolierwerkstoff	Bauart-Kurzzeichen Beispiele	Belastung in A bei einem Nennquerschnitt in mm²												
			0,75	1	1,5	2,5	4	6	10	16	25	35	50	70	95
1 V1	70 Polyvinylchlorid	H05V-U H07V-U H07V-K	15	19	24	32	42	54	73	98	129	158	198	245	292
2 oder (3) V2, V3	60 Gummi	H05RN-F H07RN-F NMHVÖU	6 (6)	10 (10)	16 (16)	25 (20)	32 (25)	40 –	63 –	– –	– –	– –	– –	– –	– –
2 oder 3 V2, V3	70 Polyvinylchlorid	H05VVH6-F H07VVH6-F NYMH11YÖ	12	15	18	26	34	44	61	82	108	135	168	207	250

Belastbarkeit flexibler Leitungen bei Umgebungstemperatur ϑ_U = 30 °C

Anzahl Strom führender Leiter U_N Verlegungsart	ϑ_B in °C Isolierwerkstoff	Bauart-Kurzzeichen Beispiele	Belastung in A bei einem Nennquerschnitt in mm²												
			2,5	4	6	10	16	25	35	50	70	95	120	150	185
3 ≤ 6 kV/10 kV V2	80 Ethylenpropylen-Kautschuk	NSSHÖU	30	41	53	74	99	131	162	202	250	301	352	404	461
3 > 6 kV/10 kV V2	80 Ethylenpropylen-Kautschuk	NSSHÖU	–	–	–	–	105	139	172	215	265	319	371	428	488

Umrechnungsfaktoren für die Belastbarkeit von Leitungen mit erhöhter Wärmebeständigkeit

Anzahl Strom führender Leiter Verlegungsart	ϑ_B in °C Isolierwerkstoff	Bauart-Kurzzeichen Beispiele	Umrechnungsfaktoren bei ϑ_U in °C												
			50	60	70	80	90	100	110	120	130	140	150	160	170
1, 2 oder 3 V1, V2	90 Polyvinylchlorid	NYFAFW NYPLYW	1,00	0,87	0,71	0,50	–	–	–	–	–	–	–	–	–
1 V1	110 Ethylen-Vinylacetat-Copolymer	N4GA N4GAF	1,00	1,00	1,00	1,00	0,82	0,58	–	–	–	–	–	–	–
1 V1	135 Ethylen-Tetrafluorethylen	N7YA N7YAF	1,00	1,00	1,00	1,00	1,00	0,94	0,79	0,61	0,35	–	–	–	–
1, 2 oder 3 V1, V2	180 Silikon-Kautschuk	H05SJ-K N2GSA	1,00	1,00	1,00	1,00	1,00	1,00	1,00	1,00	1,00	1,00	1,00	0,82	0,58

Verlegungsarten von Leitungen

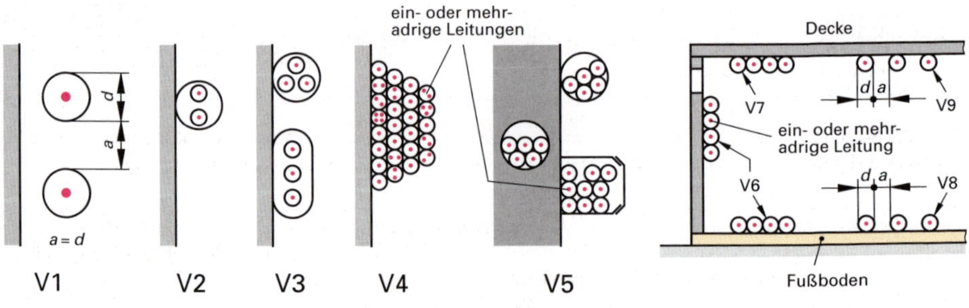

a	Leiterabstand	ϑ_B	höchstzulässige Betriebstemperatur
d	Durchmesser des Leiters	ϑ_U	Umgebungstemperatur
U_N	Bemessungsspannung	V	Verlegungsart

Umrechnungsfaktoren für die Strombelastbarkeit

vgl. DIN VDE 0298-4

Ampacity Correction Factors

Umrechnungsfaktoren für andere Umgebungstemperaturen als 30 °C

Isolierwerkstoff	ϑ_B in °C	Umrechnungsfaktoren bei ϑ_U in °C									
		10	15	20	25	30	35	40	45	50	60
Naturkautschuk, synthetischer Kautschuk	60	1,29	1,22	1,15	1,08	1,0	0,91	0,82	0,71	0,58	–
Polyvinylchlorid	70	1,22	1,17	1,12	1,06	1,0	0,94	0,87	0,79	0,71	0,5
Ethylenpropylenkautschuk	80	1,18	1,14	1,10	1,05	1,0	0,95	0,89	0,84	0,77	0,63

Umrechnungsfaktoren bei Häufung von Leitungen

Anordnung	Verlegungsart[1]	Umrechnungsfaktoren bei Anzahl der mehradrigen fest verlegten oder flexiblen Leitungen oder Anzahl der Wechselstromkreise oder Drehstromkreise aus einadrigen Leitungen							
		1	2	4	6	8	10	14	20
Gebündelt direkt auf der Wand, dem Fußboden, im Elektroinstallationsrohr oder Elektroinstallationskanal, auf oder in der Wand	V4, V5	1,00	0,80	0,65	0,57	0,52	0,48	0,43	0,38
Einlagig auf Wand oder Fußboden mit gegenseitiger Berührung	V6	1,00	0,85	0,75	0,72	0,71	0,70	0,70	0,70
Einlagig unter der Decke mit gegenseitiger Berührung	V7	0,95	0,81	0,68	0,64	0,62	0,61	0,61	0,61
Einlagig auf der Wand oder auf dem Fußboden *a* = *d*	V8	1,00	0,94	0,90	0,90	0,90	0,90	0,90	0,90
Einlagig unter der Decke *a* = *d*	V9	0,95	0,85	0,85	0,85	0,85	0,85	0,85	0,85

Umrechnungsfaktoren bei Häufung von Leitungen auf Kabelwannen und Kabelpritschen

Art	Anordnung	Anzahl der Pritschen	Umrechnungsfaktoren bei Anzahl der Leitungen					
			1	2	3	4	6	9
ungelochte Kabelwanne	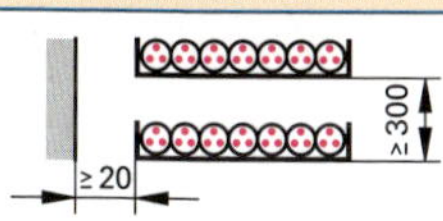	1	0,97	0,84	0,78	0,75	0,71	0,68
		2	0,97	0,83	0,76	0,72	0,68	0,63
		3	0,97	0,82	0,75	0,71	0,66	0,61
		6	0,97	0,81	0,73	0,69	0,63	0,58
gelochte Kabelwanne (Kabelroste)	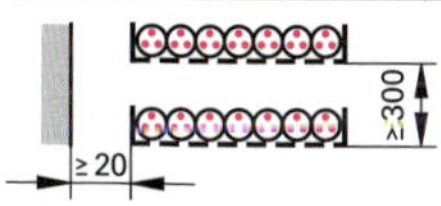	1	1,0	0,88	0,82	0,79	0,76	0,73
		2	1,0	0,87	0,80	0,77	0,73	0,68
		3	1,0	0,86	0,79	0,76	0,71	0,66
		6	1,0	0,84	0,77	0,73	0,68	0,64
Kabelpritsche	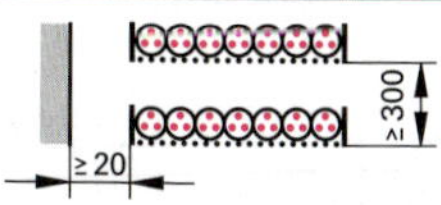	1	1,0	0,87	0,82	0,80	0,79	0,78
		2	1,0	0,86	0,81	0,78	0,76	0,73
		3	1,0	0,85	0,79	0,76	0,73	0,70
		6	1,0	0,83	0,76	0,73	0,69	0,66

Die Kabelwanne hat hochgezogene Seitenteile, aber keine Abdeckung. Die Lochung muss 30% der Gesamtfläche betragen. Bei Kabelpritschen darf die Auflagefläche 10% der Gesamtfläche der Konstruktion betragen.

Umrechnungsfaktoren bei Verlegung in Luft für vieladrige Leitungen mit Leiterbemessungsquerschnitten ≤ 10 mm²

Anzahl der Strom führenden Leiter							
5	7	10	14	19	24	40	61
0,75	0,65	0,55	0,50	0,45	0,40	0,35	0,30

Umrechnungsfaktoren für aufgewickelte Leitungen

Anzahl der Lagen			
1	2	3	4
0,80	0,61	0,49	0,42

a Leiterabstand, *d* Durchmesser des Leiters, ϑ_B höchstzulässige Betriebstemperatur, ϑ_U Umgebungstemperatur

[1] Verlegungsarten siehe vorhergehende Seiten.

Mindest-Leiterquerschnitte, Strombelastbarkeit von Starkstromkabeln
Minimum Conductor Cross Sections, Ampacity of Power Cables

Mindest-Leiterquerschnitte für Leitungen

Verlegungsart	Querschnitt in mm²
feste geschützte Verlegung	Cu 1,5, Al 2,5
Leitung in Schaltanlagen und Verteilern • bis 2,5 A • über 2,5 A bis 16 A • über 16 A	 Cu 0,5 Cu 0,75 Cu 1,0
offene Verlegung auf Isolatoren mit Isolatorabstand bis 20 m über 20 m bis 45 m	 Cu 4,0 Cu 6,0
Fassungsadern	Cu 0,75
Starkstromfreileitungen aus Kupfer Stahl Aluminium Aluminium-Stahl	 16 16 25 25/4

Verlegungsart	Querschnitt in mm²
bewegliche Leitungen für den Anschluss von	
• leichten Handgeräten bis 1 A, Länge der Anschlussleitung ≤ 2 m	Cu 0,5
• Geräten bis 2,5 A, Länge der Anschlussleitung ≤ 2 m	Cu 0,5
• Geräten bis 10 A	Cu 0,75
• Gerätesteckdosen und Kupplungsdosen bis I_N = 10 A	Cu 0,75
• Geräten über 10 A	Cu 1,0
• Mehrfachsteckdosen, Gerätesteckdosen und Kupplungsdosen bis I_N = 10 A	Cu 1,0
Lichtketten für Innenräume	
• zwischen Lichtkette und Stecker	Cu 0,75
• zwischen den einzelnen Lampen	Cu 0,5

Niederspannungskabel mit Isolation und Mantel aus Kunststoff
Verlegeart D (DIN VDE 0298-4)

A in mm²	Strombelastbarkeit in A					
	bei Leiter aus Kupfer				bei Leiter aus Aluminium	
	Verlegung direkt im Erdboden mit 20 °C		Verlegung im Rohr oder Kabelschacht im Erdboden mit 20 °C		Verlegung direkt im Erdboden	Verlegung im Rohr u. ä. im Erdboden
	belastete Adern		belastete Adern		belastete Adern	
	2	3	2	3	3	3
1,5	26	22	22	19	nicht vorkommend	
2,5	34	29	29	25		
4	43	37	37	32		
6	55	46	47	39		
10	72	62	62	53	–	–
16	95	81	81	69	–	–
25	120	104	103	89	81	69
35	145	125	124	107	97	83
50	172	147	147	126	113	97
70	212	182	181	156	140	120
95	250	219	214	187	167	143
120	285	249	244	213	192	164
150	321	281	275	240	215	184
185	361	317	309	271	245	210
240	416	365	356	312	285	244
300	471	408	403	349	325	278

Umrechnungsfaktoren für Häufung von direkt im Erdboden verlegten Kabeln

Anzahl der Stromkreise (der Mehrleiterkabel)	Umrechnungsfaktoren bei Abstand *a* von Kabel zu Kabel					
	0 m (mit Berührung)	*a* = *D* in m	0,125 m	0,25 m	0,5 m	Bei Einleiterkabeln ist *a* der Abstand zum Einleiterkabel des nächsten Stromkreises.
2	0,75	0,80	0,85	0,90	0,90	
3	0,65	0,70	0,75	0,80	0,85	
4	0,6	0,60	0,70	0,75	0,80	
5	0,55	0,55	0,65	0,70	0,80	
6	0,50	0,55	0,60	0,70		

a Abstand zwischen den Kabelmänteln zweier Kabel, *D* Außendurchmesser des Kabels

Überstrom-Schutzeinrichtungen (Niederspannungssicherungen)
Overcurrent Protection Devices (Low-voltage Fuses)

Sicherungseinsätze

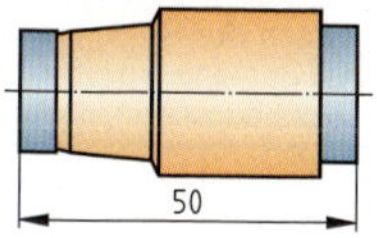

D-System Diazed, 500 V bis 100 A, AC 660 V, DC 600 V bis 63 A

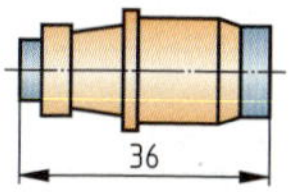

DO-System Neozed, AC 400 V, DC 250 V bis 100 A

Bemessungsstrom in A	Farbe des Kennmelders	Größe des Schmelzeinsatzes System D	Größe des Schmelzeinsatzes System DO	Bemessungsverlustleistung in W System D	Bemessungsverlustleistung in W System DO
2	Rosa	ND und DII	DO 1	3,3	2,5
4	Braun			2,3	1,8
6	Grün			2,3	1,8
10	Rot			2,6	2,0
16	Grau			2,8	2,2
20	Blau	DII	DO 2	3,3	2,5
25	Gelb			3,9	3,0
32, 35	Schwarz	DIII		5,2	4,0
50	Weiß			6,5	5,0
63	Kupfer			7,1	5,5
80	Silber	DIV H	DO 3	8,5	6,5
100	Rot			9,1	7,0

Schraubkappe System	Gewinde	Passeinsatz
ND	E 16	Passring
DII	E 27	Passschraube
DIII	E 33	Passschraube
DIV H	R 1 ¼"	Passhülse
DO 1	E 14	Hülsenpasseinsatz
DO 2	E 18	Hülsenpasseinsatz
DO 3	M30 x 2	Hülsenpasseinsatz

Die Abmessungen der Sicherungseinsätze hängen vom Bemessungsstrom ab.

Zeit-Strom-Bereiche für Leitungsschutzsicherungen

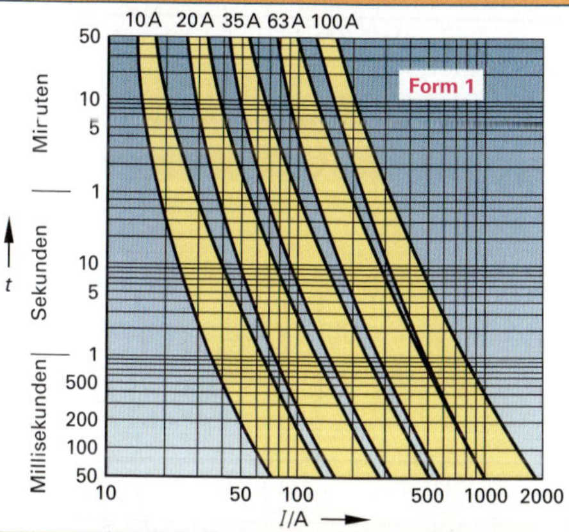

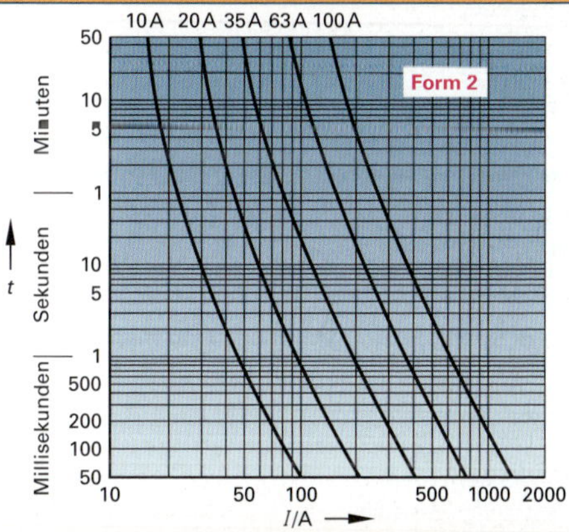

NH-Sicherungen

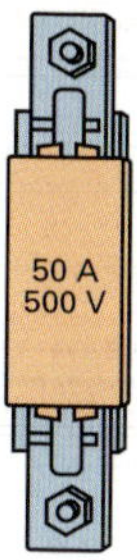

System, Bemessungsspannung: AC 500 V bis 1250 A, AC 600 V, DC 400 V

Bemessungsstrom in A Einsatz	Bemessungsstrom in A Unterteil	Größe	Bemessungsverlustleistung in W bei AC 50 Hz 500 V	Bemessungsverlustleistung in W bei AC 50 Hz 600 V	Länge in mm
35 bis 100	100	00	7,5	9	80
35 bis 160	160	0	16	19	125
80 bis 250	250	1	23	28	135
125 bis 400	400	2	34	41	150
315 bis 630	630	3	48	58	150
500 bis 1000	1000	4	80	90	200
500 bis 1250	1250	4 a	110	110	200

Überstrom-Schutzeinrichtungen Overcurrent Protection Devices

Klassen bei Schmelzsicherungen für Niederspannung

Klasse	Name, Bemerkungen	Klasse	Name, Bemerkungen
Funktionsklassen			
g	Ganzbereichssicherungen übernehmen den Überlastschutz und den Kurzschlussschutz. Sie können Ströme bis zu ihrem Bemessungsstrom dauernd führen und Ströme vom kleinsten Schmelzstrom bis zum Bemessungsausschaltstrom sicher abschalten.	a	Teilbereichssicherungen schützen nur gegen Kurzschluss. Sie können Ströme bis zu ihrem Bemessungsstrom dauernd führen, jedoch nur Ströme oberhalb eines Vielfachen ihres Bemessungsstromes bis zum Bemessungsausschaltstrom abschalten.
Betriebsklassen		**Anwendung**	
gG	Ganzbereichs-Kabel- und Leitungsschutz	G	allgemeiner Schutz
gR	Ganzbereichs-Halbleiterschutz	R, S	Halbleiterschutz
gB	Ganzbereichs-Bergbauanlagenschutz	M	Schaltgeräteschutz in Motorstromkreisen
gTr	Ganzbereichs-Transformatorenschutz	B	Bergbau- und Anlagenschutz
		Tr	Transformatorenschutz
aM	Teilbereichs-Schaltgeräteschutz		Die Niederspannungssicherungen werden durch 2 Buchstaben gekennzeichnet, z. B. durch gG.
aR	Teilbereichs-Halbleiterschutz		

EI

Leitungsschutzschalter (LS-Schalter)

nach IEC 60898/EN 60898/DIN VDE 0641 Teil 11

Auslösecharakteristik	Anwendung
A	• begrenzter Halbleiterschutz, • Schutz von Stromkreisen mit Wandlern, mit großen Leitungslängen und mit der Forderung nach Abschaltung innerhalb von 0,4 s nach DIN VDE 0100 Teil 410
B	• Leitungsschutz, hauptsächlich Steckdosenstromkreise
C	• Leitungsschutz, vorteilhaft bei höheren Anlaufströmen
D	• für stark impulserzeugende Betriebsmittel, z. B. Transformatoren, Magnetventile
E	• für hohe und sichere Selektivität an Zählerplätzen
K	• Stromkreise mit hohen Stromspitzen durch Induktivitäten und Kapazitäten

Auslösekennlinien

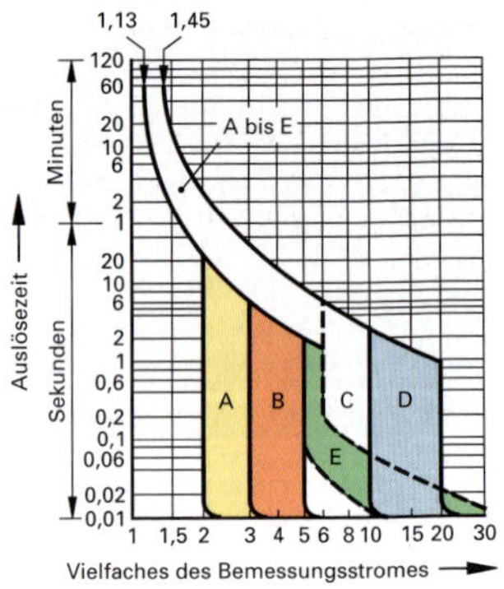

Auslösecharakteristik	Thermischer Auslöser: Prüfströme I_1 I_2	Thermischer Auslöser: Auslösezeit $I_N \leq$ 63 A	Thermischer Auslöser: Auslösezeit $I_N \leq$ 125 A	Elektromagnetischer Auslöser: Prüfströme halten	Elektromagnetischer Auslöser: Prüfströme lösen spätestens aus	Elektromagnetischer Auslöser: Auslösezeit t
A	$1{,}13 \cdot I_N$ $1{,}45 \cdot I_N$	> 1 h < 1 h	> 2 h < 2 h	$2 \cdot I_N$	$3 \cdot I_N$	≥ 0,1 s < 0,1 s
B				$3 \cdot I_N$	$5 \cdot I_N$	
C				$5 \cdot I_N$	$10 \cdot I_N$	
D				$10 \cdot I_N$	$20 \cdot I_N$	

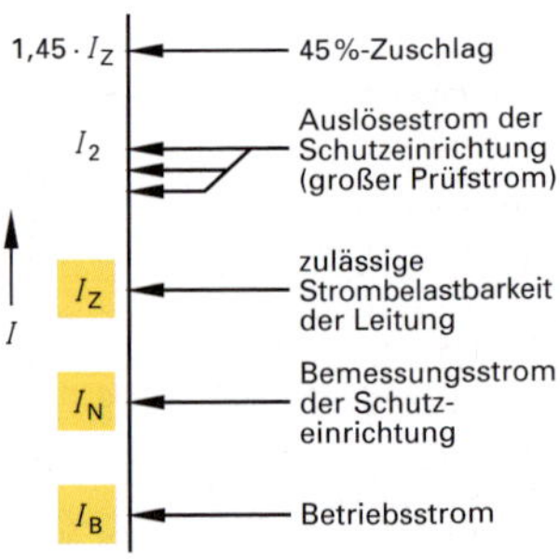

Bedingungen für Überstromschutz

I Stromstärke
I_B Betriebsstrom
I_N Bemessungsstrom der Schutzeinrichtung
I_Z zulässige Strombelastbarkeit der Leitung
I_1 Auslösestrom der Schutzeinrichtung (kleiner Prüfstrom)
I_2 Auslösestrom der Schutzeinrichtung (großer Prüfstrom)
t Auslösezeit

Räume mit Badewanne oder Dusche
Rooms with Bathtube or Shower

vgl. DIN VDE 0100-701

Bereiche	Installationsgeräte, Leitungen	Verbrauchsmittel, Bemerkungen
gesamter Raum	Wenn der Schutzpotenzialausgleich über die Haupterdungsschiene nicht vorhanden ist, ist ein zusätzlicher Schutzpotenzialausgleich vorzunehmen **(Bild folgende Seite)**. Ein zusätzlicher Schutz durch eine oder mehrere RCD mit $I_{\Delta N} \leq 30$ mA ist erforderlich. Der zusätzliche Schutz darf entfallen bei Stromkreisen • mit SELV oder PELV, • mit Schutztrennung für einzelnen Verbraucher, • zur ausschließlichen Versorgung von fest installierten Wassererwärmern.	Außerhalb der Bereiche 0, 1 und 2 dürfen alle Verbrauchsmittel installiert werden. • Bis zu 6 cm Tiefe ab Putz dürfen Leitungen nur verlegt werden, wenn sie einen PE enthalten und der Versorgung von elektrischen Betriebsmitteln in diesem Raum dienen.
Bereich 2 nur bei Anlagen mit Wanne, bis in eine Höhe von 2,25 m vom Fußboden aus oder bis in Höhe des höchsten fest angebrachten Brausekopfes bzw. Wasserauslasses **(Bild)**.	Zusätzlich zu den Bestimmungen des gesamten Raumes gilt: Zulässig sind • alle Installationsgeräte mit Ausnahme von Steckdosen, • Rasiersteckdosen mit Trenntransformator, • alle Installationsgeräte einschließlich Steckdosen für SELV- oder PELV-Stromkreise der Kommunikationstechnik. Stegleitungen dürfen nicht verlegt werden.	Zulässig sind nur • elektrische Verbrauchsmittel für die aufgeführten Installationsgeräte, • Stromquellen für SELV oder PELV, • SELV-Geräte mit Schutz gegen direktes Berühren. Bei PELV-Stromkreisen müssen die Verbrauchsmittel zur Schutzklasse II gehören.
Bereich 1 bis in eine Höhe von 2,25 m vom Fußboden aus oder bis in Höhe des höchsten fest angebrachten Brausekopfes bzw. Wasserauslasses **(Bild)**.	Zusätzlich zu den Bestimmungen des Bereiches 2 gilt: Zulässig sind nur • Schalter und Steckdosen für SELV- oder PELV-Stromkreise bis AC 25 V oder DC 60 V, einschließlich deren Verbrauchsmittel, • Verbindungsdosen und Anschlussdosen für die Versorgung der zulässigen Verbrauchsmittel.	Zulässig sind nur fest angebrachte und fest angeschlossene • Wassererwärmer, • Abluftgeräte, • Whirlpooleinrichtungen, • Abwasserpumpen, • Duschpumpen, • Handtuchtrockner.
Bereich 0 nur bei Anlagen mit Wanne, das Innere der Wanne einschließlich metallener Rand **(Bild)**.	Es dürfen keine Installationsgeräte oder Leitungen installiert werden.	Zulässig sind nur fest angebrachte und fest angeschlossene SELV-Verbrauchsmittel für AC ≤ 12 V bzw. DC ≤ 30 V und nach Herstellerangabe für Bereich 0 zugelassene.

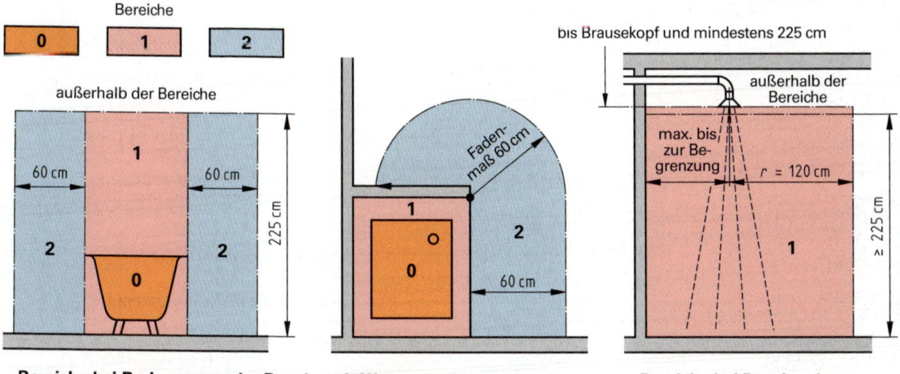

Bereiche bei Badewanne oder Dusche mit Wanne

Bereiche bei Dusche ohne Wanne

Räume und Anlagen besonderer Art, Arbeiten unter Spannung

Rooms and Special Installations, Working Under Voltage

Schutzpotenzialausgleich in Baderäumen

vgl. DIN VDE 0100-701

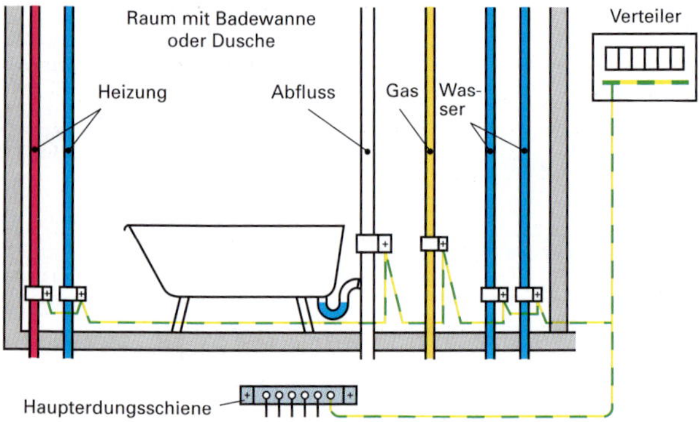

In Räumen mit Badewanne oder Dusche ist meist ein *zusätzlicher Schutzpotenzialausgleich* vorgeschrieben. Dieser kann auch außerhalb des Raumes erfolgen, z.B. in dem darunter liegenden Raum.

Schutzpotenzialausgleichsleiter PB
Verlegung geschützt: ≥ 2,5 mm^2 Cu,
ungeschützt: ≥ 4 mm^2 Cu.

Wenn ein Schutzpotenzialausgleich über die Haupterdungsschiene vorhanden ist, kann der *zusätzliche* Schutzpotenzialausgleich entfallen.

Der früher vorgeschriebene Anschluss an die Badewanne ist oft vorhanden und kann bleiben.

Zusatzbestimmungen für Räume und Anlagen besonderer Art

Räume	Betriebsmittel	Beispiele	Leitungen
Feuchte und nasse Räume	Mindestens tropfwassergeschützt; IP X1. Kondenswasseransammlung muss vermieden werden. Handleuchten strahlwassergeschützt; IP X5. Angestrahlte Betriebsmittel ebenfalls IP X5.	Waschküchen, Backstuben, Kühlräume	Für feste Verlegung: Feuchtraumleitungen mit Kunststoffumhüllungen oder Kabel. Als bewegliche Leitungen: mindestens H07RN-F oder gleichwertige.
		Wagenwaschräume, galvanische Betriebe	
Geschützte Anlagen im Freien	Wie feuchte und nasse Räume.	überdachte Bahnsteige, überdachte Tankstellen	
Ungeschützte Anlagen im Freien	Mindestens sprühwassergeschützt; IP X3 Leuchten mindestens regengeschützt.	Rampen, nicht überdachte Bahnsteige	

Arbeiten unter Spannung

vgl. DIN VDE 0105-100

Anlage	Spannungen (Bemessungsspannung des Netzes)				
	bis AC 50 V, DC 120 V	AC ab 50 V bis 250 V, DC ab 120 V	AC ≤ 500 V	AC ≤ 1000 V DC ≤ 1500 V	AC > 1000 V DC > 1500 V
Trockene Räume	zulässig	Zur Gefahrenabwendung, falls Abschalten wirtschaftlich nicht möglich.	Nur zur Abwendung von Lebensgefahr sowie Brandgefahr, unter Beachtung geeigneter Schutzmaßnahmen.		Nur zulässig durch Elektrofachkraft mit AuS-Ausbildung (Seite 120) unter Anwesenheit einer zweiten Elektrofachkraft und mit spezieller Ausrüstung.
Feuchte und ähnliche Räume	zulässig	Zur Gefahrenabwendung, zweite unterwiesene Person nötig.	verboten		
Elektrizitätswerke und Industriebetriebe	zulässig	Zur Gefahrenabwendung und falls Abschalten nicht möglich ist.		verboten	
Akkumulatoren	zulässig	Bei geeigneten Sicherheitsmaßnahmen zulässig.			
Prüffelder und Laboratorien	zulässig	Bei geeigneten Sicherheitsmaßnahmen zulässig.			
Feuer- und explosionsgefährdete Räume	verboten				

Arbeiten unter Spannung dürfen nur durch Elektrofachkräfte ausgeführt werden. Siehe auch Arbeiten in elektrischen Anlagen Seite 120, Qualifikationen Seite 428.

Saunaanlagen und Schwimmbecken Saunas and Swimming Pools

Begriff	Erklärung, Vorschrift	Bemerkungen
Räume und Kabinen mit Saunaheizung		vgl. DIN VDE 0100-703
Anlage	Heißluftsaunaräume, die elektrisch beheizt werden, mit einer hohen Betriebstemperatur und mit einer niedrigen relativen Luftfeuchtigkeit.	Bei Aufgüssen ist eine kurzzeitige Erhöhung der relativen Luftfeuchtigkeit erlaubt.
Schutzmaßnahmen gegen gefährliche Körperströme	Bei Anwendung von SELV oder PELV: • Abdeckungen oder Umhüllungen in Schutzart IP 2X, • Isolationen müssen einer Prüfspannung von 500 V für die Dauer von 1 min standhalten. • Zusätzlicher Schutz durch RCD mit $I_{\Delta N} \leq 30$ mA ist erforderlich.	Nicht zulässig sind Schutz durch • Hindernisse und Abstände, • nichtleitende Umgebung und durch erdfreien, örtlichen Schutzpotenzialausgleich.
Betriebsmittel (BM)	Zwingend vorgeschrieben sind Schutzart IP 24 und schutzisolierte Kabel und Leitungen. In den Bereichen ① bis ③ gelten **(Bild unten links)**: ① Nur BM montieren, die zu den Saunaheizgeräten gehören. ② An die BM werden keine besonderen Anforderungen bezüglich der Wärmefestigkeit gestellt. ③ BM müssen Temperaturen von 125 °C standhalten. Die Isolierung von Kabeln und Leitungen im Bereich 3 muss mind. Temperaturen von 170° standhalten.	Nicht zulässig sind: • Kabel und Leitungen mit Metallmänteln und in Metallrohren, • Schaltgeräte, sofern sie nicht im Heizgerät eingebaut sind, • Steckdosen.
Becken von Schwimmbädern und andere Becken		vgl. DIN VDE 0100-702
Schutzmaßnahmen in den Bereichen ⓪, ① und ② **(Bild unten rechts)**	Fehlerschutz für Bereiche ⓪ und ①: • Wie bei Heißluftsauna. • SELV AC ≤ 12 V, DC ≤ 30 V. Fehlerschutz für Bereich ②: SELV oder Schutztrennung für ein Verbrauchsmittel oder RCD ($I_{\Delta N} \leq 30$ mA). Zusätzlicher Schutzpotenzialausgleich über PB-Leiter: • Fremde leitfähige Teile und Fußböden ohne isolierender Eigenschaft sind in den Schutzpotenzialausgleich einzubeziehen. • Leitende Verbindung muss zwischen Schutzpotenzialausgleich und PE der Körper in diesen Bereichen hergestellt werden.	Nicht zulässig sind die auch bei Räumen und Kabinen mit Saunaheizung nicht zulässigen Maßnahmen. PB-Leiter = Schutzpotenzialausgleichsleiter (PB von Protective Bonding)
Betriebsmittel (BM)	Vorgeschriebene Schutzart in den Bereichen **(Bild unten rechts)**: ⓪ IP X8, ① IP X5, ② IP X2 für überdachte Schwimmbecken, IP X4 für Freibäder, IP X5 bei Einsatz von Strahlwasser. Zulässig sind in den Bereichen ⓪ bis ②: ⓪, ① Festinstallierte, für Schwimmbäder hergestellte Geräte, ② Leuchten der Schutzklasse II, Geräte der Schutzklasse I bei Einsatz einer RCD mit ($I_{\Delta N}$ = 30 mA).	Nicht zulässig sind: ⓪, ① Kabel oder Leitungen für Geräte in anderen Bereichen, Abzweigdosen, Schalter, Steckdosen. ② Schalter und Steckdosen, die nicht geschützt sind durch Schutztrennung, SELV oder PELV oder RCD.

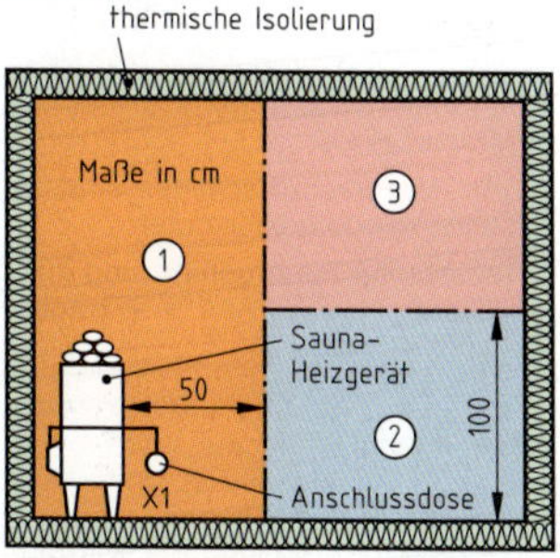

Bereiche bei Heißluftsaunaräumen

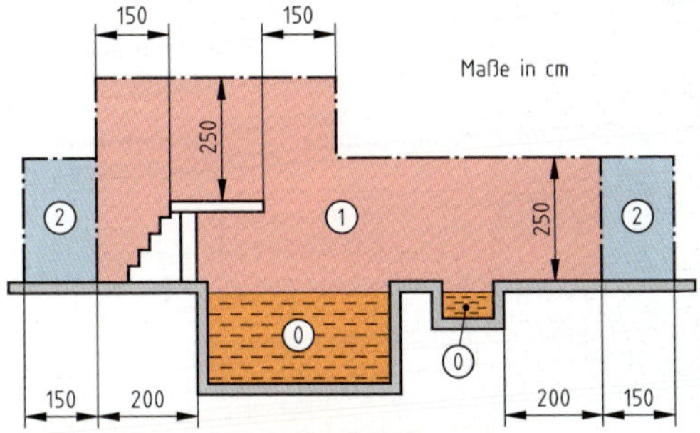

Bereiche bei Schwimm- und Planschbecken

EI

Elektroinstallation in feuergefährdeten Betriebsstätten

Electrical Installation in Operatinal Facilities Endangered by Fire

vgl. DIN VDE 0100-482

Begriff	Erklärungen, Vorschriften	Beispiele, Hinweise
Feuergefährdete Betriebsstätten	Feuer in Betriebsstätten, auch im Freien, kann durch höhere Temperaturen an elektrischen Betriebsmitteln oder durch Lichtbogen entstehen, wenn leicht entzündliche Stoffe in gefahrdrohender Menge in der Nähe gelagert werden.	Arbeitsräume, Trockenräume und Lagerräume in Papierverarbeitungsbetrieben, Textilverarbeitungsbetrieben, Holzverarbeitungsbetrieben. In landwirtschaftlichen Betrieben, wenn z.B. Heu, Stroh, Jute oder Flachs gelagert werden.
Leicht entzündliche Stoffe	Feste Stoffe, die selbst weiterbrennen oder weiterglimmen, wenn sie 10 s einer Flamme, z.B. einer Zündholzflamme, ausgesetzt werden.	Heu, Stroh, Strohstaub, Hobelspäne, lose Holzwolle, Magnesiumspäne, Reisig, loses Papier, Baumwollfasern, Zellwollfasern.
Leitungen und Kabel	fest verlegt: NYM, NYY beweglich: H07RN-F, NSSHÖU Nicht isolierte Schleifleitungen dürfen nur in Räumen installiert werden, in denen keine leicht entzündlichen Stäube auftreten.	Fest verlegte Leitungen sind direkt auf oder in der Wand zu verlegen. An mechanisch besonders gefährdeten Stellen sind die Leitungen in Kunststoffrohren zu verlegen.
Brandschutz bei Installationsfehlern	Es ist eine der folgenden Maßnahmen anzuwenden:	Die Maßnahmen darf man auch kombinieren.
	RCD oder RCM Kabel- und Leitungsanlagen in TN-Systemen oder im TT-System müssen von RCDs mit $I_{\Delta N} \leq 300$ mA der Typen A oder B geschützt sein. Bei Heizleitungen muss $I_{\Delta N} \leq 30$ mA sein.	Wenn der Bemessungsstrom so groß ist, dass es keine RCD gibt, dann verwendet man Leistungsschalter mit RCU (Fehlerstrom-Auslöser) oder CBR (Circuit Breaker RCD).
	Überstrom-Schutzeinrichtung Die Leitung ist so zu wählen, dass bei vollkommenem Kurzschluss die vorgeschaltete Überstrom-Schutzeinrichtung innerhalb von 5 s auslöst.	Es sind Leitungen oder Kabel mit Kunststoffmänteln, z.B. aus PVC (Polyvinylchlorid), oder VPE (vernetztes Polyethylen), zu verwenden.
	Schutzabstand Isolationsfehlern ist durch getrenntes Verlegen von Hinleitung, Rückleitung und Schutzleiter vorzubeugen.	Bei AC dürfen die einzelnen Leiter nicht in metallischen Schutzrohren liegen (wegen der entstehenden Wirbelströme).
	Isolationsüberwachung Die Isolation von fest verlegten Mantelleitungen ist mit einem Überwachungsleiter, z.B. in Verbindung mit RCM oder RCD, zu überwachen. Der Überwachungsleiter muss im gesamten Leitungsverlauf (auch in der Zuleitung zu Betriebsmitteln der Schutzklasse II) angeschlossen und geerdet sein.	Als Überwachungsleiter sind Leiter in mehradrigen Leitungen und Kabeln, isolierte oder blanke Leiter in gemeinsamer Umhüllung mit Außenleiter und Neutralleiter erlaubt, z.B. in Rohren. Erlaubt sind auch metallene Umhüllungen, z.B. Mäntel, Schirme, Metallrohre.
Verteilungssystem, Trennklemmen	Innerhalb der feuergefährdeten Betriebsstätte ist immer, also auch bei Leiterquerschnitten > 10 mm², ein TN-S-System aufzubauen.	Durch den Einbau von Trennklemmen an der Neutralleiterschiene kann auch der Isolationswiderstand des Neutralleiters gegen Erde gemessen werden.
Betriebsmittel	IP-Schutzart bei Feuergefährdung durch Staub und/oder Fasern: IP 5X Ausnahme: Bei Maschinen mit Käfigläufern IP 4X (zugehöriger Klemmkasten in IP 5X) andere leicht entzündliche Stoffe: IP 4X Ausnahme: Elektrowärmegeräte in IP 2X Bei der Installation von Betriebsmitteln sind behördliche Verordnungen zu beachten.	Steckvorrichtungen sind in abgedeckter Ausführung zu installieren. Motoren mit Motorschutzschalter sind mit Wiedereinschaltsperre auszustatten. Leuchten müssen bei Feuergefährdung durch Staub oder Fasern das Zeichen F F tragen. Bei Gefahr der mechanischen Beschädigung sind Schutzgitter oder Schutzkorb vorzusehen. Wärmegeräte sind auf nicht brennbarer Unterlage zu installieren und dürfen keine Wärmespeicherung haben, wenn sie durch Staub oder Fasern gefährdet werden.

EI

Elektroinstallation in landwirtschaftlichen Betriebsstätten

Electrical Installation in Agricultural Facilities

vgl. DIN VDE 0100-705

Begriff	Erklärung, Vorschrift	Hinweise, Beispiele
Landwirtschaftliche und gartenbauliche Betriebsstätten	Räume und Bereiche (auch im Freien), die der Landwirtschaft, dem Gartenbau, der Forstwirtschaft u. ä. dienen. Je nach Gefährdung in der Betriebsstätte, z.B. Milchkammer, Scheune, Lager für Betriebsstoffe, müssen installierte elektrische Betriebsmittel unterschiedliche Eigenschaften aufweisen.	Gefahren: Nässe, Staub, chemisch aggressive Dämpfe, Säuren, Salze, Brandgefahr, Explosionsgefahr.
Schutz gegen elektrischen Schlag	● Auch bei SELV muss der Basisschutz (Schutz gegen direktes Berühren) sichergestellt sein. ● In Stromkreisen mit Steckdosen sind im TN-, TT- oder IT-System pulsstromsensitive (Typ A) oder allstromsensitive RCDs (Typ B) mit $I_{\triangle N} \leq 30$ mA einzubauen. ● Höchstzulässige Berührungsspannung: bei AC $U_L = 50$ V, bei DC $U_L = 120$ V. ● Alle Betriebsmittel und alle fremden leitfähigen Teile sind im Standbereich der Tiere durch einen zusätzlichen Schutzpotenzialausgleich untereinander und mit dem Schutzleiter der Anlage zu verbinden.	Bei SELV sind Abdeckungen oder Umhüllungen in Schutzart IP 2X auszuführen. Pulsstromsensitive RCDs lösen bei Fehlerströmen aus, die aus Wechselstrom oder gleichgerichtetem Wechselstrom bestehen, allstromsensitive auch bei Gleichstrom. Vorhandene Metallteile, z.B. Betonarmierung, sind mit dem Schutzpotenzialausgleich zu verbinden. Damit wird eine Potenzialsteuerung erreicht.
Schutz gegen thermische Einflüsse	● Der Brandschutz ist durch eine Fehlerstrom-Schutzeinrichtung (RCD) mit $I_{\triangle N} \leq 0{,}3$ A sicherzustellen. ● Heizgeräte müssen in ausreichendem Abstand von den Tieren und von brennbarem Material sicher befestigt werden. ● Heizstrahler müssen in einem Abstand ≥ 0,5 m von Tieren und brennbarem Material oder nach Herstellerangabe montiert werden.	Wenn keine Fehlerstrom-Schutzeinrichtung (RCD) verwendet werden kann, muss eine RCM oder eine Isolationsüberwachungseinrichtung das Auftreten eines Isolationsfehlers optisch oder akustisch melden. Damit wird einer Verbrennungsgefahr und einer Brandgefahr vorgebeugt.
Betriebsmittel	● Betriebsmittel müssen mindestens der Schutzart IP 44 entsprechen. ● Es dürfen nur Betriebsmittel installiert werden, die für die Anwendung in diesen Räumen oder Orten erforderlich sind. ● Schaltgeräte für Steuerungen, für Schutzmaßnahmen oder für Trennung sind außerhalb von feuergefährdeten Betriebsstätten zu montieren. ● Schaltgeräte für NOT-AUS und NOT-Halt sind so zu installieren, dass sie von Tieren nicht erreicht werden. ● Motoren, die automatisch betrieben oder fernbedient werden, müssen durch eine von Hand rückstellbare Schutzeinrichtung gegen übermäßigen Temperaturanstieg geschützt werden. ● Leuchten müssen der Schutzart IP 4X entsprechen, wenn kein Staub auftritt und IP 5X, wenn Staub auftritt.	Die Betriebsmittel dürfen keine unzulässig hohen Betriebstemperaturen annehmen und einen Brand verursachen, auch wenn sich Staub auf ihnen ablagert. Ausnahme: Betriebsmittel, die der Schutzart IP 4X entsprechen, wenn kein Staub auftritt und IP 5X, wenn Staub auftritt. Die Schaltgeräte müssen zugänglich sein. Tieren darf es nicht möglich sein, den Zugang zu behindern. Als bewegliche Leitungen sind im Außenbereich schwere Gummischlauchleitungen zu verwenden. Leuchten und Lampen müssen gegen mechanische Beanspruchungen geschützt sein, z.B. durch Kunststoffhüllen, Gitter oder robuste Glasabdeckungen.
Kabel und Leitungen	● Kabel und Leitungen dürfen keinen Brand übertragen. ● Sie dürfen nur in Betriebsmitteln, wie zuvor beschrieben, verbunden oder geklemmt werden und müssen bei Überlast und Kurzschluss geschützt sein. ● Für feste Verlegung sind Leitungen des Typs NYM oder Kabel NYY zu verwenden. ● Verlegearten innerhalb befahrbarer Bereiche: Kabel im Erdboden, z.B. NYY, oder Mantelleitungen für selbsttragende Aufhängung.	Nur Kabel und Leitungen mit PVC-Mantel verwenden. Die Schutzeinrichtung ist vor den Räumen oder Orten mit Brandgefahr anzubringen. Kabel und Leitungen sind so zu verlegen, dass sie von Nutztieren nicht erreicht und beschädigt werden können. NYMZ oder NYMT, Verlegehöhe mindestens 6 m.

Elektroinstallation in medizinisch genutzten Bereichen 1

Electrical Installation in Medical Areas 1

vgl. DIN VDE 0100 Teil 710

Einteilung in Gruppen

Gruppe	Erklärung	Bemerkungen, Beispiele
0	Bereich, in dem die Stromversorgung ohne Schaden für den Patienten abgeschaltet werden kann. Anwendungsteile (Teile von elektromedizinischen Geräten mit Kontakt zum Patienten) werden nicht eingesetzt.	Aufenthaltsräume, in denen keine elektromedizinischen Geräte eingesetzt werden oder nur solche, die auch außerhalb von medizinisch genutzten Bereichen verwendet werden dürfen, z. B. elektronische Fieberthermometer.
1	Bereich, in dem die Stromversorgung ohne Schaden für den Patienten *kurz* abgeschaltet werden kann. Anwendungsteile werden am oder im Patienten eingesetzt, aber nicht solche nach Gruppe 2.	Bettenräume in Kliniken oder Krankenhäusern, Praxisräume, z. B. für Allgemeinarzt oder Zahnarzt, Therapieräume, z. B. zur Bestrahlung, Entbindungsräume für problemlose Geburten.
2	Bereich, in dem die Stromversorgung wegen medizinischer Maßnahmen nicht abgeschaltet werden darf.	Operationsräume mit Aufwachräumen, Intensivstationen, z. B. mit Beatmungsgerät, Endoskopieräume, z. B. zur Darmuntersuchung.

EI

Stromversorgung

Begriff	Bemerkungen
Hauptverteiler HV	Verteiler im Gebäude mit der Funktion Hauptverteilung (**Bild**). Man unterscheidet allgemeine HV und HV für die Sicherheitsstromversorgung SSV. Die zusätzliche SSV liegt näher an ihrer Last, z. B. vor Räumen der Gruppe 2.
TN-S-System	Bei Neuanlagen vorgeschriebenes System, da sonst über den PEN-Leiter Störungen galvanisch eingekoppelt werden könnten. Aufteilung des PEN-Leiters in PE-Leiter und N-Leiter im Hauptverteiler oder Hausanschlusskasten.
SSV	Kurzform von Sicherheitsstromversorgung. Im Teil 710 von DIN VDE 0100 werden unterschieden allgemeine SSV und zusätzliche SSV.

Schaltung

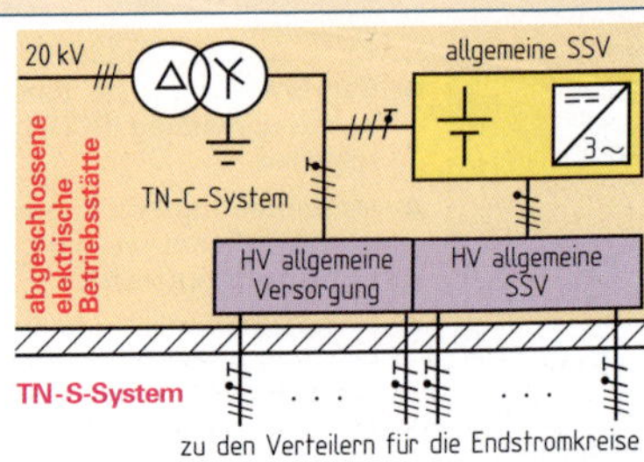

Stromversorgung

Schutzmaßnahmen gegen elektrischen Schlag

Schutz	Schutzmaßnahmen allgemein	Bemerkungen, Beispiele
Bereiche der Gruppe 0		
Basisschutz	Übliche Maßnahmen, nicht Schutz durch Abstand oder Hindernis.	Isolierung oder Umhüllung, PELV oder SELV mit $U_N \leq$ AC 25 V bzw. DC 60 V.
Fehlerschutz	Übliche Maßnahmen der Elektroinstallation, aber nicht FELV.	Automatische Abschaltung im Fehlerfall, SELV oder PELV, Schutzklasse II, Schutztrennung.
Bereiche der Gruppe 1		
Basisschutz	Übliche Maßnahmen der Elektroinstallation, SELV oder PELV mit Isolierung oder Umhüllung.	Isolierung oder Umhüllung, SELV oder PELV mit Isolierung bei AC ≤ 25 V bzw. DC ≤ 60 V.
Fehlerschutz	Immer zusätzlicher Schutzpotenzialausgleich, Schutzklasse II, SELV und PELV mit $U_N \leq$ AC 25 V bzw. DC 60 V, Schutztrennung mit nur einem Verbraucher, automatische Abschaltung mit RCD, IT-System.	Bei Schutztrennung U_N bis 240 V, RCDs mit $I_{\Delta N} \leq 30$ mA für Licht- und Steckdosenstromkreise in der Patientenumgebung, RCDs für Sach- und Brandschutz bis $I_{\Delta N} \leq 300$ mA.
Bereiche der Gruppe 2		
Basisschutz	wie bei Gruppe 1	wie bei Gruppe 1
Fehlerschutz	Immer zusätzlicher Schutzpotenzialausgleich, immer IT-System, Schutzklasse II, SELV und PELV mit $U_N \leq$ AC 25 V bzw. DC 60 V, Schutztrennung wie Gruppe 1.	Abschaltung mit RCD nur bei Großgeräten und wenig Risiko tragenden Stromkreisen.

U_L bestehen bleibende Berührungsspannung, $I_{\Delta N}$ Bemessungsdifferenzstrom, U_N Bemessungsspannung
Schutzmaßnahmen einer Gruppe über Gruppe 0 dürfen immer auch in einer Gruppe mit kleinerer Gruppennummer verwendet werden, also Schutzmaßnahmen der Gruppe 2 auch in den Gruppen 1 und 0.

Elektroinstallation in medizinisch genutzten Bereichen 2

Electrical Installation in Medical Areas 2

vgl. DIN VDE 0100 Teil 710

Art	Erklärung	Bemerkungen, Beispiele, Schaltung
Spezielle Anforderungen an IT-Systeme in medizinisch genutzten Bereichen		
Anwendung	Operationsleuchten und vergleichbare Leuchten, Steckdosen für medizinische Geräte. (IT-System siehe Seite 198)	In Bereichen der Gruppe 2 ist das IT-System zwingend vorgeschrieben, da hier eine Abschaltung den Patienten schädigen könnte.
Transformatoren	Je IT-System ein sicher gebauter Einphasentransformator von 3,15 kVA bis 8 kVA. Wenn 3 AC notwendig, dann ist dafür ein Drehstromtransformator erforderlich. Ableitstrom im Leerlauf bis 0,5 mA. Je Patientenplatz 1,1 kW erforderlich, deshalb meist mehrere IT-Systeme. Es wird empfohlen, höchstens vier Betten je IT-System zu versorgen.	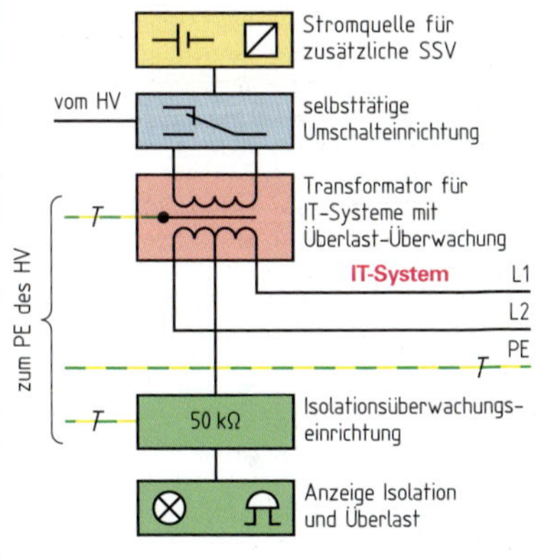 **IT-System mit zusätzlicher SSV**
Verteiler, Hauptverteiler HV	Anordnung möglichst außerhalb der medizinisch genutzten Bereiche. Verteiler für Bereiche der Gruppe 2 werden über zwei unabhängige Zuleitungen versorgt. Bei Ausfall eines Außenleiters in einer Zuleitung muss automatisch auf die andere Zuleitung umgeschaltet werden.	
Isolations-Überwachungsgerät	Jedes einzelne IT-System muss ein Überwachungsgerät haben. Anzeige muss erfolgen, wenn Isolationswiderstand unter 50 kΩ sinkt oder wenn PE oder Netzanschluss unterbrochen ist.	
Umschalteinrichtung	Überwacht in Bereichen der Gruppe 2 die Versorgung des Verteilers. Leitungen von Umschalteinrichtung zum Transformator und von dort zum Verteiler müssen kurzschlusssicher und erdschlusssicher verlegt sein.	Kurzschluss- und erdschlusssichere Verlegung durch einadrige Kabel, Aderleitung mit U = 1,8 kV/3 kV, starre Leiter mit ausreichenden Abständen oder Kabel in abgeschlossenen elektrischen Betriebsstätten.
Alarmeinrichtung	Signalgabe akustisch und optisch. Grüne Lampe: Normalbetrieb, gelbe Lampe: erster Fehler vorhanden.	Akustischer Alarm: Isolationswiderstand zu klein oder Last- oder Transformatortemperatur zu groß.
Sicherheitsstromversorgung SSV		
allgemeine SSV	Anschluss der am meisten notwendigen Verbrauchsmittel, bei denen die Umschaltzeit bis 15 s betragen darf. Stromquellen: Generator mit Verbrennungsmotor oder Akkumulator mit Wechselrichter.	Lüftungsanlagen, Personenrufanlagen, Alarm- und Warnanlagen, medizinische elektrische Geräte, Vakuumversorgung, Narkoseabsaugung, allgemeine Sicherheitsbeleuchtung. Primärelemente oder zusätzliche Einspeisung aus der allgemeinen Stromversorgung sind nicht zulässig.
zusätzliche SSV	Anschluss der notwendigen Verbrauchsmittel mit einer Umschaltzeit bis 0,5 s. Stromquelle: Akkumulator mit Wechselrichter.	Vor allem für Räume der Gruppe 2 notwendig für Operationsleuchten und weitere unentbehrlichen Leuchten sowie für lebenswichtige Einrichtungen, die keine Unterbrechung erlauben, z.B. Dialysegeräte.
Sicherheitsbeleuchtung	Erforderlich innerhalb von 15 s für Rettungswege, Ausgangswegweiser, Räume der Gruppen 1 und 2, Schaltgeräte und Steuergeräte der Stromversorgung.	Leuchten für Rettungswege oder für Gruppen 1 und 2 sind auf mehrere Stromkreise aufzuteilen.
Umschalteinrichtung	Umschaltung auf SSV muss automatisch erfolgen, sobald die Spannung vor der Umschalteinrichtung um mehr als 10% sinkt.	Optische Anzeige: grüne Lampe für „betriebsbereit", gelbe Lampe für „Betrieb über SSV". Störzustand durch akustisches und optisches Signal, z.B. Schnarre und rotes Blinken.
SSV-Versorgungsnetz	Für Sicherheitseinrichtungen ist ein getrenntes Verteilungsnetz einzurichten.	Das gilt z.B. für die Sicherheitsbeleuchtung.

Unterbrechungsfreie Stromversorgungsanlagen USV sind zusätzlich für Computer erforderlich, wenn lebenswichtige Einrichtungen über Computer gesteuert werden.

Elektroinstallation in Unterrichtsräumen mit Experimentiereinrichtungen Installations in Teaching Rooms with Experimental Facilities

Art	Erklärung	Beispiele, Bemerkungen
Begriffe		vgl. DIN VDE 0100-723
Unterrichtsräume	Räume in Schulen und Ausbildungsstätten, die der Wissensvermittlung dienen.	Schulsäle, Elektrolabor, Physiklabor, Werkstofflabor, Vorlesungs- und Praktikaräume.
Experimentiereinrichtungen	Fest installierte oder zeitweise aufgebaute elektrische Versuchsanordnungen und Einrichtungen.	Experimentiereinrichtungen zum Vorführen (Vorführstand) oder zum Üben (Übungsstand), Schalttafeln und -pulte.
Anforderungen		
Schaltgeräte[1]	Zum Freischalten geeignet; gleichzeitiges Schalten aller nicht geerdeten Leiter. Schutz gegen unbefugtes Schalten.	NOT-AUS-Einrichtung für die NOT-AUS-Schaltung.
NOT-AUS-Schaltung[1]	• Betätigung muss alle Stromkreise an allen Experimentiereinrichtungen des Raumes freischalten. • Betätigungsorgane müssen leicht, schnell und gefahrlos erreichbar sein. • Das Schaltgerät für das Wiedereinschalten muss gegen unbefugtes Einschalten gesichert sein.	Je ein Betätigungsorgan an • den Ausgängen des Unterrichtsraumes, • jedem Vorführstand.
Basisschutz	berührungssichere Steckbuchsen	Sicherheitsbuchsen mit vollständigem Berührungschutz.
Fehlerschutz	RCD mit $I_{\Delta N} \leq 30$ mA oder IT-System mit Abschaltung beim zweiten Fehler	Im TN- oder TT-System, im IT-System darf auf RCD verzichtet werden.
zusätzlicher Schutzpotenzialausgleich	alle Körper und fremde leitfähige Teile mit PE verbinden	Schutzpotenzialausgleichsleiter ≤ 4 mm^2 Cu

Bei Schutz durch Abschaltung oder Meldung: RCD mit $I_{\Delta N} \leq 30$ mA. Schleifenimpedanzmessung ist nur möglich ohne RCD als Fehlerschutz. Sonst Netzinnenwiderstand (von L nach N) messen, der hat eine ähnliche Größe.

EI

Ersatzstromversorgungsanlagen Stand-by Power Supply Installations

Begriffe		
Ersatzstromversorgungsanlagen[2]	Stromversorgungsanlagen, welche die elektrische Energieversorgung nach Ausfall oder Abschaltung der normalen Stromversorgung übernehmen. Ersatzstromversorgungsanlagen bestehen aus • Ersatzstromerzeugern, • deren Schaltanlagen und • Hilfseinrichtungen.	Energieversorgung von • Netzteilen, • Verbraucheranlagen, • einzelnen Verbrauchsmitteln. Ersatzstromerzeuger sind z.B. • Generatoren, • Batterien.
Anforderungen		
Schutz gegen gefährliche Körperströme	• SELV oder PELV. • Schutz durch Abschaltung oder Meldung. • In TN- und TT-Systemen: Nur RCDs. • In IT-Systemen: Alle Körper durch PE-Leiter miteinander verbinden, $R_A \leq 100\ \Omega$ ausreichend. • Schutzklasse II, • Schutztrennung.	Eigene Schutzmaßnahmen sind erforderlich, wenn ein Verteilungsnetz der normalen Stromversorgung nicht vorhanden ist oder wenn nicht sichergestellt ist, dass die angewendete Schutzmaßnahme wirksam bleibt.
Leitungen	H07RN-F oder gleichwertige Leitungen.	Bewegliche Leitungen zum vorübergehenden Einspeisen in ein Verteilungsnetz.
Aufstellungsräume	Trocken, evtl. heizbar (Raumtemperatur mindestens 5 °C), belüftbar.	Z.B. trockene Kellerräume.

[1] Nicht erforderlich, wenn Schutz gegen gefährliche Körperströme durch SELV oder PELV gewährleistet ist.
[2] Siehe auch Seite 231 und 232.

Elektroinstallation in explosionsgefährdeten Bereichen
Electrical Installation in Explosion-risk Areas

Grundbegriffe
vgl. DIN EN 50281-3 (VDE 0165-102)

Begriff	Erklärung, Vorschrift	Beispiele, Hinweise
Explosionsgefährdeter Bereich	Betriebsstätte, auch im Freien, in der sich eine explosionsfähige Atmosphäre in gefahrdrohender Menge ansammeln kann.	Bereiche um Gasbehälter, Tankstellen, Farbspritzanlagen, Mahlmühlen.
Explosionsfähige Atmosphäre	Gemisch von brennbaren Gasen, Dämpfen, Nebeln oder Stäuben mit Luft bei einem Druck von 80 kPa bis 110 kPa und einer Gemischtemperatur von – 20 °C bis 60 °C. Das Gemisch kann durch eine hohe Temperatur, einen Lichtbogen oder einen Funken gezündet werden und dehnt sich danach stark und sehr rasch aus.	Gas-Luftgemisch, Staub-Luftgemisch.

Einteilung der explosionsfähigen Atmosphäre	Zonen		Betriebsmittel	
	Zone	Häufigkeit der Explosionsgefahr	Kategorie	Grad der Sicherheit
Gas (Gas G) Staub (Dust D)	0 20	ständig oder langzeitig oder häufig	1G 1D	sehr hohes Maß an Sicherheit selbst bei selten auftretenden Gerätestörungen durch • zweite unabhängige Schutzmaßnahme • Sicherheit bei zwei unabhängigen Fehlern
Gas Staub	1 21	mit gelegentlichem Auftreten im Normalbetrieb	2G 2D	hohes Maß an Sicherheit, selbst bei Gerätestörungen
Gas Staub	2 22	im Normalbetrieb nicht oder nur kurzzeitig	3G 3D	normales Maß an Sicherheit bei Normalbetrieb

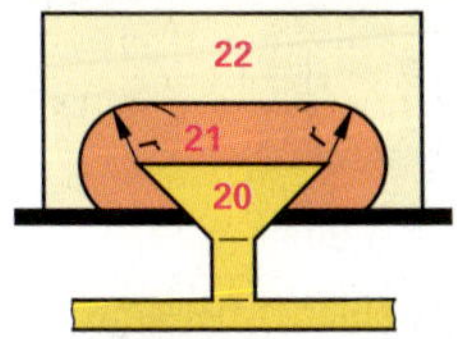

Zone 21
Umgebung mit $r = 1\,\text{m}$

Sackentleerstation

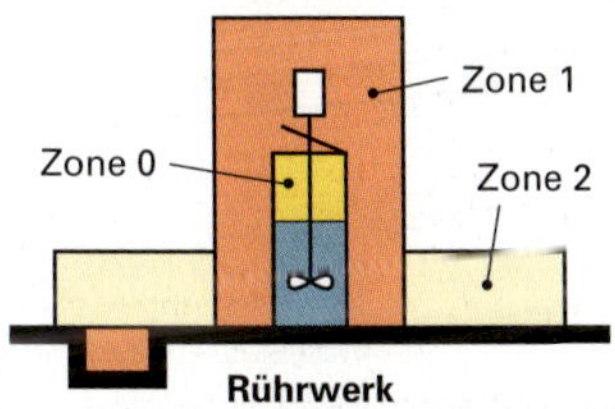

Rührwerk

Allgemeine Anforderung an die Elektroinstallation

Betriebsmittel (BM)	BM nur dann installieren, wenn sie für den Betrieb der Anlage unbedingt erforderlich sind. BM entsprechend den Zonen, den Temperaturklassen und den Explosionsgruppen der brennbaren Stoffe auswählen.	BM für Zone 0 sind auch in den Zonen 1 und 2, BM für die Zone 20 auch in der Zone 21 zulässig.
Schutzmaßnahmen	Basisschutz: • Nur Schutzmaßnahmen mit Schutz gegen direktes Berühren aktiver Teile verwenden oder • das Berühren aktiver Teile durch die Art des Errichtens verhindern. Fehlerschutz: • Einhalten der entsprechenden Vorschriften, • Schutzpotenzialausgleich zwischen den Betriebsmitteln.	In TN-Systemen muss außerhalb von Schalt- und Verteilungsanlagen bei Leiterquerschnitten < 10 mm² eine Isolationsmessung aller Neutralleiter gegen Erde ohne Abtrennung der Neutralleiter möglich sein. Bei Systemen mit PELV muss ein Schutzpotenzialausgleich zwischen den Körpern der BM und der Erdung der Stromquelle erfolgen.
Kabel und Leitungen	Auswahl nach DIN VDE 0298 oder DIN VDE 0891: Aderleitung H07V können in Schalt- und Verteilungsanlagen und in geschlossenen Rohrsystemen verwendet werden. Als Anschlussleitungen für ortsveränderliche BM mit U_N < 750 V sind Gummischlauchleitungen der Bauart H07RN zu verwenden. Durchführungsöffnungen für Kabel zu nicht explosionsgefährdeten Bereichen sind ausreichend dicht zu verschließen. Bei besonderer Beanspruchung sind Kabel und Leitungen in Schutzrohren und Schutzschläuchen aus Kunststoff oder Metall mit Kantenschutz zu verlegen. Leiterverbindungen außerhalb eines BM dürfen nur durch Pressverbindungen hergestellt werden.	siehe Tabelle „Mindestquerschnitte für Kupferleiter“

Mindestquerschnitte für Kupferleiter

Leitung	feindrähtig	eindrähtig
einadrig	1 mm²	1,5 mm²
≤ 5-adrig	0,75 mm²	1,5 mm²
> 5-adrig	0,5 mm²	1 mm²
Leitungen in Informationsanlagen	0,5 mm²	0,5 mm²

Energieversorgung von Werkstätten und Maschinenhallen
Power Supply of Workshops and Machine Halls

Anordnung der Schienensysteme

Ringstrang
mit 2 Einspeisungspunkten

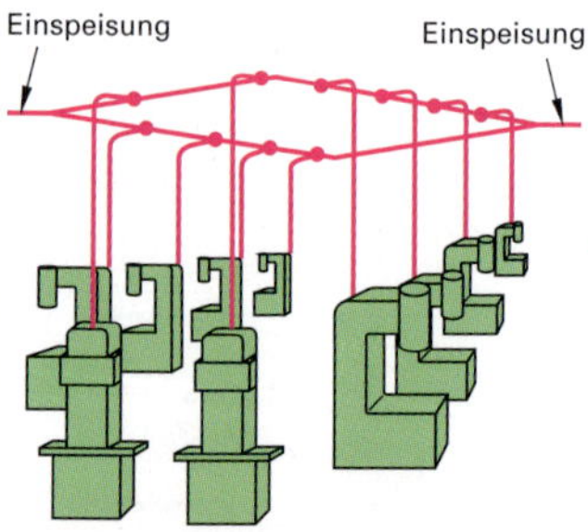

Maschennetz
mit 3 Einspeisungspunkten

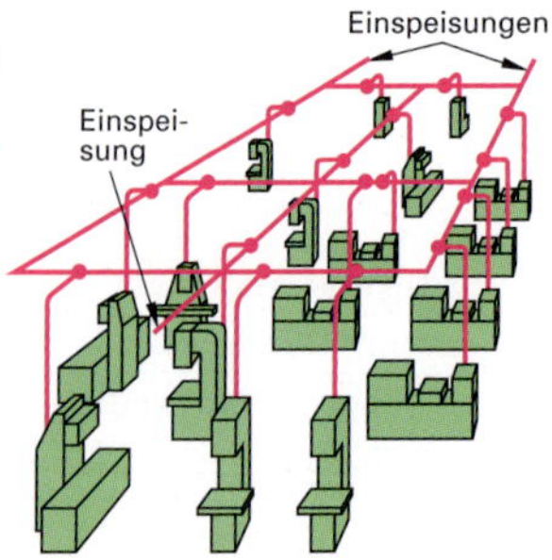

Hauptstrang
mit Untersträngen

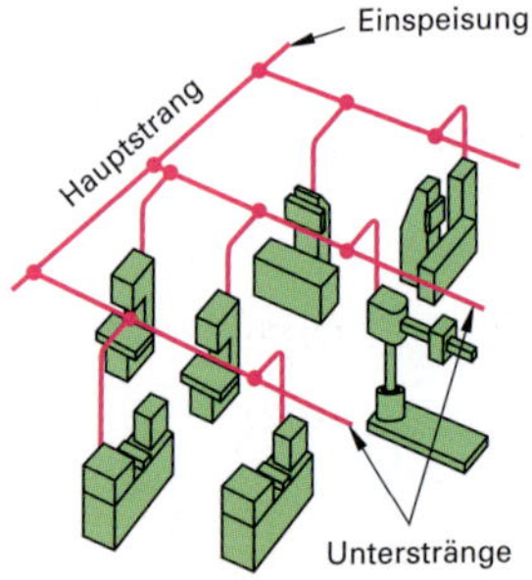

EI

Stromschienensysteme

Bezeichnung		Anwendung	Bemerkungen
Schienenverteiler, fabrikfertig	ohne Abgänge	Stromversorgung in Gebäuden	Horizontale oder vertikale Anordnung, Ersatz für Kabel
	mit Abgängen	Hauptleitungen in Hochhäusern	Ersatz für Kabel
	mit veränderbaren Abgängen	Versorgung von Verbrauchsmitteln	Maschinen, leicht umstellbar
	mit Stromabnehmerwagen	Versorgung ortsveränderlicher Verbraucher	Für Elektrowerkzeuge
	für Leuchten	Lichtbänder	Auch kombiniert mit Kraftversorgung
Stromschienensystem, nicht fabrikfertig	abgedeckt, umhüllt, z. T. offen	Verbindung von Transformator mit Niederspannungs-Hauptschaltanlage	Ersatz für Kabel, Ersatz für Hauptleitungen in Hochhäusern.
Schleifleitungen	abgedeckt, z. T. offen	Stromversorgung von Hebezeugen	Nur außerhalb des Handbereichs zulässig.

Schutzmaßnahmen: Körper der Stromschienensysteme Schutzklasse I müssen an der gekennzeichneten Stelle mit dem Schutzleiter verbunden werden.

Für Stromschienensysteme Schutzklasse II gelten die Bestimmungen für Schaltanlagen und Verteiler.

Anschlussstellen: Auch nach dem Errichten der Anlage noch ohne Schwierigkeiten zugänglich halten.

Befestigung: Zuverlässig. Bei Übergang von horizontal in vertikal muss gewichtsbedingte Verschiebung berücksichtigt werden.

Längendehnung: Abhilfe durch Einbau von Dehnungsbändern.

Anschlüsse und Verbindungen: Bei fabrikfertigen Systemen nur mit passenden Zubehörteilen.

Schienensysteme

Bem.-strom der Schienen in A		125	250	400	Anbringung				
Bemessungsstrom der Vorsicherung in A		125	225	355	an der Decke	an der Wand	auf Stützen	zwischen Maschinen	unter dem Boden
Höchste entnehmbare Leistung in kVA	bei 230 V	47	95	150					
	bei 400 V	82	165	260					
Höchstzulässige Transformatorleistung in kVA	bei 230 V	u_K = 8%: 1250		u_K = 4%: 800					
	bei 400 V	u_K = 8%: 2000		u_K = 4%: 1250					
Zulässiger Stoßkurzschlussstrom		50000 A							

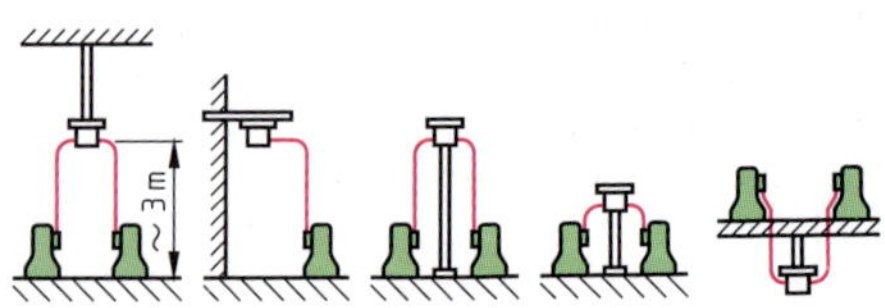

Lichttechnik Lighting Engineering

Lichtstärke I_v

Lichtstrom Φ_v

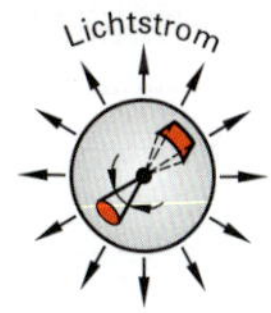

Raumwinkel Ω

Als Lichtstrom Φ_v in Lumen (lm) bezeichnet man die von einer Lichtquelle nach allen Richtungen abgestrahlte Lichtleistung.

Der Raumwinkel Ω mit der Einheit Steradiant (sr) eines kegel- oder pyramidenförmigen Ausschnitts aus der Einheitskugel (Kugel mit Halbmesser 1 m) ist 1 sr, wenn die Ausschnittsfläche auf der Kugel 1 m² beträgt.

Beleuchtungsstärke E_v

Die Beleuchtungsstärke E_v mit der Einheit Lux (lx) gibt den auf eine Fläche senkrecht auftretenden Lichtstrom an.

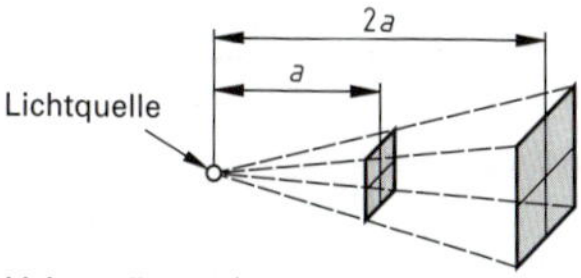

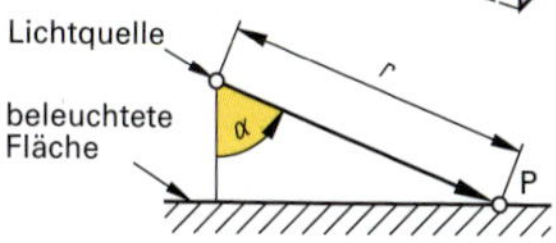

Leuchtdichte L_v

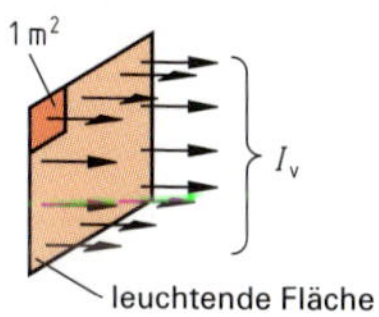

Lichtausbeute η

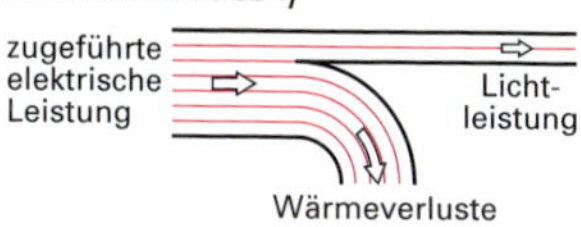

Lichtpunktmethode

Eine Leuchte

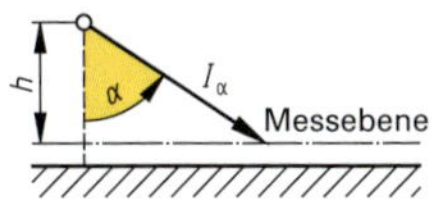

Zwei gleiche Leuchten

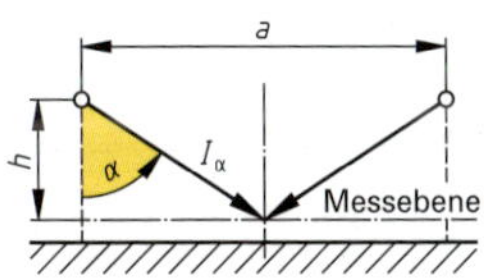

a = Leuchtenabstand
a = 3 ... 4 · Höhe h

Lichtstärke

$$I_v = \frac{\Phi_v}{\Omega} \quad (1)$$

$[I_v]$ = lm/sr = cd

Beleuchtungsstärke

$$E_v = \frac{\Phi_v}{A} \quad (2)$$

$$E_p = \frac{I_v}{r^2} \cdot \cos\alpha \quad (3)$$

$[E]$ = lx

Bei 1 Leuchte:

$$I_v = \frac{E_\alpha \cdot h^2}{\cos^3\alpha} \quad (4)$$

$$E_\alpha = \frac{I_\alpha \cdot \cos^3\alpha}{h^2} \quad (5)$$

Bei 2 Leuchten:

$$I_v = \frac{E_{min} \cdot h^2}{2 \cdot \cos^3\alpha} \quad (6)$$

$$E_{min} = \frac{2 \cdot I_\alpha \cdot \cos^3\alpha}{h^2} \quad (7)$$

Leuchtdichte

$$L_v = \frac{I_v}{A} \quad (8)$$

$[L_v]$ = cd/m²

Lichtausbeute

$$\eta = \frac{\Phi_v}{P} \quad (9)$$

Beispiel: Außenbeleuchtung E_{min} = 4 lx; h = 8 m; α = 51°; I_v = ? cd

Lösung:

$$I_v = \frac{E_{min} \cdot h^2}{2 \cdot \cos^3\alpha} = \frac{4\ \text{lx} \cdot 64\ \text{m}^2}{2 \cdot 0{,}25} = \mathbf{512\ cd}$$

Der Kurve für die Lichtverteilung (Seite „Lichttechnische Daten von Leuchten") entnimmt man bei „direkt, tiefstrahlend" für α = 51° etwa $I_\alpha \approx$ 165 cd / klm.

Da 512 cd erforderlich sind, ist $\Phi_v = \frac{512 \cdot 1000}{165}$ lm = 3103 lm. Wählt man eine Quecksilberdampf-Hochdrucklampe 80 W, so wird der erforderliche Lichtstrom noch überschritten. Diese Auswahl ist wegen der Abnahme des Lichtstromes infolge Alterung und Verschmutzung zweckmäßig.

A	beleuchtete Fläche, leuchtende sichtbare Fläche
E_α	Beleuchtungsstärke, winkelabhängig
E_{max}	Beleuchtungsstärke senkrecht unter der Leuchte
E_{min}	erforderliche Mindestbeleuchtungsstärke
E_p	Beleuchtungsstärke in Punkt P
E_v	Beleuchtungsstärke (v von visuell)
h	senkrechter Abstand Leuchte – Messebene
I_α	Lichtstärke, die unter ∢ α abgestrahlt wird
I_v	Lichtstärke (v von visuell)
L_v	Leuchtdichte
P	Leistungsaufnahme der Lichtquelle
r	Abstand des Punktes P von der Lichtquelle in m
α	Strahlungswinkel gegen die Senkrechte
η	Lichtausbeute
Ω	Raumwinkel
Φ_v	Lichtstrom

Planung der Arbeitsstättenbeleuchtung in Innenräumen
Design of Interior Workshop Lighting

Begriff	Erklärung	Bemerkungen, Daten
Bereiche der Sehaufgabe	Sehaufgabenbereiche sind Teilbereiche des Arbeitsplatzes, in dem die Sehaufgabe ausgeführt wird. Der Raum wird zur Lösung der Beleuchtungsaufgabe in Funktionen und Bereiche gegliedert. Raumbereiche sind Arbeitsplätze, Verkaufsflächen, Theken- und Regalpräsentationsflächen sowie Eingangsbereiche und Wegezonen. Es wird geklärt, welche Aufgaben die einzelnen Zonen erfüllen sollen.	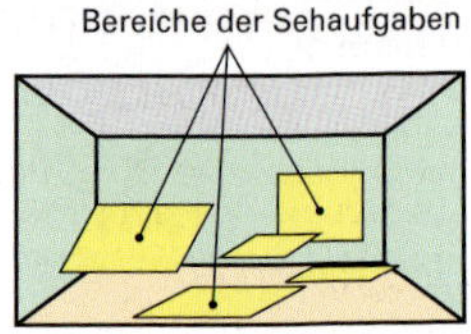
Umgebung der Sehaufgabe	Vorgegeben wird eine Umgebungsfläche von mindestens 0,5 m Breite, die den Bereich der Sehaufgabe umgibt. In dieser Fläche kann der Wartungswert E_m der Beleuchtungsstärke niediger sein als im Bereich der Sehaufgabe. Der 100%-Wartungswert ist Grundlage für die Berechnung der Beleuchtungsstärke.	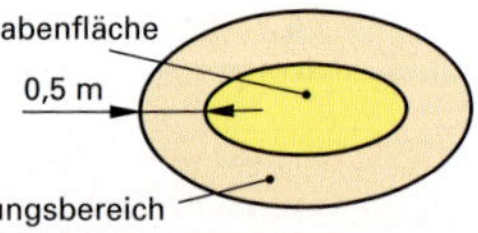
Gleichmäßigkeit der Beleuchtungsstärke	**Gleichmäßigkeit** $g = E_{min}/E_m$ (1) Die Beleuchtungsstärke und ihre Verteilung im Arbeits- und Umgebungsbereich hat großen Einfluss auf die Sehqualität. Starke Ungleichmäßigkeiten können zu visueller (das Sehen betreffend) Überbelastung und Unbehagen führen. Nebenstehende Werte dürfen daher nicht unterschritten werden. Der Wartungswert der Beleuchtungsstärke ist der Wert, unter den die mittlere Beleuchtungsstärke des betreffenden Bereiches bis zu einer vorgesehenen Wartung der Beleuchtungsanlage nicht sinken darf.	siehe Tabelle unten

Wartungswerte der Beleuchtungsstärken E_m in lx

Bereich der Sehaufgabe	Umgebungsbereich
≥ 750	500
500	300
300	200
Gleichmäßigkeit ≥ 0,7	Gleichmäßigkeit ≥ 0,5

Abschirmwinkel

Winkel zwischen der horizontalen Ebene und der Blickrichtung, unter der die leuchtenden Lampenteile in der Leuchte gerade noch sichtbar sind.

Lampen-Leuchtdichte in cd/m²	Mindestabschirmwinkel α
20 000 bis < 50 000	15°
50 000 bis < 500 000	20°
≥ 500 000	30°

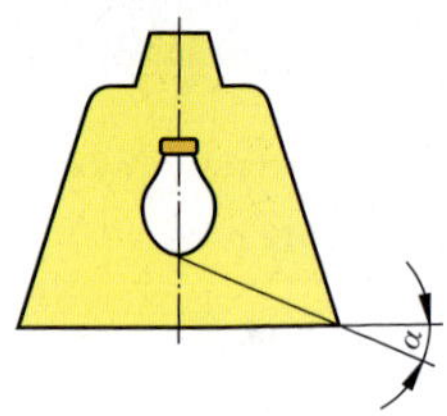

Abschirmwinkel

Leuchtdichteverteilung

Die Leuchtdichteverteilung im Gesichtsfeld bestimmt die Sehleistung. Für eine optimale Wahrnehmung ist ein Leuchtdichteverhältnis von 3 : 1 erforderlich. Die Leuchtdichte hängt von der Reflexionseigenschaft des verwendeten Materials ab.

Zu hohe Leuchtdichten können Blendung verursachen und müssen ebenso wie zu große Leuchtdichteunterschiede vermieden werden.

Bereich	Reflexionsgrad ϱ
Decken	0,6 bis 0,9
Wände	0,3 bis 0,8
Arbeitsflächen	0,2 bis 0,6
Boden	0,1 bis 0,5

Leuchtdichte

$$L = E_m \cdot \varrho/\pi \quad (2)$$

E_m Wartungswert der Beleuchtungsstärke, E_{min} kleinste Beleuchtungsstärke, g Gleichmäßigkeit, L Leuchtdichte, ϱ (rho) Reflexionsgrad.

EI

Wartungsfaktoren von Arbeitsstättenbeleuchtungen
Maintenance Factors of Workplace Lighting

Zeitliche Änderung der Beleuchtungsstärke

Erklärung	Verlauf
In allen Beleuchtungsanlagen sinkt im Laufe der Zeit die Beleuchtungsstärke. Ein *Wartungsfaktor WF* in der Planung berücksichtigt Leuchten, Lampen, räumliche Umgebung und festgelegten Wartungsplan. Die empfohlene *Beleuchtungsstärke* (S. 181) für eine Sehaufgabe ist der *Wartungswert* E_m. Der *Wartungsfaktor* setzt sich aus Einzelwartungsfaktoren (siehe unten) zusammen:	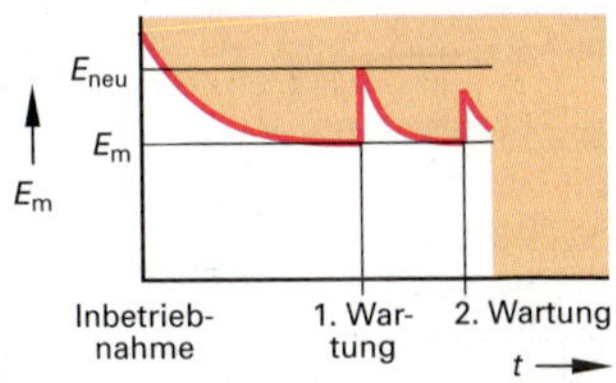

$$WF = LLWF \cdot LÜF \cdot LWF \cdot RWF \quad (1)$$

$$E_m = WF \cdot E_{neu} \quad (2)$$

Wartungsfaktoren *WF*

Betriebsdauer in h	1000	2000	4000	6000	8000	10000	14000
Lampenlichtstrom-Wartungsfaktor *LLWF*							
Glühlampe	0,93						
Niedervolt-Halogenlampe	0,98	0,95					
Leuchtstofflampe	0,97	0,92	0,88	0,85	0,83	0,83	
Halogen-Metalldampflampe		0,94	0,89	0,85	0,80		
Quecksilberdampflampe		0,90	0,80	0,77	0,75	0,73	
Natriumdampflampe	1,00	0,99	0,98	0,98	0,97	0,97	0,96
Lampen-Überlebensfaktor *LÜF*							
Glühlampe	0,50						
Niedervolt-Halogenlampe	0,91	0,50					
Leuchtstofflampe	0,99	0,99	0,98	0,98	0,94	0,50	
Halogen-Metalldampflampe		0,96	0,91	0,88	0,84		
Quecksilberdampflampe		0,99	0,98	0,96	0,93	0,88	
Natriumdampflampe	1,00	1,00	1,00	1,00	0,99	0,98	0,96

Leuchten-Wartungsfaktor *LWF* und Raum-Wartungsfaktor *RWF*

Reinigungsintervall in Jahren		1,0			2,0			3,0		
Umgebungsbedingungen		S	N	V	S	N	V	S	N	V
Leuchte		Leuchten-Wartungsfaktor *LWF*								
freistrahlende Lichtleisten		0,93	0,89	0,83	0,89	0,84	0,78	0,85	0,79	0,73
oben offener Reflektor		0,90	0,86	0,83	0,84	0,80	0,75	0,79	0,74	0,68
oben geschl. Reflektor		0,89	0,81	0,72	0,80	0,69	0,59	0,74	0,61	0,52
geschlossenen IP2X		0,88	0,82	0,77	0,83	0,77	0,71	0,79	0,73	0,65
staubgeschützt IP5X		0,94	0,90	0,86	0,91	0,86	0,81	0,90	0,84	0,79
Indirekt-Leuchten		0,86	0,81	0,74	0,77	0,66	0,57	0,70	0,55	0,45
Raumindex	Beleuchtungsart	Raum-Wartungsfaktor *RWF*								
klein $k = 0{,}7$	direkt/indirekt	0,90	0,86	0,82	0,87	0,82	0,78	0,84	0,79	0,74
mittel $k = 2{,}5$	direkt/indirekt	0,92	0,88	0,85	0,89	0,85	0,81	0,86	0,82	0,78
groß $k = 5{,}0$	direkt/indirekt	0,94	0,88	0,85	0,89	0,85	0,81	0,86	0,82	0,78

Beim Fehlen genauer Wartungsfaktoren *WF* gelten folgende *WF* je nach Umgebungsbedingungen:
S saubere Räume: 0,8; **N** normal verschmutzte Räume: 0,67; **V** verschmutzte Räume: 0,5.

E_m Wartungswert der Beleuchtungsstärke, E_{neu} Neuwert, k Raumindex

Berechnung von Beleuchtungsanlagen Calculation of Lighting Systems

Wirkungsgradmethode für die Innenbeleuchtung

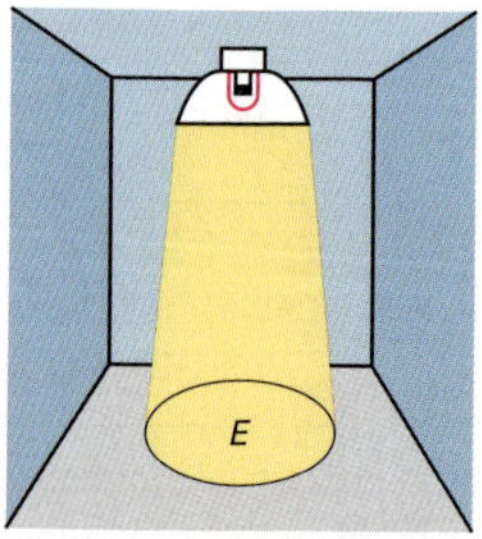

Für die Berechnung sind die Abmessungen des Raumes zu berücksichtigen.

$$k = \frac{l \cdot b}{h \cdot (l + b)} \quad (1)$$

$$k_i = \frac{3 \cdot l \cdot b}{2\,h' \cdot (l + b)} \quad (2)$$

Der **Beleuchtungswirkungsgrad** η_B ist das Produkt aus dem Raumwirkungsgrad η_R und dem Leuchtenbetriebswirkungsgrad η_{LB}.

$$\eta_B = \eta_{LB} \cdot \eta_R \quad (3)$$

Der Leuchtenbetriebswirkungsgrad wird vom Hersteller angegeben.

Mit dem **Wartungsfaktor WF** (vorhergehende Seite) berücksichtigt man Verschmutzung und Alterung von Lampen, Leuchten und Räumen.

$$E_{neu} = \frac{E_m}{WF} \quad (4)$$

Anzahl der Lampen

$$n = \frac{E_{neu} \cdot A}{\Phi_{La} \cdot \eta_B} \quad (5)$$

EI

Rückstrahlvermögen (Reflexion) und Durchlassvermögen (Transmission)

Farbanstriche	Reflexionsgrad ϱ in %	Werkstoffe	Reflexionsgrad ϱ in %	Lichtdurchlässige Stoffe	Reflexionsgrad ϱ in %	Transmissionsgrad τ in %
weiß	70...80	Spiegel, versilbert	90...94	Klarglas	6...10	85...92
gelb	65...75	Zeichenpapier, weiß	70...75	Mattglas (Licht auf matte Seite)	8...12	70...90
hellgrün, rosa	45...50	Rein-Alu, eloxiert	85...90	Mattglas (Licht auf glatte Seite)	12...18	60...80
hellblau	40...45	Rein-Alu, poliert	65...75	Trübglas	30...75	15...60
beige, hellbraun	25...35	Chrom, blank	60...70	Acrylglas	15...65	25...80
ockergelb, olivgrün	25...35	Kacheln, weiß	60...75	Lampenschirmpapier	20...50	20...60
orange	20...25	Mörtel, hell	40...50	Pergament	35...50	35...55
mittelgrau	20...25	Holzplatte, hell	40...50	Opalglas	40...55	15...30
dunkelgrün	10...15	Holz, dunkel	10...25	Alabaster	55...60	15...30
dunkelblau, dunkelrot	10...15	Beton	15...25	Webstoffe	35...40	15...30
schwarz	4	Samt, schwarz	2... 4			

Reflexionsgrad ϱ: Verhältnis des zurückgestrahlten Lichtstromes zum aufgestrahlten Lichtstrom
Transmissionsgrad τ: Verhältnis des durchgelassenen Lichtstromes zum aufgestrahlten Lichtstrom

Beispiel: Ein sehr sauberer Montageraum mit $l = 5$ m, $b = 6$ m und $h = 2{,}35$ m (Höhe der Leuchte über der Arbeitsebene, **Bild**) soll durch freistrahlende Leuchtstofflampen OSRAM L36/11 (S. 185) beleuchtet werden. Der Leuchtenbetriebswirkungsgrad η_{LB} der Leuchte ist 90%. Lichtfarbe: Tageslicht de Luxe. Es ist eine mittlere Beleuchtungsstärke von 500 lx gefordert. Der Reflexionsgrad der Decke ist $\varrho_1 = 0{,}8$ (weiß), der Wände $\varrho_2 = 0{,}3$ (beige) und des Bodens $\varrho_3 = 0{,}3$ (hellbraun). Berechnen Sie die Anzahl der notwendigen Lampen.

Lösung: $k = \frac{l \cdot b}{h \cdot (l + b)} = \frac{5\,\text{m} \cdot 6\,\text{m}}{2{,}35\,\text{m}\,(5\,\text{m} + 6\,\text{m})} = \mathbf{1{,}16}$

Raumwirkungsgrad η_R aus den Werten für ϱ_1, ϱ_2, ϱ_3 und $k = 1{,}0$ (gerundet) aus Tabelle „Lichttechnische Daten von Leuchten" für freistrahlende Leuchtstofflampe: $\boldsymbol{\eta_R = 0{,}43}$

$\eta_B = \eta_{LB} \cdot \eta_R = 0{,}90 \cdot 0{,}43 = 0{,}387 \approx \mathbf{0{,}39}$ $\quad E_{neu} = \frac{E_m}{WF} = \frac{500\,\text{lx}}{0{,}8} = \mathbf{625\,lx}$

$n = \frac{E_{neu} \cdot A}{\Phi_{La} \cdot \eta_B} = \frac{625\,\text{lx} \cdot 30\,\text{m}^2}{3350\,\text{lm} \cdot 0{,}39} = 14{,}35$; Gewählt: **15 Lampen**

A Bodenfläche des Raumes
b Breite des Raumes
E_m Wartungswert der Beleuchtungsstärke
E_{neu} Neuwert der Beleuchtungsstärke
h Höhe der Leuchte ab Arbeitsebene
h' Deckenhöhe ab Arbeitsebene
k Raumindex für direkte Beleuchtung
k_i Raumindex für indirekte Beleuchtung
l Länge des Raumes
n Anzahl der Lampen
WF Wartungsfaktor
η_B Beleuchtungswirkungsgrad
η_{LB} Leuchtenbetriebswirkungsgrad
η_R Raumwirkungsgrad
ϱ Reflexionsgrad
τ Transmissionsgrad
Φ_{La} Bemessungslichtstrom je Lampe

Beleuchtung und Blendung Lighting and Glare

Wartungswert der Beleuchtungsstärke[1], Lichtfarbe und Güteklasse

Raumart bzw. Tätigkeit	E_m in lx	Lichtfarbe[3]	Güteklasse[2]
Allgemeine Räume			
Wasch- und Toilettenräume	100	ww, nw	2
Kantinen	200		2
Sanitätsräume, Erste Hilfe	500		1
Verkehrswege in Gebäuden			
für Personen	50	ww, nw	3
für Personen und Fahrzeuge	100		3
Treppen, Fahrtreppen	100		2
Büro- und büroähnliche Räume			
mit tageslichtorientierten Arbeitsplätzen in Fensternähe	300	ww, nw	1
Büroräume, allgemein	500		1
Großraumbüros			
• mit hoher Reflexion	750		1
• mit mittlerer Reflexion	1000		1
Zeichenräume	750		1
Sitzungsräume	300		1
EDV-Räume	500		1
Unterrichtsstätten			
Lehrmittelräume	200	ww, nw	2
Flure, Eingangshallen	100		3
Treppen	100		2
Bibliotheken	300		1
Unterrichtsräume	300		1

Raumart bzw. Tätigkeit	E_m in lx	Lichtfarbe[3]	Güteklasse[2]
Elektrotechnische Industrie			
Kabel- und Leitungsherstellung	300	ww, nw	1
Montage von kleinen Motoren	500		1
Montage feiner Geräte, Justieren	1000		1
Montage elektron. Bauteile	1500		1
Metallbearbeitung			
Schweißen	300	ww, nw	2
Maschinenarbeiten, z.B. Drehen	300		2
feine Maschinenarbeiten	500		1
Anreiß-, Kontroll- u. Messplätze	750		1
Montage, mittelfein	300		1
Montage, fein	500		1
Gießerei: Gießhallen	200		2
Gießerei: Modellbau	500		1
Automobilbau			
Karosseriebau	500	ww, nw, tw	2
Lackiererei- Schleifplätze	750		1
Lackiererei, Nacharbeit	1000		1
Polsterei	500		2
Wagenfertigmontage	500		2
Inspektionsplätze	750		1

[1] Minimalwert, unter den die mittlere Beleuchtungsstärke im Bereich der Sehaufgabe nicht sinken darf.
[2] **Güteklassen der Blendungsbegrenzung**:
Güteklasse 1: hohe Anforderung; Güteklasse 2: mittlere Anforderung; Güteklasse 3: geringe Anforderung.
[3] **Lichtfarben**: ww warmweiß; nw neutralweiß; tw tageslichtweiß.

Begrenzung der Direktblendung

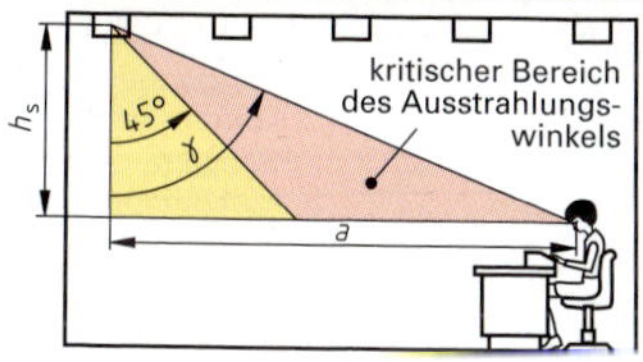

Die Direktblendung ist begrenzt, wenn die mittlere Leuchtdichte der Leuchten im für die Blendung kritischen Winkelbereich $45° \leq \gamma \leq 85°$ die Werte der Leuchtdichtegrenzkurven nicht überschreitet.

Leuchtdichtegrenzkurve B (rechts) für quer zur Blickrichtung angeordnete, langgestreckte, quadratische und runde Leuchten mit leuchtenden Seitenteilen, z.B. freistrahlende Leuchten und Wannenleuchten.

Güteklasse	Wartungswert der Beleuchtungsstärke[1] E_m in lx							
1	2000	1000	750	500	≤ 300			
2				2000	1000	500	≤ 300	
3					2000	1000	500	≤ 300

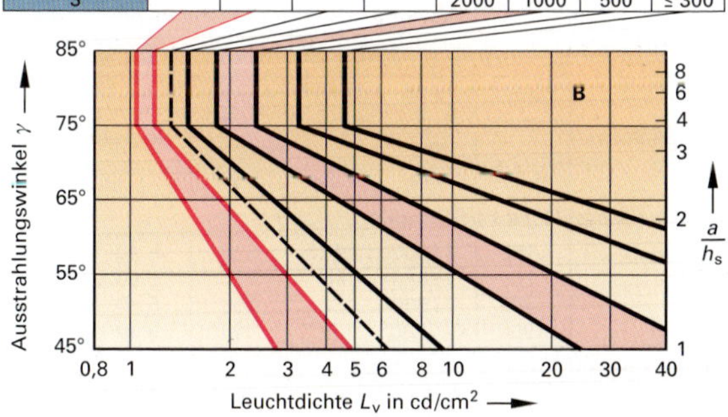

Leuchtdichte

Lichtquelle	Leuchtdichte in cd/cm²	Lichtquelle	Leuchtdichte in cd/cm²	Lichtquelle	Leuchtdichte in cd/cm²
Mittagssonne	bis 150 000	Glühlampe (40…100 W), klar	100…2 000	Hochspannungsleuchtröhre	0,1…0,8
Mond	0,2…1,2	Glühlampe, innen mattiert	10…50	Quecksilberdampflampe	4…620
Himmel, klar	0,3…0,7	LED-Leuchtmittel	1…5	Natriumdampflampe	10…400
Himmel, bedeckt	0,01…0,1	Leuchtstofflampe	0,3…1,2	Xenon-Hochdrucklampe	bis 95 000

Glühlampen, Metalldampflampen Incandescent Lamps, Metal-vapor Lamps

Glühlampen

Lampenform	Bem.-leistung in W	Lichtstrom Φ_{La} in lm	Durchmesser in mm	Länge mit Sockel in mm	Sockel	Lichtausbeute in lm/W	Farbtemperatur in K	Brennstellung	Verwendung
Hochvolt-Halogenglühlampen für 230 V									
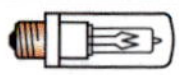	150 250	2500 4200	18/32 18/32	86/105 98/105	B15d/E27 B15d/E27	16,7 16,8	2900	beliebig	Verkaufsräume, Konferenzräume.
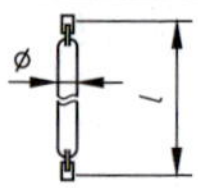	200 300 500 750 1000	3200 5000 9500 16500 22000	12 12 12 12 12	114,2 114,2 114,2 185,7 185,7	R7s-15	16 16,7 19 22 22	3000	beliebig beliebig beliebig waager. ± 15° waager. ± 15°	Wohnräume, Verkaufsräume, Schaufenster, Baustellen.
Niedervolt-Halogenglühlampen für 6 V, 12 V und 24 V									
	10(6V) 20(12V) 50(12V) 75(12V) 100(24V)	110 320 1000 1600 2200	9 9 12 12 12	33 33 44 44 44	GX 4 GX 4 GY 6,35 GY 6,35 GY 6,35	11 16 20 21,3 22	3000	beliebig	Wohnräume, Galerien, Museen, Schaufenster, Arbeitsplätze.
Konventionelle Glühlampen 230 V									
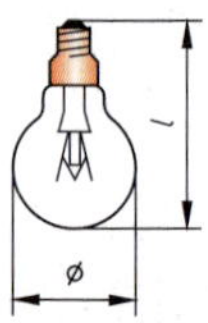	25 40 60 75 100 150 200 300	230 430 730 960 1380 2220 3150 5000	60 60 60 60 60 65 80 90	105 105 105 105 105 123 156 189	E 27 E 27 E 27 E 27 E 27 E 27 E 27 E 40	9,2 10,8 12,2 12,8 13,8 14,8 15,8 16,7	2800	beliebig	Universallampen für alle Bereiche. Wegen geringer Energieeffizienz künftig eingeschränkt verwendbar.

EI

Quecksilberdampf-Hochdrucklampen für 50 Hz 230 V mit Leuchtstoff

Lampenform	Bem.-leistung in W	Lichtstrom Φ_{La} in lm	Betriebsstrom in A	mittlere Leuchtdichte in cd/cm²	Sockel	Lichtausbeute in lm/W	Leistungsaufnahme m.Drossel in W	Kompens.-Kondensator in µF	Verwendung
	50 80 250 400 1000	1800 3800 13000 22000 58000	0,6 0,8 2,15 3,25 7,5	4 5 10 10,5 16	E 27 E 27 E 40 E 40 E 40	36 47,5 52 55 58	59 89 266 425 1045	7 8 18 25 60	Fußgängerzonen, Garten- und Parkanlagen, Foyers, Einkaufspassagen.

Natriumdampflampen und Mischlichtlampen für 230 V

Lampenform	Bem.-leistung in W	Lichtstrom Φ_{La} in lm	Durchmesser in mm	Länge mit Sockel in mm	Sockel	Lichtausbeute in lm/W	mittlere Leuchtdichte in cd/cm²	Brennstellung	Verwendung
Natriumdampf-Hochdrucklampen									
	150 250 400 1000	14000 25000 47000 120000	90 90 120 165	226 226 290 400	E 40 E 40 E 40 E 40	93,3 100 117,5 120	10 19 22 30	beliebig	Außenanlagen in Verkehr u. Industrie, Innenanlagen in der Schwerindustrie.
Natriumdampf-Niederdrucklampen									
	35 55 90 135 180	4800 8000 13500 22500 33000	52 52 66 66 66	310 425 528 775 1120	BY 22d	137,1 145,5 150 166,7 183,3	10 10 10 10 10	häng. ± 110° häng. ± 110° waager. ± 20° waager. ± 20° waager. ± 20°	Beleuchtung von Schnellstraßen, Wasserstraßen und Schleusen.
Mischlichtlampen (Glühlampe und Quecksilberdampf-Hochdrucklampe mit Leuchtstoff)									
	160 250 500	3100 5600 14000	75 90 120	177 226 275	E 27 E 40 E 40	19,4 22,4 28	3 5 6	senkr. ± 30° beliebig beliebig	Glühlampenleuchten in Industrie und Gewerbe, Pflanzenbeleuchtung.

Energiesparlampen

Lampenform	Bemessungsleistung in W	Lichtstrom Φ_{La} in lm	Durchmesser bzw. Breite in mm	Länge mit Sockel in mm	Sockel	Lichtausbeute in lm/W	vergleichbar mit Glühlampe in W	Typ
Auswahl OSRAM (Farbwiedergabestufe 1 B, Lebensdauer 8000 h)								
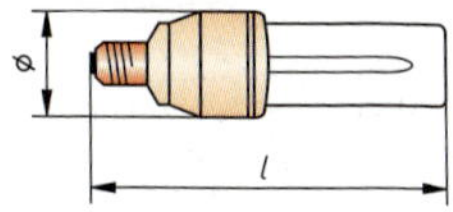	5 7 11 15 20 23	200 400 600 900 1200 1500	30 45 45 52 52 58	121 130 139 143 156 178	E 27	40 57 55 60 60 65	25 40 60 75 100 120	DEL 5 DEL 7 DEL 11 DEL 15 DEL 20 DEL 23
	11 15 20	450 700 1000	100 100 120	154 168 190	E 27	41 47 50	60 75 100	DEL 11 GL DEL 15 GL DEL 20 GL
	18 24 32	1000 1450 2000	165 216 216	100 100 100	E 27	56 60 63	75 100 150	CIRCO EL 18 CIRCO EL 24 CIRCO EL 32
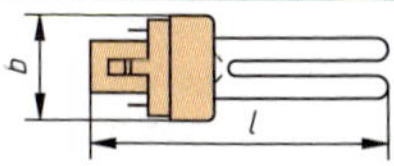	10 13 18 26	600 900 1200 1800	34 34 34 34	110 138 153 172	G 24d-1	60 69 67 69	60 75 100 2 × 75	DD 10/21 DD 13/21 DD 18/21 DD 26/21
Auswahl PHILIPS (Farbwiedergabestufe 1 B, Lebensdauer 8000 h)								
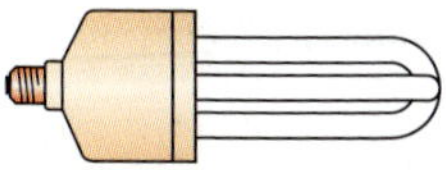	9 11 15 20 23	400 600 900 1200 1500	44,8 44,8 44,8 44,8 44,8	122 138 158 190 211	E 27	44 55 60 60 65	40 60 75 100 2 × 60	PLCE 9 PLCE 11 PLCE 15 PLCE 20 PLCE 23
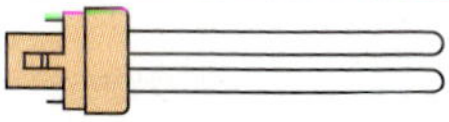	5 7 9	250 400 600	32,5 32,5 32,5	108 138 168	G 23	50 57 67	25 40 60	PL-S 5 W/.. PL-S 7 W/.. PL-S 9 W/..
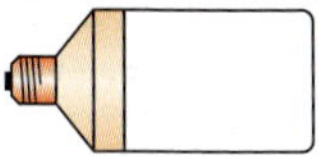	9 13 18 25	450 650 900 1200	74 74 74 74	151 161 171 181	E 27	50 50 50 48	40 60 75 100	SL 9 P SL 13 P SL 18 P SL 25 P
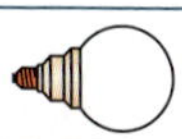	9 13 18	400 600 850	102 112 120	156 167 175	E 27	44 46 47	40 60 75	SL 9 D SL 13 D SL 18 D

Farbwiedergabe

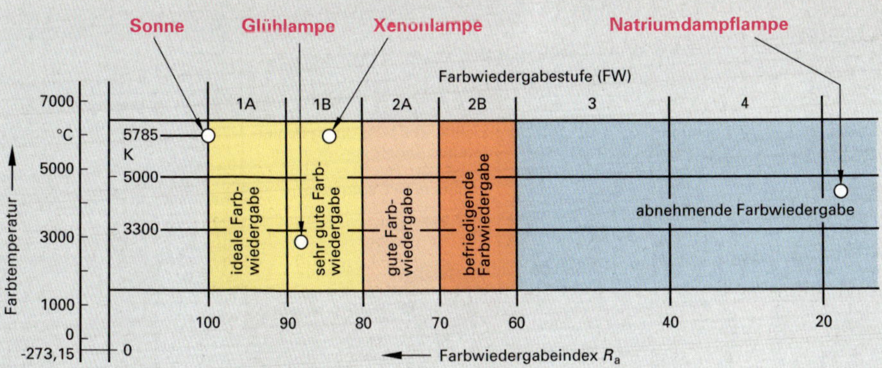

Induktionslampen und Lichtleiter Induction Lamps and Optical Fibres

Wirkungsweise	Erklärung	Bemerkungen, Daten

Induktionslampen

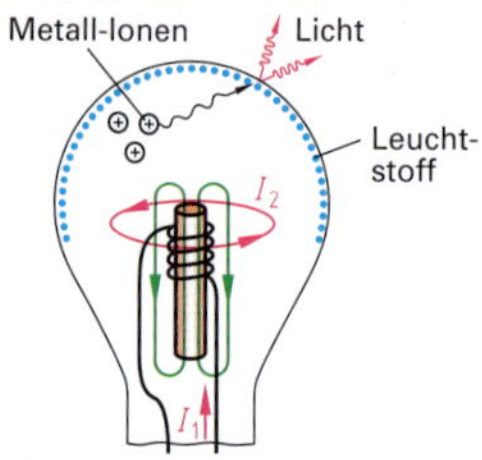

Induktionslampen-Prinzip

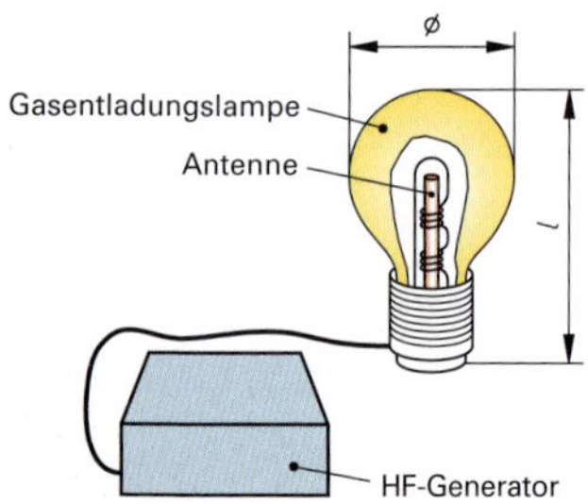

Lampensystem

Leistungsmerkmale:
Keine Elektroden oder Glühwendel, lange Lebensdauer: 60 000 h, kompakte Lampe mit hohem Lichtstrom, elektronischer HF-Betrieb, flackerfreier Sofortstart < 0,1 s, HF-Generator mit Sicherheitsabschaltung.

Vorteile:
Sehr kleiner Lichtstromabfall, keine oder nur geringe Wartung, unempfindlich gegen Netzspannungsschwankungen, geeignet für Gleichstrombetrieb, kein Flimmern, konstanter, hoher Lichtstrom (3 500 lm, 6 000 lm), sehr gute Farbwiedergabe, für Notbeleuchtungen geeignet: sofortiges Wiederzünden < 0,1 s, erfüllen alle nationalen und internationalen Entstörvorschriften ohne spezielle Abschirmungen an den Leuchten.

Betriebsdauer:
15 Jahre.

Anwendungsbereiche:
Einkaufszentren, Geschäfte, Ausstellungsräume, Foyers, Büroräume, Flughäfen, Industrie, Hotels und Restaurants, öffentliche Gebäude, Museen, Freizeitzentren, Werkhallen, Wohngebiete, Parkanlagen, Landstraßen, Parkplätze, Tunnels, Bahnhöfe, Kombination mit Lichtleiteroptik.

Abmessungen in mm

Typ (Philips)	Länge *l*	∅
QL 55 W	150	85
QL 85 W	192	110
QL 165 W	230	130

Abmessung des HF-Generators in mm:
l x *b* x *h*: 140 x 140 x 46

Lichtfarben (Philips):
827 Warmton Extra
830 Warmton
840 Weiß

Farbtemperaturen:
2 700 K, 3 000 K, 4 000 K.

Lichtleiter

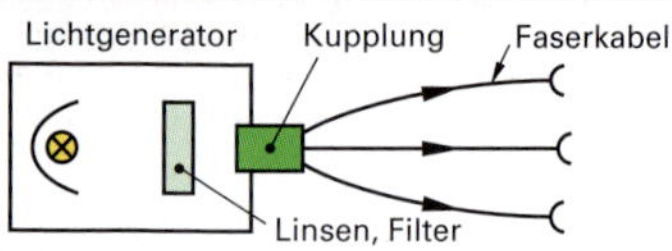

Punktlichtbeleuchtung

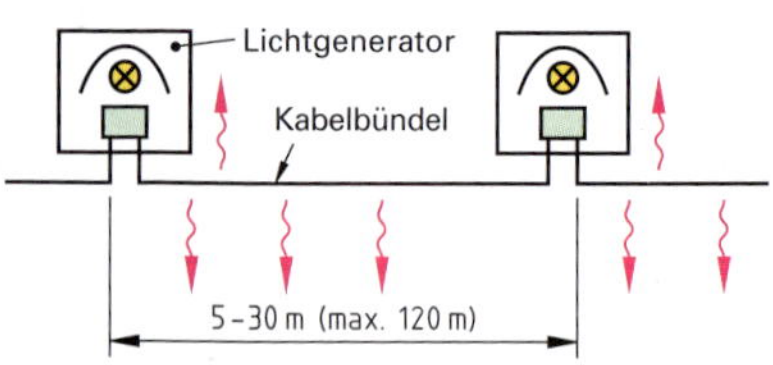

Linienbeleuchtung

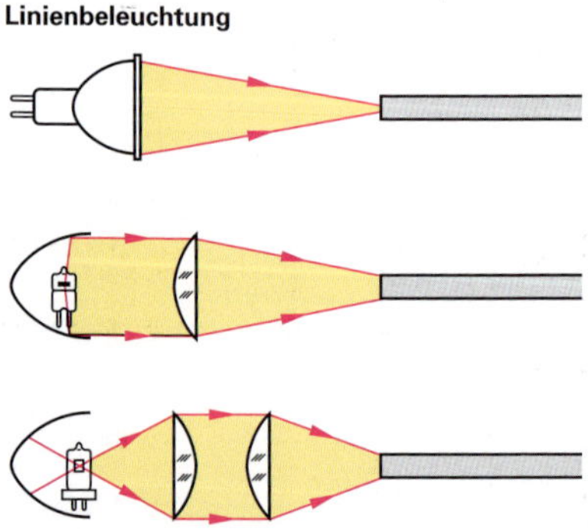

Einspeisungsformen

Systemkomponenten:
Lichtgenerator, Kabelbündel, optisches Gerät.

Lichtgeneratorentypen:
Niedervolt-Halogenlampen-Generator, Hochdruckentladungslampen-Generator.

Bauteile:
Lampe, Lampenfassung, elektrische Einheit, optischer Linsenschlitten, Reflektoreinheit, IR-Filter, UV-Filter, Ventilationssystem, Gehäuse, Lichtaustrittsöffnung, Anschlusskabel.

Gleichmäßige Helligkeit über die gesamte Länge des linienleuchtenden Lichtleiters erhält man durch Lichtgeneratoren an beiden Enden des Lichtleiters oder durch Schleifen des Kabels zurück in den Generator. Bis 10 m Länge genügt eine Lichtquelle.

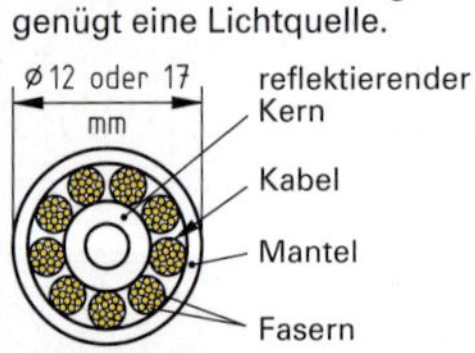

Kabelbündel, linienleuchtender Lichtleiter

Leuchtmittel:
Leistungsstarke Punktlichtmittel mit hoher Leuchtdichte, hoher Lebensdauer, guter Farbwiedergabe, kurzem Brennbogen der Lampe.

Vorteile der Lichtleitertechnik:
Keine IR-Strahlung, keine UV-Strahlung, räumliche Trennung von Lichtquelle und Lichtaustritt, kein elektrisches Potenzial am Lichtaustritt.

Anwendungsgebiete:
Endoskopie in Chirurgie und Zahnheilkunde, Werbung, Museen, Displaybeleuchtung, Signallichtgeber für den Straßenverkehr, Eingangshallen, Gebäudefassaden, Verkaufsvitrinen, Sicherheitsbereiche, Kombination mit Induktionslampen.

Kabelbündel (Philips)

Kabel-∅ in mm	Kabel je Bündel	
	Octopus	Focus
1	300	114
2	75	25
3	40	16
4	24	9
5	16	6
6	11	3
7	8	2

Leuchtstofflampen für 230 V Fluorescent Lamps for 230 V

Lampendaten

Lampenform	Typenbezeichnung OSRAM	Typenbezeichnung PHILIPS	Leistungsaufnahme in W ohne Drossel	Leistungsaufnahme in W mit Drossel	Betriebsstrom in A	Lichtstrom Φ_{La} in lm	Lichtausbeute in lm/W	Leuchtdichte in cd/cm²	Rohrdurchmesser in mm	Länge bzw. ∅ in mm
Stabform	L18W/..	TL-D18W/..	18	27	0,37	1350	50	1,0	26	590
	L36W/..	TL-D36W/..	36	44	0,43	3350	76	1,2	26	1200
	L58W/..	TL-D58W/..	58	69	0,67	5200	75	1,5	26	1500
U-Form	L20W/..U	TL-DU20W/..	20	25	0,37	950	38	0,48	38	310
	L40W/..U	TL-DU40W/..	40	50	0,43	2400	48	0,55	38	607
	L65W/..U	TL-DU65W/..	65	78	0,67	3900	50	0,80	38	765
Ringform	L22W/..C	TL-E22W/..	22	27	0,37	1350	50	0,70	29	∅ 216
	L32W/..C	TL-E32W/..	32	42	0,42	2050	49	0,75	30	∅ 307
	L40W/..C	TL-E40W/..	40	50	0,42	2900	58	0,75	30	∅ 409

Die Lichtfarben werden durch Kennzahlen angegeben, z. B. **L18W/930** = Leuchtstofflampe 18 W von OSRAM, internationale Farbwiedergabestufe 9 ≙ 1 A (R_a 90–100), Lichtfarbe 30 = warm white (3000 K).

Lichtfarben, Eigenschaften und Anwendung von Leuchtstofflampen

Lichtfarbe	Kennzahlen OSRAM	Kennzahlen PHILIPS	Farbwiedergabestufe	Eigenschaften \ Anwendungsgebiete	Wohnräume	Küche, Flur	Hotel, Gaststätte	Schule, Turnhalle	Krankenhaus	Theater, Kino	Gemäldegalerie	Werkstatt, Lager	Büro, Zeichensaal	Konferenzraum	Verkaufsraum	Fleischerei	Konfektion	Blumen	Straßen, Fabrikhof	Messehalle	Supermarkt
daylight	860	865	1B	entspricht dem Tageslicht bei bedecktem Himmel					●		●	●			●		●				
cool white	840	840	1B	sehr gute Farbwiedergabe		●		●				●	●	●	●				●	●	●
cool white de luxe	940	940	1A	sehr hohe Lichtausbeute		●							●		●		●		●		
universal white	25	25	2A	universale Lichtfarbe									●	●		●			●		
warm white	830	830	1B	warmes, weiches Licht, hohe Lichtausbeute		●		●					●	●	●		●				
warm white de luxe	930	930	1A	sehr gute Farbwiedergabe	●	●			●		●				●		●	●		●	●
natura de luxe	76	76	2A	natürliche Farbwiedergabe												●		●			
interna	827	827	1B	für Kombinationen mit Glühlampen	●	●	●	●	●	●	●			●	●		●	●			●

Recycling von Leuchtstofflampen

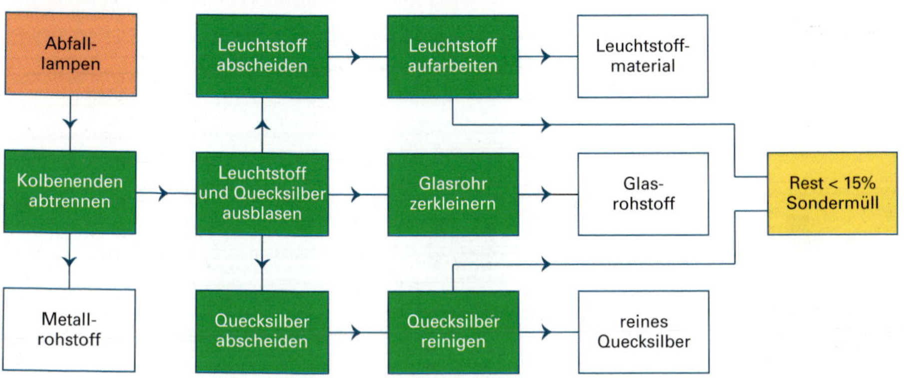

EI

Elektronische Vorschaltgeräte EVG für Leuchtstofflampen
Electronic Power Packs for Fluorescent Lamps

Schaltung	Erklärung	Bemerkungen
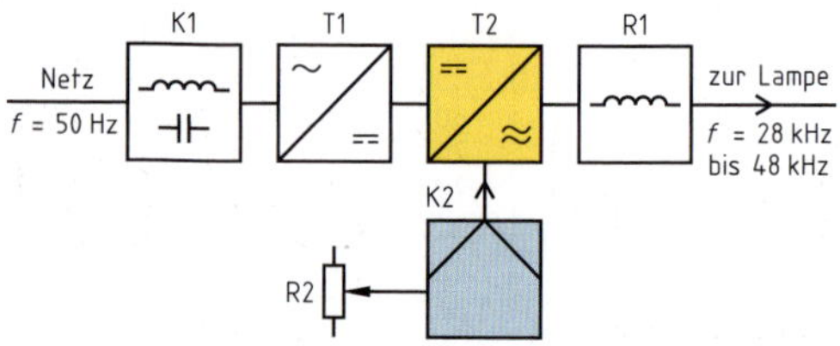 **Prinzipschaltung eines elektronischen Vorschaltgeräts EVG**	K1 Eingangsfilter K2 Lichtsteuermodul R1 Strombegrenzung R2 Potenziometer T1 Gleichrichter T2 Durchflusswandler	T1 erzeugt Gleichspannung von etwa 300 V. R2 Helligkeitssteuerung T2 erzeugt mit 100 Hz modulierte Wechselspannung mit Frequenz bis 50 kHz. K2 Lichtstromsteuerung von 10% bis 100%. R1 Begrenzung der Funkstörspannung.
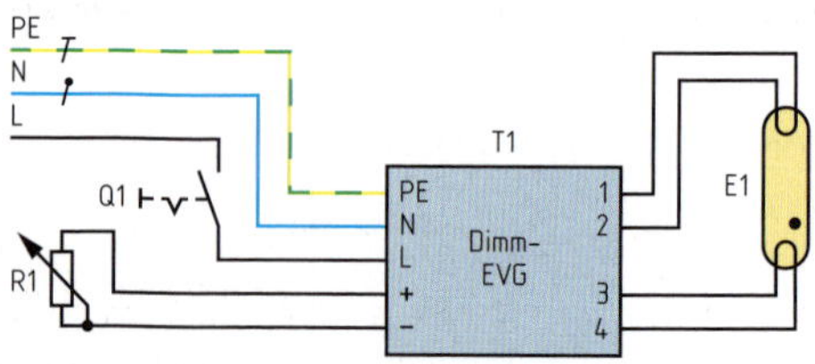 **Manuelle Lichtsteuerung**	E1 Leuchtstofflampe Q1 Netzschalter R1 Potenziometer T1 Dimmbares EVG	Q1 zum Schalten der Beleuchtungsanlage. R1 Helligkeitssteuerung für mehrere EVG.
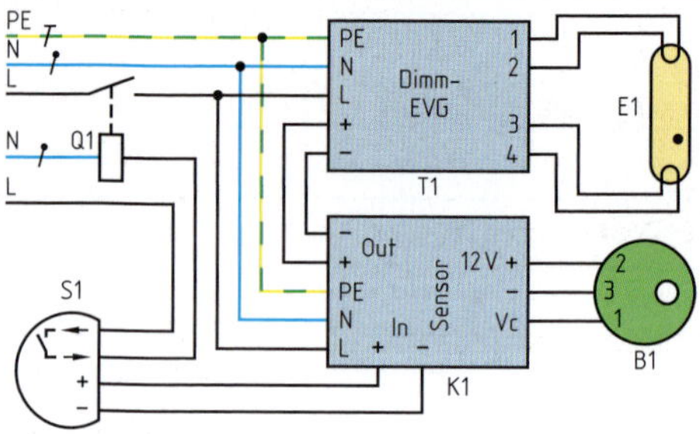 **Tageslichtabhängige Lichtsteuerung**	B1 Lichtsensor E1 Leuchtstofflampe K1 Signalverstärker Q1 Schütz S1 Handsteuergerät T1 Dimmbares EVG Vc Steuersignal (Voltage Control)	Mehrere EVG sind mit K1 ansteuerbar. B1, K1 Soll-Istwertvergleich für Konstantlicht-Regelkreis. B1 Istwerterfassung Empfehlung: B1 gleiches Fabrikat wie EVG. S1 zum Schalten mehrerer Laststromkreise. S1 Beleuchtung EIN-AUS und manuelle Lichtsteuerung.
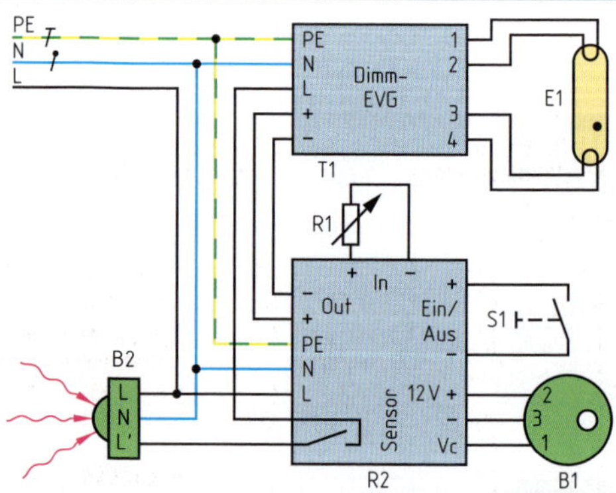 **Tageslichtabhängige Lichtsteuerung mit Abschaltautomatik**	B1 Lichtsensor B2 Bewegungsmelder E1 Leuchtstofflampe R1 Potenziometer R2 Lichtkonstanthalter S1 Taster T1 Dimmbares EVG Vc Steuersignal (Voltage Control)	Mehrere EVG sind mit R2 ansteuerbar. B1, B2, R2 tageslichtabhängiger Regelkreis mit Bewegungsmelder. B1 Istwerterfassung B2, R2 schaltet Beleuchtung ein, wenn sich Personen im Raum befinden. Empfehlung: R2 gleiches Fabrikat wie EVG T1. R1 Sollwertgeber S1 Beleuchtung EIN-AUS

Konventionelle Vorschaltgeräte (KVG) der Energieeffizienzklassen D und C dürfen in der EU nicht mehr in Umlauf gebracht werden. Erlaubt sind verlustarme (VVG) der Klasse B, zukunftssicher sind elektronische Vorschaltgeräte (EVG) der Klasse A.

Schaltungen von Entladungslampen Circuits for Discharge Lamps

Leuchtstofflampen für Starterbetrieb

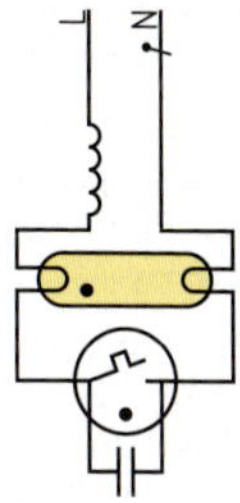

Grundschaltung

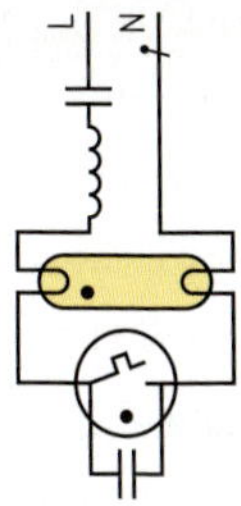

Kapazitive Schaltung

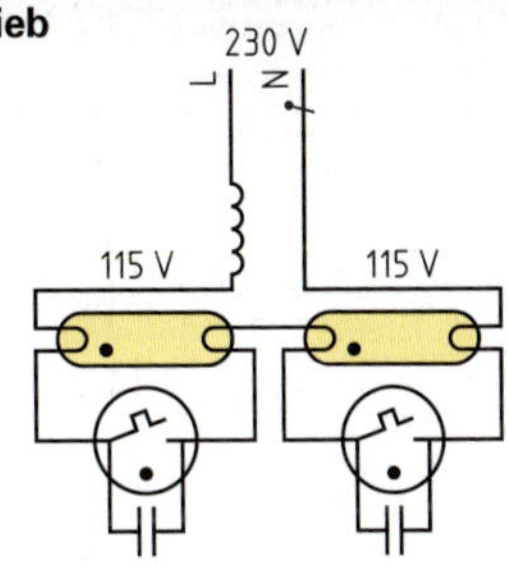

Tandem-(Reihen-)Schaltung

Duoschaltung

Für die angegebenen Schaltungen dürfen nur noch verlustarme Vorschaltgeräte VVG der Energieeffizienzklasse B in Umlauf gebracht werden. VVG haben größere Kupferquerschnitte und einen verlustarmen Eisenkern. Die konventionellen Vorschaltgeräte KVG der Energieeffizienzklassen C und D dürfen in Neuanlagen nicht mehr installiert werden.

Leuchtstofflampen für starterlosen Betrieb

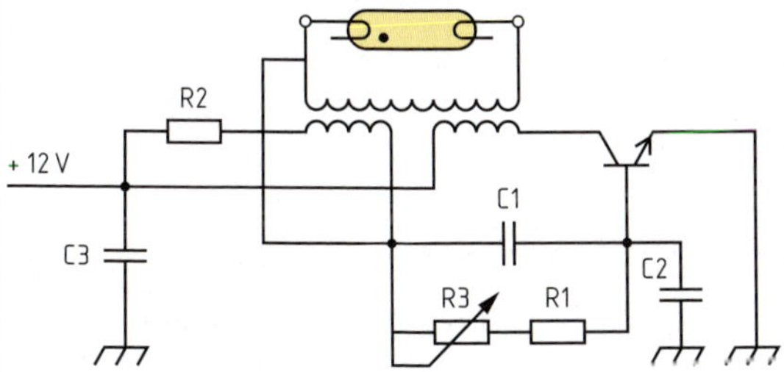

Leuchtstofflampe für 12 V

Technische Daten:

Betriebsspannung	12 V bis 15 V
Stromaufnahme	0,25 A bis 1,5 A
Lampenbelastbarkeit	8 W bis 40 W
Startet flackerfrei	

Quecksilberdampf-Hochdrucklampen (Halogen-Metalldampflampen) und Natriumdampf-Hochdrucklampen

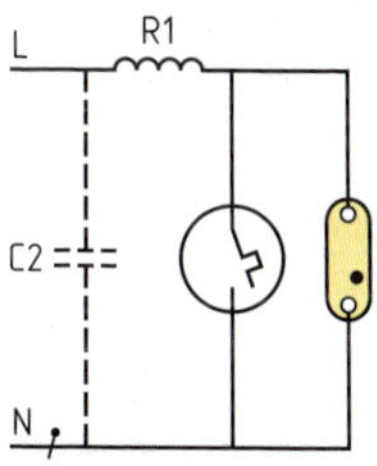

Grundschaltung

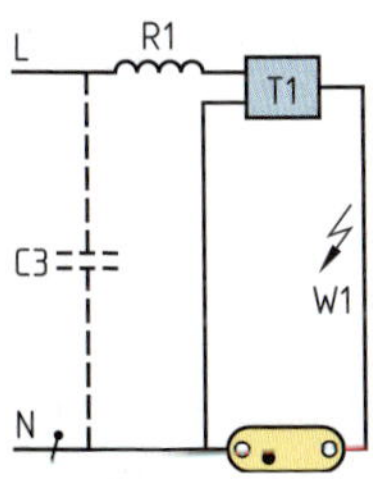

Schaltung mit Zündgerät

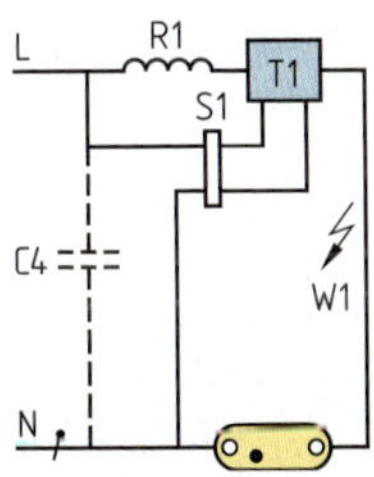

Schaltung für sofortige Wiederzündung

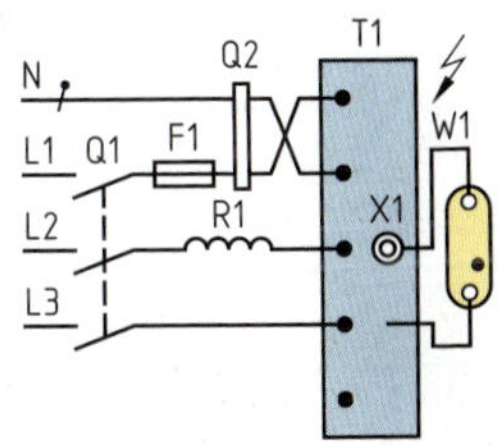

Schaltung mit Kurzzeitschalter und Schütz

Natriumdampf-Niederdrucklampen

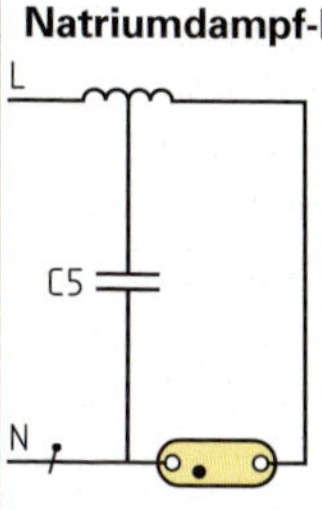

Drosselspule mit Anzapfung

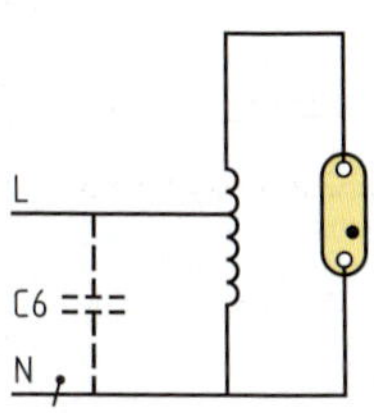

Schaltung mit Streufeldtransformator

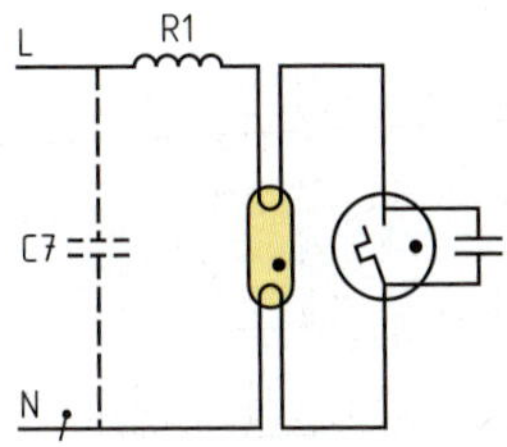

Schaltung für Lampen in Stabform

F1	Sicherung
R1	Drosselspule
C2...C7	Kompensationskondensator
Q2	Kurzzeitschalter
Q1	Schütz
X	Hochspannungsanschluss
T1	Zündgerät
W1	HF-Zündleitung

Kompensation wie bei Leuchtstofflampen

LED-Beleuchtung LED-Lighting

Aufbau	Erklärung	Bemerkungen, Daten

Einzelne LED

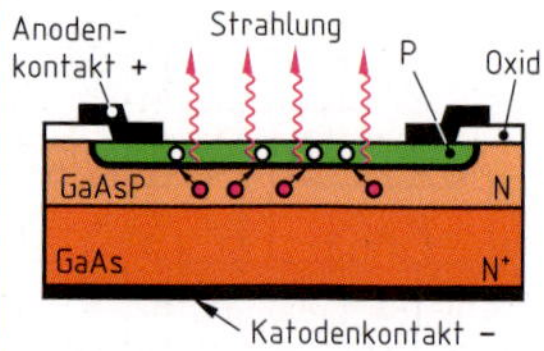

Prinzip der LED

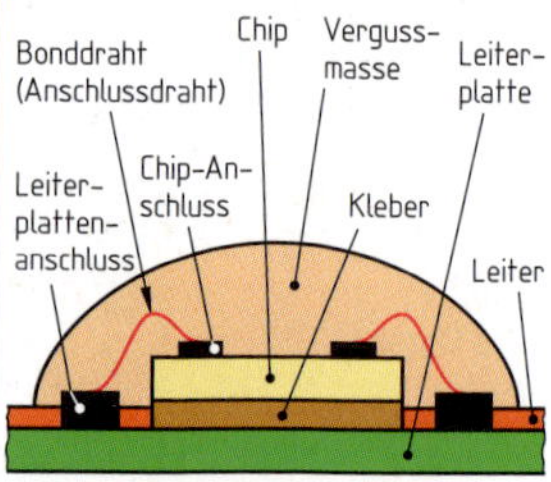

Leistungs-LED

Die LED (Light Emitting Diode) wird in Vorwärtsrichtung betrieben. Dadurch gelangen Elektronen aus dem N-Leiter in den P-Leiter und rekombinieren dort mit den Löchern, sodass je nach Typ Licht oder IR (Infrarot) entsteht.

Daten je nach Typ:
$U_F \leq 3{,}5$ V, $U_R \leq 5$ V, $\eta \leq 25$ lm/W,
$P_{zu} < 100$ mW.

Leistungs-LEDs sind z. B. aus InGaN (Indium-Galliumnitrid) aufgebaut und haben eine Baugröße von typisch 3,4 x 3 x 2,1 mm. Typisch sind
$\eta = 10$ lm/W, $I_F = 20$ mA,
$P_{zu} = 80$ mW.

Vorteile:
- Lebensdauer bis 100 000 h,
- wartungsfrei,
- keine UV-Strahlung,
- wenig Wärmeentwicklung,
- höhere Lichtausbeute als bei kleinen Glühlampen,
- erschütterungsfest.

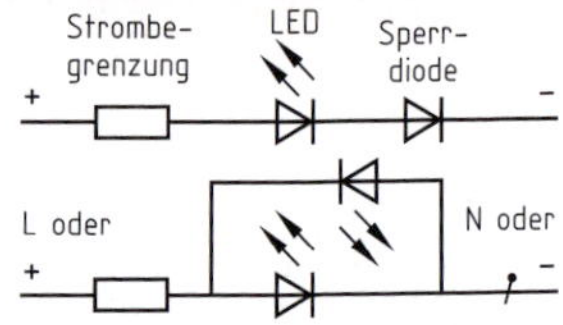

Schaltungen mit LEDs

Leistungs-LED (Beispiele)

Farbe	U_F für $I_F = 20$ mA	P_{zu}	η in lm/W
Weiß	3,3 V	80 mW	4
Blau	3,5 V		2
Grün	3,3 V		8
Rot	3,2 V		12

Anwendungsbeispiele:
- Anzeigelampen, z. B. Rot,
- Ersatz von Kleinstlampen.

www.osram-os.com

LED-Module

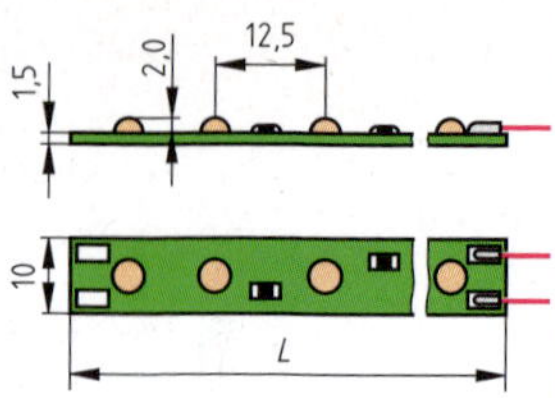

LED-Streifenmodul für DC 8 V

LED-Streifenmodule bestehen aus mehreren Leistungs-LEDs, z. B. 6 oder 12, die auf eine streifenförmige Platine aufgebracht sind **(Bild)**. Auf der Platine ist eine Konstantstromquelle enthalten.

Anwendung:

Beleuchtung entlang von Linien und Kanten.

www.zumtobel.at

LED-Streifenmodule für DC 8 V (Beispiele)

Farbe	P_{zu} in W	η in lm/W	Maße L x B in mm
Weiß	0,96	8,1	75 x 10
Blau		3,0	
Grün		12,5	
Rot		13,5	

LED-Modul für AC 230 V

Beim LED-Modul für AC 230 V sind auf einer Kreisfläche von z. B. Ø 49 mm mehrere Leistungs-LEDs angeordnet, z. B. 10 **(Bild)**. Im Sockel ist ein Netzteil untergebracht, sodass der Anschluss direkt an das 230-V-Netz möglich ist.

Anwendung:
- Beleuchtung von Flächen,
- Orientierungsleuchte.

www.tridonicatco.com

LED-Module für AC 230 V

Farbe	Nennstrom in A	P_{zu} in W	η in lm/W
Weiß	0,05	2	9,5
Blau			2,7
Grün			15
Rot	0,07		10,8

Maße Ø 49 x 22, Masse 0,05 kg, Schutzart IP20

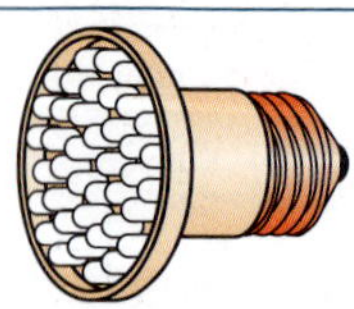

LED-Lampe für AC 230 V

Wie beim LED-Modul für AC 230 V sind hier bis 67 LEDs an einem Sockel mit dem Edison-Gewinde E 27 angebracht. Im Sockel befindet sich ein PTC-Widerstand zur Strombegrenzung.

www.ledtronics.com

Durch verschiedenfarbige LEDs in derselben Lampe können Mischfarben erzeugt werden, z. B. Violett.

Anwendung:
- Beleuchtung in dunklen Räumen,
- Notbeleuchtung, Sicherheitsbeleuchtung.

I_F Vorwärtsstrom
P_{zu} zugeführte Leistung
U_F Vorwärtsspannung
U_R Rückwärtsspannung
η Lichtausbeute
lm/W Lumen je Watt

EI

Lichttechnische Daten von Leuchten Photometric Data of Light Fixtures

Lichtverteilung bei 1000 lm	Leuchte	Leuchtenbetriebswirkungsgrad η_{LB} in %	Reflexionsgrade ϱ, Raumindex k und Raumwirkungsgrad η_R									
			Decke ϱ_1	0,8				0,5				0,3
			Wände ϱ_2	0,5		0,3		0,5		0,3		0,3
			Boden ϱ_3	0,3	0,1	0,3	0,1	0,3	0,1	0,3	0,1	0,1
direkt; stark gerichtet 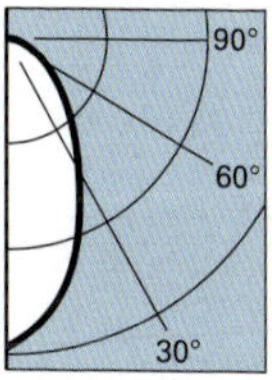	 Spiegelraster, engstrahlend	60	Raumindex k	Raumwirkungsgrad η_R in %								
	 Spiegelreflektor, einlampig	80	0,6	61	58	54	52	59	57	53	51	51
			1,0	80	75	73	69	76	73	70	68	67
			1,5	95	86	88	82	90	84	84	80	79
	 Rundreflektor	75	2,0	102	91	96	87	95	89	91	86	84
			3,0	111	97	106	95	103	95	99	92	91
			5,0	119	102	115	100	109	98	106	97	96
direkt; tiefstrahlend 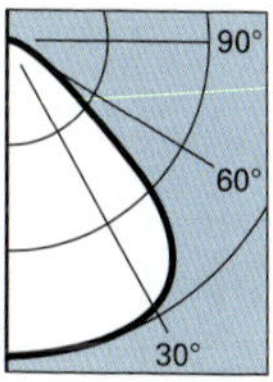	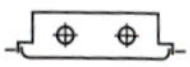 Wanne, prismatisch	60	Raumindex k	Raumwirkungsgrad η_R in %								
	 Spiegelraster, breitstrahlend	60	0,6	52	49	43	42	49	48	42	41	41
			1,0	73	67	64	60	69	65	61	59	58
			1,5	89	81	81	75	83	78	77	73	72
	 Spiegelreflektor, mehrlampig	75	2,0	97	86	89	81	90	83	84	79	78
			3,0	107	94	101	90	99	91	94	88	86
			5,0	116	100	111	97	106	96	102	94	93
vorwiegend direkt; breitstrahlend 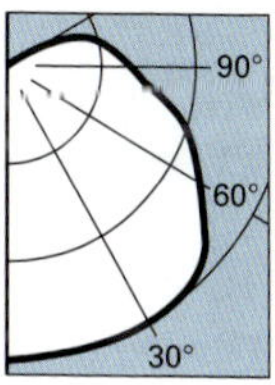	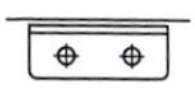 Nurglasleuchte, Glühlampe	70	Raumindex k	Raumwirkungsgrad η_R in %								
	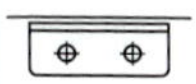 Wanne, prismatisch	65	0,6	41	39	31	30	37	35	29	28	27
			1,0	59	55	49	46	52	50	44	43	41
			1,5	74	67	64	60	66	61	58	55	52
	 Wanne, opal	50	2,0	83	74	73	67	73	68	66	62	59
			3,0	95	83	87	77	83	76	77	71	68
			5,0	106	91	99	86	91	83	87	80	76
gleichförmig; allseitig strahlend 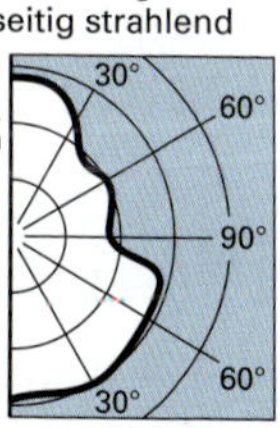	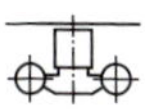 freistrahlend	90	Raumindex k	Raumwirkungsgrad η_R in %								
	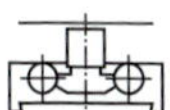 Lamellenraster	82	0,6	36	34	27	26	29	28	23	22	19
			1,0	52	48	43	40	41	39	35	33	29
			1,5	65	59	56	52	52	49	45	43	38
	 Opalglas-Glühlampe	80	2,0	74	66	65	59	58	54	52	49	43
			3,0	84	74	77	68	66	61	61	57	50
			5,0	94	81	88	77	74	67	70	64	56
indirekt; hochstrahlend 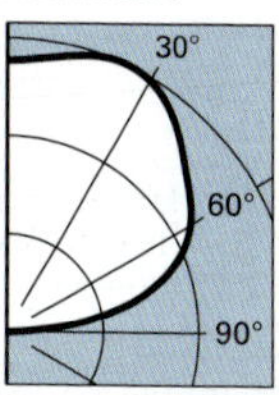	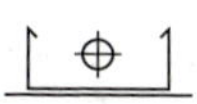 Kehle breit, weiß	70	Raumindex k	Raumwirkungsgrad η_R in %								
			0,6	15	15	9	10	11	12	6	8	5
			1,0	28	27	20	19	18	19	13	13	8
	 Kehle schmal, weiß	50	1,5	41	39	31	30	26	25	20	19	13
			2,0	51	48	41	40	32	30	26	25	16
			3,0	65	58	55	52	39	37	34	32	20
			5,0	77	68	70	63	45	43	42	39	24

Die genauen Werte sind den Tabellen der Hersteller zu entnehmen.

Leuchtröhrenanlagen Systems with Fluorescent Tubes

vgl. DIN VDE 2128

Begriffe und Bestimmungen

Bem.-spannung: 7,5 kV Überstrom-Schutzeinr.: $I_N \leq 16$ A

Höchste Spannung gegen Erde: 3,75 kV

Höchste Bem.-Ausgangsleistung je Transformator: 2,5 kVA

Erforderliche Schutzart für alle Außenflächen: Mindestens IP 2X

Der Beidraht von Leuchtröhrenleitungen mit Metallmantel ist mit dem Schutzleiter zu verbinden. Er darf als Schutzleiter benützt werden.

Ein Erdschluss-Schalter ist erforderlich, wenn der zu erwartende Erdschluss-Strom ≥ 25 mA ist.

Lichtfarbe und Füllgase von Leuchtröhren

Lichtfarbe	Füllgas	Glas
Rot	Neon	Klarglas
Orange		Klarglas mit Leuchtstoffschicht
Elfenbein	Helium	Klarglas
Gelb		Gelbglas
Violett	Xenon	Klarglas
Blau	Quecksilber mit Argon	Klarglas
Grün		Gelbglas

Leuchtröhrenleitungen

Leitung	Verlegung
NYL	In Buchstabengehäusen und Reliefkörpern aus Metall und/oder aus Kunststoff; in belüfteten, schwitzwasserfreien Kanälen aus Metall, Stahlrohr oder anderen gleichwertigen Rohren; auf Putz, im Putz und unter Putz in trockenen Räumen und im Freien.
NYLRZY	Auf Putz, im Putz und unter Putz in trockenen und feuchten Räumen und im Freien; in Buchstabengehäusen und Reliefkörpern aus Metall und/oder Kunststoff; in Leitungskanälen oder Rohren.

Größte Leitungslängen

Spannung gegen Erde	1 kV		2 kV		3 kV		3,75 kV	
Gasfüllung (Hg Quecksilber Ne Neon)	Hg	Ne	Hg	Ne	Hg	Ne	Hg	Ne
Leitungslänge in m für NYL	48	16	24	8	16	5	12	4
für NYLRZY	24	8	12	4	8	2,5	6	2

Kriechstrecken (K) und Luftstrecken (L)

Raumart	Kriechstrecke K und Luftstrecke L in mm									
	2,25 kV bis 3 kV		3 kV bis 3,75 kV		3,75 kV bis 4,5 kV		4,5 kV bis 6 kV		6 kV bis 7,5 kV	
	K	L	K	L	K	L	K	L	K	L
in trockenen Räumen	16	11	19	13	22	14	27	17	32	20
in feuchten und nassen Räumen und im Freien	25	15	30	18	35	20	44	24	53	28

Erdschlussschalter mit Schaltuhr

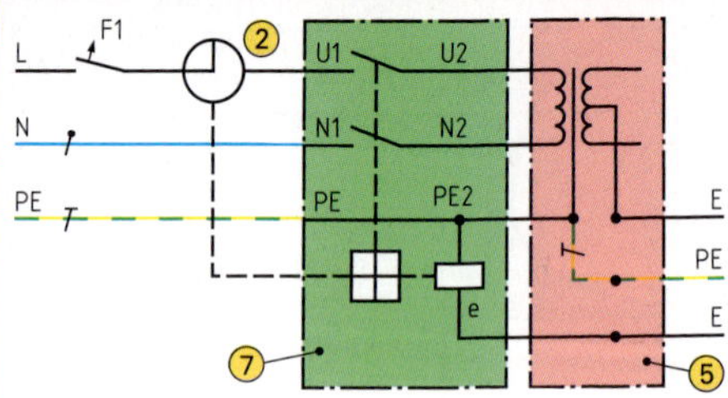

Schaltungsbeispiel einer Leuchtröhrenanlage bei Drehstromeinspeisung

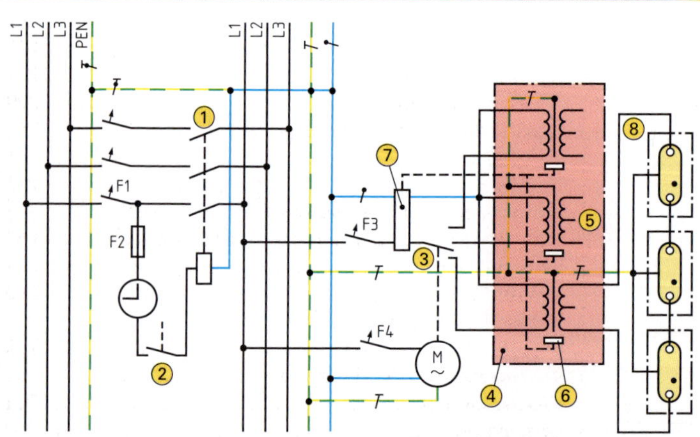

1 Hauptschalter
2 Schaltuhr, Steuerschalter
3 Steuervorrichtung
4 Vorschaltgerät
5 Transformator
6 Signalgeber
7 Erdschluss-Schalter
8 Leuchtröhrenleitung

Teil SE: Sicherheit, Energieversorgung Safety, Energy Supply

Arbeitssicherheit 192

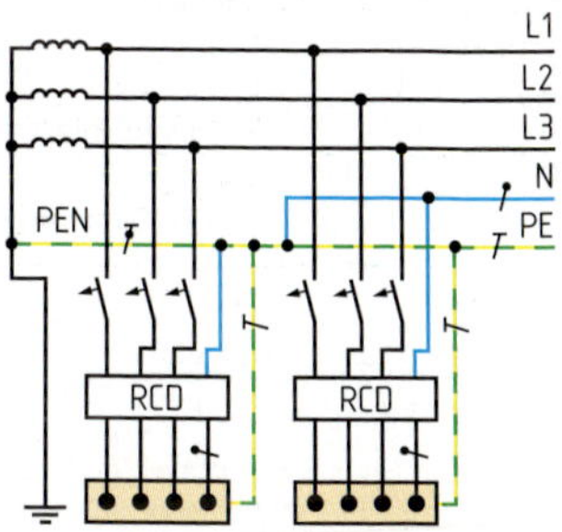

Energieversorgung 208

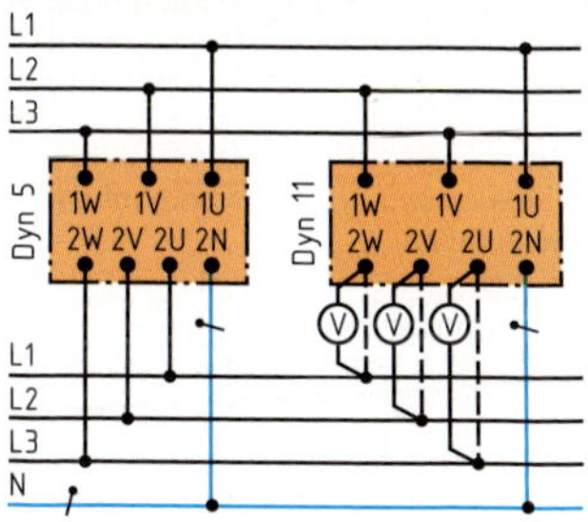

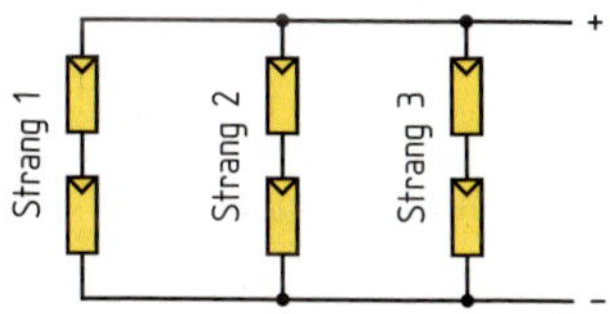

EMV, Überwachung, Hausgeräte 234

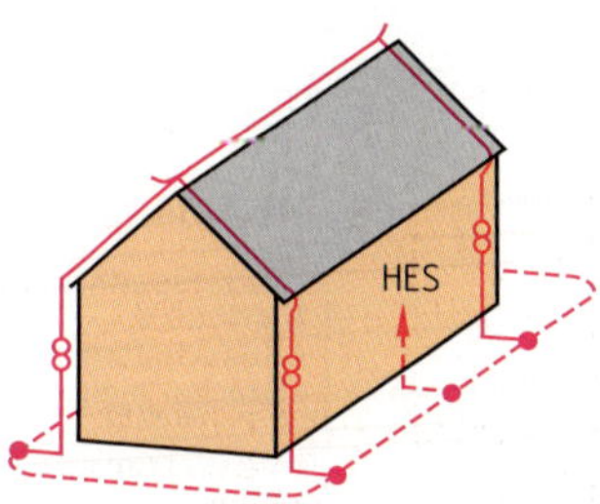

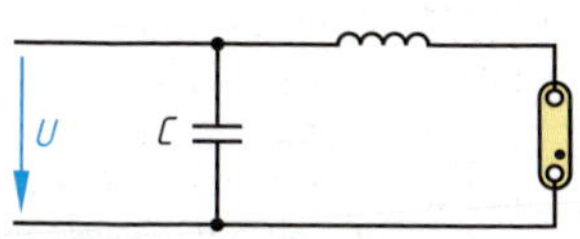

Erste Hilfe am Arbeitsplatz First Aid at the Workplace

Begriff	Erklärung	Bemerkungen
Grundregeln	Für Verletzte ist grundsätzlich ärztliche Hilfe notwendig und es ist der Notarzt zu verständigen. Nach § 323 c des Strafgesetzbuches droht demjenigen Strafe, der bei einem Unglücksfall vorsätzlich nicht Hilfe leistet, obwohl dies erforderlich und ihm zuzumuten ist.	Bei einem Unfall ist mitzuteilen: 1. Wo ist es passiert? 2. Was ist passiert? 3. Wie viele Verletzte/Erkrankte? 4. Welche Art von Verletzungen/Erkrankungen? 5. Wem können Rückfragen gestellt werden?
Notrufnummern	Der Rettungsdienst hat die einheitliche Rufnummer: **112** (Feuer- und Rettungsleitstelle) und **110** (Polizeileitstelle).	Weiterhin gibt es je nach Bundesland oder Unternehmen noch andere Rufnummern.
Aufzeichnung von Erste-Hilfe-Leistungen	Jede Erste-Hilfeleistung am Arbeitsplatz muss aufgezeichnet und fünf Jahre aufbewahrt werden.	Aus den Aufzeichnungen müssen Zeit, Ort, Hergang des Unfalls, sowie Art und Umfang der Verletzung hervorgehen.
Ersthelfer	Bei bis zu 20 Arbeitnehmern ist ein Ersthelfer zu bestellen. Bei mehr als 20 Arbeitnehmern sind in Verwaltungs- und Handelsbetrieben 5%, in allen anderen Betrieben 10% der Belegschaft als Ersthelfer auszubilden.	Ersthelfer werden in einem Erste-Hife-Lehrgang durch besondere Organisationen, z.B. Deutsches Rotes Kreuz oder Malteser Hilfsdienst, ausgebildet.
Sanitätsraum	Ein Sanitätsraum ist erforderlich bei mehr als 1000 Arbeitnehmern, bei mehr als 100 Arbeitnehmern, wenn besondere Unfallgefahren gegeben sind, auf Baustellen mit mehr als 50 Arbeitnehmern.	Erste-Hilfe-Mittel, z.B. Verbandskästen und Tragen, werden üblicherweise im Sanitätsraum aufbewahrt.
Elementarhilfe	Erforderlich bei Bewusstlosigkeit, Atemstillstand, Kreislaufschwäche oder Schock, Blutungen und Verbrennungen.	Elementarhilfe ist eine sofortige und notwendige Hilfe bei Unfällen.
Atemstillstand	Wenn keine Atmung feststellbar ist, wird die Atemspende angewandt. Dazu wird die Atemluft in Mund oder Nase des Verunglückten geblasen.	Atemwege eventuell zuvor reinigen und mit beiden Händen den Kopf nach hinten drücken.
Kreislaufschwäche, Schock	Schockzeichen sind schwacher Puls, blasse und feuchtkalte Haut. Notwendig sind Hochlagern der Beine und Schutz gegen Wärmeverlust.	Im Schockzustand stets einen Helfer beim Verletzten lassen und Zuspruch geben.
Blutungen	Stillen durch Druckverband, dabei Wunde mit steriler Auflage abdecken. Bei Schlagaderblutungen (Blut spritzt stoßweise) ist Abdrücken erforderlich.	Abbinden nur in schwersten Fällen, wenn die Blutung nicht anders zu stoppen ist.
Verbrennungen	Behandlung, z.B. Eintauchen, mit reichlich kaltem Wasser.	Entfernen der Kleidung nur unter größtmöglicher Hautschonung (Infektionsgefahr).
Herzmassage	2 x Atemspende zu Beginn, 30 x Herzdruckmassage, 2 x Atemspende, 30 x Herzdruckmassage usw. Lagerung auf dem Rücken, Unterlage flach und hart. Druckpunkt: Die Handballen der übereinander gelegten Hände werden auf das untere Brustbeindrittel gesetzt.	Das eigene Körpergewicht wird mit gestreckten Armen auf den Brustkorb des Verletzten übertragen. Eindrucktiefe mindestens 4 cm bis 5 cm. Anzahl der Drücke je Minute: 50 bis 60.

SE

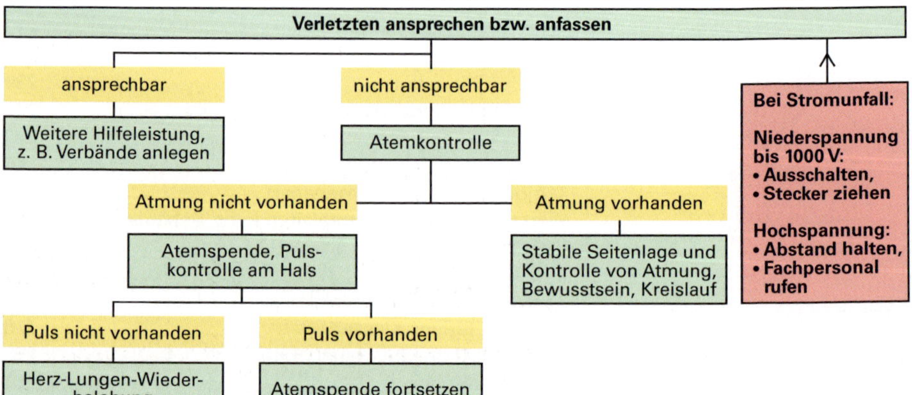

Maßnahmen zur Ersten Hilfe

Persönliche Schutzausrüstung PSA Personal Protective Equipment PPE

Aufbau	Beschreibung	Bemerkungen
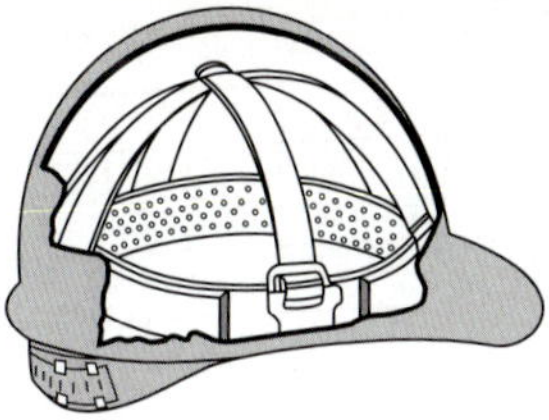 **Kopfschutz**	Die Schale wird aus thermoplastischen oder duroplastischen Kunststoffen hergestellt. Die Innenausstattung besteht aus einem korbähnlichen Gebilde, welches die auf die Helmschale einwirkenden Kräfte verteilt und dämpft. Zusatzkennzeichen: AC 440 V bei Gefährdung durch kurzfristigen Kontakt mit Wechselspannung bis 440 V.	Benutzung, wenn mit Kopfverletzungen durch pendelnde, herabfallende, umfallende oder wegfliegende Gegenstände oder durch lose hängende Haare zu rechnen ist, z.B. bei Installationsarbeiten im Hausrohbau. Weitere Informationen: www.bgfe.de
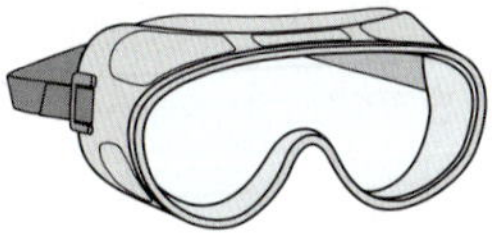 **Augenschutz/Gesichtsschutz**	Sichtscheiben bestehen aus Sicherheitsglas oder Kunststoff und müssen auswechselbar sein. Sichtscheiben der Klasse 3 (optische Klasse 3) nur für gelegentliche Arbeiten ohne große Anforderungen an die Sehleistung.	Benutzung, wenn mit Augen- oder Gesichtsverletzungen durch wegfliegende Teile, Verspritzen von Flüssigkeiten oder durch gefährliche Strahlung zu rechnen ist, z.B. Meißelarbeiten, Wechseln von NH-Sicherungen, im Bereich von Lasern.
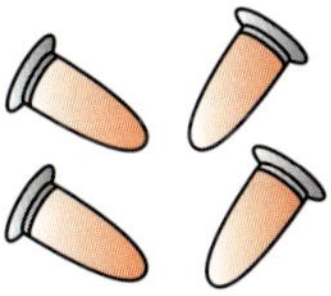 **Gehörschutz**	Kapselhörschützer mit • festem Dämpfungsmaß, • pegelabhängiger Schalldämmung zur besseren Wahrnehmung von Sprache, • Kommunikationseinrichtung. Verformbare Gehörschutzstöpsel aus polymeren Schaumstoff zum einmaligen Tragen Bügelstöpsel zum häufigeren Wechseln.	Benutzungspflicht: • in gekennzeichneten Lärmbereichen, z.B. Werkshallen mit großen Stanzen und Pressen, • bei Arbeitsverfahren mit Schallpegeln ab 90 dB(A), • bei bestimmten Arbeitsverfahren, für die die Berufsgenossenschaft eine Tragepflicht erlassen hat.
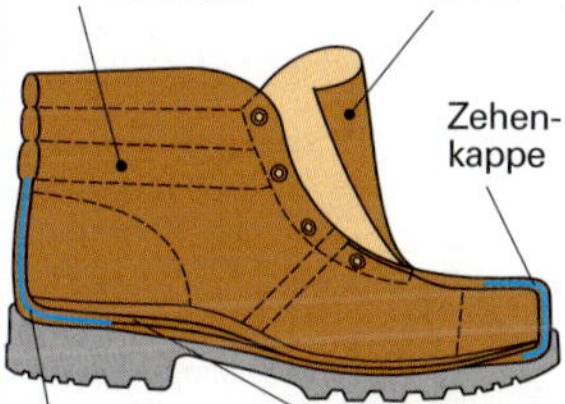 **Fußschutz**	Sicherheitsschuhe sind mit Zehenkappen ausgestattete Schuhe. Kennzeichnungskategorien für Lederschuhe: • S1: geschlossener Fersenbereich, antistatisches Material, • S2: wie S1 zusätzlich verringerter Wasserdurchtritt, • S3: Wie S2 zusätzlich Durchtrittsicherheit und profilierte Laufsohle.	Benutzung, wenn mit Fußverletzungen durch Stoßen, Einklemmen, umfallende, herabfallende Gegenstände, durch Hineintreten in spitze oder scharfe Gegenstände zu rechnen ist, z.B. bei Installationsarbeiten im Hausrohbau. Schuhsymbol für Arbeiten in Anlagen bis AC 1000 V/ DC 1500 V:  1000 V DIN  1000 V DIN EN
 **Körperschutz**	Enganliegende Overalls, Bundjacken und Latzhosen aus Naturfasern, z.B. Baumwolle, und Handschuhe. Schutzanzüge zum Schutz gegen elektrische Körperströme und teilweise auch gegen Einwirkung eines Störlichtbogens sind auf Anlagen bis AC 500 V und DC 750 V begrenzt. Der Oberflächenwiderstand antistatischer Schutzanzüge darf $10^9\ \Omega$ nicht überschreiten.	Benutzung, wenn mit oder in der Nähe von Stoffen gearbeitet wird, die zu Hautverletzungen führen oder durch die Haut in den menschlichen Körper eindringen. Ferner Benutzung bei Gefahr von Verbrennungen, Verätzungen, Verbrühungen, Unterkühlungen, Stich- oder Schnittverletzungen und elektrischen Durchströmungen, z.B. beim Wechseln von NH-Sicherungen.

SE

Zeichen zur Unfallverhütung Signs for Accident Prevention

Symbol	Bedeutung	Symbol	Bedeutung	Symbol	Bedeutung
Verbotszeichen					
	Rauchen verboten		Feuer, offenes Licht und Rauchen verboten		Für Fußgänger verboten
	Mit Wasser löschen verboten		Kein Trinkwasser		Zutritt für Unbefugte verboten
	Berühren verboten Gehäuse unter Spannung		Schalten verboten		Berühren verboten
Warnzeichen					
	Warnung vor feuergefährlichen Stoffen		Warnung vor explosionsgefährlichen Stoffen		Warnung vor giftigen Stoffen
	Warnung vor ätzenden Stoffen		Warnung vor radioaktiven Stoffen		Warnung vor schwebender Last
	Warnung vor gefährlicher elektrischer Spannung		Warnung vor einer Gefahrenstelle		Warnung vor Laserstrahl
Rettungszeichen					
	Erste Hilfe		Arzt		Richtungsangabe für Erste-Hilfe-Einrichtungen, Rettungswege und Notausgänge
	Krankentrage		Notruftelefon		Sammelstelle

Zeichen und Farben der Unfallverhütung Signs and Colours for Accident Prevention

Symbol	Bedeutung	Symbol	Bedeutung	Symbol	Bedeutung
Gebotszeichen					
	Augenschutz benutzen		Schutzhelm benutzen		Gehörschutz benutzen
	Gesichtsschutz benutzen		Vor Öffnen Netzstecker ziehen		Vor Arbeiten freischalten
Brandschutzzeichen					
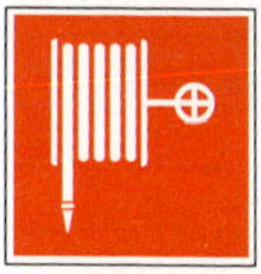	Wandhydrant, Löschschlauch		Feuerlöscher		Brandmelde-telefon

Zusatzzeichen	Hinweiszeichen	Kombinationszeichen
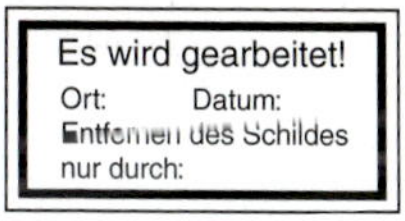		
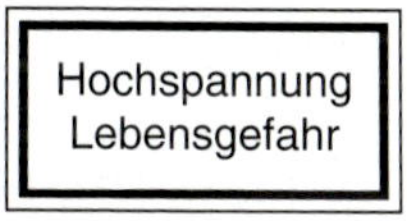		

Farben für Drucktaster, Leuchtdrucktaster und Anzeigeleuchten

Farbe	Drucktaster/Leuchtdrucktaster	Anzeigeleuchte
Rot	Im Notfall, z. B. NOT-AUS.	Bei Notfall, z. B. Feueralarm.
Gelb	Im nicht normalen Zustand, z. B. unterbrochenen Maschinenlauf wieder starten.	Bei nicht normalen Zustand der Anlage, z. B. Motortemperatur mäßig überhöht.
Grün	Bei sicherer Bedingung, z. B. Grundstellung anfahren.	Bei normalen Zustand, z. B. Bemessungsdrehzahl erreicht.
Blau	Bei zwingendem Bedarf, z. B. Quittierung eines Meldesignals.	Wenn zwingende Handlung erforderlich, z. B. Kühlgebläse einschalten.
Weiß	Für allgemeine Funktionen, z. B. START bzw. EIN.	Bei anderen Zuständen, z. B. Bereitschaft.

SE

Berührungsarten, Stromgefährdung, Fehlerarten
Types of Contact, Current Hazards, Types of Faults

Berührungsarten

vgl. DIN VDE 0100-410

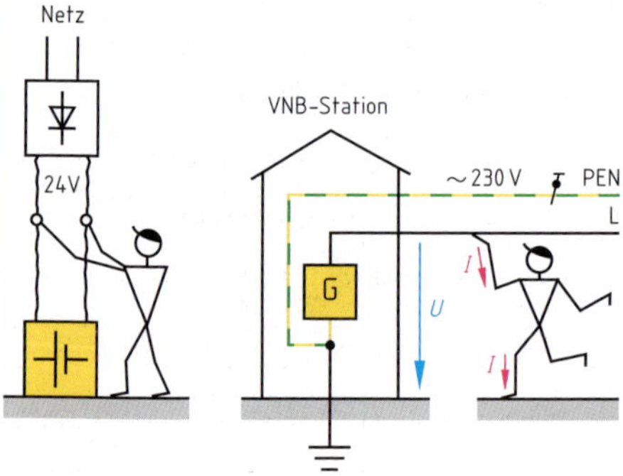

Direktes Berühren

Direktes Berühren: Berühren eines aktiven Teiles, z. B. eines blanken Außenleiters **(Bild links)**.

Indirektes Berühren: Berühren eines leitenden Betriebsmittelkörpers, der infolge eines Fehlers („Schlusses") eine Berührungsspannung führt **(Bild unten)**.

Basisschutz nennt man den Schutz gegen direktes Berühren. Er wird meist durch Isolieren oder durch Umhüllen aktiver (unter Spannung stehender) Teile bewirkt.

Fehlerschutz nennt man den Schutz gegen indirektes Berühren (Schutz gegen Berühren von erst durch einen Fehler unter Spannung gesetzten Teilen).

Bei allen Anlagen und Betriebsmitteln müssen Basisschutz und Fehlerschutz erfüllt sein.

Stromgefährdung

vgl. VDE V 0140-479-1

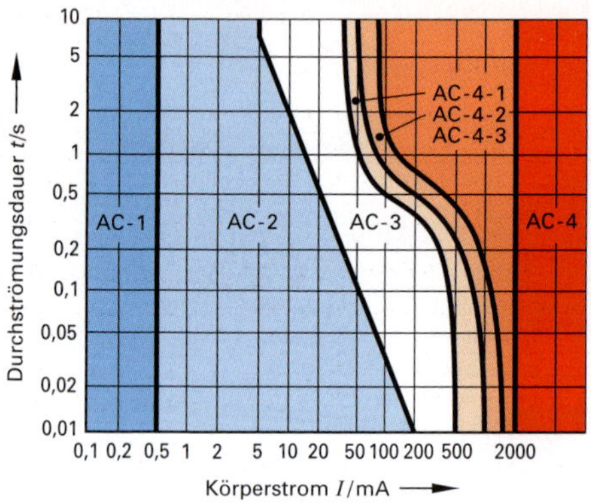

Sicherheitskurven nach VDE V 0140-479-1 für AC 50 Hz von Hand zu Hand oder linker Hand zu Fuß

Zone	Physiologische Wirkung
AC-1	Normalerweise keine Wirkung.
AC-2	Meist keine schädliche Wirkung.
AC-3	Meist kein organischer Schaden, Krampfartige Muskelreaktionen möglich und Schwierigkeiten beim Atmen.
AC-4-1	Wahrscheinlichkeit von Herzkammerflimmern, ansteigend bis etwa 5%.
AC-4-2	Wahrscheinlichkeit von Herzkammerflimmern, ansteigend bis etwa 50%.
AC-4-3	Wahrscheinlichkeit von Herzkammerflimmern, über 50%.
AC-4	Herzstillstand, Atemstillstand und schwere Verbrennungen zusätzlich zu den Wirkungen der Zone 3.

In kleinen Strombereichen hat erst die dreifache Gleichstromstärke dieselbe Wirkung wie ein Wechselstrom.

Fehlerarten

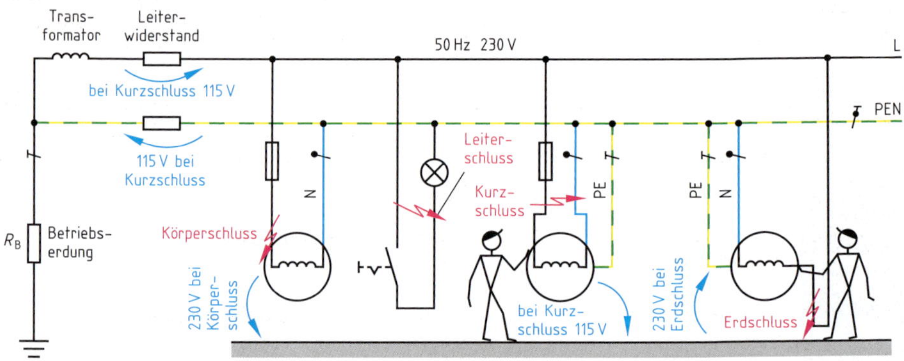

Indirektes Berühren der Spannung bei Körperschluss, Kurzschluss und Erdschluss ohne ordnungsgemäße Schutzmaßnahmen gegen indirektes Berühren

SE

Schutzmaßnahmen, Schutzklassen Protective Measures, Protection Classes

Schutzart	Schutz durch	Bemerkungen
Basisschutz (Schutz gegen direktes Berühren)		
Basisschutz, allgemein (siehe auch folgende Seite)	Abdeckung oder Umhüllung	Schutzart mindestens IP 2X. Entfernung darf nur mithilfe von Werkzeugen oder nach Abschaltung möglich sein.
	Isolierung aktiver Teile	Sichere Basisisolierung (Lacke sind kein ausreichender Schutz).
	RCD (Fehlerstrom-Schutzeinrichtung) mit $I_{\Delta N} \leq 30\,mA$	Ergänzung des Basisschutzes, ist als alleiniger Basisschutz nicht zulässig.
Basisschutz in Anlagen, die von Elektrofachkräften überwacht werden.	Anordnung außerhalb des Handbereiches	Dieser Basisschutz ist nur in Anlagen mit oder ohne RCD möglich, wenn die Anlagen von Elektrofachkräften oder elektrotechnisch unterwiesenen Personen betrieben und überwacht werden, z.B. in elektrotechnischen Betriebsstätten. **Hindernisse** verhindern nur die *unbeabsichtigte* Berührung oder Annäherung und die unbeabsichtigte Entfernung.
	Hindernisse	
Schutz, der gleichzeitig Basisschutz und Fehlerschutz ist		
Basisschutz und Fehlerschutz, allgemein (siehe auch folgende Seite)	SELV (Sicherheitskleinspannung)	Speisung aus besonders zuverlässigen Stromquellen, für den Basisschutz nur mit Bemessungsspannungen von ≤ AC 25 V oder ≤ DC 60 V.
	doppelte oder verstärkte Isolierung	Die Betriebsmittel müssen den jeweiligen Betriebsmittelnormen entsprechen.
Fehlerschutz (Schutz bei indirektem Berühren)		
Fehlerschutz, allgemein	automatische Abschaltung	Im Fehlerfall wird durch automatische Abschaltung mittels RCD oder Überstrom-Schutzeinrichtung verhindert, dass eine Berührungsspannung bestehen bleibt (Seite 201).
	Fehlermeldung	Anwendung im IT-System (Seite 201).
	RCD mit $I_{\Delta N} \leq 30\,mA$	Zusätzlicher Fehlerschutz, vorgeschrieben in Steckdosenstromkreisen bis AC 20 A und Endstromkreisen bis 32 A für bewegbare Betriebsmittel (Seite 201).
	Schutzerdung (neuer Begriff)	Erdung über den Schutzleiter zur automatischen Abschaltung oder Meldung. Der frühere Begriff „Schutzerdung" wurde ersetzt.
	Kleinspannungen SELV oder PELV	Fehlerschutz bei Bemessungsspannungen ≤ AC 50 V oder ≤ DC 120 V, wenn nicht kleinere Spannung verlangt wird (Seite 199).
	zusätzlicher Schutzpotenzialausgleich	Zusätzlicher Fehlerschutz durch Verbinden aller Körper untereinander durch isolierten Schutzpotenzialausgleichsleiter mit Verbindung mit dem PE.
	Schutztrennung (mit mehreren Verbrauchsmitteln nur bei fachlicher Überwachung)	**Nur ein Verbrauchsmittel:** Fehlerschutz bei $I_N \leq 500\,V$, keine Verbindung mit Erde oder dem PE. **Mehrere Verbrauchsmittel:** Zusätzlich Verbindung der Körper mit nicht geerdetem Schutzpotenzialausgleichsleiter (Seite 202).
Fehlerschutz in Anlagen, die von Elektrofachkräften überwacht werden.	nicht leitende Umgebung	Dieser Fehlerschutz ist nur in Anlagen zulässig, die von Elektrofachkräften oder elektrotechnisch unterwiesenen Personen überwacht werden. Isolationswiderstand erforderlich nach Seite 202.
	erdfreier Schutzpotenzialausgleich	Genügt als Fehlerschutz nur bei Überwachung der Anlage durch Elektrofachkraft oder elektrotechnisch unterwiesener Person, z.B. bei Ersatzstromversorgungsanlage.

Schutzklassen elektrischer Betriebsmittel

Schutzklasse	Art	Kennzeichen	Beispiel
I	Schutzleiterschutz		Elektromotor
II	Doppelte oder verstärkte Isolierung	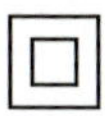	Haushaltsgeräte
III	Kleinspannungen SELV, PELV		Handleuchten in Kesseln

AC Alternating Current, DC Direct Current, PE Protection Earth = Schutzleiter, PELV Protective Extra Low Voltage, RCD Residual Current protective Device, SELV Safety Extra Low Voltage

Verteilungssysteme (Netzformen) Distribution Systems (Network Types)

Bezeichnung	Schaltung	Anwendbare Schutzmaßnahmen
TN-S-System (TN-S-Netz)	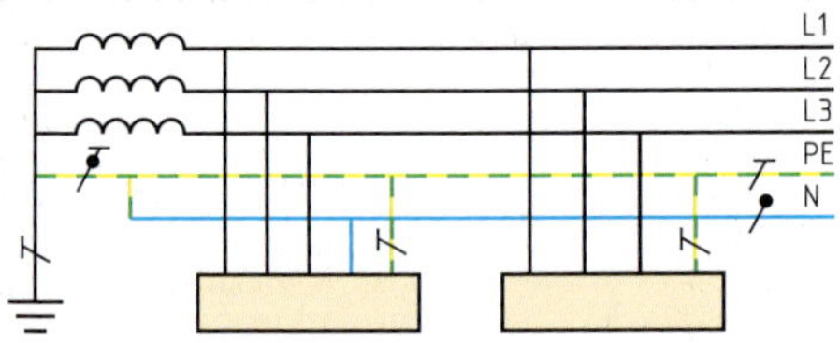	Der Schutzleiter ist im System mit dem Neutralleiter verbunden. Beide Leiter sind jedoch ab Hausanschlusskasten getrennt verlegt. Anwendung findet der Schutz durch Abschaltung im Fehlerfall mit Überstrom-Schutzeinrichtungen oder RCDs (FI-Schutzeinrichtungen). Überstrom-Schutzeinrichtungen sind als Überlastschutz erforderlich.
TN-C-System (TN-C-Netz)	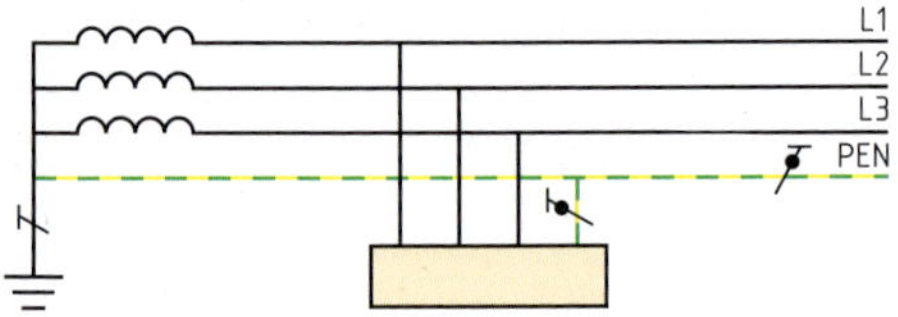	Schutzleiter und Neutralleiter sind miteinander zum PEN-Leiter verbunden. Abschaltung im Fehlerfall erfolgt mittels Überstrom-Schutzeinrichtungen. Auch andere Kombinationen von Schutzleiter und Neutralleiter können auftreten, z.B. Trennung von PE und N im zweiten Netzteil. Abschaltung erfolgt mit Überstrom-Schutzeinrichtungen oder nach Auftrennung des PEN in PE und N mit RCDs (FI-Schutzeinrichtungen). Überstrom-Schutzeinrichtungen sind als Überlastschutz erforderlich. RCD von Residual Current protective Device = Reststrom-Schutzgerät.
TN-C-S-System (TN-C-S-Netz)	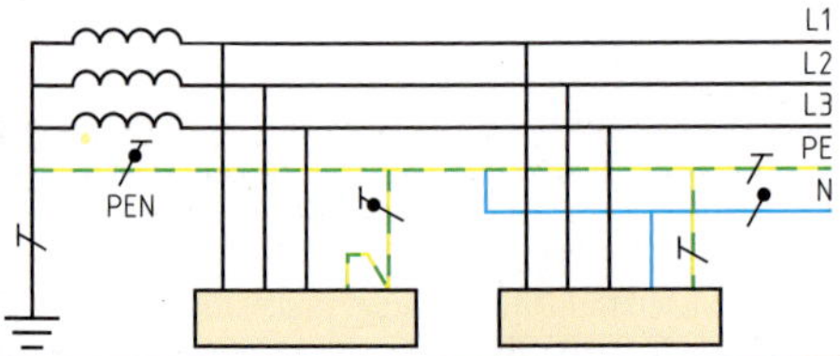	
TN-System (TN-Netz) mit Fehlerstromschutzschaltung (FI-Schutzschaltung RCD)	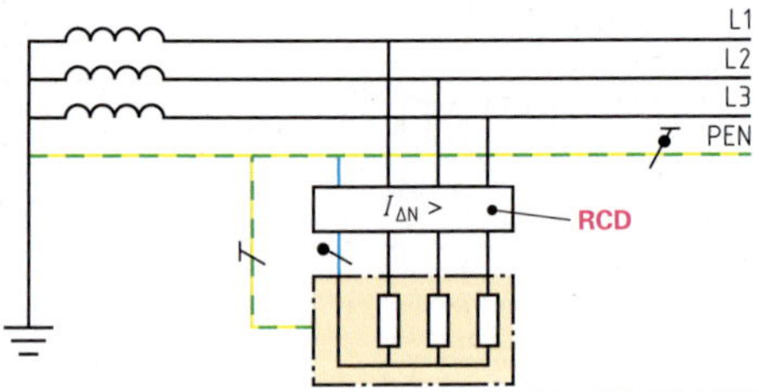	Der vom PEN-Leiter abgezweigte PE-Leiter wird vor dem RCD an den Schutzleiter des Gerätes angeschlossen. Durch den Wandlerkern des RCD werden die Außenleiter und der N-Leiter geführt, nicht der PE-Leiter. Überstrom-Schutzeinrichtungen sind als Überlastschutz erforderlich, haben aber meist keinen Einfluss auf Auslösung bei Körperschluss.
IT-System (IT-Netz)	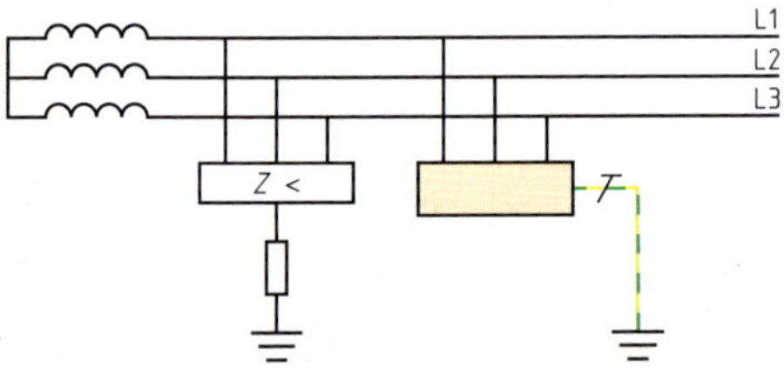	Das IT-System hat keine direkte Verbindung zwischen aktiven Leitern und geerdeten Teilen. Eine Isolationsüberwachungseinrichtung meldet das Auftreten eines Körperschlusses, der sonst ohne Folgen bleibt. Bei einem zweiten Fehler erfolgt Abschaltung, z.B. mit FI-Schutzschalter (RCD). Überstrom-Schutzeinrichtungen sind als Überlastschutz erforderlich.
TT-System (TT-Netz)	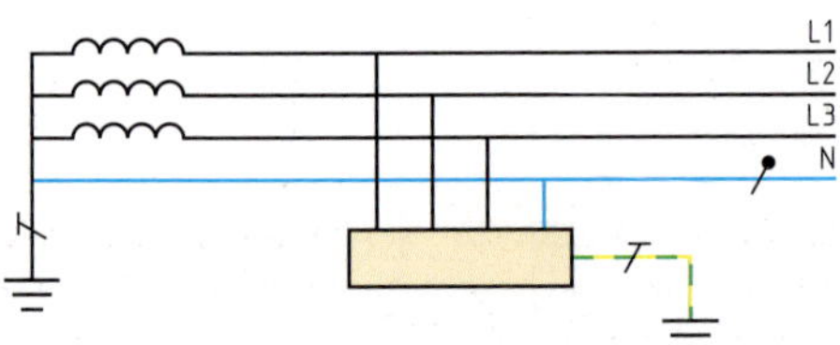	Der Schutzleiter ist mit einem Erder verbunden, aber vom N-Leiter getrennt. Überstrom-Schutzeinrichtungen sind als Überlastschutz erforderlich. Sie sind jedoch als Auslöseorgane im Fehlerfall meist nicht ausreichend. Für den Schutz durch Abschaltung ist meist eine Fehlerstrom-Schutzeinrichtung (RCD) nötig.

Kurzzeichen: C von engl. to combine = kombinieren, Neutralleiter N und Schutzleiter PE sind zu PEN kombiniert. I von isoliert, Isolierung der aktiven Teile gegen Erde oder Erdung über eine Impedanz. S von engl. separated = getrennt, N und PE sind im betreffenden Teil des Netzes getrennt. T von franz. terre = Erde, T an 1. Stelle bedeutet direkte Erdung mindestens eines Punktes im Netz, T an 2. Stelle bedeutet, Körper der Betriebsmittel sind direkt geerdet.

Schutzart	Erklärung	Bemerkungen, Ansichten

Maßnahmen für den Basisschutz

Normaler (allgemeiner) Basisschutz

Basisisolierung verhindert das Berühren aktiver (unter Spannung stehender) Teile. Die Isolierung muss so beschaffen sein, dass sie nur durch Zerstörung entfernt werden kann.

Abdeckung oder Umhüllung verhindert ebenfalls direktes Berühren. Es muss mindestens die Schutzart IP2X vorhanden sein, bei horizontalen Abdeckungen IP4X. Öffnen oder Entfernen darf nur mit Werkzeug oder Schlüssel möglich sein.

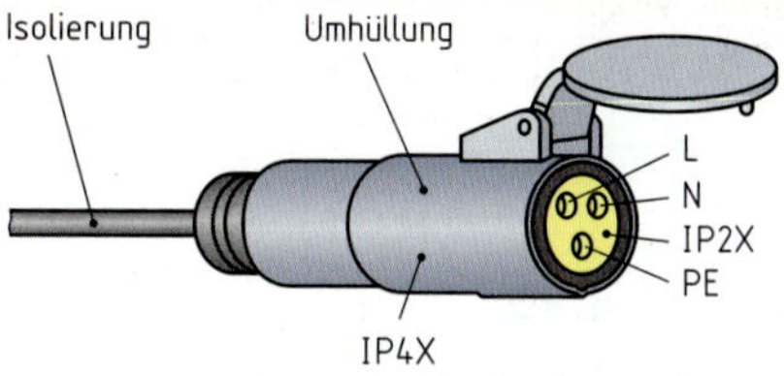

Beispiel der Basisisolierung

Basisschutz in fachlich überwachten Anlagen

Schutz durch Anordnung außerhalb des Handbereiches muss das *unbeabsichtigte Berühren* aktiver Teile verhindern.

Schutz durch Hindernisse muss nur die *unbeabsichtigte* Annäherung an aktive Teile verhindern. Hindernisse müssen so gesichert sein, dass sie nicht *unbeabsichtigt* entfernt werden können.

Fachliche Überwachung (kein Normbegriff) ist gegeben, wenn die Anlage von einer Elektrofachkraft oder elektrotechnisch unterwiesener Person betrieben und beaufsichtigt wird (VDE 0100-410).

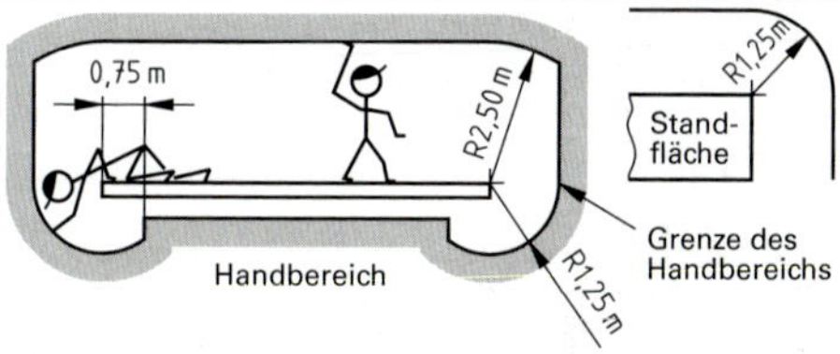

Beim Schutz durch Anordnung außerhalb des Handbereiches dürfen innerhalb des Handbereiches gleichzeitig berührbare Teile verschiedenen Potenzials nicht vorhanden sein.

Maßnahmen für gleichzeitigen Basisschutz und Fehlerschutz

Schutz durch Kleinspannungen SELF und PELV

SELV (Sicherheitskleinspannung) ist als Basisschutz meist geeignet bis AC 25 V bzw. DC 60 V, als Fehlerschutz bis AC 50 V bzw. DC 120 V. Aktive Teile nicht mit PE oder Erde verbinden. Leitungen getrennt von anderen Stromkreisen verlegt.

PELV (Schützende Kleinspannung)
Die Betriebsmittel können geerdet sein. Basisschutz, z.B. durch Isolierung, ist erforderlich. Isolationswiderstand ≥ 0,5 MΩ. Sonstige Bedingungen wie bei SELV.

FELV (Funktionskleinspannung)
Beliebige Stromquelle, keine eigenständige Schutzmaßnahme. Deshalb sind Maßnahmen wie bei normalen Stromkreisen erforderlich.

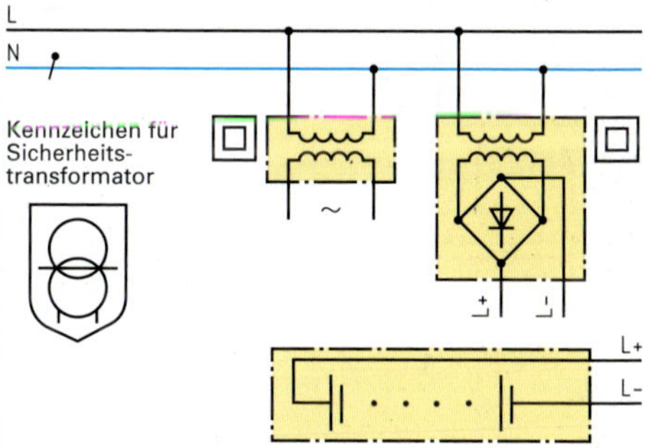

Stromquellen für SELV und PELV

Doppelte oder verstärkte Isolierung

Eine zusätzliche oder verstärkte Isolation der aktiven Teile verhindert eine gefährliche Spannung auch bei schadhafter Basisisolierung. Alle leitfähigen Teile eines Betriebsmittels, die von aktiven Teilen nur durch die Basisisolierung getrennt sind, müssen in Schutzart IP2X umhüllt sein. Isolationswiderstand ≥ 2 MΩ. Leitfähige Teile dürfen nicht an den PE angeschlossen sein. Enthält die Anschlussleitung einen PE, so wird dieser an den Stecker angeschlossen, nicht aber an das Betriebsmittel der Schutzklasse II.

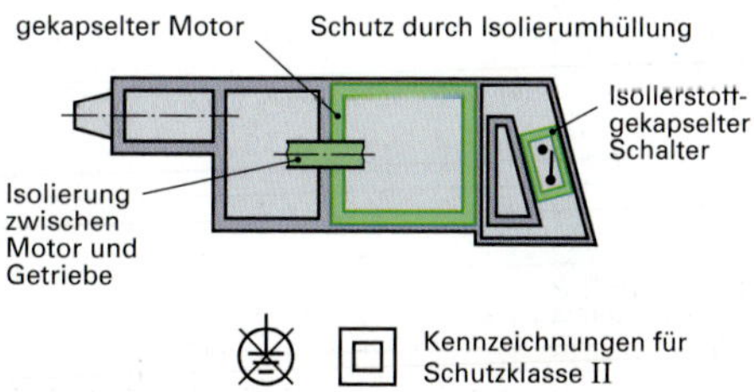

Handwerkzeug mit Schutzklasse II

Bemessungsspannungen von SELV und PELV, höchstzulässige bestehenbleibende Berührungsspannungen

AC 50 V, DC 120 V	Übliche Anlage, z.B. Wohnhausinstallation, in Werkstätten.	Beleuchtungsstromkreise, Steckdosenstromkreise, Motorstromkreise.
AC 25 V, DC 60 V	Anlagen, in denen mit niedrigem Körperwiderstand der Menschen zu rechnen ist.	Stromkreise in medizinisch genutzten Bereichen, Stromkreise in unmittelbarer Nähe zu Schwimmbecken.
AC < 25 V, DC < 60 V	Anlagen, in denen mit extrem niedrigem Körperwiderstand zu rechnen ist.	AC ≤ 12 V bzw. DC ≤ 30 V für Stromkreise z.B. in Schwimmbecken und in der Nähe von Fontänen.

AC Alternating Current
DC Direct Current
FELV Functional Extra Low Voltage
PELV Protective Extra Low Voltage
SELV Safety Extra Low Voltage

Schutz gegen elektrischen Schlag 2 Protection against Electric Shock 2

Kennzeichnung der für Schutzmaßnahmen wichtigen Leiter

Leiter	Kurzzeichen	Erklärung	Farben
Außenleiter	L, L1, L2, L3	Leiter, der im üblichen Betrieb unter Spannung steht und Energie übertragen kann.	BK oder BR oder GY
Neutralleiter	N	Leiter, der normal nicht unter Spannung gegen Erde steht und Energie übertragen kann.	BU, in USA WH, GY
Schutzleiter	PE	Leiter zur Sicherheit, z. B. zum Fehlerschutz.	GN-YE
PEN-Leiter	PEN	Leiter, der zugleich Schutzleiter und Neutralleiter ist.	GN-YE evtl. +BU
PEL-Leiter	PEL	Leiter, der zugleich Außenleiter und Schutzleiter ist.	am Leiteranfang und -ende die zweite Farbe + anbringen.
PEM-Leiter	PEM	Leiter, der zugleich Mittelleiter und Schutzleiter ist.	
Schutzpotenzialausgleichsleiter	PB	Schutzleiter zur Herstellung des Schutzpotenzialausgleichs. PBE für geerdet, PBU für ungeerdet.	GN-YE (Farbcode Seite 411)

SE

Fehlerstrom – Schutzeinrichtungen RCDs

Schaltung | Erklärung | Ergänzung

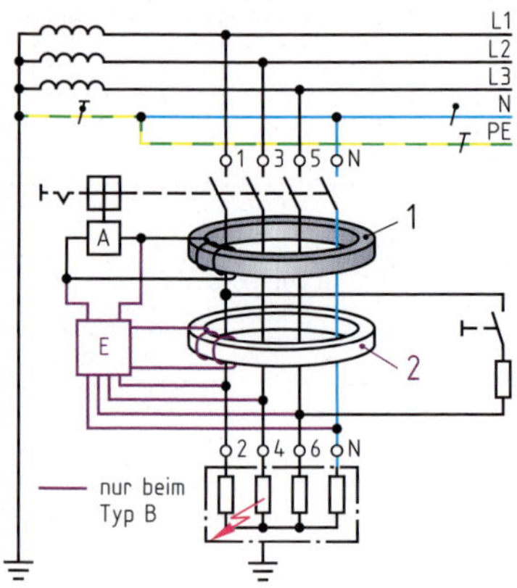

Anschluss einer RCD

RCDs sind wichtigste Betriebsmittel für den Fehlerschutz. Solange kein Isolationsfehler gegen PE bzw. Erde vorhanden ist, heben sich die Stromwirkungen im Eisenkern eines *Summenstromwandlers* auf **(Bild)**. Bei I_Δ wird der Eisenkern magnetisiert. Bei I_Δ als AC oder pulsierender DC wird in der Wicklung des Eisenkernes 1 eine Spannung induziert, die abschaltet. Bei I_Δ als „glatter" DC **(Bild unten links)** aus AC-Stromkreisen entsteht im Eisenkern ein magnetisches Gleichfeld. Dieses wird bei RCDs vom Typ B im Eisenkern 2 durch Hall-Generator **(Bild)** in Spannung U_H umgesetzt, die über eine Elektronik den Strom abschaltet.

Bemessungsströme I_N 25 A, 40 A, 63 A

Bemessungsdifferenzströme $I_{\Delta N}$ (10 mA), 30 mA, 0,1 A, 0,3 A, 0,5 A (Klammerangabe nicht beim Typ B).

Sonderformen

RCBO = RCD mit Overload Breaker = RCD mit LS-Schalter kombiniert.

CBRs für I_N über 63 A (LS-Schalter oder Leistungsschalter mit RCUs = Fehlerstrom-Auslöser). www.doepke.de

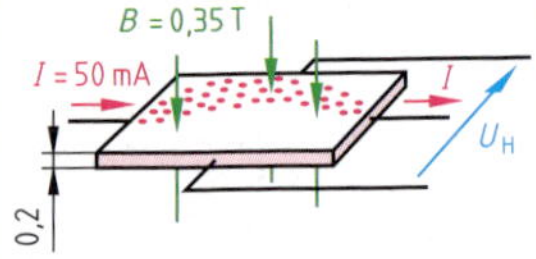

Hall-Generator (Halleffekt beim N-Leiter)

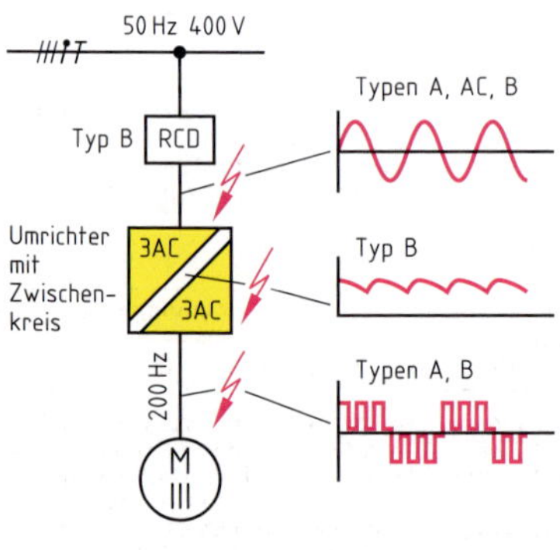

Fehlerströme bei einem Umrichter

Typen nach Form der Fehlerströme

In AC-Stromkreisen mit Elektronik, z. B. bei Umrichtern mit Zwischenkreis **(Bild)**, entstehen je nach Fehlerort Fehlerströme $I_{\Delta N}$ als AC, als pulsierender DC oder als „glatter DC" (nicht auf null gehender DC, **Bild**). Je nach I_Δ nimmt man RCDs vom Typ A, Typ B und außerhalb Deutschlands auch vom Typ AC. Der Typ ist auf der RCD als stilisierte Form des I_Δ angegeben **(Bild)**. *Selektive* Geräte S lösen stark verzögert aus, *kurzzeitverzögerte* K wenig verzögert.

Hinweise

- Differenzstromgeräte, z. B. RCDs, sind in DC-Netzen nicht verwendbar.
- Typ-A-Geräte nicht vor Typ-B-Geräte schalten.

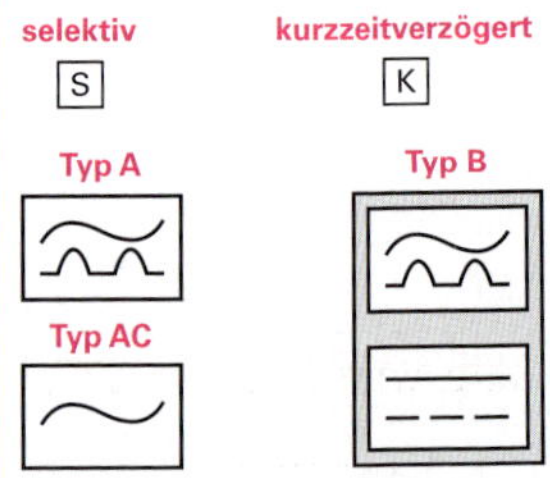

Kennzeichnungen an RCDs

RCMs bestehen aus Summenstromwandlern für jeden zu überwachenden Stromkreis und einer Auswerteeinheit (Seite 246). www.doepke.de

AC Alternating Current	RCD Residual Current protective Device	I_N Bemessungsstrom des Gerätes
DC Direct Current	RCM Residual Current Monitor	I_Δ Differenzstrom, Fehlerstrom
CBR Circuit Breaker Residual Current	RCU Residual Current Unit	$I_{\Delta N}$ Bemessungs-Differenzstrom

Fehlerschutz Fault Protection

vgl. DIN VDE 0100-410

Schaltung	Erklärung	Ergänzung, Bermerkungen

Fehlerschutz durch automatische Abschaltung der Stromversorgung

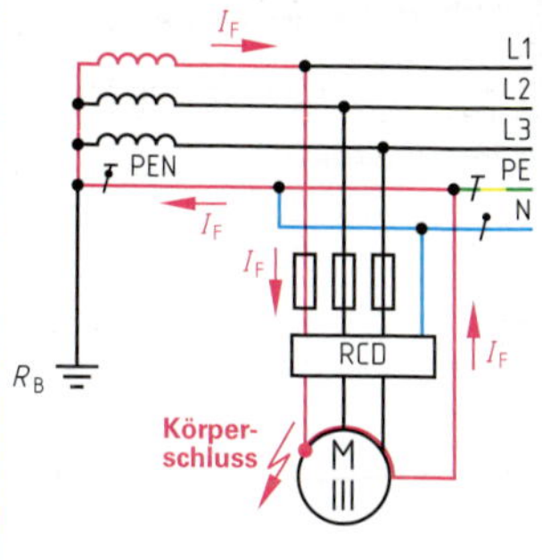

Schutz durch RCD im TN-C-S-System

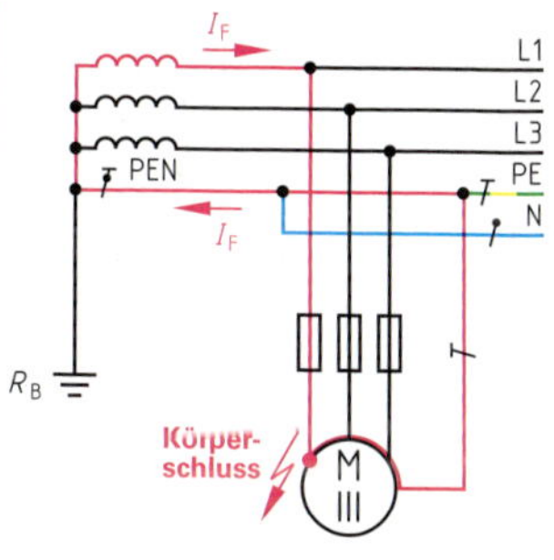

Schutz durch Überstrom-Schutzeinrichtung im TN-S-System

Fehlerschutz durch automatische Abschaltung der Stromversorgung erfordert

- **Schutzerdung:** nach VDE 0100-410 Verbindung der Körper über einen PE mit dem Erdungssystem.
- **Schutzpotenzialausgleich über die Haupterdungsschiene:** Verbinden der Erdungsleiter mit allen metallenen Systemen an einer *Haupterdungsschiene* durch *Schutzpotenzialausgleichsleiter PB*,
- **automatische Abschaltung** innerhalb der maximalen Abschaltzeit **(Tabelle)**.

Automatische Abschaltung durch RCD

Der Fehlerstrom I_F muss mindestens so groß sein, dass die Bedingung für den Bemessungsdifferenzstrom $I_{\Delta N}$ und die gemessene Schleifenimpedanz Z_{Sm} erfüllt ist. (Messung von Z_{Sm} Seite 109).

Fehlerstrom	Bedingung
$I_F \geq I_{\Delta N}$ (1)	$1{,}5 \cdot Z_{Sm} \cdot I_{\Delta N} \leq U_0$ (2)

Der Faktor 1,5 stellt sicher, dass auch bei höherer Betriebstemperatur der Leitungen sicher abgeschaltet wird, obwohl Z_{Sm} kalt gemessen wird **(Bild)**.

Automatische Abschaltung durch Überstrom-Schutzeinrichtung

Bei Isolationsfehler entsteht über PE ein Kurzschluss **(Bild)**. Abschaltung muss wie bei RCD kurzzeitig erfolgen **(Tabelle)**.

Fehlerstrom	Bedingung
$I_F \geq I_a$ (3)	$1{,}5 \cdot Z_{Sm} \cdot I_a \leq U_0$ (4)

Auslöseströme I_a der Überstrom-Schutzeinrichtungen Seite 166.

Maximale Abschaltzeiten

Bereich	Abschaltzeit bei AC	Abschaltzeit bei DC
Endstromkreise $I_N \leq 32$ A im TN-System		
$50\ V < U_0 \leq 120\ V$	0,8 s	≤ 5 s
$120\ V < U_0 \leq 230\ V$	0,4 s	5 s
$230\ V < U_0 \leq 400\ V$	0,2 s	0,4 s
$U_0 > 400\ V$	0,1 s	0,1 s
Verteilerstromkreise oder bei $I_N > 32$ A	≤ 5 s	≤ 5 s
Endstromkreise $I_N \leq 32$ A im TT-System		
$50\ V < U_0 \leq 120\ V$	0,3 s	≤ 1 s
$120\ V < U_0 \leq 230\ V$	0,2 s	0,4 s
$230\ V < U_0 \leq 400\ V$	0,07 s	0,2 s
$U_0 > 400\ V$	0,04 s	0,1 s
Verteilerstromkreise oder bei $I_N > 32$ A	≤ 1 s	≤ 1 s

Die Schutzerdung wird bei den TN-Systemen durch Verbindung der Körper der Betriebsmittel mit dem vom PEN-Leiter des Netzes abgezweigten PE hergestellt **(Bild links)**. Beim TT-System erfolgt die Verbindung der Körper direkt über einen PE mit einem eigenen Erdungssystem (Seite 198).

In AC-Stromkreisen muss in allgemein zugänglichen Anlagen ein zusätzlicher Schutz durch RCD mit $I_{\Delta N} \leq 30$ mA eingerichtet werden bei

- Steckdosen ≤ 20 A und
- Endstromkreise ≤ 32 A im Außenbereich für tragbare Betriebsmittel.

Dieser zusätzliche Schutz ergänzt den Basisschutz und den Fehlerschutz, sofern der Fehlerschutz nicht ohnehin durch eine RCD mit $I_{\Delta N} \leq 30$ mA erfolgt (siehe auch folgende Seite).

Schutztrennung

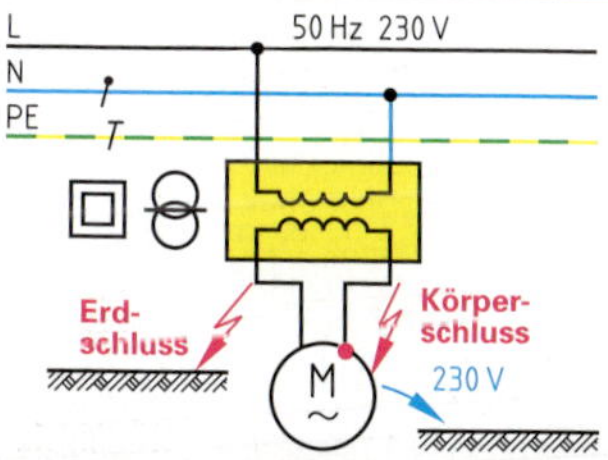

Der Fehlerschutz erfolgt hier durch Trennung, meist mittels Trenntransformator nach VDE 0550.

- Die Ausgangsnennspannung muss sein ≤ 500 V, sie ist meist 230 V.
- Aktive Teile dürfen nicht mit Erde oder anderen Stromkreisen verbunden sein.
- Körper der Verbrauchsmittel dürfen nicht an den PE angeschlossen sein.
- Flexible Leitungen müssen an Stellen mit mechanischer Beanspruchung sichtbar sein.

Die Schutztrennung ist bei einem Erdschluss unwirksam **(Bild)**. Deshalb darf im Allgemeinen an den Trenntransformator nur ein Verbrauchsmittel angeschlossen werden.

In fachlich überwachten Anlagen kann ein Trenntransformator mehrere Verbrauchsmittel speisen, wenn zusätzliche Maßnahmen getroffen werden (folgende Seite).

Schutz durch Meldung im IT-System

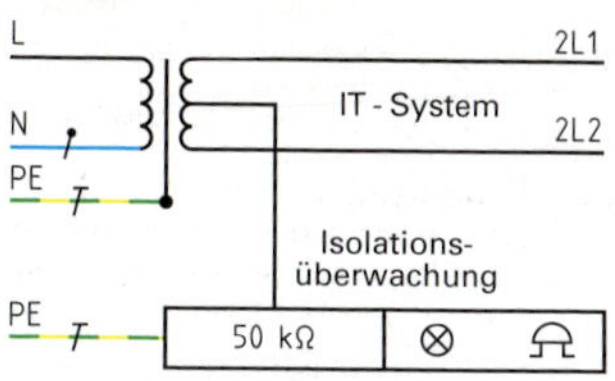

Schutz durch Meldung ist im IT-System (Seite 198) möglich. Endstromkreis wird durch nicht geerdeten Transformator gespeist. Eine *Isolationsüberwachungseinrichtung* gibt beim 1. Fehler nur optisches und akustisches Signal. Erst bei einem 2. Fehler erfolgt Abschaltung, z.B. durch RCD. Anwendung in Operationsräumen von Krankenhäusern.

Bedingung

Beim IT-System: $R_A \cdot I_d \leq U_L$ (5)

I_d enthält für Weiterbetrieb nach 1. Fehler den Ableitstrom der Anlage einschließlich seines kapazitiven Teils. Deshalb kann die Anlage nicht umfangreich sein, weil sonst auch ohne Fehler Abschaltung erfolgt.

I_a Auslösestrom
I_d Fehlerstrom nach dem 1. Fehler
I_F Fehlerstrom
$I_{\Delta N}$ Bemessungsdifferenzstrom
R_A Widerstand des Anlagenerders
U_0 Leiterspannung gegen Erde
U_L höchstzulässige Berührungsspannung
Z_{Sm} gemessene Schleifenimpedanz

Weiterer Fehlerschutz in fachlich überwachten Anlagen

More Fault Protection in Expert Controlled Installations

<table>
<tr><th>Schutzart</th><th>Schaltung, Anlage</th><th>Erklärung</th></tr>
<tr>
<td>Schutz durch nicht leitende Umgebung

Messung des Isolationszustandes</td>
<td>
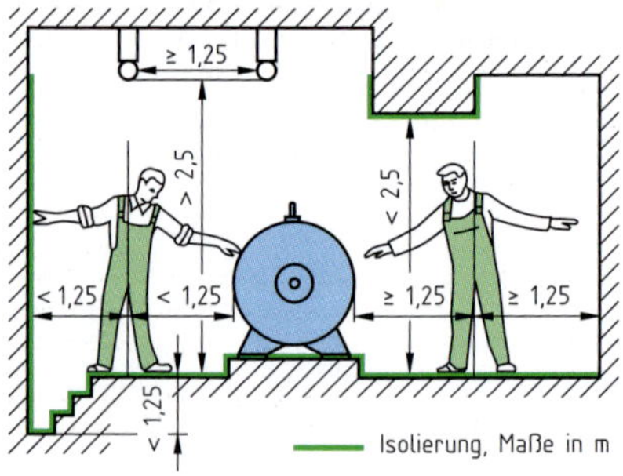

Nicht leitende Umgebung
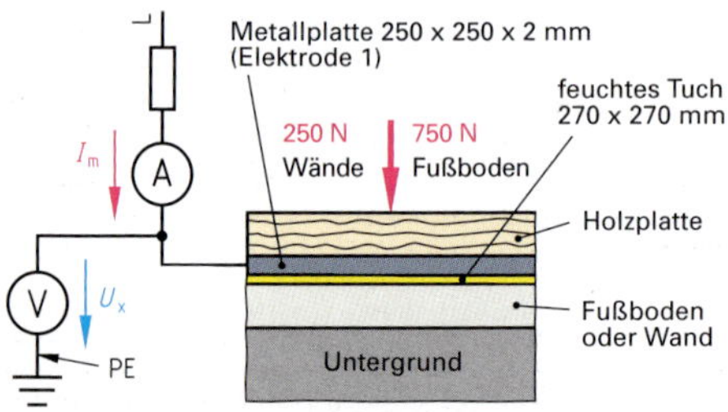

Messung des Isolationszustandes
</td>
<td>In fachlich überwachten Anlagen (siehe unten)
• muss der Basisschutz erfüllt sein und
• kann der zusätzliche Schutz durch RCDs für Steckdosenstromkreise entfallen,
• können alle allgemeinen Maßnahmen zum Fehlerschutz sowie die folgenden angewendet werden.

Schutz durch nicht leitende Umgebung
Leitfähige Körper müssen so angeordnet sein, dass Personen nicht gleichzeitig zwei Körper oder einen Körper und ein fremdes leitfähiges Teil berühren können. Die Isolierung muss mechanisch fest sein und eine Prüfspannung von 2 kV aushalten. Der Ableitstrom darf nicht größer als 1 mA sein. Die Isolationsimpedanz Z_x des Fußbodens und der berührbaren Wände darf nicht unterschreiten
• 50 kΩ bei Nennspannung bis 500 V,
• 100 kΩ bei Nennspannung über 500 V.

Isolationsimpedanz
Messung (Bild) $Z_x \geq U_x / I_m$</td>
</tr>
<tr>
<td>Schutztrennung mit mehreren Verbrauchsmitteln</td>
<td>
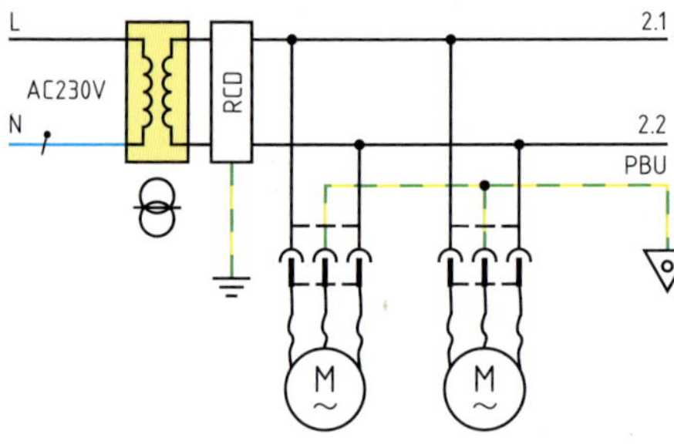

Schutztrennung mit Schutzpotenzialausgleich
</td>
<td>Schutztrennung mit mehreren Lasten
• Getrennter Stromkreis muss mechanisch geschützt sein, z. B. durch Isolierrohre.
• Körper sind über ungeerdete, isolierte Schutzpotenzialausgleichsleiter PBU zu verbinden.
• Beim Auftreten von je einem Fehler in verschiedenen Außenleitern muss automatische Abschaltung erfolgen.
• Die Leitungslängen des getrennten Stromkreises sollen 500 m nicht übersteigen, weil sonst über die Ableitströme Verbindung zur Erde erfolgt.
• Produkt aus Leitungslängen und Nennspannung soll wegen der Ableitströme 100 kVm nicht übersteigen.</td>
</tr>
<tr>
<td>Schutz durch örtlichen, erdfreien Schutzpotenzialausgleich</td>
<td>
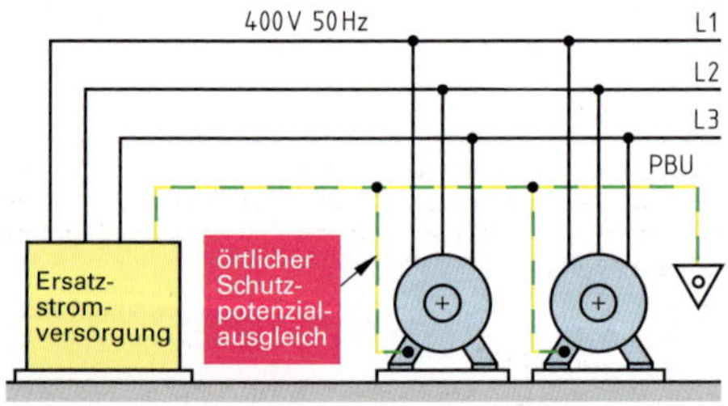

</td>
<td>Schutz durch erdfreien örtlichen Schutzpotenzialausgleich
• Gleichzeitig berührbare Körper und fremde leitfähige Teile müssen über PBU verbunden sein,
• Personen müssen vor Potenzialunterschieden geschützt sein, z. B. beim Betreten.</td>
</tr>
</table>

Fachlich überwachte Anlagen (kein Normbegriff) sind Anlagen, die „von Elektrofachkräften oder elektrotechnisch unterwiesenen Personen betrieben und beaufsichtigt werden" (Normbegriff aus VDE 0100-410).

SE

Prüfung der Schutzmaßnahmen Verification of Protective Measures

Schutzmaßnahme	Prüfung	Prüfverfahren
Prüfung der Schutzmaßnahmen ohne Schutzleiter		vgl. DIN VDE 0100-600
Alle Schutzmaßnahmen	Besichtigen. Dabei ist zu überwachen, dass Stecker, Leitungen und Spannungserzeuger richtig ausgewählt sind, die Schutzisolierung nicht beschädigt und bei Schutz durch nicht leitende Umgebung die Standortisolierung richtig ausgeführt ist.	
Doppelte oder verstärkte Isolierung (Schutzklasse II)	Prüfung der Verbrauchsmittel ist nur nach Reparatur nötig. Der Netzanschluss ist zu prüfen.	
Nicht leitende Umgebung	Messung des Isolationszustandes. (Als Fehlerschutz ausreichend nur in fachlich überwachten Anlagen).	Messung des Isolationswiderstandes von Fußboden und Wänden (bei $U_N \leq 500$ V erforderlicher Widerstand $R_x \geq 50$ kΩ).
SELV und PELV	Messung, ob Bemessungsspannung $U_N \leq$ AC 50 V bzw. AC 25 V bzw. DC 120 V bzw. DC 60 V. Prüfung des Sekundärkreises auf Erdschluss oder auf Verbindung mit höherer Spannung.	Spannungsmessung, Isolationsmessung gegen Erde (mit $U \geq$ DC 250 V, Isolationswiderstand ≥ 500 kΩ).
Schutztrennung	Prüfung, ob Sekundärstromkreis ohne Erdschluss ist. Prüfung, ob Produkt aus Spannung und Leitungslänge ≤ 100 000 Vm ist.	Isolationsmessung gegen Erde mit DC 500 V bei Bemessungsspannung ≤ 500 V, Isolationswiderstand ≥ 1 MΩ.
Prüfung der Schutzmaßnahmen mit Schutzleiter		vgl. DIN VDE 0100-600
Alle Schutzmaßnahmen mit Schutzleiter	Besichtigen. Es ist insbesondere zu prüfen, ob Schutzeinrichtungen richtig ausgewählt sind und Schutzleiter, Schutzpotenzialausgleichsleiter und Erdungsleiter den richtigen Querschnitt haben und richtig gekennzeichnet sind.	
Durchgängigkeit Isolationswiderstand	Die Durchgängigkeit von Schutzleitern PE und Schutzpotenzialausgleichsleitern PB ist mit Messgeräten von mindestens 4 V bis 24 V Leerlaufspannung durch einen Strom ≥ 0,2 A nachzuweisen, nicht mit einem hochohmigen Widerstandsmesser von wenigen Milliampere.	*Prüfung*, ob PE nicht mit Neutralleiter oder Außenleiter verbunden ist, z.B. durch Spannungsmessung gegen Erde. *Isolationsmessung* in der Verteilung (bei $U_N \leq 500$ V messen mit DC 500 V, Isolationswiderstand $R_x \geq 1$ MΩ. Wenn $U_N > 500$ V, messen mit DC 1000 V und $R_x \geq 1$ MΩ).
Schutz infolge automatischer Abschaltung durch RCD (Fehlerstrom-Schutzeinrichtung)	Prüfung, ob die RCD richtig arbeitet. Prüfung, ob die Fehlerspannung beim Auslösen durch künstlichen Fehler ≤ AC 50 V ist. Beim TT-System auch Messung des Erdungswiderstands R_A. Prüfung, ob die RCD vom richtigen Typ ist (Typ B, wenn glatte DC-Fehlerströme auftreten können, sonst Typ A).	Betätigung der Prüftaste. Messung der Fehlerspannung oder Messung des Erdungswiderstandes. Beim TT-System muss sein $R_A \leq \frac{50\text{ V}}{I_{\Delta N}}$
Schutz infolge automatischer Abschaltung durch Überstrom-Schutzeinrichtung	Prüfung, ob bei einpoligem Kurzschluss genügend schnell Abschaltung erfolgt (Seite 201). Prüfung, ob beim TN-System die gemessene Schleifenimpedanz Z_{Sm} und beim TT-System der Erdungswiderstand der Anlagenerder ausreichen. Da Z_{Sm} bei einer kleineren Leitungstemperatur als der Betriebstemperatur gemessen wird, muss sein $Z_{Sm} \leq \frac{2}{3} \cdot \frac{U_0}{I_a}$.	Schleifenimpedanzmessung an der entferntesten Stelle. Erdungswiderstandsmessung. Isolationsmessung bei Erstprüfung. Bei $U_N \leq 500$ V messen mit DC 500 V, Isolationswiderstand $R_x \geq 1$ MΩ, bei $U_N > 500$ V messen mit DC 1000 V und $R_x \geq 1$ MΩ. Bei Wiederholungsprüfung: ≥ 1 kΩ/V, bei Feuchtigkeit ≥ 0,5 kΩ/V.
Schutz infolge Meldung durch Isolationsüberwachungseinrichtung	Prüfung, ob Isolationsüberwachungsgerät richtig arbeitet. Prüfung, ob Isolationsüberwachung bei Erdschluss arbeitet. Messung, ob Erdungswiderstand genügend klein ist ($R_A \leq U_L/I_{\Delta N}$). Prüfung, ob alle leitfähigen Konstruktionsteile miteinander niederohmig verbunden sind.	Betätigen der Prüftaste. Künstlichen Fehler über Widerstand zwischen Außenleiter und PE herstellen. Erdungswiderstandsmessung. Widerstandsmessung, z.B. zur Haupterdungsschiene.

I_a Abschaltstrom, $I_{\Delta N}$ Bemessungsdifferenzstrom der RCD (Residual Current protective Device = Reststrom-Schutzgerät), R_A Anlagenerderwiderstand; R_x Isolationswiderstand; U_L höchstzulässige Berührungsspannung, U_N Bemessungsspannung, U_0 Bemessungsspannung gegen Erde, Z_{Sm} gemessene Schleifenimpedanz.

Wiederkehrende Prüfungen **Repetitive Verifications**

vgl. DIN VDE 0105-100

Aufgaben

Art	Erklärung	Bemerkungen
Zweck der wiederkehrenden Prüfung: Elektrische Anlagen (auch nicht gewerbliche Anlagen) sind in ordnungsgemäßem Zustand zu erhalten. Deshalb müssen sie in geeigneten Zeitabständen geprüft werden.	Die Prüfung erfolgt durch • Besichtigen, • Erproben und • Messen. Durchführung von Elektrofachkräften, die Kenntnisse durch Prüfung vergleichbarer Anlagen haben. Die Führung eines Protokollbuches kann erforderlich sein.	In gewerblichen und landwirtschaftlichen Anlagen ist der Unternehmer (Betreiber) verantwortlich für die Durchführung der wiederkehrenden Prüfung. Nach BGV A3 (Unfallverhütungsvorschrift der Berufsgenossenschaften) müssen Anlagen ständig durch eine Elektrofachkraft überwacht werden oder bestimmte Prüffristen müssen eingehalten werden.
Messungen: Ermitteln der Werte, die eine Beurteilung der Schutzmaßnahmen beim Fehlerschutz ermöglichen.	Vor allem ist eine regelmäßige Messung des Isolationszustandes zwischen jedem aktiven Leiter (Außenleiter und Neutralleiter) und Erde oder PE vorgeschrieben. (Mindestwerte des erforderlichen Isolationswiderstandes siehe unten)	Der Isolationszustand ist mit einer Gleichspannung zu messen. Die Spannungsquelle muss bei einer Belastung von 1 mA mindestens eine Spannung in Höhe der Bemessungsspannung der zu prüfenden Anlage abgeben.

Größtzulässige Prüffristen

Vgl. BGV A3

SE

Betriebsmittel, Anlage	Prüffrist, Prüfer	Art der Prüfung
RCDs bei nicht stationären Anlagen.	An jedem Arbeitstag durch Benutzer. Durch Elektrofachkraft monatlich.	Erproben der Prüfeinrichtung der RCD. Prüfung der Wirksamkeit durch Messung, z. B. der Auslösespannung.
RCDs bei stationären Anlagen.	Alle 6 Monate durch Benutzer.	Erproben der Prüfeinrichtung.
Bewegliche Anschlussleitungen und Verlängerungsleitungen einschließlich der Steckverbinder.	Wenn benutzt, alle 6 Monate durch Elektrofachkraft.	Besichtigen auf ordnungsgemäßen Zustand, bei Bedarf Messen z. B. des Schutzleiterwiderstands.
Isolierende Schutzkleidung.	Vor jeder Benutzung durch Benutzer. Wenn benutzt, alle 6 Monate durch Elektrofachkraft.	Prüfen auf auffällige Mängel. Prüfen auf Zustand.
Spannungsprüfer, isolierte Werkzeuge.	Vor jeder Benutzung durch Benutzer.	Prüfung auf Mängel und Funktion.
Anlagen und ortsfeste Betriebsmittel.	Mindestens alle 4 Jahre durch Elektrofachkraft.	Prüfung auf ordnungsgemäßen Zustand, auch mit Messungen.

Kleinstzulässiger Isolationswiderstand bei wiederkehrenden Messungen

Anlage	Mindest-Isolationswiderstand bezogen auf die Bemessungsspannung des Stromkreises
Normale Räume, Verbrauchsmittel eingeschaltet.	300 Ω/V (am 230-V-Netz also 69 kΩ)
Normale Räume, Verbrauchsmittel abgeschaltet.	1000 Ω/V (am 230-V-Netz also 230 kΩ)
Anlagen im Freien, Räume in denen zur Reinigung Fußboden oder Wände bespritzt werden.	Verbrauchsmittel EIN: 150 Ω/V Verbrauchsmittel AUS: 500 Ω/V (bei 230 V also 115 kΩ)
IT-System	50 Ω/V
SELV und PELV	0,25 MΩ bei Messgleichspannung 250 V
FELV	Wie beim System mit höherer Spannung, dessen Schutzleiter mit den Körpern des FELV-Stromkreises verbunden ist.

Schaltungsbeispiel

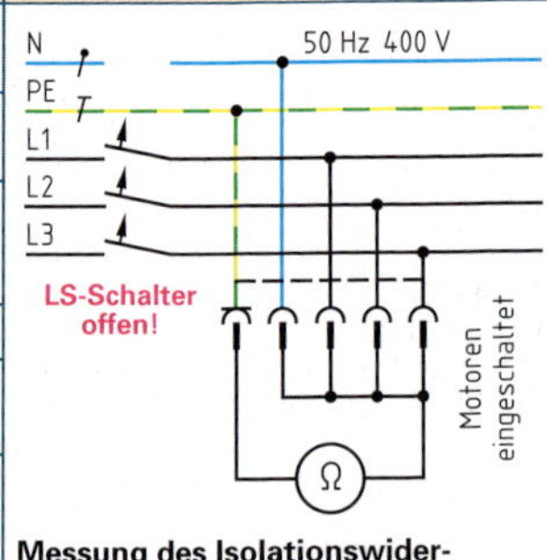

Messung des Isolationswiderstandes bei einem Motorstromkreis

Instandsetzung, Änderung und Prüfung elektrischer Geräte (1)
Repair, Modification and Testing of Electrical Equipments

Objekte, Prüffristen und Prüfer

Art	Erklärung	Beispiele
Betriebsmittel	Benutzte ortsveränderliche elektrische Betriebsmittel.	Mess-, Steuer- und Regelgeräte, Leuchten, Elektrowerkzeuge, Verlängerungs- und Geräteanschlussleitungen mit Steckvorrichtungen, Anschlussleitungen mit Stecker, bewegliche Leitungen mit Stecker und Festanschluss.
Prüffristen	Nach den Unfallverhütungsvorschriften müssen ortsveränderliche elektrische Geräte auf ihren ordnungsgemäßen Zustand überprüft werden. Die Prüfungen sind in bestimmten Zeitabständen zu wiederholen.	• 6 Monate (Richtwert), • 3 Monate auf Baustellen (wird bei den Prüfungen eine Fehlerquote < 2% erreicht, kann die Prüffrist entsprechend verlängert werden), • 1 Jahr (Maximalwert) auf Baustellen, in Fertigungsstätten und Werkstätten oder unter ähnlichen Bedingungen, • 2 Jahre in Büros oder unter ähnlichen Bedingungen.
Prüfer	Elektrische Anlagen dürfen nur von Elektrofachkräften errichtet, gewartet oder geändert werden.	Elektrofachkraft (bei Verwendung geeigneter Mess- und Prüfgeräte, z. B. mit „Gut-Schlecht-Anzeige" auch elektrotechnisch unterwiesene Personen, die unter Aufsicht von Elektrofachkräften stehen müssen).

Durchführung der Prüfung

Art	Erklärung	Bemerkungen, Daten
Sichtkontrolle	Alle Geräte werden ohne Geräteöffnung auf erkennbare äußere Mängel besichtigt.	Kontrolle z. B. von: Gehäuseschäden, Beschädigungen der Anschlussleitung, Biegeschutztülle und Zugentlastung.
Messen des Schutzleiterwiderstandes	Der niederohmige Durchgang des Schutzleiters ist durch Messung nachzuweisen.	Grenzwert: ≤ 0,3 Ω bis 5 m Anschlusslänge (I_N < 16 A), zusätzlich 0,1 Ω je weitere 7,5 m (Messschaltung: folgende Seite).
Messen des Isolationswiderstandes	Der Isolationswiderstand ist nach bestandener Schutzleiterprüfung zu messen. Bei der Messung ist darauf zu achten, dass z. B. Einschalter geschlossen sind (Messschaltung: folgende Seite).	Zulässiger Isolationswiderstand: • Schutzklasse I: Allgemein ≥ 1 MΩ, Geräte mit Heizelementen ≥ 0,3 MΩ. Wird bei Geräten > 3,5 kW der Isolationswiderstand nicht erreicht, ist das Gerät in Ordnung, wenn der Schutzleiterstrom 3,5 mA nicht überschreitet. • Schutzklasse II: ≥ 2,0 MΩ, • Schutzklasse III: ≥ 0,25 MΩ
Messen des Ersatzableitstromes	Wird der geforderte Isolationswiderstand bei Geräten der Schutzklasse I nicht erreicht, ist eine Ersatzableitstrommessung durchzuführen.	Der Ersatzableitstrom darf die Grenzwerte des Schutzleiterstromes bzw. des Berührungsstromes nicht überschreiten.
Messen des Schutzleiterstromes	Bei Geräten der Schutzklasse I ist der Schutzleiterstrom zu messen. Das Gerät ist mit Bemessungsspannung zu betreiben. Als Grenzwert gilt allgemein 3,5 mA. Bei Geräten mit eingeschalteten Heizelementen und einer Leistung > 3,5 kW darf der Schutzleiterstrom nicht größer als 1 mA/kW (max. 10 mA) Heizleistung sein.	(siehe Bild: Messen des Schutzleiterstromes)
Messen des Berührungsstromes	Bei Geräten der Schutzklasse II, wenn diese leitfähige berührbare Teile besitzen oder wenn bei Geräten der Schutzklasse I berührbare leitfähige Teile nicht an den Schutzleiter angeschlossen sind. Der Grenzwert beträgt 0,5 mA. Das Gerät ist mit Bemessungsspannung zu betreiben.	(siehe Bild: Messen des Berührungsstromes)

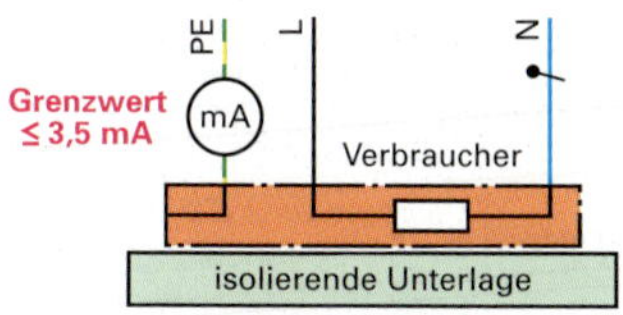

Messen des Schutzleiterstromes

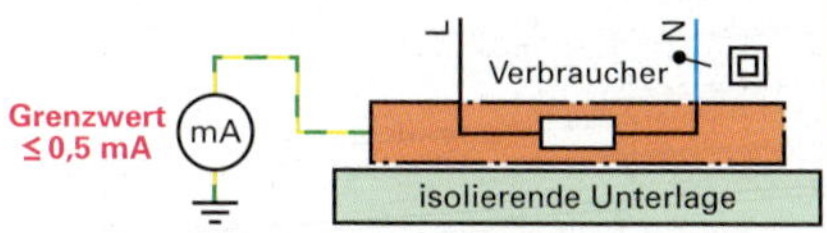

Messen des Berührungsstromes

SE

Instandsetzung, Änderung und Prüfung elektrischer Geräte (2)
Repair, Modification and Testing of Electrical Equipments

Prüfung	Erklärung
Sichtkontrolle	Die Geräteanschlussleitung ist auf Beschädigung und auf wirksamen Sitz in den Zugentlastungen zu überprüfen. Die Biegeschutztülle ist zu besichtigen und durch Handprobe zu prüfen. Der Schutzleiter muss im gesamten Verlauf in ordnungsgemäßem Zustand sein. Schutzleiteranschlüsse müssen kritisch besichtigt und durch Handprobe auf richtigen Sitz geprüft werden.
Messung des Schutzleiterwiderstandes	Der Widerstand des Schutzleiters muss bis 5 m Anschlusslänge ≤ 0,3 Ω sein, zuzüglich 0,1 Ω für jede weitere 7,5 m. Max. Schutzleiterwiderstand: ≤ 1 Ω. Er ist zu messen zwischen dem Gehäuse und dem • Schutzkontakt des Netzsteckers, • Schutzkontakt des Gerätesteckers oder dem • Schutzleiter am netzseitigen Ende des festen Anschlusses.
Messen des Isolationswiderstandes	Der Isolationswiderstand wird zwischen den betriebsmäßig unter Spannung stehenden Teilen eines Gerätes und den berührbaren Metallteilen des Gehäuses gemessen.

Isolationswiderstand bei Schutzklasse

I	II	III
≥ 0,3 MΩ bzw. 1 MΩ*	≥ 2,0 MΩ	≥ 0,25 MΩ

* 0,3 MΩ bei Geräten mit Heizelementen bis 3,5 kW. 1,0 MΩ für alle übrigen Geräte der Schutzklasse I.

Zum Messen alle Schalter schließen.

Gleichspannung des Isolationsmessgerätes bei einem Messstrom von mindestens 1 mA muss sein ≥ 500 V.

Prüfung	Erklärung
Schutzleiterstrommessung	Sie ist durchzuführen bei Geräten der Schutzklasse I, wenn z.B. Funkentstörkondensatoren eingebaut oder ausgewechselt werden oder wenn bei Wärmegeräten der geforderte Isolationswiderstand von 0,3 MΩ unterschritten wird. Ausführung und Grenzwerte wie bei Wiederholungsprüfung (vorhergehende Seite).
Ersatz-Ableitstrommessung	Maßnahme, wenn eine vorgeschriebene Messung des Ableitstromes nicht möglich ist, z.B. wenn das zu prüfende Gerät nicht gegen Erde isoliert aufgestellt werden kann. Man verwendet eine potenzialfreie Spannungsquelle für Wechselspannung von 25 V bis 250 V. Die Messspannung sollte so groß sein, wie die Betriebsspannung des Gerätes oder kleiner, z.B. 40 V. Erfolgt die Messung bei dieser niedrigeren Spannung, so wird der gemessene Ersatz-Ableitstrom linear auf die volle Betriebsspannung hochgerechnet.
Funktionsprüfung	Das geänderte Gerät ist gemäß den Bestimmungen des Herstellers zu betreiben. Bei Elektrowärmegeräten muss die Prüfdauer eine Aufheizperiode übersteigen. Nach Änderungen sind die Aufschriften auf dem Leistungsschild zu berichtigen.
Prüfung der Spannungsfestigkeit	Bei gewerblich genutzten Geräten muss eine Prüfung auf Spannungsfestigkeit durchgeführt werden, wenn in elektrischen Baueinheiten Einzelteile ersetzt werden.

Prüfspannung (f = 50 Hz) zwischen Körper und unter Spannung stehenden Teilen für die Dauer von 1 Minute:

Schutzklasse	I	II	III
Spannung	1000 V	3000 V	400 V

SE

Messschaltungen

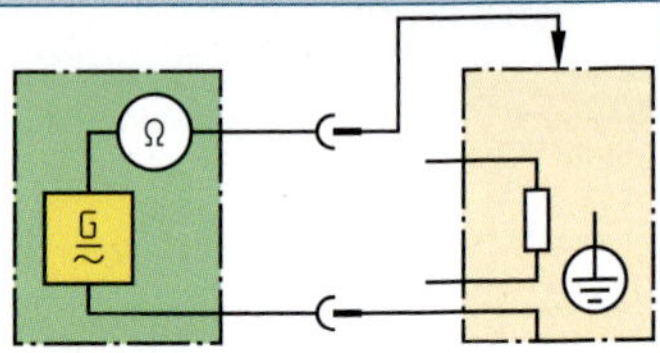

Messen des Schutzleiterwiderstandes

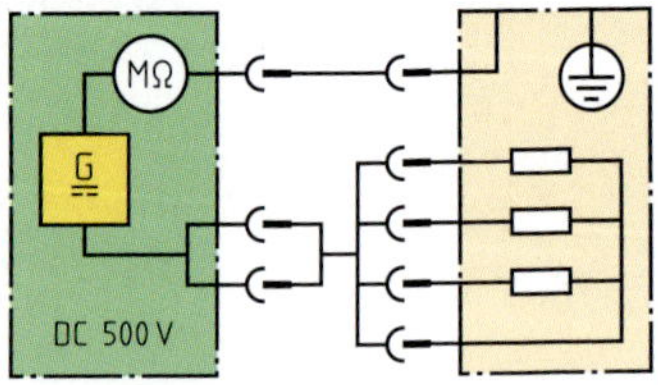

Messen des Isolationswiderstandes bei dreiphasigen Geräten der Schutzklasse I

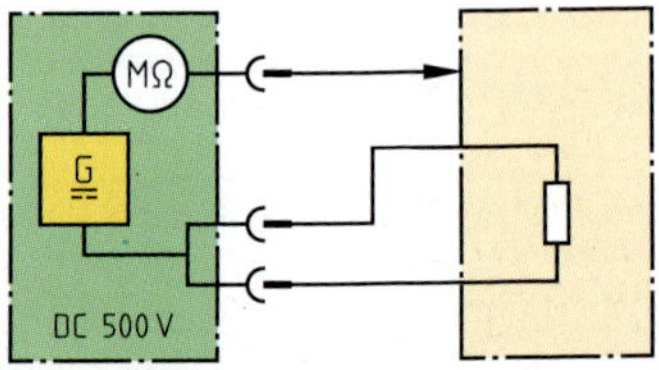

Messen des Isolationswiderstandes bei Geräten der Schutzklasse II

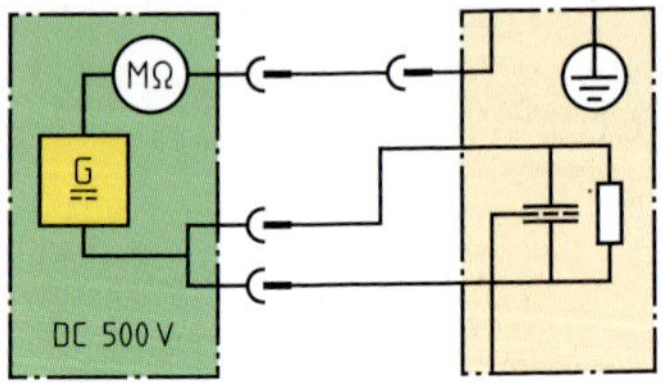

Messen des Isolationswiderstandes bei Geräten der Schutzklasse III

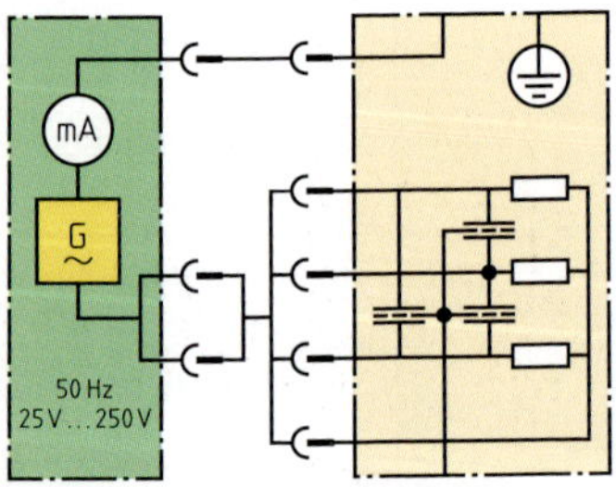

Messen des Ersatz-Ableitstromes bei dreiphasigen Geräten

Transformatoren und Drosselspulen, Prüfung der Isolation
Transformers and Chokes, Testing of Insulation

Arten der Prüfung

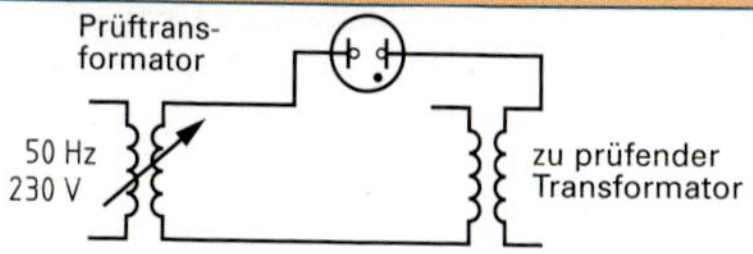

Wicklungsprüfung

Die Prüfung beginnt mit höchstens 33% der Prüfspannung. Die Spannung wird innerhalb von 10 Sekunden auf die volle Prüfspannung erhöht. Dabei darf kein Überschlag oder Durchschlag auftreten. Man spricht von Prüfung mit *angelegter Stehwechselspannung*, da die volle Prüfspannung 60 s anliegt. Bei Kleintransformatoren (bis 16 kVA und bis 1000 V) misst man zusätzlich den Isolationswiderstand.

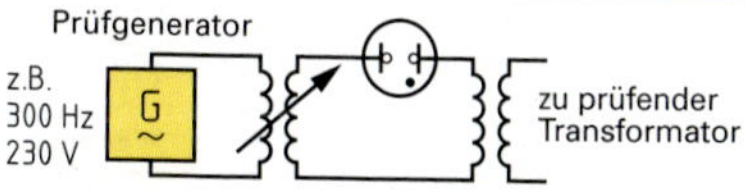

Windungsprüfung beim Kleintransformator

Mit der Windungsprüfung prüft man die Isolation zwischen benachbarten Windungen mit erhöhter Prüffrequenz bei doppelter Bemessungsspannung. Bei Großtransformatoren werden Folgen von kurzen Gleichspannungsimpulsen auf die Wicklung übertragen (*Stoßspannungsprüfung*), die abklingende Wechselströme hervorrufen (Schwingkreis). Isolationsfehler zeigt das Oszilloskop an.

Wicklungsprüfung bei Kleintransformatoren (bis 16 kVA, 1000 V, 500 Hz)

Größte Bemessungsspannung des Transformators	50 V	250 V	500 V	1000 V
Prüfspannungen[1] in V bei Geräteschutzklassen I (Schutzleiteranschluss) und III (SELV und PELV)				
Eingangskreis gegen Körper Ausgangskreis gegen Körper Eingangskreis gegen Ausgangskreis	1000	1500	2500	3500
Prüfspannungen[1] in V bei Geräteschutzklasse II (Schutzisolierung)				
Betriebsisolierung Eingangskreis gegen Metallteile	–	1500	2000	2500
Schutzklasse II Metallteile gegen Körper	–	2500	2500	2500
Eingangskreis gegen Ausgangskreis bei verstärkter Isolierung	–	3000	3500	4500
Eingangskreis gegen Körper und Ausgangskreis gegen Körper	1000	1500	2500	3000
Prüfspannungen[1] in V bei allen Geräteschutzklassen				
Zwischen den Eingangsklemmen und zwischen den Ausgangsklemmen	500	1000	1500	3000
Zwischen den Wicklungsgruppen (bei unterteilter Eingangswicklung)	–	500	500	1000

Windungsprüfung bei Kleintransformatoren

Formeln

$$\text{Prüfspannung} = 2 \times \text{Bemessungsspannung} \quad (1)$$

$$\text{Prüfdauer in min} = \frac{10 \times \text{Bemessungsfrequenz}}{\text{Prüffrequenz}} \quad (2)$$

Bem.frequenz	Prüffrequenz	Prüfdauer
50 Hz	100 Hz	5 min
50 Hz	200 Hz	2,5 min
50 Hz	300 Hz	1,7 min
400 Hz	1600 Hz	2,5 min

Messung des Isolationswiderstandes

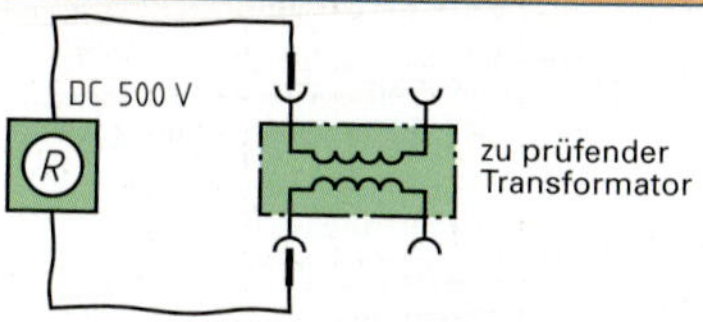

Der Isolationswiderstand ist mit Gleichspannung von 500 V zu messen, und zwar 1 min nach Anlegen der Spannung.

Der Isolationswiderstand muss zwischen Eingangskreis und Ausgangskreis mindestens 5 MΩ betragen, für andere Isolierungen (auch Schutzisolierung) 2 MΩ.

[1] Die Prüfspannung muss während 1 min am Prüfgegenstand liegen. Bei Wiederholungsprüfung genügen 80% der Prüfspannungswerte.

SE

Berechnung von Transformatoren
Calculation of Transformers

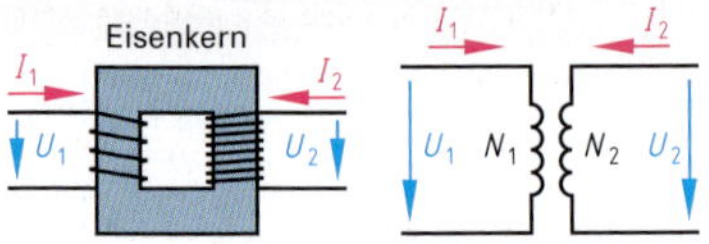

Bezugspfeile beim Transformator

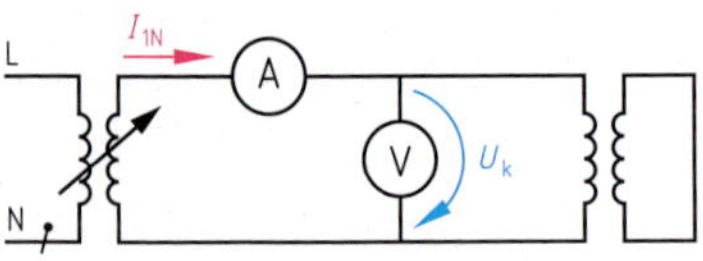

Messen der Kurzschlussspannung

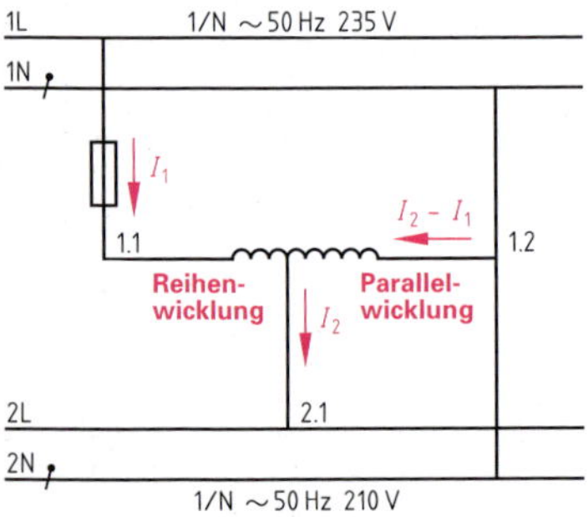

Schaltung des Spartransformators

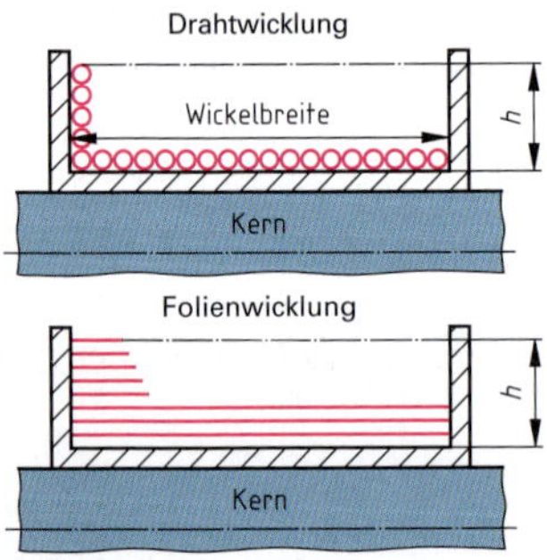

Wicklungsaufbau

Ideale Transformatoren (völlig verlustlos)

$$U_0 = N_2 \cdot 2\,\pi \cdot f \cdot \hat{B} \cdot A_{Fe}/\sqrt{2}$$

Leerlaufspannung
bei Sinusspannung

$$U_0 = 4{,}44 \cdot \hat{B} \cdot A_{Fe} \cdot f \cdot N \quad (1)$$

Übersetzungen
bei allen Wechselspannungen

$$\frac{U_{01}}{U_{02}} = \frac{N_1}{N_2}$$

$$\frac{U_1}{U_2} = \frac{N_1}{N_2} \quad (2)$$

$$\ddot{u} = \frac{U_1}{U_2} \quad (3)$$

$$\Theta_1 = \Theta_2$$

$$\frac{I_1}{I_2} = \frac{N_2}{N_1} \quad (4)$$

$$\frac{Z_1}{Z_2} = \ddot{u}^2 \quad (5)$$

$$\frac{C_1}{C_2} = \frac{1}{\ddot{u}^2} \quad (6)$$

$$\frac{R_1}{R_2} = \ddot{u}^2 \quad (7)$$

$$\frac{L_1}{L_2} = \ddot{u}^2 \quad (8)$$

Reale Transformatoren

Bei realen Transformatoren gelten die Formeln des idealen Transformators näherungsweise, und zwar umso genauer, je kleiner u_k ist.

Bezogene Kurzschlussspannung

$$u_k = \frac{U_k}{U_N} \quad (9)$$

$$u_k = \frac{U_k \cdot 100\%}{U_N} \quad (10)$$

Dauerkurzschlussstrom

$$I_{kd} = \frac{I_N}{u_k} \quad (11)$$

$$i_s \leq 2{,}54 \cdot I_{kd} \quad (12)$$

$$U_2 = K \cdot \frac{U_1 \cdot N_2}{N_1} \quad (13)$$

Bauleistung
beim Spartransformator

$$S_B = \frac{U_1 - U_2}{U_1} \cdot S_D \quad (14)$$

Lagenzahl

$$z \approx \frac{h}{d} \quad (15)$$

Windungszahl

$$N \approx N_L \cdot z \quad (16)$$

$$l \approx \pi \cdot d_m \cdot N \quad (17)$$

SE

- A_{Fe} Eisenquerschnitt
- $\hat{B}$ magnetische Flussdichte (Scheitelwert)
- C Kapazität
- d Drahtdurchmesser oder Foliendicke
- d_m mittlerer Windungsdurchmesser
- f Frequenz
- h Wickelhöhe
- I Stromstärke
- I_{kd} Dauerkurzschlussstrom
- I_N Bemessungsstrom, Nennstrom
- i_s Stoßkurzschlussstrom
- K Kopplungsfaktor
- L Induktivität
- l Drahtlänge
- N Windungszahl
- N_L Windungszahl je Lage
- R Widerstand
- S_B Bauleistung
- S_D Durchgangsleistung
- U Spannung
- U_0 Leerlaufspannung
- U_N Bemessungsspannung, Nennspannung
- U_k gemessene Kurzschlussspannung
- u_k bezogene Kurzschlussspannung
- $\ddot{u}$ Übersetzungsverhältnis
- Z Scheinwiderstand
- z Lagenzahl
- 1 Index für Oberspannungsseite
- 2 Index für Unterspannungsseite

Kleintransformatoren Small Transformers

Blechgrößen

Philbert-Kernbleche (nicht genormt)

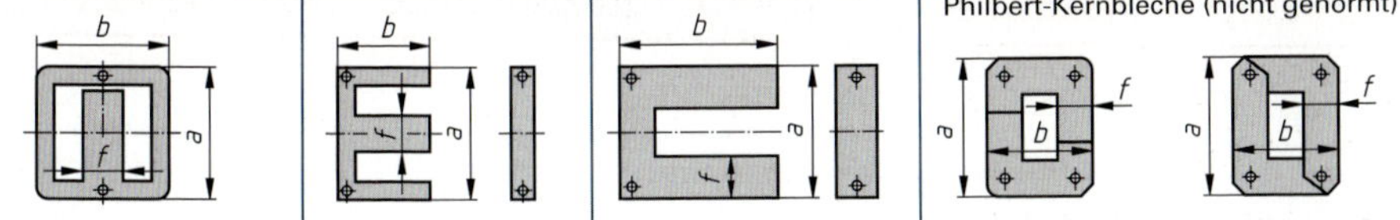

M-Kernblech | EI-Kernblech | UI-Kernblech | PU-Kernblech | PI-Kernblech

Kurzzeich.	M 20	M 30	M 42	M 65	EI 30	EI 130	EI 150	EI 170	UI 30	UI 60	UI 102	UI 150	P 48	P 60	P 68	P 76	P 86	P 108	P 180
a	20	30	42	65	30	130	150	170	30	60	102	150	72	90	102	114	129	162	270
b	20	30	42	65	20	87,5	100	118	40	80	136	200	36	45	51	57	64,5	81	135
f	5	7	12	20	10	35	40	45	10	20	34	50	12	15	17	19	21,5	27	45

Berechnungstabelle für M-Kernbleche und EI-Kernbleche für $\hat{B}$ = 1,2 T

Bemessungsleistung[1] bei 1 Eingangswicklung und bis 2 Ausgangswicklungen	in VA	4,5	12	26	48	62	120	180	230	280	350	420	500
Bemessungsleistung[1] bei mehreren Wicklungen	in VA	3	9	12	40	52	100	160	210	260	320	380	460
Kern		M 42	M 55	M 65	M 74	M 85	M 102a	EI 102b	EI 130a	EI 130b	EI 150a	EI 150b	EI 150c
Maß *a*	in mm	42	55	65	74	85	102	102	130	130	150	150	150
Kernbreite *f*	in mm	12	17	20	23	29	34	34	35	35	40	40	40
Pakethöhe	in mm	15	20	27	32	32	35	52	35	45	40	50	60
Eisenquerschnitt bei Füllfaktor 0,9	in cm²	1,6	3,0	4,9	6,7	8,4	11	16	11	14	14	18	21
nutzbare Fensterhöhe	in mm	6,5	7,5	9	10	9	12	12	24	24	28	28	28
nutzbare Fensterbreite	in mm	24	30	35	43	46	58	58	61	61	68	68	60
Wicklung													
Eingangswicklung[2]: Windungen/V		19,5	10,9	7,05	5,23	4,18	3,26	2,19	3,22	2,52	2,48	1,98	1,66
Ausgangswicklung[2]: Windungen/V		29,1	13,53	8,13	5,81	4,58	3,50	2,30	3,44	2,65	2,60	2,08	1,72
Wirkungsgrad	$\eta \approx$	0,6	0,7	0,77	0,83	0,84	0,88	0,89	0,9	0,91	0,92	0,93	0,94
Stromdichte innen	in A/mm²	4,6	3,9	3,4	3,1	3,0	2,5	2,3	1,7	1,7	1,5	1,5	1,4
außen	in A/mm²	5,3	4,4	3,7	3,4	3,4	2,8	2,7	2,2	2,1	1,9	1,9	1,8
mittlere Windungslängen	in mm												
innere Hälfte		73	95	120	140	150	170	205	200	220	230	250	270
äußere Hälfte		98	125	150	180	185	215	250	280	300	325	345	365
ganz außen		111	138	167	200	203	235	270	320	340	370	390	410

Beispiel: Kleintransformator 230 V/ 24 V, Belastung 280 W bei cos φ = 1. Gesucht: Kern und Wicklungen.

Lösung: Ausgangsleistung $S = \frac{P}{\cos\varphi} = \frac{280\ \text{W}}{1} = 280\ \text{VA}$. Für eine Eingangswicklung und eine Ausgangswicklung ist nach der Berechnungstabelle ein Kern EI 130b erforderlich.

Eingangswicklung Windungszahl $N_1 = 2{,}52\ \frac{1}{\text{V}} \cdot 230\ \text{V} = 580$

Leistungsaufnahme $S_{zu} = \frac{S}{\eta} = \frac{280\ \text{VA}}{0{,}91} = 308\ \text{VA}$

Stromaufnahme $I_1 = \frac{S_{zu}}{U} = \frac{308\ \text{VA}}{230\ \text{V}} = 1{,}34\ \text{A}$; Stromdichte (innen) $J_1 = 1{,}7\ \text{A/mm}^2$

Drahtquerschnitt $A_1 = \frac{I_1}{J_1} = \frac{1{,}34\ \text{A}}{1{,}7\ \text{A/mm}^2} = 0{,}788\ \text{mm}^2$; Drahtdurchmesser $d_1 \approx$ **1 mm**

Ausgangswicklung Windungszahl $N_2 = 2{,}65\ \frac{1}{\text{V}} \cdot 24\ \text{V} = 63{,}6 \approx 64$

Stromabgabe $I_2 = \frac{S}{U} = \frac{280\ \text{VA}}{24\ \text{V}} = 11{,}67\ \text{A}$; Stromdichte (außen) $J_2 = 2{,}1\ \text{A/mm}^2$

Drahtquerschnitt $A_2 = \frac{I_2}{J_2} = \frac{11{,}67\ \text{A}}{2{,}1\ \text{A/mm}^2} = 5{,}56\ \text{mm}^2$; Drahtdurchmesser $d_2 = 2{,}66\ \text{mm} \approx$ **2,7 mm**

[1] Bei Gleichrichtertransformatoren Bauleistung P_T; [2] Die Windungszahlen gelten bei Wirkleistungsbelastung.

SE

Kraftwerksarten Types of Power Stations

Kraftwerksart	Einsatzmöglichkeit	Wirkungsgrad η	Bemerkungen
Wasserkraftwerke			
Laufwasser-Kraftwerk	Errichtung an Flüssen oder Kanälen. Durch Wehranlagen werden Höhenunterschiede von 4 m bis 25 m erreicht. Niederdruckanlagen arbeiten mit Kaplanturbinen.	0,85	Für konstante Energieversorgung. Deckung der Grundlast.
Speicherkraftwerk	Bei großen Stauhöhen. Mitteldruck-Kraftwerke 20 m bis 50 m. Hochdruck-Kraftwerke 50 m bis 2000 m. Kaplan-, Francis- oder Peltonturbinen. Wasser wird bei Regenfällen oder Schneeschmelze in einer Talsperre gestaut und bei Bedarf abgefahren.	0,8	Abhängig von Zufluss und Speichervermögen unterscheidet man: Tages-, Wochen-, Monats- und Jahreskraftwerke.
Pumpspeicherkraftwerk	In Schwachlastzeiten wird mit elektrischer Überschussenergie aus Wärmekraftwerken das Pendelwasser in das Oberbecken gepumpt. Bei Spitzenstrombedarf wird wie beim Speicherkraftwerk elektrische Energie erzeugt.	0,75	Zur Deckung von Spitzenlast. Dient als Energiespeicher.
Gezeitenkraftwerk	Nur an Küsten mit hohen Gezeitenunterschieden wirtschaftlich einsetzbar.	0,8	Zum Beispiel in Saint Malo, Frankreich (10 MW).
Wärmekraftwerke			
Dampfkraftwerk	Mit Atomkraft, Kohle, Gas oder Öl wird Wasserdampf mit Temperaturen bis 550 °C und Drücken bis 25 MPa erzeugt und Dampfturbinen zugeführt. Diese wandeln über Turbogeneratoren die mechanische in elektrische Energie um.	0,35 bis 0,45	Kraftwerke mit hohen Leistungen. Hohe Entsorgungskosten der Abfälle.
Gasturbinen-Kraftwerk	Verdichtete Frischluft wird durch Verbrennung von Erdgas oder leichtem Heizöl auf eine Temperatur von 1300 °C gebracht. Diese heiße Luft treibt über die Turbine den Generator an.	0,3	Volle Leistungsabgabe innerhalb von 2 min bis 3 min. Spitzenstromerzeuger.
GUD-Kraftwerk (Gas- und Dampfkraftwerk)	Die 600 °C heißen Rauchgase einer Gasturbine werden direkt in einem unbefeuerten Abhitzekessel zur Dampferzeugung für den Antrieb einer Dampfturbine genutzt.	0,55 bis 0,6	Sehr effiziente Brennstoffausnutzung und kleine Schadstoffemissionen. Leistungen bis 250 MW.
Verbundkraftwerk	Der im Abhitzekessel mit den Gasturbinenabgasen erzeugte Dampf wird in ein externes Dampfkraftwerk eingespeist. Dampfturbine und Gasturbine können gemeinsam oder einzeln gefahren werden.	0,48	Zur Leistungs- und Wirkungsgraderhöhung vorhandener Kraftwerke.

SE

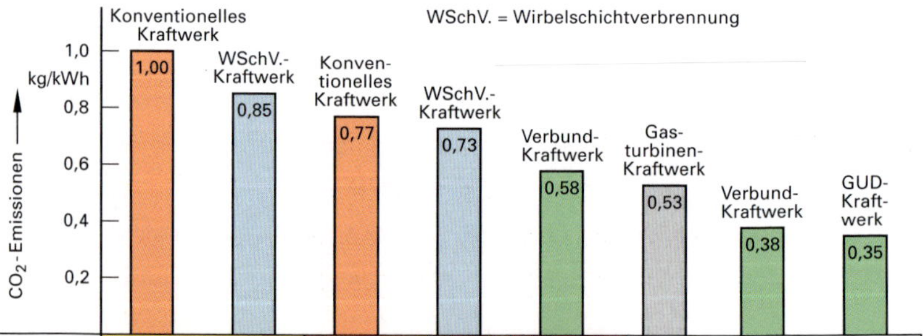

Brennstoff	Braunkohle		Steinkohle		Erdgas, Steinkohle	Erdgas		
elektrischer Wirkungsgrad	40 %	47 %	43 %	45 %	48 %	36 %	49 %	55 %

Wirkungsgrad und CO_2-Emission verschiedener Wärmekraftwerke

Drehende Generatoren Rotating Generators

Art	Erklärung	Schaltung
Synchrongenerator für AC (Einphasenwechselstrom) und 3 AC (Drehstrom)	Der Synchrongenerator SG besteht aus einem Ständer mit AC-Wicklung oder 3AC-Wicklung, einem Magnetläufer mit Erregerwicklung oder mit Dauermagneten. Dreht sich der Läufer, so wird in der Wicklung eine Spannung induziert. Zum Betrieb am Netz muss konstante Drehzahl $n = f/p$ eingehalten werden. Im Inselbetrieb steigt f mit n und p, die Spannung steigt mit I_{err} und n.	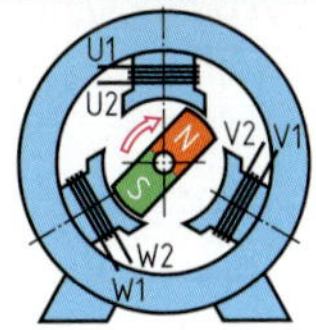 **Synchrongenerator (Prinzip)**
Synchrongenerator für DC (Gleichstrom)	Der SG erzeugt AC oder 3AC und mittels Gleichrichter, z.B. B2U oder B6U, kann DC entnommen werden. Durch Ändern von n oder I_{err} kann die Spannung eingestellt werden.	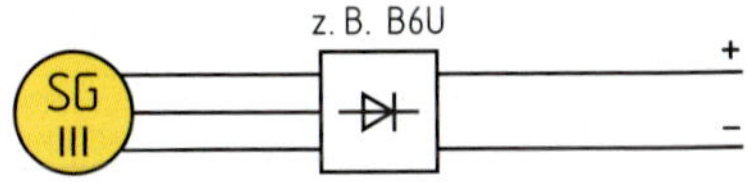 **Synchrongenerator für DC**
Asynchrongenerator für AC und 3 AC	Eine Kurzschlussläufermaschine oder eine Schleifringläufermaschine wird zum Asynchrongenerator AG, wenn sie mit einer höheren Drehzahl als ihrer Drehfelddrehzahl angetrieben wird, und zwar am Netz, aus dem der AG Blindstrom für das magnetische Drehfeld beziehen muss.	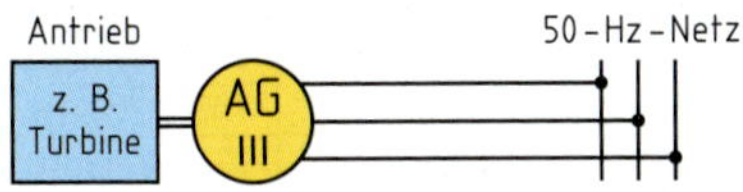 **Asynchrongenerator für 3AC**
Generatoren für Windkraftanlagen Synchrongenerator mit DC-Zwischenkreis Asynchrongenerator mit USK Doppelt speisender Asynchrongenerator	Bei Windenergieanlagen ändert sich die Drehzahl von 0,5- bis 1,1-facher Nenndrehzahl je nach Wind. Deshalb ist direkte Verbindung zum 50-Hz-Netz nicht möglich. Bei Anlagen bis etwa 50 kW wird ein *Umrichter mit Zwischenkreis URZ* angewendet (**Bild**, Seite 322). Bei Anlagen bis 2 MW kommt als Generator eine Schleifringläufermaschine als *untersynchrone Stromrichterkaskade USK* in Betracht. Der Ständer nimmt dabei Blindleistung auf, der Läufer gibt die Schlupfenergie an das Netz ab (**Bild**). Der *doppelt speisende Asynchrongenerator DAS* ist eine weiter entwickelte USK für Leistungen bis über 5 MW. Das 50-Hz-Netz wird vom Ständer und vom Läufer gespeist (**Bild unten**). Vorteil gegen URZ: Nur 30 % der Leistung gehen über die empfindliche Elektronik. www. windpower.org, www.vem-group.com	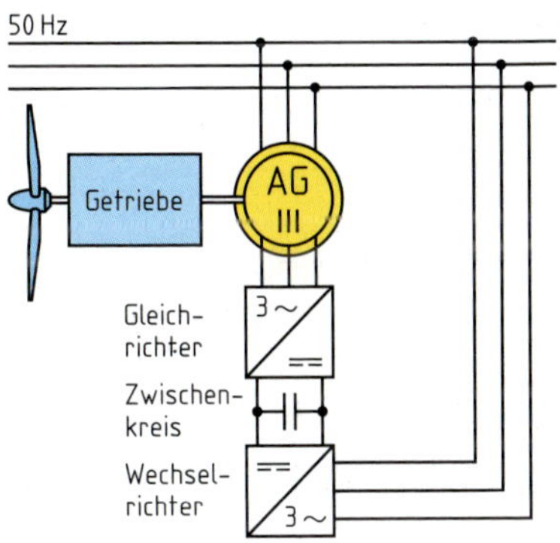 **Windenergieanlage mit USK (Prinzip)**

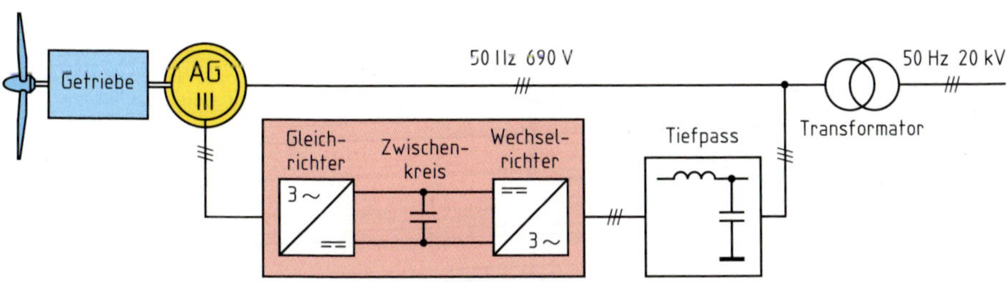

Doppelt speisender Asynchrongenerator (Prinzip)

AG	Asynchrongenerator	URZ	Umrichter mit Zwischenkreis	I_{err}	Erregerstrom
DAS	Doppelt speisender Asynchrongenerator	USK	Untersynchrone Stromrichterkaskade	n	Drehzahl
SG	Synchrongenerator	f	Frequenz	p	Polpaarzahl

SE

Isolierstoffklassen, Leistungsschilder von Transformatoren
Classes of Insulants, Nameplates of Transformers

Temperaturbeständigkeitsklassen von Isolierstoffen
vgl. EN 60085

Thermische Klasse, Isolierstoff-klasse	Höchst-zulässige Dauer-temperatur in °C	Isolierstoffe (Beispiele)	Zulässige Übertemperatur bei Wicklungen in K	
			mit Wider-standsmessung gemessen	mit Tempera-turfühlern gemessen
90 Y	< 105	Organische Faserstoffe (Baumwolle, Seide, Papier), Polyvinylchlorid, Polystyrol	50	55
105 A	< 120	Organische Faserstoffe, getränkt Abgewandelte Öllacke für Drähte Zelluloseacetatfolien, Polyester-Harze, synthetischer Gummi	60	65
120 E	< 130	Hartpapier, Hartgewebe, ausgehärtete Pressmassen (Phenol-, Melamin-, Polyester-, Epoxid-Harze), Kunstharzlacke Elektropressspan in Verbindung mit Folien Kl. E Triacetatfolien, Spritzgussmassen aus Polyamid	75	–
130 B	< 155	Glas, Glimmer mit Bindemitteln der Klasse E, Kunstharzlacke der Klasse B, getränkt Polycarbonatfolien, Spritzgussmassen aus Polycarbonat, getränkt	80	85
155 F	< 180	Glas, Glimmer mit abgewandelten Silikon-harzen, Terephthalsäureesterlacke, getränkt	105	110
180 H	< 200	Glas, Glimmer mit Silikonharzen, Silikon-Kautschuk, aromatische Polyamide, getränkt	125	130
C	< 220	Glas, Glimmer, Keramik, Quarz, Polyimide, Polytetrafluorethylen, getränkt	begrenzt durch Einfluss auf benachbarte Isolierung	

SE

Leistungsschilder von Transformatoren

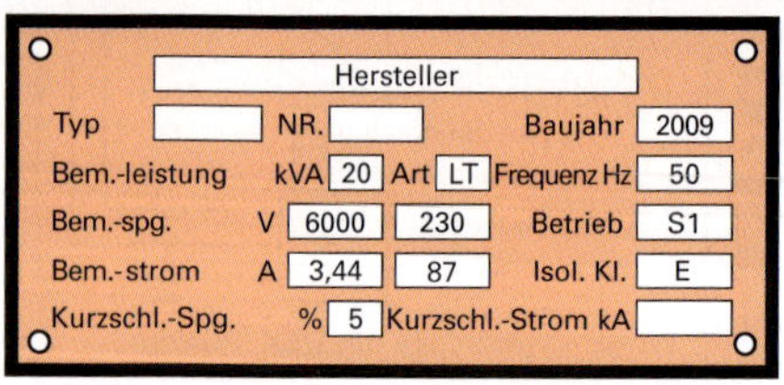

Einphasentransformator

Dieselben Angaben wie beim Drehstromtransformator (folgende Seite).

Bei kleiner Baugröße können einzelne Angaben fehlen, insbesondere bei Kleintransformatoren.

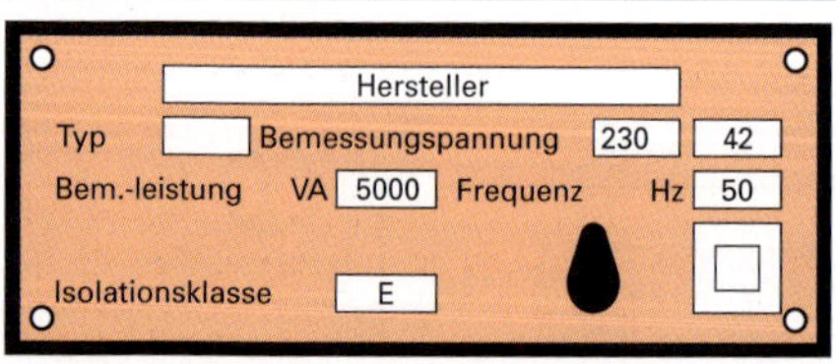

Kleintransformator

Wie beim Einphasentransformator, aber weiter vereinfacht.

Die Schutzart wird durch Tropfensymbole angegeben (siehe Schutzarten elektrischer Betriebsmittel).

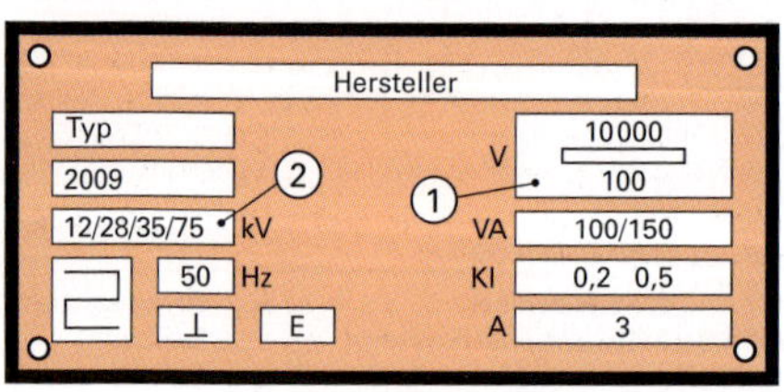

Spannungswandler

Ein Teil der Angaben wie beim Einphasentransformator.

Spannungen:

1. Bemessungsspannungen
2. a) höchste dauernde Eingangsspannung
   b) Bem.-Stehwechselspannung für Windungsprüfung
   c) Bem.-Stehwechselspannung für Wicklungsprüfung
   d) Bemessungs-Stoßspannung für Isolationsprüfung

Höchstzulässige Stromabgabe ohne Anspruch auf Genauigkeit der Spannungsübersetzung.

Transformatoren für Drehstrom Transformers for Three-phase Current

Übliche Drehstromtransformatoren

Zeigerbild OS	Übersetzung $U_1 : U_2$	Schaltgruppe	Schaltung OS US	Zeigerbild US	Schaltgruppe	Schaltung OS US	Zeigerbild US
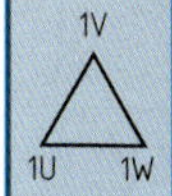	$\frac{N_1}{N_2}$	Dreieck-Dreieck Dd0	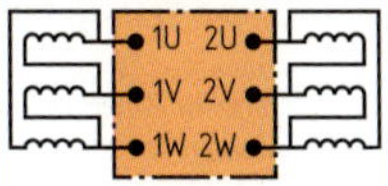	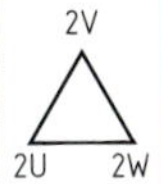	Dreieck-Dreieck Dd6	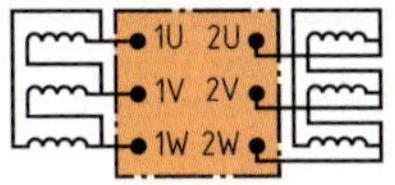	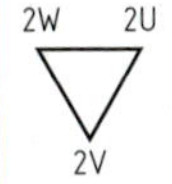
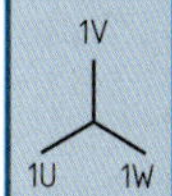	$\frac{N_1}{N_2}$	Stern-Stern Yy0	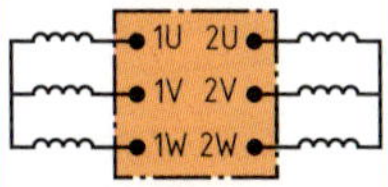	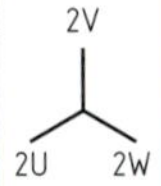	Stern-Stern Yy6	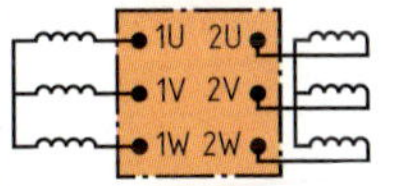	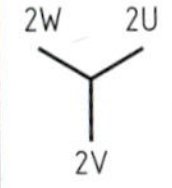
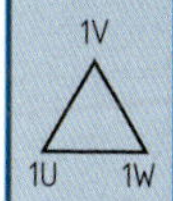	$\frac{N_1}{\sqrt{3}\,N_2}$	Dreieck-Stern Dy5	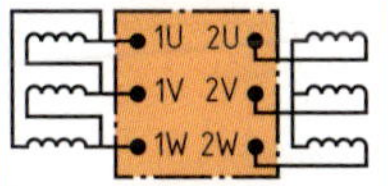	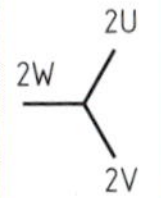	Dreieck-Stern Dy11	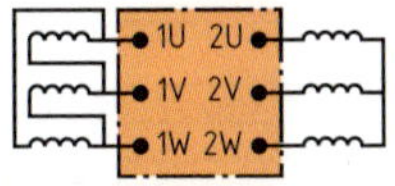	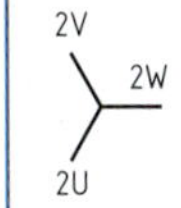
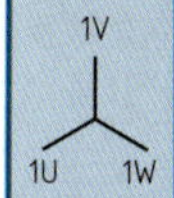	$\frac{\sqrt{3}\,N_1}{N_2}$	Stern-Dreieck Yd5	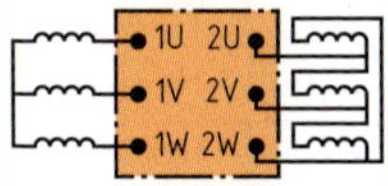	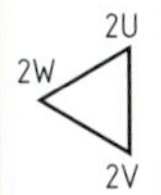	Stern-Dreieck Yd11	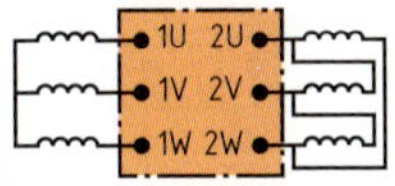	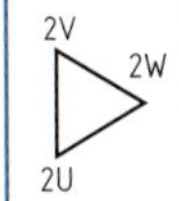
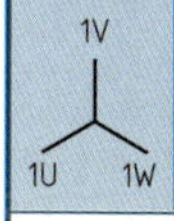	$\frac{2\,N_1}{\sqrt{3}\,N_2}$	Stern-Zickzack Yz5	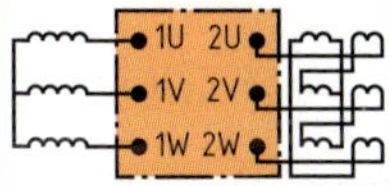	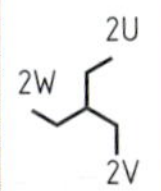	Stern-Zickzack Yz11	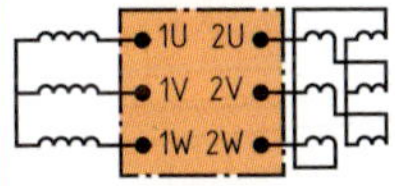	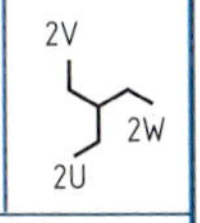

N_1 und N_2 sind Windungszahlen je Strang; U_1 und U_2 sind Leiterspannungen (Dreieckspannungen) bei Leerlauf. Ist der Sternpunkt herausgeführt, wird an die betreffende Schaltung ein n bzw. N angehängt, z. B. Dyn5 oder YNd5.

Spartransformator, Transformatorensätze

Schaltgruppe	Zeigerbild OS	Schaltung OS US	Zeigerbild US	Schaltgruppe	Zeigerbild OS	Schaltung OS US	Zeigerbild US
Y0	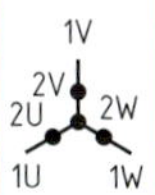	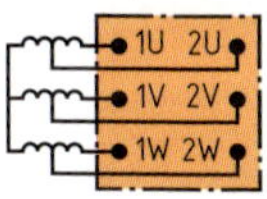	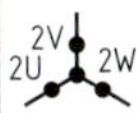	Ii0		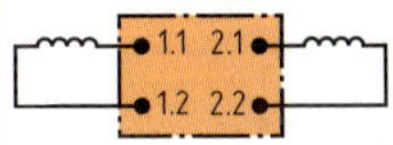 Einphasentransformator für Drehstromsätze	

Transformatorensätze (Transformatorenbänke) bestehen aus Einphasentransformatoren, die wie die Wicklungen eines Drehstromtransformators geschaltet sind, z. B. zu Dy11 (Oberspannungsseiten in Dreieck, Unterspannungsseiten in Stern).

Leistungsschild

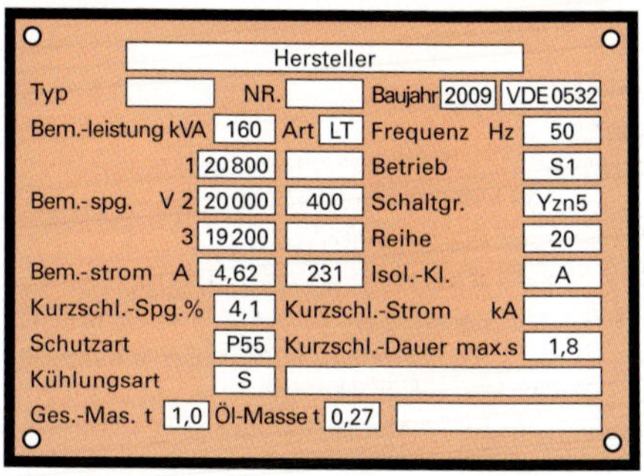

Hersteller					
Typ		NR.		Baujahr 2009	VDE 0532
Bem.-leistung kVA	160	Art	LT	Frequenz Hz	50
	1 20800			Betrieb	S1
Bem.-spg. V	2 20000		400	Schaltgr.	Yzn5
	3 19200			Reihe	20
Bem.-strom A	4,62		231	Isol.-Kl.	A
Kurzschl.-Spg.%	4,1	Kurzschl.-Strom kA			
Schutzart	P55	Kurzschl.-Dauer max.s			1,8
Kühlungsart	S				
Ges.-Mas. t	1,0	Öl-Masse t	0,27		

Angegeben sind Name des Herstellers, Transformatortyp, Herstellungsnummer, Baujahr, zugrunde liegende VDE-Bestimmung, Bemessungsleistung, Art des Transformators (z. B. LT für Leistungstransformator), Frequenz, Bemessungsbetriebsart, Oberspannungen (je nach Einstellung des Umspanners), Unterspannung, Schaltgruppe, Reihe (für Isolation maßgebende Spannung in kV), Bemessungsströme, Isolationsklasse, Schutzart IP, Kühlungsart, z. B. S für Selbstkühlung, relative Kurzschlussspannung.

Weitere Angaben sind möglich. Einzelne Angaben können aber auch fehlen.

Statt Bemessungs-, z. B. Bemessungsleistung, verwenden manche Bestimmungen auch Nenn-, z. B. Nennleistung.

Transformatoren in Parallelbetrieb Transformers in Parallel Operation

Bedingungen für Parallelbetrieb

1. Die **Bemessungsspannungen (Nennspannungen)** der parallel zu schaltenden Wicklungen müssen gleich sein.
2. Die **Kurzschlussspannungen** der parallel zu schaltenden Transformatoren müssen annähernd gleich sein. Zulässig ist eine Abweichung von ± 10% vom Mittelwert der Kurzschlussspannungen.
3. Das **Verhältnis der Bemessungsleistungen** der parallel zu schaltenden Transformatoren soll kleiner sein als 3 : 1.
4. Die **Phasenlage** der Spannungen muss bei Leerlauf und bei Belastung gleich sein. Ist bei **Einphasentransformatoren** die Phasenlage nicht gleich, so kann durch Umpolen einer Eingangsseite oder einer Ausgangsseite die gleiche Phasenlage erreicht werden. **Drehstromtransformatoren** müssen gleiche Kennzahlen der Schaltgruppen haben, damit die Phasenlage gleich ist. Transformatoren der Kennzahl 5 können jedoch mit Transformatoren der Kennzahl 11 parallel geschaltet werden, wenn man die Anschlüsse geeignet vertauscht (siehe folgende Tabelle).

Prüfung der Phasenlage beim Parallelschalten

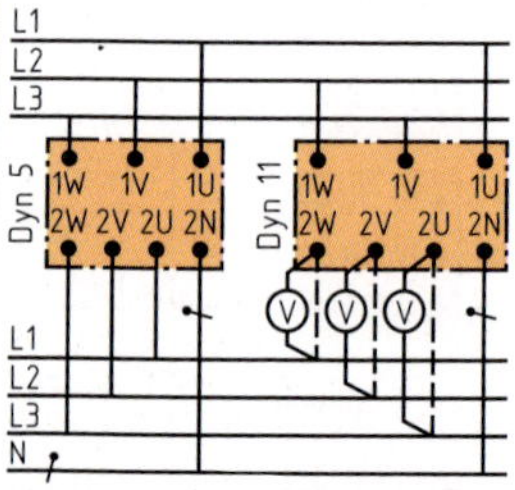

Nach Anschluss der Eingangswicklung darf zwischen den zu verbindenden Ausgangsklemmen keine Spannung herrschen.

Gefordert: Kennzahl 5

Anschlussmöglichkeiten bei Transformatoren mit Kennzahlen 5 und 11

geforderte Kennzahl	vorhandene Kennzahl	Anschluss an die Leiter der Oberspannungsseite			Unterspannungsseite		
		L1	L2	L3	L1	L2	L3
5	5	1U	1V	1W	2U	2V	2W
	11	1U	1W	1V	2W	2V	2U
11	11	1U	1V	1W	2U	2V	2W
	5	1U	1W	1V	2W	2V	2U

SE

Lastverteilung beim Parallelschalten von Transformatoren

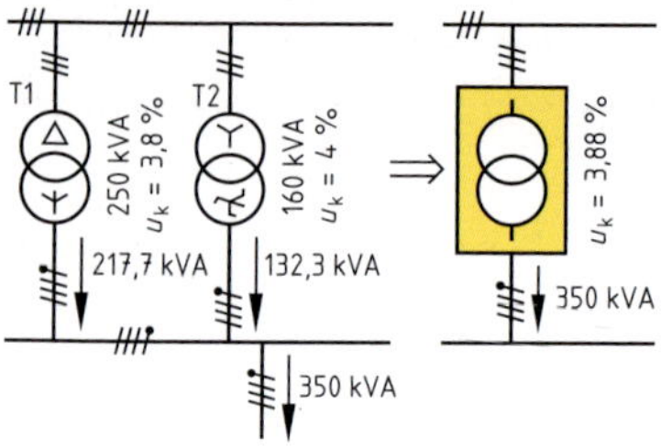

$$\frac{\Sigma S_N}{u_k} = \frac{S_{N1}}{u_{k1}} + \frac{S_{N2}}{u_{k2}} + \ldots$$

Kurzschlussspannung

$$u_k = \frac{\Sigma S_N}{\frac{S_{N1}}{u_{k1}} + \frac{S_{N2}}{u_{k2}} + \ldots} \quad (1)$$

Einzelleistungen bei gleichen u_k

$$S_1 = \Sigma S \cdot \frac{S_{N1}}{\Sigma S_N} \quad (2)$$

entsprechend für S_2; S_3; ...

Einzelleistungen

$$S_1 = S_{N1} \cdot \frac{u_k}{u_{k1}} \cdot \frac{\Sigma S}{\Sigma S_N} \quad (3)$$

entsprechend für S_2; S_3; ...

Beispiel: Berechnen Sie die Lastverteilung zweier parallel geschalteter Transformatoren. Transformator T1: Bemessungsleistung 250 kVA, Kurzschlussspannung 3,8%, Transformator T2: Bemessungsleistung 160 kVA, Kurzschlussspannung 4%, Gesamtlast 350 kVA.

Lösung:

$$u_k = \frac{\Sigma S_N}{\frac{S_{N1}}{u_{k1}} + \frac{S_{N2}}{u_{k2}}} = \frac{250\text{ kVA} + 160\text{ kVA}}{\frac{250\text{ kVA}}{3{,}8\%} + \frac{160\text{ kVA}}{4\%}} = \frac{410\%}{65{,}8 + 40} = \mathbf{3{,}88\%}$$

$$S_1 = S_{N1} \cdot \frac{u_k}{u_{k1}} \cdot \frac{\Sigma S}{\Sigma S_N} = 250\text{ kVA} \cdot \frac{3{,}88\%}{3{,}8\%} \cdot \frac{350\text{ kVA}}{410\text{ kVA}} = \mathbf{218\text{ kVA}}$$

$$S_2 = S_{N2} \cdot \frac{u_k}{u_{k2}} \cdot \frac{\Sigma S}{\Sigma S_N} = 160\text{ kVA} \cdot \frac{3{,}88\%}{4\%} \cdot \frac{350\text{ kVA}}{410\text{ kVA}} = \mathbf{132\text{ kVA}}$$

Probe:
218 kVA + 132 kVA = 350 kVA

S_1, S_2, ...	Lastabgaben der einzelnen, parallel geschalteten Transformatoren	ΣS_N	Summe der Bemessungsleistungen der parallel geschalteten Transformatoren
ΣS	Gesamtlast (Leistungsaufnahme der angeschlossenen Verbraucher)	u_k	resultierende Kurzschlussspannung der Parallelschaltung
S_{N1}, S_{N2}, ...	Bemessungsleistungen der einzelnen, parallel geschalteten Transformatoren	u_{k1}, u_{k2} ...	Kurzschlussspannungen der einzelnen Transformatoren

Netze der Energietechnik Power Mains for Energy Supply

Netzformen (Topologie)

Netzart	Kennzeichen	Anwendung	Vorteile und Nachteile
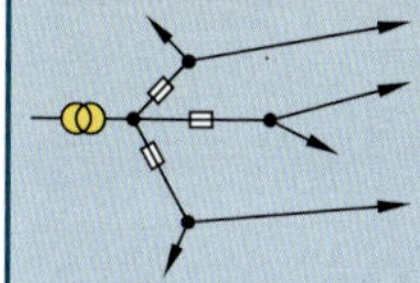 **Strahlennetz**	Die Energieversorgung verteilt sich strahlenförmig von einem gemeinsamen Einspeisepunkt aus. An jedem Strahl sind ein oder mehrere Verbraucher angeschlossen.	In Mittel- und Niederspannungsnetzen. Zur Energieversorgung von Reihendörfern oder Siedlungen in engen Tälern.	Hoher Spannungsfall am Ende der Leitung. Große Spannungsschwankungen abhängig von den Anschlusswerten der Verbraucher. Sichere Energieversorgung ist nicht gewährleistet. Große Leiterquerschnitte sind erforderlich.
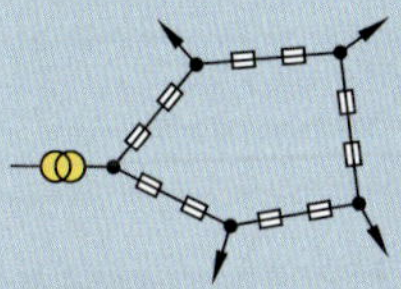 **Ringnetz**	Das Ende eines Versorgungsstrahls wird an den Einspeisepunkt zurückgeführt. Mehrere Einspeisungen sind möglich.	Bei flächenförmiger Anordnung weniger Verbraucher, die relativ weit auseinander liegen, z. B. bei Aussiedlerhöfen oder Industrieanlagen mit mehreren Fertigungsabteilungen. Mittel- und Niederspannungsnetze.	Aufwändiger als das Strahlennetz, da Rückführung erforderlich. Größerer Aufwand am Einspeisepunkt. Hohe Versorgungssicherheit, da von beiden Seiten eingespeist werden kann, falls in einem Teilstück eine Störung vorliegt.
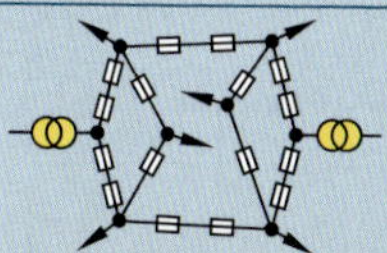 **Maschennetz**	Mehrere Einspeisepunkte. Diagonalverbindungen versorgen in der Masche liegende Verbraucheranlagen.	Für Hoch-, Mittel- und Niederspannungsanlagen. Versorgung von Großstädten.	Hohe Spannungskonstanz. Kleine Leitungsverluste. Große Versorgungssicherheit. Hoher Aufwand für Schutzgeräte und Netzschalteinrichtungen durch hohe Kurzschlussströme.

Unterscheidung nach Spannung

Bezeichnung	Bemessungsspannung in kV	Anwendung	Mastbauart	Spannweite in m
Niederspannungsnetz	0,23/0,4	Energieversorgung von Wohnungen, Gewerbebetrieben und Landwirtschaft.	National und international. Holz.	40 bis 80
Mittelspannungsnetz	6, 10, 20, 30, 60 (66, 69)	Energieversorgung von Ortsnetzstationen, Industriebetrieben und großen Wohneinheiten. Regionalnetz.	Beton, Stahlrohr, Holz.	80 bis 220
Hochspannungsnetz 1	110, 220, 380	Energieversorgung von Großstädten, große Industriebetriebe. Kraftwerksverbund.	Beton, Stahlgitter	200 bis 350
Hochspannungsnetz 2 (Höchstspannungsnetz)	500, 750	International für HGÜ (Hochspannungs-Gleichstrom-Übertragung).	Stahlgitter, Spezialkabel	bis 750 –

Unterscheidung nach Leitungsart

Bezeichnung	Spannungsbereich	Anwendung	Bemerkungen
Freileitungsnetz	Niederspannung	Ortsnetze	Alte Anlagen u. Erweiterungen. Billiger als Kabelnetze.
	Mittelspannung	Regionale und überregionale Energieversorgung. Europäisches Verbundnetz zur Absicherung nationaler Versorgung.	Preisgünstiger als Kabelnetz. Weniger Verluste. Kleinere Kapazität. Leicht überwachbar.
	Hochspannung, Höchstspannung		
Kabelnetz	Niederspannung	Ortsnetze	Kunststoffisolierte Kabel (PVC oder VPE)
	Mittelspannung	Verbindungskabel zu den Umspannstationen in Ortsnetzen oder großen Industrieanlagen. Über 110 kV sind nur kurze Verbindungsstrecken möglich.	Anlagen bis 1980: bis 60 kV Massekabel, darüber Gasdruck- und Öldruckkabel. Neuere Anlagen: Meist VPE-Kabel.
	Hochspannung		

SE

Freileitungen Overhead Power Lines

Art	Erklärung	Ansicht, Daten
Elektrophysikalische Grundlagen		
Feldlinien und Potenzial-Verlauf	Ein wichtiges Kriterium für die Auslegung einer Freileitung ist die elektrische Feldstärke am Rand des Leiters. Ein Maß für die Feldstärke ist die Feldliniendichte im Potenzialverlauf. Die Bündelung der Leiter wirkt wie eine Vergrößerung des Durchmessers eines Leiters. Dadurch haben die Potenziallinien größere Abstände und die Feldliniendichte ist kleiner.	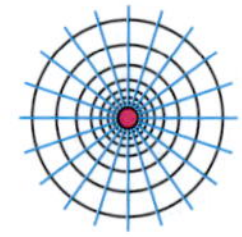 Feldlinien beim Einzelseil 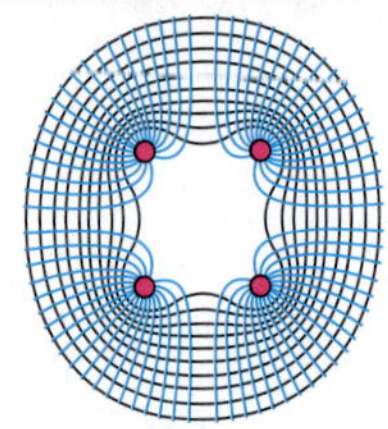 Feldlinien beim Viererbündel-Leiter
Ersatz-Schaltplan	Als Grundlage für die Ermittlung des erforderlichen Leiterquerschnittes, der Strombelastbarkeit, des Verhaltens bei Kurz- und Erdschluss dient der Ersatzschaltplan der Freileitung. Die Schaltung vereinfacht dadurch, dass der ohmsche und induktive Widerstand in der Mitte der Leitung und der Isolationswiderstand und die Kapazität der Leitung jeweils zur Hälfte am Anfang und am Ende der Leitung angenommen werden.	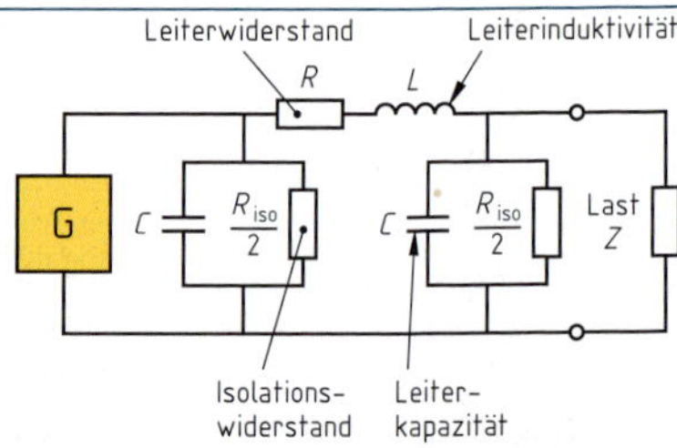
Bestandteile von Freileitungen im Hochspannungsnetz und Mittelspannungsnetz		
Leiterseile	Übersteigt die Randfeldstärke einen bestimmten Wert, z.B. 15 kV/cm, treten Sprühverluste auf. Bei Leitungen der Hochspannungsnetze 1 und 2 wird die Randfeldstärke begrenzt, indem man den Leitungsquerschnitt auf ein Bündel von Seilen verteilt. Die Randfeldstärke eines Leiters ist um so größer, je kleiner der Radius des Leiters ist. Als Werkstoffe für die Leiterseile werden Kupfer, Aluminium, Aldrey und Aluminium-Stahl im Verhältnis 6:1 verwendet. Abstandsbalken gibt es in X-Form und in waagrechter und senkrechter I-Form.	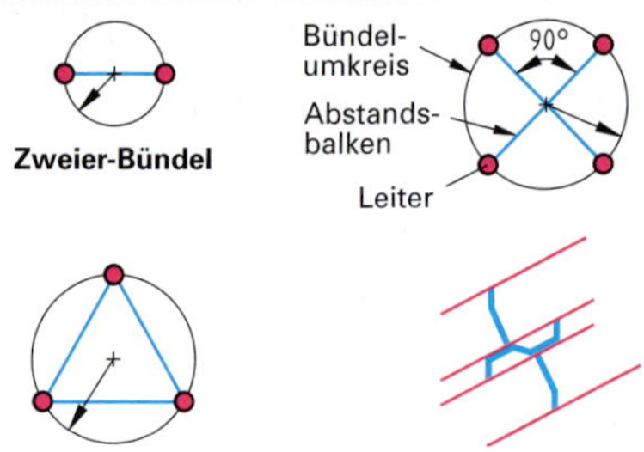 **Zweier-Bündel** **Dreier-Bündel** **Vierer-Bündel**
Stützpunkte	Man unterscheidet: ● Tragstützpunkt trägt die Leiterseile auf gerader Strecke. ● Winkelstützpunkt trägt die Leiterseile und nimmt die Zugkräfte durch die Abwinkelung auf. ● Abspannstützpunkt nimmt die Kräfte für den Seilzug auf. ● Endstützpunkt nimmt die gesamte einseitige Belastung der Seile auf. ● Abzweigstützpunkt dient als Verteiler der Leitungen in verschiedene Richtungen.	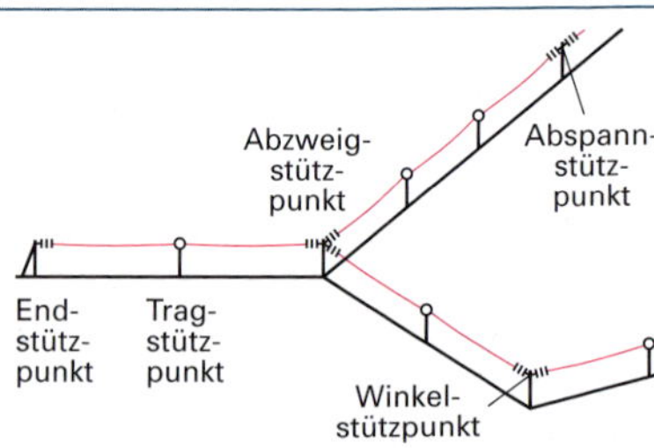
Mastarten	Je nach Spannung, Belastungsart und Bodenbeschaffenheit kommen folgende Mastarten zum Einsatz: ● Einfachholzmast, ● Doppelholzmast, ● A-Mast, ● Betonmast, ● Stahlrohrmast, ● Stahlgittermast.	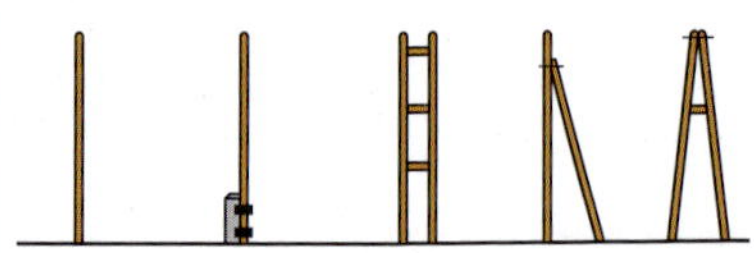 Einfach-Holzmast; Holzmast mit Betonmastfuß; Doppelholzmast, Kuppelmast; Mast mit Strebe; A-Mast

Freileitungsnetze Overhead Power Line Network

Ansicht	Erklärung	Bemerkungen
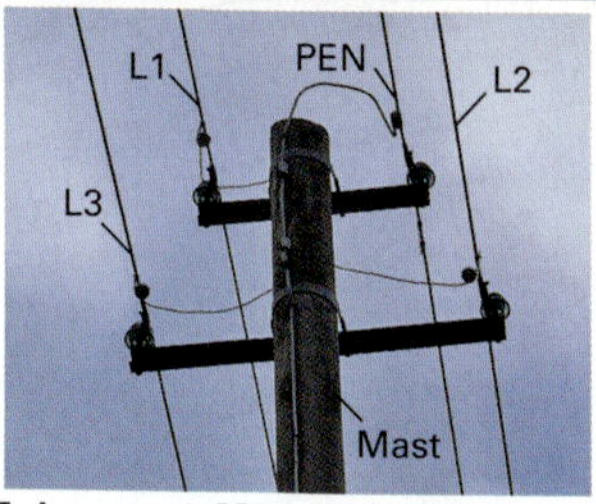 **Erdung am 1. Mast 400 V/230 V**	Freileitungsnetze für NS (Niederspannung) kommen in Randbereichen von Orten vor. Sie lassen Störungen leicht erkennen, benötigen aber mehr Platz als Kabelnetze. Meist verlaufen ab Trafostation L1, L2, L3 und der Sternpunktleiter. Letzterer wird am ersten Mast geerdet und so zum PEN. Im Bild sind L1, L2, L3 über Schutz-Funkenstrecken mit dem Erdungsleiter am ersten Mast ab der Trafostation verbunden.	Grundsätzlich sind die Leiterseile in den Freileitungsnetzen nicht isoliert. Für Hausanschlüsse nimmt man aber zunehmend Freileitungen mit Polyethylen-Isolierung der Al-Leiter. Bei diesen besteht die Gefahr des direkten Berührens nicht, z.B. bei Montagearbeiten. Die vier Leiter sind zu einem Bündel verseilt.
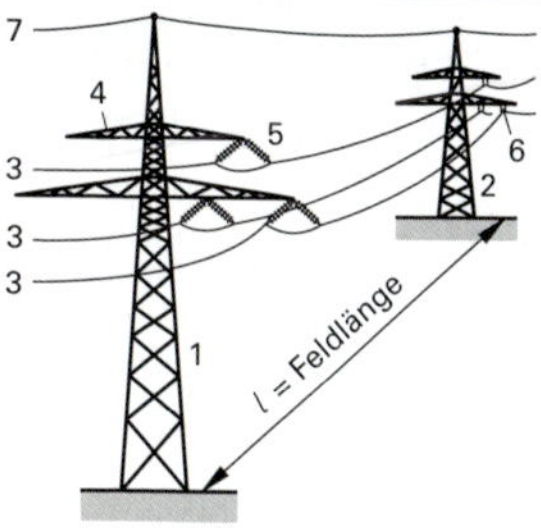 **Freileitung 220 kV**	1. Abspannmast (bei Richtungswechsel), 2. Tragmast (bei gleicher Richtung), 3. Leiterseile (wenn > 220 kV dann Bündelleiter, vorhergehende Seite), 4. Traverse (travertieren = queren), 5. Abspannisolatoren (paarweise), 6. Hängeisolator (meist Hartporzellan), 7. Erdseil (geerdet, als Blitzschutz). Etwa jeder 5. Mast ist als Abspannmast ausgeführt, weil an ihm die Verbindung der lieferbaren Seillängen erfolgt.	Bei den üblichen *Feldlängen* führt das Eigengewicht zu einem *Durchhang* (folgende Seite). Dadurch treten horizontale und vertikale Kräfte für die Isolatoren auf. Beim *Abspannmast* ziehen die horizontalen Kräfte die zwei Isolatoren auseinander, sodass eine *Schlaufe* zum Unterqueren der Traverse vorzusehen ist. Neue Erdseile enthalten ein Stahlröhrchen, in das Glasfasern zur Signalübertragung ohne Zwischenverstärkung für Längen bis 40 km eingezogen sind.
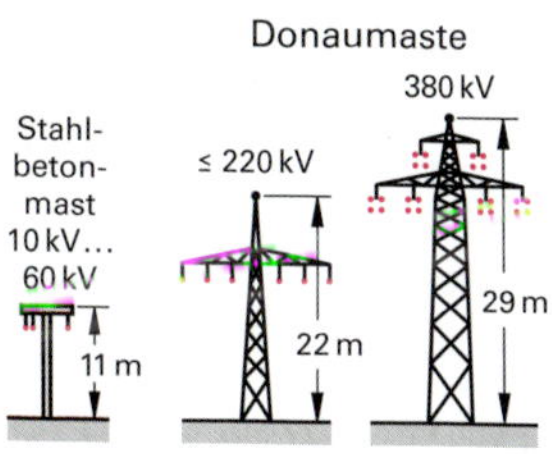 **Mastbilder**	Maste sind bei NS (Niederspannung) *Holzmaste* oder *Stahlbetonmaste*, bei MS (Mittelspannung) Stahlbetonmaste, *Stahlvollwandmaste* oder *Stahlgittermaste*. Bei HS (Hochspannung) verwendet man Stahlgittermaste, z.B. in Deutschland meist *Donaumaste* benannt nach der Gegend der ersten Anwendung. In älteren MS-Anlagen bis 15 kV kommen auch Holzmaste vor.	Holz- und Stahlbetonmaste werden mit mindestens 1/6 ihrer Länge in den Erdboden eingelassen, und zwar mit Steinlagen von 0,60 m am Fuß. Bei Stahlgittermasten ist ein entsprechendes Fundament vorzusehen. Bei Holzmasten ist in Abständen von etwa 10 Jahren eine Nachpflege erforderlich. Dabei sind (unten) die Fußbandage und nach der doppelten Zeit (oben) die Zopfbandage mit jeweiligem Nachpflegemittel zu erneuern.
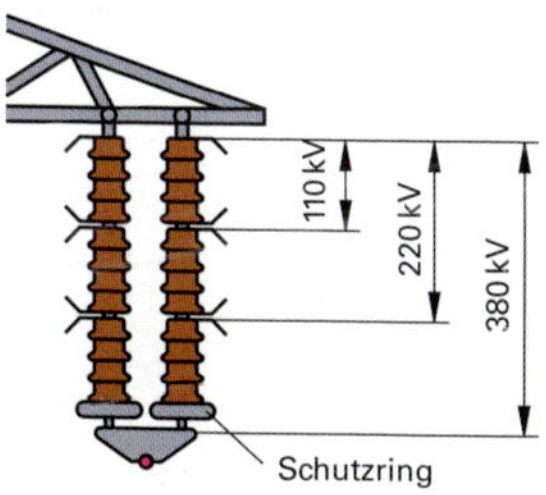 **Isolatoraufhängung**	Die Isolatoren sind elektrisch und mechanisch beansprucht. Bei NS und MS bis etwa 20 kV verwendet man meist *Stützisolatoren*. Bei größeren Spannungen verwendet man *Hängeisolatoren* als *Langstabisolatoren* oder *Kappenisolatoren*, und zwar je nach Spannung einzeln oder als *Hängekette* und auch wegen der höheren Sicherheit als *Doppelhängekette*.	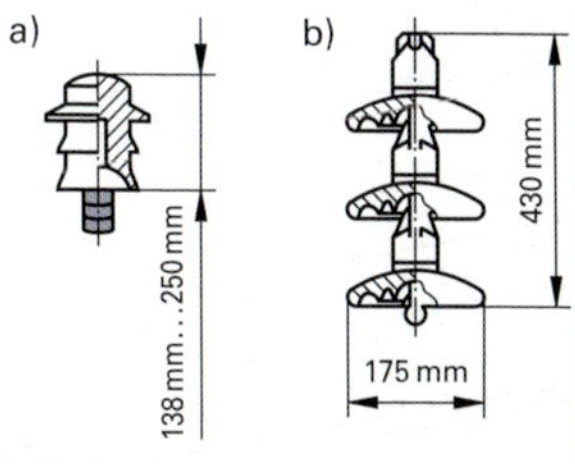 **Stützisolator und Glaskappenisolator**
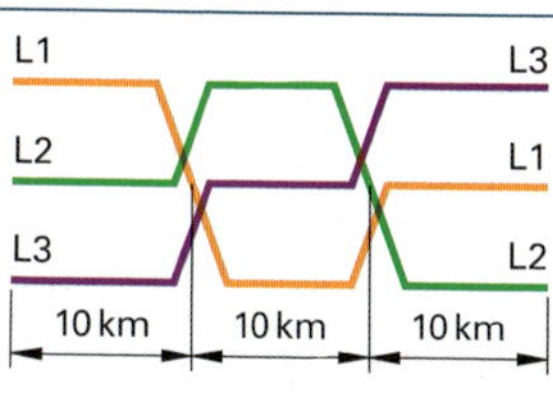 **Verdrillungsplan**	Die Leiter werden etwa alle 10 km an Masten verdrillt, damit die Spannungen der drei Leiter eines Systems gleich groß sind. Das ist erforderlich, weil die Leiter zueinander und zum Erdboden verschieden große Abstände haben.	Wegen der verschieden großen Abstände fließen verschieden große kapazitive Ableitströme und damit auch Leiterströme. Diese rufen an den Leiterimpedanzen verschieden große Spannungsfälle hervor. Die Verdrillung bewirkt eine symmetrische Last.

SE

Durchhang von Freileitungen Sag of Overhead Power Lines

Spannweite in m	Querschnitt in mm²	Durchhang in cm bei einer Temperatur in °C – 20	– 10	– 5	0	+ 5	+ 10	+ 15	+ 20	+ 25	+ 30	+ 40	– 5 mit G_Z
Aluminiumseil (Höchstbeanspruchung 70 N/mm²)													
20	25	2	2	3	3	4	4	5	7	9	12	20	19
	50	2	2	3	3	4	4	5	7	9	12	20	13
	95	2	2	3	3	4	4	5	7	9	12	20	9
40	25	11	15	18	22	26	32	37	43	49	55	65	68
	50	8	9	11	12	14	16	19	24	28	34	46	43
	95	8	9	11	12	14	16	19	24	28	34	46	32
90	50	98	118	128	138	148	157	166	175	184	192	208	207
	95	47	58	64	72	80	90	99	109	119	130	150	138
130	95	154	180	193	206	218	231	243	256	268	297	301	288
160	95	295	323	337	351	364	377	390	403	415	427	450	436
Stahl-Aluminiumseil mit dem Querschnittsverhältnis 1 : 6 (Höchstbeanspruchung 90 N/mm²)													
20	35	2	2	3	3	3	4	4	5	6	8	13	12
	50	2	2	3	3	3	4	4	5	6	8	13	10
40	35	8	9	10	11	13	14	16	19	22	26	35	40
	50	8	9	10	11	13	14	16	19	22	26	35	34
	95	8	9	10	11	13	14	16	19	22	26	35	26
90	35	97	114	122	130	138	145	154	162	169	176	190	198
	50	61	74	81	89	97	105	114	122	130	138	154	158
	90	42	50	54	59	65	71	78	85	93	102	118	112
130	95	118	136	146	157	167	178	188	199	209	220	241	233
160	95	219	244	256	268	280	293	304	316	328	339	361	352
Aldreyseil (Höchstbeanspruchung 100 N/mm²)													
40	35	5	6	7	7	8	9	10	12	14	16	24	39
	50	5	6	7	7	8	9	10	12	14	16	24	32
90	35	48	60	68	76	86	96	106	116	127	137	156	187
	50	34	40	44	49	54	61	68	77	86	96	117	145
	95	27	32	34	37	41	45	50	55	62	70	88	99
130	35	225	250	262	274	285	296	307	318	328	338	358	389
	50	119	143	156	169	182	196	209	222	235	247	271	304
	95	66	77	84	91	100	109	120	131	143	156	183	202
160	35	432	455	466	477	487	498	509	519	529	539	558	589
	50	263	293	307	322	335	349	362	376	389	402	426	458
	95	121	141	153	166	180	194	209	224	239	255	285	305

SE

Jede Freileitung muss mit dem richtigen Durchhang verlegt werden, weil sich die Seillänge mit der Temperatur ändert.

Nach VDE 0211 erfolgt der größte Durchhang

a) bei + 40 °C ohne G_Z

b) bei – 5 °C mit G_Z

In keinem Belastungsfall darf die Höchstbeanspruchung des Leitermaterials nach DIN 48200 und VDE 0211 überschritten werden.

G_Z Zusatzlast, z. B. Eisbehang

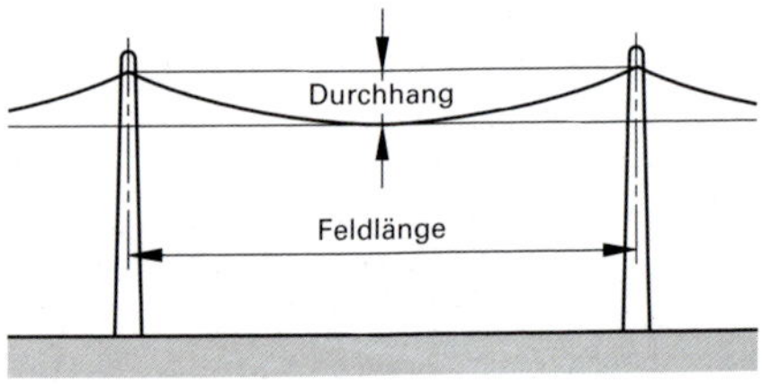

Verlegen von Erdkabeln Installation of Buried Cables

<table>
<tr><th>Vorgang</th><th>Erklärung</th><th>Bemerkungen, Ansicht</th></tr>
<tr><td>Herrichten des Kabelgrabens</td><td>
• Breite mindestens 40 cm,
• Frostfreie Tiefe bei Niederspannung normal mindestens 70 cm,
• Tiefe bei zusätzlichem Mittelspannungskabel normal mindestens 80 cm,
• Tiefe bei Kreuzung mit Hauptverkehrsstraßen mindestens 100 cm,
• Sandbett auf steinfreier Grabensohle mindestens 10 cm,
• bei Richtungsänderung den Kabelgrabenbogen entsprechend dem Krümmungshalbmesser r des Kabels (r = 12 x Kabeldurchmesser) ausführen.</td><td>
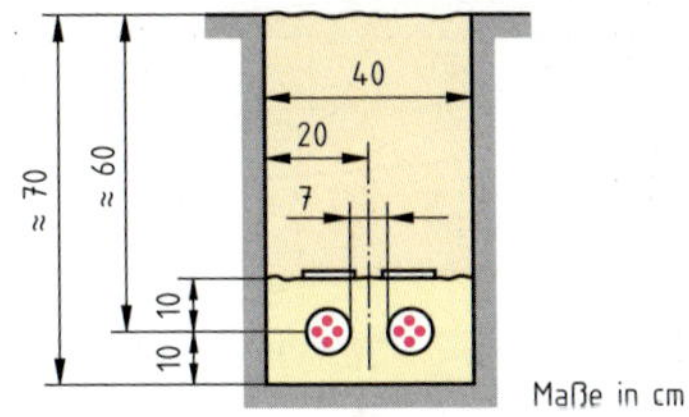

Kabelgraben bei zwei Niederspannungskabeln</td></tr>
<tr><td>Abdecken und Auffüllen des Kabelgrabens</td><td>
• Nach dem Auslegen des Kabels weitere Sandschicht von 10 cm einbringen,
• bei steinfreiem Erdboden kann auf diese Sandschicht verzichtet werden,
• Kabel mit Kunststoffplatten abdecken,
• ist mit einer Beschädigung des Kabels nicht zu rechnen, kann auf die Kunststoffplatten verzichtet werden,
• Kabelgraben lagenweise mit Erdboden auffüllen und die Lagen verdichten,
• im oberen Drittel des Kabelgrabens Trassenwarnband einlegen.</td><td>
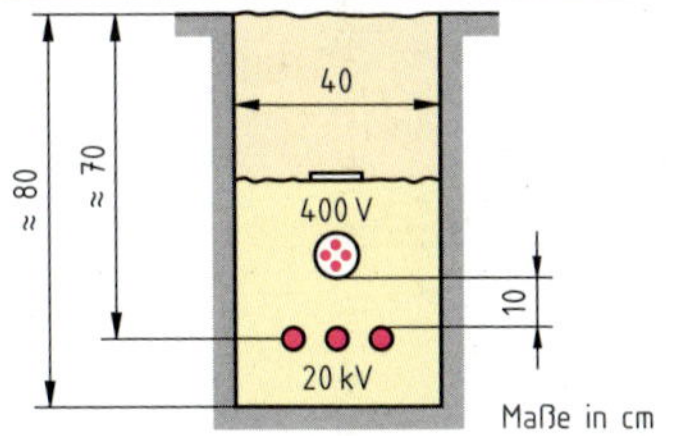

Kabelgraben mit 400-V-Kabel und 20-kV-Kabel</td></tr>
<tr><td>Auslegen des Kabels</td><td>
• Temperatur soll über –5 °C liegen,
• Kabel über Kabellegerollen von der Liefertrommel abziehen,
• Krümmungshalbmesser r von Bögen mindestens r = 12 x Kabeldurchmesser,
• vor Muffen und Kabelaufführungen (z. B. zu Umspannstationen) Kabel geschlängelt auslegen,
• Zugbeanspruchung höchstens 30 N/mm^2 (Summe der Leiterquerschnitte).</td><td>
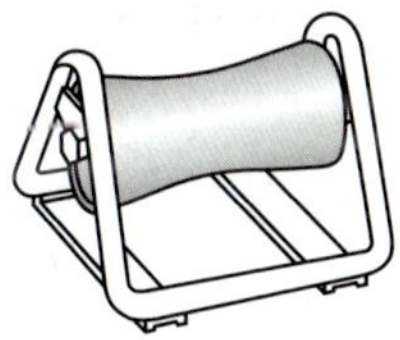
Kabellegerolle</td></tr>
<tr><td>Verwendung von Schutzrohren</td><td>
• Schutzrohre, z. B. geteilte Schutzrohre aus Kunststoff, sind bei zu erwartender mechanischer Belastung, z. B. Kreuzung von Hauptverkehrsstraßen, erforderlich,
• am Schutzrohrende ein Polster aus Erde unter dem Kabel zum Schutz gegen Kabelbeschädigung durch die Rohrkante anbringen,
• jedes Kabel ist in ein eigenes Schutzrohr zu legen.</td><td>
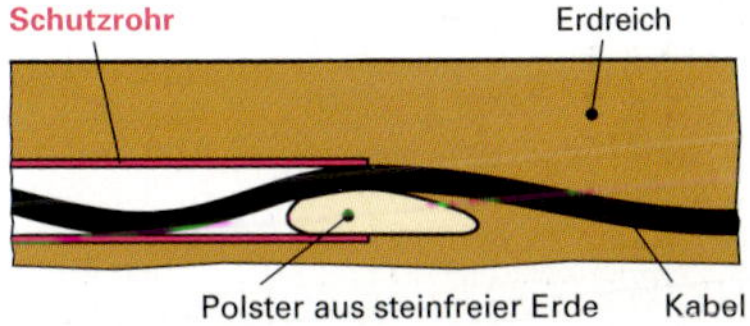

Schutz des Kabels am Rohrende</td></tr>
<tr><td>Kreuzungen und Näherungen</td><td>
• Bei Kreuzungen und bei Näherungen mit allen Arten von Leitungen sind Mindestabstände einzuhalten.
• Parallelführung mit Fernmeldekabeln ist wegen der Induktion zu vermeiden. Das gilt nicht für Glasfaserkabel. Notfalls müssen die Mindestabstände erheblich größer gewählt werden.
• Bei Kreuzungen mit anderen Energiekabeln soll das Kabel mit der höheren Spannung unten liegen.</td><td>
<table>
<tr><th colspan="3">Mindestabstände bei Kreuzung oder Näherung</th></tr>
<tr><th>Art</th><th>Kreuzung</th><th>Näherung</th></tr>
<tr><td>Fernmeldeanlage</td><td>10 cm</td><td>10 cm</td></tr>
<tr><td>Wasserleitung</td><td>20 cm</td><td>40 cm</td></tr>
<tr><td>Gasleitung ≤ 16 bar</td><td>20 cm</td><td>40 cm</td></tr>
<tr><td>Fernwärmenetz</td><td>30 cm</td><td>30 cm</td></tr>
<tr><td>Tanks und zugehörige Rohrleitungen</td><td>100 cm</td><td>100 cm</td></tr>
</table></td></tr>
<tr><td>Pflugkabellegung</td><td>
Auslegung mit Pflug möglich, wenn
• Trasse außerhalb bebauter Gebiete liegt,
• Kabelstrecke genügend lang ist,
• keine befestigten Wege vorhanden sind,
• im Boden keine Hindernisse liegen,
• der Boden die Belastung durch den Pflug aushält.</td><td>Das Kabel ist gleichzeitig mit dem Einpflügen auszufahren. Das Trassenwarnband wird zusammen mit dem Kabel eingepflügt. Wegkreuzungen sind vor dem Einpflügen zu öffnen. Das Kabel ist an diesen Stellen in geteilte Schutzrohre einzulegen. Sofort nach der Verlegung ist die Pflugrinne durch Walzen zu schließen.</td></tr>
</table>

SE

Eigenerzeugungsanlagen Private Power Generating Systems

Arten

Anlage, Betriebsart	Erklärung	Beispiel, Bemerkungen
Wasserkraftanlage (Wasserturbine mit Generator), Windenergieanlage (Windenergiekonverter mit Generator), Anlage mit Wärmekraftmaschine, z.B. BHKW (Blockheizkraftwerk),	Diese Anlagen enthalten eine Kraftmaschine KM, einen Synchrongenerator oder Asynchrongenerator, einen Frequenzumrichter (kann beim Asynchrongenerator entfallen) und eine ENS (Einrichtung zur Netzüberwachung mit Schaltorgan in Reihe). Die ENS überwacht z.B. die Spannung und schaltet die Anlage ans VNB-Netz oder vom Netz ab.	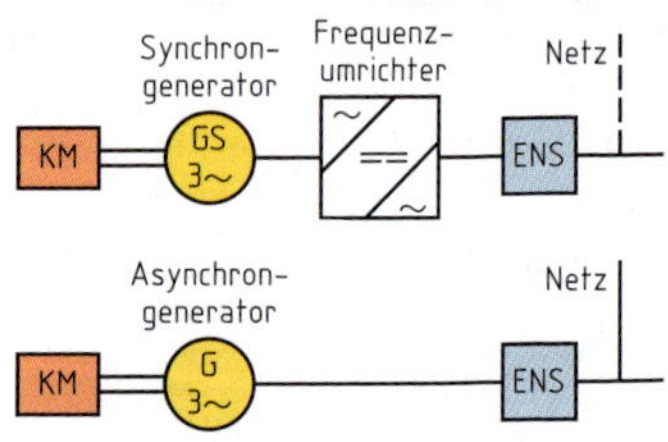
PV-Anlage (Photovoltaikanlage) Brennstoffzellen-Anlage	Die Solarmodule der PV-Anlage und die Brennstoffzellen liefern Gleichstrom. Deshalb ist ein Wechselrichter (DC-AC-Umsetzer) erforderlich.	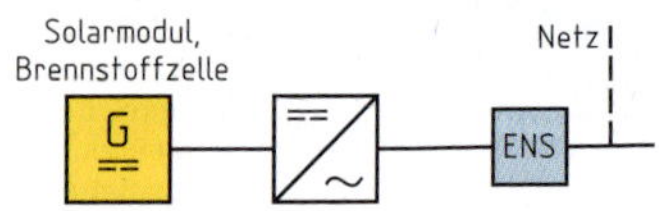
Inselbetrieb Parallelbetrieb Parallelbetrieb mit ausschließlicher Rücklieferung	Anlage arbeitet ohne Verbindung zum VNB-Netz. Anlage arbeitet mit Verbindung zum VNB-Netz. Der Bedarf des Kunden wird nur über den Bezugszähler gedeckt.	In Anlagen über 4,6 kVA muss die Blindleistung kompensiert werden. Der Leistungsfaktor soll innerhalb der Grenzen von 0,9 kapazitiv (Überkompensation) und 0,8 induktiv liegen.

SE

Anschluss an das öffentliche Netz

nach TAB

Prinzipschaltung

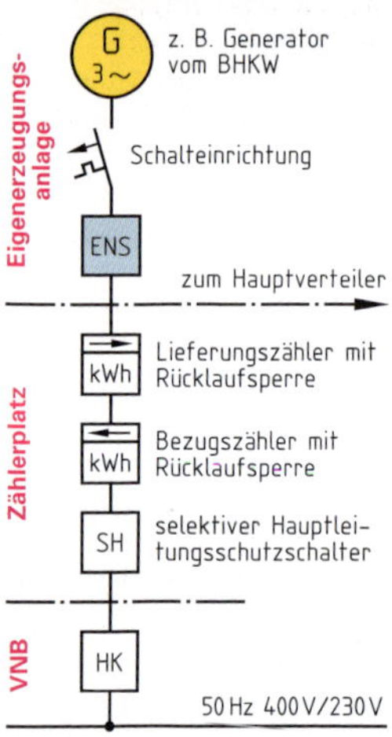

ENS	Einrichtung zur Netzüberwachung
HK	Hausanschlusskasten
SH	Selektiver Hauptleitungsschutzschalter
BHKW	Blockheizkraftwerk
VNB	Verteilungsnetzbetreiber

Anlage mit Zählern für Bezug und Rücklieferung

Erklärung

Eigenerzeugungsanlagen können unabhängig von der Art der Anlage für Einphasenbetrieb (üblich bis 4,6 kVA bzw. 5 kW) oder Dreiphasenbetrieb (üblich oberhalb von 4,6 kVA) konstruiert sein.

Beim Inselbetrieb erfolgt keine Rücklieferung, der Rücklieferungszähler entfällt dann. Sonst sind zwei kWh-Zähler vorhanden, nämlich der Bezugszähler und der Rücklieferungszähler. Beide Zähler müssen beim einfachen Parallelbetrieb Rücklaufsperren enthalten, da die bezogene Energie einen anderen Tarif als die rückgelieferte Energie hat. Meist wird aber der Parallelbetrieb mit ausschließlicher Rücklieferung angewendet.

Die Spannungserzeugung muss sicher von der übrigen Anlage trennbar sein, z.B. über den SH (Selektiver Hauptleitungsschutzschalter) und über die ENS oder einen *Kuppelschalter*.

ENS oder Kuppelschalter sind einstellbar für folgende Schutzfunktionen:

Spannung
0,7 U_N bis 1,15 U_N,
Frequenz 47 Hz bis 52 Hz.

Zählerplatz

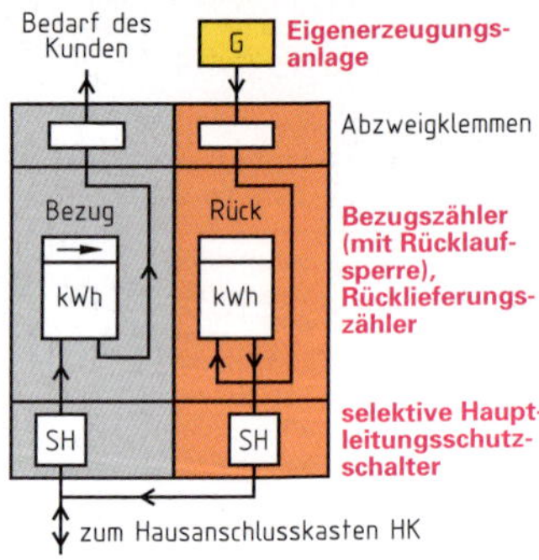

Eigenerzeugungsanlage mit ausschließlicher Rücklieferung

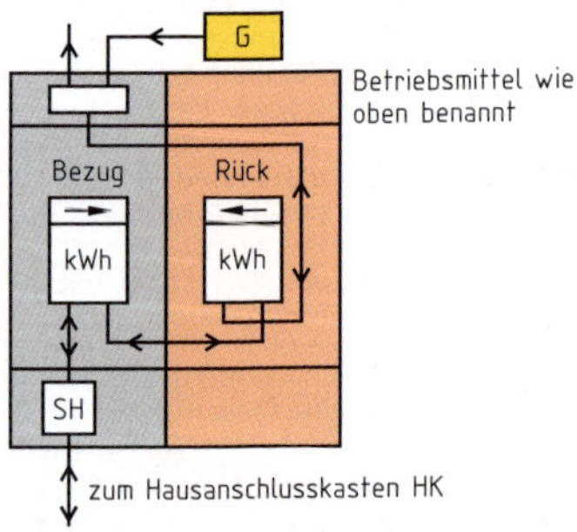

Eigenerzeugungsanlage mit Parallelbetrieb

Vergütung erneuerbarer Energien nach dem EEG
Reimbursement of Renewable Energies recording to EEG
Windkaftanlagen Wind Power Stations

Vergütung erneuerbarer Energien (Anhaltswerte nach Stand EEG 2009)

Anlagenart, Bemessungsleistung	Cent je kWh	garantierte Zeit in Jahren	Verringerung der Vergütung	Bemerkungen
Wasserkraft bis 500 kW	9,67	20	keine	Das EEG (Erneuerbare-Energien-Gesetz) verpflichtet die VNB zur Bezahlung der anfangs gewährten Vergütung unverändert für die garantierte Zeit. Die Anfangsvergütung nimmt im Laufe der Zeit ab, da die Wirtschaftlichkeit zunimmt. Die Anfangsvergütung ändert sich von Zeit zu Zeit. Es gibt je nach Anlage Zuschläge oder Abschläge. www.bum.de www.wikipedia.org www.antaris-solar.de
Wasserkraft bis 5 MW	6,65			
Biomasse bis 500 kW	9,9	20	ab 2009 je um 1%	
Biomasse bis 5 MW	8,9			
Biomasse bis 20 MW	8,4			
Windkraft	9,2	5	ab 2009 je um 1%	
	> 5,5	20		
PV bis 30 kW*	43,01	20	ab 2009 je um 8%	
PV bis100 kW*	40,91			
PV über100 kW*	39,58	20	ab 2010 je um 1%	
Geothermie bis 5 MW	15			
Geothermie über 20 MW	7,16			

PV = Photovoltaik, *bei Anlagen am Gebäude oder an Lärmschutzwand.

Windkraftanlagen

Rotorarten

Art	Wirkungsweise	Bemerkungen
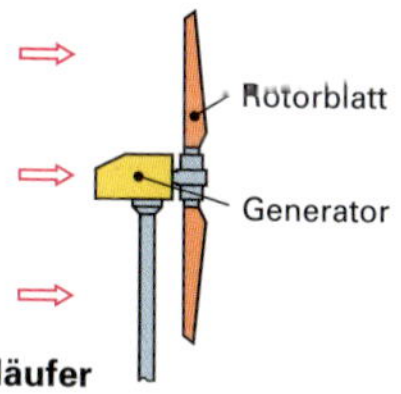 **Leeläufer**	An der Spitze des Turmes aus Stahlrohr oder Stahlbeton befindet sich der Turmkopf. Er ist mit dem Rotor und den Rotorblättern um 360° drehbar angeordnet. Beim Leeläufer dreht sich der Rotor auf der windabgewandten Seite des Turmes. Das hat den Vorteil, dass die Rotorblätter von selbst die Lage quer zum Wind einnehmen. Von Nachteil ist der Windschatten des Turmes, der die Leistung verringert. Der Leistungsbeiwert ist $c_p \approx 0{,}45$	Die Rotorblätter können durch einen Elektromotor verdreht werden. Durch diese *Regelung* wird bei großen Anlagen erreicht, dass die Rotordrehzahl weniger stark als die Windgeschwindigkeit schwankt. Bei Rotordurchmessern bis 20 m sind dagegen die Rotorblätter so geformt, dass bei hoher Drehzahl die Luftströmung zunehmend abreißt. Generatoren der Windkraftanlagen Seite 211.
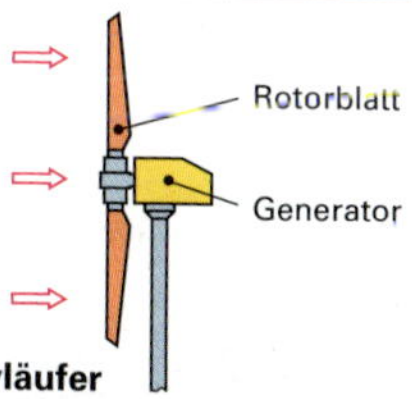 **Luvläufer**	Beim Luvläufer dreht sich der Rotor auf der Seite des Turmes, die dem Wind zugewandt ist. Dadurch ist die Leistung etwas höher als beim Leeläufer. Nachteilig ist, dass die Rotorblätter nicht von selbst die richtige Lage zum Wind einnehmen. Deshalb muss der Turmkopf durch eine *Windrichtungsnachführung* in die günstigste Position gebracht werden.	Die *Regelung* erfolgt wie beim Leeläufer bei großen Anlagen durch Verdrehung und bei kleinen Anlagen durch geeignete Formgebung der Rotorblätter. Diese müssen stabil sein, da sonst bei starkem Wind die Rotorblätter den Turm berühren könnten. Die Geschwindigkeit der Blattspitzen beträgt bei großen Anlagen über 400 km/h.

Formeln für Energie, Leistung und Geschwindigkeiten

$$E = \frac{1}{2} \cdot m \cdot v^2 \quad (1)$$

$$v_{Rotor} = d \cdot \pi \cdot n \quad (2)$$

$$\lambda = \frac{v_{Rotor}}{v} \quad (3)$$

$$P_W = \frac{1}{2} \cdot \varrho \cdot A \cdot v^3 \quad (4)$$

$$P = c_p \frac{1}{2} \cdot \varrho \cdot A \cdot v^3 \quad (5)$$

Idealer Leistungsbeiwert $c_p = 0{,}593$

- A durchströmte Fläche
- E kinetische Energie
- c_p Leistungsbeiwert
- λ Schnelllaufzahl
- m Masse der Luftteilchen
- P entnommene Leistung
- P_W Windleistung
- v Windgeschwindigkeit
- v_{Rotor} Rotorgeschwindigkeit
- ϱ Luftdichte ($\approx$ 1,29 kg/m³)

SE

Fotovoltaik Photovoltaic

Solarzellen

Art	Wirkungsgrad	Aufbau	Anwendungen
Amorphe Zellen	5% bis 10%	Auf Glasplatte aufgedampftes Silicium oder anderes Halbleitermaterial.	Kleingeräte, Solarmodule
Monokristalline Zellen	15% bis 22%	Gezüchtete Silicium-Einkristalle.	Solarmodule, Solarmobile, Raumfahrt
Polykristalline Zellen	10% bis 15%	Werden aus mehreren Silicium-Kristallen gegossen.	Solarmodule

Solarzellenmodule, Solargeneratoren

Schaltung	Beschreibung	Bemerkungen
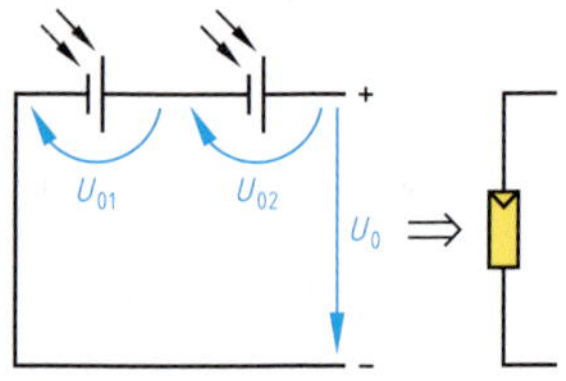 **Reihenschaltung von Solarzellen**	Die erzeugte Spannung einer Solarzelle ist von der Beleuchtungsstärke und der Zellentemperatur abhängig. Sie erreicht bei Silicium einen Maximalwert von etwa U_0 = 0,6 V. In der Regel werden 36 oder 40 Solarzellen in Reihe zu einem Solarmodul geschaltet. Bei der Reihenschaltung addieren sich die Spannungen der einzelnen Zellen zu $U_0 = U_{01} + U_{02}$.	Bei voller Sonneneinstrahlung, ca. 1000 W/m², kann eine Solarzelle mit der Größe von 10 cm x 10 cm etwa 10 W erzeugen. Die Bemessungsleistung eines Solarmoduls beträgt, je nach Größe, etwa 5 W bis 330 W. Ein 50-W-Modul ist z.B. geeignet, einen 12-V-Akkumulator aufzuladen.
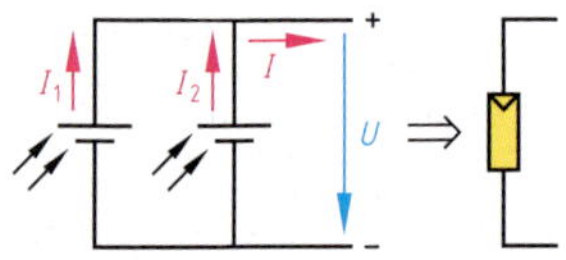 **Parallelschaltung von Solarzellen**	Die maximale Stromstärke einer Zelle ist aus der Kennlinie ersichtlich. Sie beträgt meist bis 3 A. Um höhere Lastströme zu erreichen, wird oft die Parallelschaltung angewendet. Dabei addieren sich die Ströme der einzelnen Zellen zu $I = I_1 + I_2$.	Abnehmende Sonneneinstrahlung beeinträchtigt insbesondere die Stromstärke. Beschattete Zellen wirken als Verbraucher und würden durch den Strom unzulässig hoch erwärmt. Deshalb werden Bypass-Dioden (folgende Seite) parallel geschaltet.
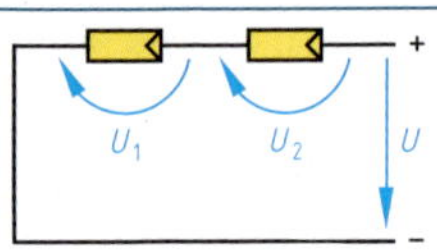 **Reihenschaltung von Solarmodulen**	Zur Erzielung höherer Systemspannungen werden Solarmodule in Reihe geschaltet. $U = U_1 + U_2$ Eventuelle Bypassdioden (folgende Seite) schützen Solarmodule vor Überlastung.	Für den Betrieb von Fotovoltaikanlagen werden höhere Systemspannungen benötigt. Zur Versorgung handelsüblicher 230-V-Geräte wird ein Wechselrichter vorgesehen, der die Gleichspannung in Wechselspannung umsetzt.
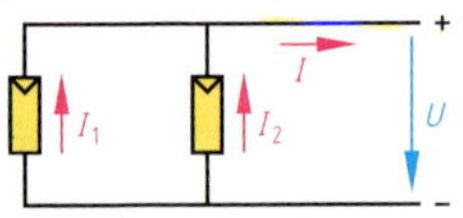 **Parallelschaltung von Solarmodulen**	Höhere Gesamtströme erhöhen die Gesamtleistung einer Fotovoltaikanlage. Zur Erzielung höherer Gesamtströme werden Solarmodule parallel geschaltet. $I = I_1 + I_2$	In Wohnwagen, Wohnmobilen oder auf Segelbooten werden auf diese Weise 12-V-Netze betrieben. Für fehlende Sonneneinstrahlung kann die gewonnene Energie in einem Akkumulator zwischengespeichert werden.
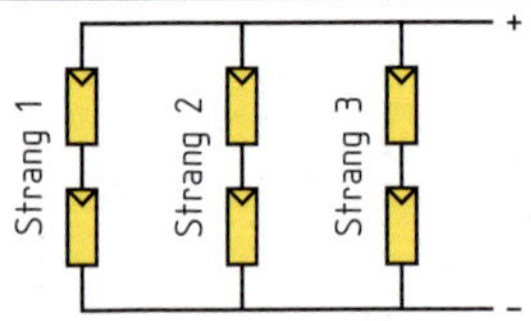 **Schaltung eines Solargenerators**	Bei Solargeneratoren werden höhere Systemleistungen gefordert. Durch geeignete Schaltungsvarianten werden die notwendigen Systemspannungen und Gesamtströme ermöglicht. Meist werden Stränge (Reihenschaltungen von Solarmodulen) parallel geschaltet.	Solargeneratoren mit parallel geschalteten Reihensträngen werden häufig für Fotovoltaikanlagen verwendet. Geeignete Schaltungen ermöglichen einen modularen Aufbau für Anlagen von einigen kW bis GW. Wechselrichter ermöglichen die Einspeisung in das Stromversorgungsnetz.

Flächenbedarf für Fotovoltaikanlagen

$$A_L = L_F \cdot A_G \quad (1)$$

$$P_M = G'_N \cdot \eta_M \quad (2)$$

$$G'_N = \frac{P_G}{A_G \cdot \eta_M} \quad (3)$$

$$A_G = n \cdot A_M \quad (4)$$

$$n = \frac{P_G}{P_M} \quad (5)$$

A_G Gesamtfläche des Solargenerators
A_L Benötigte Land- oder Dachfläche
A_M Fläche eines Solarmoduls
G'_N globale Bestrahlungsstärke etwa 1 kW/m²
L_F Landfaktor etwa 2 bis 3
n Anzahl Solarmodule
P_G Spitzenleistung des Solargenerators
P_M Spitzenleistung des Solarmoduls
η_M Wirkungsgrad des Solarmoduls

SE

Fotovoltaikanlagen Photovoltaic Arrays

Begriff	Erklärung	Bemerkungen, Daten
PV-Anlage	Eine Fotovoltaikanlage wandelt Sonnenlicht in elektrische Energie um.	Hauptbestandteile: Solarmodule, Wechselrichter, Freischalteinrichtung, RCBO (RCD mit Leitungsschutzschalter) und der Netzanschluss mit dem Elektrizitätszähler.
Solarmodule	Die Solarmodule erzeugen Gleichstrom, der dann von einem oder mehreren Wechselrichtern in 230 V Wechselstrom umgewandelt und in das öffentliche Versorgungsnetz eingespeist oder selbstgenutzt wird. Können unterschiedliche Bauarten und unterschiedliche Modulleistungen haben. Die Anzahl der Solarmodule einer Anlage ergibt deren Gesamtleistung. Die Leistung wird in Kilowatt Peak (kWp; p von engl. peak = Spitze) gemessen.	Beispiele für Modulleistungen: • Bemessungsleistungen von 5 Wp bis 1600 Wp (Wp: Wattpeak = Wattspitze, Einheit für die Spitzenleistung), • Bemessungsströme von 0,3 A bis etwa 10 A, • Bemessungsspannungen 16 V bis 400 V, • Größen 540 mm x 250 mm bis 1300 mm x 1890 mm.
Wechselrichter	Der Wechselrichter wandelt den im Solargenerator erzeugten Gleichstrom in Wechselstrom um. Die Ausgangsspannung beträgt meist 230 V. Der Wechselrichter muss mit einer Netzüberwachung ausgerüstet sein. Damit wird verhindert, dass die Anlage bei abgeschaltetem Netz Strom liefert.	Je nach Anlagentyp werden zentrale Wechselrichter oder Strangwechselrichter verwendet. Zentralwechselrichter verwendet man für Leistungen > 100 kWp, Strangwechselrichter im Leistungsbereich von 1 kWp bis 20 kWp.
Wirtschaftlichkeit	Die Wirtschaftlichkeit ist abhängig von der Himmelsrichtung und der Neigung. Für den wirtschaftlichen Betrieb einer PV-Anlage ist eine Mindestanlagengröße von 1 kWp empfehlenswert.	Der durchschnittliche Jahresertrag pro installiertem kWp liegt zwischen 750 kWh und 850 kWh. Eine Fotovoltaikanlage mit einer Bemessungsleistung (Nennleistung) von 1000 Watt (1 kWp) benötigt rund 10 m^2 Dachfläche.
Einspeisevergütung	Die Einspeisevergütung ist gesetzlich durch das Erneuerbare-Energien-Gesetz (EEG) geregelt.	Anlagen auf Gebäuden erhalten bis zu einer Größe von 30 kW etwa 55 Cent/kWh für einen Zeitraum von 20 Jahren (Stand 2008).
Genehmigung	Fotovoltaikanlagen sind auf selbst genutzten Gebäuden nach der Landesbauordnung genehmigungsfrei.	Bei einigen Fördermittelgebern wird eine städtebauliche Stellungnahme verlangt.
Montage	Man unterscheidet die Aufdachmontage, die Indachmontage, die Freiaufstellung, die Flachdachmontage und die Fassadenmontage. Bei der Wahl der Montageart spielen neben der für die Module günstigsten Ausrichtung und Neigung auch optische und architektonische Gesichtspunkte eine Rolle. Grundsätzlich müssen die Module witterungssicher aufgebaut und windsicher verankert werden.	Optimal ist eine Ausrichtung der Solarmodule nach Süden mit einer Neigung von 30 Grad. Der Solargenerator wird mithilfe eines Gestells auf die Dachhaut beschattungsfrei montiert. Die Montage des Generatoranschlusskastens erfolgt in der Nähe der Solarmodule (Solargenerator) geschützt vor direkter Sonnenstrahlung. Die Verbindung vom Generatoranschlusskasten zum Wechselrichter ist erdschluss- und kurzschlusssicher zu verlegen.

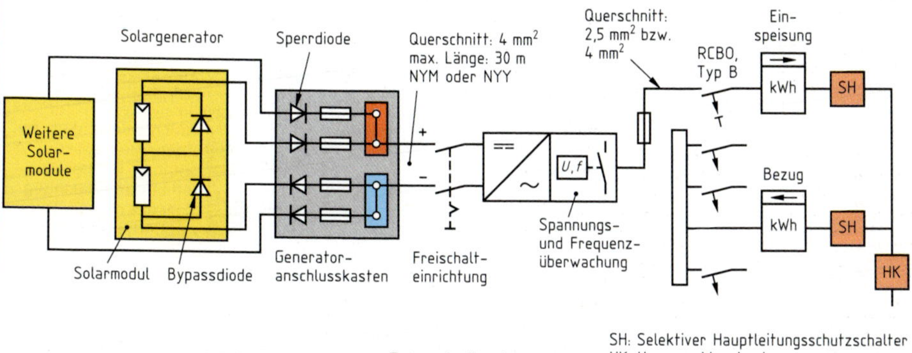

Fotovoltaikanlage

SH: Selektiver Hauptleitungsschutzschalter
HK: Hausanschlusskasten

Kurzzeichen an elektrischen Betriebsmitteln (Beispiele)
Marks and Symbols on Electrical Equipments (Examples)

Prüfzeichen

Kurzzeichen	Erklärung
CE	Bescheinigung des Herstellers für Übereinstimmung mit EU-Richtlinien
GS (geprüfte Sicherheit)	„Geprüfte Sicherheit" Sicherheitszeichen zum Maschinenschutzgesetz
◁VDE▷	VDE-Kabelkennzeichen
◁HAR▷	Zusatz bei harmonisierten VDE-Bestimmungen
	Zulassungszeichen der Physikalisch-Technischen Bundesanstalt (PTB) für Messeinrichtungen
	Funkschutzzeichen. Im freien Ausschnitt: Funkstörgrad G, N, K oder Zahl
VDE EMV	EMV-Funkschutzzeichen
	Geräte zugelassen in:
DVE	Deutschland
ÖVE	Österreich
+ S	Schweiz
	Frankreich
UL	USA

Schweißmaschinen

Kurzzeichen	Erklärung
42V	Die Klemmenspannung von 42 V darf im Leerlauf nicht überschritten werden.
S	Schweißgleichrichter für Arbeiten in engen Räumen.

Kondensatoren

Kurzzeichen	Erklärung
F	Flammsicher
FP	Flammsicher und platzsicher

Kleintransformatoren

Kurzzeichen	Erklärung
	Gekapselter Sicherheitstransformator nicht kurzschlussfest
	Offener Sicherheitstransformator
	Sicherheitstransformator, kurzschlussfest
	Steuertransformator, nicht kurzschlussfest
	Spielzeugtransformator (auch Kinderkochgerät, Kinderbügeleisen)
	Haushalt-Spartransformator
	Klingeltransformator
	Handleuchten-transformator
	Auftautransformator
med	Transformator für medizinische und zahnmedizinische Geräte
	Trenntransformator
	Transformator, nicht kurzschlussfest
	Transformator, unbedingt kurzschlussfest
	Rasiersteckdosen-Einheit

Schutzklassen

Kurzzeichen	Erklärung
	Schutzklasse I: Schutzmaßnahme mit Schutzleiter
	Schutzklasse II (bisher Schutzisolierung)
III	Schutzklasse III: SELV, PELV

Leuchten

Kurzzeichen	Erklärung
F	Flammschutzzeichen; Entzündungstemperatur mindestens 200 °C
	Leuchte für rauen Betrieb
	Stoßfeste Glühlampe
T	Erhöhte Sicherheit für Lampen in schlagwetter- und explosionsgeschützten Hängeleuchten
	Vorschaltgerät wird im Fehlerfall nicht zu heiß.

Sonstige Zeichen

Kurzzeichen	Erklärung
	Träge Sicherung
	Sicherung eingebaut
H	Gerätedosen, Verbindungsdosen, Kleinverteiler für Hohlwandinstallation
B	Gerätedosen, Verbindungsdosen, Leuchtenanschlussdosen für Installation in Beton

Elektromedizin

Kurzzeichen	Erklärung
	Hochspannungsteil eines Gerätes
	Anschlussstelle für Betriebserdung
CATH	Patientenanschluss an einen Elektrokardiographen, der bei Herzkatheteruntersuchung nicht mit dem Patienten verbunden sein darf.
CORT	Patientenanschluss an einen Elektroencephalographen, der während einer Untersuchung am Gehirn nicht mit dem Patienten verbunden sein darf.

SE

Brennstoffzellen Fuel Cells

Brennstoffzelle

Prinzip	Wirkungsweise	Bemerkungen
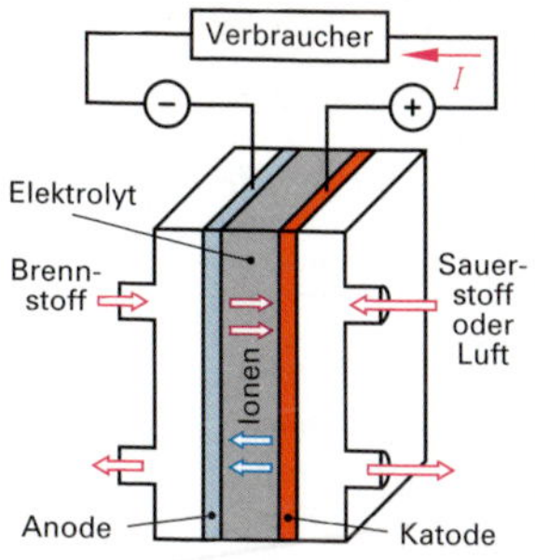 **Aufbau einer Brennstoffzelle**	Brennstoffzellen wandeln wasserstoffhaltige Brennstoffe in elektrische Energie um. Eine Zelle besteht aus zwei Elektroden und dem Elektrolyten. Die Anode wird mit dem Brennstoff (z.B. Wasserstoff oder Erdgas) und die Katode mit dem Oxidationsmittel (z.B. Sauerstoff oder Luft) gespeist. Der Elektrolyt dient als Ionenleiter zwischen den Elektroden. Der Brennstoff wird an der Anode (Minuspol) oxidiert. Über den äußeren Stromkreis fließen die abgegebenen Elektronen zur Katode (Pluspol). Hier wird das Oxidationsmittel durch Elektronenaufnahme reduziert.	Anders als bei einer Batterie oder einem Akkumulator werden hier die Elektroden selbst nicht chemisch umgewandelt. Eine einzelne Zelle liefert eine Gleichspannung von 0,6 V bis 0,9 V. Durch die Reihenschaltung der einzelnen Zellen werden Spannungen bis 200 V erzeugt. Die Stromstärke ist von der Zellenfläche abhängig und ergibt je nach Zellentyp und Betriebsbedingungen 0,1 A/cm² bis 1 A/cm². Es können elektrische Wirkungsgrade über 50% erreicht werden. Als Nebenprodukt entsteht Wärme wie bei einem Blockheizkraftwerk.

Brennstoffzellentypen

Brennstoffzelle	Elektrolyt	Brenngase	Temperatur	Leistung	Anwendungen
AFC (Alkaline Fuel Cell)	Kalilauge	Wasserstoff Sauerstoff (Luft)	50 °C bis 90 °C	etwa 10 kW	Raumfahrt, Fahrzeuge
MCFC (Molten Carbonate Fuel Cell)	Alkalicarbonatschmelzen	Wasserstoff Methan Kohlegas Sauerstoff (Luft)	600 °C bis 700 °C	250 kW bis 2 MW	Blockheizkraftwerke, Kleinkraftwerke
PAFC (Phosphoric-Acid Fuel Cell)	Phosphorsäure	Wasserstoff Methan Sauerstoff (Luft)	160 °C bis 220 °C	50 kW bis 200 kW 50 kW bis 11 MW	Blockheizkraftwerke, Kleinkraftwerke
PEMFC (Proton Exchange Membrane Fuel Cell)	Polymermembran	Wasserstoff Methanol Methan Sauerstoff (Luft)	20 °C bis 120 °C	30 W bis 1 kW 20 kW bis 250 kW 20 kW bis 250 kW	Stromversorgung Fahrzeuge, Blockheizkraftwerke
SOFC (Solid Oxid Fuel Cell)	keramischer Festelektrolyt	Wasserstoff Methan Sauerstoff (Luft)	800 °C bis 1000 °C	1 kW bis 5 kW 5 kW bis 100 kW	Blockheizkraftwerke, Kleinkraftwerke

Brennstoffzellenkraftwerke

Prinzip	Wirkungsweise	Bemerkungen
Brennstoffzellen-Kraftwerke werden als Blockheizkraftwerke gebaut, damit die Energieausnutzung bis 85% betragen kann. Die wesentlichen Systemkomponenten eines PAFC-Blockheizkraftwerks mit Erdgas sind: Reformer mit Konverter, Brennstoffzelle, Wärmetauscher und Wechselrichter.	Im Reformer wird das gereinigte Erdgas mit überhitztem Wasserdampf vermischt und katalytisch zu Wasserstoff und Kohlenmonoxid umgewandelt. Im Konverter reagiert das Kohlenmonoxid an einem Katalysator mit Wasserdampf zu Wasserstoff und Kohlendioxid. Dieses Prozessgas wird der Brennstoffzelle kontinuierlich zugeführt.	Brennstoffzellen-Kraftwerke stellen Strom und Wärme zur Verfügung. Der Leistungsbereich reicht von 10 kW bis 1 MW. Der elektrische Wirkungsgrad beträgt ca. 40%, der thermische Wirkungsgrad ca. 45%, sodass die Energie zu ca. 85% ausgenutzt wird.

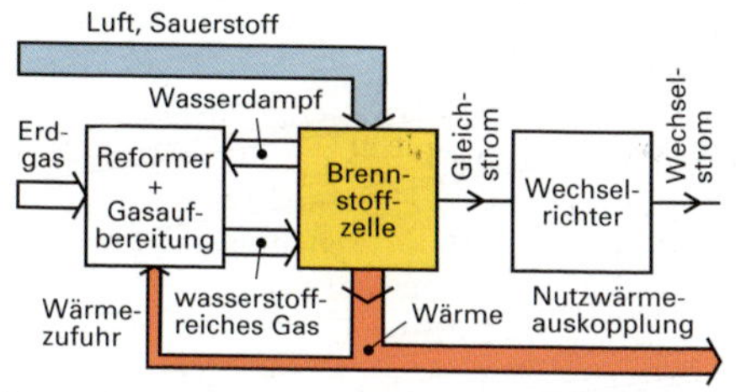

Systemkomponenten eines PAFC-Brennstoffkraftwerks

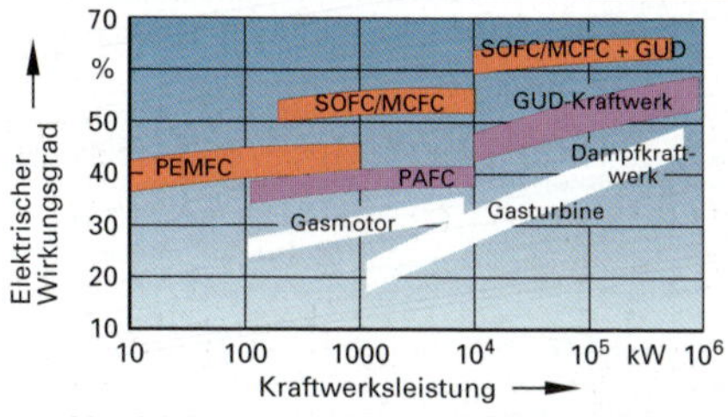

Vergleich der erreichbaren Wirkungsgrade

SE

Schutzarten elektrischer Betriebsmittel Protection of Electrical Equipments, IP-Code

Alphanumerische Kennzeichnung zur Angabe der Schutzart

Kennbuchstaben IP	Schutz gegen Berühren und gegen Eindringen von Fremdkörpern und Wasser. IP (International Protection) = Internationale Schutzart		
Erste Kennziffer	**Berührungsschutz (Personenschutz) Fremdkörperschutz (für Betriebsmittel)**	**Zweite Kennziffer**	**Wasserschutz**
IP 0X	Kein Berührungsschutz Kein Fremdkörperschutz	IP X0	Kein Wasserschutz
IP 1X	Handrückenschutz Schutz gegen Fremdkörper ≥ ∅ 50 mm	IP X1	Schutz gegen senkrecht fallendes Tropfwasser
IP 2X	Fingerschutz (Prüffinger, ∅ 12 mm, l = 80 mm) Schutz gegen Fremdkörper ≥ ∅ 12,5 mm	IP X2	Schutz gegen schrägfallendes Tropfwasser (15° gegen die Senkrechte)
IP 3X	Werkzeugschutz (Zugangssonde, ∅ 2,5 mm, l = 100 mm) Schutz gegen Fremdkörper ≥ ∅ 2,5 mm	IP X3	Schutz gegen Sprühwasser (bis 60° gegen die Senkrechte)
		IP X4	Schutz gegen Spritzwasser
		IP X5	Schutz gegen Strahlwasser
IP 4X	Drahtschutz (Zugangssonde, ∅ 1,0 mm) Schutz gegen Fremdkörper ≥ ∅ 1,0 mm	IP X6	Schutz gegen starkes Strahlwasser
		IP X7	Schutz gegen zeitweiliges Untertauchen
IP 5X	Drahtschutz (wie IP 4X), staubgeschützt	IP X8	Schutz gegen dauerndes Untertauchen
IP 6X	Drahtschutz (wie IP 4X), staubdicht	IP X9K	Schutz gegen Hochdruck-, Dampfstrahlreinigung

Wird nur eine Kennziffer für den Schutzgrad gebraucht, so wird die andere durch ein X ersetzt.

Dritte Stelle	Zusätzlicher Berührungsschutz	Vierte Stelle	Ergänzende Buchstaben
A	Handrückenschutz (Zugangssonde, ∅ 50 mm)	H	Hochspannungs-Betriebsmittel
B	Fingerschutz (Prüffinger, ∅ 12 mm, l = 80 mm)	M	Geprüft, wenn bewegliche Teile in Betrieb sind.
C	Werkzeugschutz (Zugangssonde, ∅ 2,5 mm; l = 100 mm)	S	Geprüft, wenn bewegliche Teile im Stillstand sind.
D	Drahtschutz (Zugangssonde, ∅ 1,0 mm; l = 100 mm)	W	Geprüft bei festgelegten Wetterbedingungen.

Die dritte und vierte Stelle sind fakultativ (freigestellt).

Sinnbilder zur Angabe der Schutzart

Sinnbild	Tropfwassergeschützt	Regengeschützt	Spritzwassergeschützt	Strahlwassergeschützt	Wasserdicht	Druckwasserdicht	Staubgeschützt	Staubdicht
Beispiel: IP	X1	X3	X4	X5	X7	X8	5X	6X

Wassereinwirkung beim Wasserschutz

Bild / Art	Tropfwasser, senkrecht	Tropfwasser, schräg	Sprühwasser	Strahlwasser, aus allen Richtungen	Überfluten	Untertauchen zeitweilig	Untertauchen dauernd
Beispiel: IP	X1	X2	X3	X5	X6	X7	X8

Kennzeichnung schlagwetter- und explosionsgeschützter Betriebsmittel

Allgemeine Kennzeichnung für Schlagwetterschutz oder Explosionsschutz

Nach der allgemeinen Kennzeichnung wird bei Schlagwetterschutz EExI und bei Explosionsschutz EExII gesetzt. Daran wird die besondere Schutzart durch einen Kleinbuchstaben angehängt. Dabei bedeuten:

d	druckfeste Kapselung
e	erhöhte Sicherheit
i_a, i_b	Eigensicherheit
o	Ölkapselung
p	Überdruckkapselung
q	Sandkapselung

SE

Elektrochemie Electrochemistry

Abbildungen	Erklärungen, Formeln	Werte

Elektrochemische Äquivalente

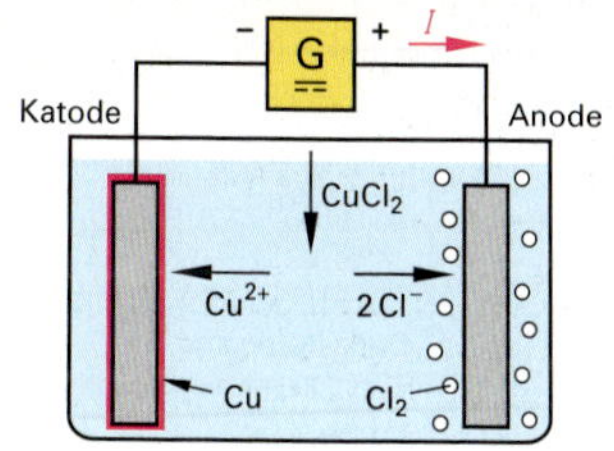

Elektrolyse

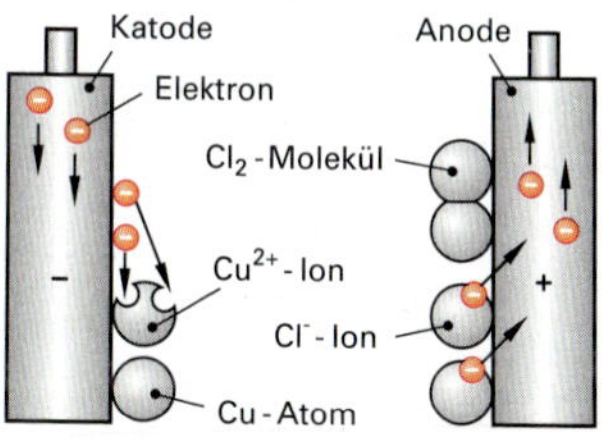

Vorgänge an den Elektroden

Elektrolyte (Säuren, Laugen, gelöste oder geschmolzene Salze) enthalten in der Lösung Ionen. Beim Stromdurchgang wandern in einem Verbraucher die positiven Ionen zur Katode und die negativen zur Anode und werden dort entladen.

Faradaysches Gesetz

$$m_b = c \cdot I \cdot t \quad (1)$$

Verluste treten durch Erwärmen der Flüssigkeit und durch Nebenreaktionen auf, z. B. durch Wasserstoff-Abscheidung.

Stromausbeute

$$\zeta_i = \frac{m}{c \cdot I \cdot t} \quad (2)$$

Metall	Ion	*c* in mg/(As)
Aluminium	Al^{3+}	0,09321
Cadmium	Cd^{2+}	0,58246
Chrom	Cr^{3+}	0,17963
	Cr^{6+}	0,08982
Eisen	Fe^{2+}	0,2894
Gold	Au^{+}	2,0414
	Au^{3+}	0,68046
Cobalt	Co^{2+}	0,30539
Kupfer	Cu^{+}	0,65853
	Cu^{2+}	0,32927
Nickel	Ni^{2+}	0,30424
Platin	Pt^{4+}	0,50548
Silber	Ag^{+}	1,11797
Zink	Zn^{2+}	0,33875
Zinn	Sn^{2+}	0,61506
	Sn^{4+}	0,30753

Elektrochemische Spannungsreihe

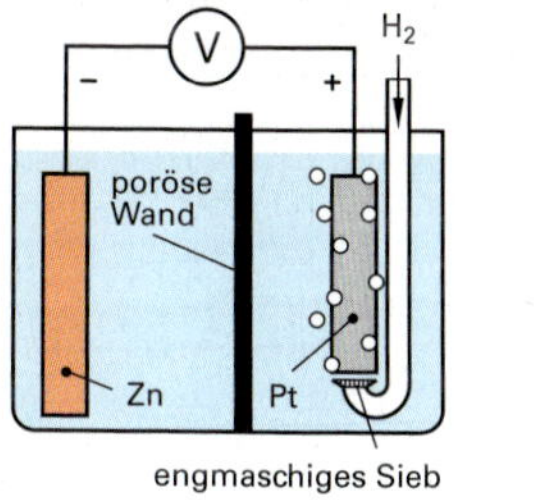

Potenzialmessung

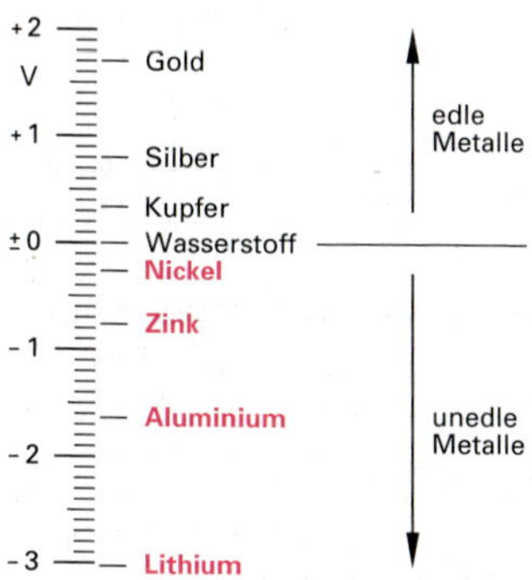

Elektrochemische Spannungsreihe

Zwischen zwei verschiedenen Metallen, die in eine leitende Flüssigkeit tauchen, entsteht eine Gleichspannung. Ursache ist das unterschiedliche Bestreben der Metallatome, positive Ionen zu bilden und als Ionen in Lösung zu gehen (Lösungsdruck).

Man misst das entstehende Potenzial der Metalle als Spannung zwischen dem Metall in der Lösung seines Salzes und der Normal-Wasserstoffelektrode (von Wasserstoff umspülte Platin-Elektrode in einer Säurelösung, die 1 g Wasserstoff-Ionen im Liter enthält). Das Metall taucht in eine seiner Salzlösungen, in der 1 mol im Liter gelöst ist. Die beiden Elektrolyte sind durch ein Diaphragma (durchlässige Scheidewand) getrennt.

1 mol eines Stoffes sind so viele Gramm, wie die relative Atommasse bzw. Molekülmasse angibt.

Beispiel: Spannung zwischen einer Kupferplatte und einer Zinkplatte in einem Elektrolyt?

Lösung:
Differenz der Potenziale der elektrochemischen Spannungsreihe:

$U_0 = +0{,}34\ \text{V} - (-0{,}76\ \text{V}) = \mathbf{1{,}1\ V}$

Metall	Gebildetes Ion	Potenzial in V
Lithium	Li^{+}	−3,04
Kalium	K^{+}	−2,93
Calcium	Ca^{2+}	−2,87
Natrium	Na^{+}	−2,71
Magnesium	Mg^{2+}	−2,37
Aluminium	Al^{3+}	−1,66
Mangan	Mn^{2+}	−1,19
Zink	Zn^{2+}	−0,76
Chrom	Cr^{3+}	−0,74
Eisen	Fe^{2+}	−0,45
Cadmium	Cd^{2+}	−0,40
Cobalt	Co^{2+}	−0,28
Nickel	Ni^{2+}	−0,26
Zinn	Sn^{2+}	−0,14
Blei	Pb^{2+}	−0,13
Eisen	Fe^{3+}	−0,04
Wasserstoff	$2H^{+}$	±0,00
Kupfer	Cu^{2+}	+0,34
Silber	Ag^{+}	+0,80
Quecksilber	Hg^{2+}	+0,85
Platin	Pt^{2+}	+1,18
Gold	Au^{3+}	+1,42
	Au^{+}	+1,69

c elektrochemisches Äquivalent
I Stromstärke
m Masse
m_b berechnete Masse
t Zeit
ζ_i Stromausbeute (Zeta)
U_0 Leerlaufspannung

Primärelemente Primary Cells

Arten

Element	Positive Elektrode	Negative Elektrode	Elektrolyt	Bemessungsspannung in V	Energiedichte in Wh/cm^3	Verwendung
Leclanché	MnO_2 + Kohle	Zn	NH_4Cl	1,5	0,08 ... 0,15	Taschenlampen
Zinkchlorid	MnO_2	Zn	$ZnCl_2$	1,5	0,1 ... 0,25	Uhren, Radios
Luftsauerstoff	NH_4Cl + Aktivkohle	Zn	$MnCl_2$	1,5	≈ 0,7	Fernmelde- und Warngeräte
Alkali-Mangan	MnO_2	Zn-Pulver	KOH	1,5	0,15 ... 0,4	Blitzgeräte, Spielzeug, Fernsteuerung
Quecksilberoxid,	HgO	Zn	KOH	1,35	0,5 ... 0,6	Uhren, Hörgeräte, Herzschrittmacher,
Silberoxid	Ag_2O	Zn	KOH	1,55	0,4 ... 0,6	Kleinstsender
Lithium	$SOCl_2$ + C CoO, $FePO_4$	Li	$SOCl_2$, $LiAlCl_4$	3,5	≈ 0,7	PCs, Kameras, Taschenrechner

Bezeichnungen

Vorsatz	Bedeutung	Kurzzeichen	Bedeutung
A	Luftsauerstoffzelle	R	Rundzelle
L	Alkalimanganzelle		
M, N	Quecksilberoxidzelle	S	rechteckige Zelle
S	Silberoxidzelle		
Zahl	Zellen in Reihe	F	Flachzelle

Beispiele:

R 6 Rundzelle, Größe 6

5 F 20 - 2
- 2 — Zahl paralleler Zellen
- 20 — Größe 20
- F — Flachzelle
- 5 — Zahl der Zellen in Reihe

Trockenelemente (1,5 V, soweit nicht anders angegeben)

Kurzbezeichnung nach IEC	Handelsbezeichnung	Maße in mm			Mittlere Kapazität in Ah	Innerer Widerstand in Ω	Gewicht, etwa in g
		d, *b*	*l*	*h*			
R 03	Mikro, AAA	10,5	–	44,5	0,41	0,4 ... 0,6	8,5
R 1	Lady	12	–	30	0,39	0,7 ... 1,1	7
R 3	halbe Mignon	13,5	–	25	0,42	0,4 ... 0,8	9
R 6	Mignon, AA	14,5	–	50	1,16	0,3 ... 0,5	21
R 12	Normal	21,5	–	60	1,97	2,0 ... 3,4	38
3 R 12	Normal	22	62	67	1,97	0,8 ... 1,2	110
6 F 22	E-Block 9 V	17,5	26,5	48,5	0,625	2 ... 3	44,3
R 14	Baby, C	26,2	–	50	3,1	0,3 ... 0,5	69
R 20	Mono, D	34,2	–	62	6,17	0,2 ... 0,3	142
R 40	Super	67	–	172	58,5	0,6 ... 0,9	520

Entladekurven

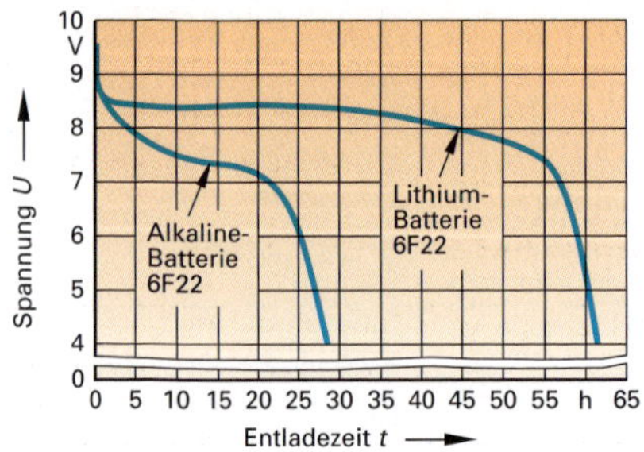

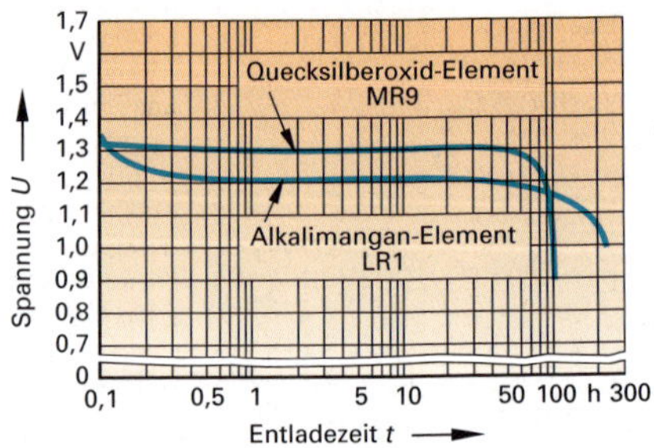

b Breite
d Durchmesser
h Höhe
l Länge
t Zeit
U Spannung
NiMH Nickelmetallhydrid

Akkumulatoren Accumulators

Arten

System	Blei	NiCd[1]	NiMH[2]	Alkali-Mangan	Lithium-Ionen
Bemessungsspannung in V je Zelle	2	1,2	1,2	1,5	3,3 bis 3,8
Energiedichte in Wh/kg	30	35	60	70	95 bis 190
Selbstentladung in % je Monat	6	15	25 bis 30	0,5	5
Ladezyklen (Durchschnitt)	1000	1000	800	25	800
Memoryeffekt	nein	ja	nein	nein	nein
Umweltproblematik	ja	ja[1]	wenig	nein	nein

Arten von Bleiakkumulatoren

Gi	positive Gitterplatten	S	Standardausführung
Pz	positive Panzerplatten	Q	querliegende Platten
Gro	positive Großoberflächenplatten	F	für Fahrzeuge
O	für ortsfeste Anlagen	E	Engeinbau

Beispiel: 6 Pz 350 bedeutet: Zelle mit 6 positiven Panzerplatten mit 350 Ah (bei 5-stündiger Entladung)

Betriebsarten

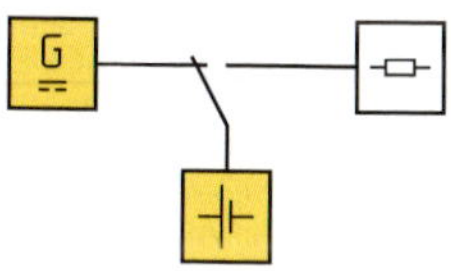

Batteriebetrieb (Lade-Entladebetrieb): Nur die Batterie speist den Verbraucher. Die Gleichstromquelle dient zeitweise zum Laden.

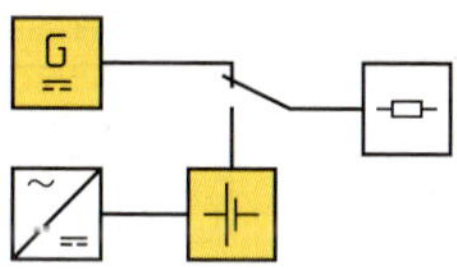

Umschaltbetrieb (Offline-Betrieb): Die Batterie ist vom Verbraucher getrennt. Fällt die Gleichstromquelle aus, wird auf Batterie umgeschaltet: Sicherheitsstromversorgung.

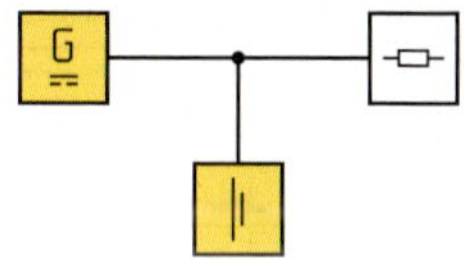

Parallelbetrieb (Online-Betrieb): Verbraucher, Gleichstromquelle und Batterie sind ständig parallel geschaltet. USV-Anlage (Unterbrechungsfreie Stromversorgung).

Begriffe

Akkumulator	Elektrochemischer Speicher, der sich wiederholt aufladen lässt.
Zelle	Kleinste Einheit einer Batterie. Eine Zelle besteht aus der positiven und der negativen Elektrode mit Trennscheidern, Zellengefäß und Elektrolyt.
Batterie	Verbund aus mehreren elektrisch miteinander verbundenen Zellen, die meist in Reihe geschaltet sind.
Ladung	Einspeisen elektrischer Energie in Akkumulatoren und deren Speicherung als chemische Energie, bis die elektrochemische Umwandlung der aktiven Masse abgeschlossen ist.
Ladeverlauf	Der zeitliche Verlauf von Spannung und Strom während des Ladens.
Entladeschlussspannung	Akkumulatorspannung, die beim Entladen nicht unterschritten werden darf.
Gasungsspannung	Ladespannung, oberhalb der ein Akkumulator Gase zu entwickeln beginnt.
Kapazität	Entnehmbare Elektrizitätsmenge (elektrische Ladung) in Amperestunden (Ah) eines Akkumulators, z. B. K_5 (Bemessungskapazität bei 5-stündigem Entladestrom). **Bemessungskapazität** $K_n = I_E \cdot t_E$ (1)
Ladefaktor	Verhältnis der elektrischen Ladung beim Laden zur elektrischen Ladung beim Entladen. $\zeta = \frac{1}{a}$ (2) $a = \frac{I_L \cdot t_L}{I_E \cdot t_E}$ (3)

a Ladefaktor
I_E Entladestrom
I_L Ladestrom
K_n Bemessungskapazität für n-stündiges Entladen
t_E Entladezeit
t_L Ladezeit
ζ Ladungsnutzungsgrad

[1] NiCd = Nickel-Cadmium, nicht überall zulässig, [2] MH = Metall-Hydrid (Hydrid = Verbindung mit Wasserstoff)

SE

Ladetechniken für Akkumulatoren
Charging Methods for Rechargeable Batteries

Lade-Verfahren	Kennlinien	Erklärungen	Akkumulatoren-Typ, Bemerkungen
Standardladung	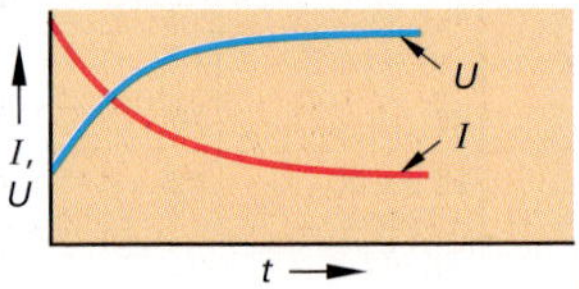	Bei Ladegeräten für Standardladung erfolgt die Anpassung von Ladespannung und Ladestrom durch die Auslegung des Netztransformators. Diese Ladegeräte haben meist eine Ladeanzeige.	Blei-Akkumulatoren, Überladung möglich.
Konstantstromladung	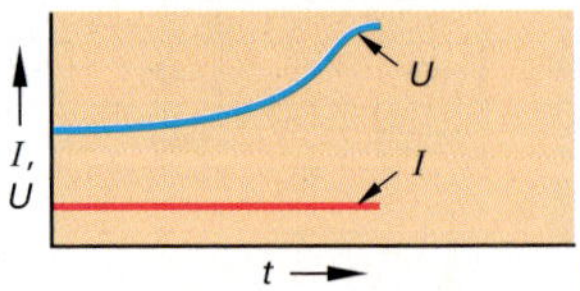	Der Ladestrom I in A ist auf 10% des Zahlenwertes der Akkumulatorenkapaziät bemessen, z. B. $Q_L = 60$ Ah $\Rightarrow$ $I_L = 6$ A.	Blei-, NiMH-Akkumulatoren, NiCd-Akkus, sofern zulässig. Lange Ladezeiten.
Timerladung (zeitgesteuerte Ladung)	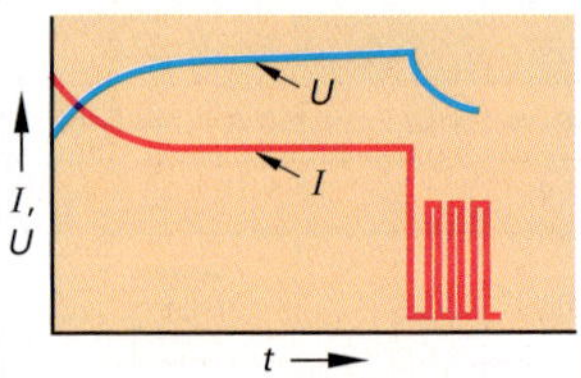	Der Ladezustand zu Beginn der Ladezeit hat keinen Einfluss auf die Ladezeit. Nach Ablauf einer festgelegten Ladezeit schaltet das Ladegerät auf Erhaltungsladung um. Für vollständig entladene Akkumulatoren. Manche Ladegeräte sind mit einer Vorentladung ausgestattet.	Auf Akkupacks ausgelegt. Blei-, NiMH- Akkumulatoren, NiCd-Akkus, sofern zulässig. NiMH-Akkumulatoren werden mit NiCd-Ladegeräten überladen.
ΔU-Überwachungsladung oder ΔV-Überwachungsladung (V = Voltage)	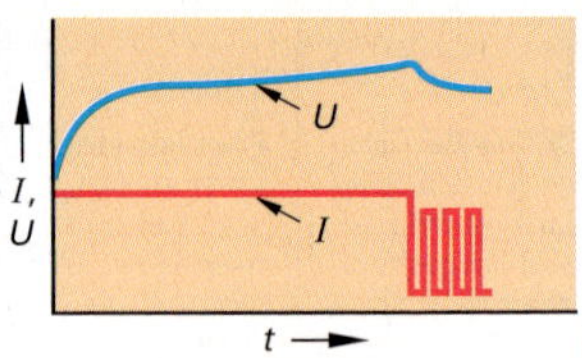	Der Akkumulator wird auf seine volle Kapazität Q_L aufgeladen. Der Ladevorgang wird beendet, wenn die Ladespannung einige mV (ΔU) unter den Höchstwert gefallen ist. Danach erfolgt eine Ladeerhaltung mit Ladeimpulsen.	NiMH-Akkumulatoren, NiCd-Akkus, sofern zulässig. Der Akkumulator wird stets leicht überladen.
Impulsladung	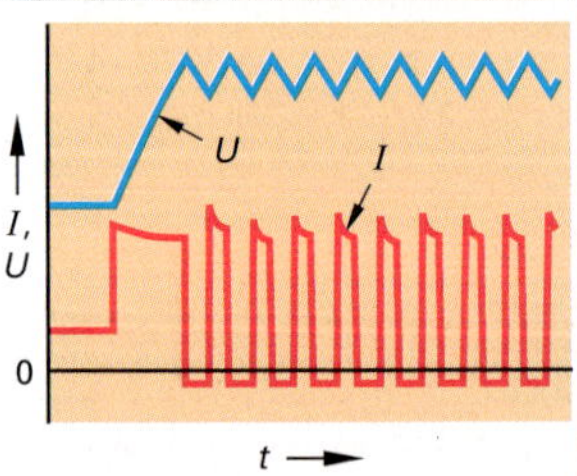	Bei der Impulsladung folgt in kurzen Abständen einem längeren Ladeimpuls ein kurzer Entladevorgang. Dadurch soll bei teilentladenen Akkumulatoren der Memory-Effekt (bei NiCd) oder der ähnliche Lazy-Batterie-Effekt (bei NiMH) vermieden werden. Der Ladevorgang wird wie bei der Überwachungsladung beendet.	NiMH-Akkumulatoren, NiCd-Akkus, sofern zulässig. Beim Memory- oder Lazy-Batterie-Effekt kristallisieren Elektrodenteile und werden damit hochohmig.
Li-Ionen-Ladetechnik	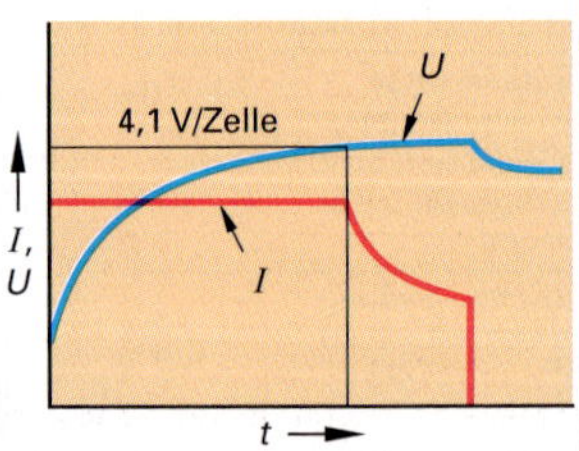	Zuerst wird mit Konstantstrom geladen. Die Endabschaltung des Ladestroms erfolgt, sobald die Ladespannung den oberen Grenzwert erreicht hat und der Ladestrom sich auf einen vorgegebenen Ladestrom verringert hat. Bei vielen Li-Ionen-Akkumulatoren ist die Ladeelektronik deshalb mit entsprechenden Sicherheitsschaltungen im Akkupack integriert.	Li-Ionen-Akkumulatoren sind nicht für Dauerladung geeignet, Brandgefahr. Lagerung: Alle 6 Monate halb voll laden und bei 15 °C aufbewahren. Li-Ionen-Akkumulatoren haben keinen Memory-Effekt. Energiepeichervolumen 90 Wh/kg bis 110 Wh/kg.

Akkupack Baugruppe von seriell, parallel oder seriell-parallelgeschalteten Akkumulatorzellen, Li Lithium

Notstromversorgung und Notbeleuchtung
Emergency Power Supply and Emergency Lighting

Arten der Notstromversorgung

Art	Erklärung	Bemerkungen, Anwendung, Beispiele
Begriff	Von Notstrom wird beim Notstromaggregat in den TAB der VDEW gesprochen. Die VDE-Bestimmungen unterscheiden Ersatzstromversorgung und Sicherheitsstromversorgung SSV.	
Sicherheitsstromversorgung SSV	SSV ist eine Notstromversorgung zum Weiterbetrieb von Anlagenteilen zur Sicherheit von Personen bei Ausfall der allgemeinen Stromversorgung, z. B. zur Sicherheitsbeleuchtung (vgl. DIN VDE 0100-Teil 200). Umschaltezeit ≤ 15 s (folgende Seite).	
zusätzliche SSV (ZSV)	SSV, die neben der allgemeinen SSV in einem begrenzten Bereich mit besonderer Gefährdung arbeitet, insbesondere in anspruchsvollen medizinisch genutzten Bereichen, z. B. Operationsräumen (vgl. DIN VDE 0100-Teil 710). Umschaltezeit ≤ 0,5 s (Seite 173).	
Ersatzstromversorgung	Notstromversorgung zur Aufrechterhaltung der Funktion von Anlagen bzw. Anlageteilen bei Ausfall der allgemeinen Stromversorgung aus anderen Gründen als der Sicherheit von Personen, z. B. aus wirtschaftlichen Gründen (vgl. DIN VDE 0100-Teil 200). Umschaltzeit je nach Aufgabe. Ältere VDE-Bestimmungen verwenden den Begriff fälschlich auch für SSV (VDE 0108).	
Unterbrechungsfreie Stromversorgung USV	Notstromversorgung, die bei Ausfall der allgemeinen Stromversorgung Anlagen bzw. Anlagenteile weiterarbeiten lässt. USV ist vor allem in Computeranlagen gebräuchlich (Seite USV-Systeme).	

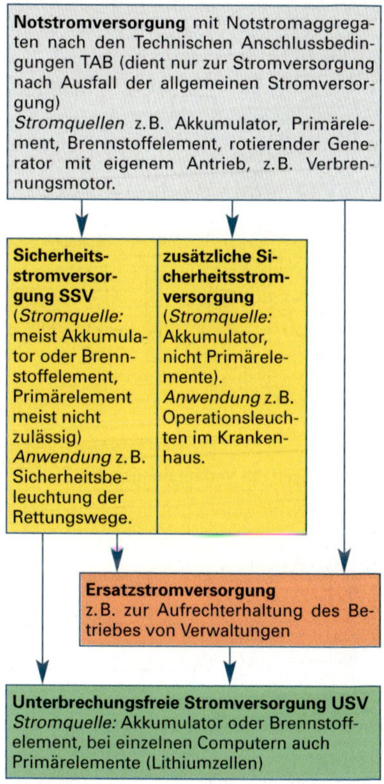

Sicherheitsbeleuchtung, Notbeleuchtung

Anlagen	Schule	Rettungswege in Arbeitsstätten	Arbeitsplatz besonderer Gefährdung	Warenhaus, Gaststätte	Hotel, Hochhaus	Großgarage, Tiefgarage
E_{min}/lx	1 bzw. 5	1 bzw. 5	15	1 bzw. 5	1 bzw. 5	1 bzw. 5
t_u/s	15	15	0,5	1	15	15
t_b/h	3	1	bis zur möglichen Räumung	3	3	3
DS	ja	nein	nein	ja	ja	ja

Position und Beleuchtungsstärkemessung der Leuchten:

- alle Hinweiszeichen auf Fluchtwegen sind zu beleuchten,
- Gefahrstellen, z. B. Stufen oder Hindernisse, sind sichtbar zu machen,
- Arbeitsbereiche, in denen aus Sicherheitsgründen die Arbeit fortzusetzen ist, ausreichend beleuchten,
- Beleuchtungsstärke $E \geq 1$ lx an jeder Wegstelle, $E \geq 5$ lx in Wegmitte 0,2 m über Fußboden.

DS Dauerschaltung bei Dunkelheit für Rettungszeichen-Beleuchtung, E_{min} Mindest-Beleuchtungsstärke in lx, E_n normale Beleuchtungsstärke, t_b Mindest-Betriebsdauer der Ersatzstromquelle in h, t_u höchstzulässige Umschaltzeit in s.

SE

Sicherheits-Stromversorgungsanlagen (SSV-Anlagen)
Safety Power Supply (SPS)

<table>
<tr><th>Prinzipschaltung</th><th>Erklärung</th><th>Bemerkungen</th></tr>
<tr><td colspan="3">Anlagen mit Umschaltzeit</td></tr>
<tr><td>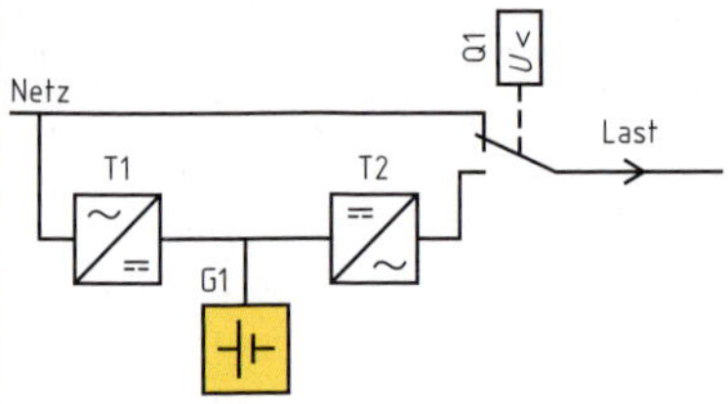

SSV-Anlage mit Akkumulator</td><td>Bei vorhandener Netzspannung liegt die Last über ein Schütz direkt am Netz. Am Netz liegt auch ein Gleichrichter, der eine Akkumulatorenbatterie auf voller Ladung hält. Bei Netzausfall schaltet die Schützschaltung die Last an den Wechselrichter.</td><td>Umschaltzeit je nach Ausführung bei
Handstart > 15 s,
Ersatzstromversorgung ≤ 15 s,
Schnellbereitschaftsanlage ≤ 1 s oder ≤ 0,5 s.
Anwendung z.B. in Krankenhäusern, nicht bei Computeranlagen.</td></tr>
<tr><td>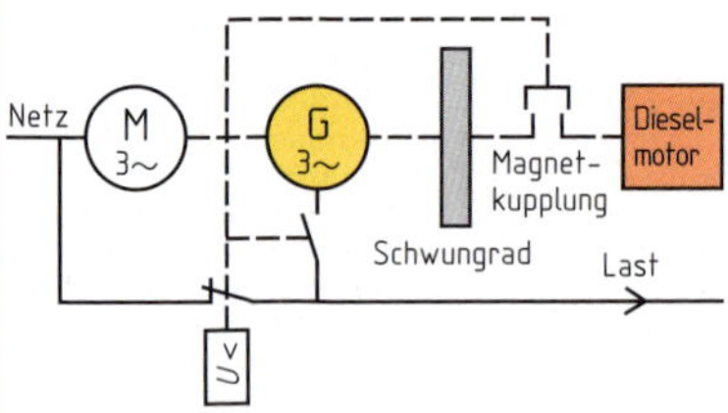

SSV-Anlagen mit Verbrennungsmotor</td><td>Bei Netzspannung liegt die Last wie bei der Anlage mit Akkumulator am Netz. Am Netz liegt auch ständig ein Motor, der einen Generator mit Schwungrad im Leerlauf treibt. Bei Netzausfall wird der Verbrennungsmotor angeworfen und der Generator an die Last geschaltet.</td><td>Umschaltzeit je nach Ausführung bei
Handstart > 15 s,
Ersatzstromversorgung ≤ 15 s.
Wird nur bei großen Anlagen verwendet, z.B. Flugplatzbeleuchtung.
Vorteil gegenüber Anlagen mit Akkumulator: Kleinere Verlustleistung.</td></tr>
<tr><td>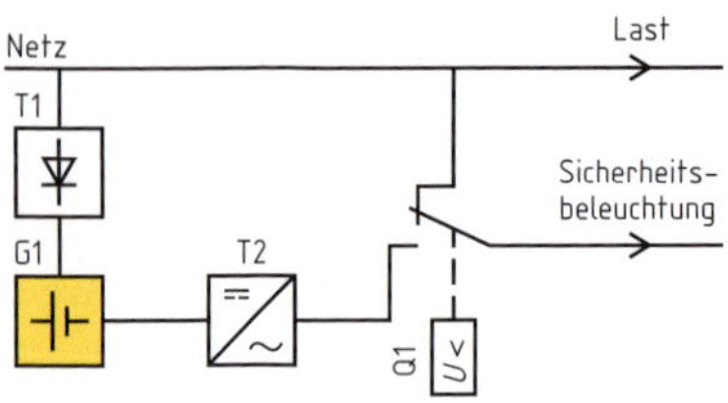

Sicherheitsbeleuchtung mit Akkumulator</td><td>Ein Akkumulator wird ständig über einen Gleichrichter auf voller Ladung gehalten. Bei Netzausfall wird der Akkumulator, bei Gleichstrombedarf direkt oder bei Wechselstrombedarf über einen Wechselrichter, mit der Sicherheitsbeleuchtung verbunden.</td><td>Die Sicherheitsbeleuchtung schaltet sich meist nur bei Netzausfall ein. Anwendung z.B. in Krankenhäusern und in Gebäuden für Menschen-Ansammlungen, z.B. Warenhäusern. Für Glühlampen genügt Speisung mit Gleichstrom.</td></tr>
</table>

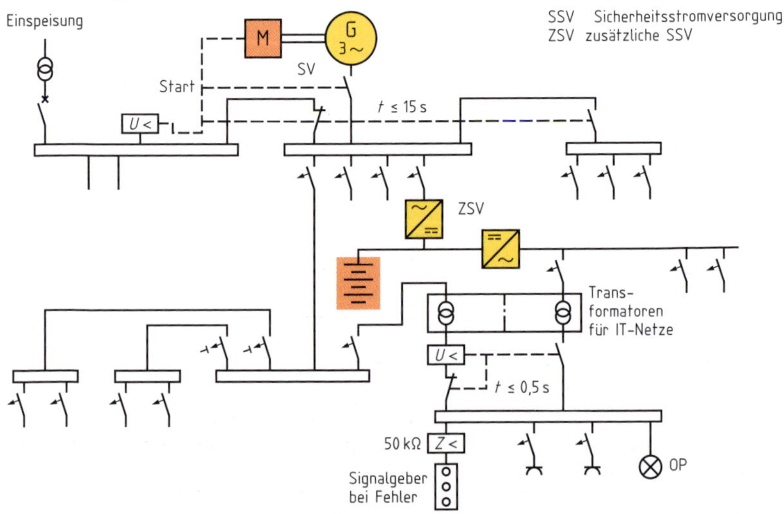

Sicherheitsstromversorgung für medizinisch genutzte Räume der Anwendungsgruppe 2

SE

USV-Systeme (Unterbrechungsfreie Stromversorgungssysteme)

UPS Systems (Uninterruptible Power Supply Systems)

Schaltung und Verhalten

Schaltung, Bezeichnung	Erklärung	Bemerkungen, Daten
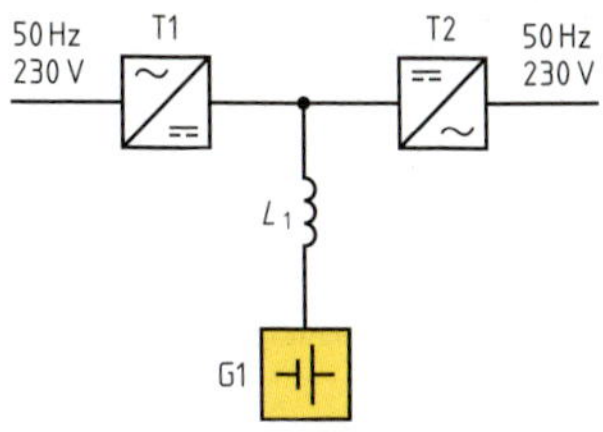 **Prinzipielle Schaltung**	Die Akkumulatorenbatterie G1 wird vom Gleichrichter T1 ständig geladen und speist über R1 und Wechselrichter T2 die Last. L_1 ist erforderlich, damit im Netz keine impulsartige Belastung auftritt (**Bild**). **Vorteil:** Preiswert **Nachteile:** Kleiner Wirkungsgrad, wegen L_1 kleiner $\cos\varphi$, beim Akkumulator tritt ein Verlust an Speicherfähigkeit ein (Memoryeffekt).	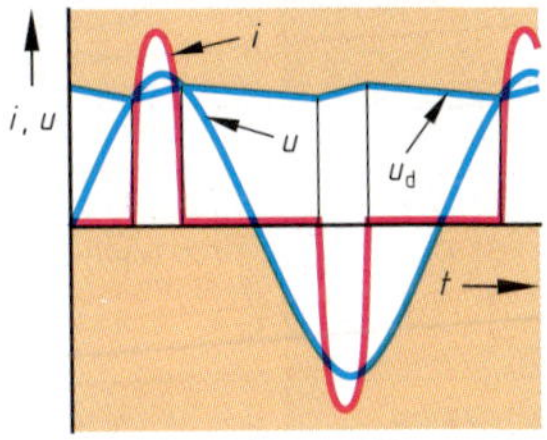 **Stromverlauf bei zu kleiner Glättungsdrossel**
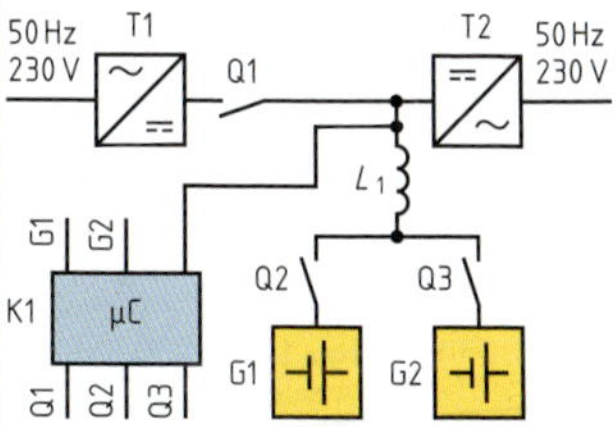 **Schaltung mit überwachten Akkumulatoren**	Die Last wird über L_1 und den Wechselrichter T2 ständig aus den Akkumulatoren G1 und G2 gespeist. G1 und G2 werden bei Bedarf über T1 und Q1 geladen. Ein Mikrocontroller K1 überwacht die Spannung von G1 und G2 und steuert die Schalter Q1, Q2, Q3 an. Q2 und Q3 sind abwechselnd geschlossen, sodass abwechselnd G1 oder G2 entladen werden. S_N 200 VA bis 200 kVA. **Vorteil:** kein Memoryeffekt.	Bei vorhandener Netzspannung sind Q1 und z. B. Q3 offen und G1 trägt die Last. Bei sinkender Spannung von G1 schließt Q1, sodass G1 geladen wird. Nach Vollladung von G1 öffnen Q1 und Q2 und G2 trägt die Last. Bei sinkender Spannung von G2 schließt Q1 und der Vorgang wiederholt sich entsprechend. **Nachteil:** Kleiner Wirkungsgrad wegen L_1 kleiner $\cos\varphi$. L_1 vermeidbar durch PFC.
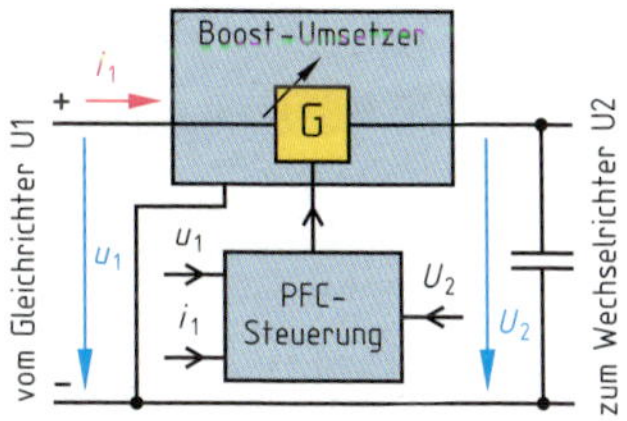 **Übersichtsplan des Boost-Umsetzers**	Der Boost-Umsetzer (Boost = Ladedruck) bewirkt einen sinusförmigen Netzstrom mit $\cos\varphi \approx 1$. Der Umsetzer ist ein Sperrwandler (Hochsetzsteller), der durch eine Impulsfolge so angesteuert wird, dass die Stromaufnahme der gleichgerichteten Spannung folgt. Schaltung wird als PFC (Power Factor Correction = Leistungsfaktor-Korrektur) bezeichnet.	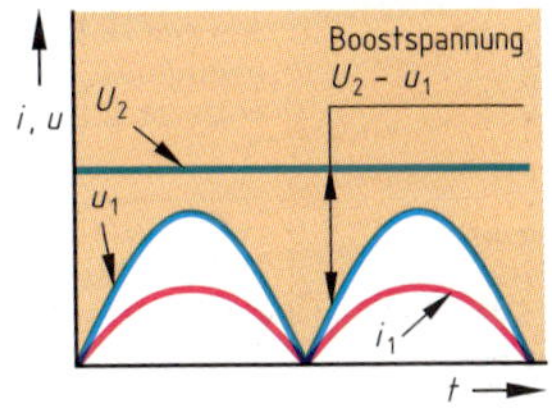 **Stromverlauf mit PFC-Korrektur**

Klassifizierung der USV

vgl. EN 50091-3 (IEC 620040-3)

Position	Vorgang	Zeit	IEC-Klasse	USV-Klasse
1 2 3	Netzausfall Spannungseinbruch Spannungsspitze	> 10 ms ≤ 16 ms ≤ 16 ms	**VFD (Voltage + Frequency Dependent)**	3 Offline stand by
1 bis 5 4 5	Positionen 1 bis 3 Unterspannung Überspannung	– dauernd dauernd	**VI (Voltage Independent)**	2 Line interactive
1 bis 10 6 7	Positionen 1 bis 10 Blitzeinwirkungen Spannungsstöße (Surges)	– sporadisch < 4 ms	**VFI (Voltage + Frequency Independent)**	3 Online real Double- Conversion
8 9 10	Frequenzschwankung Spannungsverzerrung (Burst) Spannungsoberschwingungen	sporadisch periodisch dauernd		

hier dependent = abhängig vom Netz, independent = unabhängig vom Netz.

www.multimatic-usv.de, www.powerware.com

SE

Elektromagnetische Verträglichkeit EMV Electromagnetic Compatibility EMC

Begriff	Erklärung	Bemerkungen, Ergänzungen
Definition von EMV	Fähigkeit der elektrotechnischen Einrichtungen, ohne Probleme in einem elektromagnetischen Umfeld zu arbeiten.	1. Zufriedenstellende Arbeit trotz elektromagnetischem Störfeld. 2. Umgebung wird nicht zusätzlich elektromagnetisch belastet.
Elektromagnetische Störbeeinflussung	Von einer Störquelle Q gehen EMIs (Elektromagnetic Interferences = elektromagnetische Störungen) aus, die zu einer Störsenke S über eine Kopplung K gelangen. Dabei kann von S nach Q eine Rückwirkung auftreten. Beeinflussung der EMIs in Q, K oder S möglich.	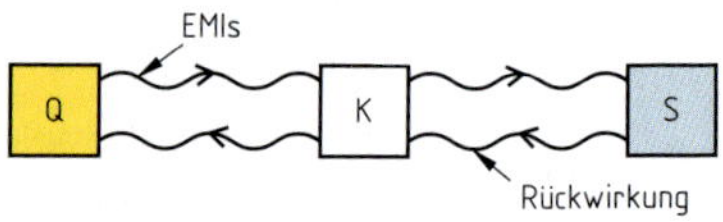 **Prinzip der Störbeeinflussung**
Störungen durch elektrostatische Entladung	Bei Reibungsvorgängen lädt sich ein Körper infolge der Ladungstrennung auf 5 kV bis 25 kV auf. Bei der Entladung kann eine elektrische Einrichtung beeinflusst werden. Das kann bei empfindlichen Bestandteilen, z. B. elektronischen Baugruppen, zur Zerstörung der Bauelemente führen und sogar bei kleiner Entladungsenergie zur Vernichtung von Daten.	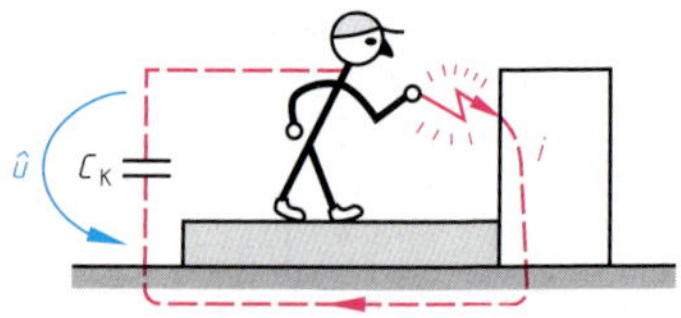 **Elektrostatische Körperentladung**
Atmosphärische Störungen (LEMP, LPZ)	Atmosphärische Störungen beruhen auf elektrostatischen Vorgängen durch Ladungstrennung. Dabei treten Spannungen bis mehr als 100 MV auf und Entladeströme von mehr als 20 kA. Bei einem Blitz tritt ein LEMP (Lightning Electromagnetic Pulse = elektromagnetischer Blitz-Stromstoß) auf. Elektrische Einrichtungen werden durch LEMPs infolge Kopplung auch beeinflusst, wenn sie von der Einschlagstelle entfernt sind.	Für die EMV gibt es fünf Schutzzonen LPZ (Lightning Protective Zones). LPZ 0_A liegt außerhalb der Blitz-Fangeinrichtung. LPZ 0_B: von der Fangeinrichtung geschützter Bereich außerhalb des Gebäudes. LPZ 1: Bereich im Gebäude mit Überspannungsableiter. LPZ 2: Bereich in LPZ 1 mit zusätzlicher Schirmung und Überspannungsableiter. LPZ 3: Bereich in LPZ 2 mit zusätzlichem Schutz, z. B. im Schaltschrank.
Störungen durch elektrische Anlagen	Vor allem treten durch das Schalten impulsartige Ströme auf, die wegen ihrer steilen Flanken hochfrequente Anteile haben. Insbesondere bei • Abschalten von Induktivitäten, • Einschalten von Kondensatoren oder Glühlampen.	Die Störungen sind fortdauernd, wenn andauernd geschaltet wird, z. B. bei der Anschnittsteuerung oder im kleineren Umfang bei der Abschnittsteuerung.
Störfestigkeit und Zerstörfestigkeit von Störsenken	Überschreiten Spannungen gegen Erde bzw. Masse die Störfestigkeit, so treten Funktionsstörungen auf. Überschreiten diese Spannungen die Zerstörfestigkeit, so sind die Betriebsmittel unbrauchbar bzw. zerstört.	Anhaltswerte der Spannungsfestigkeit: • Starkstromleitungen, Signalkabel bis 20 kV, • Fernmeldekabel, Starkstromgeräte 5 kV bis 8 kV, • Fernmeldegeräte 1 kV bis 3 kV, • integrierte Schaltkreise, Operationsverstärker 50 V bis 500 V (energieabhängig).
Beeinflussung der auftretenden Störspannungen	Vor allem muss die Kopplung für die Störgrößen Störstrom i_{St} bzw. Störspannung u_{St} zwischen Quelle und Senke möglichst klein sein. Dabei ist auf galvanische, kapazitive und induktive Kopplung sowie Kopplung durch elektromagnetische Strahlung zu achten. Galvanische Kopplung entsteht z. B. durch eine Erdschleife. Dabei ruft ein Erdstrom, z. B. durch Blitz, eine Potenzialdifferenz hervor, die durch einen Störstrom I_{St} die Störspannung u_{St} überträgt.	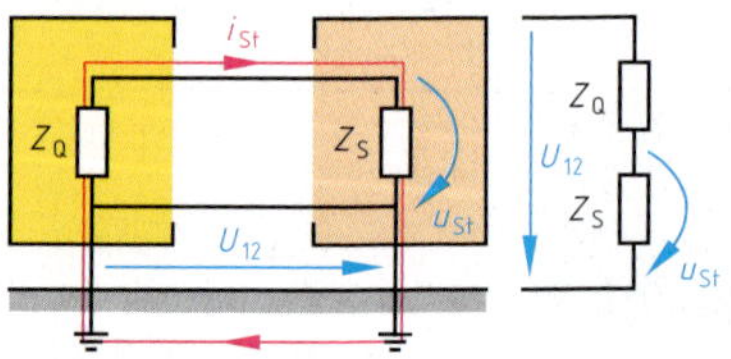 **Galvanische Kopplung durch Erdschleife**
Überspannungsbegrenzer	Begrenzen die Störspannung auf die Zerstörfestigkeit des Betriebsmittels.	Siehe Seiten 237, 238

Elektromagnetische Störungen EMI Electromagnetic Interferences EMI

Art	Erklärung	Bemerkungen, Ergänzung
Auftreten von EMI, Kopplungsarten		
Ursachen von EMI	EMI werden hervorgerufen durch alle elektromagnetischen Vorgänge, z. B. • nahe oder entfernte Blitzeinschläge, • Schalthandlungen, • Kurzschlussströme. Jede *steile Stromflanke* bedeutet das Auftreten hoher Frequenzen wie bei einem Funksender.	Auch *elektronische Steuerungen*, z. B. die Anschnittsteuerung, rufen EMI hervor, weil bei ihnen in jeder Halbperiode geschaltet wird. Dasselbe gilt für den Betrieb von Maschinen mit *Stromwendern*, weil die Stromwender laufend den Strom umschalten. Die zulässigen Höchstwerte der EMI sind durch Normen und Gesetze beschränkt.
Kopplungen galvanische induktive kapazitive	EMI werden von der *Störquelle* zur *Störsenke* durch Kopplungen übertragen. **Galvanische Kopplung** erfolgt zwischen elektrisch leitenden Stellen, die miteinander mäßig leitend verbunden sind, z. B. über Erde (siehe vorhergehende Seite). **Induktive Kopplung** erfolgt über das magnetische Feld, das bei jedem elektrischen Strom auftritt. **Kapazitive Kopplung** erfolgt bei jedem Strom führenden Leiter zu jedem elektrisch leitenden Gegenstand, wenn Leiter und Gegenstand voneinander elektrisch isoliert sind wie bei einem Kondensator.	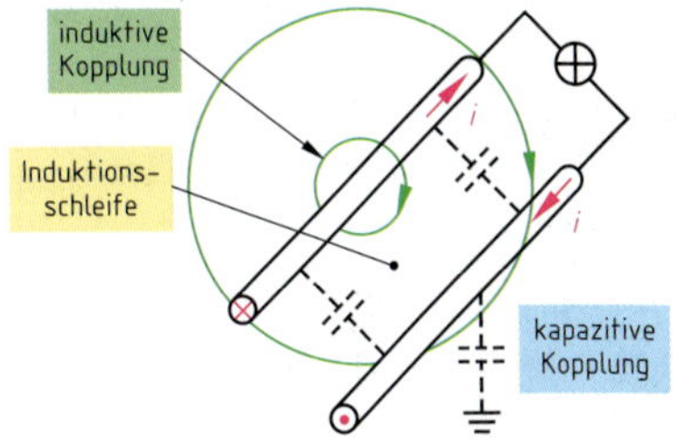 **Induktive und kapazitive Kopplung**
Prinzip der Schutzmaßnahmen gegen EMI		
Vermeiden der Ursache	Betriebsmittel ohne steile Stromflanken rufen keine EMI hervor, z. B. Kurzschlussläufermotoren. Nur beim Einschalten können EMI auftreten.	Durch elektronische Schaltungen für Sanftanlauf (Abschnittsteuerung mit flacher Abschaltflanke) kann der Einschaltstrom so geformt werden, dass keine EMI auftreten.
Vermeiden der galvanischen Kopplung	Vermeiden durch *Schutzpotenzialausgleichsleitungen* PB (von Protective Bonding) zwischen den zu entkoppelnden Geräten. • Bei geschirmten Leitungen muss der Schirm als PB verwendet werden. • PB müssen metallene Rohrleitungen und Kabelmäntel miteinander verbinden. • PB müssen an die *Haupterdungsschiene* und damit an den PE angeschlossen sein. • PB müssen von den Geräten *einzeln* zu einem Bezugspunkt geführt werden.	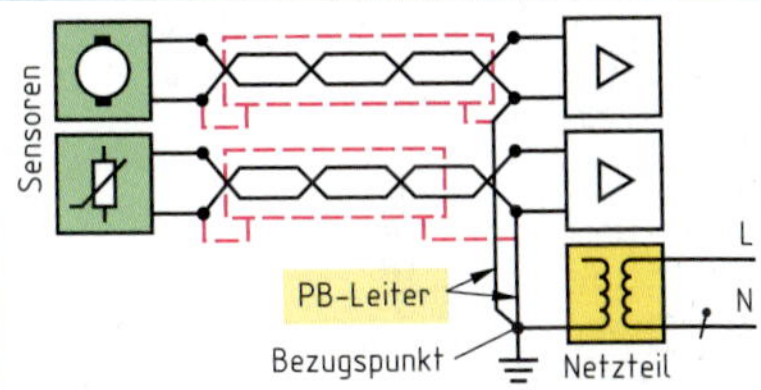 **Maßnahmen gegen galvanische Kopplung**
Vermeiden der induktiven Kopplung	Induktive Kopplung erfolgt vor allem durch Induktionsschleifen (Bild oben). Deshalb • gemeinsame Leitungswege der verschiedenen Systeme verwenden, z. B. in Installationskanälen, • kopplungsarme Leitungen verwenden, z. B. Twisted Pair-Leitungen (STP oder UTP) oder Koaxialleitungen mit geerdetem Außenleiter. Bei Twisted Pair-Leitungen wechselt in jedem Drall die Richtung des Magnetfeldes, sodass die Kopplung unwirksam bleibt.	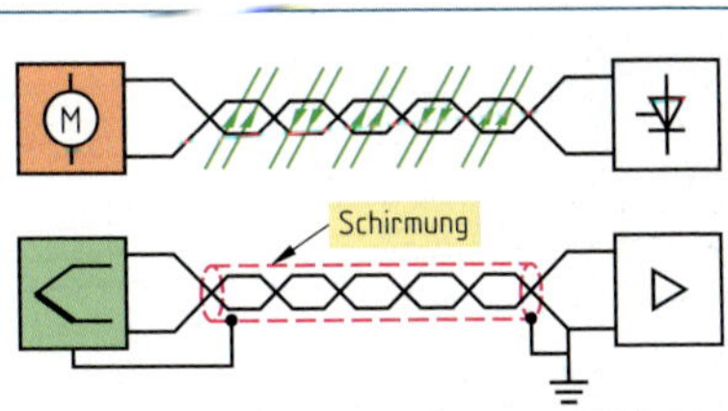 **Maßnahmen gegen induktive Kopplung**
Vermeiden der kapazitiven Kopplung Entstörfilter	Kapazitive Kopplung wird durch *Schirmung* oder durch Abstände verringert. Schirmung erfolgt durch leitendes Material, z. B. metallenes Gehäuse, Geflecht oder Folie. Sie verhindert auch Übertragung durch elektromagnetische Strahlung. In IT-Anlagen sind die Geräte je nach Wichtigkeit in räumlich getrennten *EMI-Zonen* 0 bis 2, die gegeneinander geschirmt sind. *Filter* sind Tiefpässe. Sie verhindern die Ausbreitung von EMI über das Stromnetz.	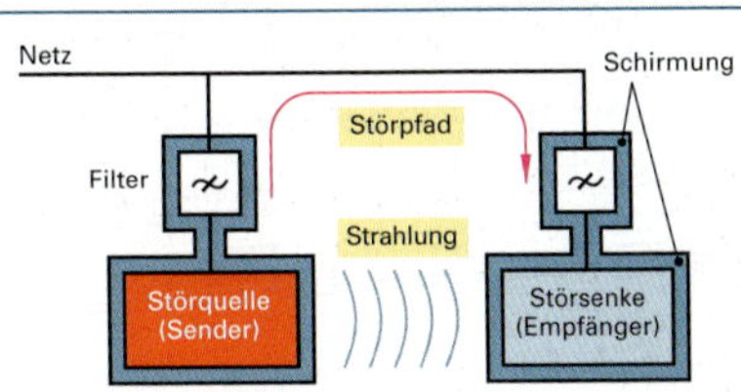 **Ausbreitung von Störungen**

SE

Maßnahmen gegen EMIs Measures against EMIs

Verhinderung der Ausbreitung von EMIs

Entstörmittel	Schaltungsbeispiel	Anwendung, Eigenschaften
X-Kondensator	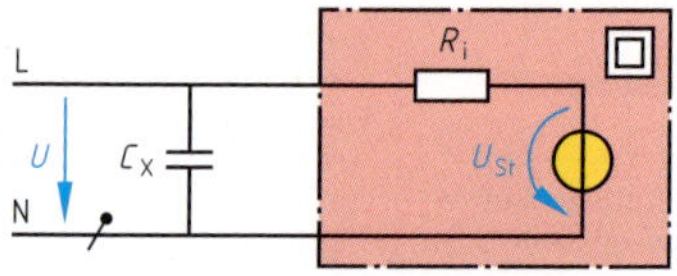 **Entstörung eines Betriebsmittels der Schutzklasse II mit X-Kondensator**	X-Kondensatoren sind parallel zum Erzeuger oder Verbraucher geschaltet. Sie liegen an Netzspannung und haben beliebige Kapazität. X1-Kondensatoren haben eine Spitzenspannungsbelastung > 1,2 kV. X2-Kondensatoren haben eine Spitzenspannungsbelastung ≤ 1,2 kV.
Y-Kondensator und X-Kondensator	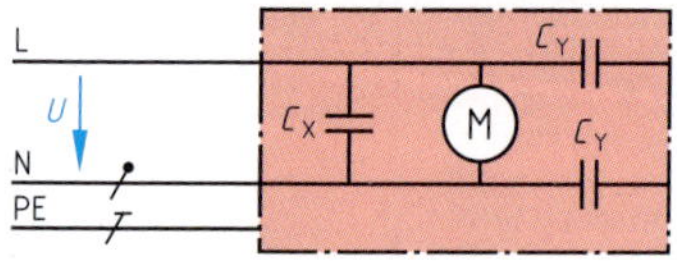 **Entstörung eines Universalmotors der Schutzklasse I**	Y-Kondensatoren sind zwischen Netzleiter und Gehäuse geschaltet und überbrücken die Betriebsisolierungen. Kapazität zwischen 2,5 nF und 35 nF je nach Schutzmaßnahme und Schutzklasse. Isolierspannung U = 250 V. Erhöhte elektrische und mechanische Sicherheit.
Netzentstörfilter (Tiefpass-Filter)	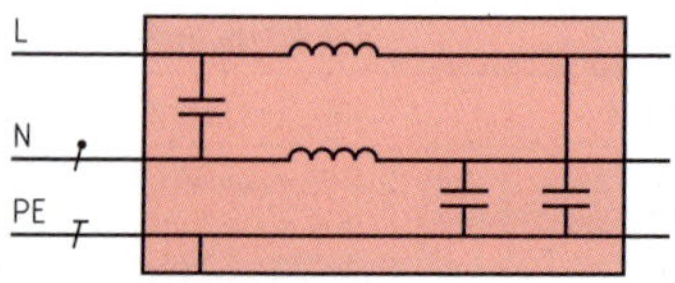 **LC-Tiefpassfilter**	Anordnung an der Quelle und/oder an der Senke. Im einfachsten Fall werden Induktivitäten, z.B. Ferritperlen, in den Stromweg oder Kapazitäten (Kondensatoren) parallel zu Quelle oder Senke geschaltet. Bei höheren Anforderungen müssen auch die Störspannungen zur Erde erfasst und überbrückt werden.
HF-Drossel und XY-Kondensator	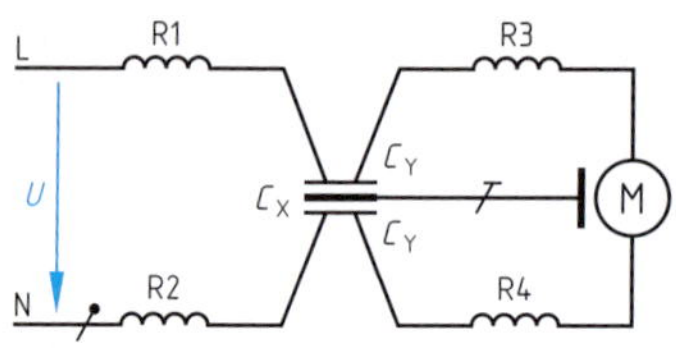 **Entstörung eines Universalmotors der Schutzklasse II**	HF-Drosseln dienen zur Entkopplung von Signalkreisen und Steuerkreisen. Induktivität: 0,1 µH bis 4,7 mH
UKW-Drossel		Sperrung von Hochfrequenz (f > 30 MHz), Entkopplung von Rundfunkgeräten und Fernsehgeräten. Induktivität: 5 µH bis 1,2 mH
Schutzleiterdrossel und XY-Kondensator	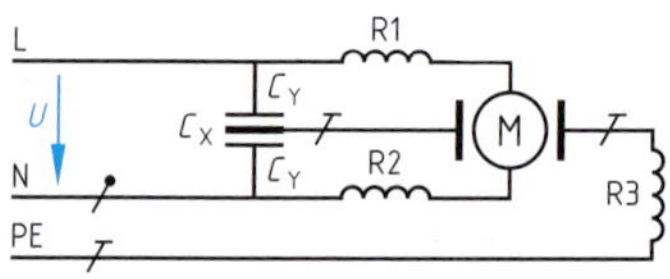 **Entstörung eines Universalmotors**	Bedämpfung von Funkstörspannungen auf dem Schutzleiter. Die Wicklung muss den gleichen Querschnitt wie der Schutzleiter haben. Induktivität: 1,2 mH bis 1,6 mH

Funkenlöschung

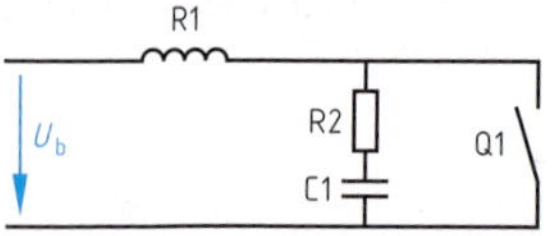 Für den Betrieb mit AC und DC und für induktivitätsarme Belastung.	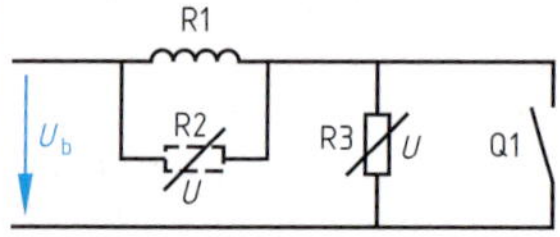 VDR parallel zur Spule, wenn die Spannung an ihr < 100 V. Für DC und AC.	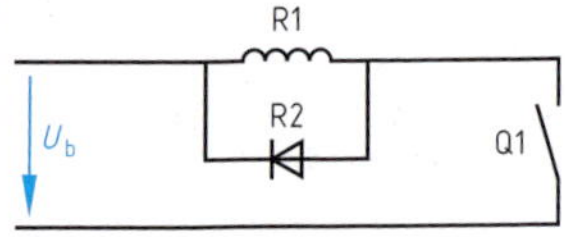 Anforderungen an die Freilaufdiode R2: Hohe Sperrspannung, kurze Schaltzeit, hohe Stromstoßbelastbarkeit. Nur für DC.

SE

Bauelemente für Überspannungsschutz Components for Surge Protection

Bauelement	Schaltung, Ansicht	Kennlinie	Bemerkungen
Bauelemente gegen Schaltüberspannungen			
RC-Element z.B. an Relaisspule	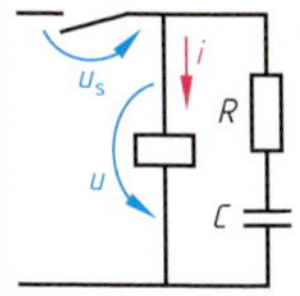	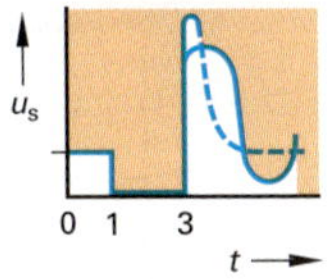	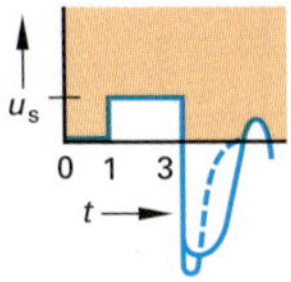 Die beim Schalten entstehende Überspannung lädt den Kondensator auf, der sich über R und die Spule entlädt. RC-Element oft ersetzt durch Varistor. Anwendung insbesondere bei AC.
Freilaufdiode z.B. an DC-Schützspule	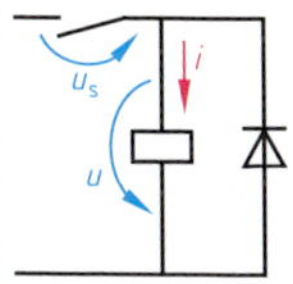	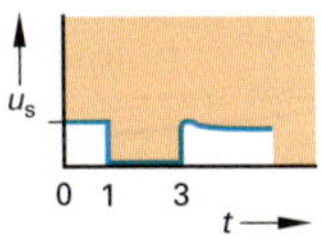	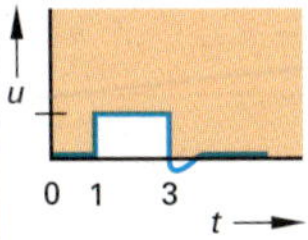 Die beim Schalten von Induktivitäten, z.B. Schützspulen, entstehende Spannung bewirkt ein Weiterfließen des Stromes bis zum Abklingen. Anwendung nur bei DC.
BOD (Durchbruchdiode)		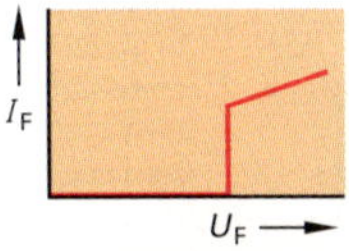	Die BOD ist ein Thyristor ohne Gate. (siehe Tabelle BOD)
Bauelemente gegen Schaltüberspannungen und Netzüberspannungen			
Suppressordiode Silicium-Überspannungsableiter	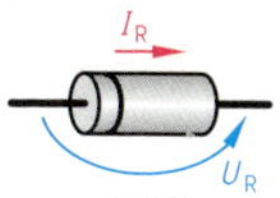 gepolt  ungepolt	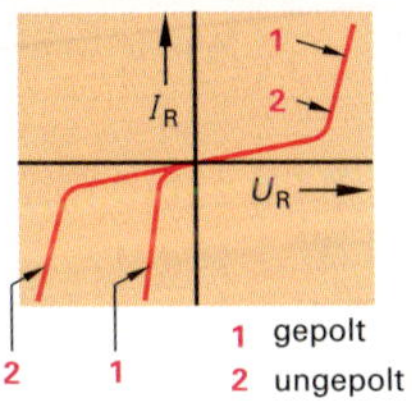 1 gepolt 2 ungepolt	Die Suppressordiode (lat. suppressor = Unterdrücker) verhält sich wie eine Z-Diode, kann aber mit einem höheren Strom belastet werden (je nach Typ bis 100 A). Die ungepolte Suppressordiode besteht im Prinzip aus zwei gegeneinander geschalteten gepolten Suppressordioden. Ansprechspannungen 300 V bis 3 kV. Der Silicium-Überspannungsbegrenzer hat einen PNP-Aufbau.
Varistor, VDR	siehe Seite „Halbleiterwiderstände“		Varistoren sind robust, werden aber nicht so schnell leitend wie Gasableiter, BOD oder Suppressordioden.
Bauelemente gegen Netzüberspannungen			
Gasableiter	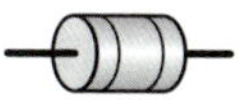	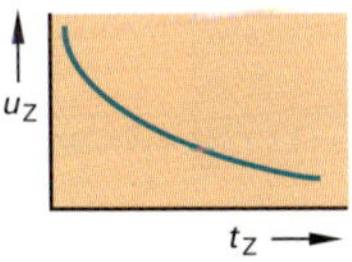	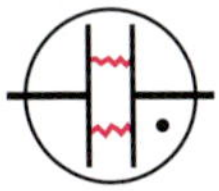 Zwei Plattenelektroden sind in einem mit Edelgas gefüllten Keramikrohr oder Glasrohr. Bei genügend hoher Spannung erfolgt Zündung. Ansprechspannung von 70 V bis einige hundert V. Meist Selbstlöschung.
Gleitableiter	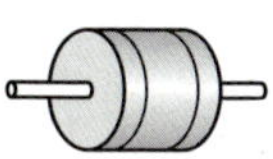	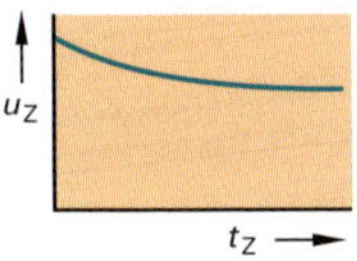	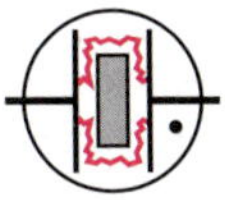 Aufbau ähnlich wie beim Gasableiter, jedoch fester Isolierstoff zwischen den Elektroden. Dadurch rotiert der Lichtbogen des Folgestroms, sodass Selbstlöschung eintritt. Ansprechspannung bei 2 kV.

BOD:

Typ	U_{BO} in V	I_D in µA	I_F in A
BOD 04	400	1	0,3
BOD 10	1000	1	0,3
BOD 25	2500	80	0,3
BOD 42	4200	80	0,3

BOD	von Break-Over-Diode = Durchbruchdiode	U, u	Spannung
I, i	Stromstärke	U_{BO}	Kippspannung (Spannung, bei der die BOD leitend wird)
I_D	Blockierstrom (Strom in Vorwärtsrichtung ohne Zündung)	U_F	Vorwärtsspannung
I_F	Vorwärtsstrom	U_R	Rückwärtsspannung
I_R	Rückwärtsstrom	u_S	Schalterspannung
t_Z	Zündimpulsdauer	u_Z	Zündspannung

SE

Innerer Blitzschutz Internal Lightning Protection

Schutzart	Schaltung	Ergänzung, Daten
Netz-Überspannungsschutz	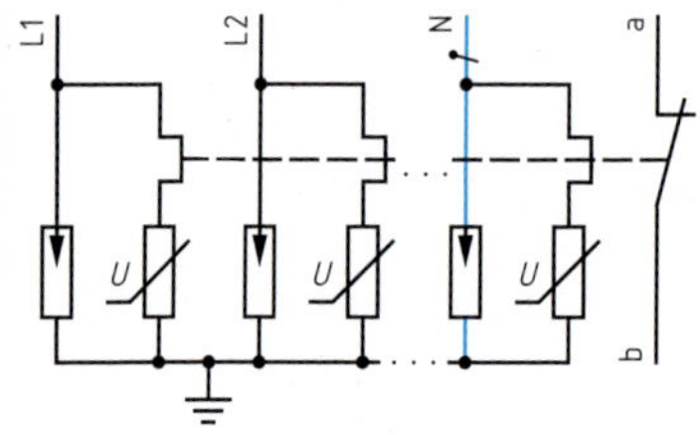	Der dreipolige oder vierpolige Ableiter enthält Gleitableiter und Zinkoxid-Varistoren sowie eine Überwachungs-Trennvorrichtung. Er wird in der Nähe der Haupterdungsschiene installiert. Bei Ferneinschlägen arbeiten die Varistoren, bei direktem Einschlag zusätzlich die Gleitableiter. Bei Beschädigung trennt die Trennvorrichtung die Varistoren ab und öffnet zur Signalgabe einen Öffner. **Schutzpegel:** 2 kV, Ansprechzeit 25 ns **Bemessungsspannung:** 280 V 50 Hz **Prüfstrom:** 100 kA
Steckbare Schutzkaskade	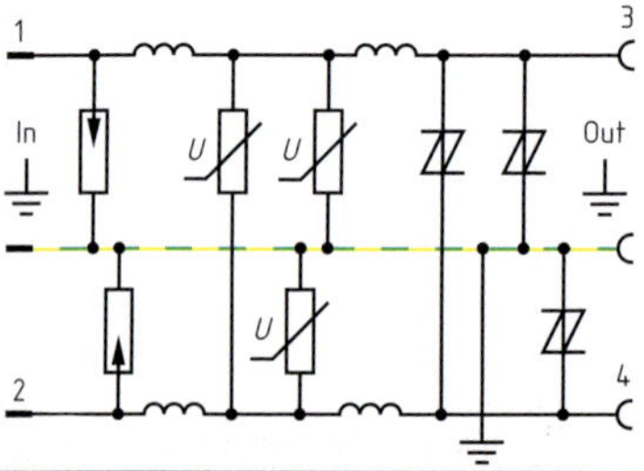	**Bauelemente:** Gasableiter, Varistoren, Suppressordioden, Induktivitäten. **Module:** Adapter mit Schutzleiterfuß und eigentliches, steckbares Modul. **Erdung** über die Tragschiene des Basiselements. Je nach Anforderung sind die steckbaren Teile verschieden. Sie können auch weniger Bauelemente enthalten. **Bemessungsspannungen:** 5 V, 12 V, 24 V... 220 V DC **Spannungsbegrenzung:** etwa 1,8 U_C Auch in Form von Leiterplatten mit bis 8 Kanälen.

SE

Typen von Überspannungsableitern SPD (Surge Protective Device)	SPD-Typ	Installationsort, Anschluss beim TN-System	Ableiterbemessungsspannung	
	1	vor dem Zähler, zwischen L, N und PE bzw. PEN	beim TN-System und TT-System	$U_C = 1{,}1 \cdot U_0$
	2	in den Unterverteilungen, wie bei Anforderungsklasse B	beim IT-System	$U_C = 1{,}1 \cdot U$
	3	in den Steckdosen oder vor den Geräten, zwischen L und N, zwischen N und PE.	U_C Ableiterbemessungsspannung U Bemessungsspannung zwischen den Leitern L1, L2, L3. U_0 Bemessungsspannung zwischen L und PE	
	1, 2, 3	zusätzlich ist auch Anschluss zwischen den aktiven Leitern zulässig.		

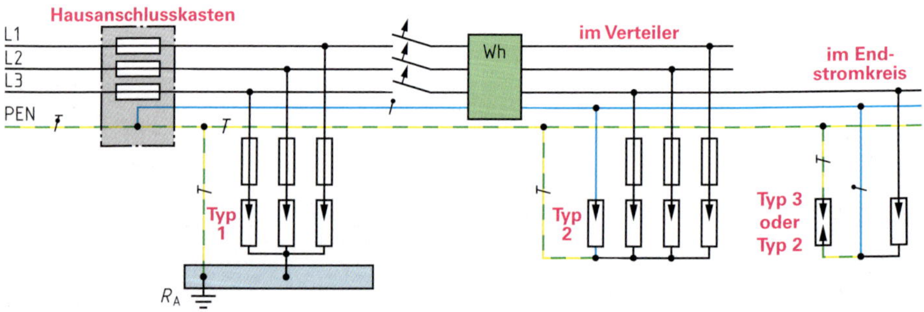

Überspannungs-Schutzeinrichtungen der Typen 1, 2, 3 bei TN-Systemen (vgl. VDE 0100-534)

Verwendete Schaltzeichen (meist nicht genormt):

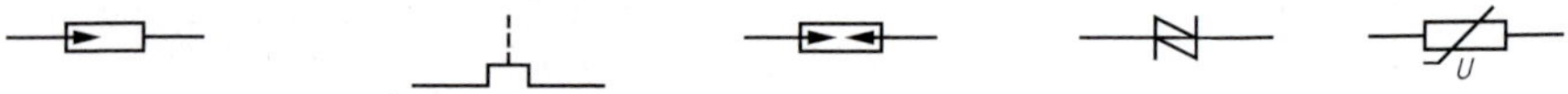

Ableiter, allgemein Gasableiter, Gleitableiter — Überwachungs-Trennvorrichtung — Funkenstrecke — Suppressordiode, ungepolt — Varistor

In Anschluss des Netzes Out Anschluss des zu schützenden Anlagenteils

Äußerer Blitzschutz 1

External Lightning Protection 1 vgl. EN 62 305-1 bis EN 62 305-4 (VDE 0185-305)

Prinzip äußerer Blitzschutz

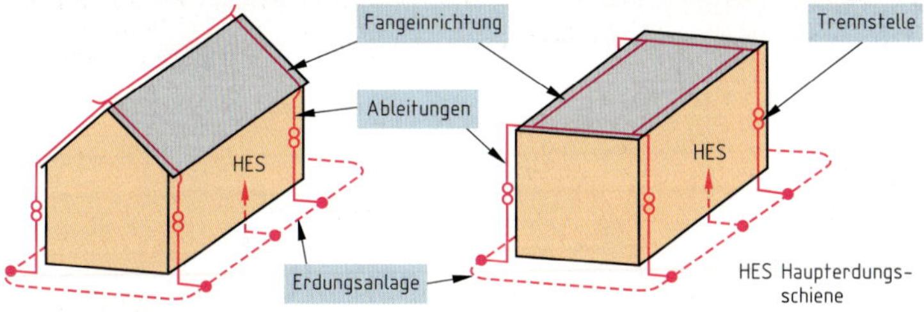

Plan einer Blitzschutzanlage

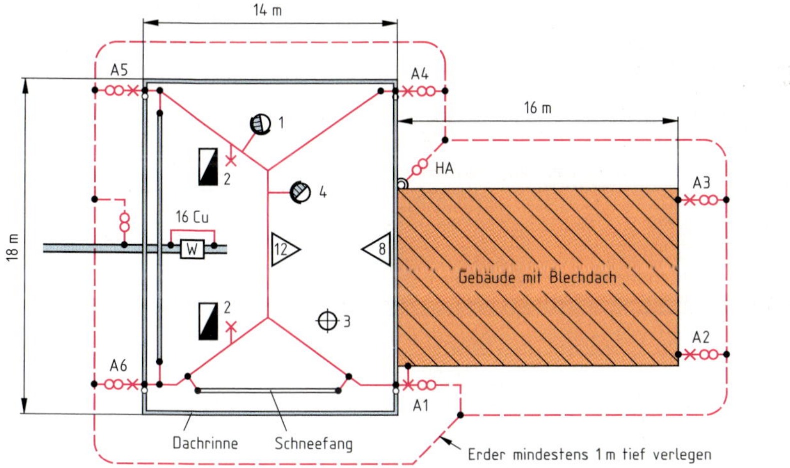

Kurzzeichen	Bedeutung
(Symbol mit Dreiecken 8 und 5)	Gebäudeumrisse und Dachhöhen Zahl im Dreieck gibt First- oder Traufenhöhe in m an
1,5 nichtmetallisch, 2 metallisch Ziffern = Höhe in m	Kamin, Rauchfang
3 nichtmetallisch, 4 metallisch Ziffern = Höhe in m	Rohr, Mast, Antenne
2,5	Dachständer
G außen, W innen A Abfluss G Gas H Heizung W Wasser	Rohrleitungen und Rinnen aus Metall
W	Zähler, z.B. Wasserzähler

Kurzzeichen	Bedeutung
waagrecht, senkrecht	Fangleitungen und Ableitungen, außen
waagrecht, senkrecht	Innen: Fangleitungen und Ableitungen, unter Putz
	Fangstange, Fangspitze
	Trennstelle
	Anschlüsse an Rohre, Rinnen und Bleche
	Horizontalerder, Erdungsleiter
	Vertikalerder

SE

Äußerer Blitzschutz 2 External Lightning Protection 2

Anordnung der Fangeinrichtungen und Schutzbereiche

vgl. VDE 0185-305-1 bis 4

Schutzwinkelverfahren

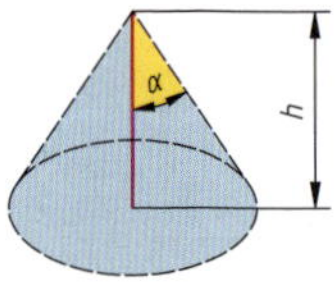

Durch eine Fangstange geschützes Volumen

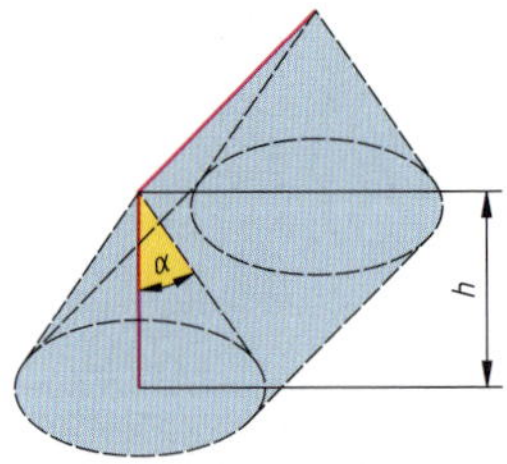

Durch eine Fangleitung geschütztes Volumen

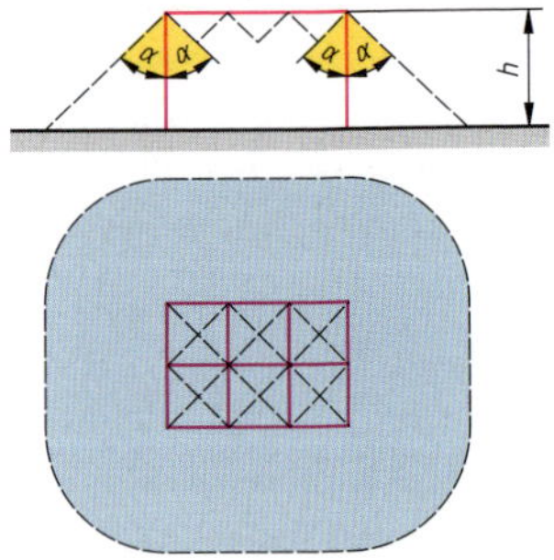

Durch eine maschenförmige Fangeinrichtung geschützes Volumen

Blitzkugelverfahren

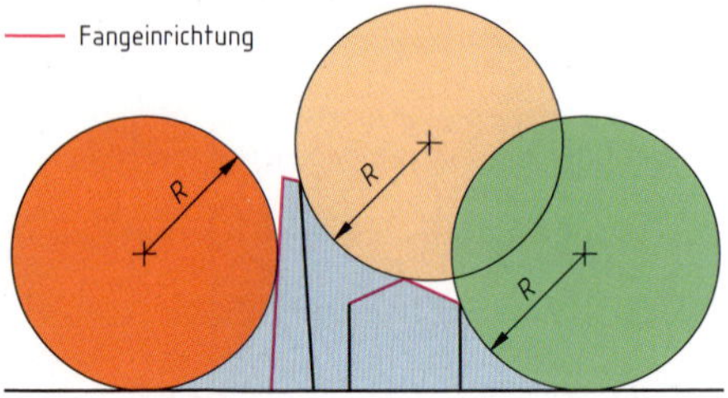

Fangeinrichtungen müssen an allen Punkten angebracht werden, die von der Blitzkugel berührt werden. Der Radius der Blitzkugel entspricht der gewählten Schutzklasse.

Maschenverfahren

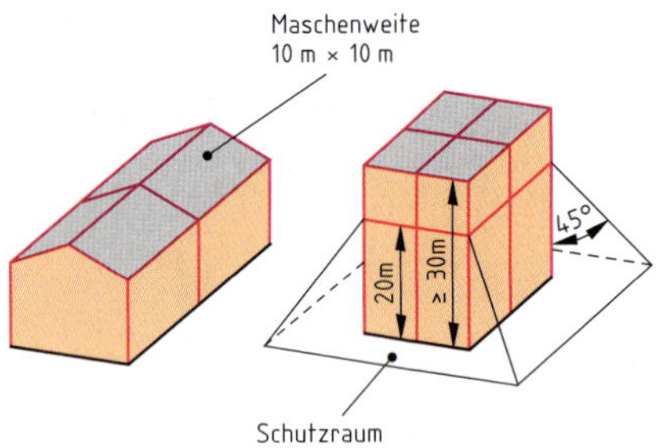

Zuordnung zu den Schutzklassen

Schutzklasse	Blitzkugelverfahren Radius der Blitzkugel in m	Maschenverfahren Maschenweite in m	Schutzwinkelverfahren Schutzwinkel α
I II III IV	20 30 45 60	5 x 5 10 x 10 15 x 15 20 x 20	siehe Schutzwinkel-diagramm

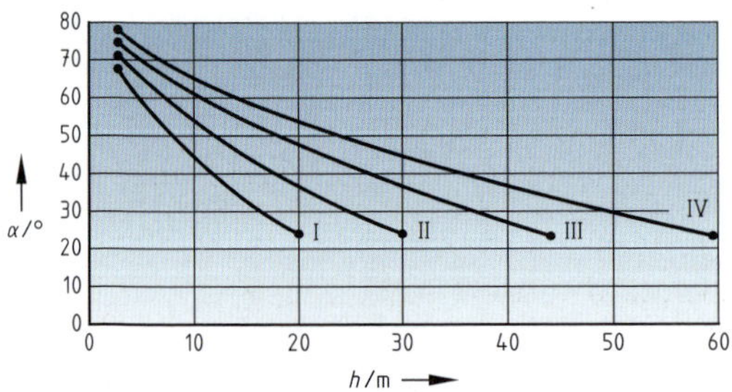

Schutzwinkeldiagramm

α Schutzwinkel

h ist die Höhe der Fangeinrichtung über dem zu schützenden Bereich.

Schutzklasse I bis IV ergibt sich aus der Wirksamkeit E eines Blitzschutzsystems (siehe ENV 61024-1: Anhang F)

Fangeinrichtungen und Ableitungen

vgl. VDE 0185-305-1 bis 4

Lightning Arrester Systems

Bauteile	Werkstoff	festgelegt in	Mindestmaße				
			Rundleiter		Flachleiter		
			Durchmesser mm	Querschnitt mm²	Breite mm	Dicke mm	Querschnitt mm²
Fangleitungen und Fangspitzen bis 0,5 m Höhe	Stahl verzinkt[1]	DIN 48801	8	50	20	2,5	50
	nichtrostender Stahl[2]		10	78	30	3,5	105
	Kupfer	DIN 48801	8	50	20	2,5	50
	Kupferseil		19 x 1,8	50 Kupfer			
	Aluminium	DIN 48801	10	78	20	4	80
Fangleitungen zum freien Überspannen von zu schützenden Anlagen	Stahlseil, verzinkt	DIN 48201 Teil 3	19 x 1,8	50			
	Kupferseil	DIN 48201 Teil 1	7 x 2,5	35			
	Aluminiumseil	DIN 48201 Teil 5	7 x 2,5	35			
	Alu-Stahl-Seil	DIN 48204	9,6	50/8			
	Aldrey-Seil	DIN 48201 Teil 6	7 x 2,5	35			
Fangstangen	Stahl verzinkt[1]	DIN 48802	16, 20[3]				
	nichtrostender Stahl[2]		16, 20[3]				
	Kupfer		16, 20[3]				
Ableitungen und oberirdische Verbindungs-leitungen	Stahl verzinkt[1]	DIN 48801	8, 10[3], 16[4]	50, 78, 200	20 30	2,5 3,5	50 105
	nichtrostender Stahl[2]		10, 12[3], 16[4]	78, 113, 200	30 30	3,5[3] 4[4]	105 120
	Kupfer	DIN 48801	8	50	20	2,5	50
	Kupferseil		19 x 1,8	50 (Kupfer)			
	Aluminium	DIN 48801	10	78	20	4	80
Ableitungen, ober- und unterirdische Verbindungs-leitungen	Stahl mit Kunststoff-mantel[5]		8 (Stahl)				
	Kabel NYY[5]	VDE 0271		16			
	Kabel NAYY[5]	VDE 0271		25			
Winkelrahmen für Schornsteine	Stahl verzinkt[1]	DIN 48814			50/50	5	
	nichtrostender Stahl[2]				50/50	4	
	Kupfer				50/50	4	

1 nur Feuerverzinkung: Zinküberzug; Schichtdicke: Mittelwert 70 µm, Einzelwert 55 µm
2 Werkstoffnummer z. B. 1.4001 oder 1.4301
3 bei freistehenden Schornsteinen
4 im Rauchgasbereich
5 nicht bei freistehenden Schornsteinen

Qualität der Stromversorgung Quality of Power Supply

Qualitätsgröße	Schädliche Einwirkung, Erklärung	Folgen für die Stromversorgung	Maßnahmen gegen schädliche Einwirkung und zur Verbesserung
fehlende Konstanz der Spannung U	Starke, ruckartige Belastung oder ungeregeltes Zuschalten großer Leistung, z.B. durch • Einschalten großer induktiver Lasten, • Zuschalten großer Generatoren • Zuschalten oder Abschalten von Netzteilen, • Zuschalten oder Abschalten von Kraftwerken, z.B. wegen Ausfall von Leistung von PV-Anlagen.	• Flicker (Licht flackert), • Dips (kurzer Ausfall der Spannung), • Drehzahl von Asynchronmotoren schwankt bis zum Ausfall der Motoren, • Daten gehen verloren.	Beim Strombezieher: • Sanftanlauf durch elektronische Anlasser, • Strombezug über USV-Anlage Beim Kraftwerk: • Anschluss von ständig laufenden Maschinen mit großer Schwungmasse, z.B. große Synchrongeneratoren oder leer laufende Synchronmotoren mit Übererregung (Blindleistungsmaschinen).
fehlende Konstanz der Frequenz f		• Drehzahl von Synchronmotoren schwankt bis zum Außer-Tritt-Fallen, • frequenzabhängige Schaltungen versagen, z.B. bei Blindleistungskompensation.	
Netz-Blindleistung	Alle induktiven Lasten, z.B. • Asynchronmotoren, • Drosselspulen. • Streufeldtransformatoren.	• größere Ströme, • größere Verlustleistung, • stärkere Erwärmung der Transformatoren.	Kompensation des Bezuges von induktiver Blindleistung durch • Bezug von kapazitiver Blindleistung durch Kondensatoren, • Erzeugen von induktiver Blindleistung durch übererregte Synchronmaschinen, • Einbau von leer laufenden, übererregten Synchronmotoren (Blindleistungsmaschinen), • Verwendung von Geräten mit PFC (Power Factor Correction = Leistungsfaktor-Korrektur), • Strombezug über USV-Anlage mit PFC.
Leistungsfaktor λ	$\lambda = P / S$ P Wirkleistung, S Scheinleistung (siehe auch cos φ)	Kleiner Leistungsfaktor führt zu hoher Netz-Blindleistung und damit zu hohen Leistungsverlusten.	
Phasenverschiebung φ	Im Zeigerdiagramm der Winkel φ zwischen Stromstärke und Spannung. Winkel φ nimmt mit der Netz-Blindleistung zu.	Je größer φ ist, desto kleiner sind cos φ und λ sowie desto größer sind die Leistungsverluste.	
cos φ	Der cos φ ist der Leistungsfaktor bei Sinusform bzw. der Grundschwingung.	Gleiche Folgen wie beim Leistungsfaktor λ.	
Oberschwingungen	Oberschwingungen, vor allem die 3. und 5. Teilschwingung, werden durch elektronische Schaltungen, z.B. Gleichrichter mit kapazitiver Glättung und Anschnittverfahren, sowie durch Gasentladungslampen erzeugt.	Motoren laufen mit Geräuschen, das Kraftmoment von Motoren beim Anlauf wird kleiner, der Strom im Neutralleiter wird größer als der Strom in einem Außenleiter **(Bild)**, größere Leistungsverluste und Erwärmung.	Einbau von Netzfiltern (Bandsperren für 3. Teilschwingung), Strombezug über USV-Anlage, Einschränkung von Anschnittverfahren für Dauerbetrieb, z.B. durch Transformatoren, im Extremfall größerer Neutralleiterquerschnitt.

SE

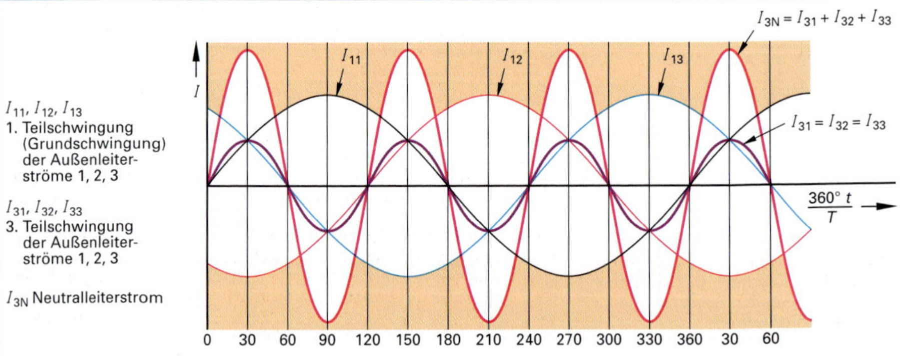

Entstehung eines großen Neutralleiterstromes im Vierleiternetz 50 Hz durch 3. Teilschwingung von 150 Hz

Kompensation Compensation

Schaltungsprinzip	Erklärung	Bemerkungen
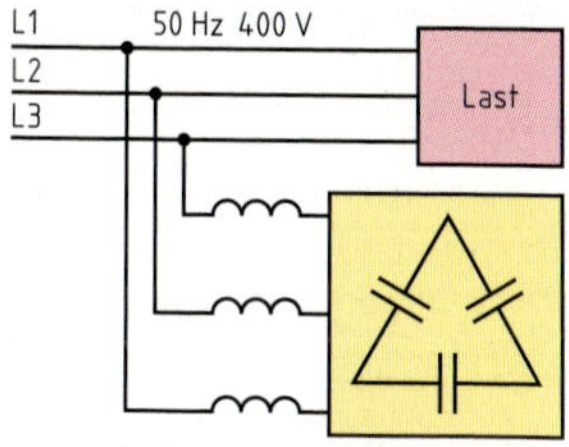 **Verdrosselte Kompensation**	Schädliche Einflüsse auf die Stromversorgung, z.B. Blindleistung, periodische Spannungseinbrüche, Flicker (periodische Schwankungen der Spannung mit etwa 10 Hz), Spannungsänderungen durch Lastschwankung, Oberschwingungen (Harmonische) kann man durch Schaltungen *kompensieren* (aufheben).	Bei der *Blindleistungskompensation* wird die induktive Blindleistung von Motoren meist durch Kondensatoren kompensiert. Durch *Verdrosselung* der Kondensatoren werden die Oberschwingungen nicht kompensiert, die sonst ohne Drosseln oft verstärkt werden. Außerdem werden die Tonfrequenz-Signale der *Rundsteueranlagen* nicht geschwächt.
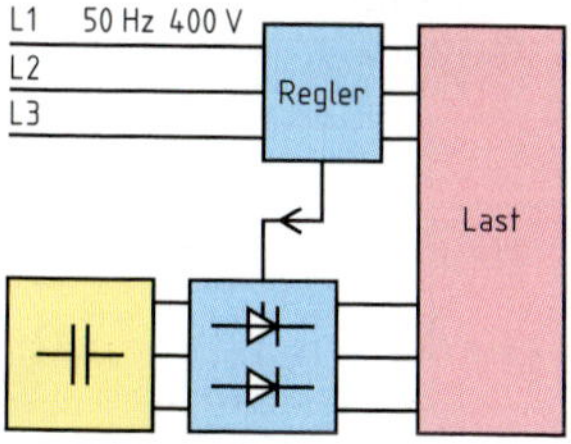 **Elektronisch gesteuerte Kompensation**	Bei der *elektronisch gesteuerten Kompensation* wird der Spannungszustand der Lastspannung durch eine fortlaufende Messung im Regler ständig geprüft. Bei Bedarf wird über einen verzögerungsarmen elektronischen Schalter, z.B. mit Thyristoren, die erforderliche Kondensator-Kapazität zugeschaltet oder abgeschaltet.	Die zum Zuschalten vorgesehenen Kondensatoren sind ständig geladen, sodass beim Zuschalten im richtigen Zeitpunkt kein Stromstoß auftritt *(sanftes Schalten)*. Die schwankende Blindleistung, z.B. durch Lastschwankungen von Motoren, wird innerhalb weniger Perioden der Netzspannung kompensiert. Auch *Flicker* werden oft dadurch beseitigt.
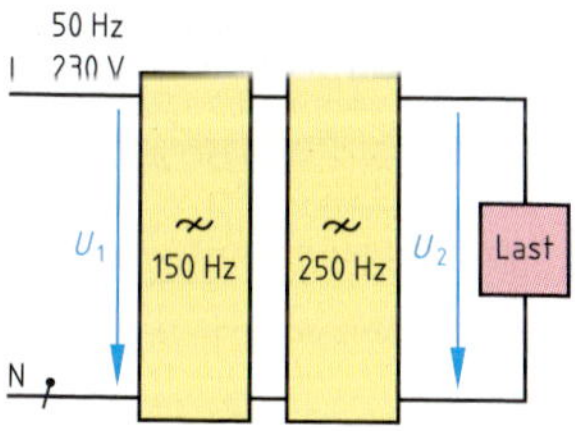 **Bandsperrenfilter**	Die Kompensation von *Oberschwingungen (Harmonischen)* erfolgt durch elektrische Filter. Ein *passives Filter* besteht z.B. aus einer Schaltung von Induktivitäten und Kapazitäten. Beim *Bandsperrenfilter* sorgt eine 150-Hz-Bandsperre für die Sperre der 3. Harmonischen von der Last und zur Last. Für jede zu sperrende Harmonische ist ein Filter erforderlich.	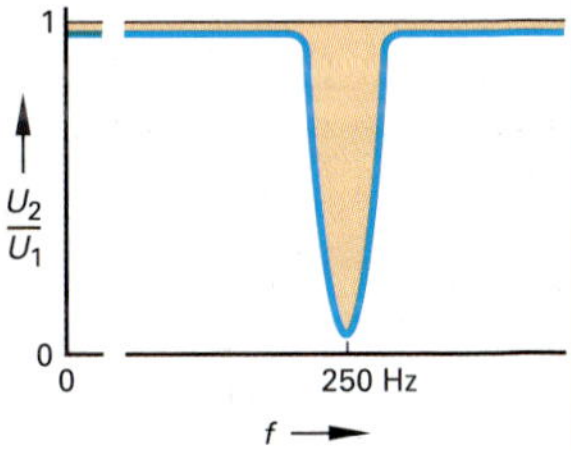 **Übertragungskurve einer Bandsperre von 250 Hz**
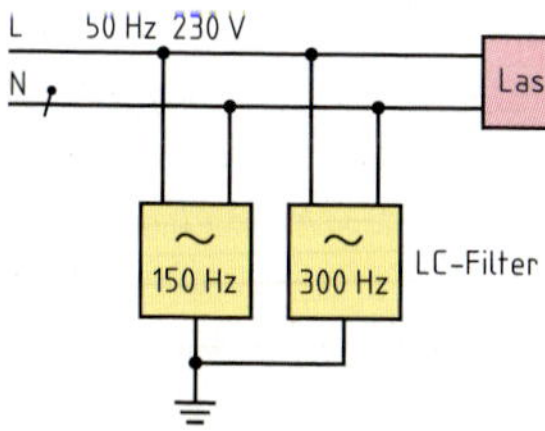 **Saugkreisfilter**	Das *Saugkreisfilter* ist ein passives Filter. Bei ihm ist ein Saugkreis (Reihenschaltung von *L* und *C*) oder ein Bandpass auf die abzusaugende Harmonische abgestimmt, z.B. auf 150 Hz. Für jede abzusaugende Harmonische ist ein eigenes Filter erforderlich. Der Anschluss erfolgt an die Leiter des Netzes und an Erde, z.B. an die Haupterdungsschiene.	Alle passiven Filter werden durch Alterung der Kondensatoren verstimmt, sodass *Überlastungen* der Komponenten und auch unerwünschte *Resonanzen* für die verschiedenen Harmonischen auftreten können. Deshalb sind ständige *Überwachung* und bei Bedarf *Wartung* der Filter erforderlich.
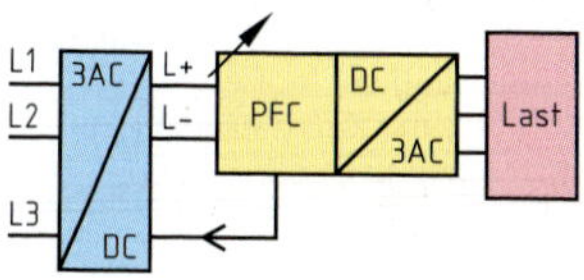 **Aktives Filter**	Ein *aktives Filter* ist ein System der Leistungselektronik. Es besteht im Prinzip aus einem gesteuerten Gleichrichter, einer *PFC-Steuerung* (PFC von Power Factor Correction, Seite 233) und einem davon gesteuerten Wechselrichter. Der Laststrom wird ständig überwacht und an die Erfordernisse angepasst.	Die *Oberschwingungskompensation* kann für jede Harmonische getrennt eingestellt werden. Außerdem ermöglicht dasselbe aktive Filter die Blindleistungskompensation, die Beseitigung von Flickern und den Ausgleich von Unsymmetrien der Spannungen. Aktive Filter sind die modernste Technik zur Kompensation von schädlichen Einflüssen.

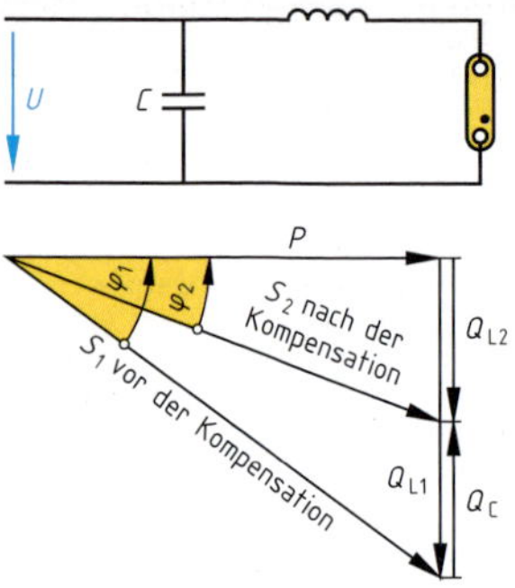

Parallelkompensation

$$S_1 = \frac{P}{\cos \varphi_1} \quad (1)$$

$$S_2 = \frac{P}{\cos \varphi_2} \quad (2)$$

$$Q_{L1} = S_1 \cdot \sin \varphi_1 \quad (3)$$

$$Q_{L2} = S_2 \cdot \sin \varphi_2 \quad (4)$$

$$Q_C = P \cdot (\tan \varphi_1 - \tan \varphi_2) \quad (5)$$

$$Q_C = Q_{L1} - Q_{L2} \quad (6)$$

$\sin \varphi = \sin (\arccos \varphi)$ $\tan \varphi = \tan (\arccos \varphi)$

Umrechnungen $\sin \varphi \Rightarrow \cos \varphi \Rightarrow \tan \varphi$ siehe auch Seite „Beziehungen zwischen den Winkelfunktionen"

Parallelkompensation bei Einphasenwechselspannung:

$$\omega = 2 \pi \cdot f \quad (7)$$

$$C = \frac{Q_C}{\omega \cdot U_{bC}^2} \quad (8)$$

$$C = \frac{3000}{f} \frac{\mu F \cdot Hz}{kvar} \left(\frac{230\ V}{U_{bC}}\right)^2 \cdot Q_C \quad (9)$$

Bei 50 Hz/230 V sind zur Kompensation 60 µF/kvar erforderlich, bei 50 Hz/400 V nur 20 µF/kvar.

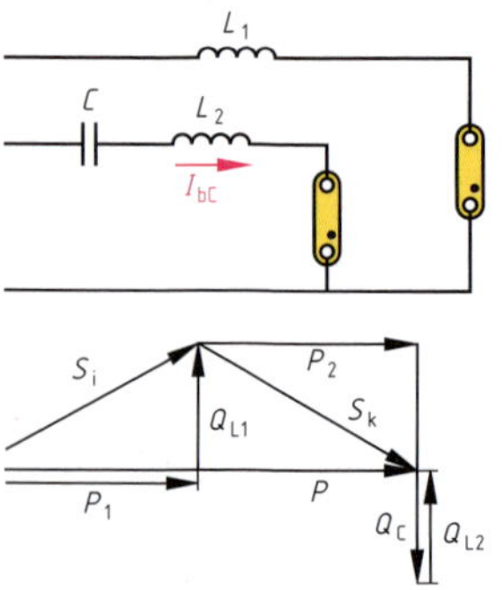

Reihenkompensation

Hinweis zur Reihenkompensation:

Eine Reihenkompensation auf $\cos \varphi = 1$ ist wegen der Spannungsüberhöhung an den Bauteilen nicht möglich. Deshalb wird z. B. bei der Duoschaltung von Leuchtstofflampen der Kondensator so gewählt, dass der kapazitive Zweig der Schaltung den kapazitiven Phasenverschiebungswinkel φ_k besitzt. φ_k ist etwa gleich groß wie der induktive Phasenverschiebungswinkel φ_i im induktiven Zweig, aber entgegengesetzt. $\varphi_k \approx -\varphi_i$. Dadurch geht φ der gesamten Schaltung gegen Null.

Reihenkompensation bei Einphasenwechselstrom:

$$C = \frac{I_{bC}^2}{\omega \cdot Q_C} \quad (10)$$

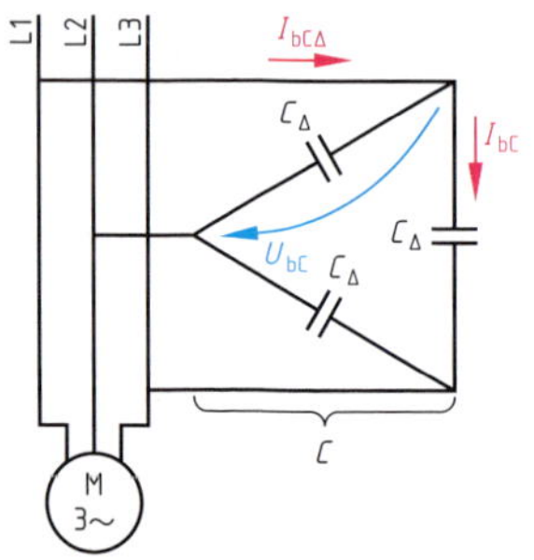

Einzelkompensation bei 3 AC

Bei Kondensatoren in Y:

$$U_{bC} = \frac{U}{\sqrt{3}} \quad (11)$$

$$C_Y = \frac{1}{3} \cdot C \quad (13)$$

$$I_{bCY} = I_{bC} \quad (15)$$

Bei Kondensatoren in △:

$$U_{bC} = U \quad (12)$$

$$C_\triangle = \frac{1}{3} \cdot C \quad (14)$$

$$I_{bC\triangle} = \sqrt{3} \cdot I_{bC} \quad (16)$$

Die Berechnung von Q_C und C erfolgt wie bei Einphasenwechselstrom.

C	berechnete Kapazität der Kompensationskondensatoren
$C_\triangle$	Kapazität eines der in △ geschalteten Kondensatoren
C_Y	Kapazität eines der in Y geschalteten Kondensatoren
f	Frequenz
I_{bC}	Kondensatorstrom
$I_{bC\triangle}$	Leiterstrom zur Kondensatorbatterie in △-Schaltung
I_{bCY}	Leiterstrom zur Kondensatorbatterie in Y-Schaltung
L	Induktivität
P	aufgenommene Wirkleistung
Q_C	kapazitive Blindleistung
Q_L	induktive Blindleistung
S	Scheinleistung
S_i	Scheinleistung im induktiven Zweig
S_k	Scheinleistung im kapazitiven Zweig
U_{bC}	Spannung an den Kondensatoren zur Kompensation
U	Netzspannung (Leiterspannung) des Drehstromnetzes
φ	Phasenverschiebungswinkel
φ_i	induktive Phasenverschiebung
φ_k	kapazitive Phasenverschiebung

Bedeutung der Indizes 1 und 2:

1 vor der Kompensation

2 nach der Kompensation

Bedeutung weiterer Formelzeichen aus den Bildern erkennbar.

SE

Kompensation der Blindleistung 2 Compensation of Reaktive Power 2

Ermittlung der Kondensatorleistung

Vor der Kompensation		Erwünschter $\cos \varphi_2$				
		0,80	0,85	0,90	0,95	1,00
$\cos \varphi_1$	$\tan \varphi_1$	Kompensationsfaktor $F_K = \tan \varphi_1 - \tan \varphi_2$				
0,48	1,83	1,08	1,21	1,34	1,50	1,83
0,50	1,73	0,98	1,11	1,25	1,40	1,73
0,52	1,64	0,89	1,03	1,16	1,31	1,64
0,54	1,56	0,81	0,94	1,08	1,23	1,56
0,56	1,48	0,73	0,86	1,00	1,15	1,48
0,58	1,41	0,66	0,78	0,92	1,08	1,41
0,60	1,33	0,58	0,71	0,85	1,01	1,33
0,62	1,27	0,52	0,65	0,78	0,94	1,27
0,64	1,20	0,45	0,58	0,72	0,87	1,20
0,66	1,14	0,39	0,52	0,66	0,81	1,14
0,68	1,08	0,33	0,46	0,59	0,75	1,08
0,70	1,02	0,20	0,40	0,54	0,69	1,02
0,72	0,96	0,21	0,34	0,48	0,64	0,96
0,74	0,91	0,16	0,29	0,43	0,58	0,91
0,76	0,86	0,11	0,23	0,37	0,53	0,86
0,78	0,80	0,05	0,18	0,32	0,47	0,80
0,80	0,75	–	0,13	0,27	0,42	0,75
0,82	0,70	–	0,08	0,21	0,37	0,70
0,84	0,65	–	0,02	0,16	0,32	0,65
0,86	0,59	–	–	0,11	0,26	0,59
0,88	0,54	–	–	0,06	0,21	0,54

Beispiel: Vor der Kompensation beträgt $\cos \varphi_1 = 0{,}68$; gewünscht $\cos \varphi_2 = 0{,}9$. Aufgenommene Wirkleistung $P_1 = 8$ kW. Gesucht: Kondensatorleistung $Q_C = ?$ kvar

Lösung. Aus Tabelle Faktor $F_K = 0{,}59$
Kondensatorleistung $Q_C = F_K \cdot P_1 = 0{,}59 \cdot 8 =$ **4,72 kvar**

Q_C Kondensatorleistung
F_K Kompensationsfaktor aus Tabelle
P_1 Aufnahmeleistung

$$Q_C = F_K \cdot P_1$$

Schaltungen

Einzelkompensation bei Direkteinschaltung

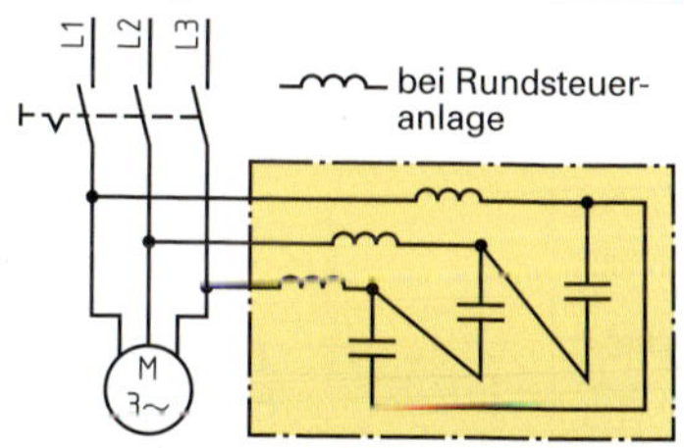

Kondensator-Betriebsspannung	
bei Sternschaltung 230 V	bei Dreieckschaltung 400 V

Einzelkompensation bei Stern-Dreieckeinschaltung

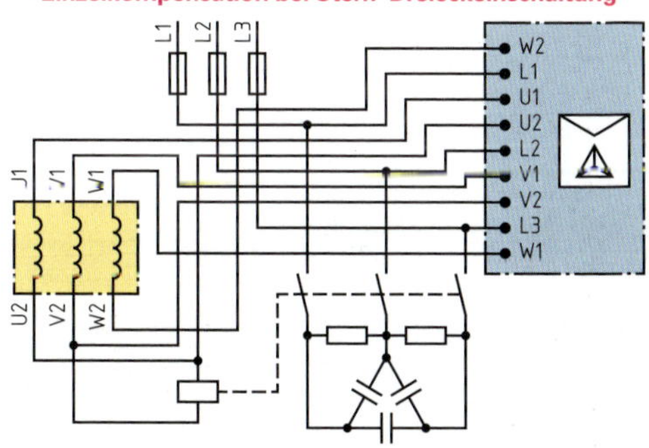

Gruppenkompensation
wirtschaftlich für Mittelbetriebe

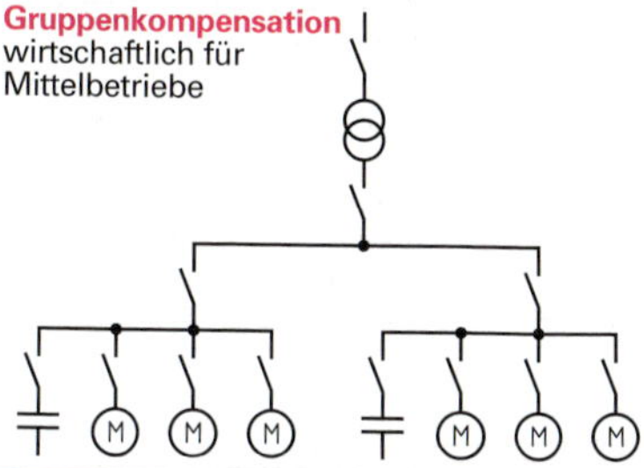

Zentralkompensation
wirtschaftlich für Großbetriebe

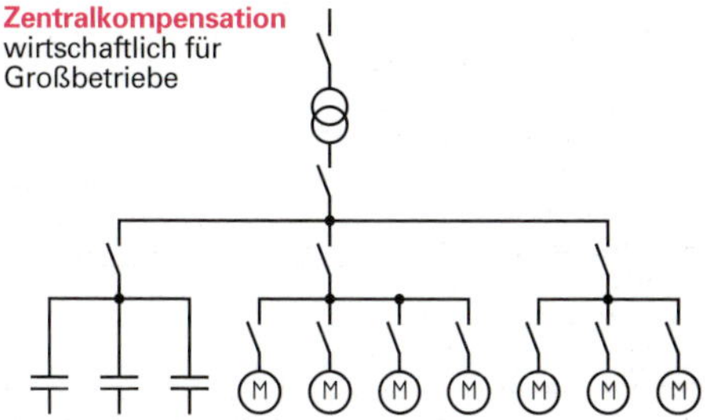

SE

Überwachung der Endstromkreise Monitoring of Final Circuits

Ansicht, Prinzip	Erklärung	Bemerkungen, Schaltung

Überwachung durch Überwachungsrelais — Monitoring by monitor relay

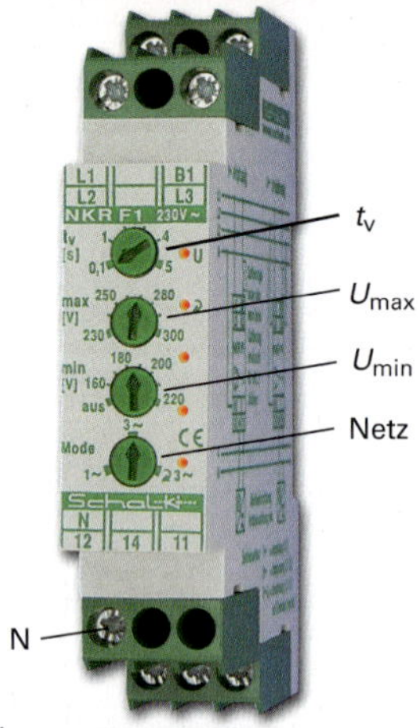

Überwachungsrelais

Überwachung im Einphasennetz oder Dreiphasennetz von Spannung, Unterspannung, Überstrom, Unterstrom, Phasenfolge und Phasenausfall, Symmetrie bzw. Asymmetrie oder Rückspannung der Last, Neutralleiterbruch oder Temperatur.

Mit Mode wird die Betriebsart eingestellt, 1-phasig, 3-phasig oder 3-phasig mit Drehfeldüberwachung. Mit t_v wird die Reaktionszeit auf Netzfehler eingestellt (0,1 s bis 5 s).

Versorgungsspannung für die Elektronik z. B. DC 24 V oder AC 12 V bis 400 V.

Anzeigen: Grüne LED Spannung, rote LED Fehler, rote LED blinkend Fehler mit Auslöseverzögerung, gelbe LED ON/OFF Stellung des Ausgangsrelais.

www.schalk.de
www.tele-haase.at

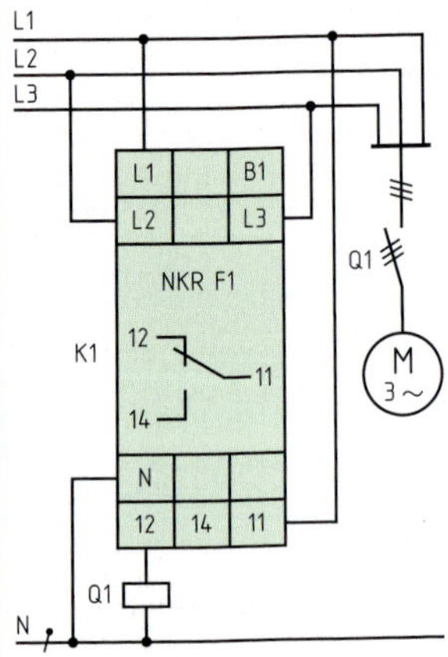

Motorschutz (vor Falschanlauf und Anlauf im 2-Phasenbetrieb)

Überwachung mit RCM — Monitoring by Residual Current Monitor

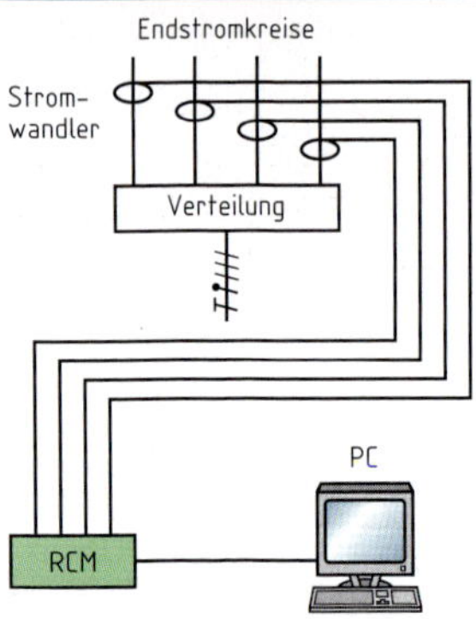

RCM-System für vier Stromkreise

RCMs (Residual Current Monitors) bestehen aus einem Summenstromwandler für jeden zu überwachenden Stromkreis und einer Auswerteeinheit zum Anschluss von z. B. bis 12 Summenstromwandlern für 12 Stromkreise. Die Eingabe der Programmier-Software und die Ausgabe der Messdaten erfolgt am PC.

Für kleine Stromstärken gibt es Stromwandler kombiniert mit Auswerteeinheit RCM.
Wie bei den RCDs werden die aktiven Leiter des zu überwachenden Stromkreises (Außenleiter und Neutralleiter) durch die Stromwandler geführt.

Beim RCM werden wie beim RCD die durch einen Summenstromwandler erfassten Ströme summiert. Bei einem Isolationsfehler entsteht ein Differenzstrom. Die Auswerteeinheit gibt je nach Einstellung ein Signal ab oder leitet die Messwerte über eine verdrillte Aderleitung zur weiteren Auswertung und zur Anzeige an einen PC.

Anwendungsbeispiele:

- Versorgungsnetze für Anlagen mit IT-Technik,
- medizinisch genutzte Bereiche,
- RCD-ungeeignete Anlagen, z. B. Großküchen,
- Sicherheitseinrichtungen.

Vorteile der RCM-Überwachung

- Abnahme der Isolationsfestigkeit wird erkannt,
- Erdschlüsse werden beim Entstehen erkannt,
- verschiedene Brücken von PE zu N werden erkannt,
- Instandsetzung kann geplant werden,
- vagabundierende (umherschweifende) Ströme werden erkannt.
- In Anlagen mit IT-Technik ist die Datenübertragung sicherer.

RCMs können auch in der Gebäude-Hauptverteilung eingebaut werden. Zur Fehlerlokalisierung ist der Einbau in die gegen Fehler empfindlichen Endstromkreise nötig.

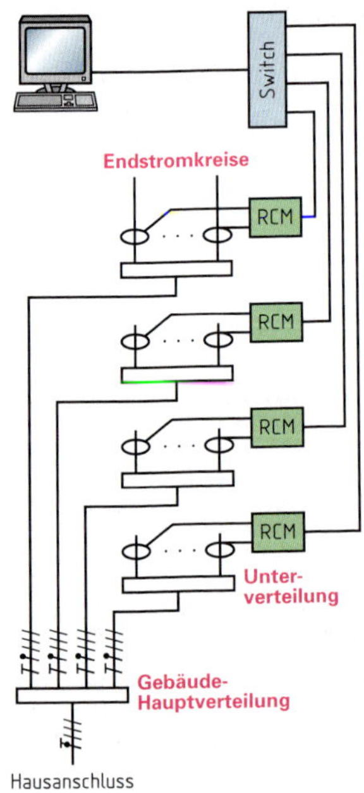

Überwachung eines TN-S-Systems

SE

Melde- und Überwachungsanlagen Alarm and Monitoring Systems

Begriff	Erklärung	Beispiele
Aufgaben der Baugruppen		
Gefahrenmeldeanlage (GMA)	GMA sind Fernmeldeanlagen zur sicheren Meldung von Gefahren für Leben und Sachwerte, z.B. beim Betrieb von Behältern, Maschinen, Industrieanlagen, baulichen Anlagen, Gebäuden, Gebäudeteilen und bei Ausstellungen von Kunstschätzen. Zu den GMA gehören Brandmeldeanlagen (BMA), Überfallmeldeanlagen (ÜMA) und Einbruchmeldeanlagen (EMA).	Überwachung von Überdrücken, Umdrehungsfrequenzen, Temperaturen, radioaktive Strahlungen, aggressiven Dämpfen, Bränden, Überfällen, Einbrüchen, Glatteis auf Straßen, Verkehrsflüssen.
Brandmeldeanlage (BMA)	BMA dienen dem direkten Hilferuf bei Brandgefahr oder dem Erkennen und Melden von Schadenfeuer zum frühest möglichen Zeitpunkt. Brandmeldungen, z.B. von Bränden in Stadthallen oder Schulen, werden direkt der Feuerwehr übermittelt.	
Brandmelder	Punktförmige Melder sprechen auf die Änderung einer in der Umgebung eines festen Punktes gemessenen Kenngröße an. Rauchmelder reagieren auf Verbrennungsprodukte (Schwebstoffe) in der Luft. Man unterscheidet Ionisationsrauchmelder und optische Rauchmelder. Wärmemelder sprechen auf maximal eingestellte Temperatur (Maximalmelder) oder auf Temperaturerhöhung (Differenzialmelder) an. Flammenmelder sprechen auf die von Flammen ausgehende Strahlung an.	
Brandmelderzentrale (BMZ)	• Nimmt die Meldung der angeschlossenen Melder entgegen, registriert und zeigt die Meldung optisch und akustisch mit Angabe des Ortes an, • leitet die Brandmeldung an die Feuerwehr weiter, • steuert Einrichtungen zur Brandbekämpfung, z.B. eine Kohlensäure-Löschanlage, • überwacht die Anlage und meldet Störungen.	

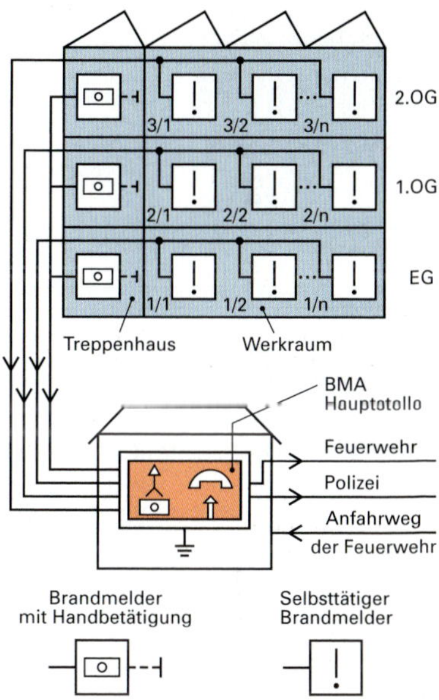

Begriff	Erklärung	Beispiele
Instandhaltung und Instandsetzung		
Inspektion	Die Melde- und Überwachungsanlagen sind auf bestimmungsgemäße Funktion durch Fachkräfte zu überprüfen. Überprüfung viermal jährlich in gleichen Zeitabständen.	• Mindestens ein Melder je Übertragungsweg (nur zerstörungsfreie Melder), • Signalgeber, • Anzeige- und Betätigungseinrichtungen, • Schalteinrichtungen, • Alarmierungs- und Steuerungsanlagen, • Energieversorgung.
	Überprüfung nur einmal jährlich.	• Alle zerstörungsfrei prüfbaren Melder, • Übertragungswege mit nichtzerstörungsfrei prüfbaren Meldern.
Instandsetzung	Wenn bei Inspektionen unzulässige Abweichungen vom Sollzustand der GMA festgestellt werden, ist die GMA unverzüglich instandzusetzen.	Ansprechschwelle von Rauchmeldern.
Wartung	Nach Angaben des Herstellers der GMA durchführen, jedoch mindestens einmal jährlich.	Pflege von Anlageteilen, z.B. Reinigen und Behandeln von Kontakten mit Kontaktspray. Auswechseln von Bauelementen mit begrenzter Lebensdauer, z.B. Glühlampen. Justieren, Neueinstellen und Abgleichen von Bauteilen und Geräten, z.B. für Signalzeiten, Kontaktdrücke.

SE

Sicherheitstechnik in Gebäuden Safety and Security Systems in Buildings

Gerät, Schaltung	Erklärung	Bemerkungen, Darstellung
 **Rauchmelder**	Besitzt Mess- und Referenzkammer mit durch Strahler erzeugter ionisierter Luft. Erzeugter Alarmton in 3 m Entfernung etwa 85 dBA. Überwachungsfläche etwa 40 m^2. Rauchmelder möglichst in Raummitte an der Raumdecke anbringen, nicht in der Nähe von Feuerstätten, Belüftungsschächten, Leuchtstofflampen, Energiesparlampen und in Spitzecken von Dachgiebeln.	Rauchmelder können miteinander vernetzt werden über Leitung oder Funkstrecken, auch über KNX/EIB-Anschluss. Bei vernetzten Rauchmeldern erzeugen alle Rauchmelder im Alarmfall einen Alarmton. Bei großen Entfernungen, z.B. über 30 m bei Funkstrecken, werden zwischen den Rauchmeldern Repeater (Verstärker) benötigt. Funk-Rauchmelder erfordern zwei Lithium-Batterien von 3 V.
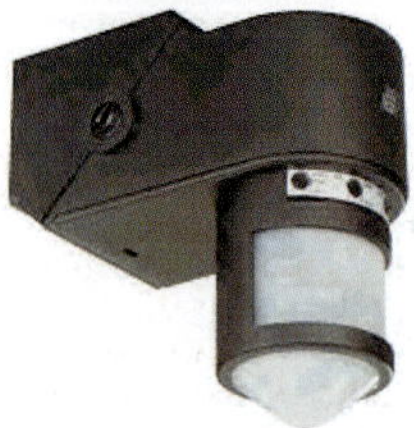 **Bewegungsmelder**	Bewegungsmelder reagieren auf ein zeitlich sich veränderndes Wärmebild. Die Montage soll seitlich zur Gehrichtung montiert werden, geschützt vor Regen, Wind, Sonneneinstrahlung und Außenlampenstrahlung. Eine abkühlende Lampe könnte als Bewegung interpretiert werden. Erfassungsbereich z.B. 15 m x 15 m, 180°. Funk-Bewegungsmelder benötigen eine Lithium-Batterie von 3 V.	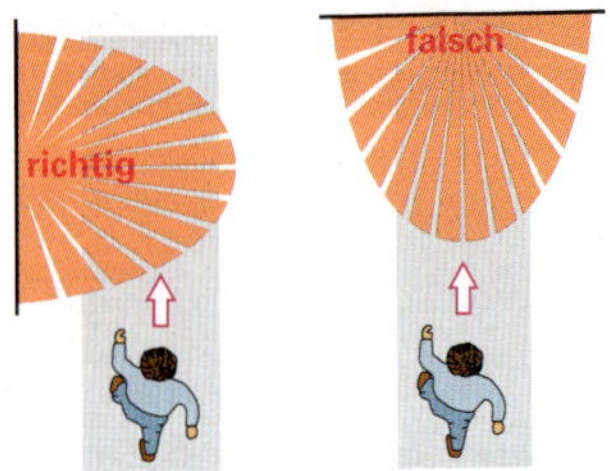 **Montage eines Bewegungsmelders**
 **Glasbruchmelder**	Glasbruchmelder besitzen Mikrofone und reagieren auf die bei Glasbruch entstehenden akustischen Signale, also Frequenzen zwischen 50 kHz und 100 kHz sowie zusätzlich auf Druckwellenfrequenzen. Ständige Signalabfrage. Der Erfassungsbereich liegt innerhalb eines Radius von 6 m. Bei Funk-Meldern ist eine Lithium-Batterie mit 3 V notwendig.	Glasbruchmelder gibt es auch als auf Glasscheiben aufzuklebende Körperschallsensoren (Spezialmikrofone), die auf die entsprechenden akustischen Tonfrequenzen bei Glasbruch reagieren.
 **Öffnungsmelder**	Bei Öffnungsmeldern dienen elektromagnetische Kontakte zum Erkennen von geöffneten Türen oder Fenstern. Nach Unterbrechung des Magnetfeldes wird der Sensor hochohmig. Dadurch wird ein Alarmsignal erzeugt und an eine Meldestelle gemeldet. Funk-Öffnungsmelder besitzen eine Lithium-Batterie von 3 V.	Es gibt auch Öffnungsmelder, die ihren Schaltstrom (z.B. 100 mA/30 V) über Anschlussleitungen erhalten. Derartige Öffnungsmelder sind wesentlich kostengünstiger als Funk-Öffnungsmelder, erfordern aber eine Leitung.
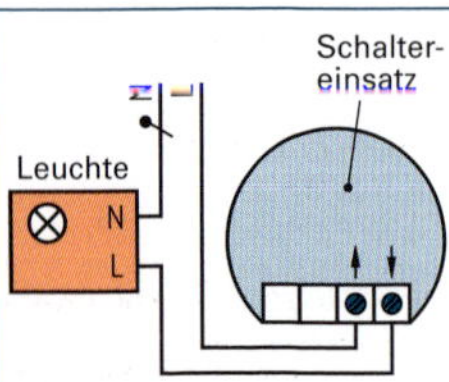 **Simularschalter**	Eine Anwesenheitssimulation soll Einbrecher abschrecken. Mittels Simularschalter wird insbesondere die Hausbeleuchtung zeitweise eingeschaltet und ausgeschaltet. Die Schaltzeiten können unterschiedlich erzeugt werden, z.B. durch Tasterbetätigung.	Im Tastbetrieb funktioniert der Simularschalter wie ein Lichtschalter. Zusätzlich werden Uhrzeiten der Schaltungen der letzten sieben Tage gespeichert, zu denen dann im Memory-Betrieb geschaltet werden kann. Ferner kann bei Nacht auch zu Zufallszeiten die Beleuchtung geschaltet werden.
 **Kamera**	Mittels Kameraeinsatz ist Videoüberwachung möglich. Im Außenbereich ist mindestens die Schutzklasse IP57 notwendig. Reichweite z.B. 10 m, Lichtempfindlichkeit 0,5 Lux. Aufzeichnung über Digitalrekorder (Computer) mit Festplatte z.B. 250 GB, Aufnahmedauer 30 Std. bei 50 Halbbilder/s oder 2400 Std. bei 1 Bild/s.	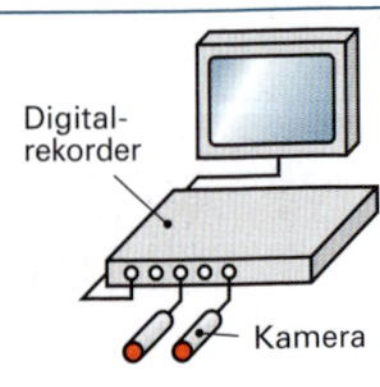 **Video-Aufzeichnungssystem**

SE

Einbruchmeldeanlage EMA Intrusion or Burglar Alarm System

Aufbau eines Alarmsystems

Schaltung	Erklärung
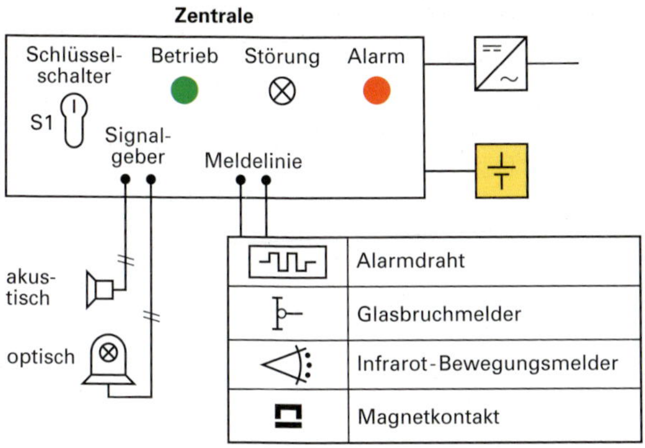	Einbruchmeldeanlagen müssen durch Schlüsselschalter eingeschaltet (scharf gestellt) werden. Dieser Schaltvorgang lässt sich nur ausführen, wenn alle Sensoren in Ruhestellung sind und die Anlage störungsfrei ist. Die Sensoren eines Meldebereiches, z. B. Glasbruchmelder, Magnetkontakte oder Bewegungsmelder sind in Meldelinien zusammengefasst und mit der Zentrale der Einbruchmeldeanlage verbunden. In Einbruchmeldeanlagen dürfen Meldelinien höchstens 20 Sensoren enthalten. Eine moderne Form der verdrahteten Übertragung stellen die Bus-Systeme dar. Melder und Zentrale kommunizieren dabei mit Telegrammen über einen Bus. Dabei wird die Auswertung der Sensorik bereits im Melder vorgenommen und das Ergebnis an die Zentrale übermittelt.

Prinzip einer Einbruchmeldeanlage

Arten von Alarmkreisen

Schaltung	Erklärung
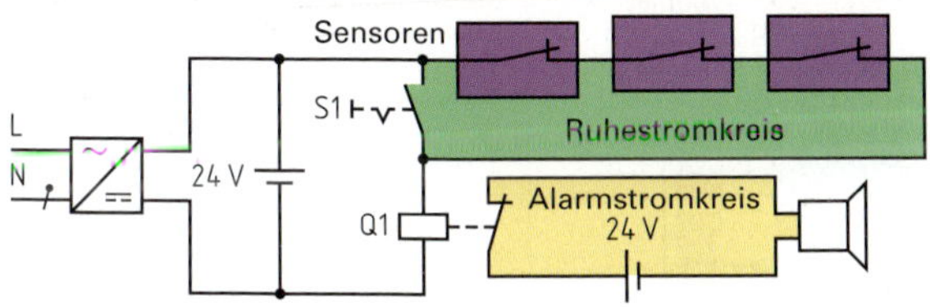	Alarmkreis, der im Ruhe- (Normal-) Zustand geschlossen ist. Es können beliebige Sensoren in Reihe geschaltet werden. Die Sensoren müssen nur so ausgelegt sein, dass sie den Stromkreis im Alarmfall unterbrechen. Oft wird auch die aus dem Englischen kommende Abkürzung NC (normal closed = normal geschlossen) verwendet.
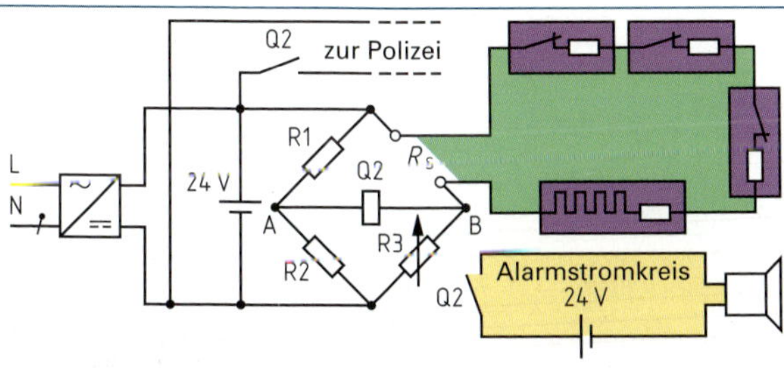	In diesem Alarmkreis fließt im Normalzustand ein bestimmter Schleifenstrom. Eine Alarmauslösung erfolgt, wenn sich der Schleifenstrom durch Auftrennen oder durch Kurzschließen der Schleife ändert. Das bedeutet, dass in einer Differenzialschleife sowohl Sensoren verwendet werden können, die im Alarmfall öffnen, als auch Sensoren, die bei Alarm geschlossen sind. Nicht verwendete Differenzialschleifen müssen mit dem Schleifenwiderstand überbrückt werden.
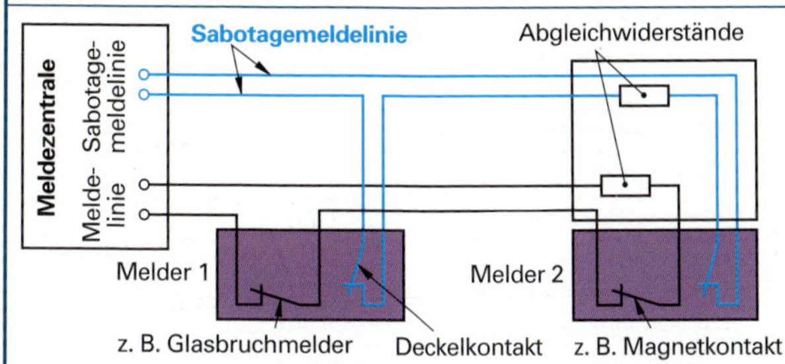	Ein Alarmkreis ist auch bei abgeschalteter Alarmanlage aktiv und sichert sogenannte Sabotageschleifen. Das sind Alarmkreise, welche Manipulationen im Alarmsystem registrieren. Meist handelt es sich dabei um in den einzelnen Komponenten (z. B. Deckel) eingebaute Mikroschalter. Eine eigenständige 24-Stunden-Sabotageschleife empfiehlt sich vor allem, wenn im abgeschalteten Zustand des Alarmsystems ein unkontrollierter Publikumsverkehr herrscht.

Ruhestromkreis (NC-Loop) mit Abschaltung

Alarmkreis mit Differenzialschleife

Alarmanlage mit 24-Stunden-Ruhestromkreis (Sabotageschleife)

SE

Video-Überwachung Closed-circuit Television CCTV

Begriff	Prinzip, Darstellung, Bild	Erklärungen, Daten
Direkte Überwachung	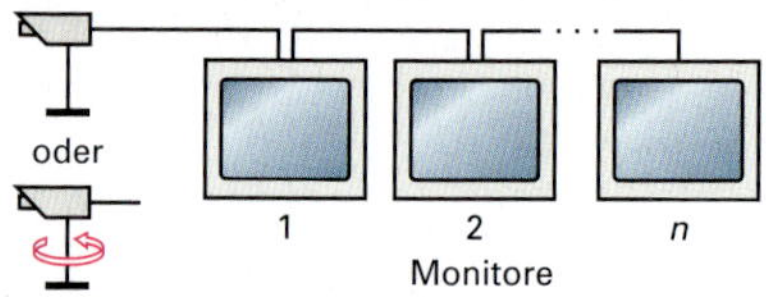	Eine Video-Kamera überträgt einen festgelegten Sichtbereich auf mindestens einen Monitor. Bei mehreren Monitoren wird das gleiche Bild angezeigt. Sichtbereich • festeingestellt, z. B. bei Bankomaten, • Rundumsicht, z. B. bei Ski-Gebieten.
Überwachung mit Mulitplexer	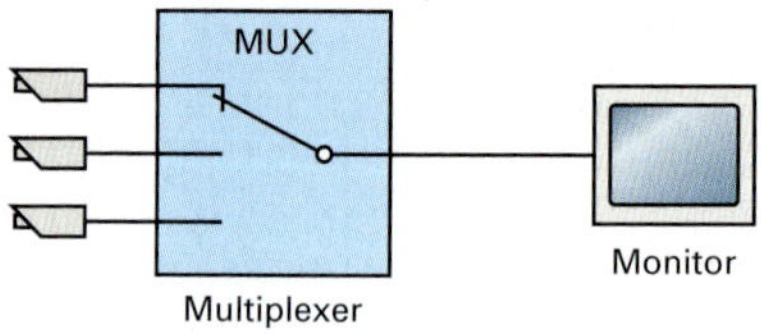	Der gewünschte Bereich wird bei Bedarf, z. B. von einem Sensor ausgelösten Alarm, auf den Monitor geschaltet. Mechanische Umschalter schalten z. B. 8 Videosignale über Tasten auf einen Monitor. Elektronische Umschalter schalten z. B. vier Eingangssignale zur sequenziellen oder gleichzeitigen Darstellung auf einen Monitor.
Vielfachüberwachung	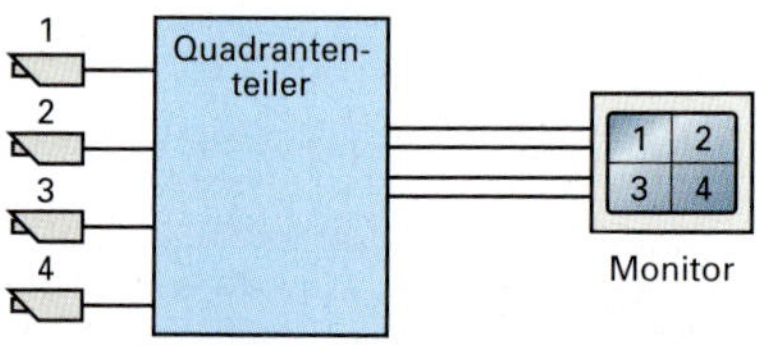	Es können die Bilder von z. B. vier Video-Kameras gleichzeitig auf einem Bildschirm verkleinert dargestellt werden. Dies wird als Vierquadrantdarstellung bezeichnet. Die Darstellung eines Kamerabildes als Vollbild ist auch möglich. Dadurch sind genauere Informationen ersichtlich.
Überwachung mit Netz	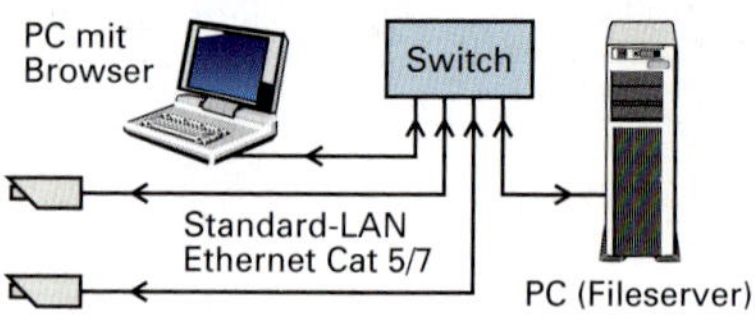	Bilder, Tonübertragung und Kamerafernsteuerung können über • das Festnetz, z. B. mit ISDN oder über • das Intranet oder Internet erfolgen. Die Kameras werden z. B. über einen Switch geschaltet und die Daten auf einem Server gespeichert. Die Kommunikation erfolgt meist mit dem TCP/IP-Protokoll.
Video-Kamera (Videocam)	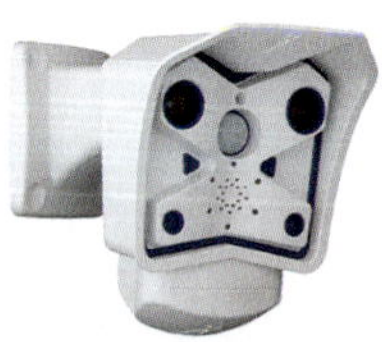 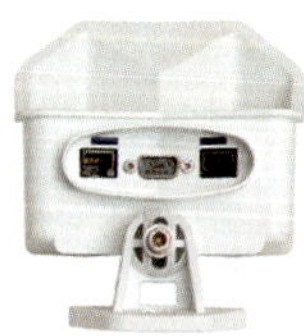	Kamera-Daten: Weitwinkelobjektiv und/oder Teleobjektiv, Mikrofon, Lautsprecher, IR-Bewegungsmelder, Regen- und Sonnenschutz, Schnittstellen für z. B. ISDN, Ethernet, RS232, Wandhaltergelenk oder Schwenkautomatik. www.mobotix.com
Überwachungsmonitor	 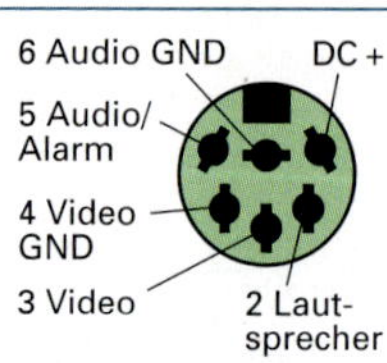 6-polige Mini-DIN-Buchse für Kameraanschluss	Monitore für Schwarzweiß-Bilder oder Farb-Bilder, z. B. 12″, eingebauter Echtzeit 4-fach Bildschirmteiler, 4 Kameraanschlüsse mit z. B. der Kamerastromversorgung, Videoeingänge und Videoausgänge über Cinch-Buchsen, Kameras mit Sensoren koppelbar, Vollbild bei Sensorauslösung mit Alarmsignalen, Schaltausgang für Langzeitrekorder, Anschluss für PC.

SE

Temperaturen für Wärmebedarf Temperatures to Heat Demand Calculations

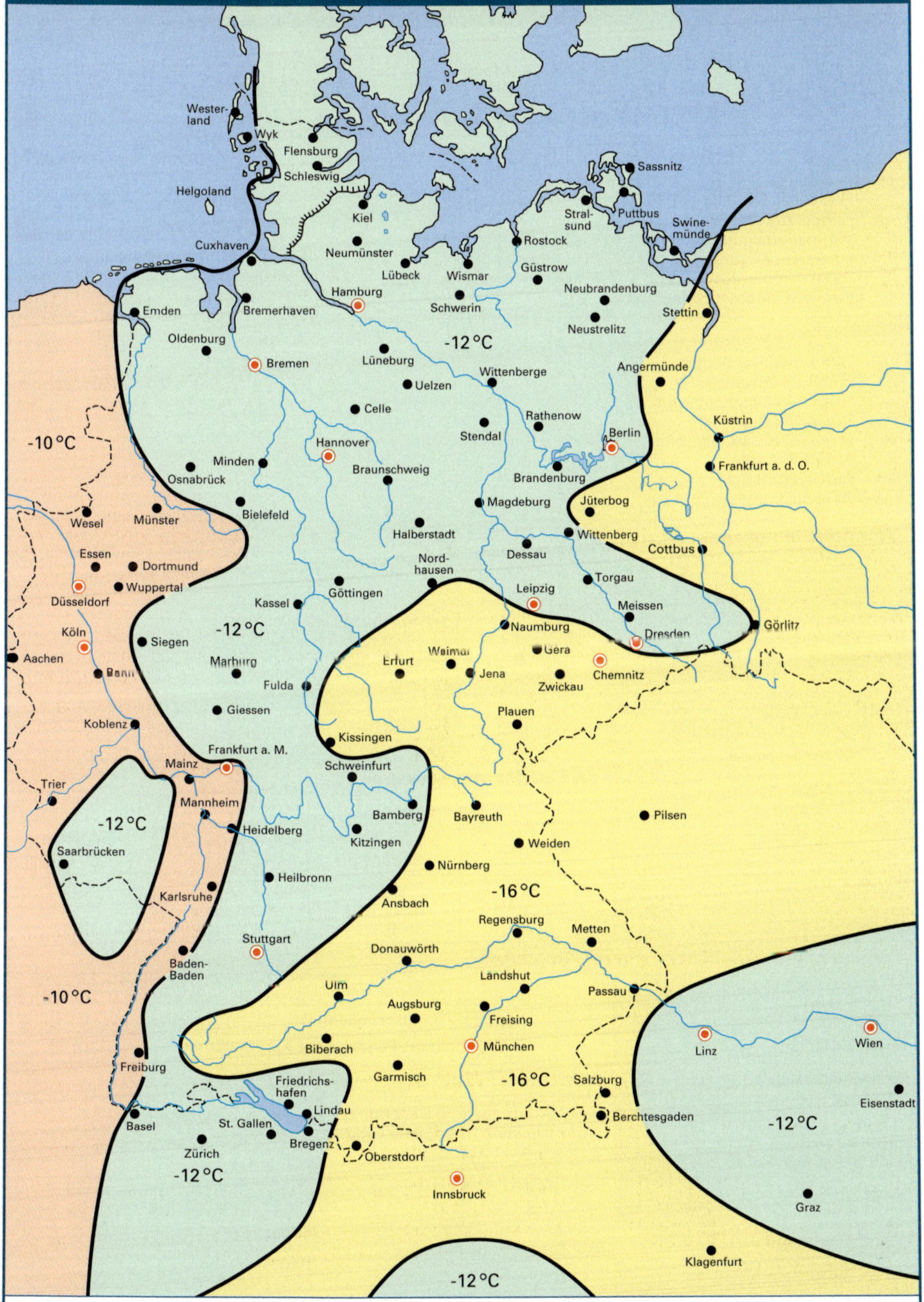

Die Temperaturangaben sind das tiefste Zweitagesmittel, das 10-mal in 20 Jahren auftrat. In gebirgigen Gegenden ist die Mindest-Außentemperatur um 3 K zu erniedrigen. In Höhen über 2500 m über NN ist mit einer tiefsten Außentemperatur von –24 °C zu rechnen. Genaue Werte siehe DIN 4701 (Isothermenkarte des Deutschen Wetterdienstes Offenbach/Main) bzw. ÖNORM M7500 Teil 4.

Wärmebedarf und Wärmeleitung von Gebäuden
Heat Demand and Thermal Conduction in Buildings

Wärmebedarf

Q_N Wärmebedarf
Q_T Transmissionswärmebedarf
Q_L Lüftungswärmebedarf

$[Q] = W$

$$Q_N = Q_T + Q_L \quad (1)$$

Transmissionswärmebedarf

Q_T Zuschlagsfreier Transmissionswärmebedarf
A Fläche des Bauteils
$\Delta\vartheta$ Temperaturdifferenz
R Wärmedurchgangswiderstand
ϑ_i Innentemperatur des zu beheizenden Raumes
ϑ_a Außentemperatur
ϑ_i' Innentemperatur im Nachbarraum

$$Q_T = \Sigma \frac{A \cdot \Delta\vartheta}{R} \quad (2)$$

Außenbauteile: $\Delta\vartheta = \vartheta_i - \vartheta_a$
Innenbauteile: $\Delta\vartheta = \vartheta_i - \vartheta_i'$

Lüftungswärmebedarf

Q_L Lüftungswärmebedarf
Z_e Eckfensterzuschlag (1,2)
a Fugendurchlasskoeffizient
l Fugenlänge
H_{G10} Standard-Hauskenngröße
r Raumkennzahl
$\Delta\vartheta$ Temperaturdifferenz $\vartheta_i - \vartheta_a$
Index A: angeströmt durch Wind

$$Q_L = \Sigma\ (a \cdot l)_A \cdot r \cdot H_{G10} \cdot \Delta\vartheta \cdot Z_e \quad (3)$$

SE

Wärmeleitfähigkeitskoeffizient λ

Stoff	Dichte in kg/dm³	λ in W/(K · m)	Stoff	Dichte in kg/dm³	λ in W/(K · m)
Mörtel und Beton			**Leichtbeton-Hohlblocksteine**		
Zementmörtel, Estrich	–	1,4	Zweikammerstein	1,0	0,44
Kalkgipsmörtel	–	0,7		1,2	0,49
Normalbeton	–	2,1	Dreikammerstein	1,2	0,49
Ziegel und Fliesen			**Wärmedämmplatten**		
Vollziegel	1,2	0,52	Korkplatten	0,16	0,044
Leichtziegel	0,6	0,35	Hartschaumplatten	~	0,035

Wärmedurchgangswiderstände für Fenster und Türen

Art des Fensters bzw. der Fenstertür	Wärmedurchgangswiderstände R in m² · K/W			
	nur Glas	Holz- und Kunststoffrahmen	wärmegedämmte Metallrahmen	ungedämmte Metallrahmen
Dreifachverglasung 12 mm	0,51	0,43	0,40	0,34
Wärmeschutz-Verglasung	0,3…0,9	0,31…0,54	0,29…0,55	0,25…0,43
Türen	0,18	0,3	0,25	0,18

Fugendurchlasskoeffizient a in m³ / (m · hPa$^{2/3}$)

Bezeichnung	Gütemerkmale	a
zu öffnende Fenster	Beanspruchungsgruppe A–D	0,3 bis 0,6
Außentüren	Dreh-, Schiebe-, Pendel- oder Karusselltüren	1 bis 30

Standard-Hauskenngröße H_{G10} in W · hPa$^{2/3}$ / (m³ · K)

Gegend und Lage des Gebäudes	Windschwache Gegend		Windstarke Gegend	
	normale Lage	freie Lage	normale Lage	freie Lage
Für Windgeschwindigkeiten in m/s	2	4	4	6
Einzelhaustyp	0,71	1,8	1,8	3,1
Reihenhaustyp	0,5	1,3	1,3	2,2

Raumkennzahl r

Ausführung der Türen	normal, ohne Schwelle						dicht, mit Schwelle					
Anzahl der Innentüren	1		2		3		1		2		3	
Durchlässigkeit der Fassaden in m³/hPa$^{2/3}$	≤ 17	> 17	≤ 34	> 34	≤ 43	> 43	≤ 7	> 7	≤ 14	> 14	≤ 21	> 21
Raumkennzahl r	0,9	0,7	0,9	0,7	0,9	0,7	0,9	0,7	0,9	0,7	0,9	0,7

Wärmebedarfsbestimmung für Einfamilienhäuser und Zweifamilienhäuser

Calculation of the Heat Demand of Detached and Semi-detached Houses

Heizenergie und Berechnungsfaktoren

Heizsystem	Berechnungsfaktoren		
	Faktor H	Faktor H_p	Faktor K_{pu}
Einzelspeicher	14	2,1	–
Fußbodenspeicherheizung	18	2,2	–
Zentralspeicher mit Niedertemperatur – Radiatoren	20	–	–
Zentralspeicher mit Niedertemperatur – Fußbodenheizung	19	1,7	–
Zentralspeicher mit Hochtemperatur – Radiatoren	21	–	–
Ölkessel (Niedertemperatur 60 °C)	23	–	–
Wärmepumpe monovalent (nur Wärmepumpenheizung), Wärmequelle Luft	9	–	0,4
Wärmepumpe monovalent (nur Wärmepumpenheizung), Wärmequelle Wasser	7	–	0,3
Wärmepumpe monovalent (nur Wärmepumpenheizung), Wärmequelle Erdreich	8	–	0,3
Wärmepumpe bivalent – alternativ (Wärmepumpenheizung mit Luft oder ein anderes Heizsystem)	6,5	–	0,25
Wärmepumpe bivalent – parallel (Wärmepumpenheizung mit Luft und ein anderes Heizsystem)	8	–	0,35

Baugütekoeffizient, Freigabefaktor, Zusatzenergiefaktor

Baugütekoeffizienten			Freigabefaktoren		Zusatzenergiefaktor für Öl bei Bivalenz	
Baugüte	Baugütekoeffizient G in kWh/m²	Baugütekoeffizient G_p in W/m²	Freigabedauer	Faktor T	Art	Faktor Z
Sehr gut	6	60	8 NT	1	alternativ	0,9
Gut	7,5	75	8 NT + 2 HT	0,85	parallel	0,4
Mittel	9	90	8 NT + 8 HT	0,55		
Mäßig	12	120	5 NT	1,8		
Schlecht	15	150				

Beispiel:

Es sind die Gesamtheizenergie sowie die Gesamtanschlussleistung für ein kleines Wohnhaus mit Flachdach zu ermitteln.

Das Haus hat eine mittlere Baugüte mit $G = 9$ ($G_p = 90$).

beheizte Fläche

Schlafzimmer	16,5	m²
Wohnzimmer	20	m²
Bad	5	m²
Küche	14	m²
Flur	8	m²
Gesamt	63,5	m²

Heizsystem

a) Elektroeinzelspeicher
$H = 14$ ($H_p = 2{,}1$)
Freigabedauer 8 NT + 2 HT

b) Wärmepumpe monovalent / Luft
$H = 9$, $K_{pu} = 0{,}4$

Lösung:

Gesamtanschlussleistung:

$P_{sp} \approx H_p \cdot T \cdot G_p \cdot A = 2{,}1 \cdot 0{,}85 \cdot 90 \cdot 63{,}5 = \mathbf{10\,201\ W}$

$P_p \approx G_p \cdot K_{pu} \cdot A = 90 \cdot 0{,}4 \cdot 63{,}5 = \mathbf{2286\ W}$

Gesamtheizenergie:

zu a) $W \approx G \cdot A \cdot H = 9 \cdot 63{,}5 \cdot 14 = \mathbf{8001\ kWh}$

zu b) $W \approx G \cdot A \cdot H = 9 \cdot 63{,}5 \cdot 9 = \mathbf{5143{,}5\ kWh}$

Heizenergie

$$W \approx G \cdot A \cdot H \quad (1)$$

Ölverbrauch

$$m_ö = G \cdot Z \cdot A \quad (2)$$

Anschlussleistungen

$$P_p \approx G_p \cdot K_{pu} \cdot A \quad (3)$$

$$P_{sp} \approx H_p \cdot T \cdot G_p \cdot A \quad (4)$$

A beheizte Fläche in m²
G Baugütekoeffizient für Heizenergie in kWh / m²
G_p Baugütekoeffizient für Anschlussleistung in W / m²
H Heizsystemfaktor
H_p Heizsystemfaktor für Elektrospeicherheizung
K_{pu} Wärmepumpenfaktor
NT Niedertarifzeit in Stunden
HT Hochtarifzeit in Stunden
$m_ö$ Ölverbrauch bei zusätzlicher Bivalenz durch Ölheizung in Liter
T Freigabefaktor
W Heizenergie in kWh
P_p Wärmepumpen-Anschlussleistung in W
P_{sp} Speicherheizungsanschlussleistung in W
Z Zusatzenergiefaktor

SE

Raumheizung Building Heating

Raumheizung mit Elektro-Speicherheizgeräten

Ansicht, Diagramm	Bemerkungen, Daten	Erklärung
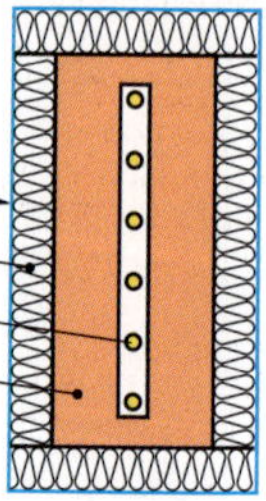 **Statische Wärmeabgabe**	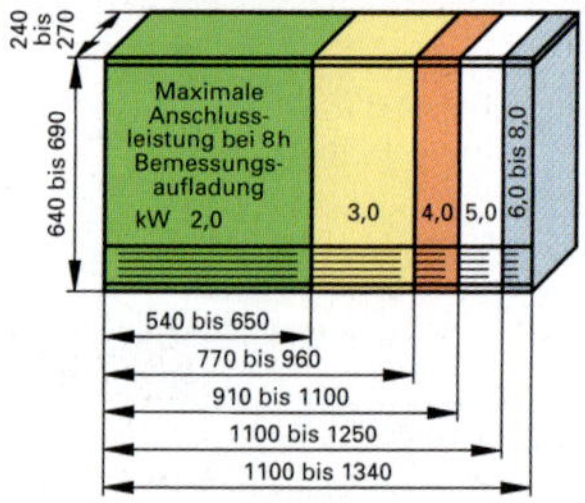 **Maße der Standardspeicher**	Speichermedium Feststoff (z.B. Magnesit-Steine) Speichermasse zur Energiespeicherung für einen Raum (oder Raumteil) in einem Gerät konzentriert Sicherheits- und Regeleinrichtungen an jedem Gerät Temperaturregelung raumweise mit Raumtemperaturreglern Anpassung des Speichervolumens und der Anschlussleistung an jede Ladedauer Witterungs- und restwärmeabhängige Aufladesteuerung Speicherkerntemperatur bis etwa 600 °C Gehäuseoberflächentemperatur zwischen max. 65 °C (Abdeckplatte) und max. 90 °C (Vorderwand) Ausblastemperatur max. 140 °C (10 cm vor dem Gitter) Wärmeabgabe des Gerätes: • gesteuert durch eingebaute Ventilatoren, • ungesteuert durch Strahlung und Konvektion Zahlen 1 bis 14 in den Bildern sind unten erklärt.
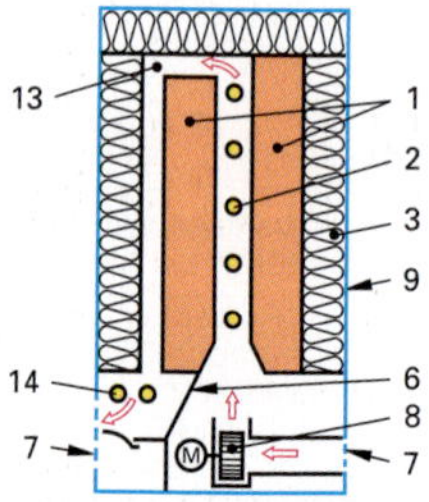 **Geregelte Wärmeabgabe**	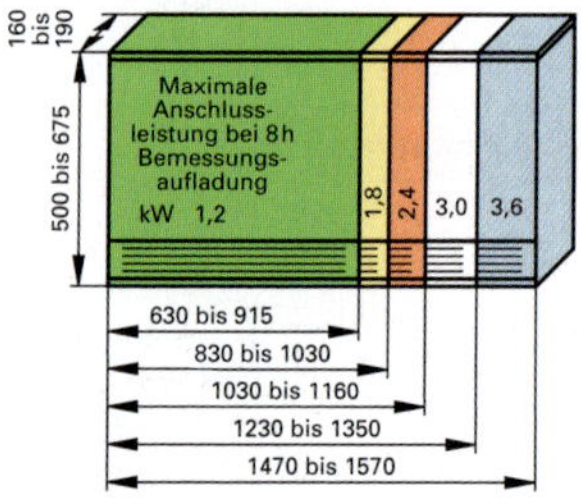 **Maße der Flachspeicher**	
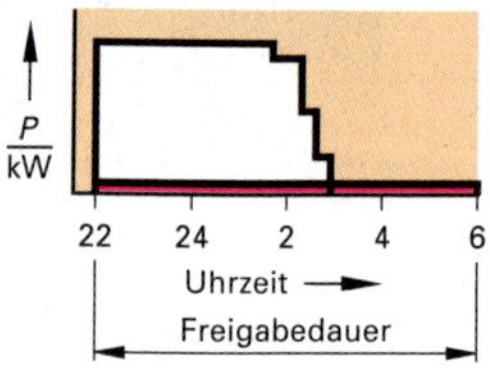 **Vorwärtssteuerung**	**Einschaltung** mit Beginn der Freigabedauer. **Ausschaltung** stufenweise, in Abhängigkeit von der Restwärme in den Speicherheizgeräten und von der Witterung. Wird überhaupt kein Zeitverhalten der Steuerung benötigt, kann ein spezielles Aufladesteuergerät eingesetzt werden.	Aufgeladen wird vorwiegend nachts zur so genannten Schwachlastzeit. Damit durch eine Häufung gleichzeitiger Geräteaufladungen in verschiedenen Anlagen das Netz nicht überlastet wird, sind die VNB bestrebt, die Last möglichst gleichmäßig über die Nachtstunden zu verteilen.
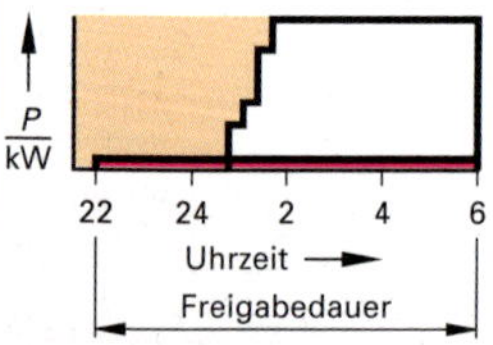 **Rückwärtssteuerung**	**Einschaltung** stufenweise, in Abhängigkeit von der Restwärme in den Speicherheizgeräten und von der Witterung. **Ausschaltung** mit dem Ende der Freigabedauer.	Einige VNB unterbrechen mit Hilfe der Rundsteueranlage für ein oder zwei Stunden die Aufladung. So werden Belastungsspitzen vermieden, und es besteht die Möglichkeit, mehr Speicherheizanlagen zuzulassen. Die Ladezeit wird „stückchenweise", also intermittierend freigegeben.

Heizwerte üblicher Brennstoffe (zum Vergleich: Elektrische Energie 3,6 MJ/kWh)

Feste Stoffe	Heizwert in MJ/kg	Flüssigkeiten	Heizwert in MJ/kg	Gase	Heizwert in MJ/m³
Holz	18,4 bis 18,9	Benzin	41,0 bis 44,0	Ethin (Acetylen)	57
Braunkohle	7,5 bis 23,5	Benzol	40,0 bis 40,8	Butan	123,8
Braunkohlebriketts	19,7 bis 23,5	Dieselkraftstoff	42,3 bis 43,1	Propan	93,6
Steinkohle	27,0 bis 33,5	Heizöl, schwer	40,2 bis 41,5	Stadtgas	≈ 16,75

1 Speichersteine
2 Heizelemente
3 Wärmedämmung
6 Automatische Luftmischklappe
7 Luftansaug- und Luftaustrittsgitter
8 Lüfter
9 Stahlblechgehäuse
13 Luftkanal
14 Zusatzheizung

VNB Verteilungsnetzbetreiber
Heizwert in MJ/m^3 bei 0 °C und 1013 hPa

SE

Fußboden- und Decken-Flächenheizung Underfloor and Ceiling Heating

Begriffe und Bestandteile

Begriff	Erklärung
Allgemeine Begriffe	Es gelten die sonstigen Begriffe von VDE 0100, insbesondere VDE 0100 – 200.
Direkt-heizung	Heizeinrichtung, die elektrisch Wärme erzeugt und diese mit nur kleiner Verzögerung an den Raum abgibt.
Fußboden-Speicher-heizung	Heizung erzeugt mit begrenzter Aufladedauer elektrisch Wärme und gibt diese mit Verzögerung über die Oberfläche des Fußbodens an den Raum ab.
Fußboden-Ergänzungs-heizung	Direktheizung im Fußboden, der außerdem eine Fußboden-Speicherheizung enthält.
Heizleitung	Isolierte Leitung mit oder ohne Schirme bzw. Metallmantel, bei welcher der Leiter aus einer Metalllegierung von kleiner Leitfähigkeit besteht, z. B. aus Chromstahl.
Flächen-heizele-ment	Heizelement aus elektrisch isolierten flächenförmigen Widerstandsfolien oder aus isolierendem Grundmaterial, in dem Heizleiter liegen.
Kaltleitung (Anschluss-leitung)	Isolierte Leitung mit großer Leitfähigkeit, z. B. Kupfer, zum Anschluss der Heizeinheit an die elektrische Anlage.
Heizeinheit	Mäanderförmige (Mäander = kurviger Fluss im vorderen Orient) Heizleitung oder das Flächenheizelement mit fest verbunden Kaltleitungen.
Selbsttätig Temperatur begrenzen-de Heizlei-tung	Heizleitung, die wegen ihres Materials, z. B. kaltleitender Halbleiter, keine höhere Temperatur als 70 °C erreicht und ohne Kaltleitung direkt mit der elektrischen Anlage verbunden wird.

Verdeutlichung

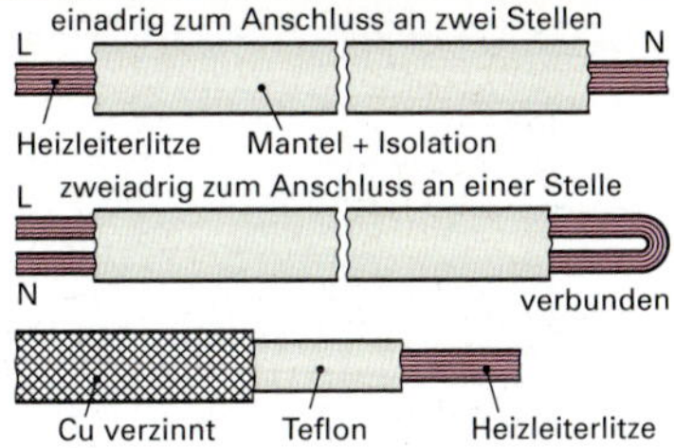

Heizleitungen für Flächenheizung

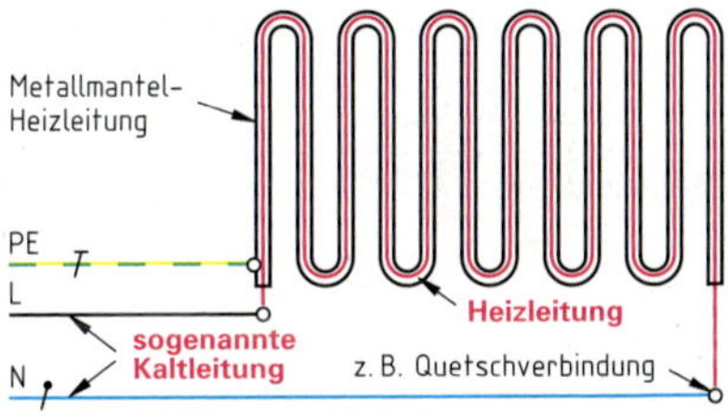

Bestandteile einer Heizeinheit

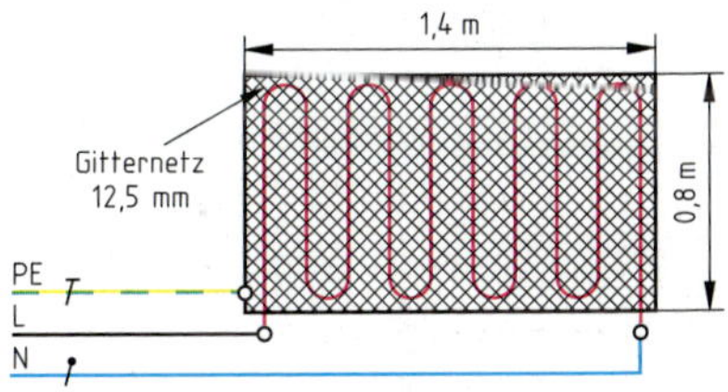

Gitter als Körper bei Flächenheizungen

Schutzmaßnahmen gegen elektrischen Schlag

Begriff	Erklärung
Schutz gegen elektrischen Schlag	Es gelten die *anwendbaren* Maßnahmen von VDE 0100, nicht aber Schutz durch Hindernisse oder Abstand, durch nicht leitende Umgebung und durch erdfreien örtlichen Schutzpotenzialausgleich.
Fehler-schutz durch Abschal-tung	Erfordert Betriebsmittel der Schutzklasse I, hier also Heizelemente mit metallischer Umhüllung oder mit Abdeckung durch metallisches Gitter mit Maschenweite < 12,5 mm über (bei Fußbodenheizung) bzw. unter (bei Deckenheizung) dem Heizelement.
Abschaltein-richtung	RCD mit Bemessungsdifferenzstrom mit $I_{\Delta N} \leq 30$ mA ist für den Heizstromkreis einzubauen.
Schutzklas-se II	Schutzklasse II erfordert isolierte Heizleitung und RCD mit $I_{\Delta N} \leq 30$ mA.
Schutz-trennung	Zulässig, wenn für jeden Heizstromkreis angewendet. An jeden Trennansformator darf nur ein Heizstromkreis angeschlossen werden.
Vermei-dung von Überhit-zung	Errichtung nach Herstellerangaben oder Einbau eines Temperaturschalters. Unterhalb von auf dem Fußboden aufliegenden Möbeln. z. B. Schränken, soll keine Fußbodenheizung eingebaut werden.

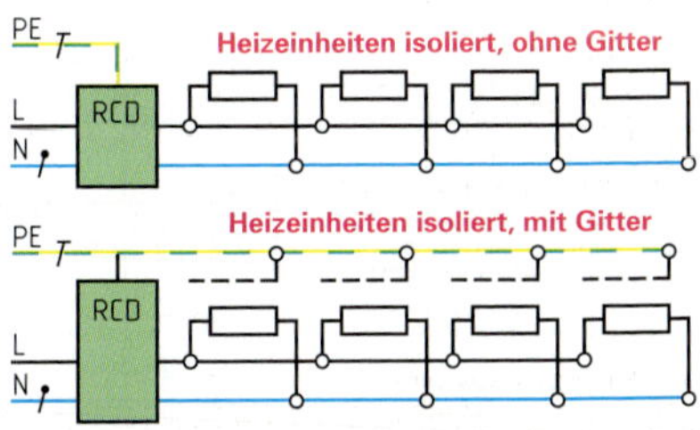

Zusätzlicher Schutz durch RCD

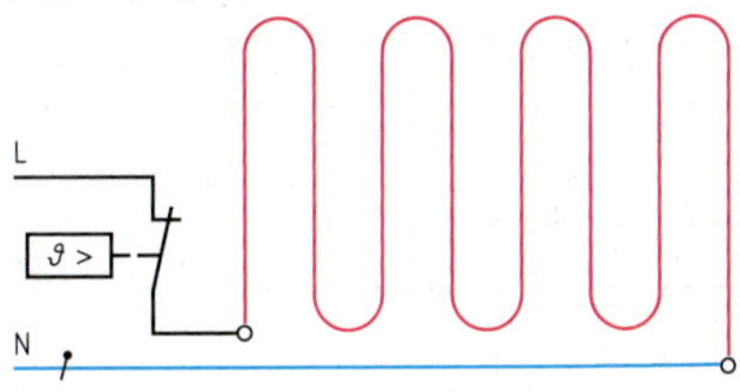

Schutz gegen Überhitzung durch Temperaturschalter

Klimatisierung Air Conditioning

Behaglichkeit

Bereiche	Erklärung	Daten
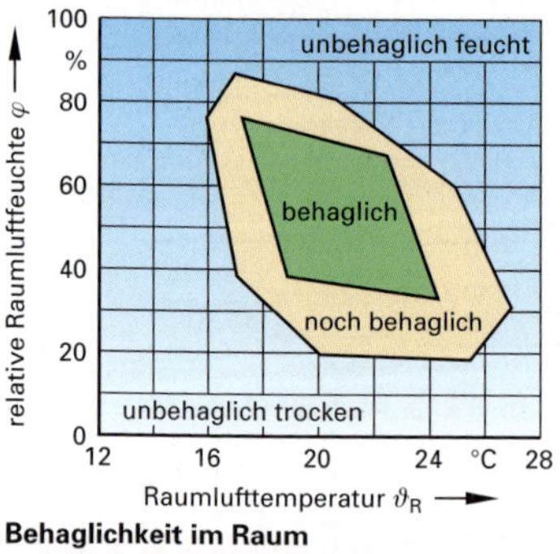 Behaglichkeit im Raum	Einflüsse, von denen das Wohlbefinden abhängt: • Art der Tätigkeit einer Person (körperliche Arbeit, Schreibtischarbeit), • Luft-Temperatur, • Temperatur der Raumflächen (Wände, Boden, Decke), • relative Feuchtigkeit der Luft, Luftströmung, z.B. Luftzug, • Ionen-Konzentration im Raum des luftelektrisches Feldes der Erde.	Die Behaglichkeitskennzahl *B* dient zur Beschreibung der Behaglichkeit: $B \leq 1$ viel zu warm, $B \leq 2$ zu warm, $B \leq 3$ behaglich warm, $B \leq 4$ behaglich, $B \leq 5$ behaglich, kühl, $B > 6$ zu kühl. Die Behaglichkeitskennzahl wird bestimmt anhand der Raumlufttemperatur, Wandtemperatur, dem Wasserdampf-Partialdruck und der Luftgeschwindigkeit.

Bestandteile einer Klimaanlage

Prinzip	Gerät (Beispiele)	Bemerkungen
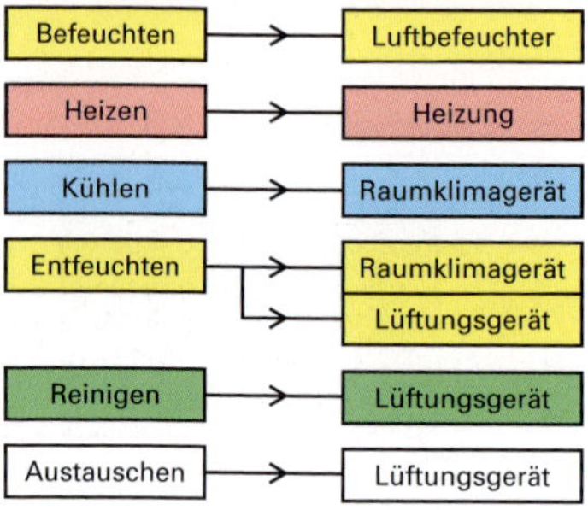 Klimatisierung der Raumluft	Verdunster, Zerstäuber Nachtspeichergerät mobiles Kompaktgerät Einzelgerät mit Wärmerückgewinnung	*Verdunster:* Wasser wird auf Filtermatten oder rotierenden Lamellen verteilt und mit Luftstrom beblasen. *Nachtspeichergerät:* Mit Niedertarif-Strom wird nachts Wärmeenerie erzeugt und für den Tagesverbrauch gespeichert. *Raumklimagerät:* Klimatisieren nicht, kühlen im Wesentlichen. *Lüftungsgerät:* Können einen Heizer zum Erwärmen der Zuluft enthalten.
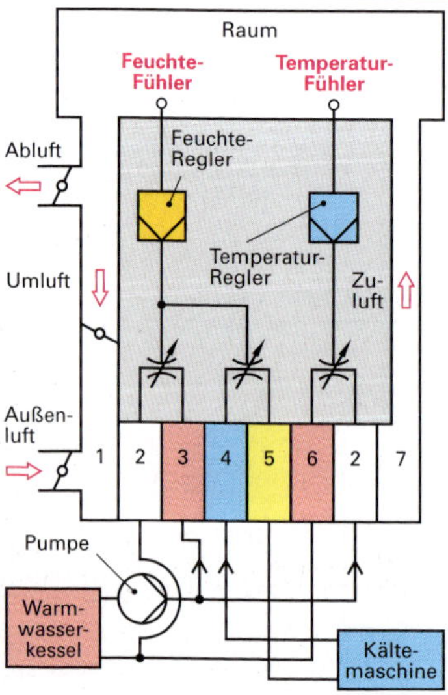 Zentrale Klimaanlage (Schema-Skizze)	1 Mischkammer 2 Filter 3 Vorwärmer 4 Kühler 5 Befeuchter 6 Nachwärmer 7 Lüfter *Regelunssystem:* Regelt sowohl die Temperatur als auch die Luftfeuchtigkeit des Raumes. Die Warmwasseraufbereitung und die Kältemaschine werden hierbei nach Bedarf gesteuert. *Mischkammer:* Mischt Umluft und Außenluft. Im Winterbetrieb erwärmen Vorwärmer und Nachwärmer die Mischluft, die auch befeuchtet wird. Im Sommerbetrieb wird die Mischluft gekühlt und so auch entfeuchtet. *Filter:* Reinigt die Luft von Rauch und Staub.	*Vorwärmer:* Wärmt die Luft. *Kühler:* Kühlt die Luft. Dabei kondensiert Wasser aus der Luft, sie wird entfeuchtet. *Befeuchter:* Führt der Luft Wasser zu durch Luftwäscher, bei dem in der Düsenkammer Wasser versprüht wird (Temperaturabnahme), oder durch Dampfbefeuchter, der Dampf in die Luft einbläst. Die Feuchtigkeit nimmt dabei zu, ohne dass sich die Temperatur ändert. *Entfeuchter:* Erfolgt meist durch Luftkühlung bis zur Kondensation des Wassers am Kühler mit anschließender Erwärmung, selten chemisch. *Lüfter:* Drückt die Zuluft in den Raum.

SE

Kochstellen für Elektroherde Hotplates of Electric Cooker

Arten von Kochstellen

Aufbau	Erklärung, Prinzip	Bemerkungen, Daten
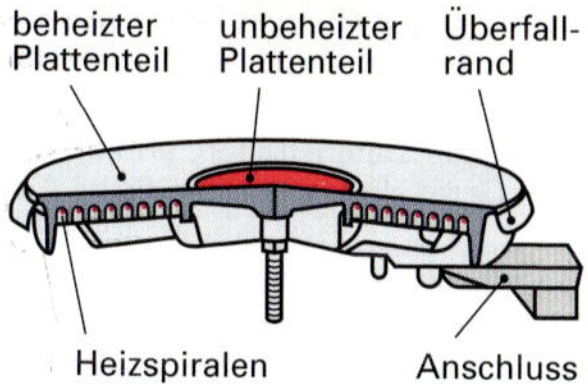 **Kochplatte**	Bei der Kochplatte aus Gusseisen wird die Wärme durch Leitung übertragen. Die Kochplatte ist plangedreht. Die Unterseite ist mit tiefen Rillen versehen, in denen die isolierten Heizleiter aus Chrom-Nickel-Draht eingebettet sind. Kochplatten sind fest in eine Kochmulde eingebaut.	**Normal-Kochplatten:** • 14,5 cm ⇒ 1000 W, • 18,0 cm ⇒ 1500 W, • 22,0 cm ⇒ 2000 W. **Blitz-Kochplatten** haben eine höhere Leistung als Normal-Kochplatten.
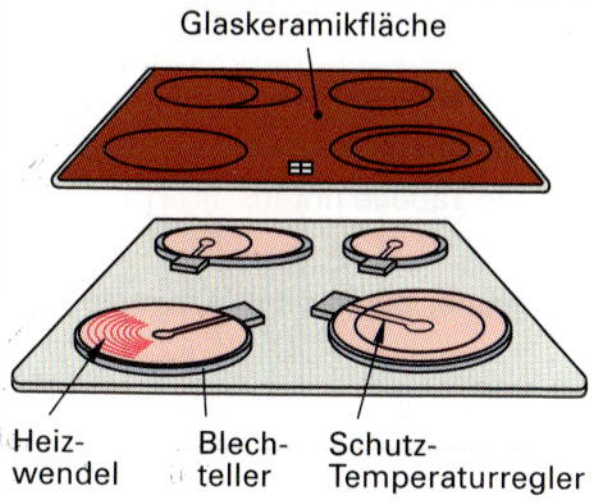 **Kochfeld**	Das Kochfeld besteht aus einer 4 mm dicken Glaskeramikfläche. Zwischen Glaskeramik und Beheizung ist ein Stabausdehnungsregler eingebaut, der die Glaskeramik vor Überhitzung mit Temperaturen über 550 °C schützt. Für die Beheizung werden konventionelle Strahlungsheizkörper (Heizwendel oder Heizband) und Halogenheizkörper (Infrarothellstrahler) eingesetzt.	• Einkreiskochzonen: 14,5 cm bis 21,5 cm • Zweikreiskochzonen: – innen 10,0 cm bis 14,5 cm, – außen 17,0 cm bis 21,0 cm • Dreikreiskochzonen: – innen 12,0 cm bis 14,5 cm – außen 21,0 cm bis 27,5 cm • Bräterzonen: – Kochen 14,5 cm bis 18,0 cm, – Braten 24,0 cm bis 41,5 cm.
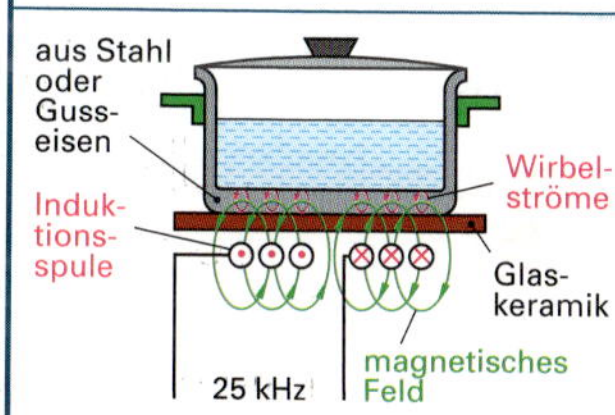 **Induktionskochstelle**	Induktionskochstellen erzeugen die Wärme unmittelbar im Geschirrboden. In den Kochstellen eines Induktionskochfeldes werden über Induktionsspulen rasch wechselnde Magnetfelder erzeugt. Ein Umrichter erhöht die Netzfrequenz des Wechselstromes von 50 Hz auf 25 kHz bis 55 kHz.	• Die Erwärmung erfolgt ausschließlich im Geschirrboden. • Das Glaskeramikkochfeld bleibt beim Kochvorgang nahezu „kalt". • Die Wärme ist sofort verfügbar. • Steht kein Geschirr auf der eingeschalteten Kochstelle, wird keine Energie übertragen. • Geeignetes Kochgeschirr verwenden.

SE

Steuerung und Regelung von Kochstellen

Art	Aufbau	Leistungsdiagramm
Kochstelle mit Stufen-Schalter	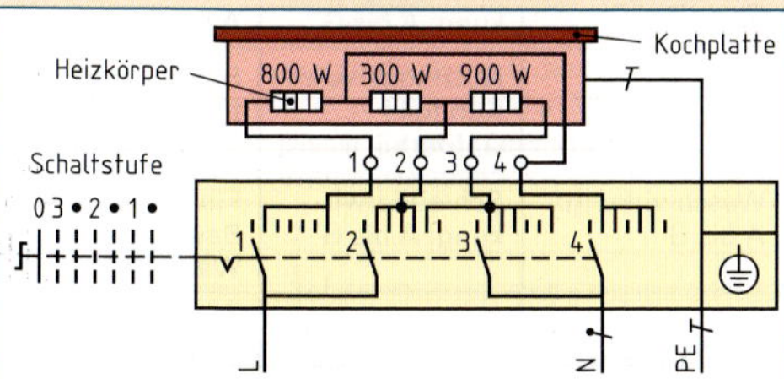	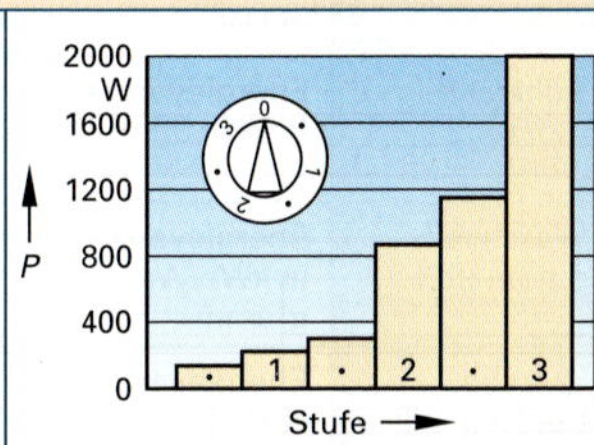
Kochstelle mit stufenloser Einstellung	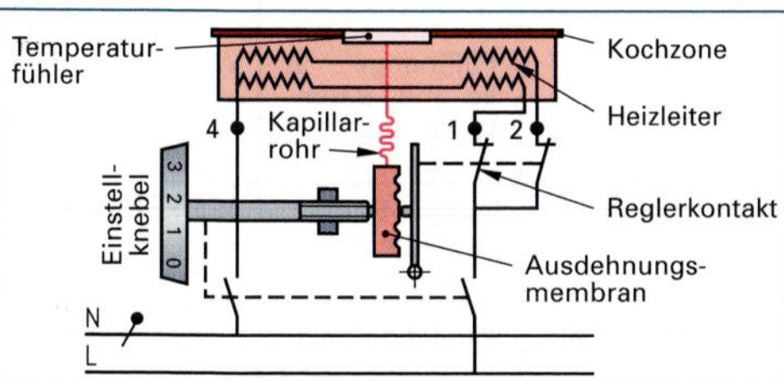	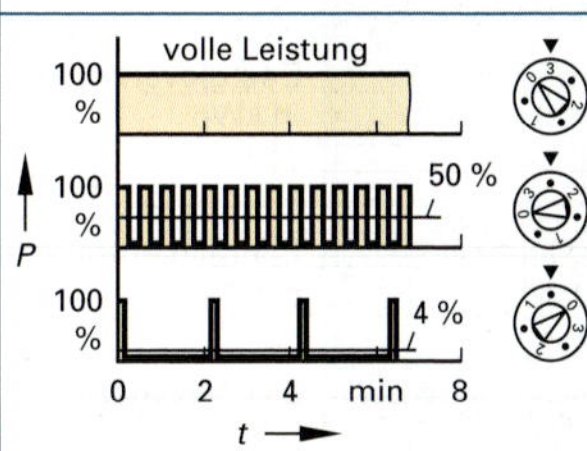

Hausgeräte Household Appliances

SE

Aufbau, Schaltung	Erklärung, Prinzip	Bemerkungen, Daten
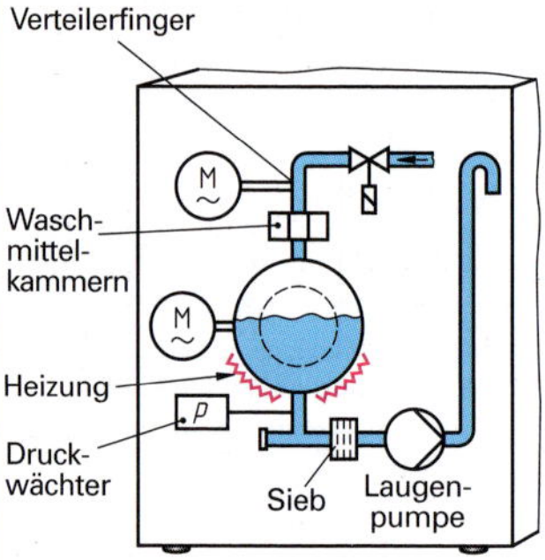 **Waschmaschine**	Elektromechanische Schaltwerke oder Mikrocomputer steuern den Programmablauf. Der Wasserzulauf erfolgt durch einen Verteilerfinger, der durch einen selbstanlaufenden Synchronmotor angetrieben wird, damit das Wasser in die gewünschte Waschmittelkammer fließt. Die Heizung wird eingeschaltet, wenn ein Drucksensor einen Mindestwasserstand anzeigt (Trockengehschutz). Ein Reihenschlussmotor mit elektronischer Drehzahlregelung oder ein Asynchronmotor mit Frequenzumrichter dreht die Trommel abwechselnd links/rechts (Reversierbetrieb).	**Installation:** $U = 230$ V; P bis ungefähr 2,1 kW; Eigener Stromkreis mit LS-Schalter Typ B, 16 A; Anschlussleitung H05VV-F; **Wartung:** regelmäßige Reinigung von Waschmitteleinspülkammer und Flusensieb, sofern vorhanden. **Typische Fehler:** • defekter Temperaturfühler, • defekte Laugenpumpe, • durch Kalkansatz festsitzende Magnetventile.
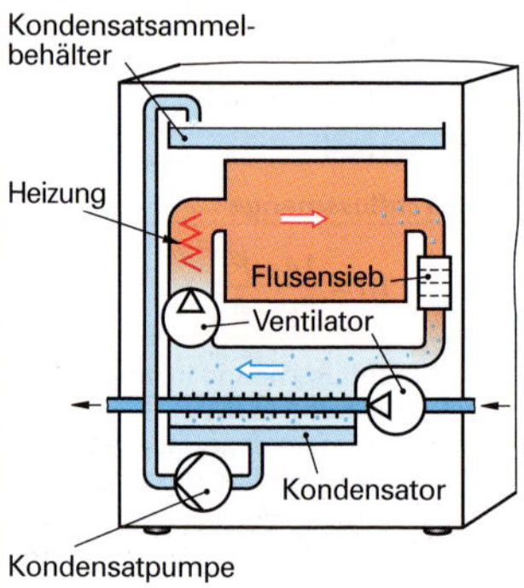 **Kondensationstrockner**	Ein Ventilator fördert erwärmte Trockenluft durch die in wechselnder Richtung drehende (reversierende) Trommel und entzieht der Wäsche Feuchtigkeit. Wäscheflusen werden über einen Luftfilter der Abluft entzogen. **Kondensationstrockner:** Ein Ventilator führt kalte Raumluft einem Kondensator (Wärmetauscher) mit Kühlkanälen zu. Die warme feuchte Umluft aus der Trommel wird über die Kühlkanäle geführt, wodurch der Wasserdampf kondensiert. Anschließend wird die Umluft mit einer Heizung erhitzt. **Ablufttrockner:** Abluft geht ins Freie.	**Installation:** $U = 230$ V; P bis ungefähr 2,8 kW; Eigener Stromkreis mit LS-Schalter Typ B, 16 A; Anschlussleitung H05VV-F; **Wartung:** Luftfilter nach jedem Trockenvorgang reinigen; Kondensatsammelbehälter entleeren; Reinigung des Wärmetauschers. **Typische Fehler:** • Übertemperatursicherung spricht durch Hitzestau (verstopfter Luftfilter) an, • Filzlager der Trommel durch Verunreinigung, z.B. Sand aus Wäsche.
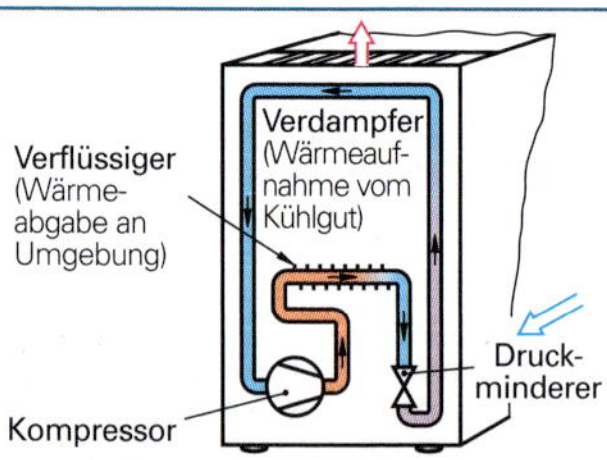 **Kühlschrank (Ansicht von hinten)**	**Kompressorprinzip:** Im Verdampfer (eingeschäumt) wird das Kältemittel gasförmig und entzieht dabei dem Kühlraum Wärme. Ein Kompressor saugt das Gas an und presst es in den Verflüssiger (verdeckte Kühlschlange), dabei wird Wärme abgegeben. Das flüssige Kältemittel strömt durch einen Druckminderer zurück zum Verdampfer.	**Wartung:** regelmäßig Gefrierfach enteisen; Lüftungsschlitze reinigen. **Typische Fehler:** • defekter Thermostat, • Türgummidichtung, • Kältemittelverlust.
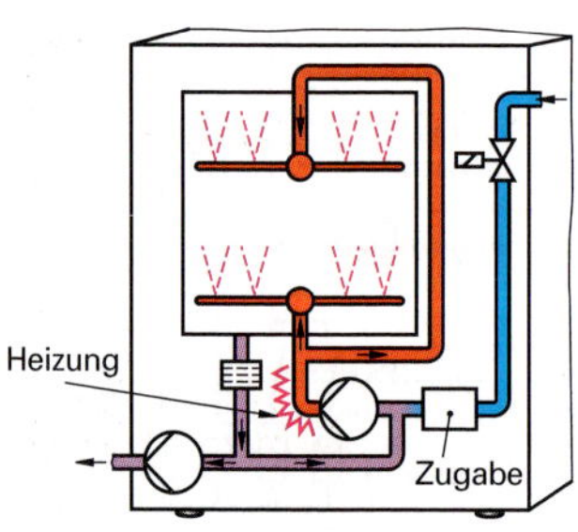 **Spülmaschine**	Elektromechanische Schaltwerke oder Mikrocomputer steuern den Programmablauf. Der Wasserzulauf erfolgt über ein Magnetventil. Ein Niveauregler bzw. Durchflussmengenmesser schaltet bei Erreichen des Mindestwasserstandes den Wasserzulauf ab sowie die Heizung (Durchlauferhitzerprinzip) und die Umwälzpumpe ein. Nach Beendigung erfolgt das Abpumpen und die Geschirrtrocknung durch Eigenwärme des Geschirrs. Dies kann durch ein Gebläse oder einen Wärmetauscher unterstützt werden.	**Installation:** $U = 230$ V; P bis ungefähr 2,2 kW; Eigener Stromkreis mit LS-Schalter Typ B, 16 A; Anschlussleitung H05VV-F; **Wartung:** Ablaufsieb regelmäßig reinigen; Salzvorratsbehälter und Klarspülbehälter befüllen. **Typische Fehler:** • Wasserschutzsystem spricht an, • Schläuche verstopfen allmählich durch Verfettung.

Wärmepumpe Heat Pump

Bauarten der Wärmepumpen WP

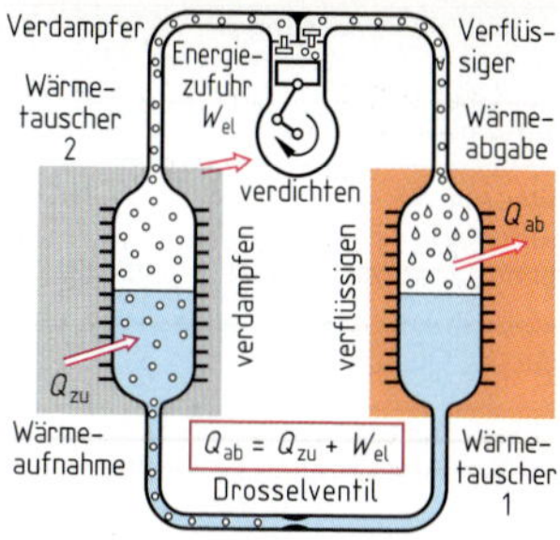

Prinzip der Kompressions-WP

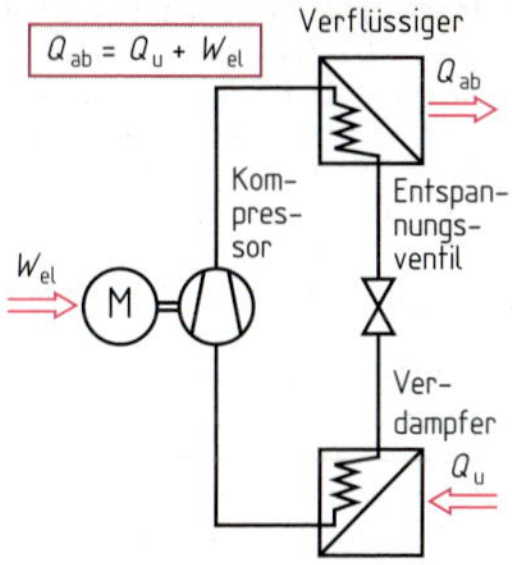

Schaltplan der Kompressions-WP

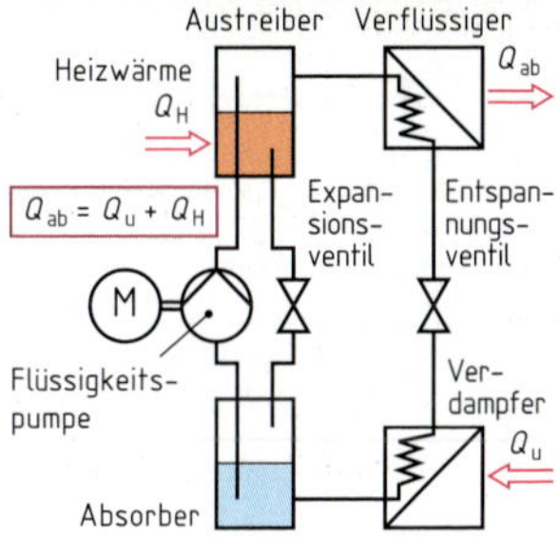

Schaltplan der Absorptions-WP

Q_{ab} abgegebene Wärme
Q_H Heizwärme der Absorber-WP
Q_U von der Umwelt zugeführte Wärme
W_{el} elektrische Arbeitsaufnahme des Kompressors

Betriebsarten der WP

Monovalent

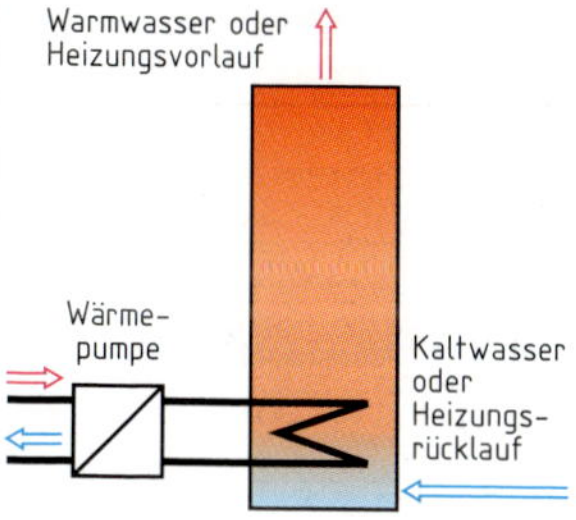

Wämeerzeugung nur über Wärmepumpe

Bivalent, alternativ oder parallel

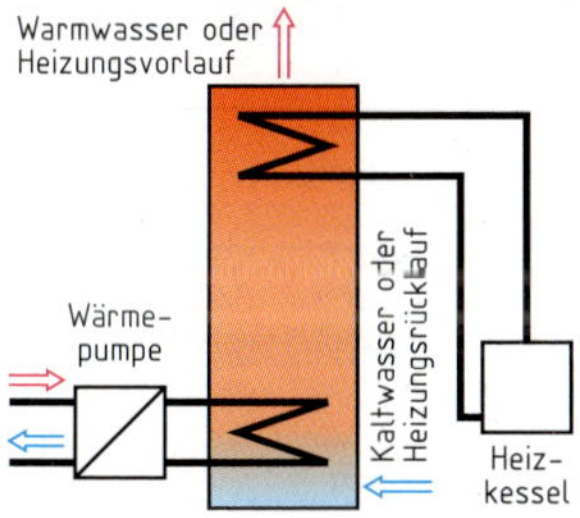

Alternativ: nur ein Wärmeerzeuger in Betrieb.
Parallel: beide Wärmeerzeuger arbeiten.

Multivalent

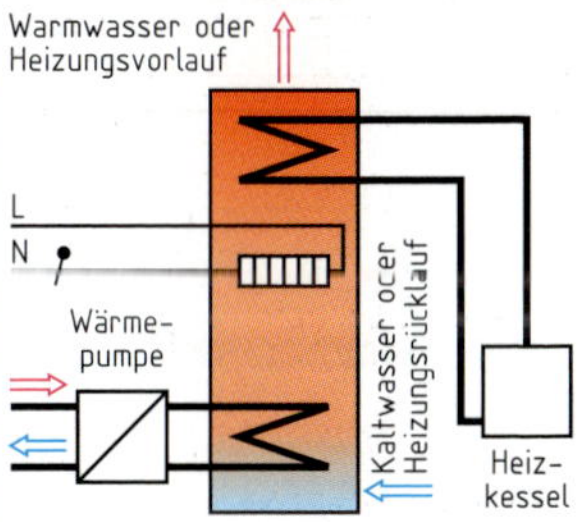

Mehrere Wärmeerzeuger sind in Betrieb

Wärmequellen und Wärmeträger für Wärmepumpen

Wärmequelle	Wärmeträger	Erklärung	Leitungsführung
Luft	Luft, Wasser	Luft wird über Gebläse zugeführt und abgeführt, z.B. Außenluft.	
Luft mit Massivabsorber	Luft, Sole, Wasser	Kollektor im Betonmantel wird im Freien aufgestellt.	
Grundwasser	Wasser	Grundwasser wird über je einen Brunnen zugeführt und abgeführt. Wasserrechtliche Genehmigung erforderlich.	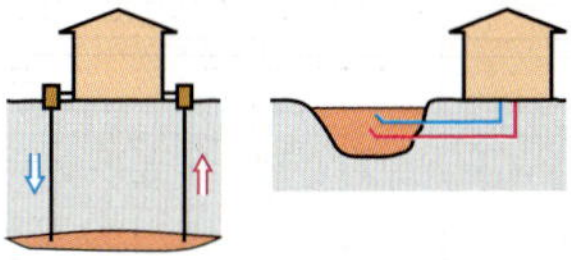
Oberflächenwasser	Wasser	Nutzung von nahen Gewässern als Wärmequelle. Genehmigung erforderlich.	
Erdreich mit Horizontalkollektor	Sole, Wasser	Kollektorrohre, mit Sole befüllt, werden im Erdboden horizontal verlegt. Große Grundstücksfläche.	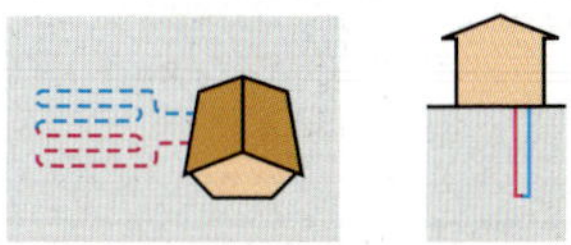
Erdreich mit Vertikalkollektor	Sole, Wasser	Kollektorrohre werden vertikal in die Tiefe verlegt. Genehmigung erforderlich.	

SE

Stromtarife Electricity Tariffs

Tarifarten (Beispiele)

in Anlehnung an Tarife der EnBW

Tarif	Erklärung	Bemerkungen
Grundtarif	Ohne Leistungsmessung bis zu einem Jahresstromverbrauch von 100 000 kWh.	Verbrauchspreis VP Grundpreis GP = LP + VRP
Leistungstarif	Leistungstarif mit $\frac{1}{4}$-Stunden Leistungsmessung ab einem Jahresstrombezug von 100 000 kWh.	Arbeitspreis AP Leistungspeis LP Verrechnungspreis VRP
Zusätzliche politische Kosten	Stromsteuer in Höhe von z. Zt. 2,05 Cent/kWh, Mehrwertsteuer.	Enthält die Ökosteuer.

Stromentgelte

in Anlehnung an Tarife der EnBW

Preisarten	Erklärung	Bemerkungen
Verbrauchspreis VP Arbeitspreis AP	Entgeld für jede Kilowattstunde (kWh) in Cent/kWh.	Optional ist eine Schwachlastregelung SLR mit Verbrauchspreisen für Hochtarif HT und Niedertarif NT.
Grundpreis GP	Entgeld für die Bereitstellung von elektrischer Energie in €/Jahr.	Setzt sich zusammen aus festem Leistungspreis und Verrechnungspreis.
Verrechungspreis VRP	Entgeld für die Mess- und Steuereinrichtungen sowie für die Kosten der Verrechnung in €/Jahr.	Z. B. Eintarifzähler, Zweitarifzähler, Tarifschaltgerät, Stromwandlersatz.
Leistungspreis LP	Entgeld für die vom Kunden in Anspruch genommene Leistung in €/kW.	Mittelwert aus den zwölf Monatshöchstleistungen außerhalb der Schwachlastzeit in Kilowatt.
Durchschnittspreis DP	Preis in Cent/kWh	Summe von Verbrauchspreis oder Arbeitspreis und Grundpreis oder Leistungspreis geteilt durch den Verbrauch.
Durchschnittshöchstpreis DHP	Preis in Cent/kWh	Maximaler Preis in Cent/kWh.
Durchschnittspreisbegrenzung	Tritt in Kraft, wenn Durchschnittspreis > Durchschnittshöchstpreis.	Ermittelt aus DHP x Verbrauch + Schwachlastentgelt + Verrechnungsentgelt.

SE

Abrechnungsarten der Grundtarife und Leistungstarife

Preisangaben Stand 2008-12

Tarifarten	VP, AP in Cent/kWh	LP in €/Jahr oder LP in €/kW u. Jahr	VRP in €/Jahr	GP in €/Jahr
1. Haushalt, Landwirtschaft	14,27	51,50	28,00	79,50
2. Gewerblicher, beruflicher und sonstiger Bedarf	16,77	51,50	28,00	79,50
3. wie 1., jedoch mit Schwachlastregelung	14,27 HT 8,77 NT	51,50	50,40	101,90
4. wie 2., jedoch mit Schwachlastregelung	16,77 HT 8,77 NT	51,50	50,40	101,90
5. Leistungstarif mit $\frac{1}{4}$ Std. Leistungsmessung	12,77 HT 8,77 NT	102,30	88,50	
6. Durchschnittshöchstpreis	28,07			

Beispiel Grundtarife	Beispiel Leistungstarife
Kosten/Jahr = Verbrauch in kWh x VP + GP + Stromsteuer + Mehrwertsteuer	Kosten/Jahr = Verbrauch in kWh x AP + LP + Stromsteuer + Mehrwertsteuer

Teil IK: Informations- und kommunikationstechnische Systeme
Part IC: Information and Communication Technology Systems

Dualzahlen und Binärcodes Binary Numbers and Codes

Aufbau der Zahlen

Zahlenart	Basis B	Ziffern (Zeichenvorrat)
Dualzahlen	2	0 1
Oktalzahlen	8	0 1 2 3 4 5 6 7
Dezimalzahlen	10	0 1 2 3 4 5 6 7 8 9
Hexadezimalzahlen (Sedezimalzahlen)	16	0 1 2 3 4 5 6 7 8 9 A B C D E F

Umrechnung vom Dezimalsystem ins Dualsystem und umgekehrt

Art	Prinzip	Beispiel
Dezimalzahl in Dualzahl	Man teilt jeweils durch 2 und schreibt die Reste auf. Diese ergeben, von unten nach oben gelesen, die Dualzahl.	Wandeln Sie die Dezimalzahl 78 in eine Dualzahl um. 78 : 2 = 39 Rest 0 ⇒ Dualziffer 0 39 : 2 = 19 1 ⇒ 1 19 : 2 = 9 1 ⇒ 1 9 : 2 = 4 1 ⇒ 1 4 : 2 = 2 0 ⇒ 0 2 : 2 = 1 0 ⇒ 0 1 : 2 = 0 1 ⇒ 1 78 ≙ **1 0 0 1 1 1 0**
Dualzahl in Dezimalzahl	Man bildet von rechts nach links die Potenzwerte zur Basis 2 und addiert sie.	Eine Dualzahl lautet 1001010. a) Wie groß sind die Potenzwerte zur Basis 2? b) Wie lautet die Dezimalzahl für die Dualzahl?

Dualzahl	1	0	0	1	0	1	0
Stelle	6	5	4	3	2	1	0
a) Potenzwerte	$1 \cdot 2^6$	$0 \cdot 2^5$	$0 \cdot 2^4$	$1 \cdot 2^3$	$0 \cdot 2^2$	$1 \cdot 2^1$	$0 \cdot 2^0$
b) Dezimalzahlen	64 +	0 +	0 +	8 +	0 +	2 +	0

Ergebnis: **74**

Grundregeln für das Rechnen mit Dualzahlen

0 + 0 = 0 **1**	0 – 0 = 0 **2**	10 – 1 = 1 **3**	1 · 1 = 1 **4**
1 + 0 = 1 **5**	1 – 0 = 1 **6**	0 · 0 = 0 **7**	0 : 1 = 0 **8**
0 + 1 = 1 **9**	0 – 1 = –1 **10**	1 · 0 = 0 **11**	1 : 1 = 1 **12**
1 + 1 = 10 **13**	1 – 1 = 0 **14**	0 · 1 = 0 **15**	

Binärcodes (Auswahl)

BCD-Codes (Binär codierte Dezimalcodes, jede Dezimalstelle codiert)					Sonstige Codes	
Dezimalziffer	1-aus-10-Code	8-4-2-1-Code	Biquinär-Code	2-aus-5-Code	Gray-Code	Glixon-Code
0	0 0 0 0 0 0 0 0 0 1	0 0 0 0	0 0 0 0 1 0 1	1 1 0 0 0	0 0 0 0	0 0 0 0
1	0 0 0 0 0 0 0 0 1 0	0 0 0 1	0 0 0 1 0 0 1	0 0 0 1 1	0 0 0 1	0 0 0 1
2	0 0 0 0 0 0 0 1 0 0	0 0 1 0	0 0 1 0 0 0 1	0 0 1 0 1	0 0 1 1	0 0 1 1
3	0 0 0 0 0 0 1 0 0 0	0 0 1 1	0 1 0 0 0 0 1	0 0 1 1 0	0 0 1 0	0 0 1 0
4	0 0 0 0 0 1 0 0 0 0	0 1 0 0	1 0 0 0 0 0 1	0 1 0 0 1	0 1 1 0	0 1 1 0
5	0 0 0 0 1 0 0 0 0 0	0 1 0 1	0 0 0 0 1 1 0	0 1 0 1 0	0 1 1 1	0 1 1 1
6	0 0 0 1 0 0 0 0 0 0	0 1 1 0	0 0 0 1 0 1 0	0 1 1 0 0	0 1 0 1	0 1 0 1
7	0 0 1 0 0 0 0 0 0 0	0 1 1 1	0 0 1 0 0 1 0	1 0 0 0 1	0 1 0 0	0 1 0 0
8	0 1 0 0 0 0 0 0 0 0	1 0 0 0	0 1 0 0 0 1 0	1 0 0 1 0	1 1 0 0	1 1 0 0
9	1 0 0 0 0 0 0 0 0 0	1 0 0 1	1 0 0 0 0 1 0	1 0 1 0 0	1 1 0 1	1 0 0 0
Stellenwert	9 8 7 6 5 4 3 2 1 0	8 4 2 1	4 3 2 1 0 5 0	7 4 2 1 0 (für die Ziffern 1 bis 9)	–	–

IK

Sedezimalzahlen und Oktalzahlen Hexadecimal Numbers and Octal Numbers

Umrechnen von Dezimalzahlen in andere Zahlensysteme und umgekehrt

Quelle	Ziel	Rechengang	Beispiel
dezimal	dual	Siehe vorhergehende Seite	
dual	dezimal		
dezimal	oktal	Die Dezimalzahl durch 8 teilen, Rest aufschreiben, Ergebnis durch 8 teilen, Rest aufschreiben usw. bis Ergebnis 0 ist. Die Reste von unten nach oben gelesen sind die gesuchte Oktalzahl.	249 : 8 = 31 Rest 1 31 : 8 = 3 Rest 7 3 : 8 = 0 Rest 3 ↑ **Ergebnis 371**
oktal	dezimal	Jede Ziffer der Oktalzahl als Dualzahl-Triade (dreistellige Dualzahl) schreiben. Die Triaden zu einer Dualzahl zusammenfassen. Der Dezimalwert der Dualzahl ist die gesuchte Dezimalzahl.	371 011 111 001 = 11111001 1+8+16+32+64+128=**249**
dezimal	sedezimal	Die Dezimalzahl durch 16 teilen, Rest aufschreiben. Ergebnis durch 16 teilen, Rest aufschreiben usw. bis Ergebnis nicht mehr teilbar ist. Die Reste als Sedezimalziffern ersetzen. Diese Sedezimalziffern von unten nach oben gelesen ist die gesuchte Sedezimalzahl.	173 : 16 = 10 Rest 13 = D 10 : 16 = 0 Rest 10 = A ↑ **Ergebnis AD**
sedezimal	dezimal	Jede Ziffer der Sedezimalzahl als Dualzahl-Tetrade (vierstellige Dualzahl) schreiben. Die Tetraden zu einer Dualzahl zusammenfassen. Der Dezimalwert der Dualzahl ist die gesuchte Dezimalzahl.	A3D 1010 0011 1101 = 101000111101 1+4+8+16+32+512+2048=**2621**

$Z_n \cdot B^{n-1}$	...	$Z_4 \cdot B^3$	$Z_3 \cdot B^2$	$Z_2 \cdot B^1$	$Z_1 \cdot B^0$	,	$Z_{-1} \cdot B^{-1}$	$Z_{-2} \cdot B^{-2}$	$Z_{-3} \cdot B^{-3}$	...	$Z_{-m} \cdot B^{-m}$

$Z_1 \ldots Z_n$ Ziffer der 1. bis *n*. Stelle links vom Komma
B^n, B^m Basis mit Exponent
$Z_{-1} \ldots Z_{-m}$ Ziffer der 1. Stelle bis *m*. Stelle rechts vom Komma

Beispiel: Wie groß ist der Dezimalwert der Sedezimalzahl A4, D4?
Lösung: $10 \cdot 16^1 + 4 \cdot 16^0$, $13 \cdot 16^{-1} + 4 \cdot 16^{-2}$
160 + 4 , 13 / 16 + 4 / 256 = **164,828125**

Vergleich der Zahlen von Zahlensystemen

dezimal	dual	oktal	sedezimal	dezimal	dual	oktal	sedezimal	dezimal	dual	oktal	sedezimal
0	0	0	0	20	10100	24	14	40	101000	50	28
1	1	1	1	21	10101	25	15	41	101001	51	29
2	10	2	2	22	10110	26	16	42	101010	52	2A
3	11	3	3	23	10111	27	17	43	101011	53	2B
4	100	4	4	24	11000	30	18	44	101100	54	2C
5	101	5	5	25	11001	31	19	45	101101	55	2D
6	110	6	6	26	11010	32	1A	46	101110	56	2E
7	111	7	7	27	11011	33	1B	47	101111	57	2F
8	1000	10	8	28	11100	34	1C	48	110000	60	30
9	1001	11	9	29	11101	35	1D	49	110001	61	31
10	1010	12	A	30	11110	36	1E	50	110010	62	32
11	1011	13	B	31	11111	37	1F	51	110011	63	33
12	1100	14	C	32	100000	40	20	52	110100	64	34
13	1101	15	D	33	100001	41	21	53	110101	65	35
14	1110	16	E	34	100010	42	22	54	110110	66	36
15	1111	17	F	35	100011	43	23	55	110111	67	37
16	10000	20	10	36	100100	44	24	56	111000	70	38
17	10001	21	11	37	100101	45	25	57	111001	71	39
18	10010	22	12	38	100110	46	26	58	111010	72	3A
19	10011	23	13	39	100111	47	27	59	111011	73	3B

Sedezimalzahlen (Hexadezimalzahlen) von Dezimalzahlen > 59 auf folgender Seite

ASCII-Code im Unicode ASCII-Code in Unicode

Dez	Hex	Zch	Dez	Hex	Zch	Dez	Hex	Zch	Dez	Hex	Zch	Dez	Hex	Zch	Dez	Hex	Zch
Genormter ASCII-Code (7-Bit-Code)																	
0	0		22	16	■	44	2C	,	65	41	A	86	56	V	107	6B	k
1	1	☺	23	17	↨	45	2D	-	66	42	B	87	57	W	108	6C	l
2	2	☻	24	18	↑	46	2E	.	67	43	C	88	58	X	109	6D	m
3	3	♥	25	19	↓	47	2F	/	68	44	D	89	59	Y	110	6E	n
4	4	♦	26	1A	→	48	30	0	69	45	E	90	5A	Z	111	6F	o
5	5	♣	27	1B	←	49	31	1	70	46	F	91	5B	[	112	70	p
6	6	♠	28	1C	∟	50	32	2	71	47	G	92	5C	\	113	71	q
7	7	•	29	1D	↔	51	33	3	72	48	H	93	5D	]	114	72	r
8	8	◘	30	1E	▲	52	34	4	73	49	I	94	5E	^	115	73	s
9	9	○	31	1F	▼	53	35	5	74	4A	J	95	5F	_	116	74	t
10	A	◙	32	20		54	36	6	75	4B	K	96	60	'	117	75	u
11	B	♂	33	21	!	55	37	7	76	4C	L	97	61	a	118	76	v
12	C	♀	34	22	"	56	38	8	77	4D	M	98	62	b	119	77	w
13	D	♪	35	23	#	57	39	9	78	4E	N	99	63	c	120	78	x
14	E	♫	36	24	$	58	3A	:	79	4F	O	100	64	d	121	79	y
15	F	☼	37	25	%	59	3B	;	80	50	P	101	65	e	122	7A	z
16	10	►	38	26	&	60	3C	<	81	51	Q	102	66	f	123	7B	{
17	11	◄	39	27	'	61	3D	=	82	52	R	103	67	g	124	7C	|
18	12	↕	40	28	(	62	3E	>	83	53	S	104	68	h	125	7D	}
19	13	‼	41	29	)	63	3F	?	84	54	T	105	69	i	126	7E	~
20	14	¶	42	2A	*	64	40	@	85	55	U	106	6A	j	127	7F	Δ
21	15	§	43	2B	+												
Erweiterungen im Unicode																	
128	80	€	150	96	–	172	AC	¬	193	C1	Á	214	D6	Ö	235	EB	ë
129	81	□	151	97	—	173	AD		194	C2	Â	215	D7	x	236	EC	ì
130	82	‚	152	98	˜	174	AE	®	195	C3	Ã	216	D8	Ø	237	ED	í
131	83	ƒ	153	99	™	175	AF	¯	196	C4	Ä	217	D9	Ù	238	EE	î
132	84	„	154	9A	š	176	B0	°	197	C5	Å	218	DA	Ú	239	EF	ï
133	85	…	155	9B	›	177	B1	±	198	C6	Æ	219	DB	Û	240	F0	ð
134	86	†	156	9C	œ	178	B2	^{2}	199	C7	Ç	220	DC	Ü	241	F1	ñ
135	87	‡	157	9D	□	179	B3	^{3}	200	C8	È	221	DD	Ý	242	F2	ò
136	88	ˆ	158	9E	ž	180	B4	´	201	C9	É	222	DE	þ	243	F3	ó
137	89	‰	159	9F	Ÿ	181	B5	µ	202	CA	Ê	223	DF	ß	244	F4	ô
138	8A	Š	160	A0		182	B6	¶	203	CB	Ë	224	E0	à	245	F5	õ
139	8B	‹	161	A1	¡	183	B7	·	204	CC	Ì	225	E1	á	246	F6	ö
140	8C	Œ	162	A2	¢	184	B8	¸	205	CD	Í	226	E2	â	247	F7	÷
141	8D	□	163	A3	£	185	B9	^{1}	206	CE	Î	227	E3	ã	248	F8	ø
142	8E	Ž	164	A4	¤	186	BA	^{0}	207	CF	Ï	228	E4	ä	249	F9	ù
143	8F	□	165	A5	¥	187	BB	»	208	D0	Ð	229	E5	å	250	FA	ú
144	90	□	166	A6	¦	188	BC	¼	209	D1	Ñ	230	E6	æ	251	FB	û
145	91	‘	167	A7	§	189	BD	½	210	D2	Ò	231	E7	ç	252	FC	ü
146	92	’	168	A8	¨	190	BE	¾	211	D3	Ó	232	E8	è	253	FD	ý
147	93	“	169	A9	©	191	BF	¿	212	D4	Ô	233	E9	é	254	FE	þ
148	94	”	170	AA	ª	192	C0	À	213	D5	Õ	234	EA	ê	255	FF	ÿ
149	95	*	171	AB	«												

ASCII-Steuerzeichen (Beispiele)

Dez	Befehl	Bedeutung	Dez	Befehl	Bedeutung
2	STX	Start of Text = Textanfang	13	CR	Carriage Return = Wagenrücklauf
3	ETX	End of Text = Textende	17	DC1	Device Control = Gerätesteuerzeichen (weitere 18, 19, 20 = DC2, DC3, DC4)
7	BEL	engl. Bell = Klingel			
10	LF	Line Feed = Zeilenvorschub	26	SUB	Substitution = Zeichen ersetzen
12	FF	Form Feed = Formularvorschub	27	ESC	Escape = Umschaltung (Taste)

Der Unicode als 16-Bit-Code wurde als internationaler Standard definiert, um die Zeichen aller europäischen Sprachen sowie insbesondere die Zeichen im Arabischen, Chinesischen, Japanischen oder Koreanischen abzubilden. In den ersten 128 Plätzen ist der ASCII-Code (American Standard Code for Information Interchange) untergebracht. Von den möglichen 65536 Zeichen des Unicode sind derzeit etwa 40000 Zeichen vergeben. Die ersten 32 Zeichen sind meist Steuerzeichen, die anderen Zeichen sind auch Bestandteil des ANSI-Codes (American National Standards Institut).

Binäre Verknüpfungen Binary Operations

Schaltzeichen	Benennung der Verknüpfung	Kontaktschaltung	Schaltfunktion (Sprechweise)	Wertetabelle		
				b	a	x
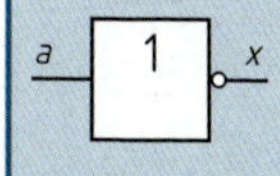	NICHT (Negation)	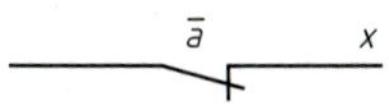	$x = \bar{a}$ oder $x = \neg a$ (*a* nicht) nicht genormt: *x* = *a*\ oder *x* = *a*		0 1	1 0
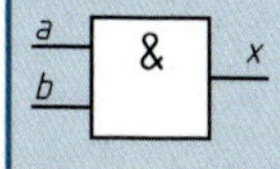	UND (Konjunktion)		$x = a \wedge b$ (*a* und *b*)	0 0 1 1	0 1 0 1	0 0 0 1
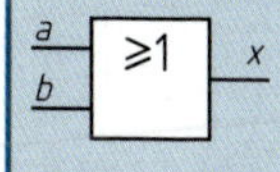	ODER (Adjunktion, Disjunktion)	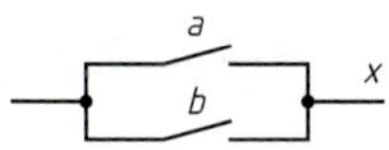	$x = a \vee b$ (*a* oder *b*)	0 0 1 1	0 1 0 1	0 1 1 1
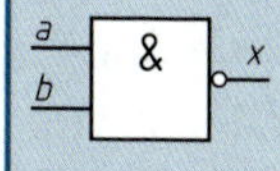	NAND	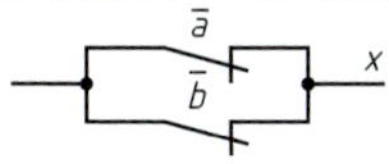	$x = \bar{a} \vee \bar{b} = \overline{a \wedge b}$ $= a \bar{\wedge} b$ (*a* nand *b*)	0 0 1 1	0 1 0 1	1 1 1 0
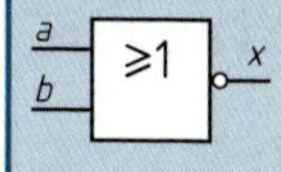	NOR	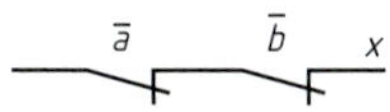	$x = \bar{a} \wedge \bar{b} = \overline{a \vee b}$ $= a \bar{\vee} b$ (*a* nor *b*)	0 0 1 1	0 1 0 1	1 0 0 0
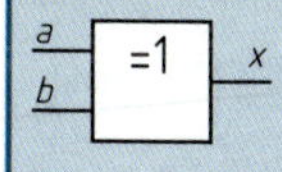	Exklusiv-ODER Antivalenz, Exklusiv-OR, XOR	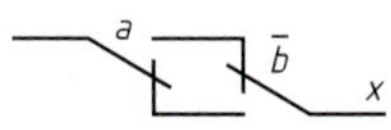	$x = (a \wedge \bar{b}) \vee (\bar{a} \wedge b)$ $= a \nleftrightarrow b$ (*a* xor *b*)	0 0 1 1	0 1 0 1	0 1 1 0
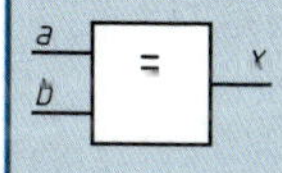	Exklusiv-NOR, Äquivalenz, XNOR	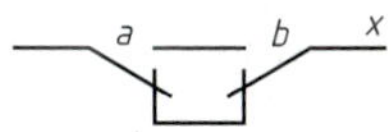	$x = (a \wedge b) \vee (\bar{a} \wedge \bar{b})$ $= a \leftrightarrow b$ (*a* Doppelpfeil *b*)	0 0 1 1	0 1 0 1	1 0 0 1
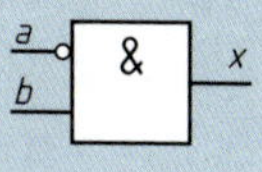	Inhibition (Sperrelement)		$x = \bar{a} \wedge b$	0 0 1 1	0 1 0 1	0 0 1 0
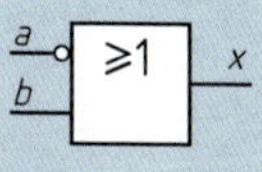	Implikation, Subjunktion	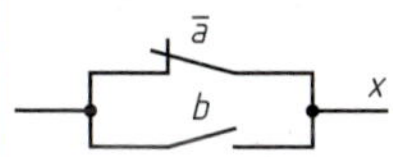	$x = \bar{a} \vee b = a \rightarrow b$ (*a* Pfeil *b*)	0 0 1 1	0 1 0 1	1 0 1 1
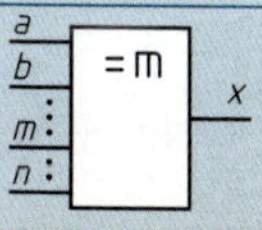	(*m* aus *n*)-Element	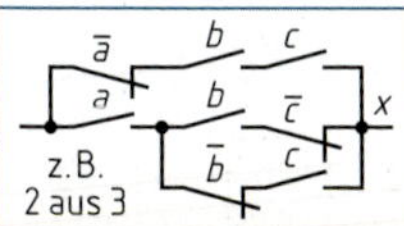	Z.B. bei 2 aus 3: $x = (a \wedge b \wedge \bar{c}) \vee (a \wedge \bar{b} \wedge c) \vee (\bar{a} \wedge b \wedge c)$	*x* = 1, nur wenn an *m* von *n* Eingängen Wert 1 anliegt ($m < n$)		

Gleichwertige Darstellung von binären Verknüpfungselementen mit & und ≥ 1

Ein gleichwertiges Schaltzeichen wird entsprechend den de morganschen Regeln wie folgt gebildet (Ausnahme beim NICHT-Element):

1. Alle & werden ≥ 1;
2. Alle ≥ 1 werden &;
3. Alle Anschlüsse werden gegenüber dem Ausgangszustand invertiert.

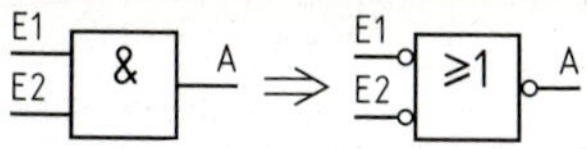	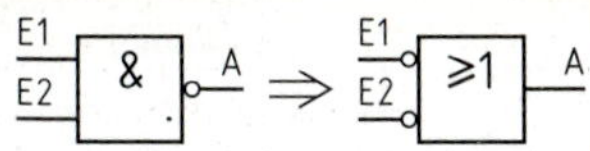	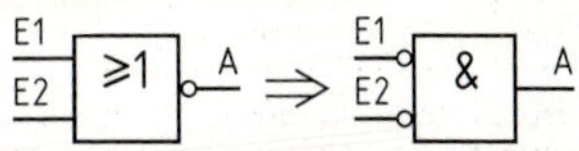
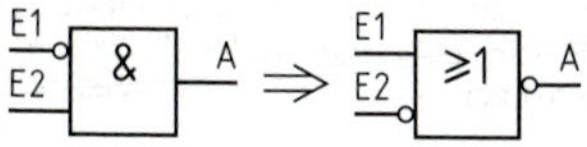	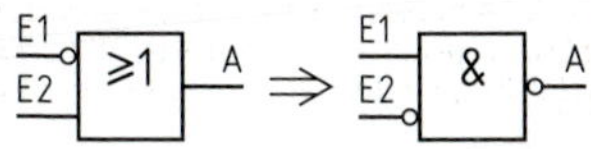	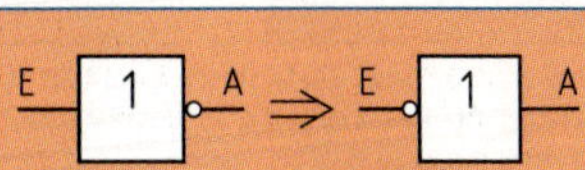

Schaltalgebra Boolean Algebra

Regeln der Schaltalgebra Basics of Boolean algebra

Regel	Erklärung	Regel	Erklärung
$a \wedge a \wedge \ldots = a$		$a \vee 0 = a$	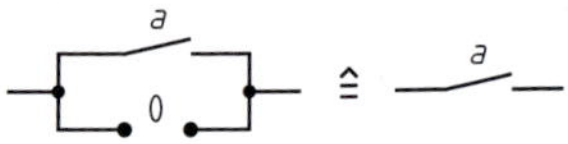
$a \vee a \vee \ldots = a$	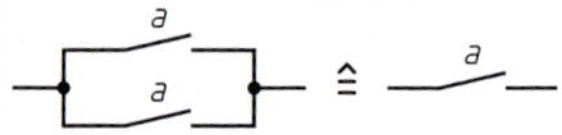	$a \vee 1 = 1$	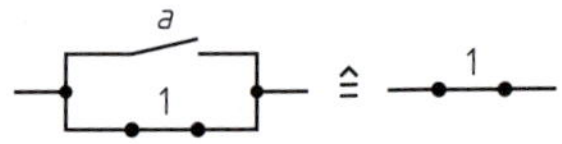
$a \wedge 1 = a$		$a \vee \bar{a} = 1$	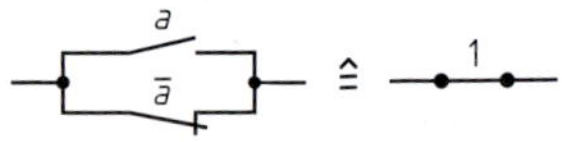
$a \wedge 0 = 0$			
Binäre Variable, z.B. *a*, entsprechen in einer Kontaktschaltung einem Schließer, invertierte binäre Variable, z.B. $\bar{a}$, entsprechen einem Öffner.		$a \wedge \bar{a} = 0$	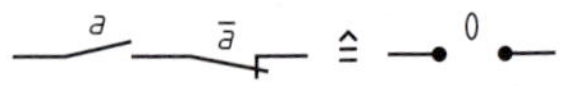

Gesetze der Schaltalgebra

Verwirklichung der Verknüpfungen

UND-Verknüpfung, Zeichen ∧ : durch Reihenschaltung der Schaltglieder verwirklicht.
ODER-Verknüpfung, Zeichen ∨ : durch Parallelschaltung der Schaltglieder verwirklicht.

Vergleich mit üblichen Algebra-Operationen:

Das Zeichen ∧ entspricht der Multiplikation in der Algebra, z.B. $1 \wedge b$ entspricht $1 \cdot b \Rightarrow 1 \wedge b = b$, das Zeichen ∨ entspricht der Addition in der Algebra, z.B. $0 \vee a$ entspricht $0 + a \Rightarrow 0 \vee a = a$

Name, Formel	Erklärung	Name, Formel	Erklärung
Kommutativ-Gesetze $a \wedge b = b \wedge a$ $a \vee b = b \vee a$	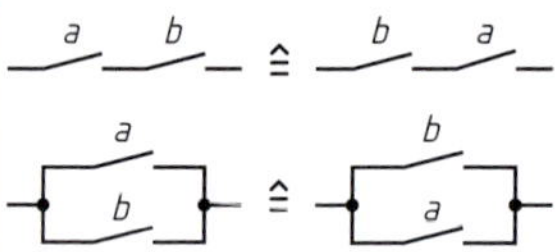	Einschließungs-Gesetze $a \wedge (a \vee b) = a$ $a \vee (a \wedge b) = a$	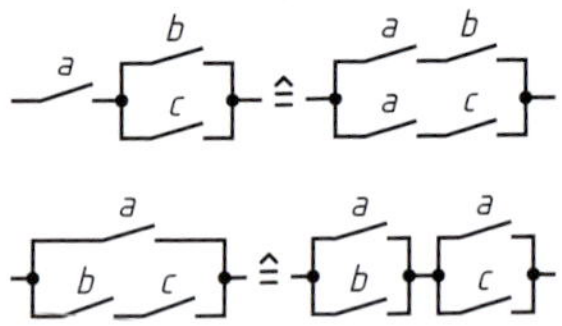
Assoziativ-Gesetze $(a \wedge b) \wedge c = a \wedge b \wedge c$ $(a \vee b) \vee c = a \vee b \vee c$	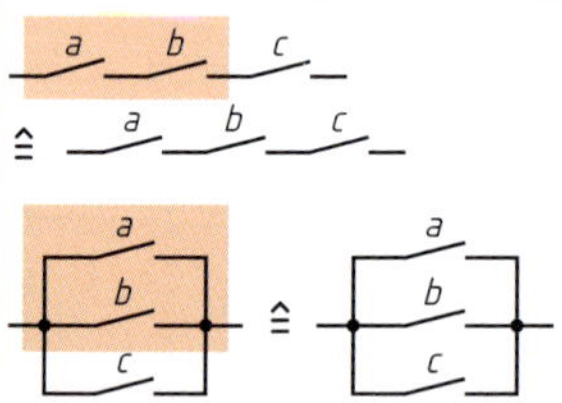	Gesetze von de Morgan	Mit den folgenden Gesetzen von de Morgan kann man invertierte Verknüpfungen in nicht invertierte Verknüpfungen auflösen. Siehe auch „Gleichwertige Darstellung von binären Verknüpfungselementen" der vorhergehenden Seite.
Distributiv-Gesetze $a \wedge (b \vee c) = (a \wedge b) \vee (a \wedge c)$	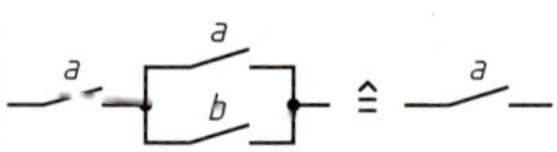	1. de morgansches Gesetz $\overline{a \wedge b} = \bar{a} \vee \bar{b}$	siehe Tabelle 1
$a \vee (b \wedge c) = (a \vee b) \wedge (a \vee c)$	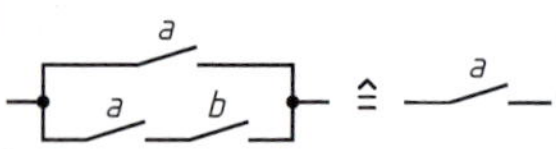	2. de morgansches Gesetz $\overline{a \vee b} = \bar{a} \wedge \bar{b}$	siehe Tabelle 2

1. de morgansches Gesetz $\overline{a \wedge b} = \bar{a} \vee \bar{b}$

b	a	$\overline{a \wedge b}$	$\bar{b}$	$\bar{a}$	$\bar{a} \vee \bar{b}$
0	0	1	1	1	1
0	1	0	1	0	0
1	0	0	0	1	0
1	1	0	0	0	0

2. de morgansches Gesetz $\overline{a \vee b} = \bar{a} \wedge \bar{b}$

b	a	$\overline{a \vee b}$	$\bar{b}$	$\bar{a}$	$\bar{a} \wedge \bar{b}$
0	0	1	1	1	1
0	1	0	1	0	0
1	0	0	0	1	0
1	1	0	0	0	0

a, b, c binäre Variable, ∨ Zeichen für ODER-Verknüpfung (von lat. vel = oder), ∧ Zeichen für UND-Verknüpfung, Kommutativ-Gesetze = Vertauschungsgesetze, Assoziativ-Gesetze = Vebindungsgesetze, Distributiv-Gesetze = Verteilungsgesetze.

IK

Von der Wertetabelle zur Schaltfunktion

Wertetabellen

d	c	b	a	x	Zeile, Feld
0	0	0	0	Je nach Schaltung 1 oder 0	0
0	0	0	1		1
0	0	1	0		2
0	0	1	1		3
0	1	0	0		4
0	1	0	1		5
0	1	1	0		6
0	1	1	1		7
1	0	0	0		8
1	0	0	1		9
1	0	1	0		10
1	0	1	1		11
1	1	0	0		12
1	1	0	1		13
1	1	1	0		14
1	1	1	1		15

KV-Diagramme, Schaltfunktion

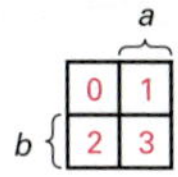

Für 2 Variable

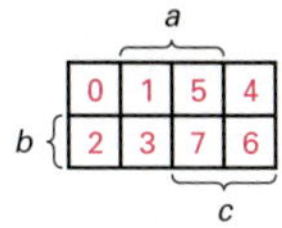

Für 3 Variable

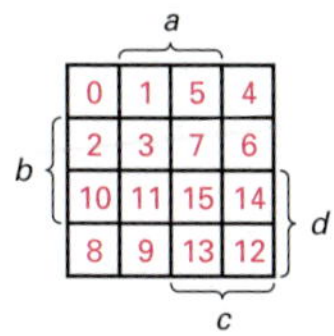

Für 4 Variable

Die Feldnummern entsprechen den Zeilennummern der Wertetabelle.

Erklärung

Man erstellt zunächst die Tabelle aller Kombinationen der Eingangsvariablen *a*, *b* bzw. *a*, *b*, *c* bzw. *a*, *b*, *c*, *d* (Reihenfolge nach Bild beachten!). Das ergibt bei zwei Eingangsvariablen 4 Zeilen, bei drei 8 Zeilen und bei vier 16 Zeilen.

Die von links nach rechts als Dualzahl gelesenen Kombinationen von 0 und 1 sind die Zeilennummern 0 bis 3 bzw. 0 bis 7 bzw. 0 bis 15. Die Ausgangsvariable *x* wird dann zeilenweise je nach Aufgabe als 0 oder 1 eingetragen. Aus der Wertetabelle wird die Schaltfunktion entnommen, die aber noch nicht *minimiert* (vereinfacht) ist (Beispiel unten).

d	c	b	a	x	Feld	Inhalt
0	0	0	0	1	0	1
0	0	0	1	1	1	1
0	0	1	0	0	2	0
0	0	1	1	0	3	0
0	1	0	0	1	4	1
0	1	0	1	1	5	1
0	1	1	0	0	6	0
0	1	1	1	0	7	0
1	0	0	0	1	8	1
1	0	0	1	0	9	0
1	0	1	0	0	10	0
1	0	1	1	0	11	0
1	1	0	0	1	12	1
1	1	0	1	1	13	1
1	1	1	0	1	14	1
1	1	1	1	1	15	1

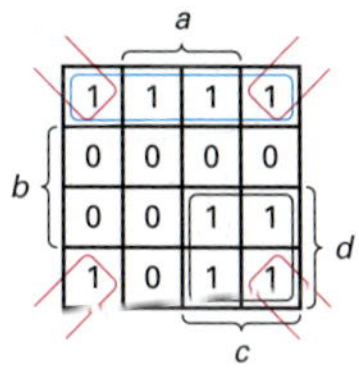

$$\boldsymbol{x = (\bar{a} \wedge \bar{b}) \vee (c \wedge d) \vee (\bar{b} \wedge \bar{d})}$$
$$\boldsymbol{= \bar{b} \wedge (\bar{a} \vee \bar{d}) \vee (c \wedge d)}$$

Schaltung Bild unten links

Das KV-Diagramm (von Karnaugh und Veitch) enthält die Wertetabelle und unterstützt die *Minimierung* der Schaltfunktion. Steht z.B. in der Zeile 0 der Wertetabelle eine 1, so trägt man diese in das Feld 0 des KV-Diagramms ein, entsprechend bei anderen Zeilen. Im KV-Diagramm bilden benachbarte 1-Felder jeweils ein *Cluster* (Anhäufung), hier 2 x 4, und außerdem gegenüber liegende Randfelder 4 x 1. Dabei dürfen die 1-Felder auch mehrmals genutzt werden. Die algebraische Beschreibung der Cluster ergibt die minimierte Schaltfunktion (Beispiel unten).

c	b	a	x	Feld	Inhalt
0	0	0	1	0	1
0	0	1	1	1	1
0	1	0	0	2	0
0	1	1	1	3	1
1	0	0	1	4	1
1	0	1	1	5	1
1	1	0	0	6	0
1	1	1	1	7	1

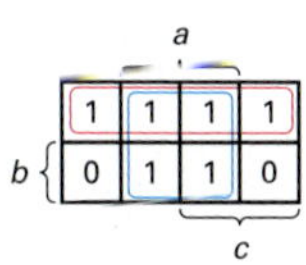

$x = a \vee \bar{b}$

Beispiel:

Schaltfunktion aus Wertetabelle:

$x = (\bar{a} \wedge \bar{b} \wedge \bar{c}) \vee (a \wedge \bar{b} \wedge \bar{c}) \vee$
$(a \wedge b \wedge \bar{c}) \vee (\bar{a} \wedge \bar{b} \wedge c) \vee$
$(a \wedge \bar{b} \wedge c) \vee (a \wedge b \wedge c)$

Minimierte Schaltfunktion:

$\boldsymbol{x = a \vee \bar{b}}$

Schaltnetze mit NAND-Elementen oder mit NOR-Elementen

Schaltung aus Schaltfunktion

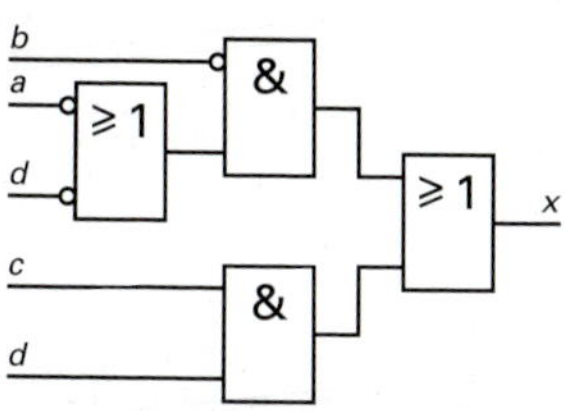

Umgeformte ″Schaltung

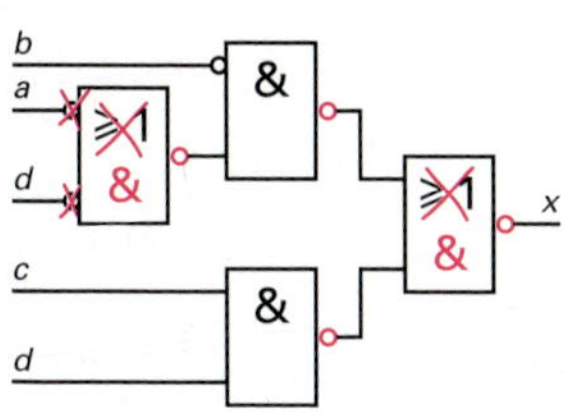

Schritte

1. Aus der minimierten Schaltfunktion mit ODER-, UND- und NICHT-Elementen die Schaltung entwickeln (Bild ganz links).
2. Nach den Regeln der Seite 267 unten die Schaltung umformen. Dabei an den Eingängen auftretende Invertierungen verschieben an die Ausgänge vorher liegender Elemente.
3. Die invertierten Eingänge durch zusätzliche Elemente realisieren.

Codeumsetzer Code Converter

Aufgabe und Anwendung

Aufgabe

Umsetzung eines vorhandenen Codes in einen anderen Code. Meist ist der Code der Eingangsseite ein Binärcode mit Tetraden (Vierergruppen).

Anwendungsbeispiel

Umsetzung eines BCD-Codes, z.B. 8-4-2-1-Code, in 1-aus-8-Code, in 1-aus-10-Code oder in Siebensegment-Code.

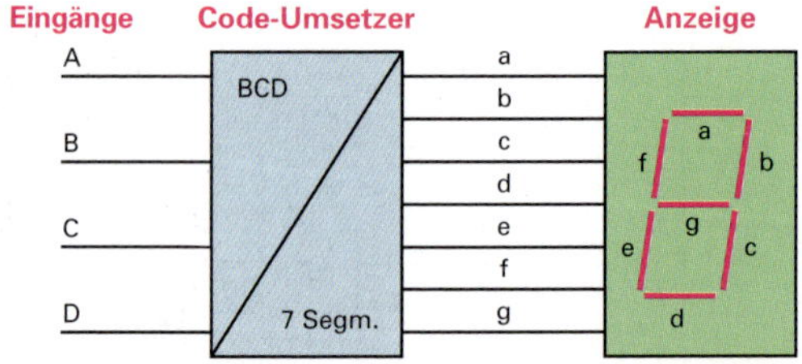

Realisierung

IC für Siebensegmentcode

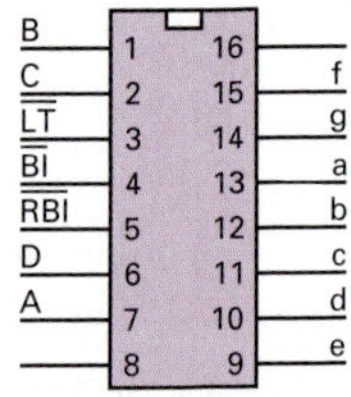

$\overline{LT}$, $\overline{BI}$, $\overline{RBI}$ Anschlüsse zur Steuerung und Prüfung

Entwurf eines Code-Umsetzers

Arbeitsschritte	Ausführung	Bemerkungen
Aufstellen der Wertetabelle für alle Ausgangsvariablen und die erforderlichen Eingangsvariablen.	(siehe Wertetabelle unten)	Wenn 10 verschiedene Zustände am Ausgang vorkommen, genügt eine Tetrade eingangsseitig. Von den möglichen $4^2 = 16$ Zuständen werden aber nur 10 gebraucht. Es genügen also 10 Zeilen.

8-4-2-1-Code				7-Segment-Code							Dezimalzahl	Zeile
D	C	B	A	a	b	c	d	e	f	g		
0	0	0	0	1	1	1	1	1	1	0	0	0
0	0	0	1	0	1	1	0	0	0	0	1	1
0	0	1	0	1	1	0	1	1	0	1	2	2
0	0	1	1	1	1	1	1	0	0	1	3	3
0	1	0	0	0	1	1	0	0	1	1	4	4

Übertragen der Zeilen der Wertetabelle für jede Ausgangsvariable in ein KV-Diagramm. Nicht vorhandene Zeilen werden mit X markiert.

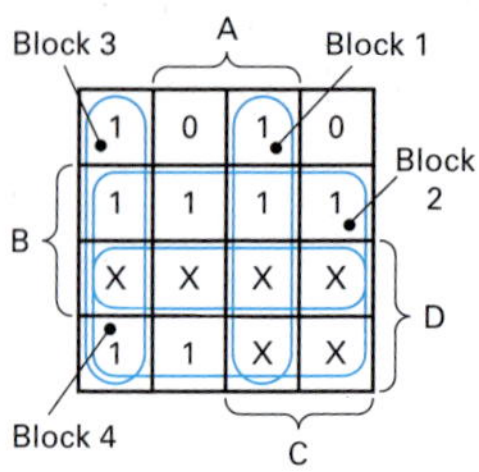

für a

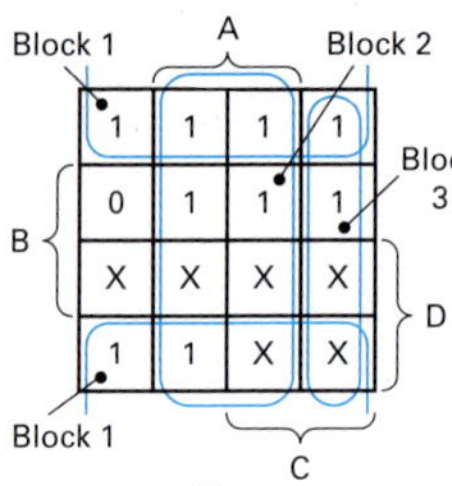

für c

entsprechend für b und d bis g

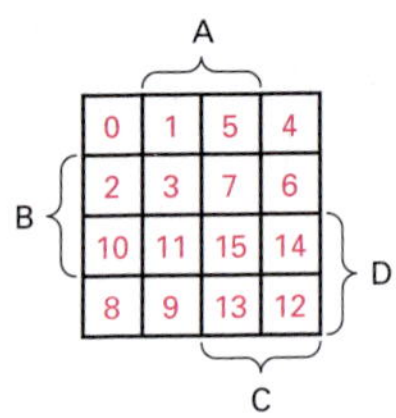

X kann zur Blockbildung beliebig zu 1 oder 0 gesetzt werden.

Arbeitsschritte	Ausführung	Bemerkungen
Bilden von Blöcken und Entnehmen der Schaltfunktionen aus den Blöcken.	Für a Block 1: $A \wedge C$ Block 2: B Block 3: $\overline{A} \wedge \overline{C}$ Block 4: D Für c Block 1: $\overline{B}$ Block 2: A Block 3: $\overline{A} \wedge C$	Es müssen alle 1 in den Blöcken stehen. Die X dürfen beliebig durch 1 oder 0 ersetzt werden.
Bilden der Schaltfunktionen.	$a = (A \wedge C) \vee B \vee (\overline{A} \wedge \overline{C}) \vee D$ $c = \overline{B} \vee A \vee (\overline{A} \wedge C)$	Die Blöcke sind durch ODER zu verbinden.
Entwickeln der Schaltung aus der Schaltfunktion für jede Ausgangsvariable. Bei Bedarf umformen für vorgesehene binären Elemente (hier NAND-Elemente)	(siehe Schaltung unten) entsprechend für b bis g	Umformung bei Bedarf: Alle & werden ≥ 1 und alle ≥ 1 werden & und alle Anschlüsse werden gegenüber Ausgangszustand invertiert. Bei NICHT-Elementen kann das Invertierungszeichen vom Ausgang an den Eingang verschoben werden bzw. vom Eingang an den Ausgang.

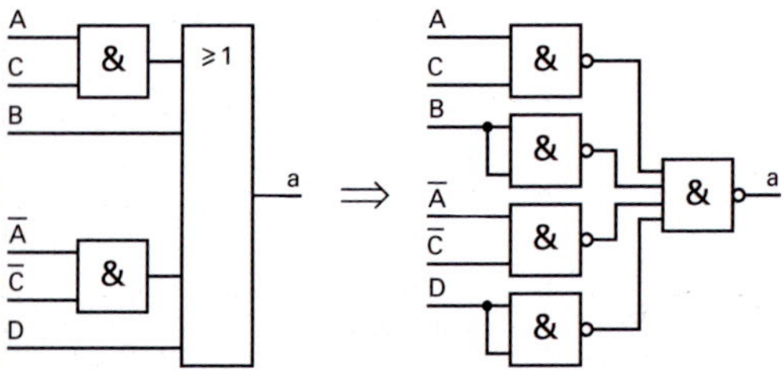

entsprechend für b bis g

IK

Flipflops (bistabile Kippschaltungen) Flip-flops (Bistable Multivibrators)

<table>
<tr><th>Bezeichnung</th><th>Schaltzeichen</th><th>Wertetabelle</th><th>Realisierung (Beispiel)</th><th>Verhalten</th></tr>
<tr><td>SR-Kippschaltung,
RS-Kippschaltung,
RS-Flipflop,
Set-Reset-Flipflop</td><td>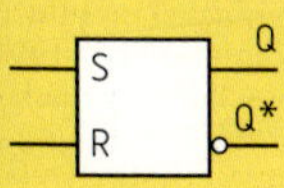</td><td><table><tr><th>s_n</th><th>r_n</th><th>q_{n+1}</th></tr><tr><td>0</td><td>0</td><td>q_n</td></tr><tr><td>0</td><td>1</td><td>0</td></tr><tr><td>1</td><td>0</td><td>1</td></tr><tr><td>1</td><td>1</td><td>(0)</td></tr></table>(0) irregulärer Zustand!</td><td>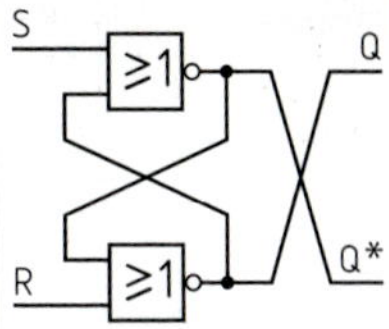</td><td>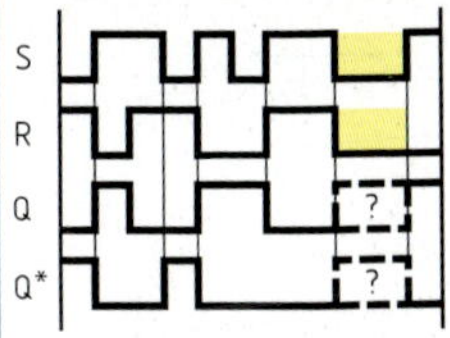</td></tr>
<tr><td>Einflanken-gesteuerte JK-Kippschaltung,
einflanken-gesteuertes JK-Flipflop</td><td>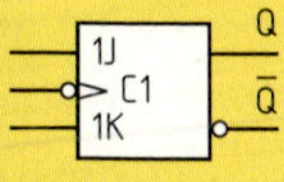nfl-gesteuert</td><td><table><tr><th>j_n</th><th>k_n</th><th>q_{n+1}</th></tr><tr><td>0</td><td>0</td><td>q_n</td></tr><tr><td>0</td><td>1</td><td>0</td></tr><tr><td>1</td><td>0</td><td>1</td></tr><tr><td>1</td><td>1</td><td>$\bar{q}_n$</td></tr></table>abfallende Flanke an C</td><td>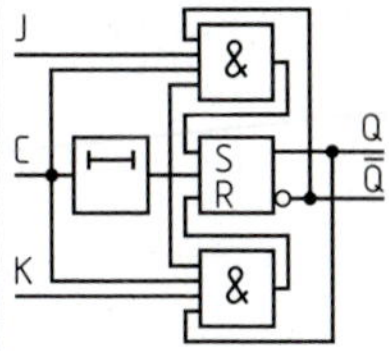</td><td></td></tr>
<tr><td>Zweiflanken-gesteuertes JK-Flipflop,
JK-Master-Slave-Flipflop,
JK-MS-Flipflop</td><td>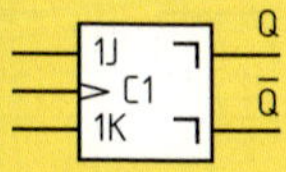pfl-gesteuert</td><td><table><tr><th>j_n</th><th>k_n</th><th>q_{n+1}</th></tr><tr><td>0</td><td>0</td><td>q_n</td></tr><tr><td>0</td><td>1</td><td>0</td></tr><tr><td>1</td><td>0</td><td>1</td></tr><tr><td>1</td><td>1</td><td>$\bar{q}_n$</td></tr></table>ansteigende Flanke an C</td><td>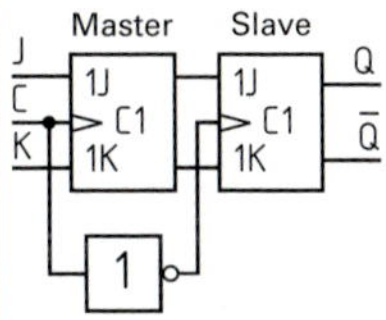</td><td>Verhält sich wie mit negativer Flanke einflankengesteuertes JK-Flipflop, kann aber bei demselben Takt bei ansteigender Flanke Information aufnehmen (Master) und vorherige Information abgeben (Slave).</td></tr>
<tr><td>T-Kippschaltung,
Binäruntersetzer,
T-Flipflop,
Trigger-Flipflop</td><td>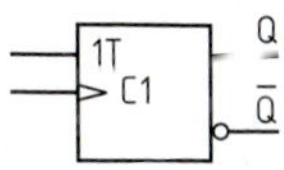</td><td><table><tr><th>c</th><th>t_n</th><th>q_{n+1}</th></tr><tr><td>↑</td><td>0</td><td>q_n</td></tr><tr><td>↑</td><td>1</td><td>$\bar{q}_n$</td></tr></table>(↑ ansteigende Flanke)</td><td>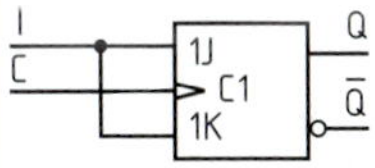</td><td>$q_{n+1} = (\bar{t}_n \wedge q_n) \vee (\bar{t}_n \wedge q_n)$</td></tr>
<tr><td>D-Kippschaltung,
Delay-Flipflop,
Verzögerungs-Flipflop,
Latch-Flipflop</td><td>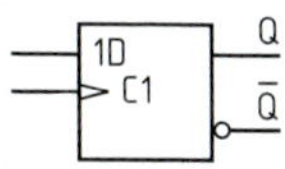</td><td><table><tr><th>c</th><th>d_n</th><th>q_{n+1}</th></tr><tr><td>↑</td><td>0</td><td>0</td></tr><tr><td>↑</td><td>1</td><td>1</td></tr></table>(↑ ansteigende Flanke)</td><td>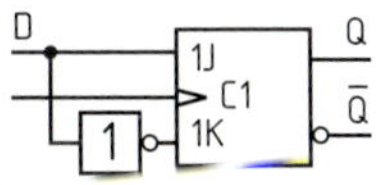</td><td>$q_{n+1} = d_n$</td></tr>
<tr><td>SL-Kippschaltung,
Set-Flipflop mit Setzvorrang</td><td>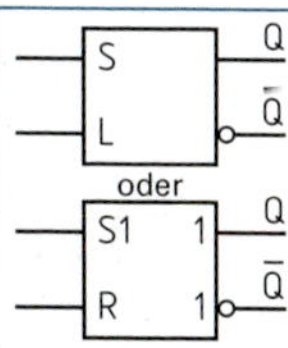</td><td><table><tr><th>s_n</th><th>l_n</th><th>q_{n+1}</th></tr><tr><td>0</td><td>0</td><td>q_n</td></tr><tr><td>0</td><td>1</td><td>0</td></tr><tr><td>1</td><td>0</td><td>1</td></tr><tr><td>1</td><td>1</td><td>1</td></tr></table></td><td>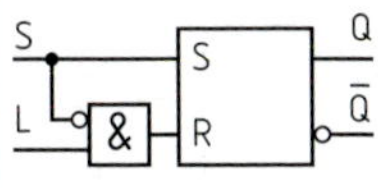</td><td>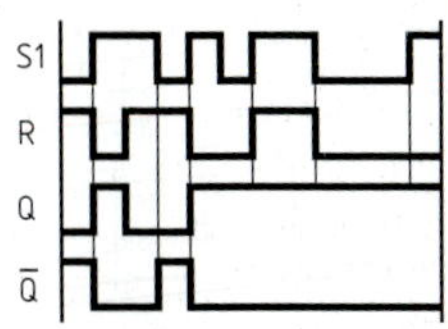</td></tr>
<tr><td>EL-Kippschaltung,
Set-Flipflop mit Rücksetzvorrang</td><td>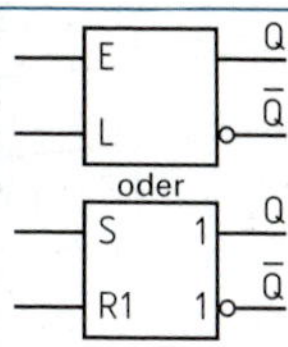</td><td><table><tr><th>e_n</th><th>l_n</th><th>q_{n+1}</th></tr><tr><td>0</td><td>0</td><td>q_n</td></tr><tr><td>0</td><td>1</td><td>0</td></tr><tr><td>1</td><td>0</td><td>1</td></tr><tr><td>1</td><td>1</td><td>0</td></tr></table></td><td>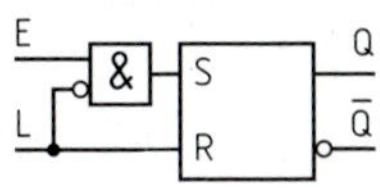</td><td>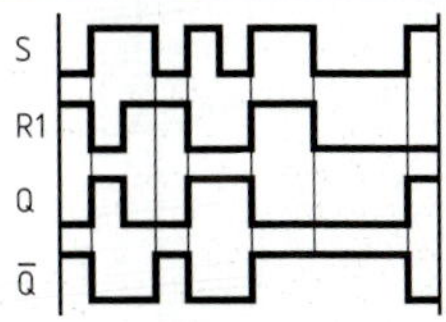</td></tr>
</table>

c	Taktsignal	nfl, ↓	mit negativer Flanke gesteuert
d, l, j, k, r, s, t	Steuersignale der Flipflops	pfl, ↑	mit positiver Flanke gesteuert
		q_n	Signal an Q Zeitpunkt n
q_{n+1}	Signal an Q Zeitpunkt n +1	Q*	irregulär $\bar{Q}$ zu Q (also 0 oder 1)

IK

Asynchrone Zähler

Beispiele	Lösungsweg
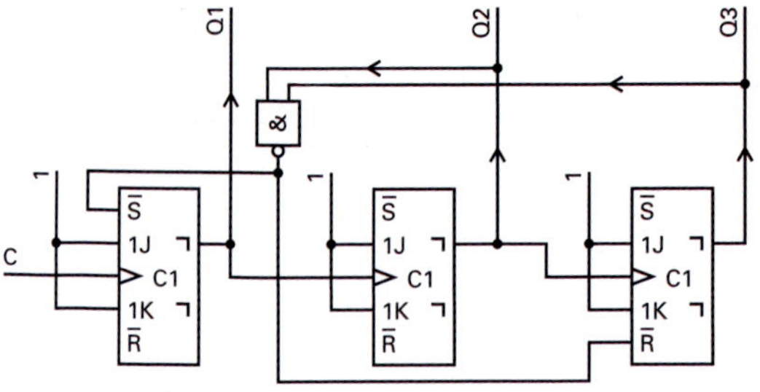 **Asynchroner Zähler 1 bis 5 mit JK-Flipflop**	Am einfachsten geht man vom asynchronen Zähler 0 bis 7 bzw. 0 bis 15 oder vom entsprechenden Rückwärtszähler aus und setzt über die R-Eingänge zurück, sobald der gewünschte Zählerstand erreicht ist. 1. Ermittlung der Anzahl *n* der Flipflops, wobei der Zählbereich $z \leq 2^n$ sein muss. 2. Zeichnung des asynchronen Zählers für den vollen Zählbereich für *z* Flipflops. 3. Überlegung, bei welchem Zählerstand Rücksetzen oder erneutes Setzen erforderlich ist, hier im Beispiel bei 6. 4. Verwirklichung des Rücksetzens bzw. Setzens durch UND-Elemente.

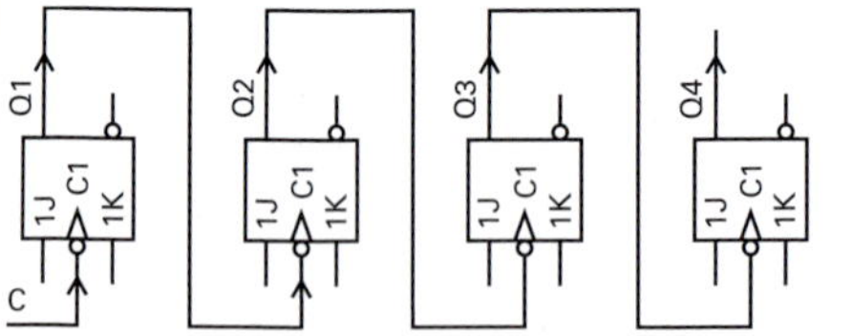

Asynchroner Dualzähler 0 bis 15

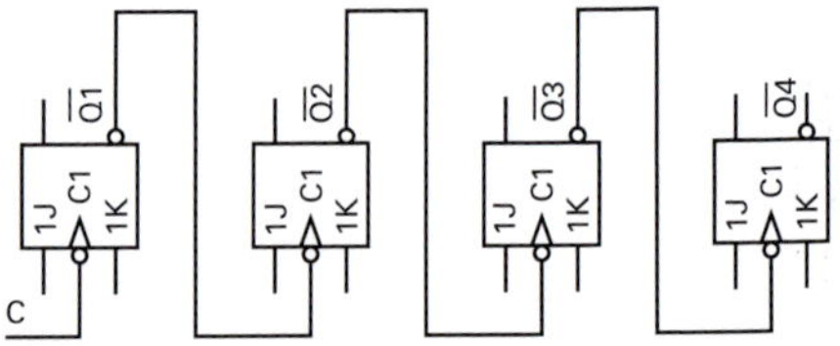

Asynchroner Dualzähler 15 bis 0

Schieberegister

Schaltung, Schaltzeichen	Zeitablaufdiagramm
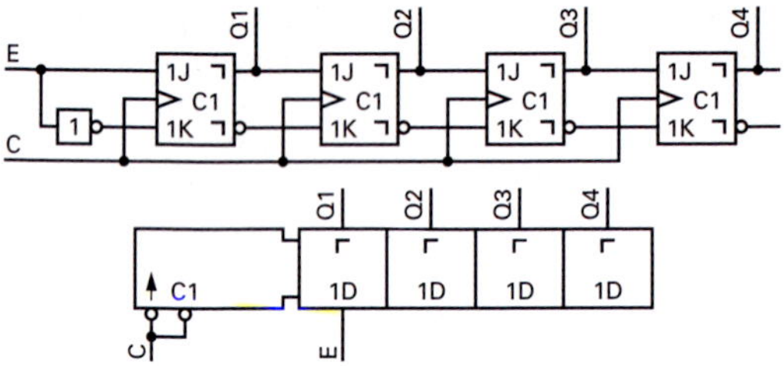 **4-Bit-Schieberegister für serielles Einlesen**	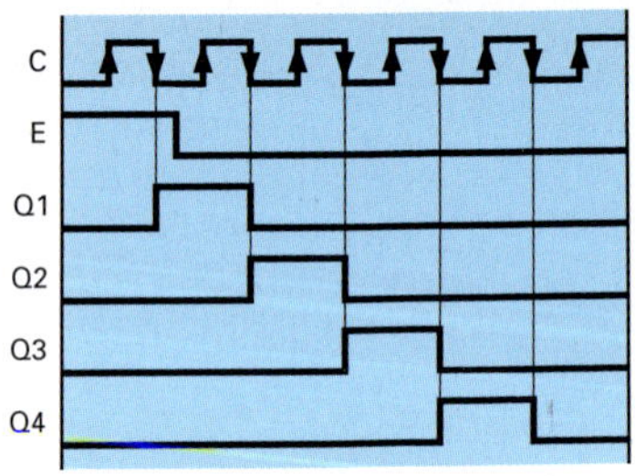

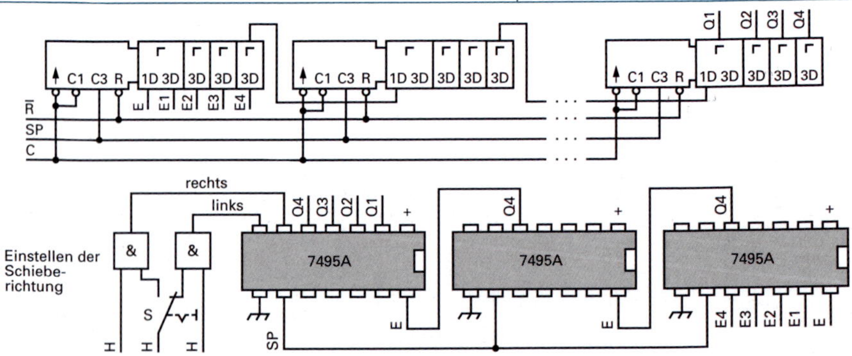

Zwölfstufiges Schieberegister, umschaltbar für Rechtsschieben oder Linksschieben

C Takt-, Clockeingang, E serieller Eingang, E1 bis E4 parallele Eingänge, H H-Pegel, Q1 bis Q4 Ausgänge, R Rücksetzeingang, SP Betriebsarteneinstellung seriell, parallel.

IK

DA-Umsetzer und AD-Umsetzer DA-Converter and AD-Converter

Schaltung, Prinzip	Erklärung, Wirkungsweise	Daten
Digital-Analogumsetzer		
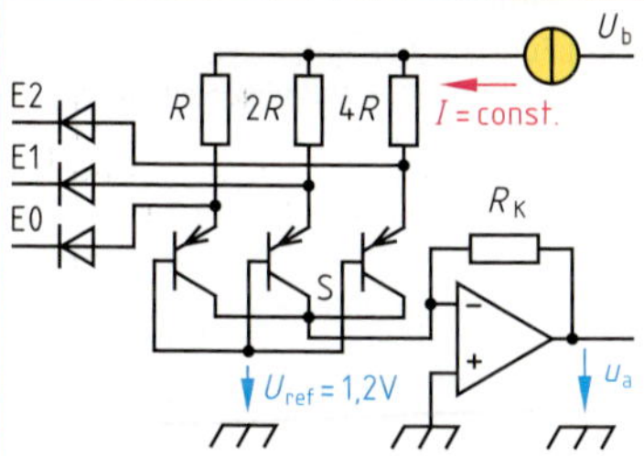 **DA-Umsetzer mit Stromwichtung**	Der stromgewichtete DA-Umsetzer besteht aus von Transistoren geschalteten Stromquellen, die binär gewichtet sind und von den Eingängen E0, E1, E2, ..., E_n geschaltet werden. Die binäre Wichtung erfolgt durch die Emitterwiderstände mit den Werten R, $2R$, $4R ... 2^n \cdot R$. Die Summe der Kollektorströme wird von einem Operationsverstärker in die Ausgangsspannung u_a umgesetzt. Der **Linearitätsfehler** ist die Abweichung vom theoretischen Ausgangsendwert zum Istwert.	Wortlänge 6 bit bis 8 bit, Linearitätsfehler 0,5‰ bis 2‰, Umsetzfrequenz bis 100 MHz, Netzwerkwiderstandswerte entsprechend der Bitzahl R, $2R$, $4R$, ..., $2^n \cdot R$
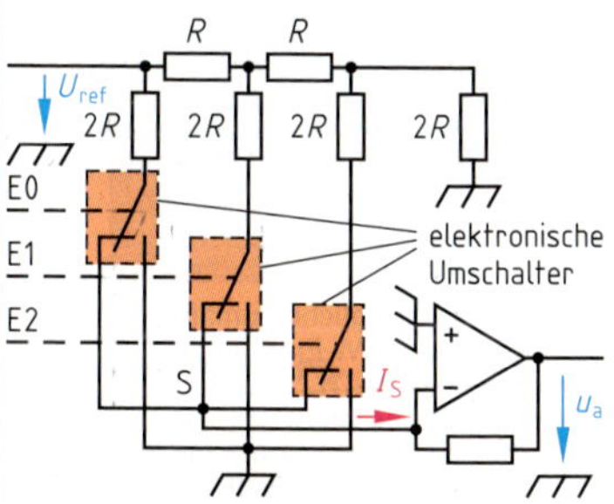 **DA-Umsetzer mit Kettenleiter (R-2 R-Leiternetzwerk)**	Der R-2R-Umsetzer enthält ein Netzwerk aus Längswiderständen mit dem Wert R und den Nebenschlusswiderständen mit dem Wert $2R$. Das offene Ende der Widerstände $2R$ wird über einen elektronischen Schalter an Masse oder an den Stromsummenpunkt S gelegt. Einzelstrom: $$I_S = \frac{U_{ref}}{R} \cdot (1/2 + 1/4 + ... + 1/2^n)$$ 1 Summe aller Ströme: $$I_S = \frac{U_{ref}}{R} \cdot (1 - 2^{-n})$$ 2	Wortlänge 8 bit bis 11 bit, Linearität 0,2‰ bis 0,5‰, Umsetzfrequenz bis 15 MHz, Widerstände des Netzwerks R und $2R$.
Analog-Digitalumsetzer		
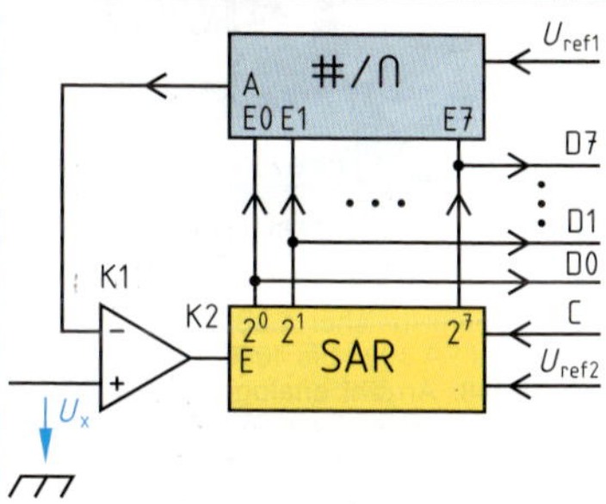 **Sukzessive-Approximations-Umsetzer**	Der Sukzessive-Approximations-Umsetzer ist ein Stufenumsetzer mit einem SAR K2 (von Successive Approximation Register = Register für schrittweise Annäherung). Dabei steuert das SAR einen DA-Umsetzer an. Das Ausgangssignal des DA-Umsetzers wird mit der Messspannung im Vergleicher K1 verglichen. Das SAR beginnt mit seinem MSB (höchstwertigem Bit). Je nach Ausgangsspannung des Vergleichers gibt das SAR die Werte 0 oder 1 für die jeweiligen Bits aus. Dadurch wird in immer kleineren Stufen die Ausgangsspannung an die Messspannung angenähert.	Umsetzschritte n bei n Stellen. Auflösung: 8 bit bis 18 bit, in Mikrocontrollern 10 bit in zwei Stufen mit 2 bit und 8 bit. Umsetzfrequenz: bis 4 MHz bei 8 bit bis 10 kHz bei 18 bit.
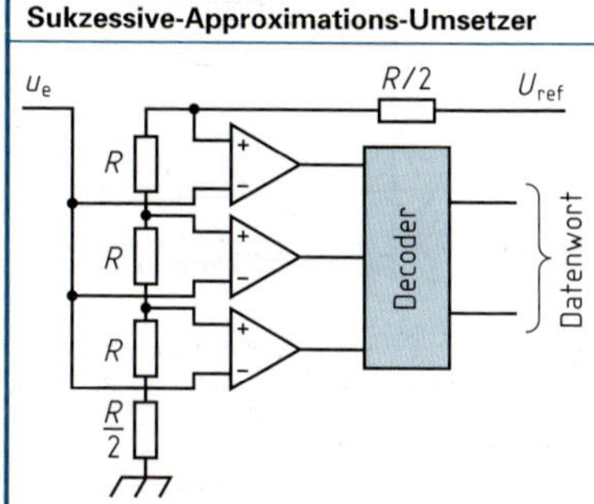 **Parallel-Umsetzer**	Das Verfahren arbeitet nach dem Prinzip des unmittelbaren Vergleichs der Eingangsspannung mit den n Referenzspannungswerten bei einem n-Bit-Umsetzer. Für eine n-Bit-Auflösung werden 2^n-1 Komparatoren benötigt, deren Schaltschwellen in Stufen des Wertes des niedrigstwertigen Bits auseinanderliegen. Die Komparatorausgangssignale steuern einen Decoder an, an dessen Ausgang das gewandelte Signal in binärer Form zur Verfügung steht.	Umsetzfrequenz bis 100 MHz, Komparatorenzahl für 2 Bits: 3 3 Bits: 7 4 Bits: 15 8 Bits: 255 10 Bits: 1023 Auflösung bis 12 bit. www.ti.com

I_s Summenstrom, u_e Eingangsstrom, u_a Ausgangsstrom, U_{ref} Referenzspannung, C von Clock = Takt.

IK

Elemente von Windows-Benutzeroberflächen
Elements of Windows User Interfaces

Element	Erklärung	Bemerkungen
 **Menü**	Die auswählbaren Menüs, z.B. Datei, Bearbeiten, sind in einer Menüleiste angeordnet.	Durch Überfahren und Anklicken der Menüs mit der Maus klappen die Menüs auf. Dieses dann aufklappende Feld wird als Pull-Down-Menü bezeichnet.
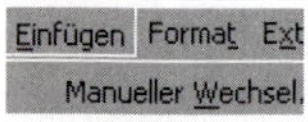 **Menüpunkt**	Nach Anklicken eines Menüs in einer Menüleiste kann ein Menüpunkt, z.B. Manueller Wechsel, angeklickt werden.	Menüpunkte sind in Pull-Down-Menüs enthalten.
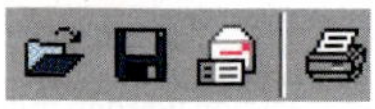 **Symbolleiste**	In der Symbolleiste sind anklickbare Symbole als Schaltflächen dargestellt. Für viele auszuführenden Funktionen gibt es Symbole.	Durch Anklicken der Schaltfläche Diskette wird die aktuell in Bearbeitung befindliche Datei abgespeichert.
 **Button**	Ein Button (engl. button = Knopf) ist eine anklickbare Befehlsschaltfläche zum Ausführen einer Aktion.	Die bekanntesten Buttons gibt es für OK, Abbrechen, Hilfe.
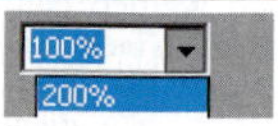 **Combo-Box**	Eine Combo-Box (Kombinationsfeld) enthält Variationen zum Auswählen. Nach Anklicken der Pfeilspitze klappt ein Auswahlfeld zum weiteren Anklicken auf.	Combo-Boxen gibt es z.B. zur Auswahl der Schriftart, des Schriftgrades oder des Zoomfaktors.
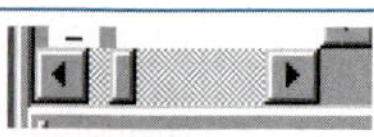 **Bildlaufleiste**	Mittels Bildlaufleisten können Inhalte von Fenstern (Windows) gescrollt (von engl. scroll = Liste) werden, d.h. nach oben oder unten geschoben werden.	Es gibt Bildlaufleisten für waagrechtes und senkrechtes Scrollen.
 **Checkbox**	Mit Checkboxen kann eine Auswahl von verschiedenen Möglichkeiten getroffen werden. Durch Anklicken wird in ein kleines Quadrat ein Haken gesetzt.	Von den angebotenen Auswahlmöglichkeiten können mehrere gleichzeitig angeklickt werden und sind somit angewählt.
 **Optionsfeld**	Mit Optionsfeldern kann eine Auswahl von sich ausschließenden Möglichkeiten getroffen werden. Durch Anklicken wird in einen kleinen Kreis ein Punkt gesetzt.	Von den angebotenen Auswahlmöglichkeiten kann nur eine angeklickt werden, z.B. bei der Papierformatauswahl entweder Hochformat oder Querformat.
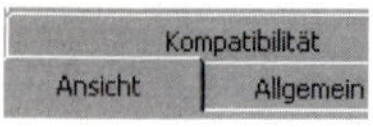 **Register**	Register (Registerkarten) werden verwendet, wenn sich unter einem Menüpunkt weitere Möglichkeiten zum Auswählen und Einstellen ergeben.	Register sind eine karteikartenähnliche Bildschirmdarstellung. Jede Registerkarte besitzt einen Registerreiter zu ihrer Kennzeichnung. Durch Anklicken der Registerreiter werden die Registerkarten ausgewählt.
 **Bezeichnungsfeld**	Ein Bezeichnungsfeld steht neben einem vom Benutzer mit Angaben zu versorgenden Feld und enthält dessen Benennung (Bezeichnung).	Die Benennung eines Bezeichnungsfeldes kann vom Anwender (Benutzer) nicht verändert werden.
 **Listenfeld**	Ein Listenfeld enthält einen Zahlenwert, der durch Anklicken der Pfeilspitzen um einen immer gleichen Betrag verändert werden kann.	In das den Zahlenwert ausweisende Feld kann nach Anklicken auch direkt ein Zahlenwert eingeschrieben werden.
 **Textfeld**	In ein Textfeld kann der Benutzer einen beliebigen Text eintragen.	Textfelder sind wegen der Verständlichkeit meist mit Bezeichnungsfeldern kombiniert.
 **Rahmenfeld**	Rahmenfelder besitzen eine Bezeichnung und umrahmen einen inhaltlich zusammengehörenden Fensterteil.	Die Bezeichnung des Rahmenfeldes kann vom Anwender nicht verändert werden.
 **Icon**	Als Icon bezeichnet man ein kleines, anklickbares grafisches Symbol auf dem Bildschirm.	Durch Anklicken des Icon (stilisierte Abbildung eines Gegenstandes) wird ein Programm gestartet.
 **Hyperlinktext**	Das Anklicken eines Hyperlinktextes (hyper = über, hinaus, link = Verbindung) erzeugt einen Sprung zu einem Programm, einem Text oder einer Grafik.	Hyperlinktexte sind meist in einer anderen Farbe als der Textfarbe innerhalb eines Textes dargestellt. Bei Überfahren des Hyperlinktextes verändert sich das Cursorsymbol z.B. in eine Hand.

IK

Netze der Informationstechnik Networks of Information Technology

Topologie (Netzform)	Anwendungen	Bemerkungen
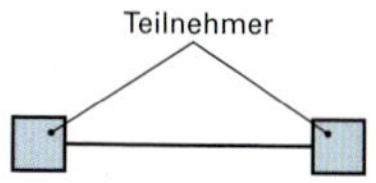 **Punkt-zu-Punkt-Verbindung**	Computertechnik: Von Computer 1 zu Computer 2, von Computer zu Peripheriegerät, von NC (numerische Steuerung) zu PC (Personalcomputer), von PC zu SPS (Speicherprogrammierbare Steuerung). Telekommunikation: Von Sprechstelle 1 zu Sprechstelle 2.	Technisch am einfachsten zu realisieren. Je nach Schnittstellen mehr oder weniger begrenzter Datenübertragungsweg, z.B. bei V.24-Schnittstelle gesichert bis 30 m. In der Telekommunikation werden ständig bestehende Punkt-zu-Punkt-Verbindungen als Standverbindungen bezeichnet.
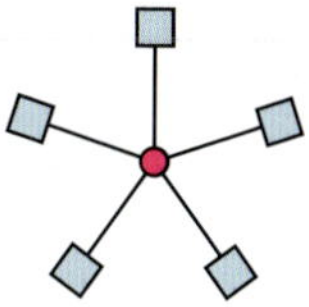 **Sternstruktur**	Computertechnik: Mehrere Computer sind über einen Sternkoppler (Switch oder Hub) gekoppelt. Telekommunikation: Von Teilnehmer 1 bis Teilnehmer *n*. Zentrale Einheit: Vermittlungsstelle.	Alle Teilnehmer sind durch eine eigene Übertragungsleitung mit einer zentralen Einheit verbunden. Abhängig von deren Leistungsfähigkeit erhalten die Teilnehmer zyklische (aufeinander folgende) Übertragungsberechtigungen oder werden über den Sternkoppler ähnlich einer Telefonverbindung durchgeschaltet. Nachteil: hoher Leitungsaufwand.
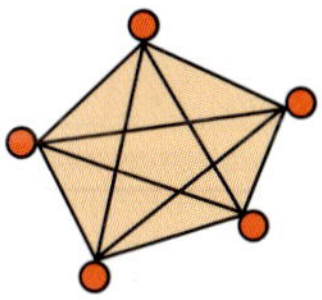 **Maschenstruktur**	Computertechnik: Im Internet. Telekommunikation: Für Vermittlungsstellen vorkommend, nicht für Teilnehmer. Vernetzung der Zentralen Vermittlungsstellen (ZVSt).	Die Maschenstruktur ist nur sinnvoll, wenn aufgrund umfangreicher Datenübertragungen die Leitungen stark benützt werden. Vorteil: kürzest mögliche Verbindungswege sowie große Ausfallsicherheit. Nachteil: hoher Leitungsaufwand, aufwendige Erweiterung.
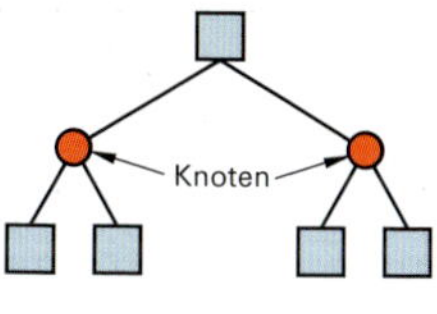 **Baumstruktur**	Computertechnik: Knoten sind Computer, Hubs, Router oder Switches. Telekommunikation: Die Vermittlungsstellen stellen Knoten dar. Netz des Selbstwähldienstes der Telekom.	Hierarchische (nach Rangordnung gegliederte) Systemstrukturen sind sichergestellt. In der Computertechnik dezentrale Ausführung der Anwendungen. Netzsegmentierung ist möglich (siehe kaskadierte Baumstruktur).
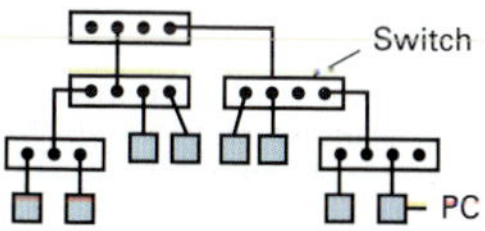 **Kaskadierte Baumstruktur**	In der Computertechnik Aufbau von LANs (Local Area Network). Die Endgeräte (PC) sind z.B. an Switches oder Hubs angeschlossen. In diesen ist das Buszugriffsverfahren realisiert, z.B. Ethernet.	Die Verbindung der Switches oder Hubs untereinander erfolgt meist über LWL (Glasfaserleiter). Die Anbindung der Endgeräte erfolgt über Twisted-Pair-Leitungen. Die Kaskadierung ermöglicht eine Netzsegmentierung.
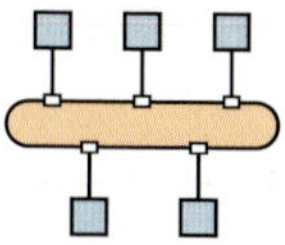 **Ringstruktur**	Computertechnik: Angeschlossen sind Computer 1 bis Computer *n* oder PC 1 bis PC *n*, z.B. Tokenring, FDDI-Ring, Industrial Ethernet. Telekommunikation: Keine Anwendung.	Alle Teilnehmer sind ringförmig miteinander verbunden und wiederholen jeweils die Nachrichten zum Nachbarn. Weite Übertragungswege sind somit möglich. Nachteil: Es kann immer nur ein Teilnehmer senden.
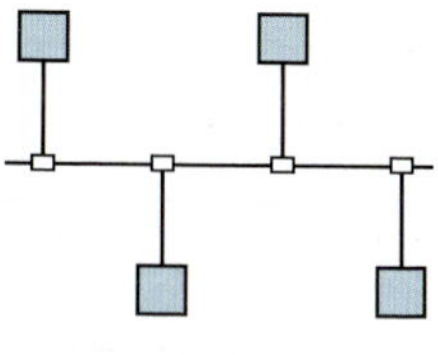 **Busstruktur**	Computertechnik: Mikroprozessorbusse: Datenbus, Adressbus, Steuerbus. Prozessbus, Feldbus, z.B. ASI-Bus. Serieller Bus, z.B. CAN-Bus für Vernetzung von Betriebsmitteln im Auto. Telekommunikation: ISDN ab Netzabschluss zum ISDN-Endgerät.	Die Teilnehmer sind durch einen gemeinsamen Übertragungsweg verbunden. Über definierte Buszugriffsverfahren müssen sich die Teilnehmer zur Datenübertragung anmelden. Vorteil: rasche Datenübertragung bei hoher Ausfallsicherheit. Neue Teilnehmer lassen sich einfach zuschalten. Nachteil: Es kann immer nur ein Teilnehmer senden.

Komponenten für Datennetze 1 Components for Data Networks 1

Bezeichnung	Erklärung	Bemerkungen, Anwendung, Daten
AUI-Anschluss	Von Access Unit Interface = Zugriff-Einheit-Schnittstelle.	Spezielle Steckverbindung von Datengeräten.
Balun (Mehrzahl Balune)	Von Balanced/unbalanced. Modul zur Impedanz-Anpassung	Ursprünglich Modul zum Übergang von Koax zu Twisted Pair.
Bridge	Von bridge = Brücke. Eine Bridge kann zwei LAN-Segmente miteinander verbinden oder ein LAN in zwei Segmente teilen.	Sobald die Bridge mit dem Netzwerk verbunden ist, lernt sie automatisch die Adressen. Bridges sind protokollunabhängig, sodass sie Daten übertragen, z. B. zwischen PCs.
Elektronischer Switch (elektronisch wirkender Mehrstellenschalter)	Von switch = Schalter. Umschaltvorgänge laufen über Halbleiterbauteile, z. B. Transistoren. Umschalten kann über Computer, Modem oder Tastentelefon erfolgen.	Ein codegesteuerter Switch ermöglicht einem Gerät die Steuerung von bis 64 Geräten, z. B. wenn ein Modem acht Geräte steuern soll. Beim Matrix-Switch kann jeder Port mit jedem anderen Port verbunden werden. Ein Matrix-Switch ermöglicht mehr als einem Gerät die Steuerung anderer Geräte, z. B. wenn vier PC sich zwei Drucker und ein Modem teilen.
Ethernet-Switch	Der Ethernet-Switch übernimmt die Daten und verschickt sie paketweise zur Zieladresse. Sender und Empfänger werden entsprechend ihrer Adressen durchgeschaltet.	Jeder Port am Switch stellt einen Weg mit der vollen Bitrate dar, z. B. 10 Mbit/s, 100 Mbit/s, 1 Gbit/s oder 10 Gbit/s.
Frame-Relay (Rahmen-Relais)	Das Frame-Relay ist eine Übertragungstechnik. Es multiplext und sendet Daten in Form von Paketen.	Wird in Komponenten wie Bridges, Routers, Switches umgesetzt. Diese ermöglichen Verbindungen zu LANs und WANs.
HDSL-Modem	HDSL von High Bitrate Digital Subscriber Loop = digitale Übertragungs-Schleife mit hoher Bitrate. Ermöglicht Breitbanddienste über vorhandene Kupferleitungen ohne Repeater.	Verfügbar sind Versionen für 2 oder für 3 Aderpaare. Bei Drahtdurchmesser 0,4 mm Reichweite bei 2-Paar-Version z. B. 3,6 km, bei Drahtdurchmesser 1,2 mm und 3-Paar-Version 15,4 km.
Hub	Von hub = Mittelpunkt, Radnabe. Gerät, an das mehrere PC oder PC-Linien angeschlossen werden können. Die zu übertragenden Daten werden ungefiltert an alle angeschlossenen Teilnehmer gesendet.	Beim Repeater-Hub erfolgt zusätzlich eine Regenerierung der zum Hub eintreffenden Signale. Die Signale gehen an alle Teilnehmer.
Konverter	Von to convert = umsetzen. Sammelbezeichnung für Geräte, die Übergänge von einem System in ein anderes erlauben.	Medienkonverter für Übergang von z. B. Glasfaserleitung auf Twisted-Pair-Leitung.
Manueller Switch (einfacher Mehrstellenschalter)	Im Wesentlichen mechanisch wirksamer Schalter zum Umschalten. Preisgünstige Lösung für Anwendungen, die keinen Speicher benötigen. Manuelle Switches sind ohne Stromversorgung, können also überall eingesetzt werden.	Mit einem ABC-Switch können zwei Benutzer sich ein Peripheriegerät teilen oder ein Benutzer kann zwischen zwei Peripheriegeräten wählen. Ein ABCDE-Switch ermöglicht vier Benutzern die Nutzung eines Gerätes oder einem Benutzer die Nutzung von vier Geräten.

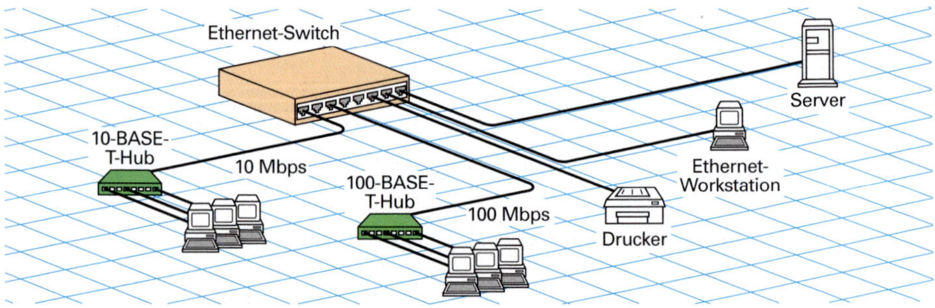

Netzwerk mit Ethernet-Switch und Hubs

Komponenten für Datennetze 2 Components for Data Networks 2

Bezeichnung	Erklärung	Bemerkungen, Anwendung, Daten
Modem	Kunstwort aus Modulator und Demodulator.	Ermöglicht den Anschluss von Digitalgeräten, z. B. einem PC, an das analoge Telefonnetz.
Multiplexer, lokaler (Mux, lokaler)	In der Datentechnik Gerät, welches das Zeitmultiplexverfahren ermöglicht.	Lokale Muxe machen den Anschluss von z. B. 48 Kanälen über ein einziges Kabel möglich.
Netzwerkkarte (Ethernet-Karte)	Steckkarte für den Steckplatz (Slot = Schlitz) im PC, womit ein Ethernet-Netzwerk ermöglicht wird.	Außer der Netzwerkkarte müssen Software-Treiber installiert werden, z. B. Novell NetWare.
Parallel-Seriell-Konverter	Der Konverter macht einen parallelen Anschluss kompatibel zu einem seriellen Gerät.	Ermöglicht den Anschluss eines seriellen Druckers an einen parallelen Anschluss.
Patchfeld (Rangierfeld)	Ein Umsteckfeld, das dem Anschluss, dem Verteilen und Rangieren (Verändern) von Netzverbindungen dient.	Das Patchfeld erleichtert durch das Umstecken auch den Anschluss von Analysegeräten.
Puffer (Spooler, Cache)	Einrichtung zur zeitweisen Speicherung (Zwischenspeicher). Puffer enthalten RAMs zur Aufnahme und anschließender Ausgabe von Daten. Cache ist ein Zwischenspeicher für oft verwendete Daten.	Ein Puffer sorgt z. B. für den Ausgleich von Geschwindigkeitsunterschieden beim Datenfluss zwischen zwei Geräten. Puffer können serielle und parallele Ports haben.
Router	Von route = Weg. Gerät zur Verbindung verschiedener LANs. Untersuchen Pakete und stellen sie bei Fehlern wieder her, ohne Fehler weiterzugeben.	Multiprotokoll-Router unterstützen eine Vielzahl von LAN-Protokollen. Router müssen konfiguriert und installiert werden.
Repeater	Von to repeat = wiederholen. Gerät, welches Signale regeneriert und so umbildet, dass Netzsegmente miteinander kommunizieren können.	Infolge Signaldämpfung sind Netzsegmente ohne Repeater in der Länge begrenzt, z. B. auf 500 m.
Sharer (Drucker-Switch)	Der Sharer (to share = aufteilen) teilt einem Gerät bis z. B. sechs Geräte zu. Enthält meist einen Puffer.	Print-Sharer ermöglichen den Anschluss von mehreren PC an einen einzigen Drucker.
Terminaladapter	Andere Bezeichnung für ISDN-Modem.	Terminaladapter mit Bonding (to bond = bündeln) ermöglichen Datenverkehr mit 128 kbit/s durch Bündelung beider 64-kbit/s-Kanäle.
Terminaladapter a/b	Mit diesem Adapter können analoge Endgeräte an das ISDN-Netz angeschlossen werden, z. B. Fax oder Telefon.	Bei der Datenübermittlung im ISDN muss auch der Empfänger mit einem Terminaladapter a/b arbeiten.
Transceiver, Sende-Empfänger	Kunstwort von to transmit = übertragen und to receive = empfangen. Gerät, welches in den Datenweg geschaltet wird, um die Übertragung zu ermöglichen oder zu verbessern.	Z. B. setzen Fiberoptik-Transceiver die elektrischen Signale in Lichtsignale oder Infrarot-Signale zur Übertragung über LWL um und optische Signale der LWL in elektrische Signale.
Verstärker	Gerät, welches die Datenübertragung über längere Strecken als ohne Verstärker ermöglicht, und zwar oft auch bei größeren Bitraten als ohne Verstärker.	Anders als bei einem analogen Signalverstärker sind zusätzlich Signalregenerierer und Konverter enthalten.

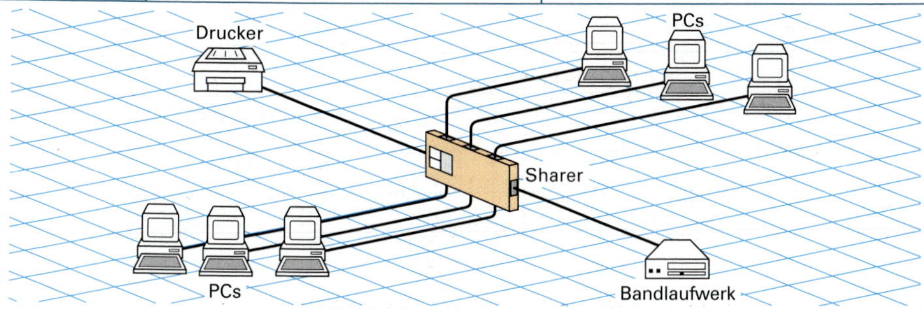

Netzwerk mit Sharer und einem Drucker

IK

Kommunikation bei Ethernet Communication via Ethernet

Begriff	Erklärung	Bemerkungen
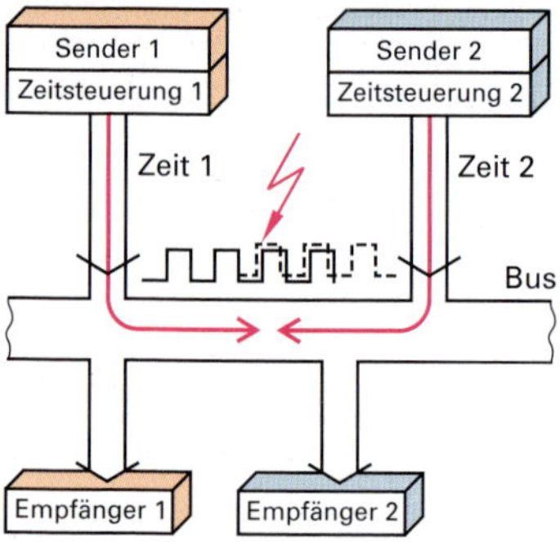 **CSMA/CD-Verfahren**	CSMA/CD steht für Carrier Sense Multiple Acces/Collision Detection (Träger für Vielfachzugriff mit Kollisionserkennung). Jeder sendewillige Busteilnehmer prüft, ob über den Bus eine Datenübertragung erfolgt. Ist der Bus frei, werden die Daten paketweise gesendet. Ein gleichzeitiges Senden zweier Busteilnehmer führt zu Datenkollisionen. Die Datenübertragungen werden dann abgebrochen und nach einer mittels Zufallsgenerator im Sender festgelegten Zeit neu gestartet.	Anwendung bei Ethernet-Netzen, Fast-Ethernet-Netzen und manchen Gigabit-Ethernet-Netzen. Die Bitrate beträgt bei einfachen Ethernet-Netzen 10 Mbit/s, bei Fast-Ethernet-Netzen 100 Mbit/s und bei Gigabit-Ethernet-Netzen 1000 Mbit/s. Beim CSMA/CA-Verfahren (collision avoid = Kollisionsvermeidung) unterbricht nur ein Teilnehmer das Senden. Anwendung beim KNX/EIB.
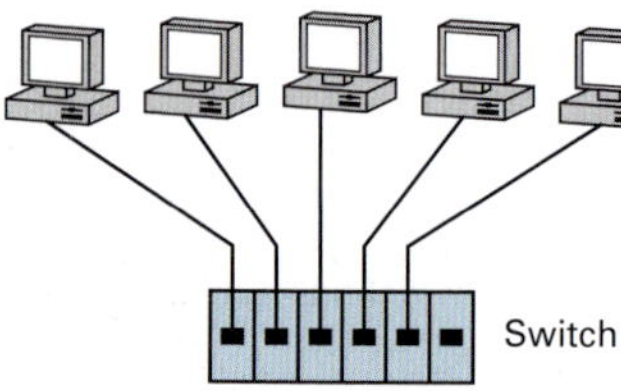 **Switch, Hub**	Ein Switch (switch = Schalter) ist ein Sternkoppler, der Sender und Empfänger entsprechend der Nachrichtenadresse durchschaltet. An einen Switch werden sternförmig mehrere Teilnehmer angeschlossen. Das CSMA/CD-Verfahren findet im Switch Anwendung. Ein Hub (hub = Speichenrad) reicht im Gegensatz zum Switch die Daten an alle angeschlossenen Computer weiter.	Ein Switch, oft auch als Bridge (bridge = Brücke) bezeichnet, kann Anschlüsse für Twisted-Pair-Leitungen (bis 90 m) 10BASE-T (10 Mbit/s), 100BASE-T (100 Mbit/s), 1000BASE-T (1000 Mbit/s) oder Glasfaserleiter (LWL, bis 2 km) 100BASE-F, 1000BASE-F besitzen.
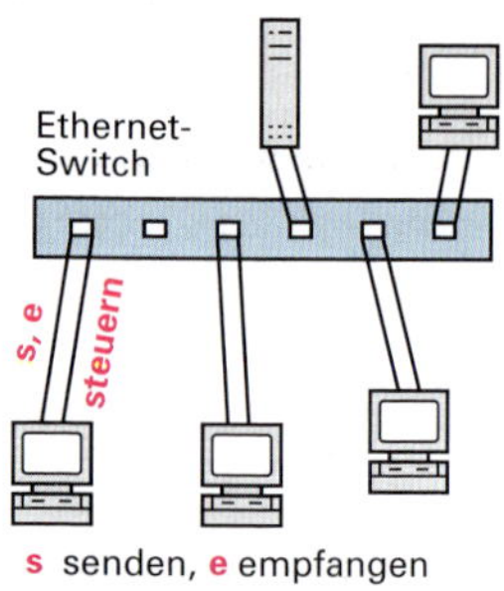 **Switch mit Full-Duplex-Betrieb**	10-Gigabit-Ethernet-Netze und manche Gigabit-Ethernet-Netze arbeiten nicht mit dem CSMA/CD-Zugriffsverfahren. Sie arbeiten im Voll-Duplex-Betrieb und benötigen daher Switches mit der Fähigkeit der Flusskontrolle. Hierbei existiert zusätzlich zum Sende- bzw. Empfangskanal ein Rückkanal zwischen Teilnehmer und Switch zur Synchronisation von Sender und Empfänger. Der Empfänger kann dadurch dem Sender mitteilen, dass sein Datenpuffer z.B. voll ist. Der Sender reduziert daraufhin seine Datenrate.	Für 10-Gigabit-Ethernet kommen nur LWL zum Einsatz: 10GBase-SR 10GBase-SW 10GBase-LR 10GBase-LW 10GBase-ER 10GBase-EW 10GBase-LX4 S/L/E 850/1310/1550 nm. W/R/X serielle WAN-Codierung/serielle Codierung ohne WAN-Anpassung/ LAN-Codierung. Je nach LWL werden Reichweiten bis über 40 km erzielt.

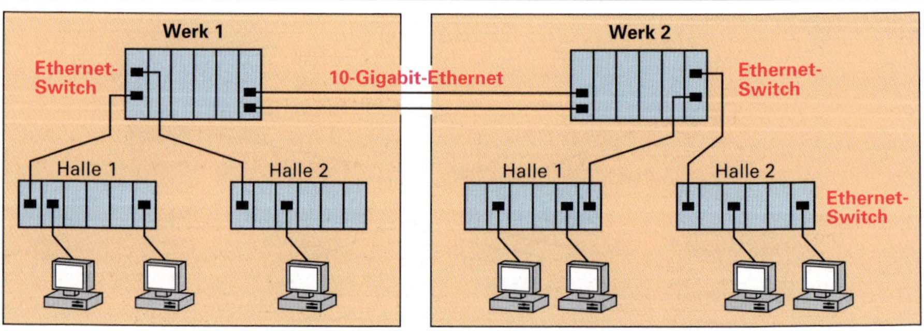

Beispiel einer Ethernet-Vernetzung von Computern über Switches

IK

Errichten eines Ethernet-Netzwerkes Installation of an Ethernet

Ablauf	Erklärung	Bemerkungen
Planung	Erfassen der vorhandenen Computer und der Peripheriegeräte einschließlich der Betriebssysteme. Prüfung, ob Erweiterung geplant werden soll. Danach Festlegung, was in das Ethernet aufzunehmen ist.	Dabei ist zu entscheiden, welche Bestandteile der vorhandenen Einrichtung weiterverwendet, aufgerüstet oder ausgetauscht werden sollen. Leitung festlegen (LWL oder UTP bzw. STP).
Informationsbeschaffung	Informationen über das Ethernet sind vor allem über das *Internet* möglich. Das betrifft allgemeine Informationen über die Technik als auch Informationen über Anbieter von erforderlichen Komponenten.	Vorschlag: Aufruf einer Suchmaschine, z.B. www.google.de, danach Eingabe des Suchbegriffes *ethernet* oder *ethernetanbieter*
Entscheidung über System	Für kleine einfache Netzwerke kommen Bustopologie und Sterntopologie in Betracht, für größere ist nur Sterntopologie sinnreich. Die moderne Sterntopologie ist in allen Fällen zu empfehlen.	Anwendung findet z.B. 100 Base TX mit Kupferleitungen UTP oder STP der Kategorie mindestens 5, 100 Base FX (Lichtwellenleiter) oder 1000 Base SX.
Einholung von Angeboten	Es ist empfehlenswert, für die erforderlichen Komponenten ein schriftliches Angebot einzuholen, und zwar über die Post oder über E-Mail. Bei der Angebotseinholung ist zu klären, welche Software erforderlich ist und wie groß der erforderliche Speicherplatz ist.	Beispiele von Anbietern: www.black-box.de www.rs-components.de www.bb-europe.com www.schukat.com
Beschaffungsbedarf bei Sterntopologie	Für n anzuschließende PCs sind n Netzwerkkarten zu beschaffen und als Sternkoppler mindestens 1 Switch bzw. 1 Hub. Zum Anschluss der n PCs an den Sternkoppler sind n *Patchkabel* nötig, die in der erforderlichen Länge *konfektioniert* (mit Steckern versehen) geliefert werden oder selbst aus Meterware mit speziellem Werkzeug zu fertigen sind. Zum Anschluss von k PCs in einem Raum sind k Steckdosen RJ45 und $2k$ Patchkabel zum Anschluss an diese nötig. Die Steckdosen sind z.B. mittels UTP oder STP mit dem Sternkoppler zu verbinden.	 **Anschluss RJ45 einer Netzwerkkarte**
Bestellung	Die Bestellung der Komponenten und bei Bedarf der Software sollte schriftlich erfolgen.	Es ist darauf hinzuweisen, dass gemäß Angebot ein Netzwerkbetrieb möglich sein muss.
Leitungsverlegung	Die Leitungen zwischen den Steckdosen sollten in einem Elektro-Installationskanal verlegt werden. Das gilt auch für lange Pachtkabel, die wenigstens teilweise im Installationskanal geschützt liegen sollten.	Bei Koaxialleitungen und bei Glasfaserleitungen muss der Biegeradius r mindestens das 4-Fache des Leitungsdurchmessers betragen. Koaxialleitungen sind am Ende mit einem Widerstand von 50 Ω abzuschließen.
Inbetriebnahme	Alle PCs, Hubs und Switches sind vom 230-V-Netz zu trennen. Danach sind die Steckbuchsen der Patchkabel in die Steckbuchsen der PC zu führen. Anschließend sind die PCs und die Sternkoppler einzuschalten.	Das Einbinden der Netzwerkkarten in das Netzwerk erfolgt menügeführt durch die Software, z.B. das Betriebssystem Windows, oder weitgehend automatisch von selbst bei Plug-and-Play.

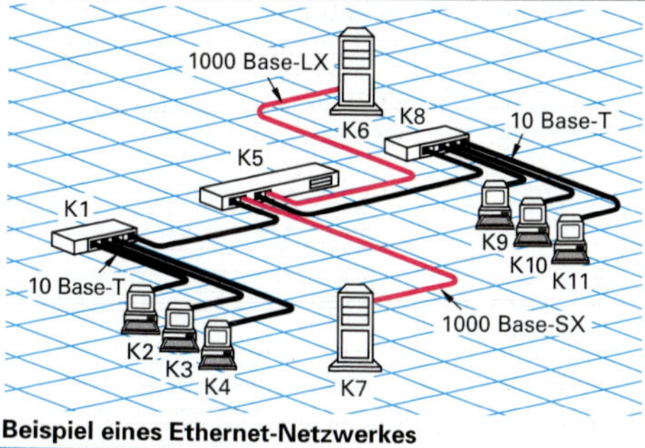

Beispiel eines Ethernet-Netzwerkes

K1 Minihub (kleiner Hub), stapelbar
K2, K3, K4 Workstations (leistungsfähige PCs)
K5 Ethernet-Switch
K6 Server 1
K7 Server 2
K8 Minihub, (kleiner Hub), stapelbar
K9, K10, K11 PC
LX Singlemode LWL, SX Multimode LWL
LWL Lichtwellenleiter, Glasfaserleiter

Der Ethernet-Switch gibt die empfangenen Telegramme nur an den im Telegramm genannten Empfänger bzw. an seinen Sternkoppler, z.B. bei einem Empfänger K2 nur an K1. Die Minihubs jedoch geben alle empfangenen Signale weiter, z.B. K1 an K2, K3 und K4.

Industrial Ethernet Industrial Ethernet

<table>
<tr><th>Begriff</th><th>Erklärung</th><th>Bemerkungen, Strukturen</th></tr>
<tr><td>Industrial Ethernet IE</td><td>Industrial Ethernet IE wurde für die Automatisierungstechnik zur Verarbeitung von EA-Signalen geschaffen. Bei allen IE-Arten ist die Anbindung an den Bürobereich sichergestellt. Dadurch können Anlagenzustände von einem Büroarbeitsplatz aus überprüft werden. IE ist aus Sicherheitsgründen oft in doppelt ausgelegter Ringtechnologie ausgeführt.</td><td>Für das PROFINET wurde das klassische Ethernet mit seinem TCP/IP-Protokoll (Transmission Control Protocol/ Internet Protocol) um ein Industrieprotokoll erweitert. EA-Daten können damit wesentlich schneller als bei Ethernet übertragen werden. Nicht zeitkritische Daten werden über TCP übertragen.

Bei Durchschaltung des IE ins Internet können firmenexterne Servicetechniker sich bei Störfällen von an das IE angeschlossenen Produktionsanlagen mittels Ferndiagnose kundig machen.</td></tr>
<tr><td>PROFINET (process field net)</td><td>PROFINET ist eine vollduplexe IE-Variante, an die Automatisierungsgeräte und Feldgeräte sowie über ein Koppelgerät (PROFIBUS-Master mit PROFINET-Anschluss) die Geräte eines PROFIBUS DP angeschlossen werden können. Ein PROFINET-Gerät besitzt einen Anschluss für IE, zusätzlich oft auch einen Anschluss für den PROFIBUS.

Ein PROFINET-Gerät besteht aus Steckplätzen, in die Module mit Kanälen zum Einlesen und Ausgeben von Prozessignalen gesteckt werden können. Man unterscheidet PROFINET IO und PROFINET CbA.

www.siemens.de</td><td rowspan="3">
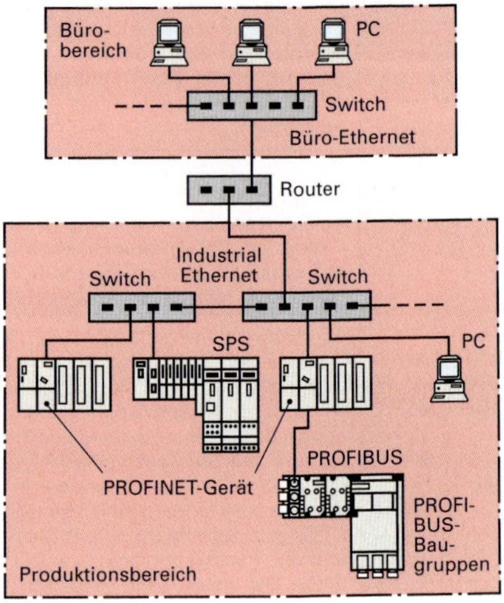

Beispiel für Profinet</td></tr>
<tr><td>PROFINET IO</td><td>PROFINET IO (Input, Output) ermöglicht das Anschließen von Feldgeräten an Ethernet. Die Feldgeräte (IO-Device) sind einer Steuerung (SPS, IO-Controller) zugeordnet. Sie übertragen zyklisch ihre Nutzdaten als Prozessabbild zur Steuerung.</td></tr>
<tr><td>PROFINET CbA</td><td>PROFINET CbA (Component based Automation) findet Anwendung beim Anschluss von programmierbaren Feldgeräten und Automatisierungsgeräten. Die für eine verteilte Automatisierungslösung benötigten Funktionen werden modular programmiert und als Komponenten (Module) ausgeführt.</td></tr>
<tr><td>Projektierung</td><td>Die Projektierung einer Automatisierungsanlage erfolgt z. B. über SIMATIC/STEP 7. Dabei wird das Anwendungsprogramm erstellt und den Geräten werden z. B. Gerätename, IP-Adresse und Ethernet-Subnetz zugeordnet.</td><td>Bei PROFINET IO müssen die Kommunikationsverbindungen der Geräte mit ihren MAC-Adressen (Media Access Control, Geräte-Identifikation ab Werk) programmiert, bei PROFINET CbA hingegen können sie grafisch durch Verschaltungslinien markiert werden.</td></tr>
<tr><td>Optisches Netz</td><td>Ein optisches Netz wird meist in Sternstruktur oder Ringstruktur aufgebaut. Als Übertragungsmedium dienen Lichtwellenleiter LWL. Durch Ringstruktur wird die Ausfallsicherheit bei Bruch eines LWL erhöht. Das optische Netz wird bei großen Entfernungen oder in elektromagnetisch stark belasteten Produktionsbereichen eingesetzt. Eine Mischung von elektrischen und optischen Netzsegmenten ist möglich.

Die von einem Busteilnehmer (Endgerät) gesendeten Datenpakete werden vom optischen Sternkoppler OSM an alle anderen Teilnehmer verteilt. Das Optical-Link-Module OLM stellt die Verbindung zu dem mit einer elektrischen Schnittstelle ausgerüsteten Automatisierungsgerät (SPS oder PC) her.</td><td>
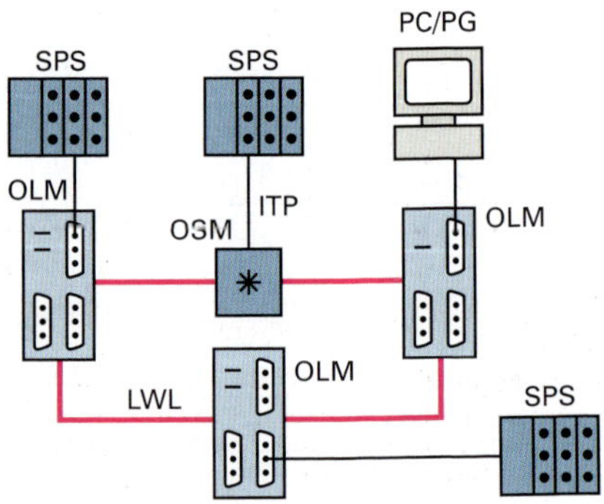

</td></tr>
<tr><td colspan="3">ITP Industrial Twisted Pair, OLM Optical Link Module, OSM Optical Switch Module, PG Programmiergerät</td></tr>
</table>

Signalübertragung Signal Transmission

Übertragungsfaktoren und Übertragungsmaße

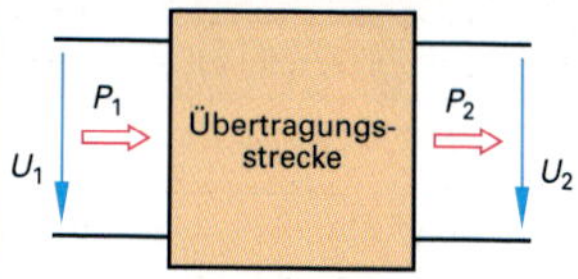

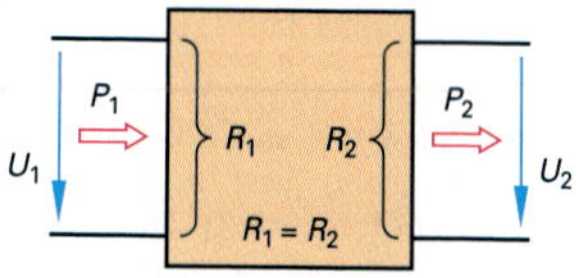

Übertragungsstrecke

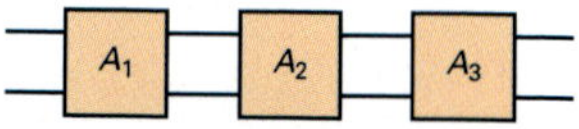

Übertragungsfaktoren

- D Dämpfungsfaktor
- V Verstärkungsfaktor
- U_1 Eingangsspannung
- U_2 Ausgangsspannung
- P_1 aufgenommene Leistung
- P_2 abgegebene Leistung

$$D_p = \frac{P_1}{P_2} \quad (1)$$

$$D_u = \frac{U_1}{U_2} \quad (2)$$

$$V_p = \frac{P_2}{P_1} \quad (3)$$

$$V_u = \frac{U_2}{U_1} \quad (4)$$

Übertragungsmaße

- A Dämpfungsmaß in dB (Dezibel)
- G Verstärkungsmaß in dB
- U_1 Eingangsspannung
- U_2 Ausgangsspannung
- P_1 aufgenommene Leistung
- P_2 abgegebene Leistung
- A_1, A_2, ... Einzeldämpfungsmaße

$$A_p = 10 \cdot \lg \frac{P_1}{P_2} \quad (5)$$

$$A_u = 20 \cdot \lg \frac{U_1}{U_2} \quad (6)$$

$$G_p = 10 \cdot \lg \frac{P_2}{P_1} \quad (7)$$

$$G_u = 20 \cdot \lg \frac{U_2}{U_1} \quad (8)$$

$$A_{ges} = A_1 + A_2 + A_3 + \ldots \quad (9)$$

Verstärkungsmaße in der Übertragungsstrecke werden durch negative Dämpfungsmaße berücksichtigt: $G = -A$

Dämpfungsmaße

Dämpfungsmaß A	$D_p = P_1/P_2$	$D_u = U_1/U_2$	Dämpfungsmaß A	$D_p = P_1/P_2$	$D_u = U_1/U_2$
0 dB	1 : 1	1 : 1	6 dB	3,98 : 1	2,0 : 1
1 dB	1,26 : 1	1,12 : 1	7 dB	5,01 : 1	2,24 : 1
2 dB	1,58 : 1	1,26 : 1	8 dB	6,31 : 1	2,51 : 1
3 dB	2,00 : 1	1,41 : 1	9 dB	7,94 : 1	2,82 : 1
4 dB	2,51 : 1	1,58 : 1	10 dB	10,00 : 1	3,16 : 1
5 dB	3,16 : 1	1,78 : 1	11 dB	12,59 : 1	3,55 : 1

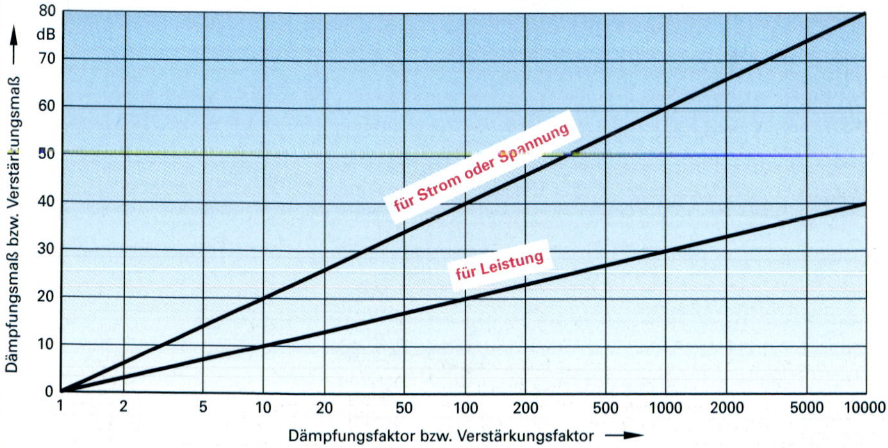

Pegel

Unter **Pegel** (Leistungs- oder Spannungspegel) versteht man das logarithmische Verhältnis einer Signalgröße zu einer Bezugsgröße (festgelegte Leistung oder Spannung).

Für Antennenanlagen verwendet man den Spannungspegel in dBµV bzw. dB(µV).

- L_p Leistungspegel in dBmW
- P Leistung in mW
- P_0 Bezugsleistung in mW
- L_u Spannungspegel in dBµV
- U Spannung in µV
- U_0 Bezugsspannung in µV an 75 Ω

$$L_p = 10 \cdot \lg \frac{P}{P_0} \quad (10)$$

$$L_u = 20 \cdot \lg \frac{U}{U_0} \quad (11)$$

IK

Datenübertragung mittels Funk Wireless Data Transmission

Art	Erklärung, Prinzip	Bemerkungen
Eigenschaften elektromagnetischer Wellen		
Entstehung	Jeder Wechselstrom ruft ein sich änderndes Magnetfeld und damit ein elektrisches Feld hervor. Beide zusammen bilden ein elektromagnetisches Feld.	Das elektromagnetische Feld wird umso leichter wellenförmig abgestrahlt, je höher die Frequenz des erregenden Stromes ist.
Frequenzen der Funkdatenübertragung	Es werden immer Frequenzen im ISM-Band (ISM von Industrial Scientific Medicine) von etwa 434 MHz, 868 MHz und von etwa 2,5 GHz verwendet.	Funkbus der Elektroinstallation 434 MHz und 868 MHz, Bluetooth 2,4 GHz bis 2,48 GHz, Wireless LAN 2,483 GHz. Bitraten z.B. 10 Mbps = 10 Mbit/s
Ausbreitung der Wellen	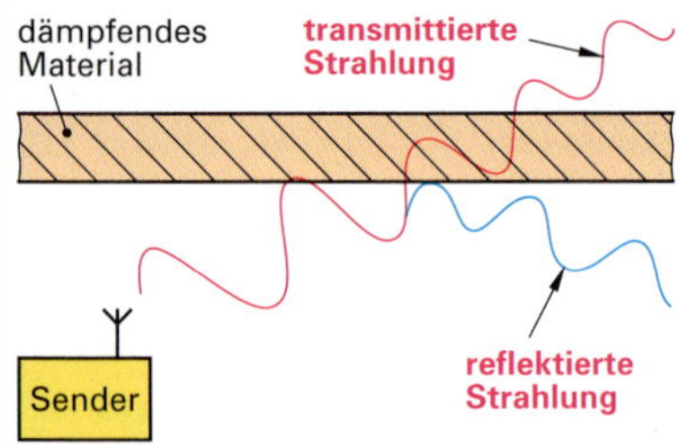	**Ausbreitung:** Im freien Raum direkte (gradlinige) Strahlung, an leitenden Wänden, z.B. Beton, durchgeleitete (transmittierte) Strahlung und an leitenden Flächen durch Reflexion reflektierte Strahlung. **Dämpfung** durch leitende Körper ist umso stärker, je besser die Leitfähigkeit ist. **Metall:** Direkte Strahlung wird abgeschirmt, starke Reflexion.
Folgen von Reflexion	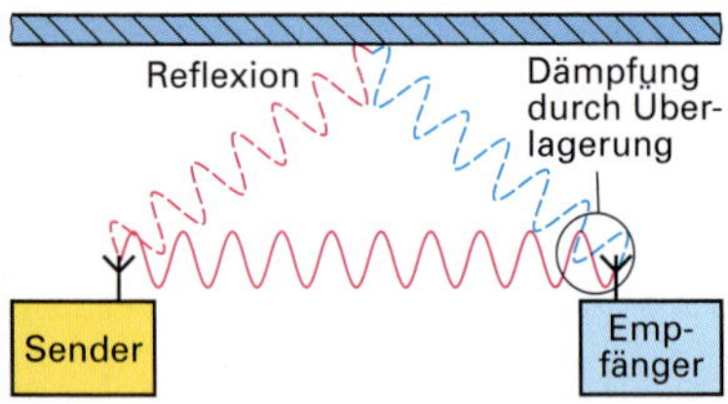	*Dämpfung* des Signals, wenn am Empfangsort transmittierte und reflektierte Welle gegenphasig sind. *Verstärkung* des Signals, bei gleicher Phasenlage. Es ist nicht vorhersagbar, ob Dämpfung oder Verstärkung eintreten.
Anwendungen		
Nahbereich meist bis etwa 10 m	Bluetooth, insbesondere zum Anschluss von Peripheriegeräten an den PC.	Im Prinzip auch für Entfernungen bis 100 m.
Mittelbereich bis etwa 100 m	Elektroinstallation mit Funktechnik, z.B. zur Raumüberwachung.	Je nach Hersteller verschieden genannt, z.B. Funkbus, Funk-Management (Seite 146).
Fernbereich bis 1000 km	Wireless-LAN (WLAN) z.B. zur Funk-Erweiterung von Ethernet.	siehe folgende Seite

IK

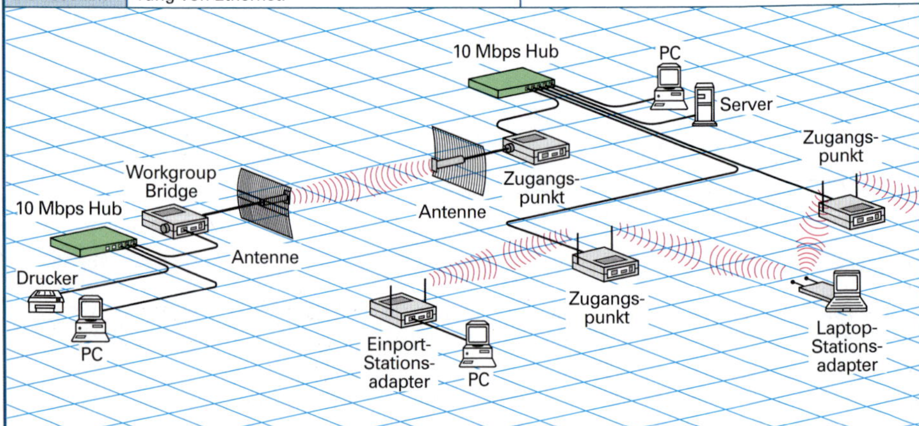

Kabellose Datenübertragung mit Funk-Bridges

Funk-LAN Wireless LAN

Begriff	Erklärung	Ansichten
LAN WLAN	*LAN* (von Local Area Network = Netz für lokalen Bereich) dient zum Vernetzen von IT-Geräten, meist als Ethernet. *Wireless LAN* (WLAN, drahtloses LAN) verbindet die Geräte über Funkwellen, die über Antennen gesendet und empfangen werden.	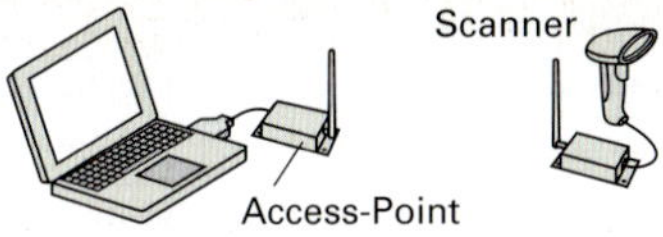 **Prinzip von WLAN**
Access-Point Modem ISM-Band Kanäle Bandbreite Frequency Hopping Sicherheit	Der *Access-Point* (Zugangspunkt) arbeitet als *Modem* (Modulator und Demodulator), das die über die Leitung, z.B. einen seriellen Bus, aufgenommenen Signale moduliert, verstärkt und über die Antenne sendet oder die über die Antenne aufgenommenen Signale demoduliert, verstärkt und über eine Leitung an das angeschlossene Gerät abgibt. Der Access-Point arbeitet im *ISM-Band* (ISM von Industrial Scientific Medicine) bei 2,4 GHz. Das ist ein lizenzfreies Band von 2,4 GHz bis 2,48 GHz. Dieses Band ist in mehrere Kanäle, mit einer *Bandbreite* von etwa 1 MHz = 0,001 GHz unterteilt. Es wird *Frequency Hopping* (Frequenzsprungverfahren) angewendet. Dabei wechselt der sendende Access-Point in rascher Folge die Sendefrequenz und teilt die nächste Frequenz dem empfangenden Access-Point mit. Dadurch wird die *Sicherheit* der Übertragung erhöht.	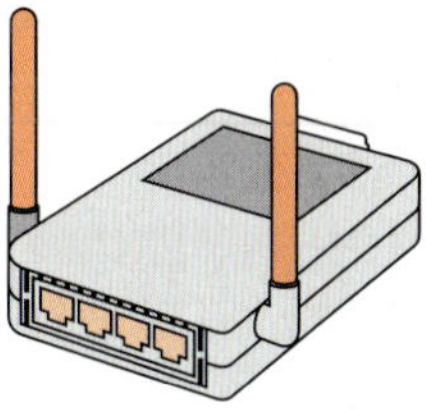 **Access-Point mit 4 Ports RJ 45**  **Access-Point als Netzwerkskarte mit Antenne**
Funk-Bridge Wired Ethernet Konfigurierung Software	Die Signalübertragung kann über Funk auch zu einer speziellen *Funk-Bridge* mit Antenne erfolgen. Diese kann mehrere Geräte, z.B. PCs, an ein *Wired Ethernet* (verdrahtetes Ethernet) anbinden. Die *Konfigurierung* (Programmierung der Anlage) erfolgt mittels der *Software*, die beim Bezug der Bridge und Access-Points vom Gerätehersteller als CD geliefert wird.	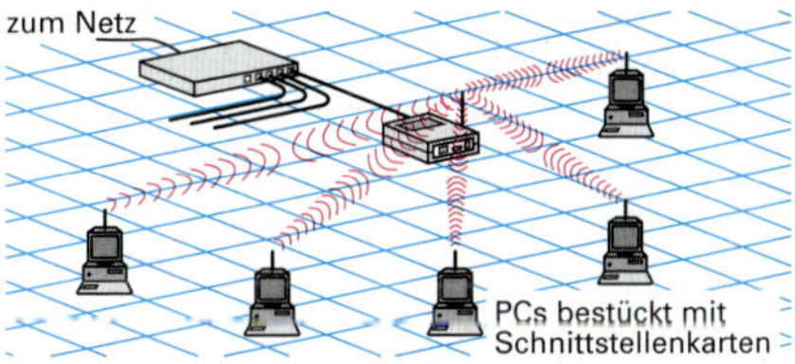 **Funk-LAN mit Bridge**
Antenne Rundstrahl-antenne Richtantenne Windwiderstand Reichweite Bitrate dB (Antennen-gewinn)	Die *Reichweite* eines bestimmten Gerätetyps ist je nach verwendeter *Antenne* verschieden. Am kleinsten mit z.B. 100 m ist sie bei einer am Access-Point angebauten Rundstrahlantenne. *Richtantennen* erhöhen die Reichweite beträchtlich bis zu mehreren Kilometern. Sie bestehen aus gekrümmten Gitterstäben in parabelähnlicher Form. Man verwendet Stäbe anstelle von Blech, um den Windwiderstand klein zu halten. Die *Bitrate* ist beim selben Gerät umso größer, je kleiner die Entfernung ist. Sie reicht je nach Gerätetyp und Antenne von etwa 200 kbit/s bis 10 Mbit/s.	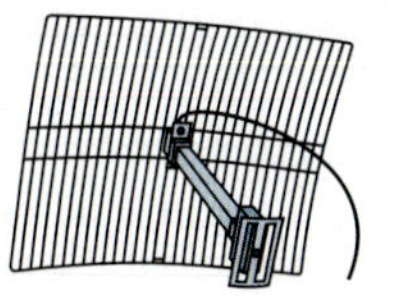 **Antenne für Funk-LAN (Beispiel)** 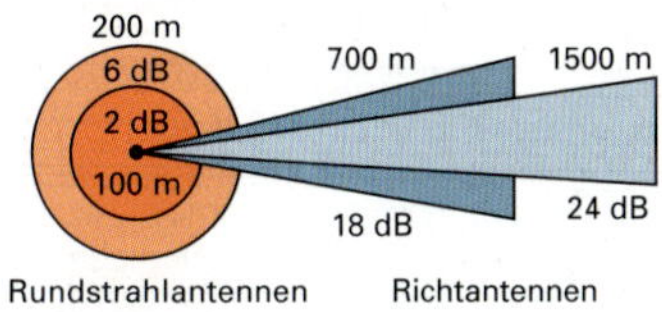 **Reichweiten beim Funk-LAN (Beispiel)**

Identifikationssysteme Identification Systems

Merkmal	Erklärung	Bemerkungen
Barcodesysteme		
Barcode-Scanner	Barcodes (bar = Strich) werden mittels Lesestiften mit eingebauten LEDs und Fotosensoren oder mittels CCD-Scannern (Charge Coupled Device = ladungsgekoppeltes Element) erfasst und über Computer ausgewertet. Bei CCD-Scannern erfolgt die Barcodeerfassung optisch, z.T. unterstützt mit sichtbarem Rotlicht. Bei anderen Scannern bescheint die interne Lichtquelle, z.B. Laser mit 670 nm, den Barcode. Die hellen Lücken werden reflektiert, die dunklen Striche absorbiert. Entsprechend werden verschieden starke elektrische Signale verschiedener Zeitdauer erzeugt. Diese werden decodiert und softwaremäßig ausgewertet.	Die Scanner und benötigten Drucker sind z.B. über die Schnittstellen RS 232, RS 422, USB oder Bluetooth an einen Computer anschließbar. Die erforderliche Software zur Erfassung kann über das Internet bezogen werden, z.B.: www.will-software.com **Technische Daten (Beispiele)** CCD-Scanner: 270 Scans/s, Scanfeldbreite 200 mm, Lesedistanz 350 mm, min. Strichcodebreite 0,076 mm, CCD-Sensor 2048 Pixel. Laser-Scanner: 40 Scans/s, Scanfeldbreite bis 700 mm, Lesedistanz bis 2 m, min. Strichcodebreite 0,08 mm.
Eindimensionaler Barcode	Beim eindimensionalen (linearen) Barcode werden numerische oder alphanumerische Zeichen verschlüsselt durch verschieden breite Striche und Lücken entsprechend den Binärzeichen 1 und 0 dargestellt. Bekannt ist der EAN-Code (European Article Number) mit z.B. 13 Stellen einschließlich einer Prüfstelle oder der Code 2/5 Interleaved.	Anwendungen finden Barcodes insbesondere auf Fördereinheiten, Lieferscheinen, Lagerzetteln, Ausweisen oder Etiketten auf Komponenten. Der Leseabstand liegt meist unter 2 m. 7 61 6500 01260 8 **Beispiel eines EAN-Codes**
Zweidimensionaler Barcode	Beim zweidimensionalen Matrix-Code (Data Matrix Code) wird die Informationen sehr kompakt sowohl in horizontaler als auch in vertikaler Richtung verschlüsselt, z.B. für 2000 Zeichen. Er ist in allen Richtungen lesbar.	**Beispiel eines Matrix-Codes**
RFID-Systeme		
Technologie	Ein RFID-Transponder (RFID von Radio Frequency Identification, transponder von transmitter = Sender und responder = Antwortsender, abfragbarer Datenträger) besteht aus einer Antenne, einem analogen Schaltkreis zum Empfangen und Senden sowie einem digitalen Schaltkreis und einem Speicher bis zu 1 MB. Die gespeicherten Daten werden über Funk ausgelesen. Im Betrieb werden Geräte zum Lesen und ggf. Schreiben benötigt.	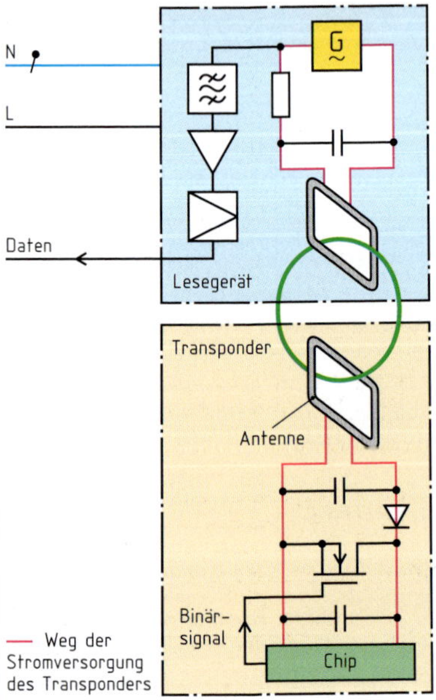
Energieversorgung	Man unterscheidet Transponder mit eigener Energieversorgung und ohne eigene Energieversorgung. Kleine batterielose Funkchips erhalten ihre Versorgungsspannung aus den Funksignalen der Basisstationen (Lesestationen). Die Daten können nur gelesen werden. Batteriebetriebene Transponder können sowohl gelesen als auch beschrieben werden. Sie befinden sich normalerweise im Ruhezustand, d.h., sie senden keine Informationen aus. Wird ein Aktivierungssignal empfangen, aktiviert sich der Sender.	
Frequenzbänder	Anwendung finden Frequenzen im Bereich 30 kHz bis 500 kHz mit Reichweiten bis 1 cm, Frequenzen von 10 kHz bis 15 MHz mit Reichweiten bis 1 m und Frequenzen von 850 MHz bis 950 MHz oder 2,4 GHz bis 2,5 GHz mit Reichweiten bis 30 m.	
Anwendungen	Produktkennzeichnungen im Einzelhandel und in automatisierten Transportanlagen, Werkzeugkennzeichnungen, Tierkennzeichnungen, Patientenkennungen, Chipkarten für Zugangskontrollen, Mautsysteme. Die Baugrößen reichen von wenigen Millimetern bis zu einigen Zentimetern.	**Lesegerät und Transponder**

IK

ASI-Bussystem Actuator-Sensor-Interface Bus System

Komponenten	Beschreibung	Bemerkungen, Ergänzungen
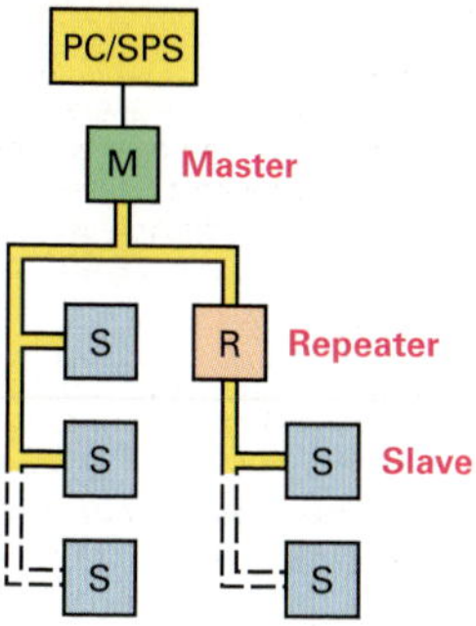 **Systemstruktur**	Mit dem ASI-Bussystem (Aktor-Sensor-Interface) wird der Verdrahtungsaufwand zum Ansteuern von Sensoren und Aktoren gegenüber einer Parallelverdrahtung zwischen Sensoren und Aktoren sowie dem Steuerungscomputer kleiner. Auch Klemmleisten, EA-Karten und Verteilungen können eingespart werden. Ein Master (M) kann als Modul für eine Anbindung an einen Computer oder als Einschubkarte, z.B. für eine SPS, realisiert sein. Er steuert und überwacht die Slaves (S, Teilnehmer). Die Slaves sind Module, an denen die Sensoren oder Aktoren angeschlossen sind. Die Aktoren werden von manchen Herstellern auch als *Aktuatoren* bezeichnet.	Anzahl Teilnehmer: bis 31 je Master, Eingänge E und Ausgänge A je bis 124, Leitungslänge: bis 100 m, Bus: zwei ungeschirmte Zweidrahtleitungen (DC 24 V), Busmanagement: zyklische Abfrage aller Teilnehmer, Zykluszeit: 5 ms. Mittels Repeater (R) kann die Leitungslänge um weitere 100 m erweitert werden. Anzahl der Teilnehmer 31 je Strang. Bei erweitertem ASI 62 Teilnehmer je Master und 248 Eingänge, Ausgänge.
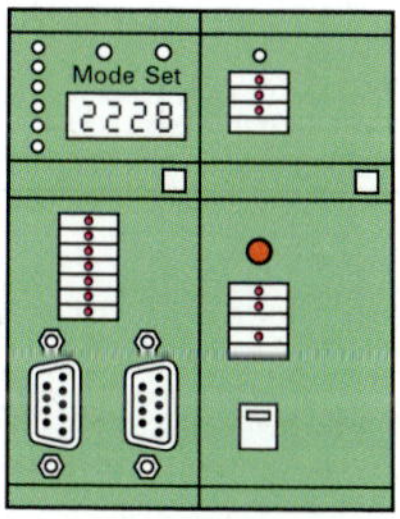 **ASI-Controller mit ASI-Netzteil**	Soll das ASI-Bussystem mit einem Computer ohne Einschubkarte gekoppelt werden, so ist als Master ein ASI-Controller einzusetzen. Die Verbindung zum Computer erfolgt über eine serielle Schnittstelle. Im ASI-Controller befindet sich eine Mini-SPS, auch eine Feldbus-Anschaltung im Controller ist möglich. Die Versorgungsspannung für die Module erzeugt ein Netzteil, auch die zusätzlichen 24 V, die insbesondere für die Aktoren notwendig sind.	Die Inbetriebnahme des ASI-Bussystems mit ASI-Controller, also Adressierung, Funktionstest, EA-Check, erfolgt z. B. an einem PC. Das Programmieren des ASI-Controllers durch den Anwender erfolgt mit den SPS-Programmiermethoden KOP, FUP, AWL, Strukturierter Text ST (Structured Control Language SCL) in der mitgelieferten Software. ASI-Master-Einschubkarten besitzen einen Projektierungsmodus zur Inbetriebnahme.
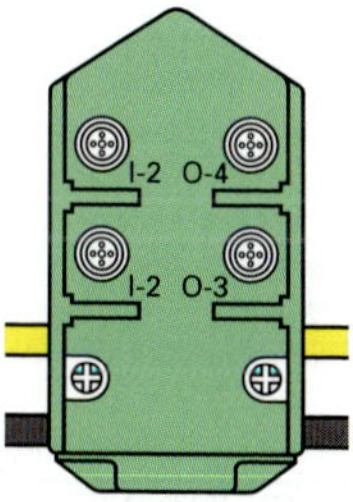 **EA-Modul**	Die Sensoren und Aktoren werden über Module (Anwendermodule, Feldmodule) an den ASI-Bus angeschlossen. Das Kompakt-Modul besitzt zwei Flachkabelschnittstellen für das gelbe ASI-Kabel, welches die Daten und die Grundversorgungsspannung überträgt, sowie für das schwarze ASI-Kabel für die Betriebsspannung von 24 V. Weiter besitzt ein EA-Modul z. B. 4 Eingänge und 4 Ausgänge zur Prozessperipherie über M-12-Buchsen.	Manche Module brauchen für die Betriebsspannung ein Rundkabel mit entsprechendem Anschluss. Manche Module besitzen einen 230-V-Anschluss für AC zum Schalten einphasiger Verbraucher. Es gibt auch Module mit einem 400-V-Anschluss für Drehstrom-Asynchronmotoren.
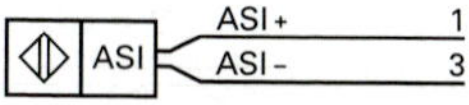 **intelligenter ASI-Sensor** 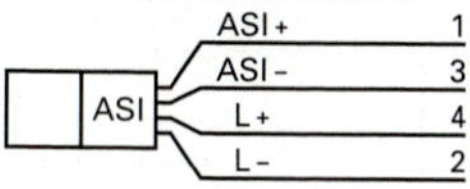 **ASI-Aktor mit externer Stromversorgung**	Je nach verwendetem Sensor oder Aktor sind die Anschlüsse in den M-12-Buchsen unterschiedlich vorzunehmen. 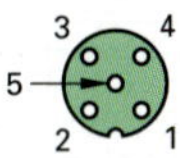 **M-12-Buchse**	(siehe Tabelle Art/Pin)
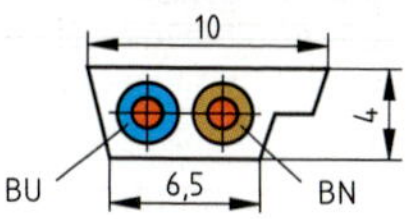 **ASI-Flachkabel**	Schutzart IP 67, Aderquerschnitt 2 x 1,5 mm², Aderfarben braun (ASI+ oder L+), hellblau (ASI– oder L–), Material: Ethylen-Propylen-Gummimischung oder thermoplastisches Elastomer.	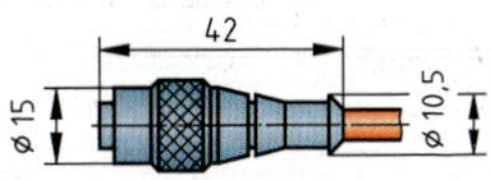 M-12-Anschluss der Sensoren, Aktoren an ASI-Modul

Art	Pin
ASI +	1
ASI –	3
Externe Spannung +	4
Externe Spannung –	2
Schutzleiter (PE)	5

IK

Interbus Interbus

Prinzip, Struktur	Erklärung	Bemerkungen, Daten
Topologie, Buszugriffsverfahren		
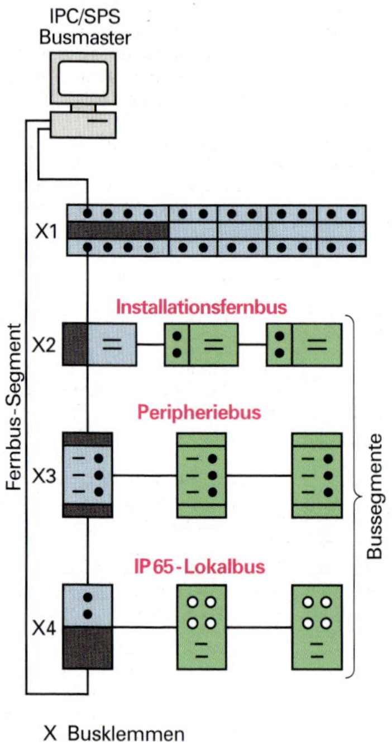 **Topologie**	Der Interbus (auch Schreibweise INTERBUS) ist als topologischer Ring aufgebaut. An dem vom Master ausgehenden Ring können folgende *Bussegmente* angeschlossen werden: ● Der *Installationsfernbus* eignet sich zum Aufbau von verteilten Unterstationen mit direktem Anschluss von Sensoren und Aktoren. ● Der *Peripheriebus* ist für den flexiblen und kostengünstigen Aufbau einer dezentralen Unterstation konzipiert. Er schließt Flachbaugruppen (Slim-Module) an den Fernbus an. ● Lokalbusse (z.B. *IP65-Lokalbus* oder *LWL-Gerätebus*) sind anwendungsspezifische Teilbusse. Busgeräte, (*EA-Stationen)* ohne weitergeführte benutzte Schnittstellen beenden das Bussegment. Der Abschluss mit einem Terminator (Abschlusswiderstand) ist nicht notwendig. Die Datenübertragung erfolgt über eine verdrillte Kupfer-Zweidrahtleitung, Lichtwellenleiter oder auch kabellos.	● *Fernbus:* Max. Teilnehmer 256; max. Entfernung zwischen zwei Teilnehmern 400 m (Cu); max. Netzausdehnungen Cu 12,8 km, LWL ca. 80 km. ● *Installationsfernbus:* Max. Strombelastbarkeit 4,5 A; max. Entfernung zwischen Busklemme – 1. Modul (X1), Modul – Modul, Busklemme – letztes Modul (X4), 50 m. ● *Peripheriebus:* Max. Stromabgabe je Busklemme 800 mA. ● *IP65-Lokalbus:* Übertragungsmedium ungeschirmte Cu-Zweidrahtleitung; max. Entfernung Teilnehmer – Teilnehmer 10 m; max. Leitungslänge in einer Schleife 100 m; max. Teilnehmer 32; max. Stromaufnahme 1,5 A. ● *LWL-Gerätebus:* Übertragungsmedium Polymerfaser-LWL; max. Entfernung Teilnehmer – Teilnehmer 5 m; max. Leitungslänge in einer Schleife 25 m; max. Teilnehmer 63.
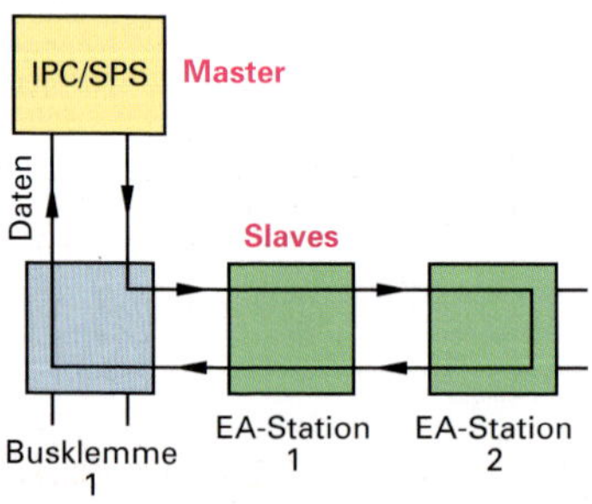 **Buszugriff**	Die Datenkommunikation im Interbus beruht auf dem Master-Slave-Prinzip. Die Daten werden dabei vom Master (IPC oder SPS) durch alle Slaves innerhalb des geschlossenen Ringes durchgeschoben. Die Slaves können dabei im Vollduplex-Betrieb (gleichzeitiges Senden und Empfangen) den Bus nutzen. Fällt ein Teilnehmer aus, wird durch eine elektronisch zuschaltbare Brücke im Teilnehmer der Ring wieder geschlossen.	Vorteile des Interbus-Buszugriffsverfahrens: ● Es gibt keine Buszugriffskonflikte. ● Die Zykluszeit des Interbus ist sehr klein → echtzeitfähig. ● Jeder Fernbusteilnehmer (z.B. Busklemme) regeneriert (bereitet auf) das Signal. Eine Busklemme ist ein Element, das an ein ankommendes Fernbussegment angeschlossen wird und zwei weiterführende Schnittstellen bereitstellt.
Software		
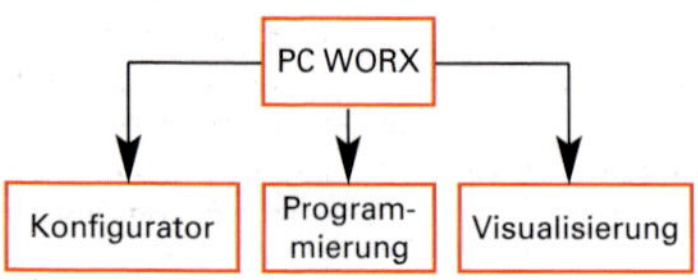	Die Software PC WORX von PHOENIX CONTACT dient zur Konfiguration, Programmierung (IEC 1131-3) und Visualisierung von Prozessanlagen. www.phoenixcontact.de	An den Interbus kann über einen *OPC-Server* auch eine andere Visualisierungssoftware angebunden werden.

IPC Industrie-Personal-Computer. LWL Lichtwellenleiter. OPC von Open Process Control

PROFIBUS Process Field Bus PROFIBUS

Prinzip, Typ	Erklärung	Bemerkungen, Daten
Topologie, Buszugriffsverfahren		
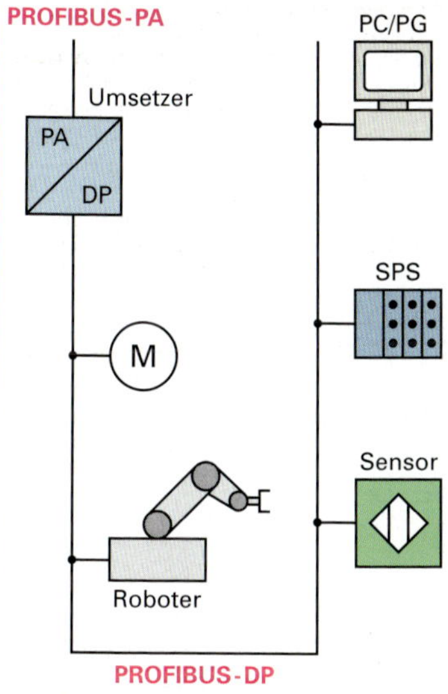 **Topologie**	PROFIBUS (PB) ist firmenneutraler Feldbus mit Ausführungsvarianten DP (Dezentrale Peripherie) und PA (Process Automation), zur Ansteuerung von Sensoren, Aktoren. PROFIBUS-PA wird in explosionsgefährdeten Fertigungsbereichen eingesetzt. PB-PA-Teilnehmer werden über den Bus mit 10 mA gespeist. Das Bussystem ist in *Bussegmente* aufgeteilt, die über *Repeater* (Wiederholer) miteinander verbunden werden. Verbindung der Teilnehmer erfolgt elektrisch mit geschirmter verdrillter Zweidrahtleitung, optisch über Lichtwellenleiter (Glas, PCF und Plastik) mit OLM oder drahtlos über Infrarotstrahlung mit ILM. Im elektrischen Netz sind zur Vermeidung von Reflexionen am ersten und letzten Teilnehmer Abschlusswiderstände zuzuschalten. Die Profibus-Teilnehmer benötigen Schnittstellenkarten mit entsprechender Kommunikationssoftware.	Typische Zykluszeiten 5 ms bis 10 ms ⇒ echtzeitfähig; maximal 32 Teilnehmer je Bussegment (Linie) im elektrischen Netz; insgesamt maximal 127 Teilnehmer (Repeater zählen als Teilnehmer); Telegrammlänge bis 246 B Nutzdaten; Bitrate 9,6 kbit/s bis 12 Mbit/s in festen Stufen; PB-PA: 31,25 kbit/s; max. Bussegmentlänge 1200 m; maximale Netzgrößen: • elektrisch 9,6 km, • optisch 90 km; drahtlose Entfernung 15 m mit 1,5 Mbit/s; Netztopologien: • elektrisches Netz (Linie, Stern), • optisches Netz (Linie, Stern, Ring), • drahtloses Netz (Punkt-zu-Punkt, Punkt-zu-Mehrpunkt); Datenübertragung: PB-DP RS 485, PB-PA IEC 61158-2. Peripheriegeräte und Feldgeräte sind während des Betriebes an- und abkoppelbar.
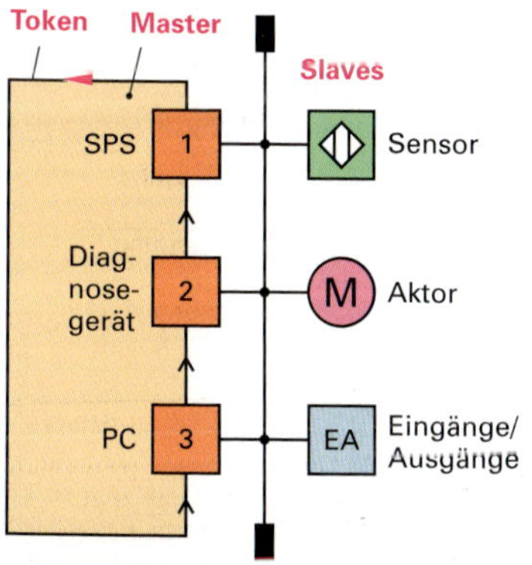 **Token-Passing-Verfahren im Multi-Master-Betrieb**	Mit PROFIBUS-DP lassen sich *Mono-Master-Systeme*, z. B. SPS ist Master, und *Multi-Master-Systeme* realisieren. Beim Multi-Master-System gibt es mehrere *Master* (*aktive* Teilnehmer der Master-Klassen 1, 2). Der Buszugriff erfolgt durch das *Token-Passing-Verfahren.* Das Zugriffsrecht wird den Mastern durch einen zyklisch umlaufenden *Token (Zeichen)* zugeteilt. Nur der Master, der den Token besitzt, kann auf den Bus zugreifen. *Slaves* (*passive* Teilnehmer) empfangen Daten und dürfen nur bei Anforderung durch einen aktiven Teilnehmer Nachrichten senden.	Typische *DP-Master-Klasse 1*: Speicherprogrammierbare Steuerungen SPS, numerische Steuerungen CNC, Robotersteuerungen RC, PC: zyklischer Prozess-Daten-Verkehr. Typische *DP-Master-Klasse 2*: Programmiergeräte (PG), Projektierungsgeräte und Diagnosegeräte: azyklische Buszugriffe, z. B. für Einstellungen. Typische Slaves sind binäre Eingänge/Ausgänge für DC 24 V oder AC 230 V/400 V, analoge Eingänge/Ausgänge, pneumatische Ventile, Codelesegeräte, Messwertaufnehmer, Antriebssteuerungen.
PROFIBUS-Leitungen		
FC Standard-Leitung	Allgemein für PROFIBUS-DP.	Vorzugslängen bis 750 m.
FC Process Cable	Einsatz in explosionsgefährdeten und nicht explosionsgefährdeten Bereichen.	Bis zur Verlegung ist die Busleitung an beiden Enden mit je einer Schrumpfkappe zu versehen.
Fiber Optic Standardleitung	Universelle Leitung für Einsatz im Innen- und Außenbereich.	Abhörsicher, da keine Abstrahlung der Leitung existiert.
Flexible Fiber Optic Schleppleitung	Einsatz bei zwangsweisen Bewegungsführungen wie bewegte Maschinenteile.	Einsatz im Innen- und Außenbereich, Lieferung in festen Größen.

FC = Fast Connect, OLM = Optical Link Module, ILM = Infrared Link Module, PCF = Polymer Cladded Fiber

Fernwirksysteme Remote Control Systems

Baugruppen

Art	Erklärung	Daten, Beispiele
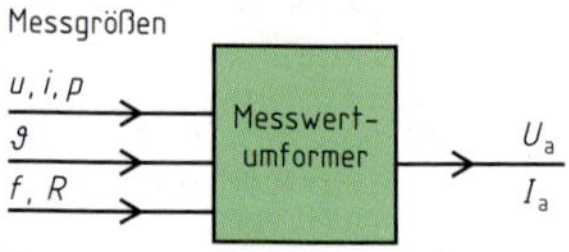 **Sensoren und Messwertumformer**	Mit Sensoren werden die benötigten Größen erfasst. Messumformer wandeln die Messgrößen in entsprechende Signale, z.B. 0 mA bis 20 mA, 0 V bis 10 V, um. Übertragungseinrichtungen leiten diese weiter.	Drehzahl: 20/min bis 7000/min Temperatur: –40 °C bis 160 °C Für das Messen von Spannungen, Strömen und Leistungen von Generatoren und Motoren.
 **Zentrale**	In der Zentrale werden die eingehenden Signale ausgewertet und im Leitstand angezeigt. Auswertungen erfolgen automatisch oder durch Dialog mit dem Bedienpersonal.	Je nach der anfallenden Datenmenge werden PC, SPS oder Prozessrechner verwendet.
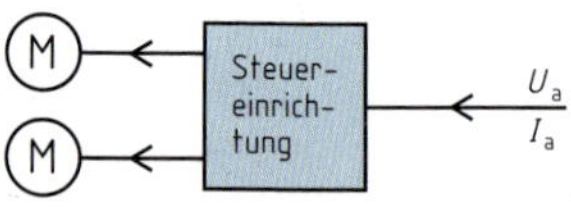 **Aktoren und Steuereinrichtung**	Steuereinrichtungen setzen die Signale der Zentrale so um, dass über entsprechende Aktoren die Anlage gesteuert werden kann.	Aktoren sind Schütze, Relais, Ventile, Pumpen, Servomotoren.

Messwertübertragungseinrichtungen

Übertragungsart	Erklärung	Daten
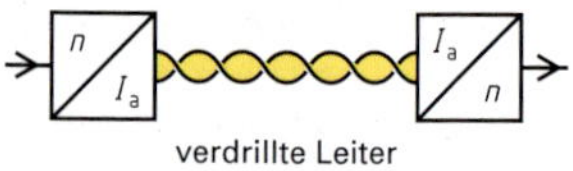 **Gleichstromleitung**	Die Messgröße kann als eingeprägte Messspannung U_a oder als eingeprägter Messstrom I_a übertragen werden. Meist werden verdrillte Zweidrahtleitungen verwendet.	Ausgangsgleichspannungen U_a von 1 V bis 10 V. Kurzschlussstrom ≤ 50 mA. Ausgangsgleichströme I_a 2,5 mA, 5 mA, 10 mA, 20 mA. Leerlaufspannung ≤ 30 V.
 **Glasfaserleitung (LWL)**	Sender und Empfänger für Glasfaserleitungen werden zur optischen Übertragung von digitalen Daten verwendet. Der Sender arbeitet mit IRED, LED oder Laserdiode LD, der Empfänger mit einer Fotodiode.	Bitrate für TTL-Übertragung bis 5 Mbit/s. Bitrate für V.24-Übertragung bis 100 kbit/s. Übertragungsentfernung je nach Kabel: 200 m bis 3000 m.
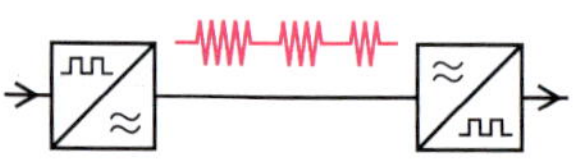 **Tonfrequenz**	Die Pulsfrequenz schaltet den Tonfrequenzsender entsprechend ein und aus. Der Tonfrequenzempfänger arbeitet als AM-Empfänger, der das jeweilige Sendesignal selektiv ausfiltert und eingeprägte Ausgangssignale abgibt.	Frequenzbereich 300 Hz bis 3400 Hz. Kanalzahl 1 bis 25. Frequenzabstand 120 Hz/Kanal. Sendepegel ≤ 625 mV bei 1 Kanal. Sendersummenpegel ≤ 385 mV für alle verwendeten Kanäle.
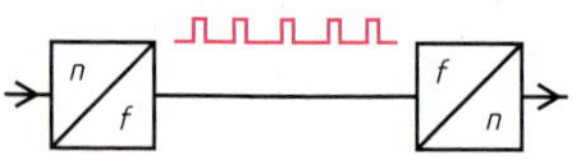 **Pulsfrequenz**	Die Eingangsgröße wird in ein Signal mit einer proportionalen Pulsfrequenz umgeformt. Auf der Empfangsseite wird aus den Sendepulsen mit einem Frequenz-Spannungs-Umsetzer ein zur Frequenz proportionaler, eingeprägter Gleichstrom oder eine eingeprägte Gleichspannung erzeugt.	Frequenzbereich 5 Hz bis 15 Hz. Für U_e = 0 V ist bei unipolarem Eingang f_0 = 5 Hz, bei bipolarem Eingang f_0 = 10 Hz. Impulsform rechteckförmig. Tastgrad 1 : 2 Spannungspegel bei Einfachimpulsen 20 V, bei Doppelimpulsen ± 20 V.

f_0 ungetastete Frequenz
I_a Ausgangsstrom
LWL Lichtwellenleiter
n Drehzahl (als Beispiel für Messgröße)
t Zeit
U_a Ausgangsspannung
U_e Eingangsspannung

Messumformer und Signalumsetzer für Fernwirksysteme
Measuring Transducers and Signal Converters for Remote Control Systems

Aufbau	Erklärung	Daten
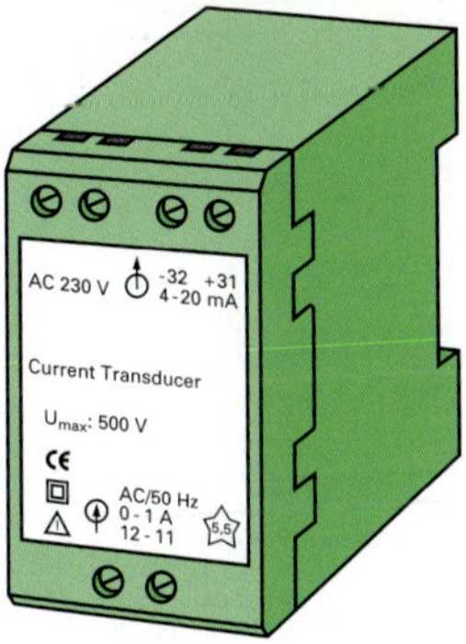 **Messumformer**	Messumformer gibt es für das Messen von Wechselspannungen und Wechselströmen. Messumformer, die ihre Betriebsspannung dem Messsignal entnehmen, nennt man passive Umformer. Diese Umformer sind nur für sinusförmige Eingangsgrößen geeignet. Messumformer mit eigener Betriebsspannung werden aktive Umformer genannt. Messumformer werden insbesondere im Kraftwerks- und Schaltanlagenbereich für die galvanische Trennung der elektrischen Signale und deren Weiterverarbeitung benötigt.	Eingangsspannungen: AC 40 V bis 500 V. Bemessungsfrequenzen: AC 50 Hz und 60 Hz. Eingangsbemessungsströme: AC 1 A bis 10 A. Die Messumformer besitzen eine Schnappbefestigung für Hutschienen mit 35 mm Breite. Über zwei zusätzliche Schraubklemmen wird die Betriebsspannung angeschlossen. Messgrößen sind Strom, Spannung, Wirkleistung, Blindleistung, Frequenz. www.automation.siemens.com
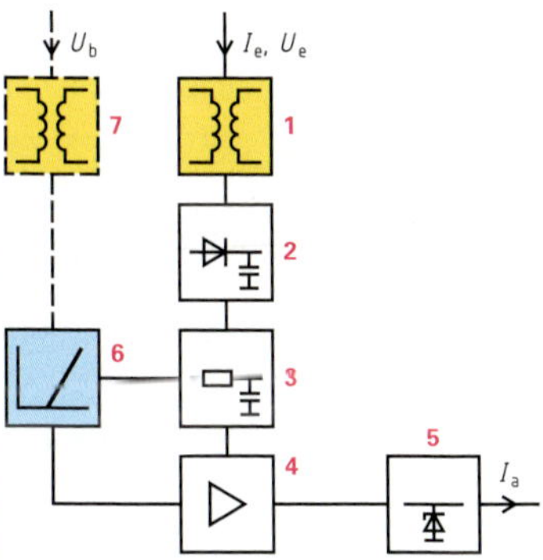 **Übersichtsschaltplan eines aktiven Messumformers**	Das Eingangssignal U_e oder I_e wird über einen Transformator **1** an die Gleichrichterbaugruppe **2** angeschlossen. Ein Tiefpass-Filter **3** beseitigt Störfrequenzen und steuert den Ausgangsverstärker **4** an. Eine Schutzbeschaltung **5** schützt den Ausgang bei Kurzschluss und Überspannungen. Mit einer Nullpunktunterdrückungsschaltung **6** kann der Ausgangsstrom gedehnt dargestellt werden. **7** Transformator für die Betriebsspannung. Übertragungskennlinien aktiver Messumformer gibt es mit • unterdrücktem Nullpunkt, • gedehntem Endbereich oder • geknickter Kennlinie.	Ausgangsströme der Messumformer: 0 mA bis 1 mA, 0 mA bis 2,5 mA, 0 mA bis 5 mA, 0 mA bis 10 mA und 20 mA. Restwelligkeit 0,5% von $\hat{i}_a$. Einstellzeit ≤ 350 ms für 99% vom Endwert von $\hat{i}_a$. Eingangssignale aktiver Messumformer: Sinussignal, Rechtecksignal, Dreiecksignal und Signale mit Phasenanschnitt.
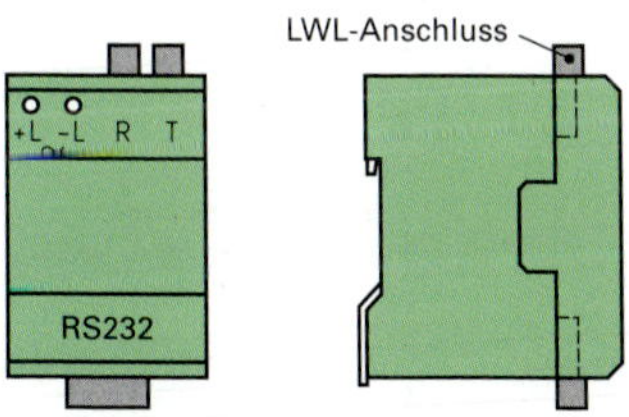 **Signalumsetzer für LWL** 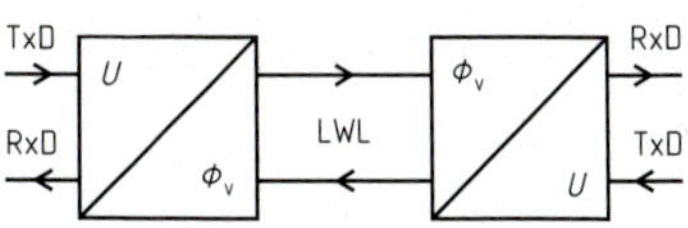 **Übersichtsschaltplan einer Übertragungsstrecke mit Signalumsetzern für LWL**	Für die störsichere Datenübertragung werden Signalumsetzer mit LWL (Lichtwellenleiter) verwendet. Es gibt Signalumsetzer für die Schnittstelle RS232 mit 9-poligem Sub-D-Stecker **(Bild)** und die Schnittstelle RS485 mit Schraubanschlüssen A und B. Der Anschluss der Lichtwellenleiter erfolgt mit SMA-Schraubanschlüssen.	Glasfaserdurchmesser: 50 µm oder 125 µm. Maximale Glasfaserlänge: 3000 m. Bei Schnittstelle RS232 bedeutet Licht AUS ≙ L-Pegel, Licht EIN ≙ H-Pegel. Die Zuordnung ist umschaltbar. Bei Schnittstelle RS485 bedeutet • Licht EIN ≙ H-Pegel, • Licht AUS ≙ L-Pegel. Betriebsspannung U_b: AC oder DC

I_e	Eingangsstrom	$\hat{i}_a$	Spitze-Tal-Wert von I_a	U_b	Betriebsspannung	SMA	Subminiatur-Adapter
I_a	Ausgangsstrom	U	Signalspannung	U_e	Eingangsspannung	Φ_v	Lichtstrom

IK

Programmierbarer Messumformer für Fernwirksysteme
Programmable Measuring Transducer for Remote Control Systems

Prinzip, Vorgang	Erklärung	Bemerkung, Daten, Beispiel
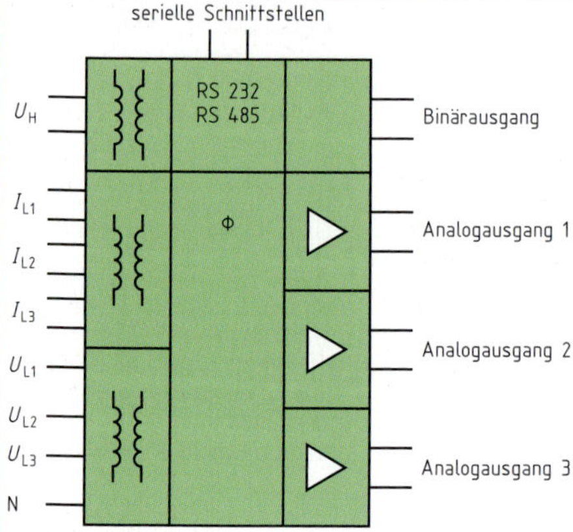 **Prinzipschaltplan**	Es sind drei Leiterspannungen und drei Leiterströme gleichzeitig auswertbar. Die Eingangswechselgrößen werden in zur Messgröße proportionale Gleichspannungen gewandelt. An jedem der analogen Ausgänge können Spannung, Strom, Wirkleistung, Blindleistung, Scheinleistung, Leistungsfaktor, Phasenverschiebungsfaktor, Phasenwinkel oder Frequenz ausgegeben werden. Der Binärausgang liefert z. B. Impulse zur Arbeitsmessung.	Eingangsspannungen: AC 230 V/400 V. Bemessungsfrequenzen $16\frac{2}{3}$ Hz, 50 Hz und 60 Hz. Eingangsströme 1 A bis 10 A. Der Messumformer besitzt eine Schnappbefestigung für Hutschienen mit 35 mm Breite. Binärausgang 256 bis 7200 Impulse/h. Schnittstellen RS232 oder RS485 mit Bitraten von 2400 bit/s bis 19200 bit/s. www.energy-portal.siemens.com
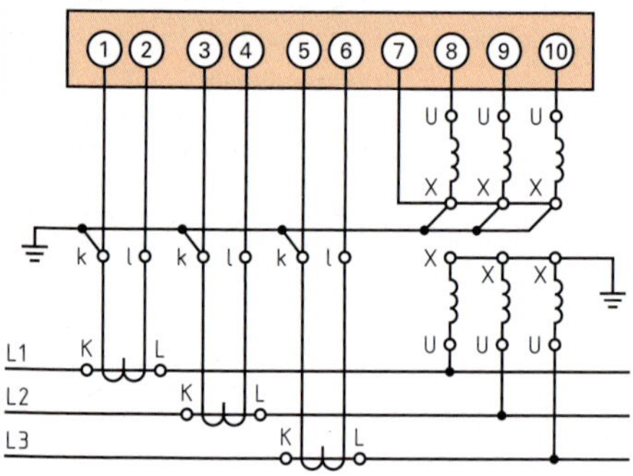 **Anschlussplan für ein Drehstromnetz für Hochspannung mit beliebiger Belastung**	Strangströme I_1 an Klemmen 1 und 2, I_2 an Klemmen 3 und 4, I_3 an Klemmen 5 und 6. Spannungen U_1 an Klemme 8, U_2 an Klemme 9, U_3 an Klemme 10. geerdeter Leiter an Klemme 7 Es können neun vom Messumformer erzeugte Signale auf dem Bildschirm eines PC in digitaler und/oder analoger Form ausgegeben werden **(Bild)**.	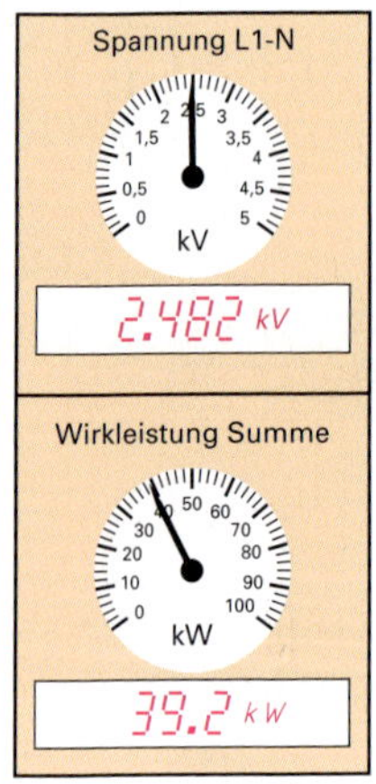
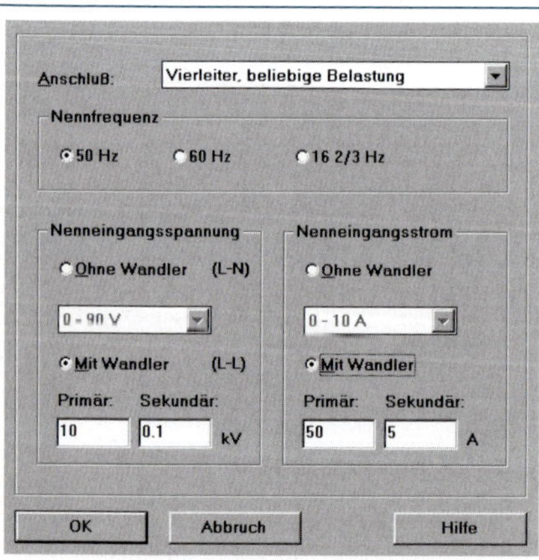 **Fensterausschnitt zum Einstellen der Eingangsgrößen**	**Grundeinstellungen** ● Anschlussart auswählen, ● Nennfrequenz (Bemessungsfrequenz) anklicken, ● Eingangsspannung wählen, ● Eingangsstrom wählen. **Ausgänge festlegen** Ausgang anklicken ● Messgröße einstellen, ● Messbereich einstellen, ● Ausgangssignalart einstellen. **Kalibrieren (Eichen)** Sollwert eingeben, Kalibrierschaltfläche im Menü Gerät anklicken.	Dreileiter oder Vierleiter, beliebige Belastung. 50 Hz, 60 Hz, $16\frac{2}{3}$ Hz. Ohne Wandler, mit Wandler. Ohne Wandler, mit Wandler. Ausgang 1, 2, 3 oder Binärausgang. Wirkleistung, Strom. 1 MW bis 100 MW 0 mA bis 20 mA 70 V, 230 V, 400 V. Gerät wird auf die neuen Werte eingestellt.

IK

Anschluss an das Telefonnetz Connection to the Telephone Network

Teilnehmeranschlussarten

Schaltung | Erklärungen

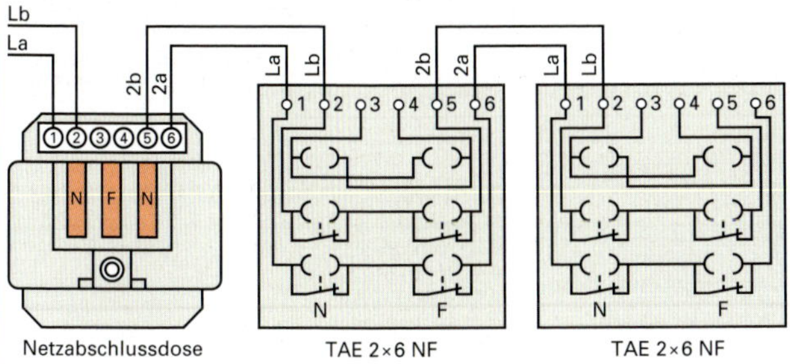

Analoger Anschluss

Netzabschluss ist meist eine Dose TAE-3 x 6-NFN. An ihr kann die Funktion der Telefonleitung durch Einstecken eines Telefongerätes am Anschluss F oder eines Nebenstellengerätes N, z.B. Anrufbeantworter, geprüft werden.

Weitere Dosen TAE werden in Reihe geschaltet (**Bild**).

Oft verwendete Dosen sind z.B. TAE 3 x 6 NFN, TAE 2 x 6 NF und TAE 6F.

Die Dosen enthalten Kontakte, die durch Einstecken eines Gerätesteckers geöffnet werden.

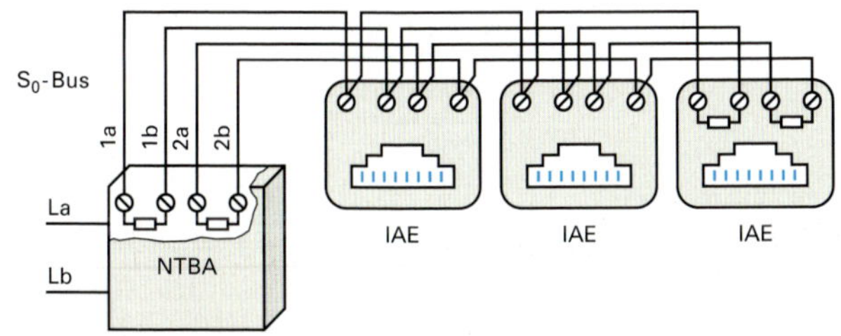

ISDN-Basisanschluss (Mehrgeräteanschluss)

Netzabschluss ist ein NTBA mit dem S_0-Bus. Der S_0-Bus hat vier Leiter.

Busförmiges (paralleles) Anschalten von bis zu 12 Anschlussdosen. Abschluss der Vierdrahtleitung am Anfang und am Ende durch Abschlusswiderstände der Größe vom Wellenwiderstand (100 Ω).

Die letzte Dose muss mit zwei 100-Ω-Widerständen bestückt werden (**Bild**).

Anschlusssysteme

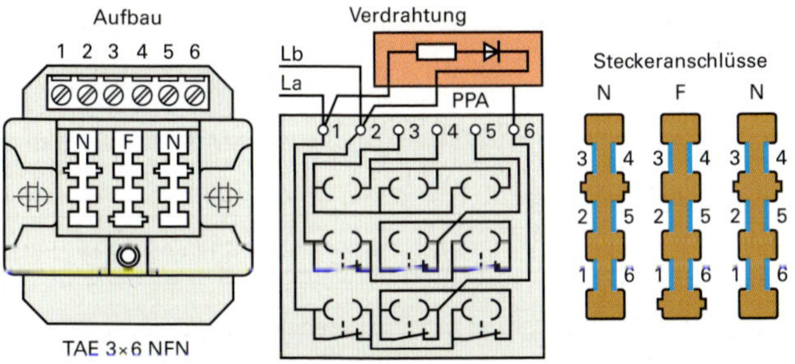

Analoges Anschlusssystem mit TAE

Mit PPA:

Analoger Netzabschluss bei einfachen Endstellen. Dieser fällt in die Zuständigkeit des Netzbetreibers. Wegen des PPA kann der Netzbetreiber durch Adertauschen vom Prüfplatz aus prüfen, ob die Leitung gleichstrommäßig in Ordnung ist.

Ohne PPA:

Anschluss eines F-Gerätes und in Reihenschaltung dazu bis zwei N-Geräte.

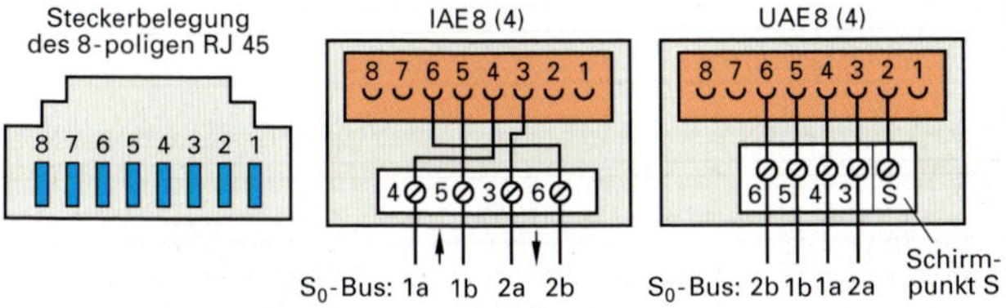

Anschlusssysteme mit RJ-45-Steckverbindern

Zu beachten ist die unterschiedliche Belegung der Anschlüsse bei IAE-Dosen und UAE-Dosen. Oft haben nur die mittleren vier Anschlüsse Kontaktfedern.

Es gibt auch UAE-Dosen mit 8 Anschlüssen, z.B. die Dosen UAE 8 (8) für RJ-45-Stecker.

Der 6-pol. RJ-12-Stecker wird für analoge Anschlüsse verwendet.

IAE ISDN-Anschluss-Einheit
UAE Universal-Anschluss-Einheit
NTBA Network Termination for Basic Access = Netzwerkabschluss für den Basisanschluss
PPA Passiver Prüfabschluss
RJ Registered Jack = genormter Stecker (Standardisierter Steckverbinder)
TAE Telekommunikations-Anschlusseinheit

IK

Telekommunikation mit ISDN
Telecommunication via International Services Digital Network

ISDN-Netzschnittstellen	Erklärung	Bemerkungen
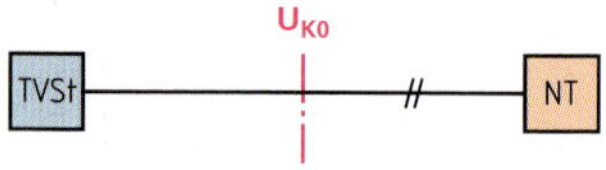 **Anlage mit U_{K0}-Schnittstelle**	Die U_{K0}-Schnittstelle verbindet die Teilnehmervermittlungsstelle mit dem Netzabschlussgerät.	NT **N**etwork **T**erminal (Netzabschlussgerät) TVSt Teilnehmervermittlungsstelle
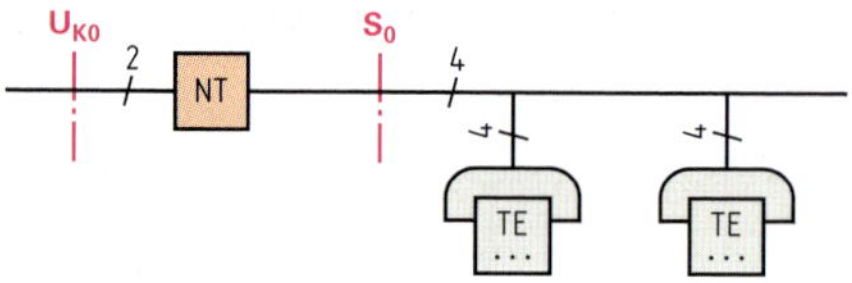 **Anlage mit S_0-Schnittstelle**	Am Netzabschlussgerät NT wird der S_0-Bus angeschlossen. Es dürfen höchstens 8 Endgeräte am S_0-Bus in Betrieb sein.	TE Terminal Equipement, z.B. ISDN-Telefon S_0-Bus vierdrähtiger Bus mit getrennter Sende- und Empfangsleitung
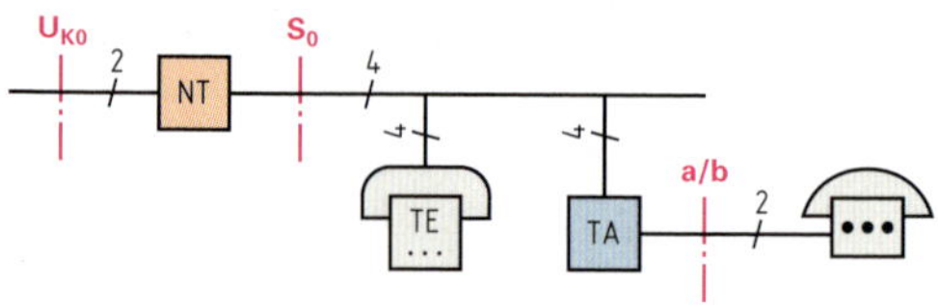 **Anlage mit R-Schnittstelle**	Über die a/b-Schnittstelle werden analoge Endgeräte mit einem TA an das ISDN angeschlossen. Der Anschluss zwischen TA und analogem Endgerät wird als R-Schnittstelle bezeichnet.	TA Terminaladapter Ein TA dient zum Anschluss von bis zu zwei analogen Geräten an ISDN. Der TA wandelt Steuersignale des Analoggerätes in S_0-Bus-Signale um und soweit möglich auch umgekehrt.

Anschlusseinheiten und Leitungslängen bei der Teilnehmerinstallation

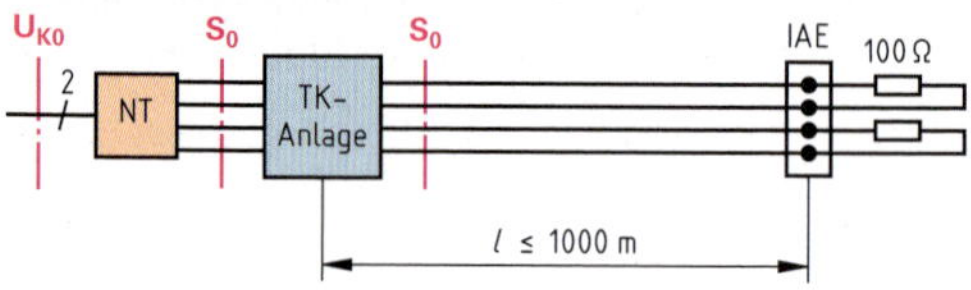 **Punkt-zu-Punkt-Anschaltung**	Nur eine IAE-Dose an einen Basisanschluss installiert. S_0-Bus mit Widerständen von 100 Ω abschließen. Die max. Leitungslängen sind vom Kabeltyp abhängig.	TK-Anl Telekommunikationsanlage IAE ISDN-Anschluss-Einheit Falsch angeschlossene Widerstände führen zu Störungen.
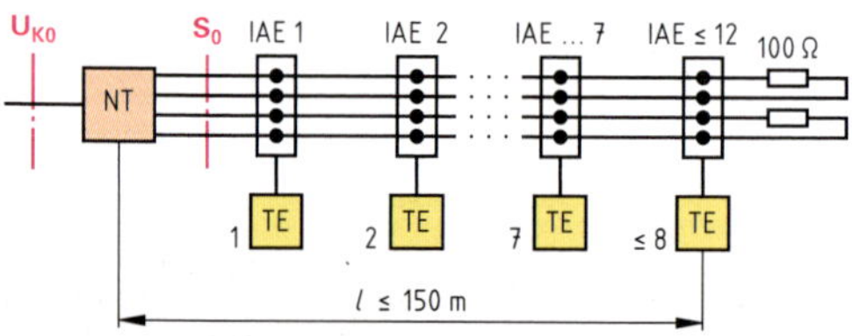 **Punkt-zu-Mehrpunkt-Verbindung**	Auf einer Länge von max. 150 m können bis zu 12 IAE-Dosen installiert werden. Das gilt auch, wenn der NT in der Mitte des S_0-Busses angeschlossen ist.	Es dürfen höchstens 8 TE am S_0-Bus angeschlossen sein. An den Leitungsenden sind Abschlusswiderstände mit 100 Ω erforderlich.

Dienstmerkmale

Dienst		Bemerkungen	Dienst		Bemerkungen
Anklopfen	CW	Anzeige bei besetztem Telefon	Geschlossene Benutzergruppe	CUG	Festgelegte Benutzergruppe
Anrufweiterschaltung	DDS	Weiterleitung auf anderen Anschluss	Halten	HOLD	Gespräch halten
			Mehrfachnummer	MSN	Rufnummer zuordnen
Dreierkonferenz	3PTY	Drei Teilnehmer zusammengeschaltet	Rufnummerübermittlung	CLIP	Rufnummer wird übermittelt
Durchwahl	DDI	Direktwahl an TK-Anlage	Rufnummerunterdrückung	CLIR	Rufnummer wird nicht angezeigt
Gebührenanzeige	AOC	Gebühreninformationen			

IK

Einrichten einer ISDN-Anlage
Configuration of an ISDN PBX (Private Branch Exchange)

Merkmal	Übersicht	Bemerkungen, Anwendung
Leistungsmerkmale von ISDN-Anlagen		**ISDN PBX features**
Grundausstattung	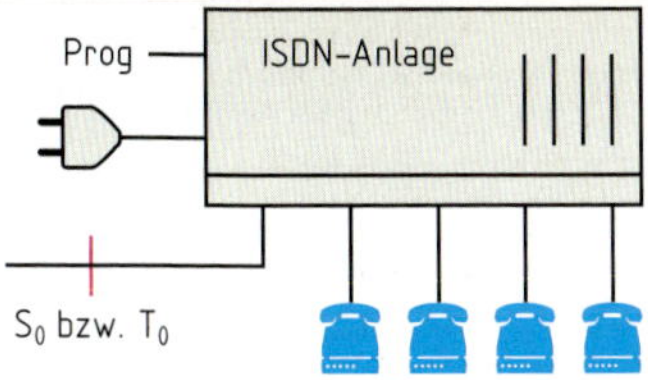	• Externer S_0-Bus (Mehrgeräteanschluss) bzw. T_0-Bus (Anlageanschluss) als Amtsanschluss, • Anschlüsse für analoge Telefone, • Programmierschnittstelle (RS232C, USB, LAN und/oder interner S_0-Bus), • Netzanschluss 230 V~ oder Netzgerät, • schaltbare S_0-Bus-Abschlusswiderstände.
Zusatzausstattung	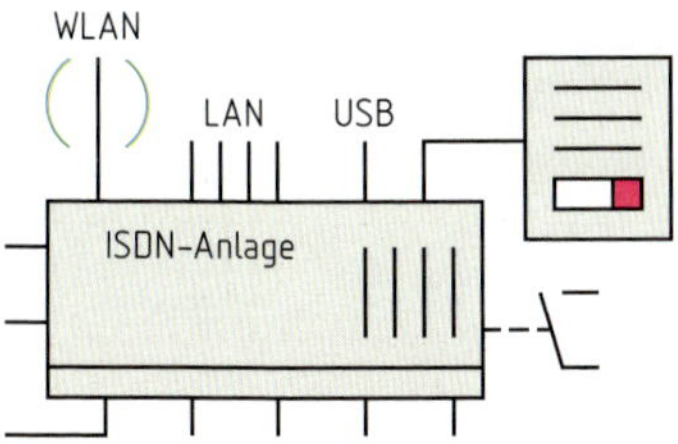	• Interner S_0-Bus (Anschluss von ISDN-Telefonen), • Schnittstelle zu Türsprechanlagen („FTZ123 D12"), • Schnittstelle zu Alarmanlagen, • potenzialfreie Schaltrelais, • Einspeisung von Wartemusik, • eingebaute ISDN-Karte (Anschluss über USB), • NTBA, • ADSL-Splitter, • ADSL-Modem, • LAN-Router, • LAN-Switch mit evtl. WLAN.
Einrichtung		**Programming**
Programmiertelefon	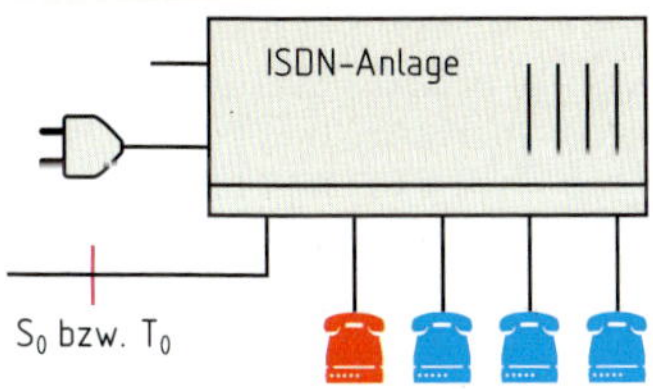	ISDN-Anlagen können immer über einen bestimmten Telefonanschluss der Anlage programmiert werden. Programmiert wird mit den Ziffern 0 bis 9 und je nach Anlage zusätzlich mit den Tasten *, # und R (siehe Anlagenhandbuch). Nachteilig ist die sehr umständliche Einrichtung und die mangelnde Übersicht. Daher ist die Einrichtung oder Änderung der Einstellung über Telefon nur im Notfall ratsam.
Programmierung mit PC bzw. Laptop	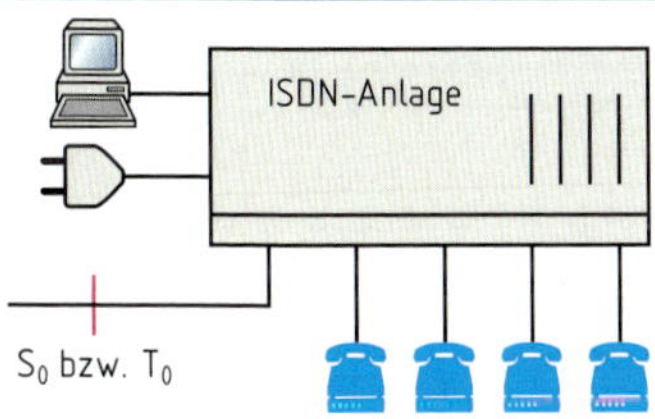 Achtung: Erfolgt der Anschluss zur Einrichtung über eine in der Anlage eingebaute ISDN-Karte (meist über USB-Schnittstelle), muss bei einigen Anlagen die zur Programmiersoftware gehörige CAPI auf dem PC installiert werden. Da mehrere CAPIs nicht auf einem PC laufen, darf nur die passende CAPI installiert sein. CAPI: Common ISDN Application Programming Interface (standardisierte Software-Schnittstelle für ISDN-Karten).	**Vorbereitung** • Installation der Programmiersoftware, • Download und Update aktueller Anlagefirmware. **Grundeinstellung Mehrgeräteanschluss:** • „Mehrgeräteanschluss" einstellen, • Eintragung der MSNs (Rufnummern), • Festlegung, welches Telefon bei welcher MSN klingelt, • Festlegung, welche MSN einen abgehenden Ruf übermittelt. **Grundeinstellung Anlagenanschluss:** • „Anlagenanschluss" in der Anlage einstellen, • Eintragung der Anlagenrufnummer und der DDIs (Durchwahlnummern), • Festlegung, welches Telefon bei welcher DDI klingelt. **Weitere Einstellungen:** • Einstellung des Wahlverfahrens IWV (Impulswahl) oder MFV (Mehrfrequenzwahl) für jedes der angeschlossenen Telefone, • Festlegung eines Programmierpassworts, • Klingelton, Anklopfen, Anrufweiterschaltung, Amts-Berechtigung, Gebührenerfassung und -zuteilung, ISDN-Diensterkennung, direkter Amtszugang, Konferenz, Kurzwahl, Freigabe- und Sperrnummern, Vorzugsamt, Wählton, Makeln (Hin- und Herschalten).

ADSL	Asymmetric Digital Subscriber Line
ISDN	Integrated Services Digital Network
LAN	Local Area Network
MSN	Multiple Subscriber Number

IK

Internet-Zugang Internet Access

Prinzip, Schaltung	Erklärung	Bemerkungen, Daten
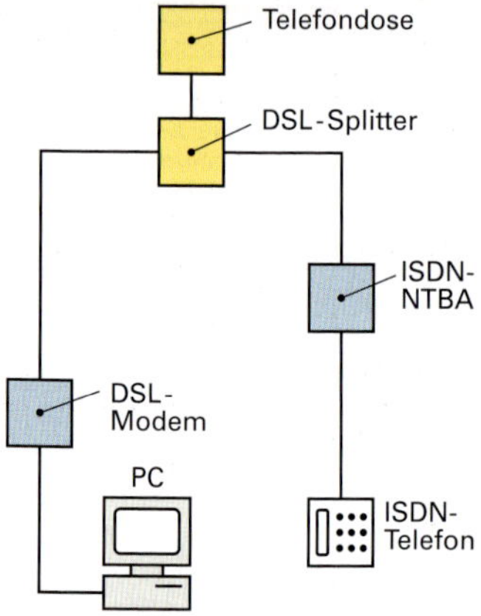 **DSL-Anschluss**	Der Internetzugang über das Telefonnetz erfolgt auf drei Arten über ● ein externes analoges Modem oder eine PC-interne analoge Karte, ● eine PC-interne ISDN-Karte über NTBA des ISDN-Telefonanschlusses oder ● einen DSL-Splitter, ein DSL-Modem und eine Ethernet-Netzwerkkarte im PC. Der Splitter dient zur Trennung des DSL-Signals und des Telefon- bzw. ISDN-Signals. Bei ISDN können während des Internetzugangs beide Kanäle A, B und beim Analoganschluss kann der Telefonkanal genutzt werden.	Maximale Bitraten ● Analoganschluss, 56 kbit/s, ● ISDN-Anschluss, 64 kbit/s, mit Kanalbündelung, 128 kbit/s, ● DSL-Anschluss (meist ADSL), Downstream (Internet ⇒ PC), 6 Mbit/s bis 50 Mbit/s, Upstream (PC ⇒ Internet) 1 Mbit/s bis 10 Mbit/s. DSL-Anschlüsse sind örtlich begrenzt, da die Kommunikationsleitung von der Vermittlungsstelle zum Hausanschluss aus Kupfer bestehen muss und nicht länger als etwa 4 km sein darf. Durch den Einsatz eines DSL-Routers (Hardware, Software) können mehrere PCs über einen DSL-Anschluss auf das Internet zugreifen.
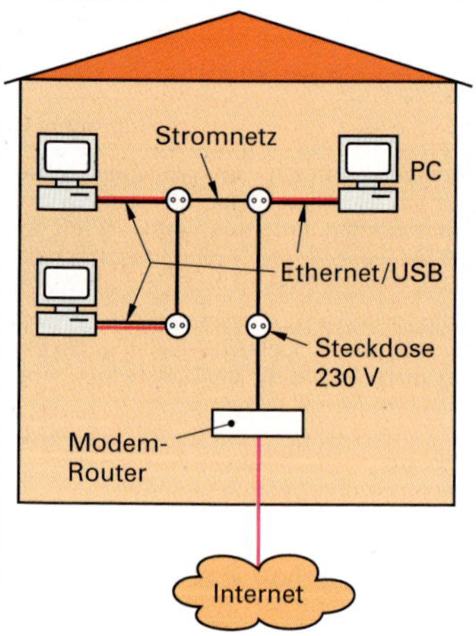 **Powerline-Anschluss**	Powerline Communication PLC nutzt als Kommunikationskanal das vorhandene Stromnetz. In die Steckdosen des Stromnetzes werden geeignete Adapter gesteckt, die Anschlüsse für USB oder RJ-45 (Ethernet) besitzen (**Bild rechts**). Der Anschluss zum Endgerät (PC, Drucker, Modem) erfolgt über USB-Leitungen oder RJ-45-Leitungen. Die Netzspannung 230 V wird mit Trägerfrequenzen von z.B. 4,5 MHz bis 27 MHz überlagert, die mit dem Nutzsignal moduliert sind. Infolge der genutzten Busstruktur kann immer nur ein Gerät senden oder empfangen.	Die Reichweite der Datenübertragung über das Stromnetz hängt von der Qualität der Leitungen im Haus bzw. den Störquellen im Stromnetz ab. Negativen Einfluss haben hierbei Stromzähler, Verlängerungskabel und Mehrfachsteckdosen. Innerhalb eines Stromkreises liegt die Reichweite bei etwa 250 m mit einer Übertragungsrate von bis zu 14 Mbit/s. Für den Internetzugang dient z.B. die Telefonleitung mittels ISDN oder DSL. 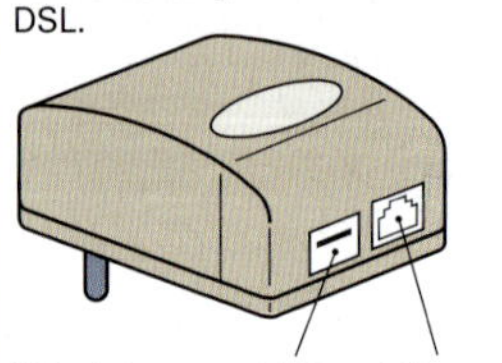 **PLC-Adapter**
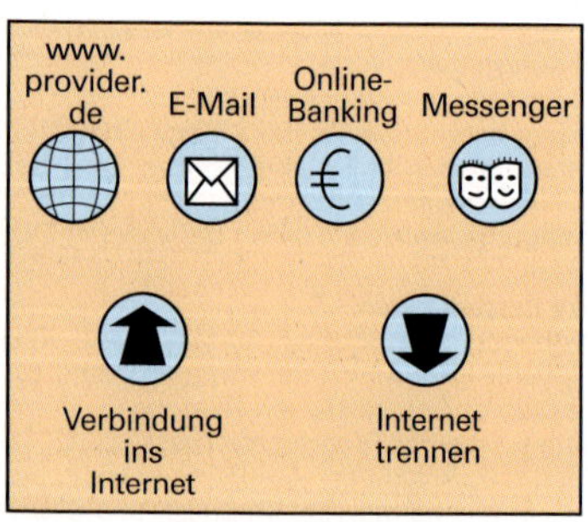 **Provider-Netzzugangssoftware**	Der Zugang zum Internet erfolgt über Internet Service-Provider. Die Verbindung zum Provider kann direkt über ein in Windows eingerichtetes DFÜ-Netzwerk erfolgen oder über vom Provider speziell angebotene Software. Diese ermöglicht zusätzlich das Betrachten von Internetseiten mittels Standardbrowsern, das Verschicken elektronischer Post (E-Mail), die Ausführung sämtlicher Bankgeschäfte (Onlinebanking) sowie Unterhaltungen (Messenger) über das Internet.	Web-Adressen einiger Provider: www.t-online.de, www.aol.com, www.1und1.de, Standardbrowser: Microsoft Internet Explorer, Netscape Communicator, Firefox. Typische Tarifstrukturen: ● zeitabhängig (Preis je Minute), ● Grundgebühr (Preis je Monat) plus zeitabhängiger Anteil, ● Flatrate (Pauschalpreis je Monat).

ISDN Integrated Services Digital Network = dienstintegrierendes Netzwerk, NTBA Network Terminator Basic Access = Netzabschlussgerät, ADSL Asymmetric DSL = Asymmetrischer Digitaler Teilnehmer Anschluss, DSL Digital Subscriber Line = Digitaler Teilnehmer Anschluss, provider = Versorger, browser von to browse = schmökern

IK

Suchen im Internet Research in Internet

Wirkungsweise der Suchdienste	Erklärung	Daten, Bemerkungen

Anwendung der Suchdienste

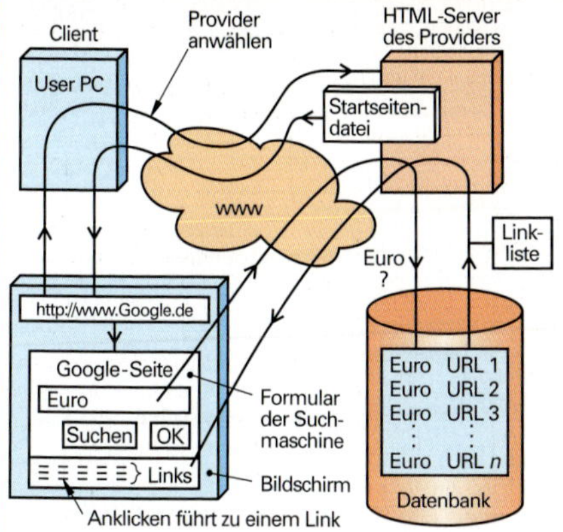

Arbeiten mit einem Suchdienst

Der Nutzer (User) gibt im Browser die Startadresse eines Suchdienst-Providers ein. Der angewählte Provider startet ein Programm, das seine Startseite an den User schickt. Der User gibt den Suchbegriff ein und klickt den Button Suchen an.

Ein gefundener Begriff wird vom Suchprogramm des Providers aus der Datenbank ausgelesen und mit einer Linkliste zum User übertragen. Aus dieser wählt der User einen passenden Link aus.

Suchmaschinen:
www.google.de
www.altavista.de
www.excite.de
www.fireball.de
www.bing.com

Suchkataloge:
www.yahoo.de
www.web.de

Oft führen verschiedene Schreibweisen, z.B. Google.de oder google.de, zum gleichen Provider.

Informationsgewinnung der Suchdienste

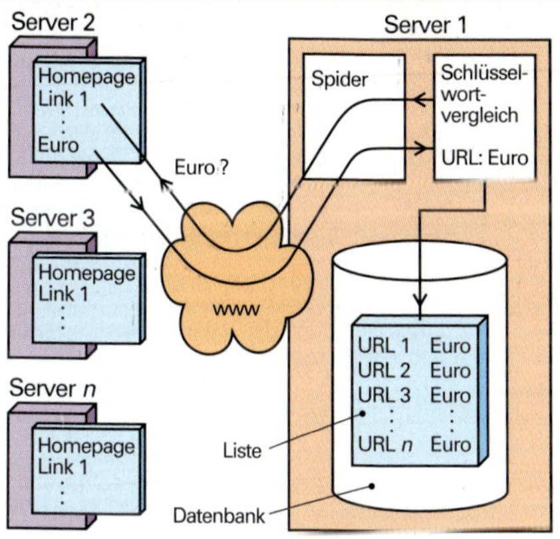

Arbeitsweise einer Suchmaschine

Die Begriffe werden vom Suchdienst mittels Software tabellarisch gespeichert („verschlagwortet"), damit sie schnell vom User gefunden werden können.

Suchmaschine:
Der Server 1 des Providers durchsucht mit einem Suchprogramm (Spider = Spinne) die Server im Internet ständig nach neuen oder geänderten Seiten und erstellt dabei Listen für die User.

Suchkatalog:
Menschen (Redakteure) durchsuchen das Internet nach Begriffen und erstellen Kataloge für die User.

Beim Arbeiten mittels Suchmaschine ist die Zahl der Treffer für einen Suchbegriff deutlich größer (z.B. Faktor 1000) als beim Arbeiten mittels Suchkatalog.

Mit Suchmaschinen können alle Seiten im Internet in wesentlich kürzerem Zeitabstand durchsucht werden als von Redakteuren für Suchkataloge. Bei Suchkatalogen sind unwichtige Informationen ausgefiltert.

Suchen nach Begriffen

Verknüpfung	Beispiel	Erklärung	Bemerkungen
UND: AND, +, &, und ein Leerzeichen.	+EUROPA + Verlag	Suche nach der Wortkombination Europa und Verlag.	Bei Google wird ein Leerzeichen als UND zwischen zwei Begriffen verwendet, bei Altavista wird stattdessen ein + verwendet. Altavista verwendet ein Leerzeichen als ODER.
ODER: OR, |, und ein Leerzeichen.	+Autoreparatur | Werkstatt	Suche nach Autoreparatur oder Werkstatt.	
Nicht: NOT, –, !	Autowerkstatt - Tankstelle	Suche nach Autowerkstatt, Tankstellen sind ausgeschlossen.	
Nähe: a NEAR b.	Medaille NEAR Gold	Suche nach Medaille und Gold.	Zwischen Gold und Medaille können bis zu 10 Worte stehen.
Phrase: „a b"	"EUROPA Verlag"	Suche nach dem Text Europa Verlag.	
Wildcard: a*	Gra*ik	Suche nach Grafik und Graphik.	Zum Finden verschiedener Schreibweisen.

IK

Sichern und Schützen von Daten Backing up and Protecting Data

Methode	Erklärung	Bemerkungen
Datensicherungen		
Versioniertes Speichern	Das versionierte Speichern von Daten verhindert Überschreiben von Daten oder Dateien.	Bei jedem Speichern wird eine neue Version der zu speichernden Datei abgelegt.
Backup	Die Daten werden regelmäßig auf z. B. Magnetbandkassetten, CDs oder DVDs gespeichert (backup = zurücklegen).	Beim Zwischenbackup werden unveränderte Daten nicht erneut gespeichert.
Datensicherheit und Zugriffsschutz		
Virenschutz	Antivirenprogramme erkennen Computer-Viren und können diese auch entfernen.	Antivirenprogramme müssen regelmäßig aktualisiert werden. www.panda-software.de
Firewall	Eine Firewall (firewall = Brandschutzwand) verhindert den unerlaubten Zugriff aus dem Internet auf einen Computer.	Bei Einzelcomputern wird die Firewall über eine zu installierende Software realisiert, in Computernetzen durch einen Firewall-Computer.
Passworte	Jeder Benutzer (User) einer Computeranlage besitzt ein Passwort, das er zu Beginn seiner Arbeit am Computer eingeben muss.	Passwörter müssen aus Sicherheitsgründen von Zeit zu Zeit geändert werden. Sie sollten keine üblichen Worte oder Namen sein.
Kopierschutz durch Dongle	Kopierschutz ist durch Stecken eines Dongles (Hardwarebox) auf z. B. die Parallelschnittstelle oder USB-Schnittstelle des Computers gegeben.	Im Speicher des Dongle ist eine Verschlüsselungstabelle hinterlegt, deren Inhalt von der Anwendersoftware geprüft wird. www.aladin.de/produkte/hardlock
Installationsschutz	Mehrere Möglichkeiten: Prüfen der Seriennummer (Host-ID) des Computers, Prüfen einer Freischaltnummer (Key) des Herstellers, Einbringen einer nicht kopierbaren Markierung (Code) in eine CD.	Beim Programmlauf werden diese Nummern bzw. Codes geprüft. Bei fehlerhaftem Prüfergebnis erfolgt ein Abbruch des Programmlaufes. www.kms-medienservice.de
Lizenzschutz	In Computernetzen verwalten Lizenzserver die erlaubten Zugriffe auf eine Anwendersoftware und vergeben hierzu zum Freischalten Keys (Freischaltnummer).	Nur eine begrenzte Anzahl von Keys wird vergeben. Dadurch kann auch nur eine begrenzte Anzahl von Benutzern mit der Software arbeiten. Nach Beenden der Arbeit werden die Keys wieder an den Lizenzserver zurückgegeben.
Datenschutz		
Gesetzliche Grundlagen	Es gelten das Grundgesetz GG, Bundesdatenschutzgesetz BDSG, Telekommunikationsgesetz TKG, die EU-Datenschutzrichtlinie, die Telekommunikations-Kundenschutzverordnung TKV sowie das Urheberrecht.	Die Überwachung der gesetzlichen Bestimmungen erfolgt durch Datenschutzbeauftragte. Ab 20 Mitarbeitern, die sich mit Daten beschäftigen, ist ein Datenschutzbeauftragter zu benennen.
Bundesdatenschutzgesetz BDSG	Das BDSG dient dem Schutz des Bürgers vor missbräuchlicher Verwendung der über ihn gespeicherten persönlichen Daten. Das BDSG gilt für Behörden des Bundes bzw. der Länder nur in begrenztem Umfang.	Anlage zu §9 „10 Gebote des Datenschutzes“: Zugangskontrolle, Speicherkontrolle, Zugriffskontrolle, Eingabekontrolle, Transportkontrolle, Datenträgerkontrolle, Benutzerkontrolle, Übermittlungskontrolle, Auftragskontrolle, Organisationskontrolle. www.bfd.bund.de

IK

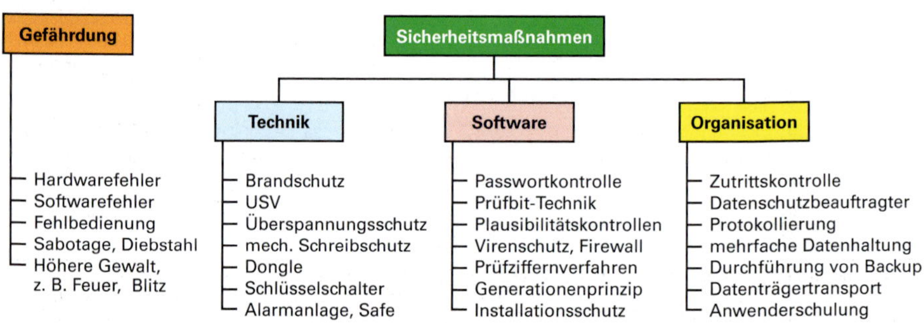

Gefährdungsbereiche und Maßnahmen zur Sicherheit von Daten (Auswahl)

Antennen, Betriebsmittel für Antennenanlagen
Antennas, Electrical Equipments for Antenna Systems

Bereich	LW	MW	UKW	FI	FIII	FIV/V	FVI	Bemerkungen
Empfangs-Antenne	Draht- oder Stabantenne, Ferritantenne		Dipole, Kreuzdipole, Yagia.	Yagiantennen			Parabolantenne	
Frequenzbereich in MHz	0,149 bis 0,284	0,527 bis 1,607	87,5 bis 108	47 bis 68	174 bis 230	470 bis 862	11 700 bis 12 750	Bei FVI wird die Empfangsfrequenz im LNC auf 950 MHz bis 2050 MHz umgesetzt.
Antennenweiche	1,5 dB	1,5 dB	1,5 dB	1 dB	1 dB	0,5 dB	0,8 dB	A_K = 40 dB, SM ≥ 65 dB
Stammleitungsverteiler	9 dB	9 dB	5,5 dB	5,5 dB	5,5 dB	6 dB	4,5 dB	A_K = 22 dB zwischen den Ausgängen, SM ≥ 65 dB
Stichleitungsverteiler A_D	1 dB	1 dB	1 dB	1 dB	1 dB	1dB	2,5 dB	A_K = 36 dB zwischen den Abzweigern, SM ≥ 65 dB
Stichleitungsverteiler A_A	20 dB	20 dB	20 dB	20 dB	20 dB	20 dB	15 dB	
Steckdosen für Einzel-Ant.-Anlagen A_A	0,5 dB	0,5 dB	1 dB	0,8 dB	0,5 dB	0,5 dB	1,5 dB	A_K = 0 dB, SM ≥ 65 dB
Steckdosen für GA-Anlagen A_D	0,8 dB	0,8 dB	0,8 dB	0,8 dB	0,8 dB	0,8 dB	1,5 dB	A_K = Rdf ↔ TV ≥ 50 dB, TV ↔ TV ≥ 34 dB, SM ≥ 65 dB
Steckdosen für GA-Anlagen A_A	16 dB	16 dB	16 dB	14 dB	14 dB	14 dB	14 dB	
A.-Verstärk. G_u	26 dB	26 dB	34 dB	34 dB	33 dB	34 dB	25 dB	SM = 61 dB
L_{umax} am Ausgang	111 dBμV	111 dBμV	116 dBμV	116 dBμV	116 dBμV	116 dBμV	95 dBμV	L_{umax} gilt je Kanal bei Verstärkung von zwei Kanälen.

Antennen

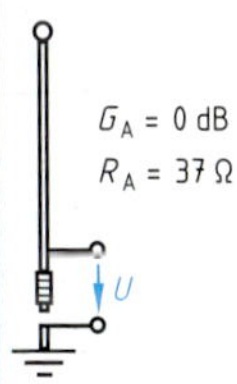

G_A = 0 dB, R_A = 37 Ω

Stabantenne

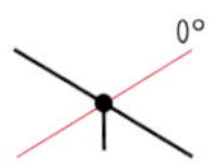

G_A = 0 dB, R_A = 75 Ω

Dipolantenne

G_A = 0 dB, R_A = 300 Ω

Faltdipol

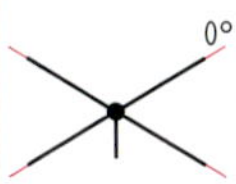

G_A = 3 dB, R_A = 37 Ω

Kreuzdipol

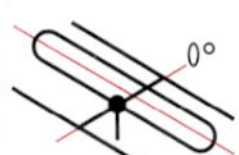

G_A = 5 dB, R_A = 300 Ω

Yagiantenne

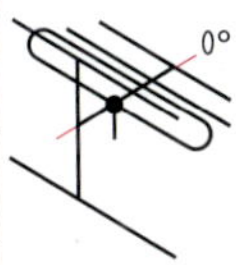

G_A = 7 dB, R_A = 300 Ω

Yagiantenne

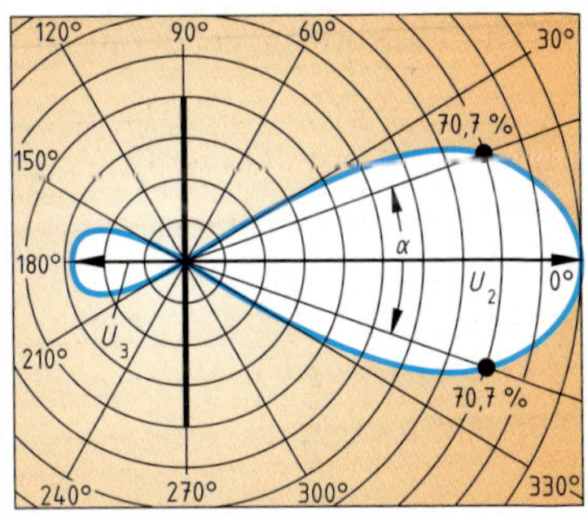

Richtcharakteristik einer Richtantenne

$$G_A = 20 \cdot \lg \frac{U_2}{U_1} \quad (1)$$

$$G_{VR} = 20 \cdot \lg \frac{U_2}{U_3} \quad (2)$$

Koaxialleitung

Wellenwiderstand:	75 Ω
Gleichstromwiderstand bei 100 m Leitungslänge und Kurzschluss am Leitungsende	2,3 Ω bis 10 Ω
Schirmungsmaß:	55 dB bis 75 dB
Verlegung: Direkt in Putz oder auf Putz, in Isolierrohren. Sicherheitsabstand zu elektr. Anlagen in Räumen	10 mm
im Freien	20 mm

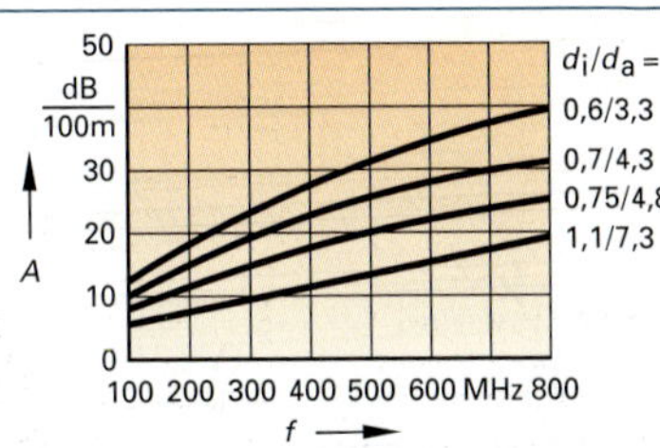

A Dämpfungsmaß, A_A Anschlussdämpfung, A_D Durchgangsdämpfung, A_K Kopplungsdämpfungsmaß, d_a Außendurchmesser, d_i Innendurchmesser, *f* Frequenz, G_A Antennengewinnmaß, G_u Spannungsverstärkungsmaß, G_{VR} Vor-Rück-Verhältnismaß, L_{umax} maximaler Spannungspegel, R_A Fußpunktwiderstand, SM Schirmungsmaß, U_1 Antennenspannung eines Dipols in Hauptempfangsrichtung, U_2 Spannung der Mehrelementeantenne in Hauptempfangsrichtung, U_3 Spannung der Mehrelementeantenne in Rückwärtsrichtung, α Öffnungswinkel.

IK

Satellitenempfang Satellite Reception

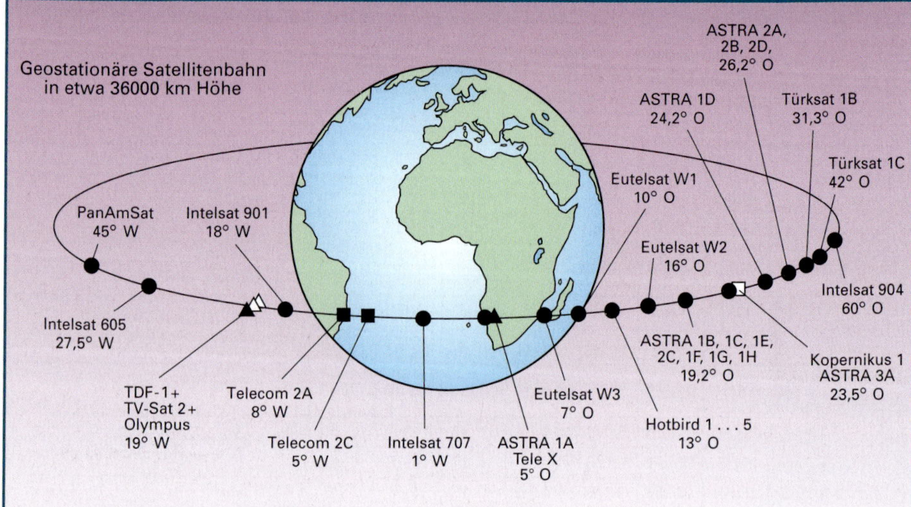

□ Fernmeldesatellit 11 GHz, 12,5 GHz ● Fernmeldesatellit 11 GHz ■ Fernmeldesatellit 12,5 GHz △ ▲ Rundfunksatellit 12 GHz, zirkulare Polarisation

ASTRA-Ausleuchtzonen (Beispiele)

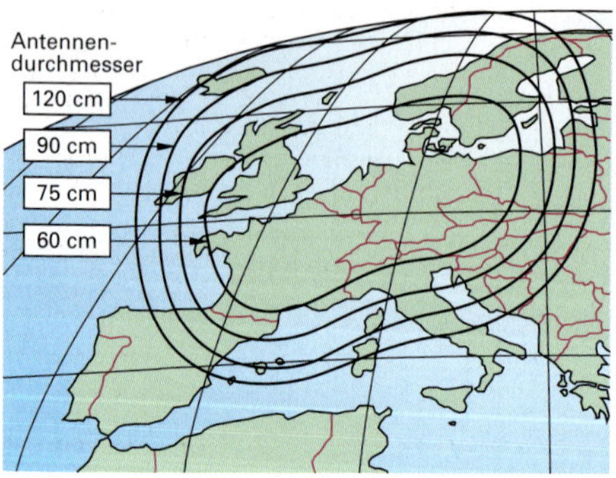

ASTRA 1A, horizontale Polarisation

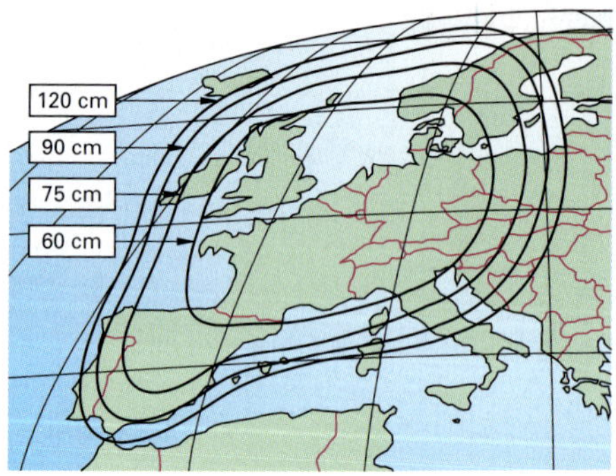

ASTRA 1B, horizontale Polarisation

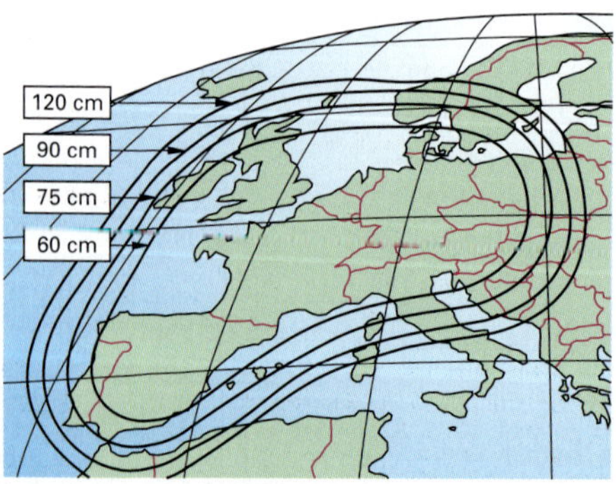

ASTRA 1C, vertikale Polarisation

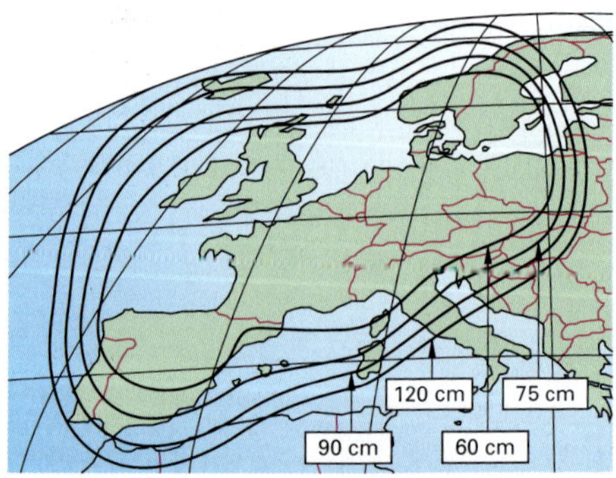

ASTRA 1C, horizontale Polarisation

IK

SAT-Anlagen Satellite Equipment

Merkmal	Übersicht	Bemerkungen, Anwendung
Einzelteilnehmeranlage		**Single User Installation**
Aufbau	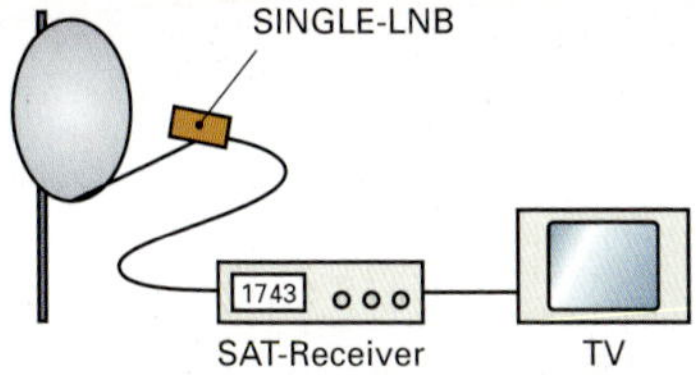	**Einfachster Aufbau:** ● Antenne mit Single-LNB (Low-Noise-Block-Converter), setzt das Satelliten-Signal mit etwa 11 GHz in eine SAT-ZF (Zwischenfrequenz 950 bis 2 150 MHz) um, ● ein SAT-Receiver (setzt SAT-ZF in Audio/Video um, wird über SCART in den TV eingespeist), ● Empfang eines Kanals, ● keine Erweiterungsmöglichkeit.
Mehrteilnehmeranlagen		**Multi User Installation**
LNB mit mehreren schaltbaren Ausgängen	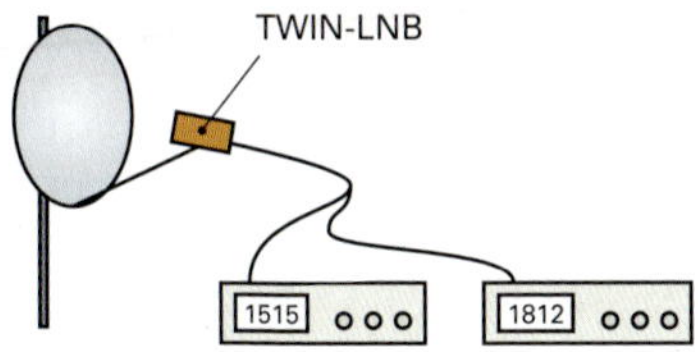	**LNB mit mehreren umschaltbaren Ausgängen:** ● Jeder LNB-Ausgang ist auf jedes SAT-Band und auf jede Polarisation schaltbar, ● LNBs mit zwei („TWIN"), vier („QUAD") und acht („OCT") gleichwertigen Ausgängen erhältlich, ● sternförmige Leitungsverlegung, ● an jeder Leitung nur ein Receiver anschließbar, ● Empfang der Programme eines Satelliten.
LNB mit mehreren festen Ausgängen	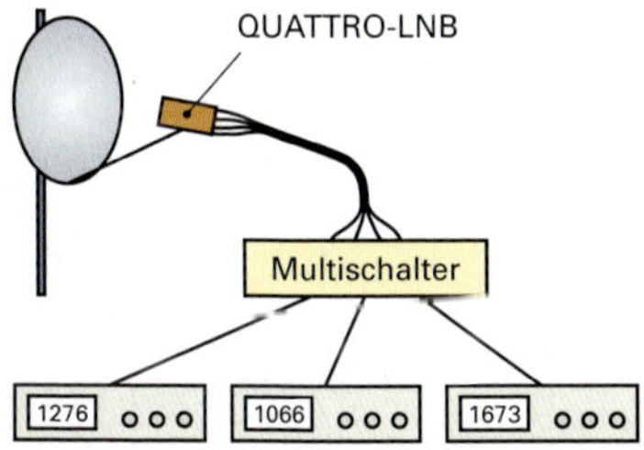	**LNBs mit mehreren festen Ausgängen:** ● LNBs haben vier („QUATTRO") Ausgänge, ● jeder LNB-Ausgang hat festgelegtes Signal (oberes oder unteres Band, vertikale oder horizontale Polarisation), ● Multischalter (Schaltmatrix) erforderlich, ● sternförmige Leitungsverlegung, ● an jeder Leitung nur ein Receiver anschließbar, ● Empfang der Programme mehrerer Satelliten möglich bei passendem Multischalter, ● kaskadierbare Multischalter lassen den Anschluss beliebig vieler Receiver zu.
Anlagen mit Kopfstation		**Head end installation**
Neue Anordnung der SAT-Kanäle	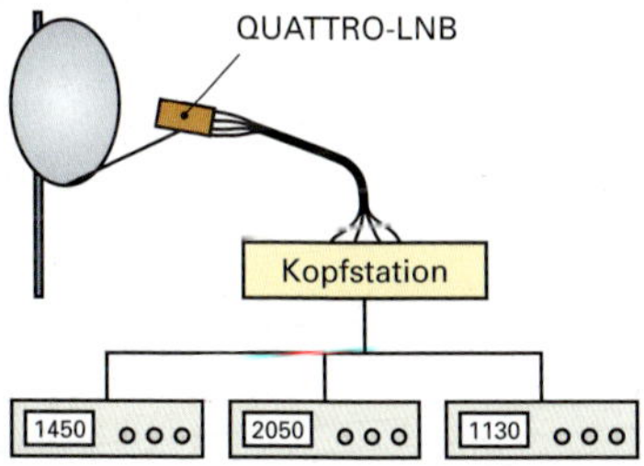	**Einfacher Aufbau:** ● QUATTRO-LNB, ● Kopfstation setzt die gewünschten Kanäle in SAT-ZF hintereinander, ● beliebige Leitungsverlegung, ● beliebig viele Receiver an einer Leitung anschließbar, ● Empfang mehrerer Satelliten möglich, ● Umrüstung vorhandener BK-(Breitbandkabel)-Hausnetze notwendig, ● Einstellung direkt an der Kopfstation oder mit PC, ● für Häuser mit wenigen Wohneinheiten.
Umsetzung der SAT-Kanäle in BK-Kanäle	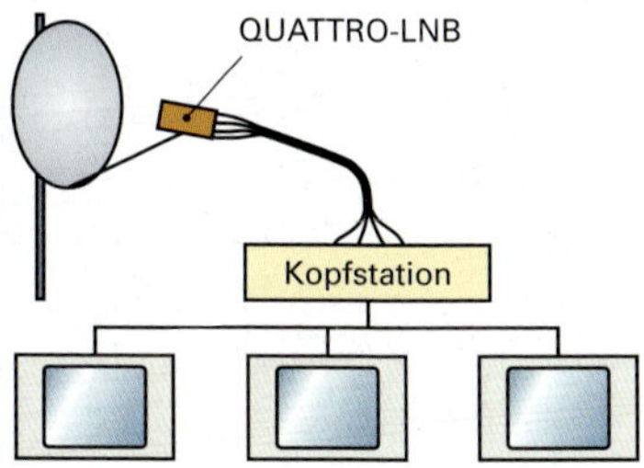	**Komfortable Lösung:** ● QUATTRO-LNB, ● Kopfstation setzt die gewünschten Kanäle als direkt vom TV empfangbare Kanäle hintereinander, ● beliebige Leitungsverlegung, ● keine SAT-Receiver notwendig, ● sehr aufwändige Kopfstation, ● Empfang mehrerer Satelliten möglich, ● keine Nachrüstung von BK-Hausnetzen notwendig, ● Einstellung direkt an der Kopfstation oder mit PC, ● für große Häuser mit vielen Wohneinheiten ohne BK-Anschluss als Ersatz für terrestrische Antenne.

IK

Satellitenantennenanlagen Antenna Systems for Satellite Receivers

Satellitenempfangsantennen

Antenne, Begriff	Antennenbauform	d_{min}	d in m	Flächenwirkungsgrad	Gewinn bei 12,1 GHz	Halbwertsbreite	Nebenkeulendämpfung	Empfang zirkularer Polarisat.	Windlast in N
Offsetantenne	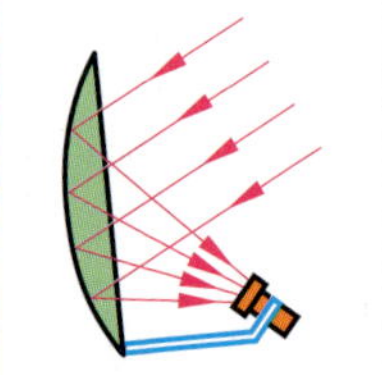	≥ 10 λ	0,60	60% bis 70%	34,75 dB	≤ 3°	sehr gut	sehr gut	276
		≥ 10 λ	0,90	60% bis 70%	38,5 dB	≤ 2°	sehr gut	sehr gut	660
		≥ 10 λ	1,20	60% bis 70%	41,2 dB	≤ 1,5°	sehr gut	sehr gut	1300
Zentral gespeiste Antenne	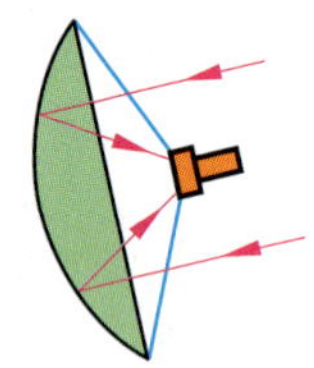	≥ 20 λ	1,50	50% bis 60%	43,3 dB	≤ 1,2°	gut	gut	2000
		≥ 20 λ	1,80	50% bis 60%	44,9 dB	≤ 1,2°	gut	gut	2700
Flachantenne	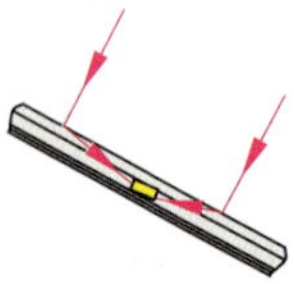	≥ 10 λ	0,5	50% bis 60%	50 dB	≤ 3°	gut	gut	180

Ausrichten der Satelliten-Antenne

Elevation- und Azimutwinkel

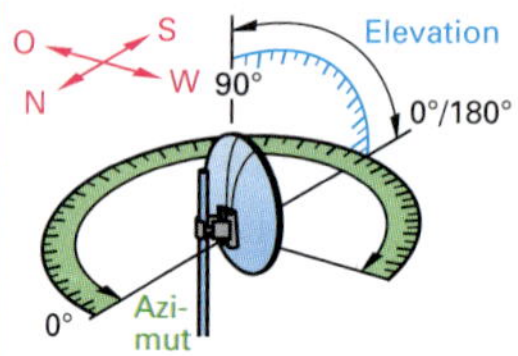

Beim Ausrichten ist zu beachten:

- Der Empfang darf nicht durch Hindernisse gemindert werden.
- Die Antenne ist auf den Satelliten auszurichten.
- Die Ausrichtung auf den Azimut- und Elevationswinkel muss in Abhänigkeit der Satellitenposition und des Empfangsortes erfolgen.
- Azimut- und Elevationswinkel können z.B. aus folgender Tabelle oder der Montageanleitung entnommen werden.
- Den Azimutwinkel richtet man mithilfe eines Kompasses aus.
- Die Einstellung des Elevationswinkels wird über eine Markierung an der Spiegelhalterung vorgenommen.

Empfangsorte	Östliche Länge L_A	Nördliche Breite B_A	Intelsat 605 $L_S = 27{,}5°$ W		TV-SAT TDF $L_S = 19{,}0°$ W		ASTRA 1B, 1C … $L_S = 19{,}2°$ O		Kopernikus 1 $L_S = 23{,}5°$ O	
			α_E	α_A	α_E	α_A	α_E	α_A	α_E	α_A
Berlin	13,24°	52,31°	19,4	227,4	23,2	228,6	29,9	172,7	29,4	167,1
Bremen	8,19°	53,04°	21,0	222,3	24,3	213,1	28,6	166,9	27,8	161,4
Dresden	13,71°	51,05°	20,1	228,4	24,0	219,6	31,3	172,9	30,8	167,5
Düsseldorf	6,47°	51,12°	23,4	220,9	26,8	211,5	30,3	164,1	29,3	158,5
Hamburg	9,59°	53,33°	20,3	223,3	23,7	214,2	28,5	168,3	27,7	162,8
Hannover	9,44°	52,24°	21,2	223,6	24,7	214,4	29,6	168,0	28,8	162,4
Kiel	10,08°	54,20°	19,4	223,5	22,7	214,4	27,6	169,0	26,9	163,6
Magdeburg	11,59°	52,13°	20,3	225,8	24,0	216,8	29,9	170,4	29,4	165,0
Mainz	8,16°	50,01°	23,5	223,1	27,2	213,8	31,8	166,0	30,8	160,3
München	11,34°	48,08°	23,4	227,3	27,5	218,2	34,3	169,8	33,5	163,8
Stuttgart	9,11°	48,46°	24,2	224,8	28,1	215,5	33,6	166,9	32,6	161,1

B_A Breitengrad des Antennenstandortes, d Durchmesser der Satellitenantenne, L_A Längengrad des Antennenstandortes, L_S Längengrad des Satellitenstandortes, α_A Azimut, α_E Elevation, λ Wellenlänge

IK

Signaleinspeisung

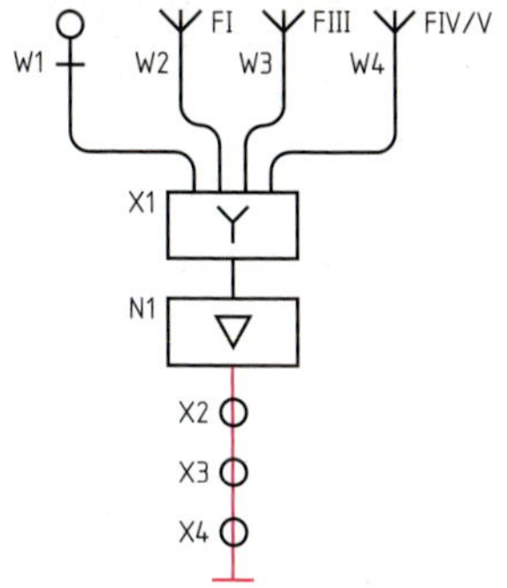

Antennenanlage mit einer Stammleitung

Das Signal wird durch die Steckdosen geführt.
Abschlusswiderstand in der letzten Steckdose: 75 Ω

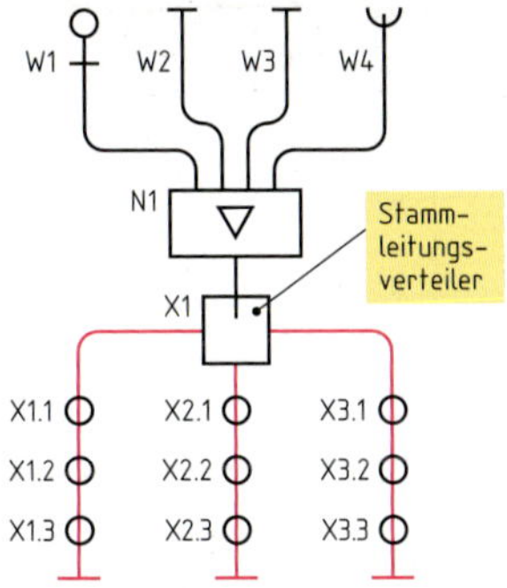

Stammleitungssystem

Das Signal wird auf mehrere Stammleitungen verteilt und durch die Steckdosen geführt.
Abschlusswiderstand in der letzten Steckdose: 75 Ω

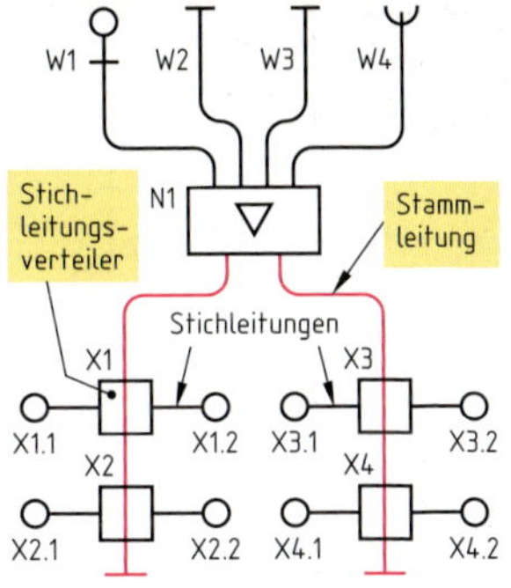

Stichleitungssystem

Das Signal wird über Stichleitungsverteiler aus der Stammleitung ausgekoppelt. Die Stichleitung wird nicht, die Stammleitung wird mit 75 Ω abgeschlossen.

Geforderter Nutzpegel am Empfänger

Bereich	LW	MW	UKW Mono	UKW Stereo	FI	FIII	FIV/V	Bemerkungen
L_{umin} in dBµV	60		40	50	60	60	60	$L_u = 20 \cdot \lg \frac{U}{U_0}$
L_{umax} in dBµV	80	80	70	70	80	80	80	$U_0 = 1\ \mu V$ an 75 Ω

Reduzierung des Ausgangspegels bei Antennenverstärkern

Anzahl der belegten Kanäle	1	2	3	4	5	6	7	8	9	10	11	12	–	–	Bemerkungen
Absenkung von L_{umax} in dBµV	0	0	2	3	4	5	5,5	6	6,5	7	7,5	8	–	–	Werden bei Bereichs- und Mehrbereichsverstärkern mehr als zwei Kanäle verstärkt, so ist L_{umax} am Ausgang abzusenken.

Entkopplung von zwei Antennensteckdosen

Die Grundentkopplung zwischen zwei beliebigen Dosen muss mindestens 22 dB betragen.

Zwischen den Empfängeranschlüssen für UKW und Fernsehen wird eine Kopplungsdämpfung von mindestens 50 dB gefordert.

Fernsehkanäle können sich gegenseitig stören. Die Kopplungsdämpfung muss ≥ 60 dB sein, wenn folgende Kanalkombinationen auftreten: 5 und 10, 6 und 11, 7 und 12.

Die Kopplungsdämpfung muss ≥ 50 dB sein, wenn folgende Kanalkombinationen auftreten:

störender Kanal	2					3					4				Bemerkungen
gestörter Kanal	5	27	38	49	60	7	21	32	44	56	9	25	38	50	Wird der Mindestpegel L_{umin} am Empfängeranschluss um x dB überschritten, so darf der geforderte Mindestwert für die Kopplungsdämpfung von z. B. 50 dB um x dB unterschritten werden.
störender Kanal	5	6	7	8		9		10		11		12		–	
gestörter Kanal	42	45	47	21	50	22	53	24	55	26	58	28	60	–	
störender Kanal	21	22	23	24	25	26	27	28	29	30	31	32	33	34	
gestörter Kanal	26	27	28	29	30	31	32	33	34	35	36	37	38	39	
störender Kanal	35	36	37	38	39	40	41	42	43	44	45	46	47	48	
gestörter Kanal	40	41	42	43	44	45	46	47	48	49	50	51	52	53	
störender Kanal	49	50	51	52	53	54	55	–	–	–	–	–	–	–	
gestörter Kanal	54	55	56	57	58	59	60	–	–	–	–	–	–	–	

L_u Spannungspegel, U Spannung, U_0 Bezugsspannung

IK

Errichtung von Antennenanlagen Installation of Antenna Systems

Montage, mechanische Sicherheit

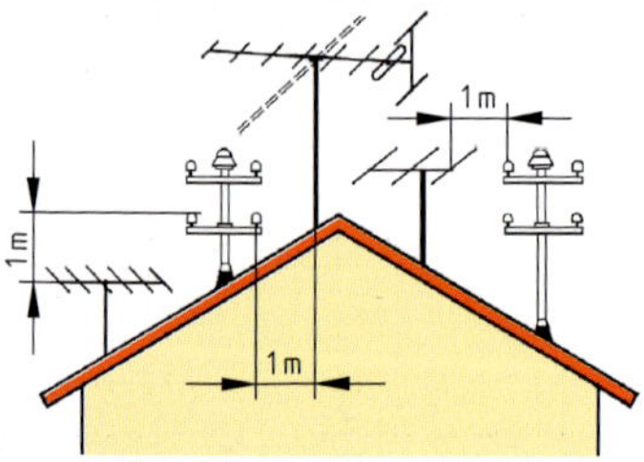

Abstände von Antennen und Freileitungen

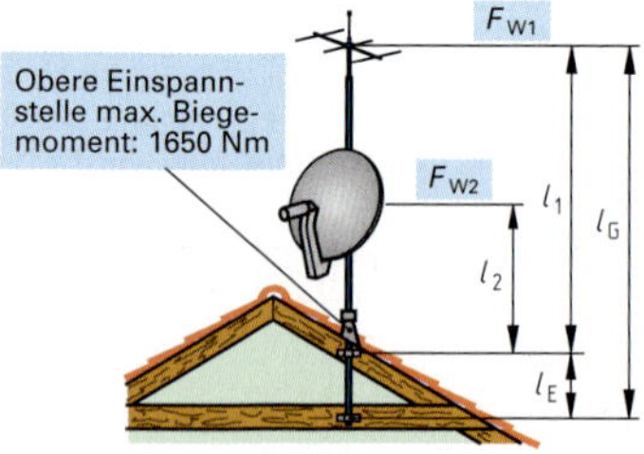

Montage von Antennen

Bei der Montage ist allgemein zu beachten:

- Abstände zu Freileitungen von Starkstromanlagen sind einzuhalten (**Bild**).
- Bei Spannungen bis 1000 V muss der Abstand zu einem beliebigen Teil der Antenne 1 m betragen.
- Bei Spannungen über 1000 V muss der Abstand mindestens 3 m betragen.
- Bei Hausinstallationen bis 1000 V ist ein Abstand von mindestens 10 mm in geschlossenen Räumen zwischen dem Kabelnetz und einem Starkstromverteilernetz einzuhalten (im Freien mindestens 20 mm).
- Abstände zu bestehenden Antennen und Fernmeldeanlagen so wählen, dass keine Kopplungen entstehen.
- Zwischen den Antennen sollte der Abstand mindestens 1 m betragen.
- Bauteile zur Befestigung von Antennen müssen ausreichende mechanische Festigkeit und Korrosionsschutz aufweisen.
- Antennenanlagen nicht an Schornsteinen und Entlüftungsschächten montieren.
- Nach der Montage ist eine Windlastberechnung durchzuführen.

$$M_1 = F_{w1} \cdot l_1 \quad (1)$$

$$M_2 = F_{w2} \cdot l_2 \quad (2)$$

$$M_G = M_S + M_1 + M_2 + \ldots \quad (3)$$

$$M_{max} \geq M_G \quad (4)$$

$$l_E \geq \frac{1}{6} \cdot l_G \quad (5)$$

Sind die Antennen mehr als 20 m über der Geländeoberfläche montiert, so sind die vom Hersteller angegebenen Windlasten mit dem Faktor 1,37 zu multiplizieren.

Elektrische Sicherheit von Antennenanlagen

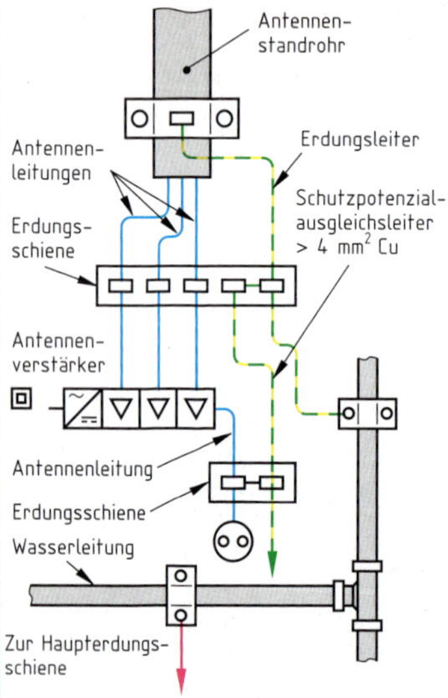

Erdung einer Antennenanlage

Erder

Oft vorhandene Erder: Fundamenterder, metallene Rohrnetze, im Erdreich liegend und untereinander elektrisch leitend verbunden. Blitzschutzanlagen, Stahlskelette, metallene Wasserverbrauchsleitungen, Heizungsrohrleitungen.

Banderder aus verzinktem Stahl, 5 m lang, 0,5 m tief im Erdreich verlegt.

Staberder aus verzinktem Stahl, 2,5 m lang annähernd senkrecht im Erdreich.

Bei Einbauantennen, bei Antennen unter der Dachhaut, bei Zimmerantennen und bei Fensterantennen, die 2 m unterhalb der Dachkante montiert sind und höchstens 1,5 m Ausladung haben, ist eine Erdung nicht nötig.

Erdungsleiter

Kupfer	16 mm², blank oder isoliert, z. B. H07V-U, H07V-R, NYY, NYM
Aluminium	25 mm², isoliert, in Innenräumen auch blank, z. B. NAYY
Stahl	50 mm², verzinkt, z. B. Rundstahl mit 8 mm ∅ oder Bandstahl 2,5 mm x 20 mm

F_w Windlast der Antenne, l Abstand der Antenne zur obersten Einspannstelle, l_E Einspannlänge des Standrohres, l_G gesamte Rohrlänge, M Einspannmoment der Antenne, M_G Gesamtmoment, M_{max} zulässiges Moment des Standrohres, M_S Eigenmoment des Standrohres.
Indizes 1 und 2 für Antennen 1 und 2, FI, FIII, FIV, FV Fernsehbänder 1, 3, 4, 5

IK

Breitbandkommunikationsanlagen (BK-Anlagen)
Systems for Broadband Communication

Übertragungstechnische Kennwerte am Übergabepunkt

Signale am Übergabepunkt	Frequenzbereich in MHz	Kanalraster (Frequenzraster)	Frequenz-abweichung in kHz	Nutzpegel in dBµV
Fernsehsignale TV				
Bereich FI	47 bis 68	7 MHz	± 120	66 bis 83
Bereich FIII	174 bis 230	7 MHz	± 120	66 bis 83
Unterer Sonderkanalbereich USB	111 bis 174	7 MHz	± 120	66 bis 83
Oberer Sonderkanalbereich OSB	230 bis 300	7 MHz	± 120	66 bis 83
Erweiterter Sonderkanalber. ESB	302 bis 446	8 MHz	± 120	63 bis 83
UKW-FM-Tonsignal, Bereich FII	87,5 bis 108	(≥ 300 kHz, Vielfaches von 50 kHz)	± 20	62 bis 79
Digitale Tonsignale	111 bis 125	14 MHz	–	–
	125 bis 139	14 MHz	–	–
Datensignal in Vorwärtsrichtung	70 bis 75	–	–	–
Datensignal in Rückwärtsrichtung	4 bis 10	–	–	–
Pilotsignale	80, 15	–	± 8	–
	287,25 oder	–	± 120	
	280,25	–	± 120	

Merkmale am Übergabepunkt

Merkmale	Kennwerte	Merkmale	Kennwerte
Abweichung der Übergabepegel einzelner Signale TV	≤ 3 dB	**Differenz der Signalpegel**	
UKW	≤ 3 dB	beim Fernsehen	
Änderung des Pegels	≤ 2 dB	47 MHz bis 300 MHz	≤ 8 dB
Rückflussdämpfung in Verteilrichtung bei 47 MHz	≥ 20 dB	47 MHz bis 440 MHz	≤ 10 dB
		– bei 1 Zwischenkanal	≤ 3 dB
		– bei 10 Zwischenkanälen	≤ 5 dB
		beim UKW-Rundfunk	≤ 4 dB
bis 440 MHz abnehmend	1,5 dB / Oktave	beim digitalen Hörrundfunk	noch offen

Anforderungen für den Anschluss von privaten BK-Anlagen an das BK-Netz

Merkmale	Kennwerte	Merkmale	Kennwerte
Nutzsignal an Breitbandsteckdosen TV	60 dBµV bis 84 dBµV	Kopplungsdämpfung zwischen den Ausgängen von zwei oder mehr Breitbandsteckdosen	
Tonsignal	56 dBµV bis 80 dBµV	Ausgang TV ↔ Ausgang TV	
Hochfrequentes Rauschabstandsmaß bei Fernsehsignalen	≥ 49 dB	Frequenzbereich 4 MHz bis 47 MHz	≥ 30 dB
		47 MHz bis 790 MHz	≥ 40 dB
Geräuschspannungsabstandsmaß bei Tonsignalen	≥ 57 dB	790 MHz bis 862 MHz	≥ 30 dB
		Ausgang TV ↔ Ausgang Rundfunk	
Schirmungsmaß bei Koaxialkabel		Frequenzbereich 150 kHz bis 1605 kHz	≥ 50 dB
Frequenzbereich 30 MHz bis 108 MHz	≥ 70 dB	87,5 MHz bis 108 MHz	≥ 50 dB
> 108 MHz bis 470 MHz	≥ 75 dB	Ausgang Rundfunk ↔ Ausgang TV	
> 470 MHz bis 862 MHz	≥ 70 dB	Frequenzbereich 108 MHz bis 862 MHz	≥ 46 dB
Schirmungsmaß für aktive und passive Bauteile		Ausgang Rundfunk ↔ Ausgang Rundfunk	
Frequenzbereich 30 MHz bis 470 MHz	≥ 75 dB	Frequenzbereich 510 kHz bis 1605 kHz	≥ 22 dB
> 470 MHz bis 862 MHz	≥ 65 dB	87,5 MHz bis 108 MHz	≥ 42 dB
Kopplungsdämpfung zwischen Breitbandsteckdose und Übergabepunkt	≥ 14 dB	Störstrahlungsleistungspegel im Frequenzbereich 30 MHz bis 1000 MHz	≤ 20 dBpW
Rückflussdämpfung der an den Übergabepunkt angeschlossenen Einrichtungen im Frequenzbereich bis 440 MHz	≥ 14 dB	Störstrahlungsspannungspegel im Frequenzbereich 30 MHz bis 1000 MHz	≤ 39 dBµV

Multimediaverkabelung im Heimbereich Multimediacable for Home

Begriff	Erklärungen	Aufbau, Beispiele
Multimediaverkabelung	Bei der Multimediaverkabelung kommen für Kommunikationsdienste, z. B. Telefonie, Rundfunk, Internet, Fernsehen, Computer und gebäudetechnische Anwendungen, besondere Anschlüsse (TARA, Telekommunikationsanschluss, Rundfunkanschluss) zum Einsatz. www.homeway.de	
TARA-Anschluss	Der TARA-Anschluss (informationstechnischer Mehrdiensteanschluss) beinhaltet je nach Anforderung einen RJ45-Anschluss, einen Telefonanschluss sowie BK-Sat-Anschlüsse. Pro Raum sollte ein TARA-Anschluss je 3,75 m Raumumfang vorhanden sein. Die Anschlüsse sollten entlang der Wandlänge angebracht werden.	**TARA-Mehrdiensteanschluss**
Multimediakabel	Zum Anschluss eines TARA-Anschlusses verwendet man Multimediakabel. Es besteht aus einem Datenkabel (min. Kat. 5e) und einem Koaxialkabel. Die Länge ist begrenzt. Zwischen Wohnungsverteiler und TARA: 100 m. Größere Anlagen können über Glasfaserkabel verbunden werden.	 **Multimediakabel** 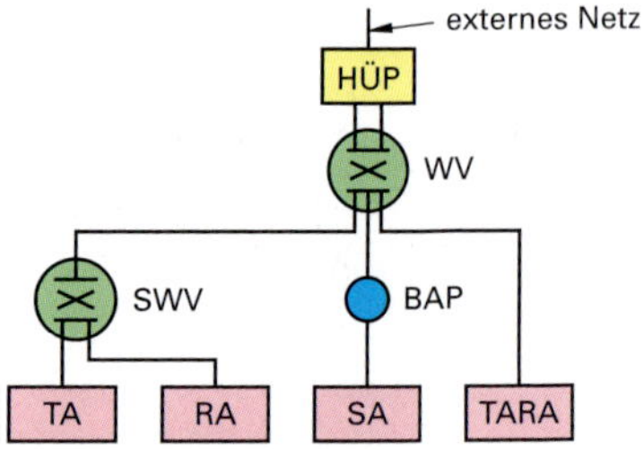
Verkabelung	Die Verkabelung zu den Anschlüssen hat sternförmig zu erfolgen. Vorteil: Teilnehmer können einfach zu- oder abgeschaltet werden (servicefreundlich). Nachteil: hoher Kabelaufwand	
Wohnungsverteiler	Jede Wohnung ist über einen Wohnungsverteiler zu versorgen, um die Verkabelung zu den einzelnen Räumen zu ermöglichen. In der Nähe des Wohnungsverteilers müssen Anschlüsse zur Stromversorgung vorhanden sein.	HÜP Hausübergabepunkt WV Wohnungsverteiler SWV sekundärer Wohnungsverteiler BAP Bereichsanschlusspunkt SA Steueranschluss TA informationstechnischer Anschluss RA Rundfunkanschluss **Kommunikationskabelanlage (Prinzip)**
Netzzugangsverkabelung	Ist die Schnittstelle in Einfamilienhäusern zwischen dem externen Netz und der inneren Verkabelung. Das externe Netz liefert Kommunikations-Signale von Telefon- und Kabelgesellschaften.	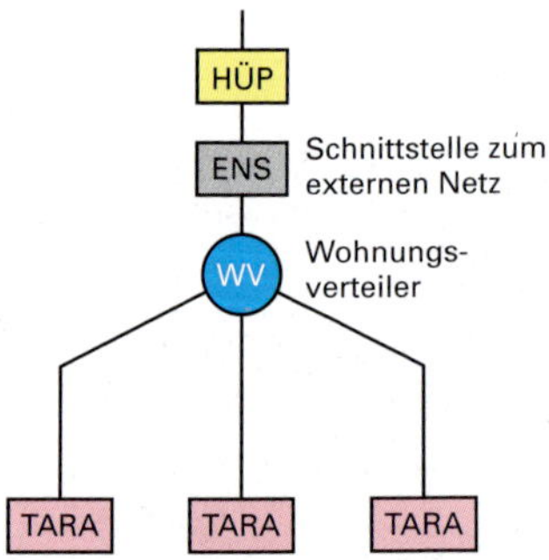
Hausübergabepunkt	Die äußeren Signale werden über den Hausübergabepunkt HÜP der Anlage zugeführt. Beim HÜP kann sich eine Zentrale, z. B. bei einem Einfamilienhaus, anschließen. Die Zentrale nimmt die Verkabelungen und die Übertragungseinrichtungen, z. B. NTBA, Telefonanlage, Splitter, Router, DSL-Modem, SAT-Multischalter, auf.	**Wohnungsverteiler**

IK

Teil AS: Automatisierungs- und Antriebssysteme, Steuern und Regeln

Part AS: Automation and Drive Systems, Controlling

Komponenten, Baugruppen 310

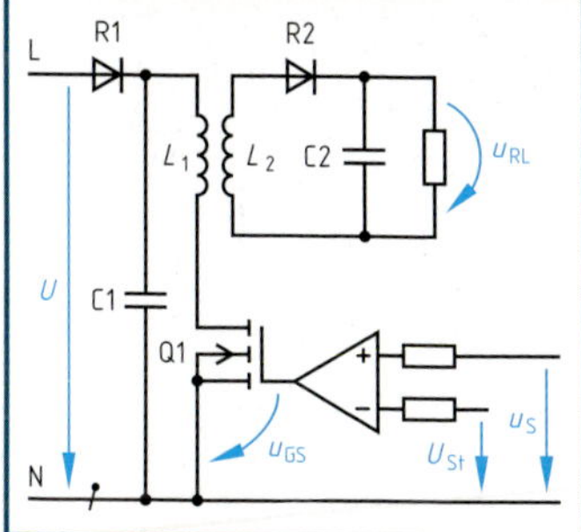

Steuern und Regeln 332

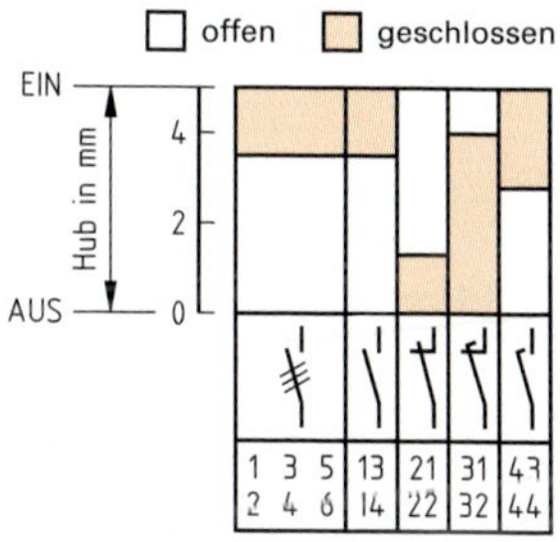

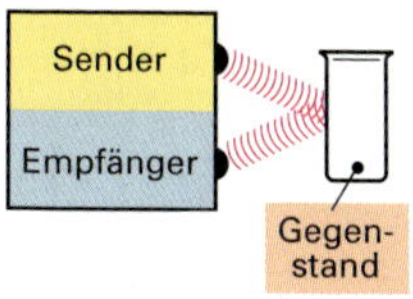

Motoren, Antriebstechnik 371

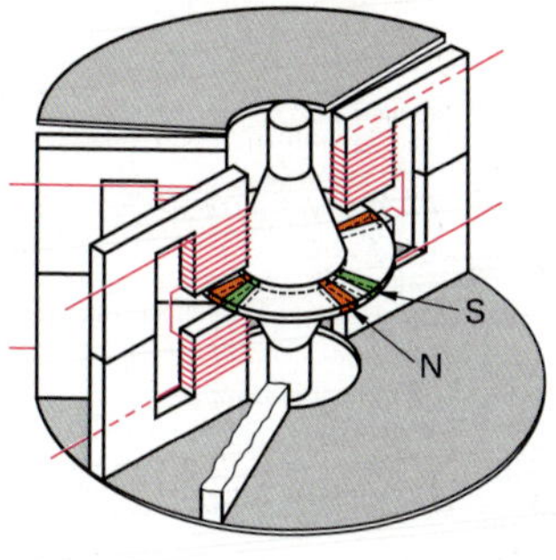

Verstärker-Grundschaltungen Basics of Amplifiers

Grundschaltungen mit bipolaren Transistoren

Größen	Emitterschaltung	Kollektorschaltung	Basisschaltung
B Basis C Kollektor E Emitter	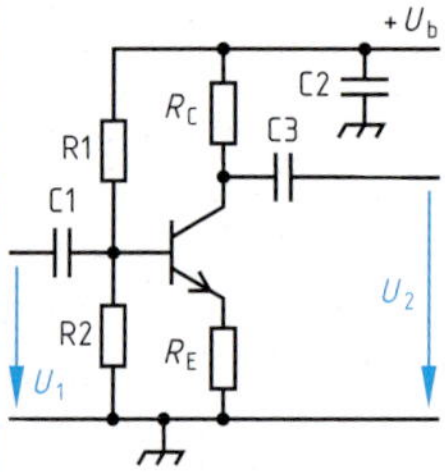	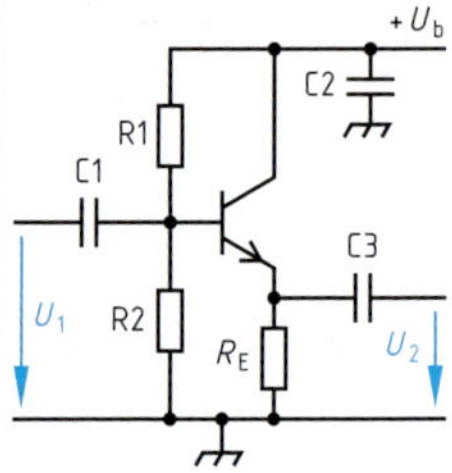	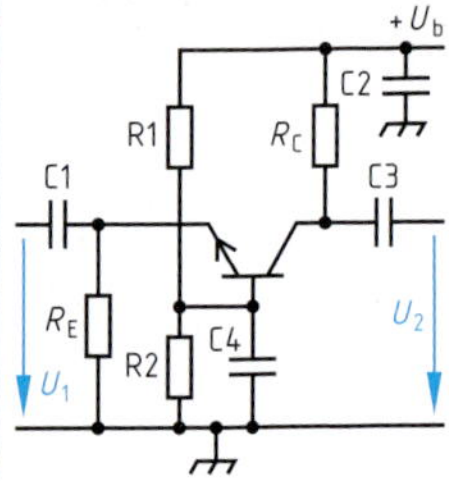
Anwendungsbeispiele	für NF- und HF-Verstärker, soweit nicht IC oder Operationsverstärker	in NF-Eingangsstufen, z. B. Impedanzwandler	noch als HF-Verstärker

Emitterschaltung

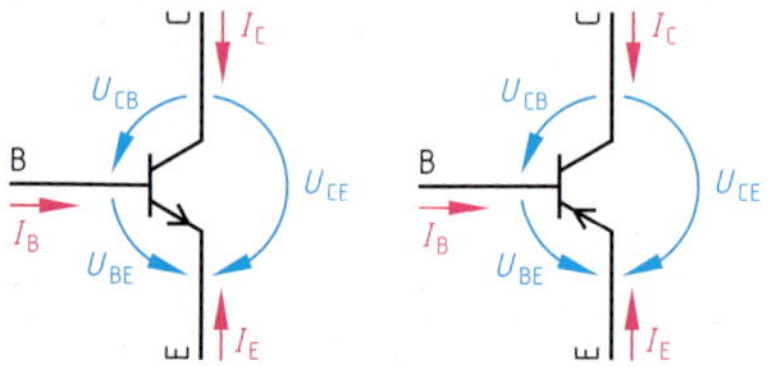

Bezugspfeile für NPN- und PNP-Transistoren

$$U_{CE} = U_{BE} + U_{CB} \quad (1)$$

$$I_B + I_C + I_E = 0 \quad (2)$$

$P_{\_} = U_{BE} \cdot I_B + U_{CE} \cdot I_C$

Für $I_B \ll I_C$:

$$P_{\_} \approx U_{CE} \cdot I_C \quad (3)$$

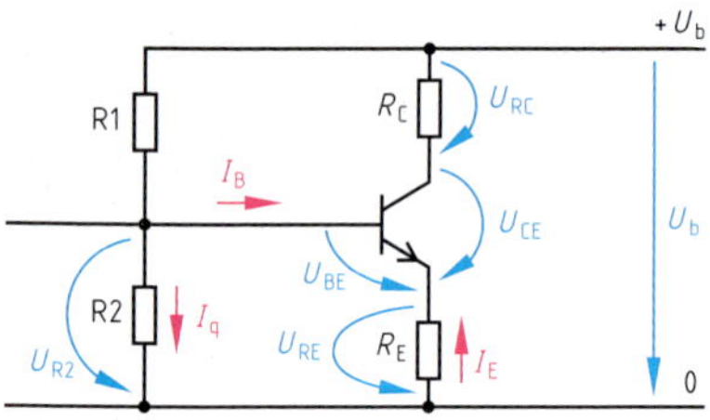

Basisspannungsteiler

$I_q \approx 3 \cdot I_B$ bis $5 \cdot I_B$

$U_{R2} = U_{BE} + (I_C + I_B) \cdot R_E$

$$B = \frac{I_C}{I_B} \quad (4)$$

$$q = \frac{I_q}{I_B} \quad (5)$$

Für $I_B \ll I_C$:

$$U_{R2} \approx U_{BE} + I_C \cdot R_E \quad (6)$$

$$R_2 = \frac{U_{R2}}{I_q} \quad (7)$$

$$R_1 = \frac{U_b - U_{R2}}{I_B + I_q} \quad (8)$$

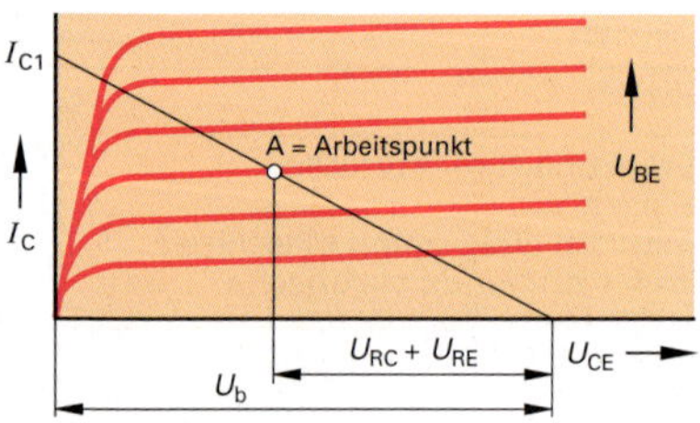

Arbeitsgerade für Gleichstrom

Konstruktion der Arbeitsgeraden:

Für $I_C = 0 \Rightarrow U_{CE} = U_b$

Für $U_{CE} = 0$:

$$I_C = \frac{U_b}{R_C + R_E} \quad (9)$$

$$V_u = \frac{U_2}{U_1} = \frac{u_2}{u_1} \quad (10)$$

$$V_p = \frac{P_2}{P_1} \quad (11)$$

$$V_i = \frac{I_2}{I_1} = \frac{i_2}{i_1} \quad (12)$$

B	Gleichstromverhältnis	$P_{\_}$	Gleichstromleistung	U_{CB}	Kollektor-Basis-Spannung
f_c	Grenzfrequenz	q	Querstromverhältnis	U_{R2}	Spannungsfall an R2
I_B	Basisstrom	R_1, R_2	Spannungsteiler-Widerstände	U_1, u_1	Eingangsspannung
I_C	Kollektorstrom	R_C	Kollektorwiderstand	V_i	Stromverstärkungsfaktor
I_E	Emitterstrom	U_b	Betriebsspannung	V_u	Spannungsverstärkungsfaktor
I_q	Querstrom	U_{CE}	Kollektor-Emitter-Spannung	V_p	Leistungverstärkungsfaktor
I_1, i_1	Eingangsstrom	U_{BE}	Basis-Emitter-Spannung		

Grundlagen des Operationsverstärkers
Basics of operational amplifier

Schaltung, Kennlinie	Erklärung	Bemerkungen

Differenzverstärker

Schaltung, Kennlinie

Prinzip

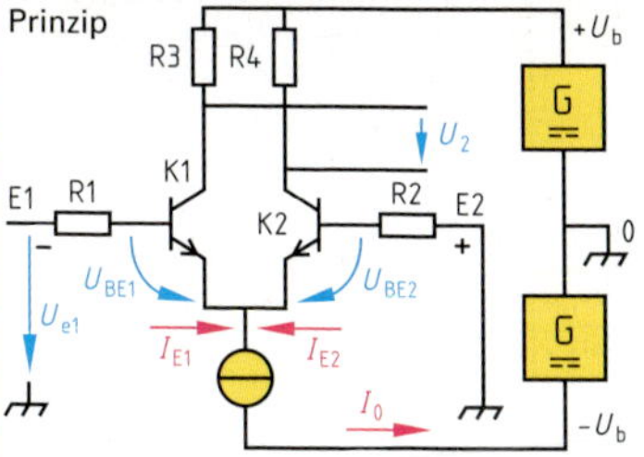

Schaltung

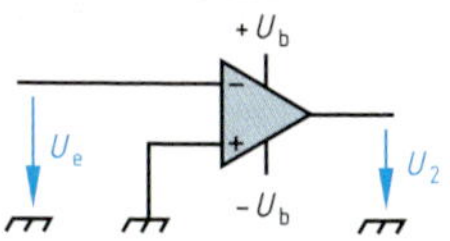

Differenzverstärker als Invertierer geschaltet

Erklärung

Ein Differenzverstärker besteht aus zwei Transistorstufen mit einer gemeinsamen Konstantstromquelle. R3 und K1 sowie R4 und K2 lassen sich als Zweige einer Brückenschaltung auffassen. Die Basis E2 des Transistors K2 wird an Masse gelegt. Die zweite Basis dient als Eingang E1. Durch Anlegen einer kleinen Spannung an E1 wird K1 angesteuert, d. h. sein Durchlasswiderstand ändert sich. Dadurch ändern sich gleichzeitig U_{BE2} gegensinnig und damit auch der Widerstand von K2. Die Ausgangsspannung U_2 ist proportional zur Differenz der Eingangsspannungen an E1 und E2. Je nach Eingangssignal liegt die Ausgangsspannung zwischen einem positiven oder negativen Maximalwert ($\pm U_b$).

Bemerkungen

Meist werden zur Spannungsversorgung zwei Spannungsquellen benötigt (z. B. $U_b = \pm$ 15 V). Diese werden an den Schaltzeichen des Operationsverstärkers meist nicht dargestellt.

Die Eingänge werden nach ihrer Wirkung auf den Ausgang als −Eingang (invertierender Eingang) oder +Eingang (nicht invertierender Eingang) bezeichnet.

Die meisten Verstärker-IC haben als erste Stufe eine Differenzverstärkerschaltung.

Konstanter Strom

$$I_0 = I_{E1} + I_{E2} \quad (1)$$

Verhalten des Operationsverstärkers

Schaltung, Kennlinie

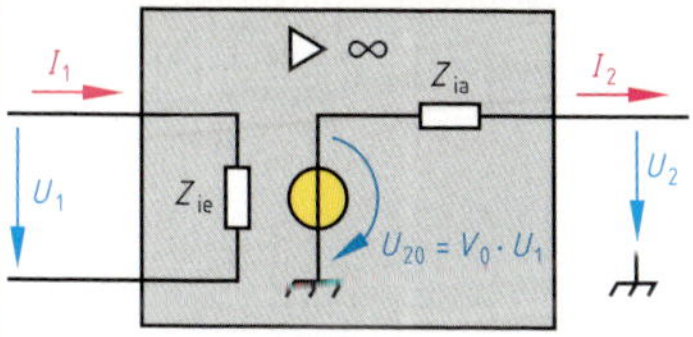

Ersatzschaltung des Operationsverstärkers

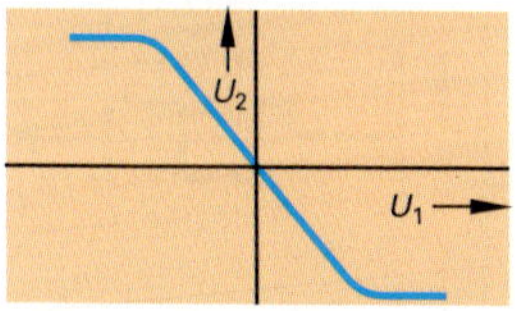

Ausgangsspannung U_2 des Invertierers als Funktion von U_1

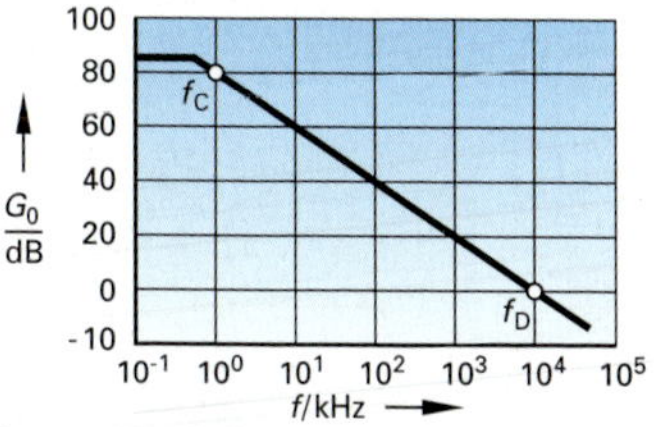

Frequenzverhalten

Erklärung

Ein Operationsverstärker besteht meist aus einem Differenzverstärker als Eingangsschaltung und mehreren gleichspannungsgekoppelten Verstärkerstufen, sodass sein Leerlaufverstärkungsfaktor V_0 sehr groß ist. Selbst sehr kleine Eingangsspannungen bewirken recht große Ausgangsspannungsänderungen, die nur durch $\pm U_b$ begrenzt werden. Daher wird der Operationsverstärker beschaltet.

Ein Operationsverstärker wirkt invertierend, da U_2 positiv bei negativer Ansteuerung an E1 ist. Der Eingang E1 erhält im Schaltzeichen deshalb ein Minuszeichen. Ein Operationsverstärker wirkt dann nicht invertierend, wenn bei positiver Ansteuerung an E2 auch die Ausgangsspannung U_2 positiv ist.

Infolge interner Phasendrehung bei hohen Frequenzen besteht Schwingneigung. Daher ist eine Reduzierung der Verstärkung um 20 dB/Dekade notwendig. Es wird dazu eine Gegenkopplung mit einer RC-Schaltung verwendet (Frequenzkompensation). Meist ist diese bereits im IC vorhanden.

Bemerkungen

Kenngrößen

Größe	Typischer Wert	Näherung
V_0	10^4 bis 10^6	∞
Z_{ie}	100 kΩ bis 10^3 GΩ	∞
Z_{ia}	10 Ω bis 5 kΩ	0

Schaltzeichen und Formelzeichen

DIN-Form

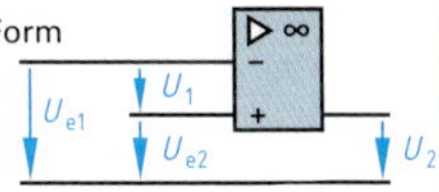

übliche Form

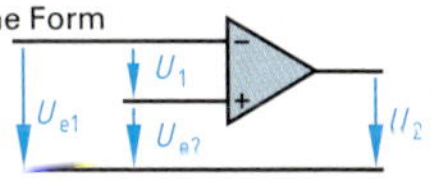

$$Z_{ie} = \frac{U_1}{I_1} \quad (2)$$

$$Z_{ia} = \frac{\Delta U_2}{\Delta I_2} \quad (3)$$

$$V_0 = \frac{U_2}{U_1} \quad (4)$$

$$G_0 = 20 \lg \frac{U_2}{U_1} \quad (5)$$

$$G_{CM} = 20 \lg \frac{U_2}{U_{1CM}} \quad (6)$$

$$f_c = \frac{f_D}{V} \quad (7)$$

f_c	Grenzfrequenz
f_D	Durchtrittsfrequenz
G_0	Leerlauf-Spannungsverstärkungsmaß in dB
G_{CM}	Gleichtaktverstärkungsmaß in dB
I_0	Konstanter Strom
I_1	Eingangsstrom
I_2	Ausgangsstrom
U_{e1}, U_{e2}	Eingangsspannungen
U_1	Differenzeingangsspannung
U_2	Differenzausgangsspannung
U_{1CM}	Eingangsspannung bei gleichphasiger Ansteuerung
U_b	Betriebsspannung
V	Spannungsverstärkungsfaktor
V_0	Leerlauf-Spannungsverstärkungsfaktor
Z_{ie}	Eingangsinnenwiderstand bei Differenzansteuerung
Z_{ia}	Ausgangsinnenwiderstand
Δ	Zeichen für Differenz

AS

Schaltungen mit Operationsverstärkern 1
Circuits with operational amplifiers 1

Schaltung	Formeln	Spannungsverläufe
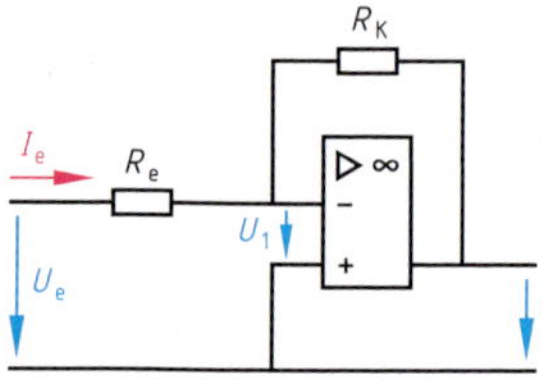 **Invertierer**	$U_1 \approx 0$ $I_e \cdot R_K + U_a - U_1 = 0$ $I_e \cdot R_e + U_1 = U_e$ $U_a = -I_e \cdot R_K$ $U_e = I_e \cdot R_e$ **1** $\frac{U_a}{U_e} = -\frac{R_K}{R_e}$ **2** $V_u = -\frac{U_a}{U_e}$ Minuszeichen bedeutet Invertieren.	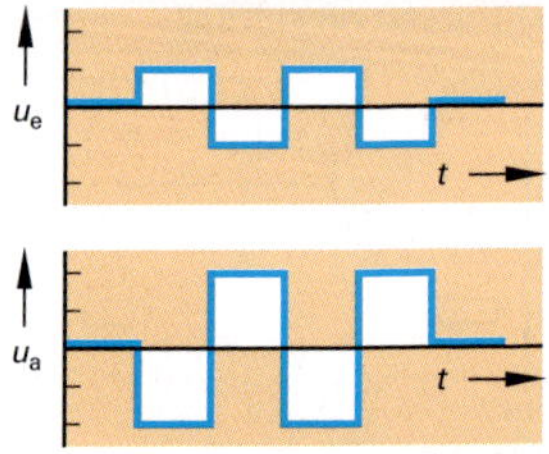
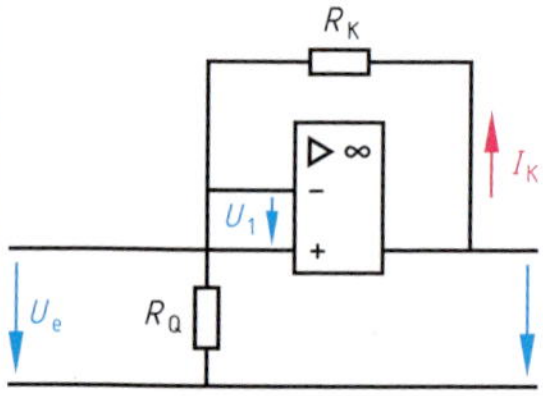 **Nichtinvertierer**	$U_1 \approx 0$ $U_e = -I_K \cdot R_Q$ $U_a = -I_K (R_Q + R_K)$ **3** $\frac{U_a}{U_e} = 1 + \frac{R_K}{R_Q}$ **4** $V_u = 1 + \frac{R_K}{R_Q}$ Pluszeichen bedeutet Nichtinvertieren.	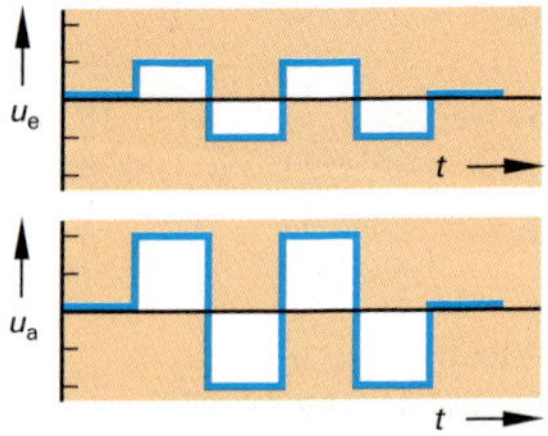
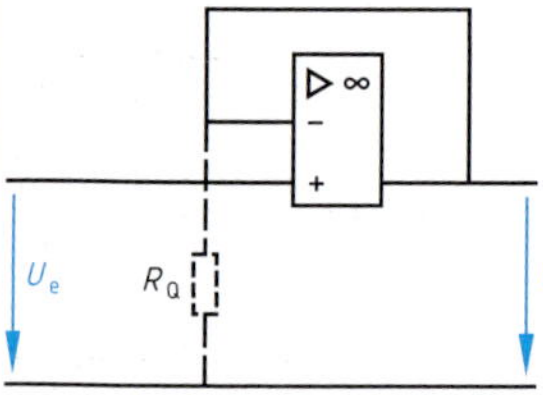 **Impedanzwandler**	$R_Q = \infty$ $\frac{R_K}{R_Q} = 0$ $\frac{U_a}{U_e} = 1$ **5** $V_u = 1$ R_e ist sehr groß ($\rightarrow \infty$)	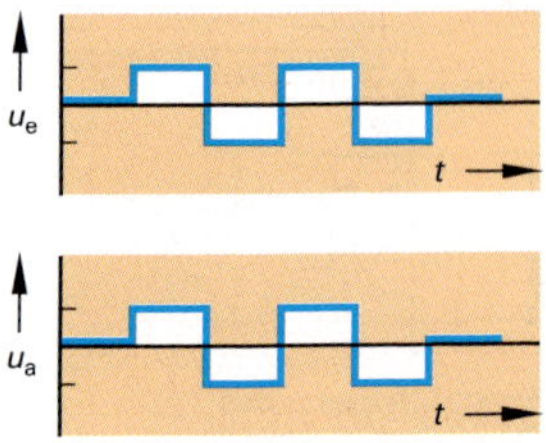
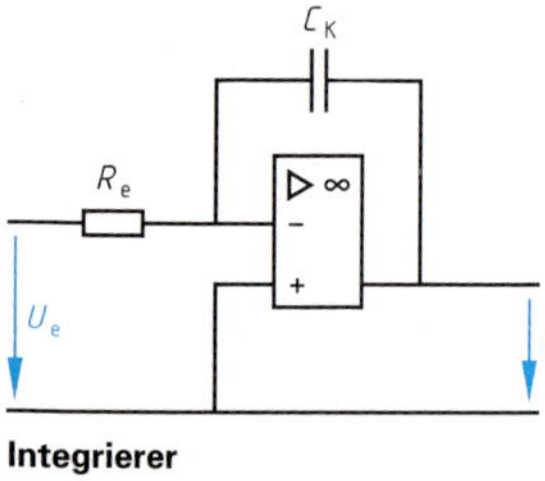 **Integrierer**	Für nicht sinusförmige Größen: **6** $\Delta U_a = -\frac{U_e}{C_K \cdot R_e} \cdot \Delta t$ Für sinusförmige Größen: $\frac{U_{a\sim}}{U_{e\sim}} = -\frac{X_{CK}}{R_e}$ **7** $U_{a\sim} = -\frac{1}{R_e \cdot \omega \cdot C_K} \cdot U_{e\sim}$	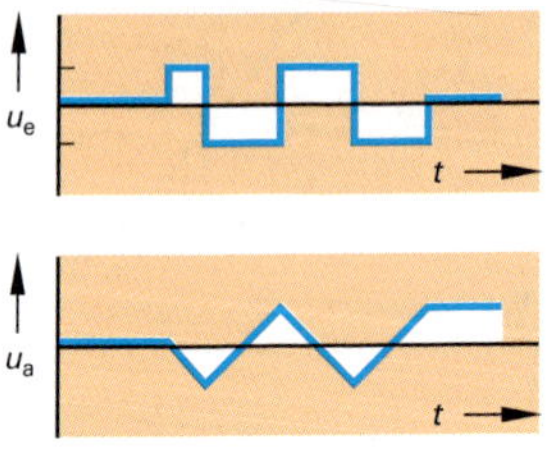
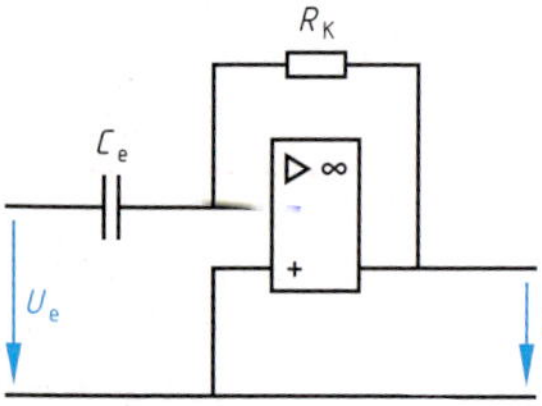 **Differenzierer**	Für nicht sinusförmige Größen: **8** $U_a = -R_K \cdot C_e \frac{\Delta U_e}{\Delta t}$ Für sinusförmige Größen: $\frac{U_{a\sim}}{U_{e\sim}} = -\frac{R_K}{X_{Ce}}$ **9** $U_{a\sim} = -R_K \cdot \omega \cdot C_e \cdot U_{e\sim}$	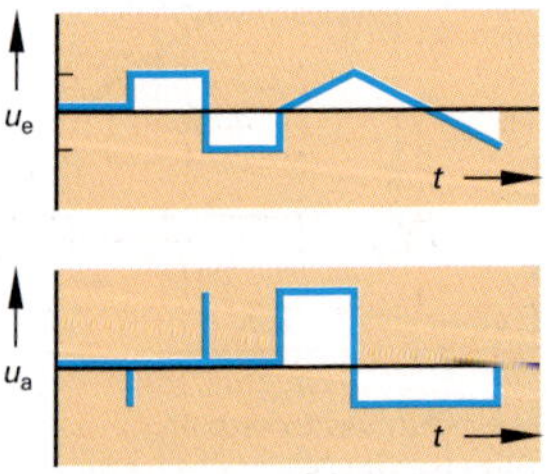

C_e Eingangskapazität, C_K Kopplungskapazität, I_e Eingangsstrom, I_K Kopplungsstrom, R_e Eingangswiderstand, R_K Rückkopplungswiderstand, R_Q Querwiderstand, U_1 Spannung zwischen invertierendem und nicht invertierendem Eingang, U_a Ausgangsspannung, $U_{a\sim}$ Ausgangswechselspannung, U_e Eingangsspannung, $U_{e\sim}$ Eingangswechselspannung, V_u Spannungsverstärkungsfaktor, X_C kapazitiver Blindwiderstand

AS

Schaltungen mit Operationsverstärkern 2
Circuits with operational amplifiers 2

Schaltung	Formeln	Spannungsverläufe, Stromverläufe
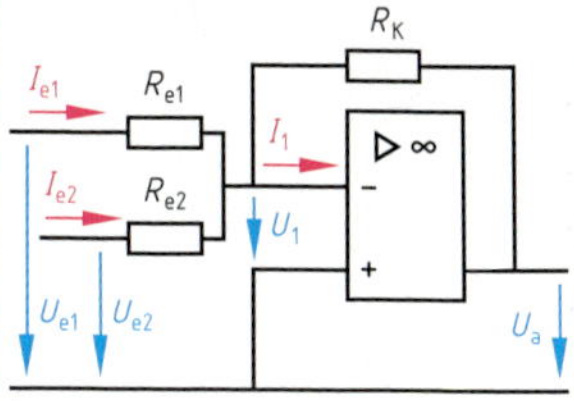 **Summierverstärker**	$U_{e1} = I_{e1} \cdot R_{e1} + U_1$ $U_{e2} = I_{e2} \cdot R_{e2} + U_1$ $U_1 = R_K\,(I_{e1} + I_{e2}) + U_a$ $U_1 \approx 0;\ I_1 \approx 0$ $U_a = -R_K\,(I_{e1} + I_{e2})$ $U_a = -\left[\frac{R_K}{R_{e1}} \cdot U_{e1} + \frac{R_K}{R_{e2}} \cdot U_{e2}\right]$ **1**	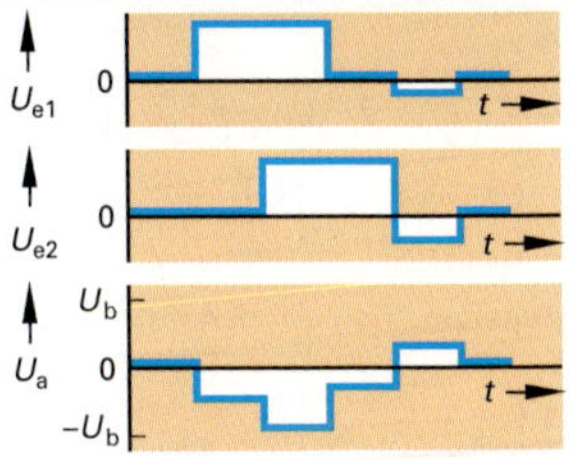
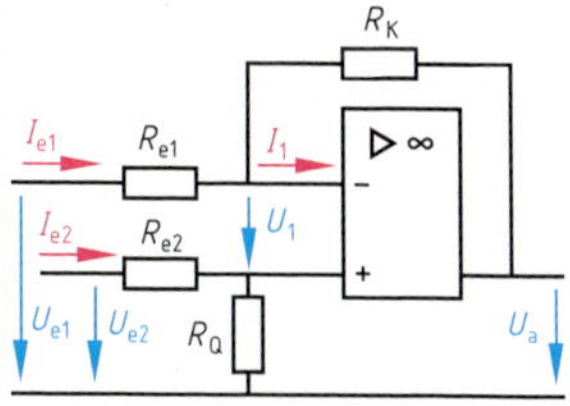 **Subtrahierverstärker**	$U_1 \approx 0;\ I_1 \approx 0$ $U_{e1} - U_{e2} = I_{e1} \cdot R_{e1} - I_{e2} \cdot R_{e2}$ $I_{e1} = (U_{e1} - U_a)/(R_{e1} + R_K)$ $I_{e2} = U_{e2}/(R_{e2} + R_Q)$ $U_a = \frac{R_Q(R_{e1} + R_K)}{R_{e1}(R_{e2} + R_Q)} \cdot U_{e2} - \frac{R_K}{R_{e1}} \cdot U_{e1}$ **2**	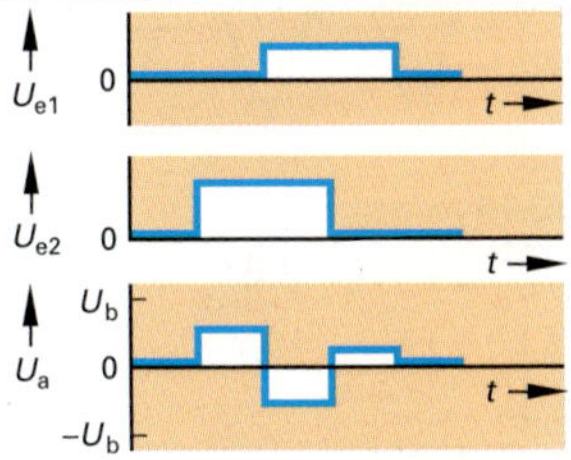
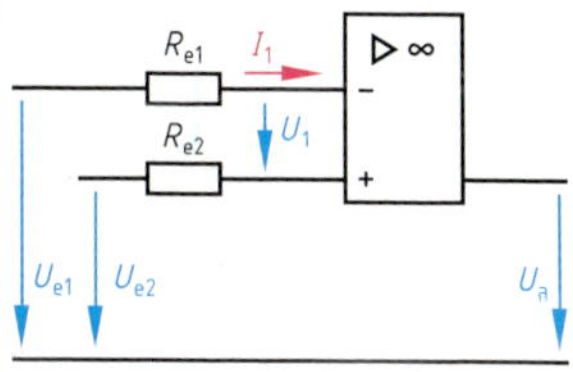 **Spannungskomparator**	$U_1 \approx 0;\ I_1 \approx 0;\ V_0 \approx 10^4 \ldots 10^5$ $U_{e1} - U_{e2} - U_1 = 0$ $U_1 = U_{e1} - U_{e2}$ $U_a = -V_0 \cdot U_1 = -V_0 \cdot (U_{e1} - U_{e2})$ Volle Aussteuerung, wenn $U_{e1} \neq U_{e2}$ $U_a = +U_b$, wenn $U_{e1} < U_{e2}$ $U_a = -U_b$, wenn $U_{e1} > U_{e2}$ **3**	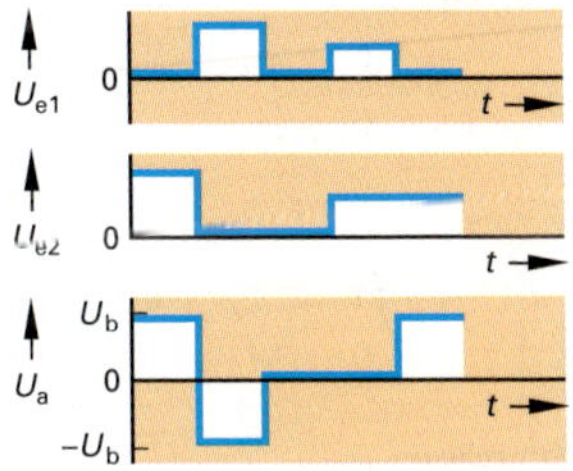
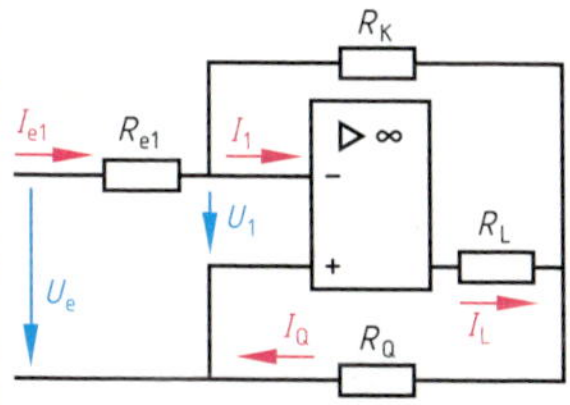 **Spannungs-Stromumsetzer**	$U_1 \approx 0;\ I_1 \approx 0$ $I_{e1} \cdot R_K = -I_Q \cdot R_Q$ $U_e = I_{e1} \cdot R_{e1}$ $I_L = -I_{e1} + I_Q$ $I_L = -\frac{1}{R_{e1}}\left(1 + \frac{R_K}{R_Q}\right) \cdot U_e$ **4**	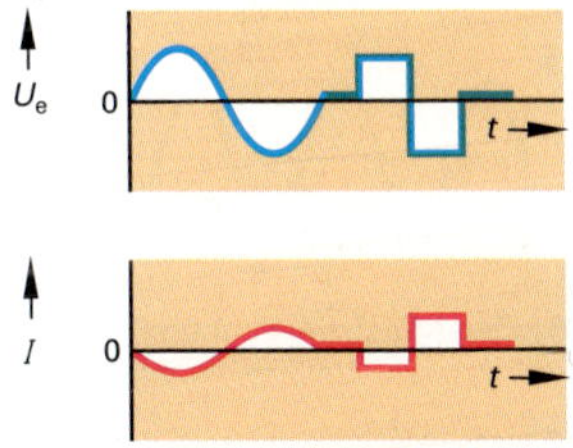
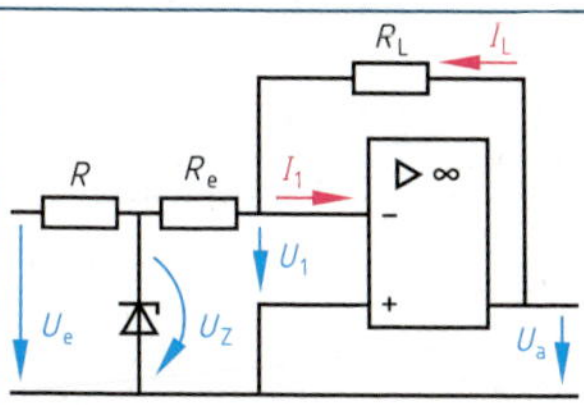 **Konstantstromquelle**	$U_Z = -I_L \cdot R_e + U_1$ $U_1 \approx 0;\ U_e > U_Z$ $I_1 \approx 0$ $I_L = -\frac{U_Z}{R_e}$ **5**	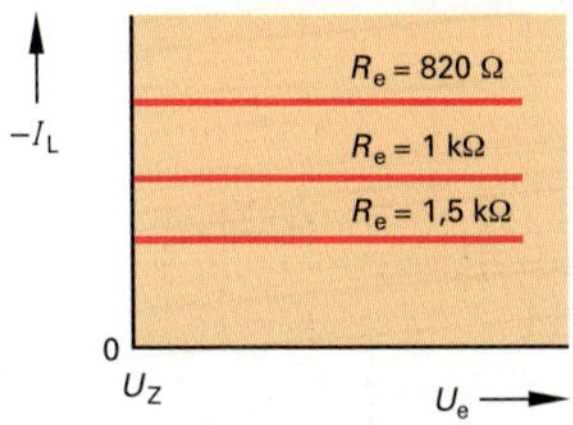
Schwellenwertschalter, Schmitt-Trigger	Siehe Seite „Schalttransistor und Kippschaltungen".	Es gibt nichtinvertierende und invertierende Schwellwertschalter.

I_{e1}, I_{e2} Eingangsströme, I_L Laststrom, R_{e1}, R_{e2} Eingangswiderstände, R_K Rückkopplungswiderstand, R_L Lastwiderstand, R_Q Querwiderstand, U_1 Spannung zwischen invertierendem und nicht invertierendem Eingang, U_a Ausgangsspannung, U_{e1}, U_{e2} Eingangsspannungen, U_Z Z-Diodenspannung, V_0 Leerlauf-Spannungsverstärkungsfaktor.

Aufgaben von Stromrichtern Tasks of Power Converters

Eingangsspannung, Aufgabe	Schaltzeichen	Ausgangsspannung	Stellmittel, Schaltung, Trigger-Bauelemente
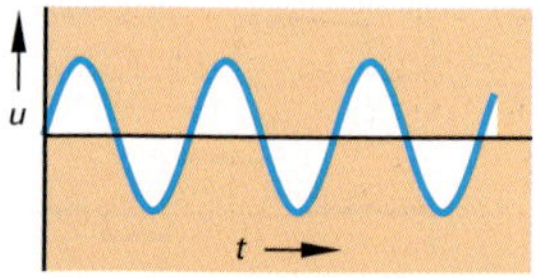 **Schalten, Vielperiodensteuerung**	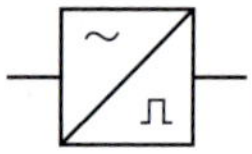	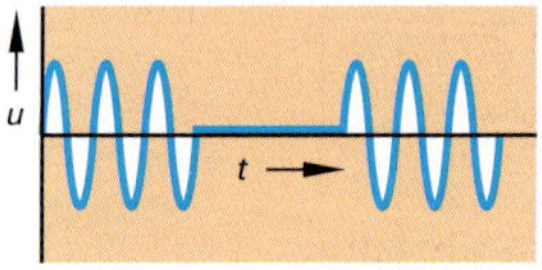	P-Gate-Thyristor, N-Gate-Thyristor, Triac, GTO-Thyristor. Zum Triggern: Nullspannungsschalter, Diac.
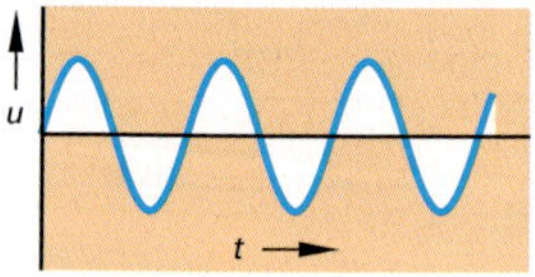 **Gleichrichten**	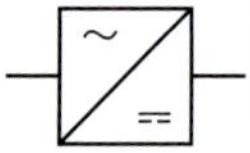	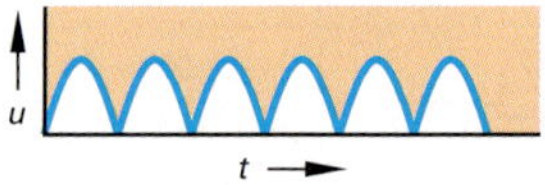	Ungesteuerte und halbgesteuerte Schaltung: Dioden, Thyristoren, gesteuerte Schaltung: Zweipuls-Brückenschaltung.
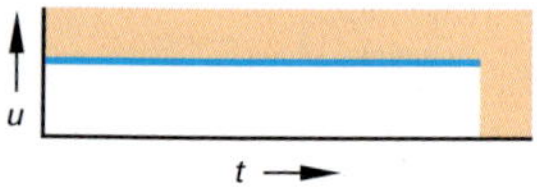 **Wechselrichten**	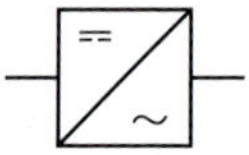	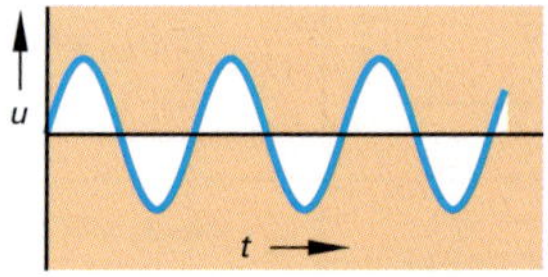	Transistoren, IGBT, P-Gate-Thyristor, N-Gate-Thyristor, rückwärts leitender Thyristor, GTO-Thyristor, MCT-Thyristor.
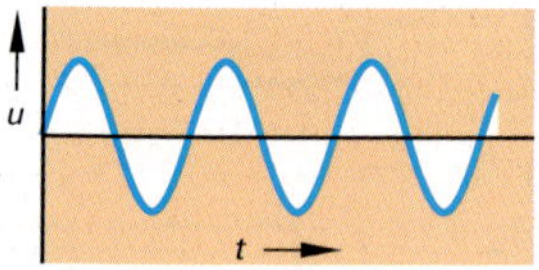 **Umrichten**	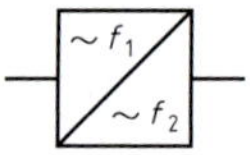	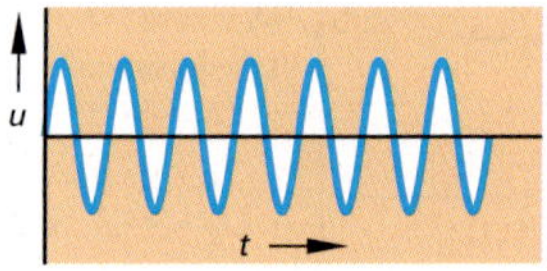	Nach Gleichrichtung mit Transistoren oder IGBT, seltener Direktumrichtung mit Thyristoren.
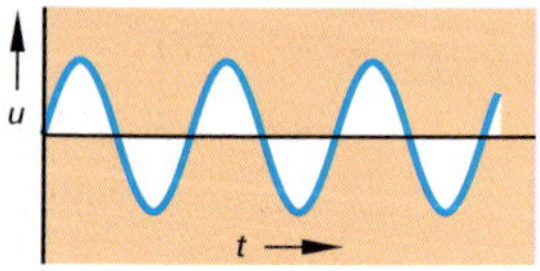 **Stellen (Wechselspannung)**	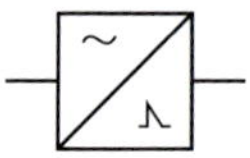	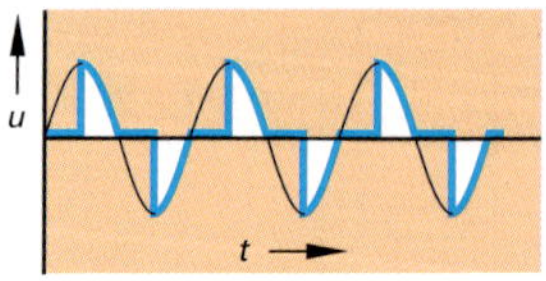	Triac, P-Gate-Thyristoren, z.B. in Gegenparallelschaltung.
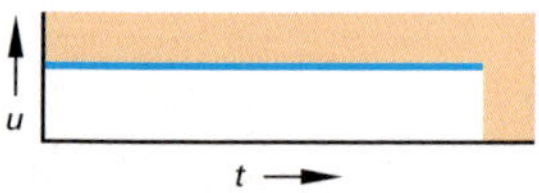 **Stellen (Gleichspannung)**	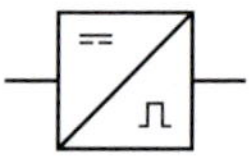	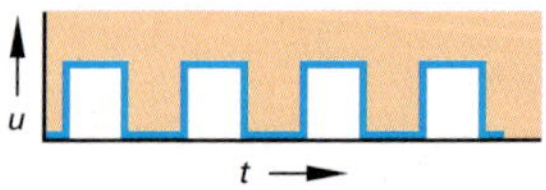	Transistor, IGBT, GTO-Thyristor, mit Löschkreis: MCT-Thyristor oder P-Gate-Thyristor oder rückwärts leitender Thyristor.
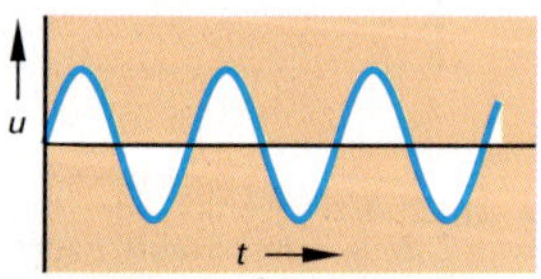 **Gleichrichten und Stellen**	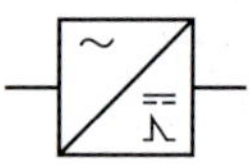	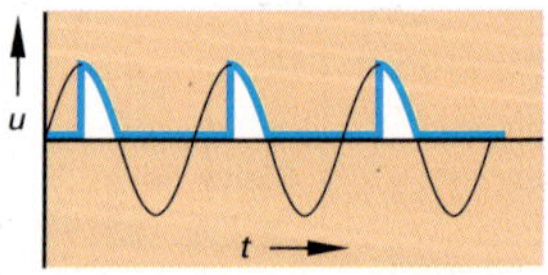	P-Gate-Thyristor oder N-Gate-Thyristor. In Einwegschaltung. Triggerung wie bei Schalten (siehe oben).

Diac Kunstwort aus Diode und alternating current = Wechselstrom, GTO von Gate-Turn-Off = Gate-Abschalten, Triac Kunstwort aus Triode = Bauelement mit drei Anschlüssen und alternating current.

AS

Benennung von Stromrichterschaltungen Identification of Power Converters

Kennzeichen der Grundschaltungen

Kennbuchstabe	Schaltungsfamilie	Kennzahl	Benennung
E M B D	Einwegschaltung mit einzelnem Hauptzweig Mittelpunktschaltung Brückenschaltung Verdopplerschaltung (praxisüblich, nicht genormt)	Pulszahl *p* (p = 1, 2, 3, 6)	p-Puls-Mittelpunktschaltung p-Puls-Brückenschaltung Zweipuls-Verdopplerschaltung p-Puls-Vervielfacherschaltung
V	Vervielfacherschaltung (praxisüblich, nicht genormt)		
W	Wechselwegschaltung	Phasenzahl *m*	m-Phasen-Wechselwegschaltung m-Phasen-Polygonschaltung

Ergänzende Kennzeichen

Kennzeichen	Bedeutung	Kennzeichen	Bedeutung
A	anodenseitig	K	katodenseitig
C	vollgesteuerte Schaltung	L	Zweigpaar in Zweiwegschaltungen
D	Polygonschaltung, z. B. Dreieck	N	Sternschaltung mit Neutralleiteranschluss
F	Freilaufzweig	P	Parallelschaltung
FC	gesteuerter Freilaufzweig	Q	Löschzweig
H	halb gesteuerte Schaltung	R	Rücklaufzweig
HA	anodenseitig halb gesteuert	S	Reihenschaltung
		U	ungesteuerte Schaltung
HK	katodenseitig halb gesteuert	Y	Sternschaltung ohne Neutralleiteranschluss
HZ	im Zweigpaar halb gesteuerte Zweipuls-Brückenschaltung	+	Verbindungszeichen für mehrere Grundschaltungen oder Sätze
I	Gegenparallelschaltung (I von invers)		

Benennungsbeispiele

Benennung, Kennzeichen	Schaltungen zur DC-Steuerung	Benennung, Kennzeichen	Schaltungen zur AC-Steuerung
Zweipuls-Mittelpunkt-schaltung M2CK oder M2C oder M2K oder M2	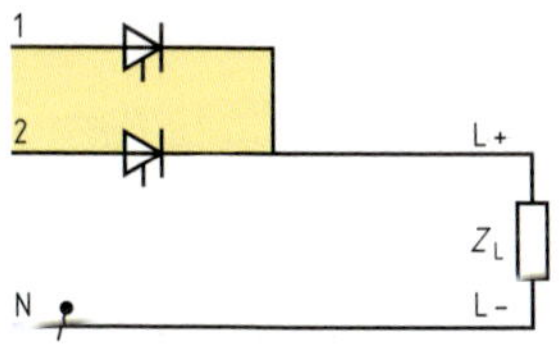	Einphasen-Wechselweg-schaltung W1C oder W1	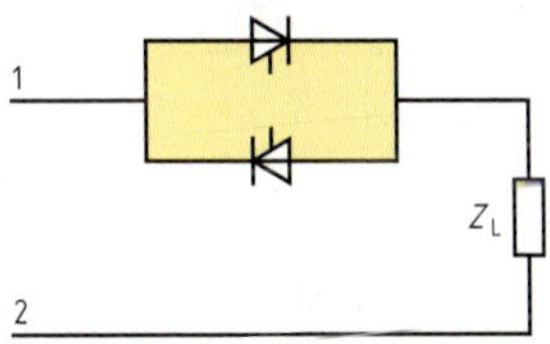
Zweipuls-Brücken-schaltung vollgesteuert B2C oder B2	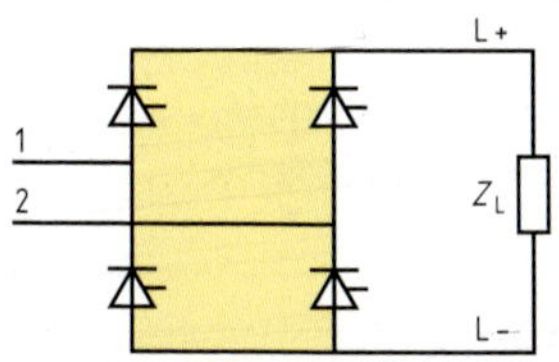	Dreiphasen-Polygon-schaltung G3C-3D oder G3-3D	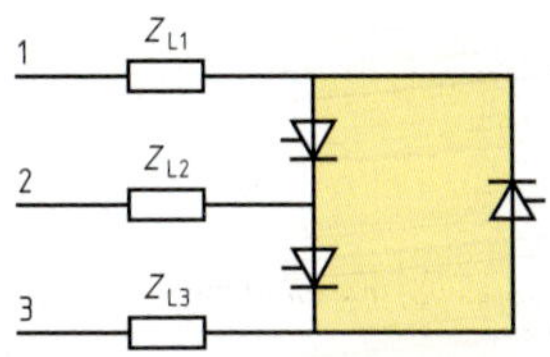
Sechspuls-Brückenschal-tung halbge-steuert mit Freilaufdiode B6HKF oder B6HF oder B6KF oder B6F oder B6	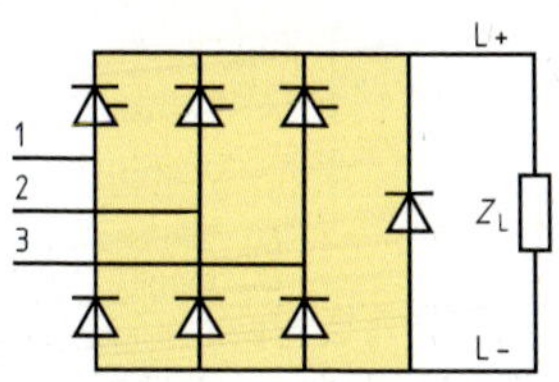	Zweipuls-Brücken-schaltung mit steuer-barem Kurz-schlusszweig B2U + E1C	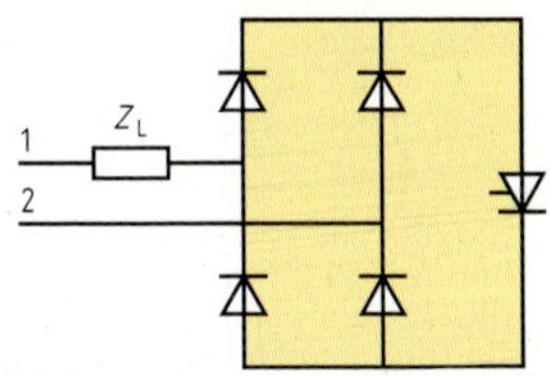

AS

Schaltungen für Gleichrichter und Stromrichter
Circuits for Rectifiers and Power Converters

Benennung	Schaltplan	Spannungsverlauf	Formeln	Bemerkungen
Einwegschaltung E1	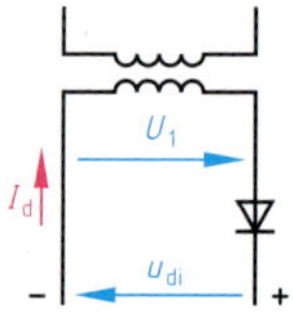	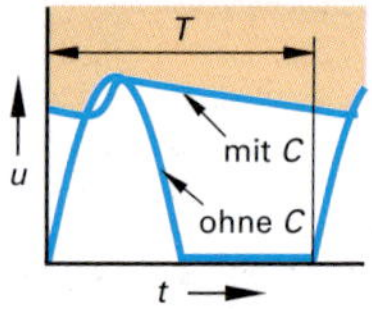	$P_T/P_d = 3{,}1$ Ohne C: $U_{di}/U_1 = 0{,}45$ Mit C: $U_{di}/U_1 = 1{,}41$ $I_Z = I_d$	Belastung mit Gegenspannung beansprucht das gleichrichtende Element mit einer doppelten Sperrspannung.
Zweipuls-Mittelpunktschaltung M2	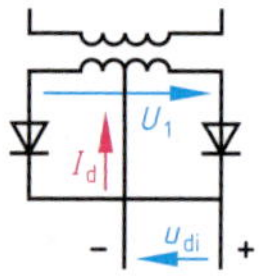	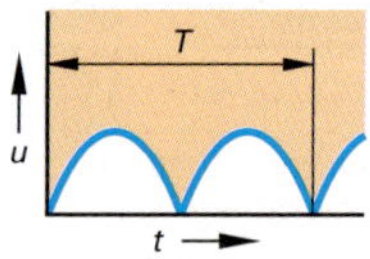	$U_{di}/U_1 = 0{,}45$ $P_T/P_d = 1{,}5$ $I_Z = I_d/2$	Transformator muss einen Mittelabgriff haben.
Dreipuls-Mittelpunktschaltung (Sternschaltung) M3	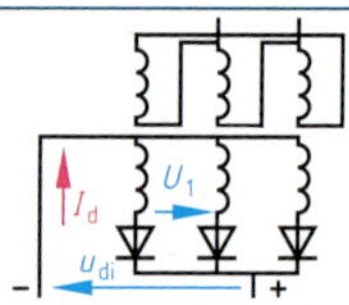	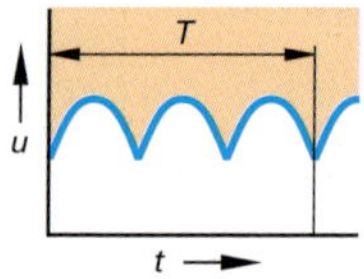	$U_{di}/U_1 = 0{,}676$ $P_T/P_d = 1{,}5$ $I_Z = I_d/3$	Im Sternpunktleiter fließt der gesamte Gleichstrom.
Doppel-Dreipuls-Mittelpunktschaltung M3.2	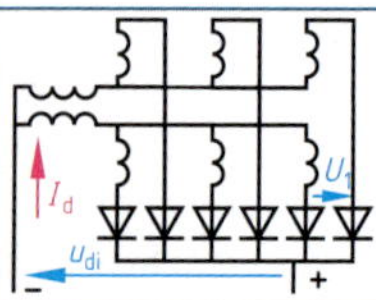	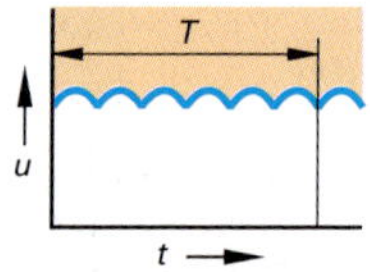	$U_{di}/U_1 = 0{,}68$ $P_T/P_d = 1{,}3$ $I_Z = I_d/6$	Bei Entlastung (Abnahme des Laststroms) steigt die Spannung an.
Zweipuls-Brückenschaltung B2	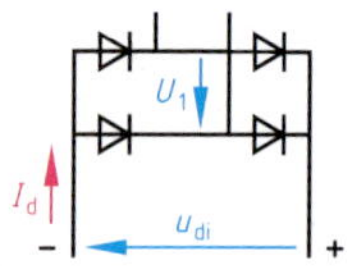	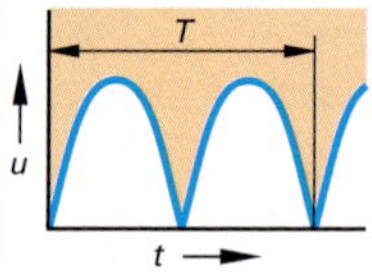	$U_{di}/U_1 = 0{,}9$ $P_T/P_d = 1{,}23$ $I_Z = I_d/2$	Für niedrige Spannungen (< 5 V) weniger geeignet, weil U_d um das Doppelte der Schleusenspannung kleiner ist als U_{di}.
Sechspuls-Brückenschaltung B6	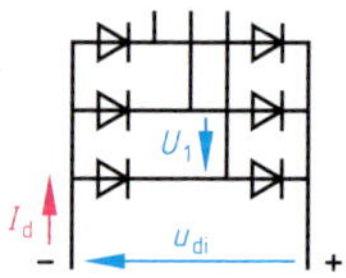	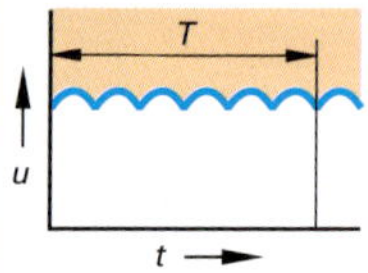	$U_{di}/U_1 = 1{,}35$ $P_T/P_d = 1{,}1$ $I_Z = I_d/3$	
Einpuls-Verdopplerschaltung D1	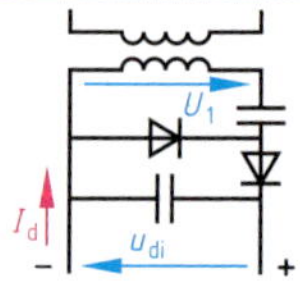	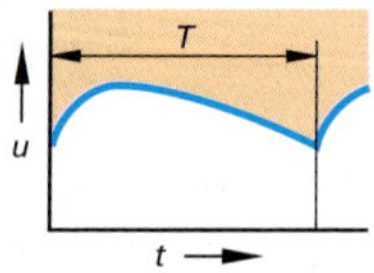	$U_{di}/U_1 = 2{,}82$ $P_T/P_d = 1{,}55$ $I_Z = I_d$	Sperrspannung ist gleich der Summe von der abgegebenen Gleichspannung U_d und der Anschlusswechselspannung.
Zweipuls-Verdopplerschaltung D2	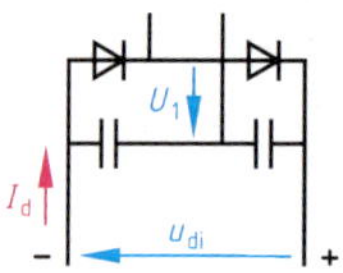	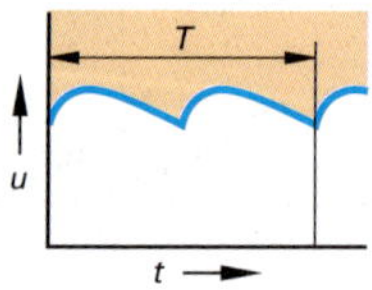	$U_{di}/U_1 = 2{,}82$ $P_T/P_d = 1{,}55$ $I_Z = I_d$	

I_d Gleichstrom
I_Z Stromstärke im Zweig
P_d Gleichstromleistung
P_T Transformatorbauleistung
T Periodendauer von U_1
t Zeit
u Spannung
U_1 Anschlussspannung
U_d Gleichspannung
U_{di} ideelle Leerlauf-Gleichspannung

AS

Wechselwegschaltungen, Steuerkennlinien
Bidirectional Connections, Control Characteristics

Wechselwegschaltungen

Schaltung, Bezeichnung	Eigenschaften, Anwendung	Stromverlauf bei Widerstandslast
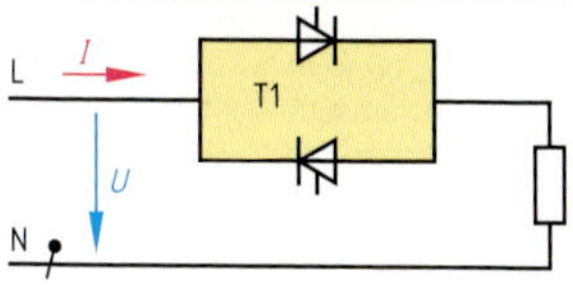 **Vollgesteuerte Einphasen-Wechselwegschaltung W1C**	• Symmetrische Lastspannung, • bei $\alpha > 0°$ muss das Netz Blindleistung liefern, • bei $\alpha > 0°$ wird die Netzspannung durch Oberschwingungen verzerrt, • Stellbereich 0% bis 100%, • mit Triac als Dimmer für Leistungen bis etwa 3 kVA.	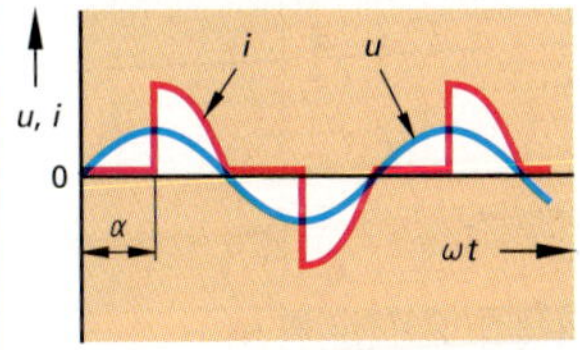
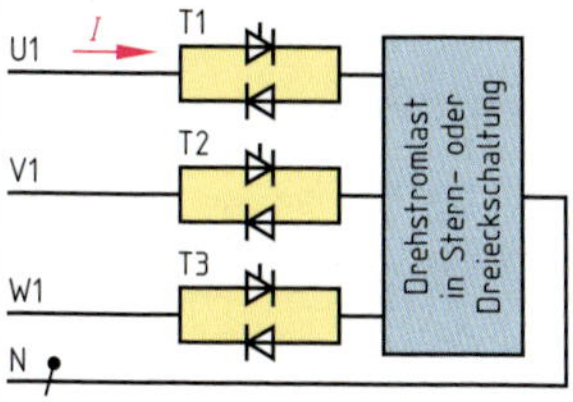 **Halbgesteuerte Dreiphasen-Wechselwegschaltung W3H**	• einfache Ansteuerung der Thyristoren, • Anschluss an N nur bei Sternschaltung der Lastwiderstände möglich, • ohne N bei unsymmetrischer Last, unsymmetrische Lastspannung und Geräuschbildung bei Motorlast, • für einfache Drehstromantriebe. Bei symmetrischer Last ist V1 ohne T2 an die Drehstromlast geführt.	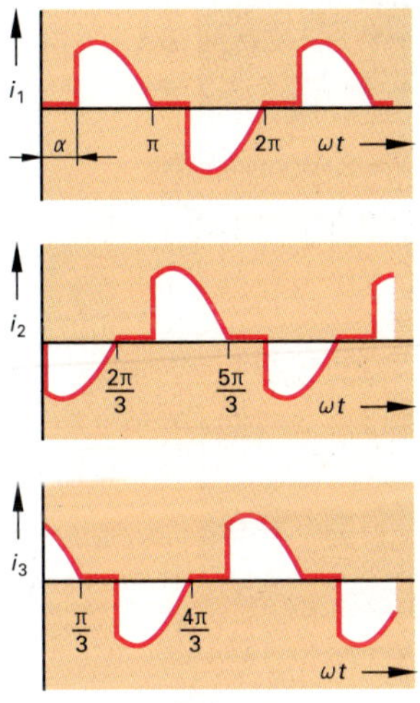
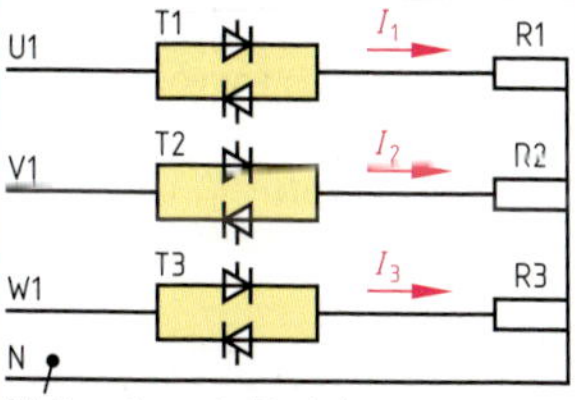 **Vollgesteuerte Dreiphasen-Wechselwegschaltung W3C**	• erhöhter Aufwand für die Ansteuerung der Thyristoren, • Betrieb ohne N führt zu anderer Kurvenform, ist nur für $\alpha < 5\pi/6 \mathrel{\hat{=}} 150°$ möglich, • für Drehstromantriebe mit steuerbarer Lastspannung, • für Beleuchtungssteuerung großer Anlagen (3W1C). Bei symmetrischer Last ist V1 ohne T2 an R2 geführt.	**Ströme bei Anschluss an N**

Steuerkennlinien von vollgesteuerten Schaltungen bei Widerstandslast

Kennlinien	Formeln bei Widerstandslast
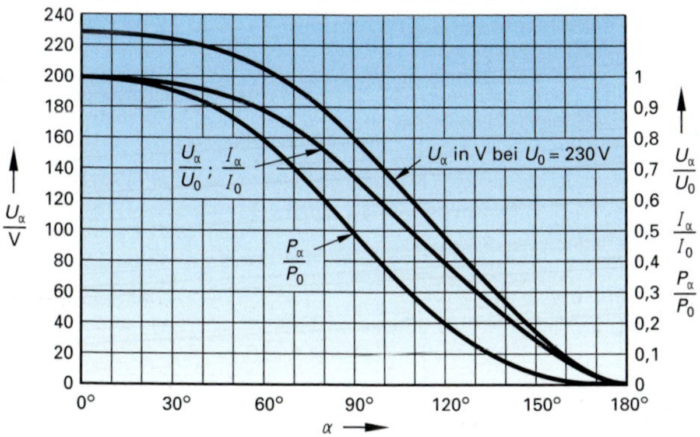	$U_\alpha = U_0 \cdot \sqrt{1 + \frac{\sin(2\alpha)}{2\pi} - \frac{\alpha}{180°}}$ **1** $I_\alpha = I_0 \cdot \sqrt{1 + \frac{\sin(2\alpha)}{2\pi} - \frac{\alpha}{180°}}$ **2** $P_\alpha = P_0 \cdot \left(1 + \frac{\sin(2\alpha)}{2\pi} - \frac{\alpha}{180°}\right)$ **3**

C	vollgesteuert (von controlled = gesteuert)	t	Zeit	α	Zündwinkel in °	Index α bei Zündwinkel α
I, i	Stromstärke	U, u	Spannung	ω	Kreisfrequenz	Index 0 bei $\alpha = 0°$
P	Wirkleistung	W	Wechselweg	$\omega \cdot t$	Winkel in rad	

AS

Betriebsquadranten bei Antrieben, Linearmotoren
Operational quadrants for drives, Linear motors

Vierquadrantenbetrieb

Quadranten	Motorkennlinien	Bemerkungen
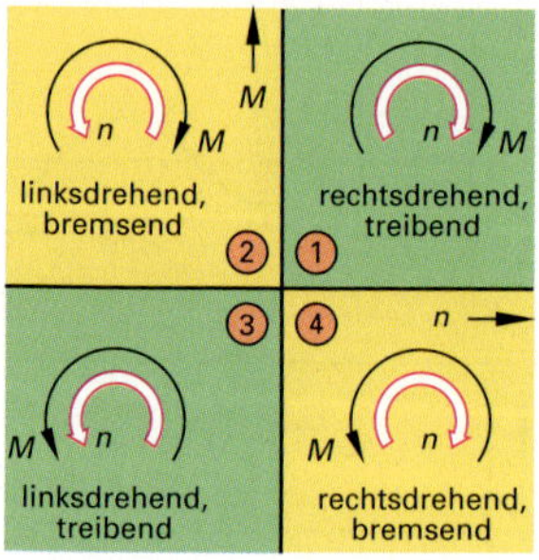 **Vierquadrantenbetrieb**	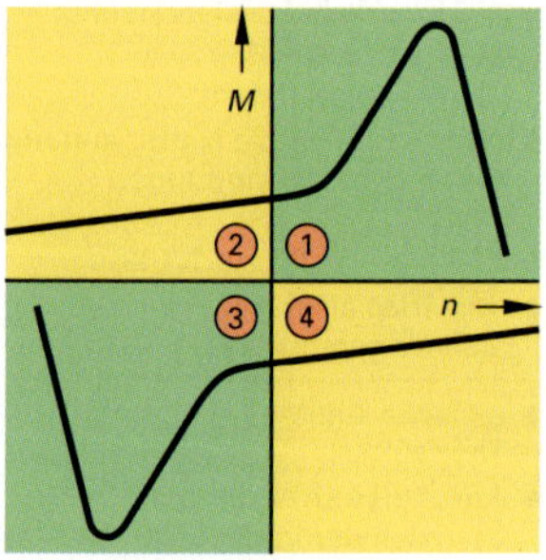 ***M*(*n*)-Kennlinie beim Asynchronmotor**	Elektromotoren, z.B. Asynchronmotoren, können in vier verschiedenen Betriebsquadranten (Betriebsbereichen) arbeiten. Diese werden meist nach der *M*(*n*)-Kennlinie der Motoren eingeteilt, weil diese Kennlinie meist verwendet wird. Sind Kraftmoment und Drehrichtung der Maschine gleichsinnig (Quadranten ① und ③), so treibt die Maschine die Last an. Bei gegensinniger Richtung (Quadranten ② und ④) wird die Maschine gebremst.
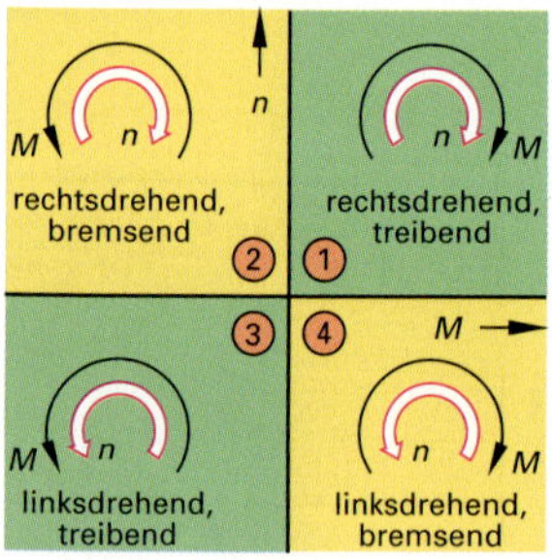 **Vierquadrantenbetrieb,** andere Darstellung	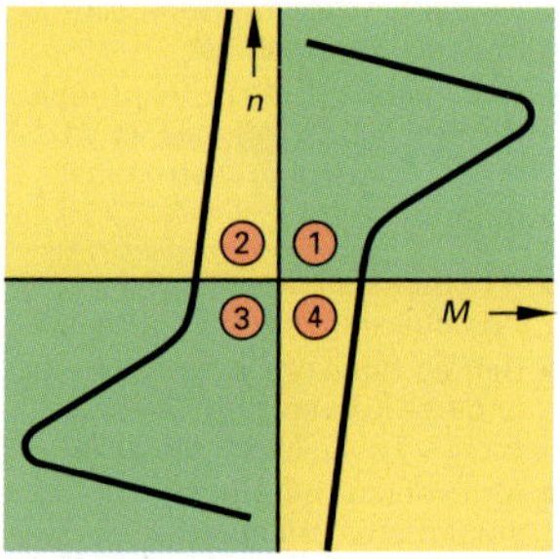 ***n*(*M*)-Kennlinie beim Asynchronmotor**	Die Betriebsquadranten können auch nach der *n*(*M*)-Kennlinie eingeteilt werden. Aus dieser Kennlinie ist leichter zu erkennen, dass bei zunehmendem Kraftmoment die Drehzahl abnimmt. Historisch bedingt spricht man vom Nebenschlussverhalten. In dieser Darstellungsform sind die Quadranten ① und ③ identisch mit den Quadranten der *M*(*n*)-Kennlinie. Dagegen ist in den Quadranten ② und ④ der Drehsinn entgegengesetzt.

Linearmotoren

Art	Aufbau, Wirkungsweise	Bemerkungen
Drehstrom-Linearmotor DLM Induktor, Anker	Der Induktor des DLM entspricht dem Ständer eines Drehstrommotors, der aufgeschnitten und in die Länge gestreckt ist **(Bild unten links)**. In der Drehstromwicklung des Induktors wird ein magnetisches *Wanderfeld* erzeugt. Es gibt DLM mit einem Induktor oder zwei Induktoren, die einander gegenüber liegen. Der dem Läufer eines Drehstrommotors entsprechende Teil des DLM wird *Anker* genannt.	Der Anker besteht aus einem massiven Leiter, z.B. Aluminium oder Stahl. Im Anker werden Wirbelströme induziert, sodass der Anker in Richtung des Wanderfeldes bewegt wird. Der Schlupf ist größer als beim üblichen Drehstrommotor **(Bild unten Mitte)**.
Polysolenoid-Linearmotor	Der Induktor entspricht dem Induktor eines DLM, der zu einer Röhre gebogen ist. Die Wicklung besteht aus Scheibenspulen **(Bild unten rechts)**.	Der Anker ist eine massive Stahlwelle. Anwendung: Türöffner, Abhebevorrichtungen.

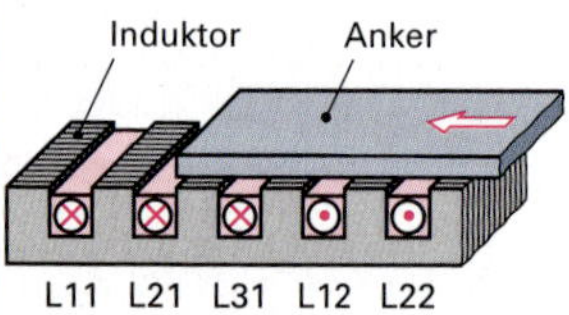

Induktor eines DLM

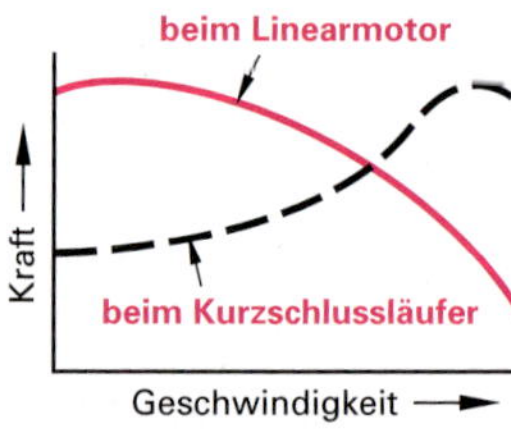

Kennlinie des DLM

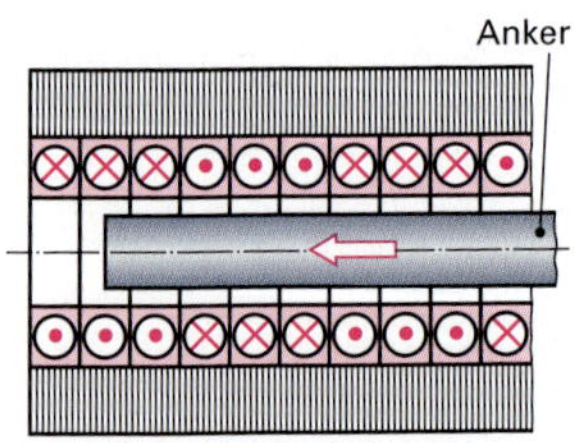

Polysolenoid-Linearmotor

AS

Halbgesteuerte Stromrichter Half-controlled Power Converters

Benennung, Kennzeichen	Schaltung	Spannungsverlauf	Formeln, Bemerkungen
Anodenseitig halbgesteuerte Zweipuls-Brückenschaltung B 2 H A	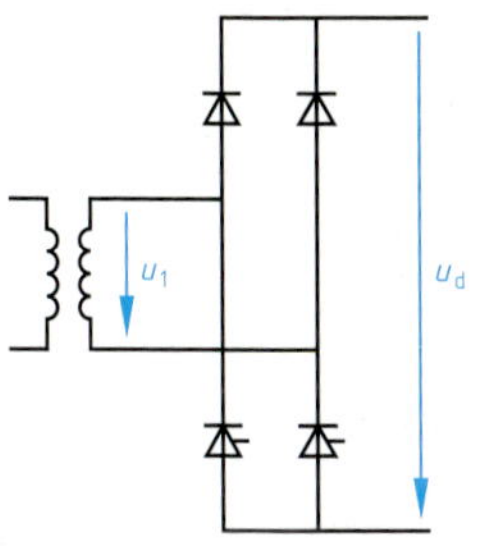	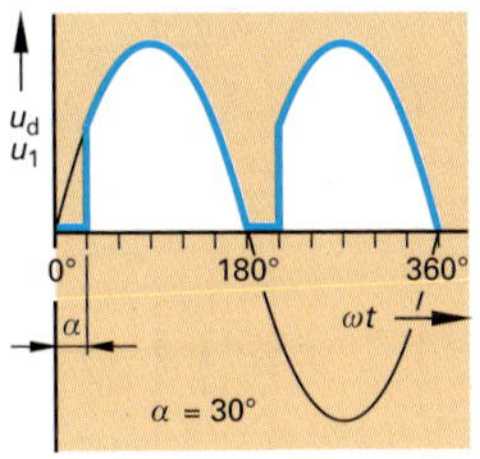	Für $\alpha = 0°$: $U_{di} = \frac{2 \cdot \hat{u}_1}{\pi}$ **1** Für $\alpha > 0°$: $U_{di\alpha} = \frac{U_{di}}{2} \cdot (1 + \cos \alpha)$ **2** Anwendbar bei einem Leistungsbedarf bis 10 kW in einer Energierichtung und geringen Anforderungen an Welligkeit und Oberschwingungsgehalt.
Zweigpaar-halbgesteuerte Zweipuls-Brückenschaltung B 2 H Z	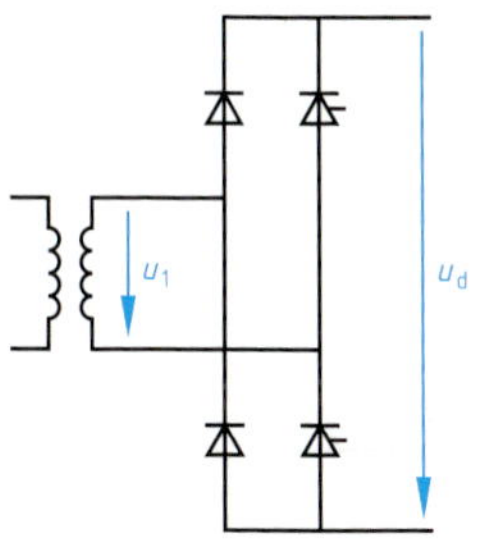	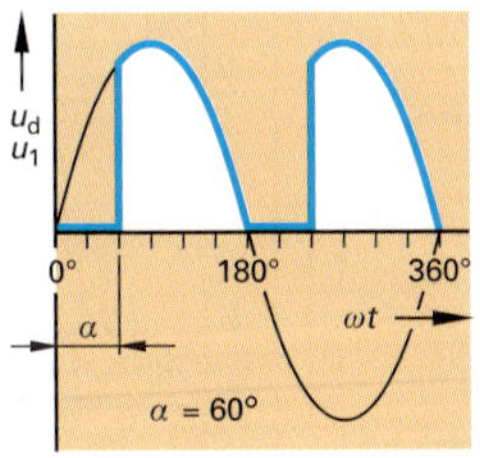	Die Spannung $U_{di\alpha}$ lässt sich auf null zurücksteuern. Für $\alpha = 0°$: $U_{di} = \frac{2 \cdot \hat{u}_1}{\pi}$ **3** Für $\alpha > 0°$: $U_{di\alpha} = \frac{U_{di}}{2} \cdot (1 + \cos \alpha)$ **4** Anwendbar wie B 2 H A. Im Bahnbetrieb für höhere Leistungen einsetzbar.
Katodenseitig halbgesteuerte Sechspuls-Brückenschaltung mit Freilaufzweig B 6 H K F	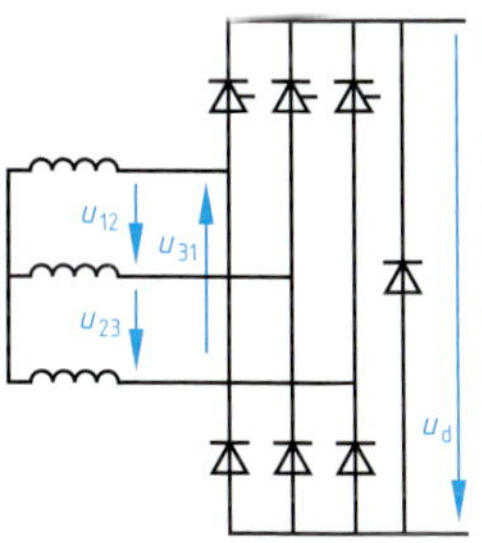	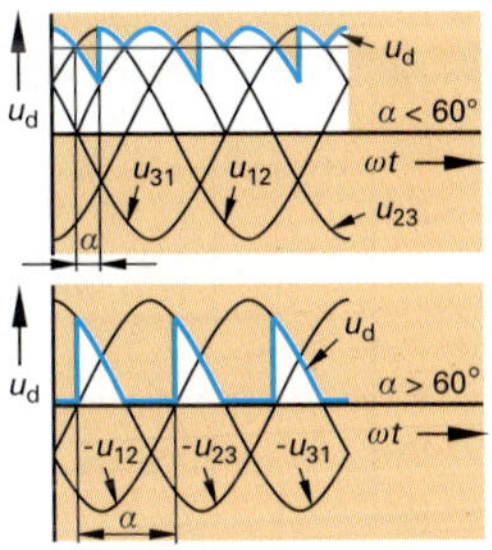	Für $\alpha = 0°$: $U_{di} = \frac{3 \cdot \hat{u}_{12}}{\pi}$ **5** Für $\alpha > 0°$: $U_{di\alpha} = \frac{U_{di}}{2} \cdot (1 + \cos \alpha)$ **6** Anwendbar zur Erzeugung von Gleichspannungen $U_{di\alpha} > 300$ V und für Gleichstromantriebe, im 1. oder 3. Quadranten.
Reihenschaltung von zwei zweigpaarhalbgesteuerten Zweipuls-Brückenschaltungen 2 B 2 H Z S	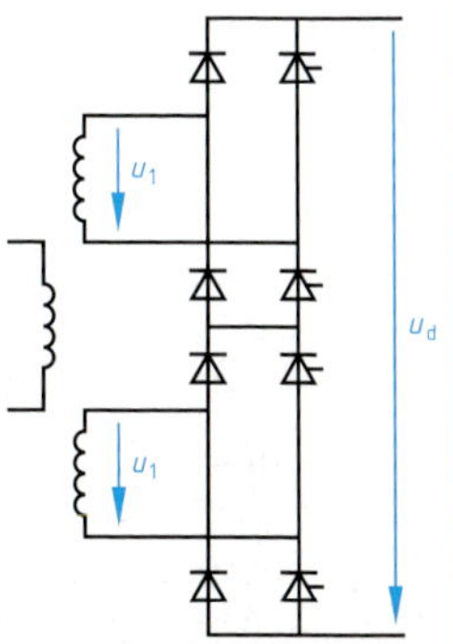	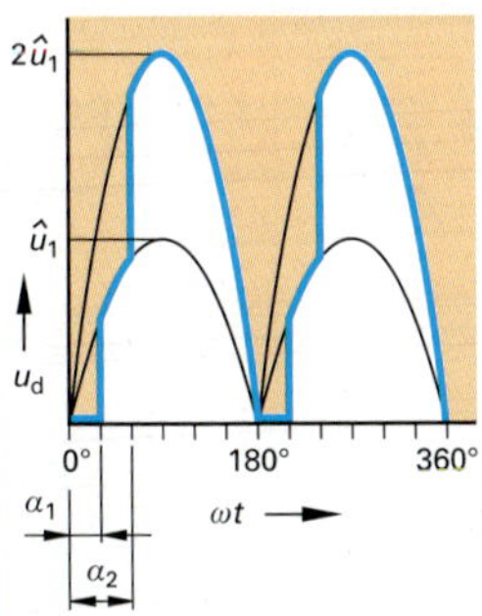	Interner Freilaufkreis über die Dioden, verbesserter Leistungsfaktor, geringere Welligkeit der Gleichspannung gegenüber den B 2 H-Schaltungen. Für $\alpha_1 = \alpha_2 = 0°$: $U_{di} = \frac{4 \cdot \hat{u}_1}{\pi}$ **7** Für $\alpha_1 > 0°$ und $\alpha_2 > 0°$: $U_{di\alpha} = \frac{U_{di}}{2} \cdot \left(1 + \frac{\cos\alpha_1 + \cos\alpha_2}{2}\right)$ **8** Im Bahnbetrieb bei hohem Leistungsbedarf einsetzbar.

t Zeit, T Periodendauer, u_1 Anschlussspannung, u_{12}, u_{23}, u_{31} Leiterspannungen, u_d Spannung auf der Gleichstromseite des Stromrichters, U_{di} arithmetischer Mittelwert der idealen Gleichspannung bei $\alpha = 0°$, $U_{di\alpha}$ arithmetischer Mittelwert der idealen Gleichspannung bei Anschnittsteuerung, α Steuerwinkel, ω Winkelgeschwindigkeit.

Vollgesteuerte Stromrichter **Fully-controlled Power Converters**

<table>
<tr><th>Benennung, Kennzeichen</th><th>Schaltung</th><th>Ausgangsspannung</th><th>Formeln, Bemerkungen</th></tr>
<tr><td>Zweipuls-Mittelpunkt-schaltung
M 2 C</td><td>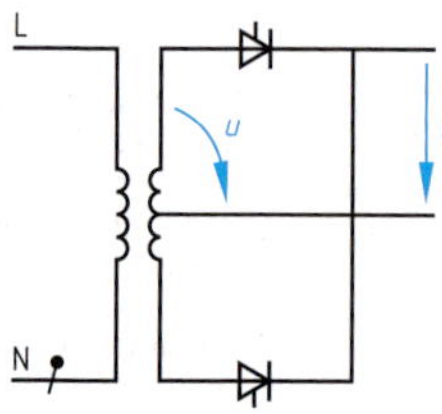
</td><td>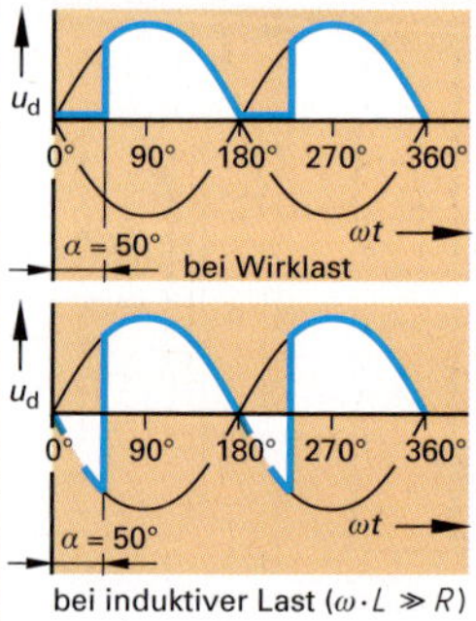
</td><td>Bei $\alpha = 0°$:
$$U_{di} = \frac{2 \cdot \hat{u}}{\pi}$$ 1
Bei Wirklast und $\alpha > 0°$:
$$U_{di\alpha} = \frac{U_{di}}{2} \cdot (1 + \cos\alpha)$$ 2
Bei induktiver Last und $\alpha > 0°$:
$$U_{di\alpha} = U_{di} \cdot \cos\alpha$$ 3
Anwendbar in einem Leistungsbereich bis 10 kW bei kleinen Anforderungen an den Oberschwingungsgehalt.</td></tr>
<tr><td>Dreipuls-Mittelpunkt-schaltung (Sternschaltung)
M 3 C</td><td>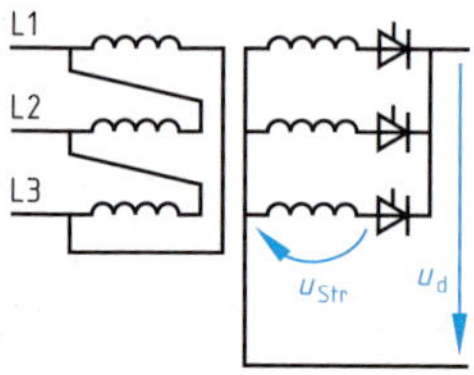
</td><td>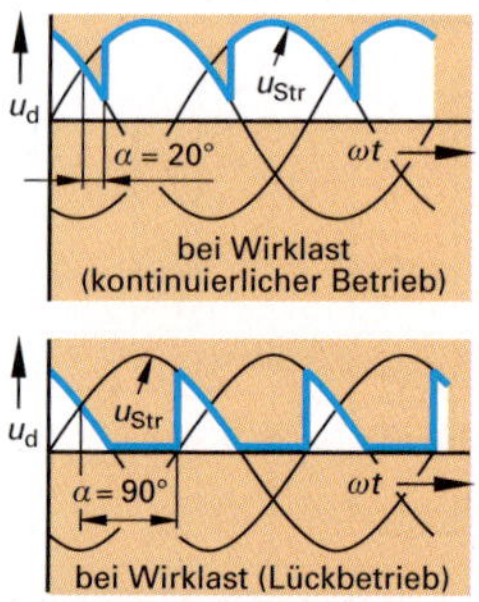
</td><td>Bei $\alpha = 0°$:
$$U_{di} = \frac{3 \cdot \sqrt{3} \cdot \hat{u}_{Str}}{2 \cdot \pi}$$ 4
Bei Wirklast und $\alpha \leq 30°$:
$$U_{di\alpha} = U_{di} \cdot \cos\alpha$$ 5
Bei Wirklast, $\alpha = 30°$ bis $150°$:
$$U_{di\alpha} = \frac{U_{di}}{\sqrt{3}} \cdot [1 + \cos(\alpha + 30°)]$$ 6
Anwendbar nur, wenn Sternpunktleiter belastbar ist.</td></tr>
<tr><td>Doppel-Dreipuls-Mittelpunkt-schaltung
M 3.2 C</td><td>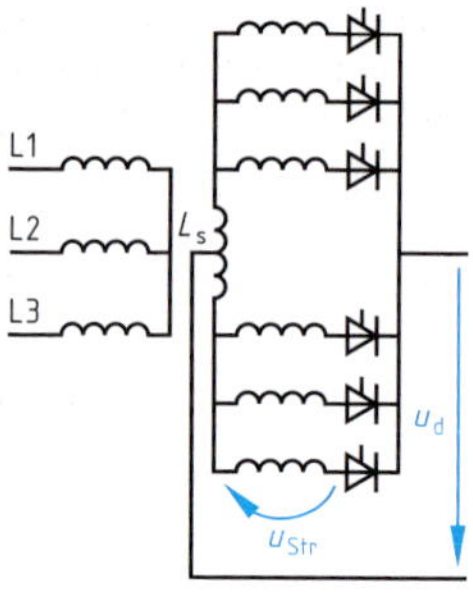
</td><td>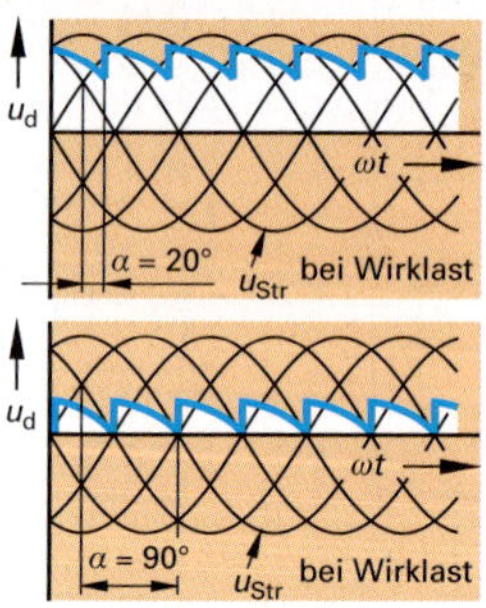
</td><td>Bei $\alpha = 0°$:
$$U_{di} = \frac{3 \cdot \sqrt{3} \cdot \hat{u}_{Str}}{2 \cdot \pi}$$ 7
Bei Wirklast und $\alpha \leq 30°$:
$$U_{di\alpha} = U_{di} \cdot \cos\alpha$$ 8
Bei Wirklast, $\alpha = 30°$ bis $150°$:
$$U_{di\alpha} = \frac{U_{di}}{\sqrt{3}} \cdot [1 + \cos(\alpha + 30°)]$$ 9
Vorteil gegenüber M3: Kleinere Welligkeit.</td></tr>
<tr><td>Sechspuls-Brücken-schaltung
B 6 C</td><td>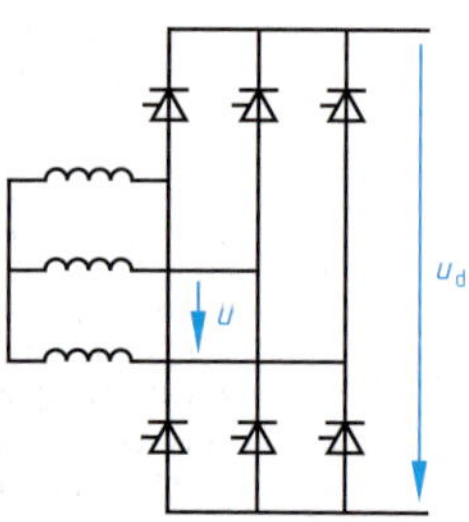
</td><td>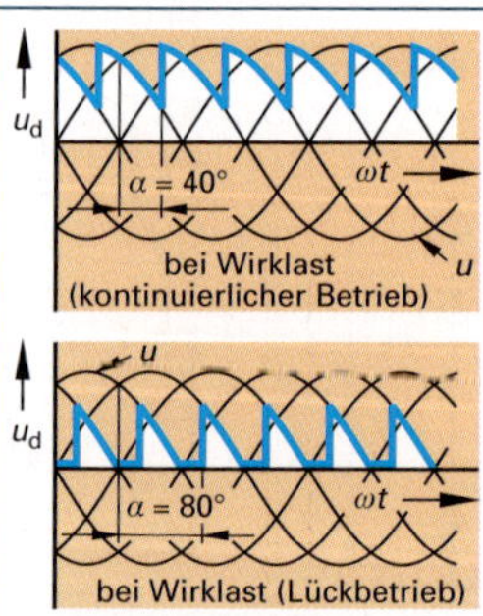
</td><td>Bei $\alpha = 0°$:
$$U_{di} = \frac{3 \cdot \hat{u}}{\pi}$$ 10
Bei Wirklast und $\alpha < 60°$:
$$U_{di\alpha} = U_{di} \cdot \cos\alpha$$ 11
Bei Wirklast, $\alpha = 60°$ bis $120°$:
$$U_{di\alpha} = U_{di} \cdot [1 + \cos(\alpha + 60°)]$$ 12
Anwendbar bei großen Leistungen und Nennspannungen ≥ 300 V.</td></tr>
</table>

t Zeit, $\hat{u}$ Höchstwert Spannung (Leiterspannung im Drehstromnetz), u_d Spannung auf Gleichstromseite Stromrichters, U_{di} arithmetischer Mittelwert der ideellen Gleichspannung bei $\alpha = 0°$, $U_{di\alpha}$ arithmetischer Mittelwert der ideellen Gleichspannung bei Anschnittsteuerung, u_{Str} Strangspannung, α Steuerwinkel, ω Winkelgeschwindigkeit.

Wechselrichter Inverter

Benennung, Kennzeichen	Schaltung	Spannungsverlauf, Stromverlauf	Bemerkungen, Anwendungen
Netzgeführter Wechselrichter in vollgesteuerter Dreipuls-Mittelpunktschaltung (Sternschaltung) M 3 C	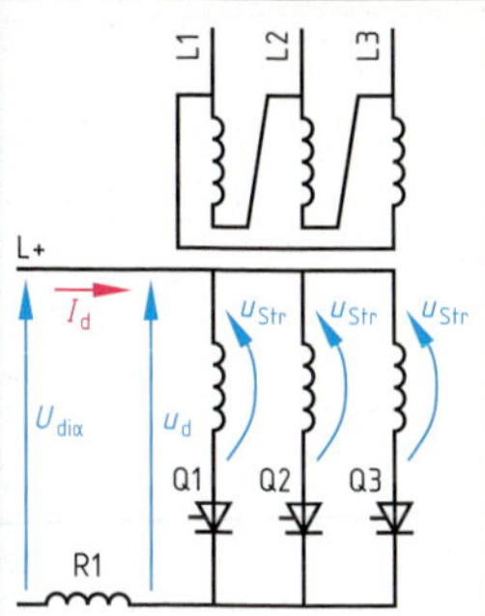	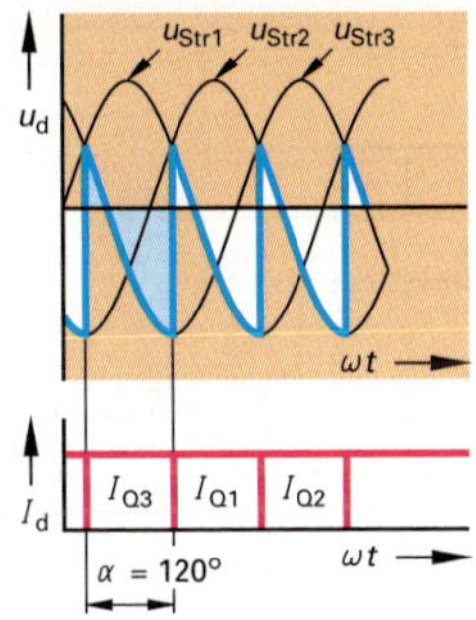	$U_{di\alpha} = \frac{3 \cdot \sqrt{3} \cdot \hat{u}_{Str}}{2 \cdot \pi} \cdot \cos\alpha$ Der Gleichspannungserzeuger mit der Spannung U_0 treibt über die Stränge und die von der Dreiphasenwechselspannung periodisch geschalteten Thyristoren den Strom I_d. Dadurch wird Energie ins Drehstromnetz geliefert. Für Nutzbremsung, z.B. bei Lasthebekränen, Aufzügen.
Selbstgeführter Wechselrichter in Zweipuls-Mittelpunktschaltung M 2 I	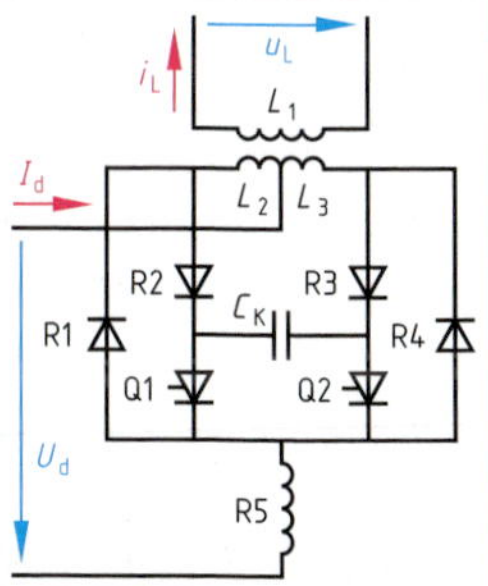	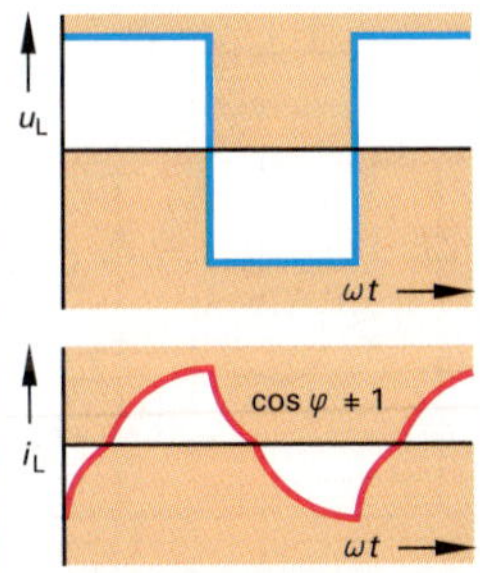	Die Thyristoren werden abwechselnd periodisch gezündet und durch die Kondensatorspannung U_{CK} gesperrt. Der Strom I_d fließt als Rechteckstrom abwechselnd über L_2, R2, Q1 und L_3, R3, Q2. Dadurch entsteht am Ausgang eine Rechteckwechselspannung. Bei induktiver Belastung ändert sich der Laststrom I_L nach einer Exponentialfunktion. Für Notstromversorgungen in Anlagen der Fernmeldetechnik.
Selbstgeführter Wechselrichter in Sechspuls-Brückenschaltung (B 6 U) I (B 6 C)	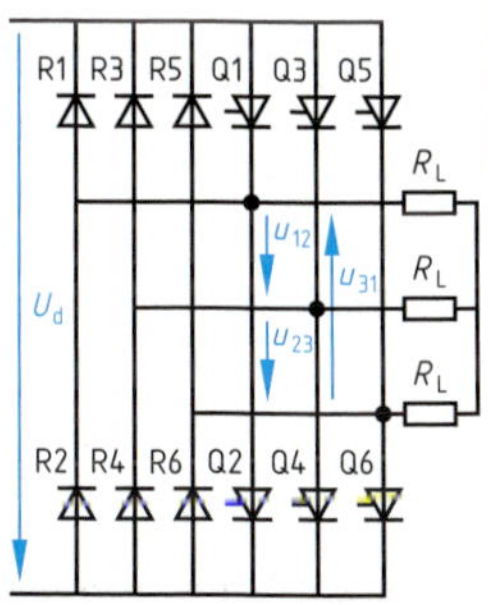	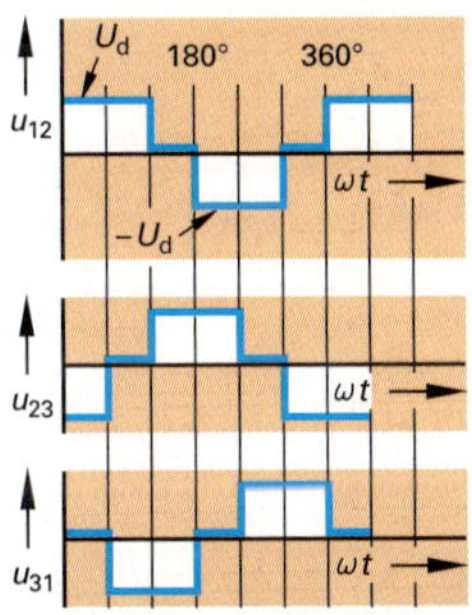	Die Hauptventile Q1 bis Q6 bestehen aus Transistoren, IGBTs oder GTO-Thyristoren. Die Ventile schalten die Gleichspannung U_d periodisch auf die Ausgänge der Schaltung. Bei induktiver Belastung wird über die Brücke R1 bis R6 Energie von der Last an die Gleichspannungsquelle zurückgeliefert. Zur Versorgung lebenswichtiger Verbraucher, z.B. in Krankenhäusern, Flugplatzbeleuchtungsanlagen.
Lastgeführter Wechselrichter mit Parallelschwingkreis B 2 C	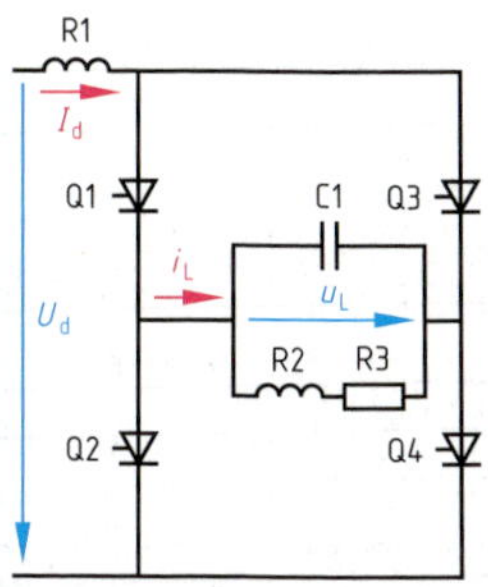	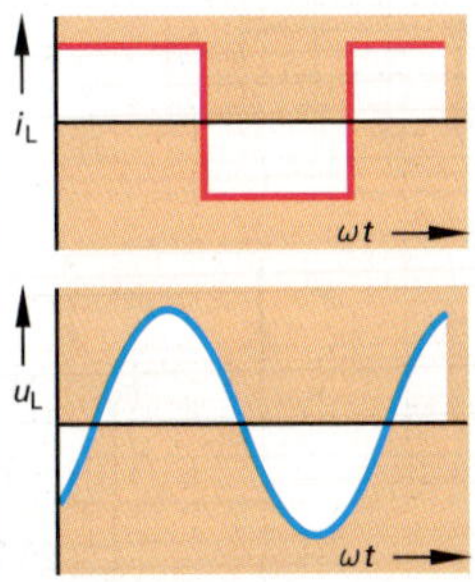	Die sich diagonal gegenüberliegenden Thyristoren Q1Q4 bzw. Q2Q3 werden abwechselnd gezündet. Dem Schwingkreis wird dadurch über die Glättungsdrossel R1 ein Rechteckstrom eingeprägt. Am Schwingkreis entsteht eine Sinusspannung, wenn die Schaltfrequenz der Eigenfrequenz des Schwingkreises entspricht. Für induktive Schmelzanlagen und Erwärmungsanlagen.

$\cos\varphi$ Leistungsfaktor, I_d Strom auf der Gleichstromseite des Stromrichters, i_L Laststrom, t Zeit, U_0 induzierte Spannung, u_{12}, u_{23}, u_{31} Leiterspannungen, U_{CK} Spannung an C_K, U_d Spannung auf der Gleichstromseite des Stromrichters, $U_{di\alpha}$ arithmetischer Mittelwert der Gleichspannung bei Anschnittsteuerung, u_L Lastspannung, u_{Str} Strangspannung, ω Winkelgeschwindigkeit.

Gleichstromsteller, U-Umrichter Direct Current Chopper, U-Converter

Art, Eignung	Schaltung des Leistungsteils	Bemerkungen, Anwendungen
Gleichstromsteller		
Prinzip (Gleichstromsteller mit Thyristor für Einquadrantenbetrieb)	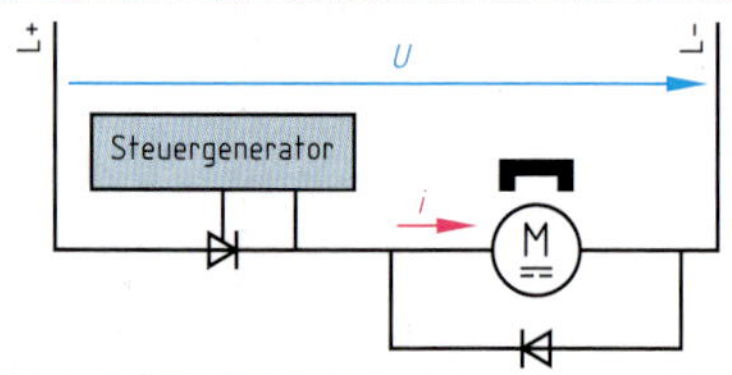	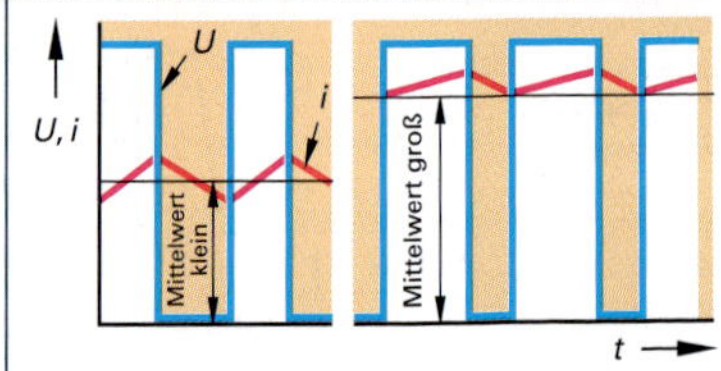
Gleichstromsteller für Einquadrantenbetrieb	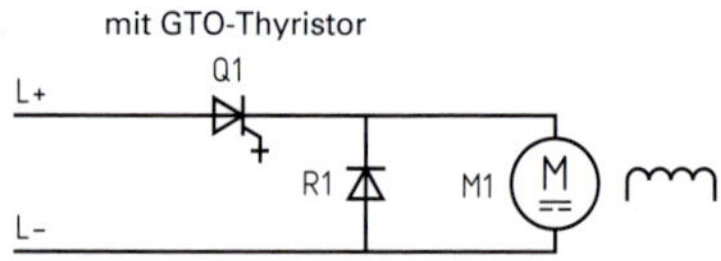	Der Gleichstromsteller für einen Gleichstrommotor besteht aus einem elektronischen *Schalter* und einer *Freilaufdiode*. Die Speisung der gesamten Schaltung erfolgt z. B. aus einem Akkumulator oder aus einem vorgeschalteten Gleichrichter. Meist arbeitet der Gleichstromsteller mit gleichbleibender Frequenz des Steuergenerators.
Gleichstromsteller mit IGBT-Brücke für Vierquadrantenbetrieb ohne Totzeit	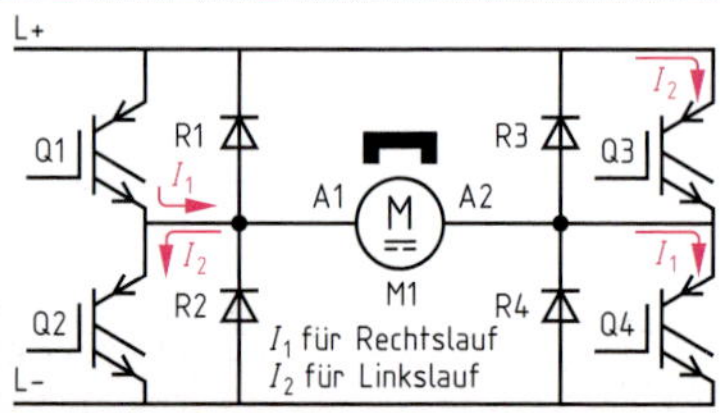	Thyristor-Gleichstromsteller arbeiten nicht verzögerungsfrei, weil *innerhalb* des Taktes die Zündung erfolgt. Fast verzögerungsfrei arbeiten dagegen Gleichstromsteller mit Transistoren oder IGBTs. Diese werden in einer Brückenschaltung betrieben. Freilaufdioden sind wegen der Induktivität des Motors erforderlich.
Umrichter mit Gleichspannungs-Zwischenkreis (U-Umrichter)		
Prinzip eines Umrichters mit Gleichstrom-Zwischenkreis	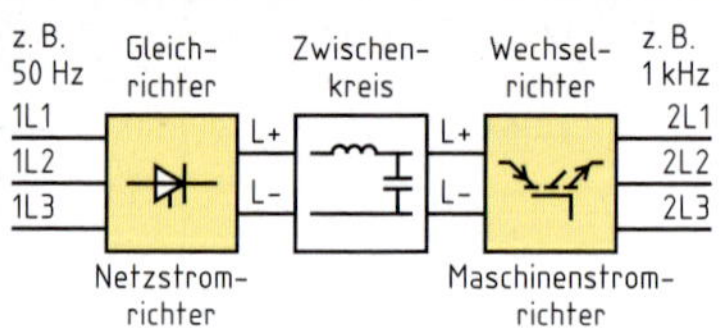	**Gleichrichter** einphasige oder dreiphasige Brückenschaltung aus Dioden oder/und Thyristoren. **Zwischenkreis** mit Energiespeicherung durch Induktivität und/oder Kapazität. **Wechselrichter** Brückenschaltung z. B. aus IGBTs oder Thyristoren und Dioden.
Gleichrichter T1 bei Bedarf mit Rückspeise-Wechselrichter T2, bezeichnet als Netzstromrichter (B6U) I (B6C)	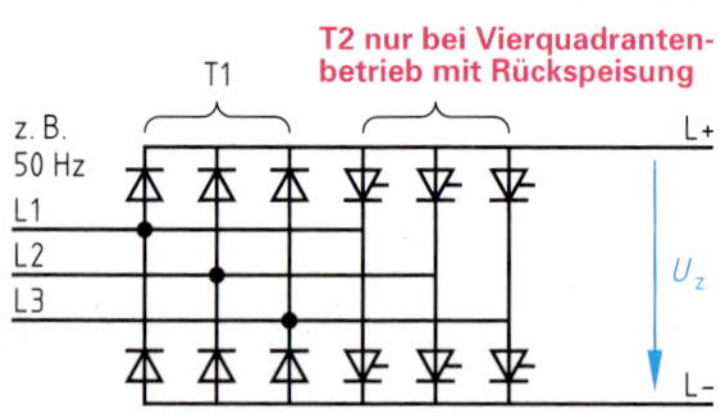	**Netzstromrichter ohne Rückspeisung** T1 für konstante U_z mit sechs (für Dreiphasenbrücke) bzw. vier (für Einphasenbrücke) Dioden, für steuerbare U_z zur Hälfte ersetzt durch Thyristoren *(Zweiquadrantenbetrieb)*. **Netzstromrichter mit Rückspeisung** Zusätzlich T2 aus Thyristoren gegenparallel zur Stromrückspeisung beim Bremsen *(Vierquadrantenbetrieb)*.
Wechselrichter mit Rückstromdioden, bezeichnet als Maschinenstromrichter (B6C) I (B6U)	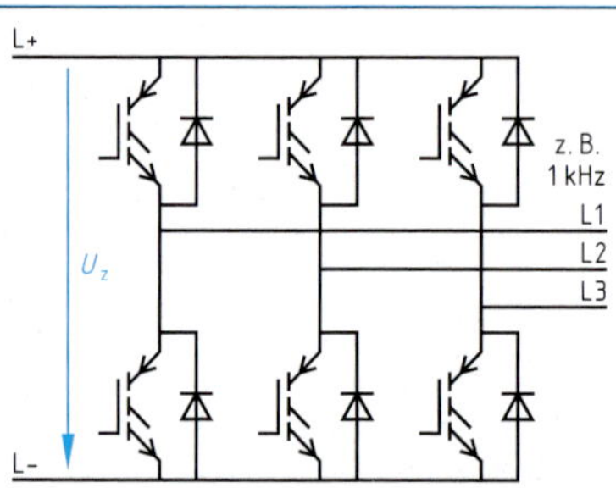	**Maschinenstromrichter** Wechselrichter für *Vierquadrantenbetrieb* als voll gesteuerte Brückenschaltung aus sechs (für Dreiphasenbrücke) bzw. vier (für Einphasenbrücke) gesteuerten Elementen, z. B. IGBTs oder GTOs. Wegen der induktiven Last sind sechs bzw. vier *Rückstromdioden* (Blindleistungsdioden) gegenparallel zu den gesteuerten Elementen integriert. Diese bewirken beim Bremsbetrieb die Rückspeisung des Stromes in den Zwischenkreis durch Gleichrichtung. Die Ansteuerung der gesteuerten Elemente erfolgt durch einen Steuergenerator.

U-Umrichter U-Converter

Schaltung, Benennung	Erklärung

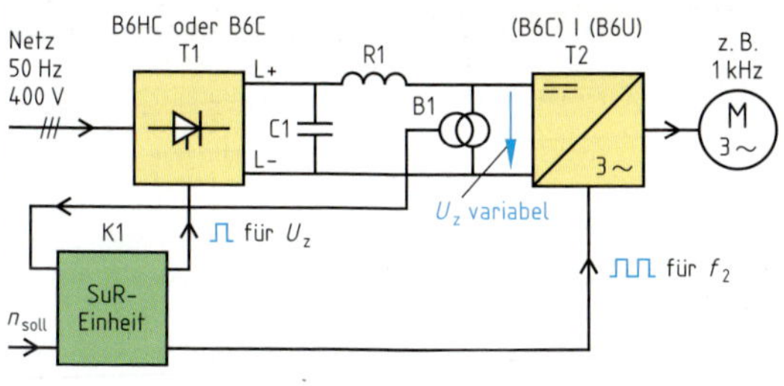

U-Umrichter für PAM im Zweiquadrantenbetrieb

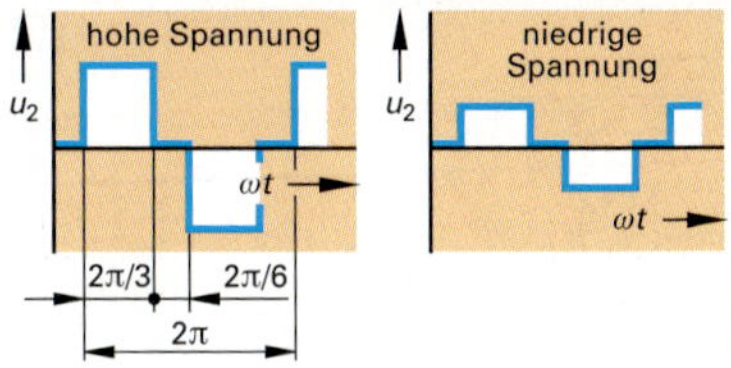

Vierquadrantenbetrieb zum Bremsen *mit* Energierückspeisung über T1 mit Schaltung B6C ist möglich, wenn Zwischenkreisspannung U_z umgepolt wird. Motorleistung bis 10 kW.

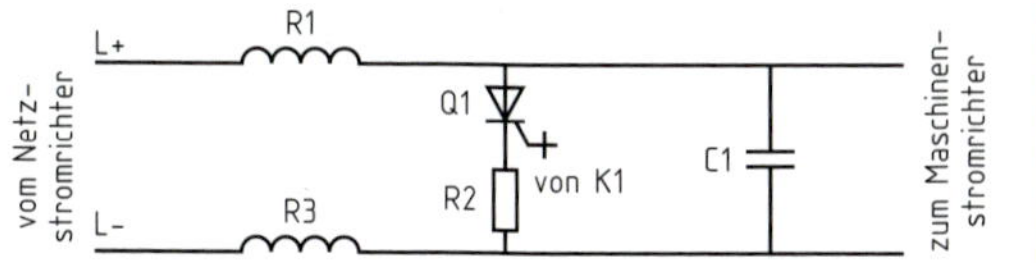

Zwischenkreis des U-Umrichters für PAM im Vierquadrantenbetrieb

Vierquadrantenbetrieb zum Bremsen *ohne* Energierückspeisung (Verlustbremsung) ist bei Antrieben bis etwa 10 kW möglich, wenn in den Zwischenkreis der belastbare Widerstand R2 gelegt wird, der zum Bremsen über den Thyristor Q1 an die Zwischenkreisspannung gelegt wird. Die vom Antrieb (z.B. Motor) beim Bremsen gelieferte Rückspeiseenergie gelangt in den Zwischenkreis und wird in R2 in Wärme umgesetzt.

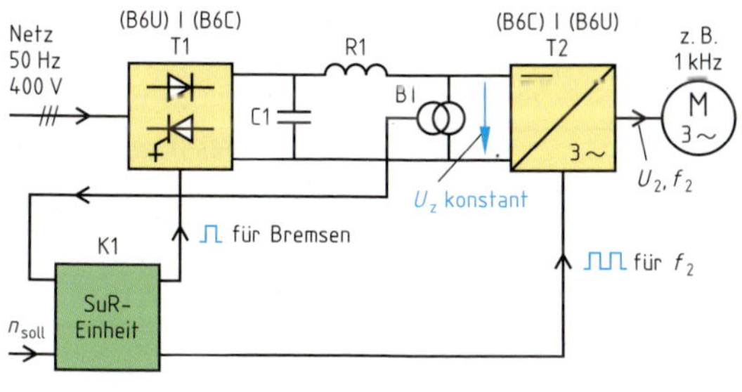

U-Umrichter für PWM im Vierquadrantenbetrieb

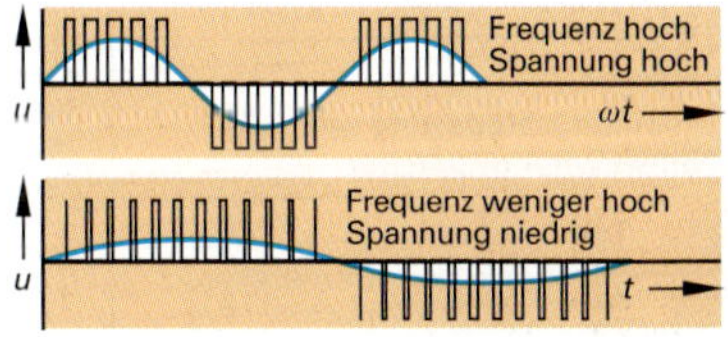

In T1 arbeiten die Dioden als Gleichrichter, die Thyristoren beim Bremsen (Nutzbremsung) als Wechselrichter. Spannungssteuerung in T2 durch Steuerung der Pausendauern (gleichbleibend oder sinusbewertet), Frequenzsteuerung durch Impulszahl je Halbperiode. Motorleistung bis 500 kW.

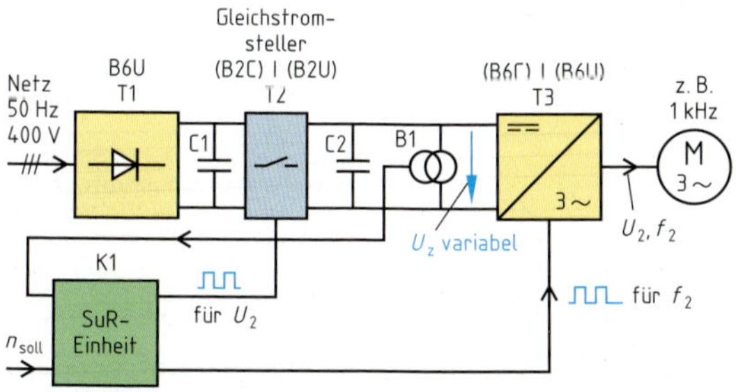

U-Umrichter für PWM mit variabler Amplitude im Zweiquadrantenbetrieb

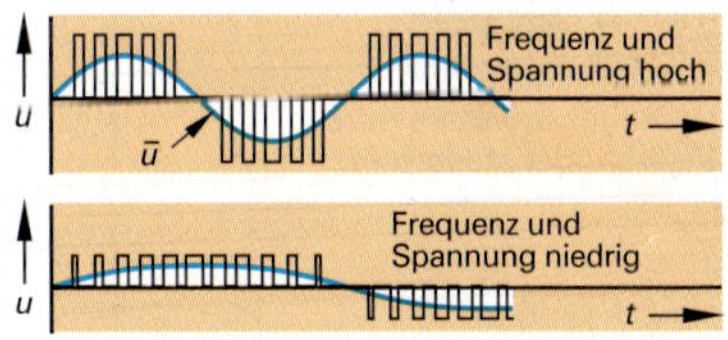

Am Ausgang von T1 liegt wegen B6U eine konstante U_z. Diese wird von einem Gleichstromsteller je nach Bedarf herabgesetzt. In T3 wird die variable U_z mit hoher Frequenz (bis 50 kHz) so getaktet, dass eine PWM entsteht. Spannungssteuerung durch Steuerung der Pausendauern *und* Steuerung der Spannungshöhe von U_z.

B1	Spannungswandler DC/DC	I	gegenparallel	f_2	Ausgangsfrequenz
B2	Zweipuls-Brückenschaltung	PAM	Pulsamplituden-Modulation	n_{soll}	Soll-Drehzahl
B6	Sechspuls-Brückenschaltung	PWM	Pulsweiten-Modulation	U_2	Ausgangsspannung
C	voll gesteuert	SuR	Steuern und Regeln	U_z	Zwischenkreis-Spannung
HC	halb gesteuert				

Sonstige Zeichen und Formelzeichen sind aus den Bildern erkennbar.

Ansteuerschaltungen für Halbleiter Triggering for Semiconductors

Schaltung	Spannungsverlauf, Stromverlauf	Bemerkungen
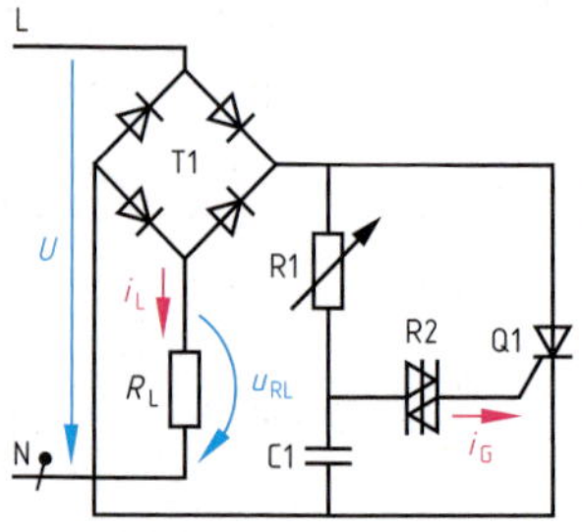 **Spannungssteuerung durch Phasenanschnitt**	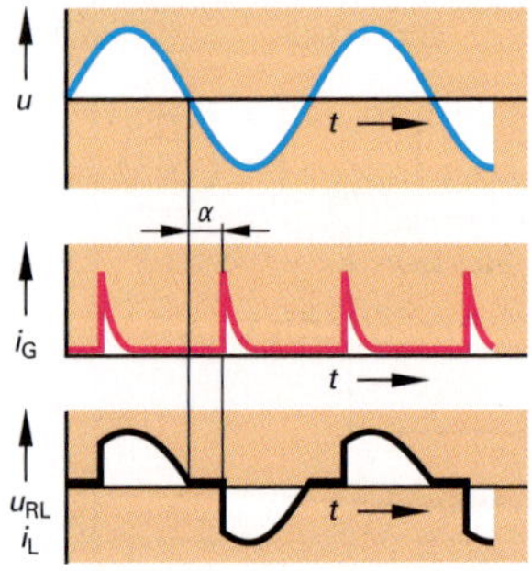	Der Thyristor zündet zu einem definierten Zeitpunkt durch den Zündimpuls i_G. Dieser Impuls entsteht durch Entladen des Kondensators C1 über Diac R2 und Thyristor Q1, sobald die Zündspannung des Diac erreicht ist. Der Zündzeitpunkt kann durch Veränderung des Ladestromes i_L und damit durch Änderung des Steuerwinkels α beeinflusst werden. Steuerwinkel: $\alpha = 0°$ bis 180°
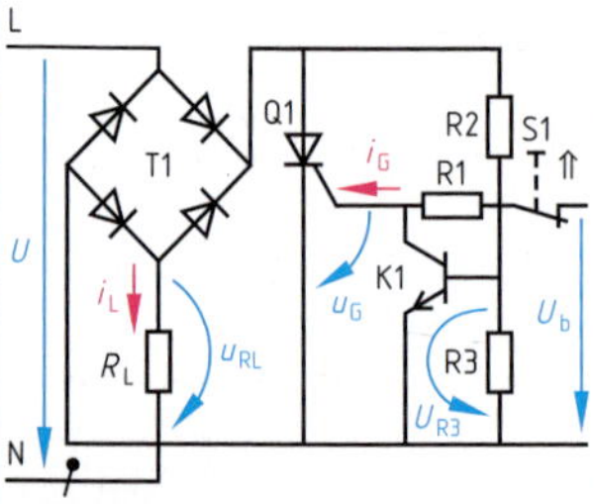 **Spannungssteuerung mit Nullspannungsschalter**	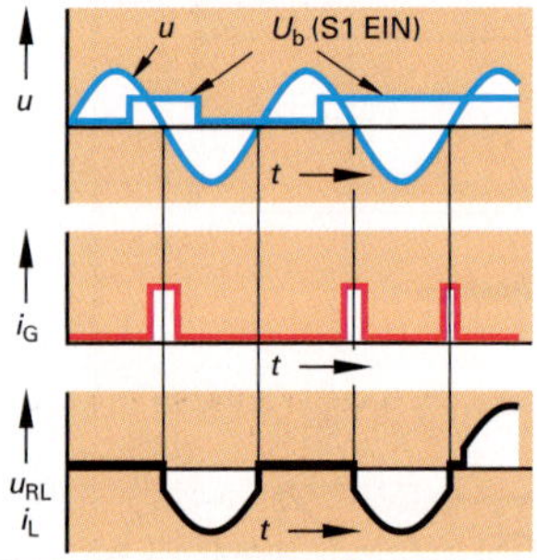	Thyristor Q1 erhält im Nulldurchgang nach dem Schließen des Schalters S1 einen Steuerstrom i_G aus der Betriebsspannungsquelle U_b und kann zünden. Bei $U_{R3} = U_S \geq 0{,}6$ V leitet Transistor K1 den Steuerstrom ab und verhindert ein Zünden.
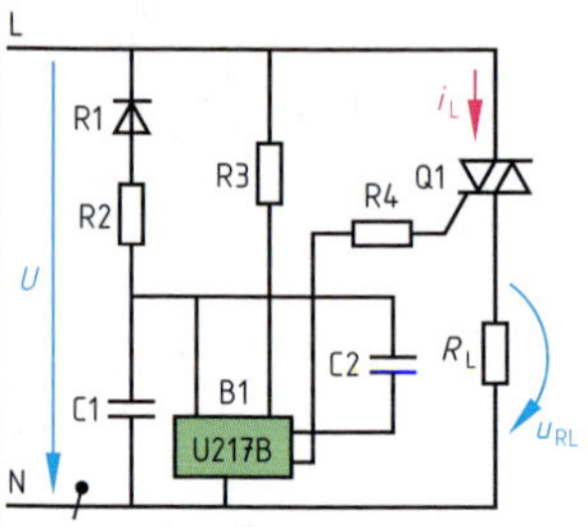 **Leistungsänderung durch Vielperiodensteuerung**	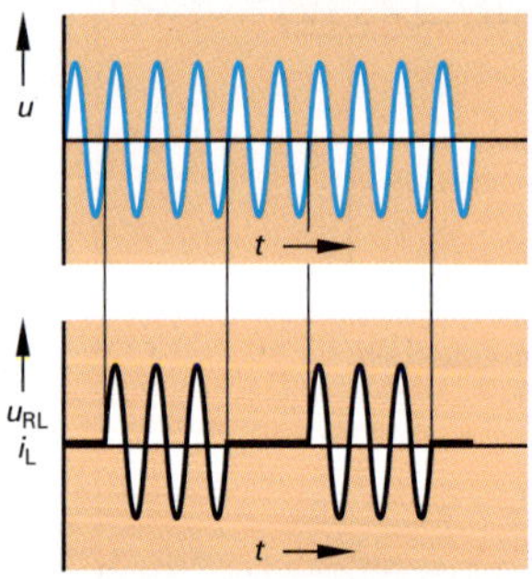	Bei der symmetrischen Vielperiodensteuerung (Schwingungspaketsteuerung) wird der Stromdurchgang durch den Triac Q1 während einer Zahl von ganzen Schwingungen freigegeben und während einer Zahl folgender ganzer Schwingungen gesperrt. Ein Verändern des Tastgrades g ändert die mittlere Leistungsaufnahme des Verbrauchers.
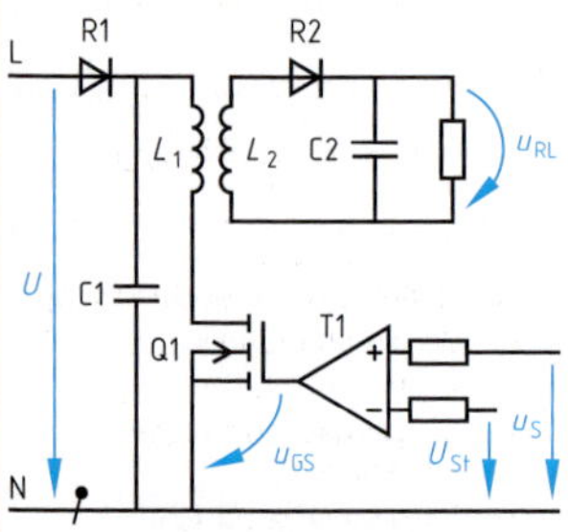 **Spannungssteuerung durch Pulsweitenmodulation**	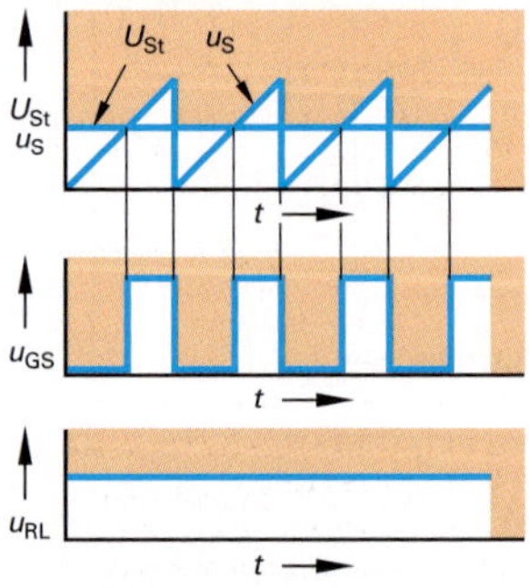	Die Energie, welche die Spule L1 aus dem Netz aufnimmt, hängt von der Zeitdauer ab, in welcher der MOSFET Q1 leitet. Solange R2 sperrt, gibt Spule L1 die Energie über Spule L2 an den Verbraucher ab. Durch Verändern des Tastgrades g der Spannung U_{GS} lassen sich die Spannung U_{RL} und damit die mittlere Leistungsaufnahme des Verbrauchers steuern.

i_G Gatestrom, i_L Laststrom, t Zeit, U Netzspannung, U_b Betriebsspannung, u_G Gatespannung, U_{GS} Gate-Sourcespannung, u_{RL} Spannung am Lastwiderstand, U_S Schleusenspannung, U_{St} Steuerspannung, α Steuerwinkel.

AS

Stabilisierungsfaktor, Glättungsfaktor

Allgemein: $S = \frac{\Delta U_1 / U_1}{\Delta U_2 / U_2}$

$$S = \frac{\Delta U_1 \cdot U_2}{\Delta U_2 \cdot U_1} \quad (1)$$

$$G = \frac{\Delta U_1}{\Delta U_2} \quad (2)$$

$$G = S \cdot \frac{U_1}{U_2} \quad (3)$$

Schaltzeichen

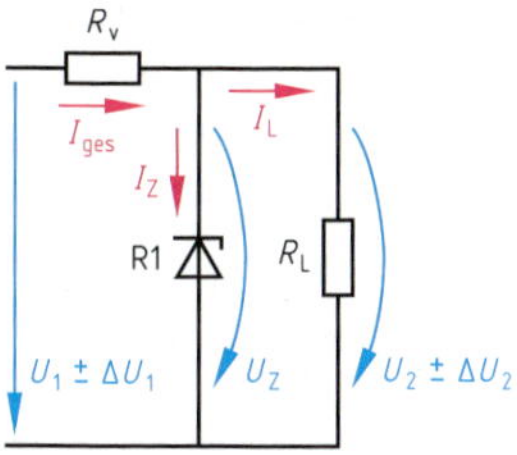

Parallelstabilisierung mit Z-Diode

Stabilisierung mit Z-Diode

P_{vmax} tritt in der Z-Diode im Leerlauf auf

Mit $U_{Zmin} \approx U_{Zmax} \approx U_Z$:

$$R_{vmin} = \frac{U_{1max} - U_Z}{I_{Zmax} + I_{Lmin}} \quad (4)$$

$P_v \leq I_{Zmax} \cdot U_Z$:

$$r_Z = \frac{\Delta U_Z}{\Delta I_Z} \quad (5)$$

$$I_{ges} = I_Z + I_L \quad (6)$$

$$R_{vmax} = \frac{U_{1min} - U_Z}{I_{Zmin} + I_{Lmax}} \quad (7)$$

Mit $\Delta I = \frac{\Delta U_Z}{r_Z} = \frac{\Delta U_1}{R_v + r_Z} \Rightarrow \Delta U_Z = \frac{\Delta U_1 \cdot r_Z}{R_v + r_Z}$

Mit $\Delta U_Z = \Delta U_2$: $S = \frac{(R_v + r_Z)\, U_2}{r_Z \cdot U_1}$ in $G = S \cdot \frac{U_1}{U_2} \Rightarrow$

Mit $R_v >> r_Z$:

$G = \frac{R_v + r_Z}{r_Z} \Rightarrow$

$$G = 1 + \frac{R_v}{r_Z} \quad (8)$$

$$G = \frac{R_v}{r_Z} \quad (9)$$

Stabilisierung mit Reihentransistor

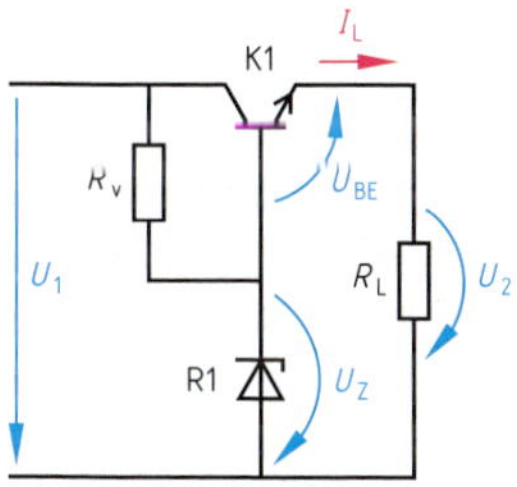

Serienstabilisierung durch Reihentransistor

$$U_2 - U_Z - U_{BE} \quad (10)$$

Mit $U_{BE} \approx 0{,}6$ V:

$$U_2 = U_Z - 0{,}6\ \text{V} \quad (11)$$

Mit $I_L \approx I_C$:

$$R_{Lmin} = \frac{U_2}{I_{Cmax}} \quad (12)$$

Mit $I_L = I_C + I_B = I_B\,(1 + B)$:

$$U_{1min} = U_2 + U_{CEmin} \quad (13)$$

$$R_{vmax} = \frac{U_{1min} - U_Z}{I_{Zmin} + I_{Bmax}} \quad (14)$$

Mit $I_{Bmax} = \frac{I_{Lmax}}{B + 1}$:

$$U_{1max} = R_v\,(I_{Zmax} + I_{Bmax}) + U_Z \quad (15)$$

$$U_{1max} = R_v \left(I_{Zmax} + \frac{I_{Lmax}}{B + 1}\right) + U_Z \quad (16)$$

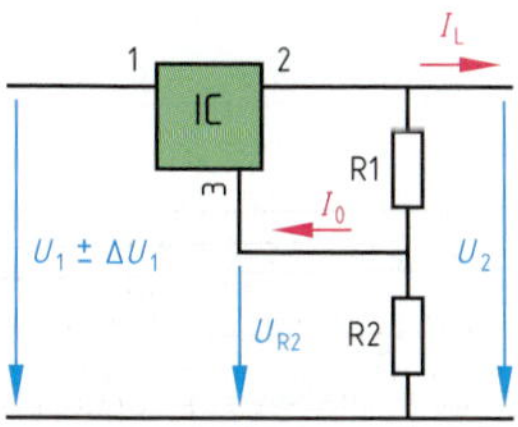

Festspannungsregler

Festspannungsregler

Festspannungsregler können durch Beschaltung auf andere Spannungen eingestellt werden.

Für $I_0 \approx 0$:

$$U_2 = \frac{R_1 + R_2}{R_2}\, U_{R2} \quad (17)$$

B	Gleichstromverhältnis
G	Glättungsfaktor
I_0	Steuerstrom
I_B	Basisstrom
I_C	Kollektorstrom
I_E	Emitterstrom
I_L	Laststrom
I_Z	Zenerstrom
I_{ges}	Gesamtstrom
min, max	Indizes für Größtwert und Kleinstwert
P_v	Verlustleistung
R_v	Vorwiderstand
R_L	Lastwiderstand
R_1, R_2	Spannungsteilerwiderstände
r_Z	differenzieller Widerstand
S	Stabilisierungsfaktor
U_1	Eingangsspannung
U_2	Ausgangsspannung
U_{BE}	Basis-Emitter-Spannung
U_{CE}	Kollektor-Emitter-Spannung
U_Z	Zenerspannung
ΔI_L	Laststromschwankung
ΔU_1	Eingangsspannungsschwankung
ΔU_2	Gesamte Ausgangsspannungsschwankung
U_{R2}	Spannung am Widerstand R_2
Δ	Zeichen für Differenz

Baugruppen im Schaltnetzteil

Baugruppe	Erklärung	Eigenschaften
1 Netzgleichrichterschaltung	Die Netzspannung wird gleichgerichtet und gesiebt. Eine Filterschaltung, z. B. ein Tiefpass, entstört das Netz.	Eingangsspannung 230 V, Frequenz 50 Hz, Grenzfrequenz des Tiefpasses bis 100 kHz.
2 Schalter	Die Gleichspannung vom Netzgleichrichter wird meist in eine Rechteckwechselspannung umgewandelt. Als Schalter werden meist Feldeffekttransistoren verwendet.	Durchlasswiderstand $R_{DS} < 0{,}1\ \Omega$, Eingangsspannung 50 V bis 1000 V, Schaltleistung 50 W bis 200 W, Steuerungsart Spannungssteuerung.
3 Transformator	Der Ferritkerntransformator dient zur gewünschten Spannungsübersetzung, zur galvanischen Netztrennung und je nach Arbeitsprinzip auch zur Speicherung magnetischer Energie.	Frequenz bis 200 kHz, übertragbare Leistung bis 1000 W, Sättigungsflussdichte $\hat{B} = 0{,}1$ T bis 0,45 T.
4 Ausgangsgleichrichterschaltung	Die hochfrequente Sekundärspannung wird mit Schottkydioden, FRED-Dioden oder FRD-Dioden (kleine Sperrverzögerung und kleine Vorwärtsspannung) gleichgerichtet und dann gesiebt.	Rückwärtsspannung 35 V bis 200 V, Vorwärtsstrom 1 A bis 300 A, Durchlasskapazität z. B. 0,5 pF.
5 Regelverstärker	Schaltnetzteile enthalten meist eine Regelung. Dabei wird eine Ausgangsgröße, z. B. die Spannung U_a, einem gegebenen Sollwert nachgeführt.	Speisespannung 2 V bis 36 V, Eingangsstrom < 150 nA.
6 Potenzialtrennung	Zur Potenzialtrennung im Regelkreis werden Optokoppler oder Transformatoren verwendet.	Isolationsspannungsfestigkeit bis 5300 V.
7 Steuer- und Überwachungsschaltung	Es werden spezielle Schaltkreise verwendet, die eine Regelung durch Veränderung des Tastgrades bei konstanter oder veränderlicher Frequenz des Schalttransistors erlauben, z. B. TDA 4601.	Betriebsspannung 10 V bis 30 V, Frequenzbereich 16 kHz bis 200 kHz, Tastgrad $g = t_i/T = 1:2$ bis $1:20$.

Übersichtsschaltplan eines Schaltnetzteiles

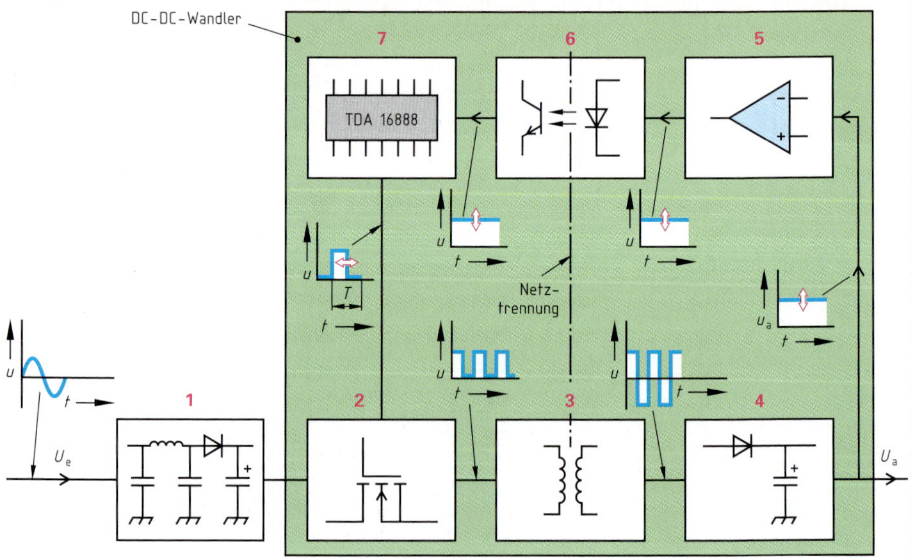

AS

$\hat{B}$ magnetische Flussdichte
R_{DS} Drain-Source-Widerstand
U_e Eingangswechselspannung
U_a Ausgangsgleichspannung
u Augenblickswert der Spannung
t Augenblickswert der Zeit
T Periodendauer
t_i Impulsdauer
FR(E)D von Fast Recovery (Epitaxial) Diode = sehr schnell freiwerdende Diode

Schaltnetzteile Switch-mode Power Supplies

Schaltung	Wirkungsweise, Benennung	Eigenschaften
Durchflusswandler		
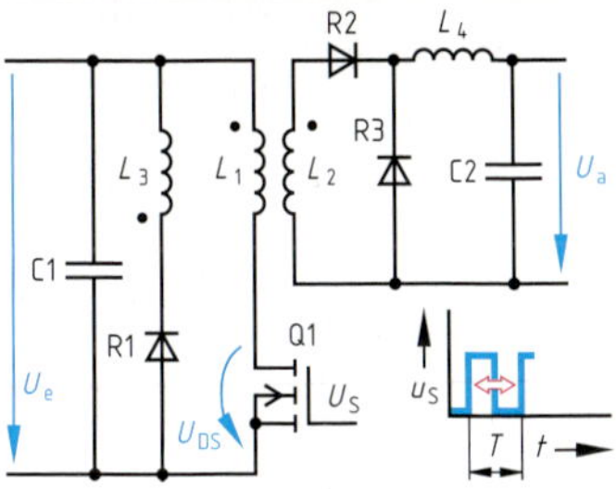 **Eintaktdurchflusswandler**	Wenn Q1 einschaltet, findet der Energiefluss zwischen Eingangskreis L_1 und Ausgangskreis L_2 statt. Mit L_3 und R1 wird das Magnetfeld im Kern von L_1, L_2 und L_3 während des Sperrens von Q1 abgebaut und Energie in C1 gespeichert. Die Drossel L_4 bewirkt einen stetigen Energiefluss durch L_2 und begrenzt den Stromanstieg. C2 glättet die Ausgangsspannung und dient als Energiespeicher bei Laständerungen. Forward converter	Vorteile: Der Transformator ermöglicht Auf- und Abwärtssteuerung. Kleiner Aufwand. Nachteile: Transistorspitzensperrspannung $U_{DS} > 2 \cdot U_e$, Entmagnetisierungswicklung nötig, starke Funkstörung. www.national.com
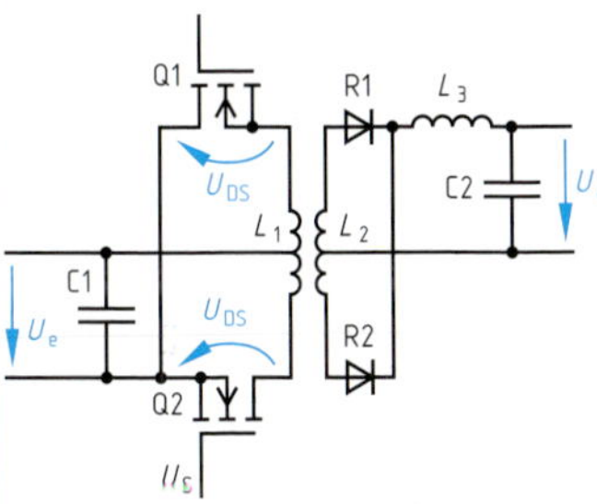 **Gegentaktdurchflusswandler**	Die Transistoren Q1 und Q2 steuern den Energiefluss vom Eingangskreis mit L_1 zum Ausgangskreis mit L_2. Dadurch wird gleichzeitig der Kern von L_1L_2 entmagnetisiert. R1 und R2 bilden eine Zweipuls-Mittelpunktschaltung. Die Drossel L_3 erzeugt einen stetigen Energiefluss durch L_2. C2 glättet die Ausgangsspannung und dient als Energiespeicher bei Laständerungen. Push pull converter	Vorteile: Wegen des Transformators ist Auf- und Abwärtssteuerung möglich. Gleiches Ansteuerpotenzial für beide Transistoren. Nachteile: Transistorspitzensperrspannung $U_{DS} > 2 \cdot U_e$, Störspannung (EMV). www.national.com
Sperrwandler		
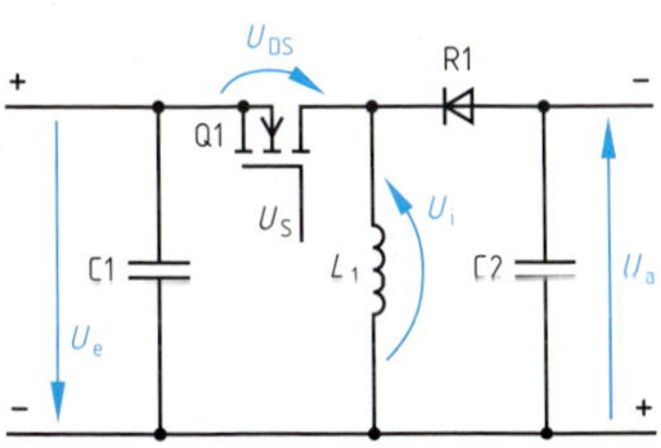 **Speicherdrosselwandler**	C1 glättet die gleichgerichtete Eingangsspannung und liefert die vom Wandler beanspruchten pulsartigen Ströme. Während Q1 leitet, wird Energie in L_1 gespeichert. Sperrt Q1, induziert die in L_1 enthaltene Energie die Spannung U_i, sodass der Kondensator C2 über R1 geladen wird. Der Wandler invertiert die Eingangsspannung. Inverter	Vorteile: Transistorspitzensperrspannung $U_{DS} \approx U_e$, einfache Drossel, wenig Funkstörung. Nachteile: Keine galvanische Trennung, Ansteuerspannung U_S muss sich selbsttätig an U_e anpassen. www.national.com
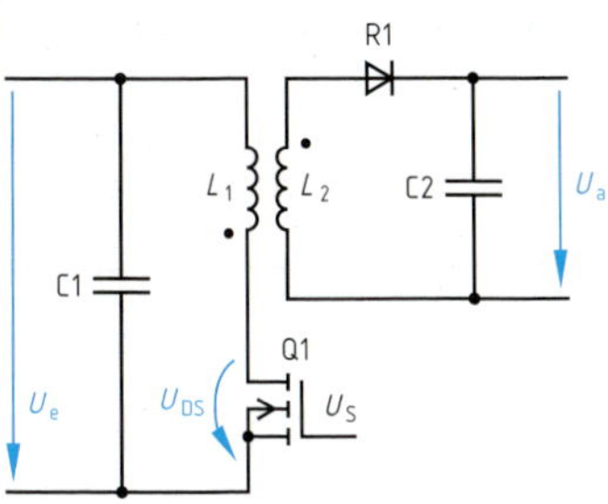 **Eintaktsperrwandler**	C1 glättet die Eingangsspannung und liefert die vom Wandler beanspruchten pulsartigen Ströme. Bei eingeschaltetem Q1 wird das Magnetfeld im Kern von L_1L_2 aufgebaut. Da L_2 gegensinnig gepolt ist, fließt kein Strom in der Ausgangswicklung, weil R1 sperrt. Bei abgeschaltetem Q1 kehren sich die Spannungen an den Wicklungen um und R1 leitet jetzt. Während dieser Zeit fließt der Strom durch L_2. Über die Diode R1 lädt sich nun der Kondensator C2 auf. Flyback converter	Vorteile: Mehrere Ausgangsspannungen lassen sich gleichzeitig regeln. Großer Regelbereich bei Betriebsspannungsänderungen. Nachteile: Transistorspitzensperrspannung $U_{DS} > 2 \cdot U_e$, Kern mit Luftspalt erforderlich. Starkes magnetisches Streufeld und Wirbelströme.

U_a Ausgangsspannung, U_{DS} Drain-Source-Spannung, U_e Eingangsspannung, U_i induzierte Spannung, U_S Steuerspannung

Schalttransistor und Kippschaltungen
Switching Transistor and Multivibrators

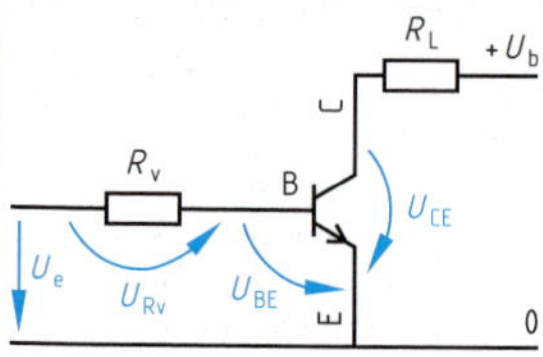

Transistor als Schalter

$$I_{Bmin} = \frac{I_{Cmax}}{B_{min}} \qquad I_B = ü \cdot I_{Bmin} \quad (1)$$

$$U_{Rv} = U_e - U_{BE} = I_B \cdot R_v \quad (2)$$

$$I_B = \frac{ü \cdot I_{Cmax}}{B_{min}} \quad (3)$$

$$U_{Rv} = \frac{ü \cdot I_{Cmax}}{B_{min}} \cdot R_v \quad (4)$$

$$R_L = \frac{U_b - U_{CEsat}}{I_{Cmax}} \quad (5)$$

$$R_v = \frac{(U_e - U_{BE}) \cdot B_{min}}{ü \cdot I_{Cmax}} \quad (6)$$

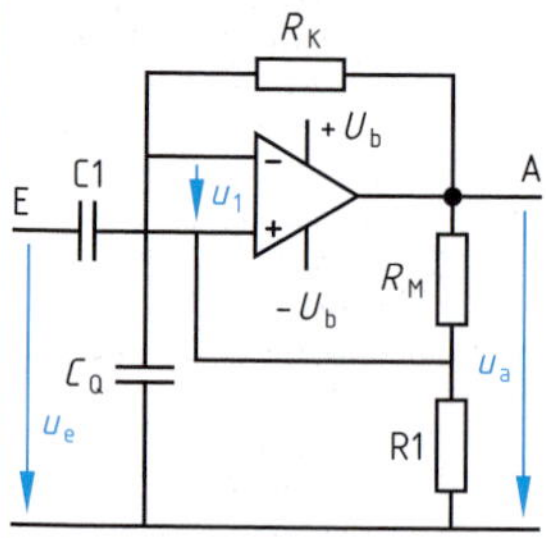

Astabile Kippschaltung

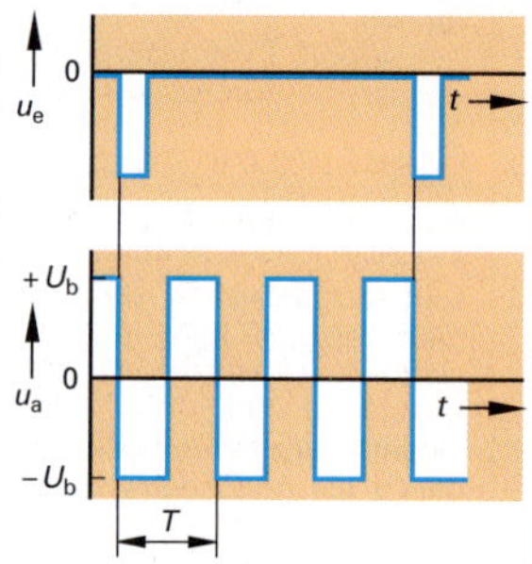

$$f_0 \approx \frac{1}{2 \cdot R_K \cdot C_Q \cdot \ln\left(1 + \frac{2\,R_1}{R_M}\right)} \quad (7)$$

Über R_K wird durch U_a der Kondensator C_Q aufgeladen, bis U_1 die Richtung wechselt und U_a damit auch (Mitkopplung). C_Q wird dann über R_K umgeladen, bis U_1 wieder die Richtung wechselt. Mit U_e kann die Kippstufe synchronisiert werden.

Anwendung:

Synchronisierbarer Rechteckgenerator.

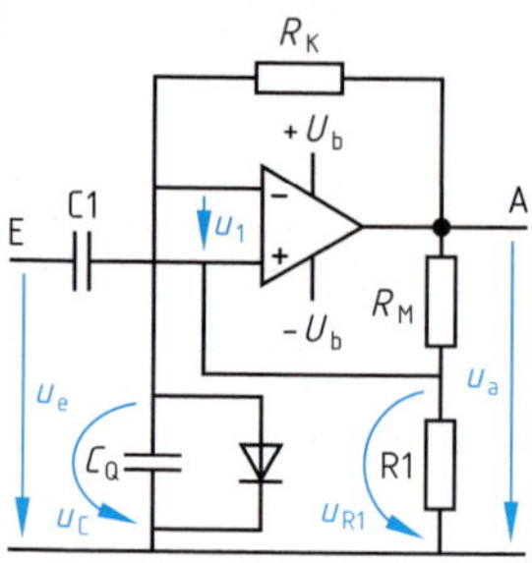

Monostabile Kippschaltung (Monoflop)

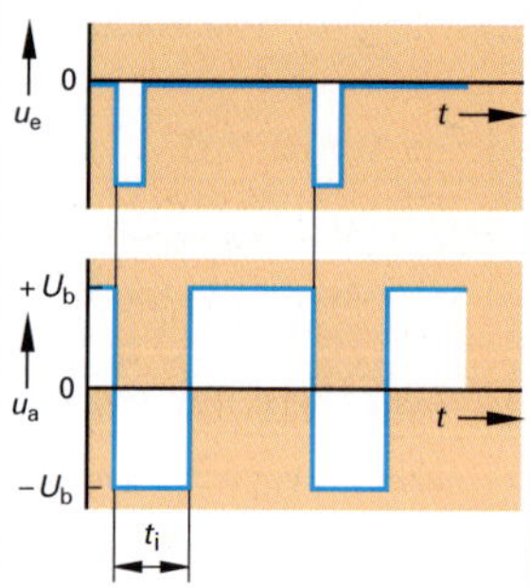

$$t_i \approx R_K \cdot C_Q \cdot \ln\left(1 + \frac{R_1}{R_M}\right) \quad (8)$$

Im stabilen Zustand ist u_a positiv. Ein negativer Impuls an E schaltet u_a negativ. C_Q lädt sich über R_k negativ auf, bis $u_C > u_{R1}$ ist. Damit wechselt u_1 die Richtung und u_a wird wieder positiv.

Anwendungen:

Einzelimpulsgeber, Impulsformer.

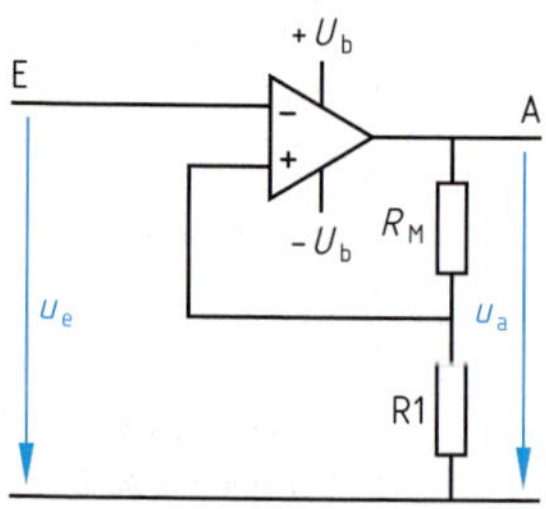

Schwellwertschalter (Schmitt-Trigger)

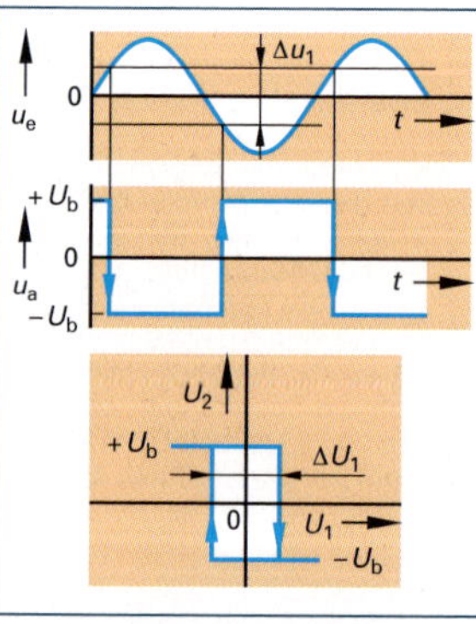

$$\Delta U_1 \approx \frac{R_1}{R_M + R_1} \cdot (U_{b1} - U_{b2}) \quad (9)$$

Bei Ansteuerung mit $+\,u_e$ kippt die Ausgangsspannung auf $= -\,U_{b2}$. Wird u_e negativ, kippt die Ausgangsspannung auf $\approx +\,U_{b1}$.

Dieser Schwellwertschalter invertiert das Eingangssignal.

Es gibt auch nicht invertierende Schwellwertschalter.

Anwendungen:

Impulsformer, Flankenversteilerung, Erzeugung des Trigger-Signals beim Oszilloskop.

B Gleichstromverhältnis, C_Q Querkondensator, f_0 Schwingfrequenz, R_1, R_2, R_3, R_5 Spannungsteilerwiderstände, R_K Rückkopplungswiderstand, R_L Lastwiderstand, R_M Mitkopplungswiderstand, R_v Basisvorwiderstand, t_i Impulsdauer, u_a Ausgangsspannung, U_b Betriebsspannung, u_{BE} Basis-Emitterspannung, u_c Kondensatorspannung, U_{CEsat} Kollektor-Emitter-Sättigungsspannung, u_e Eingangsspannung, u_1 Spannung zwischen invertierendem und nicht invertierendem Eingang, $ü$ Übersteuerungsfaktor, ΔU_1 Schaltdifferenz.

AS

Halbleiter-Relais SSR und Schutzgaskontaktrelais
Solid State Relay SSR and Reed Relay

Schaltung	Erklärung	Daten
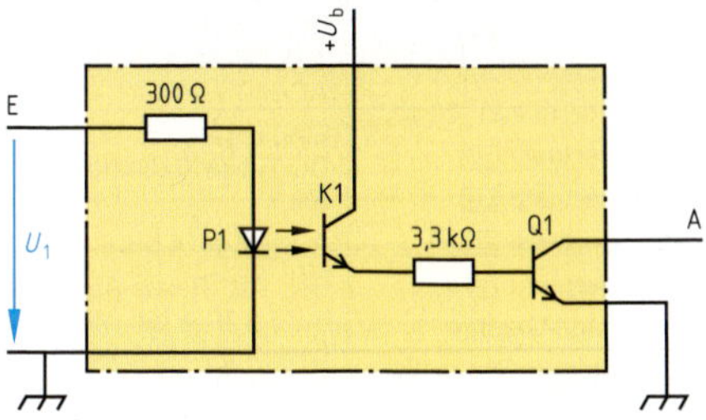 **DC-Schalter mit DC-Ansteuerung**	Nach Anlegen der Steuerspannung U_1 sendet P1 Infrarotstrahlung aus. Diese Strahlung schaltet den Fototransistor K1 in den leitenden Zustand. Damit wird Q1 leitend und die Ausgangsspannung sinkt auf fast 0 V. Betriebsspannung U_b ist erforderlich. DC Gleichspannung (Direct Current)	Steuerspannungen für EIN + 5 V, für AUS ≤ 1 V. Der Steuerkreis ist TTL-kompatibel. Steuerstrom 14 mA, Hilfsstrom 12 mA. Schaltspannung 4 V bis 16 V. Schaltstrom ≤ 0,5 A. Isolationsspannung zwischen Eingang und Ausgang 4000 V. www.matsushita-relais.de
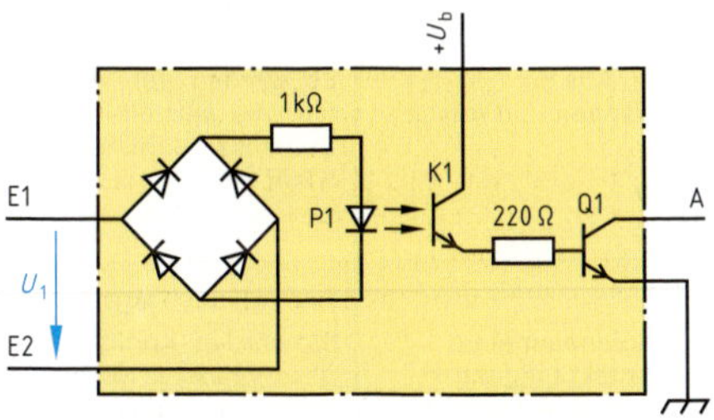 **DC-Schalter mit Ansteuerung durch AC oder DC**	Eine Eingangsgleichspannung oder Eingangswechselspannung U_1 steuert über eine Brückengleichrichterschaltung die IRED P1 an. Diese Diode schaltet mit ihrer Infrarotstrahlung den Fototransistor K1 und damit auch Q1 durch. Betriebsspannung U_b ist erforderlich. AC Wechselspannung (Alternating Current)	Steuerspannungen für EIN ±10 V bis ± 32 V, für AUS ≤ 3 V. Steuerstrom 25 mA, Hilfsstrom 12 mA. Schaltspannung 4 V bis 30 V. Schaltstrom ≤ 0,5 A. Isolationsspannung zwischen Eingang und Ausgang 4000 V.
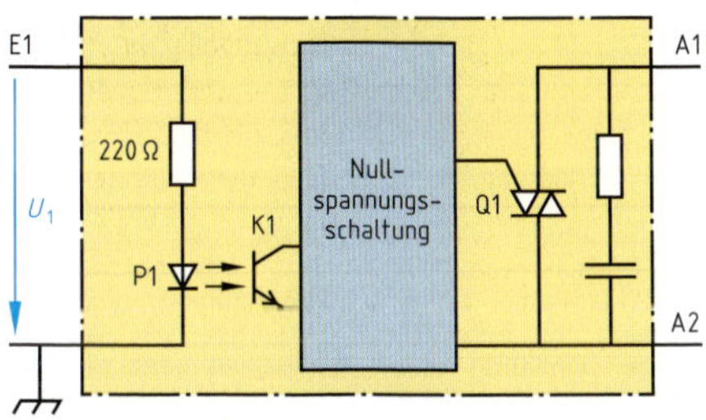 **AC-Schalter mit DC-Ansteuerung**	Nach Anlegen der Steuerspannung U_1 wird K1 durch die Infrarotstrahlung von P1 leitend. Der Fototransistor K1 steuert mit der Nullspannungsschaltung den Triac Q1. Die Nullspannungsschaltung bewirkt, dass der Triac-Strom immer von Null aus ansteigt. Dadurch werden Netzstörungen und Funkstörungen verringert.	Steuerspannungen für EIN + 5 V, für AUS < 1 V. Der Steuerkreis ist TTL-kompatibel. Steuerstrom 12 mA. Schaltspannung 24 V bis 240 V AC. Schaltstrom 3 A Maximum, 20 mA Minimum. Isolationsspannung zwischen Eingang und Ausgang 5000 V.
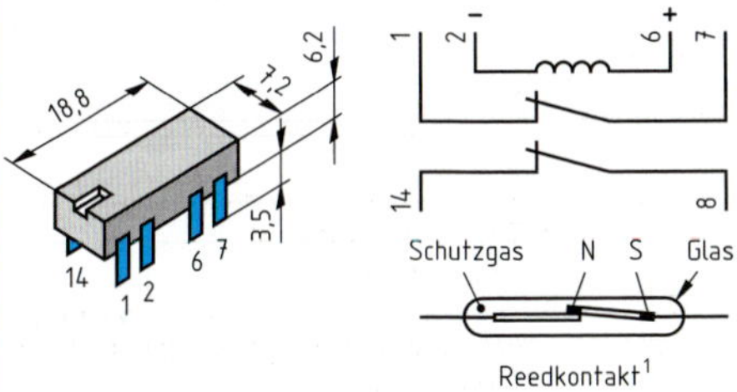 **Schutzgaskontaktrelais**	Gepoltes Relais mit z. B. 2 Öffnern. Zum Öffnen erzeugt die Spule ein Magnetfeld, das dem Magnetfeld der Kontaktzungen überlagert wird. Das Schließen erfolgt durch die Anziehung der magnetischen Kontaktzungen.	Steuerspannung 5 V. Ansprechspannung 3,75 V. Abfallspannung 0,5 V. Steuerleistung 125 mW. Kontaktdurchgangswiderstand 80 mΩ. Schaltfrequenz ≤ 500 Hz. Isolationswiderstand 1 GΩ. Lebensdauer bis zu $5 \cdot 10^7$ Schaltspielen.

IRED von Infrarot emittierende Diode [1] reed = Schilfrohr, hier Blättchen, Zungenkontakt.

Kleinsteuerung easy Small Contoller easy

Systemaufbau

Komponente	Erklärung	Daten, Bemerkungen
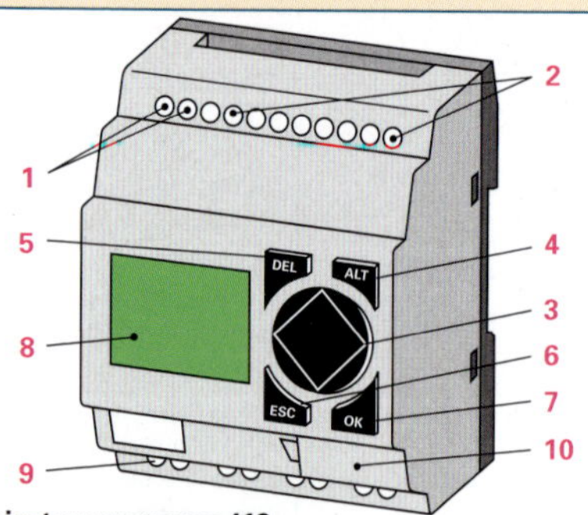**Kleinsteuerung easy 412**	1 Betriebsspannung 2 Eingänge I1 bis I8 3 Cursor-Tasten ◁▷△▽ 4 Steuertaste ALT 5 Steuertaste DEL 6 Steuertaste ESC 7 Steuertaste OK 8 Anzeige-Display 9 Ausgänge Q1 bis Q4 10 Anschluss für Speicherkarte oder PC-Verbindung über V.24-Schnittstelle	Betriebsspannung je nach Typ: DC 24 V, AC 115 V bis AC 240 V. Eingänge: 8 bis 12, bei den DC-Typen 2 analog nutzbar. Ausgänge: 4 bis 8. Bei AC Relais-Ausgänge mit I = 10 A bei ohmscher Last und I = 3 A bei induktiver Last, bei DC 24 V parallel schaltbare Transistorausgänge mit I = 0,5 A.
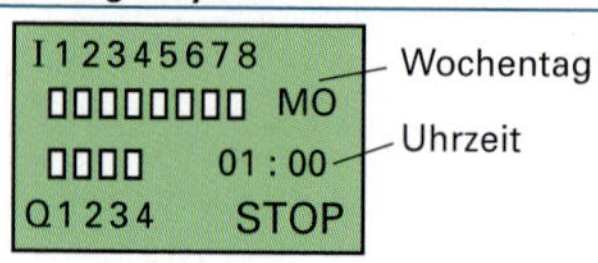**Statusanzeige bei laufendem Programm**	▮ Ein ▯ Aus bei Eingängen und Ausgängen	Es werden der Wochentag, die Uhrzeit und die Betriebsart RUN oder STOP gezeigt.
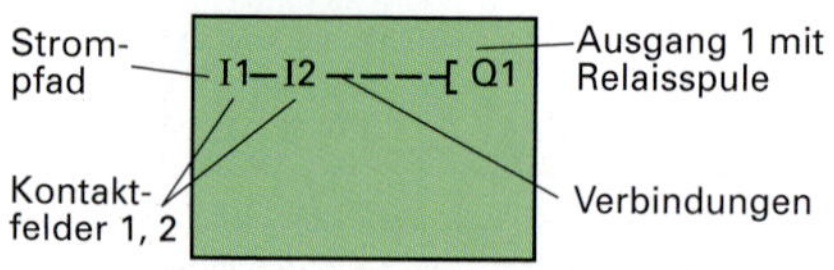**Schaltplananzeige bei Anwahl von STOP**	Schaltplanelemente: I Kontakt Eingang Q Kontakt Ausgang --- Verbindungen -[Kontakt Relaisspule	Es werden Kontaktfelder, Strompfade, Spulenfelder und die Verbindungen angezeigt. www.moeller.de

Programmierung einer Reihenschaltung

Vorgehen	Erklärung	Bemerkungen
Softwareprogrammierung am PC Programm easy-soft starten → Menü Schaltplan → Neu → Menü Ansicht → Darstellung → Darstellungsart → Gerät OK → Doppelklick auf Cursor → I,1 OK → Linie einfügen → Doppelklick auf Cursor → I,2 OK → Linie einfügen → Doppelklick auf Cursor → [Q,1 OK → Datei speichern → Menü Simulation → Wirkungsweise I/R → Schließer rastend OK ↲ Menü Simulation → I/Q-Fenster OK → Menü Simulation → RUN → I1, I2 anklicken → Leuchte Q1 Ein. Menü Online → Schaltplan → Auf Gerät übertragen → Gerät mit ▽ auf STOP OK → RUN wird angezeigt.	Die Schaltung wird auf dem Bildschirm vom Eingang ausgehend zum Ausgang hin entworfen. Fertige Schaltung durch Simulation testen, Schaltprogramm über serielle Leitung zum Steuerrelais übertragen. Programmlauf starten, es erscheint die Anzeige RUN im Hauptmenü, Schaltung ist in Betrieb.	Schaltungen lassen sich als Verdrahtungsplan, Stromlaufplan oder KOP entwerfen. Der Verdrahtungsplan setzt die Programmierschritte der Handprogrammierung am Bildschirm um. Funktionsblöcke für: Zeitfunktionen, Stromstoß, Selbsthaltung, analoge Signale.
Handprogrammierung Einschalten → Statusanzeige erscheint → OK PROGRAMM.. LOESCHE PROG → OK PROGRAMM RUN/STOP PARAMETER STELLE UHR OK → → Schaltplananzeige erscheint → I OK → 1 OK → I OK → 1 △ 2 OK ALT ▷ ▷ OK -[Q OK 1 OK → Statusanzeige erscheint. Programmablauf starten: ESC → PROGRAMM ESC ▽ RUN OK, Schaltung arbeitet. Schaltung testen: → PROGRAMM OK Schaltplananzeige zeigt I1–I2 ----[Q1.	Anwählbare Menüpunkte blinken. Die easy-Betriebsarten sind RUN oder STOP. Bei easy wird vom Eingang zum Ausgang „verdrahtet". Nach Anschluss an die Betriebsspannung und dem Anschluss von 2 Schaltern an I1 und I2 wird das Steuerrelais getestet: Beide Schalter betätigen, Lampe an Q1 leuchtet.	Anwählbare digitale Grundfunktionen: UND Reihenschaltung mit Schließern, ODER Parallelschaltung mit Schließern, NAND Parallelschaltung mit Öffnern, NOR Reihenschaltung mit Öffnern, XOR Reihenschaltung und Parallelschaltung von Öffnern und Schließern.

AS

Kleinsteuerung Logo! Small Controller Logo!

Systemaufbau

Aufbau	Erklärung	Daten, Bemerkungen
 **Kleinsteuerung LOGO!**	1 Betriebsspannung zwischen L und N 2 Eingänge I1 bis I8 3 EPROM-Speichereinheit 4 Cursor-Tasten ◀ nach links ▶ nach rechts ▲ nach oben ▼ nach unten 5 Steuertaste [ESC] 6 Steuertaste [OK] 7 Anzeige-Display 8 Ausgänge Q1 bis Q4 Das Grundgerät gibt es mit Display und Bedienelementen als Logo! und ohne als Pure.Logo! Pure wird verwendet, wenn keine Parameter zu ändern oder keine Informationsmeldungen anzuzeigen sind. Es kann nur mit Software programmiert werden. Programmstart erfolgt mit einer RUN/STOP-Taste auf der Kleinsteuerung.	Betriebsspannung je Typ DC 12 V, 24 V, AC 24 V, AC/DC 115 V bis 240 V. Zahl der Eingänge 8, davon bei den DC-Typen 2 analog nutzbar. Zahl der Ausgänge 4. Je Ausgang ein Relais, mit Dauerstrom $I = 10$ A bei DC 24 V Transistorausgänge mit $I = 0{,}3$ A. Schaltfrequenz bei ohmscher Last 2 Hz, induktiver Last 0,5 Hz. Es gibt Erweiterungsmodule für 16 Eingänge und Ausgänge, Analogmodule mit z.B. 2 Eingängen, Kommunikationsmodelle für z.B. EIB/KNX oder As-i-Bus. www.automation.siemens.com/logo

Programmierungsarten

Vorgehen	Erklärung	Bemerkungen
Softwareprogrammierung am PC Programm Logo!Soft Comfort starten → [Co] → [I] → Eingangssymbol mit gedrückter linker Maustaste auf Zeichenfläche ziehen. [Co] → [Q] → Ausgang auf Zeichenfläche, wie oben. [GF] → [&] → Grundfunktion auf Zeichenfläche, wie oben. [↳] → Cursor auf Elementanschlüsse, diese mit betätigter linker Maustaste verbinden. [▮▮] → Simulation starten Eingänge I einschalten → Anzeigesymbol Lampe leuchtet bei Funktion. Menü Extras → PC → Logo, Schaltprogramm wird in die Kleinsteuerung übertragen, → [ESC] → [> Start], Programm ablauf wird gestartet.	Schaltungen werden als Funktionspläne entworfen. Bei der Softwareprogrammierung kann vom Eingang zum Ausgang programmiert werden. Nichtbenutzte Eingänge müssen mit Pegel [lo] (low) oder [hi] (high) verbunden werden. Leiter mit H-Pegel haben rote Farbe. Fertige Schaltung in einem Simulationslauf testen.	Schachtelungstiefe: Beginnend von den Ausgängen Q können je nach Typ des Steuerrelais zwischen 9 Verknüpfungsebenen und 58 Verknüpfungsebenen von digitalen Funktionen programmiert werden. Schaltprogramm über serielle Leitung zur Kleinsteuerung übertragen. Mit [ESC] → [> Start] starten.
Handprogrammierung [ESC] ▶ > Program.. / PC/Card.. / Clock / Start [OK] ▶ > Edit Prg / Prg Name / Clear Prg / Password ▶ Q1 [OK] ... [ESC] ▶ > Start Programmablauf wird gestartet. Bei laufendem Programm wird Zeit und Datum angezeigt. Programmänderung [ESC] ▶ > STOP / Set Param / Set Clock / Prg Name [OK] ▶ > Program.. / PC/Card.. / Clock / Start (weiter wie oben) [ESC] ▶ > Start Programmablauf wird gestartet.	Unprogrammiertes Steuerrelais zeigt den Text: No Program Press ESC Mit [ESC] Start-Menü anwählen. Mit Cursortasten auf Zeile Program... Mit [OK] Editor-Menü anwählen. Mit Cursortaste auf Edit Prg. Mit [OK] Programmeingabe mit Auswahl eines Ausgangs, z.B. [Q1], beginnen.	Auswählbare digitale Grundfunktionen: AND Reihenschaltung mit Schließern, OR Parallelschaltung mit Schließern, NOT Inverter, NAND Parallelschaltung von Öffnern, NOR Reihenschaltung mit Öffnern, XOR Wechsler Funktionsblöcke für: Zeitfunktionen, Stromstoß, Selbsthaltung, analoge Signale.

Kleinsteuerungen werden auch Steuerrelais genannt.
[>] Cursorsymbol auf dem Display der Kleinsteuerung, → nächster Vorgang.

AS

Struktogramme und Programmablaufpläne (PAP)
Structograms and Program Flowcharts

Struktogramm	Bezeichnung, Bedeutung	Programmablaufplan	SCL-Sprachelemente
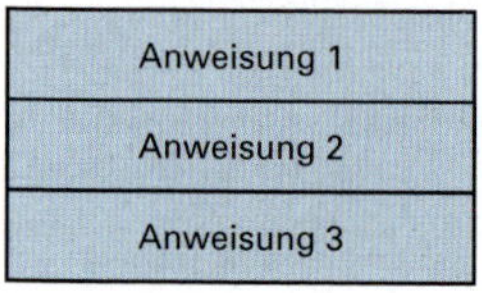	**Folgeblock** Der Folgeblock kann Wertzuweisungen, Rechenoperationen oder Eingabeanweisungen und Ausgabeanweisungen umfassen.	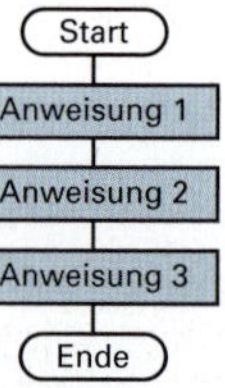	*Anweisung 1;* *Anweisung 2;* *Anweisung 3*

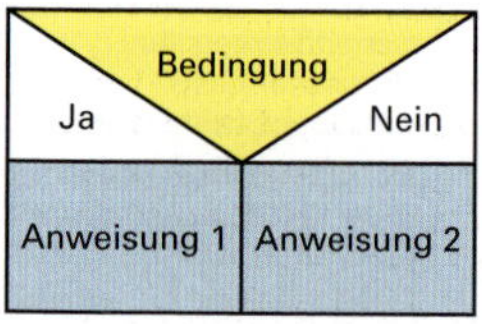	**Verzweigungsblock (Auswahlblock), zweiseitig**
	Der Verzweigungsblock enthält eine Verzweigung mit den Alternativen ja oder nein. Je nach Bedingung werden die Anweisungen der einen oder der anderen Alternative ausgeführt.
		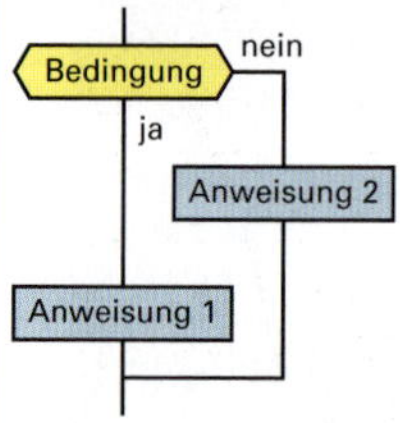	IF *Bedingung* THEN
			Anweisung 1
			ELSE
			Anweisung 2;
			END_IF;

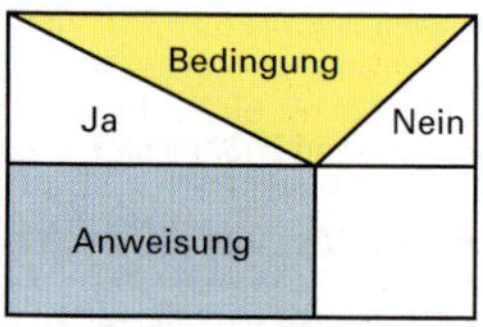	**Verzweigungsblock, einseitig** Bei diesem Verzweigungsblock enthält nur eine Alternative Anweisungen. Die andere Alternative wird ohne Operation durchlaufen.	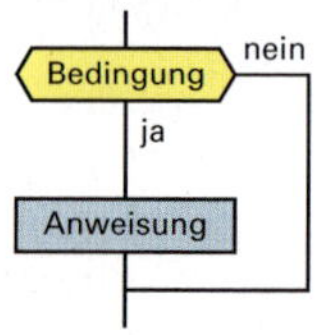	IF *Bedingung* THEN *Anweisung;* END_IF;
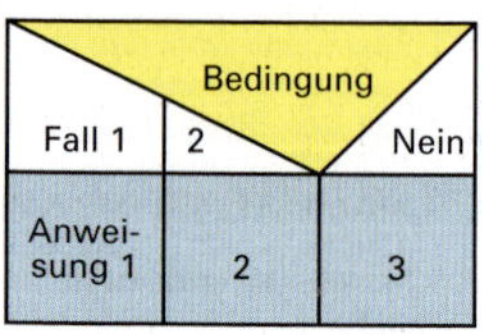	**Verzweigungsblock, mehrfach** Beim mehrfachen Verzweigungsblock werden in Abhängigkeit einer Bedingung mehrere Alternativen angeboten.	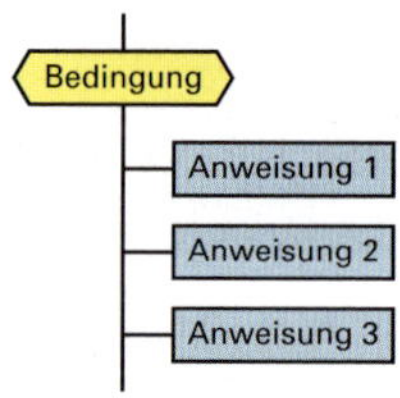	CASE *Ausdruck* OF 1: *Anweisung 1;* 2: *Anweisung 2;* ELSE *Anweisung 3* END_CASE;
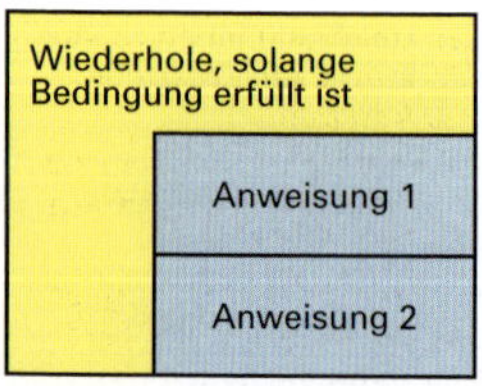	**Wiederholungsblock mit Anfangsbedingung** Die Anweisungen dieses Blockes werden wiederholt, solange die Bedingung erfüllt ist. Die Bedingung wird am Anfang der Schleife geprüft.	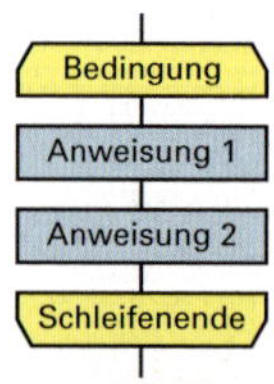	WHILE *Bedingung* DO *Anweisung 1;* *Anweisung 2* END_WHILE;
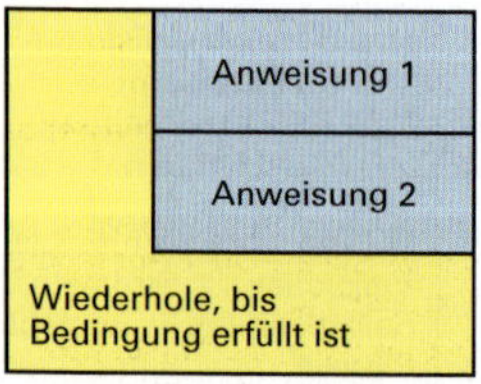	**Wiederholungsblock mit Endebedingung** Die Anweisungen dieses Blockes werden wiederholt, bis die Bedingung erfüllt ist. Die Bedingung wird erst am Ende der Schleife geprüft.	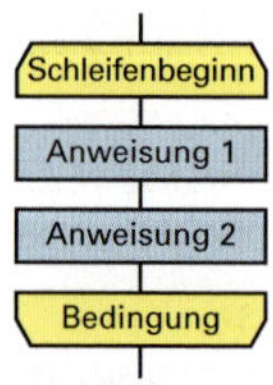	REPEAT *Anweisung 1;* *Anweisung 2* UNTIL *Bedingung;* END_REPEAT;

Die Farben sind nicht Bestandteil der Sinnbilder, sie dienen hier nur zur Hervorhebung.
SCL von structured control language = strukturierte Steuerungssprache.

AS

Speicherprogrammierbare Steuerung SPS Programmable Logic Control PLC

Aufbau, Vorgang

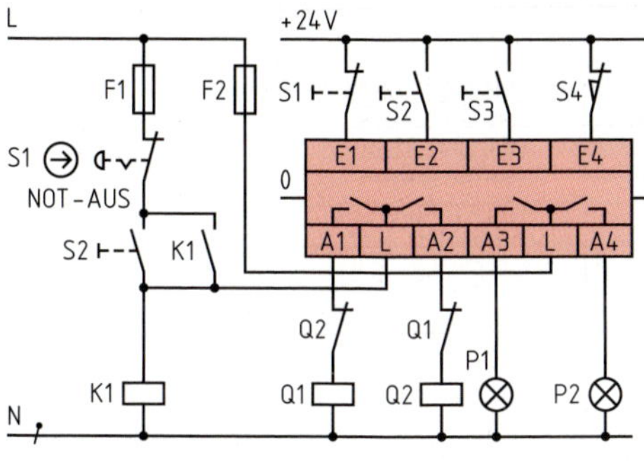

Anschluss an das 230-V-Netz

Begriffe	Erklärung
Maßnahme zur Drahtbruchsicherheit	Schließer erzeugen externe EIN-Signale und Öffner externe AUS-Signale.
Maßnahme zur Erdschlusssicherheit	Die AUS-Signale müssen von Öffnern erzeugt werden. Bei Erdschluss wird der Steuerstromkreis von einer Überstrom-Schutzeinrichtung abgeschaltet.
NOT-AUS-Schaltung	Die NOT-AUS-Einrichtung muss ein mechanischer Schalter sein. Das gilt nicht bei speziellen Sicherheits-SPS.
Verriegelung	Schütze werden z. B. durch gegenseitige Öffner in ihren Steuerstromkreisen verriegelt.

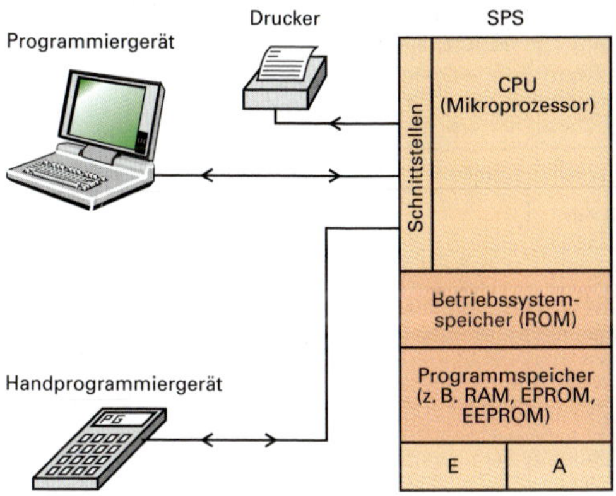

SPS-Baugruppen und periphere Geräte

Begriffe	Erklärung
Anwenderprogramm	SPS-Programm zur Lösung der Aufgabenstellung.
Ausgabeeinheit	Verbindet die Steuersignale mit den Stellgliedern, z. B. mit Schützen.
AWL	Anweisungsliste, enthält die einzelnen Programmbefehle.
Eingabeeinheit	Verbindet die SPS mit den verschiedenen Signalgebern.
Handhabungsbefehle (Handling-Befehle)	Steuern die SPS. Sie werden ohne Zeilennummern eingegeben.
KOP	Kontaktplan ähnelt dem Stromlaufplan.
FUP	Funktionsplan verwendet Symbole der Digitaltechnik.
Merker	Entspricht einem Hilfsschütz, ist ein RAM.

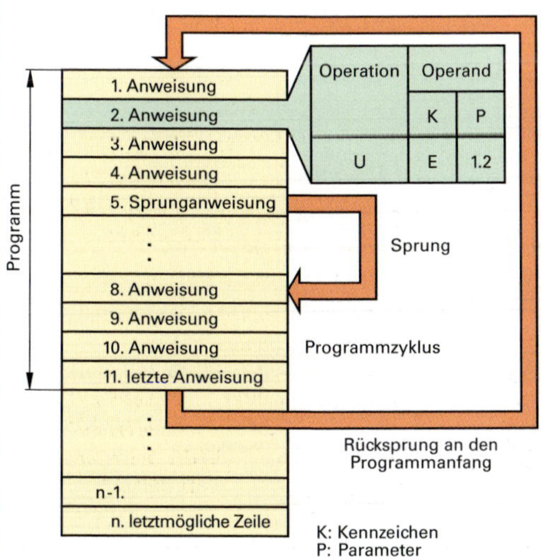

Programmabarbeitung

Begriffe	Erklärung
FBS	Funktionsbausteinsprache
Programmiergerät	Meist Notebook/Laptop mit Software für KOP, FUP, AWL, SCL, GRAFCET und Simulation.
Operandenteil	Kennzeichnet Eingänge, Ausgänge, Merker, Zeitglieder und Adressen.
Operationsteil	Legt die Signalverarbeitung und die Programmorganisation fest.
SCL	Structured Control Language oder ST strukturierter Text.
GRAFCET	Programmablauf dargestellt als Funktionsplan.
Steueranweisung	Besteht aus Operationsteil und Operandenteil.
Zähler	Funktionsbaustein, oft eigener Geräte-Einschub.
Zeitstufe	Erzeugt Verzögerungszeit z. B. Einschalt- oder Ausschaltverzögerung.
Zykluszeit	Zeit für einen Durchlauf des Anwenderprogrammes.

AS

Signalkopplungen für SPS und Mikrocomputer
Signal Coupling for PLC and Microcomputer

Schaltung	Erklärung, Anwendung	Daten (Beispiele)
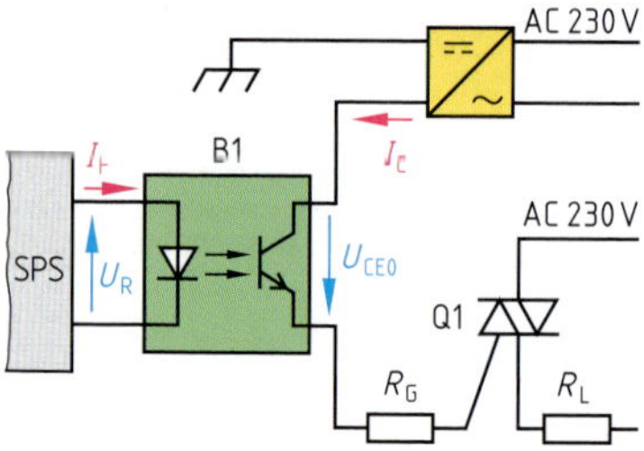 **Optokoppler**	Optokoppler mit IRED (Infrarot emittierende Diode) und Fototransistor oder Fotothyristor trennen galvanisch den Steuerkreis vom Lastkreis, auch bei unterschiedlichen Versorgungsspannungen. Der Fototransistor benötigt eine Betriebsspannung U_b.	IRED: Vorwärtsstrom I_F = 60 mA Sperrspannung U_R = 5 V Fototransistor: I_C = 100 mA, U_{CE0} = 30 V Stromübertragungsverhältnis $I_C / I_F \geq 0{,}5$ bei I_F = 10 mA U_{Ip} = 8000 V
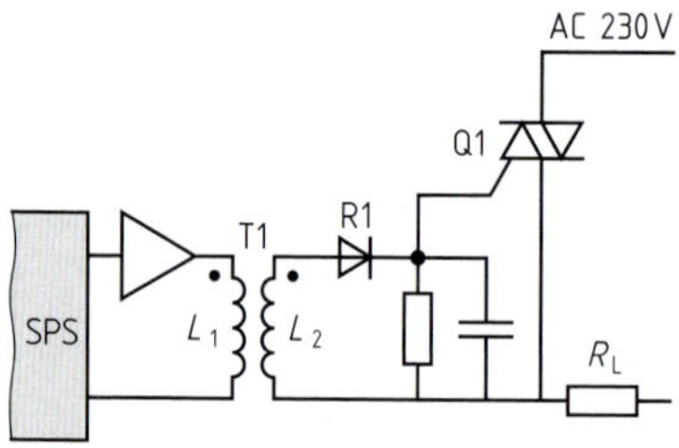 **Zündübertrager**	Ein Schaltspannungsverstärker sorgt für eine genügend große Zündspannung am Gate des Triac. Seine Betriebsspannung U_b kann z.B. die SPS liefern. Zündübertrager werden für die Ansteuerung von Thyristoren und Triacs für die galvanische Trennung von Steuerkreis und Lastkreis verwendet.	Übersetzungsverhältnis des Übertragers T1 $ü$ = 1 : 1 Maximal zulässige Dauerspannungen zwischen den Wicklungen U_{Is} = 400 V, U_p = AC 3,1 kV. Induktivitäten L_1 = 150 mH, $L_{2\sigma}$ = 400 µH Mindestwert der Spannungszeitfläche $\int u dt$ = 2000 µVs
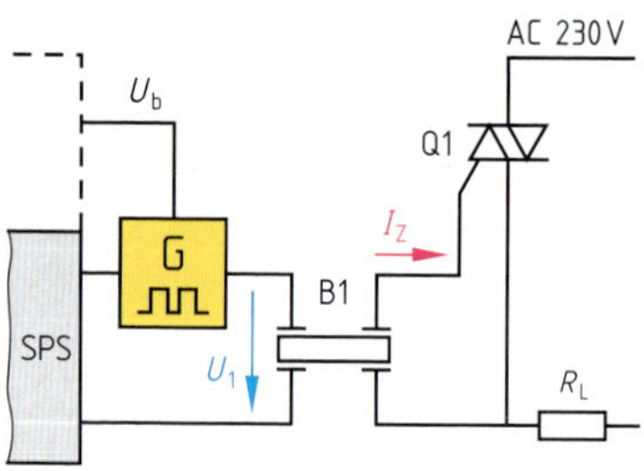 **Piezo-Zündkoppler**	Die elektrischen Impulse des Impulsgenerators werden im Piezo-Keramikmaterial in mechanische Schwingungen umgesetzt und anschließend wieder in eine Spannung zurückverwandelt. Piezo-Zündkoppler verwendet man zur Ansteuerung von Thyristoren, Triacs und FET-Schaltern. Dabei sind Steuerkreis und Lastkreis galvanisch getrennt.	Stromübersetzungsverhältnis $ü > 1 : 1$ I_Z = 100 mA Betriebsspannung $\hat{u}_1$ = 4 V Betriebsfrequenz f = 92 kHz P_{max} = 1,5 W bei 120 °C U_{Ip} = DC 4 kV R_{IS} = 10 GΩ
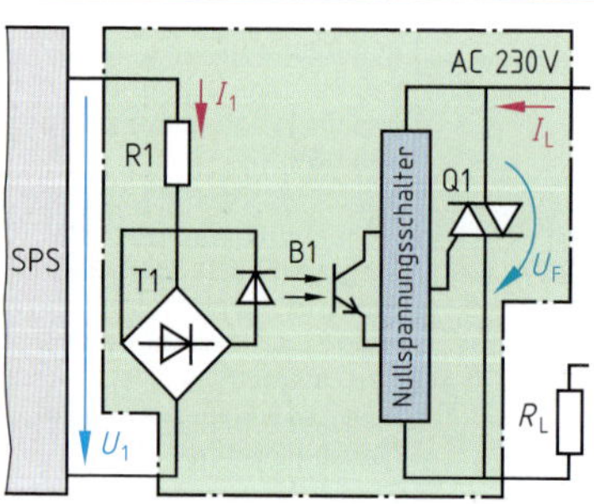 **Elektronisches Lastrelais**	Eine IRED steuert den Ausgangskreis mit einem Triac über einen Fotoempfänger und einen Nullspannungsschalter an. Anwendung: als Schalter für Wechselstrom und als Treiber für Leistungsthyristoren und Triacs. Nullspannungsschalter schalten beim Nulldurchgang die Spannung. Sie werden in Schaltungen für Wechselstromsteller verwendet.	Kriechstrecke ≥ 8,2 mm Rückwärtsspannung U_R ≥ 600 V Vorwärtsstrom I_F = 0,3 A S = 66 VA U_1 ≤ DC 6 V I_F ≤ 2 mA U_{Ip} = DC 5300 V Zulässige Stromsteilheit $di/dt \leq$ 10 A / µs Zulässige Spannungssteilheit $du/dt \leq$ 10 kV / µs Keine RC-Beschaltung notwendig. www.phoenix-contact.de

I_C Kollektorstrom, I_F Vorwärtsstrom, I_Z Zündstrom, L_1, L_2 Induktivitäten, $L_{2\sigma}$ Streuinduktivität von L_2, P_{max} höchstzulässige Verlustleistung, S Schaltleistung, R_G Gatewiderstand, R_{Is} Isolationswiderstand, R_L Lastwiderstand, U_{CE0} Kollektor-Emitter-Leerlaufspannung, U_1 Eingangsspannung, U_{Is} höchstzulässige Isolationsspannung, U_{Ip} höchstzulässige Isolationsprüfspannung, U_P Prüfspannung zwischen Eingangswicklung und Ausgangswicklung.

Steueranweisungen für SPS 1 Control Instructions for PLC 1

Funktion, Funktionsgleichung	Funktionsplan (FUP)	Kontaktplan (KOP), Erklärungen	Anweisungsliste (AWL)
UND $y_A = e_{01} \wedge e_{02}$	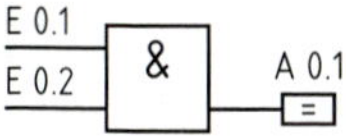	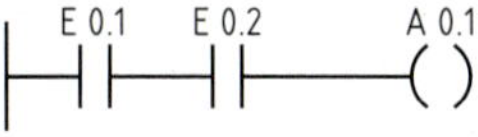	U E 0.1 U E 0.2 = A 0.1
ODER $y_A = e_{01} \vee e_{02}$	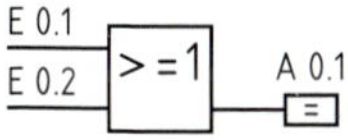	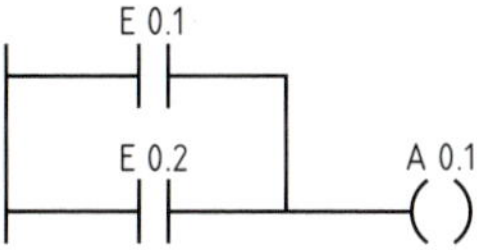	O E 0.1 O E 0.2 = A 0.1
NICHT $y_A = \bar{e}_{01}$	Eingang 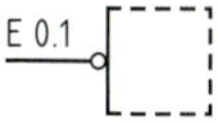 Ausgang 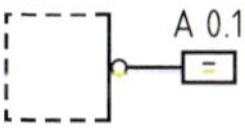	 	UN E 0.1 . . . . . = A 0.1 Invertierung des Ausgangssignals: . . . . . UN A 0.1 . . . . .
Exklusiv-ODER (Antivalenz, XOR) $y_A = (e_{01} \wedge \bar{e}_{02}) \vee (\bar{e}_{01} \wedge e_{02})$	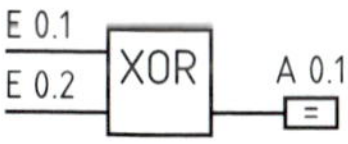	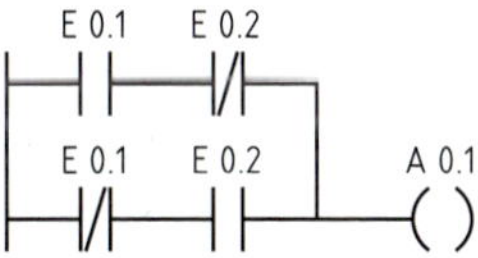	U E 0.1 UN E 0.2 O UN E 0.1 U E 0.2 = A 0.1
Exklusiv-NOR (Äquivalenz, XNOR) $y_A = (e_{01} \wedge e_{02}) \vee (\bar{e}_{01} \wedge \bar{e}_{02})$	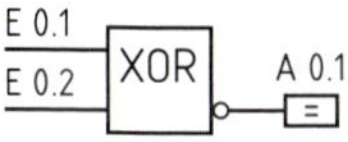	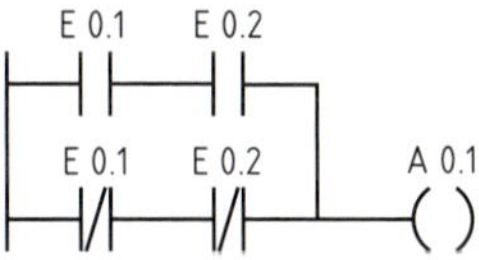	U E 0.1 U E 0.2 O UN E 0.1 UN E 0.2 = A 0.1
Zuweisung (einfache und mehrfache Zuweisung)	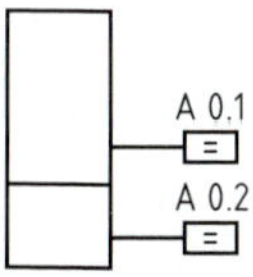	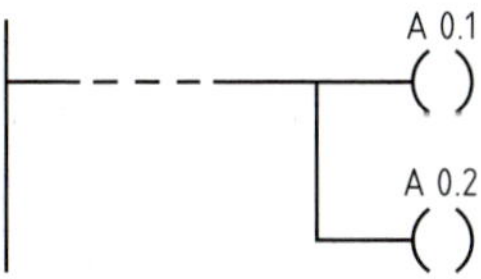	. . . . = A 0.1 = A 0.2
Programmieren mit Speicher: Dominierendes (vorrangiges) Setzen	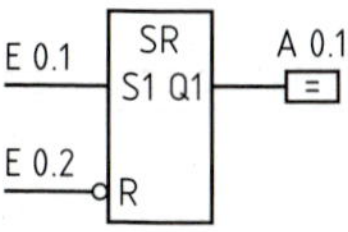	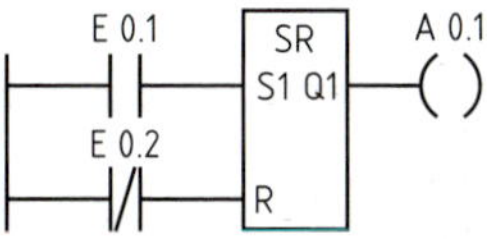	UN E 0.2 R A 0.1 U E 0.1 S A 0.1 . . . .
Dominierendes (vorrangiges) Rücksetzen	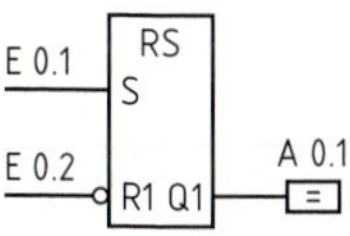	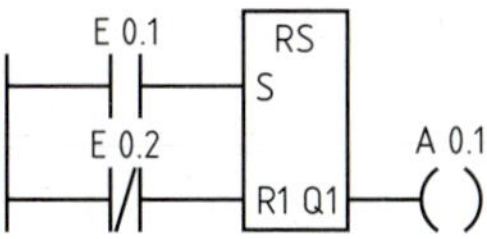	U E 0.1 S A 0.1 UN E 0.2 R A 0.1 . . . .

Bei Siemens-SPS S7 sind die Namen frei zuordenbar, z.B. statt E 0.1 kann E01 oder Eingang-01 verwendet werden.

Funktionen, Zähler

Funktion	Funktionsplan (FUP)	Kontaktplan (KOP)	Anweisungsliste (AWL)
Addieren	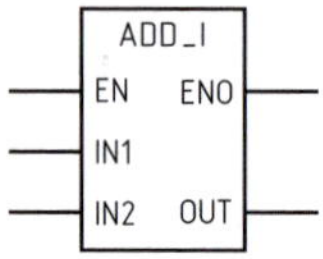	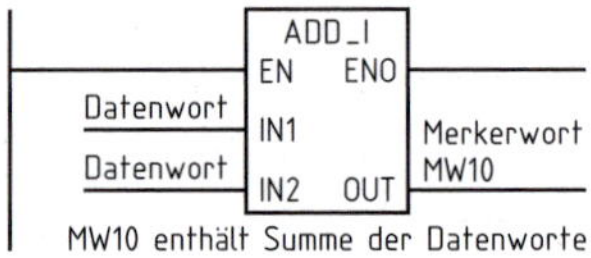	L 50 L 20 +I T MW10 NOP 0
Multiplizieren	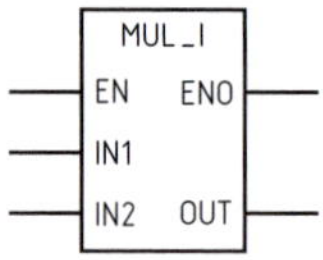	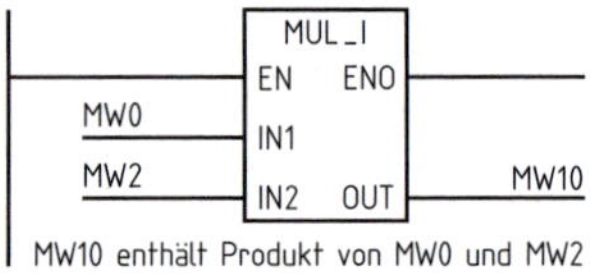	L MW0 L MW2 *I T MW 10 NOP 0
Zählen (Vorwärtszählen mit Rücksetzen)	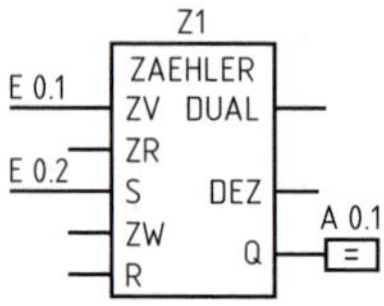	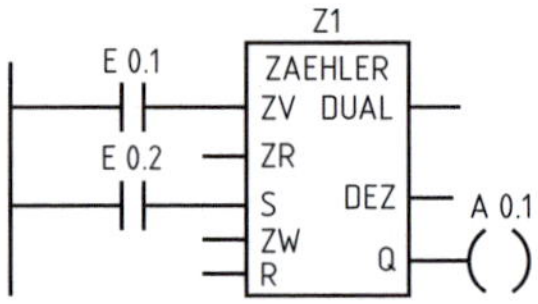	U E 0.1 ZV Z 1 U E 0.1 L K 2020 S Z 1 U Z 1 = A 0.1
Vergleichen	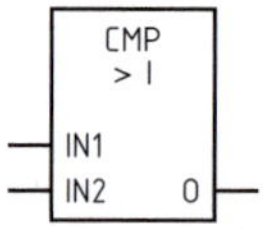	Es werden 6 Vergleichsarten unterschieden: > größer > = größer gleich < kleiner < = kleiner gleich != gleich < >, > < ungleich	U(L E 0.1 L E 0.2 >F) = A 0.1

Steueranweisungen (D Deutsch, E Englisch nach DIN EN 61131-3)

E	D	Bedeutung, Übersetzung, Symbol	E	D	Bedeutung, Übersetzung, Symbol
AND	U	AND ≙ UND-Elemente, &	NOP	NOP	No Operation ≙ Leerschritt
ADD	ADD	Addition	NOT	N	NICHT
CTD	ZR	Counter Down ≙ Zähler-Rückwärts	M	M	Memory ≙ Merker
CAL	BA	Call ≙ Bausteinaufruf	O,OUT	A	Output ≙ Ausgang
CMP	CMP	Compare ≙ Vergleichen	OR	O	OR ≙ ODER-Element, /
COS	COS	Kosinusfunktion	P	I	Pulse ≙ Impuls
CTU	ZV	Counter Up ≙ Zähler-Vorwärts	R	R	Reset ≙ Rücksetzen
DIV	DIV	Division	RL	RM	Reset Latch ≙ Merker rücksetzen
EM	BE	End of Module ≙ Blockende	S	S	Set ≙ Setzen
EN	EN	Enable ≙ Freigabe	SIN	SIN	Sinusfunktion
EP	PE	End of Program ≙ Programmende			
EQ	GL	Equal ≙ gleich, !=	SL	SM	Set Latch ≙ Merker setzen
GT	GR	Greater than ≙ größer, >	SUB	SUB	Subtraktion
GE	GRG	Greater than or Equal to ≙ größer gleich, > =	T	T	Timer, Zeitglied; TON, TOF
I, IN	E	Input ≙ Eingang	T	T	Transfer, Übertragen nach
			TOF	SA	Setze Ausschaltverzögerung
JMP	SP	Jump ≙ Sprung, unbedingt	TON	SE	Setze Einschaltverzögerung
L, LD	L, LD	Load ≙ Laden, z.B. L A01, !	TP	SI	Setze Impuls
LT	KL	Less than ≙ kleiner, <	SHL	SHL	Shift Left Bits
LE	KLG	Less than or Equal to ≙ kleiner gleich, < =	SHR	SHR	Shift Right Bits
			:=	=	Zuweisung, =
MUL	MUL	Multiplizierstufe	(...)	(...)	Klammern, (...)
			...	"..."	Kommentarbegrenzung, "..."

Programmbeispiele für SPS Program Examples for PLC

<table>
<tr><th>Stromlaufplan</th><th>Funktionsplan (FUP)</th><th>Kontaktplan (KOP)</th><th>Anweisungsliste (AWL)</th></tr>
<tr><td>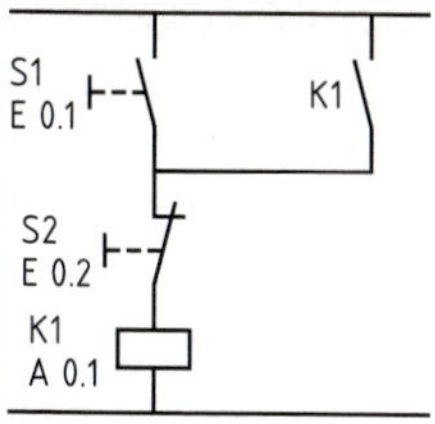

Selbsthaltung mit dominierendem Rücksetzen</td><td>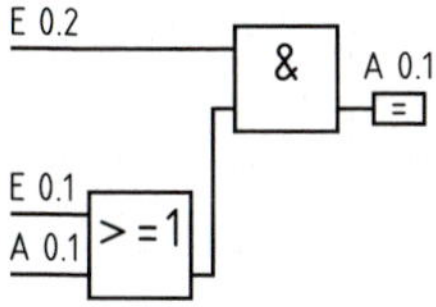
</td><td>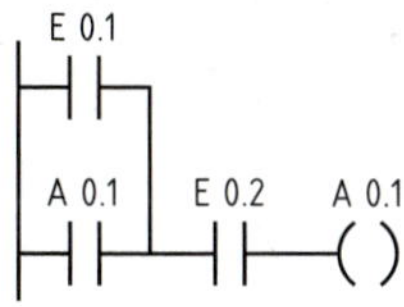
</td><td>U(
U E 0.1
O A 0.1
)
U E 0.2
= A 0.1</td></tr>
<tr><td>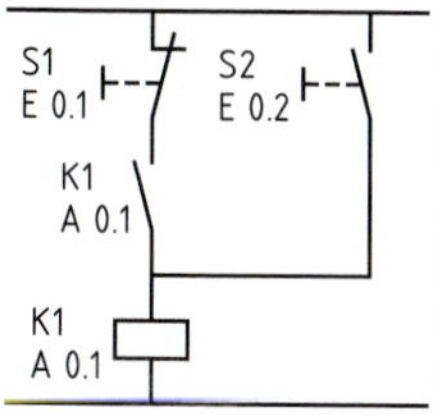

Selbsthaltung mit dominierendem Setzen</td><td>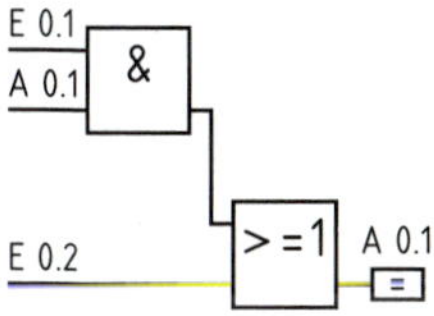
</td><td>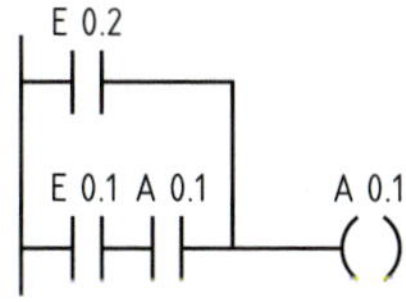
</td><td>U E 0.1
U A 0.1
O E 0.2
= A 0.1</td></tr>
<tr><td>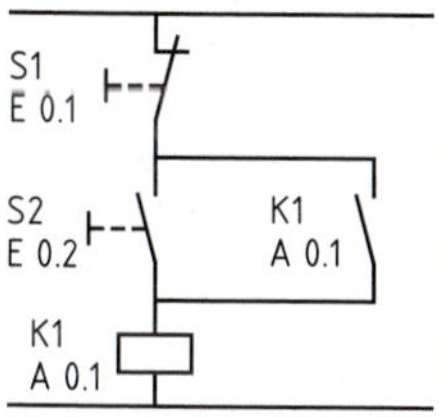

RS-Speicher, Rücksetzen dominierend</td><td>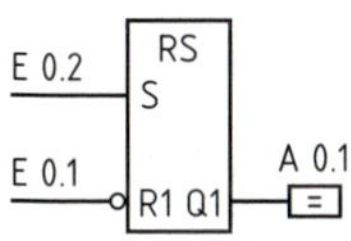
</td><td>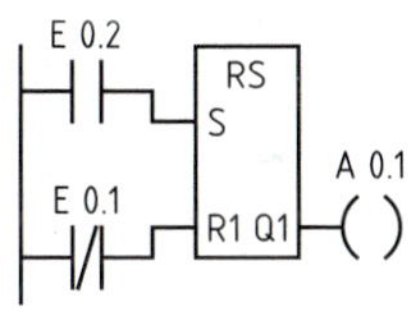
</td><td>U E 0.2
S A 0.1
UN E 0.1
R A 0.1</td></tr>
<tr><td>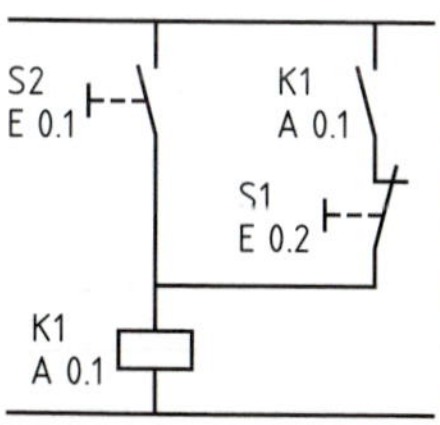

RS-Speicher, Setzen dominierend</td><td>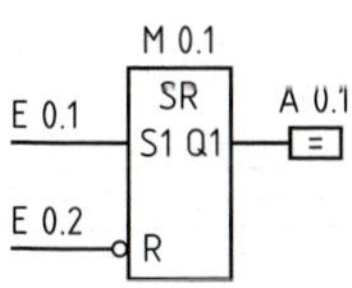
</td><td>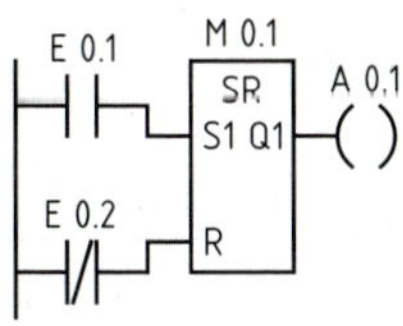
</td><td>UN E 0.2
R M 0.1
U E 0.1
S M 0.1
U M 0.1
= A 0.1</td></tr>
<tr><td>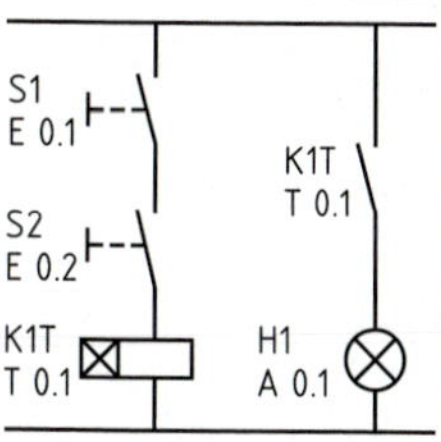

Einschaltverzögerung</td><td>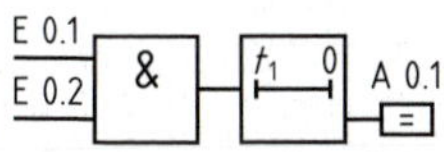
</td><td>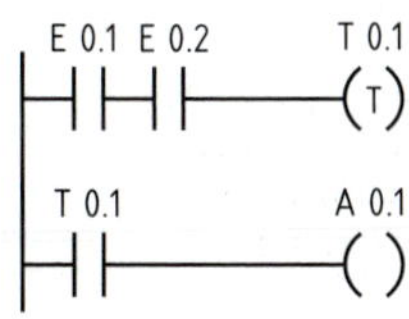
</td><td>L E 0.1
U E 0.2
= T 0.1
U T 0.1
= A 0.1</td></tr>
</table>

AS

Zähler und Zeitglieder in SPS Counters and Timers in PLC

Funktion	Funktionsplan	Anweisungsliste	Bemerkungen
Vorwärtszähler mit Startwert 20	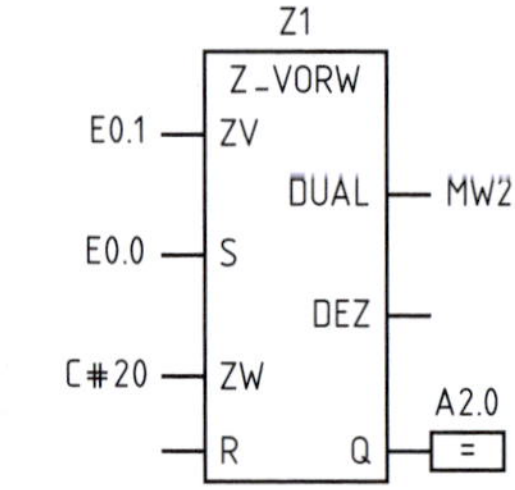	U E 0.1 ZV Z 1 U E 0.0 L C#20 S Z 1 L Z 1 T MW 2 U Z 1 = A 2.0	Der Vorwärtszähler Z1 wird mit dem Startwert 20 geladen, wenn E 0.0 von 0 auf 1 wechselt. Wechselt der Signalzustand an E 0.1 von 0 auf 1, wird der Zähler Z1 um 1 erhöht. A 2.0 ist 1, wenn der Zählerwert ungleich Null ist. Mit L Z1 wird der Zählerwert dualcodiert in den Akkumulator geladen, dann ins Merkerwort 2, mit LC Z1 ist BCD-codiertes Auslesen möglich. www.siemens.com
Rückwärtszähler von 10 bis 0	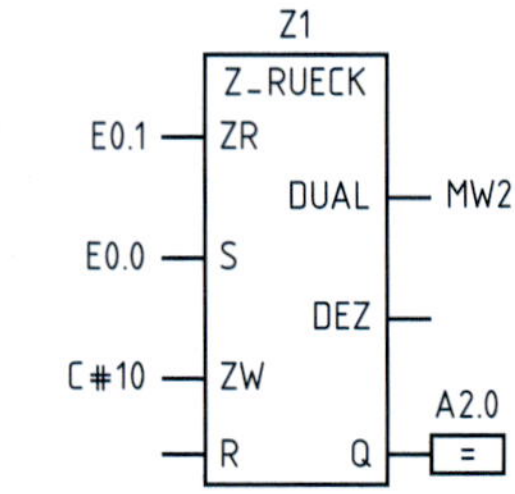	U E 0.1 ZR Z 1 U E 0.0 L C#10 S Z 1 L Z1 T MW 2 U Z 1 = A 2.0	Der Rückwärtszähler Z1 wird mit dem Startwert 10 geladen, wenn E 0.0 von 0 auf 1 wechselt. Wechselt der Signalzustand an E 0.1 von 0 auf 1, wird der Zählerwert um 1 erniedrigt. A 2.0 ist 1, wenn der Zählerwert ungleich Null ist. Mit L Z1 wird der Zählerwert dualcodiert in den Akkumulator geladen, mit LC Z1 BCD-codiert.
Einschaltverzögerung mit Zeitwert 100 ms	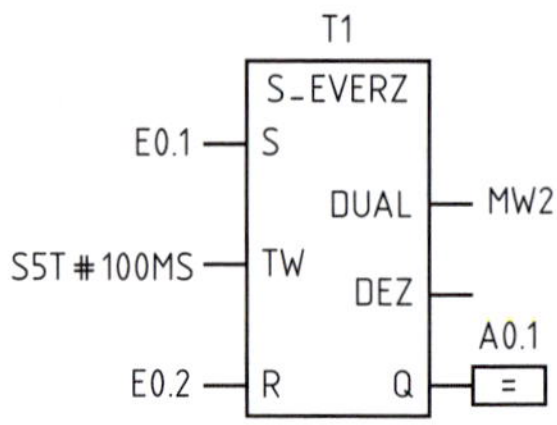	U E 0.1 L S5T#100MS SE T 1 U E 0.2 R T 1 L T 1 T MW 2 U T 1 = A 0.1	Wechselt der Signalzustand an E 0.1 von 0 nach 1, wird die Zeit im Zeitglied T1 gestartet. Wechselt der Signalzustand an E 0.1 erneut von 0 nach 1 bevor die Zeit abgelaufen ist, wird sie erneut gestartet. Mit SE T1 wird die Einschaltverzögerungsfunktion programmiert. Stunden (H), Minuten (M), Sekunden (S) und Millisekunden (MS) können eingestellt werden, z. B. 3 h, 5 min, 10 s mit L S5T#3H5M10S.
Ausschaltverzögerung mit Zeitwert 10 s	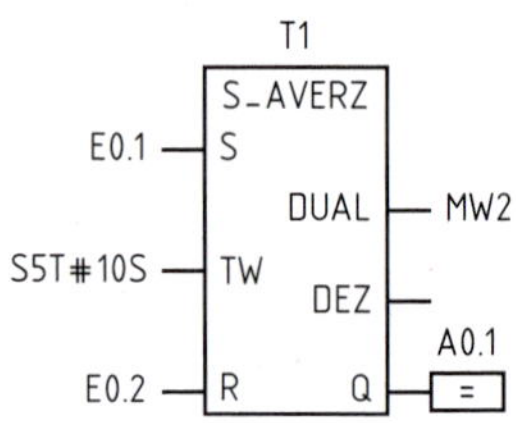	U E 0.1 L S5T#10S SA T 1 U E 0.2 R T 1 LC T 1 T MW 2 U T 1 = A 0.1	Wechselt der Signalzustand an E 0.1 von 1 nach 0, wird die Zeit im Zeitglied T1 gestartet. Mit SA T1 wird die Ausschaltverzögerungsfunktion programmiert. Das Signal an A 0.1 bleibt bis zum Ablauf der Zeit auf 1. Der aktuelle Zeitwert kann über L bzw. LC dualcodiert oder BCD-codiert abgefragt werden.

DEZ	aktueller Wert BCD-codiert	S	Setzen	ZR	Rückwärtszählen
DUAL	aktueller Wert dualcodiert	R	Rücksetzen	ZW	Zählerwert
L	Laden dualer Wert	T	Transferieren, Übertragen	LC	Laden BCD-codiert
MW	Merkerwort (2 Byte)	TW	Zeitwert Voreinstellung	SA	Setze Ausschaltverzögerung
Q	binärer Ausgang	ZV	Vorwärtszählen	SE	Setze Einschaltverzögerung

AS

Programmiersprachen Strukturierter Text ST, Ablaufsprache AS

Programming Structured Control Language SCL, Sequence Language AS

Strukturierter Text für SPS

Anweisungen

Schlüsselwort	Anweisung	Beispiel	Erklärung

IF...THEN...
END_IF
	IF *Bedingung*
	THEN *Anweisung 1;*
	[ELSE *Anweisung 2;*]
	END_IF;
		IF temp<17 THEN
		heizen:=true;
		END_IF;
			Wenn-Dann-Anweisung. Wenn Temperatur kleiner als 17 °C ist, Ausgang heizen ansteuern.

CASE...OF... END_CASE	CASE *Var* OF *Wert 1: Anweisung 1;* *Wert n: Anweisung n;* [ELSE *Anweisung;*] END_CASE;	CASE wert OF 1: ausg1:= true; ausg2:`= true; 2: ausg3:= true; END_CASE;	Anweisung für Fallunterscheidungen. Ist wert = 1, Variablen ausg1, ausg2 setzen. Bei wert = 2 ausg3 setzen.

FOR...TO...
END_FOR
	FOR *Zählervar:= Startwert* TO *Endwert* [BY *Schrittweite*] DO *Anweisungen*; END_FOR;	FOR i:= 1 TO 10 DO
		ausg[i]:= true;
		END_FOR;
			Zählschleife. Vom Feld ausg[i] werden die ersten 10 Elemente mit dem Wert true belegt.

WHILE...DO...
END_WHILE
	WHILE *Bedingung* DO *Anweisungen*; END_WHILE;	WHILE eing1 DO
		sum:= sum + 1;
		END_WHILE
			Schleife mit Bedingungsprüfung am Anfang. Solange eing1 true ist, wird sum hochgezählt.

REPEAT...
UNTIL...
END_REPEAT
	REPEAT *Anweisungen;*
	UNTIL *Bedingung*
	END_REPEAT;
		REPEAT
		sum:= sum + 1;
		UNTIL eing1:=false
		END_REPEAT;
			Schleife mit Bedingungsprüfung am Ende. Sum wird hochgezählt bis eing1 false ist.

Operatoren

Schlüsselwort	Erklärung	Beispiel	Bemerkung
AND OR XOR NOT	UND ODER Exklusiv ODER Negation	a:= b AND c a:= b OR c a:= b XOR c a:= b NOT b	UND wirkt auf jedes Bit. ODER wirkt auf jedes Bit. XOR wirkt auf jedes Bit. NOT wirkt auf jedes Bit.
+, –, *, / ** MOD	Grundrechenarten Potenzieren Modulofunktion	a:= b+3*4 a:= b**2 a:= b MOD 2	$a = b+12$ $a = b^2$ Restermittlung bei Division
<, > <=, >= =, <>	kleiner, größer kleiner gleich, größer gleich gleich, ungleich	IF a > b THEN... IF a >= c THEN... IF a <> b THEN	Wenn $a > b$ dann ... Wenn $a \geq c$ dann ... Wenn $a \neq b$ dann ...

Ablaufsprache AS für SPS

Beschreibung	Parallelverzweigung	Alternativverzweigung
Die Ablaufsprache wird zur Strukturierung eines Programmes in Schritte (S) bzw. Aktionen eingesetzt, die über Weiterschaltbedingungen (Transitionen, T) verknüpft sind. Jede Aktion und jede Transition muss entweder in AWL, KOP, FUP oder ST geschrieben sein. Aktionen sind SPS-Programmteile. Zum nächsten Schritt bzw. zur nächsten Aktion wird weitergeschaltet, wenn z. B. eine Variable > 0. *Parallelzweige* hängen an einer gemeinsamen Transition. An der Stelle, an der die Parallelzweige zusammenkommen, wird gewartet, bis die Aktion des letzten Schrittes abgearbeitet worden ist. *Alternativzweige* besitzen jeweils an ihrem Eingang eine eigene Transition. Es ist immer nur ein Zweig in Bearbeitung.	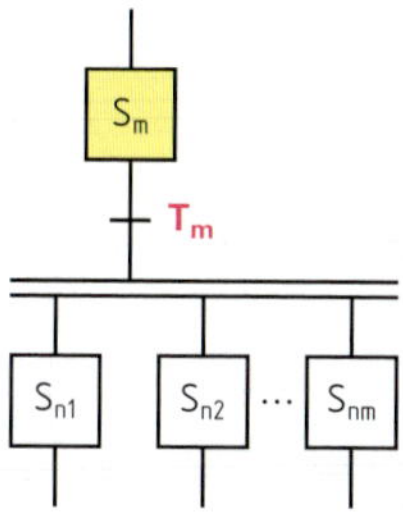	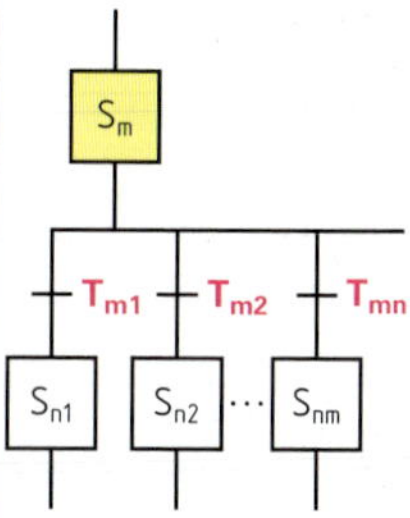

[] in Spalte Anweisung: optional, wahlweise bei Bedarf. Variable sind je nach Datentyp mit INT, REAL, BOOL, BYTE, STRING, DATE oder TIME zu vereinbaren.

AS

Programmstruktur für SPS S7 Program Structure for PLC S7

Programmelement	Erklärung	Bemerkungen
Organisationsbausteine OB	Organisationsbausteine werden vom SPS-Betriebssystem aufgerufen. Mit ihnen wird die zyklische Programmbearbeitung gesteuert, ferner die Alarmbehandlung. Das Anwenderprogramm besteht aus dem OB 1 und meist noch anderen Programmelementen (Bild). Der OB 1 wird zyklisch vom Betriebssystem aufgerufen und abgearbeitet und nur von alarmbehandelnden OB unterbrochen.	Unterschieden werden neben dem zyklischen OB 1, Uhrzeitalarme, Verzögerungsalarme, Weckalarme, Prozessalarme, Fehleralarme (z.B. Zeitfehler, Stromversorgungsfehler, CPU-Hardwarefehler) oder Hintergrundzyklus. Dieser besitzt die niederste Priorität bzgl. dem Unterbrechen anderer OB. Die Prioritäten sind vorgegeben. Von manchen OB können sie verändert werden. Daneben gibt es noch OB für Neustart (OB 100) und Wiederanlauf (OB 101). Die Anlauf-OB werden z.B. nach Netz-EIN vom SPS-Betriebssystem gestartet.
Funktionsbausteine FB	FB besitzen zugeordnete Datenbausteine (DB) zur Speicherung von Daten (Instanz-Datenbausteine). Ein FB kann auch auf verschiedene DB zugreifen.	FB können wiederum FB oder FC, SFB, SFC aufrufen. Anwendung für Programmabläufe. FB werden vom SPS-Hersteller erworben oder vom Anwender programmiert.
Funktionen FC	Der Aufruf erfolgt in anderen Programmelementen (Bausteinen). Während dem Programmlauf erzeugte Daten gehen nach dem Programmlauf verloren. Zur Speicherung von Daten muss auf globale Datenbausteine zugegriffen werden.	Angewendet werden FC z.B. für mathematische Funktionen (Radizieren = Wurzelziehen, Quadrieren, Logarithmieren, trigonometrische Funktionen). FC werden vom SPS-Hersteller erworben oder vom Anwender programmiert.
Datenbausteine DB	DB dienen zur Speicherung von Daten, mit denen das Anwenderprogramm arbeitet. Auf DB können OB, FB und FC zugreifen. Unterschieden werden Instanz-Datenbausteine und globale Datenbausteine.	In den Instanz-Datenbaustein sind die aktuellen Parameterwerte und statischen Daten der zugeordneten FB gespeichert. Einem FB können mehrere Instanz-DB zugeordnet sein. Auf globale DB können alle OB, FB und FC zugreifen.
Systemfunktionsbausteine SFB	SFB sind Teil des SPS-Betriebssystems. Sie werden vom Hersteller mitgeliefert und können vom Anwenderprogramm aus aufgerufen werden. Für SFB müssen mit dem Anwenderprogramm zugeordnete Instanz-Datenbausteine angelegt werden.	SFB gibt es z.B. zum Datenaustausch mit externen Geräten, zum Betreiben externer Geräte (Remotebetrieb).
Systemfunktionen SFC	SFC sind ebenfalls Teil des SPS-Betriebssystems.	SFC gibt es z.B. zum Kopieren von Daten, zum Übertragen von Daten von und zu Signalbaugruppen, zum Meldungserzeugen, zum Verändern von Baugruppenparametern, zum Aktualisieren von Uhrzeiten.
Systemdatenbausteine SDB	SDB werden nur vom SPS-Betriebssystem ausgewertet, nicht über das SPS-Anwenderprogramm. In SDB sind z.B. Zuordnungslisten bzgl. Peripheriegeräten und Schnittstellen sowie Parameterlisten von Baugruppen mit ihren Voreinstellwerten (Defaultwerten) gespeichert.	Jede CPU besitzt eigene SDB. Beim Speichern veränderter Voreinstellwerte werden SDB erzeugt, auf die dann bei Neustart oder Wiederanlauf zugegriffen wird.

AS

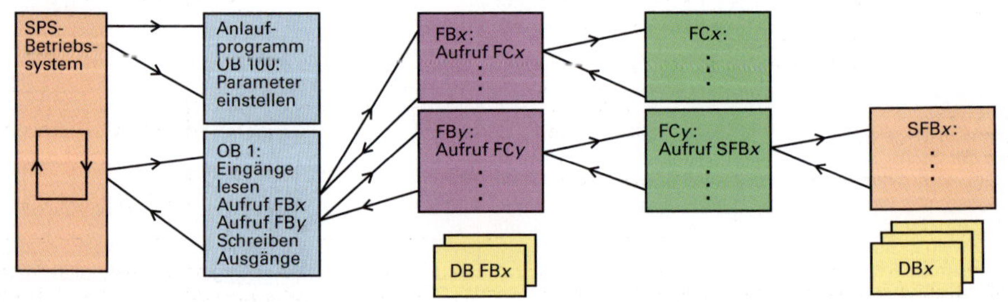

Struktur eines SPS-S7-Programmes

Symbol	Beschreibung	Beispiel
	**Anfangsschritt** (Quellschritt). Das Symbol bedeutet, dass dieser Schritt die Anfangssituation darstellt. Schritte erhalten alphanumerische Kennzeichnungen.	
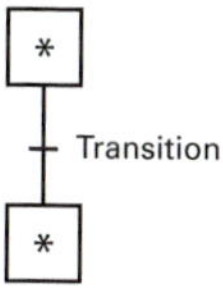	Zwischen zwei Schritten steht eine **Weiterschaltbedingung** (Transition) auf der rechten Seite. Es ist immer nur ein Schritt aktiv. Schritte und Transitionen wechseln sich ab. Kommentare werden in Anführungszeichen angegeben.	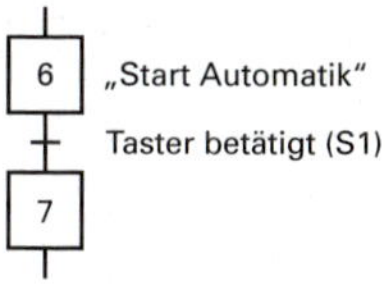
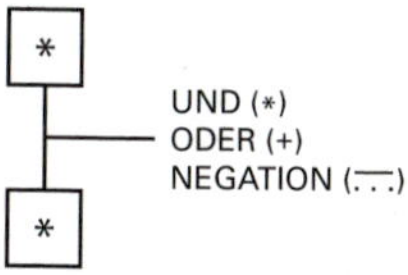	**Transitionsbedingungen** dürfen in Textform, durch grafische Symbole und mithilfe boolscher Ausdrücke beschrieben werden. Für boolsche Ausdrücke gilt: UND ⇒ *, ODER ⇒ +, NEGATION ⇒ $\overline{X}$	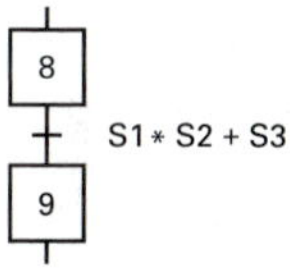
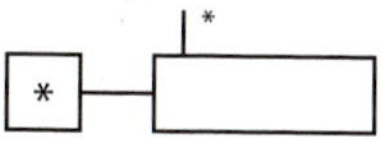	**Aktion mit Zuweisungsbedingung** ist erfüllt, wenn der zugehörige Schritt aktiv und die Zuweisungsbedingung erfüllt ist. Beispiel: Wird der Schritt 5 aktiviert und ist die Zuweisungsbedingung A5 erfüllt, dann wird Schütz K1 aktiv (Wert 1). In allen anderen Fällen ist der Wert „0".	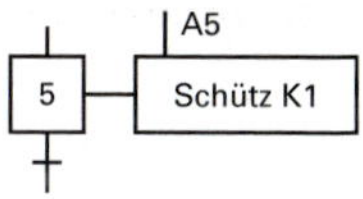
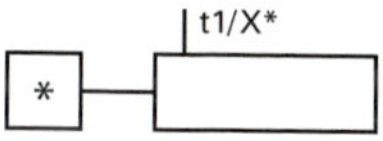	**Zeitliche Transitionen** werden durch eine vorgestellte Zeitangabe beschrieben. Die Transition kann einen Namen erhalten, der links und in Klammern stehen muss. Im Beispiel beträgt die Aktivitätsdauer von Schritt 15 = 5 Sekunden.	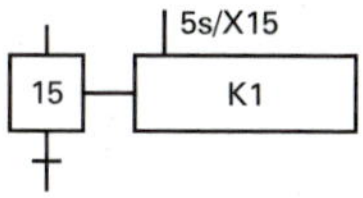
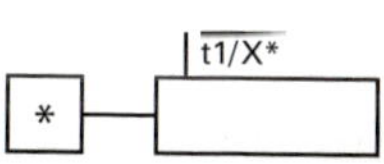	**Zeitbegenzte Aktion** erhält man durch Negation der Bedingung einer zeitverzögerten Aktion. Im Beispiel wird K1 für 5 s nach Aktivierung des Schrittes 15 aktiv.	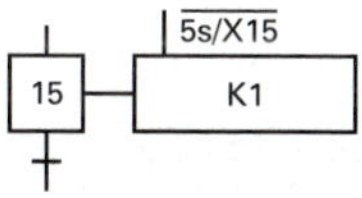
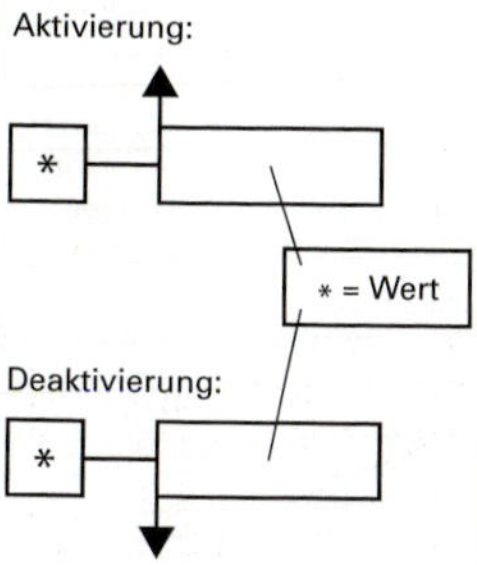	**Speichernde Aktionen** werden zu einem bestimmten Zeitpunkt mit einem Befehl einmal ausgeführt. Ein weiterer Befehl bestimmt die Rücknahme. Man unterscheidet: • Aktion bei Aktivierung, • Aktion bei Deaktivierung. Beispiele: a) Sobald Schritt 10 aktiv wird, wird das Schütz K1 aktiv (Wert 1). Ist Schritt 10 nicht mehr aktiv, so bleibt der Wert 1 aktiv. b) Schütz K1 wird auf 0 gesetzt, wenn Schritt 15 deaktiviert wird.	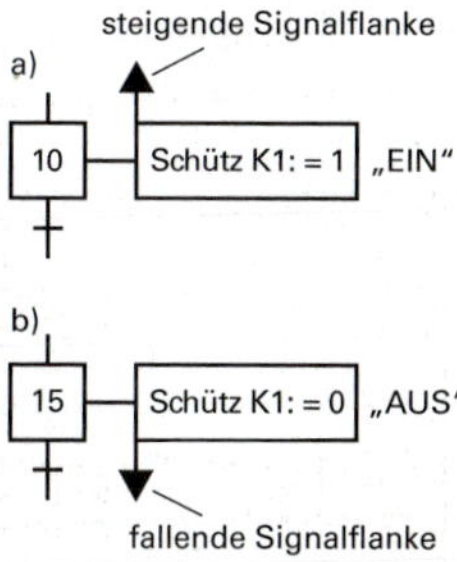

GRAFCET, nach franz. GRAphe Fonctionnel de Commande Etape Transition = Darstellung der Steuerungsfunktion mit Schritten und Weiterschaltbedingungen. Man verwendet GRAFCET für Programmierung und Beschreibung von Ablaufbeschreibungen in der Automatisierungstechnik.

Ablaufsteuerungen mit GRAFCET 2 Sequential Control by GRAFCET 2

Darstellung | Beschreibung

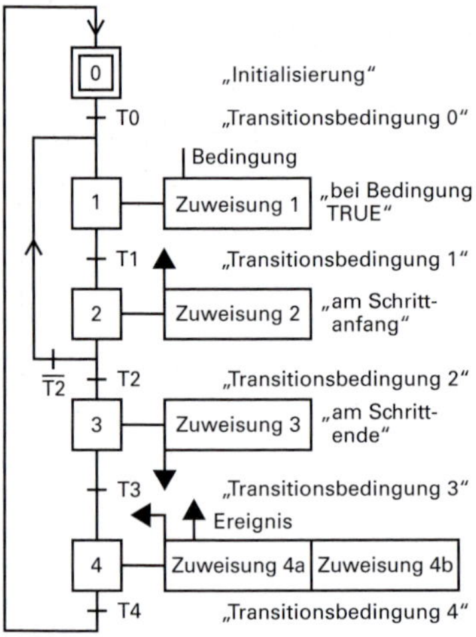

Der GRAFCET startet mit dem ersten Schritt (Initialisierung, doppelt umrahmtes Quadrat). Ist die Transitionsbedingung T0 erfüllt, wird in Schritt 1 die Aktion (Zuweisung 1, hier falls die Bedingung TRUE ist) ausgeführt, solange der Schritt aktiv ist. Soll eine Aktion darüber hinaus wirksam sein, muss die Aktion mit := speichernd markiert werden.

Ist T1 erfüllt, wird Schritt 1 deaktiviert und Schritt 2 aktiviert. Dessen Aktion wird wegen des ↑ bei Schrittbeginn ausgeführt.

Sprünge und Schleifen sind möglich (hier $\overline{T2}$ nach Schritt 1). Kommentare dürfen im GRAFCET zwischen „“ eingetragen werden.

In Schritt 3 wird die Aktion (Zuweisung 3) wegen des ↓ erst am Schrittende ausgeführt.

Mehrere Aktionen (Zuweisungen 4a und 4b) eines Schrittes werden neben- oder untereinander gezeichnet.

↰ bedeutet, dass die Aktion während eines Ereignisses (hier bei steigender Flanke von Ereignis) ausgeführt wird.

Nach Erfüllung von T4 erfolgt ein Rücksprung zum Anfangsschritt.

www.grafcet.de

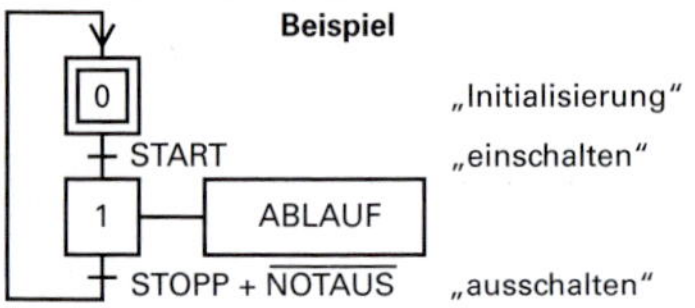

Ist START gleich TRUE, wird Schritt 1 aktiv und setzt ABLAUF auf TRUE. Wird STOPP oder $\overline{NOTAUS}$ gleich TRUE, wird Schritt 1 deaktiviert und ABLAUF wird wieder FALSE.

So steht die Variable ABLAUF weiteren GRAFCETs, z. B. als Ablauf-Bedingung, zur Verfügung.

Operatoren	Beispiele	Beschreibung
+, ∗ bzw. ·	S1+S2, 1B1∗2B1	Logisches ODER (+) UND (∗, ·) es gilt Punkt-vor-Strich,
Überstrich	$\overline{S1}$·S3	Negation,
:=	1M1:=1	speichernd wirkende Zuweisung (Aktion),
(...)	S1·(S2+$\overline{S3}$)	Gruppierung logischer Ausdrücke durch Klammern,
/	2s/2M1/5s, $\overline{4s/X8}$	Zeitverzögerung/Zeitverlängerung, Zeitbegrenzung.

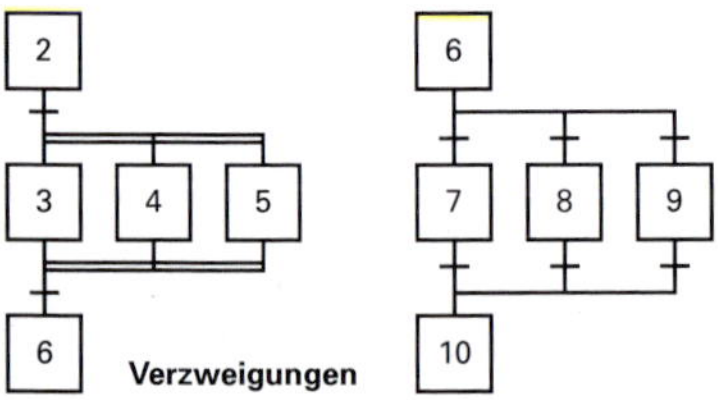

Parallele Ablaufkette: alle Teilabläufe laufen gemeinsam ab, sie wird durch Doppelstriche gekennzeichnet. Erst wenn alle Teilabläufe durchlaufen sind, schaltet eine gemeinsame Transition in den nächsten Schritt.

Alternative Ablaufkette: je nach Transitionsbedingungen läuft genau ein Teilablauf ab (gegenseitige Verriegelung).

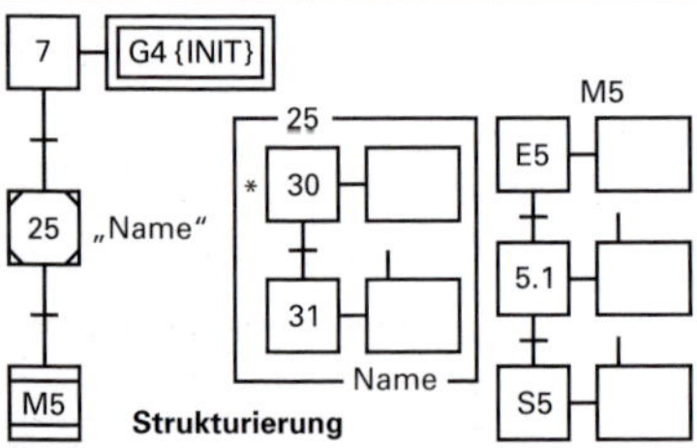

Hierarchie: Werden GRAFCETs in mehrere Teile aufgeteilt, steuert ein übergeordnetes GRAFCET untergeordnete mit Zwangsbefehlen, erkennbar an der Doppellinie.

Einschließung. Teilabläufe von GRAFCETs können getrennt gezeichnet und in andere GRAFCETs eingeschlossen werden.

Makros dienen zur Strukturierung in Grob-Fein-Ebenen. Makros entsprechen Unterprogrammen und haben einen Einstiegspunkt E und einen Ausstiegspunkt S.

GRAFCET ist nach EN 60848 eine genormte Beschreibungssprache zur Darstellung von Abläufen. Sie ist Nachfolgerin des Funktionsplans (DIN 40719). Die Abläufe sind in Schritte und Transitionen unterteilt. GRAFCET bietet die Möglichkeit, Hierarchien zur exakten Definition von Grob-Fein-Strukturen anzulegen.

AS

Alphanumerische Kennzeichnung der Anschlüsse

Alphanumeric Identification of Connections

Elektrische Maschinen

Kennzeichen	Bei drehenden Maschinen	Bei Transformatoren	Beispiele
Ziffer vor dem Kennbuchstaben	Unterscheidung gleichartiger Wicklungen, z. B. für verschiedene Drehzahlen.	Unterscheidung von Oberspannung (kleinere Ziffer) und Unterspannung (größere Ziffer)	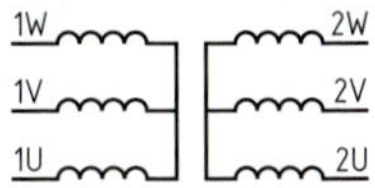
Kennbuchstabe für (Art der Wicklung)	A Ankerwicklung B Wendepolwicklung C Kompensationswicklung D Reihenschluss-Feldwicklung E Nebenschluss-Feldwicklung F Fremderregte Feldwicklung H Hilfswicklung Längsachse J Hilfswicklung Querachse K, L, M } auf der Sekundärseite von Induktionsmaschinen, z. B. Schleifringläufermotoren Z Hilfswicklung Kondensatormotor U, V, W, N wie bei Transformatoren	U Strang 1 V Strang 2 W Strang 3 N Sternpunkt Bei Spannungswandlern entfällt der Kennbuchstabe, z. B. 1.1 Anfang Oberspannung 2.2 Ende Unterspannung Bei Stromwandlern K, L Primärwicklung (K Kraftwerksseite) k, l Sekundärwicklung Bei Drosselspulen wie bei Transformatoren.	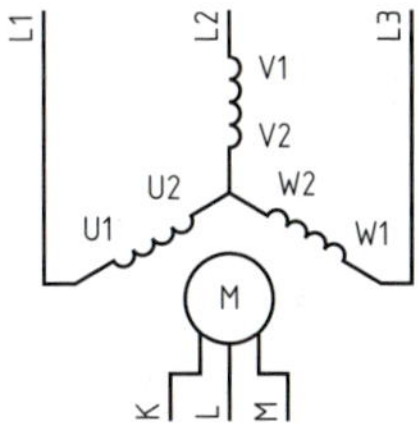 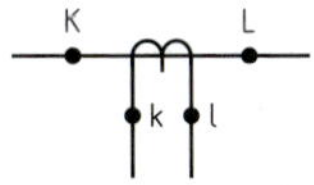
Ziffer nach dem Kennbuchstaben	1 Anfang 2 Ende Weitere Ziffern für Abgriffe zwischen 1 und 2	1 Anschluss an Netzleiter (Anfang) 2 Anschluss an Sternpunkt oder Netzleiter (Ende) Weitere Ziffern für Abgriffe zwischen 1 und 2	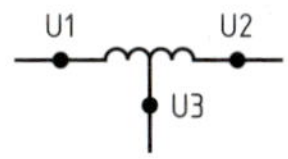

Stromrichtersätze und Stromrichtergeräte

Kennzeichen	Bei Stromrichtersätzen	Bei Stromrichtergeräten	Beispiele
Kennbuchstabe (Art des Anschlusses)	A Anodenseitiger Anschluss K Katodenseitiger Anschluss G Steueranschluss 1 (Gate) H Steueranschluss 2 (Hilfskatode) M Zusammenschaltung zu Gleichstromanschluss	C Gleichstromanschluss (bei Gleichrichterbetrieb auch + zulässig) D Gleichstromanschluss (bei Gleichrichterbetrieb auch – zulässig) U, V, W, N } Wechselstromanschlüsse (entsprechend wie bei Transformatoren)	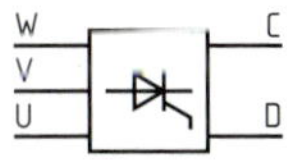 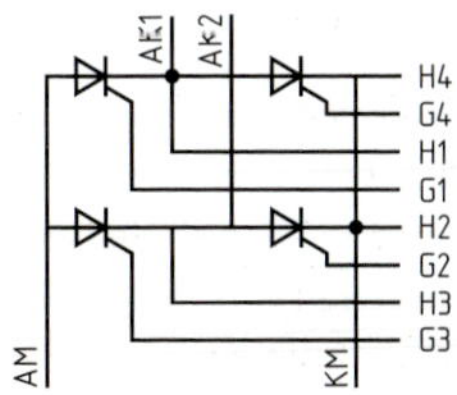
Ziffer nach dem Kennbuchstaben	Reihenfolge der Pulszahl	1 Eingang 2 Ausgang	

Weitere Beispiele

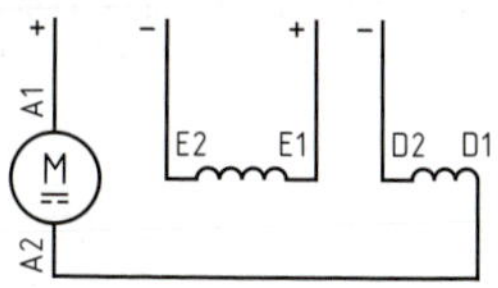

Fremderregter Motor mit Reihenschluss-Hilfswicklung

Reihenschlussmotor

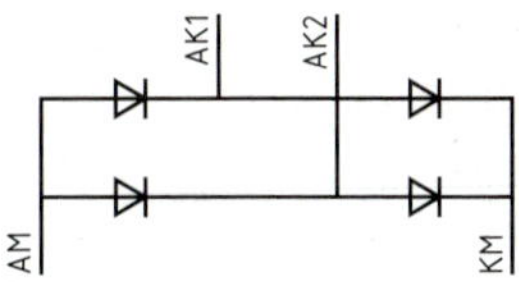

Stromrichter B2U

Steuerungstechnik Open Loop Control Engineering

Begriff	Beispiel	Bemerkungen
Steuerkette	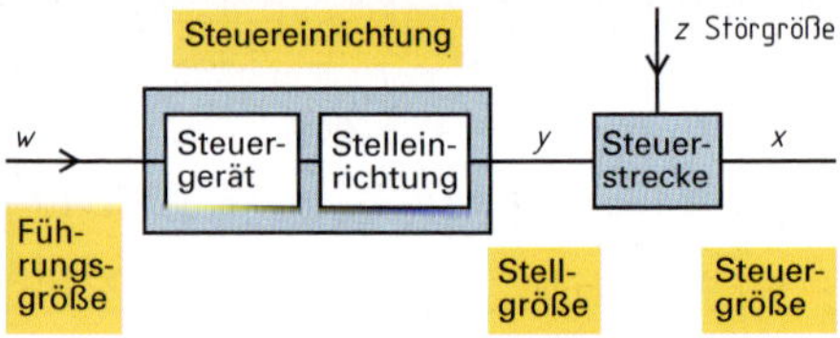 **Offener Wirkungsweg einer Steuerkette**	Die Steuergröße *x*, meist gleichzeitig die Aufgabengröße *x*, soll der Führungsgröße *w* in vorgegebener Abhängigkeit folgen. Die Führungsgröße *w* ist Eingangsgröße der Steuerkette. Die Aufgabengröße *x* wird von der Steuerung beeinflusst. Die Steuerstrecke ist der gemäß Aufgabe zu beeinflussende Teil der Steuerungsanlage. Die Störgröße *z* wirkt auf die Steuerkette von außen in unerwünschter Weise ein.
Führungssteuerung	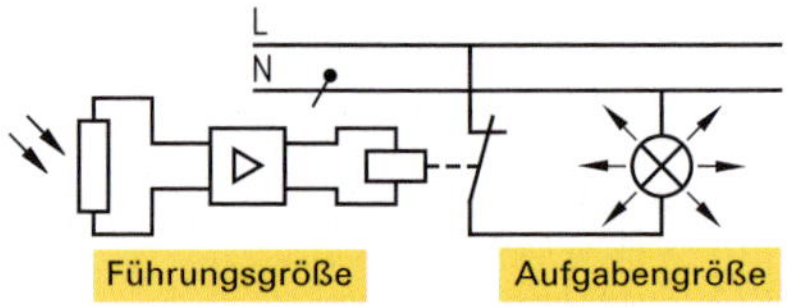 **Dämmerungsschalter**	Bei der Führungssteuerung wird durch Änderung der Führungsgröße die Aufgabengröße unmittelbar geändert. Bei einem Dämmerungsschalter ist die Führungsgröße das Tageslicht, bei einer automatischen Blendensteuerung die Objekthelligkeit.
Haltegliedsteuerung (Verbindungsprogrammierte Steuerung)	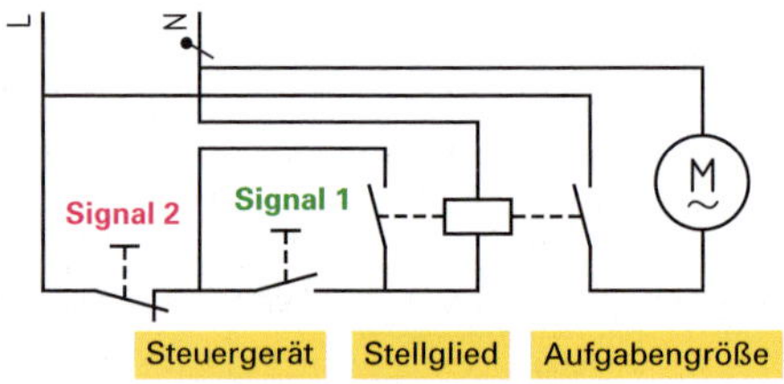 **Motorschützschaltung**	Eine Haltegliedsteuerung ist z.B. eine Schützschaltung mit Selbsthaltekontakt. Das Schütz bleibt auch dann angesteuert, wenn die Führungsgröße nicht mehr wirkt. Die Ausgangslage muss dann durch ein entsprechendes Signal erwirkt werden. Eine Motorschützschaltung besitzt einen Taster für EIN und einen Taster für AUS. Bei einer Alarmanlage ist die Eingangsgröße ein unterbrochener Infrarotstrahl. Die Abschaltung erfolgt über eine Handabschaltung.
Ablaufsteuerung (Folgesteuerung)	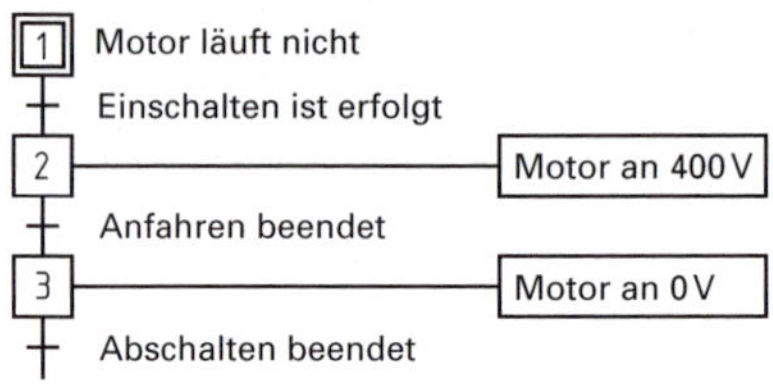 **Funktionsplan für Teil einer Förderanlage**	Bei einer Ablaufsteuerung (Folgesteuerung) erfolgt der nächste Steuerungsschritt erst, wenn der vorhergehende Schritt abgeschlossen ist. Das Weiterschalten kann zeitabhängig oder prozessabhängig erfolgen. Ablaufsteuerungen werden mit Wegdiagrammen, Zustandsdiagrammen oder Funktionsplänen dargestellt. Beispiele von Ablaufsteuerungen sind Förderanlagen, Ampelsteuerungen, maschinelle Anlagen.
Zeitgeführte Ablaufsteuerung	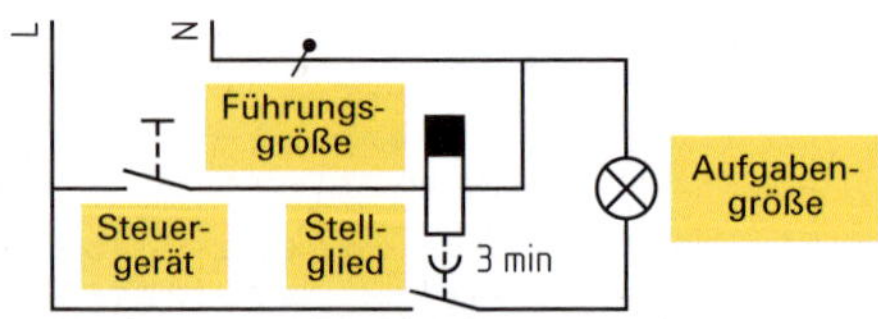 **Treppenhausschaltung**	Bei einer zeitgeführten Ablaufsteuerung sind die einzelnen Steuerschritte von der Zeit abhängig. Zum Einsatz kommen hierzu Uhrwerke, Zeitrelais, Nockenschaltwerke oder Programmanweisungen, die auf den Timer des Computers zugreifen. Beispiele mit zeitgesteuerten Führungsgrößen sind Treppenhausschaltungen, Heizungsanlagen.
Wegplansteuerung	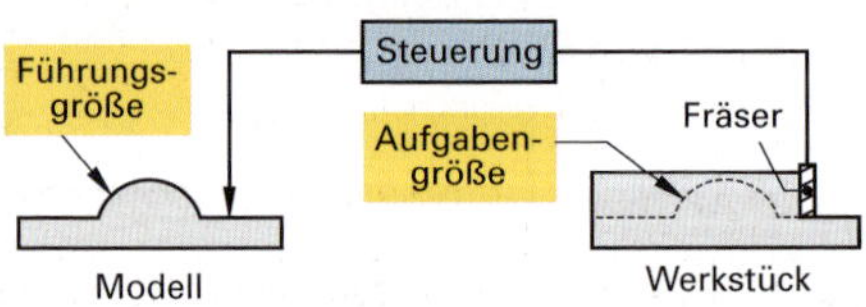 **Nachformfräsen**	Bei der Wegplansteuerung liefert z.B. eine Schablone eine wegabhängige Führungsgröße. Wegplansteuerungen sind Ablaufsteuerungen. Typische Anwendungen sind Nachformfräsmaschinen, Graviermaschinen. In der Vergangenheit waren Anwendungsbeispiele auch Nachformdrehmaschinen (Kopierdrehmaschinen).

Führungssteuerungen und Ablaufsteuerungen werden oft durch Mikrocomputer, PCs oder Speicherprogrammierbare Steuerungen (SPS) verwirklicht.

Elektronische Steuerungen von Verbrauchsmitteln
Electronic Control of Electrical Consumers

Name	Liniendiagramme	Bemerkungen, Schaltungsprinzip
Symmetrische Anschnittsteuerung (symmetrische Phasenanschnittsteuerung)	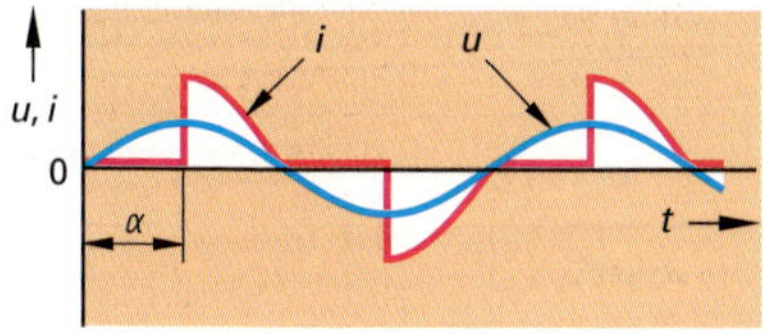	Häufiges Verfahren zur Steuerung von Wechselstromlasten, insbesondere von Beleuchtungsanlagen mittels Dimmer. Nachteil: Induktiver Blindleistungsbedarf und hochfrequente Störung. 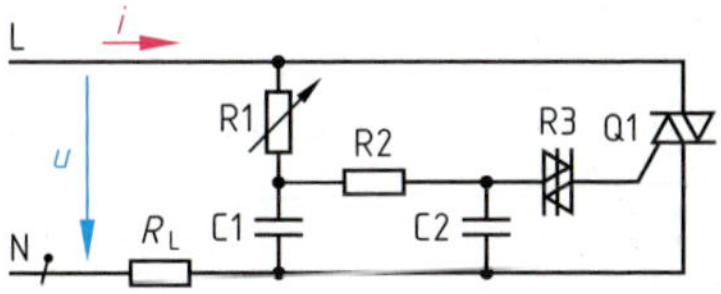
Symmetrische Abschnittsteuerung (symmetrische Phasenabschnittsteuerung)	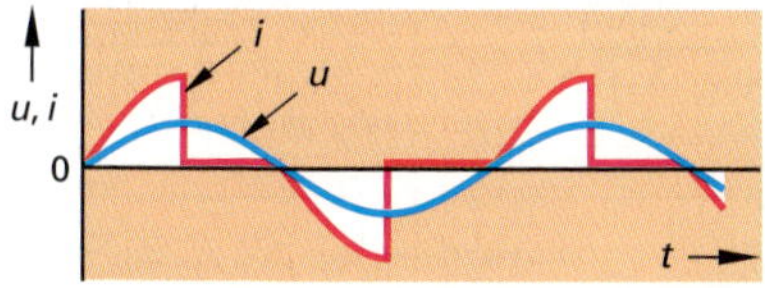	Steuerung von Wechselstromlasten, z. B. mit Dimmern vom Typ C. Das Einschalten erfolgt mittels Nullspannungsschalter, das Abschalten mit IGBT oder Transistor. Vorteile gegen Anschnittsteuerung: Weniger hochfrequente Störstrahlung. Aufnahme von kapazitiver Blindleistung, wie Kondensator.
Symmetrische Sektorsteuerung	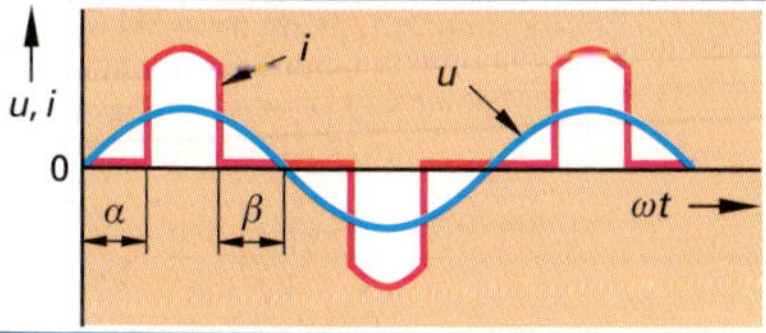	Steuerung von Wechselstromlasten, z. B. mit Dimmern vom Typ RLC. Die symmetrische Sektorsteuerung ist eine Kombination von Anschnitt- und Abschnittsteuerung. Bei ihr wird keine Phasenverschiebung hervorgerufen, sie erzeugt aber eine stoßartige Netzbelastung und ruft Oberschwingungen hervor.
Symmetrische Vielperiodensteuerung (symmetrische Schwingungspaketsteuerung)	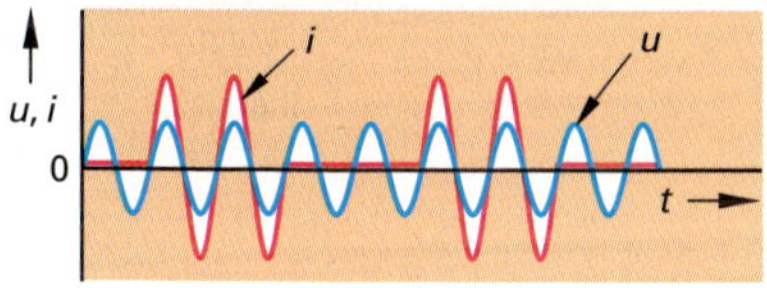	Häufiges Verfahren zur Steuerung von Wechselstromlasten, insbesondere von elektrischen Heizungsanlagen. Nicht geeignet zur Beleuchtungssteuerung und zur Drehzahlsteuerung. Einschalten erfolgt durch Nullspannungsschalter, Abschalten durch Thyristor infolge Unterschreiten des Haltestroms.
Unsymmetrische Anschnittsteuerung (Schaltung E1C)	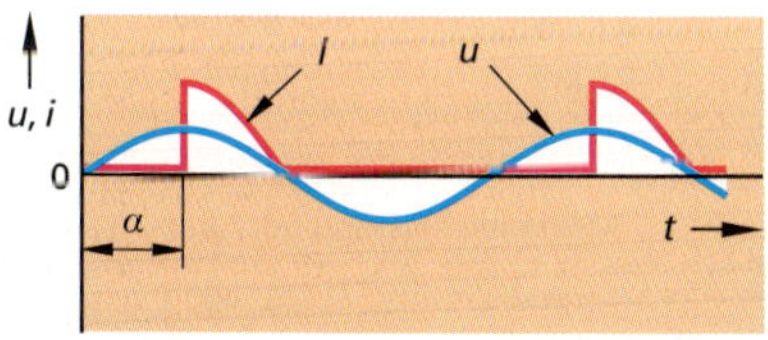	Stromrichter zur Steuerung von kleinen Gleichstromlasten. Nachteil: Magnetisierung des vorgeschalteten Transformators. 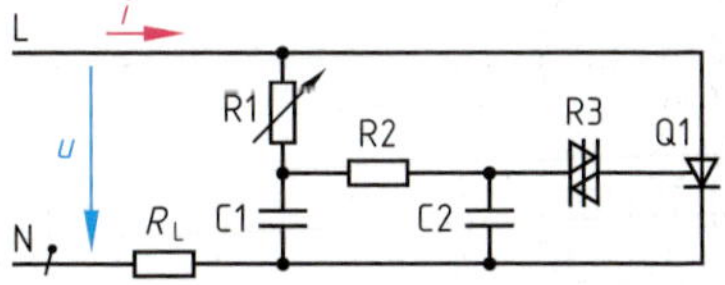 Ohne Magnetisierung des Tansformators arbeiten Schaltungen B2H (Seiten 315, 319).
Unsymmetrische Vielperiodensteuerung	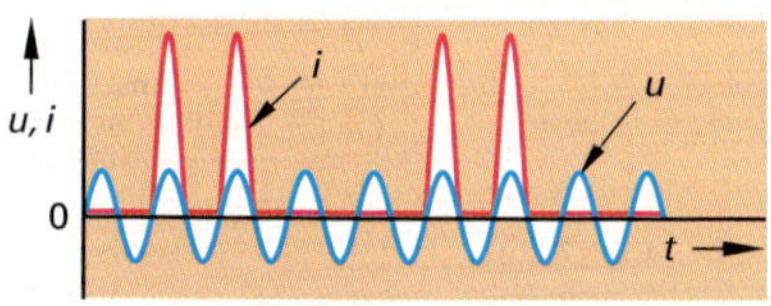	Verfahren zur Steuerung von Gleichstromlasten, bei denen stromlose Pausen von mehreren Perioden möglich sind, z. B. beim Laden von Akkumulatoren. Einschalten und Abschalten wie bei der symmetrischen Vielperiodensteuerung. Nachteil ihr gegenüber: Magnetisierung vorgeschalteter Transformatoren.

Anschnittsteuerung (Phasenanschnittsteuerung), Abschnittsteuerung und Sektorsteuerung dürfen nur angewendet werden, wenn eine andere Steuerung, z. B. mit Schwingungspaketen, nicht ausreicht, z. B. bei der Helligkeitssteuerung von Lampen. Alle elektronischen Steuerungen rufen störende Einflüsse im Netz (Netzrückwirkung) hervor. Deshalb gelten Grenzwerte der Anschlussleistung (siehe folgende Seite).

i Stromstärke, *t* Zeit, *u* Spannung, *α* Zündwinkel, Steuerwinkel, *β* Löschwinkel

Grenzwerte der Anschlussleistung im öffentlichen Netz nach TAB

Limit Values for Loads Connected to the National Grid

Anschnittsteuerung, Sektorsteuerung oder Abschnittsteuerung, Gleichrichtung

Steuereinrichtung, Gerät	Maximale Anschlussleistung je Verbrauchseinheit		
	AC 230 V	AC 400 V	3 AC 400 V
Steller für Glühlampen	1,7 kW	3,4 kW	5,1 kW
Steller für Motoren oder Entladungslampen mit induktivem Vorschaltgerät	3,4 kVA	6,8 kVA	10,2 kVA
Röntgengeräte, Tomographen und ähnliche medizinische Geräte	1,7 kVA	–	5 kVA
Kopiergeräte	4 kVA	–	7 kVA
symmetrische Anschnittsteuerung, Sektorsteuerung bzw. Abschnittsteuerung	bei Wärmegeräten 200 W, bei Netzteilen 75 W		
symmetrische Anschnittsteuerung, Sektorsteuerung bzw. Abschnittsteuerung nur während des Einschaltvorganges	bis zur zulässigen Bemessungsleistung		
unsymmetrische Gleichrichtung (Einwegschaltung)	bei Wärmegeräten 100 W, bei Netzteilen 75 W		
Gleichrichtung in Netzteilen zur Stromversorgung elektronischer Geräte ≥ 75 W.	Keine Begrenzung in TAB, da nach EN 61000 ab 75 W der Aufnahmestrom oberschwingungsarm (sinusförmig) sein muss.		

Vielperiodensteuerung

Liniendiagramme	Schalthäufigkeit je Minute	Maximale Anschlussleistung je Verbrauchseinheit bei		
		AC 230 V	AC 400 V	3 AC 400 V
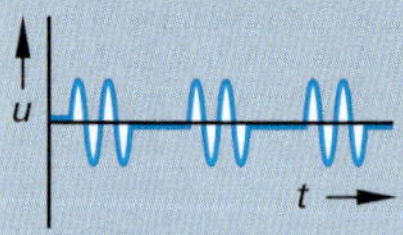	≥ 1000	0,4 kW	1,0 kW	2,0 kW
	300 bis < 1000	0,6 kW	1,5 kW	3,2 kW
	55 bis < 300	1,0 kW	2,4 kW	4,8 kW
	7,5 bis < 55	1,7 kW	4,3 kW	8,7 kW
	4,5 bis < 7,5	2,3 kW	5,6 kW	11,3 kW
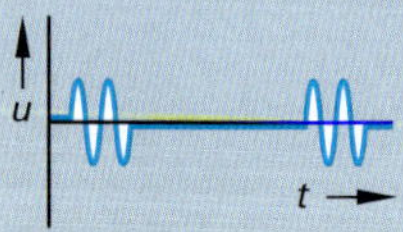	3,5 bis < 4,5	2,5 kW	6,0 kW	12,0 kW
	2,5 bis < 3,5	2,7 kW	6,6 kW	13,3 kW
	1,5 bis < 2,5	2,9 kW	7,3 kW	14,7 kW
	0,76 bis < 1,5	3,7 kW	9,2 kW	18,7 kW
	< 0,76	4,0 kW	10,0 kW	20,0 kW

Motoren, Schweißgeräte

Art	Maximale Leistung oder maximaler Anzugstrom		
	AC 230 V	AC 400 V	3 AC 400 V
gelegentlich geschalteter Motor	1,7 kVA	–	5,2 kVA oder I_a = 60 A
Motoren mit störender Netzrückwirkung (häufiges Schalten, schwankende Last)	30 A	–	I_a = 30 A
Schweißgeräte	2 kVA	2 kVA	2 kVA
	Größere Geräte können vom VNB (bisher EVU genannt) genehmigt werden, wenn der cos $\varphi \geq 0,7$ ist.		

AC 230 V: Anschluss an einen Außenleiter und den Neutralleiter.
AC 400 V: Anschluss an zwei Außenleiter.
3 AC 400 V: Anschluss an drei Außenleiter und evtl. Neutralleiter, Belastung gleichmäßig auf die Außenleiter verteilt.
I_a Anzugstrom; cos φ Verschiebungsfaktor (bei Sinusform Leistungsfaktor)
Die angegebenen Grenzwerte dürfen nur mit Genehmigung des VNB (Verteilungsnetzbetreiber) überschritten werden.

Hilfsstromkreise Auxiliary Circuits

vgl. DIN VDE 0100-557

Begriff	Erklärung	Schaltungen, Bemerkungen
Hilfsstromkreis Stromversorgung Transformator	Ein *Hilfsstromkreis* ist ein Stromkreis, der kein Hauptstromkreis ist. *Steuerstromkreise* und *Messstromkreise* sind Hilfsstromkreise. *Stromversorgung* des Hilfsstromkreises erfolgt durch AC 50 Hz bis 230 V, AC 60 Hz bis 227 V oder DC bis 220 V. Meist erfolgt sie aus dem Hauptstromkreis, bei DC über einen Gleichrichter. Ein *Transformator* bewirkt die erwünschte *Trennung* vom Hauptstromkreis. Bei SELV oder PELV muss das ein Sicherheitstransformator sein.	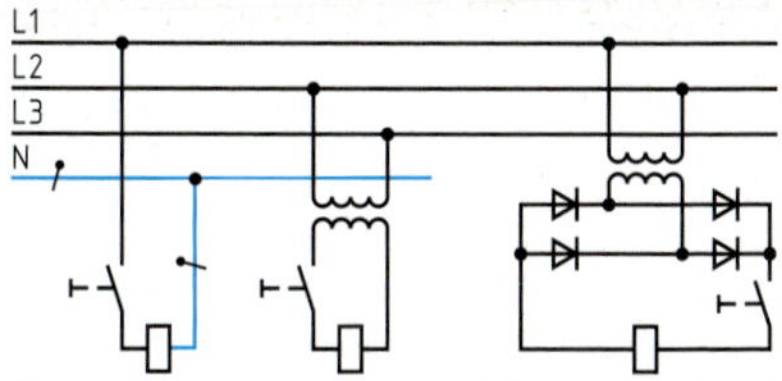 **Stromversorgungen für den Hilfsstromkreis**
Trennung vom Hauptstromkreis Überstrom-Schutzeinrichtung	Die Transformatoren müssen beim Drehstromnetz eingangsseitig (primärseitig) an zwei Außenleiter angeschlossen sein. Hilfsstromkreise ohne Trennung vom Hauptstromkreis muss man an einen Außenleiter und den Neutralleiter anschließen. Ungeerdete Hilfsstromkreise erfordern eine Isolationsüberwachungseinrichtung. Überstromschutz dient nur dem Kurzschlussschutz.	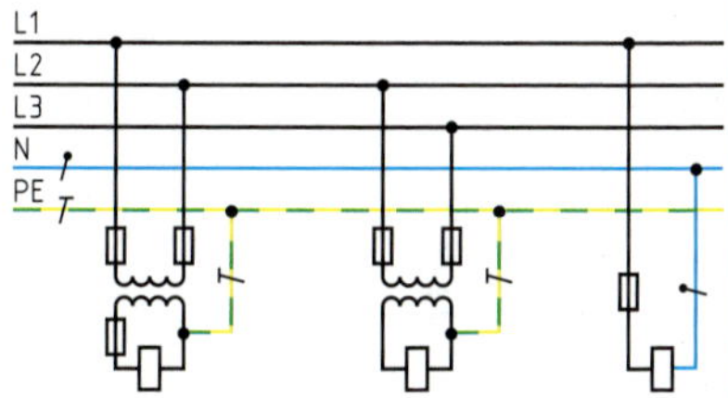 **Anordnung der Überstrom-Schutzeinrichtungen**
Messstromkreis Direktmessung Wandlermessung	Bei direktem Anschluss von Messstromkreisen an den Hauptstromkreis sind anzuwenden • Überstrom-Schutzeinrichtungen zum Kurzschlussschutz oder • kurzschluss- und erdschlusssichere Verlegung, z.B. Mantelleitung, Verlegung nicht in der Nähe von brennbaren Stoffen. Bei *Spannungswandlern* muss die Ausgangsseite (Sekundärseite) geerdet und gegen Kurzschluss gesichert sein. Bei *Stromwandlern* erfolgt nie eine Sicherung gegen Kurzschluss und bei Niederspannung auch keine Erdung.	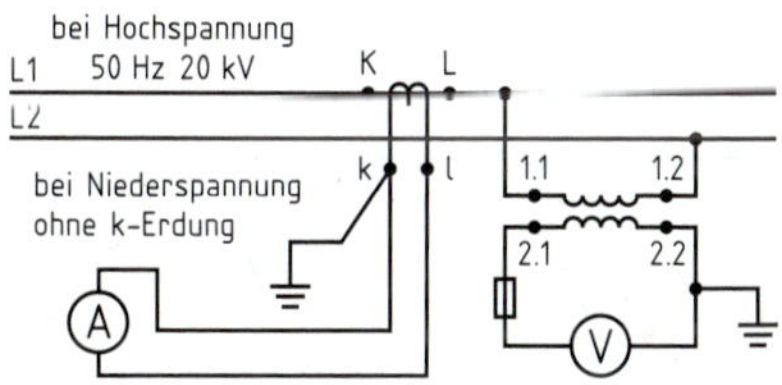 **Wandlermessungen**
Einschalten Abschalten Wirkglieder, z.B. Schützspulen	Hilfsstromkreise müssen so ausgeführt sein, dass ein einzelner Leiterbruch, Körperschluss oder Erdschluss die Anlage in einem sicheren Zustand, z.B. AUS, erhält oder in einen solchen überführt. Deshalb erfolgt das Abschalten durch Öffner und das Einschalten durch Schließer. *Wirkglieder*, z.B. Schützspulen, sind auf einer Seite direkt (ohne Schaltglieder) mit dem geerdeten Leiter zu verbinden. Beim IT-System dürfen Wirkglieder an zwei Außenleiter angeschlossen sein. Dann sind die Außenleiter durch zweipolige Schaltglieder zu schalten. Die Außenleiter sind gegen Kurzschluss zu sichern.	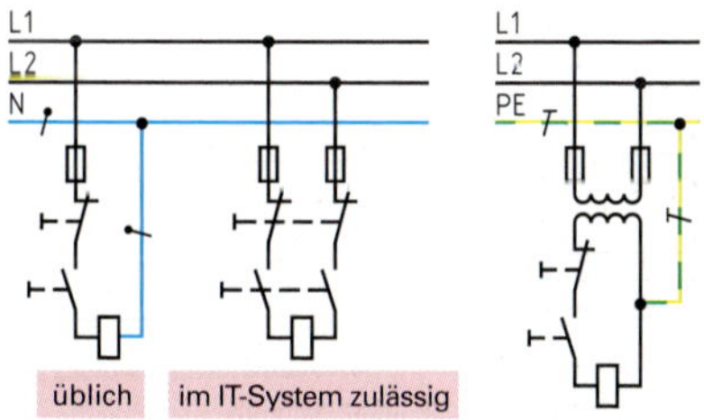 **Anordnung der Taster**
Doppelte Schlüsse (Körperschlüsse, Erdschlüsse)	Hilfsstromkreise müssen auch bei doppelten Schlüssen gegen Fehlschaltungen, z.B. Einschalten ohne Einschaltsignal, geschützt sein. Das wird bei geerdeten Hilfsstromkreisen durch Überstrom-Schutzeinrichtungen bewirkt, die beim 1. Körperschluss oder Erdschluss innerhalb von 5 s die Stromversorgung abschalten. Bei ungeerdeten Hilfsstromkreisen muss eine Anzeige den Isolationsfehler optisch und/oder akustisch melden. Der Isolationswiderstand muss je V der Nennspannung mindestens 100 Ω betragen.	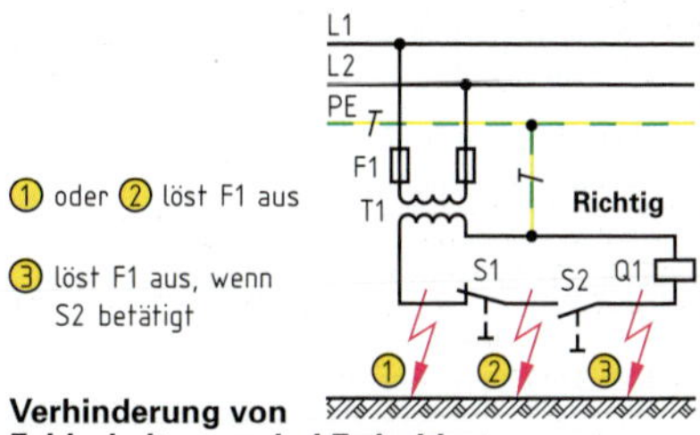 **Verhinderung von Fehlschaltungen bei Erdschluss**

AS

Sicherheitsbezogene Teile von Steuerungen
Safety Related Machine Controls

Beurteilung von Risiko und Steuerung

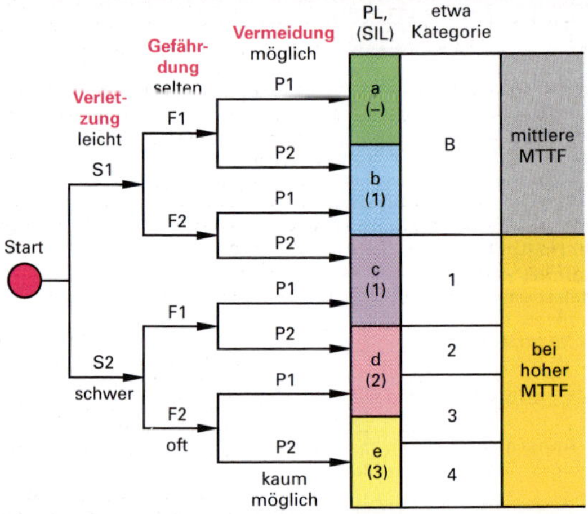

Risikograph nach EN ISO 13849-1

Sicherheitsbezogene Teile von Steuerungen müssen dort verwendet werden, wo bei Versagen der Steuerung eine Gefährdung eintritt. Man erhält den erforderlichen Performance Level PL durch eine Risikoabschätzung mittels Risikograph **(Bild)**.

Der PL ist abhängig von der Architektur (logischer Aufbau) der Schaltung und von der mittleren Ausfallzeit MTTF der Komponenten. Die Architektur der Schaltung wird durch Kategorien Cat angegeben (folgende Seite). Bei MTTF genügt die Unterscheidung in niedrige, mittlere und hohe MTTF. Ergibt die Risikoabschätzung einen PL der Größe c, dann muss mindestens Cat 1 mit hoher MTTF angewendet werden.

Anstelle von PL wird bei fertigen Steuerungen, z.B. SPS, der Wert von SIL angegeben, z.B. SIL2. Damit liegt ein PL der Größe d vor. Bei SIL2 muss mindestens Cat 2 mit hohem MTTF vorliegen.

Abkürzungen und Begriffe

Begriff	Erklärung	Bemerkungen
PL	Performance Level = Gütepegel. Man unterscheidet die PL a bis e zur Festlegung der Fähigkeit von sicherheitsbezogenen Teilen einer Steuerung hinsichtlich des Ausführens einer Sicherheitsfunktion. Der PL ist abhängig von der Kategorie und der MTTF. PL e ist der höchste Level.	Eine Sicherheitsfunktion ist die Funktion einer Steuerung, z.B. Funktion zum Stillsetzen einer Maschine im Notfall. Der Ausfall solch einer Funktion erhöht die Sicherheitsrisiken unmittelbar.
SIL	Safety Integrity Level = Sicherheits-Integritätslevel. Es gibt vier Stufen (Levels) von SIL. SIL 3 ist die höchste, praktisch vorkommende Stufe. PL: a / b / c / d / e SIL: – / 1 / 1 / 2 / 3	Nach SIL erfolgt meist das Zertifizieren einer Steuerung bzw. Maschine.
Kategorie (Cat)	Cat von category = Kategorie. Ermöglicht die Beurteilung der Leistungsfähigkeit sicherheitsbezogener Teile einer Steuerung beim Auftreten von Fehlern, d.h. Einstufung bzgl. Widerstand gegen Fehler und Verhalten im Fehlerfall.	Kategorie B ist die Basiskategorie (Grundkategorie), bei den Kategorien 1 bis 4 nimmt die Sicherheit steigend zu, die Steuerungsstrukturen (Architekturen) werden komplexer.
SRP/CS	Safety-Related Parts of Control Systems = sicherheitsbezogenes Teil einer Steuerung, das auf sicherheitsbezogene Eingangssignale reagiert und sicherheitsbezogene Ausgangssignale erzeugt.	Maschinensteuerungen, Auswerteeinheiten, Sicherheitsschaltgeräte.
MTTF	Mean Time To Failure = mittlere Zeit bis zum Ausfall eines Gerätes. Die Angabe erfolgt als Wahrscheinlichkeit, z.B. > 10^{-5} bis 10^{-4} je Stunde.	MTTF – Zeit niedrig: 3 Jahre bis 10 Jahre mittel: 10 Jahre bis 30 Jahre hoch: 30 Jahre bis 100 Jahre
FMEA	Failure Mode Effect Analysis = Fehlermöglichkeits- und Einflussanalyse. Analytische Methode zur systematischen und vollständigen Erfassung potenzieller Fehler und Ausfallzuständen von Komponenten eines Systems sowie deren Auswirkungen.	Eine FMEA ist während der Konzeptionsphase einer Steuerung durchzuführen.
Diversität	Zum Erfüllen der Sicherheitsaufgabe mit hoher Zuverlässigkeit sind die Betriebsmittel derart redundant auszulegen, dass die Umsetzung mit ungleichartigen Mitteln erfolgt.	Eine Drehzahlüberwachung wird z.B. durch einen elektrischen Tachogenerator und einen mechanischen Fliehkraftschalter verwirklicht.

Architekturen von Steuerungen Architectures of Machine Controls

<table>
<tr><th>Art</th><th>Steuerungsstruktur, Erklärung</th><th>Prinzip</th></tr>
<tr><td>Cat B
PL a, b</td><td>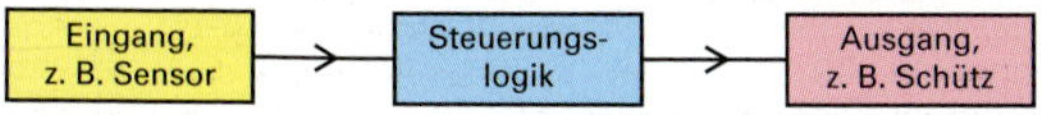

Das Erreichen der Sicherheit erfolgt u. a. durch die Auswahl geeigneter Bauteile, z. B. Sicherheitsrelais. Diese besitzen eine Zwangsführung der Kontakte, sodass Öffner- und Schließerkontakte nie gleichzeitig geschlossen sein können.</td><td>Sicherheitsbezogene Teile von Steuerungen und/oder deren Schutzeinrichtungen sowie deren Bauteile müssen den zu erwartenden Einwirkungen standhalten, z. B. Schalthäufigkeiten, elektromagnetische Felder, Vibrationen. Das Auftreten eines Fehlers darf zum Verlust der Sicherheitsfunktion führen.
www. pilz.de; www.elan.de</td></tr>
<tr><td>Cat 1
PL c</td><td>Cat 1 hat dieselbe Steuerungsstruktur wie Cat B. Bewährte Bauteile und bewährte Sicherheitsprinzipien sind anzuwenden. Die Wahrscheinlichkeit eines Ausfalles ist kleiner als bei Cat B.</td><td>Anforderungen von Cat B müssen erfüllt sein. Ziel ist die Vermeidung von Fehlern.</td></tr>
<tr><td>Cat 2
PL a, b
c, d</td><td>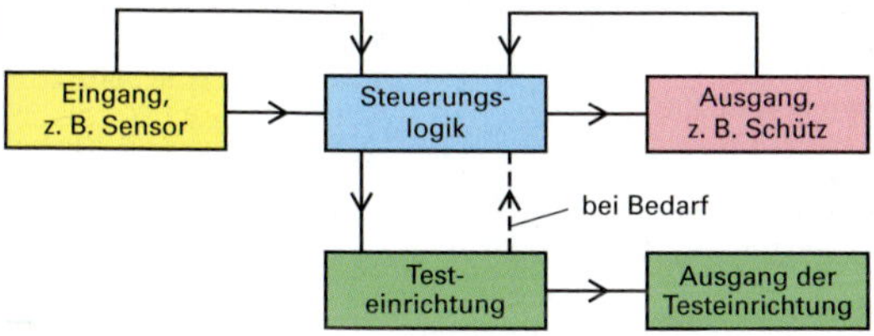
</td><td>Wie bei Cat 1. Außerdem:
In geeigneten Zeitabständen muss die Sicherheitsfunktion durch die Maschinensteuerung selbst überprüft werden. Das Auftreten eines Fehlers kann zum Verlust der Sicherheitsfunktion zwischen den Überprüfungsabständen führen.
Durch die Prüfung wird der Verlust der Sicherheitsfunktion erkannt. Vor Produktion mit einer Maschine muss z. B. die Sicherheitsfunktion „Schutztüre“ getestet werden.</td></tr>
<tr><td>Cat 3
PL b, c
d, e</td><td>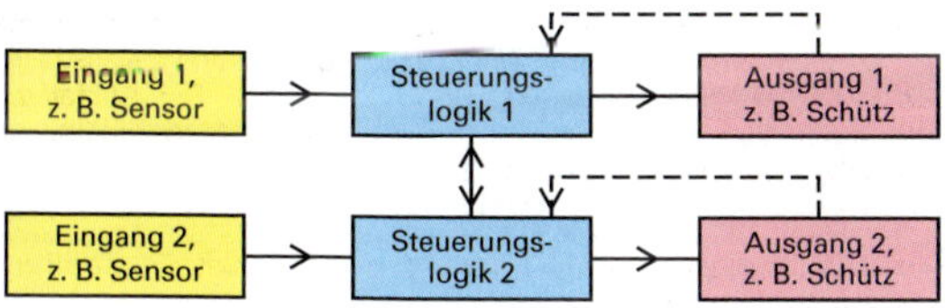

Sicherheitsbezogene Teile sind doppelt ausgeführt. Wenn möglich, Überwachen der Ausgänge durch Steuerungslogik, Überwachen der doppelt ausgelegten Steuerungslogiken gegenseitig.</td><td>Wie bei Cat 1. Außerdem:
Sicherheitsbezogene Teile sind so auszulegen, dass
• ein einzelner Fehler in einem Teil nicht zum Verlust der Sicherheitsfunktion führt und dass
• der einzelne Fehler mit nach dem Stand der Technik geeigneten Mitteln erkennbar ist, sofern die Prüfung in angemessener Weise durchführbar ist.
Eine Anhäufung von Fehlern darf zum Verlust der Sicherheitsfunktion führen.</td></tr>
<tr><td>Cat 4
PL e</td><td>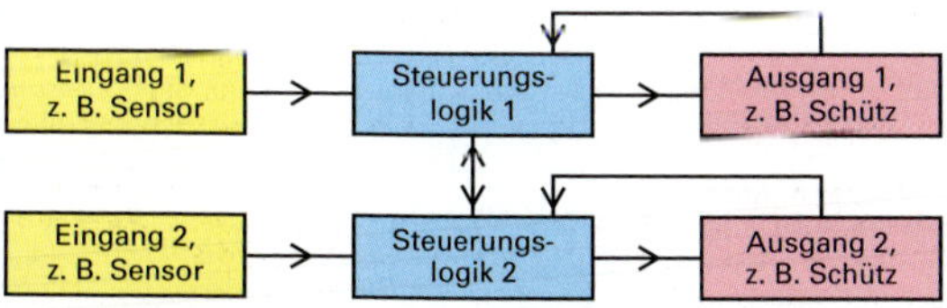

Wie bei Cat 3, jedoch mit Überwachungen</td><td>Wie bei Cat 3. Außerdem:
Sicherheitsbezogene Teile sind so auszulegen, dass der einzelne Fehler vor oder bei der nächsten Anforderung der Sicherheitsfunktion erkannt wird.
Eine Anhäufung von Fehlern darf nicht zum Verlust der Sicherheitsfunktion führen.</td></tr>
<tr><td colspan="2">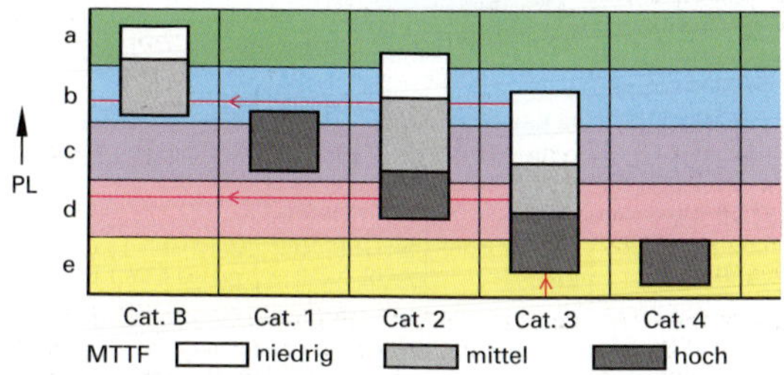

Abhängigkeiten PL, Cat und MTTF</td><td>Je nach der Qualität der verwendeten Komponenten einer Steuerung ändert sich bei derselben Architektur der Performance Level PL (Bild). Bei niedrigem MTTF ist bei der anspruchsvollen Cat 2 allenfalls ein PL von b zu erreichen. Bei der aufwendigen Cat 3 ist bei niedrigem MTTF gerade PL b zu erreichen, mit mittlerem MTTF aber PL d.
Bei Cat 2, 3 und 4 ist gefordert, dass Fehler erkannt werden, ehe ein Schaden eingetreten ist.</td></tr>
</table>

AS

Elektrische Niederspannungs-Ausrüstung von Maschinen

Electrical Low-Voltage Equipment of Machines

vgl. EN 60204-1 (VDE 0113-1)

Art	Erklärung	Bemerkungen

Stromversorgung – Toleranzen – Oberschwingungen – EMV

Die Größen müssen im *Toleranzbereich* liegen. Die *Oberschwingungsspannungen* bis zur 5. Teilschwingung dürfen höchstens 10 % des gesamten Effektivwertes betragen. Bei DC darf die *Welligkeit* (Spitze zu Tal) höchstens 15 % der Nennspannung betragen.

Wegen *EMV* (Seite 234) sind

- Gehäuse strahlungssicher auszuführen,
- empfindliche Stromkreise zu erden,
- Leiter möglichst dicht an Masse zu führen.

Toleranzbereiche der Versorgung

Größe	bei AC	bei DC
Dauerbetriebsspannung	0,9 bis 1,1 U_n	bei Bb 0,85 bis 1,15 U_n bei Fz 0,7 bis 1,2 U_n bei Ub 0,9 bis 1,1 U_n
Frequenz, d	0,99 bis 1,01 f_n	–
Frequenz, k	0,98 bis 1,02 f_n	–

f_n Nennfrequenz, U_n Nennspannun, Bb Batteriebetrieb, d dauernd, Fz Fahrzeug, k kurzzeitig, Ub Umrichterbetrieb

Netz-Trenneinrichtung – Halbleiterschütze – Basisschutz, Fehlerschutz – Überstromschutz – Motoren

Netz-Trenneinrichtung muss vorhanden sein, z. B.

- ein Leistungsschalter mit Trennstrecke,
- ein anderes trennendes Schaltgerät, z. B. ein RCD oder ein Motorschutzschalter,
- eine Stecker-Steckdosenkombination bei flexibler Zuleitung.

Halbleiterschütze sind zum Trennen nicht geeignet. Stromkreise zur Instandhaltung sollten davon getrennt eine eigene Trenneinrichtung haben. *Basisschutz* und *Fehlerschutz* erfolgen nach Seite 197. Wegen der Erdung der Steuerstromkreise wird PELV an Stelle von SELV angewendet.

Überstrom-Schutzeinrichtungen sind nach der Bemessungsstromregel (Seite 158) auszuwählen, wobei die Belastbarkeit der Leitungen in der Maschine kleiner ist als bei 25 °C **(Tabelle)**.

Motoren mit Bemessungsleistungen über 0,5 kW müssen gegen unzulässige Erwärmung geschützt sein, z. B. durch Motorschutzschalter.

Strombelastbarkeit von PVC-isolierten Cu-Leitern bei Maschinen (Umgebungstemperatur 40 °C)

symmetrisch belastete Drehstromleitung

A in mm²	Verlegeart B1	B2	C	E
0,75	8,6	8,5	9,8	10,4
1	10,3	10,1	11,7	12,4
1,5	13,5	13,1	15,2	16,1
2,5	18,3	17,4	21	22
4	24	23	28	30

Steuerstromkreise AC oder DC

A in mm²	Verlegeart	B2	C	E
0,2	nicht anwendbar	4,3	4,4	4,4
0,5		7,5	7,5	7,8
0,75		9,0	9,5	10

weitere Werte siehe VDE 0113, Verlegearten Seite 159

Potenzialausgleich – Steuerstromkreis – Drucktaster – NOT-AUS – NOT-HALT – Leiterfarben – Dokumentation

Schutzpotenzialausgleich (Maßnahme für den Fehlerschutz) und *Funktionspotenzialausgleich* (zur Verminderung von Betriebsstörungen infolge von Isolationsfehlern) sind bei Maschinen auszuführen **(Bild)**.

Steuerstromkreise sind als Hilfsstromkreise (Seite 349) auszuführen und zu erden, meist durch Verbindung mit dem Schutzleiter. Steuergeräte und optische Anzeigen müssen farbig gekennzeichnet sein (Seite 195). Drucktaster sollen zusätzliche Symbole haben **(Tabelle)**.

Handlungen im Notfall erfolgen durch Einrichtungen zum *NOT-AUS* (Abschalten) oder *NOT-HALT* (Abschalten und Abbremsen).

Verdrahtungstechnik. Anschlüsse müssen gegen Lockern gesichert sein, z. B. durch Zahnscheiben. Jeder Leiter muss an jedem Anschluss wie in der Dokumentation gekennzeichnet sein.

Wenn die Leiter durch Farben identifiziert (kenntlich gemacht) werden, so sind die Leiter

- **schwarz** für AC- oder DC-Hauptstromkreise,
- **rot** für AC-Steuerstromkreise,
- **blau** für DC-Steuerstromkreise,
- **orange** für Stromkreise, die nicht von der Netz-Trenneinrichtung abgeschaltet werden.

Dokumentation

Über Errichten, Betrieb und Instandhaltung muss eine Dokumentation angefertigt werden mit z. B. Schaltplänen, Stücklisten, Betriebsanweisungen und Instandhaltungshinweisen.

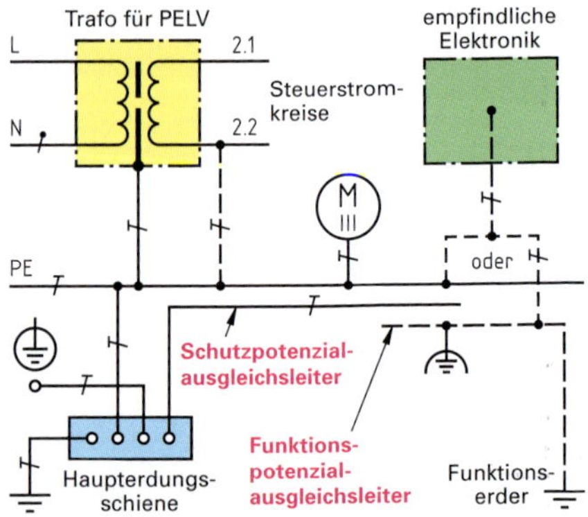

Schutzpotenzialausgleichsleiter und Funktionspotenzialausgleichsleiter

Symbole für Drucktaster

START oder EIN	STOPP oder AUS	wechselweise EIN oder AUS	Drücken EIN, Loslassen AUS

AS

Schütze Contactors

Arten und Wirkungsweise von elektromagnetischen Schützen

Diagramm, Schaltung	Erklärung	Bemerkungen
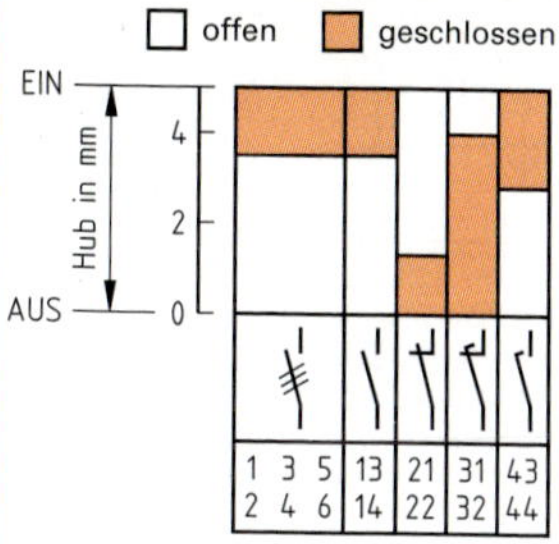 **Schaltdiagramm eines Schützes**	Elektromagnetische Schütze enthalten Erregerspule, beweglichen Anker, fest und bewegliche Schaltstücke. Beim *konventionellen Antrieb* wird die Schützspule direkt mit der Steuerspannung angesteuert, bei *elektronischem Antrieb* liegt vor der Spule eine Elektronik (kleinerer Steuerstrom, breiter Bereich der Steuerspannung). Meist öffnen zuerst die Öffner der Hilfskontakte, dann schließen die Schließer der Hilfskontakte, dann die Schließer für den Hauptstromkreis.	Wechselstromschütze werden durch AC gesteuert, Gleichstromschütze durch DC. AC-Steuerung verursacht Brummen, DC-Steuerung ist geräuschlos nach dem Schaltvorgang. Schütze haben für den Hauptstromkreis meist drei Schaltstrecken 1-2, 3-4, 5-6 und für die Hilfsstromkreise (Steuerstromkreise) mehrere Hilfskontakte. Hilfsschütze sind kleine Schütze mit mehreren Hilfskontakten zum Steuern des Erregerstromes von großen Schützen.
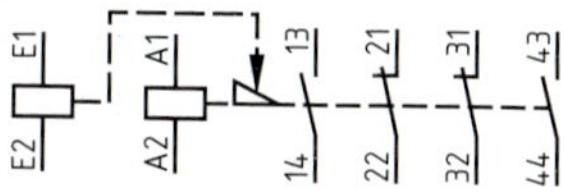 **Verklinkbares Hilfsschütz**	Verklinkte Schütze werden eingesetzt, wenn nach Ausfall der Steuerspannung die Schaltstellung erhalten bleiben soll. Nach Anlegen der Steuerspannung verklinken sie mechanisch.	Zum Entklinken muss ein Spannungsimpuls an die Anschlüsse einer Entklinkspule E1-E2 gelegt werden. Meist ist über eine Betätigungstaste auch Entklinken von Hand möglich.

Grundschaltungen von Schützen

Hauptstromkreis, Schaltfunktion	Hilfsstromkreis, Schaltfunktion	Benennung, Bemerkungen
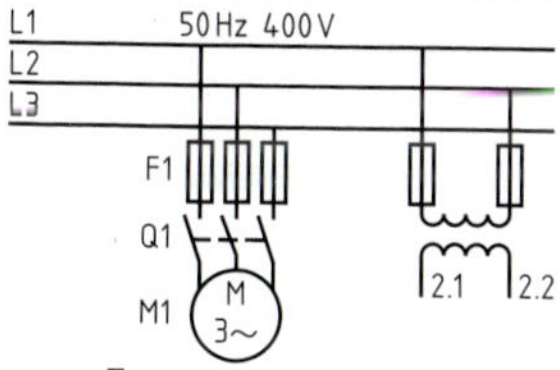 $y_{M1} = \overline{f_1} \wedge q_1$	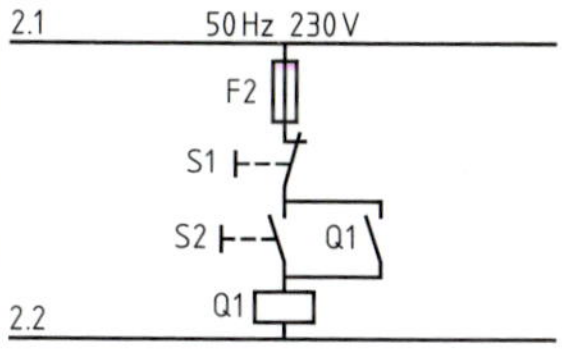 $y_{Q1} = \overline{f_2} \wedge \overline{s_1} \wedge (s_2 \vee q_1)$	*Schütz mit Haltekontakt* Betätigung von S2 bringt Q1. Q1 schaltet M1 ein und hält sich über den Haltekontakt (Schließer) Q1. Betätigen von S1 führt zur Abschaltung von Q1 und damit von M1. Übliche Grundschaltung der Schützschaltungen.
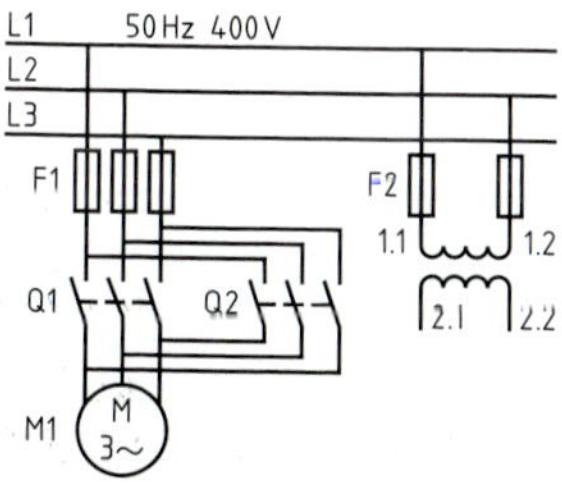 $y_{M1} = \overline{f_1} \wedge [(q_1 \wedge \overline{q_2}) \vee (q_2 \wedge \overline{q_1})]$	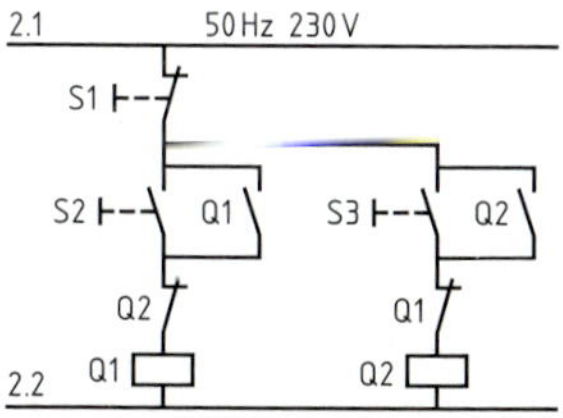 $y_{Q1} = \overline{s_1} \wedge (s_2 \vee q_1) \wedge \overline{q_2}$ $y_{Q2} = \overline{s_1} \wedge (s_3 \vee q_2) \wedge \overline{q_1}$	*Verriegelte Schützschaltung* Gegenseitiges Verriegeln von Schützen ist bei Wendeschützschaltungen und bei Mehrmotorantrieben erforderlich. Das Verriegeln erfolgt im Steuerstromkreis über die Hilfsöffner der Schütze und/oder über die Öffner der EIN-Taster.
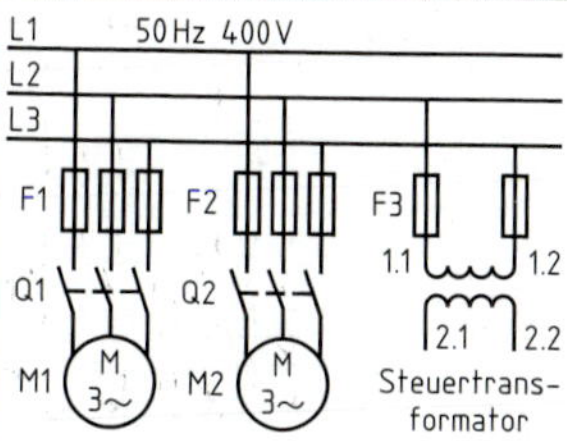 $y_{M1} = \overline{f_1} \wedge q_1$ $y_{M2} = \overline{f_2} \wedge q_2$	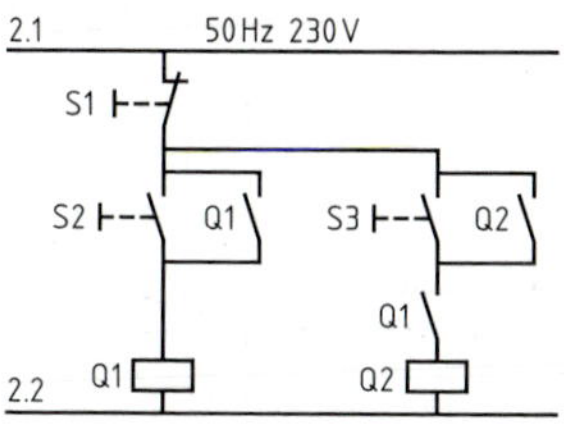 $y_{Q1} = \overline{s_1} \wedge (s_2 \vee q_1)$ $y_{Q2} = \overline{s_1} \wedge (s_3 \vee q_2) \wedge q_1$	*Folgeschaltung* (Entriegelte Schützschaltung) Folgeschaltungen werden bei Mehrmotorantrieben angewendet, wenn M2 erst arbeiten darf, nachdem M1 schon eingeschaltet ist. Das Entriegeln erfolgt im Steuerstromkreis über die Hilfsschließer der Schütze oder auch über Schließer von Hilfsschaltern, welche das Arbeiten von M1 anzeigen, z.B. Drehzahlwächter.

Spezielle Schützarten Special Types of Contactors

Prinzip, Ansicht	Erklärung	Bemerkungen
Halbleiterschütze		
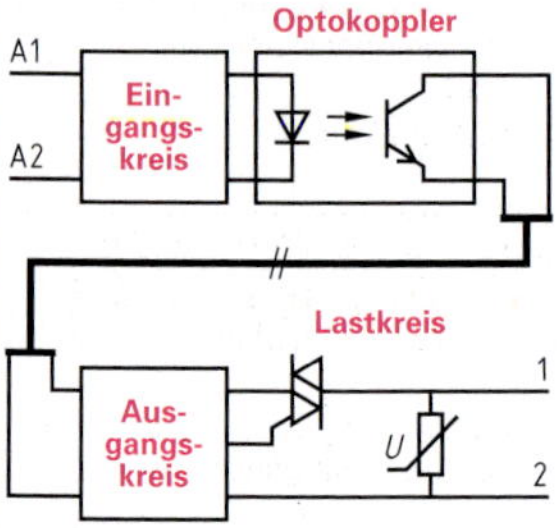 **Bestandteile eines Halbleiterschützes**	*Eingangskreis* zur Anpassung des Steuersignals, z.B. durch Gleichrichtung eines AC-Signals. *Optokoppler* zur Potenzialtrennung der Steuerspannung. *Ausgangskreis* zur Erzeugung der Steuerspannungen für die bis sechs Thyristoren des Lastkreises in der Weise, dass der Laststrom beim Nulldurchgang der Spannung einsetzt (Nullspannungsschalter). *Lastkreis* zur Steuerung der Last mittels Thyristoren. Überspannungsableiter sind zum Schutz der Last integriert (eingebaut).	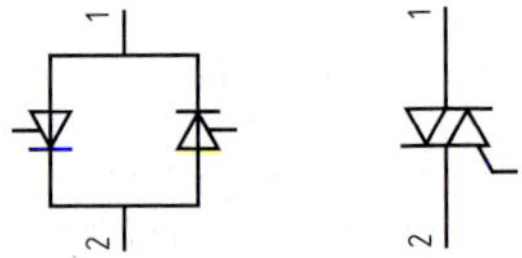 **Leistungsteil je Pol von Halbleiterschützen** Jeder Pol des Schützes steuert eine Phase des Laststromes mittels Einphasenwechselwegschaltung von Thyristoren oder bei kleiner Leistung mittels Triac.
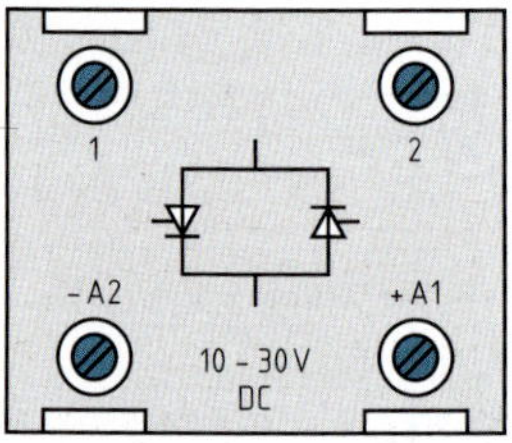 **Ansicht eines einpoligen Halbleiterschützes**	*Lastdaten* 3 AC 400 V/230 V, bis 50 A. *Steuerspannungen* DC oder AC von 10 V bis 240 V. *Kühlkörper* bei kleiner Leistung, z.B. 0,55 kW, nicht erforderlich. *Einpoliges Halbleiterschütz*, z.B. zur Steuerung von Einphasenstrom. *Zweipoliges Halbleiterschütz* zur Steuerung von Drehstrom, auch mit zwei zusätzlichen Wechselwegschaltungen als Wendeschütz. *Dreipoliges Halbleiterschütz* zur Steuerung von Drehstrom.	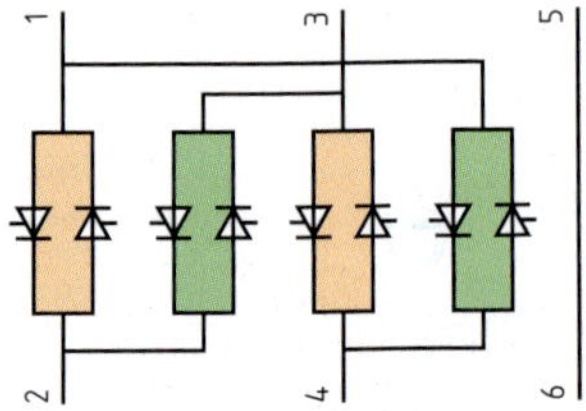 **Schaltung eines zweipoligen Halbleiterschützes für Drehstromantrieb als Wendeschütz**
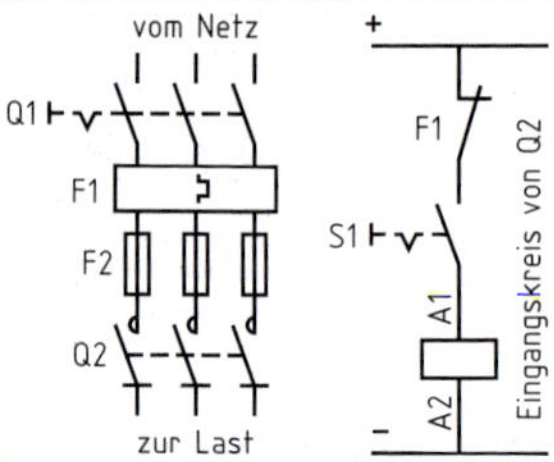 **Stromlaufplan eines Halbleiterschützes**	*Vorteile von Halbleiterschützen:* geräuschloses Schalten, lange Lebensdauer. *Nachteile von Halbleiterschützen:* keine sichere Trennung vom Netz, in jedem Fall zusätzliche trennende Schalter nötig. Die große Wärmeentwicklung erfordert meist Kühlkörper. Die Empfindlichkeit gegen Überströme erfordert Sicherungen vom Typ Z und meist getrennte Bimetallrelais.	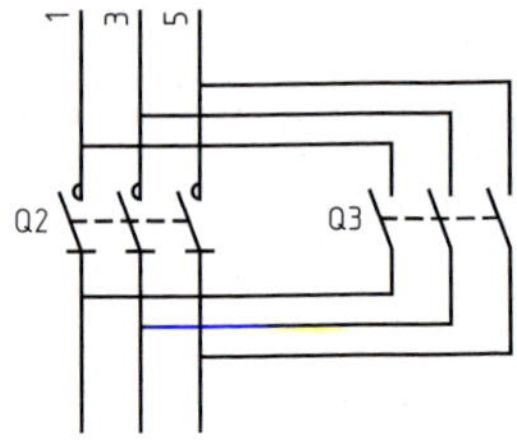 **Schaltung eines Bypass-Schützes ohne Eignung als Wendeschütz**
Vakuumschütze		
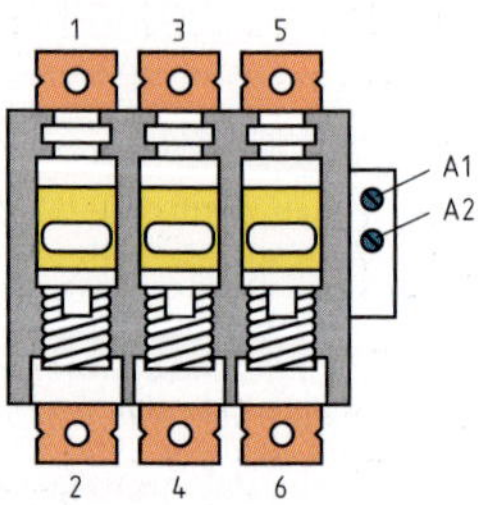 **Ansicht eines Vakuumschützes bei abgenommenem Deckel**	*Lastdaten* 3 AC 400 V, je nach Typ 185 A bis 820 A, für AC-1 bis AC-6 (Seite 356). *Steuerspannungen* DC 24 V bis 250 V, AC 48 V bis 600 V. Der Hauptkontakt jedes Pols bewegt sich in einer Vakuumschaltröhre. Es entsteht beim Abschalten kein Lichtbogen, der Strom reißt bei AC schlagartig ab. Die hohe Schaltüberspannung wird durch integrierte Überspannungsableiter begrenzt. Der Kontaktabbrand ist klein und kann durch ein Fenster überwacht werden. Für DC-Lasten ungeeignet.	1 beweglicher Leiter 2 Faltenbalg 3 Vakuum 4 Getter (bindet eindringende Luft) 5 beweglicher Kontakt 6 Fenster für Stellungsanzeige 7 fester Kontakt 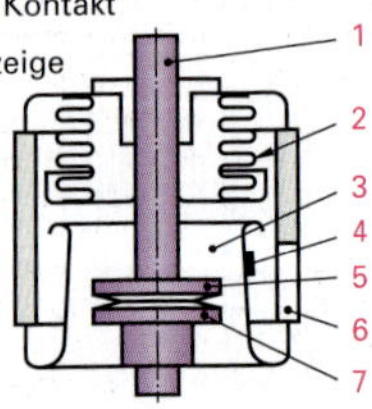 **Vakuumschaltröhre eines Poles des Vakuumschützes**

AS

Kennzeichnung und Antriebe der Schütze

Identification and Excitations of Contactors

Impedanzen (Last-Scheinwiderstände) von Niederspannungsschaltgeräten

Anschlüsse	Art	Anschlüsse	Art
A1 A2	Schützspule, Ansteueranschlüsse	E1 E2	Verriegelungsmagnete
B1 B2	Zweite Wicklung einer Schützspule	U1 U2	Motor
C1 C2	Arbeitsstromauslöser	X1 X2	Leuchtmelder
D1 D2	Unterspannungsauslöser		

1 kennzeichnet den Anfang, 2 das Ende. 1 und 2 können elektrisch gleichwertig sein, z. B. bei Widerständen.

Kennzeichnung der Schaltglieder (vgl. EN 50012 und EN 50013)

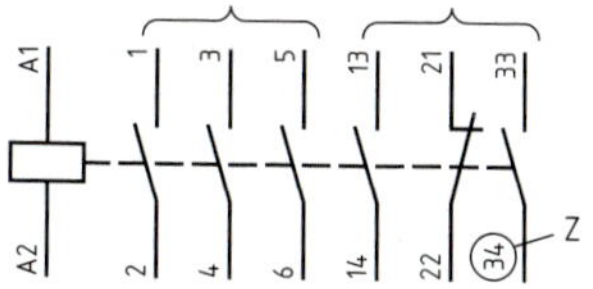

Die Ordnungsziffer nummeriert die Hilfsschaltglieder.

Die Funktionsziffer gibt deren Aufgabe an.

Anschlüsse	Art des Schaltgliedes	Anschluss mit Ordnungsziffer	Art des Schaltgliedes	Anschluss mit Funktionsziffer	Art des Schaltgliedes
1–2 3–4 5–6	Schaltglied (meist Schließer) für den Hauptstromkreis	1X, 2X, 3X ... z. B. 11, 12...	Hilfsschaltglieder in der Reihenfolge der Anordnung	Y1, Y2 Y3, Y4 Y1, Y2, Y4	Öffner-Hilfsschaltglied Schließer-Hilfsschaltglied Wechsler-Hilfsschaltglied
Zwei Ziffern z. B. 11, 21...	Hilfsschaltglieder z. B. Öffner-Eingänge	9 X z. B. 95, 96	Hilfsschaltglieder für Überlast-Schutzeinrichtung	Y5, Y6 Y7, Y8	Öffner- Schließer- } Hilfsschaltglied mit besonderer Funktion

Antriebe elektromagnetischer Schütze

Antrieb	Erklärung	Ansicht, Schaltung
AC-Antrieb, konventionell	Antrieb durch AC-Magneten. Beim Einschalten hat das Magnetsystem einen großen Luftspalt → kleine Impedanz → großer Einschaltstrom → ruckartiges Anziehen. Nach dem Anziehen ist der Luftspalt sehr klein → große Impedanz → kleiner Haltestrom → kleine Halteleistung. Im Eisenkern ist ein Spaltpolring angeordnet → induzierter Strom im Spaltpolring mit Phasenverschiebung gegen den Spulenstrom → Magnetwirkung auch beim Nulldurchgang des Spulenstroms → bessere Gleichförmigkeit der Haltekraft.	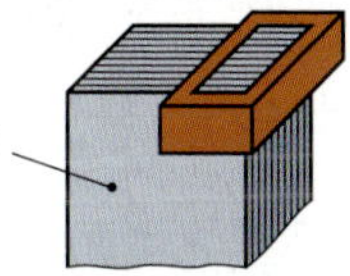 **Anordnung des Spaltpolrings**
DC-Antrieb, konventionell	Antrieb durch DC-Magneten, der an eine Dioden-Brückenschaltung angeschlossen ist **(Bild)**. Wirkung wie beim DC-Antrieb. Wird eine DC-Spannung an die Brückenschaltung angeschlossen, so kann diese beliebig gepolt sein. **Vorteil:** Kein Brummgeräusch, sanfter Anzug, auch bei AC-Ansteuerung.	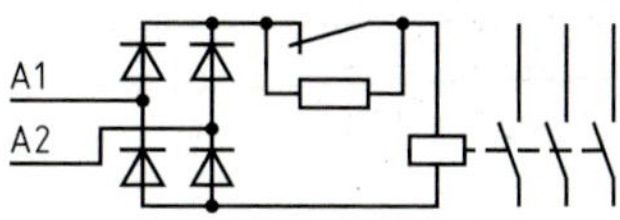
elektronischer Antrieb	Vor der DC-Antriebsspule liegt eine elektronische Schaltung mit Stromversorgung vom Netz zur Verstärkung der Steuerspannung und zur Regelung des Spulenstromes **(Bild)**. Stromverkleinerung mittels Widerstand wie beim DC-Antrieb ist überflüssig. Die kleine Steuerleistung der Antriebsschaltung ermöglicht direkten Anschluss an SPS oder an Kleinsteuerungen.	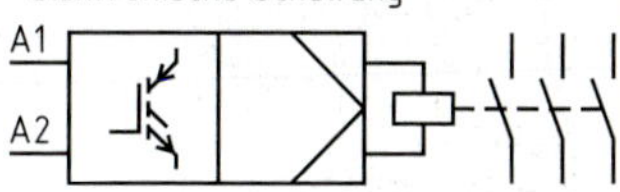
Weitbereichs-Antrieb	Aufbau wie bei beschriebenem elektronischen Antrieb. Die elektronische Schaltung ist erweitert um eine Weitbereichsstufe, die aus einer fast beliebig hohen Eingangsspannung eine konstante Ausgangsspannung für die Magnetspule erzeugt. Im Prinzip besteht die Weitbereichsstufe aus Gleichrichterbrücke und geregeltem Gleichstromsteller zur Pulsweitenmodulation.	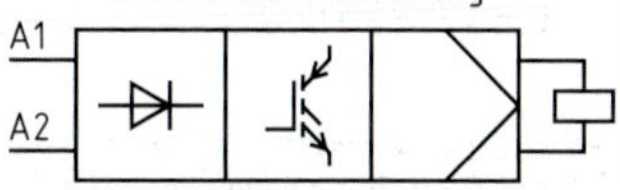

AS

Gebrauchskategorien und Prüfbedingungen von Schützen
Utilisation Categories and Test Conditions Applying to Contactors

Gebrauchskategorien von Schützen, Motorstartern und Hilfsstromschaltern

Kategorie	Typische Anwendungsfälle
AC-1	Nicht induktive oder leicht induktive Lasten, Widerstandsöfen.
AC-2	Schleifringläufermotoren mit Anlassen und Reversieren (Drehrichtungsumkehr).
AC-3	Käfigläufermotoren mit Anlassen und Ausschalten des laufenden Motors.
AC-4	Käfigläufermotoren mit Anlassen, Reversieren (Drehrichtungsumkehr) und Tippbetrieb.
AC-5a	Schalten von Gasentladungslampen.
AC-5b	Schalten von Glühlampen.
AC-6a	Schalten von Transformatoren.
AC-6b	Schalten von Kondensatoren.
AC-7a	Haushaltgeräte, schwach induktiv.
AC-7b	Motoren für Haushaltgeräte.
AC-8a	Kühlkompressor.
AC-8b	Kühlkompressor mit Überlastrückstellung.
AC-11	Elektromagnete, z. B. für Spannzeuge oder Hubmagnete.
DC-1	Nicht induktive oder leicht induktive Lasten, Widerstandsöfen.
DC-2	Fremderregte Motoren (Nebenschlussmotoren) mit Anlassen und Ausschalten von laufenden Motoren.
DC-3	Motoren wie bei DC-2, aber zusätzlich mit Reversieren (Drehrichtungsumkehr) und Tippbetrieb.
DC-4	Reihenschlussmotoren mit Anlassen und Ausschalten von laufenden Motoren.
DC-5	Reihenschlussmotoren mit Anlassen, Reversieren und Tippbetrieb.
DC-6	Schalten von Glühlampen.
DC-11	Elektromagnete, z. B. für Spannzeuge oder Hubmagnete.

Prüfbedingungen für Schütze

Kategorie	Bemessungsstrom I_N in A	Einschalten			Ausschalten		
		I / I_N	U / U_N	Bei AC $\cos \varphi$ bei DC L / R	I_C / I_N	U_r / U_N	Bei AC $\cos \varphi$ bei DC L / R
Prüfbedingungen für die elektrische Lebensdauer							
AC-1	alle Werte	1	1	0,95	1	1	0,95
AC-2	alle Werte	2,5	1	0,65	2,5	1	0,65
AC-3	≤ 17	6	1	0,65	1	0,17	0,65
	> 17	6	1	0,35	1	0,17	0,35
AC-4	≤ 17	6	1	0,65	6	1	0,65
	> 17	6	1	0,35	6	1	0,35
AC-11	alle Werte	10	1	0,7	1	1	0,4
DC-1	alle Werte	1	1	1 ms	1	1	1 ms
DC-2		2,5	1	2 ms	1	0,1	7,5 ms
DC-3		2,5	1	2 ms	2,5	1	2 ms
DC-4		2,5	1	7,5 ms	1	0,3	10,0 ms
DC-5		2,5	1	7,5 ms	2,5	1	7,5 ms
DC-11		1	1	6 ms · P / W	1	1	6 ms · P / W
Prüfbedingungen zum Nachweis von Einschaltvermögen und Ausschaltvermögen (Beispiele)							
AC-1	alle Werte	1,5	1,1	0,95	1,5	1,1	0,95
AC-2	alle Werte	4	1,1	0,65	4	1,1	0,65
AC-3	≤ 17	10	1,1	0,65	8	1,1	0,65
	$17 < I_N \leq 100$	10	1,1	0,35	8	1,1	0,35
	> 100	8 vgl[1]	1,1	0,35	6 vgl[2]	1,1	0,35

I Einschaltstrom, I_C Ausschaltstrom (C von cut = Schnitt), I_N Bemessungsstrom des Schützes, $P = U_N \cdot I_N$ Bemessungsleistung, U Leerlaufspannung, U_N Bemessungsspannung, U_r wiederkehrende Spannung, L Induktivität des Prüfstromkreises, P / W Bemessungsleistung in W, R Wirkwiderstand des Prüfstromkreises, $\cos \varphi$ Leistungsfaktor. Statt Vorsatz Bemessungs- auch Nenn- üblich.

[1] mindestens 1000 A für I oder I_C; [2] $I_C \geq 800$ A; [3] $I \geq 1200$ A

AS

Schützschaltungen 1 Contactor Circuits 1

Art	Hauptstromkreis	Steuerstromkreis
Schützschaltung mit thermischem Überstromrelais	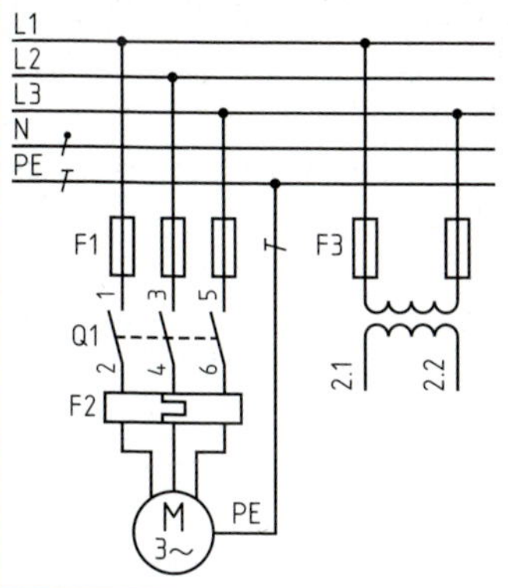	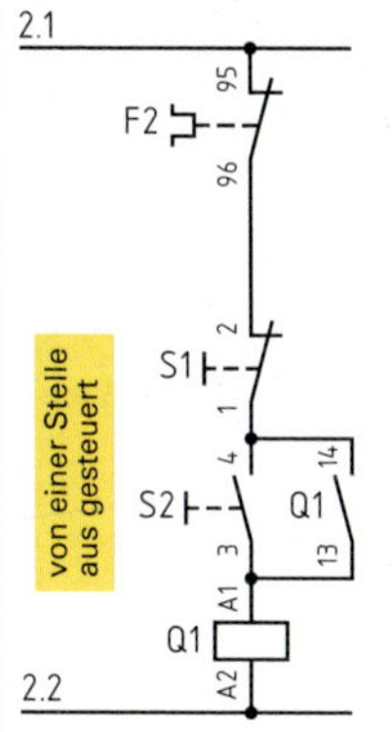 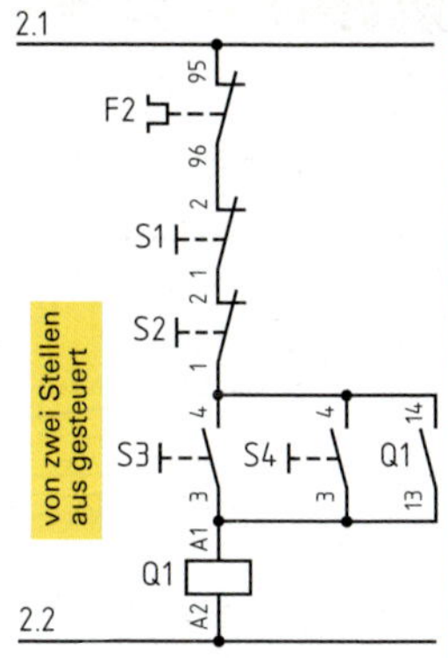
Wendeschützschaltung	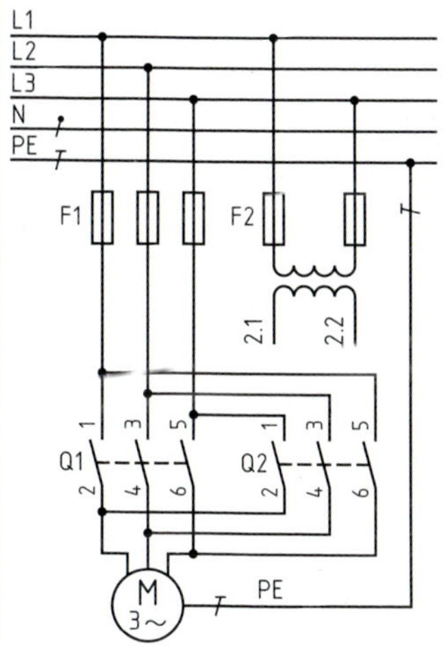	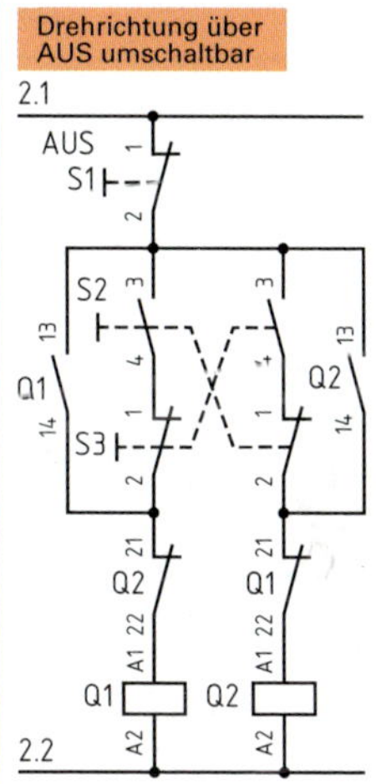 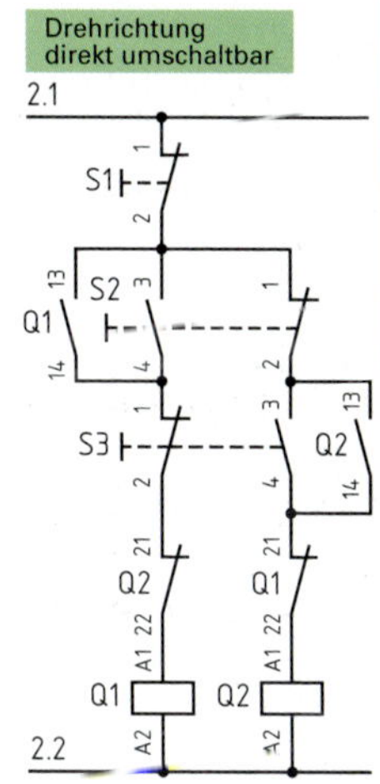
Automatische Sterndreieck-Schützschaltung mit Motorschutzrelais (Für Anordnung von F2 gibt es weitere Möglichkeiten)	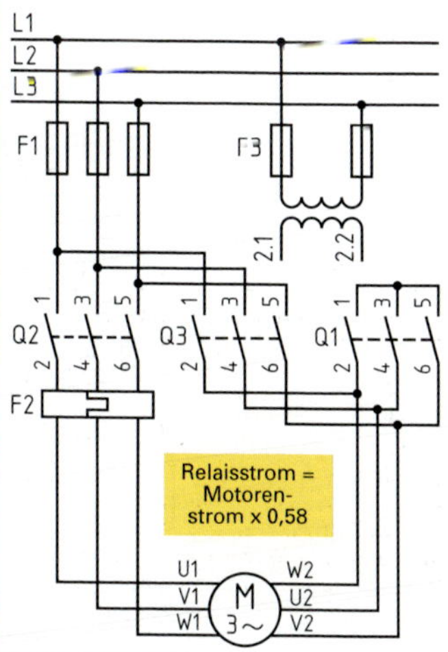	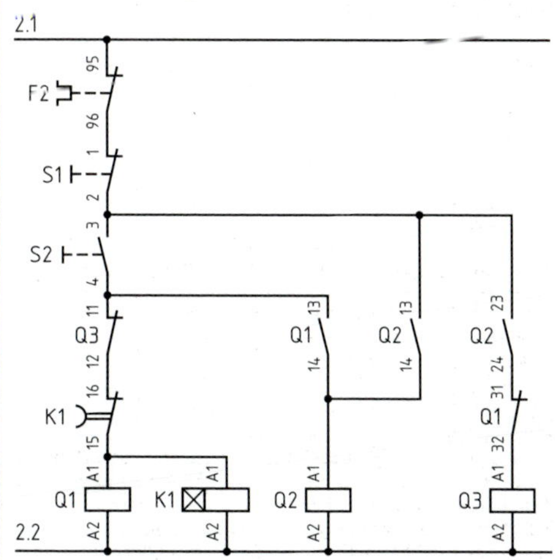

AS

Polumschaltschütze für zwei getrennte Wicklungen

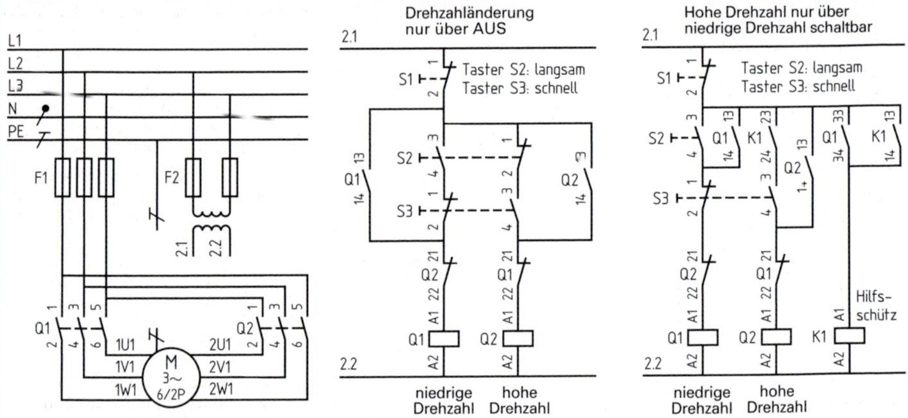

Polumschaltschütze für Dahlanderschaltung

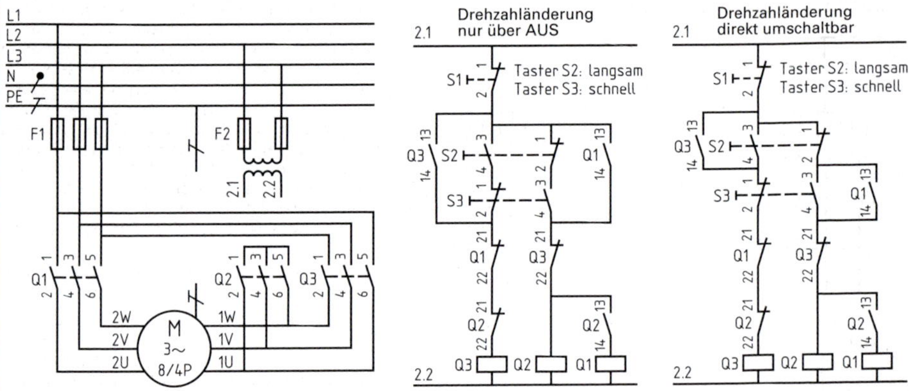

Drehstrom-Schleifringläufer-Selbstanlasser mit Netzschütz

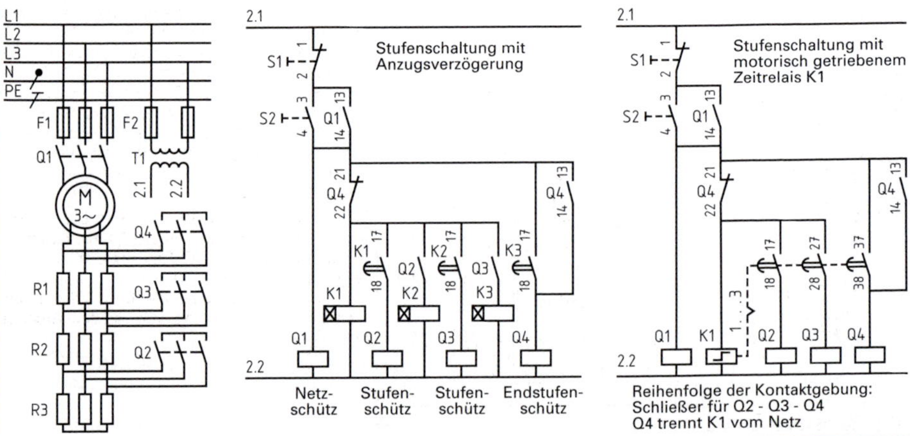

Motorschutz Motor Protection

Motorschutzeinrichtung, Schaltung	Auslösekennlinie	Wirkungsweise

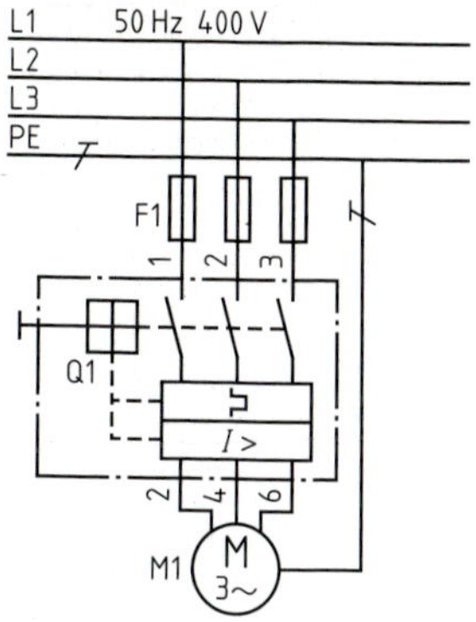

Motorschutzschalter mit thermischem und elektromagnetischem Auslöser

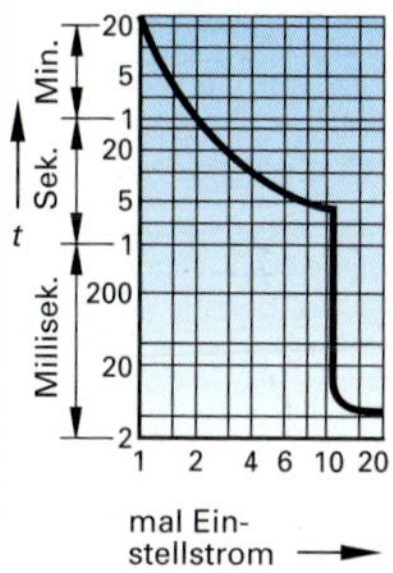

Motorschutzschalter überwachen die Wicklungstemperatur indirekt über die Stromaufnahme des Motors. Bei zu hoher Stromaufnahme auch nur eines Stranges der Motorwicklung wirkt die thermische Auslöseeinrichtung (Bimetallauslöser) auf ein Schaltschloss ein, das dann allpolig abschaltet. Der Ansprechstrom kann eingestellt werden.

Die Auslösung erfolgt verzögert. Die Auslösezeit hängt von der Stromstärke ab und liegt meist im Minutenbereich, selten im Sekundenbereich.

Motorschutzschalter sind meist zusätzlich mit einem elektromagnetischen Auslöser ausgerüstet, der die Anlage bei Kurzschluss schützt. Die elektromagnetische Auslösung spricht beim 11-fachen Bemessungsstrom I_N innerhalb von einigen Millisekunden an.

Bei Motorschutzschaltern für Drehstrom, die an einphasiger Wechselspannung betrieben werden, sind alle Kontakte in Reihe zu schalten.

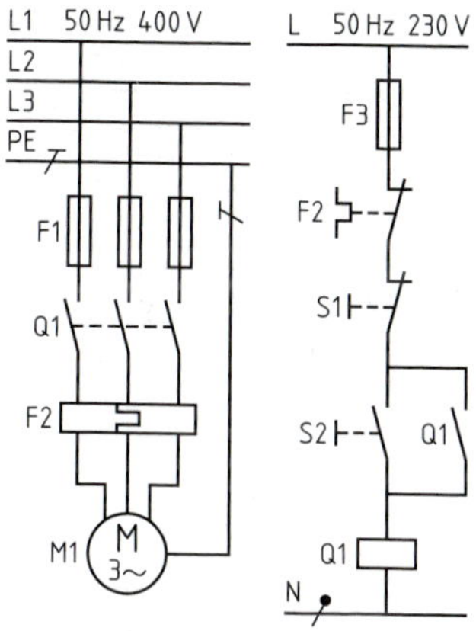

Motorschutzrelais als Bimetallrelais

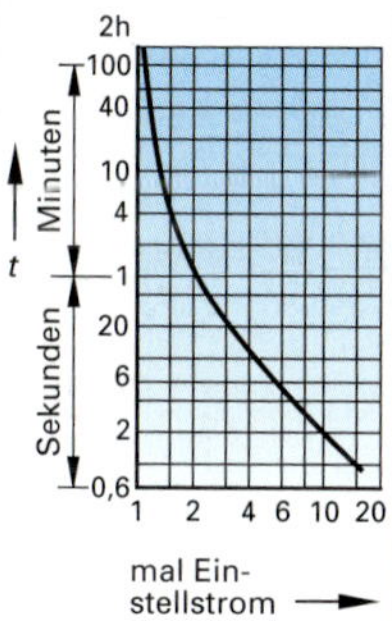

Motorschutzrelais überwachen die Wicklungstemperatur indirekt über die Stromaufnahme des Motors. Die Leiterströme fließen durch Widerstände, die in Reihe zur Motorwicklung geschaltet sind und die Bimetallstreifen erwärmen. Bei Erreichen des Ansprechstromes wird der Steuerstromkreis des Schützes Q1 von F2 geöffnet und der Motor dadurch allpolig vom Netz abgetrennt. Mit einer Einstellvorrichtung kann man den Ansprechstrom einstellen. Motorschutzrelais werden mit und ohne Wiedereinschaltsperre bzw. auch mit einer Umschaltmöglichkeit geliefert. Die Sperre lässt sich von Hand lösen.

Motorschutzrelais werden bis I_N = 70 A verwendet.

Bei der Motorschutzeinrichtung mit *Wandlerrelais* können Ströme bis etwa I_N = 600 A indirekt überwacht werden. Bei kleineren zu überwachenden Stromstärken, z. B. 35 A, wird der Außenleiter mehrmals durch den Wandler geschleift.

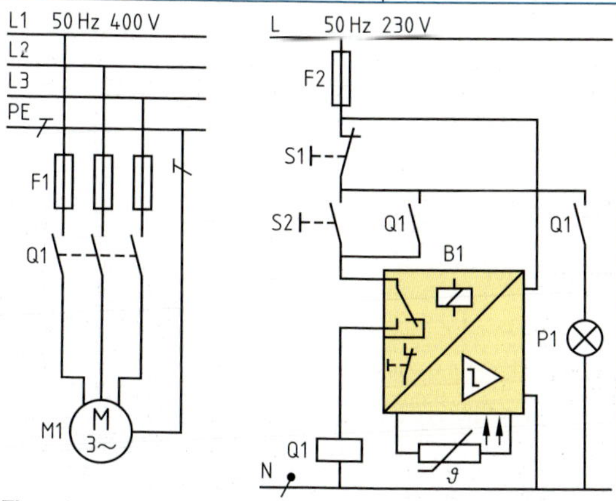

Thermistor-Motorschutz

Der *Thermistor-Motorschutz* überwacht mit temperaturabhängigen Widerständen, z. B. PTC, direkt die Wicklungstemperatur des Motors. Je nach Kaltwiderstand des PTC können bis zu neun PTC, in Reihe geschaltet, in die Ständerwicklung eines Motors eingebaut werden. Die PTC-Schaltung steuert über eine Transistorverstärkerschaltung mit Kippverhalten ein Ausgaberelais an, das seinerseits das Hauptschütz steuert.

Bei thermischer Auslösung und bei Ausfall einer Leiterspannung fällt das Hauptschütz ab. In beiden Fällen wird die Störung optisch angezeigt. Das Hauptschütz kann über den Taster S2 oder eine Rücksetztaste von B1 wieder eingeschaltet werden, wenn die Auslöseursache beseitigt ist.

Elektronischer Motorschutz Electronic Protection for Motors

Schutzfunktionen	Schutzzeichen	Erklärung
Thermischer Schutz		Der thermische Schutz erfolgt durch die Simulation der Maschinenerwärmung durch Kupferverluste und Eisenverluste mit einer RC-Schaltung (Zweikörper-Abbild). Er löst beim Überschreiten des Temperaturgrenzwertes aus. Das erlaubt die volle thermische Ausnützung der Motoren bei vollem Schutz.
Phasenausfallschutz		Bei Ausfall eines Außenleiters wird unabhängig von der Belastung innerhalb von 2 s ausgelöst und angezeigt.
Erdschlussschutz		Der Erdschlussdetektor erfasst den Erdschluss entweder durch Messung des Nullstroms in der Sternpunktverbindung der drei Hauptstromwandler des Erfassungsmodules oder mit Hilfe eines Summenstromwandlers (I_A 5 mA, 10 mA, 50 mA, bis 250 mA).
Blockierschutz		Werden Förderanlagen, Steinbrecher im normalen Betrieb durch verklemmte Teile blockiert, so löst das Motorschutzrelais bei einem Ansprechstrom (1 bis $4 \cdot I_e$) innerhalb 0,1 s bis 1 s aus. Motor und Antriebsteile (Getriebe, Kupplung) werden dadurch vor mechanischer Überbeanspruchung geschützt.
Drehrichtungsschutz		Bei mobilen Anlagen, z. B. Kühlanlagen, Baumaschinen, kann es irrtümlich zu falschen Drehrichtungen kommen. Ein Detektor für Drehrichtung überwacht die festgelegte Phasenfolge und löst innerhalb von 0,5 s aus.
Unterlastschutz		Bei Unterschreiten der Ansprechschwelle 0 bis $1{,}1 \cdot I_e$ erfolgt eine Auslösung innerhalb von 5 s bis 20 s. Alle Schutzfunktionen werden manuell zurückgestellt und quittiert.

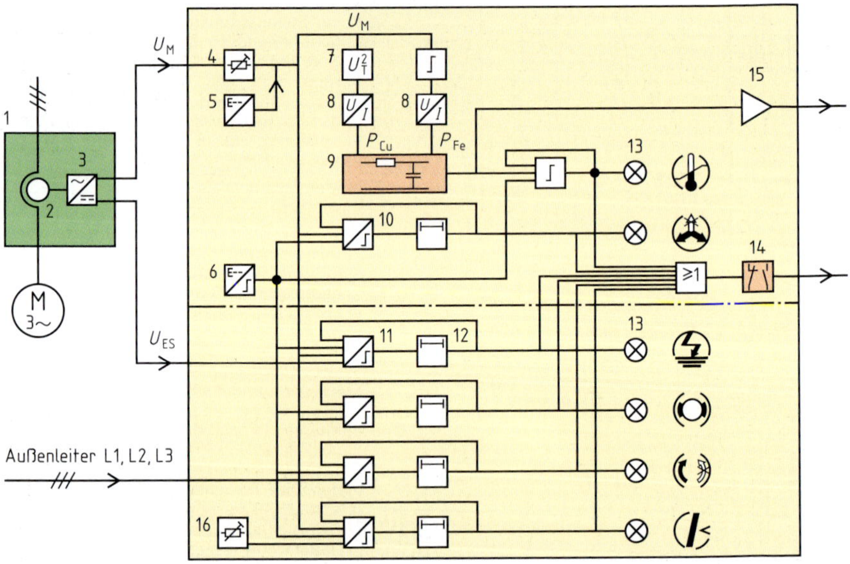

Übersichtsschaltplan eines vollelektronischen Motorschutzes

1 Erfassungsmodul
2 Hauptstromwandler
3 Gleichrichter
4 Einstellung auf Bemessungsstrom I_N des Motors
5 Funktionsprüftaste $6 \cdot I_e$
6 Rückstelltaste
7 Quadrierung von U_T (P_{cu})
8 Spannung/Strom-Umsetzer
9 Thermisches Ersatz-Netzwerk (Zweikörper-Abbild)
10 Phasenausfall-Detektor
11 Detektoren für Erdschluss, Blockierung, Drehrichtung, Unterlast
12 Verzögerungsglieder
13 Auslöseanzeigen
14 Ausgangsrelais für Steuerung
15 Erwärmungsausgang
16 Ansprechschwelle Unterlast
I_e Stromeinstellwert
U_M dem Motorstrom proportionale Messspannung
U_T Messspannung zur Bildung der Kupferverluste ($I^2 \cdot R$)
U_{ES} Erdschluss-Auslösespannung

AS

Steuerung durch Motorschalter Control via Motor Switches

Wendeschaltungen

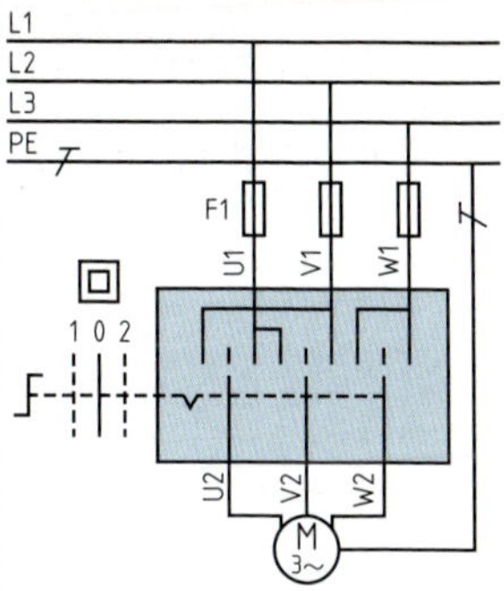

Wendeschaltung mit Walzenschalter

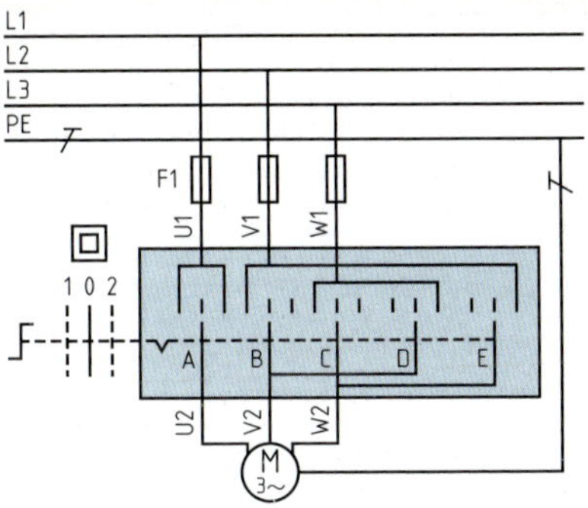

Wendeschaltung mit Nockenschalter

Schalt-stellung	Schaltglied A	B	C	D	E
0					
1	X	X	X		
2	X			X	X

X Schaltglied geschlossen

Schaltglied offen

Stern-Dreieckschaltungen

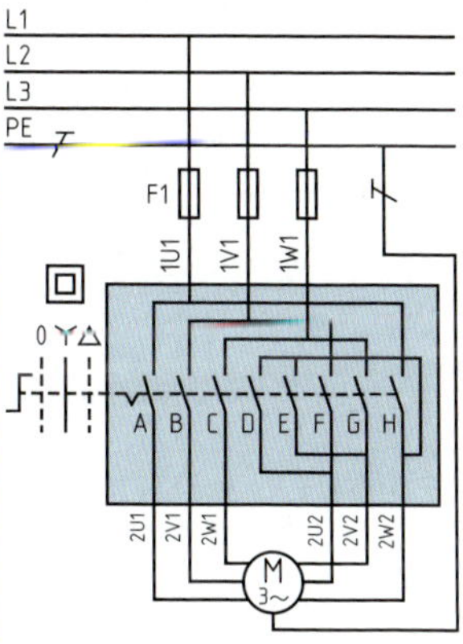

Schalt-stellung	Schaltglied A	B	C	D	E	F	G	H
1 (0)								
2 (Y)	X	X	X	X	X			
3 (Δ)	X	X	X			X	X	X

X Schaltglied geschlossen

Schaltglied offen

Stern-Dreieckschaltung

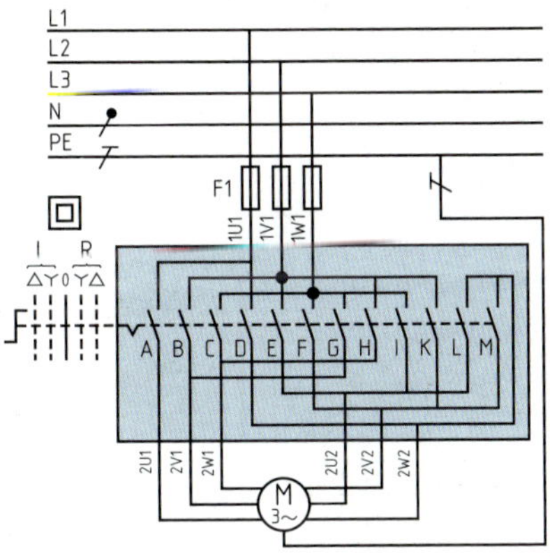

Stern-Dreieck-Wendeschaltung

Polumschaltungen

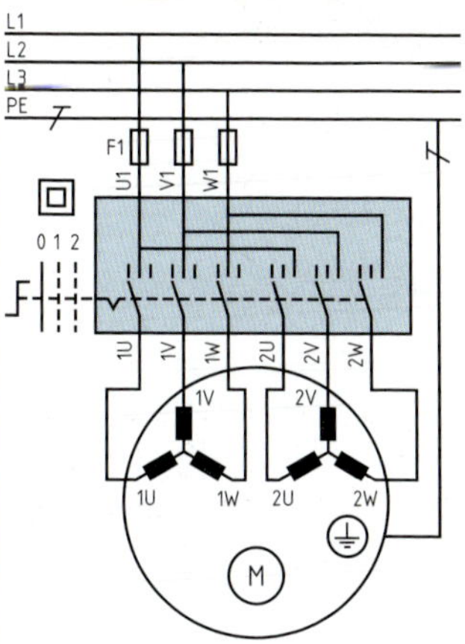

Polumschaltung mit zwei getrennten Wicklungen

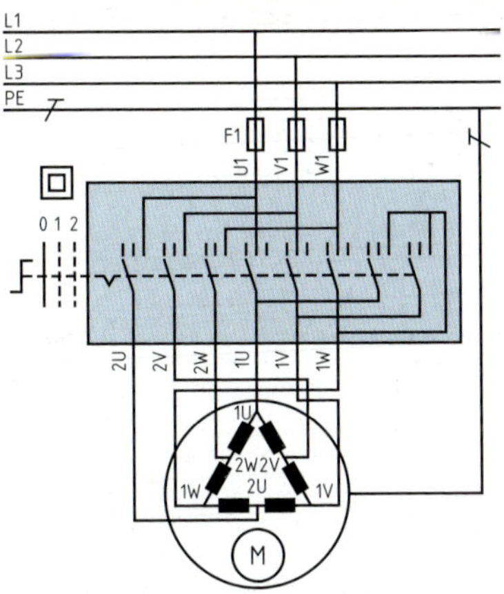

Dahlanderschaltung

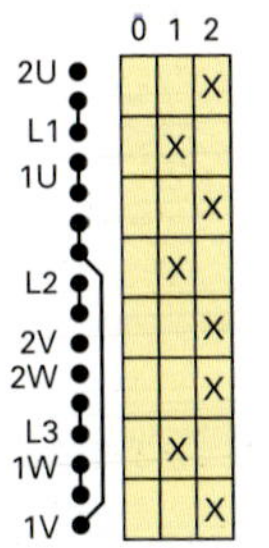

X Schaltglied geschlossen

Schaltglied offen

Optoelektronische Näherungsschalter (Lichtschranken)
Optoelectronic Proximity Switches (Light Barriers)

Arten von Lichtschranken

Prinzip, Name	Wirkungsweise	Vorteile, Nachteile	Anwendungen
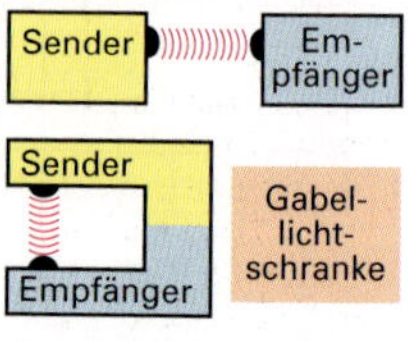 **Einweglichtschranke**	Der Sender strahlt seine IR-Strahlung gebündelt auf den gegenüberliegenden Empfänger. Die Unterbrechung des Strahls löst beim Empfänger den Schaltvorgang aus.	Für große Entfernungen (bis 120 m). Unempfindlich gegen umgebungsbedingte Störeinflüsse. Exakte Ausrichtung erforderlich (Ausnahme: Gabellichtschranke).	Grenztaster, Positionsgeber, Werkzeugbruchkontrolle, Etikettenabtastung, Schaltfahnenerfassung. Fiberoptiken mit Metallmantel sind für Temperaturen bis 290 °C einsetzbar.
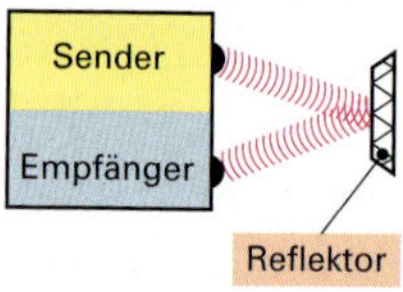 **Reflexionslichtschranke**	Der Sender strahlt die gebündelte IR-Strahlung auf einen Reflektor, z. B. einen Glasreflektor. Dieser wirft den Strahl in die Empfängeroptik zurück. Eine Unterbrechung löst im Empfänger den Schaltvorgang aus.	Für Entfernungen bis 10 m. Sender und Empfänger sind in einem Gehäuse untergebracht. Der Einsatz polarisierten Lichts verhindert Reflexionsverwechslungen.	Siehe Einweglichtschranke. Bevorzugter Einsatz überall dort, wo ein Empfänger schwierig zu montieren ist. Leicht justierbare Reflektoren sind fast überall anzubringen.
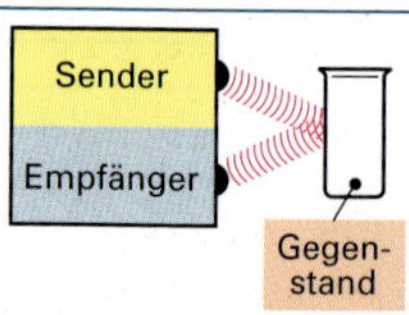 **Reflexionslichttaster**	Der vom Sender ausgesandte IR-Strahl wird von einem Gegenstand auf den Empfänger reflektiert. Um unempfindlich gegen Störlicht zu sein, wird der IR-Strahl mit einer hohen Frequenz gepulst.	Einfache Montagebedingungen, deshalb flexibel in der Anwendung. Sender und Empfänger sind in einem Gehäuse untergebracht. Da jede Oberfläche verschieden reflektiert, ist ein Erkennen verschiedener Oberflächen möglich.	Siehe Einweglichtschranke. Überall dort, wo weder Empfänger noch Reflektoren montiert werden können. In industriellen Fertigungsstraßen mit elektropneumatischen Steuerungen.

Technische Daten bei 20 °C

Art	Einweglichtschranke	Zweiweglichtschranke	Reflexionslichttaster
Betriebsspannung in V DC	12 bis 240	12 bis 240	10 bis 55
Betriebsspannung in V AC	24 bis 240	24 bis 240	20 bis 250
Strombelastbarkeit in mA	250	250	250
Schaltfrequenz in Hz	40 bis 140	70 bis 160	70 bis 160
Reichweite in m	120	5	0,3
Strahlungsquelle	IRED (Infrarot-LED), meist Galliumarsenid für eine Wellenlänge von 850 nm.		
Sendefrequenz	250 kHz, zur Vermeidung von Fremdstrahlungseinfluss.		

Abmessungen, Schaltung eines Reflexionslichttasters, Anwendungsbeispiele

AS

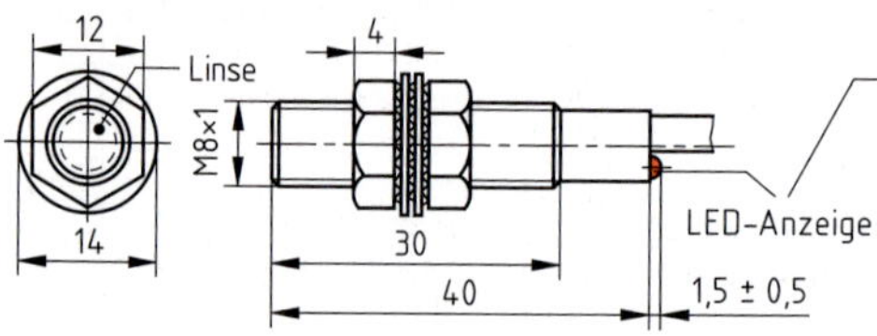

Abmessungen

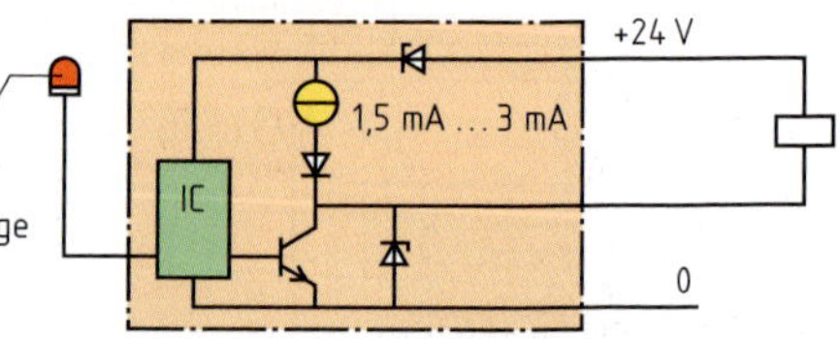

Schaltung

Erkennen von Flaschenverschlüssen

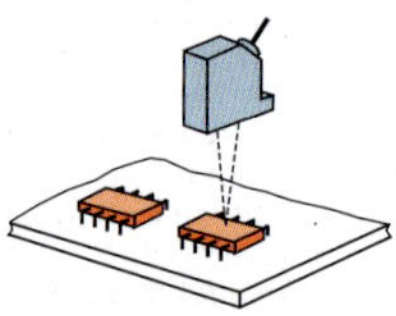

Erkennen von Bauhöhen elektronischer Bauteile

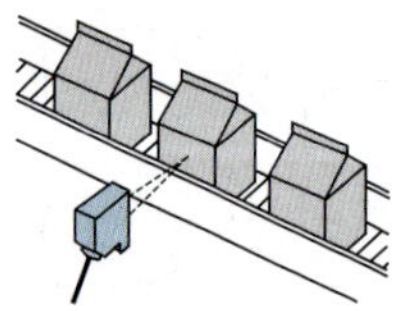

Erkennen von Milchtüten

Näherungsschalter (Sensoren) Proximity Switches (Sensors)

Prinzip, Name, Aufbau	Wirkungsweise	Daten bei 20 °C, Anwendung
Arten von Näherungsschaltern (Sensoren)		
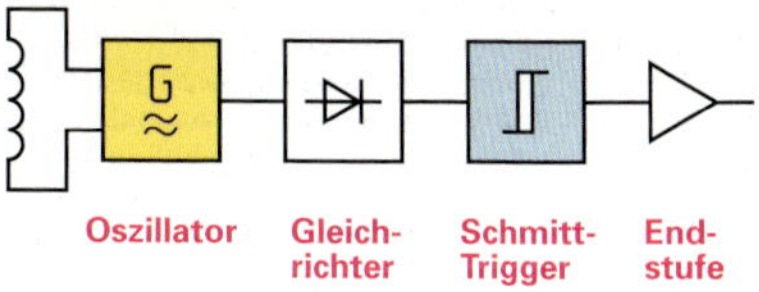 **Induktiver Näherungsschalter**	Der Oszillator mit LC-Schwingkreis erzeugt ein hochfrequentes elektromagnetisches Feld, das an der aktiven Fläche des Sensors austritt. Bei Eintritt von leitfähigem Material in den aktiven Bereich wird der Oszillator bedämpft. Der Schmitt-Trigger schaltet.	Betriebsspannungen DC 10 V… 40 V, AC 20 V…264 V, Strombelastbarkeit bis 500 mA, Reststrom bis 7 mA. Schaltabstand einstellbar: maximal 30 mm (60 mm), Schaltfrequenz bis 1 kHz. Schutzart IP 54 erlaubt Einsatz in Explosionsschutz-Zone 2. Ausgangsfunktion als Schließer oder als Öffner wählbar. Die Sensoren arbeiten berührungslos und deshalb völlig verschleißfrei. Bei metallenen Teilen werden induktive oder kapazitive Sensoren, bei nichtmetallischen Teilen kapazitive Sensoren eingesetzt.
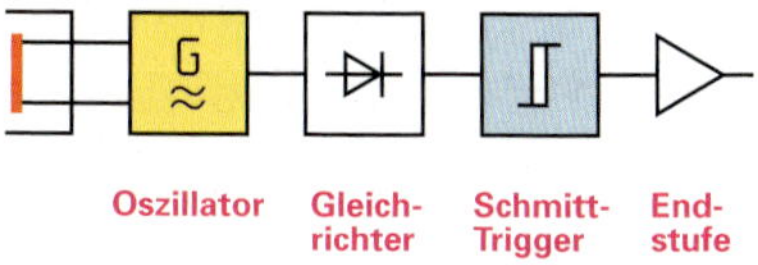 **Kapazitiver Näherungsschalter**	Die Kapazität des Schwingkreises vom Oszillator wird durch Einbringen anderer Medien in den aktiven Bereich verändert. Dies wird zur Steuerung von Schaltvorgängen ausgenützt. Der Bemessungsschaltabstand (z.B. 5 mm) wird meist auf eine Wasseroberfläche bezogen.	
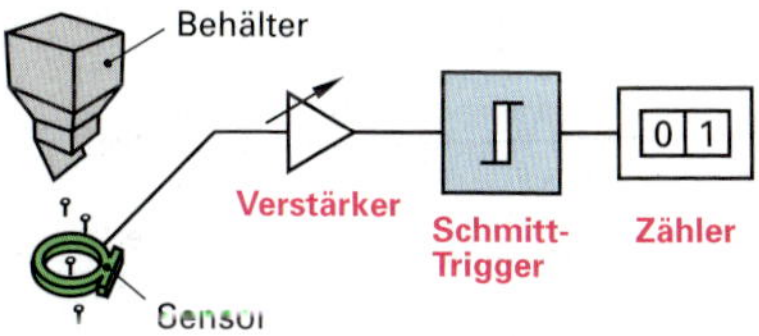 **Ringsensor zur Erkennung durchfallender Teile**	Der Ringsensor ist ein induktiver Näherungsschalter, der schnell fallende Metallteile registriert. Er erfasst Objekte ab 0,3 mm Durchmesser und 1 mm Länge.	Betriebsspannung AC 230 V. Leistungsaufnahme 3 VA max. Empfindlichkeit einstellbar. Ausgang: Transistor DC 40 V, 100 mA Relais AC 250 V, 2 A Schutzart IP 67
Anwendungen bei Überwachungseinrichtungen		
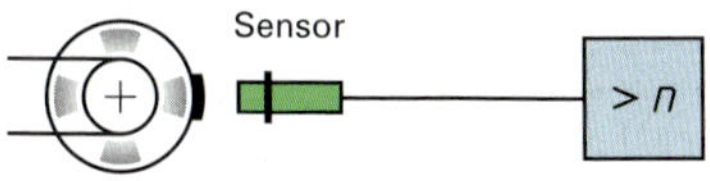 **Drehzahlwächter**	Der Sensor (Drehzahlgeber) arbeitet je nach Einsatzfall mit induktivem oder kapazitivem Abtastprinzip. Bei Durchfahren der aktiven Zone des Sensors wird ein Impuls abgegeben. Die Impulsfolge wird mit der Soll-Drehzahl verglichen.	Einstellbereich 5 bis 5000 Impulse/min. Betriebsspannung AC 230 V, DC 24 V, Stromaufnahme 70 mA, Schaltleistung 1250 VA, Einsatz bei ● Rührwerken und ● Förderanlagen.
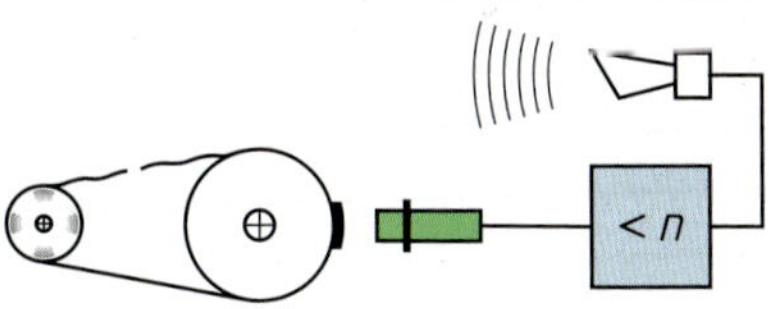 **Stillstandswächter (einstellbare Anlaufüberbrückung)**	Beim Durchfahren der aktiven Zone des Sensors wird ein Impuls abgegeben. Die Impulsfolge wird im Stillstandswächter mit der eingegebenen Impulszahl verglichen. Bei Unterschreitung der Impulszahl spricht über die Endstufe ein Relais an.	Anlaufüberbrückungszeit einstellbar 0 s bis 15 s. Einstellbereich 5 bis 100 Impulse/min. Betriebsspannung AC 230 V, DC 24 V, Stromaufnahme 70 mA, Schaltleistung 1250 VA, Einsatz bei Förderschnecken.
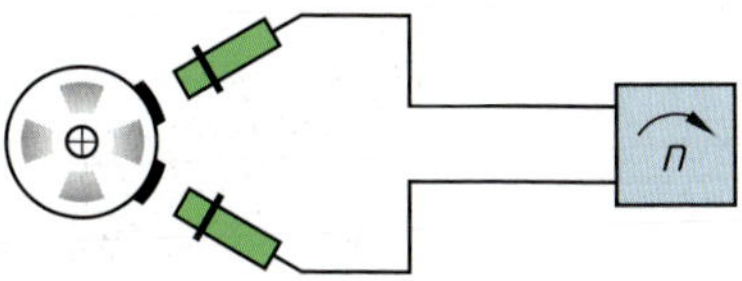 **Drehrichtungsmelder**	Zwei Sensoren geben bei Durchfahren ihrer aktiven Zonen nacheinander einen Impuls ab. Die Impulsfolge wird dem Drehrichtungsmelder zugeführt, der aus der zeitlichen Folge die Drehrichtung bestimmt. Die Endstufe steuert die Relais für die Drehrichtung an.	Betriebsspannung AC 230 V, Schaltleistung 625 VA, Rückstellzeit einstellbar 1 s bis 15 s. Einsatz bei ● Förderbändern, ● Hubeinrichtungen, ● Aufzügen.

AS

Ultraschall-Sensoren Ultrasonic Sensors

Aufbau und Wirkungsweise

Schaltung, Anordnung	Merkmale	Erklärung, Begriffe

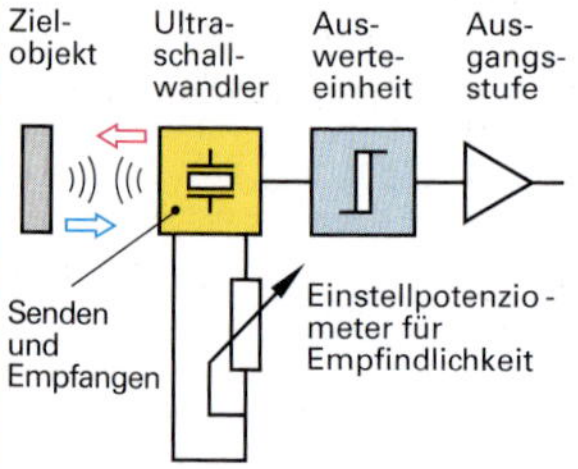

Objekterkennung mit Ultraschallsensoren

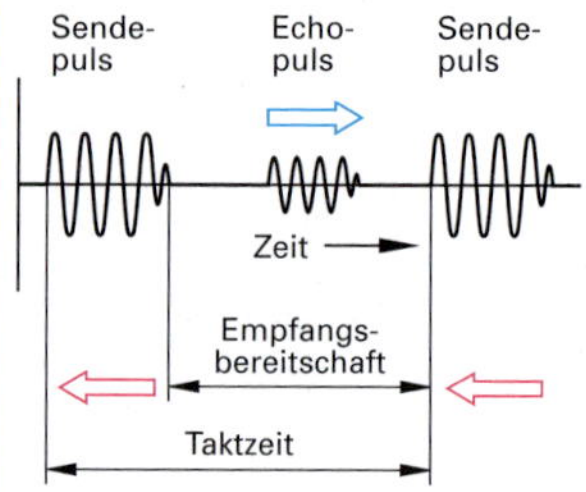

Pulse bei Ultraschallsensoren

Bei angelegter Betriebsspannung wird der Schwingquarz des Schallgebers für kurze Zeit angeregt. Er sendet dadurch Ultraschallwellen aus. Dann wird der Schallgeber auf Empfang umgestellt und die eingehenden Ultraschallimpulse werden ausgewertet. Zuerst prüft die Auswerteeinheit, ob das aufgenommene Signal das Echo der ausgesendeten Ultraschallwellen ist. Fällt diese Prüfung positiv aus, wird die Laufzeit des Schalls als Maß für den Abstand eines Objektes ermittelt.

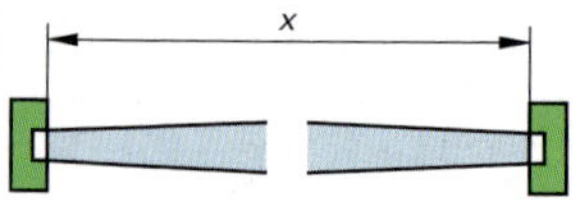

Störbeeinflussung gegenüberliegender Ultraschall-Sensoren

Mindestabstand von Sensoren

Erfassungsbereich	Mindestabstand x in m
bis 0,3 m	> 1,2
0,2 m bis 1 m	> 4,0
0,8 m bis 6 m	> 25,0

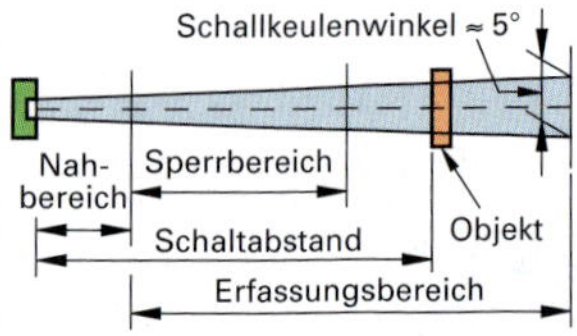

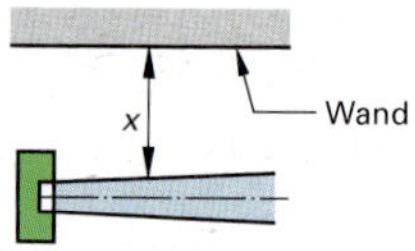

Störbeeinflussung von Ultraschall-Sensoren zu benachbarten Wänden oder Körpern

Mindestabstände zu Wänden

Erfassungsbereich	Mindestabstand x in m
bis 0,3 m	> 0,03
0,2 m bis 1 m	> 0,15
0,8 m bis 4 m	> 0,4

Ein Objekt im Nahbereich kann Fehlsignale hervorrufen, durch die ein Objekt in größerem Schaltabstand vorgetäuscht wird. Deshalb sollte der Nahbereich immer von Objekten freigehalten werden.

Innerhalb des Erfassungsbereiches kann der Näherungsschalter zwischen Objekten im eingestellten Schaltbereich und im davor liegenden Sperrbereich unterscheiden.

Objekte mit größerem Abstand als dem eingestellten Erfassungsbereich werden nicht erfasst.

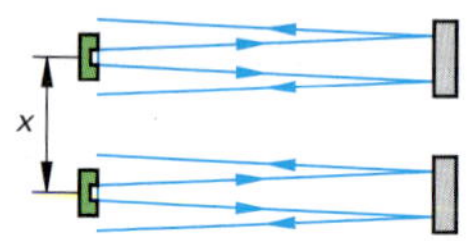

Störbeeinflussung paralleler Ultraschall-Sensoren

Mindestabstände paralleler Sensoren

Erfassungsbereich	Mindestabstand x in m
bis 0,3 m	> 0,15
0,2 m bis 1 m	> 0,6
0,8 m bis 6 m	> 2,5

Daten von Ultraschall-Näherungsschaltern

Bemessungs-Schaltabstand	1000 mm	6000 mm
Nutzschaltabstand	200 mm bis 1000 mm	800 mm bis 6000 mm
Anzahl der Schaltbereiche	1	1
Schaltbereichsbreite (am Schaltabstand)	30 mm	60 mm
Öffnungswinkel der Schallkeule	etwa 5°	etwa 5°
Wandlerfrequenz	200 kHz	80 kHz
Reproduzierbarkeit des Schaltabstandes	± 1,5 mm	± 9 mm
Schalthysterese (Schaltdifferenz zwischen EIN und AUS)	≤ 10 mm	≤ 60 mm
Normmessplatte	20 mm x 20 mm	100 mm x 100 mm
Schaltfrequenz	4 Hz	1 Hz
Ansprechzeit	≤ 100 ms	≤ 240 ms

Bemessungsspannung DC 24 V; Betriebsspannung U_b DC 20 V bis 30 V und ± 10 % Restwelligkeit; Leerlaufstromaufnahme ≤ 40 mA; Dauerstrom 300 mA; maximale Ausgangsspannung $U_a = U_b - 3$ V; Schaltzustandsanzeige mit LED.

AS

Regelungstechnik Automatic Control Engineering

Begriff	Erklärung	Bemerkungen
Abtastregelung	Die Regeleinrichtung ist mit einem Computer verwirklicht. Die Regelgröße wird nur zu den Abtastzeitpunkten mit der Führungsgröße verglichen.	Die Eingangssignale der Regeleinrichtung werden mit Analog-Digitalumsetzern digitalisiert. Das Ausgangssignal wird bei Bedarf von einem Digital-Analogumsetzer bearbeitet.
Festwertregelung	Die Führungsgröße ist auf einen festen Wert eingestellt.	Von der Regeleinrichtung muss nur die Störgröße ausgeregelt werden.
Folgeregelung	Die Regelgröße muss der sich ändernden Führungsgröße angepasst werden.	Zeitgeführte Regelungen sind Folgeregelungen.
Führungsgröße *w*	Ist die Eingangsgröße (der Sollwert) des Regelkreises. Ihr soll die Regelgröße in vorgegebener Abhängigkeit folgen.	Die Führungsgröße wird von der Regelung nicht beeinflusst.
Mehrpunktregelung	Die Stellgröße kann nur endlich viele unterschiedliche Werte annehmen.	Zweipunktregeleinrichtungen oder Dreipunktregeleinrichtungen.
Messeinrichtung	Dient zur Messung der Regelgröße und zur Erzeugung der Rückführgröße.	In ihr werden bei Bedarf Signalumsetzungen durchgeführt.
Regeldifferenz *e*	Ist die Differenz zwischen Führungsgröße und Rückführgröße, $e = w - r$.	Meist sind Rückführgröße und Regelgröße identisch.
Regelglied	Das Regelglied korrigiert den Regelgrößenverlauf.	Die gebräuchlichsten Regelglieder sind P-Glieder, PI-Glieder, PD-Glieder und PID-Glieder.
Regelgröße *x*	Ist die zu beeinflussende Ausgangsgröße des Regelkreises.	Die Regelgröße soll dem Verlauf der Führungsgröße angepasst werden.
Regelkreis	Umfasst Regeleinrichtung, Regelstrecke, Messeinrichtung und Rückführung.	Ein Regelkreis besitzt wegen der Rückführung einen in sich geschlossenen Wirkungsweg.
Regelstrecke	Ist der nach Aufgabe zu beeinflussende Teil einer Anlage.	Regelstrecken werden mit Übertragungsgliedern wie P-Glieder, I-Glieder und Totzeitglieder dargestellt.
Rückführgröße *r*	Ist eine aus der Messung der Regelgröße hervorgegangene Größe.	Die Rückführgröße wird zum Vergleichsglied zurückgeführt.
Stelleinrichtung	Umfasst den Steller und das Stellglied.	Beim Schütz als Stelleinrichtung sind der Schützantrieb der Steller und die Schützkontakte das Stellglied.
Stellgröße *y*	Ist die Eingangsgröße der Regelstrecke.	Die Stellgröße überträgt die steuernde Wirkung auf die Strecke.
Störgröße *z*	Beeinflusst den Verlauf der Regelgröße in unerwünschter Weise.	Die Störgröße kann auch auf die Regeleinrichtung wirken.
Zeitdiskrete Regelung	Eine zeitdiskrete Regelung liegt vor, wenn der Regelgrößenverlauf mit einem Computer geregelt wird.	Die Regelung kann über Mikrocomputer, PC, SPS oder Prozessrechner erfolgen (siehe Abtastregelung).
Zeitkontinuierliche Regelung	Die Regelung des Regelgrößenverlaufs erfolgt zeitlich ununterbrochen z.B. über beschaltete Operationsverstärker.	Im Regelkreis kommen nur analoge Signale vor.

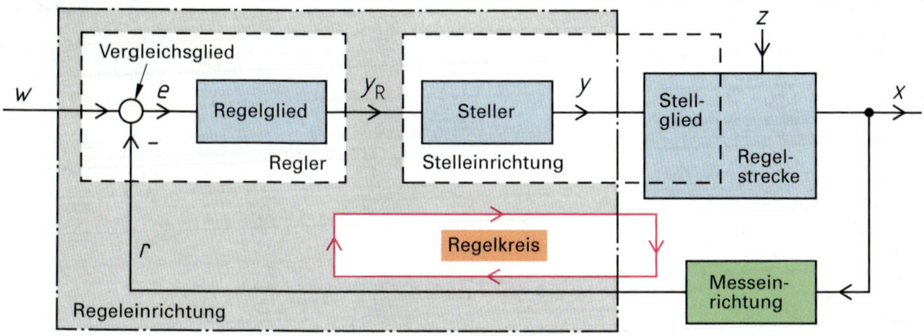

Struktur des Regelkreises

e Regeldifferenz, *r* Rückführgröße, *w* Führungsgröße, *x* Regelgröße, *y* Stellgröße, y_R Reglerausgangsgröße, *z* Störgröße

AS

Unstetige Regelglieder Discontinuous Control Elements

Arten von unstetigen Regelgliedern

Schaltzeichen, Benennung	Verlauf der Reglerausgangsgröße	Regelgrößenverlauf	Bemerkungen
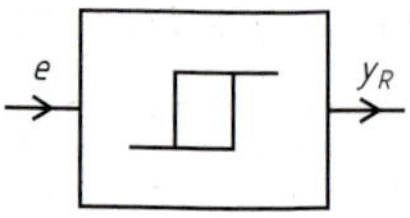 **Zweipunkt-Regelglied**	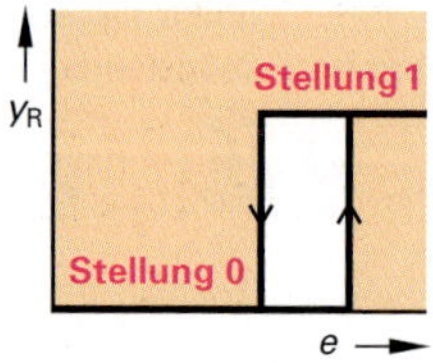	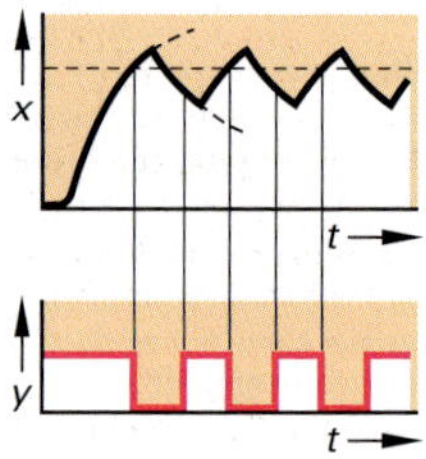	Bei Zweipunktreglern gibt es zwei Stellungen, z.B. EIN und AUS. Solche Regler eignen sich für einfache regelungstechnische Aufgaben, z.B. Thermostatregelung im Bügeleisen. Die Umschaltzeitpunkte der Regelgröße sind außer vom Verlauf der Stellgröße auch vom Trägheitsverhalten (Totzeitverhalten) der Regelstrecke abhängig.
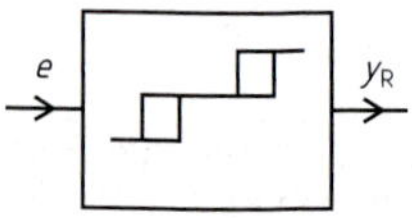 **Dreipunkt-Regelglied**	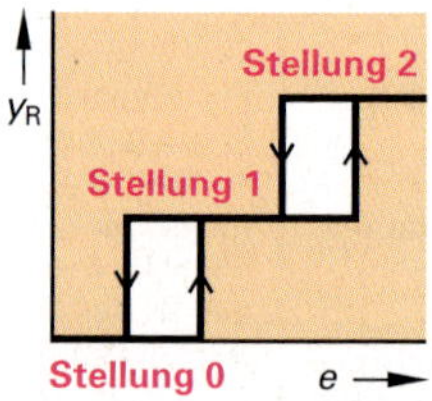	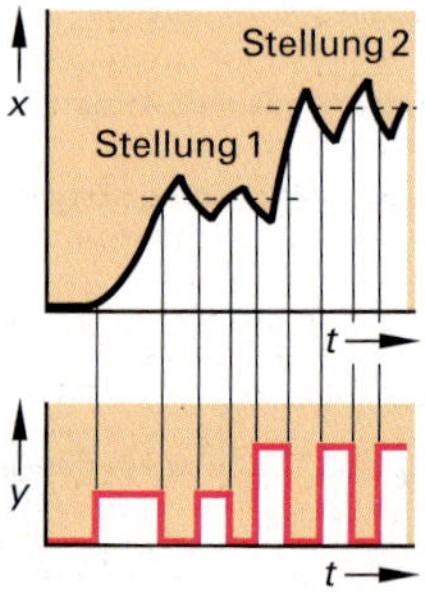	Bei Dreipunktreglern gibt es drei Stellungen. Eine Dreipunktregelung findet z.B. bei einem Glühofen als Regelstrecke Anwendung, bei dem zwei Heizkörper verschiedener Leistung vorkommen. Aus einem Dreipunktregler kann ein Zweipunktregler realisiert werden. Die Umschaltzeitpunkte der Regelgröße sind wie beim Zweipunktregler vom Trägheitsverhalten der Regelstrecke abhängig.

Anwendungen

Beispiel	Bemerkungen
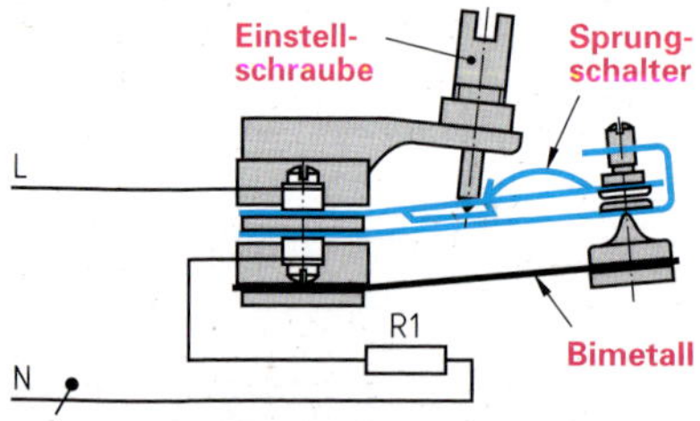 **Temperaturregelung mit Zweipunktregler**	Beim Bügeleisen regelt ein Zweipunktregler die Temperatur. Die *Regelgröße* (Ausgangsgröße) des Systems Bügeleisen ist die Temperatur. Über eine Einstellschraube wird die Temperatur eingestellt, bei deren Erreichen nicht weiter geheizt wird. Der Heizwiderstand R1 in der Bügeleisensohle ist die *Regelstrecke*. Die Eingangsgröße von R1 ist der Strom. Der Strom ist also die Stellgröße. Das Bügeleisen besitzt wegen dem Öffnen und Schließen des Stromkreises eine *Zweipunktregeleinrichtung*. Wird der Strom abgeschaltet, dann steigt die Temperatur noch eine kurze Zeit an (Verzugszeit). Entsprechend träge steigt bei Schließen des Stromkreises die Temperatur.
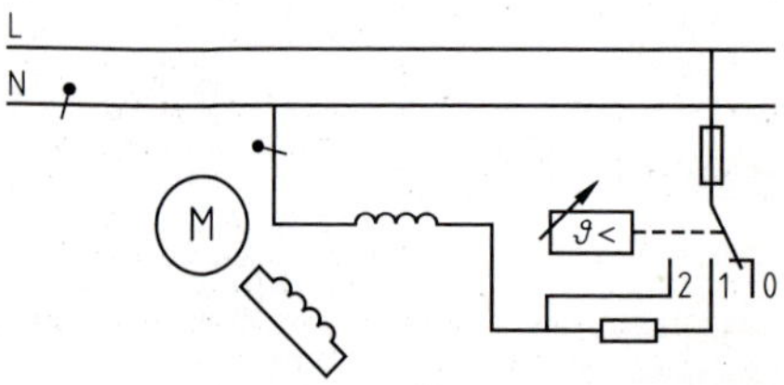 **Drehzahlregelung mit Dreipunktregler**	Die Drehzahl eines Heizgeräteventilators soll mit einem Dreipunktregler in Abhängigkeit der Temperatur geregelt werden. In Schaltstellung 0 steht der Ventilator. In Schaltstellung 1 ist auf kleine Drehzahl und in Schaltstellung 2 auf große Drehzahl eingestellt. Der Temperaturregler schaltet, wenn die Isttemperatur kleiner ist als die eingestellte Schalttemperatur.

e Regeldifferenz, *t* Zeit, *x* Regelgröße, *y* Stellgröße, y_R Reglerausgangsgröße

AS

Stetige Regelglieder Continuous Control Elements

Schaltzeichen, Benennung	Erklärung	Sprungantwort	Bemerkungen beim Einsatz von SIPART
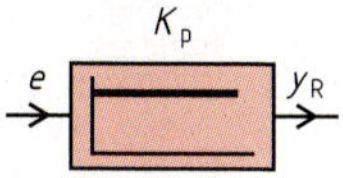 **P-Regelglied**	Der P-Regler besteht aus einem P-Glied (Proportional-Glied). Bei seiner Anwendung in Regelstrecken mit P-Verhalten gibt es eine bleibende Regelabweichung. P-Regler werden bei Regelstrecken mit I-Verhalten verwendet. Die Reglereinstellung erfolgt über den Proportional-Beiwert K_p.	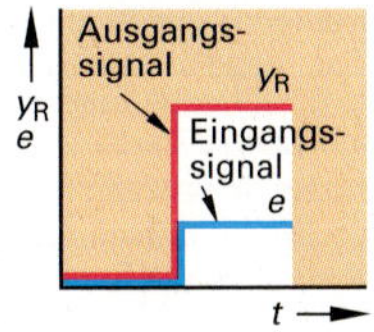	Beim digitalen Universalregler SIPART wird der Sollwert der Regelgröße eingestellt und die Regeldifferenz im Handbetrieb automatisch ausgeregelt. Werkseingestellter K_p (0,1) wird dann im Automatikbetrieb vergrößert, bis Regelkreis zum Schwingen neigt. K_p wieder verringern, bis kein Schwingen vorliegt.
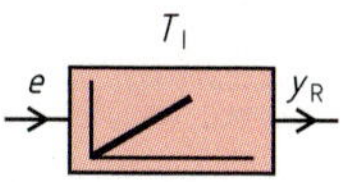 **I-Regelglied**	Der I-Regler besteht aus einem I-Glied (Integrier-Glied). Er regelt langsam und wird bei Regelstrecken mit P-Verhalten eingesetzt. Bei einer Strecke mit I-Verhalten neigt der Regelkreis zur Instabilität. Kenngröße vom I-Regelglied ist die Integrierzeit T_I.	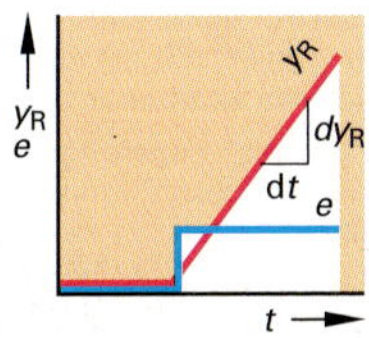	Reine I-Regler kommen in der Praxis kaum vor. Mit SIPART-Reglern kann kein I-Regler realisiert werden. $T_I = 1/K_I$ K_I Integrations-Beiwert
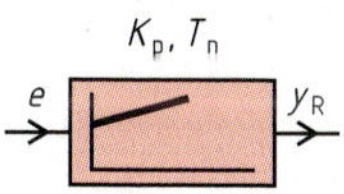 **PI-Regelglied**	Der PI-Regler besteht aus einer Parallelschaltung von P-Glied und I-Glied. Die Regeldifferenz wird schnell und vollständig ausgeregelt. Die Reglereinstellung erfolgt über den Proportional-Beiwert K_p und die Nachstellzeit T_n.	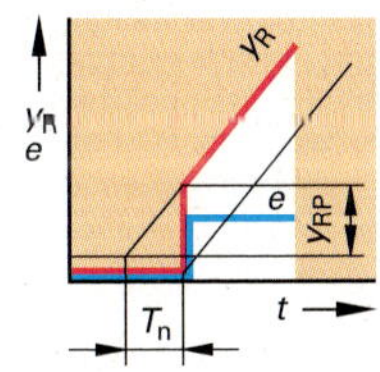	Zunächst gleiches Vorgehen wie beim P-Regelglied bis kein Schwingen mehr vorliegt. Werkseingestelltes T_n (9984 s) so lange verringen, bis Regelkreis zu schwingen beginnt. Dann T_n leicht erhöhen, bis kein Schwingen mehr vorliegt.
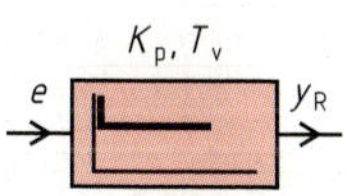 **PD-Regelglied**	Der PD-Regler besteht aus einer Parallelschaltung von P-Glied und D-Glied (Differenzier-Glied). Er wird bei Regelstrecken mit I-Verhalten angewendet. Die Regeldifferenz wird schnell und vollständig ausgeregelt. Vorhalteverstärkung V_v und Vorhaltezeit T_v bestimmen den D-Anteil.	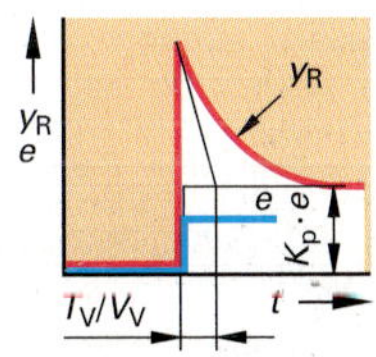	Zunächst gleiches Vorgehen wie bei P-Regelglied. Durch Vergrößern von K_P dann Schwingungsneigung erzeugen, mit Vergrößern von T_v (1s) Schwingen beseitigen. Diesen Vorgang wiederholen, bis Schwingungen nicht mehr beseitigbar sind.
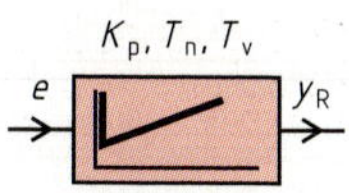 **PID-Regelglied**	Der PID-Regler besteht aus einer Parallelschaltung von P-Glied, I-Glied und D-Glied. Die Regeldifferenz wird bei gleicher Dämpfung schneller ausgeregelt oder bei gleicher Schnelligkeit besser gedämpft als beim PI-Regler.	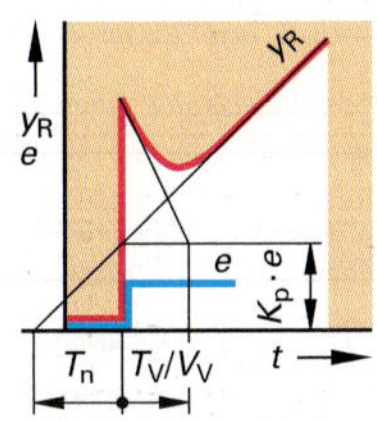	Zunächst gleiches Vorgehen wie bei PD-Regelglied. Liegt nach dem Einstellen von K_P und T_v kein Schwingen vor, wird durch Verringern vom werkseingestellten T_n Schwingungsneigung erzeugt. T_n dann ein wenig vergrößern, bis kein Schwingen mehr vorliegt.

Bei Kenntnis des Verhaltens der Regelstrecke können die Regelparameter auch nach Einstellrichtlinien (siehe nachfolgende Seiten) eingestellt werden. SIPART: www.siemens.com, siehe auch folgende Seite.

dt	Zeitänderung	e	Regeldifferenz	T_I	Integrierzeit	V_v	Vorhalteverstärkung
dy_R	Reglerausgangsgrößenänderung	K_p	Proportional Beiwert	T_n	Nachstellzeit	y_R	Reglerausgangsgröße
		t	Zeit	T_v	Vorhaltezeit	y_{RP} y_R	vom P-Anteil

Digitale Regelung Automatic Digital Control

Merkmal	Erklärung	Darstellungen, Bemerkungen
Computergestützte Regelung	Bei der computergestützten Regelung ist ein Computer, z. B. ein PC, die Regeleinrichtung. Der Computer muss mit entsprechenden Boards (Steckkarten) für die Signaleingabe und Signalausgabe ausgestattet sein. Das Regelungsprogramm ist im Computer mittels CD-Eingabe oder über entsprechende Speicherchips installiert. In den Computer sind der Sollwert der Regelgröße sowie, über einen Sensor erfasst, der Istwert der Regelgröße (Prozessgröße), z. B. ein Temperaturwert, einzugeben.	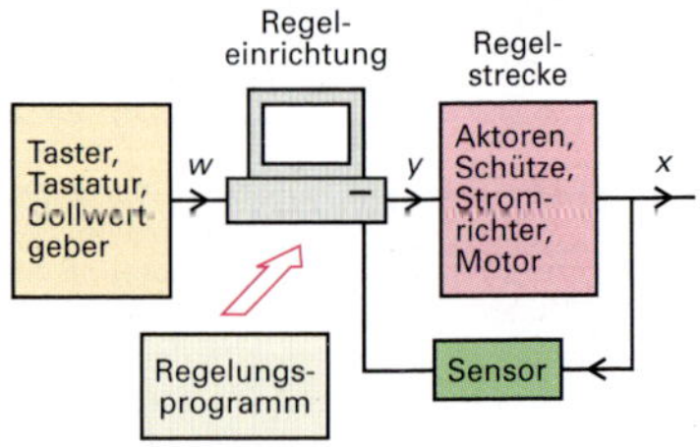 **Regelkreis mit PC**
Digitalisierung	Die meist analogen Prozessgrößen werden von einem Analog-Digital-Umsetzer (ADU) der Datenerfassungskarte des PC digitalisiert. Die Digitalsignale werden dann vom PC mittels des installierten Regelungsprogrammes bearbeitet. Die Ergebniswerte des Regelungsprogrammes stellen das digitale Ausgangssignal des Computers dar. Dieses ist bei Bedarf vor seiner Weitergabe an eine entsprechende Stelleinrichtung mit einem Digital-Analog-Umsetzer (DAU) in ein analoges Signal umzuwandeln.	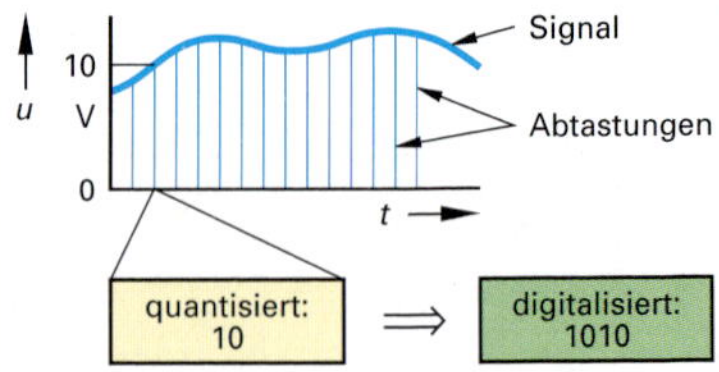 **Abtastung und Quantisierung**
Digitale Regelungsfunktionen	Digitale Regler besitzen meist mehrere Funktionen: ● Handregelung, automatische Regelung, ● Festwertregelung, Folgeregelung, ● Zweipunktregelung, Dreipunktregelung, ● P-Regelung, PI-Regelung, PD-Regelung, PID-Regelung. Neben Regelungsaufgaben können auch Steuerungsaufgaben bewältigt werden.	Mit einem digitalen Regler können meist mehrere Regelkreise unabhängig voneinander betrieben werden. Die Regelparameter für eine optimale Regelung der Anlage sind meist nicht bekannt. Die Werkseinstellungen der Regelparameter sorgen für einen stabilen Regelkreis. Die Optimierung der Regelparameter erfolgt durch empirisches Vorgehen (vorhergehende Seite).
Universalregler SIPART	SIPART besteht aus einem Grundgerät mit Bedienfeld, analogen und binären Eingängen und Ausgängen, in welches rückseitig Steckkarten für DAU, ADU, weitere Eingänge und Ausgänge (analog, digital), Schnittstellen für RS232 oder Profibus gesteckt werden können. Die Bedienung erfolgt über eine Folientastatur mit Schutzart IP64. 1 Anzeige Regelgröße, 2 Anzeige Regelgrößen-Sollwert, 3 Taste für Sollwertänderung, 4 Anzeige Stellgröße (daneben Tasten für Stellgrößen). www.siemens.com	**Bedienfeld des Universalreglers SIPART** 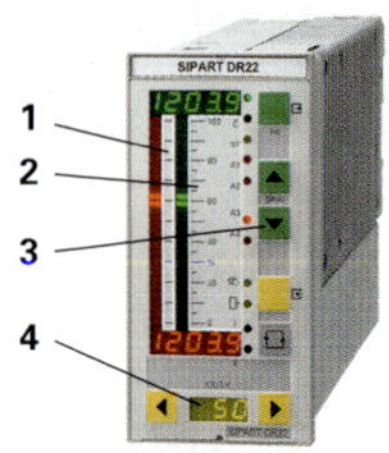
Einstellung	Mit drei Bedienebenen erfolgt das Einstellen des Reglers. In der Auswahlebene wird eine Parameterliste ausgewählt, deren Parameter in der Konfigurierebene geändert und aktiviert werden können. Es gibt Listen für Parameter des Online-Betriebs, des Offline-Betriebs, von Zeitprogramm-Reglern sowie der Strukturschalter. Mit Strukturschaltern (menügeführter Dialog) werden die Funktion und Struktur des Reglers, z. B. Festwertregler, Folgeregler, Zweipunktregler, P-Regler und Ansprechschwellen, einschließlich der Art der Eingangssignale und Ausgangssignale, festgelegt. In der Liste für die Parameter des Online-Betriebs sind z. B. enthalten die Reglerparameter für den Proportional-Beiwert K_P, die Nachstellzeit T_n, die Vorhaltezeit T_v und die Vorhalteverstärkung V_v. In der Konfigurierebene werden den jeweiligen Parametern der ausgewählten Liste ihre Werte manuell zugewiesen.	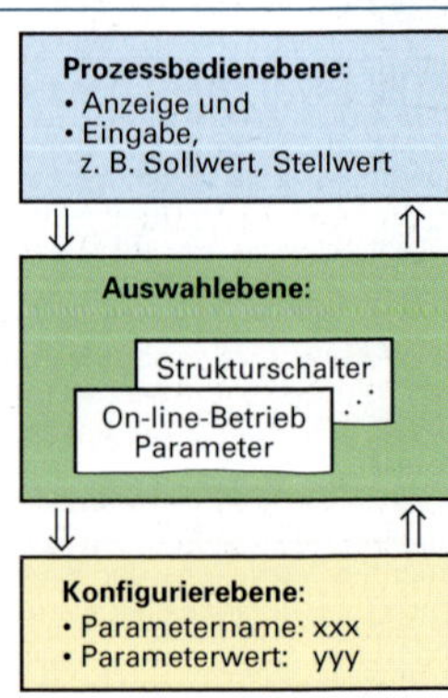 **Bedienebenen des digitalen Reglers SIPART**

AS

Einstellung von Regelkreisen 1 Setting of Control Loops 1

Reglerwerte und Einstellkennwerte für Regelstrecken höherer Ordnung

Reglertyp	Einstellbereich	Einstellkennwerte für Regelstrecken
P-Regler	Proportionalbereich $X_{p\%} = 1\%$ bis 30% $K_p = \frac{100\%}{X_{p\%}} = 100$ bis $3{,}3$	$K_p \approx 0{,}3 \frac{T}{T_t \cdot K_s}$ bis $0{,}7 \frac{T}{T_t \cdot K_s}$
PI-Regler	Proportionalbereich $X_{p\%} = 2\%$ bis 40% $K_p = 50$ bis $2{,}5$ Nachstellzeit $T_n = 2$ s bis 150 s oder 0,5 min bis 30 min	$K_p \approx 0{,}3 \frac{T}{T_t \cdot K_s}$ bis $0{,}7 \frac{T}{T_t \cdot K_s}$ $T_n \approx 1\,T$ bis $4\,T$ $T = T_t + T_n$
PID-Regler	Proportionalbereich $X_{p\%} = 2\%$ bis 40% $K_p = 50$ bis $2{,}5$ Nachstellzeit $T_n = 2$ s bis 150 s oder 0,5 min bis 30 min Vorhaltezeit $T_v = 0{,}5$ s bis 30 s oder 0,1 min bis 5 min	$K_p \approx 0{,}6 \frac{T}{T_t \cdot K_s}$ bis $1{,}2 \frac{T}{T_t \cdot K_s}$ $T_n \approx 1\,T$ bis $2\,T$ $T_v \approx 0{,}4\,T_t$ bis $0{,}5\,T_t$

Einzustellende Parameter für die wichtigsten verfahrenstechnischen Regelgrößen

Reglertyp	Regelgröße	K_p	$X_{p\%}$	T_n	T_v
PID	Temperatur	10 bis 2	10% bis 50%	1 min bis 20 min	0,2 min bis 3 min
PI	Druck	10 bis 3	10% bis 30%	10 s bis 60 s	
PI	Durchfluss	1 bis 0,5	100% bis 200%	10 s bis 30 s	–
PID	Analyse	0,5 bis 0,2	200% bis 500%	10 min bis 20 min	2 min bis 5 min
P	Niveau	20 bis 1	5% bis 100%	–	–
PI	Niveau	20 bis 2	5% bis 50%	1 min bis 20 min	–

Kennwerte von Regelstrecken

Regelgröße	Regelstrecke (Beispiele)	T_t bzw. T_u	T_s bzw. T_g	$K_{is} \cdot y_h$
Temperatur	Kleiner, elektrisch beheizter Ofen	0,5 min bis 1 min	5 min bis 15 min	1 K/s
	Großer, elektrisch beheizter Ofen	1 min bis 5 min	10 min bis 60 min	0,3 K/s
	Destillationskolonne	1 min bis 7 min	40 min bis 60 min	0,1 bis 0,5 K/s
	Dampfüberhitzer	30 s bis 2,5 min	1 min bis 4 min	2 K/s
	Raumheizung	1 min bis 5 min	10 min bis 60 min	1 K/min
	Großer, gasbeheizter Glühofen	0,2 min bis 5 min	3 min bis 60 min	–
	Autoklav (2,5 m^3)	0,5 min bis 0,7 min	10 min bis 20 min	–
	Hochdruckautoklav (1000 °C, 40 bar)	12 min bis 15 min	200 min bis 230 min	–
Druck	Gasrohrleitung	0	0,1 s	–
	Trommelkessel mit Ölfeuerung	0	150 s	–
Drehzahl	Kleiner elektrischer Antrieb	0	0,2 s bis 10 s	–
	Großer elektrischer Antrieb	0	5 s bis 40 s	–
Elektrische Spannung	Kleine Generatoren	0	1 s bis 5 s	–
	Große Generatoren	0	5 s bis 10 s	
Niveau	Trommelkessel	0,6 s bis 1 s	–	0,1 cm/s bis 0,3 cm/s
Durchfluss	Rohrleitung (Gas)	0 s bis 5 s	0,2 s bis 10 s	–
	Rohrleitung (Flüssigkeit)	0	0	–

K_p Proportionalbeiwert des Reglers

K_{pkrit} (K_{ps}) Kritischer Proportionalbeiwert, bei der die Regelgröße ungedämpft schwingt

K_s Übertragungsbeiwert einer Regelstrecke mit Ausgleich

K_{is} Übertragungsbeiwert einer Regelstrecke ohne Ausgleich

Q Ausgleichswert der Strecke

T_n Nachstellzeit des I-Reglers

T_v Vorhaltezeit des D-Reglers

T_g Ausgleichszeit der Strecke

T_s Zeitkonstante der Strecke

T_t Totzeit der Strecke

T_u Verzugszeit der Strecke

T_{krit} Schwingungszeit des instabilen Regelkreises

T Verzögerungszeit der Strecke, Regelbereich des P-Reglers

X_{pkrit} (X_{ps}) Regelbereich des P-Reglers, bei dem der Regelkreis gerade instabil wird

$X_{p\%}$ Prozentualer Regelbereich (Skalenbereich)

X_R Reglereingangsgröße

y_h größter Stellbereich der Stellgröße

Einstellung von Regelkreisen 2 Setting of Control Loops 2

Einstellregeln (nach Ziegler und Nichols) und Einstelldaten aus der Sprungantwort

Reglertyp	Einstellregeln	Einstelldaten aus der Sprungantwort
P	$K_p = \frac{T_s}{K_s \cdot T_t}$	$X_p = 1$ bis $1{,}5 \cdot X_R$
PI	$K_p = 0{,}9 \cdot \frac{T_s}{K_s \cdot T_t}$, $T_n = 3{,}3 \cdot T_t$	$X_p = 1{,}1 \cdot X_R$, $T_n = 2{,}5$ bis $3{,}5\,(T_t + T_u)$
PID	$K_p = 1{,}2 \cdot \frac{T_s}{K_s \cdot T_t}$, $T_n = 2 \cdot T_t$, $T_v = 0{,}5 \cdot T_t$	$X_p = 0{,}8 \cdot X_R$, $T_n = 2 \cdot (T_t + T_u)$, $T_v = 0{,}5\,(T_t + T_u)$

Reglereinstellung nach der Stabilitätsgrenze (Verfahren nach Ziegler und Nichols)

Reglertyp	kritische Einstellwerte	kritische Reglerbereiche
P	$K_p = 0{,}5 \cdot K_{pkrit}$	$X_{p\%} \approx 2 \cdot X_{pkrit\%}$
PI	$K_p = 0{,}45 \cdot K_{pkrit}$, $T_n = 0{,}83 \cdot T_{krit}$	$X_{p\%} \approx 2{,}2 \cdot X_{pkrit\%}$, $T_n \approx 0{,}85 \cdot T_{krit}$
PID	$K_p = 0{,}6 \cdot K_{pkrit}$, $T_n = 0{,}5 \cdot T_{krit}$, $T_v = 0{,}125 \cdot T_{krit}$	$X_{p\%} \approx 1{,}7 \cdot X_{pkrit\%}$, $T_n \approx 0{,}5 \cdot T_{krit}$, $T_v \approx 0{,}12 \cdot T_{krit}$

Liegen die Daten der Strecke nicht vor, so lässt sich die optimale Reglereinstellung auf folgendem Weg finden: Man betreibt den Regler als reinen P-Regler ($T_n \to \infty$, $T_v = 0$) und wählt den Übertragungsbeiwert K_p so klein, dass der Regelkreis stabil ist. Anschließend wird K_p so lange vergrößert, bis im Regelkreis Dauerschwingungen einsetzen und der Regelkreis instabil, d.h. kritisch wird. Die kritischen Daten werden zur Einstellung verwendet.

Zeitverhalten von Regelstrecken

Sprungantwort-Verfahren

Beim Sprungantwort-Verfahren wird die Übergangsfunktion experimentell ermittelt.

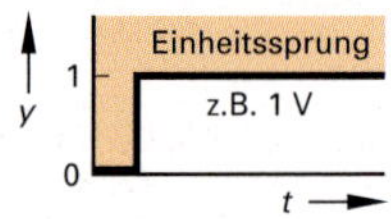

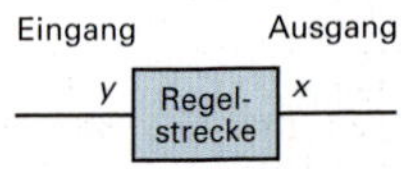

Bezeichnung Kenngrößen	Stell-Sprungantwort	Beispiel	Übergangsverhalten
Regelstrecke ohne Verzögerung P_0-Strecke $K_{ps} = \frac{x}{y}$	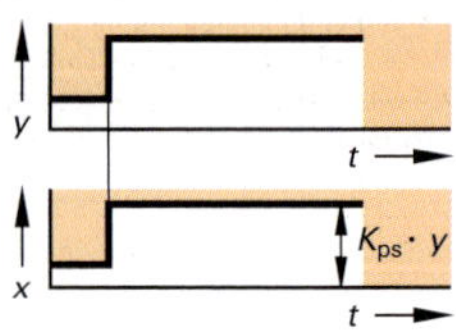	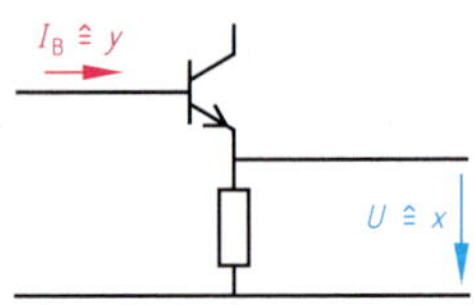	x folgt proportional unverzögert der Eingangsgröße y.
Regelstrecke 1. Ordnung PT_1-Strecke $K_{ps} = \frac{x_\infty}{y}$	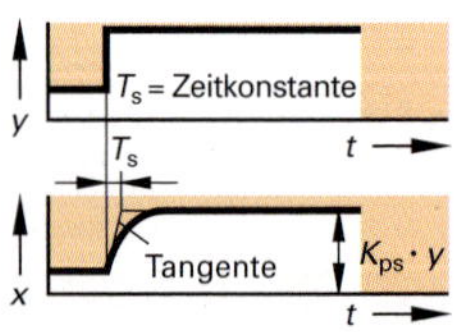	RC-Glied 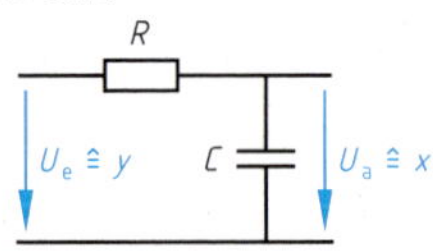	x folgt proportional der Eingangsgröße, aber bei Änderungen verzögert nach einer e-Funktion.
Regelstrecke mit Totzeit PT_t-Strecke $K_{ps} = \frac{x}{y}$	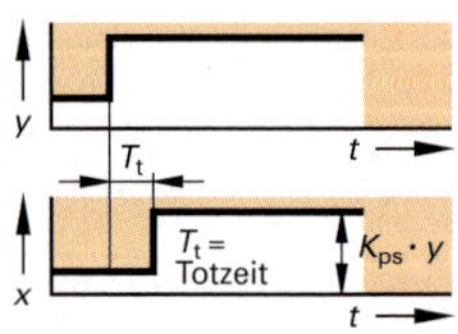	Mischung zweier Flüssigkeiten 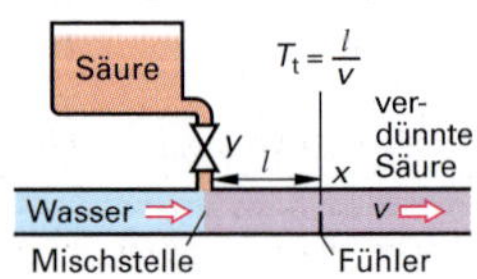	x folgt proportional der Eingangsgröße y, jedoch um die Zeit T_t verzögert.

Für Regelstrecken ohne Ausgleich sind statt K_s der Ausdruck K_{is} und statt $\frac{T_u}{K_g}$ der Ausdruck T_u einzusetzen.

l Länge, *v* Strömungsgeschwindigkeit, I_B Basisstrom, U_e Eingangsspannung, U_a Ausgangsspannung, x_∞ Reglerausgangsgröße nach Einschwingvorgang, sonstige Erklärung der Formelzeichen siehe vorhergehende Seite.

AS

Betriebsarten und Grenzübertemperaturen
Operating Modes and Temperature Rise Limits

Betriebsarten S1 bis S9

Betriebsart	Leistung, Temperatur	Betriebsbedingungen, Bemerkungen, Anwendungen
Dauerbetrieb **S1**	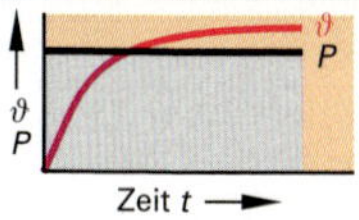	Unter Bemessungslast wird eine gleichbleibende Temperatur erreicht, die auch bei längerem Betrieb nicht mehr ansteigt. Das Betriebsmittel kann pausenlos unter Bemessungslast arbeiten, ohne dass die zulässige Temperatur überschritten wird. Beispiel: Antriebsmotor für Wasserwerkspumpe.
Kurzzeitbetrieb **S2**	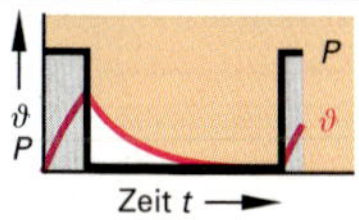	Die Betriebsdauer unter Bemessungslast ist kurz im Vergleich zur Pause. Genormte Betriebsdauern 10 min, 30 min, 90 min. Diese Zeit kann das Betriebsmittel unter Bemessungslast arbeiten, ohne dass die zulässige Temperatur überschritten wird. Beispiel: Antriebsmotor für Garagentor.
Aussetzbetriebe[1] **S3, S4, S5**	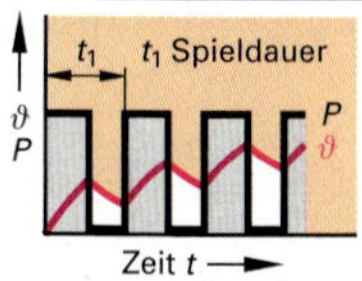	Betriebsdauer unter Bemessungslast und die folgende Pause sind kurz. Das Betriebsmittel kann unter Bemessungslast nur während der angegebenen ED (Einschaltdauer) in % der Spieldauer arbeiten. Genormte ED: 15%, 25%, 40%, 60%. Die Spieldauer beträgt 10 min, wenn nicht anders angegeben. Beispiele: Hebezeugmotor (S3), Antriebsmotor für Schalttisch (S4), Antriebsmotor für Positionierung (S5).
Ununterbrochener periodischer Betrieb mit Aussetzbelastung **S6**	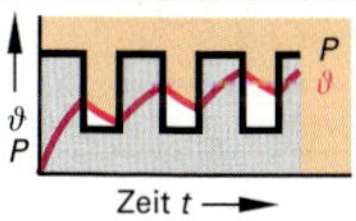	Diese Betriebsart entspricht S3, jedoch bleibt in den Belastungspausen das Betriebsmittel eingeschaltet, arbeitet also im Leerlauf. Einschaltdauer und Spieldauer werden wie bei S3 angegeben. Beispiel: Bohrmaschine (sofern leer durchlaufend).
Ununterbrochener periodischer Betrieb mit elektrischer Bremsung **S7**	Die Maschine läuft an, wird belastet und danach elektrisch gebremst, z. B. durch Einspeisen von Gleichstrom. Anschließend läuft sie sofort wieder hoch. Die Maschine kann in dieser Weise pausenlos arbeiten, wenn die angegebenen Trägheitsmomente J_M des Motors und J_{ext} der Last sowie die Spieldauer nicht überschritten werden. Wenn keine Spieldauer angegeben ist, so beträgt sie 10 min. Beispiel: Antriebsmotor für Fertigungseinrichtung.	
Ununterbrochener periodischer Betrieb mit Drehzahländerung **S8**	Die Maschine läuft dauernd unter wechselnder Last und mit häufig wechselnder Drehzahl. Die Maschine kann in dieser Weise pausenlos arbeiten, wenn für jede Drehzahl die angegebenen Werte nicht überschritten werden (Trägheitsmomente J_M und J_{ext}, Spieldauer, wenn von 10 min abweichend, Bemessungsleistungen und Einschaltdauer. Beim Trägheitsmoment von 1 kg · m² liegt ein Verhalten gegen Beschleunigung wie bei einer Masse von 1 kg im Abstand von 1 m von der Drehachse vor). Beispiel: Aufzugsmotor.	
Ununterbrochener Betrieb mit nichtperiodischer Last- und Drehzahländerung **S9**	Ein Betrieb, bei dem sich Last und Drehzahl innerhalb des Betriebsbereiches nichtperiodisch ändern. Dabei treten Lastspitzen auf, die weit über der Bemessungsleistung liegen können. Beispiel: Motor für Presse.	

[1] Bei S3 ist der Anlaufstrom für die Erwärmung unerheblich. Bei S4 ist der Anlaufstrom für die Erwärmung erheblich. Bei S5 erwärmt zusätzlich der Bremsstrom die Maschine. Bei S4 und S5 sind zusätzlich zur Einschaltdauer ED das Trägheitsmoment J_M des Motors und das externe (äußere) Trägheitsmoment J_{ext} der Last angegeben.

Grenzübertemperaturen in K (Kelvin)

Thermische Klasse/Isolierstoffklasse	105/A	120/E	130/B	155/F	180/H
1. Einlagige Feldwicklungen	65	80	90	110	135
2. Sonstige Wicklungen	60	75	80	105	125
3. Stromwender, Schleifringe	60	70	80	90	100
4. Sonstige Teile in Berührung mit Wicklungen	60	75	80	100	125

Übersteigt die Eintrittstemperatur des gasförmigen Kühlmittels, z. B. Luft, 40 °C oder von Wasser 25 °C, so ist die höchstzulässige Übertemperatur im gleichen Umfang zu verringern.

Bei Betrieb in 1000 m bis 4000 m über Meeresspiegel sind die zulässigen Übertemperaturen kleiner.

Bei Maschinen: Um 1% je 100 m Höhenzunahme über 1000 m.

Bei Transformatoren mit Selbstkühlung (S): Öltransformatoren um 2%, Trockentransformatoren um 2,5%/100 m,
mit Fremdlüftung (F): Öltransformatoren um 3%, Trockentransformatoren um 5% je 500 m Höhenzunahme über 1000 m.

Isolierstoffklassen, Bemessungsleistungen
Standard Insulation Classes, Rated Powers

Temperaturbeständigkeitsklassen von Isolierstoffen

vgl. EN 60085

Thermische Klasse, Isolierstoffklasse	Höchstzulässige Dauertemperatur in °C	Isolierstoffe (Beispiele)	Zulässige Übertemperatur bei Wicklungen in K	
			mit Widerstandsmessung gemessen	mit Temperaturfühlern gemessen
90 Y	< 105	Organische Faserstoffe (Baumwolle, Seide, Papier), Polyvinylchlorid, Polystyrol	50	55
105 A	< 120	Organische Faserstoffe, getränkt Abgewandelte Öllacke für Drähte Zelluloseacetatfolien, Polyester-Harze, synthetischer Gummi	60	65
120 E	< 130	Hartpapier, Hartgewebe, ausgehärtete Pressmassen (Phenol-, Melamin-, Polyester-, Epoxid-Harze), Kunstharzlacke Elektropressspan in Verbindung mit Folien Kl. E Triacetatfolien, Spritzgussmassen aus Polyamid	75	–
130 B	< 155	Glas, Glimmer mit Bindemitteln der Klasse E, Kunstharzlacke der Klasse B, getränkt Polycarbonatfolien, Spritzgussmassen aus Polycarbonat, getränkt	80	85
155 F	< 180	Glas, Glimmer mit abgewandelten Silikonharzen, Terephthalsäureesterlacke, getränkt	105	110
180 H	< 200	Glas, Glimmer mit Silikonharzen, Silikon-Kautschuk, aromatische Polyamide, getränkt	125	130
C	< 220	Glas, Glimmer, Keramik, Quarz, Polyimide, Polytetrafluorethylen, getränkt	begrenzt durch Einfluss auf benachbarte Isolierung	

Umlaufende elektrische Maschinen, Bemessungsleistungen bei Dauerbetrieb

Leistungsabgabe (Bem.leistung)	Ströme in A bei Motoren mit voller Belastung bei cos φ = 0,8									
	Drehstrommotoren					Einphasenmotoren		Gleichstrommotoren		
	Ständerstrom in A		Läuferspannung und -strom beim Schleifringläufer		bei η	230 V	bei η	220 V	440 V	bei η
kW	400-V-Netz	230-V-Netz	V	A						
0,06	0,3	0,5			0,4	1,1	0,3	0,7	0,4	0,4
0,09	0,4	0,7			0,4	1,6	0,3	1,0	0,5	0,4
0,12	0,5	0,8			0,5	1,7	0,4	1,1	0,6	0,5
0,18	0,7	1,1			0,5	2,4	0,4	1,6	0,8	0,5
0,25	0,8	1,3			0,6	2,7	0,5	1,9	1,0	0,6
0,37	1,2	1,9	49	5	0,6	4,0	0,5	2,8	1,4	0,6
0,55	1,7	2,9	53	7	0,6	6,0	0,5	3,6	1,8	0,7
0,75	2,0	3,4	57	10	0,7	6,8	0,6	4,9	2,4	0,7
1,1	2,5	4,3	65	12	0,8	10	0,6	6,3	3,1	0,8
1,5	3,4	5,9	80	14	0,8	14	0,6	8,6	4,3	0,8
2,2	5,0	8,6	82	19	0,8	17	0,7	12	6,3	0,8
3	6,8	12,0	100	21	0,8	23	0,7	17	8,5	0,8
4	9,0	10,7	114	23	0,8	31	0,7	23	11	0,8
5,5	12,4	22	145	26	0,8	37	0,8	31	16	0,8
7,5	16,9	29	160	32	0,8	51	0,8	42	21	0,8
11	24	500-V-Netz	184	40	0,8	78	0,8	59	29	0,85
15	30	24	220	44	0,9	106	0,8	80	40	0,85
18,5	37	30	240	47	0,9			99	49	0,85
22	44	35	270	52	0,9	Drehstrommotoren 3000-V-Netz	bei η	118	59	0,85
30	60	48	310	59	0,9			160	80	0,85
37	74	59	350	65	0,9	10	0,9	198	99	0,85
45	90	72	390	70	0,9	12	0,9	241	120	0,85
55	110	88	430	78	0,9	15	0,9	294	147	0,85
75	150	120	470	97	0,9	20	0,9	401	200	0,85
90	180	144	500	110	0,9	24	0,9	481	240	0,85
110	221	176	530	126	0,9	29	0,9	589	245	0,9
132	265	211	560	143	0,9	35	0,9	666	333	0,9
160	321	255	600	162	0,9	42	0,9	808	404	0,9

AS

Betriebsdaten von Käfigläufermotoren Operating Data of Squirrel Cage Motors

Größe	P_N in kW	n_N in 1/min	I_N in A	M_N in Nm	η in %	$\cos\varphi$	I_A/I_N	M_A/M_N	m in kg
Drehstrommotoren bei 50 Hz / 400 V, nicht polumschaltbar									
Drehfelddrehzahl n_s = 3000/min									
56	0,12	2760	0,4	0,42	55	0,80	4,5	2,0	3,5
63	0,25	2765	0,7	0,86	65	0,81	4,5	2,3	4,0
71	0,55	2800	1,3	1,88	70	0,85	4,9	2,3	6,5
80	1,1	2850	2,4	3,69	77	0,85	5,2	2,4	8,1
90S	1,5	2860	3,2	5,0	82	0,82	6,2	2,5	12,9
90L	2,2	2860	4,6	7,3	82	0,85	6,8	2,8	14,8
100L	3	2895	6,1	9,9	83	0,85	7,2	2,4	21
112M	4	2895	7,8	13	84	0,88	7,6	2,4	25
132S	5,5	2925	10,6	18	85	0,88	7,0	2,2	43
132M	7,5	2925	14,3	24	86	0,88	7,5	2,4	50
160M	15	2935	29	49	90	0,84	7,1	2,1	82
160L	18,5	2940	34	60	91	0,86	7,5	2,3	92
Drehfelddrehzahl n_s = 1500/min									
56	0,09	1300	0,3	0,66	52	0,75	2,7	1,7	3,3
63	0,18	1325	0,6	1,30	60	0,77	2,7	1,7	3,8
71	0,37	1375	1,1	2,6	62	0,78	3,2	1,7	4,5
80	0,75	1400	1,8	5,1	74	0,80	5,0	2,3	8,0
90S	1,1	1405	2,6	7,5	75	0,81	5,0	2,1	12,3
90L	1,5	1410	3,5	10	75	0,82	5,2	2,2	14,5
100L	3	1415	6,5	20	81	0,82	6,2	2,7	24
112M	4	1435	8,4	27	83	0,83	7,0	2,9	29
132S	5,5	1450	11	36	84	0,85	7,0	2,2	39
132M	7,5	1450	15	49	86	0,85	7,6	2,4	53
160M	11	1460	21	72	80	0,85	7,8	2,4	74
160L	15	1460	29	98	89	0,85	7,7	2,6	90
180S	18,5	1460	35	121	91	0,85	6,2	2,6	165
180M	22	1460	41	144	91	0,85	6,4	2,6	180
Polumschaltbare Drehstrommotoren in Dahlanderschaltung n_s = 1500/min bzw. 3000/min									
71	0,37	1370	1,2	2,6	62	0,72	3,2	1,6	5,0
	0,55	2760	1,7	1,9	65	0,74	3,3	1,7	
80	0,55	1400	1,6	3,8	65	0,75	4,3	1,7	8,0
	0,75	2850	2,0	2,6	70	0,77	4,5	1,8	
90S	1,0	1430	2,7	6,7	69	0,77	5,3	1,8	13
	1,2	2890	3,0	4,0	75	0,78	5,4	1,9	
100L	2,0	1450	5,0	13	72	0,80	5,9	2,1	21
	2,6	2900	5,8	8,6	76	0,85	6,6	2,2	
132S	4,7	1450	11	31	76	0,80	6,6	2,3	65
	5,7	2920	12	17	81	0,87	7,0	2,4	
Einphasenwechselstrommotoren mit Betriebskondensator bei 50Hz/230V									
63	0,12	2800	1,2	0,94	3,0	0,6	4	400	5
71	0,5	2760	2,4	0,95	3,5	0,45	10	400	8
80	0,9	2800	6,2	0,97	4,0	0,35	20	400	11
90S	1,1	2820	7,4	0,97	3,4	0,38	30	500	14
90L	1,7	2800	11	0,97	3,5	0,35	40	500	17
63	0,12	1390	1,2	0,94	2	0,53	5	400	5
71	0,3	1380	1,6	0,95	2,6	0,52	12	400	8
80	0,6	1380	4,1	0,94	3,3	0,64	16	400	11
90S	0,9	1400	6,1	0,97	3,3	0,38	30	500	14
90L	1,25	1400	8,2	0,98	3,8	0,42	40	500	17

C Kapazität des Betriebskondensators, $\cos\varphi$ Leistungsfaktor, I_A Anzugsstrom, I_N Bemessungsstrom, m Masse, M_A Anzugsmoment, M_N Bemessungsmoment, n_N Bemessungsdrehzahl, n_s Drehfelddrehzahl, P_N Bemessungsleistung, η (Eta) Wirkungsgrad, φ (Phi) Phasenverschiebungswinkel.
S von short = kurz, L von long = lang, M von medium = mittel
Die Werte der Tabelle wurden Firmenkatalogen entnommen und entsprechen nicht immer den Normen.

AS

Oberflächengekühlte Käfigläufermotoren (Normmotoren)
Surface-cooled Squirrel Cage Motors (Standard Motors)

Wellenenden bei IM B3, IM B6, IM B7, IM B8, IM V5, IM V6 und Bemessungsleistungen

Größe (*h* in mm) (siehe Bild)	*d* x *l* in mm 3000/min	*d* x *l* in mm 1500/min	Bemessungsleistung in kW 3000/min	1500/min	1000/min	750/min
56	9 x 20		0,09/0,12	0,06/0,09	–	–
63	11 x 23		0,18/0,25	0,12/0,18	–	–
71	14 x 30		0,37/0,55	0,25/0,37	–	–
80	19 x 40		0,75/1,1	0,55/0,75	0,37/0,55	–
90 S	24 x 50		1,5	1,1	0,75	–
90 L			2,2	1,5	1,1	–
100 L	28 x 60		3	2,2/3	1,5	0,75/1,1
112 M			4	4	2,2	1,5
132 S	38 x 80		5,5/7,5	5,5	3	2,2
132 M			–	7,5	4/5,5	3
160 M	42 x 110		11/15	11	7,5	4/5,5
160 L			18,5	15	11	7,5
180 M	48 x 110		22	18,5	–	–
180 L			–	22	15	11
200 L	55 x 110		30/37	30	18,5/22	15
225 S	55 x 110	60 x 140	–	37	–	18,5
225 M			45		30	22
250 M	60 x 140	65 x 140	55		37	30
280 S	65 x 140	75 x 140	75		45	37

Abmessungen bei IM B3, IM B6, IM B7, IM B8, IM V5, IM V6

Baugröße *h* in mm	*a* in mm	*b* in mm	*w* in mm	Schraube *s*	*XA* in mm	*XB* in mm	*Y* in mm	*Z* in mm
56	71	90	36	M 5	62	104	174	166
63	80	100	40	M 6	73	110	210	181
71	90	112	45	M 6	78	130	224	196
80	100	125	50	M 8	96	154	256	214
90 S	100	140	56	M 8	104	176	286	244
90 L	125						298	
100 L	140	160	63	M 10	122	194	342	266
112 M	140	190	70		134	218	372	300
132 S	140	216	89	M 10	158	232	406	356
132 M	178						440	
160 M	210	254	108	M 12	186	274	545	480
160 L	254						562	
180 M	241	279	121	M 12	208	312	602	554
180 L	279						632	
200 L	305	318	133	M 16	240	382	680	600
225 S	286	356	149	M 16	270	428	764	675
225 M	311							
250 M	349	406	168	M 20	300	462	874	730
280 S	368	457	190	M 20	332	522	984	792
280 M	419						1036	

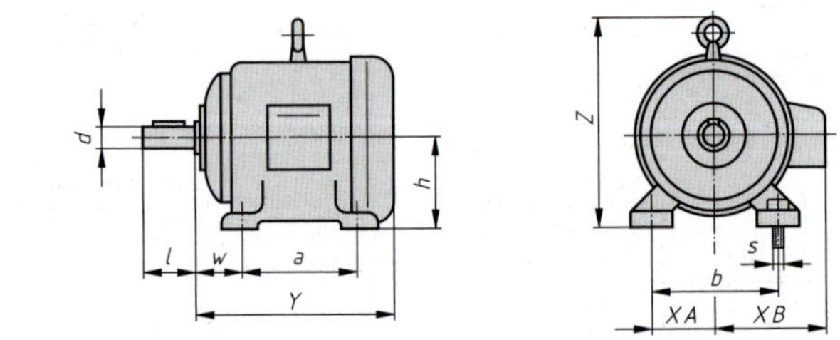

Bauformen IM siehe folgende Seite.

Bei Größenangabe bedeuten L lange Form, S (von short) kurze Form, M mittelkurze Form.

Die Motoren brauchen der nebenstehenden Zeichnung nicht zu entsprechen.

Die angegebenen Maße sind jedoch einzuhalten.

AS

Bauformen von drehenden elektrischen Maschinen
Types of Construction of Rotating Electrical Machines

Bild	Erklärung IEC-Code I IEC-Code II
Maschinen ohne Lager	
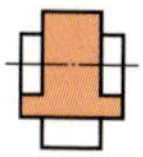	Ohne Welle, Füße hochgezogen A2 IM 5510
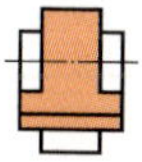	Wie IM 5510, aber mit Fußplatte – IM 5710
Maschinen mit Schildlagern für waagerechte Anordnung	
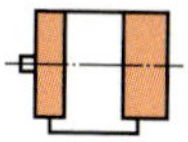	2 Schildlager, 1 freies Wellenende IM B3 IM 1001
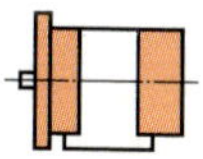	Flanschmotor mit Füßen IM B35 IM 2001
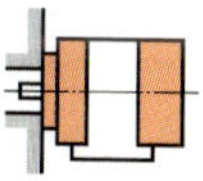	Wie IM B35, aber kein Zugang von der Gehäuseseite IM B34 IM 2101
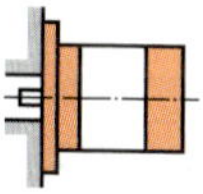	Wie IM B35, aber ohne Füße (Flanschanbau) IM B5 IM 3001
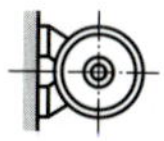	Wie IM B3, aber für Wandbefestigung; Füße links IM B6 IM 5051
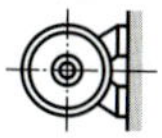	Wie IM B3, aber für Wandbefestigung; Füße rechts IM B7 IM 1061
	Wie IM B3, aber für Deckenbefestigung IM B8 IM 1071
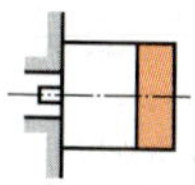	Wie IM B5, aber ohne Lagerschild IM B9 IM 9101

Bild	Erklärung IEC-Code I IEC-Code II
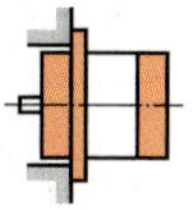	Wie IM B35, aber ohne Füße IM B10 IM 4001
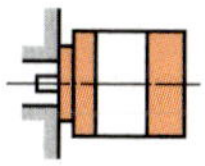	Wie IM B34, aber ohne Füße IM B14 IM 3601
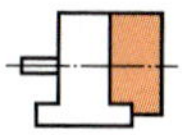	Wie IM B3, aber ohne Lager auf Antriebsseite IM B15 IM 1201
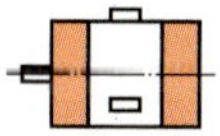	Ohne Füße, ohne Flansch (Einbau in Rohr) IM B30 IM 9201
Maschinen mit Schildlagern und Stehlagern	
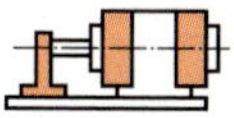	2 Schildlager, 1 Stehlager, Grundplatte C2 IM 6010
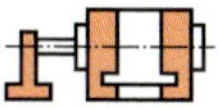	Wie IM 6010, ohne Grundplatte – IM 6100
Maschinen mit Stehlagern	
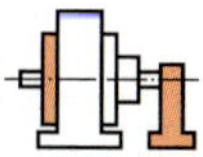	Ohne Schildlager, 1 Stehlager, mit Füßen – IM 7001
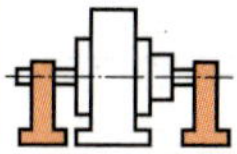	2 Stehlager, mit Füßen D9 IM 7201
Maschinen für senkrechte Anordnung	
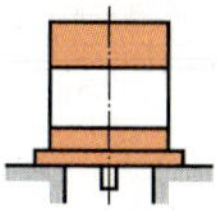	Mit 2 Führungslagern, Flansch und Wellenende unten, Flansch in Lagernähe IM V 1 IM 3011

Bild	Erklärung IEC-Code I IEC-Code II
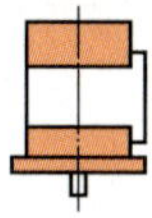	2 Schildlager, Flansch unten, mit Füßen zur Wandbefestigung IM V15 IM 7201
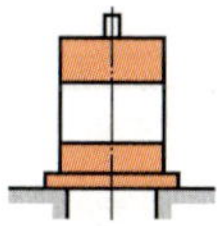	Wie IM V 1, aber Wellenende oben IM V2 IM 3231
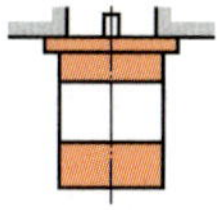	Wie IM V2, aber mit Flansch oben IM V3 IM 3031
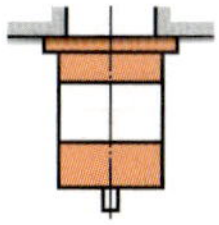	Wie IM V3, aber Wellenende unten IM V4 IM 3211
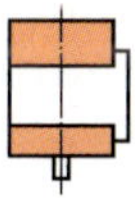	Wie IM V15, aber ohne Flansch IM V5 IM 1011
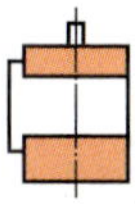	Wie IM V5, aber Wellenende oben IM V6 IM 1031
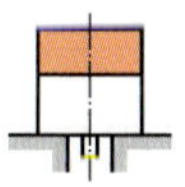	1 Schildlager, ohne Wälzlager am Wellenende IM V8 IM 9111
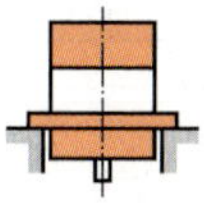	Wie IM V1, aber Flansch in Gehäusenähe IM V10 IM 4011
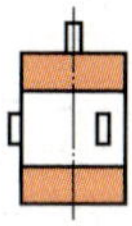	Ohne Füße, ohne Flansch, zum Einbau in Rohr IM V31 IM 9231
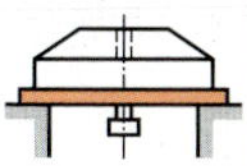	Querlager oben, Kupplungsflansch unten W1 IM 8015

Berechnungsformeln für drehende elektrische Maschinen
Calculation Formulas for Rotating Electrical Machines

Synchronmotor, Synchrongenerator

- n Drehzahl, Umdrehungsfrequenz
- n_s Drehfelddrehzahl
- f Netzfrequenz
- p Polpaarzahl (halbe Polzahl)

$$n = n_s \quad (1)$$

$$n_s = \frac{f}{p} \quad (2)$$

Asynchronmotor, Asynchrongenerator

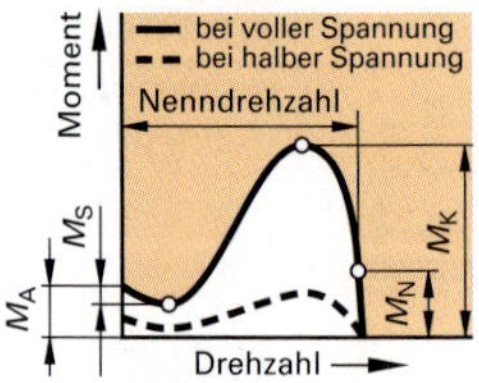

***M*(*n*)-Kennlinie für Kurzschlussläufer**

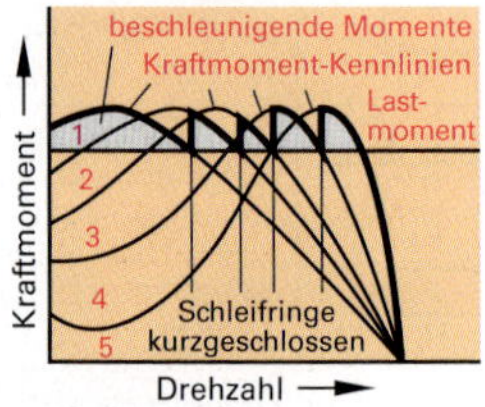

***M*(*n*)-Kennlinien für Schleifringläufer**

Formelzeichenbedeutung wie oben. Zusätzlich:

- f_L Frequenz im Läufer
- s Schlupf (in %)
- M Kraftmoment, Moment
- M_A Anzugsmoment
- M_K Kippmoment
- M_N Bemessungsmoment
- M_S Sattelmoment
- s_K Kippschlupf (Schlupf beim Kippmoment)
- C_M Kraftmoment-Koeffizient der Maschine
- U_{Str} Strangspannung
- I Stromstärke (Leiterstrom)
- P Leistungsabgabe (mechanisch)
- η Wirkungsgrad
- U Netzspannung, bei Drehstrom Dreieckspannung
- $\cos\varphi$ Leistungsfaktor

Berechnung des Läuferstromes von Schleifringläufermotoren siehe Anlasser für Elektromotoren.

$$n_s = \frac{f}{p} \quad (3)$$

$$f_L = \frac{f \cdot s}{100\%} \quad (4)$$

$$s = \frac{(n_s - n) \cdot 100\%}{n_s} \quad (5)$$

$$f_L = f - \frac{f \cdot n}{n_s} \quad (6)$$

$$\frac{M}{M_K} = \frac{2}{\frac{s}{s_K} + \frac{s_K}{s}} \quad (7)$$

$$n = \frac{f}{p}\left(1 - \frac{s}{100}\right) \quad (8)$$

$$M = C_M \cdot U_{Str}^2 \quad (9)$$

Bei Einphasenmotoren:

$$I = \frac{P}{\eta \cdot U \cdot \cos\varphi} \quad (10)$$

Bei Drehstrommotoren:

$$I = \frac{P}{\eta \cdot \sqrt{3} \cdot U \cdot \cos\varphi} \quad (11)$$

Fremderregter Motor (Nebenschlussmotor)

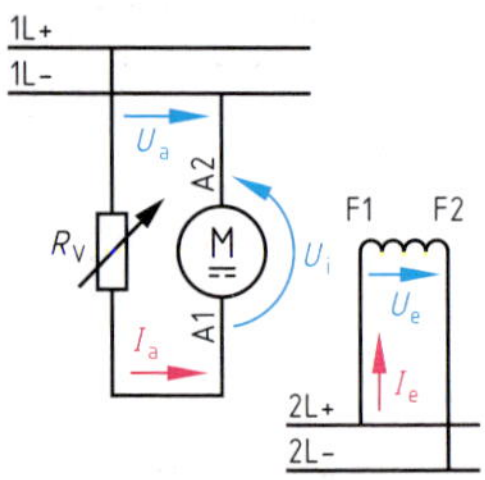

Schaltung

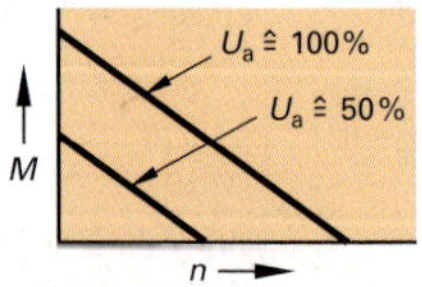

Belastungskennlinie

Formelzeichenbedeutung wie oben. Zusätzlich:

- I_a Ankerstrom
- M_{St} Kraftmoment im Stillstand
- I_{St} Ankerstrom im Stillstand
- U_i induzierte Spannnung
- C_U Spannungskoeffizient der Maschine
- Φ_e Erregerfluss
- P_a mechanische Ankerleistung
- U_a Ankerspannung (Netzspannung des Ankerkreises)
- R_a Ankerwiderstand
- R_v Vorwiderstand
- I_e Erregerstrom
- U_e Erregerspannung
- R_e Widerstand der Erregerwicklung

$$s = \frac{M \cdot 100\%}{M_{St}} \quad (12)$$

$$s = \frac{I_a \cdot 100\%}{I_{St}} \quad (13)$$

$$s = \frac{(n_s - n) \cdot 100\%}{n_s} \quad (14)$$

$$U_i = C_U \cdot \Phi_e \cdot n \quad (15)$$

$$U_i \approx \frac{P_a}{I_a} \quad (16)$$

$$U_a = U_i + (R_a + R_v) \cdot I_a \quad (17)$$

$$I_{St} = \frac{U_a}{R_a + R_v} \quad (18)$$

$$M = C_M \cdot \Phi_e \cdot I_a \quad (19)$$

$$I_a - \frac{P_a}{\eta \cdot U_a} \quad (20)$$

$$I_o = \frac{U_e}{R_e} \quad (21)$$

Reihenschlussmotor

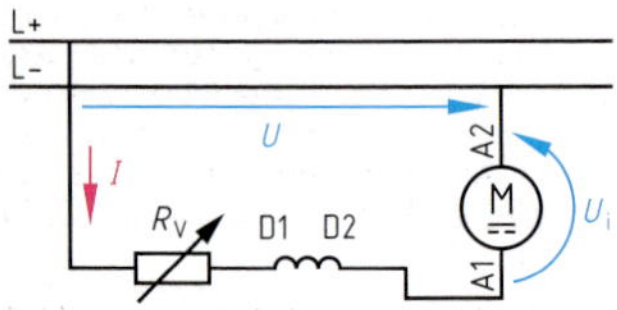

Formelzeichenbedeutung wie oben.

$I = I_a$

$$I_{St} = \frac{U}{R_e + R_v + R_a} \quad (22)$$

$$I = \frac{P}{\eta \cdot U} \quad (23)$$

$$M = \frac{C_M}{n^2} \quad (24)$$

AS

Leistungsschilder von drehenden elektrischen Maschinen
Nameplates of Rotating Electrical Machines

Motoren, Generatoren, Umformer

Feld	Erklärung
1	Firmenzeichen
2	Typenbezeichnung der Maschine
3	Stromart
4	Arbeitsweise (z. B. Motor, Generator)
5	Maschinennummer der Fertigung
6	Schaltart der Ständerwicklung bei Synchron- und Induktionsmaschinen, und zwar

Phasenzahl	Schaltung	Zeichen
1 ~	offen	|
	mit Hilfsstrang	⊥
3 ~	unverkettet	|||
3 ~ verkettet in Schaltung	Stern	Y
	Dreieck	△
	Stern mit herausgeführtem Mittelpunkt	Y
6 ~ verkettet in Schaltung	Doppeldreieck	✡
	Sechseck	⬡
	Stern	✳
2 ~	unverkettet	I^2
	verkettet, allgemein, z. B. in L-Schaltung	L
n ~	unverkettet	I^n

Feld	Erklärung
7	Bemessungsspannung, Nennspannung
8	Bemessungsstrom, Nennstrom
9	Bemessungsleistung (Abgabe). Bei Synchrongeneratoren in kVA oder VA, sonst in kW oder W.
10	Einheiten kW, W, kVA, VA
11	Betriebsart (entfällt bei S1 = Dauerbetrieb) und Bemessungsbetriebszeit bzw. relative Einschaltdauer. Beispiel: S2 30 min, S3 40% ED

Feld	Erklärung	
12	Bemessungsleistungsfaktor λ bzw. $\cos \varphi$. Bei Synchronmaschinen ist das Zeichen u (untererregt) anzufügen, wenn Blindleistung aufgenommen werden soll.	
13	Drehrichtung (auf die Antriebseite gesehen): → (Rechtslauf) ← (Linkslauf)	
14	Bemessungsdrehzahl. Außerdem wird angegeben: Bei Motoren mit Reihenschlussverhalten die Höchstdrehzahl n_{max}; bei Generatoren, die von Wasserturbinen angetrieben werden, die Durchgangsdrehzahl n_d der Turbine; bei Getriebemotoren die Enddrehzahl n_z des Getriebes.	
15	Bemessungsfrequenz, Nennfrequenz	
	bei Schleifringläufer	bei Gleichstrommaschine und Synchronmaschine
16	„Läufer“ bzw. „Lfr“	„Erreger“ bzw. „Err“
17	Schaltart, wenn keine 3 AC-Schaltung	–
18	Läuferstillstandsspannung in V	Bemessungserregerspannung in V
19	Läuferstrom	Erregerstrom
	In Bemessungsbetrieb. Angabe entfällt, falls Ströme kleiner als 10 A.	
20	Isolierstoffklasse (Y, A, E, B, F, H, C). Gehören Ständer und Läufer zu verschiedenen Klassen, wird zuerst die Klasse des Ständers, dann die Klasse des Läufers angegeben (z. B. E/F).	
21	Schutzart, z. B. IP 23	
22	Angenähertes Gewicht in Tonnen (t). Angabe entfällt, wenn leichter als 1 t.	
23	Zusätzliche Vermerke, z. B. VDE 0530/..., Kühlmittelmenge bei Fremdbelüftung und bei Wasserkühlung.	

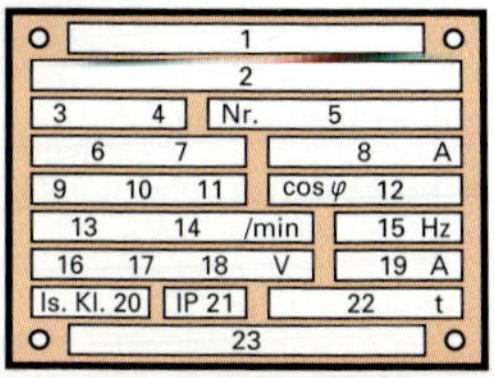

Wird die Wicklung einer Maschine neu gewickelt oder umgeschaltet, so muss zusätzlich ein weiteres Schild mit Firmenbezeichnung, Jahreszahl und gegebenenfalls neue Angaben angebracht werden.

(Leistungsschilder von Transformatoren siehe Seite 212).

AS

Geräte mit elektrischen Maschinen

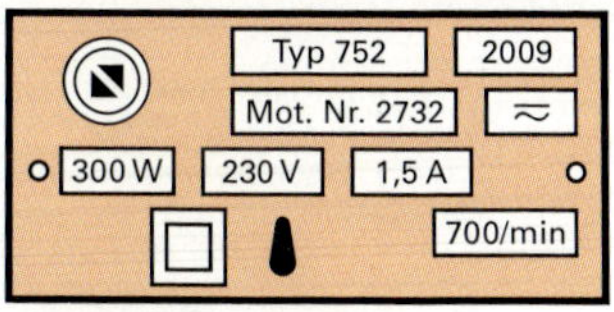

Leistungsschild einer Handbohrmaschine

Außerdem sind anzugeben:
Bemessungsaufnahme in W;
bei Schutzklasse II Symbol ⧈;
ein Symbol für die Feuchtigkeits-Schutzart, z. B. 🌢.

Bei Kleingeräten, wie tragbaren Elektrowerkzeugen, Staubsaugern, Küchenmaschinen, Tonbandgeräten, wird kein genormtes Leistungsschild verwendet. Die Inhalte folgender Felder sind aber meist auf dem Leistungsschild angegeben: Felder 1, 2, 3, 6, 7, 11, 14, 15 (teilweise).

Drehstrommotoren Three-phase Motors

Motorart	Synchronmotor	Schleifringläufermotor	Käfigläufermotor
Schaltzeichen und Anschluss für Rechtslauf	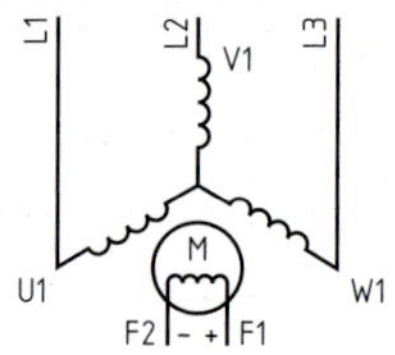	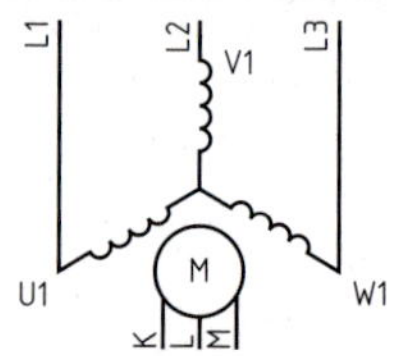	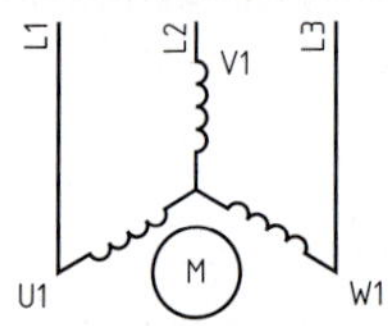
Kraftmomentkennlinien	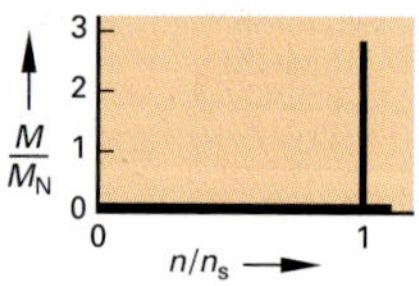	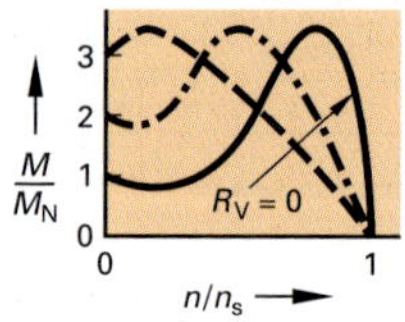	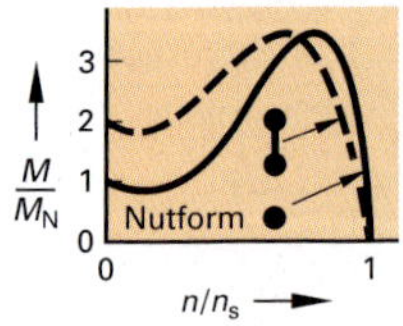
Drehrichtungsumkehr	Durch Vertauschen zweier Außenleiter		
Schaltung an den Anschlussklemmen	Der Ständer ist wie beim Käfigläufermotor anzuschließen. Läuferanschluss 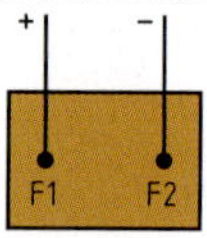 Entfällt bei Dauermagneterregung	Der Ständer ist wie beim Käfigläufermotor anzuschließen. 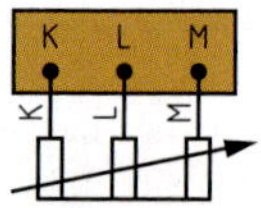 Läufer in Y oder Δ 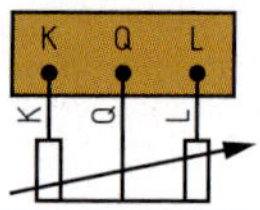 Läufer in V (zweiphasig)	bei Sternschaltung 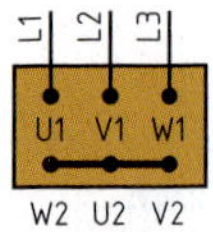 bei Dreieckschaltung 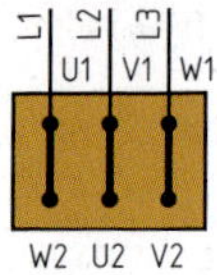
Häufigstes Anlassen	bei Anlaufkäfig: direktes Einschalten ohne Erregung	Anlasswiderstände im Läuferkreis	direktes Einschalten (falls möglich bei Einstellung für niedrige Drehzahl)
M_A / M_N	0,5 bis 1 mit Anlaufkäfig	kleine Motoren bis 4, große Motoren bis 2	0,4 bis 2
I_A / I_N	3 bis 7	≈ 1 bei Anlauf mit M_N	3 bis 7
Kurzzeitige Überlastbarkeit	1,5- bis 4-fach	1,6- bis 2,5-fach	1,6- bis 3-fach
Steuern der Drehzahl	Steuern der Frequenz durch FU (Frequenzumrichter)	Läuferzusatzwiderstände	Polumschaltung, Frequenzsteuerung
Drehzahlstellbereich	bis 1 : ∞ bei Servomotoren bis 1 : 10 bei Schiffsantrieben	bei Läuferzusatzwiderständen bis 1 : 3	bei Polumschaltung mit 4 Stufen bis 1 : 8
	bei Frequenzsteuerung mit Umrichter bis 1 : 100, mit Drehzahlregler bis 1 : ∞		
Elektrisches Bremsen ohne zusätzliche Bremse	Nutzbremsung durch Betrieb als Generator. Mit Anlaufkäfig auch Gegenstrombremsung.	Nutzbremsung durch Betrieb als Generator, insbesondere bei Polumschaltung. Verlustbremsung durch Gegenstrombremsung sowie durch Speisen des Ständers mit Gleichstrom oder Einphasenwechselstrom.	
Anwendungsbeispiele	Servomotoren, Kolbenverdichter, Umformer, Propellerantriebe auf Schiffen	Hebezeuge, Förderanlagen, Verdichter, Steinbrecher, Verschiebebühnen	Werkzeugmaschinen, Verarbeitungsmaschinen, Landwirtschaftsmaschinen, Hebezeuge

I_A Anzugsstrom, I_N Bemessungsstrom, M Moment, Kraftmoment, M_A Anzugsmoment, M_N Bemessungsmoment, n Drehzahl, n_s Drehfeldzahl (synchrone Drehzahl), R_V Anlasswiderstand, ∞ unendlich.

AS

Fehlerbeseitigung bei Drehstrom-Asynchronmotoren
Troubleshooting on Three-phase Asynchronous Motors

Fehler	Mögliche Ursache	Abhilfe
Käfigläufermotor und Schleifringläufermotor		
Motor läuft nicht an.	Unterbrechung der Zuleitung.	Unterbrechung beseitigen.
Motor erreicht unter Last nicht die volle Drehzahl.	Widerstandsmoment zu groß oder bei einem Strang sind Anfang und Ende vertauscht oder schlechter Kontakt, z.B. am Schalter.	Stärkeren Motor verwenden. Strang umpolen. Kontakte prüfen und evtl. säubern.
Beim Einschalten starkes Brummen.	Ein Außenleiter ist ohne Spannung oder der Läufer liegt an Blechpaket an.	Netz prüfen. Lager erneuern.
Drehzahl fällt bei Belastung stark ab.	Überlastung oder Sternschaltung statt Dreieckschaltung oder Leitung hat zu kleinen Querschnitt.	Stärkeren Motor verwenden. Schaltung berichtigen. Stärkere Leitung verwenden.
Motor erwärmt sich schon im Leerlauf.	Falsche Schaltung, meist Dreieckschaltung statt Sternschaltung oder Netzspannung zu hoch oder zu niedrig oder ungenügende Kühlung oder falsche Drehrichtung (wenn Lüfterflügel schräg gestellt sind).	Schaltung berichtigen. Netzspannung prüfen und Ursache für Abweichung beseitigen. Luftwege prüfen und reinigen. Drehrichtung berichtigen.
Einzelne Ständerspulen werden heiß.	Windungsschluss oder Körperschluss. Nachweis durch Messen der Strangströme oder der Strangwiderstände.	Zutreffendenfalls Wicklung erneuern bzw. Motor ersetzen.
Motor erwärmt sich bei Belastung zu stark.	Überlastung oder Motor ist in Stern statt in Dreieck geschaltet oder Netzspannung zu niedrig.	Stärkeren Motor nehmen. Schaltung berichtigen, Stern-Dreieckschalter prüfen. Spannung messen, VNB benachrichtigen
Ein Strang erwärmt sich stark, Motor bleibt bei Belastung stehen.	Falscher Anschluss des Stern-Dreieck-Schalters oder schlechter Kontakt an einer Anschlussklemme.	Schaltung richtigstellen. Kontakte säubern, Kontaktschrauben anziehen.
Lager werden heiß.	Schmiermittel verbraucht oder Lager beschädigt.	Lager ausbauen, prüfen, schmieren, evtl. erneuern.
Käfigläufermotoren		
Polumschaltbarer Motor läuft mit falscher Drehzahl.	Schaltungsfehler, z.B. am Schalter.	Schaltung prüfen und berichtigen.
Motor läuft an, bleibt aber bei niedriger Drehzahl hängen.	Nutzahlverhältnis zwischen Läufer und Ständer ungünstig oder Läuferwiderstand zu klein.	Konstruktionsfehler. Rückfrage beim Hersteller. Läufer auswechseln. Kurzschlussringe abdrehen.
Läufer wird heiß, Motor zieht schlecht an und brummt.	Schlechter Kontakt zwischen Käfigstäben und Kurzschlussringen.	Läufer auswechseln.
Schleifringläufermotoren		
Bürsten feuern.	Schmutzige Kontaktfläche oder Schleifringe sind rau oder haben Rillen oder schlechtes Aufliegen der Bürsten oder zu kleine Bürstendruckkraft.	Bürsten und Schleifringe reinigen und polieren. Schleifringe auf Drehmaschine egalisieren (ausgleichen). Bürsten mit Schmirgelleinwand einschleifen. Feder straffer einstellen oder ersetzen.
Starker Drehzahlabfall bei Belastung.	Widerstand im Läuferstromkreis zu groß, z.B. durch schlechten Kontakt oder zu schwache Leitung zum Anlasser.	Läuferströme messen. Widerstände verkleinern, z.B. Kontakte reinigen oder stärkere Leitung nehmen.
Unrunder Lauf	Im Läuferkreis sind schlechte Kontakte.	Prüfen auf lockere Kontakte, auch im Läufer.

Einphasen-Wechselstrommotoren Single-phase A.C. Motors

Motorart	Asynchronmotoren mit Käfigläufer	Drehstrom-Käfigläufermotor in Steinmetzschaltung	Universalmotor
Schaltzeichen und Anschluss für Rechtslauf	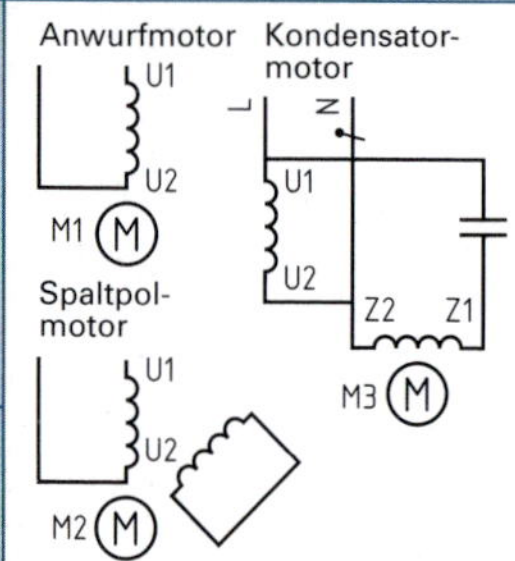	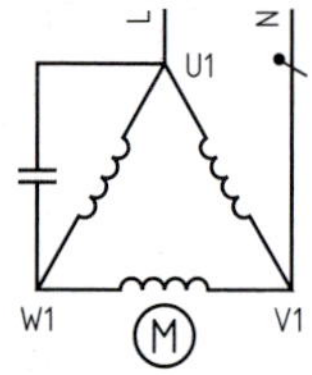	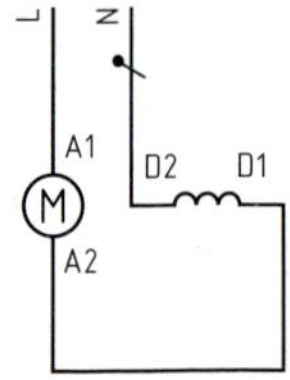
Kraftmoment-kennlinien	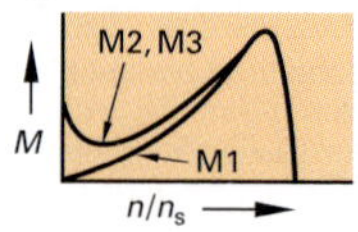	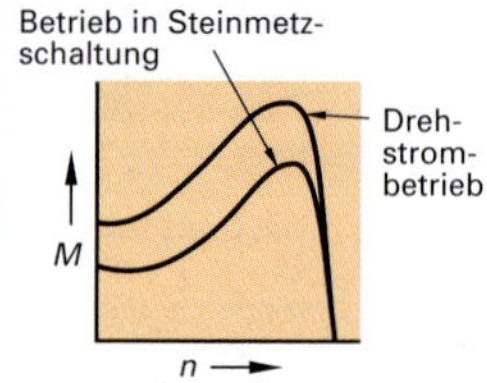	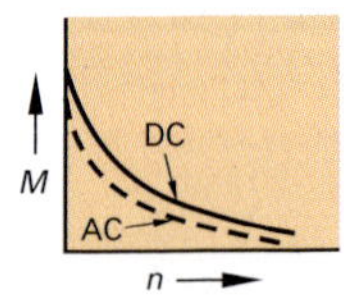
Drehrichtungs-umkehr	Anwurfmotor M1: geänderte Anwurfrichtung. Spaltpolmotor M2: meist nicht umschaltbar. Kondensatormotor M3: Umpolen der Hilfs-wicklung Z1 Z2.	Kondensator am anderen Netz-leiter anschließen.	Umpolen des Ankers A1 A2 oder der Erregerwicklung (Feldwicklung) D1 D2.
Schaltung an den Anschluss-klemmen	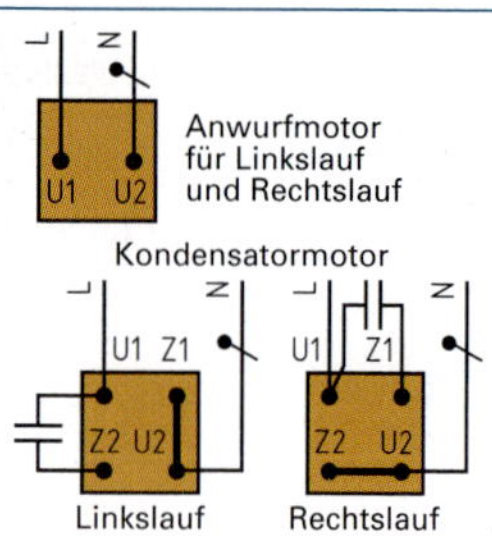	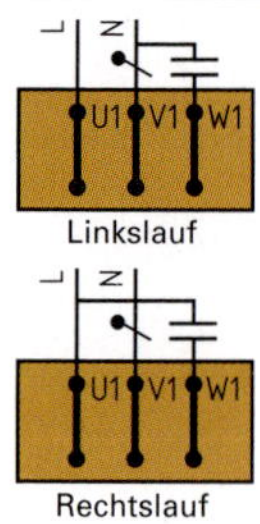	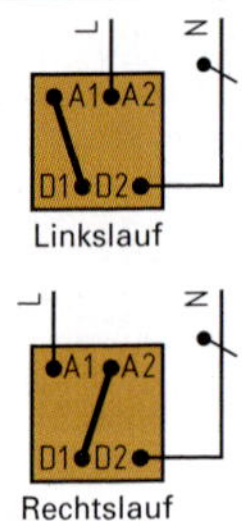
M_A/M_N Anzugsmoment / Bem.moment	M1: 0 M2: bis 0,5 M3: ohne Anlaufkondensator 0,3...0,5 mit Anlaufkondensator bis 3,5	0,2...0,7 abhängig von der Kondensatorkapazität	bis 3 abhängig von der Spannung
I_A/I_N Anzugsstrom / Bem.strom	M2: bis 2 M1, M3: bis 5	2 bis 5 abhängig von der Kondensatorkapazität	bis 4 abhängig von der Spannung
kurzzeitige Überlastbarkeit	M1, M2: bis 1,5-fach M3: bis 2,5-fach	bis 2,2 x Bemessungsleistung	bis 3 x Bemessungsleistung
Steuern der Drehzahl durch	Polumschaltung, Frequenzsteuerung, bei Frequenzsteuerung mit Umrichter und Drehzahlregelung bis 1 : ∞.		Ankerparallelwiderstand
	Änderung der Anschlussspannung, z.B. mit Thyristoren, Vorwiderständen, Stelltransformatoren.		
Drehzahl-stellbereich	1 : 2 bis 1 : 4 geregelt bis 1 : 1000	1 : 2	1 : 10 bis 1 : 50
elektrisches Bremsen	Gegenstrombremsung (nur beim Kondensatormotor)	Gegenstrombremsung, Polumschaltung beim Herunterschalten	nicht üblich
Anwendungs-beispiele	Maschinen aller Art, z.B. Werk-zeugmaschinen.	Umwälzpumpe, Ölbrenner	Haushaltsmaschinen, Büromaschinen

AS

Gleichstrommotoren D.C. Motors

Motorart	Fremderregter Motor (Motor mit Nebenschlussverhalten)	Reihenschlussmotor	Dauermagneterregter Doppelschlussmotor
Schaltzeichen und Anschluss für Rechtslauf (mit Anlasser, ohne Feldsteller, z.T. ohne Wendepol- und Kompensationswicklung)	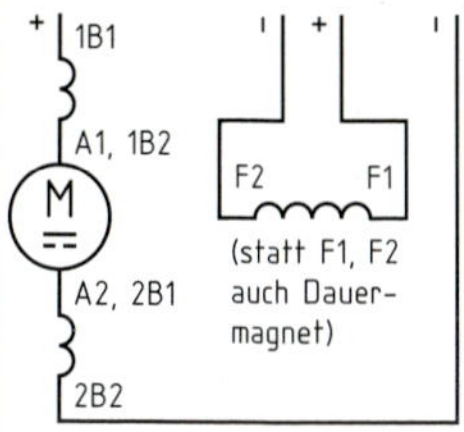	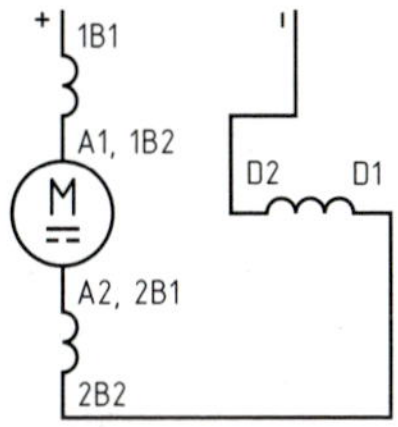	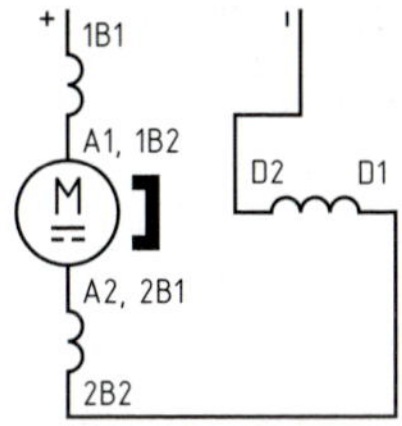
Kraftmomentkennlinien	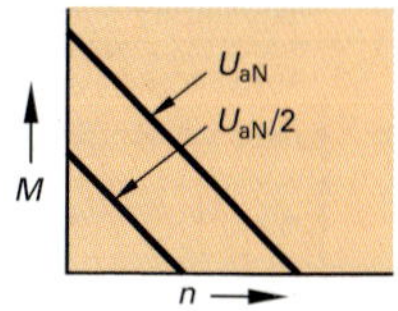	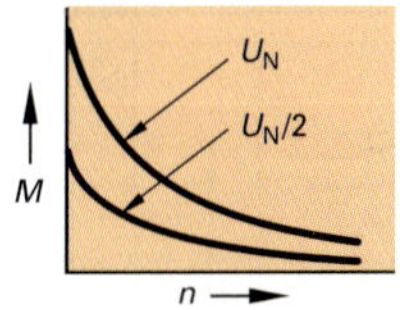	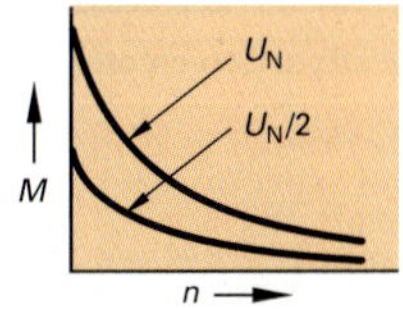
Drehrichtungsumkehr	Umpolen der Reihenschaltung von Anker-, Wendepol- und Kompensationswicklung oder Umpolen der Erregerwicklung (Feldwicklung).		
Anlassen	Durch Verkleinerung der Ankerspannung, und zwar beim fremderregten Motor bei voller Erregerspannung.		
Schaltung an den Anschlussklemmen (wenn ohne Wendepole: A statt B)	fremderregter Motor mit Erregerwicklung 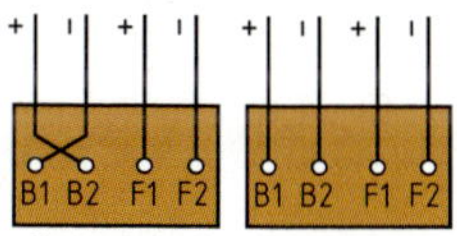 für Linkslauf für Rechtslauf fremderregter Motor mit Dauermagneterregung 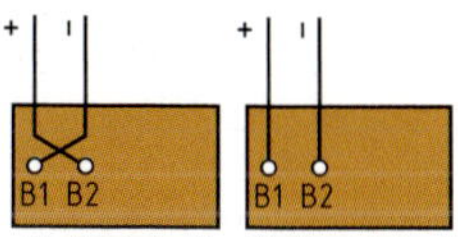 für Linkslauf für Rechtslauf	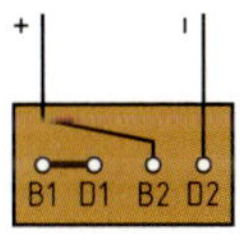 für Linkslauf 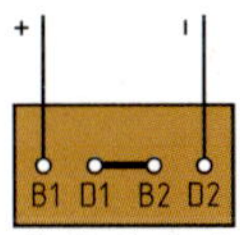 für Rechtslauf	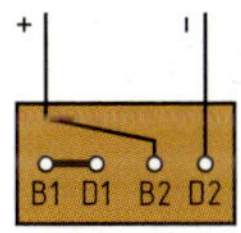 für Linkslauf 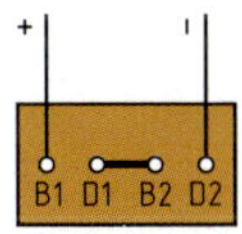 für Rechtslauf
Anzugsmoment, Anzugsstrom	Je nach Anlassschaltung bis zum 2,5-fachen Bemessungswert (Nennwert).		
kurzzeitige Überlastbarkeit	unkompensiert: bis 1,8-fach kompensiert: bis 2,2-fach	bis 2,5 x Bemessungsleistung	unkompensiert: bis 1,8-fach kompensiert: bis 2,2-fach
Steuern der Drehzahl	Unterhalb der Bemessungsdrehzahl: Durch Verkleinern der Ankerspannung. Oberhalb der Bemessungsdrehzahl: Durch Verkleinern der Erregerspannung.		
Drehzahlstellbereich	Bei Verkleinern der Ankerspannung, ohne Regler bis 1 : 10, mit Regler bis 1 : ∞. Bei Verkleinern der Erregerspannung (Feldstellung) bis 3 : 1.		
elektrisches Bremsen	Gegenstrombremsung, z.B. durch Umschalten des Ankers. Nutzbremsung (Energierücklieferung) durch Betrieb als Generator.		
	Widerstandsbremsung	Nutzbremsung mit parallelgeschalteter Erregerwicklung, sonst Widerstandsbremsung	Widerstandsbremsung
Anwendungsbeispiele	Werkzeugmaschinen, Förderanlagen	Elektrische Fahrzeuge, Hebezeuge, Anlassmotoren für Kraftfahrzeuge	Werkzeugmaschinen, Walzwerkantriebe

M Moment, M_N Bem.moment, *n* Drehzahl, *U* Spannung, U_{aN} Ankerbem.spannung, U_N Bemessungsspannung

AS

Servomotoren Servomotors

Aufbau, Benennung	Erklärung	Typische Daten, Anwendung

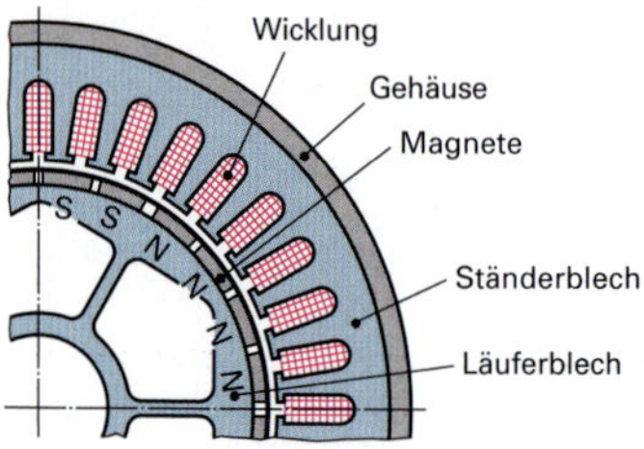

Drehstrom-Servomotor

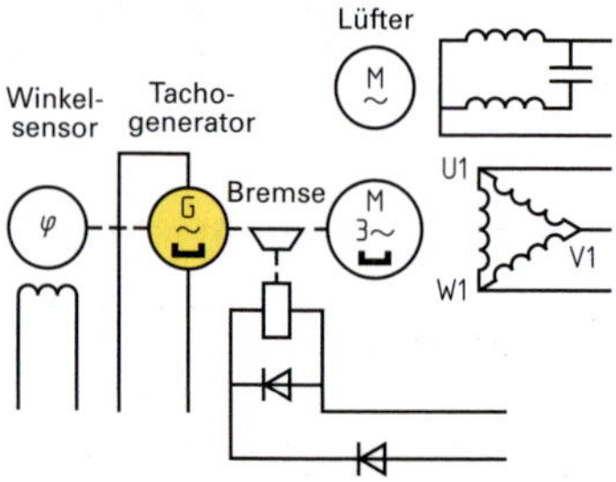

Schaltung eines Drehstrom-Servomotors

Drehstrom-Servomotoren haben meist einen dauermagneterregten Läufer **(Bild)**. Oft ist eine Fremdbelüftung vorhanden **(Bild)**. Ein *Tachogenerator* gibt die Ist-Drehzahl an die elektronische Steuerung. Drehzahl und Drehrichtung werden durch Pulsweitenmodulation vom Steuergerät eingestellt. Beim Anlauf wird die Frequenz schnell von null zum Sollwert hochgefahren.

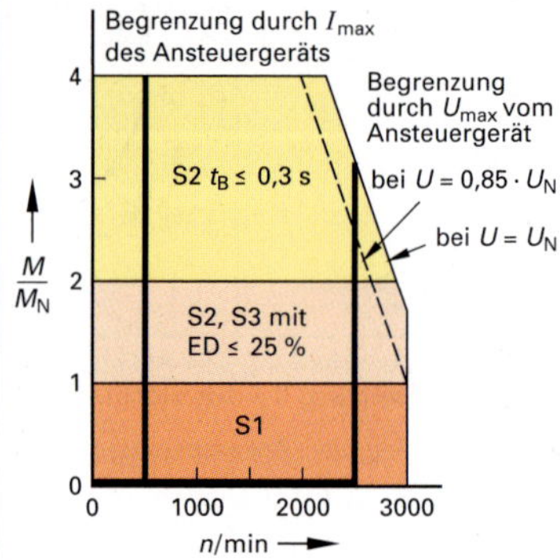

Arbeitsbereich eines Drehstrom-Servomotors mit Ansteuergerät

J = 0,006 kgm²
n_{max} = 3000 / min
m = 22 kg
M_N = 11 Nm
I_N = 22 A
I_{max} = 105 A
K = 0,5 Nm/A
(M_{max} = 53 Nm)
τ_{mech} = 5 ms
τ_{el} = 10 ms

Für Vorschubantriebe, Positionierungsantriebe und Roboterantriebe in Verbindung mit Getrieben.

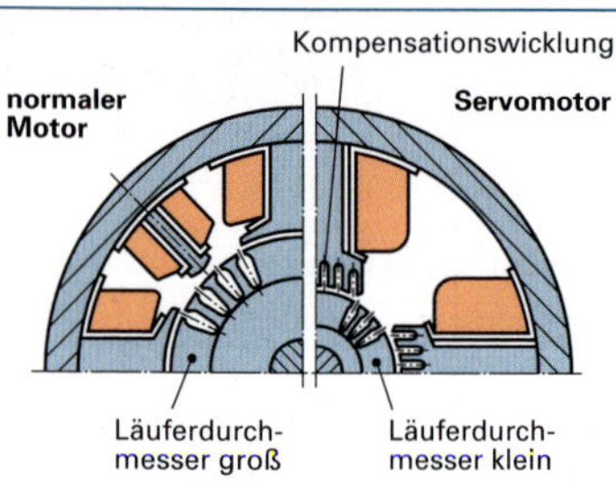

Aufbau von Gleichstrommotoren

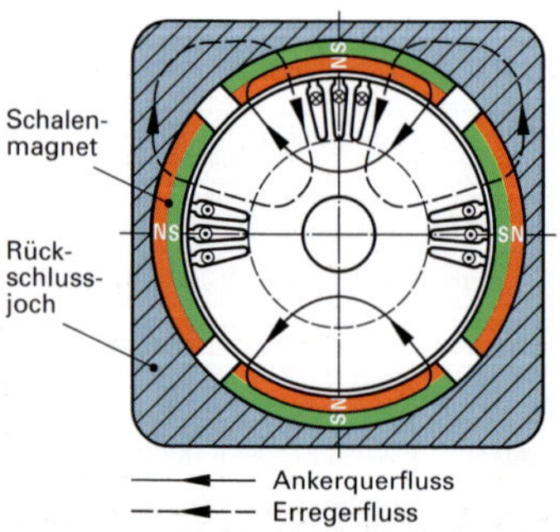

Aufbau von Gleichstrom-Servomotoren mit Dauermagneterregung

Gleichstrom-Servomotoren sind fremderregte Gleichstrommotoren **(Bild)**. Wegen der möglichen Überlastbarkeit ist eine *Kompensationswicklung* vorhanden. Das verfügbare Kraftmoment hängt von der Betriebsart (S1, S2, S3) und der Drehzahl ab **(Bild)**. Die Ansteuerung erfolgt fast verzögerungsfrei über *Transistor-Stellglieder* oder mit einer Totzeit von einigen Millisekunden über *Thyristor-Stellglieder*. Besonders reaktionsschnell sind Gleichstrommotoren mit eisenlosem Läufer.

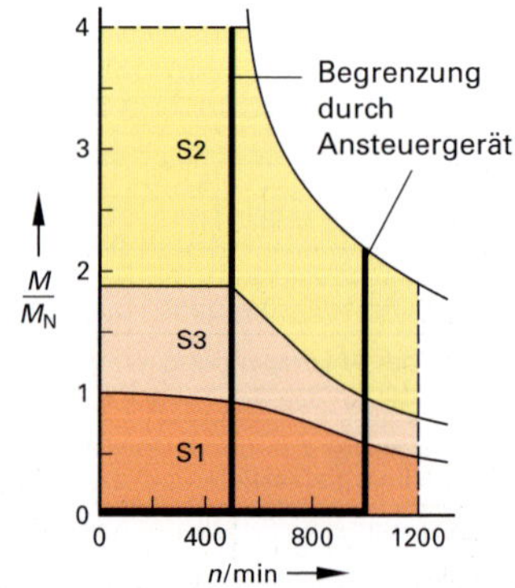

Arbeitsbereich eines Gleichstrom-Servomotors mit Ansteuergerät

J = 0,008 kgm²
n_{max} = 6000 / min
m = 30 kg
M_N = 9 Nm
I_N = 15 A
I_{max} = 100 A
K = 0,6 Nm/A
(M_{max} = 60 Nm)
τ_{mech} = 7 ms
τ_{el} = 15 ms

τ_{mech} erhöht sich durch zusätzliche Trägheitsmomente erheblich.

Eisenloser Läufer: für besonders reaktionsschnelle Antriebe.

Läufer mit Eisen: wie bei Drehstrom-Servomotoren, aber weniger reaktionsschnell.

I_N Bemessungsstromstärke, J Trägheitsmoment des Läufers, K Kraftmomentkoeffizient, m Masse, M_{max} maximales Kraftmoment, M_N Bemessungsmoment, n Drehzahl, S1 Dauerbetrieb, S2 Kurzzeitbetrieb, S3 Aussetzbetrieb, τ_{el} elektrische Zeitkonstante, τ_{mech} mechanische Zeitkonstante.

Schrittmotoren Stepper Motors

Art, Benennung	Wirkungsweise, Erklärung

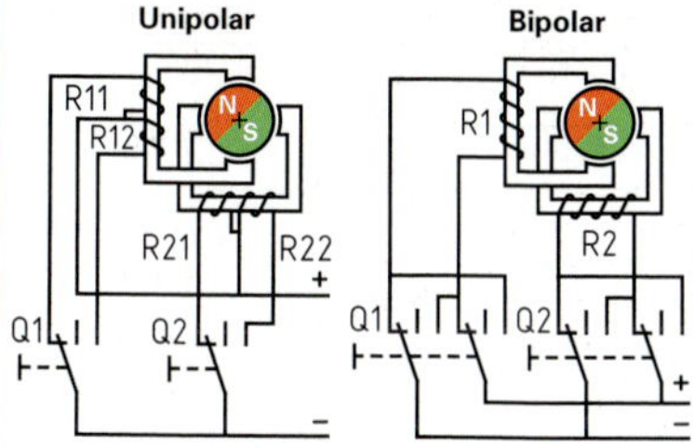

Zweistrang-Schrittmotoren

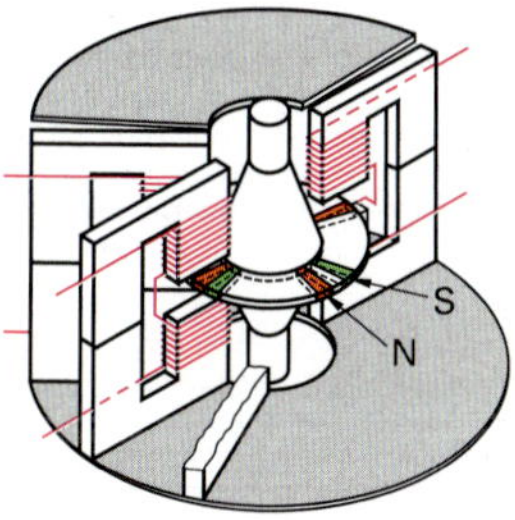

Scheibenmagnet-Schrittmotor

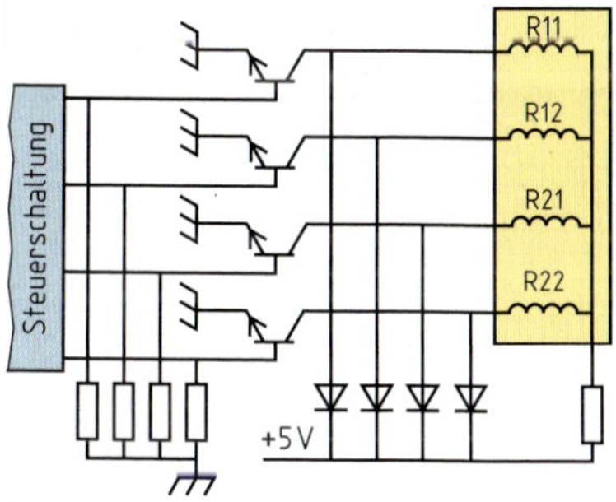

Prinzip einer unipolaren Schrittmotor-Steuerschaltung

Prinzip:

Der Dauermagnetläufer dreht sich bei jedem Rechteckimpuls einer Gleichspannung um den Schrittwinkel weiter.

Betrieb:

Eine elektronische Ansteuerschaltung liefert die Impulse in der richtigen Reihenfolge.

Arten:

Es gibt Einstrang-Schrittmotoren, Zweistrang-Schrittmotoren und Fünfstrang-Schrittmotoren.

Wicklung:

Die Wicklung jedes Stranges kann unipolar oder bipolar (selten) ausgeführt sein. Bei der unipolaren Form fließt der Strom im Wicklungsstrang in derselben Richtung, bei der bipolaren Form auch in wechselnden Richtungen.

Anwendung der Schrittmotoren:

Genaues Positionieren (Erreichen einer vorgegebenen Lage) z. B. bei Druckern, Plottern, Büromaschinen.

Taktfolge für einen Zweistrang-Schrittmotor

Schritt-Nr.		Vollschrittbetrieb schwarz / Halbschrittbetrieb zusätzl. rot	
Linkslauf	Rechtslauf	Schalter Q1	Schalter Q2
4 = 0	0 = 4	←	←
$3^1/_2$	$^1/_2$	←	Mitte
3	1	←	→
$2^1/_2$	$1^1/_2$	Mitte	→
2	2	→	→
$1^1/_2$	$2^1/_2$	→	Mitte
1	3	→	←
$^1/_2$	$3^1/_2$	Mitte	←

← Schalterstellung links, → desgl. rechts

Die Schalter Q1 und Q2 sind durch die Transistoren der Steuerschaltungen verwirklicht.

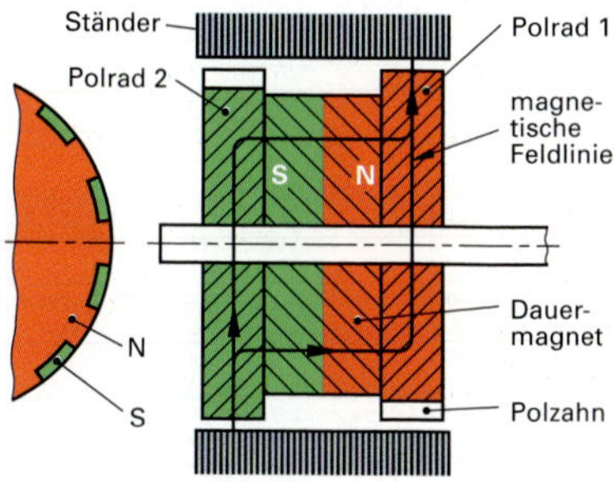

Läufer mit Gleichpolprinzip für Schrittmotor mit kleinem Schrittwinkel

Bei Halbschrittbetrieb:

$$\alpha = \frac{180°}{2p \cdot m} \quad (1)$$

$$z_u = 2 \cdot 2p \cdot m \quad (3)$$

$$n = \frac{f_{sch}}{2 \cdot 2p \cdot m} \quad (5)$$

Bei Vollschrittbetrieb:

$$\alpha = \frac{360°}{2p \cdot m} \quad (2)$$

$$z_u = 2p \cdot m \quad (4)$$

$$n = \frac{f_{sch}}{2p \cdot m} \quad (6)$$

Durch eine elektronische Schaltung kann beim Halbschrittbetrieb die Phasenverschiebung in vier Teile geteilt werden, sodass der Vollschritt in acht Mikroschritte unterteilt wird *(Mikroschrittbetrieb)*.

$2p$ Polzahl, f_{sch} Schrittfrequenz, m Strangzahl, n Drehzahl (Umdrehungsfrequenz), p Polpaarzahl, z_u Schrittzahl/Umdrehung, α Schrittwinkel

AS

Prüfung elektrischer Maschinen Verification of Electrical Machines

Prüfungsart	Zweck der Prüfung	Anwendung der Prüfung
Erwärmungsprüfung	Nachweis, dass in der Bemessungsbetriebsart die höchstzulässige Übertemperatur nicht überschritten wird.	Bei Großmaschinen und Neukonstruktionen, sonst nur Stichproben (Typenprüfung).
Wicklungsprüfung	Nachweis des Isoliervermögens der Wicklungsisolation.	Bei allen gefertigten oder reparierten Maschinen (Serienprüfung).
Stromüberlastbarkeitsprüfung	Nachweis, dass die Maschine gelegentlich kurzzeitig überlastbar ist.	Wie bei Erwärmungsprüfung.
Kurzschlussprüfung	Nachweis der mechanischen Festigkeit gegenüber dem Kurzschlussstrom.	Nur bei Synchrongeneratoren.
Schieflastprüfung	Nachweis, dass die Maschine an einem Netz mit unsymmetrischer Last arbeiten kann.	Nur bei Drehstrom-Synchrongeneratoren.
Kommutierungsprüfung	Nachweis, dass die Kommutierung vom Leerlauf bis zur zulässigen Überlastung einwandfrei (feuerfrei) arbeitet.	Wie bei der Erwärmungsprüfung, aber nur bei Stromwendermaschinen.
Kurvenformprüfung	Nachweis, dass die Maschine nicht unzulässig starke Oberschwingungen von 200 Hz bis 5 kHz (Fernsprechbereich) erzeugt.	Nur bei Synchronmaschinen ≥ 300 kVA.

Wicklungsprüfung

Wicklungsart	Nennwerte der Maschine, Bemerkungen	Prüfspannung in V
Alle Wicklungen außer den nachfolgend genannten	< 1 kW bzw. < 1 kVA, < 100 V < 10 MW bzw. 10 MVA ≥ 10 MW (MVA) und $U_N \leq 24$ kV ≥ 10 MW (MVA) und $U_N > 24$ kV	$U_P = 2\ U_N + 500$ V $U_P = 2\ U_N + 1000$ V (mind. aber 1,5 kV) $U_P = 2\ U_N + 1000$ V nach Vereinbarung mit Besteller
Schleifringläuferwicklung	Falls Drehfeldumkehr möglich. Falls Drehfeldumkehr nicht möglich.	$U_P = 4\ U_{L0} + 1000$ V $U_P = 2\ U_{L0} + 1000$ V
Erregerwicklung von Synchronmaschinen	Bei Synchronmaschinen für asynchronen Anlauf. Die Erregerwicklung muss dabei auf einen äußeren Widerstand geschaltet sein.	$U_P = 10\ U_e$ mindestens 1,5 kV, höchstens 3,5 kV
Fremderregte Erregerwicklung	Bei Gleichstrommaschinen.	$U_P = 2\ U_e + 1000$ V (mindestens aber 1,5 kV)
Ständig kurzgeschlossene Wicklungen	Z.B. bei Kurzschlussläufern.	Keine Wicklungsprüfung erforderlich.
Teilweise erneuerte Wicklungen	Alter Wicklungsteil ist zu reinigen und zu trocknen.	$U_{PT} = 0{,}75\ U_P$ (U_P von oben)
Wicklungen bei Maschinenrevision	$U_N < 100$ V $U_N \geq 100$ V	Nach Reinigung u. Trocknung: $U_P = 500$ V $U_P = 1{,}5\ U_N$ (mindestens 1 kV)

Prüfdauer	Anlegen von U_P, Maschinennennwerte	Prüfschaltung
1 min (nach Erreichen von U_P) Einminutenprüfung	Bei allen Maschinen: Man beginnt mit $U_P / 2$ bzw. $U_{PT} / 2$ oder weniger und steigert dann innerhalb von $t \geq 10$ s allmählich auf die volle Prüfspannung.	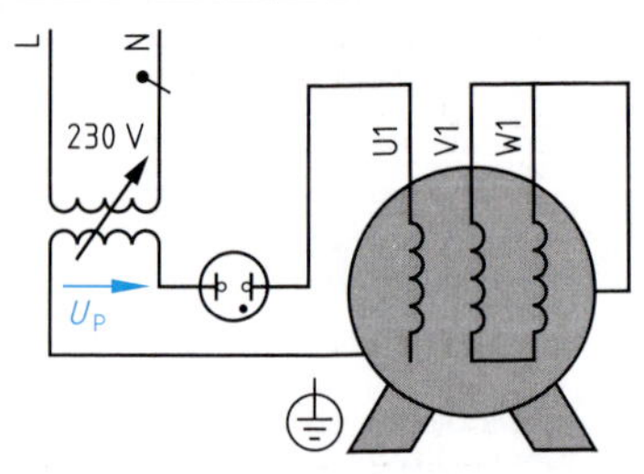
5 s (nur bei Serienprüfung)	Maschinen ≤ 200 kW (kVA) und $U_N \leq 660$ V können anstelle der Einminutenprüfung sofort an die volle Prüfspannung gelegt werden.	
1 s (nur bei Serienprüfung)	Maschinen ≤ 5 kW (kVA) können anstelle der Einminutenprüfung auch für nur 1 s sofort an die 1,2-fache Prüfspannung gelegt werden.	

U_e Erregerspannung (Nennerregerspannung bzw. höchste Erregerspannung), U_{L0} Läuferstillstandsspannung, U_N Bemessungsspannung, Nennspannung, U_P Prüfspannung, U_{PT} Prüfspannung bei teilweise erneuerter Wicklung.

AS

Drehstromwicklungen Three-phase Windings

Benennung, Bemerkungen, Berechnung	Wicklungsplan

Drehstrom-Gruppenwicklung als Zweietagenwicklung mit Spulen verschiedener Form und Weite $p = 2$, $N = 24$

Gute Kühlung der Wickelköpfe, aber teure Herstellung. Selten.

$$q = \frac{N}{m \cdot 2p} = \frac{24}{3 \cdot 2 \cdot 2} = \frac{24}{12} = 2$$

$y_N = N/(2p) = 24/4 = 6 \Rightarrow y_{N1}$ 1 auf 8 (1 : 8), y_{N2} 1 auf 6 (1 : 6)

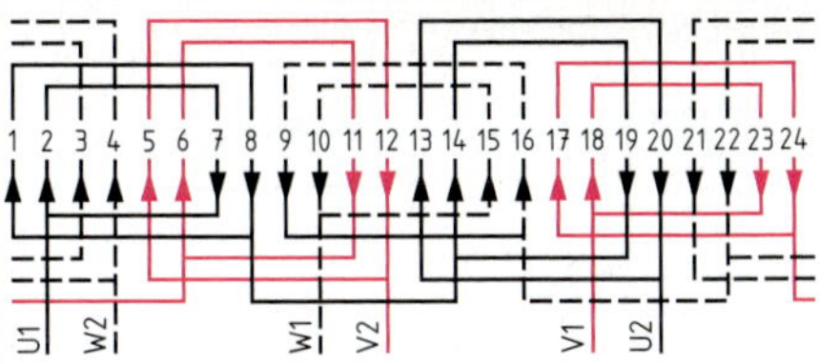

Drehstrom-Gruppenwicklung als Zweietagenwicklung mit Spulen verschiedener Form und gleicher Weite $p = 3$, $N = 18$

Eine Spule erhält einen gekröpften Wickelkopf. Selten.

$$q = \frac{N}{m \cdot 2p} = \frac{18}{3 \cdot 2 \cdot 3} = 1$$

$y_N = N/(2p) = 18/6 = 3 \Rightarrow y_N$ 1 : 4 (1 auf 4)

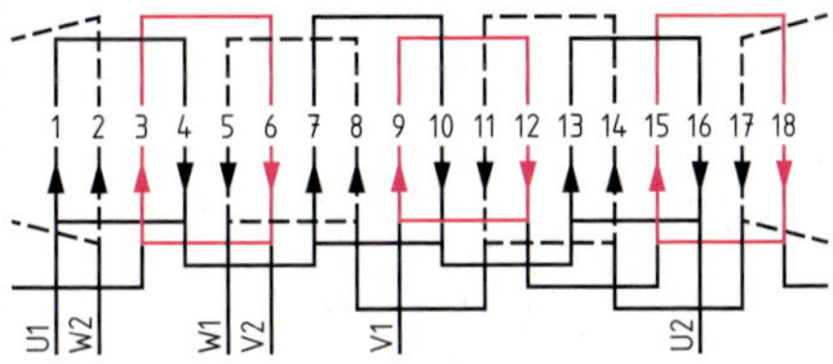

Drehstrom-Korbwicklung (Einschichtwicklung) mit Spulen gleicher Weite $p = 3$, $N = 18$

Billiger als Gruppenwicklung. Häufig.

$$q = \frac{N}{m \cdot 2p} = \frac{18}{3 \cdot 2 \cdot 3} = 1$$

$y_N = N/(2p) = 18/6 = 3 \Rightarrow y_N$ 1 : 4 (1 auf 4)

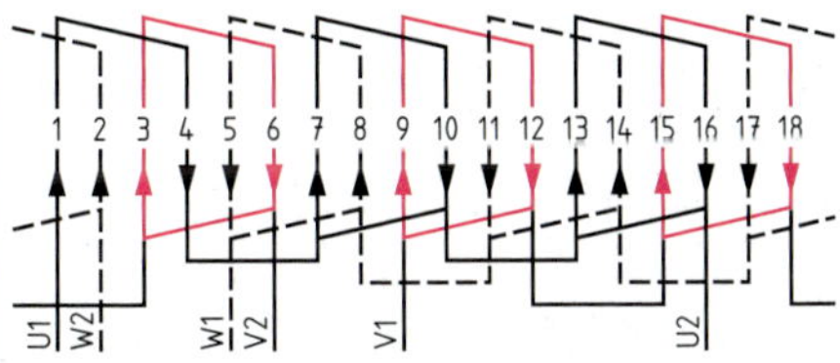

Drehstrom-Korbwicklung (Einschichtwicklung) mit Spulen verschiedener Weite und Form $p = 2$, $N = 24$

Nachteilig ist die ungünstige Felderregerkurve, sodass das Sattelmoment klein ist.

$$q = \frac{N}{m \cdot 2p} = \frac{24}{3 \cdot 2 \cdot 2} = \frac{24}{12} = 2$$

$y_N = N/(2p) = 24/4 = 6 \Rightarrow y_{N1}$ 1 auf 8, y_{N2} 1 auf 6

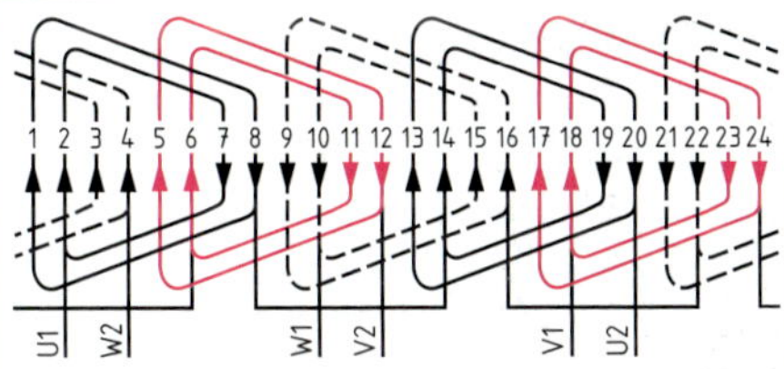

Drehstrom-Zweischichtwicklung mit Spulen gleicher Form und Weite $p = 1$, $N = 12$

Ruft günstige Form der Felderregerkurve hervor. Häufig vor allem bei mittleren und großen Motoren.

$$q = \frac{N}{m \cdot 2p} = \frac{12}{3 \cdot 2 \cdot 1} = 2$$

$y_N / (2p) = 12/2 = 6$

Wegen der Sehnung y_N 1 auf 6 (nicht 1 auf 7).

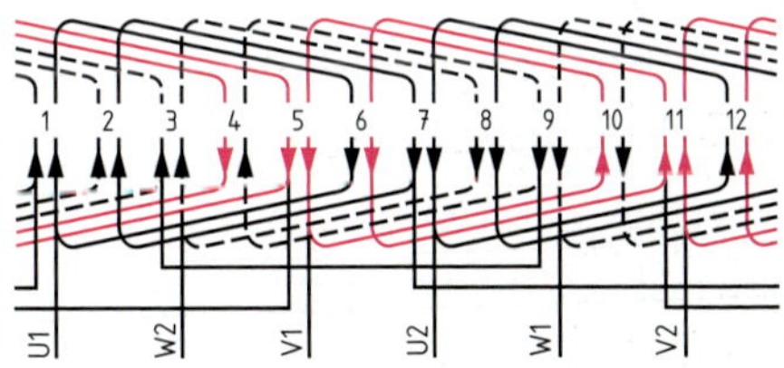

Drehstrom-Gruppenwicklung als Zweietagenwicklung in Dahlanderschaltung $p = 2/1$, $N = 12$

Nachteilig ist beim kleineren p die ungünstige Felderregerkurve.

$$q_1 = \frac{N}{m \cdot 2p} = \frac{12}{3 \cdot 2 \cdot 1} = 2$$

$$q_2 = \frac{N}{m \cdot 2p} = \frac{12}{3 \cdot 2 \cdot 2} = 1$$

$y_N = N / (2p) = 12 / (2 \cdot 2) = 3 \Rightarrow y_N$ 1 : 4 (1 auf 4)
(für y_N größeres p verwenden)

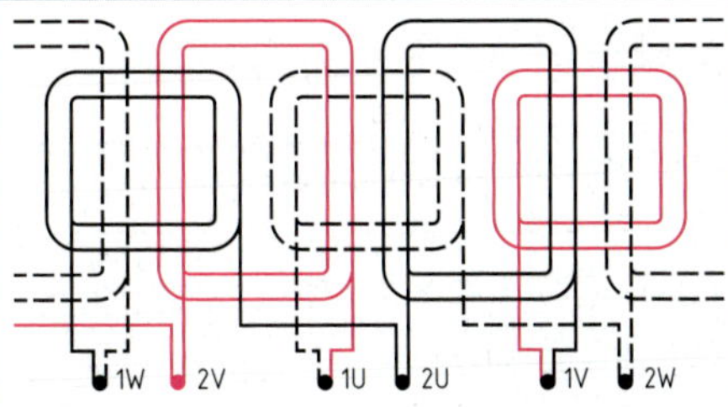

m Phasenzahl (bei Drehstrom $m = 3$); N Nutenzahl; p Polpaarzahl (halbe Polzahl); q Anzahl der Nuten je Pol und Phase; q_1 ist q bei $p = 1$; q_2 ist q bei $p = 2$; y_N Nutenschritt (bei Spulen verschiedener Weite y_{N1} großer Nutenschritt, y_{N2} kleiner Nutenschritt).

AS

Antriebstechnik Drive Systems

Momente von Arbeitsmaschinen und Elektromotoren

Widerstandsmoment von Arbeitsmaschinen			Kraftmoment von Elektromotoren	
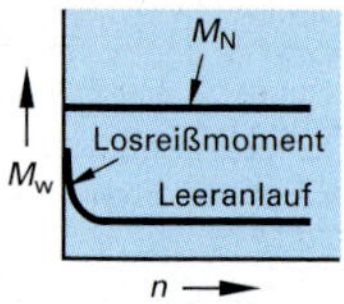	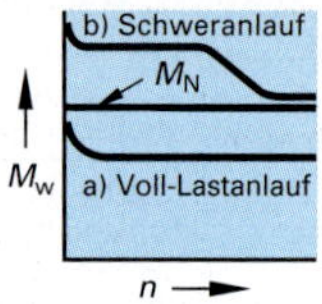	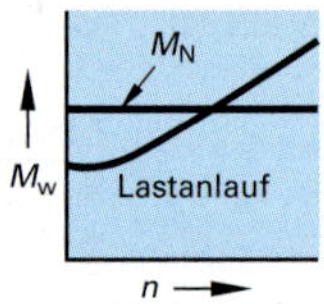	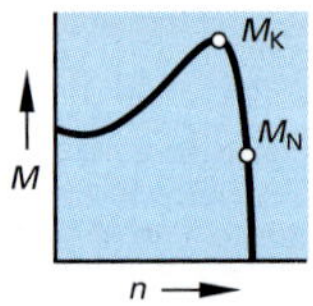	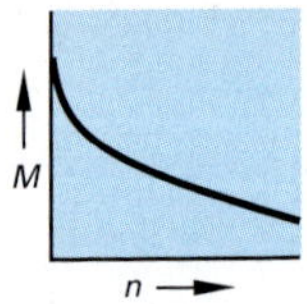
Belastung erst nach dem Hochlauf, z.B. Drehmaschinen, Fräsmaschinen, Sägen, Pressen, Stanzen.	Widerstandsmoment a) fast so groß wie Motorbemessungsmoment M_N. b) größer als M_N.	Widerstandsmoment steigt mit Drehzahl, z.B. bei Lüftern, Kreiselpumpen, Verdichtern.	Kraftmoment steigt beim Anlauf mit n, fällt aber nach Kippmoment M_K. Kurzschlussläufermotor.	Kraftmoment steigt mit abnehmender Drehzahl. Reihenschlussmotor, Universalmotor.

Bremsen von Antrieben mit Drehstromasynchronmotoren

Bezeichnung	Erklärung	Schaltung (Prinzip)	Anwendung
Brems-Lüftmagnet (Federdruckbremsung)	Bremskraft durch Feder. Sobald die Erregerspule eingeschaltet ist, wird die Bremse gelöst (gelüftet). Verlustbremsung.	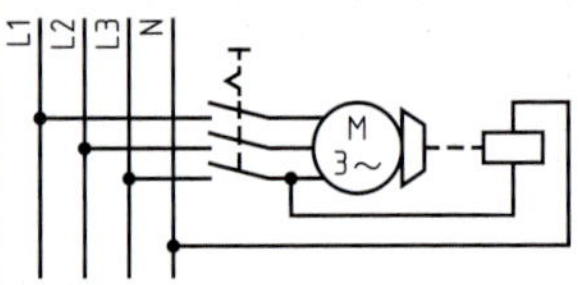	Werkzeugmaschinen, Hebezeuge. Sonderform: Bremsmotor (Stopp-Motor).
Elektrohydraulischer Bremslüfter	Bremskraft durch Feder. Sobald der Bremslüftermotor eingeschaltet ist, wird Öl in einen Zylinder gepumpt, sodass sich ein Kolben bewegt. Dadurch wird die Bremse je nach Drehzahl mehr oder weniger gelöst. Verlustbremsung.	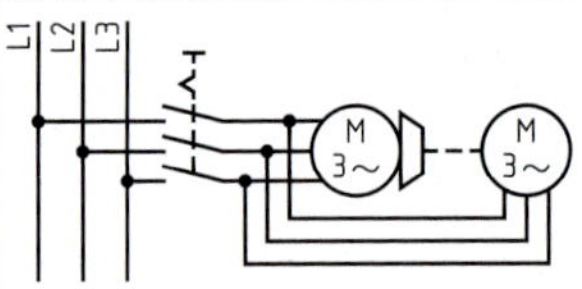	Hebezeuge (zum Stillsetzen, auch bei Last am Haken; zur Drehzahlsteuerung).
Gegenstrombremsung	Die Bremskraft wird vom Motor hervorgerufen, weil dessen Drehfeld durch Vertauschen zweier Außenleiter einen anderen Drehsinn erhält. Nach Stillsetzen des Antriebes muss abgeschaltet werden, da sonst Anlauf in umgekehrter Drehrichtung erfolgt. Verlustbremsung.	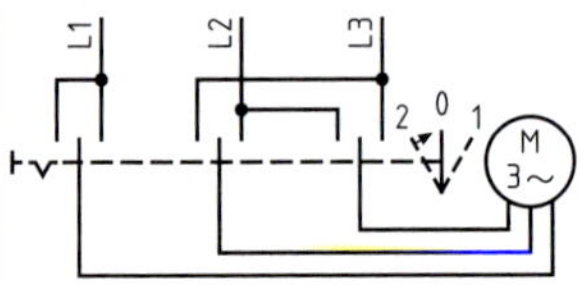	Maschinen mit großer Schwungmasse, z.B. Pressen; auch Hebezeuge beim Kontern (Gegensteuern).
Übersynchrone Senkbremsschaltung	Motor wird von der Last angetrieben und arbeitet als Asynchrongenerator. Nutzbremsung.	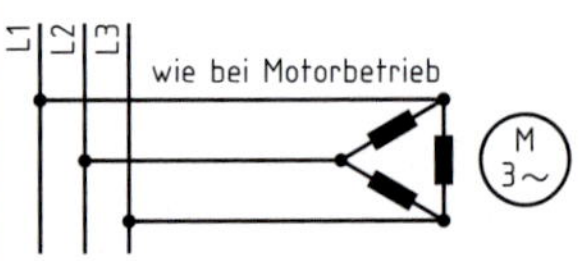	Hebezeuge (beim raschen Senken), besonders bei polumschaltbaren Motoren.
Untersynchrone Senkbremsschaltung	Schleifringläufermotor, mit großem Widerstand im Läuferkreis und als Einphasenmotor geschaltet, entwickelt bei Rechtslauf ein Kraftmoment nach links. Im Stillstand keine Bremskraft. Verlustbremsung.	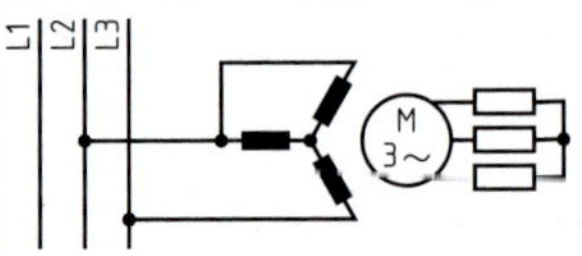	Hebezeuge (beim langsamen Senken).
Gleichstrombremsung	Ständerwicklung des Motors wird an niedrige Gleichspannung gelegt. Der durch Induktion entstehende Läuferstrom bremst. Verlustbremsung.	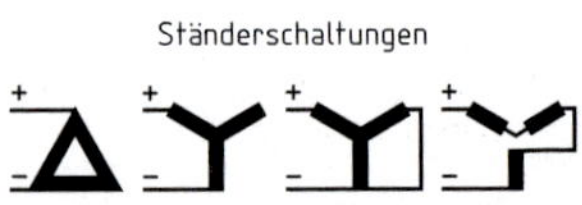	Werkzeugmaschinen, Fördermaschinen.

M Kraftmoment, Moment, M_N Motorbem.moment, M_w Widerstandsmoment der Arbeitsmaschine, n Drehzahl.

AS

Wahl des Antriebsmotors Selection of the Drive Motor

Wichtige Motorarten für Antriebe

Motorart	Vorteile	Nachteile
Drehstrom-Kurzschlussläufer	Wartungsarm, robust, billig, funkstörfrei.	Großer Einschaltstrom führt bei häufigem Schalten zu Erwärmung. Drehzahl beim polumschaltbaren Motor in 2 (selten 3) Stufen steuerbar. Sonst nur über Umrichter steuerbar, z.B. Zwischenkreisumrichter.
Drehstrom-Synchronmotor	Konstante Drehzahl. Kraftmoment von Spannungsschwankung wenig abhängig.	Drehzahl nur über Umrichter steuerbar, z.B. Zwischenkreisumrichter mit Pulsweitenmodulation. Erfordert oft Gleichstrom für Erregung.
Drehstrom-Schleifringläufer	Sehr großes Anzugsmoment. Drehzahl beschränkt steuerbar.	Anlasser erforderlich, Kohlebürsten brauchen Wartung. Im Betrieb Funkenbildung. Gesteuerte Drehzahl ist lastabhängig.
Fremderregter Motor für Gleichstrom	Drehzahl sehr gut steuerbar. Nutzbremsung unter Energierücklieferung möglich. Häufiges Einschalten möglich.	Gleichstrom nötig. Erfordert sorgfältige Wartung. Anlasseinrichtung, z.B. steuerbarer Gleichrichter, notwendig. Teuer in der Anschaffung. Im Betrieb Funkenbildung.
Reihenschlussmotor für DC und AC	Sehr großes Anzugsmoment. Drehzahl kann größer sein als bei vorgenannten Motoren.	Wie bei den anderen Gleichstrommotoren. **Achtung:** Geht im Leerlauf durch, daher kein Riementrieb möglich.

Drehzahlsteuerung

Motorart	Art der Drehzahlsteuerung	Erklärung, Bemerkungen, Schaltung
kleiner Kurzschlussläufermotor, vor allem beim Einphasenmotor	Spannungssteuerung zur Schlupfänderung mittels Vorwiderstand oder Wechselstromsteller, z.B. in Wechselwegschaltung.	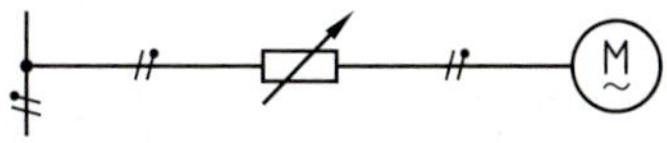 **Drehzahlsteuerung eines Spaltpolmotors**
Drehstrom-Kurzschlussläufermotor (Drehstrom-Asynchronmotor) und Drehstrom-Synchronmotor	Polumschaltung (Dahlanderschaltung) Frequenzsteuerung mittels *Zwischenkreisumrichter*, meist U-Umrichter (Seite 325). Wichtigstes Verfahren zur Drehzahlsteuerung von Drehstrommotoren.	Polzahlverhältnis und damit Drehzahlverhältnis meist 1 : 2, häufig Anwendung bei Kurzschlussläufermotoren. Frequenzverhältnis bis 1 : 1000, bei Regelung bis 1 : ∞. Der Umrichter kann an den Motor angebaut sein (Umrichtermotor). Häufige Anwendung bei Synchronmotoren und Asynchronmotoren.
fremderregter Gleichstrommotor (oft eigentlich falsch als Nebenschlussmotor bezeichnet)	Stromsteuerung im Ankerkreis. Bei AC-Anschluss mittels gesteuertem Gleichrichter. Bei DC-Anschluss mittels Gleichstromsteller. Auch zum Anlassen geeignet. Für hohe Drehzahlen auch durch Spannungssteuerung des Erregerkreises (nicht zum Anlassen geeignet).	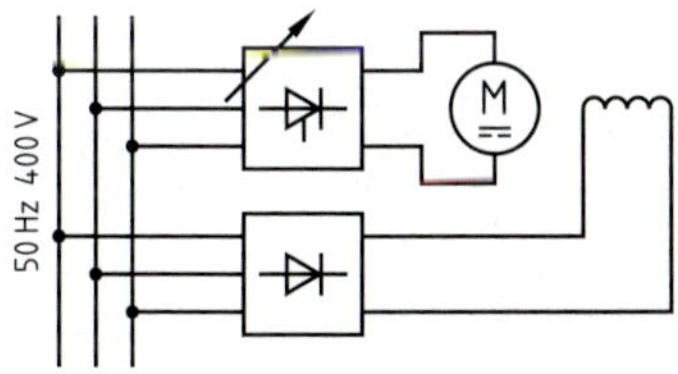 **Drehzahlsteuerung eines Gleichstrommotors**
Reihenschlussmotor für DC oder AC (bei AC-Eignung als Universalmotor bezeichnet)	Stromsteuerung in der Zuleitung. Bei DC mittels Vorwiderstand oder Gleichstromsteller, bei AC mittels Vorwiderstand oder Wechselstromsteller. Auch zum Anlassen geeignet.	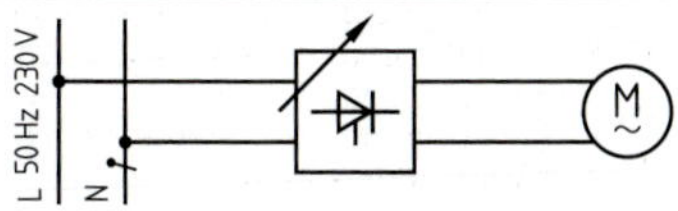 **Drehzahlsteuerung eines Universalmotors**
Drehstrom-Schleifringläufermotor (noch bei Altanlagen anzutreffen)	Stromsteuerung zur Schlupfänderung im Läuferkreis mittels Wirkwiderständen. An Stelle der Wirkwiderstände kann Gleichrichtung und Rückspeisung an das Netz über Wechselrichter erfolgen.	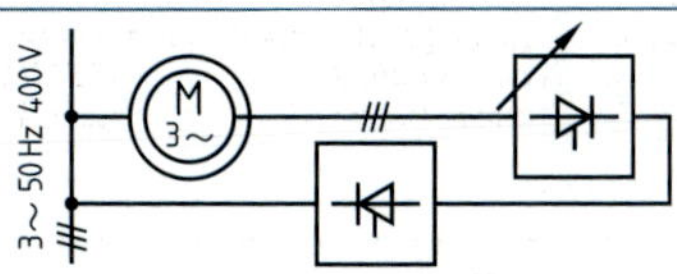 **Untersynchrone Wechselrichterkaskade**

Anlassen von Kurzschlussläufermotoren Starting of Squirrel Cage Motors

Prinzip

Ursache

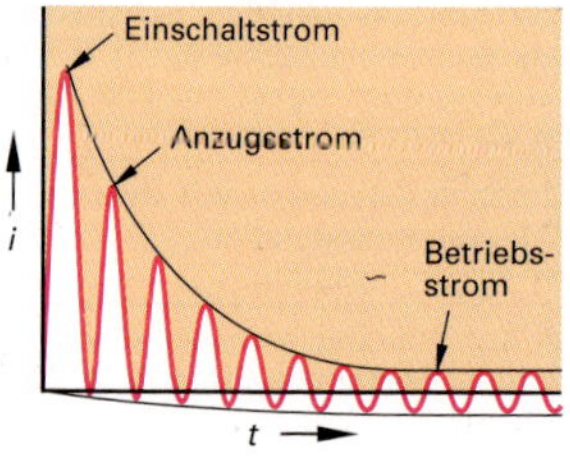

Stromverlauf

Bedingung

Anschluss an das öffentliche Niederspannungsnetz nach TAB

Motorenart	Bedingung
Einphasen-motoren	Bemessungsleistung nicht über 1,7 kVA.
Drehstrom-motoren	Anzugsstrom nicht über 60 A oder Bemessungsleistung bis 5,2 kVA bei gelegentlichem Schalten.

Folgerung

Bei Drehstrom-Kurzschlussläufermotoren mit einer Bemessungsleistung von mehr als 4 kW muss beim Einschalten die Spannung heruntergesetzt sein, damit der Einschaltstrom, der bis zum 10-Fachen des Bemessungsstromes betragen kann, begrenzt bleibt. Der Einschaltstrom sinkt im selben Verhältnis, wie die Spannung herabgesetzt wird. Dagegen nimmt das Kraftmoment etwa quadratisch ab, bei halber Spannung also auf ein Viertel.

Anlaufschaltungen

Schaltung	Erklärung	Bemerkungen
Direktes Einschalten	Einschalten z. B. mit Motorschalter, elektromagnetischem Schütz oder Halbleiterschütz.	Am öffentlichen Netz bei Drehstrommotoren bis 4 kW möglich.
Einschalten mit Stern-Dreieck-Schalter	In der Sternschaltung beträgt der Einschaltstrom nur ein Drittel des Einschaltstroms der Dreieckschaltung.	Am öffentlichen Netz für Bemessungsleistung bis 11 kW. Bemessungsleistung und Moment sind in Y nur ein Drittel der Werte in △.

Elektronischer Motorstarter

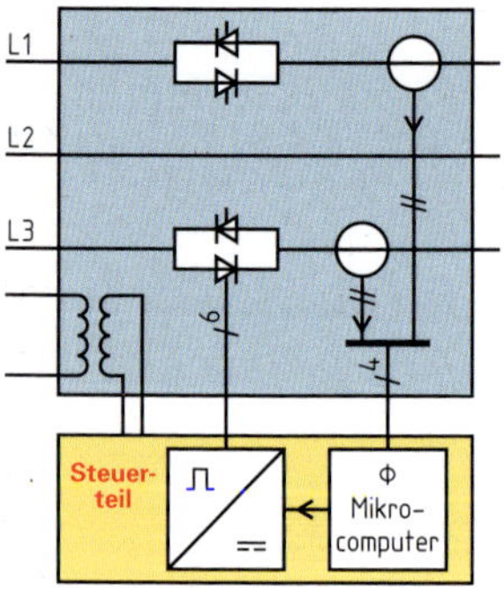

Elektronischer Motorstarter

Der *Steuerteil* enthält einen Mikrocomputer und eine Steuereinheit zur Erzeugung der Zündimpulse für die Thyristoren. Diese Motorstarter haben ein, zwei oder drei Antiparallelschaltungen von Thyristoren.

Elektronische Motorstarter erhöhen während der Anlaufzeit mittels Abschnittsteuerung die Spannung an den Motorklemmen von etwa 40% auf 100% der Bemessungsspannung des Motors.

Elektronische Motorstarter trennen wegen der Halbleiter nicht sicher vom Netz. Es muss deshalb immer ein Schalter mit Trennvermögen vorgeschaltet sein. Deshalb sind mit dem elektronischen Motorstarter oft Leistungsschalter oder Leitungsschutzschalter kombiniert.

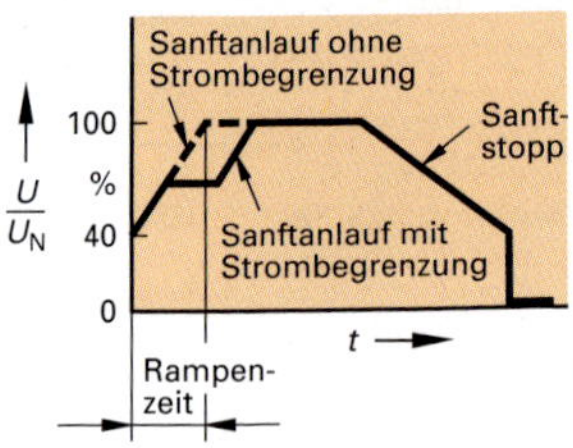

Spannungsverlauf beim elektronischen Motorstarter

Am öffentlichen Netz für Drehstrom-Kurzschlussläufermotoren bis zu einer Bemessungsleistung von 15 kW.

Kusa-Schaltung

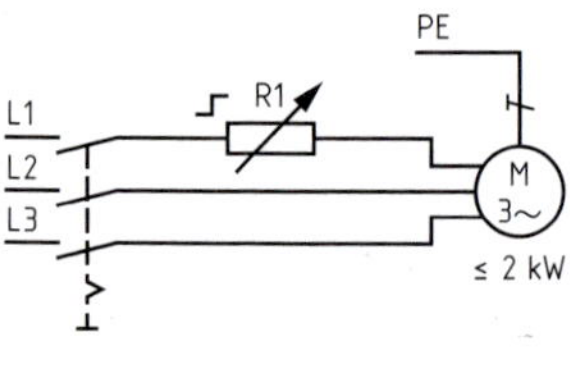

Kusa-Schaltung

Herabsetzung der Spannung durch drei Drosselspulen oder drei Wirkwiderstände. Bei Drehstrommotoren mit der Angabe Y 400 V kann am 400-V-Netz ein Sternpunktanlasser, auch als Flüssigkeitsanlasser mit Elektrolyt, verwendet werden. Für Motoren bis 2 kW kann die Kusa-Schaltung (Kusa von Kurzschlussläufer-Sanftanlauf) mit nur einem Widerstand verwendet werden.

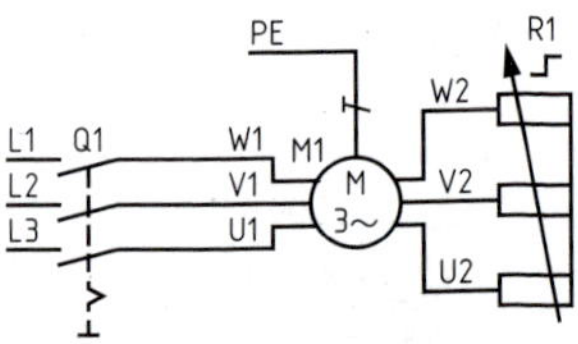

Schaltung mit Sternpunktanlasser

Schaltung mit Anlauftransformator

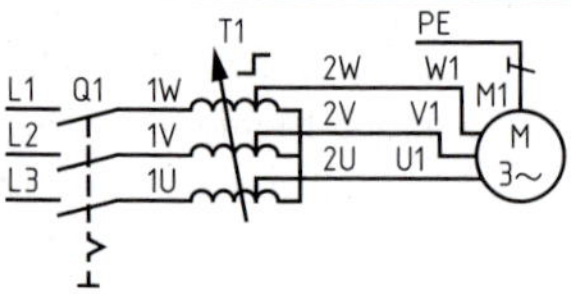

Schaltung mit Anlauftransformator

Herabsetzung der Spannung durch einen stellbaren Drehstromtransformator, meist in Sternschaltung. Der Einschaltstrom aus dem Netz wird dabei herabgesetzt durch die kleinere Spannung und durch die Stromübersetzung des Transformators.

Mit Anlauftransformatoren können Drehstrom-Kurzschlussläufermotoren bis zu einer Bemessungsleistung von 15 kW angelassen werden.

Nachteilig beim Anlassen mit Transformator zum Herabsetzen der Anlaufspannung sind die hohen Anschaffungskosten.

Teil W: Werkstoffe, Verbindungstechnik
Part W: Materials, Connecting, Joining and Bonding

Werkstoffe 388

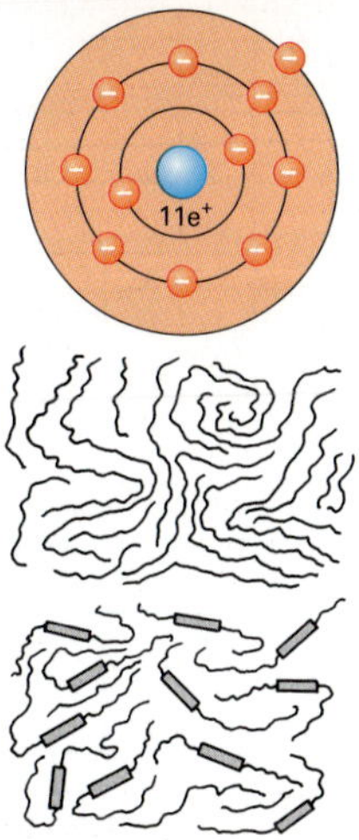

Leitungen 403

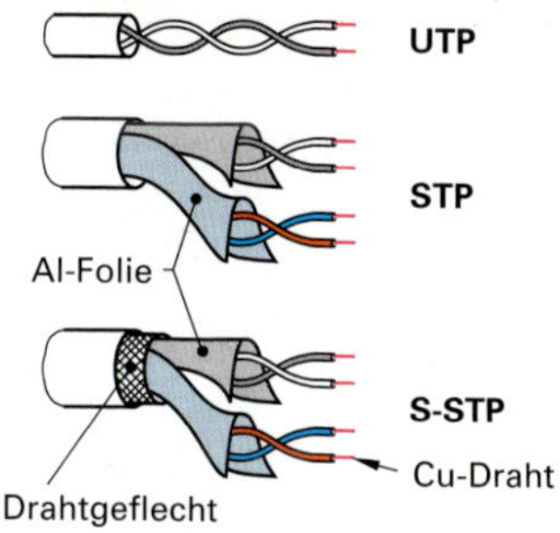

Steckverbinder, Installationsrohre 413

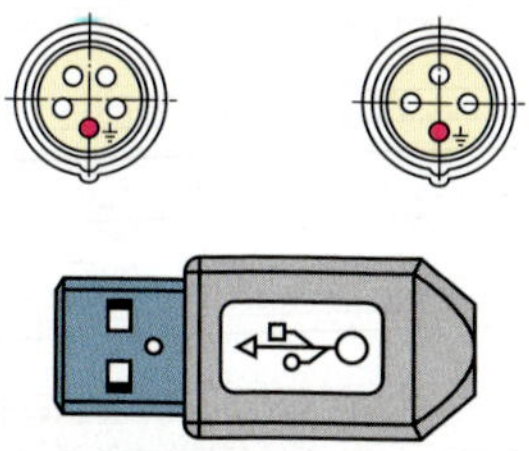

Schrauben, Gewinde, Passungen 418

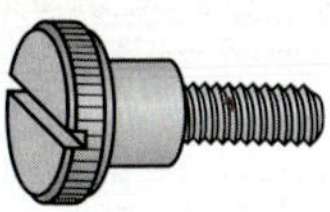

Periodensystem, chemische Bindung Periodic Table, Chemical Bond

Periodensystem der Elemente

Gruppe	I a	I b	II a	II b	III a	III b	IV a	IV b	V a	V b	VI a	VI b	VII a	VII b	VIII a	VIII b	VIII b	VIII b	Schale
1. Periode	$^{1}_{1}H$														$^{4}_{2}He$				K
2. Periode	$^{7}_{3}Li$		$^{9}_{4}Be$		$^{11}_{5}B$		$^{12}_{6}C$		$^{14}_{7}N$		$^{16}_{8}O$		$^{19}_{9}F$		$^{20}_{10}Ne$				L
3. Periode	$^{23}_{11}Na$		$^{24}_{12}Mg$		$^{27}_{13}Al$		$^{28}_{14}Si$		$^{31}_{15}P$		$^{32}_{16}S$		$^{35}_{17}Cl$		$^{40}_{18}Ar$				M
4. Periode	$^{39}_{19}K$		$^{40}_{20}Ca$			$^{45}_{21}Sc$		$^{48}_{22}Ti$		$^{51}_{23}V$		$^{52}_{24}Cr$		$^{55}_{25}Mn$		$^{56}_{26}Fe$	$^{59}_{27}Co$	$^{59}_{28}Ni$	N
		$^{64}_{29}Cu$		$^{65}_{30}Zn$	$^{70}_{31}Ga$		$^{73}_{32}Ge$		$^{75}_{33}As$		$^{79}_{34}Se$		$^{80}_{35}Br$		$^{84}_{36}Kr$				
5. Periode	$^{85}_{37}Rb$		$^{88}_{38}Sr$			$^{89}_{39}Y$		$^{91}_{40}Zr$		$^{93}_{41}Nb$		$^{96}_{42}Mo$		$^{99}_{43}Tc$		$^{101}_{44}Ru$	$^{103}_{45}Rh$	$^{106}_{46}Pd$	O
		$^{108}_{47}Ag$		$^{112}_{48}Cd$	$^{115}_{49}In$		$^{119}_{50}Sn$		$^{122}_{51}Sb$		$^{128}_{52}Te$		$^{127}_{53}J$		$^{131}_{54}Xe$				
6. Periode	$^{133}_{55}Cs$		$^{137}_{56}Ba$			$^{139}_{57}La$	L[1]	$^{179}_{72}Hf$		$^{181}_{73}Ta$		$^{184}_{74}W$		$^{186}_{75}Re$		$^{190}_{76}Os$	$^{192}_{77}Ir$	$^{195}_{78}Pt$	P
		$^{197}_{79}Au$		$^{201}_{80}Hg$	$^{204}_{81}Tl$		$^{207}_{82}Pb$		$^{209}_{83}Bi$		$^{210}_{84}Po$		$^{210}_{85}At$		$^{222}_{86}Rn$				
7. Periode	$^{223}_{87}Fr$		$^{226}_{88}Ra$			$^{227}_{89}Ac$	A[2]												Q

[1] Lanthaniden	$^{140}_{58}Ce$	$^{141}_{59}Pr$	$^{144}_{60}Nd$	$^{147}_{61}Pm$	$^{150}_{62}Sm$	$^{152}_{63}Eu$	$^{157}_{64}Gd$	$^{159}_{65}Tb$	$^{163}_{66}Dy$	$^{165}_{67}Ho$	$^{167}_{68}Er$	$^{169}_{69}Tm$	$^{173}_{70}Yb$	$^{175}_{71}Lu$	P
[2] Aktiniden	$^{232}_{90}Th$	$^{231}_{91}Pa$	$^{238}_{92}U$	$^{237}_{93}Np$	$^{242}_{94}Pu$	$^{243}_{95}Am$	$^{247}_{96}Cm$	$^{249}_{97}Bk$	$^{251}_{98}Cf$	$^{254}_{99}Es$	$^{253}_{100}Fm$	$^{256}_{101}Md$	$_{102}No$	$_{103}Lr$	Q

Atombau und chemische Bindung

Massen: Proton $167{,}26 \cdot 10^{-21}$ g
Neutron $167{,}49 \cdot 10^{-21}$ g
Elektron $0{,}91095 \cdot 10^{-30}$ g

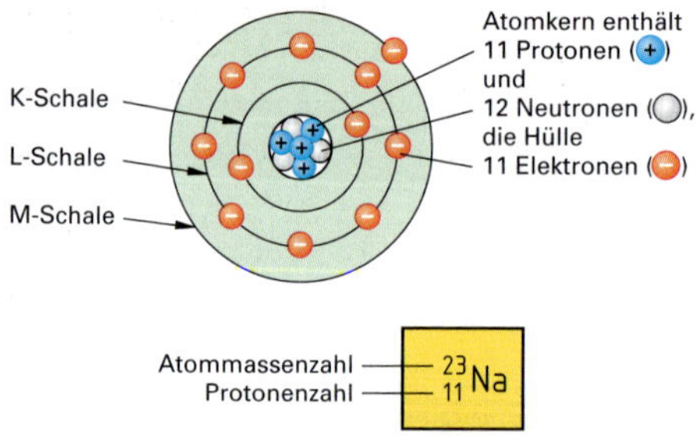

Atommodell nach Rutherford und Bohr für Natrium

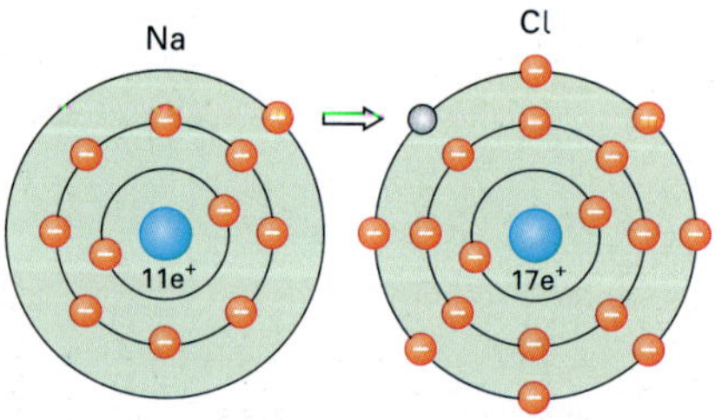

Ionenbindung von Natrium (Na) und Chlor (Cl)

Atommassenzahl = Protonenzahl + Neutronenzahl **1**

Protonenzahl = Ordnungszahl im Periodensystem der Elemente **2**

Die **Ionenbindung** (heteropolare Bindung) entsteht durch Elektronenübergang von einem Atom zum anderen. Dabei neigen Atome mit 1 bis 3 Außenelektronen (meist Metalle) zur Abgabe von Elektronen. Atome mit 5 bis 7 Außenelektronen (meist Nichtmetalle) nehmen dagegen leicht Elektronen auf. Die beteiligten Atome erreichen dadurch Edelgas-Struktur (Na^+ hat die gleiche Elektronenhülle wie Ne, die Hülle von Cl^- ist gleich der von Ar). Die unterschiedlich geladenen Ionen ziehen sich an und bilden einen Ionenkristall. Bei Auflösung in Wasser gehen die Ionen in Lösung.

Die **Atombindung** (homöopolare Bindung) wird zwischen zwei Atomen durch ein oder mehrere (höchstens drei) gemeinsame Elektronenpaare bewirkt.

Die **polarisierte Atombindung** entsteht zwischen verschiedenartigen Atomen im Molekül. Hierbei zieht ein Kern das gemeinsame Elektronenpaar stärker an als der andere (Ladungsverschiebung ≙ Polarisierung).

Bei der **Metallbindung** geben die Metallatome Außenelektronen an ein gemeinsames *Elektronengas* ab. Die entstehenden Metallionen bilden ein räumliches Gitter (Metallkristallgitter). Zwischen den Metallionen können sich die abgegebenen Elektronen frei bewegen. Die Anziehung zwischen den Metallionen und den freien Elektronen hält den Kristall zusammen. Die freien Elektronen verursachen die typischen Metalleigenschaften, z.B. elektrische Leitfähigkeit und Undurchsichtigkeit.

W

Stoffwerte Specific Material Values

Metalle und Legierungen

Stoff, Symbol		Dichte ϱ in $\frac{kg}{dm^3}$	Schmelztemperatur in °C	Siedetemperatur in °C	Spezif. Wärmekapazität c in $\frac{kJ}{kg \cdot K}$	Längenausdehnungskoeffizient in 10^{-6}/K (0 °C ... 100 °C)	Spezifischer Widerstand ϱ_{20} in $\frac{\Omega \cdot mm^2}{m}$	Elektrische Leitfähigkeit γ_{20} in $\frac{m}{\Omega \cdot mm^2}$	Temperaturkoeff. α in $\frac{10^{-3}}{K}$
Aluminium (99,5%)	Al	2,70	658	2057	0,921	23,8	0,0278	36	4,0
Barium	Ba	3,5	701	1640	0,293	19	0,4	2,5	6,5
Blei	Pb	11,34	327,4	1740	0,130	29,4	0,208	4,8	4,22
Chrom	Cr	7,19	1890	2500	0,452	6,6	0,130	6,7	3,0
Eisen (rein)	Fe	7,87	1539	2740	0,461	11,5	0,1	10	6,57
Gold	Au	19,3	1063	2970	0,130	14,2	0,022	45,7	3,98
Cadmium	Cd	8,64	321	767	0,234	29,4	0,077	13	4,2
Kobalt	Co	8,9	1490	3168	0,419	12,6	0,062	16,1	6,6
Kupfer (99,9%)	Cu	8,9	1085	2600	0,389	17,0	0,0178	56	3,9
Lithium	Li	0,534	179	1317	3,582	56	0,086	11,7	4,9
Magnesium	Mg	1,74	650	1102	1,047	26	0,044	22,7	4,1
Mangan	Mn	7,43	1245	2150	0,502	23,0	1,85	0,54	6,3
Molybdän	Mo	10,2	2620	4800	0,272	5,1	0,047	21	4,7
Nickel (99,5%)	Ni	8,85	1452	3000	0,461	13,0	0,095	10,5	5,5
Platin	Pt	21,5	1770	4400	0,134	9,0	0,098	10,2	3,8
Quecksilber	Hg	13,5	−38,9	357,25	0,138	182[1]	0,9406	1,063	0,9
Silber	Ag	10,5	960	2210	0,234	19,3	0,0167	60,0	4,1
Titan	Ti	4,54	1670	3280	0,528	8,4	0,8	1,25	5,46
Wismut	Bi	9,8	270	1477	0,126	13,5	1,07	0,94	4,5
Wolfram	W	19,3	3370	5900	0,142	4,5	0,055	18,2	4,6
Zink	Zn	7,14	419,5	907	0,394	29,8	0,0625	16	4,2
Zinn	Sn	7,28	231,8	2275	0,226	27	0,115	8,7	4,63
Aldrey	AlMgSi	2,7	–	–	–	23	0,0328	30,5	3,6
Aluchrom	CrAl 20 5	7,2	1500	–	0,461	12	1,37	0,73	0,05
Konstantan	CuNi 44	8,9	1280	–	0,410	15,2	0,49	2,04	0,04
Manganin	CuMn 12 NiAl	8,4	960	–	0,406	19,5	0,43	2,33	0,01
Nickelin	CuNi 30 Mn	8,8	1180	–	0,398	16	0,4	2,5	0,15

[1] Raumausdehnung, ϱ_{20} spez. Widerstand bei 20 °C, γ_{20} Leitfähigkeit bei 20 °C

Nichtmetalle, fest

Stoff	Dichte ϱ in $\frac{kg}{dm^3}$	Schmelztemp. in °C	Siedetemp. in °C	Spezif. Wärmekapazität $\frac{kJ}{kg \cdot K}$
Asphalt	1,1...1,5	80...100	≈ 300	0,921
Beton	1,8...2,4	–	–	0,879
Borax	1,72	741	–	1,005
Diamant (C)	3,51	3540	≈ 4000	0,502
Gips	2,3	1200	–	1,089
Glas	2,4...2,7	≈ 700	–	0,837
Kalkstein	2,6...2,8	970	–	1,130

Stoff	Dichte ϱ in $\frac{kg}{dm^3}$	Schmelztemp. in °C	Siedetemp. in °C	Spezif. Wärmekapazität $\frac{kJ}{kg \cdot K}$
Kochsalz	2,15	802	1440	0,867
Schwefel	2,07	112,8	441,6	0,754
Silicium	2,33	1420	2600	0,758
Speckstein	2,7	–	–	–
Ton	1,8...2,6	1500...1700	–	0,879
Zement	0,82...1,9	–	–	–
Isolierstoffe	siehe besondere Tabellen			

Flüssigkeiten

Stoff	Dichte ϱ in $\frac{kg}{dm^3}$	Schmelztemp. in °C	Siedetemp. in °C	Spezif. Wärmekapazität $\frac{kJ}{kg \cdot K}$
Benzin	0,68...0,75	−30	40...210	2,093
Benzol	0,88	5,4	80	1,674
Kalilauge (21% KOH)	1,2	–	–	–
Petroleum	0,81	−70	150...300	2,093
Salpetersäure (rein)	1,58	−41,3	86	1,717
Salzsäure (25% HCl)	1,12	–	–	–
Schwefelsäure (konz.)	1,84	10,5	338	1,382
Spiritus	0,816	−90	78	2,428
Tetrachlorkohlenstoff	1,595	−22,8	77	–
Trichlorethylen	1,47	−86	87	1,298
Wasser (rein)	1,0 (4 °C)	0	100	4,187

Gase (Dichte in kg/m³ bei 0 °C und 1013 hPa)

Stoff	Dichte	Schmelztemp. in °C	Siedetemp. in °C	Spezif. Wärmekapazität $\frac{kJ}{kg \cdot K}$
Argon	1,78	−190	−186	0,544
Helium	0,18	−272	−269	5,234
Kohlenstoffmonoxid	1,25	−205	−191	1,047
Kohlenstoffdioxid	1,98	–	− 78,5	0,879
Krypton	3,7	−157	−151,7	0,251
Luft	1,29	−220	−194	1,005
Neon	0,899	−249	−246	1,025
Sauerstoff	1,43	−218,5	−183	0,921
Stickstoff	1,25	−210	−196	1,047
Wasserstoff	0,09	−259	−253	14,277
Xenon	5,8	−111,5	−108,1	0,159

Stahlnormung Steel Standardization

Arten der Stähle

Unlegierte Stähle
Kein Element darf den Grenzgehalt nach Tabelle G (siehe unten) erreichen.

Grundstähle SGN 00,90	Qualitätsstähle SGN 01... 07, 91... 97	Edelstähle SGN 10... 13, 15... 18
z. B. Allg. Baustahl, Feinkornbaustahl	z. B. Federstahl, Vergütungsstahl, Automatenstahl	z. B. Einsatzstahl, unleg. Werkzeugstahl, Federstahl, Kaltarbeitsstahl, Vergütungsstahl

Legierte Stähle
Mindestens ein Element erreicht oder überschreitet den Grenzgehalt nach Tabelle G.

Qualitätsstähle SGN 08, 09, 98, 99	Edelstähle SGN 20... 89
z. B. Nitrierstahl, nichtrostender Stahl, Feinkornbaustahl	z. B. Warmarbeitsstahl, Schnellarbeitsstahl, Einsatzstahl, Federstahl, Vergütungsstahl

Wärmebehandlung nicht vorgesehen

Merkmale R_e und R_m

Verwendungszweck und Bezeichnungsgruppen

- S Stahlbaustähle
- E Maschinenbaustähle
- H Flacherzeugnisse aus höherfesten Stählen
- D Flacherzeugnisse zum Kaltumformen
- P Druckbehälterstähle
- T Verpackungsblech, -band
- L Leitungsrohrstähle
- B Betonstähle
- Y Spannstähle
- M Elektroblech, -band
- R Schienenstähle

Beispiele: S185, E335

Wärmebehandlung vorgesehen

Merkmale C-Gehalt und Legierungsanteile

Chemische Zusammensetzung und Bezeichnungsgruppen mit Beispielen

Unlegierte Stähle mit einem Mn-Gehalt von < 1%	Unlegierte Stähle mit einem Mn-Gehalt von ≥ 1% Unlegierte Automatenstähle
C15E C45	16MnCr 5 9SMnPb28

Merkmale C-Gehalt und Legierungsanteile

Chemische Zusammensetzung und Bezeichnungsgruppen mit Beispielen

Legierte Stähle mit einem Legierungselement-Gehalt < 5% (ausgenommen Automatenstähle)	Legierte Stähle mit einem mittleren Gehalt an Legierungselementen > 5%	Schnellarbeitsstähle
31CrMo12 42CrMo 4	X 6Cr13 X20Cr13	HS 6-5-2 HS 10-4-3-10

N/mm²	C-Gehalt-Kennzahl	Element	Faktor	Mittlerer Legierungs-element-Gehalt in %	Wolfram Molybdän Vanadium Kobalt in %
		Cr, Co, Mn, Ni, Si, W	4		
		Al, Be, Cu, Mo, Nb, Pb, Ta, Ti, V, Zr	10		
		C, Ce, N, P, S	100		
		B	1000		
		Kennzahl = mittlerer Gehalt x Faktor			

Tabelle G: Grenzgehalte für die Einteilung in legierte und unlegierte Stähle

Element	Al	B	Bi	Co	Cr	Cu	La	Mn	Mo	Nb	Ni	Pb	Se	Si	Te	Ti	V	W	Zr
Grenzgehalte in %	0,10	0,0008	0,10	0,10	0,30	0,40	0,05	1,65	0,08	0,06	0,30	0,40	0,10	0,50	0,10	0,05	0,10	0,10	0,05

Als Stahl bezeichnet man Werkstoffe, die hauptsächlich aus Eisen bestehen und weniger als 2 % C enthalten.

Al Aluminium
B Bor
Be Beryllium
Bi Wismut
C Kohlenstoff
R_e Streckgrenze
Ce Cer
Co Kobalt
Cr Chrom
Cu Kupfer
La Lanthan
R_m Zugfestigkeit
Mn Mangan
Mo Molybdän
N Stickstoff
Nb Niob
Ni Nickel
SGN Stahlgruppennummer
P Phosphor
Pb Blei
S Schwefel
Se Selen
Si Silicium
Ta Tantal
Ti Titan
V Vanadium
W Wolfram
Zr Zirkonium

W

Leitende Werkstoffe der Elektrotechnik (Nichteisenmetalle)
Conducting Materials in Electrical Engineering (Nonferrous Metals)

NE-Leichtmetall (Dichte < 5 kg/dm³)

Aluminium für elektrotechnische Zwecke (E-Al) Dichte ϱ = 2,7 kg/dm³

Benennung nach DIN EN 573	Zustand	Reingehalt in %	Elektrische Leitfähigkeit in $\frac{m}{\Omega \cdot mm^2}$	Spezifischer Widerstand ϱ_{20} in $\frac{\Omega \cdot mm^2}{m}$	Verwendung
EN AW-Al 99,5	Weichgeglühter Draht	99,5	35,4 34,8	0,02825 0,02874	Freileitungen, Bleche Wicklungsdrähte
EN AW-Al 99,3	Drähte für isolierte Leitungen und Kabel	99,3	34,5	0,02899	isolierte Leitungen und Kabel, Fahrdrähte, Stromschienen, Erder

NE-Schwermetall (Dichte ≥ 5 kg/dm³)

Kupfer für elektrotechnische Zwecke (E-Cu) Dichte ϱ = 8,96 kg/dm³

Benennung	Zustand	Drahtdurchmesser in mm	Elektrische Leitfähigkeit in $\frac{m}{\Omega \cdot mm^2}$	Spezifischer Widerstand ϱ_{20} in $\frac{\Omega \cdot mm^2}{m}$	Verwendung
E-Cu F 20 bis E-Cu F 37	Weichgeglühter, unverzinnter Draht	–	57	0,01754	Stromschienen, Fahrdrähte, isolierte Leitungen und Kabel, Antennen, Wicklungsdrähte und Freileitungsdrähte
	Weichgeglühter, verzinnter Draht	< 0,1 0,1...0,3 ≥ 0,3	54 55,5 56,5	0,01852 0,01802 0,01770	
	Kaltgezogener Draht R_m > 300 N/mm²	< 1 ≥ 1	55 56	0,01818 0,01786	

Sonstige NE-Schwermetalle

Kurzzeichen	Mindestgehalt in %	Benennung, Eigenschaften, Verwendung	Kurzzeichen	Mindestgehalt in %	Benennung, Eigenschaften, Verwendung
Zinn (Sn) Dichte ϱ = 7,3 kg/dm³ und Zink (Zn) Dichte ϱ = 7,2 kg/dm³					
Sn 98,0 Sn 99,0	98,0 Sn 99,0 Sn	Verzinnen von Drähten, Barren, Platten oder Stangen	Sn 99,75 Sn 99,9	99,75 Sn 99,9 Sn	Lieferart: in Blöcken, Barren, Platten oder Stangen
Zn 99,995 Zn 99,99 Zn 99,95	99,995 Zn 99,99 Zn 99,95 Zn	Tiefzieh-Messing, Tiefzieh-Neusilber, Verzinkung	Zn 99,5 Zn 98,5 Zn 97,5	99,5 Zn 98,5 Zn 97,5 Zn	Hüttenzink für Verzinkung, Zinkbleche und -bänder, Legierungswerkstoff
Blei (Pb) Dichte ϱ = 11,3 kg/dm³					
Pb 98,5 Pb 99,75	98,5 Pb 99,75 Pb	Umschmelzblei, Bleilötungen für Legierungen	Pb 99,985 Pb 99,99	99,985 Pb 99,99 Pb	Feinblei, für Bleifarben; optische Gläser
Pb 99,9	99,9 Pb	Hüttenblei; für Legierungen	Pb 99,9 Cu	99,9 Pb	Feinblei; für chemische Geräte
Pb 99,94	99,94 Pb	Hüttenblei; für Hartblei			

Werkstoffe für elektrische Widerstände (Widerstandslegierungen)

Kurzzeichen	Zusammensetzung in % Al	Cr	Cu	Fe	Mn	Ni	Spezif. Widerstand ϱ_{20} $\frac{\Omega \cdot mm^2}{m}$	Belastbarkeit bis °C	Temp.-koeffizient α in $\frac{1}{K}$ 20...60 °C	Mittlere Wärmedehnung in 10^{-6}/K 20...400°	Handelsname, z.B.	Verwendung und Eigenschaften
CuMn 12 Ni	–	–	Rest	–	12	2	0,43	60	0,00001	19,5	Manganin	Präzisions-, Mess- und Vorschaltwiderstände (temperaturunabhängig)
CuNi20Mn10	–	–	Rest	–	10	20	0,49	300	±0,00002	17,5	Isabellin	
CuNi 44	–	–	Rest	–	1	44	0,49	600	±0,00004	15	Konstantan	
CuMn 2 Al	0,8	–	Rest	–	2	–	0,125	200	–	18	ISA 13	Anlass-, Stell- und Belastungswiderstände (temperaturabhängig)
CuNi 30 Mn	–	–	Rest	–	3	30	0,40	500	–	16	Nickelin	
CuMn 12 NiAl	1,2	–	Rest	–	12	5	0,50	500	–	19	ISA 50	
NiCr 80 20	–	20	–	–	–	Rest	1,12	1200	–	15	Cronix	Elektr. Öfen, Lötkolben, hochbel. Widerstände
NiCr 60 15	–	15	–	20	–	Rest	1,13	1150	–	15	Cronifer II	

Magnetisierungskennlinien Magnetization Characteristics

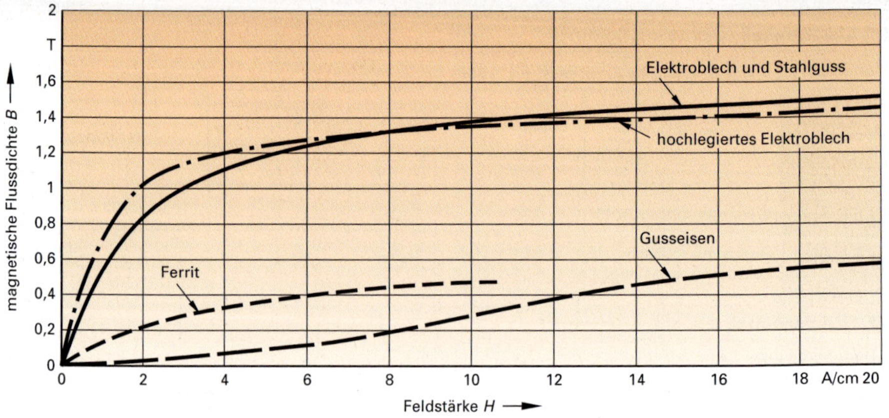

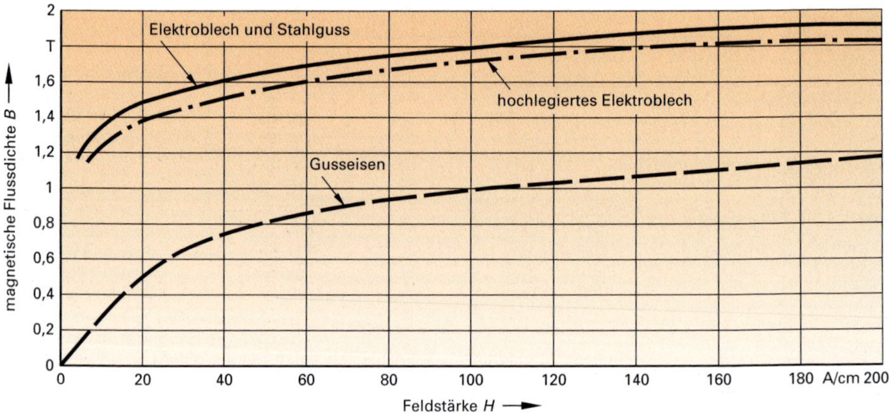

Magnetisierungskennlinien der wichtigsten ferromagnetischen Werkstoffe

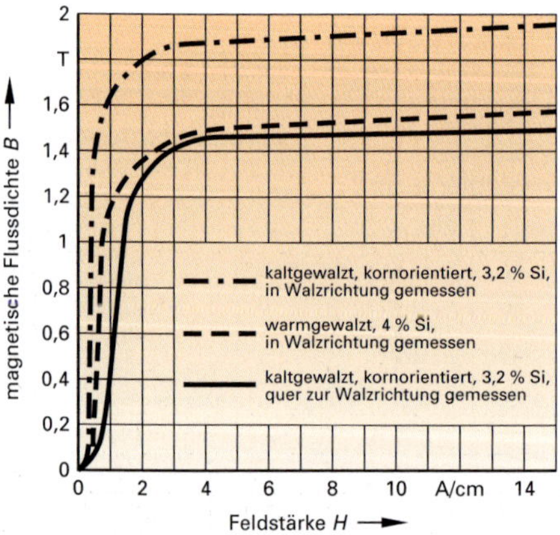

Magnetisierungskennlinien von Transformatorenblechen

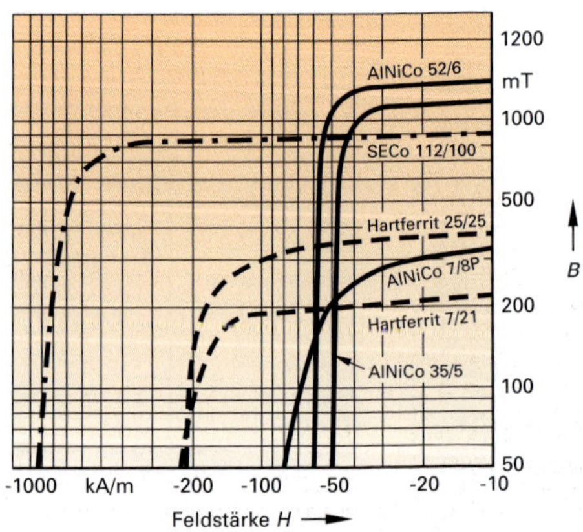

Entmagnetisierungskennlinien von Dauermagnetwerkstoffen

Magnetwerkstoffe Magnetic Materials

Elektroblech, kaltgewalzt, nicht kornorientiert, schlussgeglüht

Sorte	Bemessungsdicke	Ummagnetisierungsverlust P[1] in W/kg bei		Magnetische Flussdichte in T (Tesla) bei einer Feldstärke H in A/m			Biegezahl	Dichte
	in mm	1,5 T	1,0 T	2500	5000	10 000	mind.	in kg/dm³
V 250-35 A	0,35	2,50	1,00	1,49	1,60	1,70	2	7,60
V 270-35 A		2,70	1,10	1,49	1,60	1,70	2	7,60
V 300-35 A		3,00	1,20	1,49	1,60	1,70	3	7,65
V 330-35 A		3,30	1,30	1,49	1,60	1,70	3	7,65
V 310-50 A	0,50	3,10	1,25	1,49	1,60	1,70	3	7,60
V 350-50 A		3,50	1,50	1,50	1,60	1,70	5	7,65
V 400-50 A		4,00	1,70	1,51	1,61	1,71	5	7,65
V 470-50 A		4,70	2,00	1,52	1,62	1,72	10	7,70
V 700-50 A		7,00	3,00	1,58	1,68	1,76	10	7,60

[1] Ummagnetisierungsverlust P 1,5 bzw. 1,0 ist die bei einer Wechselfeldmagnetisierung von 50 Hz auftretende Verlustleistung in W/kg bei Raumtemperaturen 18 °C bis 28 °C.

Magnetische Werkstoffe für Übertrager (Übertragerbleche)

Blechsorte	Zusammensetzung	Dichte in kg/dm³	Spezif. Widerst. $\frac{\Omega \cdot mm^2}{m}$	Koerzitivfeldstärke in A/cm	Flussd. bei Sättigung in T	Curie-Temp.[1] in °C	Permeabilität μ_{16}[2] bzw. μ_4	Handelsnamen	Verwendung
A 0	Stahl mit 2,5% bis 4,5% Si	7,7	0,40	1	2,03	750	400...450	Trafoperm (VAC) Hyperm 4 (Krupp)	Übertrager, Relais, Ringkerne, Messwandler, Fehlerstromschalter
A 2		7,63	0,55	0,6	2,0	750	700...850		
A 3		7,57	0,68	0,35	1,92	750	500...850		
C 2	Stahl mit 3,5% bis 4,5% Si	7,55	0,5	0,3	2,0	750	550...1300		
C 5		7,65	0,45	0,15	2,0	750	–		
D 1	Stahl mit 36% bis 40% Ni	8,15	0,75	0,6	1,3	250	1500...2100	Permenorm (VAC)	Relaisteile und Polschuhe
D 1a		8,15	0,75	0,5	1,3	250	900...2400		
D 3		8,15	0,75	0,15	1,3	250	1000...2900		
F 3	Ni-Fe-Legierung mit ≈ 50% Ni	8,25	0,45	0,1	1,5	470	μ_4 = 1200...4000	Permenorm (VAC) Hyperm 50 (Krupp)	Magnetverstärker, Zähl- und Speicherkerne
E 3	Ni-Fe-Legierung mit ≈ 75% Ni und weiteren Zusätzen (Mn, Si, Mo, Cu, Cr)	8,6	0,50	0,02	0,75	400	μ_4 = 2500...20 000	Mumetall, Permalloy (VAC) Hyperm 766 (Krupp)	NF- und HF-Übertrager, Filter, Drosseln, magnetische Abschirmungen
E 4		8,7	0,55	0,01	0,70	270 bis 400	μ_4 = 4000...40 000		

[1] Bei der Curie-Temperatur (Curiepunkt) findet eine sprunghafte Entmagnetisierung statt.

[2] μ_{16} bzw. μ_4 bedeutet, dass die Permeabilitätswerte bei der Feldstärke 0,016 $\frac{A}{cm}$ bzw. 0,004 $\frac{A}{cm}$ ermittelt wurden.

Dauermagnetwerkstoffe

Werkstoff	Chemische Zusammensetzung in Masse-%, Rest Fe					$(B \cdot H)_{max}$-Wert	Remanenzflussdichte	Koerzitivfeldstärke	Permeabilitätszahl	Dichte in
	Al	Co	Cu	Ni	Ti	in kJ/m³	in mT	in kA/m	μ_r	kg/dm³
AlNiCo 9/5	11...13	bis 5	2...4	21...28	bis 1	9	550	47	4...5	6,8
AlNiCo 18/9	6...8	24...34	3...6	13...19	5...9	18	600	86	3...4	7,2
AlNiCo 52/6	8...9	23...26	3...4	13...16	–	52	1250	56	1,5...3	7,2
AlNiCo 35/5	8...9	23...26	3...4	13...16	–	35	1120	48	3...4,5	7,2
AlNiCo 7/8p	6...8	24...34	3...6	13...19	5...9	7,9	340	84	2...3	5,5
PtCo 60/40	77...78 Pt			22...23 Co		60	600	400	1,1	15,5
FeCoVCr 4/1	51...54 Co 3...15 V bis 6 Cr Rest Fe					4,0	1000	5	9...25	8,2
SECo 112/110	Seltenerdmetall-Kobalt-Legierung					112	750	1000	1,1	8,1
Hartferrit 7/21	Zusammensetzung: MeO · x · Fe_2O_3 mit Me = Ba, Sr, Pb mit x = 4,5...6,5					6,5	190	210	1,2	4,9
Hartferrit 25/25						25	370	250	1,1	4,8
Hartferrit 9/19p						9,0	220	190	1,1	3,4

W

Bleifreie Weichlote für Schwermetalle (Biolote)

Kurzzeichen	Zusammensetzung in %	Schmelztemperatur in °C	Verwendung
S-Sn42Bi58	42Sn58Bi	138	für temperaturempfindliche Bauteile
S-Sn95,5Ag4Cu0,5	95,5Sn4Ag0,5Cu	217	Elektrogeräte, Elektronik
S-Sn96Ag4	96Sn4Ag	221	Elektronik, Feinwerktechnik, Automobilbereich
S-Sn95Sb5	95Sn5Sb	240	Elektrogerätebau, Feinwerktechnik
S-Sn97Cu3	97Sn3Cu	250	Heizungs-, Kältetechnik, Feinmechanik

Hartlote für Schwermetalle

Kurzzeichen	Zusammensetzung in %	Arbeitstemperatur in °C	Verwendung
B-Ag44CuZn-675/735	44Ag30Cu26Zn	730	St, Cu, Cu-Leg., Ni, Ni-Leg. für dynamische Betriebsbelastungen
B-Ag50CdZnCu-620/640	50Ag19Cd15Cu16Zn	630	Cu-Legierungen, Edelstähle, Edelmetalle
B-Ag40ZnCdCu-595/630	40Ag20Cd19Cu21Zn	610	St., gehärteter St., Cu, Cu-Leg., Ni, Ni-Leg.
B-Ag72Cu-780	72Ag28Cu	780	Schutzgaslötungen: Cu, Cu-Leg., Ni, Ni-Leg.
B-Ag49ZnCuMnNi-680/705	49Ag16Cu23Zn7,5Mn;4,5Ni	690	Hartmetalle und schwer benetzbare Stoffe.

Thermobimetalle

Kurzzeichen	Bestandteile	Spezifische Ausbiegung α in 10^{-6}/K ± 5%	Anwendungsgrenze in °C	Spezifischer Widerstand ϱ_{20} bei 20 °C in $\mu\Omega \cdot m$ ± 5%	Dichte ϱ bei 20 °C in kg/dm³	Verwendung
TB 20110[1]	MnCuNi	20,8	350	1,10	7,8	Temperaturregler, Blinkschalter, Überstromschalter, Zündhilfen für Leuchtstofflampen, Brandmelder, Thermometer, thermische Auslöser.
TB 1577	NiMn 20 6	15,5	450	0,78	8,1	
TB 1577	X 60 NiMn 14 7					
TB 1170	NiMn 20 6	11,7	450	0,70	8,1	
TB 1170	X 60 NiMn 14 7					
TB 1075	NiCr 16 11	10,8	550	0,75	8,0	
TB 0965	NiMn 20 6	9,0	450	0,65	8,2	
TB 1555	NiMn 20 6	15,0	450	0,55	8,2	
TB 1435	NiMn 20 6	14,8	450	0,35	8,3	
TB 1425	NiMn 20 6	14,0	450	0,25	8,3	

[1] **TB 20110**: Bezeichnung eines Thermobimetalls mit der spezifischen Ausbiegung $\alpha = 20{,}0 \cdot 10^{-6}$/K und dem spezifischen Widerstand ϱ von 1,10 $\mu\Omega \cdot m$ bei 20 °C.

Kohlebürsten

Sorte	Zulässige Stromdichte J in A/cm²	Spez. Widerstand ϱ_{20} bei 20 °C in $\frac{\Omega \cdot mm^2}{m}$	Maximale Umfangsgeschwindigkeit v in m/s	Verwendungsbeispiele
Harte Kohlen	8	40... 60	15...30	Kleinmotoren, Universalmotoren für Haushaltsgeräte, elektrische Handbohrmaschinen.
Graphitkohlen	12	10...100	20...50	Ortsfeste Maschinen bis 100 kW, Maschinen mit Stahlschleifringen.
Edelkohlen (Elektrographitkohlen)	12	15... 50	40...60 (bis 90)	Bahnmotoren, Schweißmaschinen, Schaltkontakte, für Maschinen mit Kupfer-, Messing- und Bronzeschleifringen.
Metallhaltige Kohlen (Bronzekohlen)	25	0,1...5	20...40	Kleinstmotoren, Fahrzeuglichtmaschinen, Scheibenwischermotoren, Maschinen mit Schleifringen aus Kupfer, Messing oder Bronze bei J >10 A/cm².

W

Kontaktwerkstoffe

Werkstoff	Leitfähigkeit γ_{20} in $\frac{m}{\Omega \cdot mm^2}$	Schmelztemp. in °C	Dichte ϱ in kg/dm³	Eigenschaften, Zusammensetzung	Verwendung
Kupfer (E-Cu)	56	1085	8,9	Durch Lichtbogen entsteht eine schlecht leitende Oxidschicht; billig	Kontaktstücke für Walzenschalter
Silber (Feinsilber)	60	960	10,5	Leitende Oxidschicht, nicht schwefelbeständig, geringe Härte, geringer Übergangswiderstand	Für Kontakte allgemein, z. B. in Schützen und Relais
Gold (Feingold)	45,7	1063	19,3	Chemisch beständig, weich, Kontakte kleben leicht	Kontaktstücke der Fernmeldetechnik
Wolfram	18,2	3370	19	Hoher Schmelzpunkt, geringer Abbrand, sehr hart, verschleißfest	Unterbrecherkontaktstücke, Reglerkontaktstücke.
Quecksilber	1,04	–38,9	13,5	Wartungsfrei, chemisch beständig, hohe Lebensdauer, giftig	Explosionssichere Schaltgeräte, Hg-Schaltröhren
Kohle	0,03...12	–	1,6...5,4	Verschweißt nicht, keine Oxidschicht, selbstschmierend, verwendbar bis 400 °C	Kohlebürsten, Schleifstücke, Druckkontakte, Stromabnehmer
Silberbronze	30...50	700...1100	8,9...9,2	Gute Federeigenschaften 1 bis 7% Ag; 0,2% Cd; Rest Cu	Stromführende Federn, Kontaktmesser, Schweißelektrode
Hartsilber	52...56	920	10,4	Lichtbogenfest, hart 3 bis 4% Cu; Rest Ag	Schütz- und Relaiskontaktstücke, Kontaktbimetall
Silber-Cadmium	16	880	10,1	Cd wirkt lichtbogenlöschend 5 bis 20% Cd; Rest Ag	Gleichstromkontaktstücke, Lichtschalter, Thermostate

Freileitungswerkstoffe

Werkstoff	Cu	Al	Aldrey (E-AlMgSi)	Al/St 1,4	Al/St 1,7	Al/St 4,3	Al/St 6	Al/St 7,7	Al/St 11,3
Mindestquerschnitt in mm²	10	16	16	16/2,5					
Dichte in kg/dm³	8,9	2,7	2,7	4,91	4,66	3,75	3,5	3,36	3,2
Zulässige Zugspannung $\sigma_{z\,zul}$ in N/mm²	190	80	120	200	190	115	110	100	–
Längenausdehnungskoeffizient α in 10^{-6}/K	17	23	23	15	15,3	17,8	19	19,4	20,9
Leitfähigkeit γ_{20} in $\frac{m}{\Omega \cdot mm^2}$	56	35,38	30,5	Für den Aluminiumanteil mindestens 35,4					

Die Zahlen bei den Angaben Al/St 1,4 ...Al/St 11,3 geben das Verhältnis des Aluminiumquerschnitts zum Stahlquerschnitt an, z. B. Al/St = 105/75 = 1,4.

Aluminium-Stahl-Seile

Bem.-querschnitt Al/St mm²	Querschnittsverhältnis Al/St ≈	Seil-∅ in mm	Aluminium-Anteil Drahtzahl	Aluminium-Anteil ∅ in mm	Stahl-Anteil Drahtzahl	Stahl-Anteil ∅ in mm	Masse in kg/1000 m ≈	Bruchlast in kN	Dauerbelastbarkeit[1] in A
25/4	6	6,8	6	2,25	1	2,25	97	9,02	140
35/6	6	8,1	6	2,7	1	2,7	140	12,70	170
50/8	6	9,6	6	3,2	1	3,2	196	17,18	210
70/12	6	11,7	26	1,85	7	1,44	284	26,31	290
95/15	6	13,6	26	2,15	7	1,67	383	35,17	350
105/75	1,4	17,5	14	3,1	19	2,25	899	106,69	–
120/20	6	15,5	26	2,44	7	1,9	494	44,94	410
185/30	6	19	26	3,0	7	2,33	744	66,28	535
1045/45	23,1	43,0	72	4,3	7	2,87	3249	217,87	1580

[1] Die Werte gelten für eine Windgeschwindigkeit von 0,6 m/s und Sonneneinwirkung bei einer Ausgangstemperatur von 35 °C und einer Seil-Endtemperatur von 80 °C.

W

Isolierstoffe 1 Insulants 1

Einteilung nach Herkunft

Isolierstoffart	Natürliche Stoffe	Abgewandelte Stoffe	Synthetische Stoffe
Anorganische Isolierstoffe	Glimmer, Marmor, Speckstein; Gase zur Isolation, z. B. Luft	Glas, keramische Stoffe, z. B. Porzellan, Ton, Schamotte, Steatit (gebrannter Speckstein)	Synthetischer Glimmer, Titandioxid, Bariumtitanat
Organische Isolierstoffe	Faserstoffe, z. B. Baumwolle, Zellstoff, Seide; Naturharze; Fette, Öle, Mineralöle	Zellulose, Celluloid, Cellulosetriester, Celluloseester, Papier, Pressspan, Vulkanfiber, Gummi, Kunsthorn	Thermoplaste (Plastomere), Duroplaste (Duromere), Elastomere; Silikone

Einteilung nach Anordnung der Moleküle

Thermoplaste		Duroplaste	Elastomere
	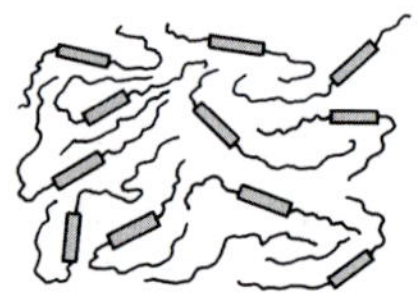	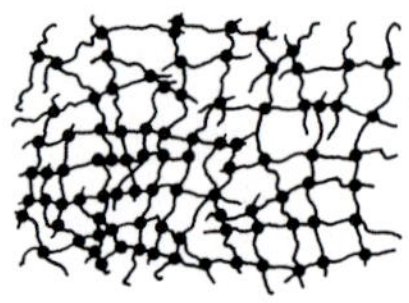	
Fadenmoleküle wie in einem Wattebausch verfilzt. In der Kälte hart und spröd. Bei höherer Temperatur mehrfach umformbar und schweißbar. In geeigneten Flüssigkeiten lösbar. Oberhalb der Zersetzungstemperatur wird der Werkstoff zerstört.	Unverzweigte Fadenmoleküle mit dazwischen liegenden kristallinen Bereichen. Kristallisation durch Recken (Strecken) in Vorzugsrichtung gefördert. Chemische Beständigkeit, Elastizität, Härte und Zugfestigkeit verstärkt.	Makromoleküle, die vielfach räumlich vernetzt sind. Moleküle nur zwischen den Querverbindungen verschiebbar (hohe Rückstellkräfte). Duroplaste erweichen nicht durch Erwärmen. Sie sind nicht schweißbar und nicht löslich.	Ungeordnete Fadenmoleküle, die weitmaschiger und weniger vernetzt sind als die Duroplaste. Gummi-elastisches Verhalten in weitem Temperaturbereich. Thermisch nicht umformbar, in bestimmten Lösungsmitteln quellend.

Glimmer und Glimmererzeugnisse

Spaltglimmer	Feinglimmer	Mikanit	Mikafolium
Aus Blockglimmer durch Spalten parallel zu den Schichtebenen hergestellt.	Chemisch oder physikalisch in elastische und biegsame Schuppen unterteilt.	Spaltglimmer, der durch ein Bindemittel, z. B. Kunstharz, Silikon oder Epoxidharz, zusammengehalten wird.	Dünner Träger, auf den Feinglimmerfolie einlagig oder zweilagig geklebt ist.

Lebensdauer von Isolierstoffen

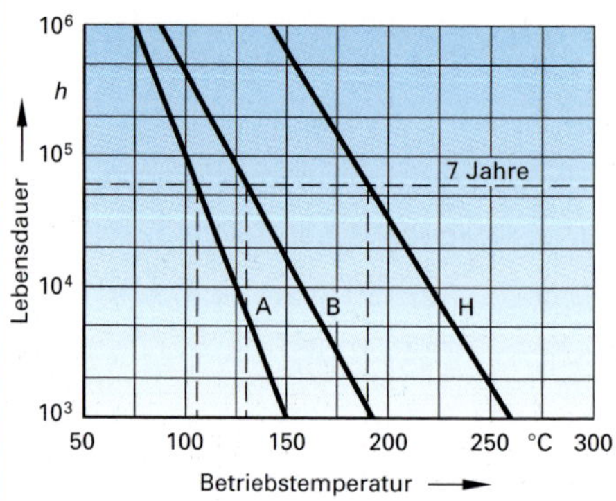

Die Lebensdauer eines Isolierstoffes hängt von seiner Betriebstemperatur ab.
Die Lebensdauer verringert sich, wenn die Temperatur zunimmt: Bei Isolierstoffen der Temperaturbeständigkeitsklasse A halbiert sich die Lebensdauer bei einer Temperaturzunahme von 8 K, bei Klasse B von 10 K und für Klasse H von 12 K.

Beispiel:
Hat ein Isolierstoff der Beständigkeitsklasse B bei 100 °C eine Lebensdauer von $4{,}2 \cdot 10^5$ h (= 48 Jahre), beträgt sie bei 110 °C noch 24 Jahre und bei 120 °C nur 12 Jahre.

Die höchstzulässige Temperatur (Grenztemperatur) eines Isolierstoffs bestimmt die Isolierstoffklasse.
Dem nebenstehenden Diagramm liegt die Annahme zugrunde, dass der Isolierstoff bei seiner Grenztemperatur betrieben eine Lebensdauer von 7 Jahren besitzt.
Eine höhere bzw. niedrigere Lebensdauer verschiebt die Schaulinien nach oben bzw. nach unten.

W

Isolierstoffe 2 Insulants 2

Werkstoff	Dichte ϱ in kg/dm³	Festigkeit Zug in N/mm²	Festigkeit Druck in N/mm²	Durchschlagfestigkeit E_d in kV/mm	Permittivitätszahl ε_r	Spez. Widerstand ϱ_{20} in $\Omega \cdot$ cm	Verlustfaktor tan δ in 10^{-3} = W/kvar bei 50 Hz	Verlustfaktor tan δ in 10^{-3} = W/kvar bei 1 MHz	Wärmeleitfähigkeit λ_{20} in $\frac{kJ}{m \cdot h \cdot K}$
Gase bei Normtemperatur (0 °C) und Normdruck (1013 hPa), Flüssigkeiten									
Luft	1,293 kg/m³	–	–	2,1	1	–	–	–	0,092
Stickstoff	1,25 kg/m³	–	–	2,3	1	–	–	–	0,084
Wasserstoff	0,09 kg/m³	–	–	1,3	1	–	–	–	0,703
Argon	1,78 kg/m³	–	–	–	1	–	–	–	0,067
Wasser (4 °C, rein)	1,0	–	–	–	80	–	–	–	2,093
Isolieröl (Mineralöl)	0,87	–	–	20	2...2,4	10^{13}	5	–	0,544
Silikonöl	0,94	–	–	–	–	–	–	–	0,795
Feste Isolierstoffe									
Schichtstoffe									
Pressspan	1,2...1,4	70	–	10...13	2,5...4	–	–	–	–
Lackpapier	1,5	–	–	5...10	3...6	–	10	–	–
Hartpapier mit Phenolharz	1,4	70...100	100...140	20...30	4...8	10^{10}	100	70	1,005
Hartgewebe mit Phenolharz	1,35	70...100	bis 200	6,5	4...8	10^{8}	300	–	1,214
Lackglasseide	1,4	150	180	–	–	10^{12}	–	–	–
Silikonglasseide	1,5	50	200	30	–	10^{11}	10	–	–
Glimmererzeugnisse									
Naturglimmer	2,5...3,2	300	–	30...70	6...8	10^{17}	0,2...1,5	0,1...0,3	2,428
Mikanit	2...2,6	–	–	20...30	5	–	10	–	–
Mikafolium	2	–	–	30	4	–	–	–	–
Samikafolium	2	–	–	25	4,2	–	–	–	1,005
Mykalex	2,8...3,3	30...60	120...400	15	8	10^{10}	–	1...1,8	–
Synthetischer Glimmer	3	300	–	20	6,3	10^{14}	–	–	1,256
Zellulosekunststoffe									
Zelluloseacetat	1,2...1,3	40	50	15	4...7	10^{11}	30	60	0,921
Zelluloseacetobutyrat	1,2	43	60	20	3,5	10^{13}	10	17	0,754
Duroplaste									
Phenolharz (PF)	1,25	50	300	20	5	10^{12}	300	30	0,712
Melaminharz (MF)	1,5	60	–	10...15	6...10	–	–	–	–
Pressmassen mit anorganischer Füllung	1,3...1,4	–	–	5...20	6	–	–	–	–
Polyesterharz (UP)	1,3	40	–	10...15	3	10^{11}	30	–	0,879
Epoxidharz (EP)	1,1...1,4	70	120	35	3,7...4,2	10^{16}	7	–	–
Thermoplaste									
Polycarbonat (PC)	1,2	60	80	20	2,8	10^{15}	1	10	0,712
Polyisobutylen (PIB)	0,93	20...60	–	23	2,2	10^{15}	0,4	0,4	–
Weitere Thermoplaste siehe Seite „Kunststoffe als Isolierstoffe“									
Fluorkunststoffe									
Polytetrafluorethylen (PTFE)	2,1	25	15	20...40	2	10^{18}	0,5	0,5	0,879
Silikone (SI)									
Silikonharz	1,65	90	150	20...70	3	10^{15}	0,5...1	–	–
Silikonkautschuk	1,2...2,3	30	–	20...30	2,5	10^{14}	20	–	–
Kautschuk									
Naturkautschuk (weich)	1,1	25	–	25	2,5	bis 10^{16}	2	12	0,628
Synthetischer Kautschuk	1,2	25	–	25	2,4	10^{14}	6	12	–
Glas und Keramik									
Hartglas	2,5...3,8	100	900	10...40	4..8	10^{13}	1...4	4,6	3,768
Quarzglas	2,1...2,5	20	250	35...40	4	10^{18}	0,5	–	35,588
Porzellan	2,3...2,6	30...50	400...500	35	5...6	10^{12}	20	6...12	3,349
Steatit Typ 221	2,7	60...90	1000	30...45	6	10^{12}	1...1,5	0,3...0,5	5,862
Rutil Typ 311	3,7	–	30...90	10...20	40...60	10^{12}	0,3...2	0,3...2	–
Bariumtitanat Typ 350	5	–	–	3...50	bis 3000	–	–	2,5...25	–
Korund Typ 710	3,8	–	bis 3000	–	9	–	–	–	43,961

Kunststoffe als Isolierstoffe Synthetic Materials as Insulants

Kunststoff	Kurzzeichen	Eigenschaften				Anwendung, besondere Eigenschaften	Handelsnamen (Beispiele)
		ϱ in g/cm³	ϑ_{max} in °C	ϱ in Ω · cm	E_d in kV/mm		
Thermoplaste							
Acrylnitril-Butadien-Styrol	ABS	1,03 ...0,17	85 ...105	10^{15}	20...50	Batteriekästen, Gehäuse, Geräteteile. Schlagzäh, kratzfest.	Novodur, Perluran
Celluloseacetat	CA	1,26	70...95	10^{14}	30...40	Gehäuse für elektrische Geräte, Filme, Brillengestelle. Ölbeständig, transparent, zäh.	Cellidor, Tenite, Cellon
Polyamid 12	PA 12	1,02	140...150	10^{14}	50...60	Präzisionsteile der Elektrotechnik, Lebensmittelfolien.	Durethan, Ultramid
Polyethylen Weich-PE	PE, LDPE[1]	0,92 ...0,96	90...110	10^{17}	70...100	Flaschen. Wenig witterungsbeständig.	Baylon, Hostalen, Trolen
Hart-PE	HDPE[2]					Wannen, Körbe, Eimer, Rohre.	Vestolen A
Vernetztes PE	VPE					Kabelisolierung und Kabelmäntel bis 380 kV	Polythene, Trofil
Polyethylen-terephthalat	PETP	1,37	160	10^{14}	50...100	Aderisolierung, Zahnräder, Gehäuse, Rohre. Hart, abriebfest.	Vestolur A, Trevira
Polybutylen-terephthalat	PBTP	1,3					Vestolur B
Polycarbonat	PC	1,2	140	10^{16}	30...50	Steckerleisten, Gehäuse, Helme. Hart, zäh, maßhaltig, steif.	Makrolon, Lexan
Polyoxymethylen (Acetalharz)	POM	1,41	110...140	10^{15}	50...70	Armaturen, Schaltrelais, Zahnräder. Maßhaltig, abriebfest.	Hostaform, Dynal, Delrin
Polymethyl-methacrylat	PMMA	1,18	85...100	10^{17}	40	Leuchtenabdeckungen, Faserleiter, Linsen. Glasklar, spröde.	Plexiglas, Vedril
Polypropylen	PP	0,9	130...140	10^{17}	70...90	Batteriekästen, Haushaltsgeräte. Harte Oberfläche.	Hostalen, Novolen
Polystyrol	PS	1,05	75...90	10^{17}	50	Spulenkörper, Isolierfolien. Sehr gute elektrische Eigenschaften.	Styroflex, Vestyron
Polyurethan	PUR (PU)	1,1...1,25	80	10^{14}	27	Hartschaumstoffe	Derethan U
Polyvinylchlorid	PVC hart	1,35...1,4	70...80	10^{16}	20...50	Elektroinstallationsrohre. Chemikalienbeständig.	Rhenalon, Hostalit
	PVC weich	1,2...1,3	60...70	$10^{10}...10^{15}$	20...35	Drahtisolation, Fußbodenbelag. Geringe chemische Beständigkeit.	Acella, Pegulan
Styrol-Butadien	SB	1,04	75...85	10^{16}	40...100	Installationsmaterial, Gehäuse. UV-Strahlungsempfindlich.	Vestyron, Hostyren
Duroplaste							
Epoxidharze	EP	1,1...1,4	180	10^{14}	35	Präzisionsteile, Zweikomponentenkleber.	Araldit, Terokal
Phenol-Formaldehyd	PF	1,25	140...200	$10^{8}...10^{12}$	20	Elektrische Kleinteile. Dunkelt nach, spröde.	Bakelite, Trolitan
Polyester, ungesättigt	UP	1,3	170	10^{12}	10...15	Schalter, Karosserieteile. Sehr fest, licht- und farbecht.	Vestopal, Bakelite

E_d Durchschlagfeldstärke, ϑ_{max} höchstzulässige Temperatur, ϱ 1. Dichte oder 2. spezifischer elektrischer Widerstand, hier bezogen auf einen Würfel mit der Kantenlänge 1 cm.
[1] LD von Low Density = niedrige Dichte, [2] HD von High Density = hohe Dichte.

W

Weitere Isolierstoffe Other Insulants

Isolierstoff-gruppe	Werkstoff, Beispiel	Aufbau, Rohstoffe, besondere Eigenschaften	Anwendungen
Feste Isolierstoffe			
Keramik (Sammelbegriff für gebrannte Tonwaren)	Porzellan	Aluminiumsilikat aus Kaolin, Feldspat und Quarz. Hart, spröde, bruchfest.	Hoch- und Niederspannungs-isolatoren.
	Steatit	Magnesiumsilikat aus gebranntem Talk oder Speckstein.	Kondensatoren, Glühlampen-fassungssockel.
	Speckstein	Nicht vollständig gesintert, spanabhebend bearbeitbar, nimmt Feuchtigkeit auf.	In der Hochvakuumtechnik, da leicht entgasbar.
Gummi	Weichgummi, Hartgummi	Kautschuk mit Schwefel und Ruß gemischt, auf 120 °C bis 180 °C erhitzt (vulkanisiert).	Isolationsmaterial für bewegliche Leitungen, Dichtungen, Akkumulatorengehäuse.
Silikone	Silikongummi, Silikonlack, Silikonharz	Silicium-organische Verbindungen werden destilliert und polykondensiert. Für feuchte Atmosphäre geeignet.	Wärmebeständige, flammwidrige Isolationen, Wicklungsisolation, Tränklacke, Tränkharze für Leiter, Spulen, Wicklungen.
Glimmer	Muskovit, Paragonit, Mikanit	Mineral in Form von Platten, durchsichtig, nicht hygroskopisch.	Isolation von Hochspannung und Wärmegeräten, Kondensatoren, Schutzbrillen, Hochtemperaturschmiermittel.
Gießharze	Epoxidharz (EP), Ionomere Kunstharze, Polyurethan (PUR)	Gussteile werden aus Gießharzen aus zwei Komponenten bei Raumtemperatur vergossen (Kalthärter) oder zum Aushärten erwärmt (Warmhärter). Als Füllstoffe werden Glasfasern, Kohlefasern, Mineralien oder Glasseide verwendet. Brennbar.	Vergussmasse von Transformatoren, Trägermaterial für gedruckte Platinen im UHF-Bereich, Vergussmasse von Muffen für Kabel und Abdichtungen.
Vergussmassen	Polyester, ungesättigt	Polyethylenterephthalat, maßhaltig, farb- und lichtecht, fest.	Schalter, Sturzhelme.
Zellulose-produkte	Papier	Lösen von Lignin und Harzen aus Holzschliff ergibt Zellstoff zur Herstellung von Papier und Pressspan.	Kondensatorpapier, Kabelpapier, Lackpapier. Pressspan als Nutisolation.
Pressstoffe	Hartpapier (Hp)	Walzen von mit Kunstharzen getränkten Papierbahnen.	Isolierplatten, Montageplatten, Trägermaterial für billige gedruckte Schaltungen.
	Hartgewebe (Hgw)	Schichtwerkstoff aus Kunstharz und Gewebebahnen.	Nutisolation elektrischer Maschinen, Spulenkörper.
	Verbundspan (Vsp)	Aus Bahnen verschiedener Isolierstoffe durch Verkleben hergestellt.	Nutisolation, Zwischenlagen.
Flüssige oder gasförmige Isolierstoffe			
Öle	Transformatoröl, Kabelöl, Schaltgeräteöl, Kondensatoröl	Aus Erdöl wird durch Destillation Mineralöl gewonnen. Für Anwendungen in der Elektrotechnik, frei von Gasen und Flüssigkeiten.	Isolation und Kühlung von Transformatoren, Löschen von Lichtbögen, Ölkabel, Kondensatordielektrikum.
Synthetische Öle	Silikonöl	Chemischer Aufbau wie bei Ölen, aber C-Atome durch Si-Atome ersetzt.	Wie Öle.
Schwefel-fluoride	Schwefel-hexafluorid SF_6	Schwefelhexafluorid ist ein schweres, farbloses, geruchloses, ungiftiges und unbrennbares Gas.	In Hochspannungsschaltern, Transformatoren, Röntgenanlagen, UHF-Hohlleitungen.

Hilfsstoffe Auxiliary Materials

Gips (Calciumsulfat $CaSO_4 \cdot 2\,H_2O$)

Art	Gewinnung	Verarbeitung	Eigenschaften, Verwendung
Baugips	Naturgips wird erhitzt (gebrannt). Er verliert dabei einen großen Teil seines Kristallwassers. Brenntemperatur 120 °C bis 180 °C. Der gebrannte Gips wird gemahlen.	Gipspulver in Wasser einstreuen und rühren, bis ein milchiger Brei entsteht (Gipsmörtel). Kleine Mengen anmachen und schnell verarbeiten. Mit zuviel Wasser angemachter und zu lang gerührter Gips hat wenig Festigkeit und trocknet mit Rissen.	Gips dient z. B. zum Füllen von Löchern, zum Eingipsen von Dosen und Kleinteilen. Er gibt keine Risse beim Trocknen. Gips darf nicht im Freien verwendet werden, weil er durch Feuchtigkeit gelöst wird.
Estrichgips	Brenntemp. über 1000 °C.	Sehr langs. Abbinden; große Härte.	Für Fußböden und Kunststeine.

Zement

Art	Gewinnung	Verarbeitung	Eigenschaften, Verwendung
Portlandzement	3 Teile Kalkstein und 1 Teil Ton werden gemahlen und in Trommelöfen bis zum Beginn des Sinterns gebrannt. Die entstandenen Klinker werden unter Zugabe von geringen Mengen Gips zu Zementpulver gemahlen.	Zur Herstellung von Zementmörtel mischt man 1 Teil Portlandzement mit 2 bis 3 Teilen feinkörnigem Sand (Quarzsand) und gibt so viel Wasser zu, dass ein zäher Brei entsteht. Nicht mit Gips mischen! Mit zu wenig Wasser angemachter Zement haftet schlecht, zu nasser Zementmörtel fließt. Frisch angemacht reagiert er stark basisch.	Abbindezeit 3 bis 24 Stunden. Volle Festigkeit nach 1 bis 2 Tagen. Wird zum Füllen größerer Löcher und zum Befestigen von Stahlkonstruktionen verwendet. Lang oder unsachgemäß gelagerter Zement wird unbrauchbar.
Tonerdezement	Aus Kalk ($CaCO_3$) und Bauxit (Al_2O_3)	Erreicht bereits nach 24 Stunden seine volle Festigkeit und kann bei Temperaturen bis herab zu –10 °C verarbeitet werden.	

Flussmittel

Aufgabe	Flussmittel sollen auf vorgereinigten Lötstellen die noch vorhandene Oxidschicht entfernen und die Bildung einer neuen Oxidschicht verhindern. Die Wirktemperatur der Flussmittel liegt unterhalb der Arbeitstemperatur (AT). Korrosionswirksame Rückstände müssen entfernt werden.		
Weichlöten	Stark korrodierend F-SW 11 F-SW 12	Bedingt korrodierend F-SW 13 F-SW 21, F-SW 23, F-SW 25, F-SW 28	Nicht korrodierend F-SW 31 F-SW 33
Hartlöten	Wirktemperaturen von 550 °C bis 850 °C FH 10, FH 11, FH 12 Für Stahl und Hartmetalle	Wirktemperaturen von 600 °C bis 1100 °C FH 20, FH 21, FH 30, FH 40 Für Metalle	Wirktemperaturen von 600 °C bis 900 °C FL 10, FL 20
Flussmitteltypen	Harze Kolophonium, ohne Kolophonium	organische wasserlösliche, nicht wasserlöslich	anorganische Salze, Säuren, alkalische

Schmiermittel und Kühlmittel

Art	Dichte ϱ in kg/dm^3	Bemerkungen	Art	Dichte ϱ in kg/dm^3	spez. Wärmekapazität c in $\frac{kJ}{kg \cdot K}$	Verwendung
für Feinmech. Motorenöl Getriebeöl	0,9 0,91 0,91	kleine Viskosität mittlere Viskosität große Viskosität	**Flüssigkeiten** Wasser Öl	 1 0,9	 4,187 1,884	Umlaufkühlung, Metallbearbeitung
Getriebefett Wälzlagerfett	0,92...0,94 0,92	Schmierfette sind Aufquellungen von Metallseifen.	Bohröl Bohremulsion	(Seife gelöst in Mineralöl) (Bohröl + Wasser)		
Feste Schmierstoffe Graphit (C), Molybdändisulfid (MoS_2), Talkum	 2,26 – 2,7	Werden meist anderen Schmiermitteln beigemischt.	**Gase** Luft Wasserstoff	g/dm^3 1,293 0,09	 1,005 14,277	Gebläsekühlung, Konvektionskühlung, Umlaufkühlung

Leitungen und Kabel Wires and Cables

Kurz-zeichen	Beispiel	Ader-zahl	Kurz-zeichen	Beispiel	Ader-zahl
JZ-602	 **Schleppkettensteuerleitung RC von Robotics Cable**	1	PUR	 **PUR-Spiralkabel**	2…5
LiYY	 **PVC-Datenleitung**	2…100	FRNC	 **Doppeltgeschirmtes Sat-Koaxialkabel für Digital-TV**	1
H05V-K	 **PVC-Einzelader-Verdrahtungsleiter**	1	A-DF(ZN) 2Y4Y	 **LWL-Außenkabel**	2…144
SiHF	 **Silikon-Schlauchleitung**	2…25	UTP 4x 2x AWG	 **LAN-Kabel**	4x2
FZ-LSi	 **Leuchtröhrenleitung**	1	H05VV-F	 **PVC-Schlauchleitung**	2…5
HL-NV24 Nieder-volt	 **Halogenleuchten-Leitung**	2	NYY	 **Energiekabel und Steuerkabel**	3…5
HL-NV480 Hochvolt	 **Halogenleuchten-Leitung**	3	H05RR-F	 **Gummischlauchleitung**	2…5
NHXH-FE180	 **Sicherheitskabel, halogenfrei**	3	N2XSY	 **VPE-isoliertes Einleiter-Mittelspannungskabel**	1

Bei nicht genormten Leitungen sind die Herstellerbezeichnungen angegeben. www.lappkabel.de

Isolierte Starkstromleitungen Insulated Power Cables and Cords

Kennfarben der Adern von isolierten Starkstromleitungen und Kabeln

Aderzahl	Leitungen mit Schutzleiter	Leitungen ohne Schutzleiter
1	gnge, bl, sw oder weitere Farben, jedoch nicht gelb oder grün oder mehrfarbig	
2	gnge – sw (nur festverlegt ab 10 mm^2)	bl – br
3	gnge – br – bl	br – sw – gr
4	gnge – br – sw – gr	bl – br – sw – gr
5	gnge – bl – br – sw – gr	bl – br – sw – gr – sw
mehr als 5	gnge – sw mit Zahlenaufdruck 1, 2, 3, 4, 5 ...	sw mit Zahlenaufdruck 1, 2, 3, 4, 5, 6 ...

Klammerangaben enthalten Kurzzeichen nach IEC 757 bl (BU) blau, br (BN) braun, gnge (GNYE) grün-gelb, sw (BK) schwarz, gr (GY) grau (siehe Seite 411)

Buchstaben-Kurzzeichen für nicht harmonisierte isolierte Starkstromleitungen

Kurzzeichen	Bedeutung	Beispiel	Kurzzeichen	Bedeutung	Beispiel
A	Ader Aluminium	N4G**A** NYRAM**A**	PL	Pendelschnur (Pendel-Litze)	N**PL**
B BU	Bleimantel Bleimantel mit Umhüllung	N**B**UY NY**BU**Y	R RU	Rohrdraht Rohrdraht mit Umhüllung	NY**R**AMZ NY**RU**ZY
C	Abschirmung (C = kapazitiver Schutz)	NSH**C**ÖU	S SA SL SS	Sonderleitung Schnurleitung Schweißleitung sehr starke Ausführung	N**S**GAÖU N**SA** N**SL**F N**SS**HÖU
F FF	Flachleitung, feindrähtig Stegleitung feinstdrähtig	NI**F**LÖU NYI**F** NSL**FF**ÖU	T TK	Leitungstrosse Theaterkabel	N**T**M N**TK**
G	Gummi-Isolation	N2**G**SA	U	Umhüllung	NYR**U**ZY
H	Hochfrequenzschutz	N**H**YRUZY	V	Verdrehungsbeanspruchung, verdrehungssicher	NMH**V**ÖU
I	Stegleitung (Imputzleitung) Illuminationsleitung	NY**I**F N**I**FL	W	wetterfeste Tränkmasse	NFY**W**
J	International gekennzeichneter grüngelber Schutzleiter	NYM-**J**	Y	Kunststoffisolierung, Kunststoffmantel	N**Y**IF NYBU**Y**
K	Kabel, Leitung	NT**K**	Z	Zinkmantel Zugentlastung	NYRAM**Z** NYM**Z**
L LO	Leitung Leuchtröhrenleitung	NY**L** NY**L**RZY	E M Ö R U ÖU	eindrähtig mehrdrähtig öl- und benzinbeständig gerillter Metallmantel flammwidrig, hitzefest ölbeständig und flammwidrig	– NYM2x10**M** NSSH**Ö**U NYRUZY**R** NSSHÖ**U** NIFL**ÖU**
M MA MZ	Mantelleitung Metallmantel aus Aluminium Metallmantel aus Zink	NY**M** NYRA**MA** NYRA**MZ**			
N	Genormte Leitung	**N** ...			
O	Leitung ohne grüngelben Schutzleiter	NYM-**O**	W 4	erhöhte Wärmebeständigkeit wärmebest. Gummimischung	NYFA**W** N**4**GA

Angabe, ob Schutzleiter vorhanden

Anhang bei Leitung mit Schutzleiter	Anhang bei Leitung ohne Schutzleiter
Nach DIN VDE 0250: Anhang – J Nach DIN VDE 0281/0282: Anhang – G	Nach DIN VDE 0250: Anhang – O Nach DIN VDE 0281/0282: Anhang – X
Beispiele: **NYM-J 3X2,5:** Mantelleitung 3 x 2,5 mm^2 **H07RN-F4G1,5:** Schwere Gummischlauchleitung 4 x 1,5 mm^2	**Beispiele:** **NYM-O 4 x 6:** Mantelleitung 4 x 6 mm^2 **H03VV-F2X0,75:** PVC-Schlauchleitung für leichte mechanische Beanspruchung 2 x 0,75 mm^2

Starkstromleitungen Power Cables and Cords

Schlüssel für harmonisierte Starkstromleitungen

Kennzeichen der Bestimmung
- Harmonisierte Bestimmung — H
- Anerkannter nationaler Typ — A

Bemessungsspannung (Nennspannung) U_0/U
- 100/100 V — 01
- 300/300 V — 03
- 300/500 V — 05
- 450/750 V — 07

Isolierwerkstoff
- PVC — V
- Natur- und/oder Styrol-Butadienkautschuk — R
- Silikon-Kautschuk — S

Mantelwerkstoff
- PVC — V
- Natur- und/oder Styrol-Butadienkautschuk — R
- Polychloroprenkautschuk — N
- Glasfasergeflecht — J
- Textilgeflecht — T

Besonderheiten im Aufbau
- H — flache, aufteilbare Leitung
- H2 — flache, nicht aufteilbare Leitung

Leiterart
- U — eindrähtig
- R — mehrdrähtig
- K — feindrähtig bei Leitungen für feste Verlegung
- F — feindrähtig bei flexiblen Leitungen
- H — feinstdrähtig bei flexiblen Leitungen
- Y — Lahnlitze (Litze aus dünnen Flachdrähten)

... — **Aderzahl**

Schutzleiter
- X — ohne Schutzleiter
- G — mit Schutzleiter (grün-gelbe Ader)

... **Bemessungsquerschnitt des Leiters**

Beispiele:

H07V-U 1,5 BK (NYA) Kunststoffaderleitung, 1,5 mm², schwarz

H05V-K 0,75 BN (NYAF) Kunststoffverdrahtungsleitung, feindrähtig, 0,75 mm², braun

Anerkannte nationale Typen isolierter Leitungen erhalten anstelle des Anfangsbuchstabens H den Buchstaben A.

Beispiel: A07RN-F 3 x 2,5 (NMHÖU)

Leitungen für feste Verlegung

Kurzzeichen	Bezeichnung U_0/U	Aufbau der Leitung	Aderzahl, Querschnitt in mm²			Verwendung
Kunststoffaderleitung						
H07V-U H07V-R H07V-K	PVC-Aderleitung (Verdrahtungsleitung) 450/700	einadrig, ein- oder mehrdrähtige oder feindrähtige Leiter, Kunststoffisolierhülle feindrähtig für feste Verlegung	1 x 1,5 bis 1 x 16 1 x 6 bis 1 x 400 1 x 1,5 bis 1 x 240			Bei geschützter Verlegung in Geräten sowie in und an Leuchten. Zugelassen für Verlegung in Rohren, auf und unter Putz. Betriebstemperatur bis 90 °C.
Stegleitungen						
NYIF NYIFY	Stegleitung 230/400	PVC-isolierte Kupferleiter, Adern mit Abstand flach nebeneinander gelegt, gemeinsamer Steg aus Gummi (F) oder Kunststoff (FY).	2 x 1,5 (O) bis 5 x 1,5 2 x 2,5 (O) bis 5 x 2,5 2 x 4,0 (O) bis 4 x 4,0			In trockenen Räumen für feste Verlegung in oder unter Putz.
Mantelleitungen						
NYM	PVC-Mantelleitung 300/500	PVC-isolierte Kupferleiter, Adern verseilt, Füllmantel, Kunststoffaußenmantel.	1 x 1,5 bis 12 x 1,5 1 x 2,5 bis 4 x 35			In feuchten Räumen für feste Verlegung über und auf Putz sowie in und unter Putz.
Kunststoff-Fassungsadern						
H05V-U H05V-K	PVC-Verdrahtungsleitung	eindrähtiger Kupferleiter, Kunststoffisolierhülle feindrähtig	1 1	0,5 bis 1	300/500	In feuchten Räumen für feste Verlegung über und auf Putz sowie in und unter Putz.

U_0 Spannung zwischen Außenleiter und Erde, U Spannung zwischen zwei Außenleitern, U_0/U Spannungsverhältnis, wird hier Bemessungsspannung (Nennspannung) genannt.

W

Weitere Leitungen für feste Verlegung Other Cables for Permanent Installation

Kurzzeichen	Bezeichnung	Aufbau der Leitung	Aderzahl	Querschnitt mm^2	Nennspannung U_0/U	Verwendung
Kunststoff-Leuchtröhrenleitungen						
NYL	PVC-Leuchtröhrenleitung	Blanker, feindrähtiger Cu-Leiter, Kunststoffisolierhülle, gelb	1	1,5	4/8 kV	Für feste Verlegung in Leuchtröhrenanlagen (Buchstabenleitung).
NYLC	Geschirmte Leuchtröhrenleitung	Wie NYL, mit Außenbeflechtung aus verzinnten Cu-Drähten, mit Beidraht.	1	1,5	4/8 kV	In Räumen mit Hochfrequenzanlagen.
Leitungen für feste Verlegung mit Gummiisolation oder Silikonisolation						
H05S-U H05S-K	Silikonaderleitung mit erhöhter Wärmebeständigkeit, ohne Beflechtung	Einadriger Kupferleiter, Isolierhülle aus Silikon Feindrähtiger Kupferleiter, Isolierhülle aus Silikon	1	0,5 bis 2,5	300/500 V	Bei erhöhten Umgebungstemperaturen zur festen Verlegung in und an Leuchten und in Geräten. Verlegung in Rohren auf oder unter Putz.
H05Z-K H07Z-K	Aderleitung, Isolierung vernetztes Polymer	Feindrähtige Aderleitung halogenfrei, selbstverlöschend, schwache Rauchentwicklung	1	bis 1 bis 1,5 bis 70	300/500 V 450/750 V 0,6/1 kV	Verdrahtung von Schaltanlagen, Verteilern, Geräten und Leuchten. Zulässige Betriebstemperatur am Leiter 90 °C.
N7YA N7YAF	ETFE-Aderleitung mit erhöhter Wärmebeständigkeit	Eindrähtiger Kupferleiter Feindrähtiger Kupferleiter	1 1	0,25 bis 6	450/750 V	Bei Umgebungstemperaturen > 55 °C. Leitertemperatur bis 135 °C. Leitungen in Betriebsmitteln und in Rohren.
NIFLÖU	Illuminationsflachleitung	Feindrähtiger, verzinnter Cu-Leiter, Gummihülle, 2 Adern flach in rechteckigem Gummimantel (Adernabstand 7 mm)	2	1,5	300/500 V	Im Freien für freitragende Verlegung außerhalb des Handbereichs zum Anschluss von Illuminationsfassungen bei geringer mech. Beanspruchung.
NHXH FE	Sicherheitskabel für Niederspannung	Kupferleitung mit teils keramikhaltiger Isolation	1 bis 24	1 bis 400	0,6/1 kV	Besonderer Schutz gegen Feuer und Brandschäden. Halogenfrei. FE, Flammeinwirkung bis 750 °C.
NHXMH	Starkstromleitung	Kupferleitung, Aderisolation aus PE	2 bis 24	1,5 bis 10	300/500 V	Feste Verlegung. Halogenfrei, selbstverlöschend, schwache Brandfortleitung, schwache Rauchentwicklung. Zulässige Betriebstemperatur am Leiter 70 °C.
N2XH	Niederspannungskabel	Kupferleiter, Aderisolation aus PE	1 bis 4	4 bis 240	0,6/1 kV	Feste Verlegung. Halogenfrei, selbstverlöschend, schwache Brandfortleitung, schwache Rauchentwicklung. Zulässige Betriebstemperatur am Leiter 90 °C.
NYPLYW	Pendelschnur mit erhöhter Wärmebeständigkeit	Feindrähtiger Cu-Leiter, Isolierhülle aus PVC. Bis 90 °C Leitertemperatur.	2 bis 4	0,75	230/400 V	Für Schnur- und Zugpendel sowie für feste Verlegung in und an Leuchten.

U_0 Spannung zwischen Außenleiter und Erde, U Spannung zwischen zwei Außenleitern, U_0/U Spannungsverhältnis, wird hier Bemessungsspannung (Nennspannung) genannt, ETFE von Ethylen-Tetrafluorethylen.

W

Leitungen zum Anschluss ortsveränderlicher Betriebsmittel
Cables for the Connection of Mobile Equipments

Kurz-zeichen	Bezeichnung	Aufbau der Leitung	Ader-zahl	Quer-schnitt mm^2	Nennspan-nung U_0/U	Verwendung
Zwillingsleitungen						
H03VH-Y	Leichte Zwillings-leitung	Zweiadrig, Isolierhülle über beide Leiter aus thermo-plastischem Kunststoff.	2	etwa 0,1	300/300 V	Zum Anschluss besonders leichter Handgeräte, z. B. elektrischer Rasierapparate.
H03VH-H	Zwillings-leitung	Wie H03VH-Y	2	0,5 und 0,75	300/300 V	Bei sehr kleiner mechanischer Beanspruchung in Haushalten, Büroräumen und Küchen für leichte Handgeräte.
Gummischlauchleitungen 05RN und 07RN						
H05RN-F	Gummi-schlauch-leitung, leichte Aus-führung	Verzinnte feindrähtige Kupferleiter, Trennschicht um den Leiter erlaubt, Isolierhülle aus Gummi, gummiertes Gewebeband um jeden Leiter zulässig, Mantel aus Gummi.	2 bis 5	0,75 bis 2,5	300/500 V	Bei kleiner mechanischer Beanspruchung in Haushalt, Küche und Büroräumen für leichte Handgeräte (Staub-sauger, Bügeleisen, Küchen-geräte, Lötkolben, Toaster) und in Möbeln.
H07RN-F	Gummi-schlauch-leitung, schwere Ausführung	Feindrähtige Kupferleiter, Trennschicht über Leiter, bei verzinnten Leitern nicht erforderlich. Isolierhülle aus Gummi, gummiertes Gewebeband um jede Ader zulässig. Mantel aus Polychloro-pren.	1	1,5 bis 400	450/750 V	Bei mittlerer mechanischer Beanspruchung in trockenen u. feuchten Räumen, im Freien, in explosionsgefährdeten Betrieben, z. B. für große Koch-kessel, Heizplatten, Handleuch-ten, Elektrowerkzeuge, Heim-werkergeräte. Auch fest ver-legbar, z. B. in Möbeln.
			2	1…25		
			3 und 4	1 bis 95		
			5	1…25		
Kunststoffschlauchleitungen						
H03VV-F H03VVH2-F	Leichte Kunst-stoffschlauch-leitung (runde Ausführung). Flache Ausführung	Blanker, feindrähtiger Kupferleiter, Kunststoff-isolierhülle, Außenmantel rund Außenmantel flach	2 und 3	0,5 und 0,75	300/300 V	Bei kleiner mechanischer Be-anspruchung in Haushalten, Küchen und Büroräumen, für leichte Handgeräte, z. B. für Rundfunkgeräte, Tischleuchten, Stehleuchten, Büromaschinen.
H05VV-F	Mittlere Kunststoff-schlauch-leitung	Isolierhülle über jedem Leiter, Zwickelfüllung, Trennschicht um die ver-seilten Adern zulässig, Kunststoffmantel.	2 bis 5	1 bis 2,5	300/500 V	Bei mittlerer mech. Beanspru-chung in Haushalten, Küchen und Büroräumen, für Hausge-räte auch in feuchten Räumen, z. B. Waschmaschinen, Kühl-schränke, Heimwerkergeräte.
Silikon-Aderschnüre						
N2GSA	Silikon-Aderschnur	Feindrähtige Cu-Leiter, Isolierhülle aus Silikon.	2 und 3	0,75 bis 1,5	300/300 V	Bei kleiner mechanischer Beanspruchung in Haus-geräten und in gewerblichen Betrieben.
Sonstige Leitungen zum Anschluss ortsveränderlicher Stromverbraucher						
H01N2-D	Schweiß-leitung	Blanker, feindrähtiger Cu-Leiter, Gewebeband, Gummimantel.	1	16 bis 120 und 25 bis 70	100/200 V	Hochbewegliche Elektroden-anschlussleitung an Schweiß-geräten.
NFLG	Gummi-schlauch-leitung mit Tragorgan	Feindrähtiger umsponne-ner Cu-Leiter, Gummi-isolierhülle, Gewebeband, Tragorgan aus Faserstoff.	ab 6	0,75 bis 6	300/500 V	Aufzugs- und Förderanlagen, Leitungen an Werkzeug-maschinen, in Innenräumen und feuchten Räumen.

U_0 Spannung zwischen Außenleiter und Erde, U Spannung zwischen zwei Außenleitern, U_0/U Spannungsverhältnis, wird hier Nennspannung (Bemessungsspannung) genannt.

Leitungen und Kabel für Melde- und Signalanlagen
Wires and Cables for Alarm and Signalling Systems

Schlüssel der Leitungen und Kabel für Melde- und Signalanlagen

A-	2Y	C	Y	X	P	A
Typ	Isoliermaterial der Ader	Schirm	Material von Mantel/Schutzhülle	Verseil-Elemente, Aderzahl, Durchmesser in mm	Verseilart, Anordnung	Bewehrung

Es werden meist nicht alle Positionen angegeben.

Kurzzeichen	Bedeutung
Typ	
A-	Außenkabel
FL-	Flachleitung
J- (sprich i)	Installations-leitung
Li-	Litzenleiter
RG-	Koaxialleitung
S-	Schaltkabel
Isoliermaterial	
Y	PVC (Polyvinylchlorid)
Yu	PVC, flammwidrig
Yw	PVC, wärme-beständig
2Y	PE (Polyethylen)
02Y oder 2X	VPE (vernetztes PE)
2HX	VPE, flammwidrig
3Y	Polystyrol PS
4Y	Polyamid PA
5Y	Polytetrafluor-ethylen PTFE
8Y	Polyimid PJ
9Y	Polypropylen PP
11Y	Polyurethan PU
Schirm	
C oder Cb	Kupfergeflecht
(K)	Cu-Band über PE-Mantel
(L)	Aluminiumband
(mS)	Stahlband
(St)	statischer Schirm
Bewehrung	
A	Al-Drähte
B	Stahlband
Mantel, Schutzhülle	
Y, 2Y ...	siehe Isolier-material
G, 26 bis 86	Gummi
H	halogenfrei
L	Aluminium
M	Bleimantel
Verseilart, Anordnung	
DM	Dieselhorst-Martin
P	Paarverseilung
St, Stl bis StVI	Sternvierer (nach Frequenz ansteigend)
Bd	Bündelverseilung
Lg	Lagenverseilung
rd	rund
se	sektorförmig

Leitungen und Kabel für Melde- und Signalanlagen zur festen Verlegung

Kurzzeichen	Bezeichnung	Aufbau	Verwendung
Y	Kunststoff-Ader-leitung (Installati-onsdraht)	Ader: Cu-Draht 0,6 mm oder 0,8 mm, PVC-Isolierung oder PE-Isolierung. 1 Ader oder verseilt 2 bis 4 Adern.	In trockenen Räumen zur festen Verlegung in Isolationsrohren aP und uP.
YR	Kunststoff-Mantelleitung	Ader: Cu-Draht, ∅ 0,8 mm, Isolierung wie bei Y, Mantel aus PVC oder PE, 2 bis 24 Adern.	In trockenen und feuchten Räumen zur festen Verlegung aP und uP.
YRE	Schwachstrom-Erdkabel	Aufbau wie YR, aber verstärkter Mantel. Aderzahl 4 bis 16.	Wie YR und zusätzlich zur Verle-gung im Erdboden.
IFY	Klingel-Stegleitung	Ader: Wie bei Y. 2 oder 3 Adern.	In trockenen Räumen zur festen Verlegung iP und uP.
A 2Y (St) 2Y	Außen-Kunststoff-kabel	Aufbau wie bei YRE. Aderzahl 2 x 2 bis 100 x 2.	Zur festen Verlegung oberirdisch und unterirdisch.
J-Y (St) Y	Installations-Kunststoffkabel	Adern wie bei Y, Aufbau wie YR, aber verstärkter Mantel mit Schirm. Aderzahl 2 x 2 bis 80 x 2.	Wie YR. Qualitätsleitung, z. B. für EIB.
JE-Y (St) Y	Installationsleitung	Aufbau wie YR, aber verstärkter Mantel mit Schirm.	Wie J-Y(St)Y bei erhöhten Anforde-rungen.
YCYM	Installations-Kunststoffkabel mit Cu-Schirm	Aufbau wie J-Y (St)Y, aber mit Cu-Schirm.	Wie JE-Y(St)Y, z. B. für EIB mit 2 x 2 x 0,8.

aP auf Putz, iP im Putz, uP unter Putz.

Leitungen in Datennetzen Cables and Wires in Data Networks

Aufbau und Art der Leitungen

Art	Aufbau, Daten	Bemerkungen
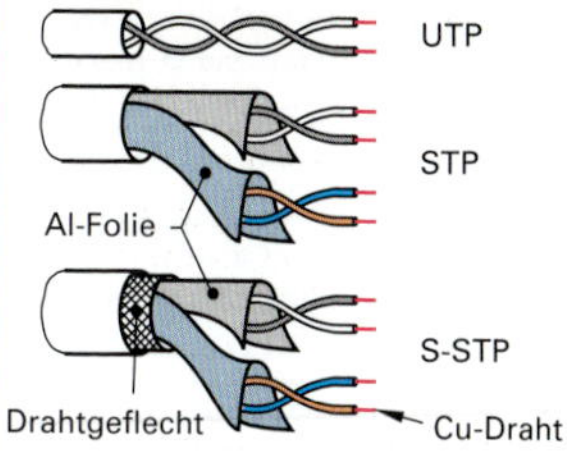 **Doppelader-Leitungen Twisted Pair**	Geschirmte Doppelader STP, ungeschirmte Doppelader UTP. Leitung mit Gesamtschirm und mit Doppelader-Schirmung S/STP, Leitung mit Gesamtschirm aber ohne Doppelader-Schirmung S/UTP. Leitungen enthalten mehrere Doppeladern. S/STP bzw. S/UTP gibt es je nach Qualität in 7 Kategorien. P von Pair, S von Shielded, T von Twisted, U von Unshielded. Leitungslänge ≤ 25 m bis ≤ 100 m, Wellenwiderstand 85 Ω bis 115 Ω.	Baumförmige oder sternförmige Punkt-zu-Punkt-Verbindung. Bei Ethernet Anschluss ab einem Repeaterport (oder Hub) zur Ethernet-Karte des PC oder zu einem Mini-Receiver. UTP bzw. STP. **Anwendungsbeispiel:** Twisted-Pair-Ethernet (100 BASE-T, 1000 Base-T)
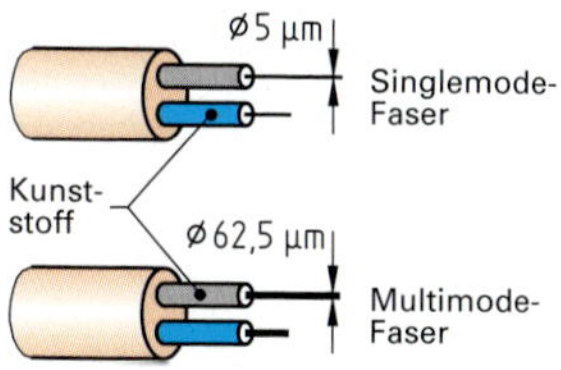 **Doppelfaserkabel**	Multimode-Doppelfaserkabel (Mm) oder Singlemode-Doppelfaserkabel (Sm). Baumförmige oder sternförmige Punkt-zu-Punkt-Verbindung. Anschluss an zwei Repeater-Ports. Meist Verwendung für Primärverkabelung. Anwendung z.B. bei Faseroptik-Ethernet (LWL-Ethernet).	Art / Faser / Leitung: 10 BASE-F / Mm / ≤ 1000 m 100 BASE-FX / Mm, Sm / ≤ 400 m 1000 BASE-SX (850 nm) / Mm / ≤ 250 m 1000 BASE-LX (1300 nm) / Mm / ≤ 500 m; Sm / ≤ 2000 m
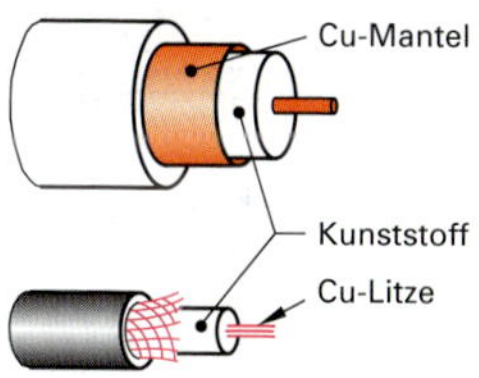 **Koaxialkabel**	Bei 10 BASE-5 Anschluss über Transceiver und Transceiverkabel an die Busleitung. Bei 10 BASE-2 Anschluss über Einfach-Transceiver (T-Stück) und Transceiverkabel an die Busleitung oder über Thin-Wire-Dosen. Abschlusswiderstände notwendig. Thick-Wire-Ethernet für 10 BASE-5, Thin-Wire-Ethernet (Cheapernet) für 10 BASE-2.	Wird für Neuanlagen nicht mehr verwendet. Wellenwiderstand 50 Ω. Bei 10 BASE-5 Teilnehmeranzahl ≤ 100, Leitungslänge ≤ 500 m. Bei 10 BASE-2 Teilnehmeranzahl ≤ 30, Leitungslänge ≤ 185 m.

STP 100 BASE- T

- STP: Name
- 100: Bitrate (etwa) in Mbit/s
- T: Maximale Leitungslänge etwa (in 100 m) oder Kennbuchstaben, z.B. T (Twisted), F (Fibre = Faser), X (extended)

Angabe der Leitungsqualität

Begriff	Erklärung
Kategorie 5 (Qualitätsstufe 5)	Leitung geeignet für Frequenzen bis 100 MHz und Bitraten bis 100 Mbit/s.
Nebensprechen, Nebensprechdämpfung in dB (NEXT)	Unerwünschter Übergang des Signals von einer Doppelader zur nächsten.
ACR (Attenuation-to-Crosstalk-Ration), Signaldynamik in dB	Verhältnis von Dämpfung zu Nebensprechen. ACR = A – NEXT.
Kategorie 6 (Qualitätsstufe 6)	Geeignet für Duplexbetrieb, Frequenz bis 250 MHz.
Kategorie 7 (Qualitätsstufe 7) (in Vorbereitung Kategorie 8)	Doppelte Bandbreite von Kat. 5. Unterstützt Gigabit-Ethernet. ACR-Wert mindestens 10 dB bei 600 MHz.

Daten:

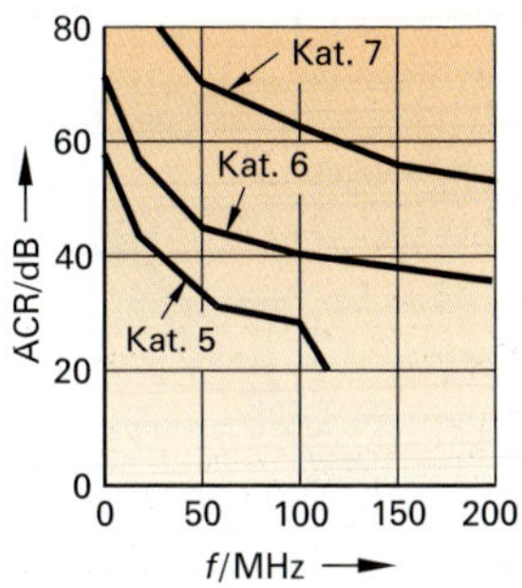

Eignung von Datenleitungen

W

Leitungen für Kleinspannungsbeleuchtung Wires for ELV Lighting

Grundlagen

vgl. DIN VDE 0100 Teil 715

Art der Leitung	Erklärung	Bemerkungen
Isolierte Leitungen Isolierte Leitungen in Elektroinstallations-Rohr oder -Kanal, Mantelleitungen und Kabel, flexible Leitungen.	Es können die üblichen Leitungen nach VDE verwendet werden. Der Spannungsfall soll ab Transformator höchstens 5% der Nennspannung betragen.	Mindestquerschnitt 1,5 mm² Cu, bei flexiblen Leitungen bis 3 m Länge aber nur 1 mm² Cu. Freihängende Leitungen wegen der mechanischen Festigkeit 4 mm² Cu.
Blanke Leitungssysteme Stangensystem, Seilsystem.	Nur bis Nennspannung AC 25 V oder DC 60 V zulässig, und zwar nur in trockenen Räumen.	Mindestquerschnitt 4 mm² Cu. Leiter entfernt von brennbarem Material verlegen.
Schienensysteme	Die Anforderungen von VDE 0711-300 müssen erfüllt sein.	Mindestquerschnitte wie bei isolierten Leitungen.
Hängende Systeme	Mindestbelastbarkeit 5-fache Masse der Leuchten.	Die Belastbarkeit muss aber mindestens 5 kg betragen.

Leitungssysteme

Ansicht	Erklärung
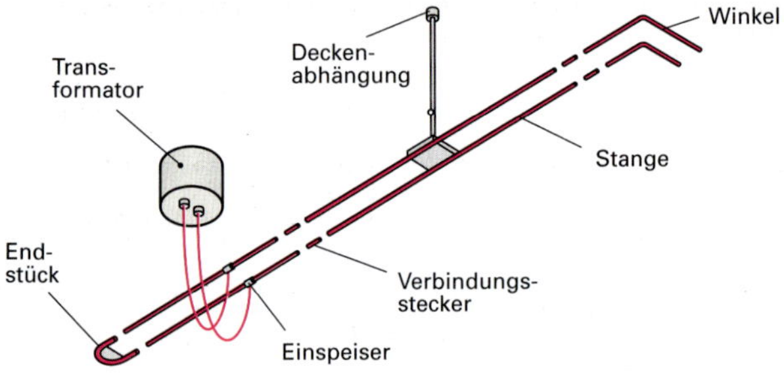 **Stangensystem**	**Komponenten** Stangen: 6 mm x 700 mm, Querschnitt 6 mm² Cu, Winkel: Querschnitt 6 mm² Cu, Ringkern-Transformator: 100 VA oder 200 VA, Einspeiser, leitende Verbindungsstecker, isolierende Verbindungsstecker, Deckenabhänger, Endstücke, Leuchten, Leuchtmittel: NV-Halogenlampen, LED-Lampen. www.conrad.de
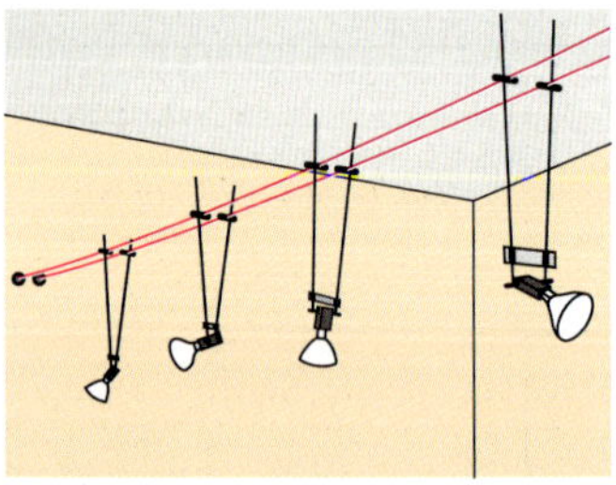 **Seilsystem** 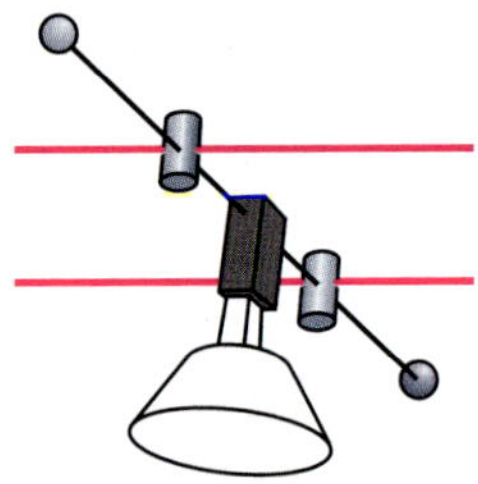 **Seilleuchte**	**Komponenten** Seile aus verzinnten Kupferdrähten, mit Stahlkern wegen der Festigkeit, nicht isolierte Seile 4mm² Cu oder 6 mm² Cu, isolierte Seile 4 mm² oder 6 mm² Cu, Transformator 150 VA bis 300 VA, Spann-Montageset mit Dübeln, Haken und Seilspannern, Spannschloss, Lampenhalter, Leuchtmittel: NV-Halogen oder LED. www.conrad.de
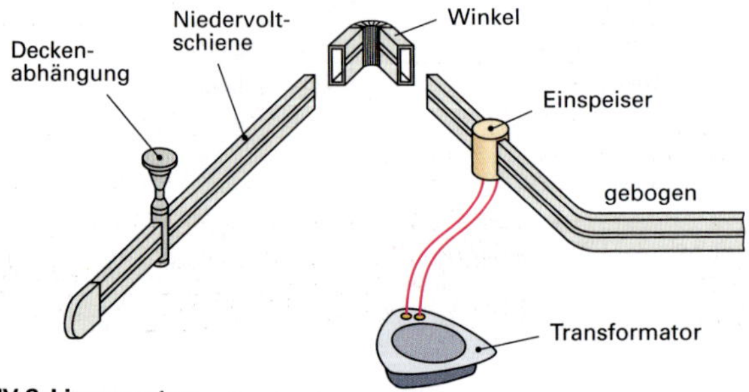 **NV-Schienensystem**	**Komponenten** Schiene (1000 mm x 5 mm x 23 mm, mittels Biegevorrichtung biegbar), Ringkerntransformator 105 VA bis 300 VA, Einspeiseranschluss, Deckenaufhängungen, Flexverbinder (Eckenverbinder), Längsverbinder, Leuchten, Leuchtmittel: NV-Halogen oder LED. Die NV-Schienensysteme sind ähnlich aufgebaut wie die Schienensysteme für 230 V.

W

Code zur Farbkennzeichnung, Starkstromkabel
Code for Colour Marking, Power Cables

Code zur Farbkennzeichnung

Farbe	Kurzzeichen IEC 757	Kurzzeichen, üblich	Farbe	Kurzzeichen IEC 757	Kurzzeichen, üblich
Schwarz	BK (Black)	sw	Violett	VT (Violett)	vi
Braun	BN (Brown)	br	Grau	GY (Grey)	gr
Rot	RD (Red)	rt	Weiß	WH (White)	ws
Orange	OG (Orange)	or	Rosa	PK (Pink)	rs
Gelb	YE (Yellow)	ge	Gold	GD (Gold)	–
Grün	GN (Green)	gn	Türkis	TQ (Turquoise)	tk
Blau	BU (Blue)	bl	Silber	SR (Silver)	–

Starkstromkabel

Kurzzeichen	Bezeichnung	Verwendung
Kabel mit Isolation und Mantel aus Kunststoff		
NYY	Kabel mit Isolierung und Schutzhülle aus PVC	Innenräume, Kabelkanäle, Erde
NAYY	Wie NYY, jedoch Leiter aus Aluminium	Schaltanlagen in Kraftwerken u.ä.
NYCY	Wie NYY mit konzentrischem Mittelleiter unter der Schutzhülle	Hausanschluss, Straßenbeleuchtung.
NYCWY	Wie NYY mit mehrdrähtigem Kupferleiter und wellenförmig aufgebrachtem konzentrischem Leiter	Meist in Ortsnetzen.
NYSY	Wie NYY mit Kupferschirm unter der Schutzhülle	Bei schwierigen Verlegeverhält-
NYFGbY	Wie NYY mit Flachdrahtbewehrung und Gegenwendel aus Stahlband	nissen, Schachtanlagen, Seekabel.
2XFGY	Kabel mit Isolierung aus vernetztem PE und Schutzhülle aus PVC	Seekabel, bei rauen Betriebs- bedingungen.
NA2XS(F)2Y	Kabel mit Abschirmung	Erdkabel für Industrienetze.
Kabel mit glattem Aluminiummantel		
NKLY	Kabel mit Aluminiummantel und Kunststoffschutzhülle	Kabel in Ortsnetzen für Niederspannung.
NKLDEY	Wie NKLY; Al-Mantel mit Dehnungselementen u. Kunststofffolie	
NAKLDEY	Wie NKLDEY, jedoch mit Aluminiumleitern	
NHEKLY	Dreimantel-H-Kabel mit Al-Mantel und Kunststoffschutzhülle	
Kabel mit Kunststoffisolation und Bleimantel		
NYK	Kabel mit Kunststoffisolierung und blankem Bleimantel	Energie- und Steuerkabel in
NYKA	Wie NYK, aber mit äußerer Schutzhülle	Kraftwerken und Schaltanlagen.
NYKY	Wie NYK, aber mit äußerer Schutzhülle aus Kunststoff	
NYKFGbY	Wie NYKY, aber mit Flachdrahtbewehrung und Gegenwendel aus Stahlband	Tankstellen und Raffinerien.

Kennzeichnung der Adern in mehr- und vieladrigen Kabeln vgl. DIN-VDE 0293-308

Zahl der Adern	Kabel mit Schutzleiter	Kabel ohne Schutzleiter	Kabel mit konzentrischem Leiter
2	gnge/sw (ab 10 mm²)	bl/br	bl/br
3	gnge/bl/br	br/sw/gr	br/sw/gr
4	gnge/br/sw/gr	bl/br/sw/gr	bl/br/sw/gr
5	gnge/bl/br/sw/gr	bl/br/sw/gr/sw	bl/br/sw/gr/sw
6 und mehr	gnge/weitere Adern sw mit Zahlenaufdruck	Adern schwarz mit Zahlenaufdruck	Adern schwarz mit Zahlenaufdruck

Farbkurzzeichen: gnge = grün-gelb, bl = blau, br = braun, sw = schwarz, gr = grau.
Bei Kabeln mit massegetränkter Papierisolierung gilt naturfarben als braun und grün-naturfarben als grün-gelb.

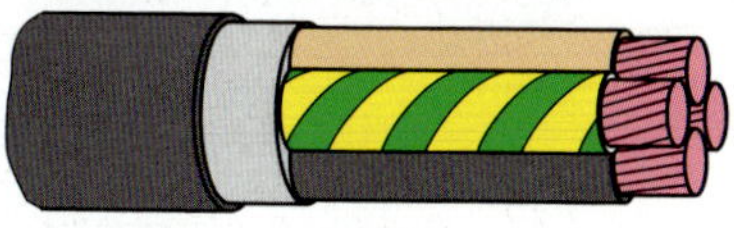

NYY

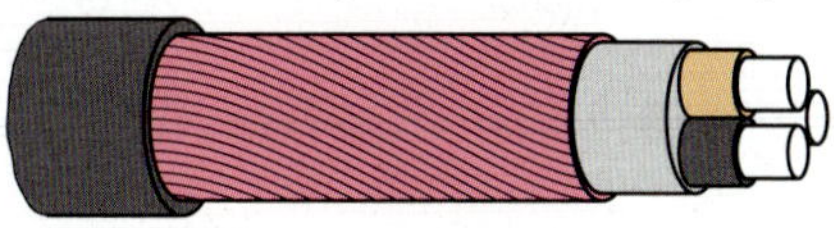

NAYCWY

W

Kabel für die Energieverteilung Cables for Power Distribution

Netz	Erklärung, Daten
Niederspannungsnetz	**Bemessungsspannung** bis AC 1 kV, DC 1,5 kV. **Leiterform** rund oder sektorförmig **(Bild)**, meist massive Leiter aus Al, bis 10 mm² auch Cu. **Aderzahl** bei AC meist 3 (Dreileiterkabel), außen liegender konzentrischer Leiter als PEN-Leiter (**Bild, vorhergehende Seite**) und als mechanischer Schutz. **Isolierung** meist VPE, Mantel PVC oder PE.
Mittelspannungen oberhalb 1 kV bis 36 kV	**Bemessungsspannung** bis 36 kV, meist 10 kV und 20 kV (Dreieckspannung, also Außenleiter gegen Außenleiter). **Leiterzahl** bis 10 kV oft 3 Leiter (Dreileiterkabel) oberhalb 10 kV meist 1 Leiter (Einleiterkabel), bei den alten *Massekabeln* aber 3 Leiter. **Isolierung** bei neuen Kabeln meist VPE, Mantel PE oder VPE. **Probleme:** 1. *Gasentladung* bei hoher Spannung bildet Ozon, welches die Isolierung schädigt. 2. *Wasser* kann durch den Mantel diffundieren und bildet watertrees (Wasserbäume), die das Feld verformen und zu Gasentladung führen. **Abhilfe:** 1. Innere Leitschicht verhindert Feldverdichtungen, äußere Leitschicht (meist geerdet) bewirkt Schirmung nach außen. 2. Ein Vlies unter der äußeren Leitschicht quillt bei Wasserzutritt, z.B. infolge beschädigtem Mantel, auf und verhindert Ausbreiten des Wassers in Kabelrichtung („längswasserdicht"). Al-Folie im Mantel verhindert Eindiffundieren des Wassers („querwasserdicht"). **Verlegung von Einleiterkabeln:** Kabel nebeneinander verlegt sind besser gekühlt, rufen aber Wirbelströme hervor, bündelweise Verlegung verringert Wirbelströme.
Hochspannungen 110 kV, 220 kV, 380 kV und mehr	Kabelaufbau wie bei Mittelspannung, aber mit dickerer Isolierung je nach Spannung und querwasserdicht. Anwendung zur Versorgung von Umspannwerken in Innenstädten. *Kunststoffkabel* werden als Einleiterkabel verlegt. *Gaskabel* verwendet man ab 220 kV als Dreileiterkabel, die weniger Platz brauchen als drei Einleiterkabel. *Gasaußendruckkabel* bestehen aus einem Dreileiter-Massekabel in einem Stahlrohr, das mit Stickstoff (N2) von etwa 15 bar gefüllt wird **(Bild)**. Der Stickstoff drückt die Adern zusammen und verhindert das Entstehen von Hohlräumen, die zur Gasentladung führen. *Gasinnendruckkabel* sind gleich aufgebaut, die Adern haben aber keinen Mantel. Der Stickstoff dringt in die Adern ein und verhindert Durchschläge. Bei 15 bar hat Stickstoff etwa die elektrische Festigkeit von Öl. **Massekabel:** Adern sind mit vielen Lagen Kabelpapier isoliert, das mit zähflüssigem Öl getränkt ist („Masse"), Schutz durch wasserdichten Bleimantel mit Stahlbewehrung.

Ansichten

Leitertypen im Niederspannungsnetz

Buchstaben nach N bei Kabeln

Buchstabe	Bedeutung
A	Aluminiumleiter
Y	Isolierung PVC
C	konzentrischer Cu-Leiter
W	wellenförmiger Cu-Leiter
S	Schirm aus Kupfer
2X	Isolierung VPE
2Y	Isolierung PE
-J	grün-gelber Schutzleiter

Für die Kabelbezeichnung sind die Kennbuchstaben von innen nach außen anzugeben.

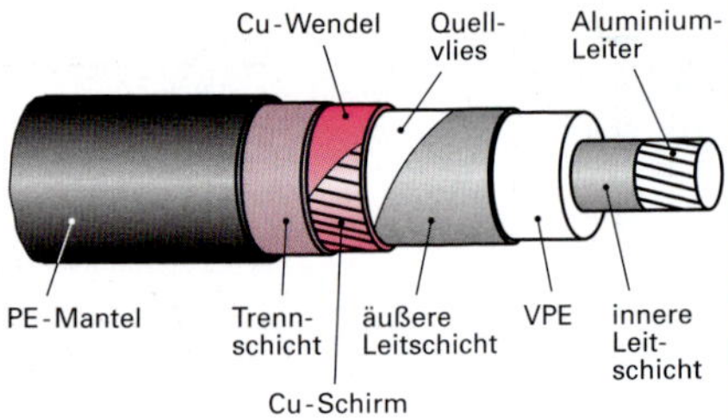

Mittelspannungskabel NA2XC2Y für 20 kV

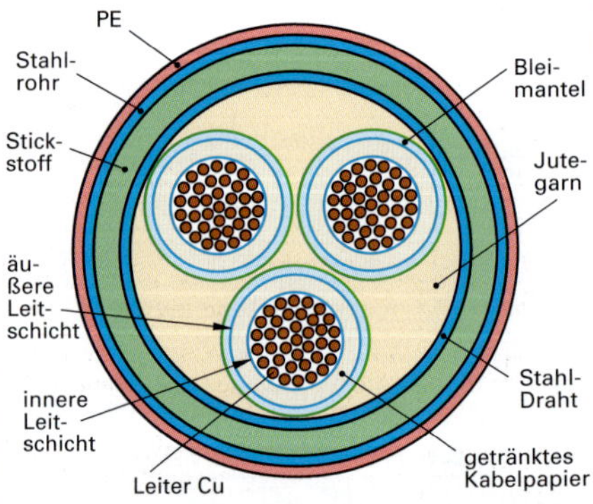

Gasaußendruckkabel 220 kV

Al	Aluminium	Cu	Kupfer
bar	Druckeinheit 1 bar = 0,1 MPa	N_2	Stickstoff (Gas)
PE	Polyethylen	VPE	vernetztes Polyethylen
St	Stahl		

W

Steckvorrichtungen der Energietechnik Connectors in Power Engineering

Steckvorrichtungen in Installationen

System, Marktname	Schuko	Perilex		„IEC-, EUROPA (CEE)-, RUND-, INDUSTRIESTECKVORRICHTUNGEN"												
Typische Form der Steckdose																
Empfohlene Kernfarbe	–			Violett		Blau		Rot								
Phasen, Stromstärke	1 16 A	3 N 16 A	3 N 25 A	1 16 o. 32 A		1 16 o. 32 A		3 N 16 bis 125 A				3 16 bis 125 A				
Polzahl	2 P + PE	3 P + N + PE		zweipolig 2 P		dreipolig 2 P + PE		fünfpolig 3 P + N + PE				vierpolig 3 P + PE				
Bemess.spg. Frequenz 50 Hz	250 –	400/230 V –		bis 50 V –		230 V –		400 V/230 V –				400 V –				
Bem.strom-stärke (A)	10/16	16	25	16	32	16	32	16	32	63	125	16	32	63	125	
Klemmbereich (mm^2)	1,5...2,5	1,5...4	2,5...10	4...2 x 6		1,5 ...4	2,5 ...10	1,5 ...4	2,5-10	6-25	25 ...70	1,5 ...4	2,5-10	6-25	25... 70	
Überstrom-schutz	Der Bemessungsstrom der vorgeschalteten Überstrom-Schutzeinrichtung darf den Bemessungsstrom der Steckvorrichtung nicht übersteigen.															
Vorzugsweise Verwendung	Hausinstallation und ähnliche Zwecke			Industrielle und ähnliche Zwecke												
	Landwirtschaft, Baustellen	Hotels, Laboratorien, Textilverarbeitende Betriebe, Großküchen		Landwirtschaft, Baustellen								Schifffahrt				

CEE-Industriesteckvorrichtung

Polzahl	Lage (Uhrzeigerstellungen) der Schutzkontaktbuchse zur Unverwechselbarkeitsnut									
3	Frequenz Hz Spannung V	50, 60 110 bis 130	50, 60 220 bis 240	50, 60 380 bis 415	50, 60 500	50, 60 750	50, 60[1]	Gleichstrom > 50 bis 250	Gleichstrom > 250	
	Lage der Schutzkontaktbuchse	 4 h	 6 h	 9 h	 7 h	 5 h	 12 h	 3 h	 8 h	
	Kennfarbe	gelb	blau	rot	schwarz	schwarz		blau		
4	Frequenz Hz Spannung V	50, 60 110 bis 130	50, 60 220 bis 240	50, 60 380 bis 415	60 440	50, 60 500	50, 60 750	50, 60[1]	100 bis 300 50 bis 440	>300 bis 500 50 bis 440
	Lage der Schutzkontaktbuchse	 4 h	 9 h	 6 h	 11 h für Schiffe	 7 h	 5 h	 12 h	 10 h nicht für 63 A und 125 A	 2 h
	Kennfarbe	gelb	blau	rot	rot	schwarz	schwarz		grün	grün
5	Frequenz Hz Spannung V	50, 60, 110 bis 130	50, 60, 127/220 bis 138/240	50, 60, 220/380 bis 240/415	50, 60, 500	50, 60, 750	60, 250/440			
	Lage der Schutzkontaktbuchse	 4 h	 9 h	 6 h	 7 h	 5 h	 11 h für Schiffe			
	Kennfarbe	gelb	blau	rot	schwarz	schwarz	rot			

[1] Alle Spannungen nach Trenntransformatoren.

Internationale, einpolige Steckvorrichtungen

Form	Verwendungsgebiet	Form	Verwendungsgebiet
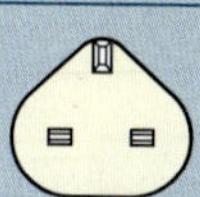	Alle Commonwealth-Länder, Afrika, Asien, Großbritannien, Mittlerer Osten (Kombistecksystem British Standard für Steckdosen mit Rund- und Rechteck-Kontaktöffnungen)		Nord-/Mittel-/Südamerika, Japan, Süd-/Ost-Asien, Osteuropa
	Europa, Südamerika, Afrika		Australien, Neuseeland, China u. a. (Kombistecksystem durch auswechselbaren Steckerstift für Steckdosen mit und ohne Kinderschutz)
	Hongkong, Indien, China, Großbritannien		

W

Steckverbinder Connectors

<table>
<tr><th>Art</th><th>Ansicht, Kurzzeichen</th></tr>
<tr><td colspan="2">Vierpolige oder mehrpolige Steckverbinder</td></tr>
<tr><td>Western-Typen</td><td>
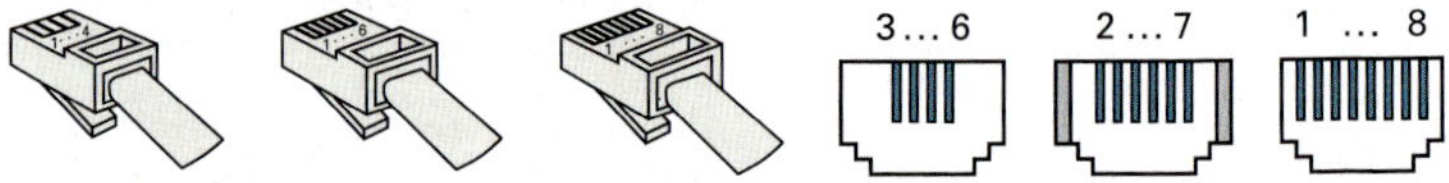

RJ-11 RJ-12 RJ-45 RJ-11 RJ-12 RJ-45
</td></tr>
<tr><td>USB-Typen</td><td>

Typ A (upstream) Typ B (downstream) Typ A Typ B
</td></tr>
<tr><td>Firewire-Typen (IEEE 1394)</td><td>
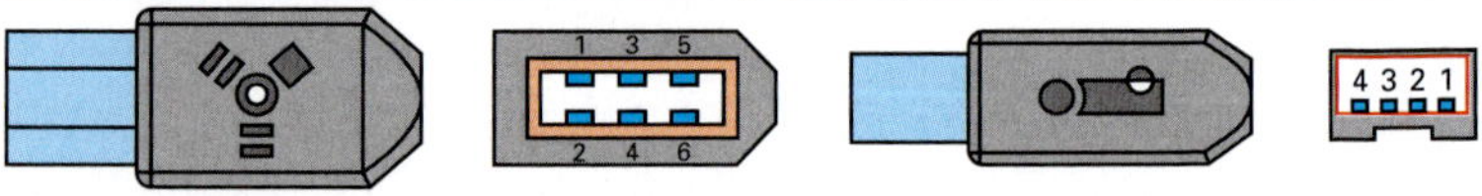

6-polig 4-polig
</td></tr>
<tr><td>V-Typen, DB-Typen</td><td>
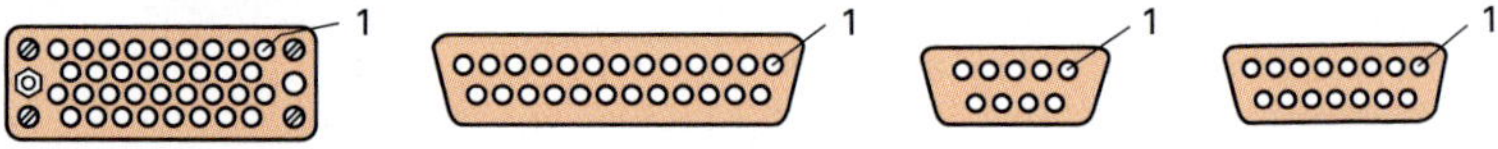

V.35 V.24, Centronics am PC DB9 DB15
</td></tr>
<tr><td>SCSI-Steckverbinder</td><td>
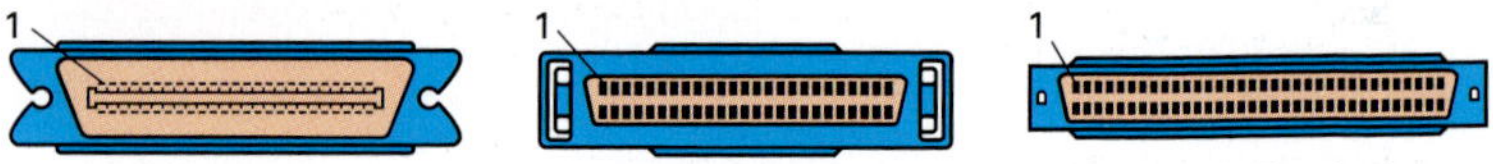

SCSI-1 (Stecker) SCSI-2 (Stecker) SCSI-3 (Stecker)
</td></tr>
<tr><td>Centronics-Typen druckerseitig</td><td>
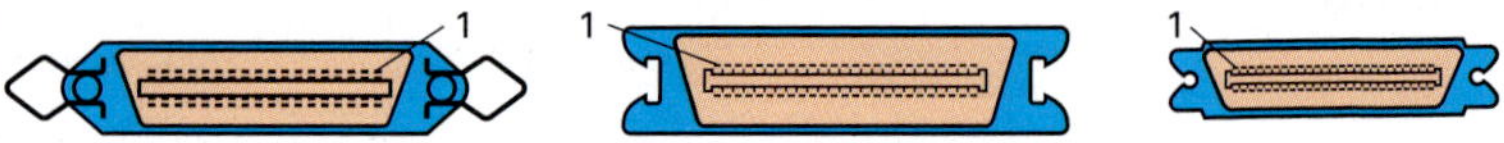

Centronics (36-Pin) Centronics (Parallel, Stecker) MDR 36 (Stecker)
</td></tr>
<tr><td>DIN-Typen (Buchsen)</td><td>

4-Pin Mini DIN 5-Pin DIN PS/2 6-Pin Mini DIN 8-Pin Mini DIN
</td></tr>
<tr><td colspan="2">Einpolige oder zweipolige Verbinder</td></tr>
<tr><td>Koax-Typen und Twinax-Typ</td><td>

TNC BNC Twinax
</td></tr>
<tr><td>Glasfaser-Steckverbinder</td><td>
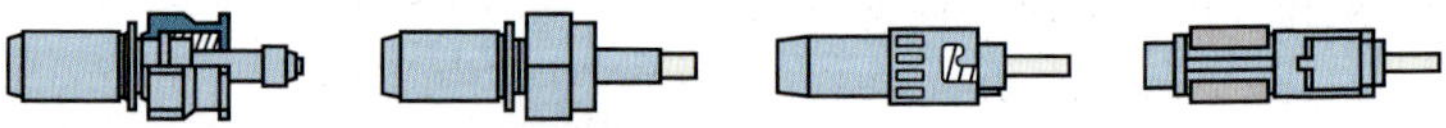
SMA 905 SMA 906 ST SC
Bei Duplex-Leitungen sind zwei Stecker auf jeder Seite.
</td></tr>
<tr><td colspan="2">Steckverbinder des PC auch Seite 277.</td></tr>
</table>

W

Steckverbinder RJ45 und RJ11 Connectors RJ45 and RJ11

Schaltung	Erklärung	Ansicht

Codierung und Anschlüsse

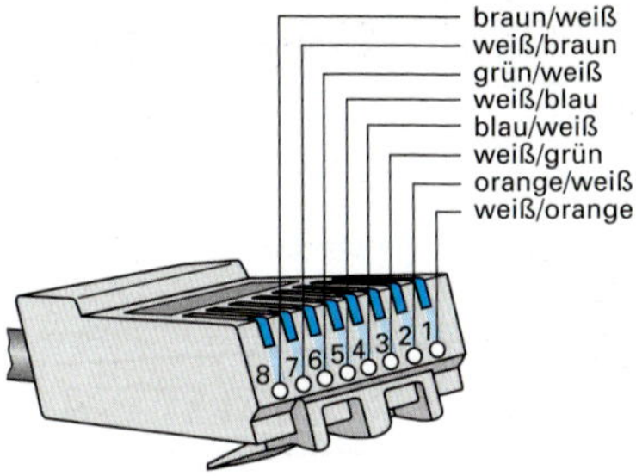

Stecker RJ45 belegt nach TIA/EIA 568B

Für die Gebäudeverkabelung verwendet man in Europa 568B und in USA meist 568A.

Farbe	Paar	568A Pin	568B Pin
WH/BU	1	5	5
BU/WH	1	4	4
WH/OR	2	3	1
OR/WH	2	6	2
WH/GN	3	1	3
GN/WH	3	2	6
WH/BN	4	7	7
BN/WH	4	8	8

568A

568B

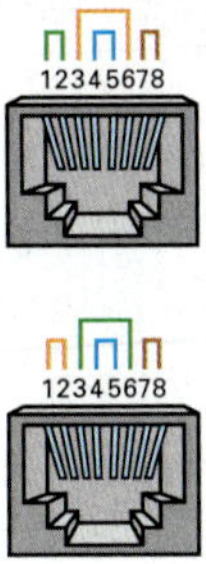

Buchsen RJ45

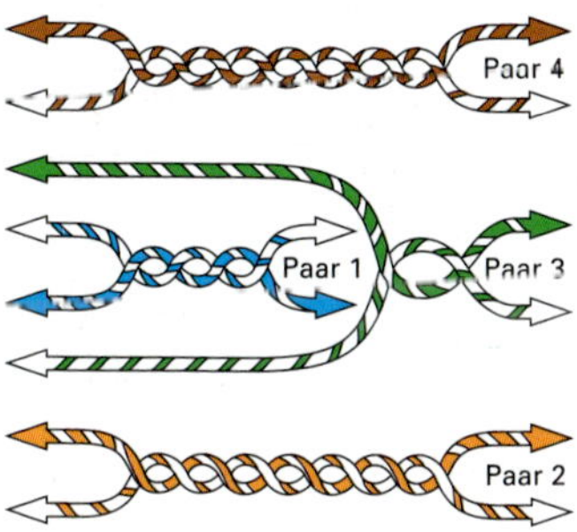

Verbindung von DTEs zu DCEs bei 568B

Die Adernfarben BU (Blau), BR (Braun), GN (Grün) und OR (Orange bzw. Gelb) können einfarbig sein oder mit WH (Weiß) kombiniert.

Werden bei den IAE nur 2 Adernpaare benötigt, so nimmt man den Stecker RJ11 mit nur 4 Kontakten oder RJ45 mit 8 Kontakten, von denen man aber nur die mittleren verwendet, z. B. bei IAE 8 (4).

Bei Verbindungen von DTEs (Daten erzeugenden Geräten, z. B. PCs) zu DCEs (Daten übertragende Geräte, z. B. Hubs) werden die Adern 1:1 verbunden, z. B. Pin 1 zu Pin 1).

Bei Verbindung von DTEs untereinander oder von DCEs untereinander müssen die Adern gekreuzt werden (Crossover-Kabel).

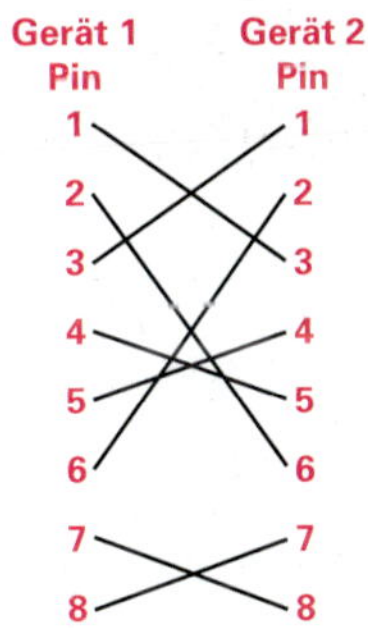

Kreuzung beim Crossover-Kabel nach 568A und 568B

Anschlusseinheiten IAE und UAE

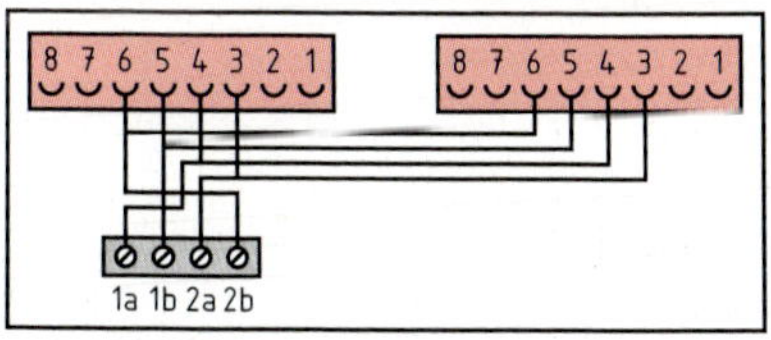

Die **IAE 2 x 8 (4)** besteht aus 2 Buchsen der Breite 8 (8 Kontakte), von denen aber nur die mittleren 4 (Kontakte 3 bis 6) verwendet werden. Die Anschlüsse der beiden Buchsen sind parallel geschaltet, sodass zwei Endgeräte angeschlossen werden können.

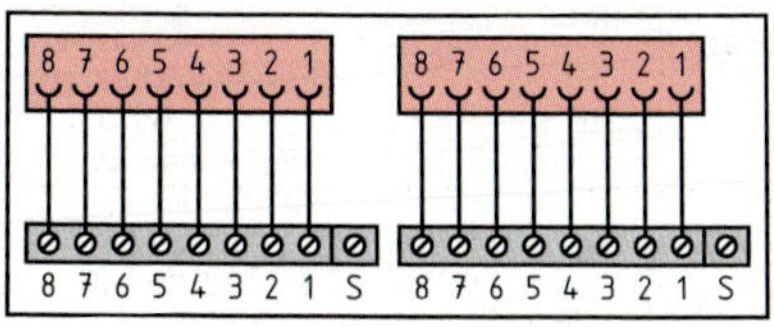

Die **UAE 2 x 8 (8)** besteht aus 2 Buchsen UAE 8(8) die parallel geschaltet sind oder ohne elektrische Verbindung als UAE 8/8 (8/8). Es gibt auch UAE, bei denen der Stecker in der Buchse 2 Öffner betätigt, z. B. UAE 8 (8) +2. Dadurch kann ein Endgerät das andere abschalten.

BN Brown, BU Blue, DCE Data Communication Equipment, DTE Data Terminal Equipment, EIA Electronic Industries Association, GN Green, IAE ISDN-Anschlusseinheit, ISDN Integrated Services Digital Network, OR Orange, Pin = Anschluss, RJ Registered Jack, S Schirmung, TIA Telecommunication Industries Association, UAE Universal-Anschlusseinheit, WH White

Audio-Steckverbinder Audio Connectors

Typ	Ansicht	Bemerkungen, Anwendung
Speakon verriegelbare Steckverbinder		Speakon Lockable Loudspeaker Connectors
Einbau-Stecker	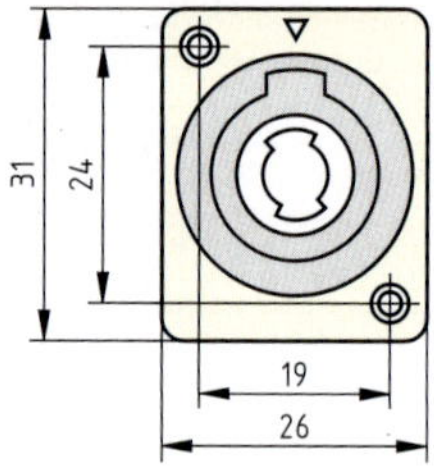	Mehrpolige Lautsprechersteckverbinder mit Bajonettverschluss. Stecker für Einbau, Kupplung für Leitungen, Verlängerungen von Leitungen über spezielle Kuppler. Anschlüsse 1 bis 4 für jedes Adernpaar: 2-polig: 1+, 1– (Lautsprecherleitungen + und –) 4-polig: 1±, 2± (Standard, für zwei Lautsprecher oder einen Hochleistungs- bzw. PA-Lautsprecher) 8-polig: 1±, 2±, 3±, 4± (für den Betrieb von Lautsprechern mit 3 oder 4 Kanälen) www.neutrik.de
Leitungs-Kupplung	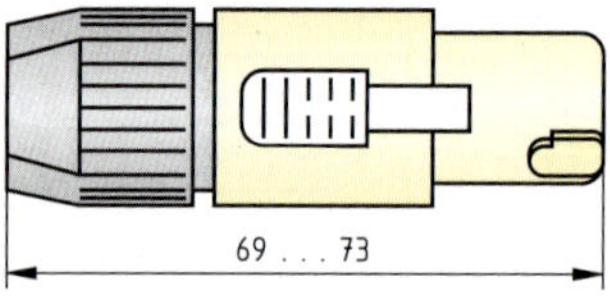	Bei Einbausteckern in der Box 1+, 1– an Lautsprecher, bei PA-Boxen 1– mit 2+ verbinden. Verstärkter Ausgang an 1± (normal) oder 1+, 2+ (Brückenverstärker) Stereo-HiFi: 1± linker Kanal, 2± rechter Kanal Bi-Amping: 1± Tiefton, 2± Hochton 100-V-Technik: 2± Signal, 1– Schirm
XLR Steckverbinder		XLR Connectors
Einbau-Kupplung	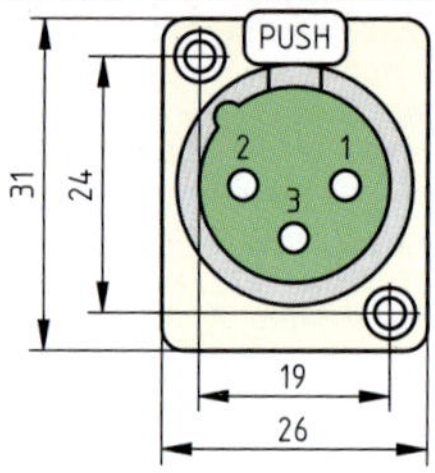	Mehrpolige universelle Steckverbinder, verriegelnd. Stecker und Kupplungen für Einbau und Leitungen. Anschlüsse sind durchnummeriert. 3- bis 7-polig erhältlich. 3-polig ist Standard. Anwendungen: Mikrofon- und Instrumentenleitung, Lautsprecherleitung, DMX512-Datenleitung zur Ansteuerung von Lichteffekten und Geräten der Bühnentechnik. www.ittcannon.com www.neutrik.de
Leitungs-Kupplung	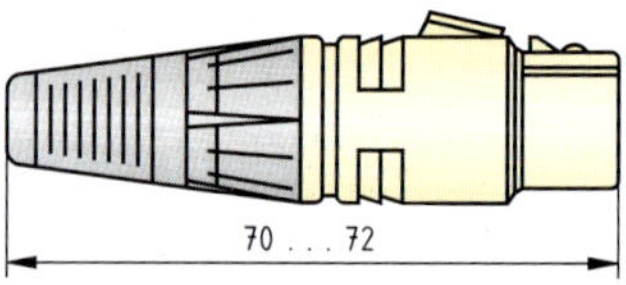	Anschlüsse • symmetrisch 1 Schirm, 2 Signal +, 3 Signal – • asymmetrisch 1 und 3 Schirm und Signal –, 2 Signal + • Lautsprecher 1 Signal –, 2 Signal + • Eingang Kupplung, Ausgang Stecker • DMX512 3-polig 1 Schirm, 2 Data –, 3 Data + • DMX512 5-polig 1 Schirm, 2 Data –, 3 Data +, 4 und 5 Reserve. Eingang Stecker, Ausgang Kupplung, Leitung mit Wellenwiderstand 110 Ω.
Weitere Steckverbinder		Other Connectors
Klinken-stecker Stereo	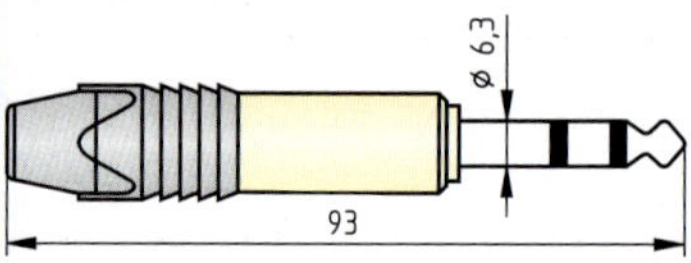	Klinkenstecker Ø 6,3 mm für Audio-Anwendungen 2-polig mono und 3-polig stereo. Anschluss 2-polig Hülse Schirm, Spitze Signal, 3-polig Hülse Schirm, Ring rechter Kanal, Spitze linker Kanal. Klinkenstecker Ø 3,5 mm und 2,5 mm sind für Audio-Kleingeräte, im Studiobereich auch Ø 4,4 mm. www.neutrik.de
RCA-Stecker		RCA-Stecker für Audio und Video, für jeden Kanal eine eigene Steckverbindung, Kanalzuordnung über Farbmarkierung: rot rechter Kanal, weiß oder schwarz linker Kanal, gelb Video.

W

Installationsrohre Cable Conduits

Nenndurchmesser in mm, bei Kunststoff-Isolierrohren für PVC-Aderleitungen

Leiteranzahl	Dickwandrohr, z. B. für H07V-U						Dünnwandrohr, z. B. für NYM					
	Bemessungsquerschnitte in mm^2						Bemessungsquerschnitte in mm^2					
	1,5	2,5	4	6	10	16	1,5	2,5	4	6	10	16
1	16	16	16	16	20	20	16	16	16	16	16	20
2	20	25	25	32	32	32	16	16	16	20	25	25
3	20	25	25	32	32	40	16	20	20	20	25	32
4	25	25	32	32	40	50	20	20	20	25	32	40
5	25	25	32	32	40	50	20	20	25	25	32	40

Innendurchmesser und Außendurchmesser von Installationsrohren

Außendurchmesser in mm (Nennweite)	Innendurchmesser in mm										
	Kunststoffrohre						Stahlpanzerrohre			Aluminiumrohre	
	starr			biegsam			starr		biegsam	starr	
	Druckbeanspruchung										
	320N leicht	750N mittel	1250N schwer	320N leicht	750N mittel	1250N schwer	1250N schwer	4000N sehr schwer	1250N schwer	1250N schwer	4000N sehr schwer
16	13,7	13,0	12,2	10,7	10,5	10,7	14,0	13,0	10,7	14,0	12,7
20	17,4	16,9	15,8	14,1	13,5	13,0	18,0	16,8	14,1	18,0	16,5
25	22,1	21,4	20,6	18,3	17,4	16,9	22,6	21,8	18,3	22,6	21,5
32	–	27,8	26,6	24,3	23,5	21,4	30,6	28,8	24,3	29,2	28,4
40	–	35,4	34,4	31,2	30,1	31,2	37,6	36,8	31,2	37,2	36,2
50	–	44,3	43,2	39,6	37,7	39,6	47,6	46,8	39,6	47,0	46,2
63	–	55,6	54,8	50,6	50,1	50,6	60,0	59,4	50,6	59,4	58,8

Anwendung von Installationsrohren

Anwendungsgebiet		Kunststoffrohre (Isolierrohre)						Metallrohre	
		Starre Rohre bei Druckbeanspruchung			Flexible Rohre bei Druckbeanspruchung			Stahlpanzerrohre	Flexible Stahlrohre
		leicht	mittel	schwer	leicht	mittel	schwer		
Installation	auf Putz	–	–	X	–	X	X	X	X
	unter Putz	X	X	X	X	X	X	X	X
	im Putz	X	X	X	X	X	X	X	X
	auf Holz	–	–	X	–	X	X	X	X
Verlegung im Erdreich (Als Schutzrohr für Erdkabel)		–	–	–	–	–	X	–	–
Verlegung in Schüttbeton		–	X	X	–	X	X	X	X
Verlegung in Rüttelbeton		–	–	X	–	–	X	X	X
Verlegung in Estrich		–	–	X	–	–	X	X	X

Bezeichnungsbeispiele für Schrauben und Muttern
Nomenclature and Samples of Screws, Bolts and Nuts

Zylinderschraube mit Schlitz

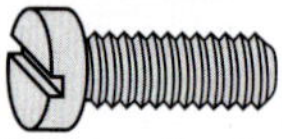

Zylinderschraube M5 x 20 DIN EN ISO 1207-5.8

Senkschraube mit Schlitz

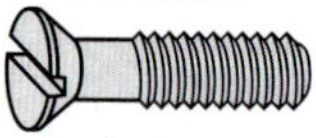

Senkschraube M6 x 20 DIN EN ISO 2009-5.8

Senkschraube mit Kreuzschlitz

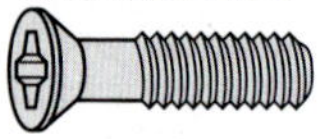

Senkschraube M4 x 6 DIN EN ISO 7046-4.8

Linsensenkschraube mit Schlitz

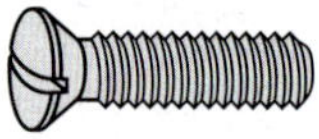

Linsensenkschraube M2 x 8 DIN EN ISO 2010-5.8

Linsensenkschraube mit Kreuzschlitz

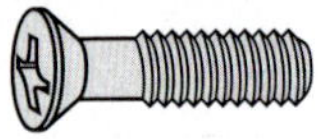

Linsensenkschraube M3 x 5 DIN EN ISO 7047-4.8

Sechskantschraube

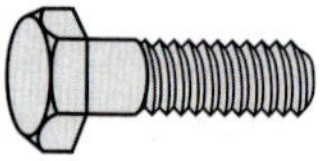

Sechskantschraube M12 x 80 DIN 931-8.8

Sechskant-Passschraube

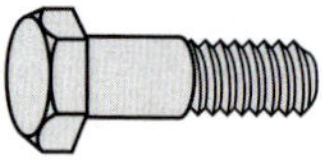

Passschraube M20 x 8 DIN 609-5.6

Kreuzlochschraube

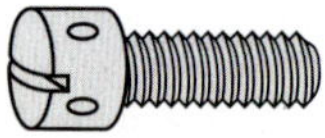

Kreuzlochschraube M5 x 30 DIN 404-5.8

Hohe Rändelschraube mit Schlitz

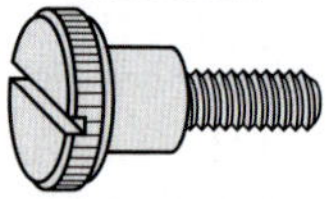

Rändelschraube M5 x 16 DIN 465-5.8

Flügelschraube

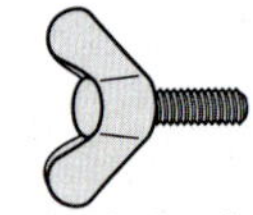

Flügelschraube M10 x 30 DIN 316-g-4.6

Ringschraube

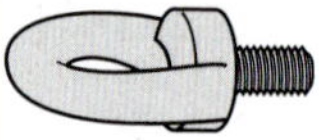

Ringschraube M20 DIN 580

Spannschloss offene Form

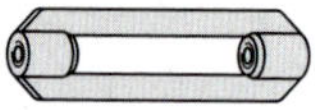

Spannschloss-Mutter B M10 x 125 DIN 1480

Steinschraube

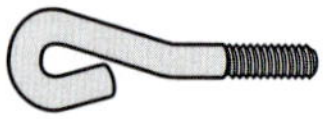

Steinschraube M20 x 200 DIN 529

Schaftschraube

Schaftschraube M4 x 10 DIN 427

Flachrundschraube mit Vierkantansatz

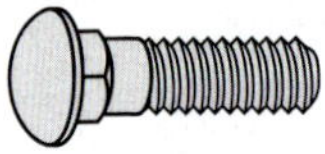

Flachrundschraube M10 x 70 DIN 603

Zylinder-blechschraube mit Schlitz

Zylinderblechschraube B 4,8 x 16 DIN 7971

Halbrund-Holzschraube mit Schlitz

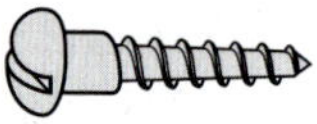

Halbrund-Holzschraube 4 x 15 DIN 96 Ms

Senk-Holzschraube mit Schlitz

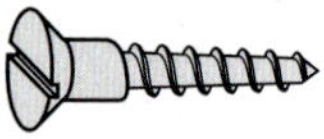

Senk-Holzschraube 3 x 20 DIN 97 Al-Leg.

Halbrund-Nagelschraube

Halbrund-Nagelschraube 4 x 30 DIN 7514

Sechskant-Holzschraube

Sechskant-Holzschraube 10 x 50 DIN 571

Stiftschraube

Stiftschraube M16 x 80 DIN 939-5.6

Länge des Einschraubendes:

DIN	
938 in St	≈ 1 · *d*
939 in GG	≈ 1,25 · *d*
835 in Al-Leg.	≈ 2 · *d*
940 in Weichmetall	≈ 2,5 · *d*

Gewindestifte

mit Schlitz und Zapfen

Gewindestift M3 x 6 DIN 417

mit Schlitz und Spitze

Gewindestift M4 x 10 DIN 553

mit Innensechskant und Zapfen

Gewindestift AM 10 x 40 DIN 915-10.9

Sechskantmuttern

(*h* ≈ 0,8 · *d*) DIN 934

Sechskantmutter M4 DIN 934-8 Ausführung: m, mg

niedrige Form (*h* ≈ 0,5 · *d*) Form A ohne, Form B mit Fase

Sechskantmutter A M4 DIN 439-04 Ausführung: m

selbstsichernd DIN 985

Sechskantmutter M20 DIN 985-8 Ausführung: m

Kronenmuttern

flach DIN 937

Kronenmutter M20 DIN 937-8 Ausführung: m

DIN 935

Kronenmutter M30 DIN 935-8 Ausführung: m

Hutmutter niedrige Form

DIN 917

Hutmutter M24 DIN 917-6 Ausführung: m

Flügelmutter DIN 315

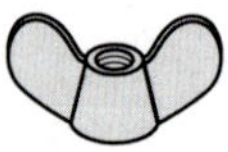

Flügelmutter M10 DIN 315-g-4

Rändelmuttern

hoch

Rändelmutter M6 DIN 466-5

flach

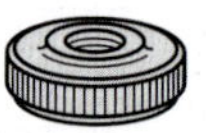

Rändelmutter M8 DIN 467-5

Schlitzmutter DIN 546

Schlitzmutter M8 DIN 546-5

Zweilochmutter DIN 547

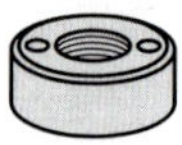

Zweilochmutter M10 DIN 547-5

Kreuzlochmutter DIN 548

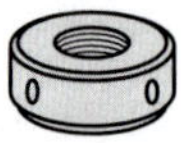

Kreuzlochmutter M12 DIN 548-5

Ringmutter

Ringmutter M20 DIN 582

W

Metrische ISO-Gewinde Metric ISO Threads

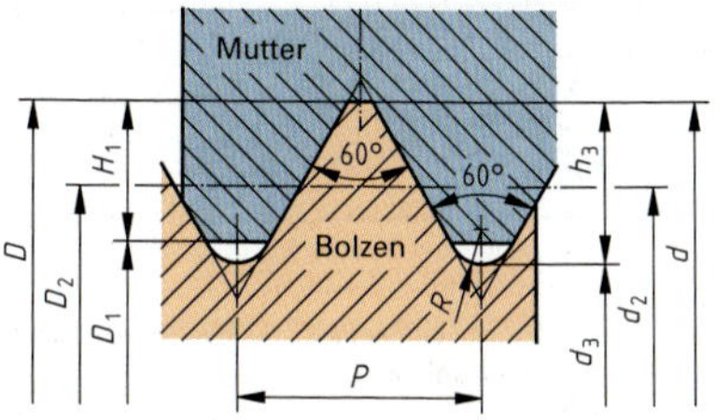

Nenndurchmesser	$d = D$
Steigung	P
Gewindetiefe des Bolzengewindes	$h_3 = 0{,}6134 \cdot P$
Gewindetiefe des Muttergewindes	$H_1 = 0{,}5413 \cdot P$
Rundung	$R = 0{,}1443 \cdot P$
Flanken-Ø	$d_2 = D_2 = d - 0{,}6495 \cdot P$
Kern-Ø des Bolzengewindes	$d_3 = d - 1{,}2269 \cdot P$
Kern-Ø des Muttergewindes	$D_1 = d - 1{,}0825 \cdot P$
Kernlochbohrer-Ø	$= d - P$
Flankenwinkel	$= 60°$

Regelgewinde (Auswahl)

Maße in mm

Gewindebezeichnung	Steigung	Kern-Ø		Gewindetiefe		Kernlochbohrer	Durchgangsloch-Ø für Schrauben		Sechskantschlüsselweite	Mutternhöhe
	P	Bolzen d_3	Mutter D_1	Bolzen h_3	Mutter H_1	Ø	fein	mittel		≈ $0{,}8 \cdot d$
M 1	0,25	0,693	0,729	0,153	0,135	0,75	1,1	1,2	3	0,8
M 1,2	0,25	0,893	0,929	0,153	0,135	0,95	1,3	1,4	3,5	1
M 1,6	0,35	1,170	1,221	0,215	0,189	1,3	1,7	1,8	3,5	1,3
M 2,5	0,45	1,948	2,013	0,276	0,244	2,1	2,7	2,9	5	2
M 3	0,5	2,387	2,459	0,307	0,271	2,5	3,2	3,4	5,5	2,4
M 4	0,7	3,141	3,242	0,429	0,379	3,3	4,3	4,5	7	3,2
M 5	0,8	4,019	4,134	0,491	0,433	4,2	5,3	5,5	8	4
M 6	1	4,773	4,917	0,613	0,541	5,0	6,4	6,6	10	5
M 8	1,25	6,466	6,647	0,767	0,677	6,8	8,4	9	13	6,5
M 10	1,5	8,160	8,376	0,920	0,812	8,5	10,5	11	17	8
M 12	1,75	9,853	10,106	1,074	0,947	10,2	13	14	19	10
M 16	2	13,546	13,835	1,227	1,083	14	17	18	24	13

Elektrogewinde

Maße in mm

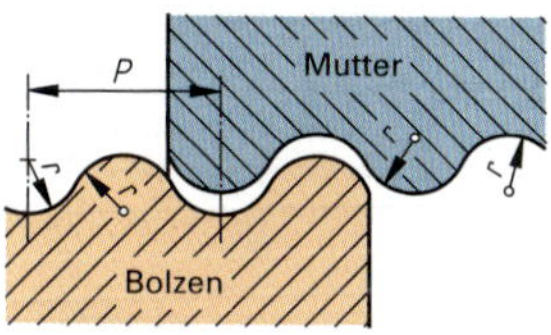

Bezeichnung: Gewinde E 27
Für Glühlampen E 5, E 10, E 14, E 27 und E 40
Für Sicherungen E 14, E 16, E 18, E 27 und E 33

Kurzzeichen	Gangzahl auf 1″	Steigung P	Rundung r
E 5	≈ 25	1	0,293
E 10	14	1,814	0,531
E 14	9	2,822	0,822
E 16	≈ 10	2,5	0,708
E 18	≈ 8,5	3	0,875
E 27	7	3,629	1,025
E 33	6	4,233	1,187
E 40	4	6,350	1,850

Kabeleinführungen

Maße in mm

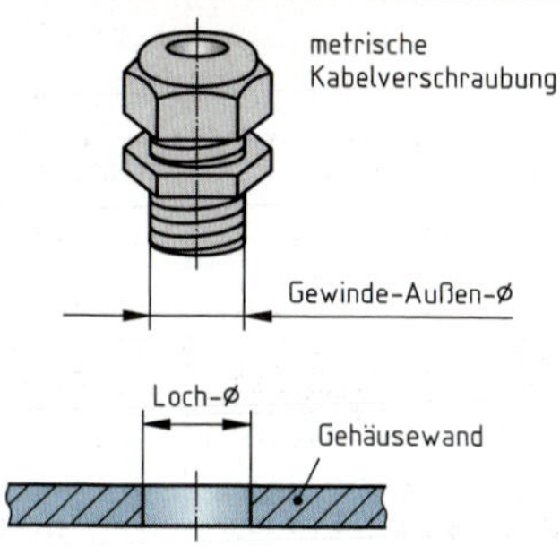

Kurzzeichen	Gewinde-Außen-Ø	Gehäusewand Loch-Ø$^{+0,2}_{-0,4}$	Ersatz für
M 12	12,0	12,5	Pg 7 bis Pg 48
M 16	16,0	16,5	
M 20	20,0	20,5	
M 25	25,0	25,5	
M 32	32,0	32,5	
M 40	40,0	40,5	
M 50	50,0	50,5	
M 63	63,0	63,5	

W

Toleranzen und Passungen Limits and Fits

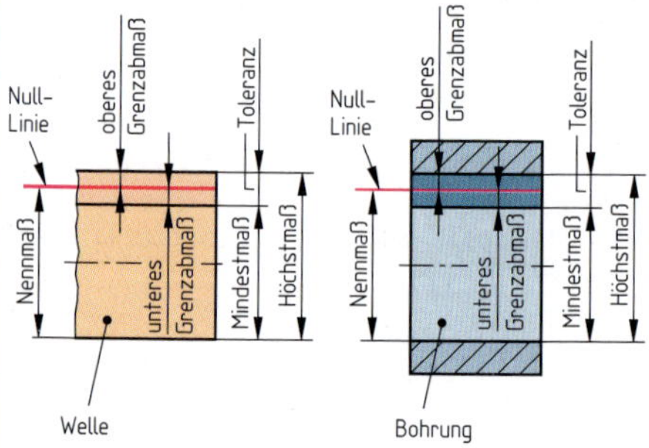

Als **Welle** bezeichnet man das Rundteil, das in eine Bohrung eingefügt werden soll (Achsen, Bolzen, Stifte, Wellen, Zapfen).

Spiel: Durchmesserunterschied zwischen Bohrung und Welle, wenn der Bohrungsdurchmesser größer als der Wellendurchmesser ist.

Übermaß: Durchmesserunterschied zwischen Welle und Bohrung, wenn der Wellendurchmesser größer als der Bohrungsdurchmesser ist.

Nennmaß: Das in der Zeichnung angegebene Maß, auf das sich die Abmaße beziehen.

Nennabmaße: Das „obere Grenzabmaß" und das „untere Grenzabmaß" sind die Grenzen der zulässigen Abweichung.

Toleranz: Unterschied zwischen Höchstmaß und Mindestmaß.

Istmaß: Maß des fertigen Werkstücks.

Beispiel:

Nennmaß **∅ 25** **+0,009** oberes Abmaß, **−0,004** unteres Abmaß

Höchstmaß = 25 + 0,009 = 25,009 mm
Mindestmaß = 25 − 0,004 = 24,996 mm
Toleranz = 25,009 − 24,996 = 0,013 mm

Die Toleranzen werden nach ISO durch Kurzzeichen (Buchstaben und Zahlen) hinter dem Nennmaß angegeben.
Die **Buchstaben** (A...Z für Bohrungen, a...z für Wellen) geben die Lage der Toleranz zur Null-Linie an.
Die **Zahlen** (01; 0; 1; 2...18) bedeuten die Größe der Toleranz und damit die Qualität (Güte) des Arbeitsverfahrens.

Passungsarten

System Einheitsbohrung

Einheits-bohrung H ...	Wellentoleranzen		
	abcdefgh	jkmnp	prstuvxyz za zb zc
	Spiel-passungen	Übergangs-passungen	Übermaß-passungen

Beim **System Einheitsbohrung** werden alle Bohrungen ohne Rücksicht auf die herzustellenden Passungen einheitlich mit H-Toleranzen gefertigt. Das **Mindestmaß** einer Bohrung geht dadurch genau bis zur Null-Linie und ist gleich dem Nennmaß. Das **Höchstmaß** geht um die Toleranz über die Null-Linie hinaus. Die Art der Passung wird durch eine entsprechende Wellentoleranz (a...z) erreicht.

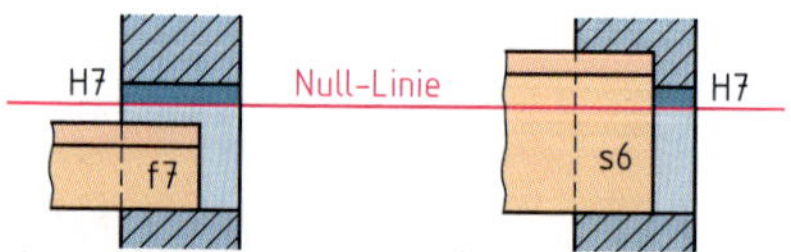

Spielpassungen **Übermaßpassungen**

System Einheitswelle

Einheits-welle h ...	Bohrungstoleranzen		
	ABCDEFGH	JKMNP	PRSTUVXYZ ZA ZB ZC
	Spiel-passungen	Übergangs-passungen	Übermaß-passungen

Beim **System Einheitswelle** erhalten alle Wellen h-Toleranzen. Das **Höchstmaß** einer Welle geht deshalb bis zur Null-Linie und ist gleich dem Nennmaß. Das **Mindestmaß** der Welle ist um die Toleranz kleiner als ihr Nennmaß. Die Art der Passung wird durch eine entsprechende Bohrungstoleranz (A...Z) erreicht.

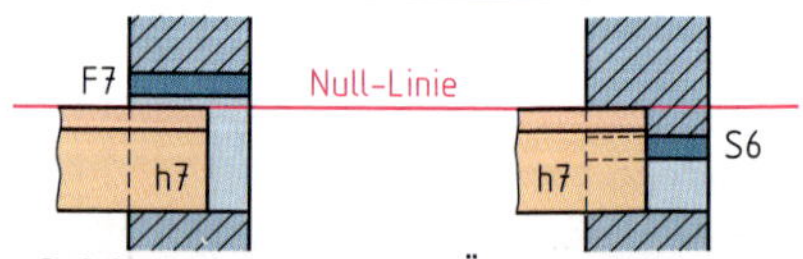

Spielpassungen **Übermaßpassungen**

Maßeintragung mit Toleranzangaben

Rundpassung

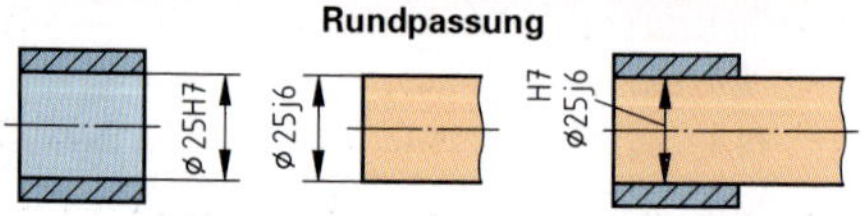

Teile getrennt gezeichnet — Teile zusammengebaut gezeichnet

Bei zusammengefügt dargestellten Teilen wird die Toleranz für die Bohrung *vor* oder *über* die Toleranz der Welle eingetragen:

∅ 25 H7/j6

oder ∅ 25 $\frac{H7}{j6}$

Flachpassungen

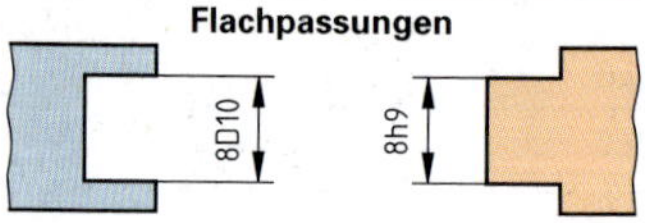

Das Außenteil erhält Bohrungskurzzeichen.
Das Innenteil erhält Wellenkurzzeichen.

Teil BU: Betrieb und sein Umfeld, Umwelttechnik, Anhang
Part BU: The Company and its Environment, Environmental Technology, Annex

Arbeitnehmer – Geschäftsprozesse 422

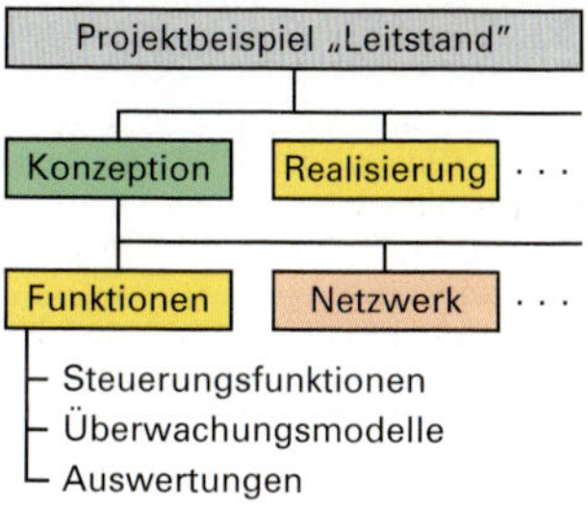

Betriebliche Geschäftsprozesse 429

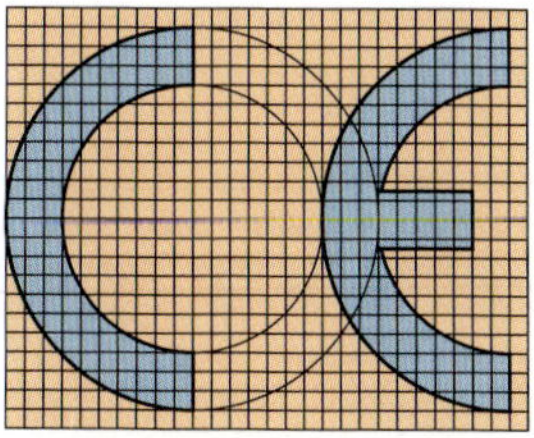

Umwelttechnik 437

Anhang 441

DIN
VDE 0100-460

DIN
1301
Teil 1

DIN
IEC 971

Organisationsformen in Unternehmen Organization Structures of Companies

Organisationsform	Erklärung	Bemerkungen
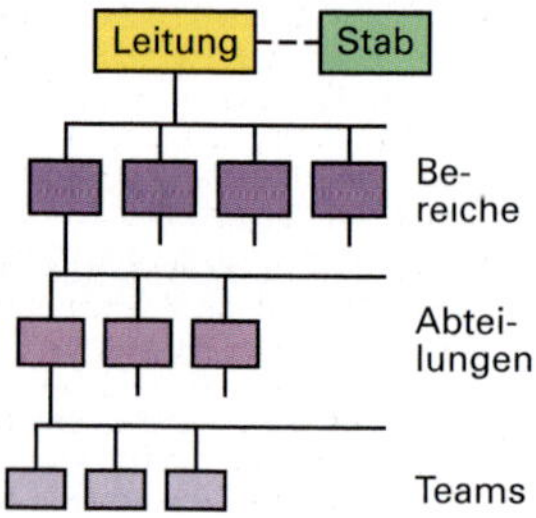 **Liniensystem**	Fachliche und personelle Weisungen gehen von oben nach unten von zentralen Stellen aus. Es liegt eine hierarchische Baumstruktur vor. Das Unternehmen ist in Bereiche, Abteilungen und Teams gegliedert. Diese Untergliederung erfolgt nach Funktionen oder Prozessen. Jeder Mitarbeiter erhält nur von seinem unmittelbaren Vorgesetzten Anweisungen. Das ausschließliche Liniensystem kommt selten vor.	Geschäftsleitungen lassen sich in größeren Unternehmen meist von Experten, die als Stabsstellen fungieren, beraten. Eine feinere Untergliederung ist zu vermeiden, da ein guter Informationsfluss einen kurzen Berichtsweg erfordert. Die Kompetenzen und Zuständigkeiten sind beim Liniensystem klar geregelt.
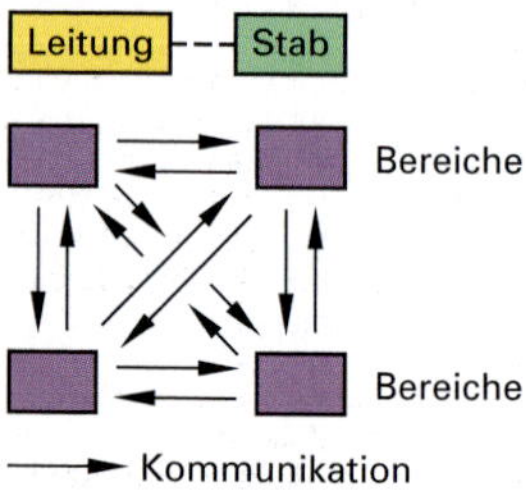 **Funktionssystem**	Beim Funktionssystem sind die Zuständigkeiten nach Funktionen oder Prozessen aufgeteilt. Die Bereichsleiter handeln selbstständig. Zwischen den Bereichen herrschen Kunden-Lieferanten-Beziehungen. Ein ausschließliches Funktionssystem wird nirgends angetroffen. Es wird nur auf der Bereichsleiterebene gelebt. Die unteren Leitungsebenen sind dagegen entsprechend dem Liniensystem organisiert.	Die oberste Leitung (Leitungsteam) gibt nur Zielsetzungen aus und entscheidet in unternehmenswichtigen Fällen. Der Bereichsleiter einer Fertigung beschafft z.B. über den Bereich Informatik anhand seines genehmigten Budgets einen PC, ohne die oberste Leitung hierüber zu informieren.
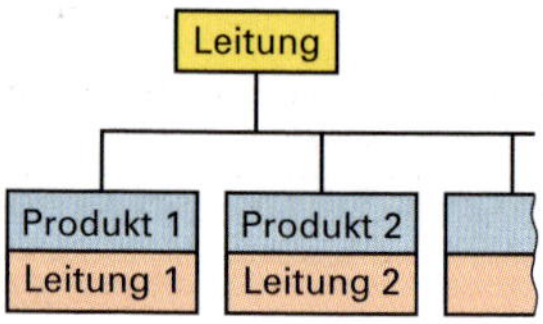 **Spartensystem**	Beim Spartensystem unterstehen der obersten Leitung produktbezogene, eigenverantwortliche Geschäftsbereiche oder Geschäftsfelder. Innerhalb einer Sparte kommt meist die Mischform aus Funktionssystem und Liniensystem vor.	Prinzipiell wird bei dieser Organisationsform auch von Unternehmen im Unternehmen gesprochen. Es bietet sich an, das Spartensystem in einem Unternehmen mit einer Matrixorganisation zu kombinieren.
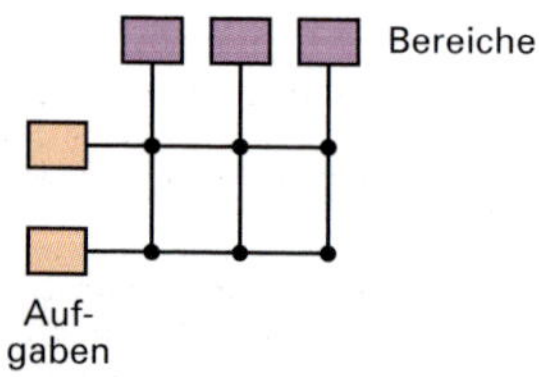 **Matrixorganisation**	Bei einer Matrixorganisation werden von einzelnen Personen oder auch von Bereichen sogenannte Querschnittsaufgaben für mehrere Bereiche wahrgenommen. Die Matrixorganisation kommt nur in Verbindung mit den oben beschriebenen Organisationsformen vor.	Gleiche Strategien können in unterschiedlichen Bereichen umgesetzt werden. Marketing-Strategien können z.B. von einer Personengruppe für mehrere Produktbereiche entwickelt werden. Die Matrixorganisation zwingt zur Teamarbeit, da Entscheidungen und Weisungen in Abstimmung erfolgen müssen.
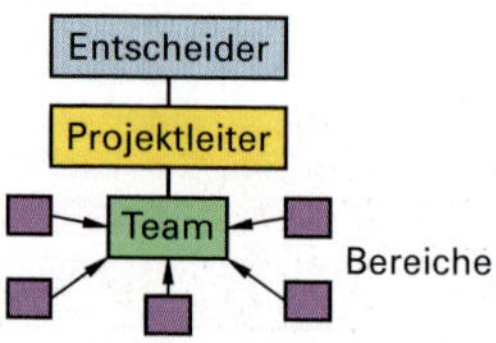 **Projektmanagement**	Diese Organisationsform kommt nur in Verbindung mit den oben beschriebenen Organisationsformen vor. Über Abteilungen oder Bereiche hinweg werden Projektteams gebildet, die eine vorgegebene Aufgabe umzusetzen haben. Geleitet wird ein Projektteam von einem Projektleiter, der meist an ein Entscheidergremium berichtet.	Bei der Bildung von Projektteams ist zu beachten, dass gleiche Mitarbeiter nicht in zu vielen Projektteams mitwirken und somit überlastet werden. Nach Beendigung der Projektarbeit wird das Projektteam wieder aufgelöst.

Arbeiten im Team Teamwork

Begriff	Erklärung	Bemerkungen
Team	Ein Team ist eine Gruppe von Personen mit dem Ziel, Aufgaben oder Probleme gemeinsam zu analysieren und zu lösen. Teamarbeit ist zum Bewältigen umfangreicher Aufgaben wegen fachlicher Gesichtspunkte sowie ggf. wegen der Akzeptanz der Ergebnisse notwendig. Ein Team benötigt einen Teamsprecher. In Projektteams ist dies der Projektleiter. Seine Aufgabe ist es, das Team zu leiten, zu motivieren und einen Teamgeist (Wir-Gefühl) zu erzeugen.	Bei Projektteams ist auf die richtige Zusammensetzung zu achten, z. B. dass das benötigte fachliche, technische und betriebswirtschaftliche Know-How für das zu lösende Thema vorhanden ist. Das Einbinden des Anwenders und das persönliche Miteinander bestimmt den Erfolg der Teamarbeit. In einer betrieblichen Organisation ist die Unterstützung eines Projektteams durch eine Führungskraft als Pate zweckmäßig.
Meeting	In Meetings (Besprechungen) treffen Personen mit dem Ziel zusammen, das Lösen einer Aufgabe oder eines Problems zu besprechen. Auf einen geeigneten Raum mit notwendiger technischer Ausstattung ist zu achten.	Ein Meeting erfordert eine Vorbereitung, einen Moderator und eine Agenda (Tagesordnung). Die Beteiligten sind anhand dieser frühzeitig zu informieren. Geräte wie Overhead-Projektor, Beamer, Flipchart sind bei Bedarf vorab zu organisieren. Ebenso ist für eine notwendige Verpflegung zu sorgen.
Agenda	Die Agenda (Tagesordnung) enthält die zu besprechenden Themen eines Meetings. Neben dem Ort und der Zeitdauer der Besprechung sind die vorgesehenen Zeitspannen für die einzelnen Themen sowie deren Verantwortliche in der Agenda niederzuschreiben.	Es ist Aufgabe des Einladenden zu einem Meeting, meist der Projektleiter, eine Agenda zu erstellen. Es ist zu beachten, dass die Zeitspannen für die Themen richtig bemessen sind. Die Verantwortlichen der zu behandelnden Themen sind aus Gründen ihrer Vorbereitung frühzeitig zu informieren.
Protokoll	Im Protokoll sind mindestens die während des Meetings getroffenen Entscheidungen schriftlich festzuhalten. Ein Protokoll ist vom Protokollschreiber zu unterschreiben. Bei themenkritischen Besprechungen ist das Protokoll von allen Besprechungsteilnehmern zu unterschreiben.	Zu Beginn eines Meetings muss der Protokollschreiber benannt werden. Im Protokoll sind Datum, Teilnehmer, Tagesordnungspunkte und getroffene Entscheidungen festzuhalten, ggf. auch Beiträge von den einzelnen Teilnehmern.
Moderator	Der Moderator ist der Organisator und Lenker eines Meetings. Dies muss nicht der Teamleiter oder Projektleiter sein.	Ein Moderator nimmt eine neutrale Position in der Meinung ein. Durch geschickte Fragestellungen muss er mit den Teilnehmern die gestellte Aufgabe erarbeiten.
Brainstorming	Brainstorming (engl. brainstorm = Geistesblitz) wird in Meetings angewandt, wenn zunächst nur Ideen gesammelt werden.	Die gesammelten Ideen sind nach Themen oder Abläufen (Prozessen) zu ordnen, daraus sind dann die weiteren Schritte abzuleiten.
Entscheidung	Entscheidungen müssen in Meetings getroffen werden. Deshalb muss zu Beginn eines jeden Meetings das Ziel des Meetings den Teilnehmern mitgeteilt werden.	Getroffene Entscheidungen sind einzuhalten. Andernfalls sind die Gründe offen zu diskutieren. Dies darf allerdings nicht zu oft geschehen.
Konsens	Entscheidungen, die im Konsens der Teilnehmer (in Übereinstimmung) getroffen werden, sind von den Teilnehmern akzeptiert.	Die Fähigkeit, in strittigen Situationen Zugeständnisse und Abstriche in der Sache zu tätigen, ist eine Grundvoraussetzung für funktionierende Teamarbeit.
Abstimmen, Abstimmung	Unter Abstimmen versteht man, eine Übereinkunft zu finden (Konsensfindung). Entscheidungen, die aufgrund von Mehrheiten (Abstimmung) gefällt werden, können bei den Anwendern zum Scheitern des Projektes führen.	In einer funktionierenden und erfolgreichen Teamarbeit müssen die Anwenderinteressen vertreten sein.

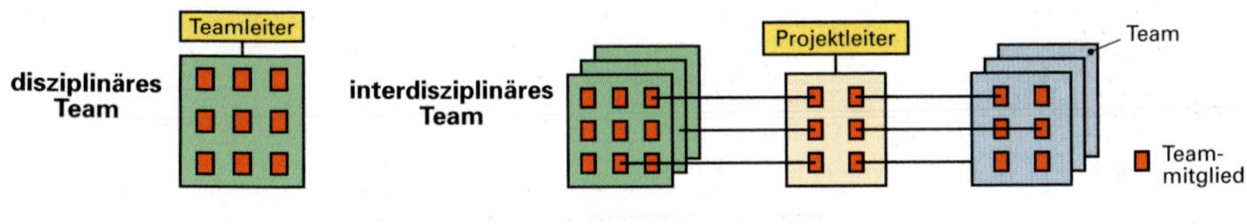

BU

Vorbereitung einer Präsentation Preparing a Presentation

Handlung	Beschreibung	Bemerkungen
Vorbereitung	• Themenstellung klären. • Teilnehmergruppe klären: Anzahl und Niveau der Teilnehmer. • Ziel der Teilnehmer klären oder festlegen. • Dauer des Vortrages klären. • Technische Austattung des Vortragsraumes klären. • Geeignetes Softwaretool für Erstellung von Bildern auswählen.	Das Niveau der Teilnehmer bestimmt die fachliche Tiefe des Vortrages im zur Verfügung stehenden Zeitrahmen. Wichtig ist, dass die Teilnehmer angesprochen werden. Die Teilnehmer müssen das Vorgetragene verstehen. Die Dauer des Vortrages legt bei einem Folienvortrag die Anzahl Folien fest. Als grafisches Softwaretool wird oft Powerpoint verwendet.
Mediengerät bereitstellen	• Overhead-Projektor für Folienpräsentation. • Beamer (LCD-Projektor, DLP-Projektor) für Präsentationen von PC-erzeugten Bildern. 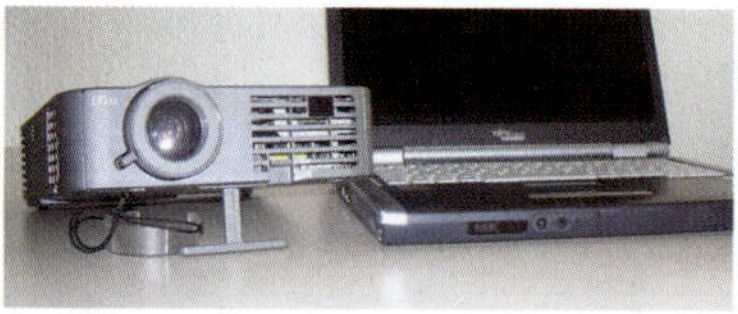 **LCD-Projektor oder DLP-Projektor mit PC**	LCD von Liquid Crystal Display DLP von Digital Light Processing engl. beam = Strahl Technische Daten eines LCD- Projektors: Lichtleistung 3000 lm Kontrastverhältnis: 850 : 1 (Weiß/Schwarz) Auflösung: 1024 x 768 Bildpunkte Helligkeitsverteilung: 80% (Bildrand/Bildmitte) Zweilampensystem Leinwandabstand: 1 m bis 16 m Standardsignale: PAL, NTSC, SECAM, SVGA, SXGA
Vortrags-erstellung	• Eine an die Wand projizierte Bildseite (Chart, Folie) muss mindestens eine Minute stehen bleiben. • Schriftgrad (Schriftgröße) mindestens 18 pt. • Maximal sieben Schriftzeilen je Bildseite, Bildseite nicht überladen. • Diagramme und Tabellen nicht mit Zahlen überladen. • Jede Bildseite muss ihr Bildseitenthema, die Archivnummer und ggf. das Firmenlogo enthalten. • Alle Bildseiten ähnlich strukturieren. • Vortrag in Schwerpunkte gliedern. • Titelseite und Seite für Vortragsgliederung nicht vergessen zu erstellen. • Vortrag vorab laut vorsprechen.	Eine Bildseite muss vom Zuhörer in Ruhe gelesen werden können. Die Schriftgröße darf deshalb keinesfalls zu klein gewählt werden. Die Leistungsfähigkeit des Projektors sowie die Größe des Vortragsraumes sind hier mitbestimmend. Als Schriftfarbe ist bei hellem Seitenhintergrund schwarz am besten geeignet. Ein Seitenhintergrund mit Strukturen ist zu vermeiden. Zu viele Farben auf einer Bildseite verwirren. Beim Verwenden verschiedener Farben ist den Farben ein Sinn zuzuordnen. Bei Bildschirmanimationen (animation = Bewegung) ist auf eine Beschränkung der bewegten Elemente zu achten.
Präsentation	• Kurze Zielangabe des Vortrages. • Nicht zu schnell sprechen. • Nicht zu viele Handbewegungen und Körperbewegungen vornehmen. • Bei der Wortwahl auf nicht allgemein bekannte Fremdworte, Fachausdrücke oder Abkürzungen verzichten. • Am Vortragsende eine kurze Zusammenfassung geben.	Der Vortragende darf keine Hektik verbreiten. In der Sprechweise ist dennoch eine gewisse Lebhaftigkeit gefordert. Zur Aufmunterung der Zuhörer kann auch einmal eine passende, kurze Anekdote erzählt werden. Zu witzig darf man nicht werden. Der Vortragende soll die Zuhörer während seines Vortrages anschauen.

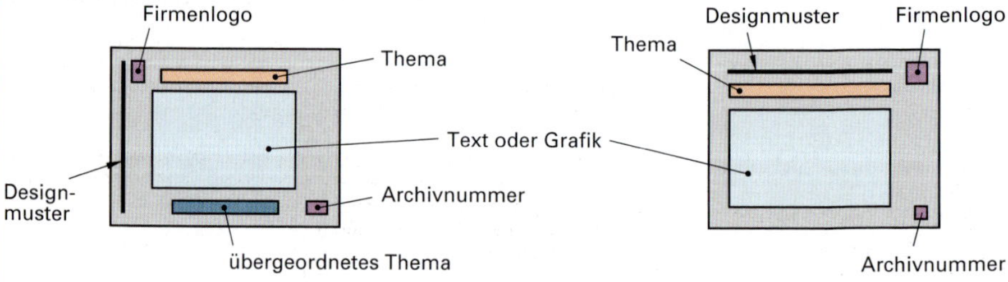

Mögliche Einteilungen von Bildseiten

Durchführung von Projekten Realising Projects

Begriff	Erklärung	Bemerkungen

Projektplanung

Aufgaben

- Projektinhalt festlegen
- Projektrisiken abwägen
- Wirtschaftlichkeit analysieren
- Projektziele festlegen
- Projekt abgrenzen
- Projektvoraussetzungen prüfen
- Projektorganisation festlegen
- Projektarbeitspakete definieren
- Terminplan ausarbeiten

Projektplanung

Entwicklungsprojekte benötigen ab einer mehrwöchigen Entwicklungsdauer eine fundierte (gründliche) Projektplanung. Nur so ist neben einer genauen Beschreibung der anzugehenden Tätigkeiten und Investitionen auch eine realistische Aufwands- und Kostenabschätzung möglich.

Insbesondere die Projektziele sind als Lastenheft genau zu beschreiben. Das Projekt ist als Projektstrukturplan in Arbeitspakete zu gliedern. Eine Projektorganisation muss festgelegt werden.

Projekte, die größere Investitionen und Personalkosten erfordern, müssen unbedingt eine Projektorganisation besitzen. Hierzu müssen ein Projektleiter, sein Stellvertreter, die Projektmitarbeiter und ein Entscheidergremium benannt werden.

Das Entscheidergremium muss oft mit Mitgliedern der Unternehmensleitung besetzt sein. Für die am Projekt beteiligten Personen muss deren für das Projekt verfügbare Arbeitszeit festgelegt sein.

Projektstrukturplan

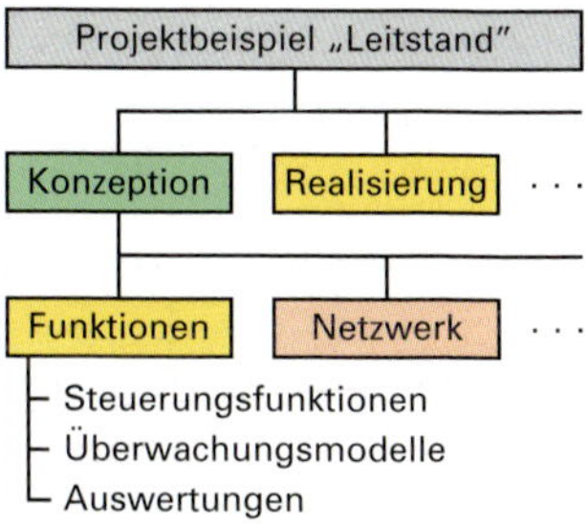

Projektstrukturplan

Von wesentlicher Bedeutung ist das Strukturieren eines Projektes anhand von Arbeitspaketen. Die einzelnen Arbeitspakete sind im Laufe des Projektes zu bearbeiten. Zum Projektbeginn sind den Arbeitspaketen grobe Schätzungen bezüglich Arbeitsaufwand in Personentagen (PT) und notwendigen Investitionen zuzuordnen.

Anhand der geschätzten Personentage und der bekannten Personalkapazitäten kann der Projektphasenplan einschließlich der Terminplanung erstellt werden.

Es empfiehlt sich, dem Strukturieren in Arbeitspakete große Sorgfalt zukommen zu lassen. Nur dadurch wird erreicht, dass Projekte hinsichtlich Terminen und Kosten nicht unterschätzt werden.

Zum Projektbeginn ist festzulegen, nach welchen erledigten Arbeitspaketen Meilensteinsitzungen mit dem Projekt-Entscheidergremium stattfinden sollen. Nur so ist eine ständige Unterstützung durch das Management sichergestellt.

Projektphasenplan

Phase	1	2	3
Phasenergebnis			
Zugeordnete Arbeitspakete			
Arbeitsaufwand			
Invest			
Externe Kosten			
Kosten gesamt			
Meilensteintermine			

Projektphasenplan

In der Phasenplanung eines Projektes sind die einzelnen Projektphasen entsprechend z.B. Phase 1, 2, 3, 4, strukturiert. In jeder Projektphase sind die zugeordneten Merkmale zu beschreiben (**Bild**).

Beim Arbeitsaufwand sind die Personentage je Phase einzutragen und zusätzlich die daraus resultierenden Kosten (Berücksichtigung der Personentagessätze, z.B. 700 € je Tag).

An den Meilensteinterminen ist für das Entscheidergremium wichtig zu erfahren, welche Kosten und Arbeitsaufwände bisher anfielen und noch anstehen.

Hinsichtlich der Arbeitspakete ist empfehlenswert, diese zu nummerieren, sodass in dieser Tabelle (**Bild**) nur Nummern aufzulisten sind.

Bei Invest sind die für Hardware-Software-Beschaffungen zu tätigenden Investionen einzutragen.

Bei externen Kosten sind z.B. Schulungskosten und externe Entwicklungskosten einzutragen.

Die Phasenergebnisse sind schlagwortartig zu beschreiben.

Kosten-Nutzenbetrachtung

Merkmale	2009	2010	2011
Kosten • einmalig • laufend			
Kosten-einsparung • einmalig • laufend			
Kosten-vermeidung • einmalig • laufend			

Kosten-Nutzenbetrachtung

Anhand der mit Personentagen und Investionen versehenen Arbeitspakete wird die Kosten-Nutzenbetrachtung durchgeführt. Hierbei sind auf der Kostenseite einmalig anfallende Kosten, ständig anfallende Kosten, z.B. Wartungsgebühren, Betreuungsaufwände, zu berücksichtigen.

Auf der Seite der Kosteneinsparungen sind ebenfalls einmalige Effekte und ständig anfallende Einsparungen, z.B. geringere Wartungsgebühren, zu betrachten.

In die Kosten-Nutzenbetrachtung können auch Effekte einer Kostenvermeidung einfließen. Dies sind Kosten, die durch Umsetzung des Projektes nicht anfallen, z.B. das Vermeiden einer Personalzusatzeinstellung.

Eine Kosten-Nutzenbetrachtung ist über einen mehrjährigen Zeitraum anzustellen.

Arbeitsplanung, Netzplantechnik Job Planning, Network Planning

Begriff	Erklärung, Beispiel	Bemerkungen
Arbeitsplanung		
Arbeitsvorbereitung	Die Arbeitsvorbereitung dient der Durchführung und Optimierung von Arbeitsabläufen, vor allem im Produktionsbereich. Sie umfasst: • Auftragserfassung (Pflichtenheft, Zeichnung), • Bedarfsplanung (Material, Arbeitsmittel, Zeit, Personal), • Arbeitsablaufplanung (Arbeitsschritte), • Kontrolle (Funktionskontrolle).	Detaillierte Zeichnungen, z.B. Installationsschaltplan, bilden die Grundlagen für die Erstellung der Bedarfsplanung. Die Kontrolle umfasst Qualitätskontrolle, Kontrolle des Arbeitsfortschrittes sowie die Zeit- und Kostenkontrolle.
Arbeitsablaufplan	Für aufwändige Arbeiten werden der Arbeitsablauf in zeitlicher Reihenfolge mit den erforderlichen Betriebsmitteln und Vorrichtungen in einem Arbeitsablaufformular aufgelistet. Bei Serienproduktion werden Rüstzeiten und Bearbeitungszeiten als Vorgabezeiten angegeben.	Für den Unterricht und die projektorientierte Abschlussprüfung kann der folgende Arbeitsablaufplan als Grundlage verwendet werden. Dieser kann um weitere Rubriken, z.B. Umweltschutz, erweitert werden.

Arbeitsablaufplan		Auftrag: Netzgerät		Bearbeiter: Maier		Blatt-Nr.: 1	
Lfd. Nr.	Arbeitsschritte	Werkzeuge, Maschinen, Arbeitsmittel	Arbeitssicherheit	Informationen zu Ausführung, Kontrolle, Abweichungen	Woche, Datum	Zeit Soll	Zeit Ist
1	Netzteilplatine bestücken	Lötkolben, Lötzinn, Lötabsauger, Schaltplan, Bauelemente	Verbrennungsgefahr durch Lötkolben	Bauelemente nicht überhitzen	02. 05. 09	60 min	65 min

Netzplantechnik

Netzplantechnik NPT

Die Netzplantechnik NPT wird eingesetzt zur Planung, Steuerung und Überwachung von sehr komplexen Projekten. Die Netzplantechnik verwendet als Darstellungselemente den *Pfeil* und den *Knoten*. Der Pfeil symbolisiert einen Vorgang oder dient zur Beschreibung einer Beziehung zwischen zwei Knoten (Anordnungsbeziehung). Ein Knoten stellt je nach Verfahren ein Ereignis oder einen Vorgang dar.

Die Netzpläne gibt es als:
- Ereignis-Knoten-Netzplan EKN,
- Vorgangs-Pfeil-Netzplan VPN und
- Vorgangs-Knoten-Netzplan VKN.

Der VKN ist durch die große Menge an Zeitdaten für den Unterricht zu komplex.

Ereignis-Knoten-Netzplan EKN

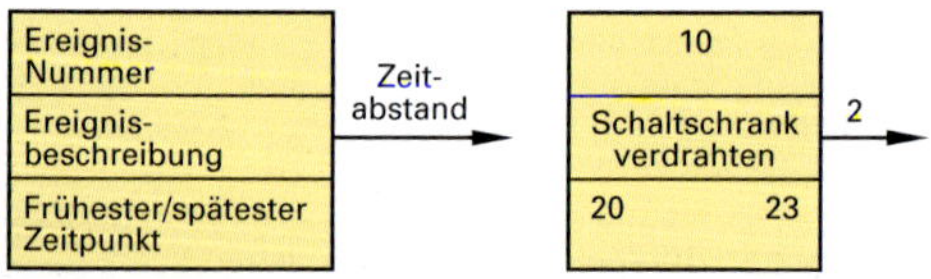

Ereignisknoten **Beispiel**

Beginnend mit dem Startereignis werden durch aufeinanderfolgende Knoten alle folgenden Projektereignisse beschrieben. Der Pfeil gibt den zeitlichen Abstand zwischen den Knoten an. Zeiten, Zeitpunkte werden in Tagen oder Wochen angegeben.

Vorgangs-Knoten-Netzplan VKN

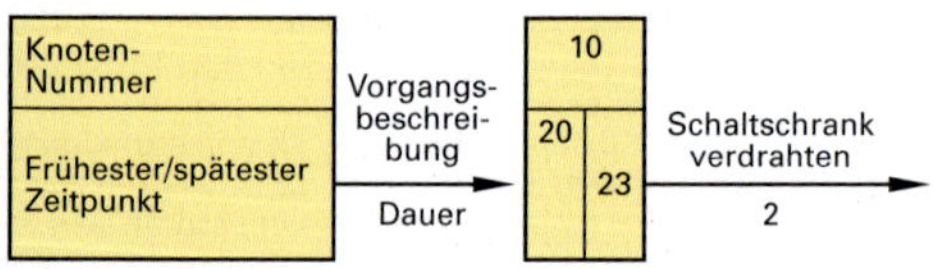

Vorgangsknoten **Beispiel**

Dem Startvorgang folgen die einzelnen Vorgänge, die durch Pfeile dargestellt werden. Das Netz endet mit dem Zielvorgang.

Terminplanung

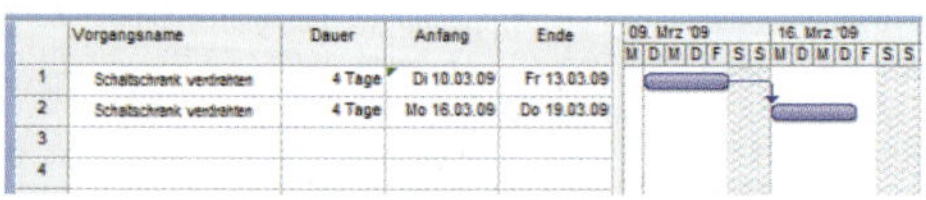

Ausschnitt Terminplanung Tages-/Wochenübersicht

Als Grundlage dienen die errechneten bzw. geschätzten Zeiten der Vorgänge und zeitlichen Abstände zueinander. Diese können übersichtlich in Form von Balkendiagrammen dargestellt werden. Die Erstellung erfolgt häufig mittels IT-Programmen, z.B. *Microsoft Project*.

BU

Bestandteile eines Tarifvertrages Constituents of Tariff Agreement

Bestandteil	Erklärung	Bemerkungen
Entlohnung	Zu unterscheiden sind Zeitlohn, Gehalt, Akkordlohn, Prämienlohn. Die Eingruppierung erfolgt z.B. nach Lohngruppen oder Gehaltsgruppen.	Bei Angestellten mit Tariflohn gibt es oft zusätzlich zum Tarifgehalt eine Leistungszulage, die je nach Unternehmen stark verschieden sein kann.
Ausbildungsvergütung	Festlegung der Vergütungen in den einzelnen Ausbildungsjahren.	Ist in jedem Bundesland leicht verschieden.
Arbeitszeit	Festlegung der Wochenarbeitszeit. Teilarbeitszeit ist getrennt zu regeln.	Die maximale Mehrarbeit je Woche ist ebenfalls festgeschrieben.
Zuschläge	Für Mehrarbeit, Schichtarbeit, Nachtarbeit, Sonntagsarbeit, Feiertagsarbeit, 24. und 31. Dezember.	Sind je nach Tarifgebiet verschieden. Auch z.T. abhängig von der Tageszeit.
Bezahlung bei Arbeitsausfall	Zu unterscheiden ist Arbeitsausfall durch Betriebsstörung und Arbeitsverhinderung, z.B. wegen Kinderbetreuung, Todesfall, Geburt, Eheschließung.	Für die vom Arbeitgeber zu vertretenden Ausfallzeiten infolge Betriebsstörung ist der durchschnittliche Verdienst zu bezahlen. Für die Arbeitsverhinderung sind zu bezahlende Arbeitstage definiert.
Fortzahlung von Lohn und Gehalt bei Krankheit	Ist durch den Arbeitgeber für mindestens 6 Wochen sicherzustellen.	Arbeitsunfähigkeitsbescheinigungen sind dem Arbeitgeber z.B. spätestens am 3. Tag vorzulegen.
Urlaub	Festlegung der jährlichen Urlaubstage als Arbeitstage.	Das Durchschnittseinkommen wird im Urlaub weiterbezahlt. Zusätzlich gibt es Urlaubsgeld.
Sonderzahlungen	Das sogenannte 13. Monatseinkommen, welches meist weniger als ein Monatseinkommen ist, sowie weitere Zahlungen, wie Prämien.	13. Monatseinkommen ist gestaffelt nach der Betriebszugehörigkeit. Voller Anspruch oft erst nach vier Jahren.
Freistellungsansprüche	Beispiele sind Tod des Ehegatten, Tod von Kindern, Eheschließung, Geburt, Weiterbildung.	Arztbesuche sind in der Regel außerhalb der Arbeitszeit vorzunehmen.
Verdienstsicherung	Ist nach Lebensalter und Betriebszugehörigkeitszeit geregelt, z.B. ab 54. Lebensjahr (Alterssicherung).	Es wird ein Alterssicherungsbetrag als Mindestverdienst ermittelt, z.B. der Verdienst zum Zeitpunkt der Alterssicherung.
Probezeiten	In dieser Zeit kann vom Unternehmen gekündigt werden.	Die Kündigung ist auch vom Arbeitnehmer möglich. Die Probezeit ist maximal 6 Monate.
Kündigung	Vom Unternehmen und Arbeitnehmer sind Kündigungsfristen einzuhalten. Kündigungsschutz oft ab 54. Lebensjahr.	In der Probezeit sind die Fristen deutlich kürzer als danach. Meist 4 Wochen zum Monatsende. Kündigt der Arbeitgeber, so ist die Kündigungszeit abhängig von der Zeit der Betriebszugehörigkeit. Der Beschäftigte hat Anspruch auf ein Arbeitszeugnis.
Beschäftigungssicherung	Absenkung der Wochenarbeitszeit, um in wirtschaftlich schwierigen Zeiten Kündigungen zu vermeiden.	Die Absenkungen sind je nach Tarifgebiet festgelegt. Alternativ erfolgt oft Kurzarbeit.
Qualifizierung	Zwischen Arbeitnehmer und Arbeitgeber ist der erforderliche Qualifizierungsbedarf festzulegen.	Die Kosten der Qualifizierungsmaßnahmen sind vom Arbeitgeber zu tragen.

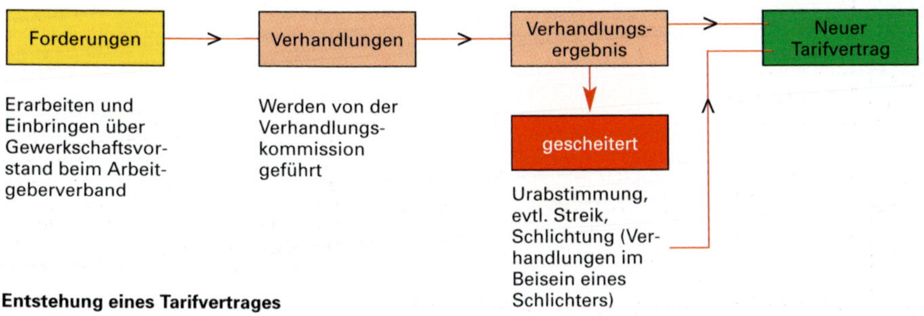

Entstehung eines Tarifvertrages

BU

Qualifikationen für elektrotechnische Arbeiten

Qualifications to Perform Electrotechnical Works

Begriff	Bedingungen	Arbeitsbeispiele, Bemerkungen
Befähigte Personen	Für alle elektrotechnischen Arbeiten müssen die eingesetzten Personen geeignet sein durch ihre • Ausbildung, Berufserfahrung und • zeitnahe berufliche Tätigkeit im Fachgebiet.	• Reinigung in elektrischen Betriebsräumen, • Planung von elektrischen Anlagen, • Anschließen von elektrischen Maschinen, • Parametrierung einer elektrischen Beleuchtung in EIB-Technik oder LCN-Technik.
Elektrotechnisch unterwiesene Person EUP	Die EUP muss in der Lage sein, die bei ihrer Arbeit möglichen Gefahren zu erkennen und zu vermeiden. Die EUP arbeitet unter der Leitung und Aufsicht einer verantwortlichen Elektrofachkraft VEF, welche die EUP auch für die Arbeit unterweist bzw. ausbildet.	• Herstellen von Wicklungen nach Anweisung, • Montagearbeiten vor dem Anschluss an das Netz, • Mithilfe beim Ausheben eines Kabelgrabens, • Malerarbeiten in elektrischen Betriebsräumen, • Aufstellen einer Satellitenschüssel, • Material ins Lager einräumen.
Elektrofachkraft für festgelegte Tätigkeiten EFT	Voraussetzung: abgeschlossene Berufsausbildung oder gleichwertige berufliche Tätigkeit. Zusätzliche Ausbildung in einem Kurs von etwa 90 Stunden zur EFT. Die Ausbildung schließt mit einer Prüfung ab. Wer diese bestanden hat, wird als EFT zertifiziert.	• Anschließen eines Durchlauferhitzers durch den Gas- und Wasserinstallateur, • Wartung der Beleuchtungsanlage in einem Großraumbüro, • Anschließen einer USV-Anlage (USV = unterbrechungslose Stromversorgung) an das Netz durch einen Fachinformatiker.
Elektrofachkraft für begrenzte Aufgabengebiete EFfbA	**Betriebsinterne Ausbildung:** Eine mehrjährige Tätigkeit als EUP oder als EFT kann in einem bestimmten Gebiet der Elektrotechnik zur EFfBA führen. Die Tätigkeit wird als „betriebliche Ausbildung" angesehen, wenn die theoretischen Grundlagen vermittelt werden. Eine betriebsinterne Prüfung sollte nach der betrieblichen Ausbildung dokumentiert werden.	Die Arbeiten müssen jeweils unter Leitung einer *verantwortlichen Elektrofachkraft* durchgeführt werden. • Herstellen von Abzweigen in einem Kabelnetz, • Ersatz von Freileitungsseilen im freigeschalteten Niederspannungsnetz, • Wartung elektrischer Maschinen, • Aufbau von Antennenanlagen, • Errichten einer Beleuchtungsanlage und Anschluss an das 230-V-Netz.
	Nachschulung Fachfremder: Die Nachschulung von Angehörigen anderer als elektrotechnischer Berufe führt erst bei mehrjähriger Tätigkeit als EUP oder EFT zur EFfBA.	• Anschließen von Elektrogeräten an die vorhandene Anschlusseinrichtung, • Errichten von Antennenanlagen, • Errichten von Audio- oder Video-Sprechanlagen.
Elektrofachkraft EF	Die Qualifikation wird in der Regel durch die Prüfung nach Abschluss einer Fachausbildung erworben, z. B. als Geselle bzw. Facharbeiter, Meister (Handwerk oder Industrie), staatlich geprüfter Techniker, Elektroingenieur bzw. BA (Bachelor) in einem elektrotechnischen Studiengang. Die Befähgigung zu der vorgesehenen Arbeit liegt aber auch hier nur bei zeitnaher beruflicher Tätigkeit vor.	Die Elektrofachkraft besitzt die Qualifikation zum Errichten, Ändern und Instandsetzen elektrischer Anlagen, unter bestimmten Voraussetzungen auch zum Prüfen der Anlage (siehe VEF). • Ausführung der Elektroinstallation einer Werkstatt, • Reparatur der Steuerung einer Maschine, • Anschluss eines Schweißtransformators in einer Werkstatt, • Reparatur und Wartung von Elektromotoren.
	Nachschulung von EF: Personen mit einer Ausbildung in einem Elektroberuf, die für eine bestimmte Tätigkeit aber *nicht befähigt* sind, z. B. ein Systemelektroniker für das Arbeiten unter Spannung AuS, können durch eine Nachschulung die erforderliche Qualifikation erhalten. Die Nachschulung soll durch eine Prüfung abschließen mit Ausgabe einer entsprechenden Bescheinigung.	• Arbeiten unter Spannung bei Hochspannung durch einen Elektroniker für Maschinen und Antriebstechnik, • Errichtung eines Ethernet-Netzwerkes durch einen Elektroniker für Automatisierungstechnik, • Ausbilden von Azubis (Lehrlingen) der Gebäudetechnik durch einen Elektroinstallateur oder Systemelektroniker, • Durchführung von Messungen in elektrischen Netzen.
Verantwortliche Elektrofachkraft VEF	Die Leitung eines elektrotechnischen Betriebes oder einer elektrotechnischen Abteilung eines sonstigen Betriebes erfordern nach VDE 1000 Teil 10 eine VEF mit Abschluss als Meister, staatlich geprüfter Techniker oder Ingenieur eines elektrotechnischen Studienganges. Nichtelektrotechnische Betriebe können aber die Leitung einer Elektroabteilung nach außen übertragen, z. B. einem Meisterbetrieb.	Die Facharbeiterprüfung oder die Gesellenprüfung reichen für die Tätigkeit als VEF nicht aus. • Planung elektrischer Anlagen. • Prüfung von Schutzmaßnahmen gegen elektrischen Schlag, • Leitung und Überwachung der Arbeiten in elektrischen Anlagen, • Überwachung der Ausbildung der elektrotechnischen Azubis (Lehrlinge), • Anfertigung eines Prüfprotokolls über eine elektrische Anlage.

Rechtsgeschäfte des Betriebes Legal Transactions of the Company

Vertrag	Vertragspartner	Vertragsinhalt	Form	Regelung im BGB
Gesellschaftsvertrag	mehrere Gesellschafter	Verpflichtung der Gesellschafter, den im Vertrag vorgesehenen Zweck zu fördern.	Notarielle Beurkundung empfohlen	§§ 706 bis 740
Dienstvertrag (Arbeitsvertrag)	Arbeitnehmer/ Arbeitgeber	Leistung von Diensten (Arbeit) gegen Bezahlung.	Schriftform empfohlen	§§ 611 bis 630 (außerhalb BGB weitere Gesetze)
Kaufvertrag	Käufer/Verkäufer	Gegen Bezahlung Veräußern von Sachen und Rechten.	Für größere Sachen Schriftform empfohlen. Bei Grundstücken ist notarielle Beurkundung Pflicht.	§§ 433 bis 514, bei Grundstücken zusätzlich §§ 873 bis 902
Mietvertrag (Leasingvertrag)	Mieter/Vermieter	Gegen Bezahlung Überlassung der vermieteten Sache zum Gebrauch.	Für Häuser oder Hausteile Schriftform empfohlen.	§§ 535 bis 580, bei Wohnungen zusätzliche Gesetze
Pachtvertrag	Pächter/Verpächter	Gegen Bezahlung Überlassung der verpachteten Sache zum Gebrauch und zum Genuss der Erträge.	Schriftform empfohlen. Bei Grundstücken mit notarieller Beurkundung.	§§ 580 bis 597
Leihvertrag	Verleiher/Entleiher	Ohne Bezahlung Überlassung der entliehenen Sache zum Gebrauch.	Schriftform empfohlen	§§ 598 bis 606
Werkvertrag	Besteller/Unternehmer	Gegen Bezahlung Herstellung eines versprochenen Werkes, z. B. einer Sache, auch aus Material des Bestellers.	Schriftform empfohlen	§§ 631 bis 650
Werklieferungsvertrag	Besteller/Unternehmer	Gegen Bezahlung Herstellung eines versprochenen Werkes mit Lieferung des Materials.	Schriftform empfohlen	§§ 631 bis 650 zuzüglich Bestimmungen über Kaufvertrag
Darlehensvertrag	Darlehensnehmer/Darlehensgeber	Überlassung von Geld oder anderer vertretbarer Sachen, z. B. Goldbarren, gegen oder ohne Vergütung	Schriftform empfohlen	§§ 607 bis 610

Verträge können von *natürlichen Personen* (Menschen nach der Geburt) oder von *juristischen Personen* (Zusammenschlüsse anderer Personen) geschlossen werden.

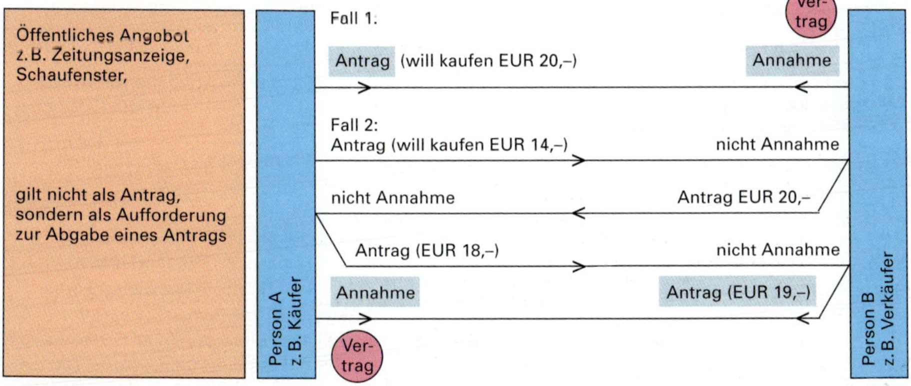

Vorgehen beim Zustandekommen von Verträgen

Kosten und Kennzahlen Costs and Key Figures

Kostenarten

Kosten	Erklärung	Bemerkungen, Beispiele
Fertigungs-Materialkosten FMK	Die Kosten des Materials für das Produkt.	Von außen zugelieferte Teile sind als Material anzusehen.
Material-Gemeinkosten MGK	Kosten, die wegen des Materials anfallen, ohne Fertigungs-Materialkosten zu sein.	Kosten der Materialbeschaffung, Abfallentsorgung, Lagerkosten.
Fertigungslöhne FL	Löhne, die bei der Fertigung des Produktes anfallen.	Stundenlöhne der Produktion, Akkordlöhne. Auch Montagelöhne.
fertigungsbedingte Gemeinkosten (Lohngemeinkosten) FGK	Kosten, die wegen der Fertigung anfallen, ohne Fertigungslöhne oder materialbedingte Gemeinkosten zu sein.	Sozialaufwendungen, Arbeitgeberanteil zur Sozialversicherung, Urlaubsgeld, bezahlte Krankheitstage.
verwaltungsbedingte Gemeinkosten VwGK	Gemeinkosten (allgemeine Kosten), die wegen der Verwaltung des Betriebes anfallen.	Kosten des Rechnungswesens, Personalwesens, der Unternehmensplanung, Management, Informatik und Betriebsräte.
vertriebsbedingte Gemeinkosten VtGK	Gemeinkosten (allgemeine Kosten), die wegen des Vertriebs entstehen.	Raumkosten und Personalkosten des Vertriebes.

Ermittlung der Gemeinkostensätze

Zuschlagsätze	Erklärung	Berechnung der Zuschlagsätze
Material-Gemeinkostensatz MGKS	Material-Gemeinkosten je Fertigungs-Materialkosten	$MGKS = \frac{MGK \cdot 100\%}{FMK}$ (1)
Fertigungs-Gemeinkostensatz FGKS	fertigungsbedingte Gemeinkosten je Fertigungslöhne	$FGKS = \frac{FGK \cdot 100\%}{FL}$ (2)
Verwaltungs-Gemeinkostensatz VwGKS	verwaltungsbedingte Gemeinkosten je Herstellkosten (siehe folgende Seite)	$VwGKS = \frac{VwGK \cdot 100\%}{HK}$ (3)
Vertriebs-Gemeinkostensatz VtGKS	vertriebsbedingte Gemeinkosten je Herstellkosten (siehe folgende Seite)	$VtGKS = \frac{VtGK \cdot 100\%}{HK}$ (4)

Mit Hilfe der Gemeinkostensätze, die z. B. jährlich ermittelt werden, werden die Gemeinkostenzuschläge zu den einzelnen Positionen (Material, Löhne) berechnet (siehe folgende Seite).

Wichtige Kennzahlen zur Betriebsbeurteilung

Kennzahl	Erklärung	Bemerkungen
Rentabilität des Eigenkapitals	$RdE = \frac{\text{Gesamtgewinn} \cdot 100\%}{\text{Eigenkapital}}$	Maß für Fähigkeit zur Gewinnerzielung.
Rentabilität des Umsatzes	$RdU = \frac{\text{Gesamtgewinn} \cdot 100\%}{\text{Umsatz}}$	Maß für Gewinn je Umsatzeinheit.

FGK	fertigungsbedingte Gemeinkosten
FGKS	Fertigungs-Gemeinkostensatz
FL	Fertigungslöhne
FMK	Fertigungs-Materialkosten
HK	Herstellkosten
MGK	Material-Gemeinkosten
MGKS	Material-Gemeinkostensatz
RdE	Rentabilität des Eigenkapitals
RdU	Rentabilität des Umsatzes
VtGK	vertriebsbedingte Gemeinkosten
VtGKS	Vertriebs-Gemeinkostensatz
VwGK	verwaltungsbedingte Gemeinkosten
VwGKS	Verwaltungs-Gemeinkostensatz

Kalkulation der Kosten Cost Accounting

Vorwärtskalkulation der Verkaufspreise

Ermittlung von	Rechengang	Beispiel Schaltschrank	
Materialkosten MK	Fertigungs-Materialkosten + Material-Gemeinkosten	FMK MGK (z. B. 20% von FMK)	850,00 € 170,00 €
Herstellkosten HK	Materialkosten + Fertigungslöhne + fertigungsbedingte Gemeinkosten	MK FL FGK (z. B. 70% von FL)	1020,00 € 1100,00 € 770,00 €
Selbstkosten SeK	Herstellkosten + verwaltungsbedingte Gemeinkosten + vertriebsbedingte Gemeinkosten	HK VwGK (z. B. 10% von HK) VtGK (z. B. 20% von HK)	2890,00 € 289,00 € 578,00 €
Barverkaufspreis ohne Provision BVP	Selbstkosten + Kalkulatorischer Gewinn	SeK G (z. B. 10% von SeK)	3757,00 € 375,70 €
	Provisionsfreier Barverkaufspreis	BVP	4132,70 €
Skontozuschlag S	$+ S = \frac{SS \cdot BVP}{100\% - SS - PS}$	S (z. B. SS = 2%)	88,88 €
Provisionszuschlag P	$+ P = \frac{PS \cdot BVP}{100\% - SS - PS}$	P (z. B. PS = 5%)	222,19 €
Rabattfreier Rechnungspreis RP Rabattzuschlag R	Rabattfreier Rechnungspreis $+ R = \frac{RS \cdot RP}{100\% - RS}$	RP R (z. B. RS = 20%)	4443,77 € 1110,94 €
Nettoverkaufspreis NVP	Nettoverkaufspreis + Mehrwertsteuer MwSt	 MwSt (z. B. 19% von NVP)	5554,71 € 1055,39 €
Bruttoverkaufspreis BRVP	Bruttoverkaufspreis	BRVP	**6610,10 €**

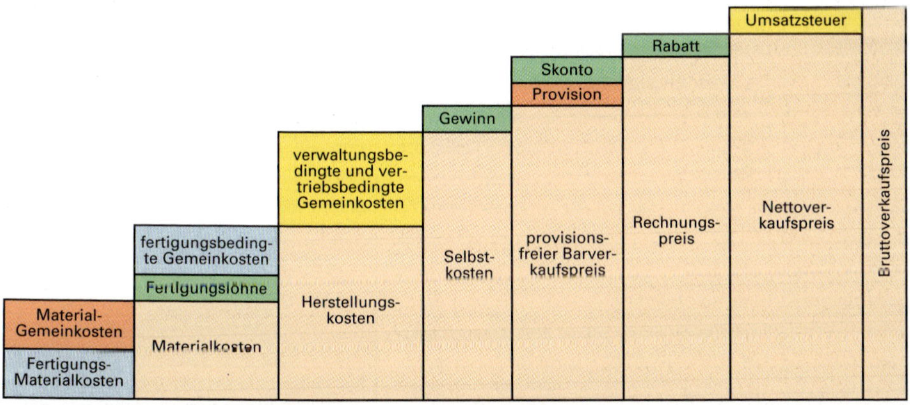

Vorgehensweise bei der Vorwärtskalkulation

Divisionskalkulation

Ermittlung der Herstellkosten je Mengeneinheit HKM	$\frac{\text{gesamte Herstellkosten}}{\text{hergestellte Menge}}$	10 Schaltschränke verursachen HK = 28 900,00 € $HKM = \frac{28\,900{,}00\ €}{10} = \mathbf{2890{,}00\ €}$

BRVP	Bruttoverkaufspreis	MGK	Material-Gemeinkosten	RS	Rabattsatz (Rabatt in %)
BVP	provisionsfreier Barverkaufspreis	MK	Materialkosten	S	Skonto
FGK	fertigungsbedingte Gemeinkosten	MwSt	Mehrwertsteuer	SeK	Selbstkosten
FL	Fertigungslöhne	NVP	Nettoverkaufspreis	SS	Skontosatz (Skonto in %)
FMK	Fertigungs-Materialkosten	P	Provision, z. B. des Vertreters	VtGK	vertriebsbedingte Gemeinkosten
G	kalkulatorischer Gewinn	PS	Provisionssatz (Provision in %)		
HK	Herstellkosten	R	Rabatt	VwGK	verwaltungsbedingte Gemeinkosten
HKM	mengenbezogene Herstellkosten	RP	Rechnungspreis		

Erstellen eines Angebotes Preparing a Quotation

Aufbau	Erklärung	Bemerkungen
Angebotskopf	Der Angebotskopf enthält die Adresse des Kunden, das Datum der Angebotserstellung, die Verwaltungsnummer des Angebotes sowie die Überschrift des Angebotes.	Zusätzlich sind anzugeben: Ersteller des Angebotes, dessen Telefonnummer und E-Mail-Adresse. Die eigene Adresse steht zu Beginn des Angebotes oder am Ende.
Position	Positionen in einem Angebot sind unterschiedliche Waren/Leistungen, z.B. Artikel, Arbeitsstunden. Positionen werden nummeriert.	Es können fortlaufende Zahlen oder auch aufsteigende Gliederungsnummern, z.B. 1.1, 1.2, 1.3, verwendet werden.
Positionsbezeichnung	Die Waren/Leistungen eines Angebotes sind mit einem Begriff zu beschreiben.	Bei Artikeln aus einem Katalog ist die exakte Bezeichnung daraus zu verwenden.
Menge	Die angebotenen Waren/Leistungen sind mit ihren Mengen anzubieten.	Eine Menge ist die Anzahl, z.B. 5 Stück.
Einheit	Die angebotenen Waren/Leistungen sind mit ihren Einheiten anzubieten.	Als Einheiten kommen z.B. kg, m, Stück, Stunden vor.
Einzelpreis	Der Einzelpreis gibt an, was die Menge 1 kostet.	Preis für 1 Stück, 1 laufender Meter, 1 kg, 1 Std.
Gesamtpreis	Der Gesamtpreis gibt an, was die angebotenen Mengen einer Ware/Leistung kosten.	Der Gesamtpreis ist der Preis einer einzelnen Position.
Alternativposition	Eine alternative (wahlweise) Position ersetzt auf Wunsch des Kunden die Position.	In der Summe sind Alternativpositionen nicht enthalten.
Zusatzkosten	Zusatzkosten sind Kosten, die zusätzlich zur angebotenen Ware/Leistung anfallen.	Zusatzkosten können z.B. Transportkosten, Verpackungskosten, Fahrtkosten sein.
Summe, Betrag	Die Summe (der Betrag) ist die Addition der Gesamtpreise der Positionen unter Berücksichtigung des Mehrwertsteuerbetrages.	In der Summe ist der Rabattanteil nicht zu berücksichtigen.
Rabatt, Skonto	Der gewährte Nachlass, z.B. bei Barzahlung, ist zu vermerken.	Der Rabattsatz in % sowie die dadurch reduzierte Summe sind getrennt auszuweisen.
Lieferzeit	Die Lieferzeit gibt an, wann die angebotenen Waren/Leistungen geliefert werden können.	Die Lieferzeit ist unbedingt in Abhängigkeit des Bestelldatums anzugeben.
Zahlungsbedingungen	Die Zahlungsbedingungen geben den Zeitpunkt der Zahlung sowie einen Hinweis auf vereinbarte Rabatte an.	Bei Aufträgen, deren Erfüllung sich über Monate erstreckt, sind Abschlagszahlungen zu vereinbaren.
Gültigkeit	Ein Angebot darf nur für eine bestimmte Zeit gültig sein, z.B. zwei Monate.	Einkaufspreise und Stundenlöhne können sich ändern.
Allgemeine Geschäftsbedingungen	In den allgemeinen Geschäftsbedingungen AGB ist all das geregelt, was im Angebot nicht unmittelbar aufgeführt ist.	Angaben z.B. zu Lieferbedingungen, Gewährleistung, Haftung, Rückbehaltung, Eigentumsvorbehalt.
Erfüllungsort	Erfüllungsort ist der Ort, an dem der erteilte Auftrag ausgeführt wird.	Gesetzlich sind Warenschulden Holschulden, Geldschulden aber Bringschulden.
Gerichtsstand	Als Gerichtsstand ist die Stadt des zuständigen Gerichts des anbietenden Unternehmens für einen Streitfall zu nennen.	Bei Verhandlungen mit Großkonzernen verlangen diese oft als Gerichtsstand das Gericht ihres Hauptstandortes.
Abschlusssatz	Ein freudlicher Abschlusssatz am Ende des Angebotes mit Unterschrift ist angebracht.	Beispiel: Über Ihren Auftrag würden wir uns freuen.

Angebot 2009/35
Wohnhausneubau

Position	Positionsbezeichnung	Menge	Einheit	Einzelpreis	Gesamtpreis
1	HAGE ZU26 Verteilerschrank 950 MM 6-reihig liefern und montieren	2,00	Stck	€ 63,83	€ 127,66
2	HAGE CD225D RCD-Schutzschalter 25/0.03 2 pol.	1,00	Stck	€ 30,46	€ 30,46
3	KAB+LTG NYM-J 5×2,5 RG Kunststoffmantelleitung Ring in Rohre oder Kanäle einziehen	62,00	m	€ 2,35	€ 145,70

Ausschnitt aus Beispiel eines Angebotes

BU

Lastenheft, Pflichtenheft Design-of-Work, Scope-of-Work Specification

Merkmal	Erklärung	Bemerkungen, Beispiele
Struktur eines Lastenheftes		
Inhaltsverzeichnis	Das Inhaltsverzeichnis enthält die Kapitelüberschriften des Lastenheftes.	Jedes Kapitel besitzt eine Kapitelnummer.
Auftraggeber	Der Auftraggeber des Projektes ist zu nennen.	Name, Abteilung, Telefon, E-Mail.
Zweck des Projektes	Beschreibung des Projektanlasses, des Projektzieles.	Verbesserte Performance (Betriebsbereitschaft), kleinere Wartungskosten.
Ausgangssituation	Beschreibung bestehender Systeme, Datenstrukturen, organisatorischer Abläufe.	Beschreibung der Nachteile der gegenwärtigen Situation.
Aufgabenstellung	Beschreibung aus Sicht des Auftraggsgebers.	Neue Funktionen, Benutzerdialoge, Ausgabedaten an Drucker.
Randbedingungen	Beschreibung der Anbindung, Einbindung existierender Lösungen.	Schnittstellen zu existierenden Geräten, Datenbanken, Programmen.
Terminrahmen	Nennung Endtermin, ggf. Zwischentermine.	Begründung zur Betonung der Wichtigkeit, z.B. Kundenwunsch.
Kostenrahmen	Angabe der zur Verfügung stehenden Mittel.	Investitionen, Kosten.
Struktur eines Plichtenheftes		
Inhaltsverzeichnis	Auflistung der Kapitelüberschriften.	Kapitel mit Kapitelnummern.
Auftraggeber	Wie im Lastenheft beschrieben.	Siehe Lastenheft.
Zweck des Projektes	Wie im Lastenheft beschrieben.	Siehe Lastenheft.
Analyse Istsituation	Beschreibung der Istsituation bzgl. z.B. Anzahl Benutzer, Funktionen, Performance, Schnittstellen, Datenfluss, tangierter Systeme.	Beschreibung Wartungsaufwände, Grenzen in der Lösung.
Funktionsspezifikation	Beschreibung aus Sicht des Auftragnehmers. Gliederung in Unterfunktionen. Aufzeigen funktionaler Zusammenhänge durch Grafiken.	Beschreibung der Realisierungsmöglichkeiten und deren Abhängigkeiten.
Datenspezifikation	Analyse der Daten, Datenmengen und der Datenflüsse, zugeordnet zu Funktionen.	Festlegung der Datentypen oder der Datenbankstrukturen.
Schnittstellenspezifikation	Definition der Schnittstellen hardwareseitig und softwareseitig zu tangierenden Systemen. Definition der Benutzeroberfläche.	Festlegung von Übertragungsverfahren, Bildschirmmasken, Druckerausgaben.
Rahmenbedingungen	Beschreibung von Voraussetzungen zum Entwickeln, Testen, Schulen und Produktivgehen.	Nennung von Beschaffungskosten, notwendigen Projektpartnern.
Qualitätsbetrachtungen	Beschreibung von Maßnahmen während der Entwicklungsphase und von Kennzahlen in der Einführungsphase und im Betrieb.	Richtlinien zur Dokumentation, Softwareerstellung. Führen von Checklisten, Messungen bzgl. Zeiten, Speicherplatz.
Realisierungsvorschlag	Unter Berücksichtigung von Marktrecherchen und der Ausgangssituation ist eine Empfehlung für die Realisierung niederzuschreiben.	Der Realisierungsvorschlag muss unter wirtschaftlichen Gesichtspunkten erfolgen.
Projektplanung	Arbeitspakete, Schritte der Projektumsetzung, Terminplanung und Kostenabschätzung.	Die Verantwortlichkeiten von Auftraggeber und Auftragnehmer sind festzulegen.
Kosten-Nutzen-Analyse	Den Kosten sind die Nutzenpotenziale gegenüber zu stellen, z.B. kürzere Durchlaufzeiten.	Muss nicht unbedingt Bestandteil eines Plichtenheftes sein.

Aktivitäten bei der Pflichtenhefterstellung

- **Analysen durchführen**
  - Ausgangssituation
  - Marktsituation
  - Funktionsabläufe
  - Datenfluss
- **Festlegungen**
  - Funktionen
  - Datenstrukturen
  - Benutzerschnittstellen
  - Systemschnittstellen
  - Testumgebung
  - Produktivumgebung
  - Hardwarebeschaffung
  - Softwarebeschaffung
- **Bewertungen**
  - Kosten
  - Aufwände
  - Termine
- **Schritte festlegen**
  - Projektphasen
  - Meilensteintermine

Entstehung eines Pflichtenheftes

BU

Computerunterstützte Planung der Elektroinstallation
Computer-aided Planning of Electrical Installations

Tätigkeit	Beschreibung	Darstellungen
Projekt anlegen (Projektstammdaten)	Für die computerunterstützte Planung der Elektroinstallation sind zunächst als Projektstammdaten die Adresse des Auftraggebers, die Lieferadresse und die Art des Auftrages zu speichern. Der Umfang des Auftrages mit den Einzelpositionen wird entsprechend dem Ausschreibungstext (Leistungspositionen) festgelegt. Die Einzelpositionen der Ausschreibungstexte können meist aus Vorlagen der eingesetzten Software kopiert oder aus externer Datei importiert werden. Informationen über geeignete Software sind z. B. unter www.zveh.de erhältlich.	Leistungspositionen eines Projektes (siehe unten)
Projekt kalkulieren	Zur Projektkalkulation werden die Projektstammdaten von der Kalkulationssoftware eingelesen. Jeder Leistungsposition muss in der Kalkulationssoftware eine Stückliste zugeordnet sein. Die Stückliste enthält die benötigten Komponenten, die z. B. zum Verlegen einer Mantelleitung notwendig sind, einschließlich deren Material-Einzelkosten (Ek) und der Verarbeitungaufwände. Die Material-Ek der Komponenten sowie deren Verarbeitungszeiten können aus elektronischen Leistungskatalogen von Lieferanten oder des ZVEH importiert und manuell ergänzt werden.	Stücklistendaten einer Leistungsposition (siehe unten)
Angebot erstellen	Die elektronische Angebotserstellung baut auf der Projektkalkulierung auf. Der Preis der Leistungspositionen wird vom Computer auf Basis der Preise der Komponenten, deren benötigter Mengen und deren Verarbeitungszeiten unter Berücksichtigung der Stundenlöhne von Vorarbeiter, Facharbeiter und Meister berechnet. Zusätzliche Aufwände, wie z. B. Einrichten der Baustelle, sind zu ergänzen. Nach vollständiger Erstellung des Angebotes kann dieses ausgedruckt werden. Weitere Informationen unter www. in-software.de	Auszug aus der Angebotserstellung (siehe unten)
Projekt abrechnen	Zum Abrechnen eines Projektes muss vor der Rechnungsstellung das Aufmaß für die Leistungspositionen des Angebotes ermittelt werden. Dabei werden z. B. Anzahl installierter Dosen, Schalter und verlegte Leitungsmeter ermittelt und in die Positionen der Abrechnungssoftware eingegeben. Im Dialog werden diese Daten Raum für Raum des betroffenen Gebäudes entsprechend den Leistungspositionen des Angebotes in den Computer eingegeben. Nach vollständiger Eingabe kann die Rechnung ausgedruckt werden.	Aufmaßdaten zur Rechnungsstellung (siehe unten)
Kleinaufträge erfassen	Bei Kleinaufträgen wird computerunterstützt ein Formular für Kundendienstaufträge oder Reparaturaufträge erstellt. Dazu sind Auftragskopfdaten wie Adresse des Auftraggebers, die Auftragsbezeichnung und die Lieferanschrift zu erfassen. Nach Auswahl des Monteurs ist auch dessen Name im Auftrag zu ergänzen. Das ausgedruckte Auftragsformular wird dem Monteur zur Kenntnisnahme seiner Aufgabe und zur späteren Gegenzeichnung durch den Auftraggeber übergeben. Es dient auch als Arbeitsbericht zum Arbeitsnachweis. Weitere Informationen z. B. unter www.lc-top.de oder www.elektro-software.de.	Auszug aus Auftrags-, Arbeitsberichtsformular (siehe unten)

Projektkopfdaten erfassen | Weitere Projektkopfdaten | Los: 01 Titel

P	OZ-Nr.	Bezeichnung	Std	Mat.Ek
1	01.01	Technische Beschreibung		
1	01.02	Verteilungen und Zähler		
1	01.03	Potentialausgleich und Erdunger		
1	01.04	Rohre, Kabel- und Leitungsträgei		
1	01.05	Leitungen und Kabel		
1	01.06	Abzweige		
1	01.07	Installationsgeräte		
1	01.08	Feuermeldeanlage		
1	01.09	Antennenanlage		
1	01.10	Beleuchtungskörper		
1	01.11	Pausenklingelanlage		

Leistungspositionen eines Projektes

Bezeichnung 2	ME	Mat.Ek	Zeit
in Rohre oder Kanäle einziehen		0.21	1.50
in abgehänte Decke verlegt		0.24	2.83
mit Nagelschellen auf Putz verlegt		0.36	5.41
in offener Rohrverlegung verlegt		0.63	4.95
in Schutzrohr auf Boden verlegt		0.52	5.28
in vorhandenen Mauerschlitz verlegt		0.21	2.38
mit Mauerschlitz		0.35	6.44
mit Bügelschellen auf vorh. Trassen verl		0.67	3.30
auf Abstandschellen verlegt		0.89	5.74

Stücklistendaten einer Leistungsposition

en | Weitere Projektkopfdaten | Titel: 01 Pos.

Menge	Nummer	Bezeichnung
5.00	UP-Doppel-Wechselschalter, mit Dose weiß/reinweiß liefern und montieren	
3.00	Haubenbauteil LFSFormst60x150 lackiert	
2.00	EIB-Instabus-Infoterminal mit 8 Zeilen-Grafikdisplay, 7 Schaltflächen	

Auszug aus der Angebotserstellung

ausgeführten Arbeiten erlauben wir uns wie folgt zu

	Menge	ME	Positionsbezeichnung
Los			**Bauteil 1**
Titel			**Leitungen und Kabel**
	4,00	m	Manteltg. NYM 3x1,5 iR
	17,00	m	Manteltg. NYM 4x1,5 iR
	4,00	m	Manteltg. NYM 5x2,5 iR
Titel			**Leitungen und Kabel**

Aufmaßdaten zur Rechnungsstellung

ARBEITSBERICHT AuftNr___

KUNDE
Anrede___
Name1___
Name2___
Name3___
Strasse___
PLZ___ Wohnort___

AUFTRAG
Auftragsbez___
Bez1___
Bez1___
Sachb___
Tel: Telefon_
Fax: FAX___

LIEFERANSCHRIFT / BAUSTELLE
LName1___
LStrasse
LPLZ_ LOrt___

AUSZUFÜHRENDE ARBEITEN

Auszug aus Auftrags-, Arbeitsberichtsformular

Zertifizierung, Auditierung Certification, Auditing

Begriff	Bedeutung	Erklärung
Zertifizierungs-gesellschaft	Eine Zertifizierungsgesellschaft ist eine anerkannte Firma oder Institution, die gegen Bezahlung einem Unternehmen bescheinigt, dass es ein Qualitätsmanagementsystem eingeführt hat und anwendet. Das Unternehmen ist anschließend zertifiziert und erhält ein Zertifikat mit einer Gültigkeit von drei Jahren.	Durch das Arbeiten nach den Vorgaben eines Qualitätsmanagementsystems soll den Kunden nachgewiesen werden, dass ständige Anstrengungen zum Erreichen bester Produktqualität, z.B. nach DIN ISO 9000, TS 16949, DIN ISO 14000 unternommen werden.
Qualitäts-managementsystem (QM-System)	Die Vorgaben und Ergebnisse des Qualitätsmanagementsystems sind in verschiedenen Dokumentationen festzuhalten (**Bild**). Wesentlich ist die Existenz eines QM-Handbuches (QM von Qualitäts-Management). In ihm sind organisatorische Zuständigkeiten und Vorgaben hinsichtlich der Gestaltung der Ablaufprozesse des Unternehmens beschrieben.	Das QM-Handbuch enthält Vorgaben z.B. zur Lenkung (Weiterleitung) von Dokumenten und Daten, zu Produktkennzeichnungen, zu Prüfabläufen, zum Umgang mit fehlerhaften Produkten, zur Beschaffung, Lagerung, Verpackung und Konservierung sowie zu Schulungen.
Externes Audit	Die Durchführung der Zertifizierung durch eine Zertifizierungsgesellschaft wird als externes Audit (lat. audire = zuhören, anhören) bezeichnet. Mehrere Auditoren prüfen dabei mehrere Tage die Unterlagen bzgl. Prozessabläufe in verschiedenen Unternehmensbereichen. Auditiert werden hauptsächlich Abteilungsleiter. Externe Audits müssen mindestens alle drei Jahre stattfinden. Jährliche Zwischenaudits sind möglich.	Vielfach auditieren Unternehmen auch ihre Zulieferanten selbst. Geprüft werden z.B. die Lenkung von Unterlagen bzgl. Spezifikationen, Produktsicherheit, Entwicklungsplänen, Entwicklungsfreigaben, Produktionssteuerung, Produktionsüberwachung, Prüfablaufsteuerung, Prüfablaufüberwachung. Die Art der Aufbewahrung von Dokumenten und Daten sowie das Wiederfinden dieser wird ebenfalls geprüft.
Systemaudit	Geprüft wird das gesamte Qualitätsmanagementsystem. Systemaudits werden von externen Auditoren und auch von firmeninternen Auditoren durchgeführt.	Firmeninterne Auditoren sind Qualitätsbeauftragte im Unternehmen oder Qualitätsberater der Fachbereiche. Die internen Audits dienen der Vorbereitung für das externe Audit und sind Voraussetzung hierfür.
Verfahrensaudit	Geprüft werden Verfahrensanweisungen hinsichtlich Aktualität, Richtigkeit der Abläufe, Bekanntheit im Unternehmen sowie ihrer Anwendung im Unternehmen.	Kommt als internes Audit zum Einsatz.
Projektaudit	Geprüft wird, ob die entsprechenden Verfahrensanweisungen in den Projekten eingehalten werden.	Kommt als internes Audit zum Einsatz.
Auditplan	Enthält alle Audits mit den jeweiligen Terminen. Die Planung der Audits erfolgt in Abstimmung mit den zu auditierenden Personen.	Die internen Auditpläne sind Dokumentationsbestandteil für das externe Audit. Auditpläne müssen aufbewahrt werden.
Auditbericht	Am Ende eines Audits werden die untersuchten Merkmale in einem Bericht hinsichtlich der Bewertungspunkte oder Erfüllungsgrade festgehalten.	Die Auditoren gehen anhand von Checklisten ihre Analyse an, z.B. bzgl. Verantwortlichkeiten, Schulungen, Unternehmensstrategie, Dokumentenlenkung, Prozessplanung, Beschaffung, Produktführung, Lenkung von Qualitätsprotokollen.

QM-Handbuch | Verfahrensanweisungen für Teams | Arbeitsanweisungen für Mitarbeiter | Nachweisdokumente der Mitarbeiter

Dokumentationen eines Qualitätsmanagementsystems

CE-Kennzeichnung CE-Marking

Schritte zur CE-Kennzeichnung

Schritt	Erklärung	Bemerkungen
Untersuchung	Die für ein Produkt zuständigen EU-Richtlinien sind abzuklären. Es ist zu untersuchen, welche Anforderungen zu beachten und welche Nachweise zu erbringen sind.	Die etwa 200 Richtlinien der EU sind rechtsverbindliche Vorschriften der Europäischen Union (EU). Für Erzeugnisse, die in den Anwendungsbereich einer Richtlinie fallen, besteht CE-Kennzeichnungspflicht (von franz. Communauté Européenne = Europäische Union).
Erfüllung grundlegender Forderungen	Richtlinien und Normen sind einzuhalten. Mögliche Gefahren müssen analysiert werden, Abhilfemaßnahmen sind zu definieren und umzusetzen.	Harmonisierungsrichtlinien legen die Anforderungen für Produkte fest, um diese in Verkehr bringen zu können.
Technische Dokumentation	Betriebsanleitungen müssen erstellt werden, ebenso die Konformitätserklärung (engl. conformable = übereinstimmend). Für Zulieferteile sind Unterlagen beizulegen.	In der Konformitätserklärung wird vom Produktanbieter (Hersteller, Lieferant) bestätigt, dass die Produkte mit den angegebenen Normen übereinstimmen.
CE-Kennzeichnung	Durch das Anbringen des CE-Kennzeichens wird die Beachtung der Vorgaben der entsprechenden EU-Richtlinien bestätigt. Das CE-Kennzeichen wird vom Hersteller oder einem Bevollmächtigten angebracht. Die Hersteller weisen in eigener Verantwortung nach, teilweise unter Hinzuziehung von Zertifizierungsstellen, dass ihre Produkte die Anforderungen der Richtlinien erfüllen.	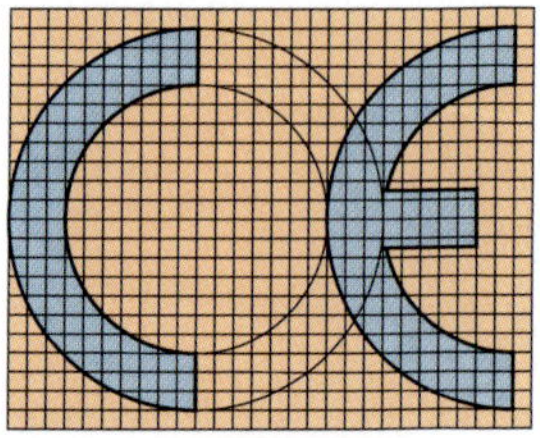 **CE-Symbol**
Produktüberwachung	Wirksame Änderungen von Normen müssen mit dem Produkt abgeglichen werden.	Muss während der Produktlebenszeit bei Bedarf ausgeführt werden.

Erzeugnisse mit CE-Kennzeichnungspflicht (Auswahl)

Bezeichnung, Richtlinie Jahr/Nr.	Beispiele
Bauprodukte 89/106	Zement, Gips, Dämmmaterial
einfache Druckbehälter 87/404	Druckbehälter in Kompressoranlagen
Elektrische Betriebsmittel Niederspannung 2006/95/EG	Schaltgeräte
EMV (Elektromagnetische Verträglichkeit) 2004/108/EG	Haushaltgeräte, Funkgeräte, Computer, Elektromotoren, Telefone, Industriemaschinen
explosionsgefährdete Bereiche 94/009	elektrische Betriebsmittel für Ex-Bereiche
Gesamtenergieeffizienz von Gebäuden 2002/91/EG	Gebäudearten, Heizkessel, Klimaanlagen
Kfz (EMV-Einzelrichtlinie) 72/245	elektrische Ausrüstung von Kraftfahrzeugen

Bezeichnung, Richtlinie Jahr/Nr.	Beispiele
Maschinen 2006/42/EG	Werkzeugmaschinen, Holzbearbeitungsmaschinen, Textilmaschinen
Medizinprodukte (EMV-Einzelrichtlinie) 93/42/EWG	Bestrahlungsgeräte, Röntgengeräte
nicht selbsttätige Waagen 90/384/EWG	gewerbliche Waagen
persönliche Schutzausrüstungen 89/686/EWG	Schutzhelme, Schutzbrillen, Schutzkleidung
Spielzeug-Sicherheit 88/378/EWG	Kinderfahrräder, Spielzeugautos, Puppen
Telekommunikations-Endeinrichtungen 91/26	Telefone, Telefaxgeräte, Modems
Warmwasserheizkessel 92/42/EWG	Wirkungsgrade der Geräte

Gefährliche Stoffe Hazardous Substances

Arbeitsplatzgrenzwerte (AGW)

Chemischer Name, Handelsname, chemische Formel	AGW in mg/m³	AGW in ml/m³
Arsenwasserstoff AsH_3	0,05	0,014
Quecksilberdampf Hg	0,1	0,011
Phosphorwasserstoff (Phosphin) PH_3	0,15	0,1
Ozon O_3	0,2	0,09
Brom Br_2	0,7	0,1
Methanol (Formaldehyd) $H_2C = O$	1,2	0,9
Chlor Cl_2	1,5	0,5
Asbest-Fasern	2	–
Nitrobenzol $C_6H_5NO_2$	5	0,9
Schwefeldioxid SO_2	5	1,75
Chlorwasserstoff (Salzsäure-Gas) HCl	7	4,3
Tetrachlorethan (Acetylen-tetrachlorid) $(CHCl)_2$	7	0,93
Stickstoffdioxid NO_2	9	4,4
Tetrachlordibenzodioxin (Dioxin)	10	0,88
Cyanwasserstoff (Blausäure) HCN	11	9
Schwefelwasserstoff H_2S	15	9,9
Phenol (Carbolsäure) C_6H_5OH	7,8	2

Chemischer Name, Handelsname, chemische Formel	AGW in mg/m³	AGW in ml/m³
Kohlenstoffdisulfid (Schwefelkohlenstoff) CS_2	20	5,9
Salpetersäure-Gas HNO_3	5,2	2
Benzol C_6H_6	26	7,5
Ammoniak (Salmiakgeist) NH_3	35	46
Trichlormethan (Chloroform) $CHCl_3$	50	9,4
Kohlenstoffmonoxid CO	35	30
Tetrachlormethan (Tetrachlorkohlenstoff) CCl_4	65	9,5
Benzindämpfe	150	30
Cyclohexanon (Anon) C_6H_{10}	80	20
Methylcyclohexanon $C_7H_{12}O$	230	46
Trichlorethen (Trichlorethylen, Tri) C_2HCl_3	260	44
Methanol (Methylalkohol) CH_3OH	270	200
Dichlormethan (Methylenchlorid) CH_2Cl_2	360	95
Dioxan (Diethylendioxid) $C_4H_8O_2$	360	92
Ethanal (Acetaldehyd) $CH_3–CHO$	390	198

Der AGW ist die höchstzulässige Konzentration eines Gases, Dampfes oder von Schwebstoffen in der Luft, die 8 Stunden am Tag – auch wiederholt, regelmäßig und langfristig – die Gesundheit der Beschäftigten nicht beeinträchtigt.
Die AGW-Einheit ml/m³ (oder cm³/m³) ist gleichbedeutend mit ppm (parts per million = Teile auf eine Million $= 1 : 10^6$).

Kennzeichnung gefährlicher Stoffe

Bezeichnung	Symbol	Kennbuchstabe	Merkmale
Sehr giftig		T +	Verursacht erhebliche Gesundheitsschäden. Tödl. Dosis ≤ 25 mg/kg Körpergewicht.
Giftig		T	Tödliche Dosis: 25 mg/kg … 200 mg/kg Körpergewicht.
Gesundheitsschädlich		Xn	Gesundheitsschäden. Tödliche Dosis: 0,2 g/kg … 2 g/kg Körpergewicht.
Reizend		Xi	Reizwirkung auf der Haut, in den Augen oder den Atemorganen.
Ätzend		C	Zerstört Stoffe und lebendes Gewebe.

Bezeichnung	Symbol	Kennbuchstabe	Merkmale
Explosionsgefährlich		E	Explodiert durch Schlag, Reibung oder Entzündung.
Brandfördernd		O	Können brennbare Stoffe entzünden oder Brände fördern.
Hochentzündlich		F +	Stoffe mit Zündtemperaturen ≤ 0 °C und Siedetemperaturen ≤ 35 °C.
Leichtentzündlich		F	Selbst- oder leichtentzündliche Stoffe, die mit Wasser, brennbare Gase bilden, Flammtemperatur < 21 °C .

BU

Risiko-Sätze (R-Sätze) für Gefahrstoffe Risk Phrases for Hazardous Materials

Nr.	Text
R 1	In trockenem Zustand explosionsgefährlich.
R 2	Durch Schlag, Reibung, Feuer oder andere Zündquellen explosionsgefährlich.
R 3	Durch Schlag, Reibung, Feuer oder andere Zündquellen besonders explosionsgefährlich.
R 4	Bildet hochempfindliche explosionsgefährliche Metallverbindungen.
R 5	Beim Erwärmen explosionsfähig.
R 6	Mit und ohne Luft explosionsfähig.
R 7	Kann Brand verursachen.
R 8	Feuergefahr bei Berührung mit brennbaren Stoffen.
R 9	Explosionsgefahr bei Mischung mit brennbaren Stoffen.
R 10	Entzündlich.
R 11	Leicht entzündlich.
R 12	Hochentzündlich.
R 13	Hochentzündliches Flüssiggas.
R 14	Reagiert heftig mit Wasser.
R 15	Reagiert mit Wasser unter Bildung hochentzündlicher Gase.
R 16	Explosionsgefährlich in Mischung mit brandfördernden Stoffen.
R 17	Selbstentzündlich an der Luft.
R 18	Bei Gebrauch Bildung explosionsfähiger/leicht entzündlicher Dampf-Luftgemische möglich.
R 19	Kann explosionsfähige Peroxide bilden.
R 20	Gesundheitsschädlich beim Einatmen.
R 21	Gesundheitsschädlich bei Berührung mit der Haut.
R 22	Gesundheitsschädlich beim Verschlucken.
R 23	Giftig beim Einatmen.
R 24	Giftig bei Berührung mit der Haut.
R 25	Giftig beim Verschlucken.
R 26	Sehr giftig beim Einatmen.
R 27	Sehr giftig bei Berührung der Haut.
R 28	Sehr giftig beim Verschlucken.
R 29	Entwickelt bei Berührung mit Wasser giftige Gase.
R 30	Kann bei Gebrauch leicht entzündlich werden.
R 31	Entwickelt bei Berührung mit Säure giftige Gase.
R 32	Entwickelt bei Berührung mit Säure sehr giftige Gase.
R 33	Gefahr kumulativer Wirkungen.
R 34	Verursacht Verätzungen.
R 35	Verursacht schwere Verätzungen.
R 36	Reizt die Augen.
R 37	Reizt die Atmungsorgane.
R 38	Reizt die Haut.
R 39	Ernste Gefahr irreversiblen Schadens.
R 40	Irreversibler Schaden möglich.
R 41	Gefahr ernster Augenschäden.
R 42	Sensibilisierung durch Einatmen möglich.
R 43	Sensibilisierung durch Hautkontakt möglich.
R 44	Explosionsgefahr bei Erhitzen unter Einschluss.
R 45	Kann Krebs erzeugen.
R 46	Kann vererbbare Schäden verursachen.
R 47	Kann Missbildungen verursachen.
R 48	Gefahr ernster Gesundheitsschäden bei längerer Exposition.
R 49	Kann Krebs erzeugen beim Einatmen.
R 50	Sehr giftig für Wasserorganismen.
R 51	Giftig für Wasserorganismen.
R 52	Schädlich für Wasserorganismen.
R 53	Kann in Gewässern langfristig schädliche Wirkungen haben.
R 54	Giftig für Pflanzen.
R 55	Giftig für Tiere.
R 56	Giftig für Bodenorganismen.
R 57	Giftig für Bienen.
R 58	Kann längerfristig schädliche Wirkungen auf die Umwelt haben.
R 59	Gefährlich für die Ozonschicht.
R 60	Kann die Fortpflanzungsfähigkeit beeinträchtigen.
R 61	Kann das Kind im Mutterleib schädigen.
R 62	Kann möglicherweise die Fortpflanzungsfähigkeit beeinträchtigen.
R 63	Kann das Kind im Mutterleib möglicherweise schädigen.
R 64	Kann Säuglinge über die Muttermilch schädigen.

Die R-Sätze kann man auch kombinieren, z.B. R 14/15: reagiert heftig mit Wasser unter Bildung leicht entzündlicher Gase.

Sicherheitsratschläge (S-Sätze) für Gefahrstoffe
Safety Phrases for Hazardous Materials

Nr.	Text
S 1	Unter Verschluss aufbewahren.
S 2	Darf nicht in die Hände von Kindern gelangen.
S 3	Kühl aufbewahren.
S 4	Von Wohnplätzen fern halten.
S 5	Unter Flüssigkeit[1] aufbewahren.
S 6	Unter reaktionsträgem Gas[1] aufbewahren.
S 7	Behälter dicht geschlossen halten.
S 8	Behälter trocken halten.
S 9	Behälter an einem gut gelüfteten Ort aufbewahren.
S 12	Behälter nicht gasdicht verschließen.
S 13	Von Nahrungsmitteln, Getränken und Futtermitteln fern halten.
S 14	Von unverträglichem Stoff[1] fern halten.
S 15	Vor Hitze schützen.
S 16	Von Zündquellen fern halten – Nicht rauchen!
S 17	Von brennbaren Stoffen fern halten.
S 18	Behälter mit Vorsicht öffnen und handhaben.
S 20	Bei der Arbeit nicht essen und trinken.
S 21	Bei der Arbeit nicht rauchen.
S 22	Staub nicht einatmen.
S 23	Gas/Rauch/Dampf/Aerosol[1] nicht einatmen.
S 24	Berührung mit der Haut vermeiden.
S 25	Berührung mit den Augen vermeiden.
S 26	Bei Berührung mit den Augen sofort gründlich mit Wasser abspülen und Arzt aufsuchen.
S 27	Beschmutzte, getränkte Kleidung sofort ausziehen.
S 28	Bei Berührung mit der Haut sofort abwaschen mit viel Flüssigkeit[1].
S 29	Nicht in die Kanalisation gelangen lassen.
S 30	Niemals Wasser hinzugießen.
S 33	Maßnahmen gegen elektrostatische Aufladungen treffen.
S 34	Schlag und Reibung vermeiden.
S 35	Abfälle und Behälter müssen in gesicherter Weise beseitigt werden.
S 36	Bei der Arbeit geeignete Schutzkleidung tragen.
S 37	Geeignete Schutzhandschuhe tragen.
S 38	Bei unzureichender Belüftung Atemschutzgerät anlegen.
S 39	Schutzbrille/Gesichtsschutz tragen.
S 40	Fußboden und verunreinigte Gegenstände mit Stoff[1] reinigen.
S 41	Explosionsgase und Brandgase nicht einatmen.
S 42	Bei Räuchern/Versprühen geeignetes Atemschutzgerät anlegen[1].
S 43	Zum Löschen Stoff[1] verwenden (wenn Wasser die Gefahr erhöht, einfügen: „Kein Wasser verwenden“).
S 44	Bei Unwohlsein ärztlichen Rat einholen. (Falls möglich, Etikett S 44 vorzeigen.)
S 45	Bei Unfall oder Unwohlsein sofort Arzt hinzuziehen.
S 46	Bei Verschlucken sofort ärztlichen Rat einholen.
S 47	Nicht bei Temperaturen über … °C aufbewahren[1].
S 48	Feucht halten mit Flüssigkeit[1].
S 49	Nur im Originalbehälter aufbewahren.
S 50	Nicht mischen mit Stoff[1]
S 51	Nur in gut belüfteten Bereichen verwenden.
S 52	Nicht großflächig für Wohn- und Aufenthaltsräume zu verwenden.
S 53	Exposition (Einleitung) vermeiden – vor Gebrauch besondere Anweisungen einholen.
S 56	Diesen Stoff und seinen Behälter der Problemabfallentsorgung zuführen.
S 57	Zur Vermeidung einer Kontamination (Umweltverschmutzung) geeigneten Behälter verwenden.
S 59	Information zur Wiederverwendung/Wiederverwertung beim Hersteller/Lieferanten erfragen.
S 60	Dieser Stoff und sein Behälter sind als gefährlicher Abfall zu entsorgen.
S 61	Freisetzung in die Umwelt vermeiden. Besondere Anweisungen einholen/Sicherheitsdatenblatt zu Rate ziehen.
S 62	Bei Verschlucken kein Erbrechen herbeiführen. Sofort ärztlichen Rat einholen und Verpackung oder Etikett S 62 vorzeigen.

Die S-Sätze lassen sich auch kombinieren, z. B. S 1/2: Unter Verschluss und für Kinder unzugänglich aufbewahren.

[1] Angabe durch Hersteller.

Umgang mit Elektroschrott Handling Electronic Waste

Begriff	Erklärung	Bemerkungen
Abfall	Abfälle sind bewegliche Sachen, von denen sich der Besitzer trennt, trennen will oder trennen muss.	Bewegliche Sachen sind Abfälle, bis sie oder die aus ihnen gewonnenen Stoffe oder erzeugte Energie dem Wirtschaftskreislauf wieder zugeführt werden.
Abfall-entsorgung	Umfasst das Gewinnen von Stoffen oder Energie aus Abfällen (Abfallverwertung) und das Ablagern von Abfällen. Hierzu gehören auch die notwendigen Maßnahmen des Einsammelns, Beförderns, Behandelns und Lagerns. Luft, Gewässer, Böden dürfen dabei nicht verunreinigt werden.	Elektroschrott muss durch Rücknahme beim Händler oder Hersteller oder über Sammelstellen öffentlich-rechtlicher Entsorger, z. B. Landkreis, entsorgt werden. Sonstiger Gewerbemüll kann von privaten, zertifizierten Entsorgern entsorgt werden.
Vermeidung	Verhindern von Abfällen, Luftverunreinigungen (Immissionsschutz).	Keine Behandlung der Stoffe notwendig.
Wieder-verwendung	Eine erneute Nutzung des gebrauchten Produktes ist für den gleichen Verwendungszweck möglich.	Disketten, CD-RW, DVD-RW, Stecker, Schalter, manche Geräte oder Bauelemente sind wiederverwendbar oder weiterverwendbar.
Weiter-verwendung	Eine erneute Nutzung des gebrauchten Produktes ist für einen anderen Verwendungszweck möglich.	
Wieder-verwertung	Wiederholter Einsatz von Altstoffen, Produktionsabfällen oder Betriebsstoffen zur Erzeugung gleichwertiger Werkstoffe.	Eine sortenreine Stofftrennung (Trennen in Fraktionen) sowie hochwertige Aufbereitungsverfahren sind Voraussetzung hierzu.
Weiter-verwertung	Einsatz von Altstoffen, Produktionsabfällen oder Betriebsstoffen in einem anderen Produktionsprozess als dem, aus dem sie hervorgegangen sind.	Die neu entstandenen Werkstoffe können von schlechterer Qualität als die Ausgangswerkstoffe sein.
Recycling	Stoffliche Verwendung oder Verwertung.	Von to recycle = wieder aufbereiten.
Downcycling	Recycling, das zu einem Produkt geringeren Wertes führt (von down = unten, niedrig).	Beispiel: Zusammenschmelzen von nicht sortenreinen Thermoplasten.
Energetische Verwertung	Verbrennung unter Verwertung der freiwerdenden Energie.	Schadstoffe dürfen dabei nicht an die Umwelt abgegeben werden.

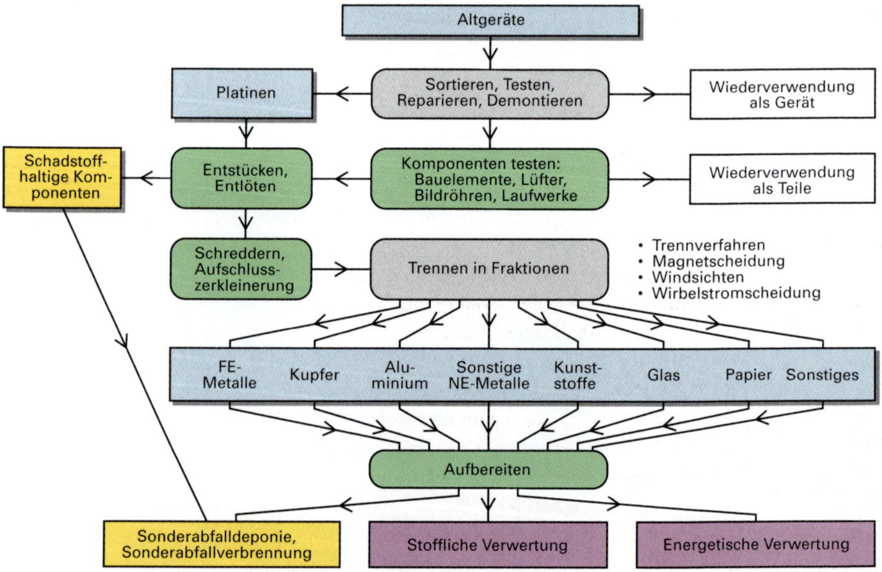

Aufbereitung von Elektroschrott

Organisationen und Normungsbegriffe
Organizations and Terms of Standardization

ANSI	American National Standard Institute
ASA	American Standards Association/Amerikanischer Normenausschuss
BDEW	Bundesverband der Energie- und Wasserwirtschaft
CCIR	Comité Consultatif International des Radiocommunications (Internationaler beratender Ausschuss für drahtlose Nachrichtenübermittlung)
CE	Communauté Européenne = Europäische Union
CEE	Commission Internationale pour la Réglementation et la Contrôle de l'Equipement Electrique (Internationale Kommission für Regeln zur Begutachtung elektrotechnischer Erzeugnisse)
CEN	Comité Européen de Normalisation (Europäisches Komitee für Normung)
CENELEC	Comité Européen de Normalisation Electrotechnique (Europäisches Komitee für elektrotechnische Normung)
CENELCOM	Europäisches Komitee zur Koordinierung elektrotechnischer Normen der Länder der Europäischen Gemeinschaft
CIE	Commission Internationale de l'Eclairage (Internationale Kommission für Beleuchtung)
DBP	Deutsches Bundespatent
DKE	Deutsche Kommission für Elektrotechnik Elektronik Informationstechnik im DIN und VDE
DIN	Deutsches Institut für Normung
EVÖ	Elektrotechnischer Verein Österreichs
FeO	Fernsprechordnung
FNE	Fachnormenausschuss Elektrotechnik im Deutschen Normenausschuss
FTZ	Forschungs- und Technologie-Zentrum
HEA	Hauptberatungsstelle für Elektrizitätsanwendung e.V.
IEC	International Electrotechnical Commission (Internationale Elektrotechnische Kommission)
ISO	International Standards Organization (Internationale Organisation für Normung)
NEMA	National Electrical Manufacturing Association
NTG	Nachrichtentechnische Gesellschaft
ÖNA	Österreichischer Normenausschuss
ÖNORM	Österreichische Norm
ÖVE	Österreichischer Verein für Elektrotechnik
RAL	Ausschuss für Lieferbedingungen und Gütesicherung beim Deutschen Normenausschuss (früher: Reichsausschuss für Lieferbedingungen)
REFA	Verband für Arbeitsstudien (früher: Reichsausschuss für Arbeitszeitermittlung)
Reg TP	Regulierungsbehörde für Telekommunikation und Post
SEV	Schweizerischer Elektrotechnischer Verein
SNV	Schweizerische Normenvereinigung
TAB	Technische Anschlussbedingungen der VDEW
VDA	Verband der Automobilindustrie
VDE	Verband der Elektronik Elektrotechnik Informationstechnik e.V.
VDEW	Vereinigung Deutscher Elektrizitätswerke
VDMA	Verein Deutscher Maschinenbau-Anstalten e.V.
VOB	Verdingungsordnung für Bauleistungen
VNB	Verteilungs-Netzbetreiber
VSM	Verein Schweizerischer Maschinenindustrieller
ZVEH	Zentralverband der elektro- und informationstechnischen Handwerke
ZVEI	Zentralverband der Elektrotechnischen Industrie

Wichtige Normen 1 Important Standards 1

Norm	Inhalt, gekürzter Titel
Mathematik und Physik	
DIN 1301	Einheiten (Einheitenname, Einheitenzeichen)
DIN 1302	Allgemeine mathematischen Zeichen und Begriffe
DIN 1304	Formelzeichen
DIN 1311	Schwingungslehre
DIN 1313	Physikalische Größen
DIN 1315	Winkel
DIN 1318	Lautstärkepegel
DIN 1320	Akustik
DIN 1332	Formelzeichen der Akustik
DIN 1333	Zahlenangaben
DIN 1338	Formelschreibweise
DIN 5031	Strahlungsphysik, Lichttechnik
DIN 5474	Zeichen der mathematischen Logik
DIN 5475	Komplexe Größen
DIN 5483	Zeitabhängige Größen
DIN 5486	Schreibweise von Matrizen
DIN 5487	Fourier-Transformation
DIN 5493	Logarithmische Größen und Einheiten
DIN 66000	Zeichen der Schaltalgebra
DIN EN 60027	Formelzeichen elektrische Maschinen
Bauelemente, Baugruppen	
DIN 40729	Galvanische Sekundärelemente
DIN 40827	Galvanische Primärelemente
DIN 41426	Nennwerte von Widerständen und Kondensatoren
DIN 41782	Gleichrichterdioden
DIN 41786	Thyristoren (Begriffe)
DIN 41855	Optoelektronische Halbleiterbauelemente
DIN 44070	Heißleiter
DIN 44080	Kaltleiter
IEC 40	Varistoren
IEC 63	Vorzugsreihe für R und C
IEC 86	Pirmärbatterien
Grundlagen der Elektrotechnik	
DIN 1324	Elektromagnetisches Feld
DIN 1325	Magnetisches Feld
DIN 1339	Einheiten magnetischer Größen
DIN 1357	Einheiten elektrischer Größen
DIN 5489	Richtungssinn und Vorzeichen in der Elektrotechnik
DIN 40015	Frequenz- und Wellenbereiche
DIN 40020	Begriffe der Wellenausbreitung
DIN 40108	Stromsysteme (Begriffe, Größen, Formelzeichen)
DIN 40110	Wechselstromgrößen
DIN 40146	Begriffe der Nachrichtenübertragung
DIN 40148	Übertragungsfaktor, Pegel
DIN EN 50160	Spannungsmerkmale
DIN IEC 469	Impulstechnik
IEC 38	Normspannungen
Grafische Darstellung, Textgestaltung	
DIN 6	Darstellung in Normalprojektion
DIN 201	Schraffuren
DIN 406	Maßeintragung
DIN 461	Grafische Darstellung
DIN 1421	Nummerierung von Texten
DIN 1422	Gestaltung von Manuskripten
DIN 6776	Beschriftung

Norm	Inhalt, gekürzter Titel
DIN 19277	Grafische Symbole der Prozessleittechnik
DIN 66261	Struktogramme
DIN EN 1861	Systemfließbilder
DIN EN 20273	Durchgangslöcher für Schrauben
DIN EN 60617	Graphische Symbole für Schaltpläne
DIN EN 60617	Teil 2: Symbolelemente
DIN EN 60617	Teil 3: Leiter und Verbinder
DIN EN 60617	Teil 4: Passive Bauelemente
DIN EN 60617	Teil 5: Halbleiter und Elektronenröhren
DIN EN 60617	Teil 6: Erzeugung und Umwandlung elektrischer Energie
DIN EN 60617	Teil 7: Schalt- und Schutzeinrichtungen
DIN EN 60617	Teil 8: Mess-, Melde-, Signaleinrichtungen
DIN EN 60617	Teil 9: Vermittlungs- und Endeinrichtungen
DIN EN 60617	Teil 10: Übertragungseinrichtungen
DIN EN 60617	Teil 11: Installationspläne
DIN EN 60617	Teil 12: Binäre Elemente
DIN EN 60617	Teil 13: Analoge Elemente
DIN EN 60848	GRAFCET, Funktionspläne
DIN EN 61082	Dokumente der Elektrotechnik, Regeln
DIN EN 81714	Gestaltung graphischer Symbole
DIN ISO 1219	Fluidtechnik, Symbole
DIN ISO 5455	Technische Zeichnungen (Maßstäbe)
DIN ISO 5456	Projektionsmethoden
Messen und Prüfen	
DIN 43780	Anzeigende Messgeräte
DIN 43802	Skalen von Messgeräten
DIN 43856	Schalttafelmessgeräte
DIN 43865	Elektrizitätszähler, Tarifschaltgeräte
DIN 43865	Zähler
DIN EN 60044	Messwandler
DIN EN 60870	Fernwirkeinrichtungen
DIN EN 61010	Sicherheit von MSR-Geräten
DIN EN 61032	Prüfsonden
DIN VDE 0403	Druchgangsprüfgeräte
DIN VDE 0410	Elektrische Messgeräte
DIN VDE 0411	Elektronische Mess-, Steuer- und Regelgeräte
DIN VDE 0413	Geräte zum Prüfen der Schutzmaßnahmen
DIN VDE 0414	Messwandler
DIN VDE 0701	Geräte-Wiederholungsprüfung
DIN VDE 0876	Geräte zur Messung von Funkstörungen
Anlagen und Geräte	
DIN 4701	Wärmebedarf von Gebäuden
DIN 18015	Elektrische Anlagen in Wohngebäuden
DIN 25424	Fehlerbaumanalyse
DIN 43870	Zählerplätze
DIN EN 10628	Verfahrenstechnische Anlagen
DIN EN 12464	Beleuchtung von Arbeitsstätten
DIN EN 60898	Leitungsschutzschalter
DIN EN 60909	Kurzschlussströme bei 3 AC
DIN EN 61140	Schutz gegen elektrischen Schlag (VDE 0140)
DIN VDE 0100	Errichten von Niederspannungsanlagen
DIN VDE 0101	Starkstromanlagen über 1 kV
DIN VDE 0105	Betrieb von elektrischen Anlagen
DIN VDE 0160	Elektronische Betriebsmittel in Starkstromanlagen

Wichtige Normen 2 Important Standards 2

Norm		Inhalt, gekürzter Titel
VDE	0165	Anlagen in explosionsgefährdeten Bereichen
VDE	0185	Blitzschutzanlagen
VDE	0210	Bau von Freileitungen über 1 kV
VDE	0211	Bau von Freileitungen bis 1 kV
VDE	0470	IP-Schutzarten
VDE	0510	Akkumulatoren und Batterieanlagen
VDE	0636	Niederspannungssicherungen
VDE	0641	Leitungsschutzschalter
VDE	0675	Überspannungsschutzgeräte
VDE	0682	Spannungsprüfer
VDE	0833	Gefahr- und Meldeanlagen
VDE	0838	Rückwirkungen in Stromversorgungsnetzen
VDE	0855	Kabelverteilsysteme für Radiosignale
VDE	0860	Netzbetriebene elektronische Heimgeräte
VDE	0880	Errichten und Betrieb von Fernmeldeanlagen
Kennzeichnungen, Anschlüsse		
DIN	6779	Kennzeichnung für technische Produkte
DIN	40200	Nennwert, Bemessungswert u. a. (Begriffe)
DIN	41429	Farbkennzeichnung von Widerständen und Kondensatoren
DIN	42402	Anschlussbezeichnung für Transformatoren und Drosselspulen
DIN	42403	Anschlussbezeichnung für Stromrichter
DIN	60445	Kennzeichnung der Anschlüsse
DIN EN	50005	Anschlussbezeichnung und Kennzahlen
DIN EN	50012	Anschlussbezeichnung von Hilfsschaltgliedern
DIN EN	50013	Anschlussbezeichnung für Befehlsgeräte
DIN EN	60445	Kennzeichnung der Anschlüsse
DIN EN	61175	Kennzeichnung für Signale und Verbindungen
DIN EN	61293	Kennzeichnung elektrischer Betriebsmittel
DIN EN	61346	Kennbuchstaben der Objekte
DIN EN	61660	Anschluss in Systemen
DIN IEC	60971	Stromrichterkennzeichnung
DIN VDE	0293	Aderkennzeichnungen bis 1 kV
IEC	62	Kennzeichnungen von Widerständen und Kondensatoren
IEC	757	Code zur Farbkennzeichnung
IEC	60971	Stromrichter (Kennzeichnung)
Informationstechnik, Computertechnik		
DIN	44300	Informationsverarbeitung
DIN	66001	Datenflusspläne und Programmablaufpläne
DIN	66003	7-Bit-Code
DIN	66019	Sicherungsverfahren mit dem 7-Bit-Code
DIN	66021	Datenübertragung
DIN	66025	Programmaufbau für NC-Maschinen
DIN	66215	CLDATA
DIN	66234	Bildschirmarbeitsplätze
DIN	66253	PEARL
DIN	66255	PL/I
DIN	66256	PASCAL
DIN	66258	Schnittstellen für die Datenübermittlung
DIN	66284	Elementar-BASIC
DIN	66304	Computerunterstütztes Konstruieren
IEC	625	IEC-Bus

Norm		Inhalt, gekürzter Titel
Elektrische Maschinen, Steuern und Regeln, Systeme		
DIN	2860	Handhabungssysteme
DIN	19225	Benennung und Einstellung von Reglern
DIN	19226	Regelungstechnik und Steuerungstechnik
DIN	19237	Steuerungstechnik (Begriffe)
DIN	40101	Bildzeichen
DIN	41750	Stromrichter (Begriffe)
DIN	42673	Drehstrommotoren (Normmotoren), oberflächengekühlt
DIN	42676	Drehstrommotoren (Normmotoren), innengekühlt
DIN	42961	Leistungsschilder
DIN	42973	Leistungsreihe elektrischer Maschinen
DIN	55003	Bildzeichen für NC-Werkezeugmaschinen
DIN	66257	Begriffe für NC-Maschinen
DIN EN	954	Sicherheit von Steuerungen
DIN EN	60034	Drehende elektrische Maschinen
DIN EN	60204	Elektrische Ausrüstung von Maschinen (VDE 0113-1)
DIN EN	61131	Speicherprogrammierbare Steuerungen
IEC	34	Bauformen von drehenden elektrischen Maschinen
VDE	0530	Drehende elektrische Maschinen
VDE	0532	Transformatoren und Drosselspulen
VDE	0551	Sicherheitstransformatoren
VDE	0570	Sicherheit von Transformatoren und dergleichen
VDE	0829	Elektrische Systemtechnik
Werkstoffe, Gehäuse		
DIN	1707	Weichlote
DIN	8513	Hartlote
DIN	17410	Dauermagnetwerkstoffe
DIN	17471	Widerstandswerkstoffe
DIN	41868	Gehäuse für Halbleiterbauelemente
DIN	41869	Gehäuse für Halbleiterbauelemente
DIN	41873	Gehäuse für Halbleiterbauelemente
DIN	41876	Gehäuse für Halbleiterbauelemente
DIN	47100	Fernmeldeschnüre
DIN EN	439	Schutzgase
DIN EN	515	NE-Metalle, Werkstoffzustand
DIN EN	1412	Kupfer, Kupferlegierungen
DIN EN	1560	Gusseisenwerkstoffe
DIN EN	1706	Aluminium-Gusslegierungen
DIN EN	10088	Nichtrostende Stähle
VDE	0282	Gummiisolierte Leitungen
VDE	0298	Verwendung von Leitungen und Kabeln
VDE	0606	Verbindungsmaterial, Kleinverteiler, Zählerplätze
VDE	0815	Leitungen der IT-Technik
Umwelttechnik, EMV, Qualität		
DIN ISO	9000	Qualitätssicherung
DIN ISO	14001	Umweltmanagementsysteme
VDE	0870	Elektromagnetische Beeinflussung
VDE	0871	Funkentstörung von Hochfrequenzgeräten
VDE	0875	Maßnahmen zur Funkentstörung

Wichtige Teile des VDE-Vorschriftenwerks Important Parts of VDE-Regulations

VDE	**0100**	Errichten von Niederspannungsanlagen
VDE	0101	Starkstromanlagen mit Nenn-Wechselspannungen über 1 kV
VDE	0102	Kurzschlussströme in Drehstromnetzen
VDE	0103	Kurzschlussströme, Berechnung der Wirkung
VDE	0104	Errichten und Betreiben elektrischer Prüfanlagen
VDE	0105	Betrieb von elektrischen Anlagen
VDE	0106	Messung von Berührungsstrom und Schutzleiterstrom
VDE	0108	Sicherheitsbeleuchtungsanlagen
VDE	0110	Niederspannungsanlagen, Isolationskoordination
VDE	0113	Elektrische Ausrüstung von Maschinen, Anzeigen, Kennzeichnung, Bedienen, Schutzeinrichtungen
VDE	0115	Bahnanwendungen, Anlagen, Betrieb, Schutzeinrichtungen
VDE	0116	Elektrische Ausrüstung von Feuerungsanlagen
VDE	0128	Errichten von Leuchtröhrenanlagen mit Nennspannungen über 1 kV
VDE	0131	Errichtung und Betrieb von Elektrozaunanlagen
VDE	0140	Schutz gegen elektrischen Schlag
VDE	0141	Erdungen in Wechselstromanlagen für Nennspannungen über 1 kV
VDE	0160	Ausrüstung von Starkstromanlagen mit elektronischen Betriebsmitteln
VDE	0165	Errichten elektrischer Anlagen in explosionsgefährdeten Bereichen
VDE	0168	Errichten von Anlagen im Freien, die erschwerten Bedingungen unterworfen sind (einschließlich Steinbrüchen und Tagebau)
VDE	0185	Errichten von Blitzschutzanlagen
VDE	**0210**	Bau von Starkstrom-Freileitungen mit Nennspannungen über 1 kV
VDE	0211	Bau von Starkstrom-Freileitungen mit Nennspannungen bis 1 kV
VDE	0228	Maßnahmen für Beeinflussung von Fernmeldeanlagen durch Starkstromanlagen
VDE	0293	Aderkennzeichnung von Starkstromkabeln und Starkstromleitungen bis 1 kV
VDE	0298	Verwendung von Kabeln und isolierten Leitungen für Starkstromanlagen
VDE	**0411**	Bestimmungen für elektronische Messgeräte und Regler
VDE	0413	Geräte zum Prüfen der Schutzmaßnahmen in elektrischen Anlagen
VDE	0414	Bestimmungen für Messwandler
VDE	0418	Elektrizitätszähler (Anforderungen, Prüfbedingungen)
VDE	0435	Elektrische Relais
VDE	**0510**	Bestimmungen für Akkumulatoren und Batterie-Anlagen
VDE	0530	Bestimmungen für drehende elektrische Maschinen
VDE	0532	Bestimmungen für Transformatoren und Drosselspulen
VDE	0544	Lichtbogenschweißeinrichtungen und verwandte Verfahren
VDE	0545	Bestimmungen für Widerstands-Schweißeinrichtungen
VDE	0550	Bestimmungen für Kleintransformatoren
VDE	0560	Regeln für Kondensatoren
VDE	**0606**	Verbindungsmaterial bis 750 V, Installations-Kleinverteiler und Zählerplätze bis 250 V gegen Erde
VDE	0620	Steckvorrichtungen bis 400 V 25 A (Teil 101 bis 250 V und 2,5 A).
VDE	0660	Bestimmungen für Niederspannungsschaltgeräte
VDE	0675	Schutz elektrischer Anlagen gegen Überspannungen
VDE	0680	Schutzkleidung, Schutzvorrichtungen und Werkzeuge zum Arbeiten an unter Spannung stehenden Betriebsmitteln
VDE	0681	Geräte zum Betätigen, Prüfen und Abschranken unter Spannung stehender Betriebsmittel mit Spannungen über 1 kV
VDE	**0700**	Sicherheit elektrischer Geräte für den Hausgebrauch und ähnliche Zwecke
VDE	0701	Instandsetzung, Änderung und Prüfung elektrischer Geräte für den Hausgebrauch und ähnliche Zwecke
VDE	0702	Wiederholungsprüfung an elektrischen Geräten
VDE	0710	Leuchten mit Betriebsspannungen unter 1 kV
VDE	**0800**	Errichten und Betrieb von Anlagen der Informationstechnik und Kommunikationstechnik
VDE	0855	Kabelnetze für Ton- und Fernsehrundfunksignale
VDE	0860	Bestimmungen für netzbetriebene elektronische Geräte für den Heimgebrauch
VDE	0872	Funkstöreigenschaften von Geräten der Unterhaltungselektronik
VDE	0875	Bestimmungen für die Funkentstörung von Betriebsmitteln und Anlagen
VDE	0878	Elektromagnetische Verträglichkeit EMV, Funkstöreigenschaften

Teile von DIN VDE 0100 Errichten von Niederspannungsanlagen 1
Parts of DIN VDE 0100 Erection of Low Voltage Installations 1

Teil	Deutsche Bezeichnung, z.T. vereinfacht	Englische Bezeichnung, z.T. vereinfacht
Anwendungsbereich, Begriffe und allgemeine Angaben Area of Use, Definitions an Generals		
100	Anwendungsbereich, Zweck und Grundsätze	Scope, Object and Fundamental Principles
200	Begriffe	Definitions
300	Bestimmungen allgemeiner Merkmale	Assessment of general Characteristics of Installations
Schutzmaßnahmen Protection for Safety		
410	Schutz gegen elektrischen Schlag	Protection against Electric Shock
420	Schutz gegen thermische Einflüsse	Protection against Thermal Effects
430	Schutz von Kabeln und Leitungen bei Überstrom	Protection Protection of Cables and Cords at Overcurrent
442	Schutz bei Überspannungen – Schutz von Niederspannungsanlagen bei Erdschlüssen in Netzen mit höherer Spannung	Protection for Safety – Protection of Low Voltage Installations against Faults between High-Voltage Systems and Earth
443	Schutz bei Störspannungen – Schutz bei Überspannungen infolge Blitz oder Schaltvorgängen	Protection against Voltage Disturbances – Protection against Overvoltages of lightnings or due to switchings
444	Schutz bei Überspannungen – Schutz gegen elektromagnetische Störungen (EMIs) in Anlagen von Gebäuden	Potection against Overvoltages – Protection against Electromagnetic Inferences (EMIs) in Installations of Buildings
460	Trennen und Schalten	Isolation and Switching
482	Brandschutz bei besonderen Risiken oder Gefahren	Protection against Fire where Particular Risks or Danger exist
Auswahl und Errichtung elektrischer Betriebsmittel Selection an Erection of Electrical Equipment		
510	Allgemeine Bestimmungen	Common Rules
520	Kabel- und Leitungsanlagen	Wiring Systems
530	Schalt- und Steuergeräte	Switchgear and Controlgear
534	Überspannungs-Schutzeinrichtungen (ÜSE)	Devices for protection against overvoltages (SPD)
540	Erdungsanlagen, Schutzleiter, Schutzpotenzialausgleichsleiter	Earthing Arrangements, Protective Conductors and Protective Bonding Conductors
550	Steckvorrichtungen, Schalter und Installationsgeräte	Plug-and-Socket Devices, Switches and Installation Assessories
551	Niederspannungs-Stromerzeugungsanlagen	Low-Voltage Generating Sets
557	Hilfsstromkreise	Auxiliary Circuits
559	Leuchten und Beleuchtungsanlagen	Luminairs and Lighting Installations
560	Elektrische Anlagen für Sicherheitszwecke	Supplies for Safety Services
Prüfungen Verifications		
600	Prüfungen	Verifications
Betriebsstätten und Anlagen besonderer Art Special Installations or Locations		
701	Räume mit Badewanne oder Dusche	Locations Containing a Bath ot Shower
701	Becken von Schwimmbädern und andere Becken	Swimming Pools and other Basins

Teile von DIN VDE 0100 Errichten von Niederspannungsanlagen 2

Parts of DIN VDE 0100 Erection of Low Voltage Installations 2 (Fortsetzung)

Teil (Folge)	Deutsche Bezeichnung, z.T. vereinfacht	Englische Bezeichnung, z.T. vereinfacht
703	Räume und Kabinen mit Saunaheizung	Rooms and Cabins containing Sauna heaters
704	Baustellen	Construction and Demolition sites
705	Landwirtschaftliche und gartenbauliche Betriebsstätten	Agricultural and Horticultural Premises
706	Leitfähige Bereiche mit begrenzter Bewegungsfreiheit	Conducting Locations with Restricted Movement
708	Elektrische Anlagen von Campingplätzen	Electrical Installations in Caravan Parks
709	Marinas (Liegeplätze für Boote)	Marinas
710	Medizinisch genutzte Bereiche	Medical Locations
712	PV-Stromversorgungssysteme	Photovoltaic Power Supply Systems
714	Beleuchtungsanlagen im Freien	Outdoor Lighting Installations
715	Kleinspannungsbeleuchtungsanlagen	Extra-Low-Voltage Lighting Installations
717	Anlagen auf Fahrzeugen oder in transportablen Baueinheiten	Mobile or Transportable Units
718	Bauliche Anlagen für Menschenansammlungen	Installation for Gathering of People
723	Unterrichtsräume mit Experimentiereinrichtungen	Class-Rooms with Experimental Equipment
729	Aufstellen und Anschließen von Schaltanlagen und Verteilern	Installation and Connection of Switchgear and Controlgear and Distribution Boards
731	Elektrische Betriebsstätten und abgeschlossene elektrische Betriebsstätten	Electrical Locations and Locked Electrical Locations
732	Hausanschlüsse in öffentlichen Kabelnetzen	Cables Entries into Buildings in Public Cable Networks
737	Feuchte und nasse Bereiche, Anlagen im Freien	Humid and Wet Areas in Locations, Outdoor Installations
739	Zusätzlicher Schutz bei direktem Berühren in Wohnungen durch Fehlerstrom-Schutzeinrichtungen in TN- und TT-Netzen	Additional Protection in the Case of Direct Contact in Dwellings with RCDs in TN-Systems and TT-Systems
740	Vorübergehend errichtete elektrische Aufbauten, Vergnügungseinrichtungen und Buden auf Kirmesplätzen, Vergnügungsparks und für Zirkusse	Temporary electrical installations for Structures, Amusement Devices and Booths at Fairgrounds, Amusement Parks and Circuses
753	Fußboden- und Decken-Flächenheizungen	Floor and Ceiling Heating Systems
754	Elektrische Anlagen von Caravans und Motorcaravans	Electrical Installations in Caravans and Motor-Caravans
799	Lichtwerbeanlagen mit einer Bemessungs-Ausgangs-Leerlaufspannung bis 1000 V mit Leuchtröhren- und/oder LED-Ausleuchtung/Beleuchtung	Lighting Installations for Advertising with a Rated Output Voltage not exceeding 1000 V with Luminous-Discharge-Tubes and/or Illuminations by LEDs

Zusätzliche Angaben

- E Entwurf
- BZ beabsichtigte Zurückziehung
- KM Manuskript zum Kurzverfahren
- KV Kurzverfahren (angekündigte neue Norm)
- TZ zurückgezogen
- Ü Zurückziehung mit Übergangsfrist

A

absolut (lat. absolutus = abgelöst, losgelöst), für sich allein bestehend, unabhängig, unbedingt.

Abszisse (lat. abscissus = weggerissen, getrennt), waagrechte Achse im Koordinatensystem.

Adhäsion, Haften verschiedener Stoffe aneinander.

Adsorption, Aufnahme von Gasen, Dämpfen oder gelösten Stoffen an der Oberfläche fester Körper.

adsorbieren, an der Oberfläche aufnehmen.

Akkumulator (lat. accumulare = anhäufen), Sammler; elektrochemischer Energiespeicher, Rechenregister.

Aktor, der (lat. actor = Verrichter), Bauelement oder Baugruppe, nach Ansteuerung wird eine Wirkung erzielt, z.B. Schütz. Bei manchen Bussystemen Aktuator genannt.

Aktuator, der, siehe Aktor.

Akustik (griech. akoustos = hörbar), Lehre vom Schall.

akustisch, zur Lehre vom Schall gehörend.

Algorithmus (von griech. arithmos = Zahl), Rechenvorschrift zum Lösen einer Aufgabe in logischer Schrittfolge als effektives Verfahren zum Lösen eines Problems.

alphanumerisches Zeichen, Zeichen aus Zeichenvorrat, der Buchstaben, Ziffern und Sonderzeichen enthält.

Amplitude, Schwingungsweite, Ausschlag.

analog, entsprechend, ähnlich, gleich verhaltend.

Analyse, Zerlegung, Auflösung eines Ganzen in seine Glieder, z.B. Zerlegen einer chemischen Verbindung.

Anode (griech. ana = hinauf, hodos = Weg), Elektrode, von der aus der Strom in einen Halbleiter, eine Flüssigkeit, ein Gas oder das Vakuum eintritt.

Anweisung, Arbeitsvorschrift in einer Programmiersprache.

Äquivalent (lat. aequus = gleich, valere = wert sein), Gleichwert, Gegenwert.

Arbeitspaket, zu einem Thema gehörende Aufgaben, die im Rahmen eines Projektes abzuarbeiten sind.

Assembler (to assemble = versammeln, zusammenfügen), prozessororientierte Programmiersprache aus Kürzeln für die Befehle; Computerprogramm zum Übersetzen in die Maschinensprache.

astabil, nicht feststehend, unbeständig.

astatisch (griech. astatos = unstet), verhindert die Einwirkung von Fremdfeldern.

asynchron (griech. synchronos = gleichzeitig, a-Verneinung), nicht gleichzeitig, nicht gleichlaufend.

Atom (griech. atomos = unteilbar), der kleinste Teil eines chemischen Grundstoffes. Ein Atom kann nicht weiter geteilt werden, ohne dass sich seine chemischen Eigenschaften ändern.

axial (lat. axis = Achse), in Richtung der Achse

B

Basis (griech. basis = Grundlage, Sockel), Fußpunkt; mittlere Halbleiterzone oder Anschluss bei Transistoren.

Befehl, Anweisung, die sich in der benutzten Programmiersprache nicht mehr in Unteranweisungen zerlegen lässt.

Betriebsmittel, notwendige Komponente zum Betreiben einer Anlage, z.B. Schalter, Motoren, Werkzeuge, Vorrichtungen.

Betriebssystem, Programme, die den Betrieb eines Computers im Zusammenwirken mit seinen Peripheriegeräten ermöglichen.

bi-, Vorsilbe für „zweifach", „doppelt".

bidirektional, zweifach gerichtet.

binär (lat. bini = je zwei), aus zwei Einheiten bestehend.

Bit, das, Kurzform für Binärzeichen, Mehrzahl Bits, als Einheit bit.

Browser (to browse = blättern), Programm, welches das Durchsuchen einer Datei ermöglicht.

Bus, auch Bussystem, Übertragungsstrecke, z.B. Leitung, an die viele Teilnehmer angeschlossen werden können.

Byte, Einheit für Wortlänge von 8 bit, Kurzform B.

C

CD, von Compact Disc = kompakte Platte (Scheibe), digitaler Massenspeicher in Form einer dünnen Scheibe.

Charakteristik (griech. charakter = das Eingeprägte, Eingeschnittene), Kurve, die das kennzeichnende Verhalten veranschaulicht.

Chip (chip = Schnipsel), Einkristall-Halbleiterplättchen, in das eine elektronische Schaltung eingearbeitet ist; allgemeine Bezeichnung für eine integrierte Schaltung.

Client-Server (Kunde, Dienstleister), über ein Datennetz verbundene Computer. Der Client-Computer wird vom Server-Computer mit Daten bzw. Programmen versorgt.

Code (lat. codex = Schreibtafel, Verzeichnis), Regeln für die Zuordnung von Zeichen zweierlei verschiedener Alphabete (oder anderer Zeichenvorräte); Schlüssel, mit dem ein chiffrierter Text in Klartext oder umgekehrt umgewandelt werden kann.

Compiler, Programm zur Übersetzung eines Programms in eine andere Programmiersprache, z.B. in die Maschinensprache des Mikroprozessors, vor der eigentlichen Programmausführung.

CPU (von central processing unit), Kurzform für Zentrale Prozess-Einheit eines Computers, z.B. der Mikroprozessor.

D

Dämpfung, Abschwächung eines Signales, z.B. nach Durchlaufen einer elektronischen Komponente.

Dekade (griech. dekas = Anzahl von zehn), Zehnzahl, zehn Stück, zehn Teile. *dekadisch,* zehnteilig.

Demodulator, Baugruppe, die Signalschwingungen (z.B. Tonschwingungen) aus dem modulierten Träger zurückgewinnt (siehe Modulation).

Dezimale (lat. decem = zehn), der zehnte Teil; Ziffer, die bei einer Zahl rechts vom Komma steht.

BU

Dielektrikum, elektrischer Nichtleiter. In ihm bleibt ein elektrisches Feld auch ohne dauernde Ladungszufuhr bestehen.

Diffusion (lat. diffundere = ausbreiten), gegenseitige Durchdringung und Mischung von Teilchen infolge der Wärmebewegung.

digital (lat. digitus = Finger zum Zählen), ziffernmäßig; Darstellung von Signalen oder Größen in ziffernmäßiger Form.

Dimmer (to dim = verdunkeln), Steller zum Einstellen der Lichthelligkeit.

Dipol, Zweipol, z. B. Antenne aus zwei gleich langen elektrisch leitenden Teilen.

disjunktiv (lat. disiunctus = getrennt), begriffliches Verhältnis „entweder...oder", z. B. „entweder Signal 1 oder Signal 2".

Dissoziation (lat. dissociatio = Trennung), Trennung einer Verbindung, z. B. Zerlegung von Molekülen in bewegliche Ionen.

Dos (Disc Operating System), PC-Betriebssystem.

Dotieren (lat. dotare = mitgeben), Halbleitertechnik: Einbauen von Fremdatomen in den Halbleiterwerkstoff.

Drain (drain = Senke, Abfluss), Anschluss bei einem Feldeffekttransistor. Der Widerstand der Strecke Drain–Source wird durch die Spannung zwischen Gate und Source bestimmt.

dual (lat. duo = zwei), Zweiheit bildend, Zweizahl.

Duplexbetrieb, Vollduplexbetrieb, Nachrichtenübertragung, z. B. Datenübertragung, gleichzeitig in beiden Richtungen (Senden und Empfangen).

Duroplast (Duromer), härtbarer Kunststoff, der nach dem Aushärten nicht mehr durch Erwärmen erweicht werden kann.

DVD, von Digital Versatile Disc = digitale vielseitig verwendbare Platte (Scheibe), digitaler Massenspeicher mit mehreren GB in Form einer dünnen Scheibe.

Dynamik (griech. dynamos = Kraft), Bewegungslehre. *dynamisch*, von „Kräften" bewirkt.

E

Effekt (lat. efficere = hervorbringen), Wirkung, Erfolg. *effektiv,* wirksam, tatsächlich.

Elektrode, Übergangsstelle von metallischen Leitern auf Leitung durch Ionen (in Gasen oder Flüssigkeiten) oder durch frei bewegliche Elektronen (in Halbleitern oder im Vakuum).

Elektrolyse, Zerlegen von stromleitenden Flüssigkeiten (Säuren, Laugen, gelöste oder geschmolzene Salze) durch den elektrischen Strom.

Element, in der Chemie: Grundstoff, in der Elektrotechnik: Spannungserzeuger, z. B. galvanisches Element.

Emission (lat. emittere = aussenden), Aussenden einer Strahlung oder Aussenden von Teilchen, z. B. von Elektronen, *emittieren,* aussenden, ausstrahlen.

EMI (engl. Electromagnetic Interferences) Elektromagnetische Störungen, z. B. durch Schalten starker Ströme.

Emitter, eine Halbleiterzone oder ein Anschluss bei Transistoren.

EMV Elektromagnetische Verträglichkeit.

Energie (griech. energeia = wirkende Kraft), Fähigkeit eines physikalischen oder technischen Systems, Arbeit zu verrichten.

Erosion (lat. erosio = Ausnagung), Abtragung durch Wind und Wasser.

Expansion, Ausdehnung, z. B. von Gasen.

Exponent (lat. exponere = herausheben, -stellen), herausgehobener Vertreter, z. B. einer Partei; oben rechts angefügte Hochzahl eines mathematischen Ausdrucks (der Basis). Der Exponent gibt an, wie oft die Basis mit sich selbst multipliziert werden soll.

F

Faktor (lat. factor = der etwas macht, besorgt), mitbestimmender Umstand; Mathematik: Vervielfältigungszahl, Teil eines Produkts.

flexibel, biegsam, biegbar, geschmeidig.

Fluoreszenz, Aufleuchten beim Einfall von Strahlen.

Frequenz (lat. frequentia = Häufigkeit), z. B. Zahl der Schwingungen in einer Sekunde (Einheit: Hertz) oder Zahl der Umdrehungen in der Zeiteinheit (Umdrehungsfrequenz).

Frigistor (lat. frigidus = kalt und engl. resistor = Widerstand), Halbleiterbauelement, das sich bei Stromdurchgang an einer Stelle abkühlt.

Funktion (lat. functio = Verrichtung), Betätigungsweise, Wirkungsweise; Mathematik: Abhängigkeit, gesetzmäßige Beziehung zwischen zwei oder mehreren Größen.

G

Gate (gate = Tor), Anschluss bei einem Feldeffektransistor (FET). Die Spannung zwischen Gate und Source bestimmt die Wirkung des FET.

Gemeinkosten, Kosten, die einem Produkt nicht direkt zurechenbar sind. Sie werden über einen Verteilungsschlüssel umgelegt, z. B. Gehälter, Abschreibungskosten, Raumkosten.

Generator (lat. generator = Erzeuger), z. B. Spannungserzeuger.

GUD Gasturbinen- und Dampfturbinen-Kraftwerk.

H

Halbduplexbetrieb, Nachrichtenübertragung nacheinander in beiden Richtungen (Senden oder Empfangen).

Hardware (hardware = harte Ware), alle Bauteile und Geräte (einer Datenverarbeitungsanlage), die man sehen und anfassen kann.

homogen (griech. homo = gleich und genes = Art), gleichartig, gleichförmig.

horizontal (griech. horizon = Grenzlinie), waagerecht.

Hydraulik (griech. hydraulike = Wasserkunst), Lehre von der Bewegung der Flüssigkeiten; *hydraulisch,* mit Flüssigkeitsdruck arbeitend, mit Flüssigkeitsantrieb.

Hysterese, Hysteresis (griech. hysteros = später, darauf folgend), Fortdauer einer Wirkung nach Aufhören der Ursache; magnetische Hysteresis: Zurückbleiben der Magnetisierung magnetischer Stoffe gegenüber der Feldstärke.

I

Icon (von griech. eikon = Bild), das. In der Computertechnik bildhaftes Symbol zum Anklicken, auch als Ikon geschrieben.

Impedanz (lat. impedire = behindern, hemmen), Elektrotechnik: Scheinwiderstand bei Wechselstrom.

Impuls (lat. impulsus = Anstoß), Antrieb, Anregung, Anstoß; Elektronik: Kurzzeitiger Strom- oder Spannungsstoß.

Index, Mehrzahl: **Indizes**, Anzeiger, tiefgesetztes Unterscheidungszeichen z.B. U_1, U_2, U_a.

Indikation (lat. indicatio = Anzeige), Anzeige, Merkmal.

Indikator (lat. indicare = anzeigen), Anzeiger für einen Vorgang, z.B. ein Stoff, der durch auffälligen Farbwechsel einen chemischen Vorgang anzeigt.

Induktion, Entstehen einer elektrischen Spannung in einem Leiter bei Änderung eines Magnetfeldes oder bei Bewegung des Leiters im Magnetfeld. Magnetische Induktion: Dichte des magnetischen Flusses. *Induktiv,* auf Induktion beruhend. *Induzieren* (lat. inducere = hineinführen), herbeiführen; Zeitwort zu Induktion.

instabil, unbeständig.

Interface (interface = Trennfläche), Schnittstelle, Anpassungsschaltung.

interpolieren (lat. interpolare = dazwischenstellen), Ermitteln weiterer Zahlenwerte in einer Zahlenfolge.

Interrupt (lat. interruptio = Abbrechen, Unterbrechen), Unterbrechen eines laufenden Computerprogramms, um in der Zwischenzeit z.B. ein Dienstprogramm durchzuführen.

Ion, Mehrzahl: **Ionen** (griech. ion = gehend, wandernd), elektrisch geladene Atome oder Atomgruppen. *Ionisation,* Vorgang, durch den Ionen entstehen.

K

Kapazität (lat. capacitas = Fassungsfähigkeit), Fassungsvermögen, Aufnahmefähigkeit; z.B. Fassungsvermögen eines Kondensators oder eines Akkumulators.

Kapital (lat. capitalis = hauptsächlich), ursprünglich Hauptgeld, heute Finanzmittel, Anlagen, Vorräte, menschliche Fähigkeiten zur Schaffung von Einkommen.

Kaskade (ital. cascata = Wasserfall), Hintereinanderschaltung gleichartiger Bauteile oder Baugruppen.

Katode (griech. kathodos = das Hinabgehen), Elektrode, die positive Ladung aus einem Halbleiter, einer Flüssigkeit, einem Gas oder dem Vakuum aufnimmt oder die negative Ladung (Elektronen) abgibt.

kinetisch (griech. kinetikos = zum Bewegen gehörig), auf Bewegung beruhend.

Koeffizient (lat. coefficere = mitbewirken), mitwirkender Teil, Mathematik: Größe, mit der eine veränderliche Größe malgenommen wird, z.B. Wärmeausdehungskoeffizient.

Kollektor (lat. collectus = Ansammlung), Stromwender, der aus Kupferlamellen mit isolierenden Zwischenlagern zusammengesetzte Teil einer elektrischen Maschine, auf dem die Bürsten schleifen.

Halbleitertechnik: Stromsammler, eine Halbleiterzone oder ein Anschluss bei Transistoren.

Kommutator (lat. commutare = vertauschen), Stromwender.

kompatibel (franz. compatible = vereinbar), vereinbar austauschbar.

Kompensation (lat. compensatio = Ausgleichung), Ausgleich, Aufheben einander entgegengesetzter Wirkungen.

Kompressor (lat. compressio = Zusammendrücken), Gasverdichter, Maschine zum Verdichten von Gasen und Dämpfen.

Kondensator (lat. condensare = verdichten), Elektrotechnik: „Verdichter" für elektrische Ladungen. Dadurch Bauelement zum Speichern elektrischer Ladungen.

Kondensator bei Dampfturbinen: Vorrichtung zum Niederschlagen des Abdampfes. *Kondenswasser,* Wasser, das durch Verflüssigen von Dampf oder Luftfeuchtigkeit entstanden ist.

Konstante (lat. constans = standhaft), unveränderliche Größe, feststehender Wert.

Kontakt (lat. contactus = Berührung), Berühren oder Verbinden von elektrischen Leitern zum Herstellen einer leitenden Verbindung.

Konvektion (lat. convectio = das Zusammenbringen), Strömen von Teilchen, Mitführen von Energie (z.B. Wärme) einer Strömung.

Koordinaten (lat. coordinare = beiordnen), zusammenfassende Bezeichnung von Abszisse und Ordinate. Zahlen, welche die Lage eines Punktes in der Ebene oder im Raum festlegen.

Korona (lat. corona = Kranz), Kreis, Strahlenkranz (um die Sonne), Glimmentladung an elektrischen Leitern.

Korrosion (lat. corrosio = Zernagung), Zerstören der Oberfläche von Werkstoffen; korrodieren.

L

Lamelle (lat. lamella = Blättchen), dünnes Blättchen, Streifen.

latent (lat. latens = verborgen), verborgen, versteckt, nicht hervortretend; z.B. latente Wärme: die beim Schmelzen oder Verdampfen gebundene Wärmemenge, die sich nicht in einer Temperaturerhöhung zeigt.

Lumineszenz (lat. lumen = Licht), Anregung eines Leuchtstoffes zum Leuchten (meist ohne gleichzeitige Temperaturerhöhung).

M

Magnetostriktion Längenänderung magnetischer Werkstoffe im Magnetfeld.

Marktplatz, elektronischer, Softwaresystem eines Marktplatzbetreibers zur Abwicklung von Handelsgeschäften im Internet.

Modul, der (lat. modulus, Verkleinerungsform von modus = Maß), Form; bei Zahnrädern: Verhältnis der Zahnteilung zur Zahl π.

Modul, das, Baugruppe, z.B. aus Leiterplatten, auf denen Bauelemente angeordnet sind; bei Software: kleines Programm, Programmteil.

Modulation (lat. modulus = Takt), Beeinflussung eines Trägers im Takt der Signalfrequenz, z.B. Aufprägen der Niederfrequenz auf die Hochfrequenz; *modulieren.*

Modulator, Baugruppe zur Durchführung der Modulation.

Molekül (lat. molecula = kleine Masse), kleinster Teil eines Stoffes, der aus mehreren Atomen zusammengesetzt ist.

Monitor (lat. monitor = Aufseher), Kontrollgerät (meist mit Bildschirm) zum Überwachen einer elektronischen Anlage; Programm zum Steuern oder Koordinieren anderer Programme oder Programmteile.

N

Netzlaufwerk, Verzeichnis, auf welches der Computer über ein Datennetz (Netzwerk) zugreifen kann.

Nomogramm (griech. nomos = Zahl, Regel, gramma = Zeichen, Buchstabe), Schaubild oder Zeichnung zum zeichnerischen Lösen einer Rechnung.

numerisch, zahlenmäßig der Zahl nach.

Numerus (lat.), Zahl.

O

Ordinate (lat. ordo = Ordnung), senkrechte Achse des Koordinatensystems.

Oszilloskop (lat. oscillare = schaukeln, schwingen, griech. skopein = schauen), Messgerät zum Sichtbarmachen elektrischer Schwingungsvorgänge.

Oxidation, chemischer Vorgang der Verbindung eines Stoffes mit Sauerstoff.

P

Parameter (zu griech. para = neben und metron = Maß), kennzeichnende Größe, die z.B. den Ablauf eines technischen Prozesses beeinflusst.

Periode (griech. periodos = Umlauf), Kreislauf, Zeitabschnitt, in dem sich ein Vorgang regelmäßig wiederholt, *periodisch,* regelmäßig wiederkehrend.

Peripheriegerät (griech. peripher = am Rande befindlich), Gerät, welches an den Computer über eine Schnittstelle angeschlossen wird, z.B. Drucker, Bildschirm, Festplattenlaufwerk.

Permeabilität (lat. permeare = durchdringen), Durchlässigkeit. Zahlenwert der angibt, wievielmal mehr Feldlinien in einem magnetischen Werkstoff entstehen als im Vakuum oder in Luft.

Permittivität (lat. permittere = erlauben), Maß für die Veränderung eines elektrischen Feldes durch ein Dielektrikum.

Phase (griech. phasis = Anzeige, Erscheinung), Bewegungszustand eines schwingenden Teilchens in jedem Augenblick der Bewegung. Wird in der Elektrotechnik auch noch für „Außenleiter“ verwendet.

piezoelektrisch (griech. piezein = drücken), Entstehen elektrischer Ladung an manchen Kristallen durch Druck oder Zug.

Planar- (lat. planus = flach), Vorsatzwort für Silicium-Halbleiterbauelemente, das angibt, dass der elektrische Strom nur in einer dünnen Schicht des Kristalls fließt, z.B. Epitaxie-Planar-Transistor.

pneumatisch (griech. pneumatikos = zum Hauch, zum Wind gehörig), Luft..., Druckluft....

Polarisation, elektrische: Bilden von Gegenspannungen bei der Elektrolyse durch chemische Veränderung an den Elektroden, z.B. durch Abscheiden von Wasserstoff. Richtung des elektrischen Feldes einer elektromagnetischen Welle.

Polarität, Vorhandensein gegensätzlicher Pole.

Portal, (lat. porta = Türe, Tor), gemeinsame Benutzeroberfläche für unterschiedliche IT-Anwendungen.

Potenziometer, Spannungsteiler, ein einstellbarer Widerstand, der so geschaltet ist, dass an ihm ein beliebiger Teil der verfügbaren Spannung abgegriffen werden kann.

Potenz, Mathematik: Produkt gleicher Faktoren, wobei die Anzahl der Faktoren durch die Hochzahl (Exponent) angegeben wird; z.B. $2^3 = 2 \cdot 2 \cdot 2$.
Potenzieren, in die Potenz erheben.

primär (lat. primarius = zu den ersten gehörend), an erster Stelle, erst..., ursprünglich, grundlegend, wesentlich.

Profil, Seitenansicht, Umriss, Querschnitt.

Programm, Plan; Plan zur Steuerung, der einem Computer oder einer Maschine eingegeben wird.

Projektion (lat. proiectio = das Vorwerfen), maßgetreue zeichnerische Darstellung eines Körpers auf einer ebenen Fläche; Bildwurf.

Proportion (lat. proportio = Ebenmaß, Gleichmaß), Verhältnis, Größenverhältnis.
Proportional, verhältnismäßig, im gleichen Verhältnis stehend.

Prototyp (griech. prototypos = ursprünglich), Urbild, Muster.

Provider (to provide = anbieten), Anbieter von Diensten, z.B. Zugang zum Internet.

Provision (lat. provisio = Vorsorge), in Prozenten einer Wertgröße, z.B. Umsatz, berechnete Leistungsvergütung.

Pyrometer (griech. pyr = Feuer, Hitze und metron = Maß), Messgerät zur Temperaturmessung.

R

radial (lat. radius = Stab, Radspeiche), von einem Mittelpunkt ausgehend oder auf ihn zuführend.
Radius, Halbmesser eines Kreises.

re-, Vorsilbe für „wieder-“, „zurück“, „neu-“.

Reduktion (lat. reducere = zurückführen), Zurückführung, Minderung; chemisch: Entzug von Sauerstoff aus einer chemischen Verbindung.

Reflektor (lat. reflectere = zurückbiegen, -wenden), Vorrichtung zum Sammeln und Zurückwerfen von Strahlen. Bei Antennen: elektrischer Leiter, der in gewissem Abstand hinter dem Dipol angeordnet ist.

Reflexion, Spiegelung, Zurückwerfen von Strahlen an einer Fläche.
Reflex, zurückgeworfene Strahlen.

Rekristallisation, Neubildung von Kristallen. (Kristall: fester, regelmäßiger Körper, der von ebenen Flächen begrenzt ist.)

Relais, elektrisches Betriebsmittel, das durch eine geringe Steuerleistung betätigt wird.

Reluktanz (lat. reluctari = sich sträuben), magnetischer Widerstand.

Repulsion (lat. repulsio = Zurückweisung), Zurückweisung, Abstoßung.

Resonanz (lat. resonare = widerhallen), Mitschwingen. Resonanz tritt ein, wenn die einwirkende Frequenz gleich (oder etwa gleich) der Eigenfrequenz ist.

ROM, der, von Read Only Memory = Nur-Lesespeicher, Festwertspeicher.

Rotation (lat. rotare = im Kreise drehen), Drehung um eine Achse. Zeitwort: *rotieren.*

Rotor (lat. rotare = im Kreis drehen), drehender oder drehbarer Teil.

S

Schaltalgebra, mathematische Rechenvorschrift zur Beschreibung von Zuständen binärer Schaltungen in Form von Schaltfunktionen. Grundoperatoren sind UND, ODER, NICHT. Auch boolesche Algebra genannt.

Schnittstelle, Stelle der Übergabe von Signalen vom einen System zum anderen, z. B. vom Computer zum Drucker. Es gibt Hardwareschnittstellen und Softwareschnittstellen.

sekundär (lat. secundus = folgender, zweiter), an zweiter Stelle, untergeordnet.

Sensor (von lat. sensus = Gefühl) Fühler für eine physikalische Größe, z. B. für die Temperatur.

Soffitte (franz. soffite = oben an etwas befestigen), röhrenförmige Glühlampe.

Software (engl. software = weiche Ware), alle nichttechnischen oder nicht-physikalischen Funktionsbestandteile eines Computers; meist die Bezeichnung für die Programme, die man zum Benutzen der Computer-Hardware braucht.

spektrografisch, durch fotografisches Aufnehmen eines Spektrums hergestellt.

Spektrum (lat. specere = sehen), durch Lichtzerlegung entstehendes farbiges Band.
spektral, vom Spektrum ausgehend oder darauf bezogen.

Source (source = Quelle), Anschluss bei einem Feldeffekttransistor. Der Widerstand der Strecke Drain–Source wird durch die Spannung zwischen Gate und Source bestimmt.

spezifisch, eigentümlich, kennzeichnend.

stabil (lat. stabilis = fest, standhaft), beständig, dauerhaft, unveränderlich; Gegensatz zu labil, unbeständig.

Stereo-, „körperlich…", „räumlich…", „Raum…".

Stroboskop (griech. strobos = das sich Im-Kreis-drehen und skopein = beschauen), optische Geräte zur Beobachtung periodischer Vorgänge mit Lichtblitzen, z. B. von Drehungen.

switch, der, von to switch = schalten. 1. Schalter, 2. intelligenter Sternkoppler, der Sendersignale entsprechend der Adresse zum Empfänger durchschaltet.

symmetrisch (griech. symmetria = Ebenmaß), spiegelbildlich, gleichmäßig, ebenmäßig; Symmetrie.

synchron (griech. syn = zusammen, zugleich und griech. chronos = Zeit), gleichzeitig, zeitlich gleichlaufend.

Synchronisierung, Herstellen einer Gleichzeitigkeit, eines Gleichlaufs.

Synchronoskop, Messgerät zum Anzeigen des Gleichlaufs beim Parallelschalten von Generatoren.

T

thermisch, Thermo-, die Wärme betreffend, „Wärme-".

Thermistor (griech. thermos = warm und engl. resistor = Widerstand), temperaturabhängiger Widerstand.

Thermoplast (Plastomer), Kunststoff der wiederholt durch Erwärmen erweicht und dabei plastisch verformt werden kann.

Thermostat, Temperaturregler zum Aufrechterhalten einer bestimmten Temperatur.

Thyristor (griech. thyra = Tür und engl. resistor = Widerstand), steuerbarer Siliciumgleichrichter.

Toleranz (lat. tolerare = dulden), zulässige Abweichung vom vorgeschriebenen Maß.

Topologie, die, von griech. topos = Gegend und Logos = Lehre. 1. Lehre von der Geländeform, 2. in der IT-Technik Formen der Datennetze.

Torsion (lat. torsio = Drehung), mechanische Verdrehung, Verdrillung.

Transduktor, Magnetverstärker; Drossel, deren Eisenkern durch Gleichstrom vormagnetisiert wird, steuerbarer, induktiver Blindwiderstand.

Transistor, steuerbares Halbleiterbauelement mit mindestens drei Anschlüssen.

Trigger (trigger = Auslöser), Betriebsmittel zur Erzeugung eines Auslöseimpulses, z. B. Diac.

U

Umrichter, elektronische Baugruppe zur Umwandlung eines Stromes oder einer Spannung mit fester Frequenz in eine andere Frequenz.

USV, Kurzform von unterbrechungsfreier Strom-Versorgung.

V

Vakuum (lat. vacuum = das Leere), luftleerer Raum.

Valenz (lat. valere = gelten, wert sein). Chemie: Wertigkeit; Zahl, die angibt, wie viel Atome Wasserstoff oder andere einwertige Atome ein Atom eines Grundstoffes zu binden oder zu ersetzen vermag.

Varistor (lat. varius = verschieden, veränderlich und engl. resistor = Widerstand), spannungsabhäniger Widerstand.

Vektor (lat. vector = Träger, Fahrer), gerichtete Größe: Größe, die durch Zahlenwert, Einheit und Richtung bestimmt ist.

vertikal (lat. vertex = Scheitel), senkrecht.

Vibration (lat. vibrare = zittern, schwingen), Schwingung, Erschütterung.

Virus, das (auch der) von Lat. virus = Gift. 1. Krankheitserreger, 2. in der IT-Technik eingeschleustes Programm zur Störung der Anlage.

Z

zirkular (lat. circulus = Kreis), kreisförmig.

Zone (griech. zone = Gürtel), räumlicher Bereich, Schicht.

Zugriffszeit, erforderliche Zeit bis zum Zugriff (Lesen oder Schreiben) auf einen Speicherinhalt.

Internationale Formelzeichen International Formula Symbols

vgl. DIN EN 60027-4: 3-08

Größe	Formelzeichen bisher	Formelzeichen ab Oktober 2010		Einheit, Einheitenzeichen
		Vorzugszeichen	Ausweichzeichen	
Stromstärken und verwandte Größen				
Bemessungsstrom	I_N	I_{rat} oder I_r	I_N	Ampere, A
Nennstrom	I_n	I_n oder I_{nom}	–	
Dauerkurzschlussstrom	I_{kd}	I_k	I_{SC}	
Stoßkurzschlussstrom	I_s	I_k	I_S	
Stoßkurzschlusswechselstrom	i_s	I_{kO}	I_{SCO}	
transienter Strom (kurzzeitiger Strom)	i	I_k'	I_{SC}'	
Subtransienter Strom (sehr kurzzeitiger Strom)	i_s	I_k''	I_{SC}''	
Strombelag	I'	A	entfällt	Ampere je Meter, A/m
Spannungen und verwandte Größen				
Bemessungsspannung	U_N	U_{rat} oder U_r	I_N	Volt, V
Nennspannung	U_n	entfällt	entfällt	
Induzierte Spannung	U_i	U_g		
Leerlaufspannung	U_o	U_o		
Leistungen und verwandte Größen				
Bemessungsleistung	P_N	P_{rat} oder P_r	P_N	Watt, W
Bemessungsscheinleistung	S_N	S_{rat} oder S_r	S_N	Voltampere, VA
Nennleistung	P_n	P_n oder P_{nom}	entfällt	Watt, W
Eingangsleistung	P_1 oder P_e	P_{in}		
Ausgangsleistung	P_2 oder P_a	P_{out}		
mechanische Leistung	P	P_{mec}		
Verlustleistung	P_v	P_t		
Leistungsfaktor	$\cos\varphi$	λ (Lambda)		eins (keine Einheit)
Wirkfaktor	–	$\cos\varphi$		
Kraftmomente, Drehmomente				
Drehmoment, Kraftmoment	M	T	M	Newtonmeter
Nennmoment	M_n	entfällt	entfällt	
Bemessungsmoment	M_N	T_{rat} oder T_r	M_{rat} oder M_r	
Kippdrehmoment	M_K	T_b	M_b	
Haltemoment	M_H	T_H	M_H	
Sattelmoment	M_S	T_u	M_u	
Anzugsmoment	M_A	T_l	M_l	

nom von nominal = Nenn-, rat von rated = bewertet, T von torque = Drehmoment, Wirkfaktor = Kosinus der Grundschwingung (ohne Oberschwingungen), Leistungsfaktor = Verhältnis Wirkleistung zu Scheinleistung (mit Oberschwingungen)

Kurzformen von Fachbegriffen Short Cuts of Technical Terms

Kurzform	Bedeutung
AC	Alternating Current
ACIM	AC Induction Motor
ACK	Acknowledgement
ADC	Analog Digital Converter / Apple Display Connector
AF	Antenna Factor
AFC	Alcaline Fuel Cell
AFH	Adaptive Frequency Hopping
AFIS	Automated Fingerprint Identification System
AGC	Automatic Gain Control
AIM	Association for Automatic Identification and Mobility
ALU	Arithmetic Logic Unit
AM	Amplitude Modulation / Air Mass
ANSI	American National Standards Institute
AOI	Automatic Optical Inspection
AP	Access Point
APD	Avalanche Photo Diode
APDC	Advanced PDC
API	Application Programming Interface
ASA	American Standards Association
ASAM	Association for Standardization of Automation and Measurement
ASI	Advanced Switching Interconnect / Actuator Sensor Interface
ASIC	Application Specific Integrated Circuit
ASON	Automatic switched Optical Network
ATE	Automatic Test Equipment
ATM	Asynchronous Transfer Mode
AWG	Arrayed Waveguide Grating / American Wire Gauge
B2B	Business to Business
B2C	Business to Customer / Business to Consumer
BASIC	Beginner´s All purpose Symbolic Instruction Code
BCD	Binary Coded Decimal
BD	Blue ray Disc
BI	Business Intelligence
BIOS	Basic Input Output System
BLDC-Motor	Brushless DC-Motor
BMBF	Bundesministerium für Bildung und Forschung
BMS	Building Management System
BNC	Bayonet Nut Coupling
BOM	Bill of Materials
BPON	Broadband Passive Optical Network
bps	bits per second
BPS	Bytes Per Second
BSS	Business Support System
BTS	Base Transceiver Station
C2C	Consumer to Consumer
CAN	Controller Area Network
CAPI	Common-API
CAV	Constant Angular Velocity
CbC	Chip-by-Chip
CBR	Circuit Breaker RCD
CCD	Charge Coupled Device
CCFL	Cold Cathode Fluorescent Lamp
CCP	Compact Cooling Package
CCS	Common Cause Failure
CCT	Clean Coal Technology
CD	Compact Disc
CDC	Capacitance Digital Converter

Kurzform	Bedeutung
CDMA	Code Division Multiple Access
CE	Consumer Electronics / Communauté Européenne / Conducted Emission
CENELEC	Europäisches Komitee für elektrotechnsiche Normung
CFL	Cold Fluorescent Lamp
CISC	Complex Instruction Set Computer
CLV	Constant Linear Velocity
CM	Change Management / Condition Monitoring
CMD	Contactor Monitoring Device
CMOS	Complementory Metal Oxid Semiconductor
CNC	Computerized Numerical Control
COB	Chip on Board
CoC	Chip on Chip
COFDM	Coded Orthogonal Frequency Division Multiplex
COP	Coefficient of Performance
Corba	Common object request broker architecture
COS	Change of State
CP	Cyclic Prefix
CPE	Customer Premises Equipment
CPL	Call Procesing Language
CPU	Central Processor Unit
CQI	Channel Quality Indicator
CRC	Cyclic Redundancy Check
CRT	Cathode Ray Tube
CS	Circuit Switched
CSD	Circuit Switched Data
CSI	Current Source Inverter
CSMA	Carrier Sense Multiple Access
CSMA/CA	Carrier Sense Multiple Access / Collision Avoidance
CSR	Corporate Social Responsibility
CT	Computer Tomographic
CTL	Current Transfer Logic
CTP	Cordless Telephone Profile
CVP	Concentrator Photo Voltaik
CWDM	Coarse Wavelength Division Multiplexer
DAC	Digital Analog Converter
DALI	Digital Addressing Lighting Interface
dBA	Dezibel Adjusted / dB(A)
DC	Direct Current
DECT	Digital Enhanced Cordless Telephone
DHTML	Dynamic HTML
DIL	Dual In-Line
DIN	Deutsches Institut für Normung
DIO	Density Input Output
DIP	Dual In-Line Package
DKE	Deutsche Kommission für Elektrotechnik Elektronik Informationstechnik
DL	Downlink
DLP	Digital Light Processing
DMD	Digital Mirror Device
DMFC	Direct Methanol Fuel Cell
DMM	Digital Multimeter
DMO	Digital Mirror Device
DMS	Digital Metering System
DMX	Digital Multiplex / Digital Multiplexed Signal
DNS	Domaine Name System
DRAM	Dynamic RAM

Kurzformen von Fachbegriffen Short Cuts of Technical Terms

Kurzform	Bedeutung
DRO	Dielectric Resonator Oscillator
DSL	Digital Subscriber Line
DSLAM	Digital Subscriber Line Access Multiplexer
DSM	Demand-Side Management
DSP	Digital Signal Processor
DTC	Direct Torque Control
DTE	Data Terminal Equipment
DTX	Discontinuous Transmission
DVB	Digital Video Broadcast
DVD	Digital Versatyle Disc
DVGA	Digital controlled Variable Gain Amplyfier
DVI	Digital Visual Interface
DVM	Digital Voltmeter
DVR	Digital Video Recorder
DWDM	Dense Wavelength Division Multiplex
DWORD	Double Word
EAM	Enterprise Asset Management
EAN	European Article Number
EAROM	Electrically Alterable ROM
EBIT	Earnings Before Interest and Taxes
EBITA	Earnings Before Interest, Taxes and Amortisation
EBS	Equipotential Bonding System
ECT	Embedded Computer Technology
EDDL	Electronic Device Description Language
EDGE	Enhanced Data Rates for GSM Evolution
EDI	Electronic Data Interchange
EFM	Eight to Fourteen Modulation / Ethernet in the First Mile
EIDE	Enhanced Integrated Drive Electronics
EISA	European Imaging and Sound Association
ELV	Extra Low Voltage
EMF	Electromagnetic Force
EMI	Elektromagnetic Interferencies
EMV	Elektromagnetische Verträglichkeit
EN	Europäische Norm
ESD	Electrostatic Discharge
ESL	Electronic System Level
ESP	Extra Sensory Protection
ETDM	Electrical Time Division Multiplexing
ETSI	European Telecommication Standards Institute
ETSO	European Transmission System Operators Organisation
EU	Engeneering Unit
EV	Electric Vehicle
EVC	Ethernet Virtual Container
EVÖ	Elektrotechnischer Verein Österreich
FACTS	Flexible Alternating Current Transmission Systems
FBD	Function Block Diagram
FC	Fibre Channel
FDD	Frequency Division Duplex
FET	Field Effect Transistor
FFV	Flexible Fuel Vehicle
FHSS	Frequency Hopping Spread Spectrum
FIR	Fast Infrared
FPGA	Field Programmable Gate Array
FPS, fps	Frames per Second
FSB	Front Side Bus
FTP	File Transfer Protocol
FWA	Fixed Wireless Access
FWD	Free Wheeling Diode
GCT	Gate Commutated Turn-Off Thyristor
GDT	Gas Discharge Tube
GFP	Generic Framing Procedure
GGSN	Gateway GPRS Support Node
GIF	Graphics Interchange Format
GigE	Gigabit Ethernet
GIS	Gasisolierte Schaltanlage
GPIB	General Purpose Interface Bus
GPON	Gigabit Optical Network
GPS	Global Positioning System
GRAFCET	Graphe Functionel de Command Etape Transition
GSM	Global Systen for Mobile Communication
GTO	Gate Turn Off Thyristor
HBLED	High Brightness LED
HCS	Hard Clad Silica Fibre
HD	High Definition
HDC	High Definition Camcorder
HDLC	High-Level Data Link Control
HDSL	High-bit-rate DSL
HDTV	High Definition Television
HEV	Hybrid Electric Vehicle
HGÜ	Hochspannungs-Gleichstromübertragung
HMI	Human Machine Interface
HTML	Hypertext Markup Language
HTTP	Hypertext Transfer Protocol
HV	High Voltage
HVDC	High Voltage Direct Current
IBS	Intelligent Building System
IC	Integrated Circuit
IEC	International Electrotechnical Comission
IEEE	Institute of Electrical and Electronics Engineers
IEGT	Injection Enhanced Gate Transistor
IEV	International Electrical Vocabulary
IGBT	Insulated Gate Bipolar Transistor
IGCT	Insulated Gate Commutated Thyristor
IGR	Insulated Gate Rectifier
ILM	Information Lifecycle Management
IM	Incident Management
IMD	Insulant Monitoring Device
IMS	IP Multimedia Subsytem
IM-SSF	IP MultimediaService Switching Function
IN	Intelligent Network
IO	Input / Output
IOT	Interoperability Testing
IP	Intelectual Property / Internet Protocol / International Partnership
IPC	Industrie-PC
IPM	Intelligent Power Module
IR	Infrared
IRC	Internat Relay Chat
IREM	Integrated Remote Error Monitoring
ISDN	Integrated Services Digital Network
ISO	Internationale Standardazing Organization

BU

Kurzformen von Fachbegriffen Short Cuts of Technical Terms

Kurzform	Bedeutung
IT	Information Technology
ITG	Informationstechnische Gesellschaft
ITU	International Telecommunication Union
JEDEC	Joint Electronic Devices Engeneering Council
JFET	Junction Field Effect Transistor
JMX	Java Management Extension
KM	Konfiguration Management
LabVIEW	Laboratory Virtual Instrumentation Engineering Workbench
LAN	Local Area Network
LCD	Liquid Chrystal Display
LCI	Load Commutated Inverter / Load Commutated Converter
LED	Light Emitting Diode
LEMP	Lightning Electromagnetic Puls
Li-IP	Lithium-Ionen-Polymer
LPL	Lightning Protection Level
LPS	Lightning Protection System
LPZ	Lightning Protection Zone
LSB	Least Significant Bit
LTCC	Low Temperature Confired Ceramic
LTE	Long Term Evolution
LTV	Linear Transfer Vehicles
LUT	Look Up Table
LVDS	Low-Voltage Differential Signaling
LXI	LAN extension for Instruments
M2M	Machine to Machine
MAC	Multiplay Accumulator / Medium Access Control
MBA	Master of Business Administration
MCT	MOS-Controlled Thyristor
MEMS	Microelectromechanical System
MHD	Micro Hybrid Drive
MIMO	Multiple Input Multiple Output
MIPS	Million Instructions Per Second
MISO	Multiple Input Single Output
MMC	Multimedia Card
MMI	Mensch-Maschine-Interface
MOS	Metal-Oxide Semiconductor
MOV	Metal-Oxide Varistor
MTTF	Mean Time To Failure
NCC	Network Communication Controller
NEMA	National Electrical Manufacturer Association
NEXT	Near-End-Crosstalk
NIC	Network Interface Card
NIR	Near Infrared
NT	Network Terminal
OADM	Optical Add-Drop Multiplexer
OAM	Operation Administration and Maintenenance
OCB	On-Chip Bus
OCh	Optical Channel
OCP	On-Chip Protocol
ODU	Optical Data Unit
OEO	Optical Electrical Optical
OFDM	Orthogonal Frequency Division Multiplexing
OFDMA	Orthogonal Frequency Division Multiple Access
OH	Overhead
OIS	Optical Image Stabilizer
OLED	Organic LED

Kurzform	Bedeutung
OLM	Optical Link Module
OLT	Optical Line Terminal
ÖNORM	Österreichische Norm
ONT	Optical Network Terminal
OSA	Open Service Access
OSE	Open Mobile Alliance Service Environment
OSI	Open System Interconnection
OTA	Over The Air
OTDM	Optical Time Division Multiplexing
ÖVE	Österreichischer Verband für Elektrotchnik
PA	Power Amplifier
PAC	Programmable Automation Controller
PAFC	Phosphoric Acid Fuel Cell
PALC	Plasma Addressed Liquid Cristal
PAM	Power Amplifier Module
PAN	Personal-Area Network
PC	Personal Computer
PCB	Printed-Cicuit Board
PCI	Peripheral Component Interconnect / PC Industrial
PCP	Peripheral Communication Protocol
PD	Power Device
PDF	Portable Document Format
PDP	Plasma Display Panel
PDS	Power Drive System
PDU	Protocol Data Unit
PEFC	Polymer Electrolyte Fuel Cell
PELV	Protective Extra Low Voltage
PFC	Power Factor Correction
PGA	Programmable Gain Amplifier
PID	Packet Identifier
PIR	Passive Infra Read
PL	Performance Level
PLC	Programmable Logic Control, Powerline Communication
PLD	Pogrammable Logic Device
PLL	Phase Locked Loop
PoE	Power over Ethernet
POF	Plastic Optical Fibre
PON	Passive Optical Network
PPP	Public Private Partnership / Point-to-Point Protocol
PPTP	Point-to-Point Tunneling Protocol
PRCD	Portable RCD
PS	Packet-Switched
PSA	Persönliche Schutzausrüstung
PSE	Power-Sourcing Equipment
PSI	Program Specific Information
PSK	Phase Shift Keying / Pre-Shared Key
PST	Perceptibility Short Term
PTFE	Polytetrafluorethylene
PTP	Point to Point
PTT	Push-to-talk
PV	Photo Voltaik
PWM	Pulse Width Modulation
QAM	Quadratur Amplitude Modulation
QPSK	Quadrature Phase Shift Keying
RACH	Random Access Channel
RAM	Random Acces Memory
RB	Reverse Blocking / Radio Bearer
RB-IGBT	Reverse Blocking IGBT

BU

Kurzformen von Fachbegriffen Short Cuts of Technical Terms

Kurzform	Bedeutung
RCBO	Residual Current operated circuit Breaker with intergral Overcurrent protection
RCD	Residual Current protective Device
RCD-K	RCD kurzzeitverzögert
RCD-S	RCD selectiv
RC-IGBT	Reverse Conducting IGBT
RCM	Residual Current Monitoring Device
RF	Register File
RFID	Radio Frequency Identification
RoHS	Restriction of the use of Hazardous Substances
ROM	Read Only Memory
RPD	Rapid Prototyp Development
RTC	Real Time Clock
RTD	Resistive Temperature Device
RTEX	Real Time Express
RTL	Register-Transfer-Level
RTOS	Real Time Operating System
RTU	Remote Telecontrol Unit / Remote Terminal Unit
SAR	Successive Approximation Register
SC	Short Circuit
SC-FDMA	Single Carrier Frequency Division Multiple Access
SCR	Silicon Controlled Rectifier
SCSI	Small Computer System Interface
SD	Secure Digital
SDM	Space Division Multiplexing
SED	Surface conduction electron Emitter Display
SELV	Safety Extra Low Voltage
SEV	Schweizerischer Elektrotechnischer Verein
SFB	Selective Fuse Breaking
SiC	Siliziumkarbid
SIL	Safety Integrity Level
SIM	Subscriber Identity Module
SIMD	Single Instruction Multiple Data
SIP	Service Initiation Protocol / Session Initiation Protocol / System in Package
SIR	Serial Infrared
SISO	Single Input Single Output
SMA	Subminiatur Adapter
SMD	Surface Mounted Device
SMPS	Switch Mode Power-Supply
SMS	Short Message Service
SOA	Safe Operating Area
SOA	Service Oriented Architecture / Safe Operation Area
SoC	System on Chip
SOE	Sequences Of Events
SPD	Surge Protective Device
SRAM	Static RAM
SSL	Secure Socked Layer / Solid State Lighting
SSR	Solid State Relay
TA	Terminal Adeptor
TAB	Technische Anschlussbedingungen der VDEW
TCP/IP	Transmisson Control Protocol / Internet Protocol
TDC	Time to Digital Converter
TDD	Time Division Duplex
TDM	Time Division Multiplex

Kurzform	Bedeutung
TFT	Thin Film Transistor
TIFF	Tagged Image File Format
TK	Telekommunikation
TOSA	Transmitter Optical Subassembly
TPU	Time Processor Unit
TSPD	Transient-Surge Protection Device
TV	Television
TVS	Transient Voltage Suppressor
UL	Underwriters Laboratories Inc. / Uplink
UML	Unified Modelling Language
UPnP	Universal Plug and Play
UPS	Uninterruptible Power System
URL	Universal Resource Locator
USB	Universal Serial Bus
ÜSE	Überspannungs-Schutzeinrichtung
UWB	Ultra Wide Band
VAN	Virtual Automation Network
VCM	Variable Coding and Modulation / Virtual Carrier Manager
VCO	Voltage Controlled Oscillator
VCSEL	Vertical-cavity Surface Emitting Laser
VDA	Verband deutscher Automobilhersteller
VDC	Voltage Direct Current
VDE	Verband der Elektrotechnik Elektronik Informationstechnik
VDEW	Verband deutscher Elektrizitätswerke
VDMA	Verband deutscher Maschinenbau-Anstalten
VDSL	Very Highspeed DSL
VLAN	Virtual LAN
VNB	Verteilungsnetzbetreiber
VOB	Verdingungsordnung für Bauleistungen
VoIP	Voice over IP
VoWLAN	Voice over WLAN
VPN	Virtual Private Network
VRML	Virtual Reality Modelling Language
VSC	Voltage Source Converter
W3C	World Wide Web Consortium
WAN	Wide Area Network
WCN	Windows Connect Now
WDM	Wavelength Division Multiplexing
WFM	Workforce Management
WiFi	Wireless Fidelity
Wiki	Wikipedia
WLAN	Wireless Local Area Network
WMM	Wireless Multimedia
WTB	Wired Trigger Bus
XAML	Extensible Advanced Markup Language
XFC	Extreme Fast Control
XML	Extensible Markup Language
ZVEH	Zentralverband der elektro- und informationstechnischen Handwerke
ZVEI	Zentralverband der elektrotechnischen Industrie

a.c. Wechselstrom
a.c. converter Wechselstromumrichter
a.c. voltage Wechselspannung
abandon, to abbrechen
abatement Abnahme
ability Fähigkeit
ability to withstand short circuits Kurzschlussfestigkeit
abonent Teilnehmer
abrasion Abnutzung
absolute maximum ratings Grenzdaten
absorb, to absorbieren, auffangen
abundance Häufigkeit
abuse Missbrauch
accelerate, to beschleunigen
accept, to annehmen, aufnehmen
access Anschluss, Zugriff
accident Störung, Unfall
account Rechnung, Berechnung
accumulation Anhäufung
accuracy Genauigkeit
acknowledge Anerkennung, Bestätigung
acquisition Erfassung
active aktiv, Wirk-
active power Wirkleistung
actor Wirkungselement
actual aktuell
actuate, to auslösen, betätigen
adapt, to anpassen
adaption Anpassung, Lernfähigkeit
add, to addieren, hinzufügen
additional zusätzlich
advance, to fortschreiten, vorrücken
aerial Antenne
agenda geordnete Anweisungsliste
agent Mittel, Wirkstoff
air Luft
aircraft Flugzeug
alarm Warnung, Störungsmeldung
align, to ausrichten, abgleichen
alloy Legierung
ambient temperature Umgebungstemperatur
ampacity Strombelastbarkeit
amperage Stromstärke in Ampere
amplifier Verstärker
antenna Antenne
application Anwendung
approach Näherung
approximation Näherung, näherungs...
area Bereich
arm's reach Handbereich
available verfügbar, gültig
avalanche Lawine
avoid, to vermeiden

back zurück, Rück...
back bias Rückwärtsspannung
back cover Rückwand
backbone Rückgrat
backing Belag, Überzug
backup Datensicherung
bar nackt, bar
bare, to entblößen
barred gesperrt
barrier Abdeckung
base Sockel, Grund-
basic grundlegend, Grund...
basic insulation Basisisolierung
batch Stapel
bayonet Bajonett
bayonet nut connector BNC-Stecker (Bajonett-Stecker mit Überwurfmutter)
beam Strahl, Strahlenbündel
beat, to schlagen
behaviour Verhalten, Benehmen
bench Bank, Werkbank
bias angelegte Spannung, Vorspannung
bias, to vorspannen, vormagnetisieren
big groß
binary binär, dual
bistable multivibrator Flipflop
bitrate Bitrate
black schwarz
blackout Ausfall
blank leer, bloß
blink, to blinken
blower Lüfter
blue blau
board Brett, Platine
body Hauptteil, Körper
bolt Bolzen, Stift
bond Kontaktierung, Verbindung
boost, to anheben, verstärken
booster Spannungsverstärker
booster diode Schaltdiode
boot, to laden, stoßen, nützen
bootstrap loader Urladeprogramm
boring Bohrung
bracket Klammer
brake Bremse
brake, to bremsen
branch Zweig
branch, to verzweigen
branchpoint Verzweigungspunkt, Knoten
braze, to hartlöten
breadboard circuit Versuchsschaltung
break, to brechen, unterbrechen
break-down Durchbruch
bridge Brücke
bridge connection Brückenschaltung
bridge, to überbrücken
brightness Leuchtdichte
broadcast, to senden
brown braun
browse, to blättern
buffer Puffer
buffered gepuffert
built-in eingebaut
built-in set Einbausatz
bulb Kolben, Glühbirne
busy besetzt, geschäftig
button Knopf, Taste, Schaltfläche

Cabinet Gehäuse, Schrank
cable Kabel, Leitung
cable code Leitungscode
cable ladder Kabelpritsche
cable tray Kabelwanne
calibrate, to abgleichen, kalibrieren
call, to rufen, anrufen
caller Rufer
cancel, to abbrechen
capacitance Kapazität
capacitor Kondensator
carriage Vorschub
cartridge Kassette
case Fall, Angelegenheit, Gehäuse
cash bares Geld
cause Grund
channel Kanal
charge elektrische Ladung
choose, to wählen
chop, to zerhacken
chopped abgeschnitten
circuit Stromkreis, Kreis
circuit breaker Sicherung
circuit diagram Schaltplan
clamp Klammer
clear, to klären
client Kunde, untergeordneter Computer
clip Klemme, Klammer
clock Takt
cluster Anhäufung, Bündel
coil Spule
coin Münze
common gemeinsam
commutation Kommutierung
comparison Vergleich
compile, to zusammensetzen
component Bestandteil, Bauteil
compose, to zusammensetzen
compound Verbund
compound, to verbinden
concealed verdeckt, verborgen
condition Bedingung
conduct, to leiten
conductor Leiter
conduit Elektroinstallationsrohr
configuration Anordnung
connect, to verbinden
connection Verbindung
connector Verbinder
console Bedienplatz
consultation Rücksprache, Beratung
contactless kontaktlos
content Inhalt, Rauminhalt
control Steuerung, Regelung (Vorgang)
control, to steuern, regeln

controlgear Steuergerät
controlled gesteuert
controller Steuerung, Regelung (Gerät)
conversion Umrichten
converter Umsetzer, Umrichter
copy, to kopieren
counter Zähler
couple, to koppeln, umschalten
create, to erzeugen
crest Kuppe, Maximum
crimp, to quetschen
crossover point Umschaltpunkt
current Strom, elektrischer Strom
current booster Stromverstärker
current-carrying capacity Strombelastbarkeit
customize, to gewöhnen
cut, to abschneiden, trennen

data Daten, Angaben
data base Datenbank, Datenbestand
debug, to entwanzen, bereinigen
debugger Entwanzer, Fehlersuchprogramm
decoupling Entkopplung
decrease, to verringern, abnehmen
decrement Abnahme
delay Laufzeit, Verzögerung
delay, to aufschieben, verzögern
delete, to zerstören
deletion Löschung
deliver, to abgeben, ausliefern
delivery Lieferung
delta voltage Dreieckspannung
density Dichte
dependence Abhängigkeit
dependent abhängig von
deplete, to ausräumen, entleeren
depress, to drücken
depth Tiefe
design current Betriebsstrom
desk Pult, Tisch
desktop computer Tischcomputer
destination address Zieladresse
determine, to entscheiden
deviation Biegung, Neigung
device Bauelement, Baustein, Gerät
diagram Diagramm, Plan
dial code Rufnummer
dial, to wählen, auswählen
digit Ziffer, Zeichen
digital control digitale Regelung
digital memory digitaler Speicher
digitize, to digital darstellen
dimension Abmessung
direct contact direktes Berühren
directory Verzeichnis
disc (USA) Platte, Scheibe
disengage, to befreien, frei machen
disk (engl.) Platte, Scheibe
displacement Entfernung, Verlagerung
display Bildschirm, Anzeige
distance Abstand, Distanz
distant entfernt
distribution circuit Verteilungsstromkreis
disturbance Störung
diversion Ablenkung
divide, to teilen, einteilen
domain Bereich, Gebiet
domestic network Inlandsnetz
doped dotiert
dot Punkt
double doppelt, Doppel-
double-way connection Zweiwegschaltung
down abwärts, unten, nach unten
download, to herunterladen
downsized klein gebaut
downtime Stillstandszeit
drain Senke
draw, to zeichnen, ziehen, entnehmen
drawing Zeichnung, Plan
drift, to abweichen, verschieben
drill, to bohren
drive Antrieb, Laufwerk
driver Treiber
dummy Atrappe, Blind-
dummy jack Blindbuchse
dye Farbe

earth Erde, Masse
earth electrode Erder
earth fault Erdschluss
earthing conductor Erdungsleiter
easy leicht
edge Kante, Flanke
edge connector Steckerleiste
edge triggered flankengesteuert
edit, to aufbereiten, überarbeiten
edition Ausgabe
editor Text-Aufbereitungsprogramm
educate, to erziehen, ausbilden
effective tatsächlich, Wirk-
ejector Auswerfer
electric elektrisch
electric current elektrischer Strom
electric shock elektrischer Schlag
electric source Stromquelle
electrical elektrisch (adverbial)
electrical angle Phasenwinkel
embed, to einbetten, umgeben
embedded eingebaut
emergency Notfall, Not...
emergency stopping Not-Halt
enable Freigabe
enclosure Umhüllung
engage, to einschalten, kuppeln
engine Maschine, Motor
engineering Technik
enhancement Anreicherung
entry Eingabe, Eingabegerät
environment Umgebung, Umwelt
equipment Apparatur, Gerät
equipotential bonding Potenzialausgleich
erase, to löschen
error Fehler, Irrtum
error rate Fehlerrate
escape, to fliehen, entkommen
etch, to ätzen
evaluation Auswertung
exclude, to ausschließen
executive Leitprogramm, Leitender
exert, to anwenden
expand, to erweitern, ausdehnen
experience Erfahrung
experienced erprobt
exposed-conductive-parts Körper elektrischer Betriebsmittel
expression Ausdruck
extended ausgedehnt
extension Erweiterung
external außen
extraneous conductive part fremdes leitfähiges Teil

failure Fehler, Ausfall
fall time Abfallzeit
fall, to fallen, abfallen
fan Fächer, Lüfter
fan in Eingangslastfaktor
fast schnell
fatality Ausfall, Versagen
fatigue, to ermüden (Werkstoffe)
fault Fehler, Störung
fault current Fehlerstrom
fault protected mit Fehlerschutz
fault protection Fehlerschutz (Schutz bei indirektem Berühren)
fault voltage Fehlerspannung
feature Eigenschaft, Merkmal
feed, to füttern, speisen
feedback Rückkopplung
fetch Abruf
fiber Glasfaser, Lichtleitfaser
fiber optics Technik der Lichtwellenleiter
field Feld
field pattern Feldlinien-Verlauf
field strength Feldstärke
field winding Erregerwicklung
file Datei
final circuit Endstromkreis
flag Flagge, Kennzeichen
flash Blitz
flashlight Blitzlicht, Taschenlampe
flat modul flache Baugruppe
flicker, to flackern
floating fließend, erdfrei, potenzialfrei

floppy schlaff
flyback converter Sperrwandler
force Kraft
forward converter Durchflusswandler
frame Rahmen
frequency Frequenz, Häufigkeit
front panel Frontplatte
fuse Sicherung, Schmelzsicherung
fuse switch Überstrom-Schutzschalter
fusible leicht schmelzbar
fusible link abschmelzbare Verbindung
fuzzy unklar, unscharf

gain Verstärkung
gamble Glücksspiel
gate Gitter, Tor
gate controlled über das Gate gesteuert
gate, to auslösen, durchlassen
gauge Maß, Drahtmaß
gauge, to messen, kalibrieren
gear motor Getriebemotor
general allgemein
general purpose Allzweck-, Mehrzweck-
generate, to erzeugen
giant Riesen-, Höchst-
glaze, to polieren, verglasen
glitch kurzzeitiger Störimpuls
green grün
grey grau
grid Gitter, Versorgungsnetz
ground (USA) Erde
group Gruppe
group hunting line Sammelleitung
guide Anleitung, Handbuch
guide wire Leitdraht
gun Kanone, Strahlsystem

half byte Halbbyte (4 Bits)
hand-held equipment Handgerät
handle Griff
handling Bearbeitung
handshake Händeschütteln
harddisk Festplatte
hash Gehacktes, Mischmasch
hazardous gefährlich
hazardous live part gefährliches aktives Teil
head Kopf
header Nachrichtenkopf, Überschrift
heat Hitze, Wärme
heat engine Wärmekraftmaschine
heat sink Kühlkörper
hidden verborgen, versteckt
host Wirt, Hauptcomputer
host computer übergeordneter Computer
hostile feindlich, unwirtlich
hot heiß, nicht geerdet
hot line 1. Spannung führende Leitung, 2. Direktverbindung
hour Stunde
housing Gehäuse
hub Speichenrad, Sternkoppler
hum trouble Brummstörung
hum, to brummen

icon (kleines) Bild
idle in Ruhe, spannungslos, leerlaufend, zwecklos
idle condition Ruhezustand
idle current Ruhestrom
idle interval stromlose Dauer
idle, to in Ruhe versetzen
image Bild, Abbild
image sensor Bildabtaster
imbalance Unsymmetrie
immediate unmittelbar
immobile unbeweglich
implement Arbeitsgerät
inaccuracy Ungenauigkeit
inching kurzes Einschalten
incident Störung
increment Zunahme
independent earth electrode unabhängiger Erder
index Stichwortverzeichnis
inhibit sperren, vermeiden
input Eingang
input unit Eingabegerät
installation Anlage
insulance Isolationswiderstand
insulate, to isolieren, dämmen
insulated isoliert
integrate, to einbauen, integrieren
intensity Helligkeit, Strahlstärke
inter zwischen
interchange Austausch, Wechsel
interface Anpassungsschaltung
interface, to anschließen, verbinden
interference Störung, Einmischung
interrupt Unterbrechung
intrinsic wirklich, eigenleitend
intrude, to aufschalten
invalid ungültig
inverse feedback Gegenkopplung
invert, to umkehren, invertieren
iron Eisen, Lötkolben
isolate trennen, entriegeln

jack Buchse, Steckdose
jitter Vibrieren einer Ereignisdauer
job management Auftragsverwaltung
jogging Tastbetrieb, Tippen
join Verbindung, Übergang
join, to verbinden, vereinigen
jump, to springen, verzweigen
jumper Überbrückungsstecker
junction Anschluss, PN-Übergang

kernel Hauptsache, innerster Kern
keyboard Tastatur
knock, to anklopfen

label Kennzeichen, Etikett
label, to kennzeichnen, markieren
land Land, Leiterbahn, Kontaktfleck
language Sprache
layer Lage, Schicht
lead 1. Blei, 2. Anschlussdraht
lead voltage drop Spannungsfall
lead, to leiten, ableiten, voreilen
leading führend
leading current voreilender Strom
leakage current Ableitstrom
least geringst, kleinst
least significant bit niedrigstwertiges Bit
length Länge
level Ebene, Niveau
library Bücherei, Bibliothek
light Licht, Lampe
light emitting diode Leuchtdiode, LED
lighting Beleuchtung
lightning Blitz
limit Grenze, Grenzwert
limitation Begrenzung
line Linie, Leitung
line adapter Leitungsanschluss
line-to-line voltage Spannung Außenleiter-Außenleiter
link Bindeglied, Schmelzeinsatz
link, to verbinden, verknüpfen
liquid crystal device Flüssigkristallanzeige
list Liste, Tabelle

list, to auflisten
listener Nachrichtenaufnehmer
live part aktiver Teil
load Last, Lastwiderstand
load, to laden
local lokal, örtlich
location Standort
lock, to einrasten
locking rastend
locking button rastende Taste
logic circuit Logikschaltkreis
longword Langwort (32 Bits)
loop Schleife
loss Verlust, Dämpfung
loss factor Verlustfaktor

machine Anlage, Maschine, Computer
macro Unterprogramm
mail Post
main hauptsächlich, Versorgungsnetz
main cable Hauptkabel, Netzkabel
mainframe Grundgerät, Hauptcomputer
mains failure Netzausfall
maintenance Wartung
management Verwaltung, Leitung
manual händisch, manuell
manually von Hand (Adverb)
mark Marke, Zeichen
master Meister, Hauptgerät
mean Mittelwert
mean delay mittlere Wartezeit
measure Maß
measurement Messung, Maß
measuring point Prüfpunkt
memory Gedächtnis, Speicher
message Nachricht, Meldung
messenger Bote
micro … Kleinst…, Mikro…
mill Fabrik
mill, to fräsen
mind, to beachten
mobile beweglich, ortsveränderlich
mode Art, Betriebsart
modification Änderung
module Modul, Baugruppe
moisture Feuchtigkeit
monitor 1. Bildschirmgerät, 2. Prüfprogramm
monitor, to abhorchen, kontrollieren
motherboard Hauptplatine
move, to bewegen, übertragen
multiaccess Mehrfachzugriff
multiple vielfach
multiple access Vielfachzugriff
multiplex line Multiplexverbindung
multiplex, to bündeln (von Kanälen), arbeiten im Multiplexbetrieb
multiply vielfach
multiply, to multiplizieren
multitag Mehrfachkennzeichnung
multitasking Mehrprozessverarbeitung
multplier Multiplizierer
mush Störung
mute, to dämpfen
mutual gegenseitig
mutual conductance Steilheit

nail Nagel
narrow schmal
network Netzwerk, Netz
neutral Mittelleiter, Neutralleiter
neutral conductor Neutralleiter
noise Lärm, Geräusch, Rauschen
noise immunity Störfestigkeit
noise value Rauschfaktor
nominal voltage Nennspannung, Bemessungsspannung
notation Schreibweise, Darstellungsweise
number Nummer
nut Schraubenmutter, Nut

off abgeschaltet
office Büro
off-line nicht am Netz angeschlossen
off-state Sperrzustand
on eingeschaltet
one wave rectifier Einweggleichrichter
on-line am Netz angeschlossen
open offen
open circuit Leerlauf
open-circuit voltage Leerlaufspannung
operate, to bedienen, betätigen
opposite entgegengesetzt
optical optisch
optical conductor Lichtwellenleiter
optical isolator Optokoppler
origin Ausgangspunkt, Nullpunkt
oscillation Schwingung
oscillator circuit Schwingkreis
out aus, heraus
output Abgabe, Ausbeute, Ausgang
output amplifier Ausgangsverstärker
output, to abgeben
over über
overcurrent Überstrom
overflow Überlauf
overload Überlast
overview Überblick, Übersichtsplan
overvoltage Überspannung

pack, to bestücken, verdichten
package Pack, Verpackung, Zusammenstellung
pad Block
page Seite
pair Paar
panel Feld, Platte
paper Papier
paper jam Papierstau
parallel operation Parallelbetrieb
parallel, to parallel schalten
parity Gleichheit
parity checker Paritätsprüfer
part Teil, Bauteil
partial teilweise
partially teilweise (adverbial)
password Kennwort
paste, to einfügen, einkleben
patch cord Verbindungsschnur
patch, to einfügen, zusammenschalten
path Pfad, Weg
path time diagram Weg-Zeit-Diagramm
pattering Strukturierung
pattern Charakteristik, Struktur
pause, to unterbrechen, warten
pay, to bezahlen
peak Spitze, Maximum
peak value Höchstwert
peak-to-peak Spitze zu Spitze
penetrate, to durchdringen, eindringen
people Leute, Volk
performance Arbeitsweise, Güte
period Zeitraum
phase control Phasenanschnittsteuerung
phase locked loop Phasenregelkreis
photoprinter Fotokopiergerät
pin Stift
pink rosa
pipe Rohr, Röhre
plant Anlage
plate Platte, Elektrode
plate resistance Innenwiderstand
playback Wiedergabe
plot, to grafisch darstellen
plug Verbindungsstecker
plug connector Steckverbinder

plug, to stecken, stöpseln
plugged gesteckt
plug-in board (große) Steckkarte
plug-in jumper Steckbrücke
point Punkt
point charge Punktladung
pole Mast, Stange
poll, to abfragen, abrufen
pollution Verunreinigung
port 1. Ein-Ausgabe-Baustein, 2. Kanal
port, to übertragen
portable tragbar
position Lage, Stellung
positive slope ansteigende Flanke
power Arbeit, Kraft, Leistung
power booster Leistungsverstärker
power cable Netzkabel
power electronics Leistungselektronik
power factor Leistungsfaktor
power frequency Netzfrequenz
power lead Netzleitung
power outage Netzausfall
power pack Netzteil
power plant Starkstromanlage
power stage Leistungsstufe
power supply Stromversorgung
prealign, to voreinstellen
preamplifier Vorverstärker
precaution Warnung, Richtlinie
preceding vorhergehend
precision Genauigkeit
predominant vorherrschend
prefetching Vorab-Abruf
prescribe, to vorschreiben
preset, to voreinstellen
press, to drücken, pressen
pressure Druck, mechanische Spannung
prevalent allgemein, verbreitet
prevent, to verhindern
print, to drucken
printer Drucker
private network privates Netz
profound gründlich
program abort Programmabbruch
prompt Aufforderungszeichen
protect, to schützen
protection Schutz, Absicherung
protective schützend
provide, to abgeben, versorgen
provider Versorger
pull, to ziehen
pulsatance Kreisfrequenz
pulse Impuls, Puls, Stoß
pulse edge Impulsflanke
pulse number Pulszahl
pulse operation Pulsbetrieb

quench Funkenlöschung
query Abfrage
queue Warteschlange
quick schnell
quick fuse schnelle Sicherung
quicksort schnelle Sortierung
quiet ruhig, gedämpft
quit, to verlassen

rack Einschub, Gestell
radiation Strahlung
radiation dosage Strahlungsdosis
radio bearing Funkpeilung
radio technology Rundfunktechnik
random zufällig, regellos
range Bereich
rate Rate, Tarif
rated current Nennstrom, Bemessungsstrom
rating plate Leistungsschild
ratings Betriebsdaten
reactive Blind...
reactive factor Blindleistungsfaktor
reactor Drosselspule
read, to lesen
realize, to erkennen, bemerken
rear hinterer Teil, Rück...
reason Grund
recall Rückruf
recall, to abrufen (Daten), zurückrufen
receive, to aufnehmen, empfangen
receiver Empfänger
recognize, to erkennen
recombination Wiedervereinigung
record, to aufzeichnen
rectifier Gleichrichter
rectify, to gleichrichten
redundant überflüssig, redundant
region Bereich
regulate, to regeln
regulation Änderung
relay Relais
release Freigabe
release, to freilassen, loslassen
reliability Betriebssicherheit
reliable zuverlässig
remedy Fehlerbeseitigung
remote Fern-, entfernt
remote processing Fernverarbeitung
repeater Wiederholer, Zwischenverstärker
replacement Ersatz, Austausch
reply message Quittung
reply, to antworten, wiederholen
request Anforderung
resettable rücksetzbar
residual Rest...
residual current Differenzstrom, Fehlerstrom
residual current protective device Fehlerstrom-Schutzeinrichtung
resistance physikalischer Widerstand
resistor Widerstand (als Bauelement)
restriction Bechränkung
restrictor Sperre
retard, to verzögern
return, to zurückkehren
revolution Umdrehung
ring, to läuten, klingeln
ripple Welligkeit
ripple frequency Brummfrequenz
root Wurzel
router Wegsucher, Pfadfinder

safety precaution Schutzmaßnahme
safety services Sicherheitszwecke
sample Abtastwert
sample, to abtasten, Probe entnehmen
sampling rate Abtastrate
sampling theorem Abtastheorem
satellite communication service Satellitenfunk
saturation Sättigung
save, to retten, abspeichern
scale Skala, Maßstab
scale, to maßstabgetreu ändern, skalieren
scaled skaliert, bemessen
scan, to abtasten
scanner Abtastgerät
scatter, to Funken sprühen
schedule Aufstellung, Plan
scheduling Planung
scope Oszilloskop
score Einschnitt, Kerbe
screen Abschirmung, Bildschirm
screw Schraube
screwdriver Schraubendreher
scroll, to Bildschirm rollen
seal, to abdichten
sealing Abdichtung
section Abschnitt, Kapitel, Teilung
security Sicherheit
select, to auswählen
selectance Trennschärfe
selective amplifier Selektivverstärker
selector Wähler
self selbst
self-locking selbsthemmend
self-powered mit Batterie betrieben
semiconductor Halbleiter
sensitivity Empfindlichkeit
sensor Messfühler, Sensor
sequence Ablauf, Folge
sequential sequenziell, folgerichtig
server Diener, Bedieneinheit
service Dienst
service instruction Bedienungsanweisung
setup Geräte-Grundeinstellung
shape Form, Gestalt
share, to teilen, aufteilen
shielded geschirmt
shielding Abschirmung
shift, to verschieben, umschalten

shock current gefährlicher Körperstrom
short kurz
short circuit Kurzschluss
side Seite
signaling, signalling Signal-Übertragung
silicon Silicium
silicone Silikon
simultaneously gleichzeitig
sine current Sinusstrom
single-board computer Einplatinencomputer
single-way connection Einwegschaltung
site Standort, Lage
size Größe, Abmessung
skilled person Elektrofachkraft
skin Haut
skin, to abisolieren
skip Auslassung, Sprung
skip, to übergehen, überspringen
slack joint Wackelkontakt
slave Sklave, Untergerät
slave operation Master-Slave-Betrieb
socket Buchse, Fassung, Steckdose
socket outlet Steckdose
solder Lot, Lötzinn
solder lug Lötfahne, Lötöse
solder, to löten
solid Festkörper, fest, massiv
sonic frequency Schallfrequenz
sound Klang, Laut, Schall
source Quelle
space Abstand, Weltraum
spark Funke
spark gap Funkenstrecke
speaker Sprecher, Nachrichtengeber
specify, to spezifizieren, angeben
speech circuit Sprechkreis
speed Drehzahl, Geschwindigkeit
speed controller Drehzahlregler
spell, to buchstabieren, Programm erarbeiten
sphere Bereich, Kugel, Sphäre
sramble, to krabbeln, verschlüsseln
stability Stabilität
stage Gerüst, Stufe, Stadium
standby electric source Ersatzstromquelle
stepper motor Schrittmotor
stored program gespeichertes Programm
strip Streifen
subroutine Unterprogramm
subscriber Teilnehmer
supplementory insulation zusätzliche Isolierung
supply Einspeisung, Versorgung
supply system Versorgungseinrichtung
suppression Unterdrückung
surface Oberfläche
surface mountet oberflächenmontiert
surge Stoß, Stromstoß
surge dissipator Überspannungsableiter
surge impedance Wellenwiderstand
surge relay Stromstoßrelais
switch Schalter
switchgear Schaltgerät
switching power supply Schaltnetzteil
switching-off Ausschalten
symmetrical symmetrisch

tag Etikett, Kennzeichen
tape Band, Streifen
task Aufgabe, Rechenprozess
teach, to lehren, unterrichten
technician Techniker
temporary vorübergehend
terminal Endstation, Endgerät
test board Prüfplatz
thermal strip Bimetallstreifen
thread, to aufreihen, einfädeln
three-phase current Drehstrom
three-state Schaltung mit 3 Ausgangszuständen
threshold Schwelle, Grenzwert
thumb Daumen
time Zeit
time delay Zeitverzögerung
timeout Sperrzeit
timer Zeitmesser
timing diagram Zeitablaufdiagramm
toggle Kipphebel, Kipp-
top oben, Oberteil
touch current Berührungsstrom
touch voltage Berührungsspannung
tough zäh, robust
track Schiene, Spur
trackball Rollkugel, Steuerkugel
trail Schwanz, Weg
trailer Nachsatz
transceiver Sende-Empfänger
transducer Wandler, Messwandler, Umformer
transformer Wandler, Transformator
transit Durchgang, Transit
transmitter Übertrager
trap Falle
trigger Auslöser, Auslöseimpuls
trigger, to ansteuern durch Impulse
tunable abstimmbar
tune, to abstimmen
twisted verdrillt, verseilt

Unit Bauelement, Baustein, Einheit
unshielded ungeschirmt
user Anwender, Nutzer

Validation Prüfung
valley Tal, Minimum
value Wert
verification Überprüfung
versatile veränderlich, vielseitig
visible sichtbar
visual sichtbar, Seh-, Sicht-
visual power Scheinleistung
volatile flüchtig
voltage elektrische Spannung
voltage glitch Spannungsspitze
volume Volumen, Lautstärke

Wafer Halbleiter- Einkristallscheibe
wattage elektrische Leistung in W
wattmeter Leistungsmesser
wave Welle
waveform Schwingungsform
web Gewebe, Netz
weld, to schweißen
white weiß
width Breite, Dicke
winding Windung, Wicklung
winding diagram Wicklungsplan
window Fenster
wire Draht, Leiter
wireless drahtlos, Funk-
wireless plant Funkanlage
wirewound drahtgewickelt
wiring Verdrahtung
wiring system Leitungssystem, Kabelsystem
work, to arbeiten, bearbeiten, funktionieren
working voltage Betriebsspannung
worst case ungünstigster Fall
wrap terminal Wickelanschluss
write, to schreiben, aufzeichnen
wrong unrichtig, falsch

X-ray Röntgenstrahlung

Y-amplifier Vertikalverstärker, Y-Verstärker
yellow gelb

Zero Null
zero flag Kennzeichen für Null
zoom schrittweise Vergrößerung

Sachwortverzeichnis

Bei Schwerpunktseiten sind die Seitenzahlen fett gedruckt

B

BU

BU

BU

Web-Adressen von Firmen und Dienststellen 1 Web-Addresses 1

Adresse	Adresse
www.abb.de	Energie-, Antriebs- und Automatisierungstechnik
www.acceed.com	Komponenten für Datennetze
www.ackermann-clino.de	Krankenhaus-Kommunikation, Kabelverlegesysteme
www.addi-data.com	Automation mit PC
www.amprobe.de	elektrische Messgeräte und Prüfgeräte, Software für die Messtechnik
www.analog.com/data-converters	Analog-Digitalumsetzer
www.arcom.com	Computer-Boards, Netzwerktechnik
www.azur-solar.com	Photovoltaik-Systeme
www.baileymackey.com	Druckmesss-Anlagen
www.beckhoff.de	Industrie-PC
www.beetz.de	Hydraulikzylinder
www.beijerelectronics.de	Industrie-PC
www.beraterfirmen.de	Information über Beraterfirmen
www.berufsbildung.de	Berufsbildungsfragen
www.bettermann.de	Verbindungssysteme, Blitzschutzsysteme, Einbaugeräte, Unterflursysteme, Einbaugeräte
www.beuth.de	Normenvertrieb
www.bfe.de	Computerausbildung, elektrotechn. Bildungseinrichtung
www.bgfe.de	Berufsgenossenschaft der Feinmachanik und Elektrotechnik
www.bosch-sicherheits-systeme.de	Sicherheitssysteme
www.br-automation.com	Industrie-PC
www.bundestag.de	Information über Organisation und Abgeordnete
www.busch-jaeger.de	Installationsgeräte, Kommunikationssysteme, Bewegungsmelder, Zeitschaltuhren, Sicherheitstechnik, Türsprechanlagen
www.bzl-online.de	elektrotechn. Bildungseinrichtung
www.celduc.com	Halbleiterschütze, Halbleiterrelais
www.conrad.de	Betriebsmittel allgemein, elektrische Komponenten
www.crimpen.de	Crimpwerkzeuge
www.danfoss-sc.de	elektrische Antriebe
www.dehn.de	Überspannungsschutz
www.denios.de	Umwelttechnik
www.dial.de	Licht- und Gebäudetechnik
www.dict.cc	elektronisches Wörterbuch
www.dilo-gmbh.de	Messgeräte der Chemieindustrie
www.doepke.de	Netztechnik (z. B. RCDs)
www.dspvillage.ti.com	digitale Signalverarbeitung DSP
www.dynexsemi.com	Halbleiterbauelemente
www.elektroheizung.de	elektr. Fußbodenheizung
www.elektrosmog.de	feldarme Installation
www.elrest.de	Steuerungssysteme
www.enbw.com	Geräteberatung, Stromtarife
www.esser-security.de	Sicherheitstechnik
www.euchner.com	Sicherheitstechnik
www.euroexpress.de	Versand
www.europe.com	Komponenten für Datennetze
www.fluke.de	Messgeräte
www.fraenkische.de	Elektroinstallationsrohre

Web-Adressen von Firmen und Dienststellen 2 Web-Addresses 2

Adresse	Adresse
www.gira.de	Installationsgeräte, Kommunikationssysteme, Bewegungsmelder, Zeitschaltuhren, Sicherheitstechnik, Bussysteme
www.gossenmetrawatt.de	Messgeräte
www.graf-syteco.de	Bediengeräte
www.grs-batterien.de	Batterien, Rücknahmesystem
www.haenchen.de	Geräte der Hydraulik
www.hager.de	Geräte zur Gebäudetechnik, Verteilungen, Anschlusssysteme
www.handwerker-online.de	Handwerkerberatung
www.harting.com	Steckverbinder
www.hauff-technik.de	Hauseinführungen
www.hensel-electric.de	Installationsgeräte
www.homeway.de	Leitungen und Steckdosen für Multimedia
www.honeywell.com	Sicherheitstechnik, Videoüberwachung
www.hunger-hydraulik.de	Hydraulikanlagen
www.hvbg.de	Hauptverband der gewerblichen Berufsgenossenschaften
www.i-center.de	Elektro-Großhandel
www.lcp-germany.com	Bediengeräte, Industrie-PC
www.iec-normen.de	IEC-Normen
www.ien-online.com	elektronische Komponenten
www.indexa-online.de	Rufanlagen, Sicherheitssysteme
www.industrie-information.de	Information über industrielle Produkte
www.inga.de	Gebäudeautomation
www.italcopple.it	Temperatursensoren
www.jokabsafety.de	sicherheitsbezogene Steuerungen
www.jung.de	Installationsgeräte, Schalter und Systeme

Adresse	Adresse
www.kaiser-elektro.de	Montageelemente, Einbaugehäuse, Unterputz-, Hohlwand- und Betonbaukomponenten
www.keicher.de	Komponenten der Hydraulik
www.knipex.de	Werkzeuge
www.KNX.de	Europäischer Installationsbus KNX/EIB
www.lappkabel.de	Kabel, Leitungen, Steckverbinder
www.lenze.de	Antriebstechnik
www.linde-hydraulics.com	Hydraulische Anlagen
www.lis.iao.fhg.de/ikarus	Umwelt-Infosystem
www.look4fluid.com	Pneumatik, Hydraulik
www.lukas.de	Komponenten der Hydraulik
www.mareno.net	Windkraftanlagen
www.maxim-ic.com	elektrische Motoren
www.mc-technologies.com	Datenübertragungstechnik, Verbindungstechnik, Antennen
www.mobac.com	Magnetpulver-Kupplungen und Bremsen
www.moeller.net	Steuerungskomponenten, Kleinsteuerung easy, Sicherheitssysteme
www.neff.de	elektrische Haushaltgeräte
www.net-gmbh.com	CCD-Kameras
www.novar.de	Brandmeldetechnik, Krankenhaus-Kommunikation, Sicherheitstechnik (Brandschutz)
www.obo.de	Befestigungsmittel, Betriebsmittel, Elektroinstallation, Blitzschutz
www.osram-os.com	Lampen, Leuchten, Beleuchtungstechnik
www.panasonic.de	elektronische Betriebsmittel aller Art, Speicher, Akkumulatoren, Digitalkameras, Geräte IT-Technik
www.pcmidwest.com	Sensoren

Web-Adressen von Firmen und Dienststellen 3 Web-Addresses 3

Adresse	Adresse
www.phoenixcontact.com	Verbindungstechnik, Überspannungsschutz, Automatisierungstechnik, Steuerungstechnik,
www.piller.com	USV-Anlagen
www.pilz.com	Maschinenautomation, sicherheitsbezogene Steuerungen
www.plug-in.de	Industrie-PC, PC-Messtechnik
www.pneumatik.de	Komponenten der Hydraulik und der Pneumatik
www.profikiosk.de	Information über Fachzeitschriften
www.puls-power.de	Stromversorgungen
www.rau-hydraulik.de	Komponenten der Hydraulik und Pneumatik
www.raytec.com	kontaktlose Temperaturmessung
www.rexroth.com	Automatisierungstechnik
www.riko.co.jp	Füllstandsschalter
www.ritto.de	Rufanlagen, Sicherheitssysteme
www.roxtec.de	Brandschutz
www.rs-components.de	elektrische Komponenten und Betriebsmittel, Geräte
www.schalk.de	Überwachungsrelais, Freischalter
www.schmersal.com	sicherheitsbezogene Steuerungen
www.schuricht.de	elektrische Komponenten
www.Seck-SFX.com	Komponenten der Hydraulik
www.seko-bticino.de	Türsprechanlagen, Hausautomation, Schalterprogramme
www.sicon-socomee.de	USV-Anlagen
www.siedle.de	Rufanlagen, Sicherheitssysteme
www.siemens.de	Betriebsmittel allgemein, Installationstechnik, Gebäudeautomation, Gebäudesicherheit

Adresse	Adresse
(Fortsetzung) www.siemens.com	Steuerrelais, Sensorik, Mess- und Prüftechnik, Kommunikationssysteme
www.skf.com	Kugellager
www.somfy.de	Automatisierung von Rollläden, Jalousien, Sonnenschutz, Garagentoren
www.spelsberg.de	Elektroinstallations- und Gehäusesysteme
www.ssam.com	Sicherheitstechnik
www.taw.de	Technische Akademie Wuppertal
www.tcshome.de	Sicherheitssysteme
www.thomson-multimedia.com	Bildröhren
www.ti.com	Komponenten Texas Instruments
www.timmer-pneumatik.de	Komponenten der Pneumatik
www.trilux.de	Beleuchtungstechnik
www.vde.com	VDE-Vorschriftenwerk, auch Seminare vom VDE
www.vde-institut.com	VDE-Prüfinstitut
www.VEM-group.com	elektrische Maschinen, Generatoren für Windkraftanlagen
www.vicor.europe.com	Stromversorgungen
www.voltimum.de	Elektroinstallationen
www.wago.com	Steckverbinder der Gebäudeinstallation
www.walcher.com	Netzregler im Niederspannungsnetz
www.Wieland-electric.com	elektrische Verbindungen
www.windpower.org	Windkraftanlagen
www.zdh.de	Zentralverband ZDH
www.zf.com	Getriebe, Elektromotoren für Hybridantriebe
www.zumtobel.com	Beleuchtungen
www.zveh.de	Zentralverband ZVEH

Unterstützende Firmen und Dienststellen Supporting companies and offices

Die nachfolgend aufgeführten Firmen und Dienststellen haben die Bearbeiter durch Beratung, durch Druckschriften, Fotos und sonstige Bilder sowohl bei der Textbearbeitung als auch bei der bildlichen Gestaltung des Buches unterstützt. Es wird ihnen hierfür herzlich gedankt.

ABB Asea Brown Boveri AG
68165 Mannheim

AMP Deutschland GmbH
63201 Langen

Anton Piller GmbH
37520 Osterode

AZUR SOLAR GmbH
88239 Wangen-Primisweiler

Berker, Gebrüder
58579 Schalksmühle

Black Box Deutschland GmbH
85716 Unterschleißheim

BMW AG
80788 München

Busch-Jaeger Elektro GmbH
58513 Lüdenscheid

Calor Emag AG
40878 Ratingen

Dannfoss Antriebs- und Regeltechnik GmbH
63004 Offenbach

Dehn + Söhne
92306 Neumarkt

DELTALOGIK GmbH
73525 Schwäbisch Gmünd

Deutsche Philips GmbH
20095 Hamburg

Dietrich Schuricht GmbH & Co. KG
28359 Bremen

Distrelec Ges.m.b.H
A1200 Wien

ELEK GmbH, Elektrotechnische Geräte und Systeme
41470 Neuss

Euchner & Co.
70771 Leinfelden-Echterdingen

EnBW Energieversorgung Baden-Württemberg
70174 Stuttgart

Fachverband für Energie-Marketing und -Anwendung (HEA) e. V. beim VDEW
60329 Frankfurt

Fluke Deutschland GmbH
34123 Kassel

Forschungs- und Technologie-Zentrum FTZ
64295 Darmstadt

Forschungszentrum Karsruhe GmbH
76131 Karlsruhe

Fraunhofer-Institut
91058 Erlangen

Friedrich Duss GmbH & Co
75387 Neubulach

Gossen-Metrawatt
90471 Nürnberg

Hager Electro GmbH
66131 Ensheim-Saar

Hartmann und Braun AG
60478 Frankfurt

Hensel KG
57368 Lennestadt

Hewlett Packard GmbH
71034 Böblingen

Hirschmann, Richard GmbH & Co.
73728 Esslingen

IBM Deutschland Informationssysteme
70511 Stuttgart

Indramat GmbH
97816 Lohr

Informationszentrale der Elektrizitätswirtschaft, IZE
60555 Frankfurt

INSTA ELEKTRO GBMH & CO. KG
58511 Lüdenscheid

Jung, Albrecht
58579 Schalksmühle

Kathrein-Werke AG
83022 Rosenheim

Knipex-Werke C. Gustav Putsch
42349 Wuppertal

Lapp KG
70565 Stuttgart

Laser 2000 GmbH
82234 Wessling

Laser Components GmbH
82140 Olching

Leuze electronic GmbH & Co
73277 Owen-Teck

Leybold AG
63450 Hanau

Licht- und Vakuumtechnik
85643 Steinhöring

Lütze GmbH & Co.
71373 Weinstadt

MAICO-Ventilatoren
78023 Villingen-Schwenningen

Matsushita Automation Controls
83607 Holzkirchen

Microsoft GmbH
85716 Unterschleißheim

Mitsubishi Electric Europe GmbH
40880 Ratingen

Moeller GmbH
53115 Bonn

National Instruments Germany GmbH
81369 München

Panasonic Deutschland GmbH
22525 Hamburg

PEHA, Paul Hochköpper GmbH & Co. KG
58467 Lüdenscheid

PEPPERL + FUCHS GmbH
68307 Mannheim

Phoenix Contact GmbH
32819 Blomberg

Pilz GmbH & Co.
73760 Ostfildern

PULS GmbH
81925 München

Roederstein GmbH
84034 Landshut

Rohde & Schwarz GmbH & Co. KG
58029 Hagen
81671 München

ROXTEC GmbH
22297 Hamburg

RS Components GmbH
64546 Mörfelden-Walldorf

RWE AG
45128 Essen

Siedle & Söhne
78113 Furtwangen

Siemens AG
91050 Erlangen
80333 München
90475 Nürnberg

TEHALIT GmbH
67716 Heltersberg

Texas Instruments Deutschland
85350 Freising

Thorsman & Co GmbH
58540 Meinerzhagen

Toshiba Electronics Europe GmbH
40549 Düsseldorf

Trumpf GmbH & Co
71252 Ditzingen

TÜV Rheinland Holding AG
51105 Köln

Umweltbundesamt
14191 Berlin

Varta Batterie AG
73479 Ellwangen

VDE, Verband der Elektrotechnik Elektronik Informationstechnik e. V.
60596 Frankfurt

Volkswagen AG
38446 Wolfsburg

Vicor Europe
85748 Garching

WAGO Kontakttechnik GmbH
32423 Minden

Zentralverband der elektro- und informationstechnischen Handwerke, ZVEH
53113 Bonn

Zentralverband elektrotechnischer und elektronischer Industrie, ZVEI
60596 Frankfurt

ZF Friedrichshafen AG
88038 Friedrichshafen

BU